Characteristics of Selected Elements

Element	Symbol	Atomic Number	Atomic Weight (amu)	Density (g/cm³)	Crystal Structure	Atomic Radius (nm)	Ionic Radius (nm)	Most Common Valence	Melting Point (°C)
Aluminum	Al	13	26.98	2.71	FCC	0.143	0.053	3+	660.4
Argon	Ar	18	39.95	—	—	—	—	Inert	−189.2
Barium	Ba	56	137.33	3.5	BCC	0.217	0.136	2+	725
Beryllium	Be	4	9.012	1.85	HCP	0.114	0.035	2+	1278
Boron	B	5	10.81	2.34	Rhomb.	—	0.023	3+	2300
Bromine	Br	35	79.90	—	—	—	0.196	1−	−7.2
Cadmium	Cd	48	112.41	8.65	HCP	0.149	0.095	2+	321
Calcium	Ca	20	40.08	1.55	FCC	0.197	0.100	2+	839
Carbon	C	6	12.011	2.25	Hex.	0.071	~0.016	4+	(sublimes at 3367)
Cesium	Cs	55	132.91	1.87	BCC	0.265	0.170	1+	28.4
Chlorine	Cl	17	35.45	—	—	—	0.181	1−	−101
Chromium	Cr	24	52.00	7.19	BCC	0.125	0.063	3+	1875
Cobalt	Co	27	58.93	8.9	HCP	0.125	0.072	2+	1495
Copper	Cu	29	63.55	8.94	FCC	0.128	0.096	1+	1085
Fluorine	F	9	19.00	—	—	—	0.133	1−	−220
Gallium	Ga	31	69.72	5.90	Ortho.	0.122	0.062	3+	29.8
Germanium	Ge	32	72.64	5.32	Dia. cubic	0.122	0.053	4+	937
Gold	Au	79	196.97	19.32	FCC	0.144	0.137	1+	1064
Helium	He	2	4.003	—	—	—	—	Inert	−272 (at 26 atm)
Hydrogen	H	1	1.008	—	—	—	0.154	1+	−259
Iodine	I	53	126.91	4.93	Ortho.	0.136	0.220	1−	114
Iron	Fe	26	55.85	7.87	BCC	0.124	0.077	2+	1538
Lead	Pb	82	207.2	11.35	FCC	0.175	0.120	2+	327
Lithium	Li	3	6.94	0.534	BCC	0.152	0.068	1+	181
Magnesium	Mg	12	24.31	1.74	HCP	0.160	0.072	2+	649
Manganese	Mn	25	54.94	7.44	Cubic	0.112	0.067	2+	1244
Mercury	Hg	80	200.59	—	—	—	0.110	2+	−38.8
Molybdenum	Mo	42	95.94	10.22	BCC	0.136	0.070	4+	2617
Neon	Ne	10	20.18	—	—	—	—	Inert	−248.7
Nickel	Ni	28	58.69	8.90	FCC	0.125	0.069	2+	1455
Niobium	Nb	41	92.91	8.57	BCC	0.143	0.069	5+	2468
Nitrogen	N	7	14.007	—	—	—	0.01–0.02	5+	−209.9
Oxygen	O	8	16.00	—	—	—	0.140	2−	−218.4
Phosphorus	P	15	30.97	1.82	Ortho.	0.109	0.035	5+	44.1
Platinum	Pt	78	195.08	21.45	FCC	0.139	0.080	2+	1772
Potassium	K	19	39.10	0.862	BCC	0.231	0.138	1+	63
Silicon	Si	14	28.09	2.33	Dia. cubic	0.118	0.040	4+	1410
Silver	Ag	47	107.87	10.49	FCC	0.144	0.126	1+	962
Sodium	Na	11	22.99	0.971	BCC	0.186	0.102	1+	98
Sulfur	S	16	32.06	2.07	Ortho.	0.106	0.184	2−	113
Tin	Sn	50	118.71	7.27	Tetra.	0.151	0.071	4+	232
Titanium	Ti	22	47.87	4.51	HCP	0.145	0.068	4+	1668
Tungsten	W	74	183.84	19.3	BCC	0.137	0.070	4+	3410
Vanadium	V	23	50.94	6.1	BCC	0.132	0.059	5+	1890
Zinc	Zn	30	65.41	7.13	HCP	0.133	0.074	2+	420
Zirconium	Zr	40	91.22	6.51	HCP	0.159	0.079	4+	1852

Values of Selected Physical Constants

Quantity	Symbol	SI Units	cgs Units
Avogadro's number	N_A	6.022×10^{23} molecules/mol	6.022×10^{23} molecules/mol
Boltzmann's constant	k	1.38×10^{-23} J/atom $\cdot$ K	1.38×10^{-16} erg/atom $\cdot$ K 8.62×10^{-5} eV/atom $\cdot$ K
Bohr magneton	μ_B	9.27×10^{-24} A $\cdot$ m^2	9.27×10^{-21} erg/gauss[a]
Electron charge	e	1.602×10^{-19} C	4.8×10^{-10} statcoul[b]
Electron mass	—	9.11×10^{-31} kg	9.11×10^{-28} g
Gas constant	R	8.31 J/mol $\cdot$ K	1.987 cal/mol $\cdot$ K
Permeability of a vacuum	μ_0	1.257×10^{-6} henry/m	unity[a]
Permittivity of a vacuum	ε_0	8.85×10^{-12} farad/m	unity[b]
Planck's constant	h	6.63×10^{-34} J $\cdot$ s	6.63×10^{-27} erg $\cdot$ s 4.13×10^{-15} eV $\cdot$ s
Velocity of light in a vacuum	c	3×10^8 m/s	3×10^{10} cm/s

[a] In cgs-emu units.
[b] In cgs-esu units.

Unit Abbreviations

A = ampere	in. = inch	N = newton
Å = angstrom	J = joule	nm = nanometer
Btu = British thermal unit	K = degrees Kelvin	P = poise
C = Coulomb	kg = kilogram	Pa = Pascal
°C = degrees Celsius	lb$_f$ = pound force	s = second
cal = calorie (gram)	lb$_m$ = pound mass	T = temperature
cm = centimeter	m = meter	μm = micrometer
eV = electron volt	Mg = megagram	(micron)
°F = degrees Fahrenheit	mm = millimeter	W = watt
ft = foot	mol = mole	psi = pounds per square
g = gram	MPa = megapascal	inch

SI Multiple and Submultiple Prefixes

Factor by Which Multiplied	Prefix	Symbol
10^9	giga	G
10^6	mega	M
10^3	kilo	k
10^{-2}	centi[a]	c
10^{-3}	milli	m
10^{-6}	micro	μ
10^{-9}	nano	n
10^{-12}	pico	p

[a] Avoided when possible.

제10판

재료과학과 공학

박인규 · 이재갑 · 김용석 옮김

Σ 시그마프레스

재료과학과 공학 제10판

발행일　2021년 1월 25일 1쇄 발행
　　　　2022년 1월 20일 2쇄 발행
　　　　2022년 8월 10일 3쇄 발행
　　　　2024년 1월　5일 4쇄 발행

저　자　William D. Callister, Jr., David G. Rethwisch
역　자　박인규, 이재갑, 김용석
발행인　강학경
발행처　㈜ 시그마프레스
디자인　우주연
편　집　류미숙

등록번호　제10−2642호
주소　서울특별시 영등포구 양평로 22길 21 선유도코오롱디지털타워 A401∼402호
전자우편　sigma@spress.co.kr
홈페이지　http://www.sigmapress.co.kr
전화　(02)323−4845, (02)2062−5184∼8
팩스　(02)323−4197

ISBN　979-11-6226-304-4

Callister's Materials Science and Engineering, 10th edition

제10판에서는 제9판과 마찬가지로 재료과학과 공학의 교육목표와 이에 대한 접근방식을 그대로 따르고 있다.

- 대학생들에게 적합한 수준의 기본적인 내용을 기술하였다.
- 중요한 주제를 논리적인 순서로, 즉 단순한 내용에서부터 좀 더 복잡한 내용으로 다루었다.
- 중요한 주제나 개념에 대해서는 학생들이 다른 참고서적을 찾을 필요 없이 내용을 충분히 이해할 수 있는 수준까지 다루었다.
- 학습효과를 높일 수 있도록 다음과 같은 내용을 포함하고 있다: 사진/삽화, 학습목표, 주요 재료, 개념 확인, 연습문제, 선정된 문제에 대한 해답, 주요 식과 기호의 요약표, 용어 해설.
- 새로운 지도 기술을 사용하여 교육과 학습 과정을 향상시킨다.

새롭게 추가한 내용

제10판에 새롭게 수정, 추가한 내용은 다음과 같다.

- 재료 범례와 재료 선정(Ashby) 차트(제1장)
- 설계문제 8.1 수정 : 실린더형 압력 탱크용 재료 규격(제8장)
- 3D 프린팅(적층 제조) : 제11장(금속), 제13장(세라믹), 제15장(폴리머)
- 생체 재료 : 제11장(금속), 제13장(세라믹), 제15장(폴리머)
- 다결정 다이아몬드(제13장)
- Hall 효과 수정(제18장)
- 재료과학과 공학의 재활용 보완 추가(제22장)
- 새로운 계산 요구 과제

피드백

우리는 재료과학과 공학 분야의 교수와 학생들이 필요에 응하기 위하여 제10판에 대한 피드백을 받고자 한다. 의견, 제안, 비판 등을 이메일(billcallister2419@gmail.com)로 보내주기 바란다.

2019년 9월

William D. Callister, Jr.

David G. Rethwisch

요약 차례

차례

제5장 | **확산**

제6장 | **금속의 기계적 성질**

제7장 | **전위와 강화 기구**

제8장 | **파손**

© iStockphoto/Mark Oleksiy

© blickwinkel/Alamy

© iStockphoto/Jill Chen

세 가지 다른 종류의 재료로 만들어진 음료수 용기. 용기는 알루미늄(금속) 캔(위), 유리(세라믹) 병(중간), 플라스틱(폴리머) 병(아래)으로 만들어져 판매된다.

© iStockphoto/Mark Oleksiy

© blickwinkel/Alamy

1.1 역사적 고찰

현재 사용하고 있는 모든 재료가 없다면 당신의 생활이 어떤 모습일지 잠깐 생각해 보자. 믿거나 말거나 이와 같은 재료가 없으면 자동차, 휴대전화, 인터넷, 비행기, 집, 가구, 멋진 옷, 영양가 높은(또는 정크) 음식, 냉장고, 텔레비전, 컴퓨터… (목록은 계속 이어짐)도 없었을 것이다. 실제로 우리 매일의 삶의 모든 부분이 어느 정도 재료의 영향을 받고 있고, 재료가 없었으면 우리의 삶은 석기시대 선조들과 비슷했을 것이다.

역사적으로 볼 때 사회의 발전과 진보는 사회 구성원의 욕구를 만족시키기 위한 재료의 생산 · 가공과 함께 이루어졌으며, 실제로 초기 문명은 재료의 개발 정도에 의해 분류된다(석기, 청동기, 철기 시대).[1]

초기 역사에서 인간은 돌, 나무, 진흙, 가죽 등의 자연 상태로 존재하는 극히 제한된 재료를 사용하였다. 그러나 점차적으로 자연 상태의 재료보다 성질이 우수한 재료들을 만드는 기술을 습득하게 되었고(도자기 혹은 금속 등이 그 예다), 또한 재료의 성질은 열처리나 다른 원소의 첨가로 바뀔 수 있다는 사실을 발견하게 되었다. 하지만 이 시기에 재료의 이용은 원하는 요구에 가장 적합한 재료를 단순히 선택함으로써 이루어졌다. 재료의 구조 요소와 특성의 상관관계가 과학자에 의해 밝혀진 것은 극히 최근의 일이다. 지난 100년 정도의 짧은 기간에 얻은 이러한 지식을 이용하여 재료의 특성을 인위적으로 조작할 수 있게 되었으며, 따라서 현재의 복잡하고 다양한 현대 사회에서 요구하는 수많은 종류의 재료들(금속, 플라스틱, 유리, 섬유 등)이 개발되었다.

우리의 생활을 편리하게 만들어 주는 다양한 분야의 기술 발전은 적합한 재료의 개발과 긴밀한 관계가 있다. 종종 어떤 재료에 대한 이해가 획기적인 기술 발전으로 이어진다. 예를 들어 자동차는 저렴한 철재나 이에 비교되는 대체 재료의 개발이 없었다면 만들어지기 어려웠을 것이다. 또한 현재의 정밀 전자 소자는 반도체 재료의 출현 없이는 불가능하였을 것이다.

---

1 석기, 청동기, 철기 시대는 각각 BC 250만 년, BC 3500년, BC 1000년경부터 시작되었다.

1.2 재료과학과 공학

재료과학과 공학의 정확한 이해를 위해서는 재료과학(materials science)과 재료공학(materials engineering)의 영역을 구분하여 이해하는 것이 좋다. '재료과학'은 재료의 구조와 성질 간의 상관관계를 밝히는 영역이고, '재료공학'은 이러한 상관관계를 이용하여 원하는 성질을 얻을 수 있는 재료의 구조를 설계하고 제조하는 영역이다. 기능적인 측면에서 볼 때 재료과학자의 역할은 새로운 재료를 개발 또는 합성하는 것이고, 재료공학자의 역할은 기존에 사용되던 재료를 사용하는 새로운 제품이나 시스템을 만들거나 재료를 제조하는 공법을 개발하는 것이다. 재료 교육 프로그램을 이수한 졸업생은 재료과학자와 재료공학자 모두가 가능하도록 교육받는다.

여기서 사용되는 '구조(structure)'라는 용어를 이해하기 위해서는 약간의 설명이 필요하다. 간단히 설명하면 재료의 구조는 내부 구성 요소의 배치와 연관이 있다.

구조적 요소를 크기에 근거하여 분류하고, 크기의 관점에서 여러 단계로 나눌 수 있다.

- 아원자 구조(subatomic structure) : 개별 원자 내의 전자, 전자와 핵의 상호작용, 전자 에너지를 포함한다.
- 원자 구조(atomic structure) : 분자(molecules) 또는 결정(crystals)을 생성하는 원자 구성과 연관된다.
- 나노 구조(nanostructure) : 나노 크기(100nm 이하)의 (나노) 입자를 형성하는 원자의 집합체를 다룬다.
- 미세 구조(microstructure) : 현미경을 이용하여 직접 관찰되고, 100 nm부터 수 mm 크기이다.
- 매크로 구조(macrostructure) : 육안으로 식별되고, 크기는 수 mm부터 수 m 정도이다.

재료의 원자 구조, 나노구조, 미세구조는 4.10절에서 설명되는 현미경 기술을 이용하여 관찰된다.

성질(property)에 대한 좀 더 자세한 정의를 내려 보자. 일반적으로 모든 재료는 외부 자극에 의해 특정한 반응을 나타낸다. 예를 들어 재료가 힘을 받으면 변형이 일어나며, 연마된 금속 표면은 빛을 반사한다. 그러므로 재료의 성질은 특정한 자극에 대해 재료가 반응하는 종류와 정도를 지칭한다고 볼 수 있다. 일반적으로 성질은 재료의 형태와 크기와는 무관하게 정의된다.

고체 재료의 중요한 성질은 다음의 여섯 가지 범주에 속한다. 즉 기계적, 전기적, 열적, 자기적, 광학적, 열화적 성질이다. 각각의 성질은 극단적인 다른 반응을 일으키는 영역의 특징적 유형을 가지고 있다. 여섯 가지 성질은 다음과 같다.

- 기계적(mechanical) 성질 : 가해진 힘에 대한 변형 반응을 나타내며 탄성 계수(elastic modulus)와 강도(strength), 인성(toughness, resistance to fracture (파괴에 대한 재료의 저항))이 그 예이다.

- 전기적(electrical) 성질 : 전기 전도율(electrical conductivity)과 유전 상수(dielectric constant)와 같이 전기장의 외부 자극에 대한 재료의 반응이다.
- 열적(thermal) 성질 : 온도 변화 또는 재료 내의 온도 구배에 대한 재료의 반응이며, 열용량(heat capacity)과 열 전도율(thermal conductivity)이 그 예이다.
- 자기적(magnetic) 성질 : 자기장에 대한 재료 반응을 의미하며, 자화율(magnetic susceptibility)과 자화(magnetization)가 일반적 성질이다.
- 광학적(optical) 성질 : 전자기파(electromagnetic wave)나 빛의 방사 자극에 대한 반응이며, 굴절률과 반사율이 대표적이다.
- 열화적 특성(deteriorative characteristics) : 재료의 화학 반응성을 나타내며, 부식에 대한 금속의 저항이 그 예이다.

다음 장들에서 이와 같은 여섯 가지 분류를 기초로 재료 성질에 대한 설명을 한다.

구조와 성질 이외에 다른 두 가지 중요한 사항이 재료과학과 공학에서 고려되어야 하는데 그것은 바로 공정(processing)과 성능(performance)이다. 이상 4개 사항의 상관관계를 살펴보면 재료의 구조는 그 재료가 어떠한 공정에 의해 만들어졌느냐에 의해 결정된다. 더구나 재료의 성능은 그 성질에 좌우된다고 할 수 있다.

그림 1.1의 인쇄물 위에 놓여 있는 3개의 다른 디스크 형태의 시편 사진을 가지고 앞에서 설명한 공정-구조-성질-성능의 연관성을 살펴보도록 하자. 그림에서 쉽게 볼 수 있는 것과 같이 세 가지 재료의 광학적 성질(빛의 투과성)은 서로 다르다는 것을 알 수 있다. 즉 왼쪽 시편은 투명(반사된 모든 빛이 투과)한 반면에 중간과 오른쪽 시편은 각각 반투명하거나 불투명하다. 이 모든 시편은 동일한 산화 알루미늄이다. 그러나 우리가 단결정이라 부르는 가장 왼쪽에 있는 시편(완전도가 높은 것)은 투명도가 높다. 중앙의 시편은 매우 작은 단결정질로 구성된 다결정으로 이러한 단결정질 사이의 계면은 인쇄 글자에서 반사된 빛을 산란시키며, 이로 인해 반투명한 성질을 나타낸다. 마지막으로 오른쪽 시편은 수많은 미세 결정질을 갖고 있을 뿐만 아니라 많은 수의 작은 기공이나 공간이 있으며, 이로 인한 빛의 산란에

그림 1.1 빛의 투과성 차이를 보여 주기 위한 인쇄 종이 위에 놓인 세 종류의 산화 알루미늄 디스크 시편 사진. 왼편의 시편은 *투명*(종이에서 반사된 모든 빛이 시편을 통과)하며, 가운데 시편은 *반투명*(빛의 일부가 통과)하고, 오른쪽 시편은 *불투명*(빛이 전혀 통과하지 못함)하다. 이러한 광학적 성질의 차이는 다른 공정 방법에 의한 재료 구조의 차이 때문에 생긴다.

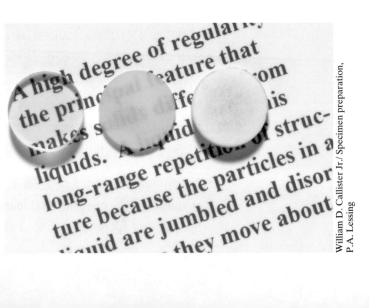

William D. Callister Jr./ Specimen preparation, P.A. Lessing

그림 1.2 4개의 성분은 서로 깊은 연관 관계를 이용하여 설명될 것이다.

의해 불투명한 성질을 나타낸다. 따라서 이 3개의 시편은 결정질 계면과 기공의 구조가 다르기 때문에 광학적 투과성이 다르다고 말할 수 있다. 또한 이러한 다른 구조는 다른 재료의 공정 방법에 기인하며, 만약 광 투과의 성질이 이 재료의 응용에 중요한 기능이라면, 이 재료의 성능은 다르다고 말할 수 있다.

그림 1.2에서 보는 바와 같이 공정, 구조, 성질, 성능은 선형적인 상호 연관 관계를 보인다. 도표로 보는 이 모델은 재료과학과 공학의 주요 패러다임(central paradigm of materials science and engineering) 또는 간단하게 재료 패러다임(materials paradigm)이라 부른다.(패러다임은 하나의 모형 또는 인식의 체계를 의미한다). 1990년대 만들어진 이 패러다임은 재료과학과 공학 교육의 핵심적인 개념이다. 이 패러다임은 구체적 응용물을 위하여 적합한 재료를 선정하고 설계하는 데 필요한 지침을 제시하면서 재료 분야에 큰 영향을 미치고 있다.[2] 이 전의 재료과학/공학의 접근 방식은 기존의 재료를 이용하여 구성 부품과 시스템을 설계하는 것이었다. 이 새로운 패러다임의 중요성은 다음의 인용구에서 반영되고 있다. "하나의 재료가 새롭게 창조되고 개발되고, 생산될 때 얻는 재료의 성질과 현상은 주요한 관심사이다. 재료의 성질과 현상은 모든 단계에서 조성과 구조에 밀접하게 연관되고 있다. 즉 어떤 원자들이 포함되고, 어떻게 원자들이 재료 내에서 배열되고, 이 구조들은 합성과 공정을 통하여 만들어진 결과라는 연관이 있다."[3]

이 책 전반에 걸쳐 재료의 설계, 생산, 사용 관점에서 이 네 가지 요소 사이에 존재하는 연관 관계에 우리의 관심을 이끌고자 한다.

1.3 왜 재료과학과 공학을 공부하는가

우리는 왜 재료를 공부하는가? 기계, 토목, 화공, 전기 등의 분야에 있는 많은 응용과학자나 기술자는 적어도 한두 번씩 재료와 관련된 문제를 접하는데 변속 기어, 건축물의 골조, 오일 정제 부품, 집적회로 등의 다양한 분야에서 재료와 관련된 문제에 부딪힌다. 물론 재료과학자와 기술자는 재료의 연구와 설계에 관한 전문가를 말한다.

많은 경우에 있어서 재료의 문제는 수많은 재료 중에서 요구를 충족하는 가장 적합한 재료를 선택하는 것이다. 이를 위한 몇 가지 중요한 판단 기준이 있다. 첫째, 재료의 사용 환경에 대한 명확한 특성과 이에 적합한 재료의 성질이 축출되어야 한다. 일반적으로 한 재료는 필요한 모든 성질을 이상적으로 만족하지 않는다. 따라서 성질의 적절한 절충이 필요하다. 대표적인 예가 재료의 강도(strength)와 연성(ductility)이다. 일반적으로 강도가 높은 재

---

2 이 패러다임은 최근에 '재료과학과 공학의 개정 패러다임'에 다음의 도표로 재료의 지속가능성을 포함하여 개정되었다.
　　　　공정 → 구조 → 성질 → 성능 → 재사용/재활용성

3 1990년대 재료과학과 공학, p. 27, National Academies Press, Washington, DC, 1998.

료는 낮은 연성을 가지므로 이러한 경우 성질의 적절한 타협이 요구된다.

둘째, 재료의 선택에서 재료의 사용에 따른 열화가 고려되어야 한다. 예를 들어 고온이나 부식이 쉬운 환경에서는 재료의 강도가 심각하게 열화될 수 있다.

마지막으로, 재료 선택에서 경제성이 고려되어야 한다. 완제품의 생산비는 얼마일까? 어떤 재료는 이상적인 성질을 가지고 있으나 제조하기 위한 비용이 너무 많이 드는 경우가 있는데, 이러한 경우에도 적절한 타협이 필요하다. 완제품의 생산이란 필요한 모양을 가공할 때 드는 비용을 말한다.

어떤 기술자나 과학자가 성질과 구조 간의 다양한 상관관계와 가공 기술에 관한 지식을 더 많이 가지고 있을수록 위에서 언급한 판단 기준에 따라 더욱 효율적이고 자신 있게 재료를 선택할 수 있을 것이다.

사 례 연 구 1.1

리버티호의 파괴

다음의 사례는 재료과학자와 기술자가 재료의 성능에 대해 해야 하는 역할, 즉 기구적 파손의 분석, 원인의 규명, 재발 방지를 위한 조치 등을 어떻게 해야 하는지를 보여 준다.

제2차 세계대전 중에 많은 수의 리버티호[4]가 파괴된 사실은 유명하며, 우리가 연성(ductile)하다고 생각했던 철강이 취성(brittle)에 의해 파괴된다는 매우 생생한 사례이다.[5] 초기 제작된 다수의 리버티호는 항구 정박 중에 균열에 의해 선체가 파괴되었다. 그중 세 척은 균열이 일정 크기 이상 성장 후 급격히 배의 몸통 전체로 전파되어 두 조각으로 완전히 파괴되었다. 그림 1.3은 배를 진수시키는 날에 파괴된 사진이다.

후속의 원인 조사를 통해 파괴는 다음의 요인들에 기인한다고 결론지었다.[6]

- 일반적으로 연성을 갖는 금속 합금의 일부는 낮은 온도에서는 취성 파괴가 일어난다. 즉 임계 온도 밑으로 내려가면 연성-취성 변이가 일어난다. 리버티호는 연성-취성 변이가 일어나는 철강으로 건조되었으며, 일부는 기온이 변이 온도 이하로 떨어지는 혹한의 북대서양 지역에 배치되었다.[7]

- 모든 승강구(문)는 직사각형이어서 모서리 부위가 균일이 생성되면 응력이 집중되는 지점이 된다.

- 독일 U-보트는 그 당시의 선박 제조 기술로써 리버티호를 대신하는 수송선을 건조할 수 있는 속도보다 더 빠르게 수송선들을 침몰시키고 있었다. 따라서 수송선을 더 빨리, 더 많이 만들 수 있는 선박 제조 기술이 필요하게 되었는데, 이는 미리 재단된 철강판을 시간이 많이 드는 기존의 리벳팅 방법 대신 용접으로 붙이는 방법이었다. 불행히도 용접 구조물은 균열이 저항을 받지 않고 긴 거리로 전파될 수 있어 결국 배 전체의 파괴로 이어졌다. 반면에 리벳트 구조물은 균열의 전파가 철강판의 가장자리에 도달하면 멈추게 된다.

- 작업자의 경험 미숙으로 용접 결함과 불연속지점(즉 균열의 시작점)이 생성되었다.

---

4 제2차 세계대전 중에 미국은 유럽의 전투병에게 음식과 물자를 수송하는 2,710척의 리버트 화물선을 대량 생산하였다.

5 연성을 갖는 재료는 파괴되기까지 상당한 소성변형이 일어난다. 반면 취성 재료는 거의 소성변형이 일어나지 않는다. 취성 파괴는 균열이 급작스럽게 전파되어 일어날 수 있다. 균열 전파는 연성 재료에서는 매우 천천히 진행되며 완전한 파괴가 일어나기까지 상당한 시간이 걸린다. 이러한 이유로 연성 파괴가 바람직하다. 연성과 취성 파괴는 8.3절과 8.4절에서 다룬다.

6 8.2~8.6절에서 파괴의 여러 관점에 대해 다룬다.

---

7 연성-취성 현상과 임계 온도 영역을 측정하고 올리는 기술을 8.6절에서 다룬다.

그림 1.3 1943년 조선소를 떠나기 전 파괴된 리버티호 S.S. 스케넥터디
(출처 : Earl R. Parker, *Brittle Behavior of Engineering Structures*, National Academy of Sciences, National Research Council, John Wiley & Sons, New York, 1957. 허가로 복사 사용함)

이러한 문제를 해결하는 방법은 다음과 같다.

• 철강의 품질을 개선하여 연성-취성 온도를 낮추는 것(예 : 황과 인의 불순물 양을 낮춤)
• 굴곡의 보강 띠를 용접하여 승강구의 모서리를 둥글게 하는 것[8]
• 리벳트 띠나 용접이음매와 같은 균열 전파를 방지하는 구조물

을 설치하여 균열의 전파를 막는 것

• 용접 작업을 개선하고 용접 작업 지침서를 작성하는 것

이러한 파괴에도 불구하는 리버티호 프로그램은 다음의 몇 가지 이유에서 성공적이었다고 볼 수 있다. 가장 큰 이유는 파괴되지 않은 선박들은 많은 작전 수행을 통해 연합군을 수송하였고 전쟁을 단축시킬 수 있었다. 또한 치명적 파괴에 대한 내성을 대폭적으로 개선한 구조용 철강이 개발될 수 있었다. 이러한 파괴의 세부적인 분석을 통해 파괴의 생성과 성장에 대해 이해하는 계기가 되었고 파괴 역학의 기초이론으로 발전되었다.

---

8 독자는 잠수함, 비행기의 모든 창문과 승강문의 모서리가 둥글게 되어 있다는 것을 알 수 있을 것이다.

1.4 재료의 분류

고체 재료는 기본적으로 금속, 세라믹, 폴리머 등의 세 종류로 분류된다. 이러한 분류는 화학 조성과 원자 구조에 기초한 것으로 거의 모든 재료는 이 분류 중 하나에 속하나 그 중간적 성질을 갖는 것도 있다. 이러한 분류 이외에도 앞에 언급한 세 종류의 재료를 둘 혹은 그 이상 조합하여 만드는 복합 재료가 있는데, 이러한 재료의 종류와 특성은 다음에 설명하고자 한다. 또한 첨단 기술 분야에 사용되는 첨단 재료의 분류가 가능한데, 이러한 분류에는 반도체, 생체 재료, 스마트 재료, 나노 재료가 있으며, 1.5절에서 다룰 것이다.

그림 1.4 금속, 세라믹, 폴리머, 복합 재료들의 상온 밀도를 나타내는 막대 도표

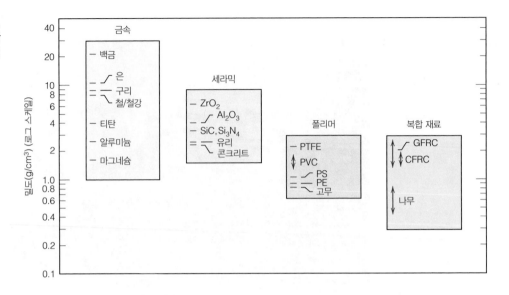

금속

금속(metals)은 하나 이상의 금속 원소(예 : 철, 알루미늄, 구리, 티탄, 금, 니켈 등)로 구성되며, 소량의 비금속 원소(예 : 탄소, 질소, 산소) 등이 소량 첨가될 수 있다.[9] 금속이나 금속 합금의 원자들은 매우 규칙적인 형태로 배열되어 있으며(제3장 참조), 세라믹이나 폴리머에 비해 상대적으로 밀도가 높다(그림 1.4). 금속의 기계적 성질은 단단하고(그림 1.5) 강하지만(그림 1.6), 연성(파괴가 일어나기 전에 변형이 가능한 정도)이 좋아 파괴가 잘 일어나지 않는다(그림 1.7). 이러한 성질 때문에 금속은 구조용 재료로 가장 널리 사용되는 것이다. 금속은 많은 수의 비국부적인 전자, 즉 특정 원자에 고착되어 있지 않은 전자를 갖고 있

그림 1.5 금속, 세라믹, 폴리머, 복합 재료들의 상온 강성도(즉 탄성 계수)에 대한 막대 도표

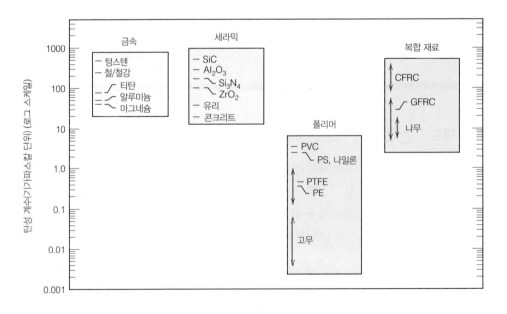

---

9 '금속 합금'이라는 용어는 2개 이상의 원소에 의해 구성된 금속 물질을 의미한다.

그림 1.6 금속, 세라믹, 폴리머, 복합 재료들의 상온 강도(즉 인장 강도)에 대한 막대 도표

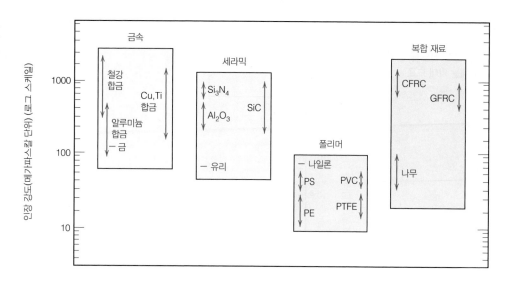

다. 많은 금속의 특성은 이러한 전자에 의해 발현되는데, 예를 들면 매우 우수한 전기(그림 1.8) 및 열 전도율, 가시 광선의 불투과성, 금속 광택 등을 들 수 있다. 또한 어떤 금속(예 : Fe, Co, Ni)은 유용한 자기적 성질을 나타낸다.

그림 1.9는 여러분이 흔히 접할 수 있는 금속 재료로 만들어진 물품이다. 금속이나 금속 합금의 종류와 응용 분야는 제11장에서 다룬다.

세라믹

세라믹(ceramic)은 금속과 비금속 원소의 조합으로 이루어지며, 대부분 산화물(oxides), 질화물(nitrides), 탄화물(carbides) 등이다. 산화 알루미늄(알루미나, Al_2O_3), 산화 규소(실리카, SiO_2), 탄화 규소(SiC), 질화 규소(Si_3N_4) 등이 대표적 세라믹 재료이며, 점토 광물, 시멘트, 유리 등도 세라믹 재료이다. 세라믹의 기계적 성질은 금속과 비슷한 정도로 딱딱하고 강하

그림 1.7 금속, 세라믹, 폴리머, 복합 재료들의 상온 파괴에 대한 저항성(즉 파괴 내성)을 나타내는 막대 도표

(출처 : *Engineering Materials 1: An Introduction to Properties, Applications and Design*, third edition, M. F. Ashby and D. R. H. Jones, pages 177 and 178, Copyright 2005, Elsevier 허가로 복사 사용함)

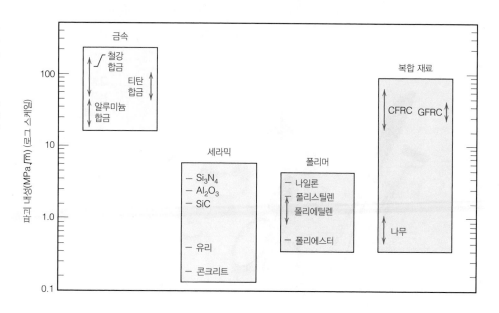

그림 1.8 금속, 세라믹, 폴리머, 반도체성 재료의 상온 전기 전도율 범위를 나타내는 막대 도표

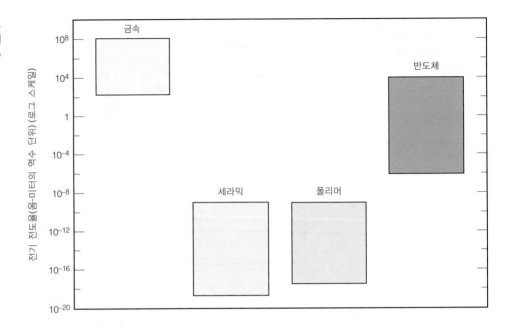

나(그림 1.5와 1.6), 연성이 없어 깨지기 쉬워 파괴가 잘 일어난다(그림 1.7). 그러나 새로 개발된 세라믹은 파괴에 대한 내성이 강해 주방기기, 식기뿐만 아니라 자동차의 엔진 부품으로도 사용된다. 세라믹은 열과 전기가 잘 전달되지 않는 성질(낮은 전기 전도율)(그림 1.8)이 있고, 금속이나 폴리머에 비해 고온이나 가혹한 환경에서 잘 버틴다. 광학적으로 세라믹은 투명, 반투명, 불투명(그림 1.1)하며 일부 산화물(예 : Fe_3O_4)은 자기적 성질을 띤다.

흔히 보는 세라믹 제품을 그림 1.10에 나타내었다. 세라믹 재료의 특성, 종류, 응용 분야는 제12~13장에서 다룬다.

폴리머

흔히 보는 플라스틱과 고무 재료가 폴리머(polymer)에 속한다. 폴리머의 대부분은 탄소, 수소, 기타 비금속 원소(O, N, Si)를 포함하는 유기물 복합체이다. 이 재료는 탄소 원자로 구

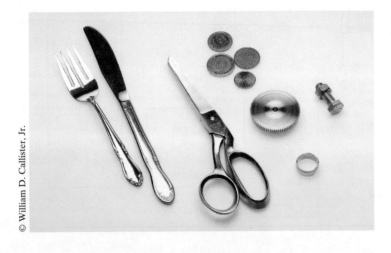

그림 1.9 금속 혹은 금속 합금으로 만들어진 일상 용품. 그림 왼쪽부터 은 식기(포크, 칼), 가위, 동전, 기어, 결혼 반지, 너트와 볼트

그림 1.10 세라믹 재료로 만들어진 일상용품. 가위, 찻잔, 벽돌, 바닥 타일, 꽃병

© William D. Callister, Jr.

성되는 고리형 구조를 갖는 매우 큰 분자 구조를 갖는다. 대표적인 폴리머에는 폴리에틸렌 (PE), 나일론, 폴리(비닐클로라이드)(PVC), 폴리카보네이트(PC), 폴리스틸렌(PS), 실리콘 고무 등이 있다. 이 재료는 일반적으로 밀도가 낮으며(그림 1.4), 기계적 성질은 금속이나 세라믹에 비해 상당히 다른데, 금속이나 세라믹처럼 딱딱하거나 강하지 않다(그림 1.5와 1.6). 그러나 폴리머의 낮은 밀도 때문에 단위 질량의 소재에 대한 딱딱함이나 강도는 금속이나 세라믹과 동등할 수 있다. 또한 대부분의 폴리머는 매우 연하며, 변형성이 좋아서 복잡한 형상으로 쉽게 변형될 수 있다. 일반적으로 화학적으로 안정하며, 대부분의 환경에 반응

그림 1.11 폴리머로 만들어진 일상용품. 플라스틱 식기류(스푼, 포크, 나이프), 당구공, 자전거 헬멧, 주사위, 풀 베는 기계의 바퀴, 플라스틱 우유통

© William D. Callister, Jr.

탄산음료 용기

흥미 있는 재료 특성을 요구하는 제품의 예로 탄산음료 용기를 들 수 있는데, 이 제품에 사용되는 재료는 다음의 요구조건을 만족해야 한다. (1) 용기에 담긴 탄산음료 내 고압력의 이산화탄소가 빠져나가지 않아야 한다. (2) 음료와 반응하지 않고 재활용이 가능해야 한다. (3) 음료가 들어 있는 상태에서 수 미터의 높이에서 떨어져도 깨지지 않을 만큼 강도가 있어야 한다. (4) 싸게 만들 수 있어야 한다. (5) 만약 투명한 용기라면 투명도가 유지되어야 한다. (6) 다양한 색깔이 가능하고 장식 라벨이 가능해야 한다.

금속(알루미늄), 세라믹(유리), 폴리머(폴리에스터 플라스틱)의 세 분류의 재료 모두가 현재 탄산음료 용기로 사용되고 있으며, 사용되는 모든 재료는 유해하지 않으며, 음료와 반응하지 않는다. 사용되는 용기들은 각각 장단점이 있는데, 알루미늄은 단단하고(그러나 우그러지기 쉬움), 이산화탄소의 확산을 잘 막아 주며, 재활용이 가능하며, 음료가 빨리 냉각되고, 표면에 라벨을 장식할 수 있는 장점이 있다. 반면에 불투명하고, 제조 비용이 비싼 단점이 있다. 유리는 이산화탄소가 빠져나가지 못하며, 상대적으로 제조 비용이 저렴하고, 재활용도 가능하지만 쉽게 깨지며, 무겁다. 플라스틱은 투명하고 값싸며 가볍고 재활용이 가능하나, 알루미늄이나 유리와 같이 이산화탄소의 방출을 효과적으로 막아 주지 못한다. 아마 여러분은 알루미늄이나 유리 용기의 경우 수년을 보관해도 탄산성이 없어지지 않지만, 플라스틱의 경우 수개월이 지나면 완전히 없어지는 것을 경험할 것이다.

하지 않는다. 폴리머의 가장 큰 단점은 온도에 취약하여 비교적 낮은 온도에서도 연해지거나 분해되며, 이러한 성질 때문에 사용 범위가 제한되는 경우가 많다는 것이다. 폴리머는 전기 전도율이 낮고(그림 1.8), 비자성 특성을 갖는다.

그림 1.11은 여러분이 흔히 접하는 폴리머 제품의 사진이다. 제14~15장에서 폴리머 재료의 구조, 성질, 응용 분야, 그리고 제조 공정에 대해 설명한다.

복합 재료

복합 재료(composite)는 앞에서 분류된 금속, 세라믹, 폴리머에 속하는 재료들의 둘 혹은 그 이상을 복합하여 구성된다. 복합 재료의 목적은 단일 재료에서 구현될 수 없는 특성을 얻거나 각 구성 재료의 최고 특성이 조합되어 나타나도록 하는 것이다. 대부분의 복합 재료는 금속, 세라믹, 폴리머의 조합으로 이루어진다. 물론 자연적으로 만들어지는 나무와 뼈도 복합 재료의 일종으로 생각할 수 있다. 그러나 여기서는 인공적으로 합성된 재료만을 복합 재료로 취급하기로 한다.

가장 널리 알려진 복합 재료는 유리 섬유(fiberglass)인데, 이는 유리 섬유가 폴리머(일반적으로 에폭시 혹은 폴리에스터) 내부에 삽입되어 있다.[10] 폴리머는 연하고 쉽게 변형되지만 유리 섬유는 상대적으로 단단하고 강하나 연성이 좋다. 따라서 유리 섬유는 단단하고, 강하면서도(그림 1.5와 1.6) 변형성이 좋고 깨지지 않으며, 밀도가 낮다(그림 1.4).

기술적으로 중요한 복합 재료의 또 다른 예는 '탄소 섬유 강화 폴리머(carbon fiber-reinforced polymer, CFRP)' 복합 재료인데, 이는 탄소 섬유가 폴리머에 삽입된 것이다.

---

10 유리 섬유(fiberglass)는 '*glass-fiber-reinforced polymer*'라고도 하며, 약자(GFRP)로 자주 쓴다.

이 재료는 유리 섬유 강화 재료에 비해 더 단단하고 강하며(그림 1.5와 1.6) 비싸다. 그러므로 **CFRP** 복합 재료는 비행기나 우주선 분야와 첨단 스포츠 소재(예 : 자전거, 골프 클럽, 테니스 라켓, 스키/스노보드)에 사용되고 있다. 보잉 787기의 동체도 **CFRP** 복합 재료로 만들었다.

제16장에서 이러한 재료들에 대해 다룬다.

그림 1.4~1.8의 도표와 달리 재료 유형으로 성질값(property value)을 나타내는 삽화적인 다른 표현 방법이 있다. 즉 수많은 다른 유형의 재료들에 대하여 하나의 성질값과 다른 성질값을 대비적으로 도표에 나타낸다. 양 축을 로그 단위(logarithmic scale)로 표현하고, 성질값을 여러 자릿수(적어도 세 자릿수, 즉 10³)의 범위로 나타내 모든 재료의 성질값을 한 도면에 표현한다. 그림 1.12의 도표가 하나의 예이다. 강성도(탄성 계수 또는 영의 계수)의 로그값을 밀도의 로그값에 대비하여 도표화하였다. 여기서 재료(금속, 세라믹, 폴리머)의 특정한 유형[또는 족(family)]에 대한 데이터 값들이 함께 모이고, 굵은 선으로 그려진 하나의 묶음[또는 버블(bubble)] 내에 들어온다. 그러므로 각각의 묶음은 대응되는 재료족(material family)에 대한 성질의 범위를 나타내게 된다.

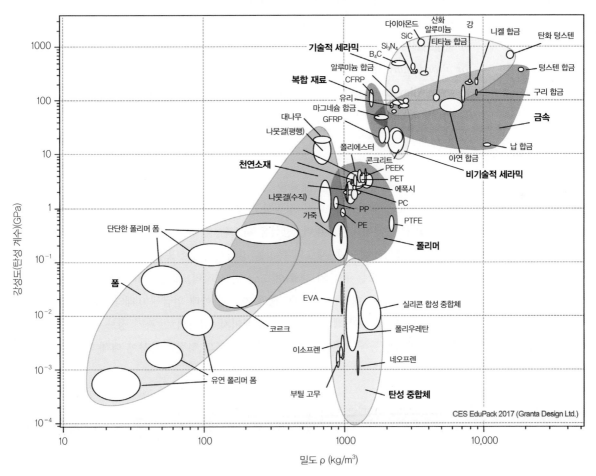

그림 1.12 탄성 계수(강성도) 대비 재료 밀도 선택 차트
(출처 : Granta Design Ltd. CES EduPack 2017을 이용해 만든 차트임)

이것은 다양한 재료들에 대한 밀도와 강성도의 연관을 보여주는 그림 1.4와 1.5의 정보를 종합적으로 간결하게 보여 주는 도표가 된다. 그림 1.12와 같은 도표는 어떠한 다른 두 가지 성질에 대하여 만들어질 수 있다(예 : 열 전도율 대비 전기 전도율). 그러므로 다양한 재료 성질에서 두 가지 성질, 즉 쌍 조합(combination of pairs)이 주어지면 이런 유형의 수많은 도표가 만들어질 수 있다. 이 도표는 '재료 성질 도표', '재료 선택 도표', '버블 차트', 또는 '애쉬비 도표'(Michael F. Ashby 이름을 따서 지음)로도 불린다.[11]

그림 1.12에 포함된 세 가지 중요한 공학 재료 족에 대한 묶음은 다음과 같다.

- 탄성 중합체 : 고무 같은 거동을 보이는 폴리머 재료(고탄성 변형)
- 천연 재료 : 자연에서 얻은 재료(예 : 목재, 가죽, 코르크)
- 폼 : 높은 기공성(다량의 작은 기공을 포함)을 가진 전형적인 폴리머 재료로 쿠션이나 포장으로 자주 사용됨

이 버블 차트는 학계와 산업계에서 공학 설계를 위해 매우 유용한 도구로 사용되고, 재료를 선택하는 과정에서 광범위하게 이용된다.[12] 제품을 위한 재료를 고려할 때 엔지니어는 자주 상반되는 목적(예 : 가볍지만 강성을 가진 제품)에 직면하고, 상반되는 요구들 사이에서 가능한 절충을 찾아내야만 한다. 절충을 통한 통찰력 있는 선택은 적절한 버블 차트를 이용하여 이루어진다. 이와 같은 과정은 비틀림 응력 원통형 축에 대한 재료 선택(*Materials Selection for a torsionally Stressed Cylindrical Shaft*)이라는 사례연구를 통해 입증되었다(관련 자료는 www.wiley.com/go/Callister_MaterialsScienceGE → More Information → Student Companion Site 참조).

1.5 첨단 재료

첨단 기술의 응용에 사용되는 재료를 첨단 재료(advanced materials)라고 한다. **첨단 기술**(high technology)이라 함은 매우 정밀하고 복잡한 기능에 의해 구동되는 전자제품(예 : 휴대전화, DVD 플레이어), 컴퓨터, 광섬유 시스템, 우주선, 항공기, 미사일 등을 말한다. 첨단 재료는 전형적으로 전통 재료의 특성을 강화시키거나 또는 새롭게 발전시킨 것이다. 이들 첨단 재료에는 모든 종류의 재료(예 : 금속, 세라믹, 폴리머)가 포함되며 일반적으로 고가의 재료이다. 첨단 재료는 반도체, 생체 재료와 아래 언급될 **미래의 재료**(즉 스마트 재료, 나노 재료)를 말한다. 이 책의 후반부에서 레이저, 집적회로, 자기 정보 저장, 액상 표시 소자(LCD), 광섬유 등에 사용되는 다양한 첨단 재료의 성질과 응용에 대해 다룬다.

반도체

반도체(semiconductor)는 전기적으로 도체(금속, 금속 합금)와 절연체(세라믹, 폴리머)의 중간적 성질을 갖는다(그림 1.8). 또한 이 재료의 전기적 특성은 불순물의 농도 및 분포에 매

---

11 이 차트의 재료들은 다음의 웹주소에서 찾을 수 있다. www.techingresources.grantadesign.com/charts
12 Grand Design의 CES Edupack은 이 버블 차트를 이용하여 설계 시 재료를 선택하는 원리를 배우게 하는 우수한 소프트웨어 패키지이다.

우 민감하며, 이러한 농도 분포를 아주 미세한 영역에서 조절할 수 있다. 반도체 재료는 최근 40년 동안 전자와 컴퓨터 산업을 혁명적으로 바꾸고 있는 집적회로의 출현을 가능하게 하였다.

생체 재료

우리의 평균 수명이 늘어나고 삶의 질이 향상된 데는 병들거나 다친 신체 부위를 교체할 수 있게 한 기술 개발 덕분이다. 몸에 이식되는 생체 재료들, 살아 있지 않은 재료들로 구성된 교체 이식물은 인체의 생체조직과 접촉하면서 믿을 수 있고 안정적이며 생리학적으로 만족스럽게 기능한다. 즉 생체 재료는 사용되는 동안 접촉하고 있는 신체 조직 및 체액에 적합해야 한다. 생체 재료는 거부 반응을 일으키거나 생리학적으로 허용되지 않는 반응을 보인다거나 해독한 물질을 방출하지 않아야 한다. 그러므로 생체에 적합한 재료를 사용하도록 재료에 다소 엄격한 제한이 주어진다.

적합한 생체 재료로 앞에서 설명한 여러 부류의 재료들(금속 합금, 세라믹, 폴리머, 복합 물질)이 이용된다. 이 책의 남은 부분에서 생체기술 응용물에 사용되는 생체 재료에 대하여 설명이 이어지고 있다.

지난 수년간에 걸쳐 새롭고 보다 좋은 생체 재료들을 개발하기 위한 노력이 가속적으로 진행되었다. 오늘날 생체 재료 분야는 새롭고, 신나면서, 고액의 연봉을 받을 수 있는 직장이 많아 관심을 크게 받는 재료 영역 중 하나이다. 생체 재료 응용물로 관절(예 : 히프, 무릎) 및 심장판막 대체물, 혈관이식편(vascular grafts), 골절 고정 기구, 치아 교정, 새로운 기관 조직 생성이 있다.

스마트 재료

스마트(혹은 **지능형**) 재료(smart or intelligent materials)는 우리가 사용하는 많은 기술 분야에 지대한 영향을 주는 첨단 소재들을 말한다. '스마트'라는 용어는 재료가 주위 환경에 따라 변할 수 있는 기능이 있고, 미리 정해진 방향을 따라 반응한다는 것을 나타내기 위해 붙여진 용어이다. 이러한 예는 생체 기관에서 찾아볼 수 있다. 또한 스마트의 개념은 스마트 재료와 기존의 전통 재료가 복합된 첨단 시스템을 포괄적으로 지칭하기도 한다.

스마트 재료(혹은 시스템) 구성에는 입력 신호를 감지하는 센서 기능과 감지에 대응하여 작동하는 액추에이터(actuator)의 기능이 들어가 있다. 액추에이터는 온도, 전기장, 혹은 자기장의 변화에 대응하여 형상, 위치, 진동, 기계적 특성 등이 변하는 것을 의미한다.

보통 네 종류의 재료가 액추에이터에 사용되는데, 형상 기억 합금, 압전 세라믹, 자기변형 재료, 자성/전성 유체 등이다. 형상 기억 합금(shape-memory alloys)은 일단 변형이 되어도 온도가 바뀌면 원래의 형태로 바뀌는 금속 물질이다(10.9절의 '중요 재료' 참조). 압전 세라믹(piezoelectric ceramics)은 외부에서 가해 주는 전기장(혹은 전압)에 의해 수축 · 팽창하며, 역으로 수축 · 팽창이 일어나면 전기장을 발생시킨다(18.25절 참조). 자기변형 재료(magnetostrictive materials)의 작용은 압전 작용과 유사하나 전기장이 아닌 자기장에 반응하는 점이 다르다. 또한 자성/전성 유체(electrorheological and magnetorheological fluids)는 자기장 혹은 전기장에 의해 유체의 유동도가 급격히 바뀌는 물질이다.

감지 센서로 사용되는 재료/소자에는 광섬유(21.14절), 폴리머를 포함한 압전 소재, 마이크로 전기기계 시스템(microelectromechanical system, MEMS)(13.10절) 등이 있다.

여기서 한 예로 헬리콥터의 회전 날개에서 발생하는 소음이 조정실로 들어오는 것을 차단하기 위한 스마트 시스템을 알아보자. 우선 회전 날개판 내부에 압전 센서를 장착하여 날개판이 회전하며 받는 압력과 변형을 감지한다. 감지된 신호는 컴퓨터에 의해 제어되는 대응 장치에 보내지고, 이 장치는 반소음파(antinoise)를 발생시켜 소음파와의 상쇄를 통해 소음을 제거한다.

나노 재료

매혹적인 성질과 엄청난 기술 잠재력이 기대되는 새로운 종류의 재료는 나노 재료(nanomaterials)이다. 나노 재료는 금속, 세라믹, 폴리머, 복합 재료, 이 넷 중 하나의 기본 부류에 속한다. 다른 재료와 달리 이 재료는 화학적 조성이 아닌 크기에 의해 분류된다. 나노(nano)라는 접두사는 나노미터(10^{-9} m)의 영역에 있는 구조체의 크기(통상적으로 100 나노미터 이하, 500개 정도 원자들의 직경)를 의미한다.

나노 재료가 출현하기 전에 과학자가 사용했던 일반적인 접근법은, 우선 크고 복잡한 구조를 조사하여 재료의 화학적 · 물리적 성질을 이해한 후 이 구조를 구성하는 작고 간단한 단위물의 구조를 이해하는 순서를 취하였다. 이러한 접근 방법을 하향식 접근법이라고 부른다. 그러나 주사 탐침현미경(scanning probe microscope)의 발전(4.10절)에 따라 개별적인 원자나 분자를 관찰하게 되었고, 이러한 원자나 분자를 조작하고 움직여서 새로운 구조를 갖는 신소재를 만들 수 있게 되었다(즉 '디자인에 의한 재료'). 원자를 인위적으로 배치시킬 수 있는 기능을 첨가함으로써 지금까지 가능하지 않았던 새로운 기계적, 전기적, 자기적, 그리고 기타 특성을 갖는 새로운 소재를 만들 수 있는 기회가 열렸다고 할 수 있다. 이러한 접근법을 상향식이라고 하며, 이러한 재료의 연구 개발을 나노기술(nanotechnology)[13]이라고 한다.

물질의 물성적 · 화학적 성질은 입자의 크기가 원자 크기에 접근하게 되면 현격히 달라지게 된다. 예를 들어 거시적 크기에서 불투명했던 재료는 나노스케일에서는 투명하게 되며, 일부 고체는 액체로, 화학적으로 안정했던 물질은 연소성으로, 부도체는 도체가 될 수 있다. 이러한 나노스케일에서 물질의 특성은 크기에 영향을 받는다. 이러한 영향은 양자역학에 기인할 수도 있고 표면 현상(surface phenomena)에 기인할 수도 있다. 입자의 크기가 작아지면 입자 표면에 있는 원자들의 분포 비율은 급격히 증가하게 된다.

이러한 특이한 성질 때문에 나노 재료는 전자, 생체의학, 스포츠, 에너지 발전 등 여러 산업의 첨단 분야에 사용되고 있다. 이 책은 다음의 적용 사례를 다룬다.

----

13 Richard Feynman은 1959년 미국물리학회 강의에서 "There's Plenty of Room at the Bottom"의 제목으로 나노 재료의 잠재적 미래에 대해 경이적인 예측을 하였다.

- 자동차의 촉매 변환장치(제4장 '중요 재료')
- 나노탄소 : 풀러린, 탄소나노튜브, 그래핀(13.10절)
- 자동차 타이어 보강재로서의 흑색 탄소 입자(16.2절)
- 나노복합체(16.16절)
- 하드디스크에 사용되는 자성 나노 입자(20.11절)
- 자기테이프에 데이터를 저장하는 자성 입자(20.11절)

새로운 나노 재료가 개발될 때마다 사람과 동물에 해를 주고 독성이 있을 가능성이 있는지 잘 살펴보아야 한다. 작은 나노 입자는 극히 큰 체적 대 표면 비율을 갖고 있어 높은 화학 반응성을 가질 수 있다. 나노 재료의 안전성은 아직 정확히 밝혀지지 않았지만 피부, 허파, 소화기관을 통해 빠른 속도로 흡수되어, 일정한 농도로 축적되면 인체에 폐암이나 DNA 손상과 같은 해를 줄 수 있다.

1.6 현대 사회를 위한 재료의 발전

지난 수년간 재료에 대한 이해와 발전은 급격히 진행되었으나, 더욱 발전되고 전문화된 재료의 개발과 함께 재료 생산이 환경에 미치는 영향을 고려한 기술적인 도전은 계속되어야 한다. 이러한 관점에서 앞으로의 재료 발전에 대한 몇 가지 중요한 방향을 생각해 볼 수 있다.

오늘날 수많은 중요한 기술 분야는 에너지를 포함한다. 에너지 활용에 대한 많은 관심이 고조되고 있는 요즘 경제적이고 새로운 에너지 자원, 특히 재생 에너지를 개발하고, 기존 에너지 자원을 더욱 효율적으로 사용하기 위한 과제가 대두되었다. 재료의 개발은 이러한 과제의 해결에 중요한 역할을 한다. 예를 들어 태양 에너지를 전기 에너지로 바꾸는 기술이 가능하게 되었다. 이 같은 태양 전지는 비교적 복잡하고 값비싼 재료를 사용해야 한다. 따라서 태양 에너지의 효율적인 이용을 위해서는 에너지 전환의 효율을 높일 수 있고 값도 저렴한 재료의 개발이 필요하다.

향상되는 태양 전지 재료와 함께 현재 사용되는 배터리보다 전기 에너지 저장 밀도가 더 크고 보다 저렴하게 제작되는 배터리를 위한 새로운 물질이 분명하게 요구되고 있다. 현재 첨단 기술로 리튬 이온 배터리가 사용되고 있다. 이 배터리는 비교적 고밀도를 저장한다. 그러나 아직 해결해야 할 몇 가지 기술적 어려움이 있다.

많은 양의 에너지가 운송 분야에 사용되고 있다. 여기에 사용되는 에너지의 소모를 줄이기 위해 운송 수단(자동차, 항공기, 기차)의 무게를 줄이고, 엔진의 온도를 높여 연소 효율을 높일 수 있으며, 이를 위해 새로운 고강도 경량 구조 재료의 개발과 엔진 부품을 위한 고내열성 재료의 개발이 필요하다

수소 연료 전지는 매우 매력적이면서 실현 가능성이 큰 무공해 에너지 변환 기술의 하나이다. 이 기술은 전자 부품의 배터리로 사용되기 시작하고 있으며, 향후 자동차의 동력으로 큰 잠재성을 갖고 있다. 좀 더 높은 효율을 갖는 연료 전지를 개발하기 위해서는 수소의 생산 효율을 높일 수 있는 새로운 촉매 재료의 개발이 필요하다.

원자력 에너지도 유망한 에너지원으로 이용되고 있으나, 좀 더 광범위한 응용을 위해서는 연료의 처리와 핵폐기에 관한 재료상의 많은 문제점이 해결되어야 한다.

더욱이 환경의 질은 공기 및 수질 오염 제어 능력에 의존하며, 오염을 조절하는 기술은 다양한 재료들을 필요로 한다. 게다가 환경적 퇴보를 감소시키기 위한 재료 공정과 정교한 방법은 향상되어야만 한다. 즉 금속 채굴에서부터 오는 오염을 줄이기 위해서 오염을 조절하는 다양한 기술이 필요하다. 또한 어떤 재료는 공장에서 유해한 물질을 생산해 내며, 이런 물질들은 생태적인 측면에서 고려되어야 한다.

우리가 사용하는 많은 재료들은 재생 불가능한 재료로부터 얻는 것들이다. 폴리머를 포함한 가공되지 않은 재료 중 주요한 것은 오일과 몇 가지 금속들이다. 재생되지 않는 재료는 대체로 고갈되므로, (1) 추가적인 발견, (2) 친환경적인 새로운 재료의 발견, (3) 재활용 기술의 향상과 새로운 기술의 발전이 필요하다. 따라서 재료는 생산의 경제적 요소뿐만 아니라 환경적 효과와 생태적 요소들에 의해 결정되고, '요람에서 무덤까지' 재료의 전반적인 제조 공정의 순환이 점차적으로 중요하게 고려되고 있다.

이러한 재활용에 대한 재료과학자와 재료공학자의 역할과 환경·사회적 문제에 대해서는 제22장에서 좀 더 자세히 다룰 것이다.

요약

재료과학과 공학	• 재료를 그 응용 분야에 따라 여섯 종류의 성질로 분류할 수 있다: 기계적, 전기적, 열적, 자기적, 광학적, 열화적 특성.
	• 재료과학의 중요한 관계식은 재료 성질의 구조에 대한 의존성이다. 구조라 함은 재료의 내부 구성물이 어떻게 배치돼 있는가를 말하며, 작은 크기부터 아원자, 원자, 나노, 미세, 매크로 구조로 지칭된다.
	• 재료의 설계, 생산, 활용에서 생각해야 할 4개 요소는 공정, 구조, 성질, 성능이다. 재료의 성능은 그 구조에 의해 좌우되며, 구조는 재료의 공정에 의해 정해진다. 이 네 가지 요소의 상관관계를 때때로 재료과학과 공학의 가장 중요한 패러다임이라 부른다.
	• 재료의 선택에서 중요한 세 가지 기준은 재료가 사용되는 환경, 사용 중의 열화, 제작물의 제조 가격이다.
재료의 분류	• 재료는 화학적·원자적 구조를 토대로 세 종류로 분류된다: 금속(금속 원소), 세라믹(금속과 비금속의 화합물), 폴리머(탄소, 수소, 기타 비금속으로 구성된 화합물). 또한 복합 재료는 적어도 2개의 상이한 재료군으로 구성된다.
첨단 재료	• 또 하나의 재료군은 첨단 기술 분야에 사용되는 첨단 재료이다. 여기에는 반도체(도체와 부도체의 중간의 전기 전도율을 보임), 생체 재료(생체 조직에 적합해야 함), 스마트 재료(미리 정해진 방식으로 외부 환경을 감지하고 반응함), 나노 재료(나노미터의 구조적 크기를 갖고 일부는 원자나 분자 단위로 설계됨)가 포함된다.

참고문헌

Ashby, M. F., and D. R. H. Jones, *Engineering Materials 1: An Introduction to Their Properties, Applications, and Design, 4th edition*, Butterworth-Heinemann, Oxford, England, 2012.

Ashby, M. F., and D. R. H. Jones, *Engineering Materials 2: An Introduction to Microstructures and Processing*, 4th edition, Butterworth-Heinemann, Oxford, England, 2012.

Ashby, M. F., H. Shercliff, and D. Cebon, *Materials: Engineering, Science, Processing, and Design*, 3rd edition, Butterworth-Heinemann, Oxford, England, 2014.

Askeland, D. R., and W. J. Wright, *Essentials of Materials Science and Engineering*, 3rd edition, Cengage Learning, Stamford, CT, 2014.

Askeland, D. R., and W. J. Wright, *The Science and Engineering of Materials*, 7th edition, Cengage Learning, Stamford, CT, 2016.

Baillie, C., and L. Vanasupa, *Navigating the Materials World*, Academic Press, San Diego, CA, 2003.

Douglas, E. P., *Introduction to Materials Science and Engineering: A Guided Inquiry*, Pearson Education, Upper Saddle River, NJ, 2014.

Fischer, T., *Materials Science for Engineering Students*, Academic Press, San Diego, CA, 2009.

Jacobs, J. A., and T. F. Kilduff, *Engineering Materials Technology*, 5th edition, Prentice Hall PTR, Paramus, NJ, 2005.

McMahon, C. J., Jr., *Structural Materials*, Merion Books, Philadelphia, PA, 2006.

Murray, G. T., C. V. White, and W. Weise, *Introduction to Engineering Materials*, 2nd edition, CRC Press, Boca Raton, FL, 2007.

Schaffer, J. P., A. Saxena, S. D. Antolovich, T. H. Sanders, Jr., and S. B. Warner, *The Science and Design of Engineering Materials*, 2nd edition, McGraw-Hill, New York, NY, 1999.

Shackelford, J. F., *Introduction to Materials Science for Engineers*, 8th edition, Prentice Hall PTR, Paramus, NJ, 2014.

Smith, W. F., and J. Hashemi, *Foundations of Materials Science and Engineering*, 5th edition, McGraw-Hill, New York, NY, 2010.

Van Vlack, L. H., *Elements of Materials Science and Engineering*, 6th edition, Addison-Wesley Longman, Boston, MA, 1989.

White, M. A., *Physical Properties of Materials*, 2nd edition, CRC Press, Boca Raton, FL, 2012.

연습문제

1.1 다음에 열거된 현대 기기나 소자들 중 하나 이상을 선택하여, 인터넷 탐색을 통해 어떤 재료가 사용되는지, 기기나 소자가 작동하기 위해 어떤 성질이 필요한지에 대해 조사하고, 무엇을 알아냈는지에 대한 보고서를 작성하라.

휴대전화/디지털 카메라의 배터리
휴대전화 디스플레이
태양 전지
풍력 터빈 블레이드
연료 전지
자동차 엔진 블록(주철은 제외)
자동차 차체(철강은 제외)
우주 망원 거울

군용 장갑체
스포츠용품
축구공
농구공
스키폴
스키 신발
스노보드
서핑보드
골프 클럽
골프공
카약
경량 자전거 프레임

1.2 세라믹 재료로 만들어진 세 가지 물품(그림 1.10에

서 소개된 물품에 추가하여)을 열거하라. 각 물품에 대하여 사용된 구체적인 세라믹과 선택할 적에 고려한 재료적 특성을 적어도 하나 이상 기술하라.

1.3 다음 재료들을 금속, 세라믹, 폴리머로 분류하고 분류 이유를 설명하여라.

(a) 황동 (b) 마그네슘 산화물(MgO) (c) 플렉시 글래스® (d) 폴리클로로프렌 (e) 탄화 붕소(B_4C) (f) 주철

원자 구조와 원자 결합

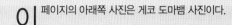

Courtesy Jeffrey Karp, Robert Langer, and Alex Galakatos

Courtesy Jeffrey Karp, Robert Langer, and Alex Galakatos

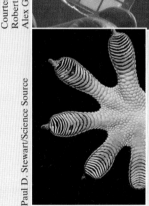

Paul D. Stewart/Science Source

이 페이지의 아래쪽 사진은 게코 도마뱀 사진이다.

게코 도마뱀은 매우 흥미롭고 놀라운 열대 도마뱀의 일종이다. 게코 도마뱀은 어떤 표면에도 붙을 수 있는 끈적거리는 다리를 갖고 있어 벽이나 천장에 마음대로 기어오르거나 다닐 수 있다(세 번째 그림). 실제로 도마뱀은 자기의 체중을 단 1개의 발가락으로 지탱할 수 있다. 이러한 놀라운 능력의 비결은 발가락 밑에 있는 수많은 미세 체모에 있는데, 체모가 표면에 닿으면, 표면 분자와 체모 분자 사이에 약한 견인력(즉 반 데르 발스의 힘)이 생기게 된다. 이러한 체모는 매우 작고 수없이 많아 도마뱀이 표면과 강하게 붙을 수 있도록 한다. 이러한 접착을 떼기 위해서 도마뱀은 단지 발가락을 들어 올려 표면과 체모가 분리되도록 한다.

이러한 접착의 메커니즘을 이용하여 과학자들은 몇 가지 강력한 인공 접착제를 개발하였다. 이 중 하나가 상처나 절개 부위를 봉합하는 스테이플 대신 사용할 수 있는 접착 테이프이다(두 번째 그림). 이 소재는 습한 환경에서도 접착 특성이 좋고 치유 과정에서 독성 물질을 방출하지 않는다. 이 접착 테이프의 미세구조를 보여 주는 사진은 위쪽 중앙에 있다.

Barbara Peacock/Photodisc/Getty Images, Inc.

고체에서의 원자 간 결합을 공부하는 중요한 이유는 많은 경우 결합의 종류로 재료의 특성을 설명할 수 있기 때문이다. 예를 들어 흑연과 다이아몬드를 구성하는 탄소를 생각해 보자. 흑연은 비교적 연하고 '매끄러운' 느낌을 들게 하는 반면에 다이아몬드는 가장 단단한 물질로 알려져 있다. 또한 다이아몬드는 전기 전도성이 없으나 흑연은 상당히 좋은 전도체다. 이러한 차이는 다이아몬드에는 존재하지 않으나 흑연에는 존재하는 원자 간 결합에 직접적으로 기인한다(12.4절 참조).

학습목표

이 장을 학습한 후에는 다음 내용을 숙지할 수 있어야 한다.

1. 인용된 두 가지 원자 모델과 둘 간의 차이점
2. 전자 에너지와 관련된 중요한 양자역학의 원리
3. (a) 2개의 원자 혹은 이온 사이에 대한 인력, 척력 그리고 전체 에너지 대 원자 간 거리에 대한 대략적인 그래프

   (b) 결합 에너지와 평형 거리에 대한 그래프
4. (a) 이온, 공유, 금속, 수소 그리고 반 데르 발스 결합

   (b) 이러한 각 결합 형태 중 물질이 취하는 결합에 관한 내용

2.1 서론

고체 재료의 많은 중요한 성질들은 원자의 기하학적 배열과 원자 혹은 분자 간 결합의 영향을 받는다. 이 장에서는 다음 장에서 설명될 내용을 이해하기 위한 기초 개념으로 원자의 구조, 원자 내의 전자 분포, 주기율표, 고체를 구성하는 원자의 1차 및 2차 결합 등을 설명하고자 한다. 이 주제들은 독자들이 몇몇 재료와 친숙하다는 가정하에 간단히 고찰한다.

원자 구조

2.2 기본 개념

원자는 양자와 중성자로 구성된 핵과 그 주위를 도는 전자로 이루어져 있다.[1] 전자와 양자는 전기적으로 전하를 가지고 있으며, 그 전하량은 1.602×10^{-19} C로, 전자는 음전하, 양자는 양전하를 가지며, 중성자는 중성을 띤다. 이러한 아원자 입자의 질량은 매우 작아 양자와 중성자의 경우는 1.67×10^{-27} kg의 비슷한 질량을 갖는데, 이는 전자의 질량 9.11×10^{-31} kg에 비해서는 상당히 크다고 할 수 있다.

원자번호(Z)

각 화학 원소는 핵 내 양자의 수 혹은 원자번호(atomic number, Z)에 의해 분류된다.[2] 전기적으로 중성이거나 완전한 원자는 원자번호와 같은 수의 전자를 갖는다. 이러한 원자번호는 수소의 1에서부터 자연상에 존재하는 가장 높은 원자번호를 갖는 우라늄의 92까지이다.

특정 원자의 원자 질량(atomic mass, A)은 핵 내의 양자와 중성자의 질량합으로 나타낼 수

---

1 양자, 중성자, 전자는 쿼크, 뉴트리노, 보손과 같은 아원자들로 구성되어 있다. 그러나 여기서는 양자, 중성자, 전자에 대해서만 다루기로 한다.

2 색글자로 나타낸 용어들은 이 책의 '용어해설'에 정의되어 있다.

있다. 하지만 각 원소의 양자수는 같아도 중성자의 수는 다를 수 있다. 따라서 어떤 원소는
두 가지 이상의 원자 질량을 갖는데, 이를 **동위원소**(isotope)라고 한다. 이러한 경우 **원자량**
(atomic weight)은 자연상에 존재하는 동위원소의 원자 질량의 평균값으로 정의된다.[3] 원자
질량 단위(atomic mass unit, amu)는 원자량을 산출하는 데 사용된다. 1 amu는 가장 흔한
탄소 동위원소 평균 질량의 $\frac{1}{12}$로 정의되며, 탄소 원자번호는 12(^{12}C)($A = 12.00000$)이다. 이
러한 방법에 의해 산출된 양자와 중성자의 질량은 1보다 약간 크다.

동위원소

원자량(A)

원자 질량 단위(amu)

$$A \cong Z + N \tag{2.1}$$

원소의 원자량과 화합물의 분자량은 단위 원자당(혹은 분자당) amu 또는 재료 1몰당 질량
으로 표시된다. 물질 1몰(mole)에는 6.022×10^{23}[아보가드로 수(Avogadro's number)]개의
원자나 분자가 존재한다. 원자량을 나타내는 이러한 두 방식은 서로 다음과 같은 관계를 갖
는다.

몰

$$1 \text{ amu/atom(혹은 분자)} = 1 \text{ g/mol}$$

예를 들어 철의 원자량은 55.85 amu/atom 또는 55.85 g/mol이다. 원자 혹은 분자당 amu
로 원자량을 나타내는 것이 편리한 경우가 있으나 일반적으로 g(또는 kg)/mol 단위가 더 많
이 사용되고 있으므로 이 책에서는 후자의 단위를 사용하였다.

예제 2.1

세륨의 평균 원자량 계산

세륨(cerium)은 자연에서 4개의 동위원소, 즉 원자량 135.907 amu의 ^{136}Ce가 0.185%, 원자
량 137.906 amu의 ^{138}Ce가 0.251%, 139.905 amu의 ^{140}Ce가 88.450%, 141.909 amu의 ^{142}Ce가
11.114% 존재한다.

풀이

가상의 원소 M의 평균 원자량 $\overline{A}_M$은 모든 동위원소의 원자량의 분포 분율의 합으로 계산한다.
즉,

$$\overline{A}_M = \sum_i f_{i_M} A_{i_M} \tag{2.2}$$

여기서 f_{i_M}은 원소 M의 동위원소 i의 분포 분율(즉 분율 퍼센트를 100으로 나눈 값)이고 A_{i_M}은
각 동위원소의 원자량이다.

세륨의 경우 식 (2.2)는 다음과 같다.

$$\overline{A}_{Ce} = f_{^{136}Ce}A_{^{136}Ce} + f_{^{138}Ce}A_{^{138}Ce} + f_{^{140}Ce}A_{^{140}Ce} + f_{^{142}Ce}A_{^{142}Ce}$$

상기의 수치를 수식에 대입하면 다음과 같다.

---

3 우리는 이 장에서 무게가 아닌 질량에 대해서 다루기 때문에 원자량보다는 원자 질량이 더욱 정확한 용어이다. 그러나 원자량이 더 일반적으로
사용되므로 책에서 전반적으로 사용될 것이다. 여러분은 중력 상수로 분자 무게를 나누는 것이 필요하지 않다는 것을 주목해야 한다.

$$\overline{A}_{Ce} = \left(\frac{0.185\%}{100}\right)(135.907 \text{ amu}) + \left(\frac{0.251\%}{100}\right)(137.906 \text{ amu}) + \left(\frac{88.450\%}{100}\right)(139.905 \text{ amu})$$

$$+ \left(\frac{11.114\%}{100}\right)(141.909 \text{ amu})$$

$$= (0.00185)(135.907 \text{ amu}) + (0.00251)(137.906 \text{ amu}) + (0.8845)(139.905 \text{ amu})$$

$$+ (0.11114)(141.909 \text{ amu})$$

$$= 140.115 \text{ amu}$$

개념확인 2.1 왜 원소의 원자량은 정수가 아닐까? 두 가지 이유를 말하라.

[해답은 *www.wiley.com/go/Callister_MaterialsScienceGE* → **More Information** → **Student Companion Site** 선택]

2.3 원자 내의 전자

원자 모델

19세기 후반 들어 고체 내에 존재하는 전자와 관련된 여러 현상은 고전 역학적으로 설명될 수 없음이 밝혀졌다. 따라서 원자와 원자 내 개체의 거동을 지배하는 일련의 새로운 원리와 법칙이 정립되었으며, 이를 양자역학(quantum mechanics)이라고 부르게 되었다. 원자 내 전자들의 거동을 정확히 이해하기 위해서는 양자역학에 대한 이해가 선행되어야 한다. 그러나 이 개념에 대한 자세한 설명은 이 책의 취지를 벗어나므로 여기서는 단순하고 간단하게 취급하고자 한다.

양자역학

양자역학의 초기 개념은 간단한 보어 원자 모델(Bohr atomic model)에서 출발하였다. 이 모델에서 전자는 정해진 궤도를 가지고 원자 주위를 돌고 있다고 가정하였으며, 궤도의 위치는 명확히 정의된다고 가정하였다. 이러한 보어 원자 모델의 개념도를 그림 2.1에 나타내었다.

보어 원자 모델

그림 2.1 보어 원자의 개략도

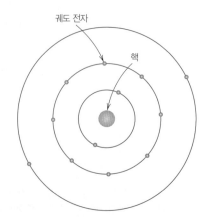

궤도 전자

핵

그림 2.2 (a) 보어 수소 원자의 처음 세 전자 에너지 준위, (b) 파동역학적 수소 원자의 처음 세 전자각(주각) 에너지 준위

(출처 : W. G. Moffatt, G. W. Pearsall, and J. Wulff, *The Structure and Properties of Materials*, Vol. I, Structure, John Wiley & Sons, 1964. Janet M. Moffatt 허가로 복사 사용함)

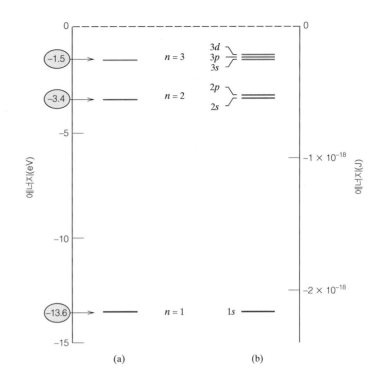

또 다른 중요한 양자역학의 개념은 전자의 에너지가 **양자화**된다는 것이다. 즉 전자는 오직 특정한 에너지 값만을 가질 수 있다는 것이다. 전자의 에너지는 바뀔 수 있지만, 이는 오직 허용된 높은 에너지(에너지 흡수를 수반)와 낮은 에너지(에너지 방출을 수반)로 양자 도약(quantum jump)을 함으로써만 가능하다. 이러한 허용된 전자의 에너지를 에너지 수준(energy level), 혹은 준위(state)로 생각할 수 있다. 이러한 준위의 에너지는 연속적으로 변하지 않으며, 따라서 준위는 일정한 에너지 간격으로 분리되어 있다. 예를 들어 보어 수소 원자(Bohr hydrogen atom)의 허용 준위는 그림 2.2a와 같다. 이러한 에너지는 음의 값을 가지며, 핵에 구속되지 않은 혹은 자유 전자 에너지를 0으로 잡는다. 물론 수소의 한 전자는 오직 하나의 준위만을 채울 수 있다.

보어 원자 모델은 원자 내 전자들의 위치(전자 궤도)와 에너지(양자화된 에너지 수준)를 설명하는 초기 시도로 생각할 수 있다.

이러한 보어 모델은 전자가 갖는 여러 현상을 설명하는 데 한계가 있음이 밝혀졌다. 이러한 한계는 **파동역학 모델**(wave-mechanical model)에 의해 해결되었으며, 이 모델에서 전자는 파동성과 입자성을 동시에 갖는다고 생각한다. 또한 전자를 특정 궤도를 도는 입자로 취급하지 않고, 전자의 위치를 핵 주위에서 전자가 발견될 확률로 나타낸다. 다시 말하면 전자의 위치를 확률 분포 혹은 전자구름으로 표시한다. 그림 2.3에서 수소 원자의 보어와 파동역학 모델을 비교하였다. 이 책에서는 이상의 두 가지 모델 중에 이해가 쉬운 모델을 선택하여 설명할 것이다.

파동역학 모델

그림 2.3 (a) 보어와 (b) 파동역학 원자 모델에 의한 전자 분포의 비교

(출처 : Z. D. Jastrzebski, *The Nature and Properties of Engineering Materials*, 3rd edition, p. 4. Copyright © 1987 by John Wiley & Sons, New York. John Wiley & Sons, Inc. 허가로 복사 사용함)

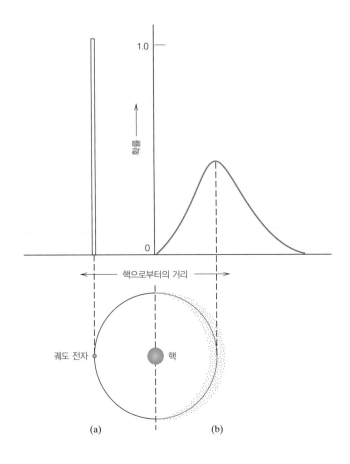

양자수

양자수

파동역학을 사용하면 원자의 모든 전자는 **양자수**(quantum number)라고 하는 4개의 숫자에 의해 정의된다. 전자의 확률 밀도의 크기, 형태, 방향은 3개의 이 양자수에 의해 특징지어진다. 또한 보어 에너지 수준은 전자 부각(subshell)으로 세분되며, 양자수는 각 부각 내에 존재하는 준위를 지칭한다. 전자각 주각(shell)은 **주양자수**(principal quantum number) n으로 표시되며 1부터 시작하는 정수이다. 흔히 이러한 주각은 K, L, M, N, O 등의 알파벳으로 표시하는데, 이는 표 2.1에서와 같이 각각 $n = 1$, 2, 3, 4, 5, …에 해당된다. 4개의 양자수 중 이러한 주양자수만이 보어 모델과 관계가 있는데, 전자궤도의 크기(원자핵에서 떨어진 전자 거리)와 연관이 있다.

두 번째 양자수 l은 부각을 나타내는데 n 수에 의해 제한되며, $l = 0$부터 $l = n - 1$까지의 정수를 갖는다. 각 부각은 소문자 s, p, d, f로 나타내며 l 값과 다음의 상관관계를 갖는다.

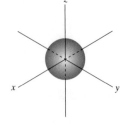

그림 2.4 s 전자궤도의 구형 모양

l 값	문자 표시
0	s
1	p
2	d
3	f

표 2.1 양자수 n, l, m_l 궤도 수와 전자 수 간의 상관관계

n의 값	l의 값	m_l의 값	부각	궤도 수	전자 수
1	0	0	1s	1	2
2	0	0	2s	1	2
	1	−1, 0, +1	2p	3	6
3	0	0	3s	1	2
	1	−1, 0, +1	3p	3	6
	2	−2, −1, 0, +1, +2	3d	5	10
4	0	0	4s	1	2
	1	−1, 0, +1	4p	3	6
	2	−2, −1, 0, +1, +2	4d	5	10
	3	−3, −2, −1, 0, +1, +2, +3	4f	7	14

출처 : J. E. Brady and F. Senese, *Chemistry: Matter and Its Changes*, 4th edition, 2004. John Wiley & Sons, Inc. 허가로 복사 사용함

전자궤도의 모양은 l에 의해 결정된다. 예를 들어 s 궤도는 핵을 중심으로 하는 구형(그림 2.4)이다. p 부각에는 3개의 궤도가 있는데, 각각은 아령 모양(그림 2.5)을 갖는다. 이 세 궤도의 축은 x-y-z 좌표계와 같이 서로 수직을 이루고 있어서 편의상 p_x, p_y, p_z로 표시한다(그림 2.5). d 부각의 궤도 모양은 좀 더 복잡한데 여기서 다루지는 않겠다.

각각의 부각에 존재하는 전자궤도의 수는 세 번째(자기) 양자수, m_l에 의해 구분되며, m_l은 0을 포함한 $-l$과 $+l$ 사이의 정수를 갖는다. $l = 0$일 때 $+0$과 -0이 같기 때문에 0의 값을 갖는다. 이는 오직 하나의 궤도를 갖는 s 부각에 해당된다. $l = 1$의 경우 m_l은 −1, 0, +1의 값을 가질 수 있으며, 3개의 p 궤도가 가능하다. 같은 논리로 d 부각은 5개의 궤도, f 부각은 7개의 궤도를 갖는다. 외부 자기장이 없으며, 부각에 존재하는 궤도는 같은 에너지를 가지며, 외부 자기장이 가해지면 부각 준위는 분리되어 약간 다른 에너지를 갖게 된다. 표 2.1은 n, l, m_l 양자수의 숫자와 상관관계를 나타낸다.

각 전자에는 상하 방향의 스핀 모멘트(spin moment)가 있다. 이러한 스핀 모멘트에 관계되는 양자수가 네 번째 양자수 m_s이고, 스핀 방향에 따라 두 가지($+\frac{1}{2}$ 스핀업, $-\frac{1}{2}$ 스핀다

그림 2.5 (a) p_x, (b) p_y, (c) p_z 전자궤도의 모양과 방향

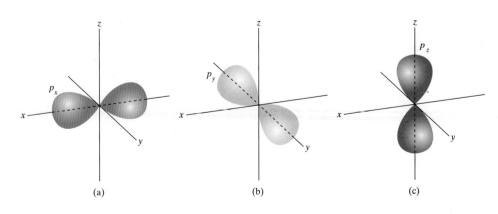

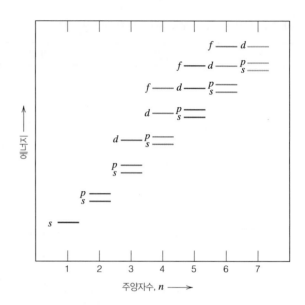

그림 2.6 여러 주각과 부각의 상대적 전자 에너지를 나타낸 개략도
(출처 : K. M. Ralls, T. H. Courtney, and J. Wulff, *Introduction to Materials Science and Engineering*, p. 22. Copyright © 1976 by John Wiley & Sons, New York. John Wiley & Sons, Inc. 허가로 복사 사용함)

운)의 값을 갖는다.

지금까지 설명한 바와 같이 파동역학은 보어 모델의 전자각이 3개의 새로운 양자수에 의해 전자 부각으로 세분되는 것을 밝혀 준다. 따라서 파동역학 모델은 보어 모델의 좀 더 개량된 모델이라고 할 수 있다. 수소 원자를 나타내는 두 모델을 그림 2.2a와 2.2b에 비교하여 나타내었다.

그림 2.6은 파동역학 모델을 이용하여 계산된 주각과 부각의 에너지를 나타낸 도표이다. 이 도표에서 몇 가지 중요한 점을 발견할 수 있다. 첫 번째, 주양자수가 작을수록 낮은 에너지값을 갖는다는 것이다. 예를 들어 $1s$준위의 에너지값은 $2s$준위보다 작으며, $2s$준위는 $3s$보다 작다. 두 번째, 동일한 주각에서 l 양자수가 증가하면 부각의 에너지가 증가한다. 예를 들어 $3d$준위의 에너지는 $3p$준위보다 크고, $3p$준위는 $3s$준위보다 크다. 마지막으로 주각의 준위 에너지는 그다음 주각의 준위 에너지와 겹치는 경우가 존재한다. 이와 같은 경우가 d와 f준위이다. 예를 들면 $3d$준위의 에너지는 $4s$준위의 에너지보다 크다.

전자 배열

전자 준위

파울리의 배타 원리

앞에서는 주로 전자 준위(electron state), 즉 전자에 허용되는 에너지의 값에 대해 언급하였다. 이러한 준위에 전자가 채워지는 방식을 이해하기 위해서는 양자역학의 또 하나의 중요한 개념인 파울리의 배타 원리(Pauli exclusion principle)가 적용되어야 한다. 파울리의 배타 원리는 하나의 준위에 최대 스핀 방향이 각각 다른 2개 이하의 전자가 채워질 수 있는데 그 이상의 전자는 수용할 수 없다는 원리이다. 그러므로 s, p, d, f부각에는 총 2, 6, 10, 14개의 전자가 채워질 수 있다. 표 2.1에 네 번째까지의 주각에 채워질 수 있는 총 전자의 수를 정리하였다.

물론 원자 내의 가능한 모든 준위에 전자가 채워지지 않을 수도 있다. 거의 모든 원자에서 전자는 낮은 에너지를 갖는 전자각(주각)과 부각의 준위로부터 각 준위에 스핀 방향이

그림 2.7 나트륨 원자에 채워진 에너지 준위를 나타낸 개략도

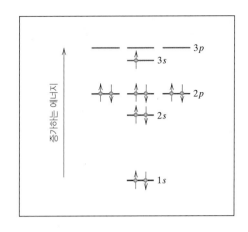

다른 2개의 전자로 채워진다. 나트륨(sodium) 원소의 간단한 에너지 구조를 그림 2.7에 나타내었다. 모든 전자가 앞에서 언급된 법칙에 의해 가능한 에너지 준위를 모두 채울 때 원자는 기저 준위(ground state)에 있다고 말한다. 그러나 제18장과 제21장에서 설명한 바와 같이 전자는 높은 에너지로의 전이(transition)가 가능하다. 원자의 전자 배열(electron configuration) 혹은 전자 구조는 이러한 준위가 채워지는 방식을 나타내는 용어이다. 전자 배열을 나타낼 때는 보편적으로 부각에 존재하는 전자의 개수를 주각-부각 표식의 위 첨자로 표시한다. 예를 들어 수소, 헬륨, 나트륨의 전자 배열은 각각 $1s^1$, $1s^2$, $1s^2 2s^2 2p^6 3s^1$이다. 원소의 전자 배열을 표 2.2에 수록하였다.

기저 준위
전자 배열

원자가 전자

　여기서 전자 배열에 대한 몇 가지 설명이 필요하다. 첫째, 원자가 전자(valence electron)는 최외각에 채워진 전자를 말한다. 이러한 원자가 전자들은 원자군과 분자를 이루는 원자 간의 결합에 참여하며, 고체의 많은 물리적·화학적 성질은 이러한 원자가 전자에 의해 결정된다.

　원자의 최외각 혹은 원자가 전자각이 완전히 채워졌을 때 안정된 전자 배열을 가지고 있다고 말한다. 이는 네온(neon), 아르곤(argon), 크립톤(krypton)과 같이 최외각의 s와 p 부각이 8개의 전자에 의해 완전히 채워진 경우이다. 단 예외는 헬륨(helium)으로 단지 2개의 $1s$ 전자를 최외각에 포함하고 있다. 이러한 원소들(Ne, Ar, Kr, He)은 일반적으로 화학적으로 반응성이 작은 불활성 기체로 존재한다. 채워지지 않은 최외각 궤도를 가지고 있는 원자는 전자를 얻거나 버려서, 혹은 다른 원자와 전자를 공유함으로써 안정된 전자 배열을 가지려 한다. 이러한 경향은 2.6절에 설명된 화학 반응과 고체 원자 결합에 대한 기초가 된다.

개념확인 2.2 Fe^{3+}와 S^{2-} 이온의 전자 배위를 설명하라.

[해답은 *www.wiley.com/go/Callister_MaterialsScienceGE* → **More Information** → **Student Companion Site** 선택]

표 2.2 주된 원소의 전
자 배위도[a]

원소	기호	원자 번호	전자 배위
수소	H	1	$1s^1$
헬륨	He	2	$1s^2$
리튬	Li	3	$1s^2 2s^1$
베릴륨	Be	4	$1s^2 2s^2$
붕소	B	5	$1s^2 2s^2 2p^1$
탄소	C	6	$1s^2 2s^2 2p^2$
질소	N	7	$1s^2 2s^2 2p^3$
산소	O	8	$1s^2 2s^2 2p^4$
불소	F	9	$1s^2 2s^2 2p^5$
네온	Ne	10	$1s^2 2s^2 2p^6$
나트륨	Na	11	$1s^2 2s^2 2p^6 3s^1$
마그네슘	Mg	12	$1s^2 2s^2 2p^6 3s^2$
알루미늄	Al	13	$1s^2 2s^2 2p^6 3s^2 3p^1$
규소	Si	14	$1s^2 2s^2 2p^6 3s^2 3p^2$
인	P	15	$1s^2 2s^2 2p^6 3s^2 3p^3$
황	S	16	$1s^2 2s^2 2p^6 3s^2 3p^4$
염소	Cl	17	$1s^2 2s^2 2p^6 3s^2 3p^5$
아르곤	Ar	18	$1s^2 2s^2 2p^6 3s^2 3p^6$
칼륨	K	19	$1s^2 2s^2 2p^6 3s^2 3p^6 4s^1$
칼슘	Ca	20	$1s^2 2s^2 2p^6 3s^2 3p^6 4s^2$
스칸듐	Sc	21	$1s^2 2s^2 2p^6 3s^2 3p^6 3d^1 4s^2$
티탄	Ti	22	$1s^2 2s^2 2p^6 3s^2 3p^6 3d^2 4s^2$
바나듐	V	23	$1s^2 2s^2 2p^6 3s^2 3p^6 3d^3 4s^2$
크롬	Cr	24	$1s^2 2s^2 2p^6 3s^2 3p^6 3d^5 4s^2$
망간	Mn	25	$1s^2 2s^2 2p^6 3s^2 3p^6 3d^5 4s^2$
철	Fe	26	$1s^2 2s^2 2p^6 3s^2 3p^6 3d^6 4s^2$
코발트	Co	27	$1s^2 2s^2 2p^6 3s^2 3p^6 3d^7 4s^2$
니켈	Ni	28	$1s^2 2s^2 2p^6 3s^2 3p^6 3d^8 4s^2$
구리	Cu	29	$1s^2 2s^2 2p^6 3s^2 3p^6 3d^{10} 4s^1$
아연	Zn	30	$1s^2 2s^2 2p^6 3s^2 3p^6 3d^{10} 4s^2$
갈륨	Ga	31	$1s^2 2s^2 2p^6 3s^2 3p^6 3d^{10} 4s^2 4p^1$
게르마늄	Ge	32	$1s^2 2s^2 2p^6 3s^2 3p^6 3d^{10} 4s^2 4p^2$
비소	As	33	$1s^2 2s^2 2p^6 3s^2 3p^6 3d^{10} 4s^2 4p^3$
셀레늄	Se	34	$1s^2 2s^2 2p^6 3s^2 3p^6 3d^{10} 4s^2 4p^4$
브롬	Br	35	$1s^2 2s^2 2p^6 3s^2 3p^6 3d^{10} 4s^2 4p^5$
크립톤	Kr	36	$1s^2 2s^2 2p^6 3s^2 3p^6 3d^{10} 4s^2 4p^6$

[a] 공유 결합하는 원소들은 sp 하이브리드 결합을 한다. 이러한 원소에는 C, Si, Ge 등이 있다.

2.4 주기율표

주기율표

모든 원소는 주기율표(periodic table, 그림 2.8)상의 전자 배열에 의해 분류된다. 여기서 원소는 주기(period)라고 하는 7개의 횡렬에 원자번호 순으로 위치해 있다. 주기율표의 같은 종렬(column)에 위치한 원소는 비슷한 최외각 전자 구조를 가지며, 따라서 비슷한 화학적·물리적 특성을 갖는다. 이러한 성질은 각 주기를 따라 수평적으로 그리고 각 종렬을 따라 수직하게 이동함에 따라 점차적이고 체계적으로 변화한다.

0족에 존재하는 원소는 불활성 기체이며, 완전히 채워진 전자각과 안정된 전자 배열을 가지고 있다.[4] VIIA와 VIA족의 원소는 안정된 전자 배위 구조에서 각각 1개나 2개의 전자가 채워지지 않는 원소이다. VIIA족의 원소(F, Cl, Br, I, At)는 종종 할로겐 원소로 불린다. 알칼리와 알칼리 토금속(Li, Na, K, Be, Mg, Ca 등)은 IA와 IIA족의 원소로 안정된 구조보다 각각 1개나 2개가 많은 전자수를 갖는다. IIIB에서 IIB족에 속하는 3개 주기의 원소는 전이 금속(transition metal)이라고 하며, 이들 원소는 부분적으로 채워진 d 궤도를 가지고, 또한 더 높은 궤도에 1개나 2개의 전자를 가지고 있다. IIIA, IVA, VA(B, Si, Ge, As 등)족은 그들의 원자가 전자 구조 때문에 금속과 비금속의 중간 성질을 갖는다.

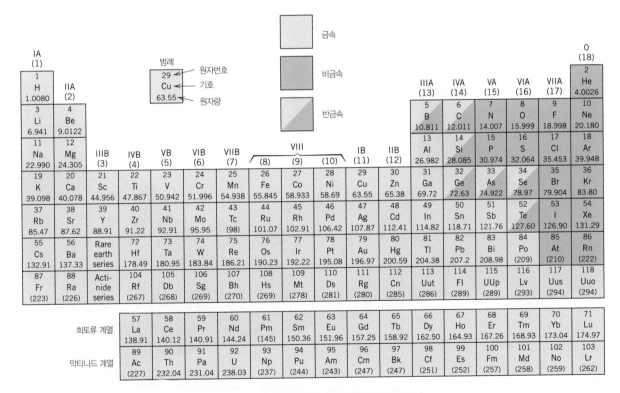

그림 2.8 원소의 주기율표. 괄호 안의 번호는 가장 안정되거나 흔한 동위원소의 원자량이다.

---

4 각 종렬의 맨 위에 보이는 족에 대한 두 가지 다른 명칭이 그림 2.8에서 사용되고 있다. 한 가지 명칭은 1988년 전부터 사용된 관례로 로마숫자, 대부분 경우 'A' 또는 'B'가 이어져 표기되어 각 족을 명명하는 데 이용되었다. 다른 체계로 현재 사용되는 명칭은 국제 명명 규칙에 따라 왼쪽으로부터 오른쪽 종렬로 이동하면서 1부터 18까지의 일련번호를 각 족에 매긴 것이다. 이 일련번호 숫자는 그림 2.8의 괄호에 나타나 있다.

양전성

음전성

주기율표에서 보듯이 거의 모든 원소는 금속에 속한다. 이들 원소는 그들의 원자가 전자를 외부로 방출하고 양이온이 되려는 성질이 있으므로 이를 전기 양전성(electropositive)을 갖는 원소라고 한다. 주기율표의 우측에 존재하는 원소는 전기 음전성(electronegative)을 갖는다. 즉 그들은 쉽게 전자를 받아들여 음이온을 형성하거나 때로는 다른 원소와 전자를 공유하려는 경향이 있다. 그림 2.9는 주기율상의 원소가 갖는 전기 음성도(electronegativity)값이다. 일반적으로 주기율표의 좌측에서 우측으로, 또는 하단에서 상단으로 갈수록 전기 음성도는 증가한다. 즉 원자의 최외각 전자가 거의 채워질수록, 원자핵과 가까워 내부 전자에 의한 차폐가 적을수록, 원자는 전자를 받아들이는 경향이 강해진다.

화학적 성질뿐 아니라 물리적 성질도 주기율표의 위치에 따라 체계적으로 변하게 된다. 표의 중간에 있는 대부분의 금속들(IIIB족~IIB족)은 전기와 열의 전도성이 좋으며, 비금속은 전기적 · 열적 절연체이다. 금속 원소는 높은 연성(파괴되지 않고 소성변형을 일으키는 정도)의 기계적 성질을 보인다. 대부분의 비금속은 가스와 액체이며, 고체로 존재할 때는 취성이 크다. IVA족 원소[C(다이아몬드), Si, Ge, Sn, Pb]는 주기율표의 종렬 아래로 갈수록 전기 전도율이 증가한다. VB족 금속(V, Nb, Ta)은 매우 높은 용융 온도를 갖는데, 종렬 아래로 갈수록 높아진다.

주기율표에 따른 원소의 특성 변화는 항상 규칙적이지는 않다는 것을 유념하여야 한다. 물성의 변화는 대체적인 경향을 따르지만 주기가 바뀌거나 족의 아래로 갈 때 상당히 급격한 변화를 보여 준다.

란탄족 : 1.1~1.2
악티니드 : 1.1~1.7

그림 2.9 원소와 전기 음성도 값

(출처 : J. E. Brady and F. Senese, *Chemistry: Matter and Its Changes*, 4th edition, 2004. 이 자료는 John Wiley & Sons, Inc. 허가로 복사 사용됨)

고체 내의 원자 결합

2.5 결합력과 결합 에너지

재료의 많은 성질은 원자와 원자가 서로 결합하는 힘에 대한 정보로부터 예측될 수 있다. 아마도 원자 간 결합에 대한 원리는 2개의 고립된 원자가 무한히 먼 거리에서 가까워질 때 원자 간 상호작용을 생각함으로써 잘 설명될 수 있다. 원자가 먼 거리에 떨어져 있을 때 원자간의 상호작용은 미약하다. 그러나 원자가 서로 가까워질수록 상호 힘이 작용하며, 그 힘은 원자 간 거리의 함수로 나타난다. 상호 간에는 인력(attractive force, F_A)과 척력(repulsive force, F_R)의 상반된 힘이 작용하며, 각각의 힘의 크기는 원자 간 거리(r)의 함수로 표시한다. 인력 F_A의 원인은 두 원자 간 결합 종류에 따라 다르며, 그 크기는 그림 2.10a에 나타낸 바와 같이 거리에 따라 다르다. 두 원자의 거리가 가까워져 외각 전자들이 서로 겹치기 시작하면 강한 척력 F_R이 작용하게 된다.

순수 원자 간의 힘(F_N)은 이와 같은 인력과 척력 성분의 합으로 나타난다.

$$F_N = F_A + F_R \tag{2.3}$$

F_N도 그림 2.10a에서와 같이 원자 간 거리의 함수이다. F_A와 F_R이 서로 균형을 이루어 같아지면 순수 원자 간의 힘은 없어진다. 따라서

그림 2.10 (a) 떨어진 두 원자의 원자 간 거리에 따른 척력, 인력, 순수 힘의 변화, (b) 떨어진 두 원자의 원자 간 거리에 따른 척력, 인력, 순수 위치 에너지의 변화

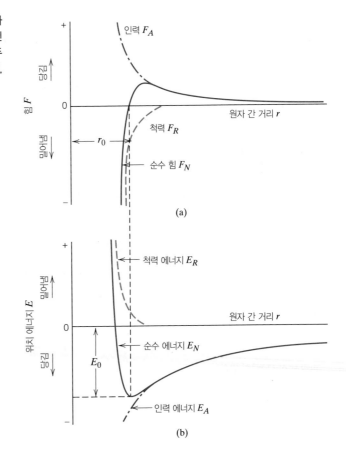

$$F_A + F_R = 0 \tag{2.4}$$

에서 평형 상태가 존재한다. 그림 2.10a에서와 같이 두 원자의 중심은 평형 거리 r_0만큼 떨어져 있다. 많은 원자의 경우 r_0는 대략 0.3 nm이며, 이 위치에서 두 원자는 척력과 인력의 균형을 이루게 된다.

두 원자 사이에 작용하는 힘 대신에 위치(potential) 에너지의 관점에서 생각하는 것이 편리한 경우가 있다. 수학적으로 에너지(E)와 힘(F)은

두 원자 간의 힘-위치
에너지

$$E = \int F \, dr \tag{2.5a}$$

두 원자 간의 힘-위치 에너지 관계이며, 원자계에서는

$$E_N = \int_r^\infty F_N \, dr \tag{2.6}$$

$$= \int_r^\infty F_A \, dr + \int_r^\infty F_R \, dr \tag{2.7}$$

$$= E_A + E_R \tag{2.8a}$$

이다. 여기서 E_N, E_A, E_R은 2개의 독립된 인접 원자 간의 순수 에너지, 인력 에너지, 척력 에너지를 의미한다.[5]

그림 2.10b는 척력, 인력, 순수 위치 에너지를 두 원자 간 거리의 함수로 나타낸 것이다. 식 (2.8a)와 같이 순수 에너지 곡선은 인력과 척력 에너지 곡선의 합이며 최저점을 가지고 있다. 평형 분리 거리 r_0는 가장 최소의 위치 에너지를 갖는 분리 거리에 해당된다. 이 원자 간의 **결합 에너지**(bonding energy) E_0는 그림 2.10b에서의 최저점에 해당하는 에너지인데, 이는 두 원자를 무한대로 분리시키기 위해 가하는 에너지와 같다.

결합 에너지

지금까지 오직 두 원자만을 생각한 이상적인 경우를 다루었지만, 고체 재료에서는 많은 원자 사이에 존재하는 힘과 에너지의 상호작용이 고려되어야 한다. 하지만 이러한 경우에도 E_0에 해당하는 적절한 결합 에너지가 원자마다 존재한다. 결합 에너지와 원자 간의 거리에 따른 에너지의 변화는 재료마다 다르며, 원자 결합의 종류에 따라서도 다르다. 또한 재료의 성질은 E_0, 곡선 모양, 결합 형태 등에 의해 좌우된다. 보통 높은 결합 에너지를 갖는 경우는 고체 상태로 존재하며, 낮은 경우는 기체 상태로 존재한다. 액체의 경우는 그 중간값을

---

5 식 (2.5a)는 다음과 같이 표현될 수도 있는데

$$F = \frac{dE}{dr} \tag{2.5b}$$

따라서 식 (2.8a)의 힘은 다음과 같다.

$$F_N = F_A + F_R \tag{2.3}$$

$$= \frac{dE_A}{dr} + \frac{dE_R}{dr} \tag{2.8b}$$

갖는 경우이다. 6.3절에서 다룰 재료의 기계적 단단함(혹은 탄성 계수)은 힘-원자 거리의 곡선(그림 6.7)의 모양에 달려 있다. $r=r_0$ 위치에 있는 비교적 단단한 재료의 곡선은 매우 가파를 것이다. 연한 재료에 비해 곡선의 폭은 좁을 것이다. 더욱이 얼마만큼 가열 시 팽창되고 냉각 시 수축(이것은 재료의 열팽창 계수의 선형적인 계수이다)될 것이냐는 $E-r$ 곡선의 모양과 관계가 있다(19.3절 참조). 높은 결합 에너지를 갖는 재료에서 흔히 볼 수 있는 깊고 뾰족한 '곡선'은 낮은 열팽창 계수와 온도 변화에 대한 부피 변화와 관계가 있다.

1차 결합

고체에서는 세 종류의 1차(primary) 혹은 화학적(chemical) 결합(bond)이 있는데, 이는 이온, 공유, 금속 결합이다. 각 결합은 최외각 전자들에 의해 이루어지며, 결합 방식은 구성 원자들의 전자 구조에 의해 정해진다. 일반적으로 이 세 종류의 결합은 불활성 기체와 같이 최외각 전자가 완전히 채워져 있는 안정된 전자 구조를 가지려는 경향에서 기인한다고 볼 수 있다.

다수의 고체 재료에서는 2차(secondary) 혹은 물리적(physical) 힘과 에너지가 존재할 수 있는데, 이는 1차 결합에 비해 약하나 재료의 물성에 영향을 준다. 다음 절에서 1차 및 2차 원자 간 결합에 대해 설명하고자 한다.

2.6 1차 원자 간 결합

이온 결합

이온 결합

이온 결합(ionic bonding)은 가장 쉽게 설명되고 시각화될 수 있는 결합이다. 이 결합은 금속과 비금속 원소 간의 화합물에서 볼 수 있는 결합으로 비금속 원소는 주기율표의 우측 끝부분에 위치하고, 금속 원소의 원자는 비금속 원소에 최외각 전자를 쉽게 제공할 수 있다. 이로써 모든 원자는 불활성 기체와 같은 안정된 전자 구조(완전히 채워진 궤도)를 얻으며, 또한 전기 전하(electrical charge)를 띤다. 즉 그들은 이온으로 된다. 염화나트륨(NaCl)은 대표적인 이온 결합 재료이다. 나트륨은 $3s$ 외각 전자를 염소 원자에게 넘겨 주고 (1가 양이온이 되고 크기가 축소됨) 네온과 같은 전자 구조를 갖게 된다(그림 2.11a). 염소는 전자를

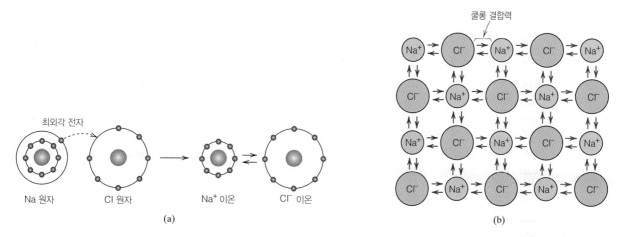

그림 2.11 염화나트륨(NaCl)의 (a) Na$^+$과 Cl$^-$의 형성, (b) 이온 결합을 나타내는 개략도

받아 아르곤과 동일한 전자 구조와 음이온이 되며, 그 크기는 증가한다. 그림 2.11b는 이온 결합의 도식도이다.

쿨롱의 힘

여기서 작용하는 인력 쿨롱은 **쿨롱의 힘**(coulombic force)이다. 즉 양전하와 음전하의 이온은 서로 끌어당긴다. 두 독립된 이온에 대해 인력 에너지 E_A는 다음과 같은 원자 간 거리의 함수로 표시된다.

인력 에너지-원자 간 거리 간의 관계

$$E_A = -\frac{A}{r} \tag{2.9}$$

이론적으로 상수 A는 다음과 같다.

$$A = \frac{1}{4\pi\varepsilon_0}(|Z_1|e)(|Z_2|e) \tag{2.10}$$

여기서 ε_0는 진공의 유전율(8.85×10^{-12} F/m), $|Z_1|$과 $|Z_2|$는 두 이온 원자가의 절대치이고 e는 전자 전하(1.602×10^{-19}C)이다. 식 (2.9)의 A는 이온 1과 이온 2의 완전한 이온화를 가정한다(식 2.16 참조). 대부분의 재료는 100% 이온화는 아닌 만큼 A는 식 (2.10)을 이용한 계산치보다는 실험을 통해 구할 수 있다.

척력 에너지도 유사한 수식으로 표현된다.[6]

척력 에너지-원자 간 거리 간의 관계

$$E_R = \frac{B}{r^n} \tag{2.11}$$

여기서 B와 n은 특정한 이온계(ionic system)에 따른 상수값이며, n은 대략 8 정도의 값을 갖는다.

이온 결합은 **방향성**이 없다고 한다. 이는 결합의 세기가 이온의 모든 방향에 대해 같다는 것을 의미한다. 또한 이온 재료가 안정되기 위해서는 모든 양이온은 3차원적으로 음이온과 최근접해야 한다. 세라믹 재료의 주된 결합 형태는 이온 결합이며, 이러한 재료의 이온 배치 구조는 제12장에서 설명하고 있다.

일반적으로 이온 결합의 에너지값은 600~1500 kJ/mol로 높은 용융 온도에서 예측되듯이 상대적으로 큰 값에 속한다.[7] 표 2.3에 이온 재료들의 결합 에너지와 용융 온도가 나와 있다.

원자 간 결합은 세라믹 재료로 대표되며, 세라믹 재료의 특징은 단단하나 깨지기 쉬우며, 전기적·열적으로 절연 특성을 갖는다. 다음 장에서 설명하겠지만 이러한 성질은 이온 결합이 갖는 전자 배열과 이온 결합의 속성에 기인한다.

공유 결합에 참여하는 전자는 원자와 단단히 결합되어 있어 대부분의 공유 결합 재료는 전기적 부도체나 반도체이다. 기계적 성질은 다양한데 강한 것도 있고 약한 것도 있다. 일

---

6 식 (2.11)의 상수 B는 실험치이다.

7 때때로 결합 에너지는 원자 단위 혹은 이온 단위로 나타낸다. 이러한 조건하에서는 전자 볼트(eV)가 흔히 사용되는 에너지의 작은 단위이다. 이것을 정의하면 1개의 전자가 1볼트의 전자 퍼텐셜을 가지고 낙하할 때 나오는 에너지이다. 전자 볼트와 동일한 줄(joule)의 양은 다음과 같다. 1.602×10^{-19} J $= 1$ eV.

표 2.3 여러 재료의 결합 에너지와 용융 온도

재료	결합 에너지 (kJ/mol)	용융 온도 (°C)
이온		
NaCl	640	801
LiF	850	848
MgO	1000	2800
CaF_2	1548	1418
공유		
Cl_2	121	−102
Si	450	1410
InSb	523	942
C (다이아몬드)	713	>3550
SiC	1230	2830
금속		
Hg	62	−39
Al	330	660
Ag	285	962
W	850	3414
반 데르 발스[a]		
Ar	7.7	−189 (@ 69 kPa)
Kr	11.7	−158 (@ 73.2 kPa)
CH_4	18	−182
Cl_2	31	−101
수소[a]		
HF	29	−83
NH_3	35	−78
H_2O	51	0

[a] 반 데르 발스와 수소 결합은 분자들 간 혹은 원자들 간(분자 내) 에너지이며 한 분자(분자 내) 안의 원자 간 에너지가 아니다.

부는 취성 파괴가 있으나, 일부는 파괴되기 전에 상당한 소성 변형이 진행된다. 공유 결합은 결합 특성만을 갖고 기계적 성질을 정확히 예측하는 것은 어렵다.

예제 2.2

두 이온 간의 인력과 척력의 계산

K^+과 Br^-의 원자 반경은 각각 0.138, 0.196 nm이다.

(a) 식 (2.9)와 (2.10)을 이용하여 두 이온에 평형 이온 간 거리에 위치할 때 인력을 계산하라.

(b) 동일 위치에서 척력은 얼마인가?

해답

(a) 식 (2.5b)에서 이온 간의 인력은 다음 식으로 구할 수 있다.

$$F_A = \frac{dE_A}{dr}$$

식 (2.9)로부터

$$E_A = -\frac{A}{r}$$

E_A를 r에 대해 미분하면 인력 F_A는 다음과 같다.

$$F_A = \frac{dE_A}{dr} = \frac{d\left(-\dfrac{A}{r}\right)}{dr} = -\left(\frac{-A}{r^2}\right) = \frac{A}{r^2} \qquad (2.12)$$

식 (2.10)의 A를 대입하면

$$F_A = \frac{1}{4\pi\varepsilon_0 r^2}(|Z_1|e)(|Z_2|e) \qquad (2.13)$$

이고, e와 ε_0의 값을 대입하면 다음과 같다.

$$F_A = \frac{1}{4\pi(8.85 \times 10^{-12}\,\text{F/m})(r^2)}\,[|Z_1|(1.602 \times 10^{-19}\,\text{C})][|Z_2|(1.602 \times 10^{-19}\,\text{C})]$$

$$= \frac{(2.31 \times 10^{-28}\,\text{N·m}^2)(|Z_1|)(|Z_2|)}{r^2} \qquad (2.14)$$

문제에서 r은 KBr의 이온 간 거리 r_0를 대입한다. r_0는 K^+과 Br^- 이온이 서로 맞닿는 경우와 같으므로 다음과 같다.

$$r_0 = r_{\text{K}^+} + r_{\text{Br}^-} \qquad (2.15)$$

$$= 0.138\,\text{nm} + 0.196\,\text{nm}$$

$$= 0.334\,\text{nm}$$

$$= 0.334 \times 10^{-9}\,\text{m}$$

식 (2.14)에 구해진 r을 대입하고, 이온 1은 K^+, 이온 2는 Br^-(즉 Z_1은 +1, Z_2는 −1)으로 하여 척력을 계산하면 다음과 같이 구해진다.

$$F_A = \frac{(2.31 \times 10^{-28}\,\text{N·m}^2)(|+1|)(|-1|)}{(0.334 \times 10^{-9}\,\text{m})^2} = 2.07 \times 10^{-9}\,\text{N}$$

(b) 식 (2.4)로부터 평형 분리 거리에서 인력과 척력의 합은 영이므로 다음과 같다.

$$F_R = -F_A = -(2.07 \times 10^{-9}\,\text{N}) = -2.07 \times 10^{-9}\,\text{N}$$

공유 결합

공유 결합

두 번째 결합 형태는 공유 결합(covalent bonding)인데, 두 원자 간의 전기음성도 차가 작은 원소(주기율표에서 서로 가까운 위치에 있는 원소) 간의 결합에서 볼 수 있다. 공유 결합 재료는 안정된 전자 배열이 두 인접 원자 간에 전자를 공유함으로써 만들어진다. 공유 결합하는 두 원자에서는 적어도 하나의 전자가 결합에 참여하고 있으며, 공유된 전자는 두 원자에 모두 속해 있다고 볼 수 있다. 공유 결합의 한 예로 수소(H$_2$) 분자 공유 결합의 개략도를 그림 2.12에 나타내었다. 수소 원자는 1개의 최외각 전자를 갖고 있다. 각각의 수소 원자는 1개의 전자를 공유함으로써 He의 전자 배열(2개의 1s 전자)을 갖게 된다(그림 2.12 오른쪽). 또한 두 결합 원자는 공유하는 전자궤도를 갖는다. 공유 결합의 특징은 결합의 방향성이다. 즉 각 원자의 상대적인 위치(방향)는 전자를 공유하는 방향으로 존재한다.

많은 비금속 1원계 분자(예 : Cl$_2$, F$_2$ 등)와 CH$_4$, H$_2$O, HNO$_3$, HF와 같은 2원계 분자는 공유 결합을 하고 있다.[8] 또한 다이아몬드(C), 규소(Si), 게르마늄(Ge) 등의 1원계 고체와 주기율표의 우측에 위치한 비소화갈륨(GaAs), 안티몬화인듐(InSb), 탄화규소(SiC) 등도 공유 결합을 하고 있다.

공유 결합은 매우 단단하고 높은 용융점(3550°C, 융점, 용융 온도)을 갖는 다이아몬드처럼 매우 강한 결합력을 갖고 있거나, 270°C에서 용융하는 비스무트(Bi)와 같이 매우 낮은 결합력을 갖고 있다. 중요 공유 결합 재료의 용융점과 결합 에너지를 표 2.3에 수록하였다. 공유 결합에 참여하는 전자는 원자와 단단히 결합되어 있어 대부분의 공유 결합 재료는 전기적 부도체나 반도체이다. 기계적 성질은 다양한데, 강한 것도 있고 약한 것도 있다. 일부는 취성 파괴가 있으나, 일부는 파괴되기 전에 상당한 소성변형이 진행된다. 공유 결합은 결합 특성만을 갖고 기계적 성질을 정확히 예측하는 것은 어렵다.

탄소의 혼성 결합

탄소(혹은 일부 비금속)의 공유 결합과 관련하여 나타나는 현상은 혼성화(hybridization), 즉 2개 이상의 원자궤도가 결합 시 궤도의 공유를 최대한으로 하기 위해 합쳐지는 현상이다. 예를 들어 탄소의 전자 배위는 1$s^2$2$s^2$2p^2 다. 때로는 2s 궤도 전자의 하나가 2p 궤도로 전이되어(그림 2.13a) 1$s^2$2$s^1$2p^3의 배위(그림 2.13b)를 갖게 된다. 이때 2s와 2p 궤도는 합쳐져 4개의 sp^3 궤도가 된다. 각 sp^3 궤도는 동일 방향의 스핀을 갖고 다른 원자와 공유 결합이 가능한 형태를 갖는다. 이러한 결합의 혼합을 혼성화라고 하며 그림 2.13c의 모양이다. 각 sp^3 궤도는 전자 하나를 갖고 있으며 반이 비워 있는 상태다.

그림 2.12 수소 분자(H$_2$)의 공유 결합 개략도

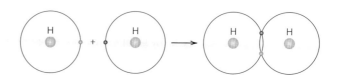

---

8 이들 물질은 분자 내에서는 공유 결합을 한다. 다음 절에 언급할 것이지만 분자와 분자 사이의 결합에서는 다른 형태의 결합으로 이루어질 수 있다.

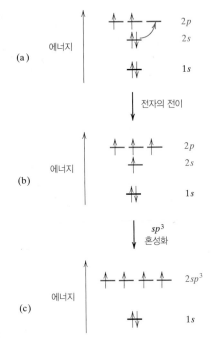

그림 2.13 탄소에서 sp^3 혼성 궤도를 나타내는 개략도. (a) $2s$ 전자가 $2p$ 준위로 전이, (b) $2p$ 준위의 전자 배치, (c) 1개의 $2s$ 궤도와 3개의 $2p$ 궤도가 혼성되어 4개의 $2sp^3$를 형성

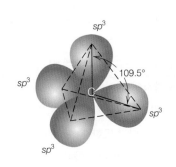

그림 2.14 정사면체의 꼭짓점을 향하는 4개의 sp^3 혼성 궤도. 궤도 간 각도는 $109.5°$
(출처 : J. E. Brady and F. Senese, *Chemistry: Matter and Its Changes, 4th edition*, 2004. John Wiley & Sons, Inc. 허가로 복사 사용함)

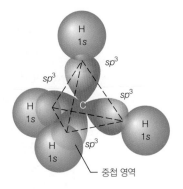

그림 2.15 메탄(CH_4) 분자에서 탄소의 sp^3 혼성 궤도에 4개 수소 원자의 $1s$ 궤도가 결합된 개략도
(출처 : J. E. Brady and F. Senese, *Chemistry: Matter and Its Changes*, 4th edition, 2004. John Wiley & Sons, Inc. 허가로 복사 사용함)

혼성화 궤도는 근본적으로 방향성을 갖는다. 즉 각각은 인접 결합 원자와 궤도를 공유하게 된다. 또한 탄소의 경우 4개의 sp^3 혼성 궤도는 탄소 원자를 중심으로 정사면체의 꼭짓점 방향으로 대칭적으로 뻗어 있다(그림 2.14). 인접 결합 궤도 간의 각도는 $109.5°$이다.[9] sp^3 혼성 궤도와 수소 원자의 $1s$ 궤도과 공유하는 메탄 분자(CH_4)를 그림 2.15에 나타내었다.

다이아몬드는 탄소 원자가 sp^3 혼성 궤도의 다른 탄소 원자와 결합되어 있다(즉 개별 원자는 4개의 다른 탄소 원자와 결합). 다이아몬드의 결정구조는 그림 12.16에 나타내었다. 다이아몬드의 탄소-탄소 결합은 매우 단단한데, 이는 높은 용융 온도와 극히 높은 강도(모든 재료 중 가장 강함)에서 알 수 있다. 많은 폴리머 재료는 sp^3의 사면체 결합으로 이루어진 긴 탄소 결합 고리로 형성되어 있다. 이러한 고리는 $109.5°$의 결합각에 의해 지그재그 형태(그림 14.1b)를 갖는다.

탄소나 일부 재료에서 다른 혼성 결합도 나타나는데, 그중 하나가 1개의 s 궤도와 2개의 p 궤도가 혼성화되는 sp^2 궤도이다. 이러한 형태가 되기 위해서는 1개의 $2s$ 궤도가 3개의 $2p$ 궤도 2개와 혼성화되고 세 번째 p 궤도는 혼성화되지 않는다. 이를 그림 2.16에 나타내었다.[10] $2p_z$는 비혼성화 궤도이며, 인근 궤도와의 결합각은 $120°$이다(그림 2.17). 한 궤도에서

---

9 이러한 형태의 결합을 사면체 결합(tetrahedral bonding)이라고도 한다.

10 $2p_z$ 궤도는 그림 2.5c의 p_z 모양과 방향을 갖는다. 또한 sp^2 혼성 궤도의 두 p 궤도는 그림의 p_x와 p_y에 해당된다. p_x, p_y, p_z는 sp^3 혼성 궤도의 세 궤도이다.

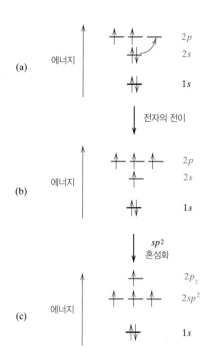

그림 2.16 탄소에서 sp^2 혼성 궤도의 형성. (a) $2s$ 전자가 sp 준위로 전이, (b) $2p$ 준위의 전자 배치, (c) 1개의 $2s$ 궤도와 2개의 $2p$ 궤도가 혼성되어 3개의 $2sp^2$를 형성. $2p_z$ 궤도는 혼성되지 않은 상태로 존재

다른 궤도를 잇는 선은 삼각형을 이루며, 비혼성 $2p_z$ 궤도는 다른 sp^2 궤도를 포함하는 면과 수직으로 놓여 있다.

sp^2 결합은 흑연(graphite)에서 볼 수 있는데, 다이아몬드와는 구별되는 구조와 성질을 갖는다(12.4절에 설명). 흑연은 육각으로 연결된 평행면으로 구성돼 있다. 육각형은 평면의 sp^2 삼각형에 의해 그림 2.18에서 보는 방식으로 서로 결합(탄소 원자가 각 꼭짓점에 위치)되어 있다. sp^2 결합은 평면층 내에서는 강하지만 층간으로는 비혼성 $2p_z$ 궤도의 반 데르 발

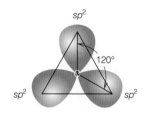

그림 2.17 동일 평면상에 있고 삼각형의 꼭짓점을 향하는 3개의 sp^2 궤도. 인접 궤도 간의 각도는 120°
(출처 : J. E. Brady and F. *Senese, Chemistry: Matter and Its Changes,* 4th edition, 2004. John Wiley & Sons, Inc. 허가로 복사 사용함)

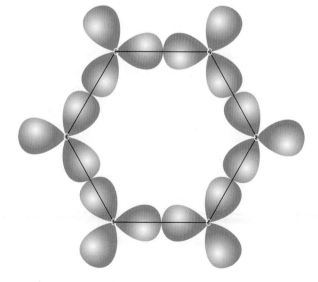

그림 2.18 6개의 sp^2 삼각형 간의 결합에 의한 육각형의 형성

그림 2.19 금속 결합의 개략도

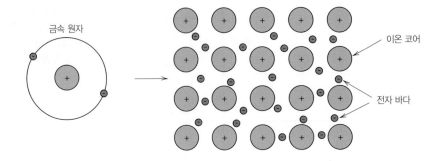

스 힘에 의해 약하게 결합돼 있다. 흑연의 구조는 그림 12.17에 나타내었다.

금속 결합

금속 결합

1차 결합에서 마지막으로 다룰 금속 결합(metallic bonding)은 금속과 합금에서 흔히 볼 수 있는 것으로, 이 결합의 기구에 대한 비교적 간단한 모델이 제시된다. 이 모델에 의하면 고체상에서 이러한 최외각 전자는 특정한 한 원자에 구속되어 있지 않고 금속 내부를 비교적 자유롭게 돌아다닌다. 이러한 전자는 금속 전체에 속해 있다고 볼 수 있으며, 또 '전자 바다'나 '전자 구름'으로 생각할 수 있다. 남은 비외각 전자와 원자핵은 이온 코어(ion core)라고 불리며, 각 원자당 외각 전자와 같은 양의 양전하를 갖는다. 그림 2.19는 금속 결합에 대한 간단한 개략도이다. 자유 전자는 양전하의 이온 코어가 서로 정전기적으로 밀어내는 것을 막아 주며, 금속 결합은 방향성이 없다는 특성을 갖는다. 또한 이러한 자유 전자들은 이온 코어를 서로 뭉치게 하는 '접착제'와 같은 역할을 한다. 금속 결합의 결합 에너지와 용융 온도를 표 2.3에 수록하였다. 결합은 약하거나 강해 62 kJ/mol을 갖는 수은에서 850 kJ/mol의 텅스텐에 이르기까지 광범위한 에너지값을 가지며, 그들의 용융점은 각각 −39°C와 3414°C이다.

이러한 금속 결합 원소는 IA와 IIA족 원소가 대표적이며, 실제로 모든 금속은 금속 결합을 하고 있다고 말할 수 있다.

금속은 자유 전자의 존재로 인해 열과 전기에 좋은 전도체이다(18.5, 18.6, 19.4절 참조). 또한 7.4절에서 설명한 바와 같이 대부분의 금속과 그 합금은 연성적으로 파괴된다. 즉 상당한 영구 변형이 일어난 후 파괴가 일어난다. 이 특성은 변형 거동으로 설명되며(7.2절), 이는 금속 결합의 특성과 연관되어 있다.

✓ **개념확인 2.3** 공유 결합 재료가 일반적으로 이온 결합 혹은 금속 결합 재료에 비해 밀도가 낮은 이유에 대해 설명하라.

[해답은 *www.wiley.com/go/Callister_MaterialsScienceGE* → More Information → Student Companion Site 선택]

2.7 2차 결합 또는 반 데르 발스 결합

2차 결합,
반 데르 발스 결합

2차 결합(secondary bond), 반 데르 발스 결합(van der Waals bond)은 1차 결합 혹은 화학적 결합에 비해 약하다. 결합 에너지는 보통 대략 4~30 kJ/mol 정도이다. 2차 결합은 실제로 모든 원자와 분자 사이에 존재한다. 그러나 이러한 결합의 효과는 전술한 세 종류의 1차 결합이 함께 존재할 때는 가려진다. 2차 결합은 안정된 전자 배열을 갖고 있는 불활성 기체나 이온 혹은 공유 결합 등 1차 결합에 의해 묶인 원자 그룹 간의 결합에서 볼 수 있다.

쌍극자

2차 결합력은 원자나 분자의 쌍극자(dipole)에서 나온다. 원자나 분자에서 양전하와 음전하가 근접하게 분리 위치할 때는 언제나 전기적 쌍극자(electric dipole)가 존재하게 된다. 결합은 그림 2.20에 나타낸 것처럼 한 쌍극자의 양전하 끝 부위와 인접한 쌍극자의 음전하 끝 부위 사이에 작용하는 쿨롱 인력에 기인한다. 쌍극자 간 상호작용은 유도 쌍극자(induced dipole)들 사이에, 영구 쌍극자를 가진 유도 쌍극자와 극성 분자(polar molecule)들 사이에, 또는 극성 분자들 사이에 존재한다. 수소 결합(hydrogen bonding)은 2차 결합의 특수한 형태로 수소 원자를 구성 원소로 갖는 분자 중에서 발견된다. 지금부터 이러한 결합 기구들에 관해 간단히 설명하고자 한다.

수소 결합

진동하는 유도 쌍극자 결합

원자나 분자 내에 생성되거나 유도되는 쌍극자는 일반적으로 전기적으로 대칭성이 있다. 즉 전체적인 전자의 위치 분포는 그림 2.21a에서와 같이 양전하의 핵에 대해 대칭적이다. 모든 원자는 계속적인 진동을 하며, 이때 순간적이거나 단기적으로 전기 대칭이 깨지게 되고, 그림 2.21b에서 보는 바와 같이 작은 전기 쌍극자가 생기게 된다. 이러한 쌍극자는 다시 인접한 분자나 원자의 전자 배치를 이동시켜 다시 쌍극자를 생성하고 이들은 서로 약하게 결합

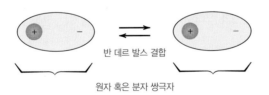

그림 2.20 두 쌍극자의 반 데르 발스 결합 개략도

반 데르 발스 결합

원자 혹은 분자 쌍극자

그림 2.21 (a) 전기적으로 대칭인 원자, (b) 어떻게 전기적으로 대칭인 원자/분자에 전기적 쌍극자가 유도되고 쌍극자 간 반 데르 발스 결합이 작용하는지에 대한 개략도

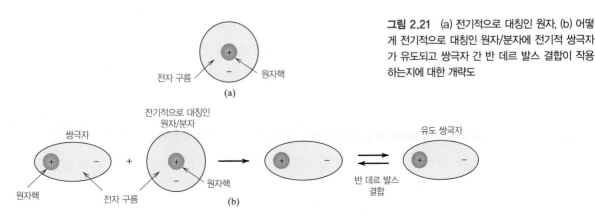

전자 구름   원자핵
(a)

쌍극자

전기적으로 대칭인
원자/분자

유도 쌍극자

원자핵   전자 구름   원자핵   반 데르 발스 결합

(b)

그림 2.22 (a) 염화수소 분자(쌍극자), (b) 어떻게 HCl 분자가 대칭적 전하를 갖는 원자/분자에 쌍극자와 반 데르 발스 결합을 유도하는지에 대한 개략도

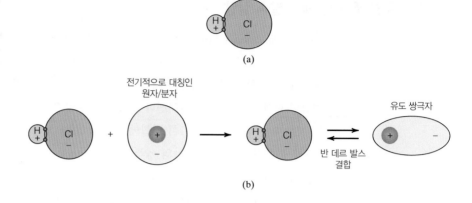

하게 된다. 이러한 기구는 반 데르 발스 결합의 한 종류이다. 이러한 인력은 많은 수의 원자나 분자 간에 존재하게 되는데, 이러한 힘은 일시적이며 시간에 따라 진동하게 된다.

액상화(liquefaction) 현상이나 불활성 기체, H_2나 Cl_2 등의 대칭성 분자의 응고 현상은 이러한 결합으로 이루어진다. 쌍극자 결합이 지배적인 재료의 용융 및 비등 온도는 극히 낮으며, 분자 간에 가능한 결합 중에서 가장 약하다. 아르곤, 크립톤, 메탄, 염소의 결합 에너지와 용융 온도를 표 2.3에 수록하였다.

극성 분자와 유도 쌍극자 간의 결합

극성 분자

어떤 분자에서는 비대칭적인 양극과 음극 영역 분포에 의해 영구적인 쌍극자 모멘트가 존재한다. 이러한 분자를 극성 분자(polar molecule)라고 부른다. 그림 2.22a는 염화수소 분자의 개략도이다. 영구 쌍극자 모멘트는 HCl 분자의 수소와 염소 끝에 존재하는 순 양극과 음극 전하 사이에 존재한다.

극성 분자는 인접한 비극성 분자에서 쌍극자를 유도할 수 있고, 이 두 분자 간에 인력을 만들어 낼 수 있다(그림 2.22b). 더구나 이러한 결합의 세기는 진동 유도 쌍극자에 비해 크다.

영구 쌍극자 결합

그림 2.20과 같이 쿨롱의 힘은 또한 인접한 두 극성 분자 사이에 존재한다. 이러한 결합 에너지는 유도 쌍극자에 의해 만들어진 결합에 비해 상당히 크다.

2차 결합 중 가장 강한 결합력을 갖는 수소 결합은 극성 분자 결합의 특수한 경우이다. 이는 수소가 불소(HF), 산소(H_2O), 질소(NH_3)와 공유 결합하는 분자 간에 존재한다. H—F, H—O, H—N 결합에서 수소 전자는 다른 원자와 공유한다. 따라서 결합의 수소 원자 부위는 전자에 의해 차폐되어 있지 않은 양자에 의해 양극성을 갖는다. 이러한 분자의 강한 양극성을 갖는 한쪽 끝은 그림 2.23의 HF 예와 같이 인접 분자의 음극성 끝과 인력을 가지게 된다. 근원적으로 양자는 두 음극성의 원자 사이에 다리 역할을 한다고 볼 수 있다. 표 2.3에서 보는 바와 같이 수소 결합의 강도는 다른 종류의 2차 결합에 비해 통상적으로 크고, 51 kJ/mol까지 커질 수 있다. 불화수소, 암모니아, 물의 용융과 비등 온도는 낮은 분자량에 비

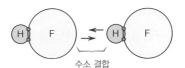

그림 2.23 불화수소(HF) 분자의 수소 결합 개략도

중요재료

물(동결 시의 부피 팽창)

응고(즉 냉각 시 액체에서 고체로 변환되는 과정) 시에 대부분의 재료는 밀도의 증가(혹은 부피의 감소)가 일어난다. 그러나 물은 예외인데, 물은 응고(동결) 시 특이하게 팽창이 일어난다(대략 9%의 팽창). 이러한 현상은 수소 결합에 의해 설명될 수 있는데, 각각의 H_2O 분자는 산소 원자들과 결합하는 2개의 수소 원자를 가지며, 또한 1개의 산소 원자는 다른 H_2O 분자의 2개의 수소 원자와 결합한다. 따라서 고체 얼음에서 각 물 분자는 그림 2.24a에서 보는 3차원 구조에서와 같이 4개의 수소 결합을 갖게 된다. 여기서 수소 결합은 점선으로 표시되었으며, 각 물 분자는 4개의 최인접 분자를 갖는다. 이러한 구조는 열린 구조, 즉 분자가 서로 조밀하지 않은 구조이므로 밀도는 상대적으로 낮다. 용융 시에는 이러한 구조가 부분적으로 파괴되어 물 분자는 좀 더 조밀한 구조로 바뀌게 된다(그림 2.24b). 상온에서 최인접 물 분자의 평균 개수는 대략 4.5이며, 따라서 밀도의 증가를 가져오게 된다.

우리는 이러한 비정상적인 응고 현상의 결과를 실생활에서 흔히 경험하게 되는데, 빙산이 물 위에 뜨는 것과 추운 환경에서 자동차의 냉각수에 동파 방지제를 넣는 이유(즉 엔진 블록이 파손되는 것을 막기 위함), 결빙과 해동의 반복이 도로의 포장을 파손하는 현상 등이다.

© William D. Callister, Jr.

그림과 같이 물 주기 통의 하부 접합 부위가 파손되는 경우가 있는데, 추운 늦가을 밤에 물이 통 안에 남아 있으면 얼면서 팽창하여 파손을 일으킨다.

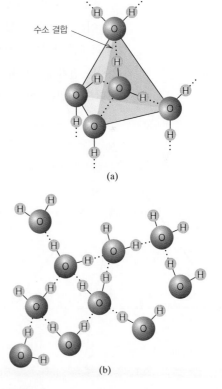

수소 결합

(a)

(b)

그림 2.24 물(H_2O) 분자의 배열. (a) 고체 얼음, (b) 액체 물

추어 매우 높은데 이는 수소 결합 때문이다.

2차 결합의 에너지는 작음에도 불구하고 많은 자연 현상과 일상의 제품 속에 관여하고 있다. 물리적 현상의 예는 다른 물질에 고용성(solubility), 표면장력과 모세관 현상, 기압, 휘발성, 점성 등이다. 이러한 현상을 활용하는 사례는 **접착제**인데 두 표면에 작용하는 반 데르 발스 힘에 의해 서로 접착된다(이 장의 첫 페이지에서 설명). **표면 활성제**는 액상의 표면장력을 낮추는 복합제인데 비누, 합성세제, 기포제 등이 있다. 유화제는 서로 섞이지 않는 재료(주로 액체)에 첨가되어 재료 입자가 다른 재료에 부유되도록 한다. 흔한 유화제로 햇볕 차단제, 샐러드 드레싱, 우유, 마요네즈를 들 수 있다. 건조제는 물 분자와 수소 결합을 하여용기에서 수분을 제거하는데 포장 식품 용기에서 볼 수 있다. 마지막으로 폴리머의 강도, 딱딱함, 연화 온도 등은 분자 사슬 사이에 존재하는 2차 결합에 의해 영향을 받는다.

2.8 혼합된 결합

네 종류의 결합, 즉 이온, 공유, 금속, 반 데르 발스 결합을 **결합 정사면체**상에 설명하는 것이 편리한데, 그림 2.25a와 같이 3차원 정사면체의 꼭짓점에 순수한 결합 유형을 놓는다. 실제 많은 재료는 2개 혹은 그 이상의 결합에 혼합되어 있다. 세 가지의 **혼합된 결합**은 공유-이온, 공유-금속, 금속-이온이고, 이 경우에는 정사면체의 모서리에 놓이게 된다.

공유-이온이 혼합된 결합은 대부분의 공유 결합에는 어느 정도는 이온 결합 성분이 있고, 이온 결합에도 어느 정도의 공유 결합 성분이 존재한다. 그림 2.25a는 이온과 공유 결합의 꼭짓점 사이에 존재한다. 각 결합의 크기 정도는 주기율표의 구성 원자의 상대 위치(그림 2.8)와 전기 음성도의 차이(그림 2.9)에 의해 결정된다. 주기율표의 왼쪽 하단에서 오른쪽 상단으로 멀리 떨어져 있을수록(즉 전기 음성도 차가 커짐) 이온 결합 성분이 높아진다. 반

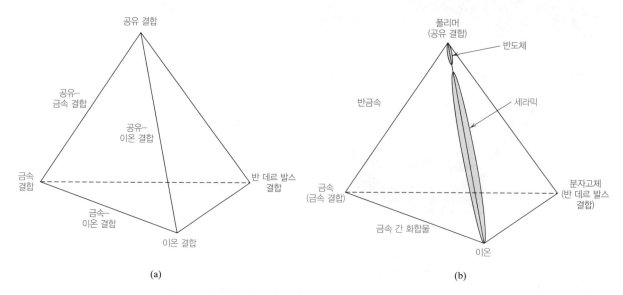

(a)   (b)

그림 2.25 (a) 결합 사면체 : 사면체의 꼭짓점에는 4종류의 순수 결합 형태가 있고, 3종류의 혼합 결합 형태가 사면체의 모서리에 위치한다. (b) 재료 분류 사면체 : 각 재료의 분류(금속, 세라믹, 폴리머 등)와 결합 종류 간의 상관관계

대로 서로 가까이 있을수록(즉 전기 음성도 차가 작음) 공유 결합 성분이 커진다. 원소 A와 원소 B의 결합에서 이온 결합성 백분율(%IC)은 다음과 같이 표현된다.

$$\%IC = \{1 - \exp[-(0.25)(X_A - X_B)^2]\} \times 100 \tag{2.16}$$

여기서 X_A와 X_B는 각 원소의 전기 음성도이다.

다른 형태의 혼합 결합이 주기율표의 IIIA, IVA, VA족(B, Si, Ge, As, Sb, Te, Po, At)에서 볼 수 있다. 그림 2.25a에서 보는 바와 같이 이들 원소는 금속과 공유 결합이 혼합된 형태이고, 이러한 결합을 반금속(semi-metals, metalloid)이라고 하며, 이들은 금속과 비금속의 중간 특성을 갖는다. IV족 원소는 주기율표 종열의 아래로 갈수록 공유에서 금속 결합으로 점차적으로 바뀌는데, 예를 들어 탄소의 결합(다이아몬드)은 순수 공유 결합인 반면 주석과 납은 거의 금속 결합이다.

금속-이온의 혼합 결합은 두 원소의 전기 음성도가 매우 다른 두 금속의 결합에서 볼 수 있다. 이는 어느 정도의 전자 전이가 생기고 이온 결합성이 존재한다. 전기 음성도 차가 클수록 이온성은 커지게 된다. $TiAl_3$에서는 Ti과 Al의 전기 음성도가 같기 때문에(1.5; 그림 2.9) 이온성이 거의 존재하지 않는다. 반면에 $AuCu_3$는 금과 구리의 전기 음성도 차가 0.5이므로 더 큰 이온성을 갖는다.

예제 2.3

C–H 결합의 이온 결합성 백분율 계산

탄소와 수소와의 결합에서 이온 결합성 백분율(%IC)을 계산하라.

풀이

A와 B 원자/이온 간의 %IC는 식 (2.16)에서 전기 음성도 X_A와 X_B의 함수로 표현된다. C와 H의 전기 음성도(그림 2.9 참조) $X_C = 2.5$, $X_H = 2.1$이므로 %IC는 다음과 같다.

$$\begin{aligned} \%IC &= \{1 - \exp[-(0.25)(X_C - X_H)^2]\} \times 100 \\ &= \{1 - \exp[-(0.25)(2.5 - 2.1)^2]\} \times 100 \\ &= 3.9\% \end{aligned}$$

C—H 결합은 주로 공유 결합이다(96.1%).

2.9 분자

대부분의 분자는 공유 결합에 의해 단단히 묶인 원자군으로 형성되는데 이원자(F_2, O_2, H_2 등)와 복합물(H_2O, CO_2, HNO_3, C_6H_6, CH_4 등)이 있다. 응축된 액체나 고체 상태에서는 분자는 약한 2차 결합에 의해 결합된다. 따라서 분자 재료는 비교적 낮은 용융과 비등 온도를 갖는다. 몇 개의 원자로 이루어진 작은 분자로 된 대부분의 재료는 일반적인 분위기, 온도, 압력에서 기체이다. 그러나 극히 큰 분자로 구성되는 폴리머는 고체로 존재한다. 이들의 특성은 반 데르 발스와 수소 등의 2차 결합에 의해 좌우된다.

2.10 결합 유형-재료 분류 간의 상관관계

앞에서 결합 유형과 재료 분류 간의 상관관계를 설명하였다. 즉 이온 결합(세라믹), 공유 결합(폴리머), 금속 결합(금속), 반 데르 발스 결합(분자고체). 결합 유형 정사면체 도표(그림 2.25a) 상에 네 종류의 재료가 놓인 위치와 영역을 겹쳐서 그린 재료 유형 정사면체 도표(그림 2.25b)를 갖고 이들의 상관관계를 요약하였다.[11] 또한 금속 간 화합물과 반금속과 같은 혼합된 결합의 재료도 표시하였고, 세라믹에서 이온-공유 혼합 결합을 나타내었다. 또한 반도체 재료의 주된 공유 결합과 이온 결합 성분 가능성도 표시하였다.

요약

원자 내의 전자	• 2개의 원자 모델은 보어와 파동역학이다. 보어 모델은 전자를 특정한 궤도를 가지고 핵 주위를 돌고 있는 입자로 취급하였으나, 파동역학에서는 전자를 파동으로 취급하여 위치를 확률 분포로 나타낸다.

• 전자의 에너지는 양자화된다. 즉 특정한 값의 에너지만이 허용된다.

• 4개의 양자수는 n, l, m_l, m_s이고, 각 양자수는 전자 궤도의 크기, 궤도의 모양, 전자 궤도의 개수, 스핀 운동량을 특정한다.

• 파울리의 베타 원리에 따라 각 전자 준위에는 스핀 방향이 반대인 2개의 전자만 수용할 수 있다.

주기율표
• 주기율표의 종렬에 속한 원소들은 고유한 전자 분위를 갖는다.
 − 그룹 0 원소(불활성 가스)들은 최외각 전자가 채워져 있다.
 − 그룹 IA 원소(알칼리 금속)는 채워진 최외각 전자보다 1개의 전자가 많다.

결합력과 결합 에너지
• **결합력과 결합 에너지는 식 (2.5a)와 (2.5b)로 표현되는 상관관계를 갖는다.**
• 두 원자 혹은 이온 간의 인력, 척력, 순수 에너지는 원자 간 거리에 대해 그림 2.10b에서와 같은 변화를 보인다.

1차 원자 간 결합
• 이온 결합에서는 한 원자에서 다른 원자로 외각 전자가 이동하여 전하를 갖는 이온이 만들어진다.
• 공유 결합은 두 원자 간에 외각 전자를 공유한다.
• 일부 공유 결합에서는 전자궤도가 서로 중첩되거나 혼성화된다. 탄소는 s와 p 궤도가 혼성화되어 sp^3나 sp^2 궤도를 만든다. 이러한 혼성 궤도의 모양에 대해 언급하였다.

---

11 폴리머 분자의 대부분 원자는 주로 공유 결합이지만 일반적으로 반 데르 발스 결합도 존재한다. 폴리머에서 반 데르 발스 결합을 포함시키지 않았는데 이는 분자 내 결합이 아닌 분자 간 결합이기 때문이다.

- 금속 결합의 외각 전자가 '전자 바다'를 형성하여 금속의 이온 코어 주위에 균일하게 분포되어 이온 코어를 서로 응집시키는 접착제와 같은 역할을 한다.

2차 결합 또는 반 데르 발스 결합
- 상대적으로 약한 반 데르 발스 결합은 유도되거나 영구적인 전기 쌍극자에 의해 형성된다.
- 수소 결합은 불소와 같은 비금속 원소와 공유 결합하여 생기는 극성이 강한 분자에 의해 만들어진다.

혼합된 결합
- 반 데르 발스 결합과 3개의 1차 결합 외에 공유-이온, 공유-금속, 금속-이온의 혼합된 결합이 존재한다.
- 두 원소(A와 B) 결합의 이온 결합성 백분율(%IC)은 식 (2.16)에서 그들의 전기 음성도(X's)에 의해 결정된다.

결합 유형-재료 분류 간의 상관관계
- 결합 유형과 재료 분류 간의 상관관계를 공부하였다.
  - 폴리머 : 공유 결합
  - 금속 : 금속 결합
  - 세라믹 : 이온 결합/이온-공유 혼합 결합
  - 고체 분자 : 반 데르 발스 결합
  - 반금속 : 공유-금속 혼합 결합
  - 금속 간 화합물 : 금속-이온 혼합 결합

식 요약

식 번호	식	용도
2.5a	$E = \int F dr$	두 원자 사이 위치 에너지
2.5b	$F = \dfrac{dE}{dr}$	두 원자 사이 인력 에너지
2.9	$E_A = -\dfrac{A}{r}$	두 원자 사이 힘
2.11	$E_R = \dfrac{B}{r^n}$	두 원자 사이 척력 에너지
2.13	$F_A = \dfrac{1}{4\pi\varepsilon_0 r^2}(|Z_1|e)(|Z_2|e)$	두 이온 사이 인력
2.16	$\%IC = \{1 - \exp[-(0.25)(X_A - X_B)^2]\} \times 100$	이온 성분 백분율

기호 목록

기호	의미
A, B, n	재료 상수
E	두 원자/이온 사이 에너지
E_A	두 원자/이온 사이 인력 에너지
E_R	두 원자/이온 사이 척력 에너지
e	전자 전하
ε_0	진공 유전율
F	두 원자/이온 사이 힘
r	두 원자/이온 사이 거리
X_A	BA 화합물에서보다 전기 음성도가 큰 원소의 전기 음성도 값
X_B	BA 화합물에서보다 전기 양성도가 큰 원소의 전기 음성도 값
$Z_1 Z_2$	이온 1과 이온 2의 원자가 전자

주요 용어 및 개념

결합 에너지
공유 결합
극성 분자
금속 결합
기저 준위
동위원소
몰
반 데르 발스 결합
보어 원자 모델
수소 결합

쌍극자
양자수
양자역학
양전성
원자 질량 단위(amu)
원자가 전자
원자량(A)
원자번호(Z)
음전성
이온 결합

전자 배열
전자 준위
주기율표
쿨롱의 힘
파동역학 모델
파울리의 배타 원리
1차 결합
2차 결합

참고문헌

Most of the material in this chapter is covered in college-level chemistry textbooks. Two are listed here as references.

Ebbing, D. D., S. D. Gammon, and R. O. Ragsdale, *Essentials of General Chemistry*, 2nd edition, Cengage Learning, Boston, MA, 2006.

Jespersen, N. D., and A. Hyslop, Chemistry: *The Molecular Nature of Matter*, 7th edition, John Wiley & Sons, Hoboken, NJ, 2014.

비고 : 각 장의 '주요 용어 및 개념'에 기술된 대부분 용어들은 '용어 해설'에서 정의된다. 나머지 용어들은 '찾아보기' 또는 '차례'에서 찾을 수 있고 전체 본문 내용에서 취급되는 중요한 용어이다.

연습문제

기본 개념

원자 내의 전자

2.1 원자 질량과 원자량의 차이점은 무엇인가?

2.2 아연은 자연적으로 존재하는 5개의 동위원소, 즉 48.63%의 원자량 63.929 amu의 ^{64}Zn, 27.90%의 원자량 65.926 amu의 ^{66}Zn, 4.10%의 원자량 66.927 amu의 ^{67}Zn, 18.75%의 원자량 67.925 amu의 ^{68}Zn, 0.62%의 원자량 69.925 amu의 ^{70}Zn을 갖는다. 이러한 데이터를 이용하여 아연의 평균 원자량을 구하라.

2.3 인듐은 자연적으로 존재하는 2개의 동위원소를 갖는다. ^{113}In은 112.904 amu의 원자량, ^{115}In은 114.904 amu의 원자량을 갖는다. 인듐의 평균 원자량이 114.818 amu인 경우 각 동위원소의 분율을 계산하라.

2.4 (a) 원자의 보어 모델과 관련된 두 가지 중요한 양자역학적인 개념은 무엇인가?

(b) 파동역학 원자 모델에서 추가적인 중요 개념 2개를 열거하라.

2.5 다음 이온의 전자 배열을 적어 보라. P^{5+}, P^{3-}, Sn^{4+}, Se^{2-}, I^-, Ni^{2+}

주기율표

2.6 원자번호 112의 원소는 주기율표의 몇 족에 속하는가?

2.7 그림 2.8과 표 2.2를 참고하지 말고, 다음에 주어진 전자 배위 구조가 불활성 기체, 할로겐, 알칼리 금속, 알칼리 토금속, 전이 금속 중 어디에 속하는지 판단하라. 그 이유를 설명하라.

(a) $1s^2 2s^2 2p^6 3s^2 3p^6 3d^7 4s^2$

(b) $1s^2 2s^2 2p^6 3s^2 3p^6 4s^1$

(c) $1s^2 2s^2 2p^6 3s^2$

결합력과 결합 에너지

2.8 Mg^{2+}과 F^- 이온의 원자반경은 각각 0.072 nm, 0.133 nm이다.

(a) 평형 거리(즉 두 이온이 서로 접촉된 상태)를 유지하는 두 이온 사이의 인력을 계산하라.

(b) 이 평형 거리를 유지하는 두 이온 사이에서 일어나는 반발력은 무엇인가?

2.9 2가 양이온과 2가 음이온 사이의 인력은 1.67×10^{-8} N이다. 양이온의 반경이 0.080 nm라면 음이온의 반경은 얼마인가?

2.10 두 인접 이온의 순수 위치 에너지 E_N은 식 (2.9)와 (2.11)의 합으로 나타낼 수 있다.

$$E_N = -\frac{A}{r} + \frac{B}{r^n} \qquad (2.17)$$

다음과 같은 방법으로 결합 에너지 E_0를 A, B, n으로 나타내라.

1. E_N을 r에 대해 미분하고, r에 대한 E_N의 함수는 E_0에서 최솟값을 가지므로 결과식을 0으로 놓는다.

2. r을 A, B, n의 함수로 표시하면 r_0, 즉 평형 이온 간 거리가 나온다.

3. r_0를 식 (2.17)에 대입하여 E_0를 구한다.

2.11 $Na^+ - Cl^-$ 이온쌍의 인력과 척력 에너지는 각각 E_A와 E_R이며, 이온 간 거리 r에 대해 다음과 같이 표현된다.

$$E_A = -\frac{1.436}{r}$$

$$E_R = \frac{7.32 \times 10^{-6}}{r^8}$$

이 관계에서 에너지의 단위는 $Na^+ - Cl^-$ 쌍의 전자볼트(eV)이고, r은 나노미터(nm)로 표시되어 있다. 순수 에너지 E_N은 상위 두 식의 합으로 표시된다.

(a) 동일 그래프에 E_N, E_R, E_A를 r에 대해 1.0 nm까지 겹쳐 그리라.

(b) 이 그래프를 기초로 (i) Na^+과 Cl^- 이온의 평형 거리 r_0를 구하라. (ii) 두 이온 간의 결합 에너지 E_0를 구하라.

(c) 연습문제 2.10의 해를 이용하여 r_0와 E_0의 값을

수학적으로 계산하라. 이를 (b)의 도식에 의한 결과와 비교하라.

1차 원자 간 결합

2.12 표 2.3에 수록된 금속의 결합 에너지와 용융 온도를 그리라. 이 그래프를 이용하면 $2617°C$의 용융 온도를 갖는 몰리브덴(Mo)의 결합 에너지는 대략 얼마이겠는가?

2차 결합 또는 반 데르 발스 결합

2.13 불화수소(HF)가 염화수소(HCl)에 비해 분자량이 적음에도 불구하고 용융 온도가 높은($19.4°C$ 대 $-85°C$) 이유를 설명하라.

혼합된 결합

2.14 (a) 금속 간 화합물 Al_6Mn의 이온 결합성 백분율(%IC)을 계산하라.

(b) 이 결과를 근거로 Al_6Mn의 원자 간 결합의 유형을 추론하라.

결합 유형-재료 분류 간의 상관관계

2.15 다음의 재료는 각각 어떤 결합을 할지 판단하라 : 고체 크세논, 플루오르화 칼슘(CaF_2), 청동, 텔루륨화 카드뮴($CdTe$), 고무, 텅스텐.

결정질 고체의 구조

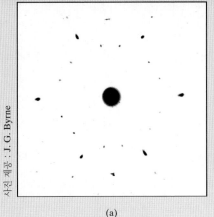

사진 제공 : J. G. Byrne

(a)

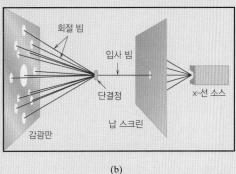

회절 빔

입사 빔

단결정

x-선 소스

감광판

납 스크린

(b)

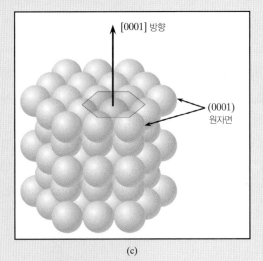

[0001] 방향

(0001)
원자면

(c)

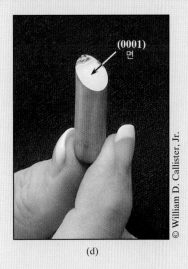

(0001)
면

© William D. Callister, Jr.

(d)

iStockphoto

(e)

(a) 마그네슘 단결정의 x-선 회절 사진[혹은 Laue 사진(3.16절)]. (b) (a)의 회절 패턴이 만들어지는 이유를 설명하는 개략도. 납 스크린은 단일 방향으로 진행하는 좁은 x-선 빔을 제외하고는 x-선 소스에서 생성되는 모든 빔을 차단한다. 이러한 스크린을 통과한 투사 빔은 단결정의 다른 결정 방향을 갖는 개별 결정면에 의해 회절되어 여러 개의 회절 빔으로 만들어진 후 감광판에 조사된다. 감광판에 조사된 빔은 감광판을 현상하면 회절 점으로 나타난다. (a)의 중심에 있는 큰 점은 [0001] 방향에 평행하다. 육방조밀 결정 구조를 갖는 마그네슘[그림 (c)]은 육방 대칭성을 갖고 있으며, 이는 회절 패턴으로 나타난다. (d) (0001) 면으로 절단된 마그네슘 단결정 사진. 평탄면은 (0001) 면이다. (e) 마그네슘으로 만든 경량 자동차 휠

[출처 : (b) J. E. Brady and F. Senese, *Chemistry: Matter and Its Changes*, 4th edition. Copyright © 2004 by John Wiley & Sons, Hoboken, NJ. John Wiley & Sons, Inc. 허가로 복사 사용함]

재료의 성질은 그 결정 구조의 영향을 받는다. 예를 들어 순수하고 변형되지 않은 마그네슘과 베릴륨은 순수하고 변형되지 않은 금이나 은의 결정 구조에 비해 쉽게 깨지는(즉 낮은 변형에도 파단) 결정 구조를 갖는다(7.4절 참조).

또한 동일한 조성을 가졌다 하더라도 결정질과 비결정질 재료 사이에는 매우 큰 특성의 차이가 존재한다. 예를 들면 비결정질 세라믹과 폴리머는 일반적으로 광학적으로 투명하다. 동일한 조성의 결정질(또는 반결정질) 재료는 불투명하거나 반투명한 특성을 나타낸다.

학습목표

이 장을 학습한 후에는 다음 내용을 숙지할 수 있어야 한다.

1. 결정질 재료와 비정질 재료에서 원자/분자 구조의 차이를 설명
2. 면심입방격자, 체심입방격자, 육방조밀 결정 구조의 단위정 그리기
3. 면심입방격자와 체심입방격자의 단위정 모서리 길이와 원자 반지름 간의 관계 유도
4. 주어진 단위정 차원에서 면심입방격자와 체심입방격자 구조를 갖는 금속의 밀도 계산
5. 단위정에서 세 방향 지수가 주어질 때 단위정 내에 이 지수와 일치

하는 방향 그리기
6. 단위정 내에 그려진 면의 밀러지수 나타내기
7. 원자의 조밀 충진면을 적층하는 방법으로 생성될 수 있는 면심입방격자와 육방조밀 결정 구조 설명하기
8. 단결정 재료와 다결정 재료의 차이 구분하기
9. 재료 특성의 관점에서 등방성과 이방성 정의하기

3.1 서론

제2장에서는 개별 원자의 전자 구조에 의해 결정되는 여러 종류의 원자 결합에 대해 설명하였다. 이 장에서는 재료 구조의 다음 단계, 특히 고체 내의 원자 배열에 대해 설명하고자 한다. 우선 여기서는 결정성(crystallinity)과 비결정성(noncrystallinity)의 개념을 언급하였다. 결정질 고체에서 결정 구조는 단위정(unit cell)에 의해 표시된다. 금속에서 통상적으로 관찰되는 세 가지 결정 구조에서 결정학적 점, 방향, 면을 나타내는 방법에 대해서 자세히 설명하였다. 또한 단결정질(single crystal), 다결정질(polycrystalline), 비결정질(noncrystalline) 재료에 대해서도 설명하였다. 또한 이 x-선 회절 기법에 의하여 어떻게 결정 구조를 결정할 수 있는지에 대해서 설명하였다.

결정 구조

3.2 기본 개념

결정질

고체 재료는 원자나 이온 간 배열의 규칙성에 따라 구분될 수 있다. **결정질**(crystalline) 재료는 장범위(long-range)의 원자 간에 반복적인 혹은 주기적인 배열이 존재하는 재료이다. 결정질 재료는 응고에 의해 원자들이 규칙적인 3차원적 패턴을 형성하며 위치하고, 원자는 최인접 원자와 결합한다. 모든 금속과 대부분의 세라믹 재료, 일부의 폴리머는 통상적인 응고 조건에서 결정 구조를 형성한다. 결정화되지 않는 재료, 즉 장범위의 원자 규칙성이 존재하

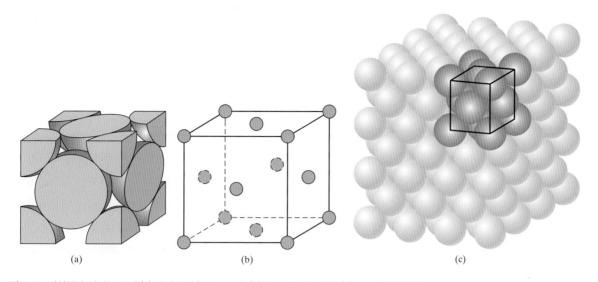

그림 3.1 면심입방 결정 구조의 (a) 단위정의 원자구 모델, (b) 축소 원자구 모델, (c) 다수 원자의 집합
[출처 : (c) W. G. Moffatt, G. W. Pearsall, and J. Wulff, *The Structure and Properties of Materials*, Vol. I, *Structure*, John Wiley & Sons, 1964. Janet M. Moffatt 허가로 복사 사용함]

지 않는 비결정질(또는 비정질) 재료에 대해서는 이 장의 뒷부분에서 간단히 설명하였다.

결정 구조

결정질 고체의 여러 성질은 재료 내의 원자, 이온, 분자의 배열 방식, 즉 **결정 구조**(crystal structure)에 의해 결정된다. 장범위의 원자 규칙을 갖는 수많은 결정 구조가 있으며, 이러한 결정 구조는 비교적 간단한 구조를 갖는 금속에서부터 세라믹과 폴리머에서 볼 수 있는 극히 복잡한 구조에 이르기까지 실로 다양하다. 이 장에서는 결정질 고체의 기본적인 개념에 대해 다루고자 한다. 제12장과 제14장에서는 세라믹과 폴리머 결정 구조를 각각 설명할 예정이다.

결정 구조를 설명할 때 원자(혹은 이온)를 일정한 지름을 갖는 딱딱한 구로 생각할 수 있다. 이러한 접근을 **원자구 모델**(atomic hard-sphere model)이라고 하며, 원자를 나타내는 구가 최인접 원자와 서로 접하고 있다고 생각한다. 그림 3.1c에 순수 금속에서 흔히 보는 원자 배열 구조를 원자구 모델로 나타냈다. 이 경우 모든 원자는 동일한 종류이다. 흔히 결정 구

격자

조에서 **격자**(lattice)라는 용어가 사용되는데, 격자는 원자의 위치(구의 중앙)에 해당되는 점을 3차원으로 배열한 것을 말한다.

3.3 단위정

단위정

결정 고체에서 원자의 규칙성은 작은 군의 원자들이 반복적 패턴을 가지고 배열되는 것을 의미한다. 따라서 결정 구조를 나타내기 위해 결정 구조를 **단위정**(unit cell)이라 부르는 작은 반복 단위로 나누는 것이 편리하다. 대부분의 결정 구조에서 단위정은 세 종류의 평행한 면을 갖는 평행육면체나 각기둥의 구조를 지닌다. 그림 3.1c의 경우에서는 입방체이다. 단위정은 결정 구조의 대칭성을 나타내기 위해 사용되고, 모든 원자의 위치는 이러한 단위정을 그 변을 따라 단위 길이의 정수배로 평행이동하여 나타낸다. 따라서 단위정은 결정 구조의 기본 결정 단위 혹은 결정 구조를 쌓는 단위 블록과 같다고 할 수 있다. 통상적으로 결정

구조는 단위정의 기하학적 구조와 단위정 내의 원자 위치에 의해 표기된다. 일반적으로 평행육방체의 모서리에 원자구의 중심이 오게 하는 것이 편리하다. 어떤 결정 구조는 1개 이상의 단위정을 사용하여 나타내기도 하지만, 통상적으로는 기하학적으로 대칭성이 가장 좋은 단위정을 사용한다.

3.4 금속의 결정 구조

금속 재료는 금속 결합을 하며, 금속 결합은 본질적으로 결합의 방향성이 없어 최인접 원자의 개수나 위치에 대한 제약은 없다. 이러한 특성에 의해 금속의 결정 구조는 최인접 원자의 개수가 많고, 조밀한 원자 충진을 갖는다. 금속의 결정 구조를 원자구 모델을 이용하여 표현할 수 있는데, 이때 각 원자구는 금속 이온을 나타낸다. 표 3.1에 다수 금속의 이온 반경을 수록하였다. 대부분의 금속은 세 종류의 비교적 간단한 결정 구조를 가지고 있는데, 이는 면심입방 구조, 체심입방 구조, 육방조밀 구조이다.

면심입방 결정 구조

면심입방(FCC)

많은 금속의 결정 구조는 입방의 단위정을 가지고, 원자는 입방의 모서리와 면의 중심에 위치한다. 이러한 구조를 면심입방(face-centered cubic, FCC) 결정 구조라고 하며, 이러한 결정 구조를 갖는 금속에는 구리, 알루미늄, 은, 금 등이 있다(표 3.1). 그림 3.1a에 FCC 단위정의 원자구 모델을 나타냈으며, 그림 3.1b에서는 원자의 위치를 좀 더 쉽게 나타내기 위해 원자 중심을 작은 원으로 표시하였다. 그림 3.1c는 많은 수의 FCC 단위정을 포함한 원자의 배열을 나타낸 그림이다. 이러한 구 혹은 이온 코어는 면의 대각선으로 서로 접한다. 따라서 입방의 변(모서리) 길이 a와 원자 반지름 R은 다음과 같은 관계를 갖는다.

면심입방의 단위정 변 길이

$$a = 2R\sqrt{2} \qquad (3.1)$$

위의 관계식은 예제 3.1에서 유도하였다.

표 3.1 16개 금속의 원자 반지름과 결정 구조

금속	결정 구조[a]	원자 반지름[b] (nm)	금속	결정 구조	원자 반지름 (nm)
알루미늄	FCC	0.1431	몰리브덴	BCC	0.1363
카드뮴	HCP	0.1490	니켈	FCC	0.1246
크롬	BCC	0.1249	백금	FCC	0.1387
코발트	HCP	0.1253	은	FCC	0.1445
구리	FCC	0.1278	탄탈룸	BCC	0.1430
금	FCC	0.1442	티탄(α)	HCP	0.1445
철(α)	BCC	0.1241	텅스텐	BCC	0.1371
납	FCC	0.1750	아연	HCP	0.1332

a FCC = 면심입방, HCP = 육방조밀, BCC = 체심입방
b 1 nm는 10^{-9} m이며, Å 단위로 바꾸기 위해서는 10을 곱한다.

각 단위정에 속해 있는 원자의 수를 계산할 때가 있다. 원자의 위치에 따라서 인접한 단위정과 공유되는 것을 생각해야 되는데, 원자의 특정 분율만이 그 단위정에 속한다. 예를 들어 입방 단위정에서는 격자 내부에 있는 원자는 그 단위정에 온전히 속하고, 면 상에 있는 것은 다른 인접 단위정 하나와 공유하고, 모서리에 위치한 원자는 8개의 인접 단위정과 공유한다. 단위정당 원자수, N은 다음의 수식으로 계산할 수 있다.

$$N = N_i + \frac{N_f}{2} + \frac{N_c}{8} \qquad (3.2)$$

여기서

$$N_i = \text{내부 원자의 개수}$$
$$N_f = \text{면 상 원자의 개수}$$
$$N_c = \text{모서리 원자의 개수}$$

를 의미한다. FCC 결정 구조의 경우 8개의 모서리 원자(N_c=8), 6개의 면 상 원자(N_f=6), 0개의 내부 원자(N_i=0)이므로 식 (3.2)로부터 다음과 같이 나타낼 수 있다.

$$N = 0 + \frac{6}{2} + \frac{8}{8} = 4$$

총 4개의 온전한 원자가 해당 단위정에 속한다. 이는 입방의 내부에 속해 있는 원자구 부위를 나타낸 그림 3.1a에서도 볼 수 있다. 그림에서와 같이 단위정은 모서리 원자의 중심을 이어 만들어진 입방의 모양이다.

모서리와 면심의 위치는 실제로 동일하다. 즉 원래의 모서리 원자에서 면심의 원자 위치로 입방을 이동하였을 때도 결정 구조는 변하지 않는다.

배위수

원자 충진율(APF)

결정 구조가 갖는 두 가지 중요한 성질은 배위수(coordination number)와 원자 충진율(atomic packing factor, APF)이다. 금속에서 각 원자는 같은 개수의 최인접 혹은 접촉 원자를 가지고 있으며, 이 수를 배위수라고 한다. 면심입방정에서 배위수는 12이며, 이는 그림 3.1a에서 알 수 있다. 즉 전면의 면심 원자는 모서리에 위치한 4개의 인접 원자에 둘러싸여 있으며, 뒤쪽의 4개의 면심 원자와 인접하며, 그림에 나타나 있지 않은 앞쪽의 다른 4개의 면심 원자와 인접한다.

원자 충진율은 원자구 모델을 가정하여 단위정 내에서 원자구가 차지하는 부피 분율을 말한다.

원자 충진율의 정의

$$\text{APF(원자 충진율)} = \frac{\text{단위정 내의 원자 부피}}{\text{총 단위정 부피}} \qquad (3.3)$$

면심입방 구조에서 원자 충진율은 0.74이며, 이는 같은 크기의 구를 쌓는 가능한 방법 중 가장 높은 값의 충진율이다. APF의 계산은 예제 3.2에 실었다. 금속은 자유 전자 구름에 의한 전기적 차폐(shielding)를 최대로 하기 위해 상대적으로 높은 원자 충진율을 갖는다.

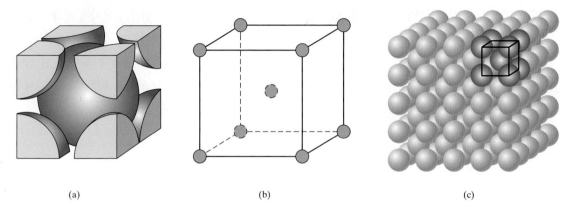

(a)　　　　　　　　　　　(b)　　　　　　　　　　　(c)

그림 3.2 체심입방 결정 구조의 (a) 단위정의 원자구 모델, (b) 축소 원자구 모델, (c) 다수 원자의 집합
[출처 : (c) W. G. Moffatt, G. W. Pearsall, and J. Wulff, *The Structure and Properties of Materials*, Vol. I, *Structure*, John Wiley & Sons, 1964. Janet M. Moffatt 허가로 복사 사용함]

체심입방 결정 구조

체심입방(BCC)

금속의 결정 구조에서 많이 볼 수 있는 또 하나의 결정 구조는 입방 단위정의 8개 모서리와 입방의 중심에 하나의 원자가 위치한 구조인데, 이를 체심입방(body-centered cubic, BCC) 구조라고 한다. 이러한 결정 구조를 나타내는 원자 배열을 그림 3.2c에 나타냈으며, 그림 3.2a와 3.2b는 BCC 단위정을 원자구와 축소 원자구 모델로 나타낸 것이다. 체심과 모서리 원자는 입방의 대각선상에서 서로 접촉하고 있으며, 단위정 길이 a와 원자 반지름 R은 다음과 같은 관계를 갖는다.

체심입방의 단위정 변 길이

$$a = \frac{4R}{\sqrt{3}} \qquad (3.4)$$

크롬, 철, 텅스텐과 표 3.1에 열거된 금속들이 BCC 구조를 갖는다.

각 BCC 단위정은 8개의 모서리 원자와 단위정에 온전히 속한 1개의 중심 원자를 갖고 있다. 식 (3.2)로부터 BCC당 원자 개수는 다음과 같다.

$$N = N_i + \frac{N_f}{2} + \frac{N_c}{8}$$

$$= 1 + 0 + \frac{8}{8} = 2$$

BCC 결정 구조의 배위수는 8이다. 각 체심 원자는 8개의 모서리 원자와 최근접 거리에 있다. BCC의 배위수는 FCC에 비해 작으며, 충진율도 0.68로 FCC의 0.74에 비해 작다.

입방의 모서리에만 원자가 놓여 있는 단위정도 가능하다. 이를 단순입방(simple cubic, SC) 결정 구조라 한다. 원자구와 축소 원자구 모델을 그림 3.3a와 3.3b에 나타내었다. 어떤 금속 원소도 이러한 결정 구조를 갖지 않는데, 이는 상대적인 원자 충진율이 작기 때문이다 (개념확인 3.1 참조). 유리한 단순입방 원자는 폴로늄(polonium)인데 반금속이다.

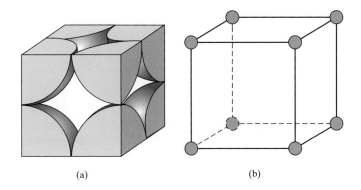

그림 3.3 단위입방 결정 구조. (a) 원자구 단위정, (b) 축소 원자구 단위정

(a)   (b)

육방조밀 결정 구조

육방조밀(HCP)

모든 금속이 입방 대칭을 갖는 단위정을 갖지는 않는다. 마지막으로 금속에서 흔히 볼 수 있는 육방 구조에 대해 설명하고자 한다. 그림 3.4a는 이러한 결정 구조의 축소 원자구 모델을 나타낸 것으로 이러한 구조를 **육방조밀**(hexagonal close-packed, HCP) 구조라고 한다. 몇 개의 HCP 단위정의 집합을 그림 3.4b에 나타냈다.[1] 단위정의 상부와 하부면은 6개의 육각형을 이루며, 이들은 면 중심의 원자를 둘러싸고 있다. 또 다른 면은 3개의 원자를 포함하고 있으며, 상부와 하부면의 중간에 위치하는데, 이러한 중간면의 원자는 인접한 두 면과 최인접하고 있다.

HCP 결정 구조에서 단위정당 원자수를 구하기 위해 식 (3.2)를 변형하면 다음과 같다.

$$N = N_i + \frac{N_f}{2} + \frac{N_c}{6} \tag{3.5}$$

즉 각 모서리 원자의 1/6이 단위정에 속한다(입방정은 1/8). HCP에서 6개의 모서리 원자가 상부면과 하부면에 있고 2개의 면 상 원자, 3개의 중간면 내부 원자가 있다. 따라서 HCP의

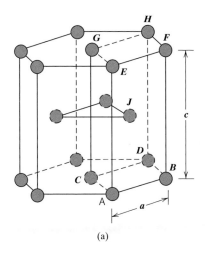

(a)

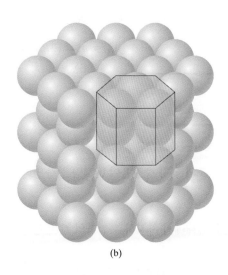

그림 3.4 육방조밀 결정 구조의 (a) 축소 원자구 모델(a와 c는 각각 단축과 장축을 나타냄), (b) 다수 원자의 집합

(b)

---

[1] HCP 단위정을 정의하는 다른 방법으로 그림 3.4a에서 A~H점으로 나타낸 원자들을 잇는 평행육면체로 나타낼 수 있다. 이 경우 J 원자는 단위정 내부에 존재한다.

N을 식 (3.5)로부터 계산하면 다음과 같이 구해진다.

$$N = 3 + \frac{2}{2} + \frac{12}{6} = 6$$

즉 6개의 원자가 단위정에 존재한다.

만약 그림 3.4a의 짧은 변과 긴 변의 길이를 a와 c라고 한다면, c/a 비율은 1.633이다. 그러나 다수의 HCP 금속은 이 비율에서 벗어나 있다.

HCP 결정 구조의 배위수와 원자 충진율은 FCC와 같은 12와 0.74이다. HCP 금속에는 카드뮴, 마그네슘, 티탄, 아연 등이 있으며, 이 밖의 HCP 금속을 표 3.1에 수록하였다.

예제 3.1

FCC 단위정 부피의 계산

FCC 단위정의 부피를 원자 반지름 R로 나타내라.

풀이

FCC 단위정이 다음과 같이 나타나 있다. 원자는 다른 원자와 면 상 대각선 방향으로 접촉하고 있으며, 그 길이는 $4R$이다. 단위입방정에서 변의 길이를 a라 하면, 입방정의 부피는 a^3이므로 면 상의 직각삼각형에서 관계식으로부터

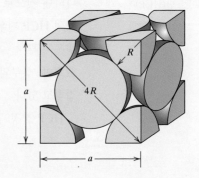

$$a^2 + a^2 = (4R)^2$$

a로 풀면 다음과 같다.

$$a = 2R\sqrt{2} \tag{3.1}$$

FCC 단위정 부피 V_C는 다음과 같이 풀 수 있다.

$$V_C = a^3 = (2R\sqrt{2})^3 = 16R^3\sqrt{2} \tag{3.6}$$

예제 3.2

FCC 결정 구조의 원자 충진율 계산

FCC 결정 구조의 원자 충진율이 0.74임을 증명하라.

풀이

APF는 단위정 내에서 차지하는 원자의 부피 분율로 정의된다.

$$\text{APF(원자 충진율)} = \frac{\text{단위정 내의 원자 부피}}{\text{총 단위정 부피}} = \frac{V_S}{V_C}$$

총 원자구 부피와 단위정 부피는 원자 반지름 R로 나타내어 계산한다. 구의 부피는 $\frac{4}{3}\pi R^3$이고, FCC 단위정은 4개의 원자를 포함하므로 FCC 원자(또는 구)의 부피는 다음과 같다.

$$V_S = (4)\frac{4}{3}\pi R^3 = \frac{16}{3}\pi R^3$$

예제 4.1에서 총 단위정 부피는 다음 식으로 구할 수 있다.

$$V_C = 16R^3\sqrt{2}$$

따라서 원자 충진율은 0.74이다.

$$\text{APF} = \frac{V_S}{V_C} = \frac{\left(\frac{16}{3}\right)\pi R^3}{16R^3\sqrt{2}} = 0.74$$

개념확인 3.1

(a) 단순입방 결정 구조의 배위수는?

(b) 단순입방의 원자 충진율을 구하라.

[해답은 *www.wiley.com/go/Callister_MaterialsScienceGE* → More Information → Student Companion Site 선택]

예제 3.3

HCP 단위정의 부피 계산

(a) 격자 상수 a와 c의 함수로 HCP 단위정의 부피를 나타내라.

(b) 원자 반경 R과 격자 상수 c로 부피를 나타내라.

풀이

(a) 문제를 풀기 위해 인접한 축소 원자구 HCP 단위정을 이용한다.

단위정의 부피는 바닥면의 넓이에 단위정의 높이를 곱하면 된다. 바닥면의 면적은 $ACDE$의 평행사변형 면적의 3배이다. ($ACDE$ 평행사변형은 상단의 단위정에도 표시하였다.)

$ACDE$의 면적은 길이 $\overline{CD}$와 높이 $\overline{BC}$의 곱이고 $\overline{CD}$는 a, $\overline{BC}$는 다음과 같다.

$$\overline{BC} = a\cos(30°) = \frac{a\sqrt{3}}{2}$$

따라서 바닥 면적은 다음과 같다.

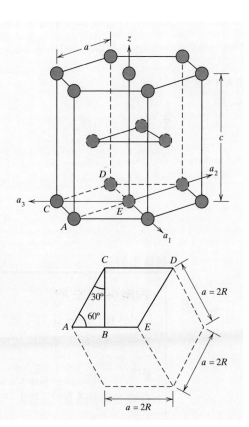

$$\text{AREA} = (3)(\overline{CD})(\overline{BC}) = (3)(a)\left(\frac{a\sqrt{3}}{2}\right) = \frac{3a^2\sqrt{3}}{2}$$

단위정 부피 V_C는 AREA와 c의 곱이므로 다음과 같이 구할 수 있다.

$$V_C = \text{AREA}(c)$$
$$= \left(\frac{3a^2\sqrt{3}}{2}\right)(c)$$
$$= \frac{3a^2c\sqrt{3}}{2} \tag{3.7a}$$

(b) 이 문제에서 격자 상수 a와 원자 반경 R의 관계는 다음과 같다.

$$a = 2R$$

식 (3.7a)의 a에 이 관계를 대입하면 다음과 같다.

$$V_C = \frac{3(2R)^2c\sqrt{3}}{2}$$
$$= 6R^2c\sqrt{3} \tag{3.7b}$$

3.5 밀도 계산

금속 고체의 결정 구조로부터 이론적 밀도(theoretical density) ρ를 다음과 같은 식을 이용하여 구할 수 있다.

금속의 이론 밀도

$$\rho = \frac{nA}{V_C N_A} \tag{3.8}$$

여기서

n = 단위정 내의 원자수
A = 원자량
V_C = 단위정의 부피
N_A = 아보가드로 수(6.022×10^{23} 원자/mol)

예제 3.4

구리의 이론 밀도 계산

구리는 0.128 nm의 원자 반지름과 FCC 결정 구조를 가지며, 원자량은 63.5 g/mol이다. 이론 밀도를 계산하고, 측정된 밀도와 비교하라.

풀이

식 (3.8)을 이용한다. 결정 구조는 FCC이므로 각 단위정당 원자수 n은 4이다. 또한 원자량 A_{Cu}

는 63.5 g/mol이다. FCC의 단위정 부피 V_C는 예제 3.1에서 $16R^3\sqrt{2}$이고, 여기서 원자 반지름 R은 0.128 nm이다.

식 (3.8)에 이러한 변수를 대입하면 다음과 같다.

$$\rho_{Cu} = \frac{nA_{Cu}}{V_C N_A} = \frac{nA_{Cu}}{(16R^3\sqrt{2})N_A}$$

$$= \frac{(4\ 원자/단위정)(63.5\ \text{g/mol})}{[16\sqrt{2}(1.28\times10^{-8}\ \text{cm})^3/\ 단위정](6.022\times10^{23}\ 원자/\text{mol})}$$

$$= 8.89\ \text{g/cm}^3$$

구리의 측정 밀도는 8.94 g/cm³이며, 이 값은 계산된 이론치와 유사하다.

3.6 동질이상과 동소체

동질이상

동소체

일부 금속 그리고 비금속은 한 가지 이상의 결정 구조를 가지는데, 이를 동질이상(polymorphism)이라고 한다. 이러한 현상이 원소 금속에서 발생할 때 이를 동소체(allotropy)라고 한다. 지배적인 결정 구조는 온도와 외부 압력에 의하여 결정된다. 익숙한 예가 탄소에서 발견된다. 흑연(graphite)은 상온조건에서 안정한 다형제이다. 이에 비하여 다이아몬드는 매우 높은 압력하에서 형성된다. 또한 순수한 철은 상온에서 BCC 결정 구조를 가지는데, 912℃ 이상의 온도로 가열되면 FCC로 변태가 발생한다. 이와 같은 다형체의 상변태에는 밀도 및 다른 물리적인 특성의 변화가 같이 발생되는 것이 일반적이다.

중 요 재 료

주석(동소 변태)

동소 변태를 일으키는 다른 재료 중의 하나가 주석이다. 백(또는 β)주석은 상온에서 체심 단사 결정 구조인데 13.2℃에서 다이아몬드 입방정 구조와 유사한 회(또는 α)주석으로 변태를 일으킨다. 이러한 변태를 아래 그림에 모식적으로 나타내었다.

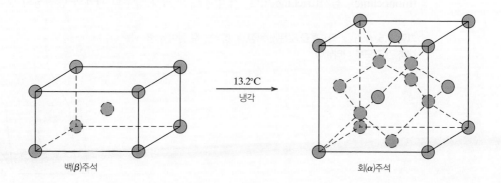

백(β)주석   →13.2℃ 냉각→   회(α)주석

이러한 변태의 발생 속도는 매우 느리다. 그러나 13.2°C보다 낮은 온도에서는 변태 속도가 증가한다. 이러한 백주석-회주석 변태와 수반하여 부피 증가(27%)가 발생하고, 이에 따라 밀도의 감소(7.3 g/cm³에서 5.77 g/cm³로)가 발생한다. 이러한 부피 팽창은 백주석이 회주석 조립 분말로의 변화를 유발하게 된다. 통상적으로 상온보다 약간 낮은 온도에서는 이러한 변태 속도가 매우 느리기 때문에 이러한 문제점을 걱정할 필요가 없다.

이러한 백주석-회주석 변태는 1850년 러시아에서 매우 드라마틱한 결과를 낳았다. 그해 겨울은 특히 추워서 기록적인 낮은 온도가 장기간 지속되었다. 러시아 군인은 주석으로 만든 단추를 사용하였는데, 이러한 극한의 낮은 온도가 단추를 산산이 깨지게 만들었고, 주석으로 제작된 교회의 오르간 파이프들도 같이 파손되었다. 이러한 문제는 **주석 병**(tin disease)이라고 알려졌다.

백주석(왼쪽) 시편. 다른 시편(오른쪽)은 13.2°C보다 낮은 온도에서 장시간 유지하여 회주석으로 변태하는 과정에서 조립 분말로 분화된 것을 나타내고 있다.

(사진 제공 : Professor Bill Plumbridge, Department of Materials Engineering, The Open University, Milton Keynes, England.)

3.7 결정계

많은 종류의 가능한 결정 구조가 있으므로 단위정의 형태와 원자 배열에 따라 이들을 분류하는 것이 편리하다. 이러한 방법은 단위정의 기하학적 형태, 즉 단위정 내의 원자 위치와 무관한 평행육면체의 형태를 기초로 한다. 이를 위해 그림 3.5와 같이 x, y, z의 좌표계를 단위정의 한 모서리를 중심으로 만들고 x, y, z축은 3개의 평행육면체의 각 변과 일치시킨다. 단위정의 기하학적 형태는 변의 길이 a, b, c 그리고 내축 간의 각도 α, β, γ로 완벽하게 정의될 수 있다. 이를 그림 3.5에 표시하였으며, 이를 결정 구조의 격자 상수(lattice parameter)라고 한다.

격자 상수

이러한 방법은 a, b, c 와 α, β, γ의 조합을 갖는 7개의 다른 가능한 결정의 바탕이 되며, 각각은 별개의 결정계(crystal system)를 나타낸다. 이러한 7개의 결정계는 입방(cubic), 정방(tetragonal), 육방(hexagonal), 사방(orthorhombic), 삼방(rhombohedral)[2], 단사(monoclinic), 삼사(triclinic)이다. 각각에 대한 격자 상수의 관계와 단위정의 형태를 표 3.2

결정계

그림 3.5 x, y, z 좌표축을 갖는 단위정. a, b, c는 축 길이 α, β, γ는 내축 간 각도를 나타낸다.

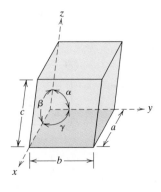

---

2 *Trigonal*이라고도 한다.

에 나타냈다. $a = b = c$와 $\alpha = \beta = \gamma = 90°$의 입방계는 가장 높은 대칭도를 가지며, 가장 낮은 대칭도는 $a \neq b \neq c$와 $\alpha \neq \beta \neq \gamma$의 3사 결정계이다.[3]

표 3.2   7개 결정계에 대한 격자 상수의 관계와 단위정의 기하학적 모양

결정계	축 관계	축 간 각도	단위정 모양
입방 (Cubic)	$a = b = c$	$\alpha = \beta = \gamma = 90°$	
육방 (Hexagonal)	$a = b \neq c$	$\alpha = \beta = 90°,\ \gamma = 120°$	
정방 (Tetragonal)	$a = b \neq c$	$\alpha = \beta = \gamma = 90°$	
삼방 (Rhombohedral)	$a = b = c$	$\alpha = \beta = \gamma \neq 90°$	
사방 (Orthorhombic)	$a \neq b \neq c$	$\alpha = \beta = \gamma = 90°$	
단사 (Monoclinic)	$a \neq b \neq c$	$\alpha = \gamma = 90° \neq \beta$	
삼사 (Triclinic)	$a \neq b \neq c$	$\alpha \neq \beta \neq \gamma \neq 90°$	

---

3 결정 대칭도는 단위정 변수의 숫자로 나타내는 것이 가능한데, 대칭성이 높은 것은 변수의 숫자가 작다. 예를 들면 입방정 구조는 결정도가 매우 높은데, 이 구조는 단위정의 격자 상수 하나로 나타내는 것이 가능하다. 이와는 달리 삼사정 결정 구조는 대칭도가 낮은 것에 속하는데, 이 구조는 6개의 변수, 즉 3개의 격자 상수 및 축 간의 각도 3개가 필요하다.

금속 결정 구조에서 FCC와 BCC는 입방정 결정계에 속하고, HCP는 육방정계에 속한다. 통상적인 육방정계는 3개의 평행육면체로 구성되는데, 이는 표 3.2에서 볼 수 있다.

개념확인 3.2 결정 구조와 결정계의 차이점은 무엇인가?

[해답은 *www.wiley.com/go/Callister_MaterialsScienceGE* → More Information → Student Companion Site 선택]

이 장에서 논의하고 있는 원리와 개념은 대부분 결정질 세라믹과 폴리머 계(제12장 및 제14장)을 논의하는 데 사용될 수 있다. 예를 들면 이들 결정 구조는 단순한 FCC, BCC, 또는 HCP보다는 훨씬 복잡하다. 또한 이들 재료에서 원자 충진율, 밀도와 같은 것은 식 (3.3)과 (3.8)을 변형하여 사용하는 것이 가능하다. 마지막으로 이들 재료에 있어서 결정 구조는 단위정이 7개의 결정계 그룹으로 분류하는 것이 가능하다

결정학적 위치, 방향, 면

결정질 재료를 취급할 때 단위정 내의 특정한 위치, 결정 방향, 결정면을 명기할 필요가 있는 경우가 있다. 이를 위해 3개의 정수 혹은 지수를 이용하여 방향과 면을 표식하는 표기법이 확립되었다. 지수값은 그림 3.5와 같이 단위정의 한 모서리를 중심으로 각 변을 x, y, z축으로 하는 좌표계를 기초로 한다. 몇 개의 결정계, 즉 육방, 삼방, 단사, 삼사 정계에서 3개의 축은 우리에게 친숙한 수직 좌표계와 같이 서로 수직하지 않는다.

3.8 점 좌표

때때로 단위정 내에 격자의 위치를 명시할 필요가 있다. 격자 위치는 3개의 격자 위치 좌표에 의하여 정의되는데, 이 위치는 x, y, z축의 좌표인 P_x P_y, P_z로 나타낸다. 위치 좌표는 3개의 점 좌표지수 q, r, s를 이용하는 것도 가능하다. 이들 지수는 단위정 a, b, c의 길이 분율이다. 즉 q는 x축 a의 길이 분율, r은 y축 b의 길이 분율, s는 z축 c의 길이 분율이다. 또 다르게는 격자 위치 좌표(즉 Ps)는 각 점 좌표지수와 단위셀의 모서리 길이의 곱으로 나타내는 것이 가능하다.

$$P_x = qa \tag{3.9a}$$

$$P_y = rb \tag{3.9b}$$

$$P_z = sc \tag{3.9c}$$

예시로 그림 3.6의 단위정에서 단위정 모서리를 원점으로 하는 x-y-z 좌표계에서 P점을 생각해 보자. P점이 좌표지수 q, r, s와 단위정 변 길이의 곱과 어떤 관계가 있는지 주목하라.[4]

---

4 q, r, s 지수 사이에는 콤마나 다른 구두점 기호를 넣지 않는다.

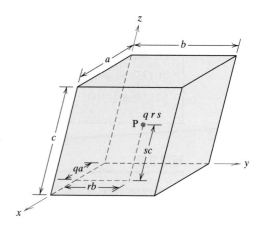

그림 3.6 단위정 내 점 P에서 q, r, s 좌표의 설정 방법. q 좌표는 x축의 qa(a는 단위정 변 길이)에 해당되며, r과 s 좌표도 y와 z축에 대해 동일한 방법으로 설정된다.

예제 3.5

좌표점의 위치

그림 (a)에서 $\frac{1}{4}1\frac{1}{2}$의 좌표를 갖는 점을 나타내라.

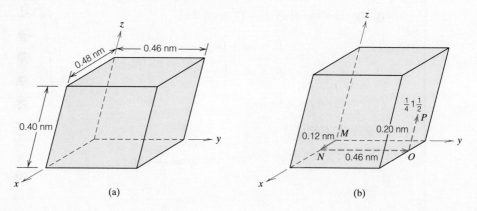

풀이

그림 (a)에서 이 단위정의 변 길이는 각각 $a = 0.48$ nm, $b = 0.46$ nm, $c = 0.40$ nm이다. 또한 앞에서 설명한 대로 길이 분율은 $q = \frac{1}{4}$, $r = 1$, $s = \frac{1}{2}$이다. 식 (3.9a)~(3.9c)를 이용하면 격자 위치는 다음과 같다.

$$P_x = qa$$

$$= \left(\frac{1}{4}\right)a = \frac{1}{4}(0.48 \text{ nm}) = 0.12 \text{ nm}$$

$$P_y = rb$$

$$= (1)b = 1(0.46 \text{ nm}) = 0.46 \text{ nm}$$

$$P_z = sc$$

$$= \left(\frac{1}{2}\right)c = \frac{1}{2}(0.40 \text{ nm}) = 0.20 \text{ nm}$$

단위정 내에 이러한 좌표를 갖는 점을 나타내기 위해서는 그림 (b)에서와 같이 단위정의 원점 (점 *M*)에서 0.12 nm만큼 *x*축 방향으로 이동한다(점 *N*). 같은 방법으로 0.46 nm만큼 점 *N*에서 점 *O*로 이동하고, 마지막으로 0.20 nm만큼 *z*축과 평행하게 이동한다(점 *P*). 따라서 이 점 *P*가 $\frac{1}{4}1\frac{1}{2}$ 좌표점이다.

예제 3.6

좌표지수 표기

다음 페이지에 수록된 단위정의 모든 위치 번호에 대해 좌표지수를 명기하라.

풀이

이 단위정에서 좌표 위치는 1개의 중심점과 8개의 모서리점에 위치한다.

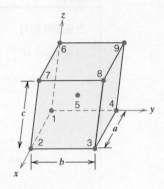

점 1은 좌표계의 원점이고, 격자 위치의 *x*, *y*, *z*축에 대한 지수는 0*a*, 0*b*, 0*c*이다. 식 (3.9a)~(3.9c)로부터

$$P_x = qa = 0a$$
$$P_y = rb = 0b$$
$$P_z = sc = 0c$$

q, *r*, *s* 값을 대입하면

$$q = \frac{0a}{a} = 0$$
$$r = \frac{0b}{b} = 0$$
$$s = \frac{0c}{c} = 0$$

즉 0 0 0 점이다.

점 2는 *x*축 상에 1단위의 단위정 변 길이에 위치하므로 *x*, *y*, *z*축 상의 격자 좌표지수는 *a*, 0*b*, 0*c*이고

$$P_x = qa = a$$
$$P_y = rb = 0b$$
$$P_z = sc = 0c$$

따라서 *q*, *r*, *s* 값은 다음과 같다.

$$q = 1 \qquad r = 0 \qquad s = 0$$

즉 점 2는 1 0 0이다.

이 같은 방식에 의해 단위정의 남은 7개의 좌표지수를 구할 수 있다. 9개 점 모두의 좌표지수는 다음 표로 정리된다.

위치 번호	q	r	s
1	0	0	0
2	1	0	0
3	1	1	0
4	0	1	0
5	$\frac{1}{2}$	$\frac{1}{2}$	$\frac{1}{2}$
6	0	0	1
7	1	0	1
8	1	1	1
9	0	1	1

3.9 결정 방향

결정 방향(crystallographic direction)은 두 점의 선 혹은 벡터로 나타낸다. 다음과 같은 방법으로 3개의 방향 지수를 결정한다.

1. x-y-z의 좌표계를 설정한다. 편의상 원점은 단위정의 모서리로 한다.
2. 두 점의 좌표를 잇는 방향 벡터(좌표계를 기준)를 정한다. 예를 들어 벡터 시작점, 점 1은 x_1, y_1, z_1, 벡터 끝점 점 2는 x_2, y_2, z_2.[5]
3. 끝점 좌표에서 시작점 좌표를 뺀다. 즉 $x_2 - x_1$, $y_2 - y_1$, $z_2 - z_1$.
4. 이러한 좌표 차이값을 격자 상수 a, b, c로 각각 나눠서 표준화한다. 즉 3개의 수치를 구한다.

$$\frac{x_2 - x_1}{a} \quad \frac{y_2 - y_1}{b} \quad \frac{z_2 - z_1}{c}$$

5. 필요하면 이러한 3개의 숫자를 공통 지수로 나누거나 곱해 최소의 정수 조합을 만든다.
6. 얻어지는 3개의 지수는 콤마로 분리하지 않고 대괄호 안에 표시한다. 즉 $[uvw]$. u, v, w 정수는 x, y, z축 상에 표준화된 좌표 차이를 나타낸다.

요약하면 u, v, w 지수는 아래의 식에 의해 결정된다.

$$u = n\left(\frac{x_2 - x_1}{a}\right) \tag{3.10a}$$

$$v = n\left(\frac{y_2 - y_1}{b}\right) \tag{3.10b}$$

$$w = n\left(\frac{z_2 - z_1}{c}\right) \tag{3.10c}$$

---

5 이러한 시작점과 끝점 좌표점은 격자 위치 좌표점이다. 그리고 이러한 값은 3.8절에 나타낸 절차를 따라서 결정할 수 있다.

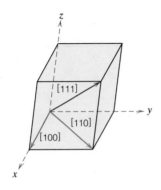

그림 3.7 단위정에서의 [100], [110], [111] 방향

여기서 n은 u, v, w를 정수조로 바꾸기 위한 공통지수이다.

각각의 세 축은 양과 음의 좌표를 가질 수 있다. 음의 지수도 가능하며, 적절한 지수 위에 바(bar)로 표시한다. 예를 들어 $[1\bar{1}1]$ 방향은 $-y$ 방향 성분을 갖는다. 또한 모든 지수의 부호를 바꾸면 반대 방향이 된다. 즉 $[\bar{1}1\bar{1}]$은 $[1\bar{1}1]$과 반대 방향이다. 만약 하나 이상의 방향이나 면을 명시할 경우 음과 양의 방향을 고정해야 한다.

자주 표기되는 [100], [110]과 [111] 방향을 그림 3.7에 나타냈다.

예제 3.7

방향 지수의 결정

다음 그림에 표시된 방향 지수를 구하라.

풀이

우선 벡터의 끝점과 시작점의 좌표를 구한다.
그림에서 시작점은

$$x_1 = a \qquad y_1 = 0b \qquad z_1 = 0c$$

끝점은

$$x_2 = 0a \qquad y_2 = b \qquad z_2 = c/2$$

점 좌표의 차이값은 다음과 같다.

$$x_2 - x_1 = 0a - a = -a$$
$$y_2 - y_1 = b - 0b = b$$
$$z_2 - z_1 = c/2 - 0c = c/2$$

식 (3.10a)~(3.10c)로부터 u, v, w를 계산한다. 그러나 $z_2 - z_1$의 차이값은 분수(즉 $c/2$)여서 정수 조합을 만들기 위해서는 n에 2를 대입한다.

$$u = n\left(\frac{x_2 - x_1}{a}\right) = 2\left(\frac{-a}{a}\right) = -2$$

$$v = n\left(\frac{y_2 - y_1}{b}\right) = 2\left(\frac{b}{b}\right) = 2$$

$$w = n\left(\frac{z_2 - z_1}{c}\right) = 2\left(\frac{c/2}{c}\right) = 1$$

마지막은 −2, 2, 1 지수를 괄호에 넣으면 $[\bar{2}21]$이 방향 지수가 되는 것이다.[6]
이상의 절차를 다음과 같이 정리할 수 있다.

	x	y	z
끝점 좌표(x_2, y_2, z_2,)	$0a$	b	$c/2$
시작점 좌표(x_1, y_1, z_1,)	a	$0b$	$0c$
좌표 차	$-a$	b	$c/2$
u, v, w의 계산치	$u = -2$	$v = 2$	$w = 1$
괄호화		$[\bar{2}21]$	

예제 3.8

결정 방향의 도식화

다음의 단위정 내에서 벡터 시작점이 좌표계의 원점 O에 위치
한 $[1\bar{1}0]$ 방향을 그리라.

풀이

이 문제는 앞의 예제 문제풀이의 역순으로 진행하여 풀 수 있
다. $[1\bar{1}0]$ 방향은

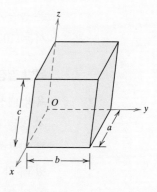

$$u = 1$$
$$v = -1$$
$$w = 0$$

방향 벡터의 시작점이 원점에 위치하므로 좌표는 다음과 같다.

$$x_1 = 0a$$
$$y_1 = 0b$$
$$z_1 = 0c$$

이제 벡터 끝점, x_2, y_2, z_2의 좌표를 구하기 위해 식 (3.10a)~ (3.10c)의 식에서 방향 지수값(u, v, w)과 벡터 시작점 좌표값을 대입한다. 모든 지수값이 정수이므로 $n = 1$을 대입하면 다음과 같다.

---

6 u, v, w가 정수가 아니면 다른 n값을 선택한다.

$$x_2 = ua + x_1 = (1)(a) + 0a = a$$
$$y_2 = vb + y_1 = (-1)(b) + 0b = -b$$
$$z_2 = wc + z_1 = (0)(c) + 0c = 0c$$

방향 벡터는 다음의 그림과 같이 나타난다.

벡터 시작점은 원점에 위치하므로 O점에서 시작하여 순차적으로 이동하여 벡터 끝점을 찾는다. 끝점 x좌표(x_2)는 a이므로 O점에서 x축 방향으로 a만큼 움직인 O점으로 이동하고, 끝점 y좌표(y_2)는 b이므로 $-y$ 방향으로 b만큼 움직인 P점으로 이동한다. z의 끝점 좌표(z_2)는 $0c$이므로 z 방향의 벡터 성분은 없다. 최종적으로 $[1\bar{1}0]$에 해당하는 벡터는 O점에서 P점을 잇는 벡터이다.

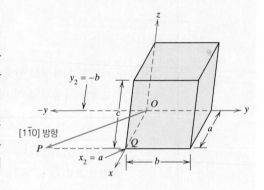

어떤 결정 구조에서 몇 개의 다른 방향 지수를 갖는 평행하지 않는 방향들이 실제로 동등한(equivalent) 경우가 있다. 이는 각 방향으로의 원자 간 거리가 같음을 의미한다. 예를 들면 입방 구조에서 $[100]$, $[\bar{1}00]$, $[010]$, $[0\bar{1}0]$, $[001]$, $[00\bar{1}]$은 동등하다. 편의상 동등한 방향들을 묶어 족(family)이라고 하며, 각괄호로 표시한다(예: $\langle 100 \rangle$). 또한 입방 결정에서는 지수의 차례나 부호와 관계없이 같은 족의 지수를 갖는 방향은 동등하다. 예로 $[123]$과 $[\bar{2}1\bar{3}]$은 동등하다. 이러한 관계는 다른 결정계에서는 적용되지 않는다. 예를 들어 정방 결정계에서는 $[100]$과 $[010]$은 동등하나 $[100]$과 $[001]$은 다르다.

육방 결정의 방향

육방 대칭형을 갖는 결정계에서는 어떤 결정학적으로 동등한 방향이 같은 족의 방향 지수를 갖지 않는 경우가 생긴다. 이러한 문제를 그림 3.8a와 같이 4개의 축 혹은 Miller-Bravais 좌표계를 사용하여 해결할 수 있다. 3개의 a_1, a_2, a_3축은 모두 한 면(basal 면이라고 부름)에 놓여 있고, 각 축 간의 각도는 120°이다. z축은 basal 면에 수직으로 놓여 있다. 앞에서 설명한 방향 지수는 이 경우 4개의 지수, 즉 $[uvtw]$에 의해 표시되며, 보통 u, v, t는 basal 면의 a_1, a_2, a_3축 상의 벡터 지수와 연관이 있고 네 번째 지수 w는 z축과 연관된다.

3지수계의 지수를 4지수계의 지수로 전환하기 위해서는

$$[UVW] \rightarrow [uvtw]$$

이고, 다음의 공식을 이용한다.[7]

---

7 앞에서 설명한 바와 같이 최소 정수의 조합으로 바꾸는 것이 필요하다.

그림 3.8 육방 단위정의 축 좌표계.
(a) 4축 Miller-Bravais (b) 3축

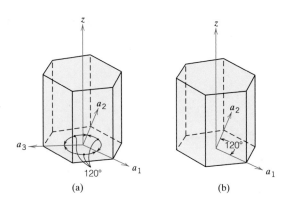

$$u = \frac{1}{3}(2U - V) \tag{3.11a}$$

$$v = \frac{1}{3}(2V - U) \tag{3.11b}$$

$$t = -(u + v) \tag{3.11c}$$

$$w = W \tag{3.11d}$$

여기서 대문자 U, V, W 지수는 3지수 방법이고, 소문자 u, v, t, w 지수는 Miller-Bravais 4지수계이다. 이들 수식을 이용하면 [010]은 $[\bar{1}2\bar{1}0]$이 된다. 또한 $[\bar{1}2\bar{1}0]$은 [1210], $[1\bar{2}10]$, $[\bar{1}2\bar{1}0]$과 동등한 방향을 나타낸다.

그림 3.9의 육방 결정 단위셀에서 몇 가지 결정 방향을 나타내었다.

결정 지수를 나타내는 방법은 다른 결정계에서 사용하는 방법과 유사한 방법, 즉 벡터의 끝점 좌표에서 시작점 좌표를 빼는 방법을 사용하는 것이 가능하다. 이러한 과정을 쉽게 보여 주기 위해서 그림 3.8b에서 $a_1 - a_2 - z$ 좌표계에서 U, V, W 지수를 결정한 후 식 (3.11a)~(3.11d)를 이용하여 u, v, t, w 지수로 변환한다.

시작점과 끝점 좌표를 나타내는 방법은 다음의 표와 같다.

축	시작점 좌표	끝점 좌표
a_1	a_1''	a_1'
a_2	a_2''	a_2'
z	z''	z'

이러한 방법을 이용하면 식 (3.10a)에서 (3.10c)까지의 육방정계 U, V, W 지수는 다음과 같다.

$$U = n\left(\frac{a_1'' - a_1'}{a}\right) \tag{3.12a}$$

$$V = n\left(\frac{a_2'' - a_2'}{a}\right) \tag{3.12b}$$

$$W = n\left(\frac{z'' - z'}{c}\right) \tag{3.12c}$$

그림 3.9 육방 결정계. [0001], [1$\bar{1}$00], [11$\bar{2}$0] 방향

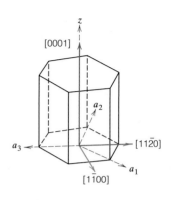

이들 표현에서 U, V, W를 정수값으로 변환하기 위해서 n 인자를 포함시켰다.

예제 3.9

육방 단위정에서 방향 지수의 결정

다음 그림에 표시된 방향의 방향 지수를 4개 지수계
를 이용하여 표시하라.

(a) 그림 3.8b의 3축 좌표계에 맞은 방향 지수를 결정
하라.

(b) 이들 지수를 4축 좌표계(그림 3.8a)에 맞도록 지
수 세트로 변환하라.

풀이

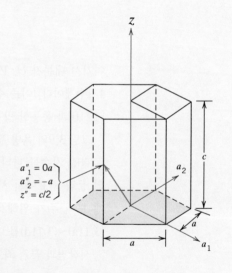

우선 그림에 표시된 3개 좌표축을 기준으로 벡
터 지수 U, V, W를 결정한다. 이를 위해 식
(3.12a)~(3.12c)를 이용하여 변환하는 것이 가능하
다. 벡터가 원점인 $a_1' = a_2' = 0a$이고 $z' = 0c$를 통과
하기 때문이다. 또한 벡터의 머리점은 그림에 나타낸 바와 같이 다음과 같이 주어진다.

$$a_1'' = 0a$$
$$a_2'' = -a$$
$$z'' = \frac{c}{2}$$

분모에서 $z'' = 2$가 되기 때문에 우리는 $n = 2$로 가정한다.

$$U = n\left(\frac{a_1'' - a_1'}{a}\right) = 2\left(\frac{0a - 0a}{a}\right) = 0$$

$$V = n\left(\frac{a_2'' - a_2'}{a}\right) = 2\left(\frac{-a - 0a}{a}\right) = -2$$

$$W = n\left(\frac{z'' - z'}{c}\right) = 2\left(\frac{c/2 - 0c}{c}\right) = 1$$

이 방향은 상기 지수를 괄호에 넣으면 되는데, 즉 [0$\bar{2}$1]로 표시된다.

(b) 이제 이 지수값을 4개 좌표 지수로 바꿔야 하는데 식 (3.11a)~(3.11d)를 이용한다. [0$\bar{2}$1] 방향은

$$U = 0 \qquad V = -2 \qquad W = 1$$

따라서 다음과 같이 구할 수 있다.

$$u = \frac{1}{3}(2U - V) = \frac{1}{3}[(2)(0) - (-2)] = \frac{2}{3}$$

$$v = \frac{1}{3}(2V - U) = \frac{1}{3}[(2)(-2) - 0] = -\frac{4}{3}$$

$$t = -(u + v) = -\left(\frac{2}{3} - \frac{4}{3}\right) = \frac{2}{3}$$

$$w = W = 1$$

3을 곱하여 최소 정수조를 만들면 u, v, t, w는 2, −4, 2, 3이 되고, 따라서 방향 벡터는 [2$\bar{4}$23] 이 된다.

육방정 대칭 결정에서 주어진 지수값을 이용하여 방향을 그리는 과정은 상대적으로 복잡하다. 따라서 이 과정은 여기서 생략하기로 한다.

3.10 결정면

밀러 지수

결정 구조의 면도 방향과 비슷한 방법으로 명시한다. 여기서도 그림 3.5와 같은 **3축 좌표계**를 이용한다. 육방계 이외의 모든 결정계에서는 이와 같은 (hkl)의 밀러 지수(Miller index)를 사용하며, 서로 평행한 두 면은 동등하며 같은 지수를 갖는다. h, k, l의 지수를 결정하는 방법은 다음과 같다.

1. 만약 면이 선택된 좌표축의 중심을 지날 경우 적절한 평행이동을 통해 다른 평행한 면으로 이동시키거나 다른 단위정에 새로운 좌표축 중심을 만들어야 한다.[8]
2. 위의 과정을 통하면 결정학적 면이 3축을 만나거나 평행하게 놓일 것이다. 여기서 각 축의 면과 만나는 지점의 중심과의 거리를 격자 상수 a, b, c 단위로 표시한다. 여기서 면과 각 축이 교차하는 지점의 좌표를 정한다. x, y, z축의 교차점 좌표는 각각 A, B, C로 표시할 것이다.[9]
3. 구해진 수의 역수를 취한다. 면과 평행한 축은 무한대에서 만난다고 생각하여 0으로 한다.

---

8 좌표계에서 새로운 원점을 선택할 때 다음의 과정을 추천한다.
　만약 좌표계의 원점과 교차하는 결정면이 단위정의 면에 놓여 있으면, 단위정의 원점을 하나의 단위 셀 거리만큼 움직여서 그 면에 교차하도록 한다
　만약 좌표계의 원점과 교차하는 결정면이 단위정의 축을 통과하면, 원점을 다른 두 축과 평행한 방향으로 단위셀 거리만큼 이동시킨다.

9 이러한 교차점은 격자 위치 좌표이고, 이들 값은 3.8절에 설명한 과정을 거쳐서 얻는다.

4. 구해진 수의 역수를 a, b, c 격자 상수의 단위로 표준화한다.

$$\frac{a}{A} \quad \frac{b}{B} \quad \frac{c}{C}$$

5. 이들 세 값은 공통수를 곱하거나 나누어 최소의 정수조로 바꾼다.[10]

6. 마지막으로 정수 지수는 괄호 안에 콤마 없이 (hkl)로 표시한다. 정수 h, k, l은 각각 x, y, z축의 교차점의 역수로 표준화한 것이다.

요약하면 h, k, l 지수는 다음의 수식으로 결정된다.

$$h = \frac{na}{A} \tag{3.13a}$$

$$k = \frac{nb}{B} \tag{3.13b}$$

$$l = \frac{nc}{C} \tag{3.13c}$$

이 식에서 n은 h, k, l을 최소의 정수 조합으로 만들기 위한 공통수이다.

원점에서 음의 방향은 바(bar)나 음의 부호를 지수에 붙여 표시한다. 또한 모든 지수값의

그림 3.10 (a) (001), (b) (110), (c) (111) 결정면

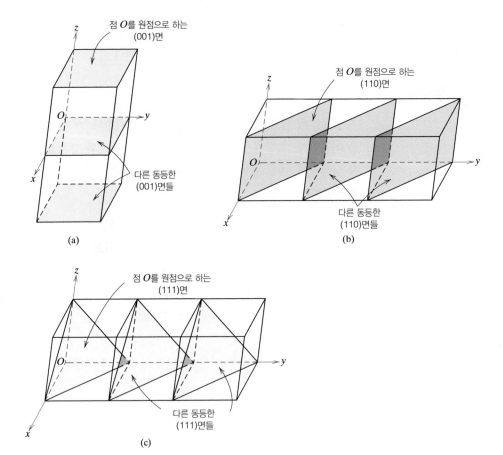

점 O를 원점으로 하는
(001)면

다른 동등한
(001)면들

(a)

점 O를 원점으로 하는
(110)면

다른 동등한
(110)면들

(b)

점 O를 원점으로 하는
(111)면

다른 동등한
(111)면들

(c)

---

10 때에 따라서 지수를 줄이는 과정을 거치지 않는다(예: 3.16절에 나타낸 x-선 회절 결과). 예를 들면 (002)는 (001)로 줄이지 않는다. 또한 세라믹 재료에 있어서는 지수가 줄어든 면의 이온 배열이 줄이지 않은 면과 다를 수 있다.

반대 부호는 평행하고 원점에서 반대 방향으로 같은 거리에 위치한 면을 의미한다. 몇 개의 낮은 지수(low-index) 면을 그림 3.10에 표시하였다.

입방 구조에서의 흥미 있고 독특한 특징은 같은 지수를 갖는 면과 방향은 서로 수직이라는 것이다. 그러나 다른 결정계에서는 이렇게 간단한 면과 방향 간의 관계는 존재하지 않는다.

예제 3.10

면(밀러) 지수의 결정

다음 그림의 (a)에 표시한 면의 밀러 지수를 결정하라.

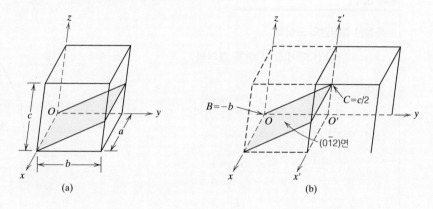

풀이

면은 선택된 원점 O를 지나므로 그림 (b)와 같이 인접한 단위정의 모서리에 새로운 원점 O를 잡는다. 이러한 새 단위정을 만들 때 그림 (b)와 같이 y축에 평행하게 한 단위정만큼 이동하여, O'에 중심을 갖는 x'-y-z'의 새 좌표축이 된다. 면은 x'축에 평행하므로 교차점은 ∞a, 즉 $A = \infty a$이다. 그림 (b)에서 y와 z'축의 교차점은 다음과 같다.

$$B = -b \qquad C = c/2$$

식 (3.13a)~(3.13c)를 사용하여 h, k, l을 구한다. 여기서 n의 값을 1로 선택한다.

$$h = \frac{na}{A} = \frac{1a}{\infty a} = 0$$

$$k = \frac{nb}{B} = \frac{1b}{-b} = -1$$

$$l = \frac{nc}{C} = \frac{1c}{c/2} = 2$$

마지막으로 0, −1, 2를 괄호 안에 $(0\bar{1}2)$로 표시한다.[11]

요약하면 다음과 같다.

---

11 만약 h, k, l이 정수가 아니면 다른 n값을 선택한다.

	x	y	z
교차점(A, B, C)	∞a	$-b$	$c/2$
h, k, l의 계산치 [식 (3.13a)~(3.13c)]	$h = 0$	$k = -1$	$l = 2$
괄호화		$(0\bar{1}2)$	

예제 3.11

특정한 결정면의 도식화

다음의 단위정 내에 (101)면을 그리라.

풀이

문제를 풀기 위해 앞의 예제의 절차와 역순으로 진행한다.
(101) 방향은 다음과 같다.

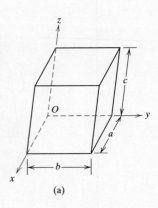

(a)

$$h = 1$$
$$k = 0$$
$$l = 1$$

이들 h, k, l의 지수값과 재배치된 식 (3.13a)~
(3.13c)를 이용하여 A, B, C를 구한다. 모든 밀러
지수가 정수이기 때문에 n은 1을 취한다.

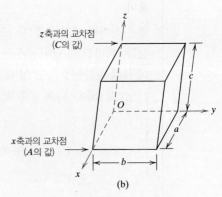

*z*축과의 교차점
(C의 값)

*x*축과의 교차점
(A의 값)

(b)

$$A = \frac{na}{h} = \frac{(1)(a)}{1} = a$$

$$B = \frac{nb}{k} = \frac{(1)(b)}{0} = \infty b$$

$$C = \frac{nc}{l} = \frac{(1)(c)}{1} = c$$

(101)면은 x축과 a에서 교차하고(왜냐하면 $A = a$),
y축과 평행하며(왜냐하면 $B = \infty b$), z축과 c에서
교차한다. 그림 (b)의 단위정에 교차점의 위치를
표시하였다.

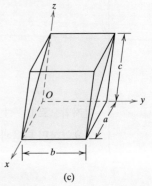

(c)

y축에 평행하고, x와 z축의 a와 c에서 교차하는
유일한 면을 그림 (c)에 표시하였다.

단위정의 면과 결정면이 교차하는 선으로 결정
면을 도식화하였다. 다음의 가이드는 결정면을 이
해하는 데 도움이 된다.

- 만약 h, k, l 지수 중 2개가 0[예 : (100)]이면 그 결정면은 단위정의 면과 평행이다(그림 3.10a).
- 만약 지수의 1개가 0[예 : (110)]이면 그 결정면은 마주하는 단위정의 두 변을 가장자리로 하는 직사각형이다(그림 3.10b).
- 어떠한 지수도 0이 아니면[예 : (111)] 모든 교차점은 단위정의 면 상에 존재한다(그림 3.10c).

원자 배열

결정면에서 원자의 배열은 결정 구조에 의하여 좌우된다. FCC와 BCC 결정 주조에서 (110) 원자면을 그림 3.11과 그림 3.12에 각각 나타내었다. 구의 크기를 줄인 단위정 모델 또한 같이 나타내었다. 각 경우에서 원자의 배치가 서로 다른 것을 볼 수 있다. 그림에 나타난 원은 원자구 모델에서 원자의 중심을 통하여 절단하여 얻어진 결정면 상의 원자 배치를 나타낸 것이다.

결정학적으로 동등한 결정면 족은 동일한 원자 배열을 갖게 된다. 족은 중괄호 내에 나타난 지수[예 : {100}]로 나타낸다. 예를 들면 입방정 결정에서 (111), ($\bar{1}\bar{1}\bar{1}$), ($\bar{1}11$), ($1\bar{1}1$), ($11\bar{1}$), ($\bar{1}\bar{1}1$), ($\bar{1}1\bar{1}$)과 ($1\bar{1}\bar{1}$)은 모두 {111} 결정족에 속한다. 그러나 사방정계 결정 구조에서는 {100} 결정족은 (100), ($\bar{1}00$), (010), ($0\bar{1}0$) 면만을 포함하게 되는데, (001)과 ($00\bar{1}$)면은 결정학적으로 동등하지 않기 때문이다. 그리고 입방정계에서만 동일한 지수를 가지는 면은 순서나 음수/양수 값에 상관없이 모두 동등하기 때문에 같은 결정족이 된다. 예컨대 ($1\bar{2}3$)과 ($3\bar{1}2$) 결정면은 {123} 결정족에 속한다.

육방 결정계

육방 대칭을 갖는 결정 구조에서 그림 3.8a의 Miller-Bravais계에 의한 방향 지수와 같이 결정면의 동등면이 같은 지수로 표시되는 것이 편리하다. 이를 위해 4개의 지수 ($hkil$)을 사용하는데, 이는 대부분의 경우 육방계 면의 방향을 보다 명확히 나타낼 수 있기 때문이다. 여기서 i는 $h + k$의 관계에 있다.

그림 3.11 (a) FCC 축소구 단위정과 (110)면, (b) FCC (110) 면의 원자 배열. (a)에 해당되는 원자 표시

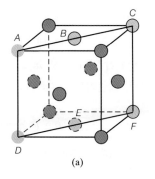
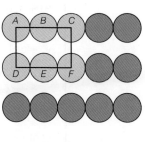

(a)　　　(b)

그림 3.12 (a) BCC 축소구 단위정과 (110)면, (b) BCC (110)면의 원자 배열. (a)에 해당되는 원자 표시

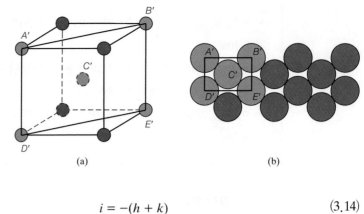

(a)　　　　　　　　(b)

$$i = -(h + k) \tag{3.14}$$

3개의 h, k, l 지수는 두 지수계에서 동일하다.

　우리는 다른 결정계에서 사용했던 유사한 방법으로 지수를 구한다. 즉 축의 교차점을 역수로 하고 표준화시키는 것이다.

　그림 3.13은 육방계 결정에서 많이 다루는 결정면들을 나타내었다.

그림 3.13 육방 결정계. (0001), (10Ī1), (Ī010)면

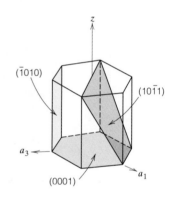

예제 3.12

육방 단위정에서 결정면의 Miller-Bravais 지수의 결정

육방 단위정에 그린 결정면의 Miller-Bravais 지수를 구하라.

풀이

예제 3.10에서 다뤘던 x-y-z 좌표축을 사용한 방법과 유사하다. 다만 이 경우 a_1, a_2, z축을 사용하는데, 이는 앞에서 다뤘던 x, y, z축계와 서로 연관성이 있다. 만약 a_1, a_2, z축과 교차하는 점을 A, B, C라고 하면, 표준화된 교차좌표의 역수는

$$\frac{a}{A} \quad \frac{a}{B} \quad \frac{c}{C}$$

단위정에서 3개의 교차점은 다음과 같다.

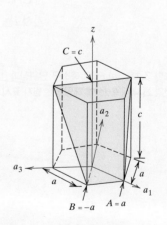

$$A = a \qquad B = -a \qquad C = c$$

h, k, l값은 식 (3.13a)~(3.13c)를 이용하여 다음과 같이 구한다($n = 1$로 가정).

$$h = \frac{na}{A} = \frac{(1)(a)}{a} = 1$$

$$k = \frac{na}{B} = \frac{(1)(a)}{-a} = -1$$

$$l = \frac{nc}{C} = \frac{(1)(c)}{c} = 1$$

마지막으로 i값은 식 (3.14)로 구할 수 있다.

$$i = -(h + k) = -[1 + (-1)] = 0$$

따라서 ($hkil$) 지수는 ($1\bar{1}01$)이다.

세 번째 지수는 0(역수는 ∞)이고, a_3축에 평행한 것을 의미하며, 그림에서 확인할 수 있다.

여기서 결정학적 점, 방향, 면에 관한 설명을 끝내기로 한다. 이에 관한 요약을 표 3.3에 나타내었다.

표 3.3 결정학적 위치, 방향, 면의 지수를 결정하는 데 사용되는 식

좌표 형태	지수 기호	수식[a]	수식 기호
위치	$q\,r\,s$	$q = \dfrac{a}{P_x}$	P_x = 격자 위치 좌표
방향			
비육방계	$[uvw]$	$u = n\left(\dfrac{x_2 - x_1}{a}\right)$	x_1 = 시작점 좌표—x축 x_2 = 끝점 좌표—x축
육방계	$[UVW]$	$U = n\left(\dfrac{a_1'' - a_1'}{a}\right)$	a_1' = 끝점 좌표—a_1축 a_1'' = 시작점 좌표—a_1축
	$[uvtw]$	$u = \dfrac{1}{3}(2U - V)$	—
면			
비육방계	(hkl)	$h = \dfrac{na}{A}$	A = 면 교차—x축
육방계	$(hkil)$	$i = -(h + k)$	—

[a] 식에서 a와 n은 x축 격자 상수와 정수화 공통수를 나타낸다.

3.11 선밀도와 면밀도

앞의 두 절에서 평행하지 않은 결정 방향과 면들의 동등성에 대해 설명하였다. 방향의 동등성은 동등한 방향은 동일한 선밀도를 갖는다는 점에서 선밀도와 연관이 있다고 할 수 있다. 결정면의 경우에는 면밀도인데, 면밀도가 같은 결정면들은 서로 동등성을 갖는다.

선밀도(linear density, LD)는 특정한 결정 방향의 단위 벡터상에 중심이 놓여 있는 원자들의 단위 길이에 대한 개수로 정의된다.

$$\text{LD} = \frac{\text{방향 벡터상에 중심을 둔 원자의 개수}}{\text{방향 벡터의 길이}} \tag{3.15}$$

따라서 선밀도의 단위는 길이의 역수이다(예 : nm^{-1}, m^{-1}).

예를 들어 FCC 결정 구조의 [110] 방향의 선밀도를 알아보자. FCC 단위정(축소구 모델)과 [110] 방향을 그림 3.14a에 나타냈다. 그림 3.14b는 단위정 바닥면에 위치한 5개의 원자를 나타낸 것이다. 여기서 [110] 방향 벡터는 원자 X의 중심으로부터 원자 Y를 통과하여 마지막으로 원자 Z의 중심을 지난다. 원자의 개수를 계산할 때 원자가 인접 단위정과 어떻게 공유되는가를 고려해야 한다(3.4절에서의 원자 충진율 계산과 유사함). X와 Z의 모서리 원자는 [110] 방향으로 다른 인접 단위정과 반쪽씩 공유되는 반면, Y 원자는 완전히 단위정 내에 속해 있다. 따라서 단위정에서 [110] 방향으로 2개의 원자가 있다고 생각한다. 여기서 방향 벡터의 길이는 $4R$(그림 3.14b)이고, 식 (3.15)에 의해 FCC [110] 선밀도는 다음과 같다.

$$\text{LD}_{110} = \frac{2 \ \text{원자}}{4R} = \frac{1}{2R} \tag{3.16}$$

유사한 방법으로 면밀도(planar density, PD)는 특정한 결정면에 중심을 둔 원자들의 단위면적당 개수로 정의된다.

$$\text{PD} = \frac{\text{면에 중심을 둔 원자의 개수}}{\text{면의 면적}} \tag{3.17}$$

면밀도의 단위는 면적의 역수(예 : nm^{-2}, m^{-2})이다.

그림 3.14 (a) [110] 방향이 가리키는 FCC 단위정을 축소해서 나타냈다. (b) (a)에 있는 FCC 단위정의 바닥면을 [110] 방향의 원자 공간으로 X, Y, Z로 나타냈다.

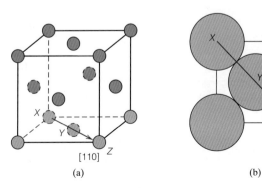

(a)

(b)

예를 들어 그림 3.11a와 3.11b에 나타낸 FCC 단위정의 (110)면을 생각하자. 6개 원자의 원자 중심이 이 면 상에 있으나(그림 3.11b), 실제로 A, C, D, F 원자의 4분의 1, B와 E 원자의 2분의 1만이 단위정 내에 속해 있다. 따라서 2개의 원자가 면 상에 있다고 계산한다. 또한 직사각형 면적은 길이와 높이의 곱인데, 그림 3.11b에서 길이(수평 길이)는 4R, 높이(수직 길이)는 $2R\sqrt{2}$이므로 면적은 $(4R)(2R\sqrt{2}) = 8R^2\sqrt{2}$이다. 따라서 면밀도는 다음과 같다.

$$\text{PD}_{110} = \frac{2\,\text{원자}}{8R^2\sqrt{2}} = \frac{1}{4R^2\sqrt{2}} \tag{3.18}$$

선밀도와 면밀도는 슬립 현상(금속 소성변형의 메커니즘, 7.4절)을 이해하는 데 중요한 사항으로 슬립은 면밀도가 가장 높은 결정면에서 선밀도가 가장 높은 방향으로 일어난다.

3.12 조밀 결정 구조

금속에서 볼 수 있는 면심입방과 육방조밀의 결정 구조(3.4절)는 원자 충진율이 0.74이며, 이는 같은 크기의 구 혹은 원자를 가장 조밀하게 적층하는 방법이라는 것을 배웠다. 이들 두 결정 구조는 앞에서 설명한 단위정으로 나타내는 방법 외에 원자의 조밀면(즉 원자나 구의 조밀도가 가장 큰 면)으로 나타낼 수 있다. 이러한 면의 일부를 그림 3.15a에 나타냈다. 두 결정 구조 모두 한 조밀면 위에 다음 조밀면을 적층함으로써 만들어질 수 있다. 여기서 두 구조 간의 차이는 적층 순서이다.

조밀면 상에 놓여 있는 원자의 중심을 A로 표시하자. 이 면에서 3개의 인접 원자 사이에 파여 있는 두 종류의 골이 존재하며, 여기에 다음 조밀면의 원자가 위치할 것이다. 그림 3.15a에서 삼각형이 위로 향한 골을 임의로 B 위치로 정하고, 다른 종류의 골(즉 삼각형이 아래로 향한 골)은 C로 표시하였다.

두 번째 조밀면은 원자의 중심이 B나 C 장소에 위치할 것이다. 이 두 장소는 실제로 동일하다. 만약 B 위치를 임의로 선택했다면 적층 순서는 그림 3.15b에서와 같이 AB로 표시할 수 있다. FCC와 HCP 간의 실질적인 차이는 세 번째 조밀면 원자의 위치에 있다. HCP에서는 이 면의 중심이 원래 A 위치 위에 정렬된 구조이다. 따라서 적층 순서는 ABABAB…

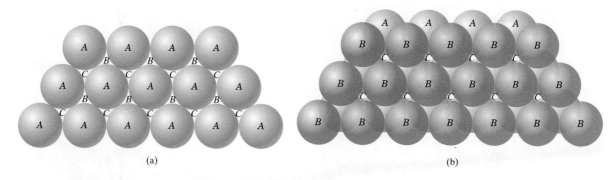

(a)   (b)

그림 3.15 (a) 조밀 원자면 부위. A, B, C 위치를 나타냄. (b) 조밀 원자면의 AB 적층 배열

그림 3.16 육방조밀 구조의 조밀면 적층 배열
(출처 : W. G. Moffatt, G. W. Pearsall, and J. Wulff, *The Structure and Properties of Materials*, Vol. I, *Structure*, John Wiley & Sons, 1964. Janet M. Moffatt 허가로 복사 사용함)

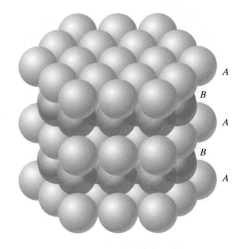

와 같이 된다. 물론 *ACACAC*···도 동일한 적층 방법이다. 이러한 HCP의 조밀면은 (0001)면이며, 이러한 묘사와 단위정에 의한 묘사를 그림 3.16에 나타냈다.

FCC 구조에서는 세 번째 적층면의 중심이 첫째 면의 *C* 위치 위에 정렬된 구조이다(그림 3.17a). 이러한 방법으로 *ABCABCABC*···의 적층 순서가 만들어진다. 즉 원자의 정렬이 3면마다 반복되는 구조이다. 조밀면의 적층면을 FCC 단위정과 연관시키기는 HCP에 비해 약간 복잡하나 이의 관계를 그림 3.17b에 표시하였다. 그림은 (111)면을 나타내며, FCC 단위정은 그림 왼쪽 상단에 표시하였다. FCC와 HCP의 조밀면에 대한 중요성은 제7장의 설명에서 명확히 이해될 수 있다.

앞의 4개 절에서 설명한 개념은 세라믹과 폴리머 재료의 결정 구조를 설명하는 데 적용할 수 있는데, 이는 제12장과 제14장에 나타내었다. 이들 재료의 결정면과 방향은 방향 및 밀러 지수를 이용하여 나타내는 것이 가능하고, 때에 따라서는 특정 결정면 상의 원자 및 이온

그림 3.17 (a) 면심입방의 조밀면 적층 배열, (b) 조밀면의 원자 적층과 FCC 결정 구조와의 관계를 보이기 위해 모서리 부위를 제거함. 삼각형은 (111)면
[출처 : (b) W. G. Moffatt, G. W. Pearsall, and J. Wulff, *The Structure and Properties of Materials*, Vol. I, *Structure*, John Wiley & Sons, 1964. Janet M. Moffatt 허가로 복사 사용함]

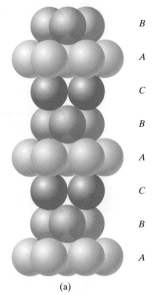

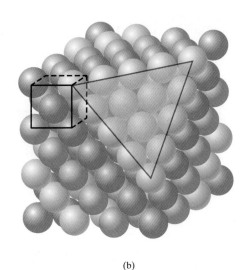

(a)

(b)

배치를 명확하게 나타내는 것이 필요하다. 또한 세라믹 재료 중의 많은 결정 구조는 이온 조밀 충진면을 적층하는 방법으로 이해하는 것이 가능하다(12.2절 참조).

결정질 재료와 비결정질 재료

3.13 단결정

단결정

결정 고체에서 원자의 규칙성과 반복성이 시편 전체에 걸쳐 끊김 없이 이어지는 것을 단결정 (single crystal)이라고 한다. 모든 단위정은 동일한 방법으로 묶여 있으며 동일한 방향으로 정렬되어 있다. 단결정은 자연적으로 존재할 수도 있고 인공적으로 만들 수도 있지만, 일반적으로 단결정의 성장은 외부의 성장 조건이 정밀하게 제어되어야 하는 어려운 작업이다.

만약 단결정이 어떠한 외부의 제약 없이 성장한다면 보석의 경우와 같이 평탄 표면을 갖는 기하학적 형태를 갖는다. 이러한 형태는 결정 구조를 나타내는 것이다. 황철석 단결정 사진을 그림 3.18에 제시하였다. 최근 들어 단결정은 첨단 기술에 매우 중요하게 사용되는데, 전자 미세회로에서 규소나 기타 반도체의 단결정이 사용된다.

3.14 다결정 재료

결정립
다결정

대부분의 결정 고체는 수많은 결정 혹은 결정립(grain)들의 집합으로 구성되었으며, 이러한 재료를 다결정(polycrystalline)이라고 한다. 다결정 시편의 응고 과정에서 일어나는 여러 단계를 그림 3.19에 도식으로 나타냈다. 먼저 작은 결정 혹은 핵들이 여러 위치에서 생성되며, 이들은 바둑판 금으로 나타낸 것처럼 무질서한 결정 방향을 가지고 있다. 작은 결정립은 주위의 액상에 있는 원자를 연속적으로 부착시키며 성장한다. 이러한 결정립의 성장은 주위의

그림 3.18 스페인 라리오하 나바준에서 발견된 황철석 단결정

© William D. Callister, Jr.

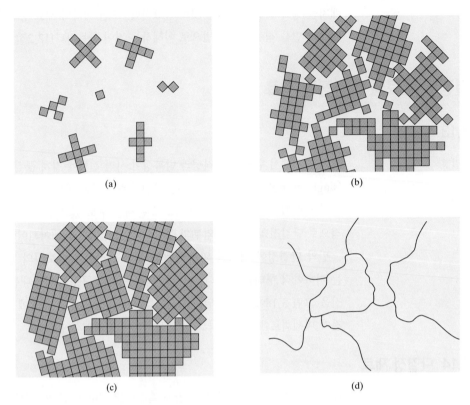

그림 3.19 다결정 재료의 응고 단계를 보여 주는 개략도. 격자는 단위정을 의미함. (a) 미세한 결정핵, (b) 핵의 성장 : 일부 결정립은 서로 접촉하여 성장이 종료됨, (c) 응고 완료 후에 결정립은 불규칙한 모양을 띰, (d) 현미경으로 관찰되는 결정립 구조. 검은 선은 결정립계
(출처 : W. Rosenhain, *An Introduction to the Study of Physical Metallurgy*, 2nd edition, Constable & Company Ltd., London, 1915.)

결정립과 접촉하여 성장을 멈출 때까지 자란다. 그림 3.19에서 보는 바와 같이 각 결정립은 다른 결정 방향을 가진다. 또한 두 결정립이 만나는 계면에서 원자의 불일치가 존재하는데,

결정립계   이를 결정립계(grain boundary)라고 하며, 4.6절에서 좀 더 자세히 다룰 것이다.

3.15 이방성

이방성

등방성

어떤 단결정 재료의 물성은 측정된 결정 방향에 따라 다를 수 있다. 예컨대 탄성 계수, 전기 전도율, 굴절률은 [100]과 [111] 방향에서 다른 값을 보인다. 이러한 물성의 방향성을 이방성 (anisotropy)이라고 하는데, 이는 결정 방향에 따라 상이한 원자나 이온 분포에 기인한다. 측정된 물성이 방향과 관계없이 일정할 때 이를 등방성(isotropic)이라고 한다. 결정 재료의 이방성 정도는 결정 구조의 대칭성과 관계가 있다. 이방성은 결정 대칭성이 감소함에 따라 증가한다. 따라서 3사정계는 일반적으로 가장 높은 이방성을 보인다. 몇몇 재료에서 [100], [110], [111] 방향에 따른 탄성 계수값을 표 3.4에 수록하였다.

많은 다결정 재료에서 개별 결정립의 결정 방향은 완전한 무질서하다. 이러한 경우 각 결정립은 이방성을 가지고 있으나 결정립 집합으로 구성된 시편은 등방성을 갖는다. 따라서

표 3.4 몇몇 금속에서 결
정 방향에 따른 탄성 계수값

금속	탄성 계수(GPa)		
	[100]	*[110]*	*[111]*
알루미늄	63.7	72.6	76.1
구리	66.7	130.3	191.1
철	125.0	210.5	272.7
텅스텐	384.6	384.6	384.6

출처 : R. W. Hertzberg, *Deformation and Fracture Mechanics of Engineering Materials*, 3rd edition. Copyright ⓒ 1989 by John Wiley & Sons, New York. John Wiley & Sons, Inc. 허가로 복사 사용함

이러한 재료에서 측정된 물성값은 각 방향에 따른 물성값의 평균값을 보인다. 어떤 경우 다결정 재료의 결정립은 우선적인(preferential) 결정 방향성을 갖는데, 재료가 '집합 조직'을 갖고 있다.

변압기 코어에 사용되는 철합금의 자성 특성도 이방성을 갖는데, 결정립(혹은 단결정)은 다른 결정립 방향에 비해 ⟨100⟩ 방향으로 쉽게 자화된다. 변압기 코어에서의 에너지 손실은 **자성 집합 조직(magnetic texture)**을 갖는 다결정 판재를 이용하여 최소화할 수 있으며, 대부분의 결정립이 외부 자장이 걸리는 방향으로 ⟨100⟩ 결정 방향이 정렬되도록 한다. 철합금의 자성 집합 조직은 20.9절 다음의 '중요 재료'에서 상세히 다룬다.

3.16 x-선 회절 : 결정 구조의 파악

지금까지 고체 내의 원자나 분자의 배열에 관한 많은 이해는 x-선 회절 분석에 의해 이루어졌으며, x-선은 새로운 재료의 개발에도 매우 중요한다. 여기서 우리는 회절 현상에 대해 공부하고, 어떻게 x-선을 이용하여 원자의 면 간 거리와 결정 구조를 유추하는지에 대해 공부하도록 한다.

회절 현상

회절은 (1) 파동을 산란시킬 수 있고, (2) 간격이 파장과 비슷한 대상물이 규칙적으로 배열되어 있을 때 일어난다. 또한 회절은 대상물에 의해 2개 혹은 그 이상의 파동이 산란될 때 파동의 위상차 결과로 일어난다.

그림 3.20a의 파동 1과 2를 생각해 보자. 두 파동은 같은 파장(λ)을 갖고 점 $O-O'$에서 동일한 위상을 갖는다. 이제 두 파동이 다른 진행 경로로 산란되는 경우를 생각해 보자. 산란 파동 간의 위상 관계는 경로차에 의해 만들어진다. 이러한 경로차가 파장의 정수배가 되는 경우를 생각할 수 있는데, 그림 3.20a에서와 같이 산란 파동(1′과 2′으로 표시)은 동일한 위상을 갖는다. 이러한 경우 두 파동은 서로 보강 간섭을 한다고 하고 그 진폭은 합해지는데, 이것이 **회절(diffraction)**이 일어나는 원리이다. 회절 빔은 서로 보강 간섭하는 수많은 파동에 의해 이루어진다.

다른 위상의 관계는 두 산란 파동이 보강 간섭을 하지 않는 경우이다. 극단적인 예는 그림

회절

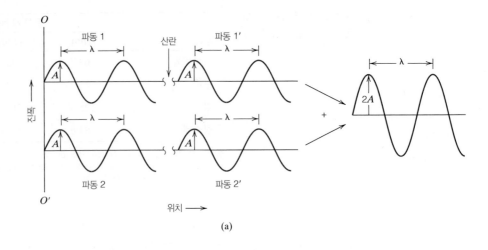

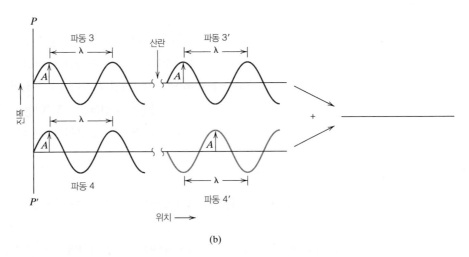

그림 3.20 (a) λ의 파장을 갖는 두 파동(1과 2로 표시)이 산란 후에(1′과 2′으로 표시) 서로 증폭 간섭하는 것을 보여 줌. 산란된 파동의 진폭이 서로 더해짐, (b) 두 파동(3과 4로 표시)이 산란 후에(3′과 4′으로 표시) 서로 소멸 간섭하는 것을 보여 줌. 산란된 파동의 진폭은 서로 상쇄됨

3.20b에서와 같이 산란 후의 경로차가 파장의 절반의 정수배가 되는 경우이다. 이러한 산란 파동은 그림의 오른쪽에서 보는 바와 같이 서로 소멸 간섭을 하여 진폭이 상쇄되어 소멸된 다. 물론 상기의 극단적인 경우 사이에 있는 위상의 관계가 있는 경우 부분적인 보강 간섭이 일어난다.

x-선 회절과 Bragg의 법칙

x-선은 고체의 원자 간격 정도의 극히 짧은 파장과 높은 에너지를 갖는 전자기파의 일종이 다. x-선 빔이 고체 재료에 투사될 때 이 빔은 빔의 진행 경로에 놓여 있는 원자나 이온의 전 자에 의해 모든 방향으로 산란된다. 여기서는 규칙적인 원자 배열에 의해 x-선이 회절되는 필요조건에 대해 생각해 보자.

그림 3.21에서 $A-A′$, $B-B′$로 표시된 평행한 두 원자면을 생각해 보자. 두 원자면은 동

그림 3.21 원자면(A-A'과 B-B')에 의한 x-선의 회절

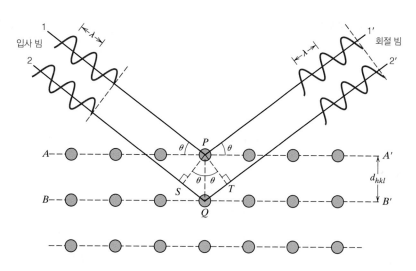

일한 h, k, l 밀러 지수를 갖고 d_{hkl}의 면 간 거리를 갖는다. 단색광, 정합 위상을 갖는 λ 파장의 x-선 빔이 θ의 각도로 두 면에 들어온다고 하자. λ와 2로 표시된 두 x-선 빔이 원자 P와 Q에 의해 산란된다. 산란선 1′과 2′ 간의 보강 간섭은 1-P-1′과 2-Q-2′(즉 $\overline{SQ}$ + $\overline{QT}$) 이 파장의 정수배 n과 같을 때 면에서 θ의 각도로 일어난다. 즉 회절의 조건은 다음과 같다.

$$n\lambda = \overline{SQ} + \overline{QT} \tag{3.19}$$

혹은 다음과 같이 나타낸다.

Bragg의 법칙—x-선 파장, 원자 간 거리, 보강 간섭하는 회절 각도 간의 상관 법칙

$$n\lambda = d_{hkl}\sin\theta + d_{hkl}\sin\theta$$
$$= 2d_{hkl}\sin\theta \tag{3.20}$$

Bragg의 법칙

식 (3.20)은 **Bragg의 법칙**(Bragg's law)으로 알려져 있다. 또한 n은 반사 지수이며, 1을 넘지 않는 $\sin\theta$값을 만족하는 어떠한 정수값(1, 2, 3, …)을 갖는다. 따라서 x-선의 파장, 원자간 거리와 회절 빔 각도 간의 관계식을 얻을 수 있다. 만약 Bragg의 법칙을 만족하지 않으면 보강 간섭은 일어나지 않으며 낮은 강도의 회절 빔이 만들어진다.

2개의 인접한 평행면 간 거리의 크기(면 간 거리 d_{hkl})는 밀러 지수(h, k, l)와 격자 상수(s)의 함수이다. 예를 들어 입방 격자의 결정 구조에서는 다음과 같다.

h, k, l 지수면의 면 간 거리

$$d_{hkl} = \frac{a}{\sqrt{h^2 + k^2 + l^2}} \tag{3.21}$$

a는 격자 상수(단위정의 변의 길이)이다. 표 3.2에 수록된 다른 6개의 결정계는 식 (3.21)과 유사하지만 좀 더 복잡한 관계식을 갖는다.

Bragg의 법칙, 식 (3.20)은 실제 결정에서 일어나는 필요조건이지만 충분조건은 아니다. 이것은 오직 단위정의 모서리에만 원자가 존재하는 경우의 회절에 대한 조건이다. 그러나 원자는 다른 위치에도 존재하며(예 : FCC의 면심, BCC의 체심), 이 원자들에 의한 산란은

표 3.5 체심입방, 면심입방, 단순입방 결정 구조의 x-선 회절 조건 및 회절 면 지수

결정 구조	회절 조건	첫 6면의 회절 지수
BCC	$(h + k + l)$ 짝수	110, 200, 211, 220, 310, 222
FCC	h, k, l 모두 짝수 혹은 모두 홀수	111, 200, 220, 311, 222, 400
단순입방	전부	100, 110, 111, 200, 210, 211

특정한 Bragg 각에서 부정합 위상을 만들어 낸다. 이러한 결과로 식 (3.20)을 만족하지만 회절 빔이 없는 경우가 생긴다. 예를 들면 BCC 결정 구조에서 회절이 일어나기 위해서는 $h + k + l$이 짝수여야만 한다. 또한 FCC의 경우 h, k, l이 모두 짝수이거나 홀수여야 한다. 단순입방 결정 구조에서는 모든 결정면이 회절 빔을 갖는다(그림 3.3). 이런 법칙을 반사법칙 (reflection rule)이라고 하며 표 3.5에 정리하였다.[12]

개념확인 3.3 입방정에서 면 지수의 h, k, l 값이 클수록 면 간의 거리는 증가하는가, 감소하는가? 이유는 무엇인가?

[해답은 *www.wiley.com/go/Callister_MaterialsScienceGE* → **More Information** → **Student Companion Site** 선택]

회절법

일반적인 회절법은 미세하고 무질서하게 배열된 입자로 되어 있는 분말 혹은 다결정의 시편을 사용하며, 이 시편은 단색광의 x-선에 조사된다. 각 분말 입자들(혹은 결정립)은 결정질이며 많은 수가 무질서한 방향으로 놓여 있어, 회절을 만들어 내는 모든 조합의 결정면에 대해 이 방향으로 정렬된 입자들이 존재해야 한다.

디프렉토미터(diffractometer)는 분말 시편의 회절 각도를 측정하는 기기로 그림 3.22에 개략적인 구성을 나타냈다. 판재 형태의 시편 S는 O로 표기된 축으로 회전이 가능하도록 고정되고, 이 축은 종이 면에 수직한다. 단색 x-선 빔은 점 T에서 방출되고, 회절 빔의 강도는 그림의 C로 표시된 검출기에 의해 감지된다. 시편, x-선 광원, 검출기는 모두 같은 면에 위치한다.

검출기는 O축을 따라 도는 이동 가능한 운반대 위에 고정되어, 2θ로 읽히는 각(angular) 위치는 각도기에 의해 표시된다.[13] 운반대와 시편은 시편이 θ만큼 회전하면 운반대는 2θ만큼 회전하는 기하학적 관계를 갖는다. 이러한 관계는 모든 각도에 대해서 입사와 반사 각도

---

12 영은 짝수로 생각한다.

13 기호 θ는 두 가지 의미로 사용된다. 여기서의 θ는 시편 표면에 대한 x-선 발생원과 검출기의 각도 위치를 나타내며, 식 (3.20)에서는 Bragg 회절 조건을 만족하는 각도를 나타낸다.

그림 3.22 x-선 디프렉토미터의 개략도. *T*=x-선 발생원, *S*=시편, *C* = 검출기, *O*= 시편과 검출기가 회전하는 중심축

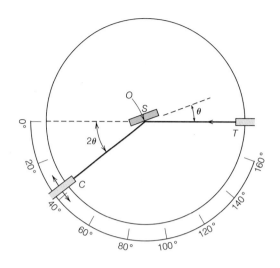

가 같게 유지되도록 한다(그림 3.22). 콜리메이터(collimator)는 빔의 경로가 서로 평행하고 집속되도록 한다. 광학 필터를 사용하여 거의 단색광의 빔을 만들어 낸다.

검출기가 일정한 각속도로 움직이면 기록기는 검출기에 의해 읽히는 회절 빔의 강도를 2θ의 함수로 자동적으로 기록한다. 이 2θ를 회절각도라고 하며, 실험적으로 얻어진다. 그림 3.23은 납 분말 시편에서 회절 패턴을 보여 준다. 높은 강도를 갖는 피크는 Bragg 조건을 만족하는 몇 개의 결정면에서 나오는데, 그림에 결정면을 표시하였다.

검출기 대신에 사진 감광 필름에 의해 회절 빔의 강도와 위치를 기록하는 분말법도 사용되고 있다. x-선 회절 분석의 가장 중요한 용도는 결정 구조의 파악이다. 단위정의 크기와 기하학적 구조는 회절 피크의 위치로 알 수 있으며, 단위정 내의 원자 배열은 각 피크의 상대 강도에 의해 파악될 수 있다.

x-선도 전자 빔, 중성자 빔과 같이 재료의 다양한 탐구를 위해 사용된다. 예를 들어 단결정의 결정 방향은 x-선 회절(또는 Laue) 사진으로 알아낼 수 있다. 이 장의 도입부 사진[그림 (a)]으로 마그네슘 결정에 투사된 x-선 회절 패턴 사진을 수록하였다. 중심의 어두운 점을 제외한 각각의 반점은 특정한 결정면 조합에 의해 회절되어 생기는 회절점이다. 이 외에도 x-선은 정성적 혹은 정량적인 화학적 성분을 알아내고, 결정립 크기, 잔류 응력 등을 측정하는 데 사용된다.

그림 3.23 납 분말의 회절 패턴

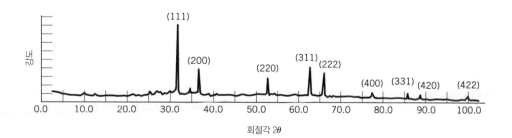

예제 3.13

회절 각도와 면 간 거리의 계산

BCC 철에서 (220) 결정면의 (a) 면 간 거리와 (b) 회절 각도를 계산하라. 철의 격자 상수는 0.2866 nm이다. 또한 0.1790 nm의 파장을 갖는 단색광을 사용하였고, 반사 지수는 1이라고 가정하라.

풀이

(a) d_{hkl}의 면 간 거리는 식 (3.21)에 $a = 0.2866$ nm와 $h = 2$, $k = 2$, $l = 0$을 대입하여 얻는다.

$$d_{hkl} = \frac{a}{\sqrt{h^2 + k^2 + l^2}}$$

$$= \frac{0.2866 \text{ nm}}{\sqrt{(2)^2 + (2)^2 + (0)^2}} = 0.1013 \text{ nm}$$

(b) θ값은 식 (3.20)에 1차 반사 $n = 1$을 대입하면 다음과 같다.

$$\sin\theta = \frac{n\lambda}{2d_{hkl}} = \frac{(1)(0.1790\,\text{nm})}{(2)(0.1013\,\text{nm})} = 0.884$$

$$\theta = \sin^{-1}(0.884) = 62.13°$$

회절 각도 2θ는 다음과 같이 구해진다.

$$2\theta = (2)(62.13°) = 124.26°$$

예제 3.14

납의 면 간 거리와 격자 상수 계산

그림 3.23은 디프렉토미터와 0.1542 nm 파장을 갖는 단색 x-선을 사용하여 나오는 납의 회절 패턴이다. 패턴 각각의 피크에 면 지수를 나타내었다. 나타낸 각 면의 면 간 거리를 계산하고 각각의 피크에 대해 격자 상수를 계산하라. 모든 피크에서 반사 지수는 1이라고 가정하라.

풀이

각 피크에 대해 면 간 거리와 격자 상수를 구하기 위해 식 (3.20)과 (3.21)을 이용한다. 그림 3.23의 (111)면에서 나오는 그림 3.23의 첫 번째 피크는 $2\theta = 31.3°$이며, 식 (3.20)을 이용하여 면 간 거리를 계산하면 다음과 같다.

$$d_{111} = \frac{n\lambda}{2\sin\theta} = \frac{(1)(0.1542 \text{ nm})}{(2)\left[\sin\left(\dfrac{31.3°}{2}\right)\right]} = 0.2858 \text{ nm}$$

식 (3.21)에서 격자 상수 a는 다음과 같이 구할 수 있다.

$$a = d_{hkl}\sqrt{h^2 + k^2 + l^2}$$
$$= d_{111}\sqrt{(1)^2 + (1)^2 + (1)^2}$$
$$= (0.2858 \text{ nm})\sqrt{3} = 0.4950 \text{ nm}$$

다음 표에 나머지 4개의 피크에 대해 동일하게 계산한 결과를 수록하였다.

피크 지수	2θ	$d_{hkl}(nm)$	$a(nm)$
200	36.6	0.2455	0.4910
220	52.6	0.1740	0.4921
311	62.5	0.1486	0.4929
222	65.5	0.1425	0.4936

3.17 비결정질 고체

비결정질

비정질

비결정질(noncrystalline) 고체는 장범위의 원자 거리에 걸쳐 체계적이고 규칙적인 원자 배열이 존재하지 않는 고체이다. 흔히 비정질(amorphous) 혹은 과냉각 액상(원자의 배열 구조가 액상과 유사하기 때문에)이라고 부른다.

비정질의 조건은 세라믹 화합물 산화규소(SiO_2)의 결정질 및 비결정질 구조를 비교함으로써 이해할 수 있다. 그림 3.24a와 3.24b는 산화규소(SiO_2)의 두 가지 상태를 2차원적으로 나타낸 도식도이다. 두 경우 모두 규소 원자는 3개의 산소 원자와 결합되었으나(결정 평면 위에 존재하는 네 번째 산소와도 결합), 구조는 비결정질에서 훨씬 무질서하고 규칙성이 없다.

○ 규소 원자
◯ 산소 원자

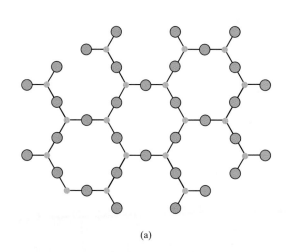

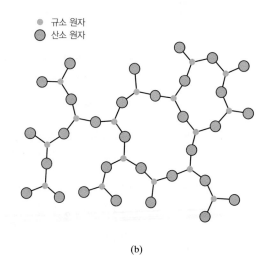

(a)

(b)

그림 3.24 구조의 2차원적 도식. (a) 결정질의 산화규소, (b) 비결정질의 산화규소

결정질 혹은 비정질의 고체 형성은 무질서한 액상의 원자 구조가 응고 과정을 통해 얼마나 쉽게 규칙적인 상태로 변환될 수 있느냐에 달려 있다. 따라서 비정질 재료는 원자나 혹은 분자 구조가 상대적으로 복잡하여 규칙적인 배열로 바꾸는 데 어려움이 있는 경우로 특징지을 수 있다. 더구나 응고 과정에서 급속 냉각은 규칙적인 원자 배열에 필요한 시간이 충분한 시간을 제공하지 않으므로 비결정질 고체가 되기 쉽다.

일반적으로 금속은 결정 고체를 형성한다. 그러나 세라믹 재료의 일부와 무기 유리들은 비정질이다. 폴리머는 완전한 비결정질이나 부분적인 결정성을 갖는 반결정질(semicrystalline)로 존재한다. 비정질 세라믹과 폴리머의 구조와 성질에 관해서는 제12장과 제14장에서 설명한다.

개념확인 3.4   비정질 재료가 동소체(또는 동질이상) 현상을 나타내겠는가, 아닌가?

[해답은 *www.wiley.com/go/Callister_MaterialsScienceGE* → **More Information** → **Student Companion Site** 선택]

요약

기본 개념	• 원자가 임의 또는 불규칙하게 배열되어 있는 비결정질 또는 비정질 재료에 대비해 결정질 재료 내의 원자는 규칙적이고 반복되는 패턴으로 배열되어 있다.
단위정	• 단위정 내의 위치 및 기하학적 형상에 의하여 결정되는 평행 육면체 단위정에 의해 재료의 결정 구조가 정의된다.
금속의 결정 구조	• 대부분의 금속은 다음 세 종류의 비교적 간단한 결정 구조이다.

- 입방정 단위정으로 구성된 면심입방(FCC)(그림 3.1)
- 입방정 단위정으로 구성된 체심입방(BCC)(그림 3.2)
- 육방 대칭 단위정으로 구성된 육방조밀(HCP)(그림 3.4a)

• 결정 구조에서 중요한 두 특징은 다음과 같다.
- 배위수 : 최인접 원자의 개수
- 원자 충진율 : 단위정 대비 고체구의 부피 분율

밀도 계산	• 금속의 이론 밀도(ρ)는 단위정에 속해 있는 원자의 개수, 원자량, 단위정의 부피, 아보가드로 수의 함수로 표시된다(식 3.8).
동질이상과 동소체	• 동질이상은 특정한 재료가 1개 이상의 결정 구조를 갖는 것을 말하고, 동소체는 원소 고체의 동질이상을 말한다.
결정계	• 결정계의 개념은 결정 구조를 단위정의 기하학적 인자, 즉 단위정 모서리 길이 및 결정축 간의 각도에 의하여 분류하는 데 사용된다. 7개의 결정계가 있는데 입방, 육방, 정방, 삼

방, 사방, 단사, 삼사정계가 그것이다.

| 점 좌표 결정 방향 결정면 | • 지수로 정의된 결정의 점, 방향 및 면을 나타낸다. 결정학적 위치, 방향, 면은 특정한 지수에 의해 표시된다. 각 지수는 개별 결정 구조의 단위정에 의해 정의된 좌표축 계를 이용하여 표시된다. |

- 단위정 내의 위치점은 단위정의 변 길이에 대한 분율의 조합으로 나타낸다(식 3.9a~3.9c).
- 방향 지수는 벡터 끝점과 시작점 좌표의 차이로 계산된다(식 3.10a~3.10c).
- 면(혹은 밀러) 지수는 면이 교차하는 축의 등분율의 역수로 결정된다(식 3.13a~3.13c).

• 육방 단위정에서는 방향과 면 모두에 대해 4개의 축을 이용한 지수를 이용하는 것이 더 편리하다. 방향은 식 (3.11a)~(3.11d)와 (3.12a)~(3.12c)를 이용하여 계산한다.

선밀도와 면밀도

• 결정학적 방향과 면의 동등성은 원자의 선밀도, 면밀도와 관계가 있다.

• 주어진 결정 구조에서 밀러 지수는 다르지만 같은 원자 조밀도를 갖는 면들은 동일 족에 속한다.

조밀 결정 구조

• FCC와 HCP 결정 구조는 한 원자면에 상부면을 가장 조밀하게 적층하는 방법에 의해 만들어지며, 이때 *A*, *B*, *C*는 조밀면의 가능한 원자 위치를 나타낸다.
- HCP의 적층 순서는 *ABABAB*⋯이다.
- FCC의 적층 순서는 *ABCABCABC*⋯이다.

단결정/다결정재료

• 단결정은 원자의 규칙성이 끊김 없이 시편 전체에 걸쳐 이어지는 재료를 칭하며, 어떤 경우 평탄면과 규칙적인 기하학 형상을 갖는다.

• 결정질 고체의 대부분은 다른 결정 방향을 갖는 수많은 결정립으로 구성된 다결정이다.

• 결정립계는 두 결정립의 분리하는 계면을 말하며, 원자의 불합치가 존재한다.

이방성

• 이방성은 성질의 방향성을 의미한다. 등방성 재료는 물성이 측정 방향과 무관하다.

x-선 회절 : 결정 구조의 파악

• x-선 회절법은 결정 구조와 면 간 거리를 파악하기 위해 사용된다. 결정 재료에 투사된 x-선 빔은 평행한 원자면군에 의해 회절(증폭 간섭)된다.

• Bragg의 법칙은 x-선이 회절하는 조건을 나타낸다(식 3.20).

비결정질 고체

• 비결정질 고체 재료는 원자나 이온이 원자 규모상의 긴 거리에 걸쳐 규칙적으로 배열되어 있지 않다. 이러한 재료를 비정질이라고도 한다.

식 요약

식 번호	식	용도
3.1	$a = 2R\sqrt{2}$	단위정 모서리 길이, 면심입방
3.3	$\text{APF} = \dfrac{\text{단위정 내의 원자 부피}}{\text{총 단위정 부피}} = \dfrac{V_S}{V_C}$	원자 충진 계수
3.4	$a = \dfrac{4R}{\sqrt{3}}$	단위정 모서리 길이, 체심입방
3.8	$\rho = \dfrac{nA}{V_C N_A}$	금속의 이론 밀도
3.9a	$q = \dfrac{a}{P_x}$	x-축 고정점 지수
3.10a	$u = n\left(\dfrac{x_2 - x_1}{a}\right)$	x-축 방향 지수
3.11a	$u = \dfrac{1}{3}(2U - V)$	육방정 방향 지수 변환
3.12a	$U = n\left(\dfrac{a_1'' - a_1'}{a}\right)$	a_1-축(3축계) 육방정 방향 지수
3.13a	$h = \dfrac{na}{A}$	x-축 평면(밀러) 지수
3.15	$\text{LD} = \dfrac{\text{방향 벡터상에 중심을 둔 원자의 개수}}{\text{방향 벡터의 길이}}$	선 밀도
3.17	$\text{PD} = \dfrac{\text{면에 중심을 둔 원자의 개수}}{\text{면의 면적}}$	면 밀도
3.20	$n\lambda = 2d_{hkl}\sin\theta$	Bragg의 법칙, 파장-면 간 거리-회절된 빔의 각도
3.21	$d_{hkl} = \dfrac{a}{\sqrt{h^2 + k^2 + l^2}}$	입방정 대칭을 가진 결정의 면 간 거리

기호 목록

기호	의미
a	입방 구조의 단위정 모서리 길이, 단위정의 x-축 방향 길이
a_1'	벡터 꼬리 좌표, 육방정
a_1''	벡터 머리 좌표, 육방정
A	원자량
A	x-축 면 절편
d_{hkl}	지수가 h, k, l인 결정면의 면 간 거리

기호	의미
n	x-선 회절의 반사도
n	단위정 내의 원자 개수
n	표준화 인자–방향/면 지수를 정수화하는 것
N_A	아보가드로 수
P_x	격자 위치 좌표
R	원자 반경
V_C	단위정 부피
x_1	벡터 꼬리 좌표
x_2	벡터 머리 좌표
λ	x-선 파장
ρ	밀도, 이론 밀도

주요 용어 및 개념

격자	단결정	비결정질
격자 상수	단위정	비정질
결정계	동소체	원자 충진율(APF)
결정 구조	동질이상	육방조밀(HCP)
결정립	등방성	이방성
결정립계	면심입방(FCC)	체심입방(BCC)
결정질	밀러 지수	회절
다결정	배위수	Bragg의 법칙

참고문헌

Buerger, M. J., *Elementary Crystallography*, John Wiley & Sons, New York, NY, 1956.

Cullity, B. D., and S. R. Stock, *Elements of X-Ray Diffraction*, 3rd edition, Pearson Education, Upper Saddle River, NJ, 2001.

DeGraef, M., and M. E. McHenry, *Structure of Materials: An Introduction to Crystallography, Diffraction, and Symmetry*, 2nd edition, Cambridge University Press, New York, NY, 2014.

Hammond, C., *The Basics of Crystallography and Diffraction*, 4th edition, Oxford University Press, New York, NY, 2014.

Julian, M. M., *Foundations of Crystallography with Computer Applications*, 2nd edition, CRC Press, Boca Raton FL, 2014.

Massa, W., *Crystal Structure Determination*, Springer, New York, NY, 2010.

Sands, D. E., *Introduction to Crystallography*, Dover, Mineola, NY, 1975.

연습문제

기본 개념

3.1 원자 구조와 결정 구조의 차이는 무엇인가?

단위정
금속의 결정 구조

3.2. 납의 원자 반경이 0.175 nm라면 단위정의 부피를 m^3의 단위로 계산하라.

3.3 체심입방 결정 구조에서 단위정의 변 길이가 a이고 원자 반지름이 R일 때 $a=4R/\sqrt{3}$임을 증명하라.

3.4 HCP의 원자 충진율은 0.74임을 증명하라.

밀도 계산

3.5 스트론튬(Sr)은 FCC 결정 구조이고, 원자 반지름이 0.215 nm, 원자량이 87.62 g/mol이다. 이를 기초로 스트론튬의 밀도를 계산하라.

3.6 탄탈륨(Ta)은 BCC 결정 구조이고, 밀도와 원자량은 각각 16.6 g/cm³와 180.9 g/mol이다. 탄탈륨 원자의 원자 반지름을 구하라.

3.7 가상의 금속은 그림 3.3과 같이 단순입방 결정 구조이다. 만약 원자량이 74.5 g/mol이고 원자 반경이 0.145 nm일 때 밀도를 계산하라.

3.8 마그네슘(Mg)은 HCP 결정 구조이고, 밀도는 1.74 g/cm³이다.
(a) 단위정의 부피를 cm³ 단위로 표시하라.
(b) c/a의 비가 1.624일 때 c와 a는 얼마인가?

3.9 아래 표에 가상의 3개 합급의 원자량, 밀도 및 원자 반경을 나타내었다. 이들 합금의 결정 구조가 FCC, BCC, 또는 단순입방 구조인지를 밝히고, 그것에 대해서 설명하라.

합금	원자량 (g/mol)	밀도 (g/cm³)	원자 반지름 (nm)
A	43.1	6.40	0.122
B	184.4	12.30	0.146
C	91.6	9.60	0.137

3.10 인디움(In)은 정방정계이고 a, b의 격자 상수가 각각 0.459, 0.495 nm이다.

(a) 만약 원자 충진율과 원자 반경이 0.693과 0.1625 nm라면 단위정 내의 원자 개수는 몇 개가 되겠는가?

(b) 인디움의 원자량이 114.82 g/mol이면, 이것의 이론 밀도를 계산하라.

3.11 코발트(Co)는 HCP 결정 구조이며, 원자 반지름은 0.1253 nm, c/a비는 1.623이다. 코발트 단위정의 부피를 계산하라.

결정계

3.12 다음은 가상 금속의 단위정이다.
(a) 이 단위정은 어떤 결정계에 속하는가?
(b) 이 결정 구조는 무슨 구조인가?
(c) 원자량이 141 g/mol이라면 재료의 밀도는 얼마인가?

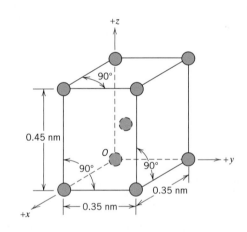

점 좌표

3.13 그림 3.1을 참조하여 FCC 단위정으로 구성된 모든 원자의 점 좌표를 나타내라.

3.14 정사정계 단위정 내의 점 좌표가 $1\frac{1}{2}\frac{1}{2}$ 그리고 $\frac{1}{2}\frac{1}{4}\frac{1}{2}$인 점을 나타내라.

결정 방향

3.15 사방정 단위정과 $[2\bar{1}1]$ 방향을 그리라.

3.16 아래 그림에서 두 벡터가 가리키는 방향 지수는 무엇인가?

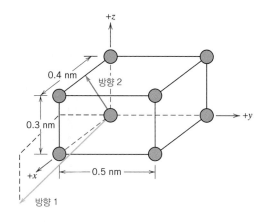

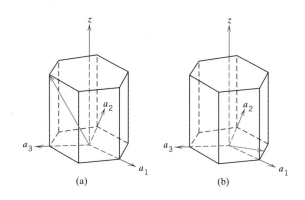

3.17 입방 단위정에서 다음에 나타낸 방향을 그리라.

(a) [211]

(b) [3$\bar{1}$3]

(c) [$\bar{2}$12]

(d) [301]

3.18 다음 입방 단위정에 표시된 방향의 지수를 결정하라.

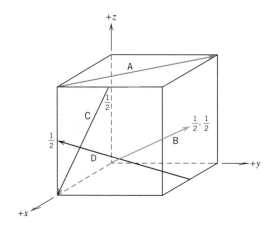

3.19 (a) 입방정에서 점 $\frac{1}{4}$ 0 $\frac{1}{2}$ 에서 점 $\frac{3}{4}$ $\frac{1}{2}$ $\frac{1}{2}$을 통과하는 방향 지수는 무엇인가?

(b) 단사정에서 (a)와 같은 작업을 반복하라.

3.20 정방정계 결정에서 [011] 방향에 상응하는 방향 지수를 열거하라.

3.21 [110] 방향을 육방 단위정의 Miller-Bravais 4 지수법으로 변환하여 표기하라.

3.22 아래의 육방 단위정에 나타낸 방향의 지수를 결정하라.

결정면

3.23 사방정계 단위정과 (02$\bar{1}$)면을 그리라.

3.24 다음 단위정에 표시한 두 면의 지수를 구하라.

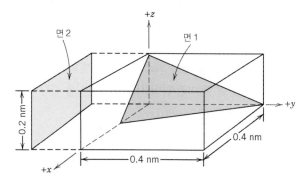

3.25 사방정에 다음 면을 표시하라.

(a) (10$\bar{1}$)

(b) (012)

(c) ($\bar{1}$11$\bar{1}$)

(d) (3$\bar{1}$2)

3.26 다음 단위정에 표시된 면들의 밀러 지수를 결정하라.

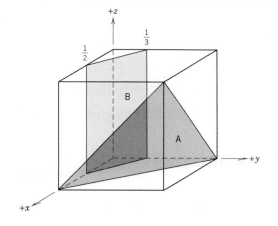

3.27 다음 단위정에 표시된 면들의 밀러 지수를 결정하라.

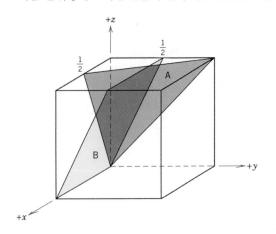

3.28 BCC 결정 구조에서 (111) 결정면의 원자 충진 구조를 나타내라(그림 3.11b, 3.12b와 유사).

3.29 연습문제 3.12에서와 같이 O로 표시된 원자를 좌표축을 중심으로 하는 축소 원자구 형태의 단위정에서 다음 면들 중 어떤 면이 서로 동등한지를 판단하라.

(a) (110), (0$\bar{1}$0), (001)

(b) (111), (1$\bar{1}$1), (11$\bar{1}$), ($\bar{1}$1$\bar{1}$)

3.30 다음 그림은 가상 금속에서 몇몇 결정 방향에서의 원자 배열을 나타낸다. 원은 단위정 내 원자를 나타내며, 실제 크기보다 축소되어 있다.

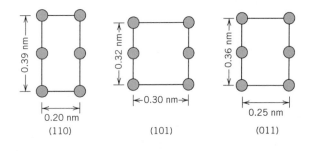

(a) 이 단위정은 어떤 결정계에 속하는가?

(b) 이러한 결정 구조를 무엇이라고 하는가?

(c) 이 금속의 밀도가 18.91 g/cm³라면 원자량은 얼마나 될까?

3.31 (0$\bar{1}$2) 면을 육방 단위정의 Miller-Bravis 4 지수로 변환하라.

3.32 다음 육방 단위정에 나타낸 면의 면지수를 나타내라.

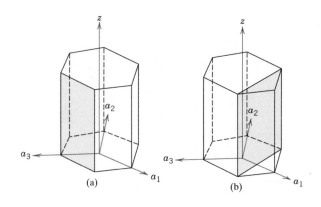

3.33 육방 단위정에서 (01$\bar{1}$1)면을 나타내라.

선밀도와 면밀도

3.34 (a) FCC 구조의 [100], [111] 방향의 선밀도를 원자 반지름 R의 함수로 나타내라.

(b) 구리의 [100]과 [111] 방향의 선밀도를 계산하고, 비교하라.

3.35 (a) BCC 구조의 (100), (110) 면의 면밀도를 원자 반지름 R의 함수로 나타내라.

(b) 몰리브덴의 (100)과 (110) 면의 면밀도를 계산하고, 비교하라.

다결정 재료

3.36 일반적으로 다결정 재료가 등방성을 갖는 이유를 설명하라.

회절 현상

x-선 회절 : 결정 구조의 파악

3.37 표 3.1의 α-철 데이터를 이용하여 일련의 (111)면과 (211)면에서 면 간 거리를 계산하라.

3.38 파장 0.1937 nm의 단색 x-선을 사용할 때 FCC 니켈의 (111)면에서 나오는 1차 회절선의 회절 각도는 얼마인가?

3.39 금속 로듐은 FCC 결정 구조이다. 단색파장 0.0711 nm의 x-선을 이용할 때 36.12°(1차 회절)에서 (311)면의 회절 각도가 일어난다면

(a) 이 면의 면 간 거리를 계산하라.

(b) 로듐 원자의 원자 반지름을 구하라.

3.40 단색파장 0.1542 nm를 사용하여 FCC 니켈의 1차 회절이 44.53°에서 일어나는 면은 무엇인가?

3.41 그림 3.25는 BCC 결정 구조를 갖는 텅스텐의 처음 5개의 회절 피크를 나타낸 것이다. 파장 0.1542 nm의 단색파장 x-선을 사용하였다.

(a) 각 피크의 면 지수를 정하라.

(b) 각 피크의 면 간 거리를 정하라.

(c) 각 피크로부터 W의 원자 반지름을 구하고, 표 3.1의 값과 비교하라.

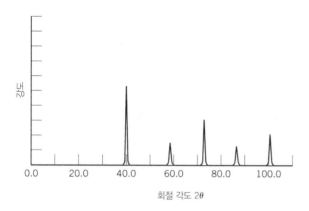

그림 3.25 분말 텅스텐의 회절 패턴
(출처 : Wesley L. Holman)

3.42 아래 표는 FCC 결정 구조의 플래티늄(Pt)의 처음 4개(1차 회절)의 회절 피크를 나타낸 것이다. 파장이 0.0711 nm의 단색파장 x-선을 사용하였다.

면 지수	회절 각도 (2θ)
(111)	18.06°
(200)	20.88°
(220)	29.72°
(311)	34.93°

(a) 각 피크의 면 간 거리를 정하라.

(b) 각 피크로부터 Pt의 원자 반지름을 구하고, 표 3.1의 값과 비교하라.

3.43 아래 표는 어떤 금속의 처음 3개(1차 회절)의 회절 피크를 나타낸 것이다. 파장이 0.0711 nm의 단색파장 x-선을 사용하였다.

피크 수	회절 각도 (2θ)
1	18.27°
2	25.96°
3	31.92°

(a) 이 금속의 결정 구조가 FCC, BCC인지 또는 이들 모두 아닌지를 결정하고 설명하라.

(b) 결정 구조가 BCC 또는 FCC라면 표 3.1의 어느 금속이 이와 같은 회절 패턴을 나타내겠는가? 그 이유를 설명하라.

비결정질 고체

3.44 원자 결합이 주로 이온 결합 성분에 의해 결합된 재료는 공유 결합 재료에 비해 응고 비결정질 고체로 될 가능성이 크겠는가? 그 이유를 설명하라(2.6절 참조).

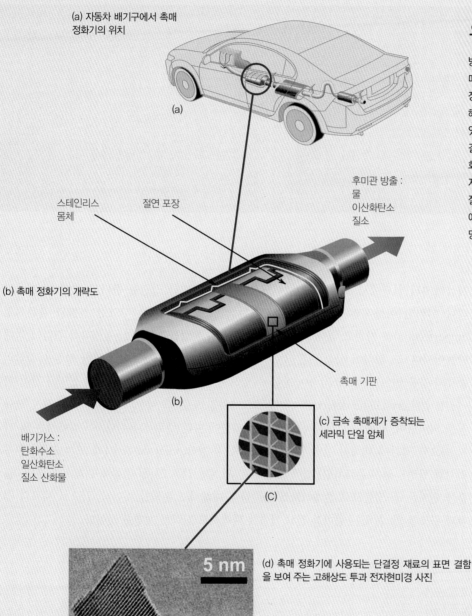

(a) 자동차 배기구에서 촉매 정화기의 위치

(a)

원자 결함은 현재 사용되는 자동차 엔진의 대기 오염 방출을 줄이는 데 사용된다. 촉매 정화기는 자동차의 배기구에 장착된 공해 저감 장치이다. 공해 가스의 분자는 촉매 정화기에 있는 결정질 금속 재료의 표면 결함에 흡착된다. 흡착된 가스는 화학 반응에 의해 무공해 혹은 저공해의 물질로 변환된다. 4.6절 다음에 게재된 '중요 재료' 예시에서 이러한 공정에 대해 설명하였다.

후미관 방출 :
물
이산화탄소
질소

스테인리스 몸체

절연 포장

(b) 촉매 정화기의 개략도

촉매 기판

(b)

배기가스 :
탄화수소
일산화탄소
질소 산화물

(C)

(c) 금속 촉매제가 증착되는 세라믹 단일 암체

5 nm

(d) 촉매 정화기에 사용되는 단결정 재료의 표면 결함을 보여 주는 고해상도 투과 전자현미경 사진

(d)

[출처 : (d) W. J. Stark, L. Mädleär, M. Maciejewski, S. E. Pratsinis, and A. Baiker, "Flame−Synthesis of Nanocrystalline Ceria/Zirconia: Effect of Carrier Liquid," *Chem. Comm.*, 588−589 (2003). The Royal Society of Chemistry 허가로 복사 사용함]

재료의 성질은 결함에 의해 큰 영향을 받는다. 따라서 재료 내에 존재하는 결함의 형태와 결함이 재료의 성질에 미치는 영향에 대해 이해하는 것이 필요하다. 예를 들어 순수한 금속을 합금하였을 때, 즉 불순물 원자가 첨가되었을 때[예 : 황동(70% 구리, 30% 아연)]의

기계적 성질은 순수한 구리보다 더 단단해지고 강해진다(7.9절).

또한 특정 불순물을 반도체 재료의 미세한 국부 영역에 주입시키는 기술에 의해 컴퓨터, 계산기, 전자제품에 사용되는 집적회로 미세 소자의 작동이 가능하다(18.11절, 18.15절).

학습목표

이 장을 학습한 후에는 다음 내용을 숙지할 수 있어야 한다.

1. 공공과 자기 침입형 결정 결함의 분석
2. 어떤 특정한 온도에서 재료의 공공의 평형 개수 계산
3. 두 고용체 형태의 명명과 각각의 짧은 정의와 도식적 그림
4. 합금에서 두 가지 또는 다른 요소들의 질량과 원자 무게가 주어질 때 각 요소의 질량 비율과 원자 비율 계산

5. 각 칼날, 나선, 합쳐진 전위에서
   (a) 전위의 제도와 분석
   (b) 전위선의 위치
   (c) 전위선의 연장에 따른 방향 지시
6. (a) 결정립계와 (b) 쌍정 경계 근처의 원자 구조 분석

4.1 서론

불완전성

지금까지의 설명에서 결정질 재료는 원자 규모로 완벽한 정렬을 한다고 가정하였다. 그러나 이러한 이상적인 고체는 존재하지 않으며, 모든 재료는 다양한 결함과 불완전성(imperfection)을 가지고 있다. 실제로 많은 재료의 특성들은 이러한 결정학적 결함에 의해 만들어지며, 그 영향이 항상 나쁜 것은 아니다. 경우에 따라 재료의 특별한 성질을 결함의 종류와 양을 인위적으로 조작하여 만들 수 있으며, 이는 다음 장에서 자세히 설명될 것이다.

점 결함

결정 결함(crystalline defect)은 원자적으로 1차원 또는 그 이상의 차원을 갖는 격자 불규칙을 의미하며, 결함의 기하학적 형태 또는 차원에 따라 주로 분류된다. 이 장에서는 몇 가지 중요한 결함에 대해서 설명하고자 한다. 즉 점 결함(point defect)(1개 또는 2개의 원자 위치와 관련), 선(또는 1차원) 결함 계면 또는 입계와 같은 2차원 결함에 대해서 다룬다. 불순물 원자는 점 결함으로 존재하므로 불순물에 대해서도 논의할 것이다. 끝으로 재료의 결함과 구조를 알 수 있는 현미경 검사 기술에 대해서도 간략히 설명할 것이다.

점 결함

4.2 공공과 자기 침입

공공

점 결함 중 가장 단순한 것이 공공(vacancy), 즉 빈 격자점(vacant lattice site)으로 일반적으로 원자의 분실에 의해 형성된다(그림 4.1). 모든 결정 고체는 공공을 포함하는데, 사실 이들 결함이 없는 재료를 만드는 것은 불가능하다. 공공의 존재 필요성은 열역학 원리로 설

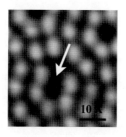

Si 표면 (111) 면 상에 생긴 공공을
보여 주는 주사 탐침현미경 사진.
대략 7,000,000×
(사진 제공 : D. Huang, Stanford
University.)

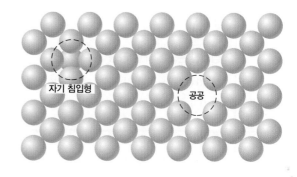

그림 4.1 공공과 자기 침입형 점 결함의 2차원적 구조
(출처 : W. G. Moffatt, G. W. Pearsall, and J. Wulff, *The Structure
and Properties of Materials*, Vol. I, Structure, John Wiley & Sons,
1964. Janet M. Moffatt 허가로 복사 사용함)

명할 수 있다. 중요한 점은 공공의 존재는 결정의 엔트로피(즉 무질서)를 증가시킨다는 것
이다.

재료의 단위부피에 생성되는 공공의 평형 개수 N_v(보통 m³당)는 온도에 의존하며 온도에
따라 증가한다. 즉

공공의 평형 개수에 대한
온도의 영향

$$N_v = N \exp\left(-\frac{Q_v}{kT}\right) \tag{4.1}$$

이 식에서 N은 총원자 자리의 수(보통 m³당), Q_v는 공공의 형성에 필요한 에너지(J/mol 혹

볼츠만 상수

은 eV/atom), T는 절대 온도(켈빈),[1] k는 기체 또는 볼츠만 상수(Boltzmann's constant)이
다. k값은 1.38×10^{-23} J/atom·K 또는 8.62×10^{-5} eV/atom·K이고, 이 단위는 Q_v의 단
위와 맞아야 한다.[2] 따라서 공공의 수는 온도의 증가에 따라 지수적으로 증가한다. 즉 식
(4.1)에서 T가 증가함에 따라 exp $-(Q_v/kT)$의 값이 증가하고 공공의 수도 증가한다. 대
부분의 금속의 경우 용융점보다 낮은 온도에서 공공의 분율 N_v/N는 거의 10^{-4}이다. 즉
10,000개의 격자점 중에서 1개의 격자점이 비어 있음을 말한다. 이 밖에 재료의 많은 변수
들이 식 (4.1)과 유사하게 온도에 대해 지수적인 관계를 보인다.

자기 침입형

자기 침입형(self-interstitial)은 결정 원자가 침입형 자리로 이동하는 것을 의미한다. 이런
종류의 결함들이 그림 4.1에 나타나 있다. 금속에서 일반적으로 원자의 크기가 침입형 자리
의 공간보다 크기 때문에 자기 침입형은 주위의 격자에 비교적 큰 비틀림을 일으킨다. 따라
서 이러한 결함 형성의 가능성은 매우 낮으며, 일반적으로 매우 작은 농도이고 공공의 경우
보다도 매우 낮다.

---

1 켈빈의 절대 온도 단위 K는 ℃ + 273과 같다.

2 원자의 몰당 볼츠만 상수는 기체 상수 R이다. 그와 같은 경우에 $R = 8.31$ J/mol·K이다.

예제 4.1

정해진 온도에 대한 공공 개수의 계산

1000℃에서 구리의 m³당 공공의 평형 개수를 계산하라. 공공 형성 시에 필요한 활성화 에너지는 0.9 eV/atom이며, (1000℃에서) 원자량과 밀도는 각각 63.5 g/mol, 8.4 g/cm³이다.

풀이

식 (4.1)을 이용하여 풀면 먼저 구리의 원자량 A_{Cu}, 밀도 ρ, 아보가드로 수 N_A로부터 m³당 원자 자리의 수 N값을 구한다.

금속의 단위 부피당 원자수

$$N_{Cu} = \frac{N_A \rho}{A_{Cu}} \tag{4.2}$$

$$= \frac{(6.022 \times 10^{23}\,\text{atoms/mol})(8.4\,\text{g/cm}^3)(10^6\,\text{cm}^3/\text{m}^3)}{63.5\,\text{g/mol}}$$

$$= 8.0 \times 10^{28}\,\text{atoms/m}^3$$

따라서 1000℃(1273 K)에서 공공의 개수는 다음과 같다.

$$N_v = N \exp\left(-\frac{Q_v}{kT}\right)$$

$$= (8.0 \times 10^{28}\,\text{atoms/m}^3) \exp\left[-\frac{(0.9\,\text{eV})}{(8.62 \times 10^{-5}\,\text{eV/K})(1273\,\text{K})}\right]$$

$$= 2.2 \times 10^{25}\ \text{공공/m}^3$$

4.3 고체 내의 불순물

오직 한 종류의 원자로 구성된 순수 금속이 존재하긴 불가능하며, 금속 내에는 불순물 또는 외부 원자들이 항상 존재한다. 그리고 이러한 외부 원자는 점 결함으로 존재할 수 있다. 실제로 고도의 정련 기술에 의해서도 금속을 99.9999% 이상의 순도로 정련하기란 어려운 일이다. 이런 순도에서 재료의 1 m³당 거의 $10^{22} \sim 10^{23}$개 정도의 불순물 원자가 존재한다. 우리가 사용하는 대부분의 금속은 순수 금속이 아니며, 재료의 특정한 성질을 주기 위해 불순물이 첨가된 합금(alloy)이다. 일반적으로 합금화는 금속의 기계적 강도와 내부식성을 향상시키기 위해 사용되었다. 예를 들어 법정 은(sterling silver)은 92.5%의 은과 7.5%의 구리로 구성된 합금이다. 일반적인 환경에서 순은은 높은 내부식성을 가지고 있으나 매우 연하다. 구리를 첨가한 은 합금은 내부식성을 거의 변화시키지 않고 기계적 강도를 크게 증가시킨다.

합금

고용체

금속에 불순물 원자를 첨가하면 불순물의 종류, 농도, 온도에 따라 고용체(solid solution)와(또는) 새로운 제2의 상(second phase)이 형성된다. 여기에서는 고용체에 관하여 설명하

그림 4.2 치환형 불순물 원자와 침입형 불순물 원자의 2차원적 구조
(출처 : W. G. Moffatt, G. W. Pearsall, and J. Wulff, *The Structure and Properties of Materials*, Vol. I, Structure, John Wiley & Sons, 1964. Janet M. Moffatt 허가로 복사 사용함)

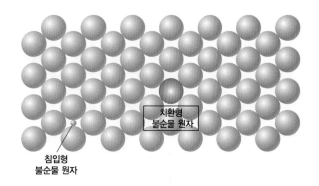

치환형
불순물 원자

침입형
불순물 원자

고, 새로운 상의 형성에 관해서는 제9장에서 다루기로 한다.

용질, 용매

불순물과 고용체에 관련된 몇 가지 용어를 살펴보면 합금에서는 용질(solute)과 용매(solvent)라는 용어가 많이 사용된다. 용매는 가장 많은 양으로 존재하는 원소 또는 성분이며, 때로는 용매 원자를 모원자(host atom)라고도 한다. 반면에 용질은 적은 농도로 존재하는 원소 또는 성분을 말한다.

고용체

고용체는 용질 원자가 모재료(host material)에 첨가되어 새로운 구조를 형성시키지 않고 기존의 결정 구조를 유지하는 것을 말한다. 이것은 액체 용액과 유사하게 생각할 수 있다. 만약 서로 잘 녹는 2개의 액상(물과 알코올처럼)이 혼합되어 있다면 액체 용액은 분자 상호 간 혼합으로 만들어진다. 이것의 조성은 전체적으로 균일할 것이며, 고용체 또한 조성이 균일하다. 불순물 원자는 고체 내에서 무질서하고 균일하게 분포되어 있다.

치환형 고용체
침입형 고용체

불순물 점 결함은 고용체 내에서 발견되며, 치환형(substitutional)과 침입형(interstitial) 두 가지 유형이 있다. 치환형의 경우 용질 또는 불순물 원자가 모원자를 대체한다(그림 4.2). 용질 원자가 용매 원자에 고용되는 정도를 결정하는 몇 가지 조건이 있다. 이것은 흄-로더리의 법칙이라 불리며 다음과 같다.

1. **원자의 크기** 두 원자 간의 반지름 차이가 대략 ±15% 미만일 경우에는 상당한 양의 용질 원자가 치환형 고용체로 용해될 수 있다. 그러나 이를 벗어나는 경우에는 용질 원자는 격자의 뒤틀림을 일으키고 새로운 상이 형성된다.

2. **결정 구조** 많은 고용도를 갖기 위해서는 두 원자 종의 금속이 같은 결정 구조를 갖고 있어야 한다.

3. **전기 음성도** 두 원소 간의 전기 음성도 차가 크면 클수록 치환형 고용체보다는 금속 간 화합물을 형성하기가 쉽다.

4. **원자가** 다른 요소가 동일하다면 금속은 낮은 원자가를 갖는 금속보다는 높은 원자가를 갖는 금속에 더 많이 용해된다.

치환형 고용체의 예는 구리와 니켈에서 볼 수 있다. 이들 두 원소는 어떤 분율에서도 잘 고용된다. 앞에서 언급한 고용도를 결정하는 요소를 기준으로 살펴보면, 구리와 니켈의 원

그림 4.3 (a) FCC (b) BCC 단위정 내 사면체와 팔면체 침입형 자리의 위치

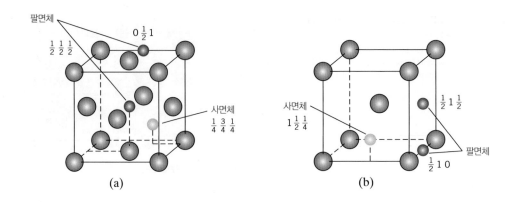

자 반지름은 각각 0.128과 0.125 nm이고, 전기 음성도는 1.9와 1.8이고(그림 2.9), 원자가는 구리의 경우에는 +1가(때로는 +2가), 니켈의 경우 +2가이다.

침입형 고용체의 경우 불순물 원자는 모원자들 사이의 빈 곳 또는 침입형 공간에 채워진다(그림 4.2). FCC와 BCC 구조에서 사면체(tetrahedral)와 팔면체(octahedral)라고 명칭하는 침입형 자리가 있는데, 이는 최인접 모원자의 개수, 즉 배위수에 의해 구별된다. 사면체 자리는 배위수 4를 갖는다. 즉 모원자를 잇는 직선들은 4면의 사면체를 형성한다. 반면 팔면체 자리의 배위수는 6이다. 팔면체는 6개의 원자공 중심을 이으면 만들어진다.[3] FCC에서 두 종류의 팔면체 자리가 있는데 점좌표는 $0\frac{1}{2}1$과 $\frac{1}{2}\frac{1}{2}\frac{1}{2}$이다. 사면체 자리는 한 종류이고 $\frac{1}{4}\frac{3}{4}\frac{1}{4}$이다.[4] 그림 4.3a에 FCC 단위정 내에 이러한 자리들의 위치를 나타내었다. BCC에서는 한 종류의 팔면체와 사면체 자리가 있는데, 팔면체 $\frac{1}{2}10$, 사면체 $1\frac{1}{2}\frac{1}{4}$이다. 그림 4.3b는 BCC 단위정 내의 이들 자리의 위치를 나타낸다.[4]

비교적 높은 충진율을 가진 금속 재료의 경우에는 이들 침입형 공간의 크기가 비교적 작으며, 따라서 침입형 불순물의 원자 지름이 모원자의 지름보다 상당히 작아야 한다. 일반적으로 침입형 불순물 원자의 최대 허용 농도는 낮다(10% 미만). 매우 작은 불순물 원자라도 대개는 그 크기가 침입형 공간보다는 크며, 따라서 침입형 불순물 원자는 주변 모원자들에 약간의 격자 변형을 일으킨다. 연습문제 4.6에 FCC와 BCC 결정 구조에서 격자 변형 없이 사면체, 팔면체 침입형 공간에 정확히 들어가는 불순물 원자의 반지름 r을 모원자의 반지름 R에 대한 비로 나타내는 문제를 수록하였다.

철에 탄소가 첨가될 때 탄소는 침입형 고용체를 형성하며, 탄소의 최대 농도는 약 2%이다. 탄소 원자의 원자 반지름은 철보다 매우 작다(0.071 nm 대 0.124 nm).

예제 4.2

BCC 침입형 자리의 반지름 계산

BCC 팔면체 자리에 정확히 들어가는 불순물 원자의 반지름 r을 모원자 원자 반경 R의 함수로 나타내라(격자 변형은 없음).

---

3 이들 자리의 기하학적 구조는 그림 12.7에서 볼 수 있다.

4 그림에 표시된 단위정의 팔면체, 사면체 위치 이 외의 자리는 동등한 위치에 존재한다.

풀이

그림 4.3b에서 BCC의 팔면체 침입형 자리는 단위정 모서리 변의 중심에 위치한다. 침입형 불순물 원자가 격자 변형 없이 위치하기 위해서는 두 인접 모원자(단위정의 모서리 원자)와 접촉해야만 한다. 그림은 BCC 단위정의 (100)면이고, 큰 원자가 모원자이고 작은 원자는 입방정의 변 상에 있는 팔면체 자리에 위치한 침입형 원자이다.

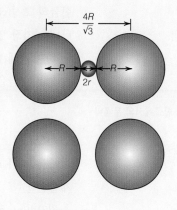

그림에서 두 모서리 원자의 중심 간 거리, 즉 단위정 변의 길이는 식 (3.4)로부터

$$\text{단위정의 변 길이} = \frac{4R}{\sqrt{3}}$$

그림에서 단위정의 변 길이는 모원자 반지름의 2배인 $2R$과 침입형 원자 반지름의 2배인 $2r$의 합이다. 즉

$$\text{단위정의 변 길이} = 2R + 2r$$

단위정의 변 길이를 나타내는 두 식을 등식으로 하면

$$2R + 2r = \frac{4R}{\sqrt{3}}$$

r을 R의 함수로 나타내면

$$2r = \frac{4R}{\sqrt{3}} - 2R = \left(\frac{2}{\sqrt{3}} - 1\right)(2R)$$

또는

$$r = \left(\frac{2}{\sqrt{3}} - 1\right)R = 0.155R$$

개념확인 4.1 세 종류 이상의 원소가 고용체를 만들 수 있나? 답의 근거를 설명하라.

[해답은 *www.wiley.com/go/Callister_MaterialsScienceGE* → More Information → Student Companion Site 선택]

개념확인 4.2 왜 전율 고용은 치환형 고용체에서만 가능하고 침입형에서는 불가능한지 설명하라.

[해답은 *www.wiley.com/go/Callister_MaterialsScienceGE* → More Information → Student Companion Site 선택]

4.4 조성의 표기

조성

무게비

합금의 조성(composition 혹은 농도)[5]을 구성 원소에 대해 나타낼 필요가 있다. 조성을 나타내는 가장 일반적인 두 가지 방법은 무게(질량)비와 원자비이다. **무게비**(weight percent, wt%)는 전체 합금 무게에 대한 특정 원소의 무게 비율이다. 1과 2로 명명된 원자만을 가지고 있는 합금을 가정하면 1의 wt% C_1은 다음과 같이 정의된다.

2원계 합금에서의 무게비
계산

$$C_1 = \frac{m_1}{m_1 + m_2} \times 100 \tag{4.3a}$$

여기서 m_1과 m_2는 원소 1과 2의 각각의 무게(또는 질량)이다. 2의 농도도 같은 방법으로 계산된다.[6]

원자비

원자비(atom percent, at%) 계산은 합금의 전체 원소의 총 몰수에 대한 특정 원소의 몰수이다. 원소 1의 일정 무게의 몰수 n_{m1}은 다음과 같이 계산된다.

$$n_{m1} = \frac{m_1'}{A_1} \tag{4.4}$$

여기서, m_1'과 A_1은 각각 원소 1의 무게(그램으로 표기)와 원자량을 나타낸다.

1과 2의 원소를 포함하는 합금에서 원소 1의 원자비에 관한 농도 C_1'은 다음과 같이 정의된다.[7]

2원계 합금에서의 원자비
계산

$$C_1' = \frac{n_{m1}}{n_{m1} + n_{m2}} \times 100 \tag{4.5a}$$

같은 방법으로 원자 2의 원자비도 구할 수 있다.[8]

또한 원자비 계산은 몰수 대신에 원자수로도 계산할 수 있는데, 이는 모든 물질의 1몰은 같은 원자수를 포함하기 때문이다.

조성의 변환

가끔 조성의 표기를 무게비에서 원자비로 변환할 필요가 있다. 임의의 원소 1과 2에 대해 이러한 변환법을 위한 관계식을 설명하고자 한다. 앞 절에서 사용한 표기(즉 C_1과 C_2로 표기된 무게비, C_1'과 C_2'로 표기된 원자비 그리고 원자량 A_1, A_2)를 이용하면 변환식은 다음과 같다.

---

5 이 책에서 조성과 농도(즉 합금의 특정 원소 또는 구성인자의 양)는 동일한 의미를 갖는 것으로 간주하며 상호 교환 가능하다.

6 합금이 2개 이상의 원소(n개)를 가지면 식 (4.3a)는 다음과 같다.

$$C_1 = \frac{m_1}{m_1 + m_2 + m_3 + \cdots + m_n} \times 100 \tag{4.3b}$$

7 이 절에서 사용되는 기호와 표기에 대한 혼동을 피하기 위해 프라임 ' '(예 : C_1'과 m_1') 기호는 원자비의 조성과 그램 단위의 재료 질량을 나타냄을 유의해야 한다.

8 합금이 2개 이상의 원소(n개)를 가지면 식 (4.5a)는 다음과 같다.

$$C_1' = \frac{n_{m1}}{n_{m1} + n_{m2} + n_{m3} + \cdots + n_{mn}} \times 100 \tag{4.5b}$$

$$C_1' = \frac{C_1 A_2}{C_1 A_2 + C_2 A_1} \times 100 \tag{4.6a}$$

2원계 합금에서 무게비를
원자비로 변환

$$C_2' = \frac{C_2 A_1}{C_1 A_2 + C_2 A_1} \times 100 \tag{4.6b}$$

$$C_1 = \frac{C_1' A_1}{C_1' A_1 + C_2' A_2} \times 100 \tag{4.7a}$$

2원계 합금에서 원자비를
무게비로 변환

$$C_2 = \frac{C_2' A_2}{C_1' A_1 + C_2' A_2} \times 100 \tag{4.7b}$$

여기서는 단지 두 원소만의 경우이므로 앞의 수식은 다음의 관계를 이용하여 간단히 정리된다.

$$C_1 + C_2 = 100 \tag{4.8a}$$

$$C_1' + C_2' = 100 \tag{4.8b}$$

또한 무게비의 농도를 재료의 단위부피당 한 성분의 질량으로 변환할 필요가 있다(즉 wt% 단위를 kg/m^3 단위로 변환). 이러한 조성 변환은 확산의 계산에서 자주 사용된다(5.3절). 이러한 농도를 C_1'', C_2''로 표시하면 수식은 다음과 같다.

$$C_1'' = \left(\frac{C_1}{\dfrac{C_1}{\rho_1} + \dfrac{C_2}{\rho_2}} \right) \times 10^3 \tag{4.9a}$$

2원계 합금에서 무게비를
단위부피당 질량으로 변환

$$C_2'' = \left(\frac{C_2}{\dfrac{C_1}{\rho_1} + \dfrac{C_2}{\rho_2}} \right) \times 10^3 \tag{4.9b}$$

밀도 ρ의 단위가 g/cm^3이면, C_1'', C_2''의 단위는 kg/m^3이 된다.

또한 주어진 조성의 2원계 합금에서 밀도와 원자량을 무게비나 원자비의 함수로 나타낼 필요가 있다. 여기서 합금의 밀도와 원자량을 각각 ρ_{ave}와 A_{ave}로 정의하면 다음과 같다.

$$\rho_{ave} = \frac{100}{\dfrac{C_1}{\rho_1} + \dfrac{C_2}{\rho_2}} \tag{4.10a}$$

2원계 금속 합금에서 밀도
의 계산

$$\rho_{ave} = \frac{C_1' A_1 + C_2' A_2}{\dfrac{C_1' A_1}{\rho_1} + \dfrac{C_2' A_2}{\rho_2}} \tag{4.10b}$$

$$A_{\text{ave}} = \frac{100}{\dfrac{C_1}{A_1} + \dfrac{C_2}{A_2}} \tag{4.11a}$$

2원계 금속 합금에서 원자
량의 계산

$$A_{\text{ave}} = \frac{C_1' A_1 + C_2' A_2}{100} \tag{4.11b}$$

여기서 주의해야 할 것은 식 (4.9)와 (4.11)은 정확한 수식 표현이 아니라는 사실이다. 이들 수식의 유도 과정에서, 합금의 총부피는 정확히 개별 원소의 부피의 합과 같다고 가정하였다. 이 가정은 대부분의 합금에서 정확히 맞는 것은 아니다. 그러나 농도가 낮고, 고용체가 존재하는 농도 범위에서는 큰 오차를 보이지 않으므로 비교적 적절한 가정이라고 말할 수 있다.

예제 4.3

조성 변환 수식의 유도

식 (4.6a)를 유도하라.

풀이

유도 과정을 간단히 하기 위해 질량은 그램의 단위로 하고 m_1'으로 표기하자. 또 합금의 총질량(그램 단위) M'은 다음과 같다.

$$M' = m_1' + m_2' \tag{4.12}$$

C_1'(식 4.5a)의 정의와 n_{m1}의 수식 표현(식 4.4)과 n_{m2}의 유사한 수식을 이용하면 다음과 같다.

$$C_1' = \frac{n_{m1}}{n_{m1} + n_{m2}} \times 100$$

$$= \frac{\dfrac{m_1'}{A_1}}{\dfrac{m_1'}{A_1} + \dfrac{m_2'}{A_2}} \times 100 \tag{4.13}$$

식 (4.3a)에서 그램 단위의 질량은

$$m_1' = \frac{C_1 M'}{100} \tag{4.14}$$

이고, 이 식과 m_2'를 식 (4.13)에 대입하면 다음과 같다.

$$C_1' = \frac{\dfrac{C_1 M'}{100 A_1}}{\dfrac{C_1 M'}{100 A_1} + \dfrac{C_2 M'}{100 A_2}} \times 100 \tag{4.15}$$

간단히 정리하면 다음과 같다.

$$C_1' = \frac{C_1 A_2}{C_1 A_2 + C_2 A_1} \times 100$$

즉 식 (4.6a)가 된다.

예제 4.4

조성의 변환 — 무게비를 원자비로 변환

97 wt%의 알루미늄과 3 wt%의 구리로 구성된 합금의 조성을 원자비로 계산하라.

풀이

무게비 조성은 $C_{Al} = 97$, $C_{Cu} = 3$이다. 이를 식 (4.6a)와 식 (4.6b)에 대입하면

$$C_{Al}' = \frac{C_{Al} A_{Cu}}{C_{Al} A_{Cu} + C_{Cu} A_{Al}} \times 100$$

$$= \frac{(97)(63.55 \text{ g/mol})}{(97)(63.55 \text{ g/mol}) + (3)(26.98 \text{ g/mol})} \times 100$$

$$= 98.7 \text{ at\%}$$

그리고

$$C_{Cu}' = \frac{C_{Cu} A_{Al}}{C_{Cu} A_{Al} + C_{Al} A_{Cu}} \times 100$$

$$= \frac{(3)(26.98 \text{ g/mol})}{(3)(26.98 \text{ g/mol}) + (97)(63.55 \text{ g/mol})} \times 100$$

$$= 1.30 \text{ at\%}$$

기타 결함

4.5 전위–선 결함

전위(dislocation)는 일부 원자들의 정렬이 어긋난 선 결함(linear defect) 또는 1차원 결함이다. 전위의 한 종류를 그림 4.4에 나타내었다. 여기에 잉여의 원자면 또는 반평면이 존재하며, 그 가장자리가 결정 내에서 끝난다. 이러한 전위를 칼날 전위(edge dislocation)라고 한다. 이것은 잉여 반평면(extra half-plane) 끝을 따라 나타나는 선을 중심으로 위치한 선 결함이며, 이러한 선을 전위선(dislocation line)이라고 한다. 그림 4.4에 나타낸 칼날 전위의 경우에 전위선은 책 면과 수직을 이루고, 전위선 부근의 구역에서는 국부적으로 격자 변형을 보인다. 그림 4.4에서 전위선의 윗부분에 위치한 원자들은 서로 압축되어 있고, 아랫부분에 있는 원자들은 인장되어 있다. 이로 인해 잉여 반평면 부근에서 원자면이 휘어지므로

칼날 전위

전위선

그림 4.4 칼날 전위 주위의 원자 위치. 잉여 반평면 원자들을 볼 수 있다.

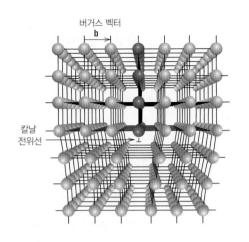

원자의 수직면에 대해 약간의 곡률을 일으킨다. 뒤틀림의 크기는 전위선에서 멀어질수록 감소하고, 아주 멀어지면 사라지며, 결정 격자는 완전해진다. 때때로 그림 4.4에 보인 칼날 전위는 기호 ⊥와 같이 표시되어 전위선의 위치를 나타낸다. 결정의 밑부분에 원자의 잉여 반평면이 존재하여 칼날 전위가 형성될 수 있으며, 이런 경우 기호 ⊤로 표현한다.

나선 전위

나선 전위(screw dislocation)라는 또 다른 종류의 전위가 있는데, 이것은 그림 4.5a에서처럼 뒤틀림을 일으키는 전단 응력에 의해서 발생한다. 결정의 앞면 윗부분 영역이 아랫부분에 비해 오른쪽으로 1개의 원자 거리만큼 이동되어 있다. 나선 전위에 수반되는 원자 뒤틀림도 선형이고, 전위선(그림 4.5b에서 선 *AB*)을 따라 있다. 또한 나선 전위라는 이름은 전위선 부근에서 원자면이 나선형 경로를 보이는 데서 유래하며, 때때로 기호 ℭ가 나선 전위를 나타내는 데 사용된다.

혼합 전위

결정 재료 내에서 발견되는 대부분의 전위들은 순수한 칼날과 나선 전위만으로는 존재하지 않으며, 두 종류의 전위가 혼합된 형태로 존재한다. 이것을 혼합 전위(mixed dislocation)라고 한다. 이 세 종류의 전위를 그림 4.6에 개략적으로 나타내었다. 그림의 두 앞면으로부터 내부로 들어갈수록 형성되는 격자 뒤틀림은 나사와 칼날 성분이 혼합되어 있는 상태로 존재한다.

버거스 벡터

전위를 동반하는 격자 뒤틀림의 크기와 방향은 버거스 벡터(Burgers vector, **b**로 표기)로 나타낸다. 그림 4.4와 4.5에서 각각 칼날과 나선 전위의 버거스 벡터를 표시하였다. 전위(칼날, 나선, 혼합)의 종류는 전위선과 버거스 벡터의 상호 방향에 의해 정의될 수 있다. 칼날 전위의 경우(그림 4.4)에는 서로 수직인 반면, 나선 전위의 경우(그림 4.5)에는 서로 평행하다. 혼합 전위의 경우에는 수직도 평행도 아니다. 또한 전위가 결정 내에서 방향과 성질이 변한다 할지라도(예 : 칼날에서 혼합 또는 나선으로 변화) 버거스 벡터는 전위선을 따라 모든 점에서 같을 것이다. 예를 들면 그림 4.6에서 굽어진 전위의 모든 위치에서 동일한 버거스 벡터를 가지고 있다. 금속 재료의 경우 전위에 대한 버거스 벡터의 방향은 원자가 조밀하게 배열된 방향이고, 그 크기는 원자 간 간격과 같다.

7.2절에서 설명된 바와 같이 대부분의 결정 재료의 영구 변형은 전위의 이동에 의해 일어난다. 버거스 벡터는 이러한 변형을 설명하기 위해 고안된 이론 요소이다.

그림 4.5 (a) 결정 내의 나선 전위, (b) 위에서 본 (a)의 나선 전위. 전위선은 선 *AB*이다. 슬립 면 위의 원자 위치를 흰 점으로, 밑의 원자를 검은 점으로 표시하였다.
[출처 : (b) W. T. Read, Jr., *Dislocations in Crystals*, McGraw–Hill Book Company, New York, NY, 1953.]

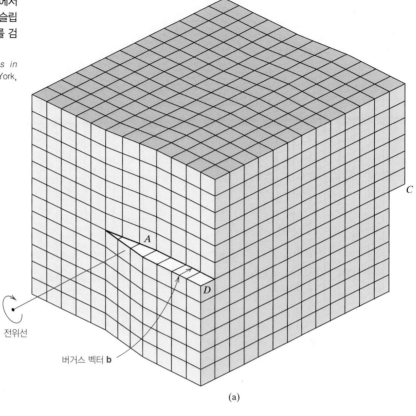

(a)

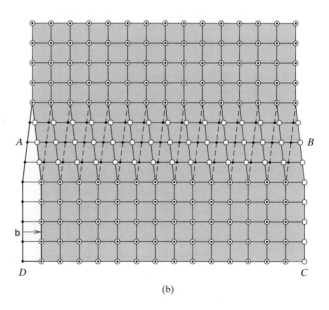

(b)

결정 재료 내의 전위는 전자현미경(electron-microscope)으로 관찰된다. 그림 4.7은 고배율 투과 전자현미경(transmission electron micrograph)의 사진으로 검은 선이 전위를 나타내고 있다.

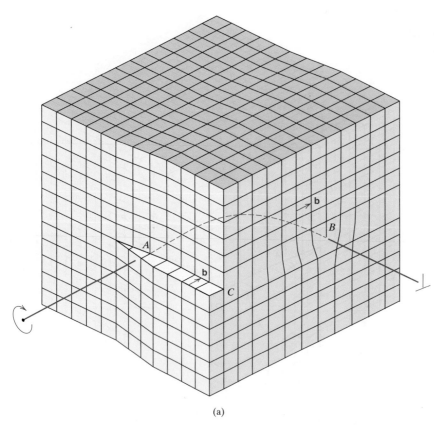

그림 4.6 (a) 칼날, 나선, 혼합 성분의 전위를 나타내는 개략도. (b) 위에서 보면 흰 점은 슬립면의 상부를, 검은 점은 하부의 원자를 나타낸다. 점 *A*에서 전위는 순수 나선 전위, 점 *B*는 순수 칼날 전위이다. 전위선이 휘어 있는 영역은 칼날과 나선의 혼합 성분을 갖는다.

[출처 : (b) W. T. Read, Jr., *Dislocations in Crystals*, McGraw–Hill Book Company, New York, NY, 1953.]

(a)

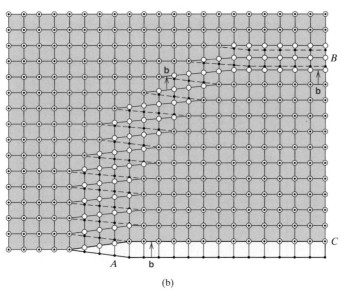

(b)

실제로 모든 결정 재료는 응고, 소성변형, 혹은 급랭으로부터 발생되는 열응력에 의해 형성되는 전위를 가지고 있다. 전위는 결정 재료의 소성변형과 긴밀한 관련이 있으며, 이는 제7장과 제12장에서 다루기로 한다. 전위는 폴리머 재료에서도 관찰되는데, 이는 14.13절에서 다루고 있다.

그림 4.7 티탄의 투과 전자현미경 사진. 검은 선은 전위선이다. 50,000×
(사진 제공 : M. R. Plichta, Michigan Technological University.)

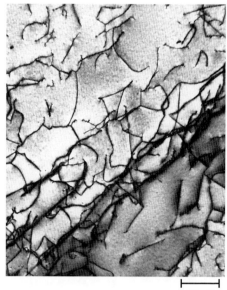

0.2 μm

4.6 계면 결함

계면 결함(interfacial defect)은 2차원이며 일반적으로 다른 결정 구조 또는 다른 결정 방향을 가진 재료의 두 영역을 분리하는 경계면이다. 이러한 계면 결함에는 외부 표면, 결정립계, 상계면, 쌍정립계, 적층 결함 등이 있다.

외부 표면

가장 확실하게 볼 수 있는 계면은 결정 구조의 연속성이 종료되는 외부 표면이다. 표면 원자들은 인접 원자와 가능한 최대수로 결합되어 있지 않기 때문에 내부에 존재하는 원자보다 높은 에너지 상태로 존재한다. 이러한 표면 원자의 불완전한 결합 상태는 표면 에너지(surface energy)를 유발하는데, 이것은 단위면적당 에너지로 표현된다(J/m^2 혹은 erg/cm^2). 재료는 이러한 표면 에너지를 최소화하기 위해 가능하다면 표면적을 최소화하려고 한다. 예를 들면 액체는 최소 면적을 갖는 모형을 한다. 즉 물방울은 구형이 된다. 물론 고체 상태일 때는 기계적으로 단단하므로 불가능하다.

결정립계

3.14절에 소개된 바와 같이 또 다른 계면 결함인 결정립계(grain boundary)는 다결정 재료 내에서 2개의 작은 결정립(또는 서로 다른 결정 방향을 갖는 결정) 사이에 존재하는 경계면을 의미한다. 결정립계의 개략도를 그림 4.8에 나타내었다. 결정립계는 여러 개의 원자 거리폭을 가지며, 한 결정립의 결정 방향에서 이웃하는 결정립의 결정 방향으로 넘어갈 때 상당한 원자 불일치가 존재한다.

인접한 결정립 사이에 존재하는 결정 방향의 불일치 각도는 다양하다(그림 4.8). 이러한 방향의 불일치가 작을 때[몇 도 미만], 이러한 결정립계를 소각 결정립계[small- (or low-) angle

그림 4.8 소각과 고각 결정립계와 주변 원자를 나타내는 개략도

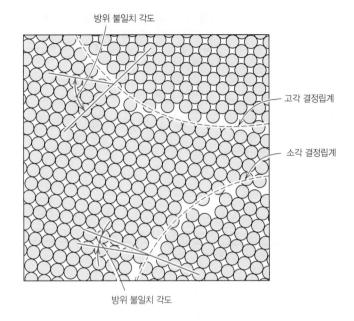

grain boundary]라고 한다. 이러한 결정립계의 구조는 전위의 배열에 의해 설명될 수 있다. 그림 4.9와 같이 칼날 전위들이 정렬되어 있을 때 일종의 소각 결정립계가 형성된다. 이것을 **경각 입계**(tilt boundary)라고 한다. 불일치 방위각 θ가 그림에 나타나 있다. 방위 불일치의 각도가 입계와 평행할 때 **비틀림 결정립계**(twist boundary)가 생기는데 이는 나선 전위들의 배열로 생각할 수 있다.

　결정립계에 위치한 원자들은 불규칙적으로 배열된다. 따라서 앞에서 언급한 표면 에너지와 유사한 계면 혹은 결정립계 에너지가 있다. 이 에너지의 크기는 방위 불일치 각의 함수이며, **고각 입계**(high-angle boundary)의 경우에는 에너지가 크다. 이러한 계면 에너지 때문에 결정립계는 화학적으로 결정 그 자체보다 반응성이 크다. 이런 높은 에너지 상태 때문에 불순물 원자가 주로 이런 입계를 따라 편석된다. 조대한 결정립을 갖는 재료는 미세한 결정립을 갖는 재료보다 총 입계 면적이 작으므로 총 계면 에너지가 작다. 높은 온도에서는 이러한 총 계면 에너지를 낮추기 위해 결정립이 성장하며, 이러한 결정립 성장 현상은 7.13절에서 설명하기로 한다.

　결정립계를 따라서 원자의 결합은 불완전하고, 원자의 배열이 불규칙함에도 불구하고 다결정 재료의 강도는 떨어지지 않는다. 이는 입계 내부와 입계 사이에 강한 결합력이 아직도 존재하기 때문이다. 다결정 시편의 밀도는 동일 재료의 단결정 재료의 밀도와 실질적으로 같은 값을 보인다.

상계면

상계면(phase boundary)은 다상(multiphase)의 재료에서 존재한다(9.3절). 상계면은 다른 두 상이 접하는 경계면으로 두 상은 서로 다른 물리적·화학적 특성을 갖는다. 다음 장에서 설명하듯이 상계면은 다상을 갖는 금속 합금의 기계성 성질을 결정하는 중요한 역할을 한다.

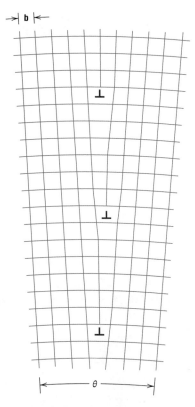

그림 4.9 θ의 방위 불일치를 갖는 경각 입계가 칼날 전위의 배열로 나타남을 보여 준다.

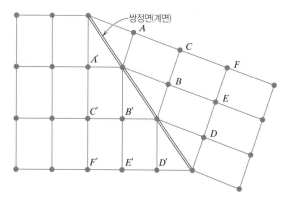

그림 4.10 쌍정면 혹은 계면과 주변 원자를 보여 주는 개략도 (녹색 원). 쌍점 계면을 가로질러 A와 A′ 같이 프라임(′) 표시로 거울에 비친 원자 모습을 나타내고 있다.

쌍정립계

쌍정립계(twin boundary)는 두 격자가 정확한 대칭을 이루고 있는 결정립 사이의 계면으로 결정립계의 특별한 유형이다. 입계 한쪽 면의 원자는 반대편 원자와 거울면과 같은 대칭적인 위치에 존재한다(그림 4.10). 이들 입계 사이의 재료 영역을 **쌍정**(twin)이라 한다. 쌍정은 기계적인 전단 응력에 의해 발생하는 원자 이동에 의해 만들어지며(기계적 쌍정), 또한 소성 변형 후의 어닐링(annealing) 열처리에 의해서도 만들어진다(어닐링 쌍정). 쌍정은 특정한 결정학적 면과 방향에서 발생하며, 이러한 면과 방향은 결정 구조에 따라 다르다. 어닐링 쌍정은 특히 FCC 결정 구조의 재료에서 흔히 발견되는 반면에, 기계적 쌍정은 BCC와 HCP 금속에서 관찰된다. 소성변형에서의 기계적 쌍정의 역할은 7.7절에서 설명하기로 한다. 어닐링 쌍정은 그림 4.14c에서 나타낸 다결정 황동 시편의 현미경 사진과 같이 관찰된다. 쌍정은 그들이 존재하는 결정립 영역에 비해 직선적이고 평행한 영역으로 관찰되며, 다른 시각적 명암을 가지고 있다. 이러한 사진에서 관찰되는 다양한 명암에 대해서는 4.10절에서 설명한다.

기타의 계면 결함

이 외의 계면 결함에는 적층 결함(stacking fault), 강자성 도메인 벽(ferromagnetic domain

중 요 재 료

촉매(그리고 표면 결함)

촉매는 반응에 직접적인 반응물로 참여하지는 않지만, 화학 반응의 속도를 가속시키는 물질을 말한다. 촉매는 고체로 존재할 수 있으며, 고체 촉매는 기상 혹은 액상의 반응 분자가 촉매의 표면에 흡착(adsorption)[9]되어 일종의 상호작용을 일으키고 결과적으로 화학 반응성을 촉진시킨다.

촉매의 흡착은 보통 표면 원자들이 관여하는 결함 사이트에서 일어나며, 표면 결함 사이트와 흡착 분자 물질 간에는 원자 간/분자 간 결합이 존재한다. 몇 가지 표면 결함을 그림 4.11에 나타내었는데, 주로 수평돌기(ledge), 킹크(kink), 테라스(terrace), 공공, 흡착 원자(adatom) 등이다.

촉매의 중요한 응용 분야는 자동차의 촉매 변환 장치인데, 이는 일산화탄소(CO), 질소산화물(NO_x)과 불연소 탄화수소 등의 공해 물질의 방출을 줄이는 역할을 한다. 공기는 자동차 엔진으로부터 나오는 배기부로 주입되고, 혼합된 가스는 변환 장치의 촉매를 지나면서 CO, NO_x, O_2 등이 촉매 표면에 흡착된다. 여기서 NO_x는 N과 O로 분해되고, O_2는 원자종으로 분해된다. N은 서로 만나 N_2 분자를 형성하고, 일산화탄소는 산화되어 이산화탄소(CO_2)로 바뀐다.

또한 불연소 탄화수소는 산화되어 CO_2와 H_2O로 바뀐다.

이러한 응용에 사용되는 촉매의 재료로 $(Ce_{0.5}Zr_{0.5})O_2$가 사용된다. 그림 4.12는 이 재료의 단결정을 고배율 전자현미경으로 찍은 사진이다. 개별 원자는 이 전자현미경 사진과 그림 4.11에 제시된 몇몇 결함으로 확인된다. 이러한 표면 결함은 원자와 분자종이 흡착하는 사이트로 작용하며, 분해, 결합, 산화 등의 반응이 촉진되어 배기 가스에 함유된 공해 물질(CO, NO_x, 불연소 탄화수소)의 양은 현저히 감소한다.

그림 4.12 $(Ce_{0.5}Zr_{0.5})O_2$ 단결정의 표면을 나타낸 고배율 현미경 사진. 이 재료는 자동차의 촉매 변환기에 사용된다. 그림 4.11에 개략적으로 나타낸 표면 결함들을 관찰할 수 있다.
[출처 : W. J. Stark, L. Mädler, M. Maciejewski, S. E. Pratsinis, and A. Baiker, "Flame-Synthesis of Nanocrystalline Ceria/Zirconia: Effect of Carrier Liquid," *Chem. Comm.*, 588-589(2003). The Royal Society of Chemistry 허가로 복사 사용함]

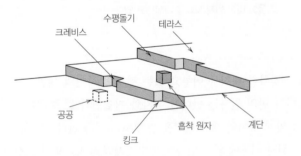

그림 4.11 촉매의 흡착 사이트로 작용하는 표면 결함의 개략도. 개별 원자를 입방체로 표시했다.

---

9 흡착은 기체 혹은 액체의 분자가 고체 표면에 붙는 것을 나타내는 용어이다. 분자가 고체나 기체에 동화되는 흡수(absorption)와 혼동하지 말자.

wall) 등이 있다. 적층 결함은 FCC 금속에서 조밀면의 *ABCABCABC*⋯와 같은 연속적인 적층 순서에 어떠한 결함이 있을 때 발견된다(3.12절). 강자성(ferromagnetic)과 페리자성(ferrimagnetic)의 경우에 자화(magnetization) 방향의 서로 다른 영역을 분리하는 계면을 도메인 벽(domain wall)이라고 하며, 이는 20.7절에서 설명한다.

이 절에서 논의된 다양한 계면 결함의 계면 에너지의 크기는 계면의 종류에 따라 다르고,

재료에 따라서도 다르다. 일반적으로 계면 에너지는 외부 표면의 경우가 가장 크고, 도메인
벽의 경우가 가장 작다.

개념확인 4.3 단결정의 표면 에너지는 결정 방향에 따라 다르다. 면밀도가 증가할수록 표면 에너지는
증가할까, 혹은 감소할까? 이유는?

[해답은 *www.wiley.com/go/Callister_MaterialsScienceGE* → **More Information** → **Student**
Companion Site 선택]

4.7 부피 또는 체적 결함

지금까지 배운 결함보다 훨씬 큰 또 다른 종류의 결함이 모든 고체 재료에 존재한다. 이러한
결함에는 기포, 균열, 외부 함유물과 다른 상 등이 있다. 일반적으로 이러한 결함은 제조나
가공 과정 중에 형성된다. 이들 결함과 그 결함이 재료에 미치는 영향 등은 다음 장에서 설
명하기로 한다.

4.8 원자 진동

원자 진동

고체 재료 내 모든 원자는 결정 내의 격자 위치 주변에서 매우 빠르게 진동한다. 어떤 점에
서는 원자 진동(atomic vibration)도 불완전 또는 결함으로 생각할 수 있다. 어느 순간에 모
든 원자가 동일한 주파수와 진폭으로, 혹은 동일한 에너지를 가지고 진동하는 것은 아니다.
주어진 온도에서 구성 원자들의 에너지는 평균 에너지를 중심으로 분포를 갖게 되며, 시간에
따라서도 각 원자의 진동 에너지는 불규칙하게 변할 것이다. 온도가 증가함에 따라 원자 진
동의 평균 에너지는 증가하며, 실질적으로 고체의 온도는 원자와 분자의 진동도를 나타내는
수치이다. 상온에서의 전형적인 진동 주파수는 대략 초당 10^{13}이고, 진폭은 수천 nm이다.

고체의 많은 성질과 거동은 이러한 원자 진동의 결과다. 예를 들면 용융은 진동이 활발하
여 원자 결합을 깰 때 일어난다. 더 자세한 원자 진동과 이들이 재료의 성질에 미치는 영향
에 관해서는 제19장에서 언급하기로 한다.

현미경 관찰

4.9 현미경의 기초 원리

때때로 우리는 재료의 성질에 영향을 주는 결정 구조와 결함을 관찰할 필요가 있다. 어떤 구
조 요소는 거시적(macroscopic)이어서 육안으로 관찰할 수 있을 정도로 충분히 큰 경우가 있
다. 예를 들면 다결정 시편의 결정립 형태와 평균 크기 또는 지름 등은 중요한 구조 요소이
다. 거시적인 결정립은 주로 알루미늄으로 만든 조명 기둥이나 고속도로 가드레일 등에서
명확히 육안으로 관찰할 수 있다. 상이한 방위 조직(texture)을 가지고 있는 비교적 큰 결정

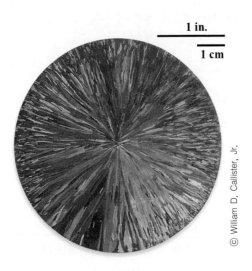

그림 4.13   원통형 구리 잉곳의 단면. 미세한 바늘 모양의 결정립이 중심에서 외각으로 뻗어 있다.

1 in.

1 cm

립들을 그림 4.13에서와 같이 납 잉곳(ingot, 주괴)의 절단면에서 명확히 볼 수 있다. 그러나 대부분의 재료에서 결정립들은 미시적(microscopic)이며, 수 마이크론(micron)[10] 정도의 지름을 가지고 있다. 따라서 결정립의 자세한 구조는 적당한 현미경을 이용하여 관찰해야 한다. 결정립의 크기와 형태는 다양한 미세구조(microstructure)의 일부에 불과하며, 다양한 미세구조에 대해서는 다음 장에서 자세히 공부하기로 하자.

미세구조

현미경 관찰법

현미경 사진

광학, 전자, 주사 탐침현미경들이 보통 현미경 관찰법(microscopy)에 사용되며, 이들 도구를 사용하여 모든 물질의 미세구조를 탐색할 수 있다. 이들 도구 중에는 사진 장치와 결합되어 이미지를 현미경 사진(photomicrograph)으로 저장할 수 있는 것도 있다. 또한 미시구조적 이미지들은 컴퓨터 작업을 통해 더 선명하게 생성될 수 있다.

현미경 관찰은 물질의 성질을 연구하는 데 있어 대단히 유용한 수단이다. 미세구조 관찰의 몇 가지 중요한 응용들은 다음과 같다. 즉 성질과 구조(그리고 그 결합까지)의 관계를 규명하여 올바로 이해하고, 일단 이들 관계가 정립되면 그 성질을 예측할 수 있으며, 새로운 성질을 결합한 합금을 개발할 수 있다. 또한 물질에 대한 열처리가 바르게 되었는지 판단하고, 기계적 파괴의 유형을 판단할 수 있다. 이러한 관찰에 사용되는 일반적인 기법들을 다음에 소개한다.

4.10 현미경 관찰법

광학현미경

광학현미경(optical microscopy)의 경우 미세구조를 관찰하기 위해 빛이 사용된다. 광학과 조명 장치는 광학현미경의 기본 요소이다. 가시광선에 불투명한 재료의 경우(모든 금속, 많은 세라믹과 폴리머) 오직 표면만이 관찰되며, 광학현미경은 반사 방식에 의해 조작된다. 나타난 영상에서의 명암은 미세구조의 여러 구역에서의 반사도 차이에 의한 결과이

10 마이크론(μm)은 때때로 마이크로미터라고도 하며, 10^{-6} m이다.

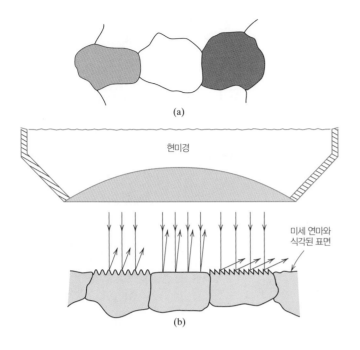

그림 4.14 (a) 미세 연마와 식각 처리된 결정립을 현미경으로 볼 때의 상. (b) 다른 결정 방향에 따른 다른 조직의 개별 결정립이 어떻게 현미경 상으로 나타나는지를 보여 줌. (c) 다결정 황동 시편의 현미경 사진. 60×

[출처 : (c) J. E. Burke, *Grain Control in Industrial Metallurgy*, in "The Fundamentals of Recrystallization and Grain Growth," Thirtieth National Metal Congress and Exposition, American Society for Metals, 1948. ASM International, Materials Park, OH. www.asmInternational.org.]

다. 이러한 기술을 이용하여 최초로 금속을 관찰하였기 때문에 이런 종류의 관찰을 금상학 (metallographic)이라고 한다.

일반적으로 미세구조의 세부적인 것을 관찰하기 위해서는 시편의 표면을 세심하게 준비 해야 한다. 우선 시편의 표면을 평탄하게 거울면과 같이 연마해야 한다. 이것은 미세한 연마 종이나 분말을 단계적으로 사용하여 실행된다. 미세구조는 식각(etching)이라고 하는 적당 한 화학 시약을 이용한 표면 처리에 의해 관찰된다. 단상 결정립의 화학적인 반응은 결정학 적 방위에 따라 차이가 있다. 따라서 다결정 시편에서 식각의 특성은 결정립마다 다르다. 그 림 4.14b에서는 수직으로 입사된 빛이 세 종류의 다른 방위를 갖는 식각 표면에 대해 어떻게 반사되는가를 보여 준다. 그림 4.14a는 현미경으로 관찰될 때 결정 표면이 어떻게 보이는가 를 보여 주고, 각 결정립의 광택 또는 표면 조직은 결정의 반사 특징에 영향을 준다. 이러한 특성을 볼 수 있는 다결정 시편의 사진이 그림 4.14c에 나타나 있다.

또한 식각에 의해 작은 홈들이 결정립계를 따라 형성된다. 결정계 영역의 원자들은 결정 립 내부의 원자보다 화학적으로 더욱 활발하므로 더 빠른 속도로 식각된다. 현미경으로 관 찰할 때 이들 홈은 빛을 결정 내에서와 다른 각도로 반사하므로 구별할 수 있다. 이러한 효 과가 그림 4.15a에 나타나 있다. 그림 4.15b는 결정립계의 홈이 검은 선으로 명백히 나타난 다결정 시편의 사진이다.

2상 합금의 미세구조를 관찰할 때 서로 다른 상이 구별될 수 있도록 다른 표면 조직을 형 성할 수 있는 식각 용액(etchant)을 선택해야 한다.

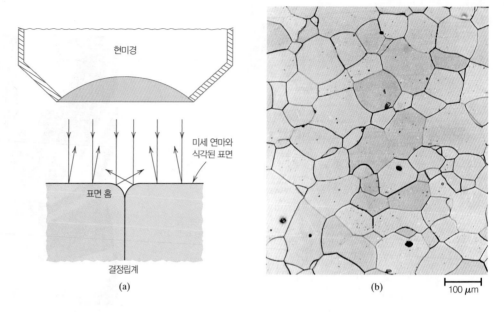

그림 4.15 (a) 식각에 의한 결정립과 표면 홈. 결정립계의 홈에서 빛의 반사 특성, (b) 미세 연마와 식각된 다결정 철-크롬 합금의 표면 현미경 사진. 결정립계는 검게 나타남. 100×
[사진 제공 : L. C. Smith and C. Brady, the National Bureau of Standards, Washington, DC (now the National Institute of Standards and Technology, Gaithersburg, MD.)]

전자현미경

몇몇 구조 요소는 너무 미세하고 작아서 광학현미경으로 관찰할 수 없다. 광학현미경의 최대 배율 한계는 2000배이다. 따라서 어떤 구조 요소들은 너무 미세하거나 작아서 광학현미경으로는 관찰할 수 없다. 이러한 경우 더 높은 배율이 가능한 전자현미경을 사용한다.

구조의 상은 빛 대신에 전자 빔에 의하여 만들어진다. 양자역학에 따르면 고속으로 움직이는 전자들은 파동의 성질이 있으며, 그 파장은 속도에 반비례한다. 전자들이 높은 전압에 의해 가속되면 대략 0.003 nm(3 pm)의 파장을 갖게 된다. 전자현미경의 높은 배율과 해상도는 전자 빔의 짧은 파장 때문이다. 전자 빔의 집속(focusing)과 형상은 자기 렌즈에 의해 수행된다. 그 밖에 현미경 부속의 기하학적 구성은 기본적으로 광학현미경과 같다. 전자현미경에서는 투과와 반사 빔의 두 가지 방식이 모두 가능하다.

투과 전자현미경

투과 전자현미경(TEM)　　투과 전자현미경(transmission electron microscope, TEM)으로 보이는 상은 시편을 통과하는 전자 빔에 의해서 형성된다. 내부 미세구조의 세부 사항은 다음을 통해 관찰되는데, 상의 명암은 미세구조 또는 결함의 여러 요소 사이에서 생긴 산란 혹은 회절 특성의 차이에 의해 만들어진다. 고체 재료는 전자 빔을 매우 잘 흡수하므로 관찰할 시편은 매우 얇은 박막 형태로 만들어 입사된 전자 빔의 충분한 양이 시편을 투과할 수 있어야 한다. 투과된 전자 빔은 상을 관찰할 수 있도록 하기 위하여 형광성 물질의 스크린 또는 사진 필름 위에 투영된다. 전위에 관한 연구에 이용되는 투과 전자현미경의 배율은 거의 1,000,000배까지 가능하다.

주사 전자현미경

주사 전자현미경(SEM)

최근 들어 매우 유용하게 사용되는 관찰 장비의 하나는 주사 전자현미경(scanning electron microscope, SEM)이다. 관찰할 시편을 전자 빔으로 주사하고 반사된 혹은 후방으로 산란되는 전자 빔을 수집하여 음극선관(CRT, TV 스크린과 유사) 위에 똑같은 주사 속도로 나타낸다. 스크린 또는 사진 위에 나타난 상은 시편의 표면 모양을 보여 주고 있다. 시편 표면의 연마나 식각은 그렇게 중요하지 않으나 시편은 전기적으로 전도성이 있어야만 한다. 비전도성 재료의 관찰을 위해서는 표면을 매우 얇은 금속 박막으로 코팅해야 한다. 배율은 10~50,000배까지 가능하며, 매우 큰 초점 심도(depth of field)를 갖는다. 여기에 부수 장비를 부착하여 시편의 매우 국부적인 표면 영역의 원소 성분에 대한 정성 분석과 준정량(semiquantitative) 분석을 할 수 있다.

주사 탐침현미경

주사 탐침현미경(SPM)

지난 20년 동안 현미경 분야는 주사 탐침현미경의 새로운 발전과 함께 혁신적인 발전을 하였다. 다양한 방식의 주사 탐침현미경(scanning probe microscope, SPM)은 빛과 전자를 사용하여 상을 형성하는 광학 전자현미경과 다르다. 이 현미경은 관찰하는 시편의 표면 형태와 특성을 원자 스케일로 보여 준다. 타 현미경 기술과 구별되는 SPM의 차이점은 다음과 같다.

- 10^9배만큼의 배율로 나노미터 스케일의 관찰이 가능하다. 즉 다른 현미경 기술보다 해상도가 월등하다.
- 3차원 이미지가 가능하여 표면의 지형적(topographical) 정보를 제공한다.
- SPM은 다양한 환경(예 : 진공, 기상, 액상)에서 작동될 수 있어 시편을 가장 알맞은 환경에서 관찰할 수 있다.

주사 탐침현미경은 재료 표면에 매우 근접한(나노미터 범위 이내) 날카로운 팁의 작은 탐침을 사용한다. 이 탐침은 표면을 가로질러 주사된다. 주사되는 동안 탐침은 탐침과 재료 표면 사이의 전기적 또는 다른 상호작용으로 면에 수직한 방향으로 휜다. 탐침의 표면 내, 표면 외 움직임은 나노미터 해상도를 갖는 압전(18.25절) 부품에 의해 조절된다. 탐침의 움직임은 전기적으로 변환되고 컴퓨터에 저장된 후 3차원 영상으로 만들어진다.

이 새로운 SPM은 원자, 분자 단위로 재료 표면을 관찰할 수 있게 하여 집적회로 칩부터 생체 분자까지의 재료에 많은 정보를 준다. SPM의 출현은 나노 재료(nanomaterial, 재료의 특성이 공학적 원자, 분자 구조로 설계되는 재료)의 발전에 큰 도움을 주고 있다.

그림 4.16a는 재료에서 관찰되는 여러 구조의 크기 범위를 막대 그래프로 나타낸 것이다(축은 로그 스케일임). 또한 이 장에서 설명한 미세구조 관찰 기술의 관찰 크기 범위도 그림 4.16b에 나타냈다. 이들 기술(SPM, TEM, SEM)에서 최고 해상도는 현미경의 구성에 관계되므로 그 수치는 정확하다고 볼 수 없다. 그림 4.16a와 그림 4.16b를 비교하면 어떤 현미경이 특정한 구조의 형태를 조사하는 데 가장 적합한지를 판단할 수 있다.

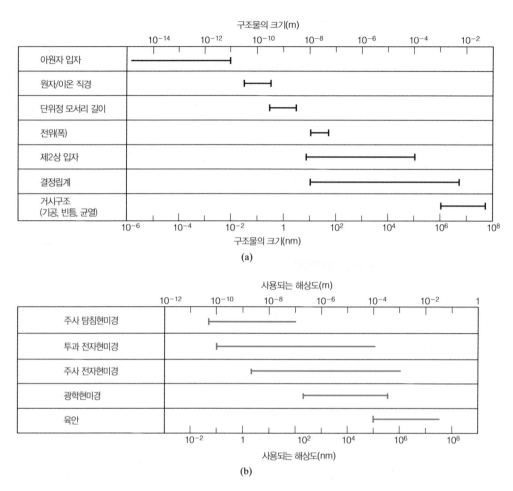

그림 4.16 (a) 재료에서 나타나는 구조들의 크기 범위를 나타내는 막대 도표, (b) 이 장에서 설명한 4개의 현미경법의 해상 범위를 나타내는 막대 도표
(**자료 제공** : Sidnei Paciornik, DCMM PUC-Rio, Rio de Janeiro, Brazil, and Prof. Carlos Pérez Bergmann, Federal University of Rio Grande do Sul, Porto Alegre, Brazil.)

4.11 결정립 크기의 결정

결정립 크기

결정립 크기(grain size)는 주로 다결정 재료와 단상(single phase) 재료의 성질을 조사할 때 측정된다. 각 재료는 다양한 모양의 결정립과 크기 분포를 갖고 있다는 것을 알아야 한다. 결정립 크기는 결정립 직경의 평균으로 표시하는데, 이를 측정하는 많은 방법이 있다.

디지털 시대 이전에는 결정립 크기는 현미경 사진을 이용하여 사람이 측정하였다. 하지만 현재 대부분의 방법은 디지털 영상과 영상 분석기를 이용하여 세밀한 결정립 구조(예 : 결정 교차 수, 결정립 길이, 결정립 면적 등)를 자동으로 기록, 분석한다.

결정립 크기를 측정하는 두 가지의 대표적인 방법이 있다. (1) 선 교차법 : 임의의 직선과 교차하는 결정립계의 개수를 집계, (2) 비교법 : 결정립 면적에 근거한 표준 차트의 결정립 구조와 비교. 이들 방법을 현미경 사진을 이용하여 수동으로 하는 것에 대해 설명하고자 한다.

선 교차법에서는 결정립 사진(동일 배율) 상에 임의의 선을 그리고, 모든 선에 대해 결정립계와 교차하는 개수를 집계한다. 교차의 총개수가 P라고 하고 모든 선의 총길이가 L_T라고 하면, 교차 길이의 평균 $\bar{\ell}$이 결정립 직경이 되고 다음과 같은 관계로 표현된다.

$$\bar{\ell} = \frac{L_T}{PM} \tag{4.16}$$

여기서 M은 배율을 나타낸다.

결정립 크기를 결정하는 비교법은 American Society for Testing and Materials (ASTM)[11]가 고안하였다. ASTM에서는 100배의 현미경 사진을 기본으로 하여 본 다른 평균 결정립 크기를 갖는 여러 개의 표준 비교 차트를 만들었다. 각각에는 1부터 10까지의 결정립 크기 번호가 표기되어 있다. 시편을 결정립 구조 사진을 얻도록 준비하여 시편의 결정립과 가장 일치하는 비교 차트의 결정립 크기 번호를 알아낸다. 따라서 비교적 쉽고 편하게 결정립 크기 번호를 결정할 수 있다. 결정립 크기 번호는 강(steel)의 사양서에 많이 사용되고 있다.

이러한 비교 차트의 결정립 크기 번호의 이론적 설명은 다음과 같다. G는 결정립 크기 번호, n은 100배의 배율에서 in^2당 평균 결정립 수이다. 이들 2개의 변수는 다음의 관계를 갖는다.[12]

ASTM 결정립 크기 번호와 100배에서 in^2당 결정립 수와의 관계

$$n = 2^{G-1} \tag{4.17}$$

100배 이외의 배율에서 찍힌 현미경 사진은 식 (4.17)을 변형한 다음 식을 사용하여야 한다.

$$n_M\left(\frac{M}{100}\right)^2 = 2^{G-1} \tag{4.18}$$

여기서 n_M은 배율 M일 때 in^2당 결정립의 개수이다. $\left(\frac{M}{100}\right)^2$항은 배율은 길이에 비례하지만 면적은 길이 제곱에 비례함을 나타낸다.

평균 교차 길이와 ASTM 결정립 크기 번호의 상관관계는 다음과 같다.

$$G = -6.6457 \log \bar{\ell} - 3.298 \ (\bar{\ell}은 \ mm \ 단위) \tag{4.19a}$$

$$G = -6.6353 \log \bar{\ell} - 12.6 \ (\bar{\ell}은 \ in. \ 단위) \tag{4.19b}$$

여기서 현미경 사진에서 배율을 어떻게 나타내는지 설명한다. 많은 경우 배율은 사진상에 범례 표식(예 : 그림 4.14b의 '60배')으로 나타내는데, 이는 사진이 실제 시편을 60배로 확대했다는 것을 의미한다. 확대의 정도를 표현하기 위해 스케일 바를 사용하기도 하는데 스케일 바는 직선(보통 수평)이며, 사진에 중첩하거나 근처에 표시한다. 바의 길이는 일상적으로 마이크론으로 표시한다. 이 숫자는 확대된 상황에서 표시된 스케일 바의 길이를

---

11 ASTM Standard E 112, "Standard Test Methods for Determining Average Grain Size."

12 개정판에서는 전판의 기호 N을 n으로 변경하였고, 전판에서 식 (4.17)에 사용된 n은 G로 변경하였다. 식 (4.17)에서 사용되는 기호가 문헌에서 표준으로 사용된다.

의미한다. 예를 들어 그림 4.15b의 스케일 바는 현미경 사진의 우측 하단에 위치하며, '100 μm' 표기는 스케일 바의 길이가 100 μm에 해당된다는 표시이다.

스케일 바에서 배율을 구하려면 다음의 단계를 행한다.

1. 자로 스케일 바의 길이를 밀리미터 단위로 측정한다.
2. 이 길이를 마이크론 단위로 바꾼다(즉 1밀리미터는 1000 μm이므로 단계 1의 숫자에 1000을 곱한다).
3. 배율 M은 다음과 같다.

$$M = \frac{\text{측정된 스케일 길이(마이크론으로 변환)}}{\text{스케일 바에 표시된 숫자(마이크론 단위)}} \qquad (4.20)$$

예컨대 그림 4.15b에서 측정된 스케일 길이는 대략 10 mm이므로 (10 mm)(1000 μm/mm) = 10,000 μm. 스케일 바에 표시된 길이는 100 μm이므로 다음과 같이 나타낼 수 있다.

$$M = \frac{10,000\ \mu m}{100\ \mu m} = 100\times$$

이는 그림 범례 표식의 숫자와 같다.

개념확인 4.4 결정립 크기가 감소하면 결정립 크기 번호(식 4.17의 G)는 증가할까, 혹은 감소할까? 이유는?

[해답은 *www.wiley.com/go/Callister_MaterialsScienceGE* → More Information → Student Companion Site 선택]

예제 4.5

ASTM과 교차법을 이용한 결정립 크기 계산

다음은 가상의 금속의 미세구조를 나타낸 개략적인 현미경 사진이다.

다음을 구하라.
(a) 평균 교차 길이
(b) 식 (4.19a)를 이용해 ASTM 결정립 크기 번호 G

풀이

(a) 우선 식 (4.20)을 이용하여 사진의 배율을 구한다. 스케일 바의 길이를 측정하면 16 mm이

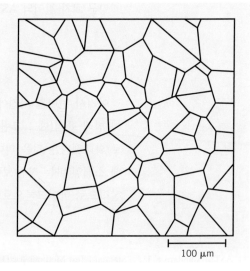

100 μm

고, 이는 16,000 μm이다. 스케일 바의 표시 숫자는 100 μm이므로 배율은

$$M = \frac{16,000\ \mu\text{m}}{100\ \mu\text{m}} = 160\times$$

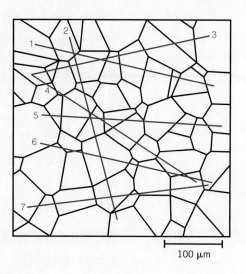

100 μm

다음의 그림은 사진에 7개의 직선(빨간색)을 그린 것이다.

각 선의 길이는 50 mm이므로 총 선의 길이(식 4.16의 L_T)는

$$(7선)(50\ \text{mm}/선) = 350\ \text{mm}$$

각 선의 결정립계의 교차 개수를 표로 만들면 다음과 같다.

선 번호	결정립계 교차 개수
1	8
2	8
3	8
4	9
5	9
6	9
7	7
합계	58

$L_T = 350$ mm, $P = 58$ 교차수, 배율 $M = 160\times$, 따라서 식 (4.16)에서 평균 교차 길이 $\overline{\ell}$(실제 공간에서 mm 단위)은

$$\overline{\ell} = \frac{L_T}{PM}$$

$$= \frac{350\ \text{mm}}{(58\ \text{교차 수})(160\times)} = 0.0377\ \text{mm}$$

(b) G 값을 얻기 위해 $\overline{\ell}$의 값을 식 (4.19a)에 대입하면

$$G = -6.6457 \log \overline{\ell} - 3.298$$
$$= (-6.6457) \log(0.0377) - 3.298$$
$$= 6.16$$

요약

점 결함및 자기 침입	• 점 결함은 1개 또는 2개의 원자 위치와 연관된 것이며, 공공(또는 빈 격자점), 자기 침입형(침입 자리를 점유한 모원자)이 있다.
	• 공공의 평형 개수는 식 (4.1)과 같이 온도의 함수이다.
고체 내의 불순물	• 합금은 2개 이상의 원소로 구성된 금속 물질이다.
	• 고용체는 불순물 원자를 고체에 첨가할 때 고체의 결정 구조가 변하지 않고 새로운 상의 생성이 없다.
	• 치환형 고용체는 불순물 원자가 모원자의 자리에 대체되는 고용체이다.
	• 침입형 고용체는 비교적 작은 불순물 원자가 모원자 사이의 침입형 공간을 점유하는 고용체이다.
	• 흄-로더리 법칙이 만족되면 고도의 치환형 고용한도가 가능하다.
조성의 표기	• 합금의 조성은 무게비(무게 분율, 식 4.3a와 4.3b)와 원자비(몰 혹은 원자 분율, 식 4.5a와 4.5b)로 나타낸다.
	• 무게비를 원자비로 식 (4.6a)로 혹은 반대로 식 (4.7a)로 변환하는 방법을 설명하였다.
전위-선 결함	• 전위는 1차원의 결정 결함으로 칼날과 나선의 두 종류가 있다.
	– 칼날 전위는 원자의 잉여 반평면의 끝을 따라 생기는 격자 뒤틀림으로 설명된다.
	– 나선 전위는 나선형의 경사면으로 설명된다.
	– 혼합 전위는 칼날 전위와 나선 전위의 성분이 혼합되어 있다.
	• 전위에 의한 격자 뒤틀림의 크기와 방향은 버거스 백터로 나타낸다.
	• 버거스 벡터와 전위선 간의 방향은 (1) 칼날은 수직, (2) 나선은 평행, (3) 혼합은 수직도 평행도 아니다.
계면 결함	• 두 인접 결정립이 다른 결정 방향을 가질 때 결정립계 영역(수 개의 원자 거리 폭)에서 원자 간의 불합치가 존재한다.
	• 쌍정립계는 경계면 사이를 두고 원자들이 대칭적으로 위치한다.
현미경 관찰법	• 재료의 결함과 구조적 요소들은 미시적 크기를 갖는다. 현미경법은 특정한 현미경을 이용하여 미세구조를 관찰하는 것이다.
	• 광학현미경과 전자현미경이 사진 촬용 기구와 같이 사용된다.
	• 각 현미경은 투과나 반사 모드로 작동될 수 있으며 관찰하려는 구조 요소, 결함, 시편의 속성에 따라 모드를 결정한다.
	• 투과형(TEM)과 주사형(SEM)의 두 종류의 전자현미경이 있다.
	TEM의 상은 전자 빔이 시편을 통과할 때 산란되거나 회절되면서 만들어진다.
	SEM은 전자 빔이 시편 표면을 주사하는 방법으로 상은 배면 산란이나 반사 전자에 의해 만들어진다.
	• 주사 탐침현미경은 미세하고 날카로운 탐침이 시편 표면을 주사하는데, 탐침과 표면 원자

와의 상호작용에 의해 탐침의 휘어짐이 발생한다. 컴퓨터에 의해 합성되는 3차원 영상은 나노미터의 해상도를 갖는다.

결정립 크기의 결정
- 결정립 크기는 교차법을 사용하여 측정되는데, 이를 위해 동일한 길이의 직선들을 현미경 사진에 그린다. 이들 선과 결정립계가 교차하는 개수를 집계하고, 식 (4.16)을 이용하여 평균 교차 길이(결정립의 직경)를 구한다.
- 배율 100배의 현미경 사진과 ASTM 표준 비교 차트와 대조하여 결정립 크기 번호를 구할 수 있다.

식 요약

식 번호	식	용도
4.1	$N_v = N \exp\left(-\dfrac{Q_v}{kT}\right)$	단위부피당 공공의 수
4.2	$N = \dfrac{N_A \rho}{A}$	단위부피당 원자 위치 수
4.3a	$C_1 = \dfrac{m_1}{m_1 + m_2} \times 100$	무게 분율 조성
4.5a	$C_1' = \dfrac{n_{m1}}{n_{m1} + n_{m2}} \times 100$	원자 분율 조성
4.6a	$C_1' = \dfrac{C_1 A_2}{C_1 A_2 + C_2 A_1} \times 100$	무게 분율을 원자 분율로 변환
4.7a	$C_1 = \dfrac{C_1' A_1}{C_1' A_1 + C_2' A_2} \times 100$	원자 분율을 무게 분율로 변환
4.9a	$C_1'' = \left(\dfrac{C_1}{\dfrac{C_1}{\rho_1} + \dfrac{C_2}{\rho_2}}\right) \times 10^3$	무게 분율을 단위부피당 질량으로 변환
4.10a	$\rho_{ave} = \dfrac{100}{\dfrac{C_1}{\rho_1} + \dfrac{C_2}{\rho_2}}$	두 성분 합금의 평균 밀도
4.11a	$A_{ave} = \dfrac{100}{\dfrac{C_1}{A_1} + \dfrac{C_2}{A_2}}$	두 성분합금의 원자 무게 평균
4.16	$\overline{\ell} = \dfrac{L_T}{PM}$	평균 교차 거리(결정립 지름의 측정)
4.17	$n = 2^{G-1}$	100배 확대에서 in^2당 결정립 수
4.18	$n_M = (2^{G-1})\left(\dfrac{100}{M}\right)^2$	100배 이외의 확대에서 in^2당 결정립 수

기호 목록

기호	의미
A	원자 무게
G	ASTM 결정립 번호
k	볼츠만 상수(1.38×10^{-23} J/atom·K, 8.62×10^{-5} eV/atom·K)
L_T	전체 선 길이(교차 방식)
M	확대
m_1, m_2	합금 요소 1과 2의 질량
N_A	아보가드로 수(6.022×10^{23} atoms/mol)
n_{m1}, n_{m2}	합금 요소 1과 2의 몰 수
P	결정립 교차 수
Q_v	공공 형성에 요구되는 에너지
ρ	밀도

주요 용어 및 개념

결정립 크기
고용체
공공
나선 전위
무게비
미세구조
버거스 벡터
볼츠만 상수
불완전성

용매
용질
원자비
원자 진동
자기 침입형
전위선
점 결함
조성
주사 전자현미경(SEM)

주사 탐침현미경(SPM)
치환형 고용체
침입형 고용체
칼날 전위
투과 전자현미경(TEM)
합금
현미경 관찰법
현미경 사진
혼합 전위

참고문헌

ASM Handbook, Vol. 9, *Metallography and Microstructures*, ASM International, Materials Park, OH, 2004.

Brandon, D., and W. D. Kaplan, *Microstructural Characterization of Materials*, 2nd edition, John Wiley & Sons, Hoboken, NJ, 2008.

Clarke, A. R., and C. N. Eberhardt, *Microscopy Techniques for Materials Science*, Woodhead Publishing, Cambridge, UK, 2002.

Kelly, A., G. W. Groves, and P. Kidd, *Crystallography and Crystal Defects*, John Wiley & Sons, Hoboken, NJ, 2000.

Tilley, R. J. D., *Defects in Solids*, John Wiley & Sons, Hoboken, NJ, 2008.

Van Bueren, H. G., Imperfections in Crystals, North-Holland, Amsterdam, 1960.

Vander Voort, G. F., *Metallography, Principles and Practice*, ASM International, Materials Park, OH, 1999.

연습문제

공공과 자기 침입형

4.1 900°C에서 가상 금속의 평형 공공 개수는 $2.3 \times 10^{25} m^{-3}$이다. 이 금속의 원자량과 밀도는 각각 85.5 g/mol, 7.40 g/cm³이다. 900°C에서의 공공 분율을 계산하라.

4.2 (a) 구리의 녹는점 1084°C(1357K)에서 빈 원자 자리의 분율은 얼마인가? 공공에 필요한 에너지는 0.90 eV/atom이다.

(b) 상온에서는 얼마인가?

(c) N_v/N(1357K)과 N_v/N(298K)의 값은 얼마인가?

4.3 850°C(1123K)에서 니켈(Ni)의 평형 공공 개수는 $4.7 \times 10^{22} m^{-3}$이다. 공공 형성 활성화 에너지는 얼마인가? 850°C에서 니켈의 원자량과 밀도는 각각 58.69 g/mol, 8.80 g/cm³이다.

고체 내의 불순물

4.4 다음 표에 몇 가지 원소의 원자 반지름, 결정 구조, 전기 음성도 및 원자가가 나열되어 있다. 그리고 비금속의 경우에는 원자 반지름만 나열되어 있다.

원소	원자 반지름 (nm)	결정 구조	전기 음성도	원자가
Ni	0.1246	FCC	1.8	2
C	0.071			
H	0.046			
O	0.060			
Ag	0.1445	FCC	1.9	1
Al	0.1431	FCC	1.5	3
Co	0.1253	HCP	1.8	2
Cr	0.1249	BCC	1.6	3
Fe	0.1241	BCC	1.8	2
Pt	0.1387	FCC	2.2	2
Zn	0.1332	HCP	1.6	2

이들 원소 중 구리와 다음과 같은 고용체를 형성할 수 있는 것은 어느 것이겠는가?

(a) 완전 용해되는 치환형 고용체

(b) 불완전 용해되는 치환형 고용체

(c) 침입형 고용체

4.5 다음 계(즉 금속 쌍)에서 완전 고용체를 형성할 수 있는 것은 어느 것이겠는가? 설명하라.

(a) Al-Zr

(b) Ag-Au

(c) Pb-Pt

4.6 (a) FCC의 팔면체 자리에 딱 들어맞는 불순물의 반지름을 주 원자의 반지름 R로 나타내라(격자 변형률은 고려 안 함).

(b) FCC의 사면체 자리에 대해 문제(a)를 반복하라(그림 4.3a 참조)

4.7 연습문제 4.6(a)의 결과를 사용하여 FCC 철의 팔면체 자리의 반지름을 계산하라.

조성의 표기

4.8 5.5 wt% Pb와 94.5 wt% Sn 합금의 원자 분율 조성은 얼마인가?

4.9 5 at% Cu와 95 at% Pt 합금의 조성을 무게 분율로 구하라.

4.10 105 kg의 Fe, 0.2 kg의 C와 1.0 kg의 Cr을 함유하는 합금의 조성을 무게 분율로 구하라.

4.11 33 g의 Cu와 47 g의 Zn를 함유하는 합금의 조성을 원자 분율로 구하라.

4.12 Cr의 m³당 원자수를 구하라.

4.13 Si 속 P의 농도는 1.0×10^{-7} at%이다. 합금의 m³당 P는 몇 kg이 있겠는가?

4.14 90 wt% Ti, 6 wt% Al, 4 wt% V으로 구성된 Ti-6Al-4V 합금의 대략적 밀도를 계산하라.

4.15 25 wt% 금속 A와 75 wt% 금속 B로 구성된 가상 합금을 가정하여 A와 B 금속의 밀도가 각각 6.17 g/cm³와 8.00 g/cm³, 원자량은 171.3 g/mol과

162.0 g/mol이라면, 이 합금의 결정 구조가 FCC인지 BCC인지 결정하라. 단위정의 변 길이는 0.332 nm이다.

4.16 종종 두 원소(1과 2로 나타냄)를 함유한 고용체에서 고용체 안의 한 원소의 cm³당 원자수 N_1을, 주어진 원소의 무게비 농도 C_1으로부터 구하는 것이 필요하다. 이런 계산은 다음 식을 사용함으로써 가능하다.

$$N_1 = \frac{N_A C_1}{\frac{C_1 A_1}{\rho_1} + \frac{A_1}{\rho_2}(100 - C_1)} \quad (4.21)$$

여기서　　N_A = 아보가드로 수

　　　　ρ_1, ρ_2 = 두 원소의 밀도

　　　　A_1 = 원소 1의 원자량

식 (4.2)와 4.4절의 표현들을 사용하여 식 (4.21)을 유도하라.

4.17 니오븀은 바나듐과 치환형 고용체를 이룬다. 24 wt% Nb과 76 wt% V의 합금의 경우에 cm³당 니오븀 원자의 수를 계산하라. 순수한 니오븀과 바나듐의 밀도는 각각 8.57 g/cm³과 6.10 g/cm³이다.

4.18 0.2 wt% C을 함유한 철-탄소 합금에서 C은 모두 사면체 자리에 위치한다. C 원자가 차지한 자리의 비율은 얼마인가?

4.19 알루미늄(Al)이 1.0×10^{-5} at% 함유된 Si의 cm³당 Al의 수를 계산하라.

4.20 때로는 두 원소로 구성된 합금에서 주어진 cm³당 원자수, N_1으로부터 1원소의 무게비 C_1을 구하는 것이 필요하다. 이런 계산은 다음의 표현을 사용함으로써 가능하다.

$$C_1 = \frac{100}{1 + \frac{N_A \rho_2}{N_1 A_1} - \frac{\rho_2}{\rho_1}} \quad (4.22)$$

여기서　　N_A = 아보가드로 수

　　　　ρ_1, ρ_2 = 두 원소의 밀도

　　　　A_1, A_2 = 두 원소의 원자량

식 (4.2)와 4.4절의 표현들을 사용하여 식 (4.22)를 유도하라.

4.21 금(Au)은 은(Ag)과 치환형 고용체를 이룬다. cm³당 5.5×10^{21}개의 Au 원자를 함유하는 합금을 만들기 위해 은에 첨가되는 금의 무게비를 구하라. 순수한 Au와 Ag의 밀도는 각각 19.32g/cm³와 10.49 g/cm³이다.

4.22 집적회로의 전자 장치는 고순도의 실리콘에 주기율표 IIIA 족과 VA족의 소량 원소를 매우 세심히 관리하여 첨가한다. 인(P)을 m³당 6.5×10^{21} 원자를 첨가한 Si에 대하여 (a) 인의 무게 분율과 (b) 인의 원자 분율을 계산하라.

전위-선 결함

4.23 칼날, 나선, 혼합 전위에서 버거스 벡터와 전위선의 각도에 관하여 논하라.

계면 결함

4.24 BCC 단결정의 경우에 표면 에너지가 (110)면보다 (100)면이 큰지 아니면 작은지를 말하고, 그 이유를 설명하라(제3장 연습문제 3.35 참조).

4.25 단순입방 결정구조를 갖는 가상 금속의 단결정 경우에 표면 에너지가 (110)면보다 (100)면이 큰지 아니면 작은지를 말하고, 그 이유를 설명하라.

4.26 (a) 쌍정과 쌍정립계에 대해 간략히 설명하라.

(b) 기계적 쌍정과 어닐링 쌍정의 차이점에 대해 설명하라.

결정립 크기의 결정

4.27 (a) 교차법을 사용하여 그림 4.15(b)에 미세구조 시편의 평균 결정립 크기를 mm 단위로 구하라. 적어도 7개의 직선을 사용하라.

(b) 이 재료에 대한 ASTM 결정립 크기 번호를 구하라.

4.28 ASTM 결정립 크기 6번의 경우 645 mm²당(in²당) 대략 몇 개의 결정립이 존재하겠는가?

(a) 100배 배율의 사진

(b) 또한 확대하지 않으면

4.29 250배의 배율에서 645 mm²당(in² 당) 결정립 수는 30이다. ASTM 결정립 크기 번호를 구하라.

4.30 다음은 가상 금속의 미세구조를 나타내는 개략도이다.

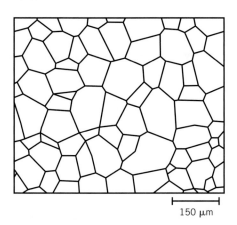

150 μm

다음을 결정하라.

(a) 평균 교차 거리

(b) ASTM 결정립 번호

설계문제

조성의 표시

4.D1 구리(Cu)와 백금(Pt)은 모두 FCC 결정 구조이고, Cu는 상온에서 6 wt% Cu의 농도로까지 치환형 고용체를 형성한다. 단위정 변 길이를 0.390 nm로 하기 위해 Pt에 첨가되는 Cu의 무게비 농도를 계산하라.

확산

사진 제공 : Surface Division Midland-Ross

위쪽 사진은 표면 경화된 철강 기어이다. 외부 표면은 고온 열처리에 의해 주위 분위기의 탄소가 확산되어 강화되었다. 사진에서 강화층은 절단된 기어의 단면 외각에 어두운 부분으로 보인다. 탄소 함량의 증가는 표면을 강화하고(10.7절 참조), 기어의 내마모성을 증가시킨다. 또한 잔류 압축 응력이 생성되어 사용 중에 피로에 의한 파괴 내성을 향상시킨다(제8장).

표면 경화된 철강 기어는 중간 그림에서 보는 것과 같은 자동차의 변속기에 사용된다.

사진 제공 : Ford Motor Company

© iStockphoto

© BRIAN KERSEY/UPI/Landov LLC

모든 종류의 재료는 성질을 개선하기 위해 보통 열처리를 수행한다. 열처리 동안 생기는 현상은 거의 언제나 원자 확산을 수반한다. 종종 확산 속도를 높이거나 낮추는 것이 필요하다. 일반적으로 확산 수식과 적절한 확산 계수를 이용하여 요구되는 열처리 온도, 시간, 냉각 속도를 계산할 수 있다. 137쪽의 맨 위 그림 철강 기어는 표면 경화되었다(8.10절 참조). 즉 외부 표면층에 다량의 탄소나 질소를 확산시켜 경도와 피로에 의한 파괴 내성을 증가시켰다.

학습목표

이 장을 학습한 후에는 다음 내용을 숙지할 수 있어야 한다.

1. 두 원자 확산의 메커니즘의 명명과 분석
2. 정상 상태 확산과 비정상 상태 확산의 구별
3. (a) Fick의 제1법칙과 제2법칙의 식 유도 기술과 모든 변수의 정의,
   (b) 이 식들이 각각 적용되는 확산의 종류
4. 표면에서 확산 시편의 농도가 일정할 때 반무한대 고체에서 확산에 대한 Fick의 제2법칙의 풀이. 이 식에서 모든 변수의 정의
5. 확산 상수가 주어질 때 특정한 온도에서 어떤 재료의 확산 계수 계산

5.1 서론

재료를 가공하는 데서 중요한 많은 반응이나 공정은 특정한 고상(통상적으로 미세구조 수준) 내, 또는 액상, 기상, 다른 고상으로부터의 질량 이동에 의존하고 있다. 이것은 원자 이동에 의한 물질의 유동 현상인 **확산**(diffusion)으로 이루어진다. 이 장에서는 확산에서 일어나는 원자 기구, 확산의 수학적 해석, 온도와 확산 원자의 종류에 따른 확산 속도에 대해 설명하고자 한다.

확산

그림 5.1a의 구리와 니켈과 같이 확산 현상은 서로 다른 금속이 접합되어 있는 **확산쌍**(diffusion couple)으로 설명할 수 있다. 그림에서는 원자 위치와 계면을 통한 농도 분포를 도식적으로 표현하였다. 이 확산쌍은 고온에서(그러나 용융 온도 이하의 온도) 장기간 가열하였다가 실온으로 냉각되었다. 이러한 시편을 화학적으로 분석하면 그림 5.1b와 같이 나타낼 수 있을 것이다. 즉 확산쌍의 두 끝 부위의 순수 구리와 니켈 사이에는 합금된 영역이 존재한다. 두 금속의 농도는 그림 5.1b(아래 그림)에서처럼 위치에 따라 다를 것이다. 이 결과는 구리 원자가 니켈 금속으로, 니켈 원자는 구리 금속으로 이동하였거나 확산되었음을 나타낸다. 금속 원자가 서로의 금속으로 확산되는 현상을 **상호 확산**(interdiffusion) 또는 **불순물 확산**(impurity diffusion)이라 한다.

상호 확산
불순물 확산

상호 확산은 Cu-Ni 확산쌍의 경우처럼 시간에 따른 농도 변화에 의해 거시적으로 식별된다. 이때 원자들의 순표류(net drift) 혹은 순이동(net transport)은 고농도에서 저농도 영역으로 일어난다. 확산은 순수 금속에서도 일어난다. 그러나 이때의 모든 원자의 위치 변화는 같은 형태이다. 이것을 **자기 확산**(self-diffusion)이라고 한다. 물론 자기 확산은 조성의 변화가 없으므로 일반적으로 관찰되지 않는다.

자기 확산

그림 5.1 고온 열처리(a)전 (b)후의 Cu-Ni 확산쌍의 비교. 맨 위 그림은 확산쌍의 원래 모습. 가운데 그림은 Cu(빨간색 원)와 Ni(파란색 원) 원자 위치 분포도, 아래 그림은 확산쌍의 거리에 따른 Cu와 Ni의 농도를 나타낸다.

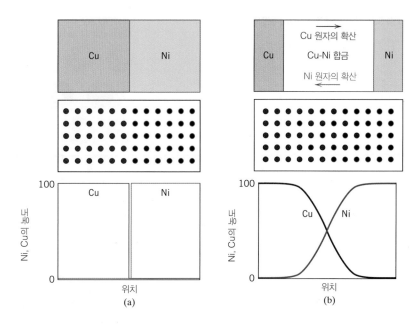

5.2 확산 기구

원자 차원에서 볼 때 확산은 격자점에서 격자점으로 한 단계씩 이동한다. 실제로 고체 재료 내의 원자는 끊임없는 운동을 하며 신속히 위치 이동을 한다. 원자가 이러한 이동을 하기 위해서는 다음의 두 가지 조건이 충족되어야만 한다. (1) 인접한 자리가 비어 있어야 하며, (2) 원자는 주위 원자와의 결합력을 끊을 수 있고 이동 시에 발생하는 격자 변형을 뛰어넘을 수 있는 충분한 에너지를 가지고 있어야만 한다. 이러한 에너지의 근원은 진동 에너지이다(4.8절). 어느 특정 온도에서 전체 원자의 극히 일부분의 원자만이 이러한 확산 이동을 할 수 있고, 그 비율은 온도가 증가함에 따라 증가한다.

이러한 원자 운동에 대한 몇 가지 모델이 있으며, 다음의 두 가지는 금속에서 주로 볼 수 있는 확산 기구이다.

공공 확산

공공 확산

확산 기구의 하나는 그림 5.2a에서처럼 원자가 정상 격자 위치에서 이웃한 빈 격자점 위치 또는 공공으로 교환되는 것이다. 이 기구를 **공공 확산**(vacancy diffusion)이라고 한다. 물론 이 과정에서는 공공이 존재해야 하며, 얼마나 많은 공공 확산이 일어나느냐 하는 것은 공공의 개수에 의해 결정된다. 상당한 농도의 공공이 고온의 금속에 존재한다(4.2절). 확산 원자와 공공이 서로 위치를 교환하므로 한 방향으로의 원자 확산은 그 반대 방향으로의 공공의 이동을 수반한다. 자기 확산과 상호 확산은 모두 이러한 기구에 의해서 일어난다. 상호 확산의 경우에는 불순물 원자가 모원자를 치환해야만 한다.

침입형 확산

확산의 두 번째 경우는 원자가 하나의 침입형 위치에서 이웃에 비어 있는 침입형 위치로 이

그림 5.2 (a) 공공 확산과 (b) 침입형 확산

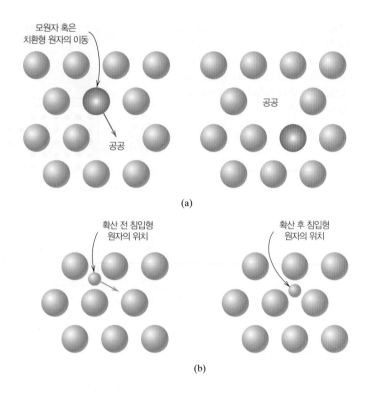

동함으로써 일어난다. 이러한 기구는 수소, 탄소, 질소, 산소 등과 같이 침입형 공간에 들어 갈 정도로 충분히 작은 불순물 원자의 상호 확산에서 발견된다. 모원자 또는 치환형 불순물 원자는 좀처럼 침입형을 형성하지 않으며, 일반적으로 이러한 기구를 통해 확산되지 않는 다. 이러한 확산 현상을 **침입형 확산**(interstitial diffusion)이라 한다(그림 5.2b).

침입형 확산

대부분의 금속 합금에서 침입형 확산이 공공 확산보다 더 빨리 일어난다. 이것은 침입형 원자가 더 작고 유동적이기 때문이다. 또한 공공보다 비어 있는 침입형 위치가 더 많기 때문 이다. 따라서 침입형 원자가 이동할 확률은 공공 확산의 경우보다 크다.

5.3 Fick의 제1법칙−정상 상태 확산

확산은 시간에 따라 변하는 과정이다. 즉 거시적 의미에서 한 원소가 다른 원소 내로 이동하 는 양은 시간의 함수라는 의미이다. 우리는 때때로 얼마나 확산이 빨리 일어나며 또는 질량 전달 속도가 어느 정도인지를 알 필요가 있다. 이러한 속도는 주로 단위시간당 고체의 단위 면적을 통과하는 질량(또는 이에 상당한 원자의 개수) M으로 정의되는 **확산 유량**(diffusion flux) J로 표현된다. 수학적으로는 다음과 같다.

확산 유량

확산 유량의 정의

$$J = \frac{M}{At} \tag{5.1}$$

여기서 A는 확산이 일어나는 단면적이며, t는 경과 시간이다. 또 미분식으로 표현하면 다음 과 같다. J의 단위는 초당 제곱미터당 킬로그램 또는 원자수이다($kg/m^2 \cdot s$ 또는 $atoms/m^2 \cdot s$).

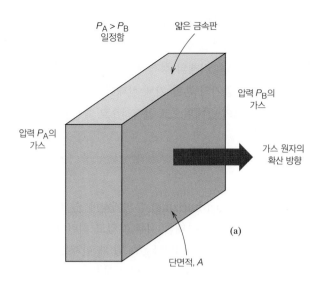

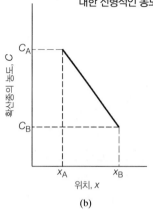

그림 5.3 (a) 얇은 판을 통한 정상 상태 확산, (b) (a)에서의 확산에 대한 선형적인 농도 구배

단일 방향(x)으로의 정상 상태 확산식은 비교적 간단하며, 다음과 같이 유량은 농도 구배에 비례한다.

Fick의 제1법칙–정상 상태 확산의 1차원 확산 유량

$$J = -D \frac{dC}{dx} \qquad (5.2)$$

Fick의 제1법칙

확산 계수

상기의 식을 Fick의 제1법칙(Fick's first law)이라 한다. 비례 상수 D는 m²/sec로 표기되며, 이를 확산 계수(diffusion coefficient)라고 한다. 위의 식에서 음의 부호는 확산이 농도 구배가 내려가는 쪽으로 진행됨을 의미한다.

Fick의 제1법칙은 금속판을 통해 가스의 원자가 확산되는 경우 금속판 양쪽의 확산종 농도(압력)가 일정하게 유지될 때 적용될 수 있는데 그림 5.3a에 개략도를 나타내었다. 이러한 확산 공정은 확산 유량이 더 이상 시간에 따라 변하지 않는 상태에 최종적으로 도달하게 된다. 즉 판의 압력이 높은 한쪽에서 들어가는 확산종의 질량과 압력이 낮은 다른 쪽에서 나가는 확산종의 질량이 같게 되는데, 판 내에 확산종의 순 축적이 없다는 것을 의미한다. 이 상

정상 상태 확산

태를 정상 상태 확산(steady-state diffusion)이라고 한다.

농도 분포

농도 구배

농도 C를 고체 내의 위치(혹은 거리) x에 대해 도식화한 것을 농도 분포(concentration profile)라고 한다. 또한 분포도의 특정 위치에서의 기울기를 농도 구배(concentration gradient)라고 한다. 여기서 그림 5.3b와 같이 농도 분포가 선형적이라고 가정하면

$$\text{농도 구배} = \frac{dC}{dx} = \frac{\Delta C}{\Delta x} = \frac{C_A - C_B}{x_A - x_B} \qquad (5.3)$$

이다. 확산을 다룰 때 농도를 고체 단위 부피당 확산종의 질량(kg/m³ 혹은 g/cm³)으로 표현하는 것이 편리하다.[1]

구동력

종종 **구동력**(driving force)이라는 용어가 반응을 일으키려는 힘을 의미하는 데 사용된다.

---

1 무게비에서 단위부피당 질량(kg/m³)으로의 농도 변환은 식 (4.9)를 사용한다.

확산 반응에 있어 몇 개의 그러한 힘이 가능할 수 있다. 그러나 확산이 식 (5.2)를 따르고 있을 때는 확산의 구동력은 농도 구배이다.[2]

정상 상태 확산의 실제적인 예는 수소 기체의 정제에서 볼 수 있다. 얇은 팔라듐 금속박판의 한쪽 면이 수소, 질소, 산소, 수증기의 혼합 기체 상태에 노출될 때 오직 수소만이 일정한 낮은 압력을 유지하고 있는 박판의 반대편으로 선택적으로 확산된다.

예제 5.1

확산 유량의 계산

700°C의 온도에서 철 판재의 한쪽 면은 침탄(carburizing) 분위기하에 있고, 다른 한쪽 면은 탈탄(decarburizing) 분위기하에 있다. 만약 정상 상태를 이루고 있고 침탄 표면으로부터 5와 10 mm(5×10^{-3}과 10^{-2} m) 위치의 농도가 각각 1.2와 0.8 kg/m³일 때 판재를 통과하는 탄소의 확산 유량을 계산하라. 확산 계수는 700°C에서 3×10^{-11} m²/s라고 하자.

풀이

확산 유량을 계산하기 위해 Fick의 제1법칙(식 5.2)을 이용해 위의 값을 대입하면 다음과 같다.

$$J = -D \frac{C_A - C_B}{x_A - x_B} = -(3 \times 10^{-11} \text{ m}^2/\text{s}) \frac{(1.2 - 0.8) \text{ kg/m}^3}{(5 \times 10^{-3} - 10^{-2}) \text{ m}}$$

$$= 2.4 \times 10^{-9} \text{ kg/m}^2 \cdot \text{s}$$

5.4 Fick의 제2법칙 – 비정상 상태 확산

비정상 상태 확산

실제로 대부분의 확산은 비정상 상태 확산(nonsteady-state diffusion)이다. 즉 고체 내의 각 점에서 확산 유량과 농도 구배는 시간에 따라 변하며, 확산 원자의 순 축적(net accumulation)과 순 소모(net depletion)가 생기게 된다. 이것을 그림 5.5에 나타낸 3개의 다른 확산 시간에서의 농도 분포에서 볼 수 있다. 비정상 상태에서는 더 이상 식 (5.2)를 이용하지 못하고 대신 **Fick의 제2법칙**(Fick's second law)이라는 편미분 방정식을 이용한다.

Fick의 제2법칙

$$\frac{\partial C}{\partial t} = \frac{\partial}{\partial x}\left(D \frac{\partial C}{\partial x}\right) \tag{5.4a}$$

만약 확산 계수가 조성에 무관하다면(이는 각 확산 조건에서 명확히 확인해야 한다), 식 (5.4a)는 다음과 같이 간략하게 된다.

Fick의 제2법칙—1차원 비정상 상태 확산식

$$\frac{\partial C}{\partial t} = D \frac{\partial^2 C}{\partial x^2} \tag{5.4b}$$

물리적으로 의미 있는 경계 조건이 주어졌을 때 이런 미분 방정식의 해(위치와 시간에 관

---

2 상변태에서는 다른 구동력이 작용한다. 상변태는 제9장과 제10장에서 다룬다.

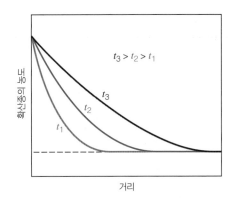

그림 5.4 t_1, t_2, t_3 시간에서의 비정상 상태 확산의 농도 분포

한 농도)를 풀 수 있다. 이러한 해들이 Crank, Carslaw와 Jaeger에 의해 작성되었다(참고문헌 참조).

실제로 중요한 하나의 해는 표면 농도가 일정하게 유지되는 반무한대 고체(semi-infinite solid)[3]의 경우이다. 주로 확산종은 기상(gas phase)이며, 일정 상태의 분압(partial pressure)을 유지하고 있다. 이 외에 다음과 같은 가정을 세운다.

1. 확산 전 고체 내의 확산 용질 원자는 C_0의 농도 상태로 균일하게 분포되어 있다.
2. 표면에서 x의 값은 0이며 고체 속으로 들어감에 따라 증가한다.
3. 확산이 시작되기 직전의 시간은 0이 된다.

이들 경계 조건은 다음과 같다.
초기 조건

$$t = 0일 \ 때, \ C = C_0 \ (0 \le x \le \infty)$$

경계 조건

$$t > 0일 \ 때, \ C = C_s(일정한 \ 표면 \ 농도) \ (x = 0)$$
$$C = C_0 \ (x = \infty)$$

식 (5.4b)에 이들 경계 조건을 적용하면 다음과 같은 해를 구할 수 있다.

반무한 고체에서 일정한 표면 농도를 가정한 Fick의 제2법칙의 해

$$\frac{C_x - C_0}{C_s - C_0} = 1 - \text{erf}\left(\frac{x}{2\sqrt{Dt}}\right) \tag{5.5}$$

여기서 C_x는 t시간 후 깊이 x에서의 농도를 나타내며, $\text{erf}(x/2\sqrt{Dt})$는 Gaussian 오차 함수이며,[4] $x/2\sqrt{Dt}$ 값에 대한 수학적인 표가 주어진다. 표 5.1은 오차 함수의 일부이다. 식 (5.5)

---

3 확산이 일어나는 시간 동안 확산 원자가 고체 막대기의 끝으로 전혀 확산할 수 없다면 그 고체 막대기는 반무한하다고 생각한다. $l > 10\sqrt{Dt}$일 때 길이 l의 막대기는 반무한하다고 생각한다.

4 이러한 Gaussian 오차 함수는 다음과 같이 정의된다.

$$\text{erf}(z) = \frac{2}{\sqrt{\pi}} \int_0^z e^{-y^2} dy$$

여기서 $x/2\sqrt{Dt}$는 변수 z로 치환되었다.

표 5.1 오차함수표

z	erf(z)	z	erf(z)	z	erf(z)
0	0	0.55	0.5633	1.3	0.9340
0.025	0.0282	0.60	0.6039	1.4	0.9523
0.05	0.0564	0.65	0.6420	1.5	0.9661
0.10	0.1125	0.70	0.6778	1.6	0.9763
0.15	0.1680	0.75	0.7112	1.7	0.9838
0.20	0.2227	0.80	0.7421	1.8	0.9891
0.25	0.2763	0.85	0.7707	1.9	0.9928
0.30	0.3286	0.90	0.7970	2.0	0.9953
0.35	0.3794	0.95	0.8209	2.2	0.9981
0.40	0.4284	1.0	0.8427	2.4	0.9993
0.45	0.4755	1.1	0.8802	2.6	0.9998
0.50	0.5205	1.2	0.9103	2.8	0.9999

에 나타난 농도 변수들을 그림 5.5의 특정 시간에서의 농도 분포 그림에 표시하였다. 따라서 식 (5.5)는 농도, 위치, 시간 사이의 관계를 나타내는 식이다. 이 식을 이용하여 우리가 C_0, C_s와 D의 값을 알고 있다면 C_x를 임의의 시간, 위치에서 무차원(dimensionless) 변수 $x/\sqrt{Dt}$의 함수로 나타낼 수 있다.

합금 내에서 특정한 용질의 농도 C_1을 가정하면, 식 (5.5)의 왼쪽 항은 다음과 같이 된다.

$$\frac{C_1 - C_0}{C_s - C_0} = 상수$$

이러한 경우에 오른쪽 항 또한 상수이고, 따라서

$$\frac{x}{2\sqrt{Dt}} = 상수 \tag{5.6a}$$

또는

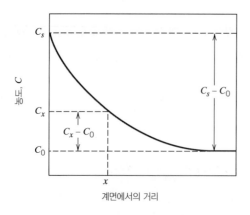

그림 5.5 비정상 상태 확산의 농도 분포와 식 (5.5)에서의 농도 변수

$$\frac{x^2}{Dt} = 상수 \tag{5.6b}$$

이러한 기본적인 관계를 이용해서 예제 5.3을 풀 수 있다.

예제 5.2

비정상 상태 확산 시간의 계산 I

어떤 응용에서 철강(철-탄소 합금)의 표면을 내부보다 강화시킬 필요성이 있다. 이를 위한 한 가지 방법은 탄소의 표면 농도를 증가시키는 **침탄**(carburizing) 공정이다. 이것은 메탄(CH_4)과 같은 탄화수소 기체 분위기하의 고온에 철강 시편을 노출시키는 것이다.

침탄

철강 합금이 침탄 전에 0.25 wt%의 균일한 탄소 농도를 갖고, 합금을 950℃의 온도에서 공정을 진행한다고 가정하자. 만약 표면에서 탄소 농도가 1.20 wt% 상태를 유지한다면 표면으로부터 0.5 mm 되는 위치에 0.80 wt% 탄소 농도를 이루기 위해서는 얼마 동안 침탄해야 하는가? 이 온도에서 철 내 탄소의 확산 계수는 1.6×10^{-11} m²/s이고, 강 조각은 반무한(semi-infinite)하다고 가정한다.

풀이

표면 조성이 일정하게 유지되는 비정상 상태 확산이므로 식 (5.5)를 이용한다. 시간 t를 제외한 모든 변수값이 다음과 같이 주어진다.

$$C_0 = 0.25 \text{ wt\% C}$$
$$C_s = 1.20 \text{ wt\% C}$$
$$C_x = 0.80 \text{ wt\% C}$$
$$x = 0.50 \text{ mm} = 5 \times 10^{-4} \text{ m}$$
$$D = 1.6 \times 10^{-11} \text{ m}^2/\text{s}$$

따라서

$$\frac{C_x - C_0}{C_s - C_0} = \frac{0.80 - 0.25}{1.20 - 0.25} = 1 - \text{erf}\left[\frac{(5 \times 10^{-4} \text{ m})}{2\sqrt{(1.6 \times 10^{-11} \text{ m}^2/\text{s})(t)}}\right]$$

$$0.4210 = \text{erf}\left(\frac{62.5 \text{ s}^{1/2}}{\sqrt{t}}\right)$$

표 5.1로부터 오차 함수 0.4210에 해당하는 z값을 내삽법을 이용하여 구한다.

z	erf(z)
0.35	0.3794
z	0.4210
0.40	0.4284

$$\frac{z - 0.35}{0.40 - 0.35} = \frac{0.4210 - 0.3794}{0.4284 - 0.3794}$$

또는

$$z = 0.392$$

그러므로

$$\frac{62.5 \text{ s}^{1/2}}{\sqrt{t}} = 0.392$$

t에 대해 풀면 다음과 같이 구할 수 있다.

$$t = \left(\frac{62.5 \text{ s}^{1/2}}{0.392}\right)^2 = 25,400 \text{ s} = 7.1 \text{ h}$$

예제 5.3

비정상 상태 확산 시간의 계산 II

500°C와 600°C에서 알루미늄 내 구리의 확산 계수는 각각 4.8×10^{-14}와 5.3×10^{-13} m²/s이다. 600°C에서 10시간의 열처리 시 확산 분포(Al의 특정 위치에 대한 Cu의 농도)를 500°C에서 동일하게 구현하기 위한 확산 시간을 구하라.

풀이

이 문제는 식 (5.6b)를 이용하여 풀 수 있다. 500°C와 600°C에서 임의의 위치 x_0에서 농도는 일정하게 유지되므로 식 (5.6b)는 다음과 같이 나타낼 수 있다.

$$\frac{x_0^2}{D_{500}t_{500}} = \frac{x_0^2}{D_{600}t_{600}}$$

즉[5]

$$D_{500}t_{500} = D_{600}t_{600}$$

또는

$$t_{500} = \frac{D_{600}t_{600}}{D_{500}} = \frac{(5.3 \times 10^{-13}\text{ m}^2/\text{s})(10 \text{ h})}{4.8 \times 10^{-14}\text{ m}^2/\text{s}} = 110.4 \text{ h}$$

5.5 확산에 영향을 미치는 요소

확산종

확산 계수 D는 원자가 확산하는 속도를 나타내는 수치이다. 모재료뿐만 아니라 확산종도

---

5 확산에서 시간과 온도가 변수이고 농도가 임의의 위치 x에서 상수일 때, 식 (5.6b)에서

$$Dt = \text{상수} \tag{5.7}$$

확산 계수에 영향을 미친다. 예를 들어 500°C에서 α-Fe의 자기 확산과 탄소의 상호 확산의 확산 계수는 상당히 다르며, 탄소의 상호 확산의 경우에 더 큰 D값을 갖는다(3.0×10^{-21} 대 1.4×10^{-12} m²/s). 이 비교는 공공을 통한 확산과 침입형 방식을 통한 확산에서의 속도 차이를 보여 주고 있다. 자기 확산은 공공 기구에 의해 일어나는 반면 철 속의 탄소의 확산은 침입형에 의해 일어난다.

온도

온도는 확산 계수와 속도에 가장 중요한 영향을 미친다. 예를 들면 α-Fe에서 Fe가 자기 확산을 일으킬 경우 온도가 500°C에서 900°C로 증가함에 따라 확산 계수는 대략 크기의 6배 (3.0×10^{-21}에서 1.8×10^{-15} m²/s까지)가 증가한다. 확산 계수의 온도 의존은 다음과 같은 관계가 있다.

확산 계수의 온도 의존

$$D = D_0 \exp\left(-\frac{Q_d}{RT}\right) \tag{5.8}$$

여기서

D_0 = 온도에 무관한 선지수(preexponential) (m²/s)

활성화 에너지 Q_d = 확산에 대한 **활성화 에너지**(activation energy) (J/mol 또는 eV/atom)

R = 기체 상수(8.31 J/mol·K 또는 8.62×10^{-5} eV/atom·K)

T = 절대 온도(K)

활성화 에너지는 원자 1몰을 확산시키는 데 필요한 에너지를 말한다. 큰 활성화 에너지는 비교적 작은 확산 계수에서 나타난다. 표 5.2는 몇몇 확산계에 대한 D_0값과 Q_d값을 보여 주고 있다.

식 (5.8)의 양변에 자연 로그를 취하면 다음과 같다.

$$\ln D = \ln D_0 - \frac{Q_d}{R}\left(\frac{1}{T}\right) \tag{5.9a}$$

이를 상용 로그로 표현하면[6] 다음과 같다.

---

6 식(5.9a)의 양쪽에 상용 로그를 취하면 다음 식으로 된다.

$$\log D = \log D_0 - (\log e)\left(\frac{Q_d}{RT}\right)$$
$$= \log D_0 - (0.434)\left(\frac{Q_d}{RT}\right)$$
$$= \log D_0 - \left(\frac{1}{2.3}\right)\left(\frac{Q_d}{RT}\right)$$
$$= \log D_0 - \left(\frac{Q_d}{2.3R}\right)\left(\frac{1}{T}\right)$$

마지막 식은 식(5.9b)와 같다.

표 5.2 확산 데이터의 도표

확산종	모금속	$D_0(m^2/s)$	$Q_d(J/mol)$
		침입형 확산	
C[b]	Fe (α 또는 BCC)[a]	1.1×10^{-6}	87,400
C[c]	Fe (γ 또는 FCC)[a]	2.3×10^{-5}	148,000
N[b]	Fe (α 또는 BCC)[a]	5.0×10^{-7}	77,000
N[c]	Fe (γ 또는 FCC)[a]	9.1×10^{-5}	168,000
		자기 확산	
Fe[c]	Fe (α 또는 BCC)[a]	2.8×10^{-4}	251,000
Fe[c]	Fe (γ 또는 FCC)[a]	5.0×10^{-5}	284,000
Cu[d]	Cu (FCC)	2.5×10^{-5}	200,000
Al[c]	Al (FCC)	2.3×10^{-4}	144,000
Mg[c]	Mg (HCP)	1.5×10^{-4}	136,000
Zn[c]	Zn (HCP)	1.5×10^{-5}	94,000
Mo[d]	Mo (BCC)	1.8×10^{-4}	461,000
Ni[d]	Ni (FCC)	1.9×10^{-4}	285,000
		상호 확산(공공)	
Zn[c]	Cu (FCC)	2.4×10^{-5}	189,000
Cu[c]	Zn (HCP)	2.1×10^{-4}	124,000
Cu[c]	Al (FCC)	6.5×10^{-5}	136,000
Mg[c]	Al (FCC)	1.2×10^{-4}	130,000
Cu[c]	Ni (FCC)	2.7×10^{-5}	256,000
Ni[d]	Cu (FCC)	1.9×10^{-4}	230,000

[a] 철은 두 종류의 확산 계수가 있는데, 912°C에서 상변태가 일어나기 때문이다. 912°C 미만에서는 BCC α-Fe이, 912°C 이상에서는 FCC γ-Fe이 안정된 상이다.

[b] Y. Adda and J. Philibert, *Diffusion Dans Les Solides*, Universitaires de France, Paris, 1966.

[c] E. A. Brandes and G. B. Brook (Editors), *Smithells Metals Reference Book*, 7th edition, Butterworth-Heinemann, Oxford, 1992.

[d] J. Askill, *Tracer Diffusion Data for Metals, Alloys, and Simple Oxides*, IFI/Plenum, New York, 1970.

$$\log D = \log D_0 - \frac{Q_d}{2.3R}\left(\frac{1}{T}\right) \tag{5.9b}$$

여기서 D_0, Q_d와 R은 상수이며, 이것은 직선의 방정식을 나타내고 있다. 즉 다음과 같이 나타낼 수 있다.

$$y = b + mx$$

y와 x는 각각 변수 $\log D$와 $1/T$과 유사하다. 만약 $\log D$를 절대 온도의 역수에 대해 나타

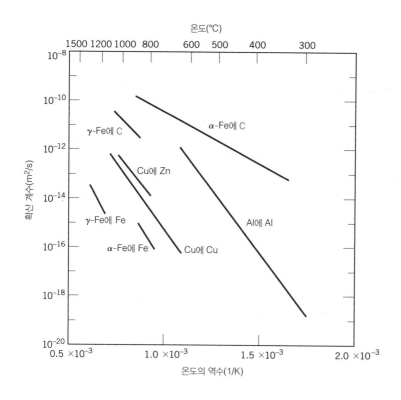

그림 5.6 여러 가지 금속에서의 절대 온도의 역수에 대한 확산 계수의 로그값을 나타낸 도표

[출처 : E. A. Brandes and G. B. Brook(Editors), *Smithells Metals Reference Book*, 7th edition, Butterworth−Heinemann, Oxford, 1992.]

내면 이 직선은 $-Q_d/2.3R$의 기울기와 $\log D_0$의 절편을 갖게 된다. 이것은 실험적으로 Q_d, D_0의 값을 결정할 수 있는 방법이다. 몇몇 합금계에 대한 이러한 도표(그림 5.6)로부터 모든 경우에서 직선 관계가 있음을 알 수 있다.

개념확인 5.1 다음의 확산계에서 확산 계수가 가장 큰 것부터 작은 순으로 표시하라.

Fe에 N, 700°C

Fe에 Cr, 700°C

Fe에 N, 900°C

Fe에 Cr, 900°C

이러한 순서를 설명하는 근거는? (참고 : Fe과 Cr은 모두 BCC 구조이고 Fe, Cr, N의 원자 반경은 각각 0.124, 0.125, 0.065 nm이다. 또한 4.3절 참조.)

[해답은 *www.wiley.com/go/Callister_MaterialsScienceGE* → More Information → Student Companion Site 선택]

개념확인 5.2 가상 금속 A와 B의 자기 확산을 생각하자. $D_0(A) > D_0(B)$이고 $Q_d(A) > Q_d(B)$이라고 가정하고, $\ln D$ 대 $1/T$의 그래프를 비교하여 나타내라.

[해답은 *www.wiley.com/go/Callister_MaterialsScienceGE* → More Information → Student Companion Site 선택]

예제 5.4

확산 계수의 계산

표 5.2의 데이터를 이용하여 550℃에서 알루미늄 속에 있는 마그네슘의 확산 계수를 구하라.

풀이

확산 계수는 식 (5.8)을 이용하여 풀 수 있다. D_0와 Q_d의 값은 표 5.2로부터 각각 $1.2 \times 10^{-4}\,\text{m}^2/\text{s}$와 130 kJ/mol임을 알 수 있다.

$$D = (1.2 \times 10^{-4}\,\text{m}^2/\text{s}) \exp\left[-\frac{(130,000\,\text{J/mol})}{(8.31\,\text{J/mol·K})(550 + 273\,\text{K})}\right]$$

$$= 6.7 \times 10^{-13}\,\text{m}^2/\text{s}$$

예제 5.5

확산 계수의 활성화 에너지와 선지수 값의 계산

그림 5.7의 금에서의 구리 확산의 경우 확산 계수를 절대 온도의 역수에 대한 상용 로그값을 그린 것이다. 활성화 에너지와 선지수 값을 구하라.

풀이

식 (5.9b)로부터 그림 5.7의 선 구간에서의 기울기는 $-Q_d/2.3R$로 같고, $1/T = 0$일 때의 절편은 $\log D_0$의 값이다. 따라서 활성화 에너지는 다음과 같이 구할 수 있다.

$$Q_d = -2.3R(\text{기울기}) = -2.3R\left[\frac{\Delta(\log D)}{\Delta\left(\dfrac{1}{T}\right)}\right]$$

$$= -2.3R\left[\frac{\log D_1 - \log D_2}{\dfrac{1}{T_1} - \dfrac{1}{T_2}}\right]$$

여기서 D_1과 D_2는 각각 $1/T_1$과 $1/T_2$에서의 확산 계수값이다. 만약 임의의 점 $1/T_1 = 0.8 \times 10^{-3}\,\text{(K)}^{-1}$이고 $1/T_2 = 1.1 \times 10^{-3}\,\text{(K)}^{-1}$을 취하면 그림 5.7에서 그 점에서의 $\log D_1$과 $\log D_2$의 값을 알 수 있다.

　[문제를 풀기 전에 주의해야 할 점은 그림 5.7의 수직축은 상용

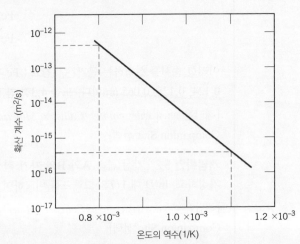

그림 5.7 금에서의 구리 확산에서 확산 계수의 로그값 대 절대 온도의 역수 도표

로그의 스케일로 되어 있으나 실제 확산 계수값이 이 축에 표시되어 있다는 점이다. 예를 들면 $D = 10^{-14}$ m^2/s라면 D의 로그값은 -14.0이지 10^{-14}가 아니다.

또한 로그 스케일로 표시되어 있으므로 10배 단위 사이의 값을 읽는 데 주의해야 한다. 예를 들면 10^{-14}와 10^{-15} 사이의 중간점에서의 값은 5×10^{-15}가 아니라 $10^{-14.5} = 3.2 \times 10^{-15}$가 된다.]

그림 5.7에서 $1/T_1 = 0.8 \times 10^{-3}$ $(K)^{-1}$에서 $\log D_1 = -12.40$, $1/T_2 = 1.1 \times 10^{-3}(K)^{-1}$에서 $\log D_2 = -15.45$이다. 따라서 선 구간의 기울기는 다음과 같다.

$$Q_d = -2.3R \left[\frac{\log D_1 - \log D_2}{\dfrac{1}{T_1} - \dfrac{1}{T_2}} \right]$$

$$= -2.3(8.31 \text{ J/mol·K}) \left[\frac{-12.40 - (-15.45)}{0.8 \times 10^{-3} (K)^{-1} - 1.1 \times 10^{-3} (K)^{-1}} \right]$$

$$= 194{,}000 \text{ J/mol} = 194 \text{ kJ/mol}$$

이제 D_0를 얻기 위해 그래프의 외삽을 이용하는 것보다는 식 (5.9b)를 이용하고, 그림 5.7에서 특정한 D값(혹은 $\log D$)과 그 점의 T(혹은 $1/T$)값을 읽는 방법으로 좀 더 정확하게 구할 수 있다. $1/T = 1.1 \times 10^{-3}$ $(K)^{-1}$에서 $\log D = -15.45$라는 것을 알고 있으므로

$$\log D_0 = \log D + \frac{Q_d}{2.3R} \left(\frac{1}{T} \right)$$

$$= -15.45 + \frac{(194{,}000 \text{ J/mol})(1.1 \times 10^{-3} [K]^{-1})}{(2.3)(8.31 \text{ J/mol·K})}$$

$$= -4.28$$

따라서 $D_0 = 10^{-4.28}$ m^2/s $= 5.2 \times 10^{-5}$ m^2/s이다.

설계예제 5.1

확산 열처리에서 온도와 시간의 결정

강으로 된 기어의 내마모성은 표면을 경화시킴으로써 향상될 수 있다. 이는 탄소를 강의 외부 표면에 국한하여 확산시킴으로써 달성될 수 있다. 여기서 탄소의 공급은 외부의 탄소성 가스 분위기를 높은 온도에서 유지시켜 이루어진다. 강의 원래 함량은 0.20 wt%이고 표면의 농도를 1.00 wt%로 하고자 한다. 또한 적정한 표면 처리를 위해서는 표면에서 0.75 mm의 내부에서 탄소 농도가 0.60 wt%가 되어야 한다. 이를 위해 적정한 열처리 온도를 900~1050℃의 영역에서 정하고 이때의 시간을 결정하라. γ-Fe에서의 탄소 확산에 대한 데이터는 표 5.2를 이용하라.

풀이

여기서는 비정상 상태 확산이므로 식 (5.5)를 이용하고 다음의 농도값을 사용한다.

$$C_0 = 0.20 \text{ wt\% C}$$
$$C_s = 1.00 \text{ wt\% C}$$
$$C_x = 0.60 \text{ wt\% C}$$

그러므로

$$\frac{C_x - C_0}{C_s - C_0} = \frac{0.60 - 0.20}{1.00 - 0.20} = 1 - \text{erf}\left(\frac{x}{2\sqrt{Dt}}\right)$$

즉

$$0.5 = \text{erf}\left(\frac{x}{2\sqrt{Dt}}\right)$$

예제 5.2에서와 같은 방법의 내삽법과 표 5.1의 데이터를 이용하면 다음과 같다.

$$\frac{x}{2\sqrt{Dt}} = 0.4747 \tag{5.10}$$

문제에서 $x = 0.75\,\text{mm} = 7.5 \times 10^{-4}\,\text{m}$이므로

$$\frac{7.5 \times 10^{-4}\,\text{m}}{2\sqrt{Dt}} = 0.4747$$

따라서

$$Dt = 6.24 \times 10^{-7}\,\text{m}^2$$

또한 온도에 대한 확산 계수는 식 (5.8)을 따른다. 표 5.2로부터 $\gamma\text{-Fe}$의 탄소 확산은 $D_0 = 2.3 \times 10^{-5}\,\text{m}^2/\text{s}$, $Q_d = 148{,}000\,\text{J/mol}$이므로

$$Dt = D_0 \exp\left(-\frac{Q_d}{RT}\right)(t) = 6.24 \times 10^{-7}\,\text{m}^2$$

$$(2.3 \times 10^{-5}\,\text{m}^2/\text{s}) \exp\left[-\frac{148{,}000\,\text{J/mol}}{(8.31\,\text{J/mol·K})(T)}\right](t) = 6.24 \times 10^{-7}\,\text{m}^2$$

시간 t에 대해 풀면 다음과 같다.

$$t\,(\text{in s}) = \frac{0.0271}{\exp\left(-\dfrac{17{,}810}{T}\right)}$$

따라서 주어진 온도에 대해서 필요한 확산 시간을 계산할 수 있다. 예제에서 제시된 온도 구간에서의 몇 가지 온도에 대한 t값을 다음에 수록하였다.

온도	시간	
(℃)	s	h
900	106,400	29.6
950	57,200	15.9
1000	32,300	9.0
1050	19,000	5.3

5.6 반도체 재료의 확산[7]

고상 확산을 이용하는 하나의 기술은 반도체 집적회로(ICs)(18.15절)의 제작이다. 개별 집적회로 칩은 크기가 6 mm 정도이고 두께가 0.4 mm 정도의 얇은 정사각형 웨이퍼이다. 수백만 개의 상호 연결된 소자와 회로가 각 칩 표면에 내장되어 있다. 단결정 규소는 대부분의 IC에 사용되는 재료이다. IC 소자가 정상적으로 작동하기 위해서는 매우 정밀한 농도의 불순물이 복잡하고 세밀한 패턴을 갖는 미세 영역에 주입되어야 한다. 이를 위한 방법이 원자 확산이다.

보통 반도체 확산의 열처리는 2단계로 이루어진다. 1단계는 선증착 단계(predeposition step)인데, 일정한 압력을 유지하는 기체상에서 불순물 원자가 규소로 확산된다. 따라서 표면에서의 불순물 농도는 시간에 대해 일정하며 규소 내의 불순물 농도는 식 (5.5)와 같은 위치와 시간의 함수로 표현된다.

$$\frac{C_x - C_0}{C_s - C_0} = 1 - \mathrm{erf}\left(\frac{x}{2\sqrt{Dt}}\right)$$

선증착 처리는 보통 900~1000°C에서 1시간 미만으로 진행한다.

2단계는 전진 확산(drive-in diffusion)으로 불리는데, 총 불순물 양의 변화 없이 불순물의 농도 분포를 최적화하는 공정이다. 전진 확산은 선증착 확산보다 높은 온도(최대 1200°C)에서 진행한다. 또한 산화 분위기를 만들어 표면에 산화층이 형성되도록 하는데, SiO_2층으로의 확산 속도는 상대적으로 느려 불순물 원자가 규소 밖으로 빠져나가는 것을 최소화한다. 시간에 따른 농도 분포의 변화를 그림 5.8에 나타내었다. 이 농도 분포는 확산종의 표면 농도가 일정하게 유지되는 그림 5.4의 경우와 다르다. 그림 5.9에서 선증착 확산과 전진 확산의 농도 분포를 비교하였다.

선증착 처리에 의해 주입되는 분순물 원자의 영역이 실리콘 표면의 매우 얇은 층에 국한된다면 전진 확산에 대한 Fick의 제2법칙(식 5.4b)의 해는 다음 식으로 표현된다.

$$C(x,t) = \frac{Q_0}{\sqrt{\pi Dt}} \exp\left(-\frac{x^2}{4Dt}\right) \tag{5.11}$$

여기서 Q_0는 선증착 처리에 의해 주입되는 불순물 총량(단위면적당 원자 불순물 개수)이고, 다른 변수는 앞에서 설명한 것과 같다.

$$Q_0 = 2C_s \sqrt{\frac{D_p t_p}{\pi}} \tag{5.12}$$

C_s는 선증착 단계의 표면 농도(그림 5.9)이고 일정한 값이다. D_p는 확산 계수, t_p는 선증착 열처리 시간이다.

또 다른 중요한 확산 변수는 접합 깊이(junction depth), x_j이다. 접합 깊이는 확산 불순물

---

7 오늘날의 집적회로 칩에는 불순물을 확산이 아닌 이온빔을 적용하여 절차도 덜 복잡하고 해상도도 더욱 정밀하다. 그러나 태양광 패널과 같은 저밀도 칩에는 아직도 확산을 사용한다.

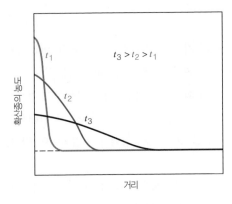

그림 5.8 t_1, t_2, t_3 시간에서의 반도체 전진 확산의 농도 분포도

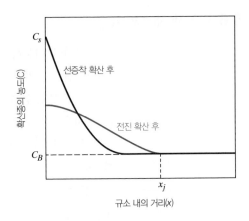

그림 5.9 (1) 선증착, (2) 전진 처리 후의 농도 분포도. 접합 깊이 x_j를 표시함

의 농도가 규소의 바탕 농도(C_B)와 같아지는 지점의 깊이(즉 x값)를 말한다(그림 5.9). 전진 확산의 경우 x_j는 다음 식으로 계산된다.

$$x_j = \left[(4D_d t_d)\ln\left(\frac{Q_0}{C_B\sqrt{\pi D_d t_d}} \right) \right]^{1/2} \tag{5.13}$$

여기서 D_d와 t_d는 각각 확산 계수와 전진 처리 시간이다.

예제 5.6

규소 내의 붕소 확산

규소 웨이퍼에 붕소 원자를 선증착과 전진 열처리 공정을 이용하여 확산시키려고 한다. 규소 내 B의 바탕 농도는 1×10^{20} atoms/m³이다. 선증착 열처리는 900°C에서 30분간 진행하였고, B의 표면 농도는 3×10^{26} atoms/m³로 일정하다. 전진 확산은 1100°C에서 2시간 진행하였다. Si 내 B의 확산 계수는 Q_d와 D_0가 각각 3.87 eV/atom, 2.4×10^{-3} m²/s이다.

(a) Q_0값을 계산하라.
(b) 전진 확산 처리 후 x_j값을 계산하라.
(c) 전진 확산에서 규소 표면에서 1 μm 깊이의 B원자의 농도를 계산하라.

풀이

(a) Q_0는 식 (5.12)를 이용하여 구한다. 이를 위해 식 (5.8)을 이용하여 선증착의 D값[$T = T_p = 900$°C(1173 K)에서 D_p값]을 구해야 한다. [참고 : 식 (5.8)의 기체 상수 R은 8.62×10^{-5} eV/atom·K를 갖는 볼츠만 상수 k로 대체한다.]

$$D_p = D_0 \exp\left(-\frac{Q_d}{kT_p}\right)$$

$$= (2.4 \times 10^{-3} \text{ m}^2/\text{s}) \exp\left[-\frac{3.87 \text{ eV/atom}}{(8.62 \times 10^{-5} \text{ eV/atom·K})(1173 \text{ K})}\right]$$

$$= 5.73 \times 10^{-20} \text{ m}^2/\text{s}$$

Q_0값은 다음과 같이 구해진다.

$$Q_0 = 2C_s \sqrt{\frac{D_p t_p}{\pi}}$$

$$= (2)(3 \times 10^{26} \text{ atoms/m}^3) \sqrt{\frac{(5.73 \times 10^{-20} \text{ m}^2/\text{s})(30 \text{ min})(60 \text{ s/min})}{\pi}}$$

$$= 3.44 \times 10^{18} \text{ atoms/m}^2$$

(b) 접합 깊이의 계산을 위해 식 (5.13)을 사용한다. 이때 전진 열처리 온도에서의 $D[1100°C$ (1373 K)의 D_d를 계산하면 다음과 같다.

$$D_d = (2.4 \times 10^{-3} \text{ m}^2/\text{s}) \exp\left[-\frac{3.87 \text{ eV/atom}}{(8.62 \times 10^{-5} \text{ eV/atom·K})(1373 \text{ K})}\right]$$

$$= 1.51 \times 10^{-17} \text{ m}^2/\text{s}$$

식 (5.13)으로부터 다음과 같이 구할 수 있다.

$$x_j = \left[(4D_d t_d)\ln\left(\frac{Q_0}{C_B\sqrt{\pi D_d t_d}}\right)\right]^{1/2}$$

$$= \left\{(4)(1.51 \times 10^{-17} \text{ m}^2/\text{s})(7200 \text{ s}) \times \right.$$

$$\left. \ln\left[\frac{3.44 \times 10^{18} \text{ atoms/m}^2}{(1 \times 10^{20} \text{ atoms/m}^3)\sqrt{(\pi)(1.51 \times 10^{-17} \text{ m}^2/\text{s})(7200 \text{ s})}}\right]\right\}^{1/2}$$

$$= 2.19 \times 10^{-6} \text{ m} = 2.19 \text{ μm}$$

(c) 식 (5.11)과 계산된 Q_0와 D_d값을 이용하여 $x = 1$ μm에서의 붕소 농도를 계산하면 다음과 같다.

$$C(x, t) = \frac{Q_0}{\sqrt{\pi D_d t}} \exp\left(-\frac{x^2}{4D_d t}\right)$$

$$= \frac{3.44 \times 10^{18} \text{ atoms/m}^2}{\sqrt{(\pi)(1.51 \times 10^{-17} \text{ m}^2/\text{s})(7200 \text{ s})}} \exp\left[-\frac{(1 \times 10^{-6} \text{ m})^2}{(4)(1.51 \times 10^{-17} \text{ m}^2/\text{s})(7200 \text{ s})}\right]$$

$$= 5.90 \times 10^{23} \text{ atoms/m}^3$$

중 요 재 료

집적회로 배선에 사용되는 알루미늄

앞에서 설명한 선증착, 전진 열처리 공정과 더불어 IC 제조 공정의 또 다른 중요한 단계는 소자와 소자를 전기적으로 연결해 주기 위한 통로를 만들기 위해 매우 얇고 좁은 도체회로를 증착하는 것이다. 이러한 통로를 **배선**(interconnect)이라고 부른다. 그림 5.10의 주사 전자현미경 사진에서 몇 개의 배선을 볼 수 있다. 물론 이러한 배선 재료는 높은 전기 전도율을 갖고 있어야 하고, 따라서 금속을 사용하게 된다. 표 5.3에 은, 구리, 금, 알루미늄의 전기 전도율을 나타냈다. 경제성을 고려하지 않고 전도성만으로 선택하면 은, 구리, 금, 알루미늄 순이다.

이러한 배선이 증착된 후에도 반도체 칩은 500℃ 정도의 온도까지 올라가는 후속 열처리 공정이 있게 된다. 이러한 열처리 공정 중에 배선 금속이 규소 내로 상당히 확산될 수 있으며, IC 회로가 파손될 수 있다. 확산의 정도는 확산 계수의 값에 관계하므로 규소 내에 확산 계수가 작은 배선 금속을 선택하는 것이 필요하다. 그림 5.11은 규소로 확산되는 구리, 금, 은, 알루미늄의 확산 계수를 D 대 $1/T$ 함수로 나타낸 것이다. 점선은 500℃에서 네 종류 금속의 확산 계수값을 나타낸 것이다. 규소 내의 알루미늄의 확산 계수 (3.6×10^{-26} m²/s)는 다른 3개의 금속에 비해 10^8 정도만큼 낮은 것을 볼 수 있다.

알루미늄은 IC 회로의 배선으로 사용된다. 비록 전기 전도율은 은, 구리, 금에 비해 다소 떨어지나, 확산 계수가 매우 낮아서 IC 회로에 적용되는 것이다. 알루미늄-구리-규소 합금(94.5 wt% Al-4 wt% Cu-1.5 wt% Si)이 배선 재료로 사용되는데, 이는 반도체 칩의 표면에 잘 붙으며 순수 알루미늄보다 내부식성이 좋기 때문이다.

최근에는 구리 배선이 사용되고 있다. 그러나 이 경우 탄탈이나 질화 탄탈 등의 확산 방지막을 구리 하부에 증착하여 구리가 규소로 확산되지 못하도록 해야 한다.

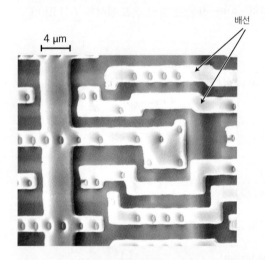

그림 5.10 IC 칩의 배선회로를 보여 주는 주사 전자현미경 사진. 알루미늄 배선 영역을 나타냄. 2000×
(사진 제공 : National Semiconductor Corporation.)

표 5.3 은, 구리, 금, 알루미늄(전도성이 가장 높은 네 가지 금속)의 상온 전기 전도율 값

금속	전기 전도율 [(ohm-m)⁻¹]
은	6.8×10^7
구리	6.0×10^7
금	4.3×10^7
알루미늄	3.8×10^7

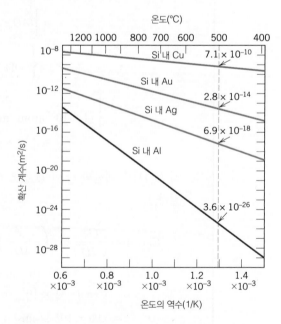

그림 5.11 규소 내 구리, 금, 은, 알루미늄 확산에 대한 로그 D 대 $1/T$(K) 곡선. 500℃에서 확산 계수값을 표기함

5.7 기타 확산 경로

원자의 이동은 또한 전위, 결정립계, 외부 표면을 따라 발생할 수 있다. 이들의 확산 속도는 부피 확산(bulk diffusion)의 경우보다 훨씬 빠르기 때문에 종종 단회로 확산 경로(short-circuit diffusion path)라고도 한다. 그러나 대부분의 경우 단회로 확산 경로의 전체 단면적이 매우 작기 때문에 전체 확산 흐름에 관여하는 단회로 확산 경로는 무시될 수 있다.

요약

서론
- 고체 상태의 확산은 단계적으로 진행되는 원자 운동에 의해 일어나는 고체 재료 내의 물질 이동 현상이다.
- 자기 확산이란 용어는 모원자의 이동을 언급하며, 불순물 원자에 대해서는 상호 확산이라는 용어가 사용된다.

확산 기구
- 확산 거동에는 공공 확산과 침입형 확산이 있다.
  - 공공 확산은 정상 격자에 위치한 모원자와 인접한 공공 간의 자리 교환에 의해 일어난다.
  - 침입형 확산은 원자가 침입형 자리에서 다른 침입형 자리로 이동한다.
- 주어진 모금속에 대해 일반적으로 침입형 원자가 더 빠르게 확산된다.

Fick의 제1법칙—정상 상태 확산
- 확산 유량은 식 (5.2)에서 보는 것처럼 농도 구배의 음수와 비례한다.
- 시간에 대해 유량이 변하지 않는 확산 상태를 정상 상태라고 한다.
- 정상 상태 확산의 구동력은 농도 구배(dC/dx)이다.

Fick의 제2법칙—비정상 상태 확산
- 비정상 상태 확산은 확산종의 순 축적과 순 소모가 일어나며 유량은 시간에 따라 변한다.
- x 방향으로(또한 확산 계수가 농도와 무관할 때) 비정상 상태 확산은 수학적으로 Fick의 제2법칙(식 5.4b)으로 표현된다.
- 표면 농도가 일정한 경계 조건에서 Fick의 제2법칙(식 5.4b)의 해는 식 (5.5)로 나타나며, Gaussian 오차 함수를 포함한다.

확산에 영향을 미치는 요소
- 확산 계수의 크기는 원자 이동의 속도를 나타내며 모원자, 불순물 원자의 종류와 온도에 영향을 받는다.
- 확산 계수는 식 (5.8)과 같은 온도의 함수이다.

반도체 재료의 확산
- 집적회로 공정에서 규소에 불순물을 확산시키는 공정은 선증착과 전진 확산으로 구분된다.
  - 선증착 확산에서는 불순물이 일정한 분압의 기체에서 실리콘 내부로 확산된다.
  - 전진 확산에서는 불순물 원자를 더 깊은 곳으로 확산시켜 전체 불순물 양의 증가 없이 농도 분포를 최적화시킨다.
- 집적회로의 배선은 확산을 고려하여 전기 전도율이 더 좋은 구리, 은, 금 대신에 알루미늄을 사용한다. 고온 열처리 공정 동안 배선 금속 원자는 규소 내부로 침투하여 소자의 성능을 손상시킬 수 있다.

식 요약

식 번호	식	용도
5.1	$J = \dfrac{M}{At}$	확산 유량
5.2	$J = -D\dfrac{dC}{dx}$	Fick의 제1법칙
5.4b	$\dfrac{\partial C}{\partial t} = D\dfrac{\partial^2 C}{\partial x^2}$	Fick의 제2법칙
5.5	$\dfrac{C_x - C_0}{C_s - C_0} = 1 - \mathrm{erf}\left(\dfrac{x}{2\sqrt{Dt}}\right)$	Fick의 제2법칙의 해—일정한 표면 농도
5.8	$D = D_0\exp\left(-\dfrac{Q_d}{RT}\right)$	확산 계수의 온도 의존성

기호 목록

기호	의미
A	확산 방향에 수직인 단면적
C	확산종의 농도
C_0	확산 과정 시작 전의 확산종의 초기 농도
C_s	확산종의 표면 농도
C_x	확산 시간 t 후의 x 위치의 농도
D	확산 계수
D_0	온도 무관 상수
M	확산 물질의 질량
Q_d	확산 활성화 에너지
R	기체 상수 (8.31 J/mol · K)
t	확산 경과 시간
x	일반적으로 고체 표면으로부터 확산 방향으로 측정한 위치 좌표(또는 거리)

주요 용어 및 개념

공공 확산

구동력

농도 구배

농도 분포

비정상 상태 확산

상호 확산(불순물 확산)

자기 확산

정상 상태 확산

침탄

침입형 확산

확산

확산 계수

확산 유량

활성화 에너지

Fick의 제1법칙

Fick의 제2법칙

참고문헌

Carslaw, H. S., and J. C. Jaeger, *Conduction of Heat in Solids*, 2nd edition, Oxford University Press, Oxford, 1986.

Crank, J., *The Mathematics of Diffusion*, Oxford University Press, Oxford, 1980.

Gale, W. F., and T. C. Totemeier (Editors), *Smithells Metals Reference Book*, 8th edition, Elsevier Butterworth-Heinemann, Oxford, 2004.

Glicksman, M., *Diffusion in Solids*, Wiley-Interscience, New York, 2000.

Shewmon, P. G., *Diffusion in Solids*, 2nd edition, The Minerals, Metals and Materials Society, Warrendale, PA, 1989.

연습문제

서론

5.1 자기 확산과 상호 확산의 차이점에 대해 간략히 설명하라.

확산 기구

5.2 (a) 침입형 확산 기구와 공공 확산 기구를 비교하라.

(b) 일반적으로 침입형 확산이 공공 확산보다 더 빠른 두 가지 이유를 열거하라.

5.3 철에서 탄소는 침입형기구에 의해, BCC 철에서는 하나의 4면 위치에서 근접한 4면 위치로 확산한다. 4.3절(그림 4.3b)에서 이 위치는 $1\frac{1}{2}\frac{1}{4}$로 표시된다. BCC 철에서 탄소의 확산이 일어나는 결정학적인 방향족을 규명하라.

Fick의 제1법칙 – 정상 상태 확산

5.4 (a) 구동력의 개념을 간단히 설명하라.

(b) 정상 상태 확산의 구동력은 무엇인가?

5.5 팔라듐(Pd) 박막을 통한 확산에 의한 수소 기체의 정화(purification)를 5.3절에서 다루었다. 600°C에서 면적 0.25 m^2, 두께 6 mm인 Pd 박막에 시간당 통과하는 수소를 킬로그램 단위로 계산하라. 확산 계수를 1.7×10^{-8} m^2/s라고 가정하고, 판재의 고압력면과 저압력면에서의 수소 농도가 팔라듐 m^3 당 각각 2.0와 0.4 kg이다. 단, 정상 상태가 유지된다고 가정한다.

5.6 α-Fe이 수소 기체 분위기에 놓였을 때 철의 수소 농도[C_N(무게비)]는 수소 압력 p_{N_2}(MPa)와 절대 온도(T)의 함수이다.

$$C_N = 4.90 \times 10^{-3} \sqrt{p_{N_2}} \exp\left(-\frac{37,600 \text{ J/mol}}{RT}\right) \tag{5.14}$$

이 확산계에서 D_0와 Q_d의 값은 각각 5.0×10^{-7} m^2/s와 77,000 J/mol이다. 300°C에서 1.5 mm 두께의 철 박판을 통한 확산 유량을 계산하라. 박판의 한쪽 면에 걸리는 질소 압력이 0.10 MPa(0.99 atm)이고, 다른 측면은 5.0 MPa(49.3 atm)이라고 가정하라.

Fick의 제2법칙 – 비정상 상태 확산

5.7 다음 식이 식 (5.4b)의 또 다른 해임을 보이라.

$$C_x = \frac{B}{\sqrt{Dt}} \exp\left(-\frac{x^2}{4Dt}\right)$$

B는 상수이며, x와 t에 독립적이다.

힌트 : 식 (5.4b)는 식 $\dfrac{\partial\left[\dfrac{B}{\sqrt{Dt}} \exp\left(-\dfrac{x^2}{4Dt}\right)\right]}{\partial t}$이

식 $D\left\{\dfrac{\partial^2\left[\dfrac{B}{\sqrt{Dt}} \exp\left(-\dfrac{x^2}{4Dt}\right)\right]}{\partial x^2}\right\}$과 같다는

것을 나타내고 있다.

5.8 초기에 0.10 wt%인 철-탄소 합금에서 4 mm의 깊이(위치)에서 0.30 wt%의 탄소 농도에 도달하는 데 필요한 침탄 시간을 결정하라. 표면 농도는 0.90 wt% C로 유지되고, 온도는 1100°C에서 행해

진다. 표 5.2의 γ-Fe의 확산 데이터를 이용하라.

5.9 675℃에서 기상의 질소는 순수한 철로 확산되어 들어간다. 만약 그 표면의 농도가 0.2 wt% 질소로 유지된다면, 25시간 후에 표면으로부터 2 mm 떨어진 곳의 농도는 얼마나 되겠는가? (단, 675℃에서 철 내의 질소 확산 계수는 2.8×10^{-11} m²/s이다.)

5.10 확산쌍이 동일한 금속이며 2개의 반무한대 고체로 구성되어 있다고 생각해 보자. 각각의 확산쌍은 동일한 불순물 원소를 갖지만 그 농도는 다르다. 또한 확산쌍의 양 끝에서 농도는 동일하게 유지된다. 이 상황에서 Fick의 제2법칙의 해는 다음과 같다. (불순물의 확산 계수는 농도와 무관하다고 가정한다.)

$$C_x = C_2 + \left(\frac{C_1 - C_2}{2} \right) \left[1 - \mathrm{erf} \left(\frac{x}{2\sqrt{Dt}} \right) \right] \quad (5.15)$$

그림 5.12의 개략적 확산 분포는 $t=0$와 $t>0$에서의 농도 분포뿐만 아니라 이러한 농도 매개변수를 보여 준다. $t=0$에서 $x=0$ 위치를 초기 확산쌍 계면으로 잡고, C_1은 $x<0$에 대한 불순물 농도이며, C_2는 $x>0$에 대한 불순물 양이다.

그림 5.1b와 유사한 순수 니켈과 55 wt% Ni-45 wt% Cu로 된 확산쌍에서 초기 계면을 기준으로 Ni-Cu 합금 쪽으로 15 μm 거리에서 56.5 wt% Ni

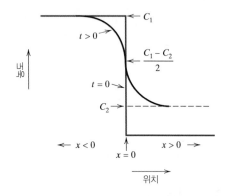

그림 5.12 반무한 금속 합금 사이의 계면($x=0$) 근처의 열처리 전($t=0$)과 열처리 후($t>0$)에 대한 개략적 농도 분포도. 각 합금에 대한 기본 금속은 같으며, 불순물의 농도는 다르다. C_1과 C_2는 $t=0$에서의 농도값이다.

농도를 갖으려면 1000℃(1273 K)에서 얼마 동안 가열하여야 하는가를 결정하라. 여기서 선지수값은 2.3×10^{-4} m²/s이며, 활성화 에너지는 252,000 J/mol이다.

5.11 은 10 wt%를 함유한 은-금 합금 확산쌍에서 고온에서 850 s 가열한 후 계면에서 Ag-Au 합금 쪽으로 10 μm 거리에서 은의 농도가 12 wt%로 증가했다. 선지수값은 7.2×10^{-6} m²/s이며, 활성화 에너지는 168,000 J/mol 로 가정하고 열처리 온도를 계산하라. 그림 5.12와 식 (5.15)를 참조하라.

확산에 영향을 미치는 요소

5.12 900℃에서 α-Fe(BCC)과 γ-Fe(FCC)이 탄소를 서로 확산시키는 경우에 각각의 확산 계수를 정하라. 그리고 어느 것이 더 큰지 판단하고 그 이유를 설명하라.

5.13 표 5.2를 이용하여 950℃에서 FCC 철에서 질소의 확산 계수 D의 값을 구하라.

5.14 니켈 내 구리의 확산에서 확산 계수는 4.0×10^{-17} m²/s이다. 어느 온도에서 성립되겠는가? 표 5.2에서의 확산 데이터를 이용하라.

5.15 은에서 구리의 확산을 위한 활성화 에너지는 193,000 J/mol이다. 927℃에서 확산 계수를 계산하라[단, 727℃에서 D의 값은 1.0×10^{-14} m²/s이다].

5.16 니켈에서 탄소의 확산 계수는 두 가지 온도에서 다음과 같이 주어진다.

T(℃)	D(m²/s)
600	5.5×10^{-14}
700	3.9×10^{-13}

(a) D_0와 활성화 에너지 Q_d값을 구하라.

(b) 850℃에서 D의 값을 구하라.

5.17 다음 그림은 은 내의 금 확산에 대해 절대 온도의 역수 대 확산 계수의 상용 로그로 나타낸 것이다. 활성화 에너지와 선지수값을 구하라.

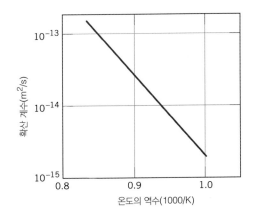

5.18 그림 5.11을 사용하여 다음 확산의 활성화 에너지를 구하라.

(a) 실리콘 내 구리

(b) 실리콘 내 알루미늄

(c) 이러한 값들을 어떻게 비교하는가?

5.19 농도 구배가 $-500\ kg/m^4$일 때 금속 판재를 통한 정상 상태의 확산 유량이 $1200°C$의 온도에서 $7.8 \times 10^{-8}\ kg/m^2 \cdot s$이다. 같은 농도 구배일 경우 $1000°C$에서 확산 유량을 계산하라. 확산의 활성화 에너지는 $145,000\ J/mol$이라고 가정한다.

5.20 γ-Fe 시편을 4시간 동안 침탄할 경우 12시간 동안 $1000°C$에서 일어나는 확산과 동일한 결과를 만들기 위하여 약 몇 도의 온도에서 해야 하는가?

5.21 그림 5.1a에서처럼 구리와 니켈의 확산쌍이 만들어져 있다. $1000°C$에서 500시간 동안 열처리된 후 구리 내의 1.0 mm 위치에서 Ni의 농도는 3.0 wt%이다. 500시간 이후에 2.0 mm 지점에서 같은 농도(3.0 wt% Ni)를 만들기 위해서는 몇 도의 온도로 가열해야 하는가? 구리에서 니켈의 확산에 대한 선지수와 활성화 에너지는 $1.9 \times 10^{-4}\ m^2/s$이며, 활성화 에너지는 $230,000\ J/mol$이다.

5.22 가상의 금속 Y가 가상금속 Z로 확산이 $950°C$에서 일어난다. 10시간 동안 열처리된 후 금속 Z 안의 0.5 mm 되는 위치에서 금속 Y의 농도는 2.0 wt%이다. 만약 이러한 확산쌍에 다른 열처리, 즉 $950°C$에서 17.5시간 동안 열처리를 한다면 2.0 wt% Y가 되는 곳은 어디인가? 확산 계수에 대한 선지수와 활성화 에너지는 각각 $4.3 \times 10^{-4}\ m^2/s$와 180,000 J/mol이라고 가정한다.

5.23 강 기어(steel gear)의 외부 표면은 탄소 함량을 증가시킴으로써 강화시킬 수 있다. 즉 고온의 풍부한 탄소 분위기하에서 탄소를 기어 표면에 공급한다. $600°C(873\ K)$에서 100분의 확산 열처리는 기어 표면 아래의 0.5 mm 되는 위치에서 탄소의 농도를 0.75 wt%로 증가시킨다. $900°C(1173\ K)$에서 0.5 mm 되는 위치에 같은 농도를 이루기 위해서 요구되는 확산 시간을 구하라. 2개의 열처리에서 표면의 탄소 함량은 같다고 가정하며, α-Fe에서 탄소의 확산은 표 5.2의 확산 데이터를 참조하라.

반도체 재료의 확산

5.24 반도체 기구의 선증착 열처리에서 Ga 원자는 실리콘 속으로 $1150°C$에서 2.5시간 동안 확산된다. 표면 아래 2 μm에서의 Ga 농도는 8×10^{23} atoms/m^{3}가 요구된다면 표면의 Ga 농도는 얼마인가? 가정 사항은 다음과 같다.

(i) 표면 농도는 일정하게 유지된다.

(ii) 배경 농도는 2×10^{19} atoms/m^{3}이다.

(iii) 선지수는 3.74×10^{-5} m^2/s, 활성화 에너지는 3.39 eV/atom이다.

5.25 규소 웨이퍼에 인듐 원자를 선증착과 전진 확산으로 주입하며, 규소 내의 In의 바탕 농도는 2×10^{20} atoms/m^{3}이다. 전진 확산은 $1175°C$에서 2시간 진행하였고, 이때 접합 깊이 x_j는 2.35 μm이다. 만약 선증착 처리 시 표면 농도가 2.5×10^{26} atoms/m^{3}로 유지하고, $925°C$에서 진행하였다면, 선증착 확산의 열처리 시간을 계산하라. Si 내 In의 확산 계수 Q_d와 D_0는 각각 3.63 eV/atom과 7.85×10^{-5} m^2/s이다.

설계문제

Fick의 제1법칙 – 정상 상태 확산

5.D1 두 기체의 분압이 0.1013 MPa(1 atm)인 수소-질소 혼합 기체에서 수소의 부분압을 높이고자 한다.

이를 위해 고온에서 얇은 금속 판재를 통해 두 가스를 통과시키는 방법이 제안되었다. 수소는 질소보다 판재를 통한 확산 속도가 빠를 것이고, 따라서 판재의 출구부에서는 수소의 분압이 높아질 것이다. 수소와 질소의 분압은 각각 0.051 MPa(0.5 atm)와 0.01013 MPa(0.1 atm)이다. 이 금속에서 수소와 질소 농도(C_H와 C_N, mol/m³)는 기체 부분압(p_{H_2}와 p_{N_2}, MPa)과 절대 온도의 함수이고 다음 식으로 표현된다.

$$C_H = 2.5 \times 10^3 \sqrt{p_{H_2}} \exp\left(-\frac{27,800 \text{ J/mol}}{RT}\right) \quad (5.16a)$$

$$C_N = 2.75 \times 10^3 \sqrt{p_{N_2}} \exp\left(-\frac{37,600 \text{ J/mol}}{RT}\right) \quad (5.16b)$$

또한 이 금속에서 기체의 확산 계수는 다음과 같은 절대 온도의 함수이다.

$$D_H (\text{m}^2/\text{s}) = 1.4 \times 10^{-7} \exp\left(-\frac{13,400 \text{ J/mol}}{RT}\right) \quad (5.17a)$$

$$D_N (\text{m}^2/\text{s}) = 3.0 \times 10^{-7} \exp\left(-\frac{76,150 \text{ J/mol}}{RT}\right) \quad (5.17b)$$

이 방법으로 수소를 정제하는 것이 가능한가? 만약 그렇다면 이 방법의 실현을 위한 적절한 온도와 금속판의 두께를 구하라. 만약 이것이 불가능하다면 그 이유는 무엇인가?

Fick's의 제2법칙 – 비정상 상태 확산

5.D2 강 축(steel shaft)의 내마모성은 표면을 경화시킴으로써 증가될 수 있다. 강 내부로 질소를 확산시켜 강 표면층의 질소 농도를 증가시킴으로써 가능하다. 질소는 고온의 일정한 온도하에서 풍부한 질소 분위기의 기체로부터 공급된다. 강의 처음 질소 함량은 0.0025 wt%이고, 반면에 표면 농도는 0.45 wt%로 유지된다. 효과적인 처리를 위하여 표면 아래의 0.45mm 되는 위치에 질소 함량은 0.12 wt%가 되어야 한다. 475~625°C 사이의 온도 구간에서 적정한 온도와 시간을 설계하라. 이 온도 범위에서 철 안의 질소 확산에 대한 선지수와 활성화 에너지는 각각 5×10^{-7} m²/s, 77,000 J/mol이다.

반도체 재료의 확산

5.D3 집적회로의 설계를 위해 규소 웨이퍼에 알루미늄을 확산시킨다. Si 내의 Al의 바탕 농도는 1.75×10^{19} atoms/m³이다. 선증착 열처리를 표면 농도를 4×10^{26} Al atoms/m³로 유지하며 975°C에서 1.25시간 진행하였다. 1050°C의 전진 열처리 공정으로 접합 깊이가 1.75 μm가 되는 데 필요한 확산 시간을 계산하라. 확산 계수를 위한 Q_d와 D_0값은 각각 3.41 eV/atom, 1.38×10^{-4} m²/s이다.

그림 (a)는 인장력을 이용하여 재료의 기계적 성질을 측정하는 기구를 보여 준다 (6.3, 6.6절 참조). 그림 (b)는 강철 시편에 대한 인장 시험 결과를 나타내는 그래프이다. 수직축은 작용력(응력)을 나타내고, 수평축은 시편의 길이 변화(변형률)를 나타낸다. 탄성 계수(강성도, E), 항복 강도(σ_y) 및 인장 강도(TS)와 같은 기계적 성질을 결정하는 방식도 나타나 있다.

그림 (c)는 현수교를 보여 준다. 다리 갑판과 자동차의 무게는 수직 현구 케이블에 인장력을 부가하며, 이 힘은 다시 포물선 형태로 늘어진 현수 케이블로 전달된다. 이러한 케이블 금속 합금은 주어진 강성도와 강도 기준을 만족해야 한다. 합금의 강성도와 강도는 그림 (a)의 인장 시험기와 그림 (b)와 같은 데이터를 사용하여 평가할 수 있다.

여러 가지 기계적 성질을 어떻게 측정하며, 이러한 측정값이 무엇을 나타내는지를 이해하는 것은 공학도의 의무이다. 공학도는 선정된 재료를 이용하여 구조물이나 부품을 설계하는 경우에 과도한 변형이나 파손이 일어나지 않도록 해야 한다. 이러한 과정은 설계예

제 6.1과 6.2에서 각각 인장 시험기의 설계 절차 및 압력 원통 튜브에 대한 재료요구 결정 방안에 대한 2종류의 대표적인 설계 절차를 제시하고 있다.

학습목표

이 장을 학습한 후에는 다음 내용을 숙지할 수 있어야 한다.

1. 공칭 응력과 공칭 변형률의 정의
2. 훅의 법칙과 이의 적용 조건
3. 푸아송비의 정의
4. 공칭 응력–변형률 선도를 이용한 (a) 탄성 계수, (b) 항복 강도(0.02 변형률–수평 이동), (c) 인장 강도, (d) 길이 신장률 등의 결정
5. 실린더형 연성 재료 시편의 변형에 따른 시편 형상의 변화
6. 파손된 인장 시편에 대한 길이 신장률과 단면적 감소율의 산출
7. 탄력 계수 및 인성(정적)의 정의와 단위
8. 작용 하중과 시편의 순간 단위 면적, 초기 길이와 순간 길이를 알고 있는 인장 시편에 대한 진응력과 진변형률 산출
9. 가장 일반적인 두 가지의 경도 시험법 및 이들의 두 가지 차이점
10. (a) 미세 경도 시험 두 종류, (b) 이들의 일반적인 사용 조건 및 범위
11. 연성 재료의 사용 응력 산출

6.1 서론

알루미늄 합금은 비행기의 날개 재료로, 강철(steel)은 자동차의 축(axle) 재료로 사용되며, 이러한 재료는 사용 중에 힘(하중)을 받게 된다. 그러므로 우선적으로 재료의 특성을 이해하여 과도한 변형이나 파괴가 일어나지 않도록 설계에 주의를 기울여야 한다. 재료의 기계적 거동이란 외부 작용에 대한 재료의 반응 정도를 나타낸다. 즉, 외부의 힘(하중)과 이에 따른 재료의 변형 사이의 관계를 나타내며, 중요한 기계적 성질로는 강도(strength), 경도(hardness), 연성(ductility), 강성도(stiffness) 등이 있다.

재료의 기계적 성질을 정확하게 측정하기 위해서는 실험실 조건을 실제 사용 환경과 거의 같도록 해야 한다. 따라서 작용 하중의 형태와 하중을 받는 기간 및 주위의 환경 조건 등을 고려해야 한다. 하중의 형태는 인장, 압축, 전단 등으로 구분할 수 있으며, 하중의 양은 시간에 따라 일정할 수도 있지만 계속 변할 수도 있다. 하중이 작용하는 기간은 1초가 안 될 수도 있고, 수년이 될 수도 있다. 사용 온도도 아주 중요한 고려 사항이다.

기계적 성질은 관심 분야가 서로 다른 여러 관계자(예 : 재료 생산자, 재료 소비자, 연구 단체, 정부 기관 등)가 중요하게 생각한다. 그러므로 시험 방법과 시험 결과의 해석에 일관성이 주어져야 하며, 이러한 일관성은 표준 시험 방식을 따름으로써 얻을 수 있다. 전문 단체가 이와 같은 표준의 수립과 발행에 관여하며, 미국에서 가장 활동이 활발한 기관은 ASTM(American Society for Testing and Materials)이다. ASTM 표준 연감(http://www.astm.org)은 상당한 양으로 매년 개정되어 발간되며, 기계적 시험에 대한 표준 시험법이 대

부분을 차지하고 있다. 이러한 표준 시험법은 이 장 및 다음 장에서 주석에 나타나 있다.

구조물을 다루는 기술자가 해야 할 일은 주어진 하중 조건하에서 구조물의 한 부분이 받는 응력의 크기 및 분포를 결정하는 일이다. 응력 및 응력의 분포는 실험적으로 구하거나 수학적인 이론적 응력 해석법으로 산출할 수 있으며, 이에 대한 내용은 일반적인 응력 해석이나 재료 강도학 교재에 나와 있다.

금속 기술자가 해야 할 일은 응력 해석을 통하여 예측한 사용 요건을 만족하도록 재료를 제작 및 생산하는 것이다. 이와 같은 일을 잘 수행하기 위해서는 재료의 내부 양상인 미세조직과 재료 성질 사이의 관계를 잘 이해해야 한다.

구조물 재료는 각기 독특한 기계적 성질을 갖고 있다. 이 절에서는 주로 금속의 기계적 거동에 대해 다룰 것이며, 폴리머와 세라믹 등의 재료는 금속과 매우 다른 기계적 성질을 가지므로 별도로 다룰 것이다. 이 장에서는 금속의 응력-변형률 관계와 이에 따른 기계적 성질에 대하여 언급하고, 관련되는 기계적 특성에 대해서도 검토한다. 또한 소성 기구의 상세 내용 및 기계적 성질의 강화법과 조절 방법 등은 이 장의 뒷부분에 소개되어 있다.

6.2 응력 및 변형률의 개념

하중이 구조물의 단면이나 표면에 균일하게 정적으로 작용하거나, 시간에 따라 천천히 변하는 경우의 기계적 거동은 단순한 응력-변형률 시험을 통해 확인할 수 있다. 금속 재료에 대한 시험은 일반적으로 상온에서 수행한다. 하중을 가하는 방법에는 세 종류의 주된 방법(인장, 압축, 전단)이 있다(그림 6.1a, b, c 참조). 실제 공학적 상황에서 가해지는 하중 형태는 순수 전단이라기보다는 비틀림이며, 그림 6.1d에 나타나 있다.

인장 시험[1]

일반적으로 응력-변형률 시험은 인장(tension) 하중하에서 행해진다. 그러므로 인장 시험을 통하여 설계에 필요한 여러 가지 중요한 기계적 성질을 측정한다. 시편의 장축을 따라 인장 하중을 점차적으로 증가시키면 이에 따라 시편의 변형이 일어나며, 결국 시편은 끊어지게 된다. 표준 인장 시편은 그림 6.2에 나타나 있다. 일반적으로 시편의 단면은 원형이지만 사각형 시편도 사용한다. 변형은 시편의 중심 부위(길이에 따라 균일한 단면적을 갖는)에 집중된다. 시편의 표준 지름은 12.8 mm이다. 시편의 단면적을 감소시킨 부분의 길이는 적어도 지름의 4배가 되어야 하며, 일반적으로 60 mm이다. 게이지의 표준 길이(gauge length)는 50 mm이며, 연성값 계산에 사용된다. 연성값 계산법은 6.6절에 나타나 있다. 그림 6.3은 인장 시험기를 도식적으로 나타낸 것이다. 인장 시험기는 시편을 일정한 속도로 잡아당기며 순간적인 작용 하중과 이에 따른 변형량을 각각 로드 셀(load cell)과 엑스텐소미터(extensometer)를 통하여 연속적으로 순간순간 측정할 수 있도록 설계되어 있다. 하나의 시편을 시험하는 시간은 단 몇 분 정도이며, 시편은 마침내 끊어진다. 결국 영구적인 변형이 일어난 2개의 시편 동강이 남게 된다[제6장 도입부의 그림 (a)는 최신 인장 시험기이다].

---

1 ASTM Standards E8 and E8M, "Standard Test Methods for Tension Testing of Metallic Materials."

그림 6.1 (a) 인장 하중에 따른 신장과 점선은 변형 전, 실선은 변형 후를 나타낸다. (b) 압축 하중에 따른 압축과 (c) 전단 변형률에 대한 도식적 그림($\gamma = \tan \theta$), (d) 작용 토크 T에 의한 비틀림 변형(비틀림 각도, ϕ)에 대한 도식적 그림

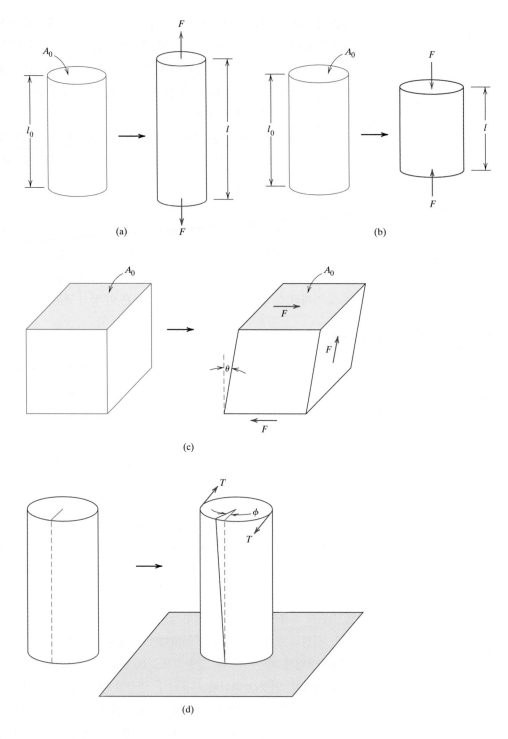

공칭 응력
공칭 변형률

인장 시험의 결과는 스트립 차트(strip chart)에 하중(힘) 대 신장량 곡선으로 기록된다. 이러한 하중 변위 곡선은 시편의 크기에 따라 다르게 나타난다. 예를 들어 시편의 단면적이 2배가 되면 같은 신장량을 일으키는 데 2배의 힘이 들어갈 것이다. 이와 같은 기하학적 요소를 최소화하기 위하여 하중과 신장량을 각각 공칭 응력(engineering stress)과 공칭 변형률

그림 6.2 표준 원형 단면 인장 시편

단면 감소 길이
$2\frac{1}{4}$"

0.505" Diameter

$\frac{3}{4}$" 지름

2"
게이지 길이

$\frac{3}{8}$" 반지름

(engineering strain)로 나타낸다. 공칭 응력 σ는 다음과 같이 정의된다.

공칭 응력의 정의(인장 및 압축)

$$\sigma = \frac{F}{A_0} \tag{6.1}$$

여기서 F는 시편 단면에 수직으로 작용하는 순간적인 하중을 나타내며, 단위는 뉴턴(N)이다. A_0는 하중이 가해지기 전의 초기 단면적(m^2)을 나타낸다. 공칭 응력(앞으로는 응력으로 표현)의 단위는 MPa($1\ MPa = 10^6\ N/m^2$)과 psi($psi = lb_f/in^2$, 미국 사용)이다.[2]

공칭 변형률 ε은 다음과 같이 정의된다.

공칭 변형률의 정의 (인장 및 압축)

$$\varepsilon = \frac{l_i - l_0}{l_0} = \frac{\Delta l}{l_0} \tag{6.2}$$

여기서 l_0는 하중이 가해지기 전의 초기 길이이며, l_i는 순간순간 변한 길이를 나타낸다. $l_i - l_0 = \Delta l$로 표시하기도 하며, 이 값은 원래 길이에 대한 어느 한 순간의 변형량, 즉 길이의 변화량을 나타낸다. 공칭 변형률(앞으로는 **변형률**로 표현)의 단위는 m/m로 나타내기도 하지만, 결국 변형률의 단위는 없으므로 단위 체계에 따라 변하지도 않는다. 또는 변형률 값에 100을 곱함으로써 퍼센트(%)로 나타내기도 한다.

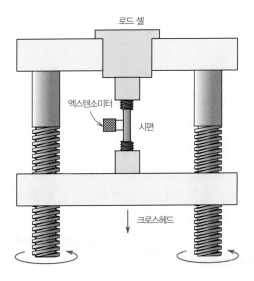

로드 셀

엑스텐소미터

시편

크로스헤드

그림 6.3 인장 응력-변형률 시험기의 도식적 그림. 시편은 크로스헤드의 움직임에 따라 늘어나며, 작용 하중은 로드 셀로, 신장량은 엑스텐소미터로 측정한다. (출처 : H. W. Hayden, W. G. Moffatt, and J. Wulff, *The Structure and Properties of Materials*, Vol. III, *Mechanical Behavior*, John Wiley & Sons, 1965. Kathy Hayden 허가로 복사 사용함)

---

2 응력 단위 변환은 145 psi＝1 MPa

압축 시험[3]

실제 하중이 압축으로 작용하는 경우가 있으므로 압축 시험도 수행한다. 압축 시험은 인장 시험과 유사하지만 압축 힘이 작용하는 것과 시편이 길이 방향으로 압축된다는 점이 다르다. 앞의 식 (6.1)과 (6.2)는 압축 응력과 변형률을 산출하는 데 마찬가지로 쓰인다. 관습적으로 압축 힘은 (−)부호를 취하므로 (−)응력을 갖게 된다. 또한 초기 길이 l_0가 l_i보다 크므로 변형률값도 (−)가 된다. 대부분의 구조용 재료에 있어 압축 시험으로 구할 수 있는 추가 데이터는 별로 없고, 인장 시험이 간편하므로 보편적으로 인장 시험을 이용한다. 그러나 재료의 취성이 매우 크다거나 구조물의 성형 제작과 같이 매우 큰 영구 변형(즉 소성 변형)에 대한 데이터가 필요한 경우에는 압축 시험을 이용한다.

전단(비틀림) 시험[4]

그림 6.1c와 같이 전단 힘이 작용하는 경우의 전단 응력 τ는 다음과 같이 정의한다.

전단 응력의 정의

$$\tau = \frac{F}{A_0} \tag{6.3}$$

여기서 F는 면적 A_0를 갖는 윗면이나 아랫면에 평행하게 가해진 힘이며, 전단 변형률 γ는 그림에 표시된 바와 같이 변형 각도 θ로 정의된다. 전단 응력과 전단 변형률의 단위는 인장 시험의 경우와 같다.

비틀림은 순수 전단의 변형으로서 구조재가 그림 6.1d와 같이 비틀리는 것을 나타내며, 비틀림 힘에 의하여 소재의 한쪽 끝단은 다른쪽 끝단에 대해 길이 방향의 축을 중심으로 회전하게 된다. 비틀림의 예로는 기계의 축(axle), 구동 샤프트(drive shaft) 및 비틀림 드릴(twist drill) 등이 있으며, 비틀림 시험은 실린더형 샤프트나 튜브에 대해 행해진다. 전단 응력 τ는 작용 토크 T의 함수이며, 전단 변형률 γ는 그림 6.1d에 나타난 바와 같이 비틀림 각도 ϕ와 관련되어 있다.

응력 상태의 기하학적 고려

그림 6.1에 나타난 인장, 압축, 전단, 비틀림 힘으로부터 산출한 응력은 물체에 평행하게 또는 수직으로 작용하고 있으며, 응력 상태는 응력이 가해지는 면의 방향의 함수라는 것을 주지해야 한다. 예로서 그림 6.4에 나타난 바와 같이 축에 평행하게 인장 응력 σ가 가해지는 원주형 인장 시편을 생각해 보자. 면 p–p'은 시편 끝단에 대하여 임의의 각도 θ만큼 기울어져 있다. 이 경우에 면 p–p'에 작용하는 응력은 순수한 인장 응력이 아니다. 다소 복잡한 응력 상태로서 면 p–p'에 수직으로 작용하는 인장 응력(또는 수직 응력) σ'과 면 p–p'에 평행하게 작용하는 전단 응력 τ'으로 구성된다. 재료 원리 역학을 이용하면[5] σ와 θ의 항으로 σ'과 τ'에 대한 식을 다음과 같이 전개할 수 있다.

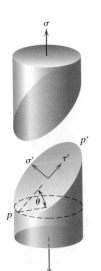

그림 6.4 순수 인장 응력 σ가 가해지는 방향에 수직한 면과 θ 각도를 이루는 면에 작용하는 수직 응력(σ')과 전단 응력(τ')을 나타내는 도식도

3 ASTM Standard E9, "Standard Test Methods of Compression Testing of Metallic Materials at Room Temperature."

4 ASTM Standard E143, "Standard Test Method for Shear Modulus at Room Temperature."

5 W. F. Riley, L. D. Sturges, and D. H. Morris, *Mechanics of Materials*, 6th edition, John Wiley & Sons, Hoboken, NJ, 2006.

$$\sigma' = \sigma \cos^2 \theta = \sigma\left(\frac{1 + \cos 2\theta}{2}\right) \tag{6.4a}$$

$$\tau' = \sigma \sin \theta \cos \theta = \sigma\left(\frac{\sin 2\theta}{2}\right) \tag{6.4b}$$

이와 같은 역학 원리를 이용하면 하나의 좌표계에서 방향이 다른 좌표계로 응력 성분의 변환이 가능하다. 그러나 이 내용은 복잡하므로 여기서 더 이상 언급하지 않는다.

탄성변형

6.3 응력–변형률 거동

구조물이 변형되는 정도를 나타내는 변형률은 가해지는 응력에 따라 변한다. 대체로 작은 인장 응력을 받는 대부분의 금속 재료에서 응력과 변형률은 다음의 관계식을 만족한다.

훅의 법칙—탄성변형(인장 및 압축)에 대한 공칭 응력과 공칭 변형률 사이의 관계

$$\sigma = E\varepsilon \tag{6.5}$$

탄성 계수

이 식은 훅의 법칙(Hooke's law)으로 알려져 있으며, 비례 상수 E(GPa)[6]는 탄성 계수(modulus of elasticity) 혹은 영의 계수(Young's modulus)라고 한다. 마그네슘의 탄성 계수는 45 GPa 이며, 텅스텐의 탄성 계수는 407 GPa이다. 대부분 금속의 탄성 계수는 이들 값 사이에 있다. 표 6.1은 상온에서의 탄성 계수값을 나타낸 것이다.

탄성변형

응력과 변형률이 비례하는 변형을 탄성변형(elastic deformation)이라 하며, 그림 6.5에 나타낸 바와 같이 응력과 변형률 선도는 직선 관계이며, 이 직선의 기울기는 탄성 계수 E 에 대응된다. 이러한 탄성 계수는 재료의 강성도로 볼 수 있으며, 탄성변형에 대응하는 재

표 6.1 상온에서 금속 합금의 탄성 계수, 전단 계수 및 푸아송비

금속 합금	탄성 계수		전단 계수		푸아송비
	GPa	10^6 psi	GPa	10^6 psi	
알루미늄	69	10	25	3.6	0.33
황동	97	14	37	5.4	0.34
구리	110	16	46	6.7	0.34
마그네슘	45	6.5	17	2.5	0.29
니켈	207	30	76	11.0	0.31
강	207	30	83	12.0	0.30
티탄	107	15.5	45	6.5	0.34
텅스텐	407	59	160	23.2	0.28

6 탄성 계수의 SI 단위는 GPa이며, 1 GPa = 10^9 N/m^2 = 10^3 MPa이다.

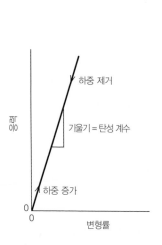

그림 6.5 하중 증가 및 하중 제거에 따른 선형 탄성변형을 나타내는 개략적 응력-변형률 선도

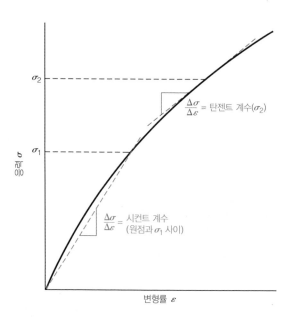

그림 6.6 비선형 탄성 거동을 나타내는 개략적 응력-변형률 선도와 시컨트 계수 및 탄젠트 계수의 결정법

료의 반발 정도를 나타낸다. 탄성 계수가 클수록 재료가 변형을 잘 일으키지 않는다는 것을 나타내며, 주어진 응력에서의 탄성 변형률은 더 작아진다. 탄성 계수는 탄성 굴절(elastic deflection)의 정도를 산출하는 데 사용되는 중요한 설계 변수이다.

탄성변형은 **영구적인 변형**이 아니며, 응력을 제거하면 재료는 원래의 모양으로 되돌아간다. 그림 6.5의 응력-변형률 선도에 나타나 있듯이 하중이 가해지면 직선을 따라 위로 움직이며, 하중을 제거하면 직선을 따라 원래의 위치로 되돌아온다.

회주철이나 콘크리트와 폴리머 재료의 응력-변형률 선도의 탄성 부분은 비선형이므로 앞에서 서술한 방법으로 탄성 계수를 구할 수 없다(그림 6.6 참조). 이와 같이 비선형 거동을 나타내는 재료에 대해서는 **탄젠트 계수**(tangent modulus)나 **시컨트 계수**(secant modulus)를 사용한다. 그림 6.6에 나타난 바와 같이 탄젠트 계수는 어느 주어진 응력에서의 기울기를 나타내며, 시컨트 계수는 σ-ε 곡선의 원점에서부터 주어진 점까지의 기울기로 구한다.

탄성 변형률은 재료를 구성하는 원자 간 거리가 외부의 힘에 의해 변하여 원자와 원자 사이의 결합 상태가 늘어난 것으로 볼 수 있다. 바꾸어 말하면 탄성 계수값이란 근접 원자와 떨어지지 않으려는 저항력, 즉 원자 간의 결합력을 나타내며, 평형 상태에 있는 원자 간의 힘과 원자 간의 분리 거리를 나타내는 곡선의 기울기에 비례한다(그림 2.10a 참조).

$$E \propto \left(\frac{dF}{dr}\right)_{r_0} \tag{6.6}$$

그림 6.7은 원자 간의 결합력이 강한 재료와 약한 재료에 대한 힘-원자 간 분리 거리의 곡선을 나타낸 것으로 원자 간 거리 r_0에서의 기울기로 표시되어 있다.

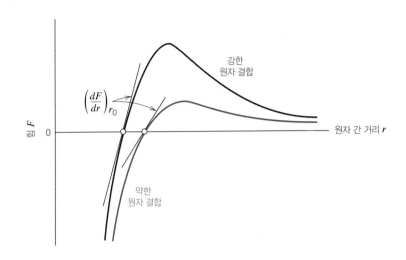

그림 6.7 원자 결합력의 강약에 따른 힘과 원자 간 거리의 관계. 탄성 계수값은 평형 원자 간 거리 r_0에서 각 곡선의 기울기에 비례한다.

세라믹 재료의 탄성 계수는 금속과 같고, 폴리머의 경우는 더 작은데(그림 1.5), 이것은 재료의 원자 간 결합 형태가 다르기 때문이다. 한편 그림 6.8에 나타낸 바와 같이 온도가 증가함에 따라 탄성 계수는 감소한다.

예상할 수 있듯이 압축, 전단 또는 비틀림 응력도 탄성 거동을 일으킨다. 압축이나 인장에 관계없이 낮은 응력하에서의 응력-변형률 특성은 같으며, 탄성 계수값도 같다. 전단 응력과 전단 변형률의 관계식은 다음과 같다.

탄성변형에 대한 전단 응력과 전단 변형률 사이의 관계

$$\tau = G\gamma \tag{6.7}$$

여기서 G는 전단 계수(shear modulus)이며, 전단 응력-변형률 곡선의 선형 탄성 부분의 기울기이다. 일반적인 재료의 전단 계수값이 표 6.1에 주어져 있다.

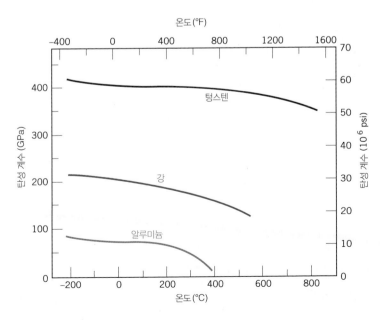

그림 6.8 텅스텐, 강 및 알루미늄에 대한 온도에 따른 탄성 계수의 변화

(출처 : K. M. Ralls, T. H. Courtney, and J. Wulff, *Introduction to Materials Science and Engineering.* Copyright © 1976 by John Wiley & Sons, New York. John Wiley & Sons, Inc. 허가로 복사 사용함)

6.4 의탄성

지금까지는 탄성변형이 시간에 의존하지 않는다고 가정하였다. 즉 작용 응력에 의한 순간적인 탄성변형은 응력이 유지되는 동안에는 일정하고, 응력을 제거하는 순간에 모든 변형은 회복되어 순간적으로 변형률이 0으로 돌아간다고 가정하였다. 그러나 시간에 의존하는 탄성변형도 존재한다. 즉 응력을 가한 후에 나타나는 탄성변형은 응력을 제거한 후에도 변형을 완전히 회복시키기 위해서는 시간이 걸린다는 것이다. 이러한 시간 의존성을 갖는 탄성변형을 의탄성(anelasticity)이라고 하며, 이는 변형에 수반되는 미시적인 원자적 과정에 기인한다. 대부분의 금속에서는 의탄성 현상이 아주 작아 무시할 만하지만 폴리머는 그 양이 매우 크다. 이러한 경우를 점탄성 거동(viscoelastic behavior)이라 하며, 이는 15.4절에 기술되어 있다.

의탄성

예제 6.1

늘어난 길이(탄성) 계산

길이가 305 mm인 구리를 276 MPa의 응력으로 끌어당길 때 변형이 완전 탄성으로 일어났다면, 이때 늘어난 길이는 얼마인가?

풀이

변형이 탄성적으로 일어나므로 식 (6.5)를 이용하여 가해진 응력에 대응하는 변형률을 구할 수 있다. 또한 늘어난 양 Δl과 원래의 길이 l_0의 관계는 식 (6.2)에 나타나 있다. 이 두 식을 이용하면 Δl은 다음과 같이 산출된다.

$$\sigma = \varepsilon E = \left(\frac{\Delta l}{l_0}\right)E$$

$$\Delta l = \frac{\sigma l_0}{E}$$

σ는 276 MPa, l_0는 305 mm이며, 구리의 탄성 계수값 E는 표 6.1에 나타낸 바와 같이 110 GPa 이다. 이 값들을 위 식에 대입하면 Δl은 다음과 같이 구해진다.

$$\Delta l = \frac{(276 \text{ MPa})(305 \text{ mm})}{110 \times 10^3 \text{ MPa}} = 0.77 \text{ mm}$$

6.5 재료의 탄성 성질

금속 시편에 인장 응력이 가해지면 응력이 작용하는 방향(그림 6.9에서 z방향)으로 시편이 늘어나며, 이에 따른 변형률 ε_z가 나타난다. 한편 작용 응력에 수직 방향인 시편의 횡방향(x, y방향)은 수축되며, 이러한 수축량으로부터 압축 변형률 ε_x, ε_y를 산출할 수 있다. 응력이 한

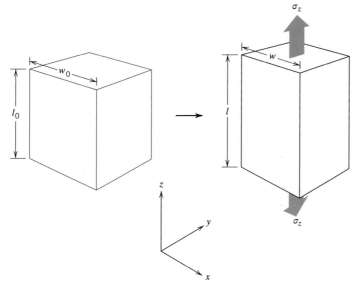

그림 6.9 종축 인장 응력(σ_z)의 적용에 따른 종축(z) 신장($+$ 변형률, ε_z)과 횡축(x) 수축($-$ 변형률, ε_x)을 나타내는 개략도

$$\varepsilon_z = \frac{l - l_0}{l_0} = \frac{\Delta l}{l_0} > 0$$

$$\varepsilon_x = \frac{w - w_0}{w_0} = \frac{\Delta w}{w_0} < 0$$

푸아송비 :

$$\nu = -\frac{\varepsilon_x}{\varepsilon_z}$$

푸아송비

종축 변형률에 대한 횡축 변형률을 나타낸 푸아송비의 정의

쪽 방향(z방향)으로만 작용한다면 $\varepsilon_x = \varepsilon_y$가 된다. 푸아송비(Poisson's ratio)는 축방향 변형률에 대한 횡방향 변형률의 비로서 다음과 같이 정의한다.

$$\nu = -\frac{\varepsilon_x}{\varepsilon_z} = -\frac{\varepsilon_y}{\varepsilon_z} \tag{6.8}$$

실질적으로 모든 구조 재료의 ε_x와 ε_z는 항상 반대 부호이므로 ν는 항상 ($+$)가 되도록 식 (6.8)에서 ($-$)부호를 붙여놓은 것이다.[7] 이론적으로 등방성 재료의 ν는 $\frac{1}{4}$이며, 최댓값(부피 변화가 없다고 가정한 경우)은 0.5이다. 대부분의 금속과 합금의 값은 0.25, 0.35이다. 표 6.1에 몇몇 금속 재료의 값이 나타나 있다.

전단 계수, 탄성 계수 및 푸아송비 사이의 관계식은 다음과 같다.

탄성 매개 변수인 탄성 계수, 전단 계수 및 푸아송비 사이의 관계

$$E = 2G(1 + \nu) \tag{6.9}$$

대부분 금속의 G값은 $0.4E$이다. 그러므로 하나의 계수값을 알면 이로부터 다른 계수값을 추정할 수 있다.

많은 재료들의 탄성 거동은 비등방성이다. 즉 탄성 거동(E값)이 재료의 결정 방향에 따라 변한다(표 3.4 참조). 이러한 재료들의 탄성 성질은 여러 개의 탄성 상수로 나타내며, 탄성 상수의 수는 재료의 결정 구조의 특성에 따라 결정된다. 등방성 재료의 탄성 성질을 완전하게 나타내려면 적어도 2개의 상수값이 주어져야 한다. 대부분의 다결정 재료는 결정립의 방향이 다양하므로 등방성으로 간주할 수 있으며, 무기 세라믹 유리(inorganic ceramic glasses)도 역시 등방성이다. 대부분의 공학용 재료는 등방성이며 다결정 상태이므로 다음 절에서 다룰 재료의 기계적 거동은 등방성과 다결정을 가정하여 기술하였다.

---

7 몇몇 재료(특히 폴리머 폼)에 인장 응력을 작용시키면 횡방향으로 늘어나므로 식 (6.8)에서 ε_x와 ε_z는 모두 ($+$)이므로, 푸아송비는 ($-$)가 된다. 이와 같은 현상을 일으키는 재료를 오세틱스(auxetics)라고 부른다.

예제 6.2

지름변화를 일으키는 하중계산

지름이 10 mm인 실린더형의 황동 막대에 장축 방향으로 인장 응력을 작용시켜 지름을 2.5×10^{-3} mm만큼 수축시키는 데 필요한 하중을 구하라. 변형은 완전 탄성으로 가정한다.

풀이

변형 상태는 오른쪽 그림에 나타나 있다.

힘 F가 작용하면 시편은 z방향으로 늘어나고, 동시에 x방향으로 지름이 $\Delta d = 2.5 \times 10^{-3}$ mm만큼 줄어들게 된다. 이때 x방향으로의 변형률은 다음과 같다.

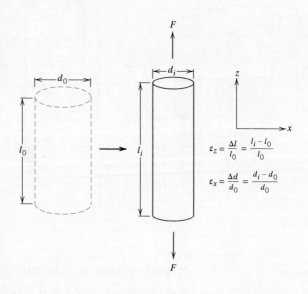

$$\varepsilon_z = \frac{\Delta l}{l_0} = \frac{l_i - l_0}{l_0}$$

$$\varepsilon_x = \frac{\Delta d}{d_0} = \frac{d_i - d_0}{d_0}$$

$$\varepsilon_x = \frac{\Delta d}{d_0} = \frac{-2.5 \times 10^{-3} \text{ mm}}{10 \text{ mm}} = -2.5 \times 10^{-4}$$

지름이 줄어들어 x는 (−)값을 갖는다.

z방향으로의 변형률은 식 (6.8)을 이용하여 다음과 같이 구할 수 있으며, 황동의 푸아송비는 0.34이다(표 6.1 참조).

$$\varepsilon_z = -\frac{\varepsilon_x}{v} = -\frac{(-2.5 \times 10^{-4})}{0.34} = 7.35 \times 10^{-4}$$

황동의 탄성 계수값은 표 6.1에 나타나 있듯이 97 GPa(14×10^6 psi)이므로 작용 응력은 식 (6.5)를 이용하여 구할 수 있다.

$$\sigma = \varepsilon_z E = (7.35 \times 10^{-4})(97 \times 10^3 \text{ MPa}) = 71.3 \text{ MPa}$$

그러므로 작용하는 힘 F는 식 (6.1)로부터 다음과 같이 산출된다.

$$F = \sigma A_0 = \sigma \left(\frac{d_0}{2}\right)^2 \pi$$

$$= (71.3 \times 10^6 \text{ N/m}^2)\left(\frac{10 \times 10^{-3} \text{ m}}{2}\right)^2 \pi = 5600 \text{ N } (1293 \text{ lb}_f)$$

소성변형

소성변형

대부분의 금속 재료는 변형률이 약 0.005 정도까지만 탄성변형이 일어나며, 이 점을 넘어서면 응력은 더 이상 변형률에 비례하지 않는다. 즉 훅의 법칙이 적용되지 않으며 회복되지 않는 영구변형, 즉 소성변형(plastic deformation)이 일어난다. 그림 6.10a는 금속의 소성 영역에서의 전형적인 인장 응력-변형률 거동을 도식으로 나타낸 것이다. 대부분의 금속은 탄성에서 소성으로의 전이(transition)는 점차적으로 일어나며, 소성변형이 시작되면 응력-변형률 선도는 곡선으로 바뀌고, 응력 증가에 따라 빠르게 상승한다.

미시적으로 보면 소성변형이란 수많은 원자 또는 분자가 상대적으로 움직이면서 가장 가까이 있던 원자와의 결합을 끊고 새로운 원자와 결합하는 현상으로 응력을 제거해도 원자는 원래의 위치로 돌아가지 않는다. 결정 재료에서 나타나는 소성 기구와 비정질 재료의 소성 기구는 다르다. 결정 고체 재료에서는 전위의 움직임에 따른 슬립(slip) 현상에 의해(7.2절 참조) 소성변형이 일어나지만, 비정질 고체나 액체에서는 점성 흐름 기구(viscous flow mechanism)에 의해 나타난다(12.10절 참조).

6.6 인장 성질

항복 현상과 항복 응력

항복

비례 한계

항복 강도

대부분의 구조물은 응력이 가해질 때 단지 탄성변형만 일어나도록 설계되어야 한다. 그러므로 소성변형이 시작되는 응력, 즉 항복(yielding) 현상이 나타나는 응력을 알아야 한다. 탄성에서 소성으로의 전이가 점진적으로 일어나는 금속에서는 응력-변형률 곡선이 직선에서 벗어나는 점을 항복점으로 정한다. 그림 6.10a에서 점 P가 이에 해당하며, 이것을 비례 한계(proportional limit)라고 한다. 이 점의 위치를 정확히 결정할 수 없으므로 그림 6.10a에 나타나 있듯이 응력-변형률 곡선의 탄성 영역에 평행하게 선을 그어 변형률 축을 따라 0.002만큼 수평 이동시킨 후에 응력-변형률 곡선과 만나는 점을 항복 강도(yield strength) σ_y로 정의한다.[8] 이 방법은 그림 6.10a에 나타나 있다. 물론 항복 강도의 단위도 MPa이다.[9]

그림 6.6에 나타난 바와 같이 비선형 탄성 거동이 나타나는 재료에 대해서는 이와 같은 변형률 수평 이동 방법(strain offset method)을 사용할 수가 없으므로 정해진 변형률(예 : $\varepsilon = 0.005$)을 일으키는 데 요구되는 응력을 항복 강도로 정의한다.

그림 6.10b와 같은 인장 응력-변형률 거동을 나타내는 강을 비롯한 몇몇 재료가 있다. 탄성에서 소성으로의 전이가 매우 분명하고 급작스럽게 나타나며, 이를 가리켜 항복점 현상(yield point phenomenon)이라 한다. 상항복점(upper yield point)에서는 실질적으로 응력이 감소하면서 소성변형이 일어나며, 변형은 하항복점(lower yield point)의 어느 일정 응력에서 약간의 응력 변동이 수반되면서 지속적으로 일어나다가 어느 시점에 이르면 변형률의

[8] 응력은 작용 하중의 크기와 관련되지만 강도는 재료의 성질이므로 '응력'이 아닌 '강도'로 표현한다.
[9] 미국 사용 단위 1 ksi=1000 psi

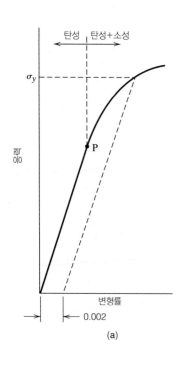

탄성 탄성+소성

σ_y

응력

변형률

0.002

(a)

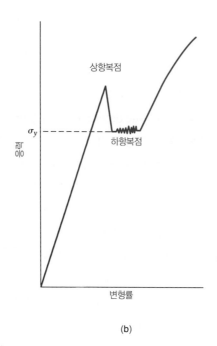

상항복점

σ_y

응력

하항복점

변형률

(b)

그림 6.10 (a) 탄성 및 소성변형을 나타내는 금속의 전형적인 응력-변형률 거동. 비례 한계 P와 0.002 변형률 수평 이동 방법에 따른 항복 강도 σ_y 결정법. (b) 항복 현상이 나타나는 강 재료의 응력-변형률 거동

증가에 따라 응력도 증가한다. 이때의 하항복점은 매우 명확하게 나타날 뿐만 아니라 실험 과정에 거의 영향을 받지 않는다. 그러므로 항복점 현상이 나타나는 재료에서는 하항복점이 뚜렷이 나타나고, 실험 절차에 대체로 민감하지 않으므로 하항복점의 평균값을 항복 응력으로 간주한다.[10] 또한 이러한 재료에 대해서는 변형률 수평 이동 방법을 적용할 필요가 없다.

금속의 항복 강도는 소성 가공에 대한 저항성을 나타낸다. 저강도 알루미늄의 항복 강도는 35 MPa 정도이며, 고강도 강은 1400 MPa 정도이다.

개념확인 6.1 탄성, 의탄성, 소성변형 거동의 주된 차이점을 요약하라.

[해답은 *www.wiley.com/go/Callister_MaterialsScienceGE* → More Information → Student Companion Site 선택]

인장 강도

인장 강도

소성변형이 시작된 후 계속적으로 소성변형을 일으키기 위해서는 응력이 증가되어야 하며, 응력은 그림 6.11의 점 *M*으로 표시된 최대 응력점까지 증가한 후 다시 감소하다가 파괴점 *F*에 이른다. 인장 강도(tensile strength) *TS*(MPa)는 공칭 응력-변형률 곡선(그림 6.11)에서의 최대 응력점이다. 이 점은 인장 응력을 받고 있는 구조물이 지지할 수 있는 최대 응력에 해당되며, 이 이상의 응력이 가해지면 파괴가 일어난다. 최대 인장점까지는 인장 시편의 게이지 길이 부분에 나타나는 모든 변형은 균일하다. 그러나 최대 인장점에 이르면 그림 6.11

10 항복 현상을 관찰하기 위해서는 강성도가 큰 인장 시험기를 사용하여야 한다. 강성도가 크다는 것은 하중을 가하는 동안에 시험기의 탄성변형이 거의 없다는 뜻이다.

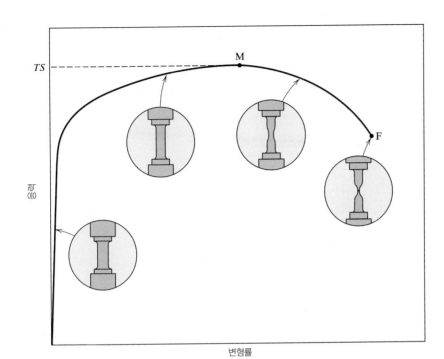

그림 6.11 파괴점 F까지의 전형적인 응력-변형률 거동. 인장 강도 TS는 점 M으로 표시되어 있다. 원형 안의 그림은 시편의 변형 상태를 나타낸다.

의 원 안의 그림같이 어느 한 부분이 수축되는 현상이 시작되고, 그 후의 변형은 수축된 한 부분에 집중한다. 이 현상을 가리켜 네킹(necking)이라고 하며, 결국 파괴는 이 네킹 부분에서 일어난다.[11] 파괴 강도는 파괴가 일어나는 응력을 말한다.

알루미늄의 인장 강도는 50 MPa, 고강도 강의 인장 강도는 3000 MPa이며, 대부분의 금속은 이 범위 안의 인장 강도를 갖고 있다. 구조물의 인장 강도에 해당하는 응력이 가해졌을 때에는 이미 많은 소성변형이 일어나 구조물의 기능이 상실된 상태가 된다. 그러므로 통상적으로 설계 시의 재료 강도는 항복 강도를 의미한다. 한편 파괴 강도(fracture strength)는 공학적 설계 시에는 의미가 없다.

예제 6.3

응력－변형률 선도로부터 기계적 성질 결정

그림 6.12에 나타난 황동 인장 시편의 인장 응력-변형률 곡선에서 다음 값을 결정하라.

(a) 탄성 계수

(b) 0.002 변형률 수평 이동 방법에 따른 항복 강도

(c) 초기 지름이 12.8 mm일 때 실린더형 시편이 지지할 수 있는 최대 하중

(d) 초기 시편의 길이가 250 mm이고, 345 MPa의 인장 응력이 가해질 때의 길이 변화

---

11 그림 6.11에서 최대점을 지나 변형이 계속 진행됨에 따라 응력이 감소하는 것으로 나타나는 것은 네킹 현상 때문이다. 6.7절에서 설명하는 바와 같이 실질적으로 진응력(네킹이 일어나는 부위에서의)은 증가한다.

풀이

(a) 탄성 계수는 응력-변형률 곡선의 직선 기울기이다. 계산을 돕기 위하여 이 부분을 확대시켜 그림 6.12에 나타냈다. 이 직선 부분의 기울기는 응력의 변화량을 이에 대응하는 변형률의 변화량으로 나눈 값이다.

$$E = 기울기 = \frac{\Delta\sigma}{\Delta\varepsilon} = \frac{\sigma_2 - \sigma_1}{\varepsilon_2 - \varepsilon_1} \tag{6.10}$$

기울기를 계산하기 위해 그은 선분이 원점을 통과하도록 σ_1과 ε_1을 0으로 잡는 것이 편리하다. 임의로 σ_2를 150 MPa로 잡으면, ε_2의 값은 0.0016이 된다. 그러므로 탄성 계수값은 다음과 같이 산출된다.

$$E = \frac{(150 - 0)\ \text{MPa}}{0.0016 - 0} = 93.8\ \text{GPa}\ (13.6 \times 10^6\ \text{psi})$$

이 값은 표 6.1에 주어진 황동의 탄성 계수값, 즉 97 GPa과 거의 일치한다.

(b) 0.002 변형률 수평 이동 곡선은 그림에 나타나 있다. 응력-변형률 곡선과 만나는 점은 약 250 MPa이며, 이 값이 황동의 항복 강도이다.

(c) 시편이 지지할 수 있는 최대 하중은 식 (6.1)을 사용하여 구할 수 있으며, 그림 6.12에서 인장 강도값 σ는 450 MPa이다. 최대 하중 F는 다음과 같이 산출된다.

$$F = \sigma A_0 = \sigma \left(\frac{d_0}{2}\right)^2 \pi$$

$$= (450 \times 10^6\ \text{N/m}^2)\left(\frac{12.8 \times 10^{-3}\ \text{m}}{2}\right)^2 \pi = 57{,}900\ \text{N}\ (13{,}000\ \text{lb}_\text{f})$$

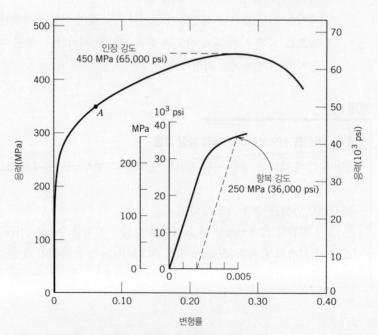

그림 6.12 예제 6.3에 제시된 황동 시편의 응력-변형률 거동

(d) 길이 변화량 Δl을 구하기 위해서는 우선 345 MPa 응력에 대응되는 변형률을 알아야 한다. 변형률값은 응력-변형률 곡선의 점 A에 대응하는 변형률값을 변형률 축에서 읽으면 된다. 즉 0.06이다. $l_0 = 250$ mm이므로 Δl은 다음과 같다.

$$\Delta l = \varepsilon l_0 = (0.06)(250\ \text{mm}) = 15\ \text{mm}$$

연성

연성

연성(ductility)은 재료의 또 다른 중요한 기계적 성질로서 파괴가 일어날 때까지의 소성변형의 정도를 나타내며, 파괴 시 소성변형이 거의 수반되지 않는 재료를 취성(brittle) 재료라 한다. 그림 6.13은 연성 재료 및 취성 재료의 인장 응력-변형률 곡선을 나타내고 있다.

연성을 정량적으로 표시하기 위하여 길이 신장률(percent elongation) 또는 단면적 감소율 (percent reduction in area)을 사용한다. 길이 신장률, 즉 %EL은 식 (6.11)과 같이 파괴 시의 소성변형률을 백분율로 나타낸 것이다.

신장률의 백분율로 나타낸 연성값

$$\% \text{EL} = \left(\frac{l_f - l_0}{l_0}\right) \times 100 \tag{6.11}$$

여기서 l_f는 파괴 후 길이[12] l_0는 초기의 게이지 길이이다. 파괴 시의 소성변형은 주로 시편의 네킹 부분에 집중되므로 %EL의 양은 시편의 게이지 길이에 따라 다르다. l_0가 짧으면 짧을수록 네킹 부분에서 일어나는 신장량이 차지하는 비율은 더 커진다. 그러므로 길이 신장률 (%)을 나타낼 때에는 l_0 값(통상 50 mm)을 명시해 주어야 한다.

단면적 감소율 %RA는 다음과 같이 정의한다.

단면적 감소의 백분율로 나타낸 연성값

$$\% \text{RA} = \left(\frac{A_0 - A_f}{A_0}\right) \times 100 \tag{6.12}$$

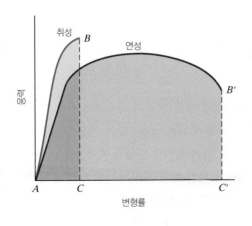

그림 6.13 연성 재료 및 취성 재료에 대한 파괴까지의 인장 응력-변형률 거동

---

12 l_f와 A_f는 파괴가 일어난 후에 끊어진 시편의 양 끝을 원래대로 정렬시킨 다음에 측정한다.

표 6.2 상업적 순도를 갖는 금속 재료에 대한 어닐링 상태에서의 기계적 성질

금속 합금	항복 강도 MPa	인장 강도 MPa	연성, %EL (게이지 길이 50 mm)
알루미늄	35 (5)	90 (13)	40
구리	69 (10)	200 (29)	45
황동(70Cu–30Zn)	75 (11)	300(44)	68
철	130 (19)	262 (38)	45
니켈	138 (20)	480 (70)	40
강(1020)	180 (26)	380 (55)	25
티탄	450 (65)	520 (75)	25
몰리브덴	565 (82)	655 (95)	35

여기서 A_0는 초기 단면적, A_f는 파괴 시의 단면적이다.[12] 단면적 감소율(%)은 l_0 및 A_0에 무관하며, 일반적으로 한 재료의 %EL값과 %RA값은 서로 같지 않다. 대부분의 금속은 상온에서는 어느 정도의 연성을 갖고 있지만 온도가 낮아짐에 따라 취성으로 변한다(8.6절 참조).

재료의 연성은 설계 시 구조물의 파괴가 일어나기 전까지 나타나는 소성변형의 정도와 제작 성형에 허용되는 변형의 정도를 나타내므로 중요한 기계적 성질의 하나이다. 연성인 재료를 보통 '괜찮은(forgiving)' 재료라고 하는 이유는 설령 설계의 응력 계산에 오류가 있다 하더라도 단지 국부적인 변형만이 일어날 뿐이며 파괴가 쉽게 일어나지 않기 때문이다.

대체로 파괴 변형률이 대략 5% 미만이면 취성 재료로 간주한다.

그러므로 인장 응력-변형률 시험을 통하여 여러 가지 중요한 기계적 성질을 구할 수 있다. 표 6.2에는 몇몇 재료의 상온에서의 항복 강도, 인장 강도 및 연성값이 주어져 있다. 이러한 성질들은 사전 변형량과 불순물 및 열처리 내력에 크게 영향을 받지만 탄성 계수는 이러한 것들에 거의 영향을 받지 않는다. 온도가 증가함에 따라 탄성 계수 및 항복 강도, 인장 강도는 감소하지만 연성은 증가한다. 그림 6.14는 철의 온도에 따른 인장 응력-변형률 거동의 변화를 나타낸 것이다.

탄력

탄력

탄력(resilience)은 탄성변형에 따른 에너지 흡수력과 하중 제거에 따른 에너지의 회복력을 의미한다. 탄력 계수(modulus of resilience) U_r은 하중을 제거한 상태에서 항복점까지 응력을 상승시키는 데 요구되는 단위 체적당 변형률 에너지로 나타낸다.

단일축 인장 시험 시편에 대한 탄력 계수는 그림 6.15에 나타낸 바와 같이 항복점까지의 공칭 응력-변형률 곡선의 밑면적으로 산출할 수 있다.

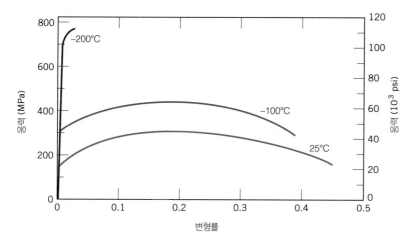

그림 6.14 온도에 따른 철의 공칭 응력-변형률 거동

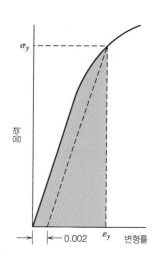

그림 6.15 재료의 인장 응력-변형률 거동으로부터 탄력 계수의 결정 방법(음영 부분)을 나타낸 도식적 그림

탄력 계수의 정의

$$U_r = \int_0^{\varepsilon_y} \sigma d\varepsilon \qquad (6.13a)$$

선형 탄성을 가정하면 다음과 같다.

선형 탄성 거동에 대한 탄력 계수

$$U_r = \frac{1}{2}\sigma_y \varepsilon_y \qquad (6.13b)$$

여기서 ε_y는 항복 변형률이다.

탄력의 단위는 응력-변형률 선도의 두 축 단위의 곱이다. SI 단위는 J/m³(Pa)이며, 미국 단위는 in.-lb$_f$/in.³(psi)이다. J과 in.-lb$_f$는 에너지 단위이며, 응력-변형률 곡선의 밑면적은 재료의 단위체적당(m³, in.³) 흡수 에너지를 나타낸다.

식 (6.5)를 식 (6.13b)에 대입하면 다음 식 (6.14)가 된다.

훅의 법칙을 적용한 선형 탄성 거동에 대한 탄력 계수

$$U_r = \frac{1}{2}\sigma_y \varepsilon_y = \frac{1}{2}\sigma_y\left(\frac{\sigma_y}{E}\right) = \frac{\sigma_y^2}{2E} \qquad (6.14)$$

그러므로 탄력 재료는 높은 항복 강도와 낮은 탄성 계수를 가진 재료이며, 그와 같은 합금은 스프링 등에 쓰인다.

인성

인성

인성(toughness)은 여러 관점에서 사용되는 기계적 용어이다. 인성(좀 더 정확하게는 파괴 인성)은 8.5절에 기술된 것과 같이 균열(또는 응력 집중을 일으키는 결함)이 존재할 때 파괴에 대한 재료의 저항 정도를 나타낸다. 사용 중에 위험 요소가 발생하지 않도록 무결함의 재료를 제작한다는 것은 제작 비용이 엄청날 뿐 아니라 사실상 불가능하므로 파괴 인성은 모

표 6.3 개념확인 6.2와 6.4에서 사용할 임의의 금속에 대한 인장 응력-변형률 데이터

재료	항복 강도 (MPa)	인장 강도 (MPa)	파괴 시 변형률	파괴 강도 (MPa)	탄성 계수 (GPa)
A	310	340	0.23	265	210
B	100	120	0.40	105	150
C	415	550	0.15	500	310
D	700	850	0.14	720	210
E	항복점 도달 전 파괴			650	350

든 구조 재료의 고려 사항이다.

또한 인성은 파괴가 일어나기 전까지 소성변형을 통한 재료의 에너지 흡수력으로 정의하기도 한다. 동적(높은 변형률 속도) 하중 조건이나 노치(또는 응력집중점)가 존재하는 경우에는 노치 인성을 충격 시험을 통해 평가한다(8.6절 참조).

정적(static : 낮은 변형률 속도) 하중 조건의 인성은 인장 시험 결과로 구할 수 있으며, σ-ε 곡선에서 파괴까지의 밑면적으로 나타낸다. 인성의 단위는 탄력의 단위와 같은 단위 체적당 에너지이다. 인성이 큰 재료는 항복 강도와 연성이 커야 한다. 일반적으로 그림 6.13에 나타낸 바와 같이 연성 재료가 취성 재료보다 인성이 크다. 그러므로 그림 6.13에서 면적 ABC와 $AB'C'$을 비교해 보면 높은 항복 강도와 인장 강도를 갖는 취성 재료는 연성 재료보다 연성이 작으므로 낮은 인성값을 갖게 된다.

개념확인 6.2 표 6.3에 열거한 금속에 대하여 다음 질문에 답하라.
(a) 어느 금속이 가장 큰 %RA를 일으키며, 그 이유는 무엇인가?
(b) 어느 금속이 가장 강하며, 그 이유는 무엇인가?
(c) 어느 금속의 강성도가 가장 크며, 그 이유는 무엇인가?

[해답은 *www.wiley.com/go/Callister_MaterialsScienceGE* → More Information → Student Companion Site 선택]

6.7 진응력과 진변형률

그림 6.11에서는 응력이 최대점 M을 지나면 재료가 약해지는 것처럼 보이지만 이것은 사실이 아니며, 단지 변형이 집중되는 네킹 부분의 단면적이 감소함으로써 시편의 하중 지지력이 감소하기 때문에 나타나는 현상으로 실질적으로는 강도가 증가한다. 식 (6.1)로부터 산출한 응력은 소성 전의 초기 단면적을 기준으로 하고 있으며, 네킹 부분의 면적 감소는 고려하지 않고 있다.

진응력

때때로 진응력-진변형률을 사용하는 것은 보다 의미가 있다. 진응력(true stress) σ_T는 하중 F를 소성이 일어나는 순간의 단면적(최대점 M을 통과한 후에는 네킹 부분의 면적)으로

나눈 값으로 정의한다.

진응력의 정의

$$\sigma_T = \frac{F}{A_i}$$ (6.15)

진변형률

진변형률(true strain) ε_T는 다음과 같이 정의한다.

진변형률의 정의

$$\varepsilon_T = \ln\frac{l_i}{l_0}$$ (6.16)

변형에 부피 변화가 수반되지 않는다고 가정하면 다음과 같다.

$$A_i l_i = A_0 l_0$$ (6.17)

공칭 응력-변형률과 진응력-진변형률과의 관계는 다음과 같다.

공칭 응력의 진응력 변환

$$\sigma_T = \sigma(1 + \varepsilon)$$ (6.18a)

공칭 변형률의 진변형률
변환

$$\varepsilon_T = \ln(1 + \varepsilon)$$ (6.18b)

식 (6.18a)와 (6.18b)는 단지 네킹 현상이 일어나기 전까지만 유효하며, 이 점을 지나면 실제
응력과 실제 단면적 및 실제 게이지 길이를 측정하여 진응력과 진변형률을 구해야 한다.

그림 6.16은 공칭 응력-변형률 거동과 진응력-진변형률 거동을 도식으로 비교한 것이다.
진응력은 인장점 M'을 지나서도 변형률 증가에 따라 계속 증가한다.

또한 네킹 현상은 네킹 부위에 복잡한 응력 상태를 유발한다. 즉 축방향으로의 응력 이외
에 다른 응력이 나타난다. 결과적으로 네킹 부위의 축방향 응력은 작용 응력과 네킹 부위의
실제 단면적으로부터 산출한 응력보다 약간 작다. 그림 6.16의 '수정(corrected)' 곡선이 이
를 나타내고 있다.

몇몇 금속과 합금에서 소성의 시작부터 네킹 현상이 일어날 때까지의 진응력-진변형률
곡선은 다음 식으로 나타낸다.

네킹까지의 소성변형을 나
타내는 진응력-진변형률
관계

$$\sigma_T = K\varepsilon_T^n$$ (6.19)

이 식에서 K와 n은 상수이며, 이 값은 합금에 따라 다르다. 즉 소성변형 이력 및 열처리

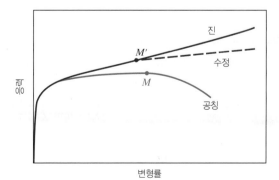

그림 6.16 공칭 응력-변형률 곡선과 진응력-진
변형률 곡선의 비교. 네킹 현상의 시작점은 각각
M 및 M'으로 나타나 있다. 네킹 부분의 복잡한
응력 상태를 보정한 진응력-진변형률 곡선도 나
타나 있다.

표 6.4 합금의 n 및 K 값
(식 6.19)

재료	n	K	
		K(MPa)	psi
저탄소강(어닐링)	0.21	600	87,000
4340 강 합금(315℃ 템퍼링)	0.12	2650	385,000
304 스테인리스강(어닐링)	0.44	1400	205,000
구리(어닐링)	0.44	530	76,500
황동(어닐링)	0.21	585	85,000
2024 알루미늄 합금(T3 열처리)	0.17	780	113,000
AZ-31B 마그네슘 합금(어닐링)	0.16	450	66,000

이력과 같은 재료 상태에 따라 값이 변한다. 매개변수 n은 변형 경화 지수(strain-hardening exponent)라 하며, 1보다 작은 값을 갖는다. 몇몇 합금의 n과 K값은 표 6.4에 나타나 있다.

예제 6.4

연성과 파괴 진응력 계산

실린더형 강 시편의 초기 지름은 12.8 mm이다. 인장 시험의 결과에서 파괴 응력 σ_f는 460 MPa(67,000 psi)로 나타났으며, 파괴 시 단면의 지름은 10.7 mm였다면 다음 값은 얼마인가?
(a) 단면 감소율(%)로 표시한 연성값
(b) 진파괴 응력

풀이

(a) 연성은 식 (6.12)를 사용하여 다음과 같이 구한다.

$$\% \, \mathrm{RA} = \frac{\left(\dfrac{12.8 \text{ mm}}{2}\right)^2 \pi - \left(\dfrac{10.7 \text{ mm}}{2}\right)^2 \pi}{\left(\dfrac{12.8 \text{ mm}}{2}\right)^2 \pi} \times 100$$

$$= \frac{128.7 \text{ mm}^2 - 89.9 \text{ mm}^2}{128.7 \text{ mm}^2} \times 100 = 30\%$$

(b) 진응력은 식 (6.15)로 정의되며, 면적으로는 파괴 시 단면적 A_f를 사용한다. 파괴 시의 하중은 파괴 응력으로부터 다음과 같이 구한다.

$$F = \sigma_f A_0 = (460 \times 10^6 \text{ N/m}^2)(128.7 \text{ mm}^2)\left(\frac{1 \text{ m}^2}{10^6 \text{ mm}^2}\right) = 59{,}200 \text{ N}$$

그러므로 진응력은 다음과 같다.

$$\sigma_T = \frac{F}{A_f} = \frac{59{,}200\ \text{N}}{(89.9\ \text{mm}^2)\left(\dfrac{1\ \text{m}^2}{10^6\ \text{mm}^2}\right)}$$

$$= 6.6 \times 10^8\ \text{N/m}^2 = 660\ \text{MPa}\ (95{,}700\ \text{psi})$$

예제 6.5

변형 경화 지수의 계산

진응력 415 MPa가 0.1의 진변형률을 발생시키는 합금에 있어 식 (6.19)에 주어진 변형 경화 지수 n값을 구하라. 단, K는 1035 MPa로 가정한다.

풀이

식 (6.19)의 양변에 로그를 취하여 재정리하면 다음과 같이 독립 변수 n에 대한 식으로 나타나므로 n은 다음과 같이 산출된다.

$$\log \sigma_T = \log(K\varepsilon_T^n) = \log K + \log(\varepsilon_T^n)$$

이 식은 다음 식으로 된다.

$$\log \sigma_T = \log K + n \log \varepsilon_T$$

이 식을 재정리하면 다음과 같다.

$$n \log \varepsilon_T = \log \sigma_T - \log K$$

n에 대해서 풀면 다음과 같다.

$$n = \frac{\log \sigma_T - \log K}{\log \varepsilon_T}$$

문제에 주어진 값으로 $\sigma_T = 415$ MPa, $K = 1035$ MPa, $\varepsilon_T = 0.10$을 대입하면 n 값은 다음과 같다.

$$n = \frac{\log(415\ \text{MPa}) - \log(1035\ \text{MPa})}{\log(0.1)} = 0.40$$

6.8 소성변형 중의 탄성 회복

응력-변형률 시험 도중에 하중을 제거하면 전체의 변형량 중에서 조그만 부분인 탄성 변량은 회복된다. 이러한 거동은 그림 6.17에 나타나 있다. 하중을 제거하면 곡선은 하중을 제거한 점 D부터 거의 직선으로 초기 곡선의 탄성 부분에 평행하게 되돌아간다. 이때의 기울기는 실질적으로 탄성 계수와 같다. 이러한 하중 제거에 따른 탄성 변형률의 양이 변형률 회복에 해당되며, 그림 6.17에 나타나 있다. 응력을 다시 가하면 곡선은 하중을 제거하기 전과 반대 방향으로 움직이며, 하중을 제거한 응력점에서 항복 변형이 다시 일어난다. 파괴가 일어날 때에도 역시 탄성 변형률의 회복이 일어난다.

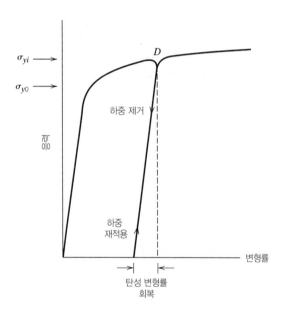

그림 6.17 탄성 응력의 회복 및 변형 경화 현상을 나타내는 인장 응력-변형률의 도식적 그림. σ_{y_0}는 초기 항복 강도이다. 점 D에서 하중을 제거한 후 다시 하중을 가했을 때의 항복 강도는 σ_{y_i}로 표시되어 있다.

6.9 압축, 전단 및 비틀림 변형

금속은 압축, 전단 및 비틀림 하중하에서도 소성변형을 일으킨다. 이에 따른 응력-변형률 곡선의 거동은 인장 시험에서 나타나는 것과 유사하다(그림 6.10a 참조, 항복과 이에 관한 곡률 반경). 그러나 압축의 경우에는 네킹 현상이 나타나지 않으므로 최대점도 나타나지 않으며, 파괴 양상도 인장의 경우와는 다르다.

개념확인 6.3 전형적인 금속 합금에 대한 인장 하중에서의 파괴까지의 공칭 응력-변형률 곡선을 그리고, 그 위에 압축 하중에서의 공칭 응력-변형률 곡선을 나타내라. 그리고 이 두 곡선의 차이점을 설명하라.

[해답은 *www.wiley.com/go/Callister_MaterialsScienceGE* → More Information → Student Companion Site 선택]

6.10 경도

경도

경도(hardness)는 국부 소성변형(예 : 조그만 흠이나 흠집)에 대한 재료의 저항성을 나타내는 또 하나의 중요한 기계적 성질이다. 예전의 경도 시험은 자연 광석에 대하여 한 재료가 다른 재료에 흠을 낼 수 있는 가능성을 알아보기 위한 것이었다. 연한 석회를 1로 하고 다이아몬드를 10으로 한 모스 스케일(Mohs scale)이라는 임의의 정성적 경도 식별법이 고안되었다. 정량적 경도 시험법은 하중 및 속도를 조절할 수 있는 조건에서 시험할 재료를 조그만 누름자로 표면을 누르는 방법으로 몇 년을 두고 개발되었다. 눌린 자국의 깊이 또는 크기를 경도 지수와 관련지어 누름 자국이 크고 깊을수록 경도 지수는 더 작아진다. 그러나 측정한 경도값은 절대적이 아니라 상대적 의미를 가지므로 측정 방법이 서로 다를 경우에는 주의해야 한다.

경도 시험이 다른 기계적 시험보다 자주 행해지는 이유는 다음과 같다.

1. 간단하고 시험값이 저렴하며, 별도로 시편을 준비할 필요가 없다.
2. 비파괴적인 시험 방법으로 시편이 파괴되거나 과도한 소성이 일어나지 않는다. 소성 변형이 일어난 부위는 단지 누름 자국뿐이다.
3. 인장 강도와 같은 다른 기계적 성질도 경도 시험을 통하여 유추가 가능하다(그림 6.19 참조)

로크웰 경도 시험[13]

로크웰(Rockwell) 시험법은 간단하고 특별한 기술이 필요하지 않으므로 가장 널리 쓰이는 경도 시험법이다. 이 시험법에는 여러 가지 누름자(indenter)와 하중을 조합함으로써 사실상 가장 단단한 것에서부터 가장 연한 것까지 모든 금속과 합금을 시험할 수 있는 스케일(scale)이 있다. 누름자로는 지름이 1.588, 3.175, 6.350, 12.70 mm인 경화 강구(steel ball)와 아주 단단한 재료의 시험을 위한 원추형 다이아몬드[브레일(Brale)] 누름자가 있다.

초기에 가한 미세 하중(minor load)과 그 후에 가한 주 하중(major load)으로부터 생긴 침투 깊이의 차이로 경도 지수를 결정하며, 초기 미세 하중을 작용시킴으로써 시험의 정확도를 높였다. 주 하중과 미세 하중의 양에 따라 로크웰과 가상(superficial) 로크웰의 두 가지 형태가 있다. 로크웰의 경우에는 미세 하중이 10 kg이며, 주 하중은 60, 100, 150 kg이다. 각각의 스케일은 알파벳으로 표시되며, 대응되는 누름자와 하중이 표 6.5와 6.6a에 나타나 있다. 반면 가상 로크웰의 미세 하중은 3 kg, 주 하중은 15, 30, 45 kg이다. 이 스케일은 각각 누름자의 종류에 따라 N, T, W, X, Y로 표시하고, 그 뒤 하중에 따라 15, 30, 45 등으로 표시한다. 가상 시험은 주로 얇은 시편에 대해 행하며 가상 스케일은 표 6.6b에 나타나 있다.

로크웰과 가상 로크웰 경도를 나타낼 때에는 경도 지수와 스케일의 상징을 모두 표시해야 한다. 스케일은 표시인 HR 뒤에 적절한 스케일 표식을 붙여서 나타낸다.[14] 예를 들면

---

13 ASTM Standard E18, "Standard Test Methods for Rockwell Hardness of Metallic Materials."

14 로크웰 스케일은 R에 스케일을 표시하는 아래 첨자를 붙여 나타내기도 한다. 예로서 R_C는 로크웰 C 스케일을 나타낸다.

80 HRB는 B 스케일로 로크웰 경도 80을 나타내며, 60 HR30W는 30W 스케일로 가상 로크웰 경도 60을 나타낸다.

어떤 스케일이든지 경도를 130까지 측정할 수 있으며, 어떤 하나의 스케일로 100 이상이거나 20 이하의 값을 나타내면 측정값이 정확하지 못하다는 것을 의미한다. 스케일은 서로 중복해 경도를 측정할 수 있으므로 이러한 경우에는 더 강하거나 더 약한 스케일을 사용하여 다시 측정하는 것이 좋다.

시편이 너무 얇거나, 너무 시편 가장자리에서 측정했거나, 또는 2개의 누름 위치가 너무 가깝게 만들어진 경우에는 부정확한 결과가 나오므로 시편의 두께는 적어도 누름 깊이의 10배가 되어야 한다. 누름 위치의 중심으로부터 시편 가장자리까지의 간격은 적어도 3개의 누름자가 들어설 정도의 여유를 가져야 한다. 다음 번에 측정할 누름 위치의 중심까지의 거리도 마찬가지다. 또한 시편 위에 다른 시편을 올려놓고 시험하는 것은 좋지 않다. 정확한 시험을 위해서는 부드럽고 평평한 표면 위에 누름자가 위치하도록 한다.

현재 사용하는 로크웰 시험기는 자동화되어 있으므로 사용하기가 매우 간단하며, 몇 초 안에 시험 결과를 직접 확인할 수 있다. 또한 하중 시간을 조절할 수 있으므로 경도 데이터를 해석하는 데 이러한 하중 시간도 하나의 변수로 고려해야 한다.

브리넬 경도 시험[15]

브리넬(Brinell) 경도 시험에서는 로크웰 경도 시험과 마찬가지로 시편의 표면을 구형 누름자로 누른다. 경화강(또는 텅스텐 탄화물)으로 만든 누름자의 지름은 10 mm이다. 표준 하중은 500~3000 kg의 범위 내에 있으며, 500 kg씩 증가한다. 시험 중에 하중은 정해진 시간(10~30초) 동안 일정하게 유지되며, 단단한 재료일수록 더 큰 하중이 요구된다. 브리넬 경도 지수 HB는 누름 자국의 지름과 하중량의 함수이다(표 6.5 참조).[16] 저배율의 현미경으로 접안 렌즈에 새겨진 눈금을 이용하여 누름 자국의 지름을 측정하며, 측정한 지름을 도표를 이용하여 적절하게 대응되는 HB 지수로 변환한다. 이때는 단지 하나의 스케일만을 사용해야 한다.

반자동 브리넬 경도 측정 장치도 있다. 이 방식은 누름 자국 위에 카메라를 위치시킬 수 있는 디지털 카메라를 장착한 광학 주사 시스템을 적용하고 있다. 카메라로부터 입력된 데이터는 누름 자국을 분석하는 컴퓨터로 전송되어 누름 크기를 결정하고 브리넬 경도 번호를 계산한다. 이 방식은 수동 측정 방식에 비해 최종 표면처리에 대한 요구조건이 더욱 까다롭다.

최소 시편 두께 및 시편 위치(가장자리에서부터 거리 및 누름 위치 간의 간격)에 관한 요건은 로크웰 경도 시험의 경우와 같다. 부드럽고 평평한 면 위에 누름자가 위치하도록 해야 정확한 경도값을 측정할 수 있다.

---

15 ASTM Standard E10, "Standard Test Method for Brinell Hardness of Metallic Materials."
16 브리넬 경도 지수는 BHN으로 나타낸다.

표 6.5 경도 시험법

시험	누름자	측면 모양	윗면 모양	하중	경도 지수 공식[a]
브리넬	강 또는 텅스텐 카바이드 10 mm 구	(구, D, d)	(구, d)	P	$HB = \dfrac{2P}{\pi D[D - \sqrt{D^2 - d^2}]}$
비커스 미세 경도	다이아몬드 피라미드	$136°$	(d_1, d_1)	P	$HV = 1.854P/d_1^2$
누프 미세 경도	다이아몬드 피라미드	$l/b = 7.11$ $b/t = 4.00$ (t)	(b, l)	P	$HK = 14.2P/l^2$
로크웰과 가상 로크웰	원뿔 다이아몬드 1.588, 3.175, 6.350, 12.70 mm 강구	$120°$	(구, 구)	$\left.\begin{array}{l}60\,\text{kg}\\100\,\text{kg}\\150\,\text{kg}\end{array}\right\}$ 로크웰 $\left.\begin{array}{l}15\,\text{kg}\\30\,\text{kg}\\45\,\text{kg}\end{array}\right\}$ 가상 로크웰	

[a] : 경도식에서, P(작용된 하중)는 kg이며 D, d, d_1, l은 mm이다.

출처 : H. W. Hayden, W. G. Moffatt, and J. Wulff, The Structure and Properties of Materials, Vol. III, Mechanical Behavior, John Wiley & Sons, 1965. Kathy Hayden 허가로 복사 사용함

표 6.6a 로크웰 경도 스케일

스케일 표시	누름자	주 하중(kg)
A	다이아몬드	60
B	1.588 mm 구	100
C	다이아몬드	150
D	다이아몬드	100
E	3.175 mm 구	100
F	1.588 mm 구	60
G	1.588 mm 구	150
H	3.175 mm 구	60
K	3.175 mm 구	150

표 6.6b 가상 로크웰 경도 스케일

스케일 표시	누름자	주 하중(kg)
15N	다이아몬드	15
30N	다이아몬드	30
45N	다이아몬드	45
15T	1.588 mm 구	15
30T	1.588 mm 구	30
45T	1.588 mm 구	45
15W	3.175 mm 구	15
30W	3.175 mm 구	30
45W	3.175 mm 구	45

누프 및 비커스 미세 경도 시험[17]

다른 경도 시험으로는 누프(Knoop) 경도 시험과 다이아몬드 피라미드(diamond pyramid)라고 부르는 비커스(Vickers) 경도 시험이 있다. 누름자는 피라미드형의 조그만 다이아몬드로 되어 있다. 작용 하중의 크기는 로크웰이나 브리넬보다 아주 작아 1~1000 g 사이이다. 누름 자국은 현미경으로 관찰하여 측정한 후 경도 지수로 변환시킨다(표 6.5 참조). 정확한 측정을 위해서 시편의 표면 처리(연삭 및 연마)에 주의를 기울여야 한다. 누프 경도 지수는 HK로, 비커스 경도 지수는 HV로 나타내는데[18] 경도 스케일은 서로 같다. 이 두 방법은 작은 작용 하중을 사용한다. 누름 크기가 작으므로 미세경도 시험(microindentation-testing methods)이라고 하며, 조그만 선정 부위의 경도를 측정하는 데 쓰인다. 누프는 세라믹과 같은 취성 재료의 경도를 측정하는 데 사용된다(12.11 절 참조).

현대식 미세경도 시험기는 누름 장치에 컴퓨터와 소프트웨어를 장착한 영상분석기(image analyzer)를 결합시켜 자동화하고 있다. 소프트웨어는 누름 자국 위치, 누름 자국 간격, 경도값 계산 및 데이터의 그래프 처리와 같은 중요한 시스템 기능을 통제한다.

여기에서 언급하지는 않았지만 자주 사용되는 경도 시험법으로는 초음파 미세경도기, 동적 경도 시험기(scleroscope), 소성 재료와 탄성 중합체(elastomeric) 재료 시험에 사용하는 듀로미터(durometer) 및 흠집 경도 시험기 등이 있다. 이에 대한 자세한 내용은 이 장의 참고문헌을 참조한다.

경도변환

한 스케일로 측정한 경도를 다른 스케일로 변환하는 것이 요구되지만, 경도는 확실히 정

---

17 ASTM Standard E92, "Standard Test Method for Vickers Hardness of Metallic Materials," and ASTM Standard E384, "Standard Test Method for Microindentation Hardness of Materials."

18 KHN은 누프 경도 지수, VHN은 비커스 경도 지수를 나타낸다.

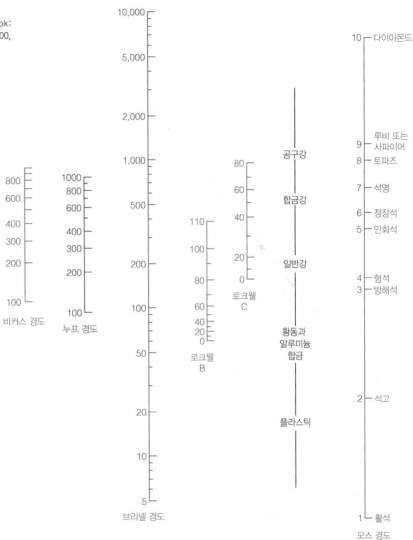

의되는 기계적 성질도 아니고 실험 방법에 따른 불일치로 인하여 적절한 변환법이 고안되지 못하였다. 실험을 통하여 경도의 변환을 시도하였고, 재료 형태와 특성에 따라 다르다는 것이 밝혀졌다. 그림 6.18은 강에 대한 경도 시험법 간의 변환을 나타내고 있으며, 모스 스케일도 나타나 있다. 다른 금속 및 합금에 대한 상세 변환표는 ASTM Standard E140, "Standard Hardness Conversion Tables for Metals"에 나타나 있다. 전술한 바와 같이 외삽법에 의해 하나의 합금계에서 다른 합금계로 데이터를 변환하려는 경우에는 주의를 해야 한다.

경도와 인장 강도의 관계

인장 강도와 경도는 모두 재료의 소성변형에 대한 저항성을 나타내며 두 성질 사이에는 비례 관계가 있다. 그림 6.19는 주철, 강 및 황동의 인장 강도를 HB의 함수로 나타낸 것이다. 그러나 다른 모든 재료에서도 이와 같은 그림 6.19의 비례 관계가 성립하는 것은 아니다. 대

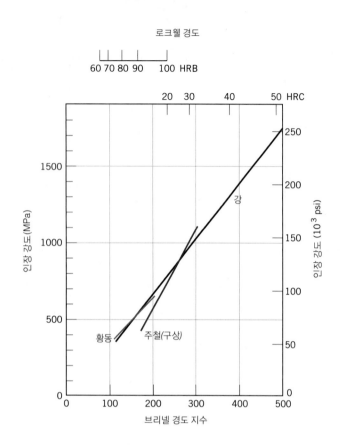

그림 6.19 강, 황동 및 주철에 대한 경도와 인장 강도의 관계
[출처 : *Metals Handbook: Properties and Selection: Irons and Steels*, Vol. 1, 9th edition, B. Bardes (Editor), 1978; and *Metals Handbook: Properties and Selection: Nonferrous Alloys and Pure Metals*, Vol. 2, 9th edition, H. Baker (Managing Editor), 1979. ASM International, Materials Park, OH. 허가로 복사 사용함]

부분의 강은 다음과 같은 HB와 인장 강도의 관계를 만족한다.

강 합금에 대한 브리넬 경도의 인장 강도 변환

$$TS(\text{MPa}) = 3.45 \times \text{HB} \tag{6.20a}$$

$$TS(\text{psi}) = 500 \times \text{HB} \tag{6.20b}$$

개념확인 6.4 표 6.3에 열거된 금속 중에서 경도가 가장 큰 금속은 무엇이며, 그 이유는 무엇인가?

[해답은 *www.wiley.com/go/Callister_MaterialsScienceGE* → **More Information** → **Student Companion Site** 선택]

이로써 금속의 인장 성질에 대한 논의를 마친다. 표 6.7에 기계적 성질 및 표시부호와 정성적인 특징을 요약해 놓았다.

기계적 성질	표시부호	관련 내용
탄성 계수	E	강성도-탄성변형에 대한 저항값
항복 강도	σ_y	소성변형에 대한 저항값
인장 강도	TS	최대 하중지지 성능
연성	%EL, %RA	파괴 시점에서의 소성변형 정도
탄력 계수	U_r	에너지 흡수-탄성변형
인성(정적)	—	에너지 흡수-소성변형
경도	예: HB, HRC	국부 표면변형에 대한 저항성

표 6.7 금속의 기계적 성질 요약

성질의 다양성과 설계/안전 계수

6.11 재료 성질의 다양성

이제는 공학을 전공하는 학생들에게 문제점을 이야기해야 할 것 같다. 다름이 아니라 "재료 성질은 정확한 값이 아니다."라는 것이다. 바꾸어 말하면 아무리 정확한 측정 장치를 사용하고 시험 절차를 정교하게 하더라도 동일한 재료의 시편들로부터 구한 데이터 값은 언제나 같은 값을 나타내지 않고 약간의 차이를 보인다는 것이다. 예를 들어 동일한 금속 합금에서 채취한 수많은 인장 시편을 동일한 시험 장치를 사용하여 응력-변형률 시험을 해보면 각각의 응력-변형률 곡선이 서로 약간씩 다르다는 것을 발견할 것이다. 결국 여러 가지의 탄성 계수, 항복 강도, 인장 강도값이 나타난다. 이러한 측정 결과의 차이를 일으키는 요인으로는 시험 방법, 시편 제작 절차, 기계 작동 방법 및 측정 기구의 사전 점검 등의 차이를 들 수 있다. 더욱이 재료는 제작 로트(lot)당 불균일성이 존재하며, 약간의 조성 차이 등의 상이점이 있을 수 있다. 물론 측정 오차를 줄이거나 데이터의 분산을 초래하는 요인을 감소시키려는 적절한 조치가 취해져야 한다.

밀도, 전기 전도율 및 열팽창 계수 등의 다른 재료 성질에도 이런 데이터의 분산은 나타난다.

이러한 재료 성질 데이터의 분산은 피할 수 없으므로 적절하게 다루어져야 한다는 것을 설계 기술자는 인식해야 한다. 그러므로 데이터는 통계적 처리를 거쳐 확률적으로 결정되어야 한다. 예를 들면 "이 합금의 파괴 응력이 얼마인가?"라는 질문 대신에 "이와 같이 주어진 조건에서 이 합금이 파손될 확률은 얼마인가?"라고 묻는 것에 더 익숙해져야 한다.

측정된 성질에 대한 전형적인 값과 분산 정도를 규정할 필요가 종종 발생하며, 이를 위하여 평균값과 표준편차를 사용한다.

평균값과 표준편차의 계산

평균값은 측정한 모든 값의 합을 측정 횟수로 나누어 구한다. 수학적으로 표현하자면 어떤 매개변수 x의 평균값 $\bar{x}$는 다음과 같이 구한다.

평균값 계산

$$\bar{x} = \frac{\sum_{i=1}^{n} x_i}{n} \tag{6.21}$$

여기서 n은 측정 횟수 또는 관찰 횟수이며, x_i는 개별 측정값이다.

또한 표준편차 s는 다음 식 (6.22)로 결정한다.

표준편차 계산

$$s = \left[\frac{\sum_{i=1}^{n} (x_i - \bar{x})^2}{n-1} \right]^{1/2} \tag{6.22}$$

여기서 x_i, $\bar{x}$, n은 앞에서 정의한 바와 같다. 표준편차가 클수록 데이터의 분산 정도가 크다는 것을 의미한다.

예제 6.6

평균값과 표준편차의 계산

강 합금에서 채취한 4개의 시편에서 구한 각각의 인장 강도는 다음과 같다.

샘플 번호	인장 강도(MPa)
1	520
2	512
3	515
4	522

(a) 평균 인장 강도를 구하라.
(b) 표준편차는 얼마인가?

풀이

(a) 평균 인장 강도($\overline{TS}$)는 식 (6.21)을 이용하여 구할 수 있다. 여기서 $n = 4$이다.

$$\overline{TS} = \frac{\sum_{i=1}^{4} (TS)_i}{4}$$

$$= \frac{520 + 512 + 515 + 522}{4}$$

$$= 517 \, \text{MPa}$$

(b) 표준편차는 식 (6.22)를 이용하여 구한다.

$$s = \left[\frac{\sum_{i=1}^{4} \{(TS)_i - \overline{TS}\}^2}{4-1} \right]^{1/2}$$

$$= \left[\frac{(520-517)^2 + (512-517)^2 + (515-517)^2 + (522-517)^2}{4-1} \right]^{1/2}$$

$$= 4.6\,\text{MPa}$$

그림 6.20은 이 예제의 시편 번호에 따른 인장 강도를 그래프의 형태로 나타내고 있다. 그림 6.20b의 가운데 점은 평균값 $\overline{TS}$를 나타내며, 이 데이터 점의 위와 아래에 오차 막대(짧은 수평선)를 표시하고, 이 오차 막대를 수직선으로 연결해 분산 정도를 나타낸다. 위쪽 선분은 [평균 인장 강도 + 표준편차], 즉 $(\overline{TS} + s)$의 값을 나타내며, 아래쪽 선분은 [평균 인장 강도 − 표준편차], 즉 $(\overline{TS} - s)$의 값을 나타낸다.

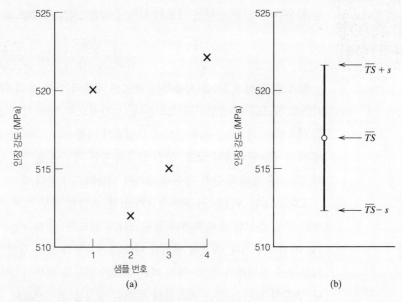

그림 6.20 (a) 예제 6.6의 인장 강도 데이터, (b) 데이터 표시 방법. 데이터 점은 인장 강도 ($\overline{TS}$)를 표시하며, 오차 범위는 표준편차로 주어진다($\overline{TS} \pm s$).

6.12 설계/안전 계수

실제 적용에서 작용 하중의 크기와 이와 관련된 응력 크기 결정에는 항상 불확실성이 있게 마련이며, 통상적인 하중 계산으로는 단지 근삿값만을 알 수 있다. 더욱이 앞 절에서 언급한 바와 같이 모든 공학적 재료에 대한 기계적 성질의 측정값은 편차를 보이며, 재료 제작 중에 결함이 도입되어 사용 중에도 위험 요소를 내포할 수 있다. 20세기의 명제는 설계 안전 계수를 적용하여 작용 응력을 감소시키는 것이었다. 이러한 절차는 구조물에 적용하는 것이 적합하지만 항공 및 교량 부품과 같은 특수 적용 분야에는 적절한 안전성을 부여하지 못한다.

이에 대한 현재의 접근 방식은 인성이 좋은 재료를 사용하고 덧붙임(과도한 또는 이중 구조물) 구조 설계를 하는 것이다. 또한 정기 결함 검사를 수행하며, 필요한 경우 부품을 안전하게 제거하거나 보수한다(제8장 8.5절 참조). 그러므로 예기치 못한 파손 방지를 위해서 설계 여유가 주어져야 한다.

설계 응력   이에 대한 한 방편으로 개개의 적용 시에 설계 응력(design stress) σ_d의 개념을 도입한다. 연성 재료를 사용하고, 정적인 조건의 경우에 σ_d는 예상 최대 하중을 기초로 산출한 응력인 σ_c에 설계 계수 N'을 곱한 값이다.

$$\sigma_d = N'\sigma_c \tag{6.23}$$

여기서 N'은 1보다 크다. 그러므로 사용할 재료의 항복 응력은 적어도 설계 응력 σ_d보다 커야 한다.

안전 응력   다른 안으로는 설계 응력 대신에 안전 응력(safe stress) 또는 사용 응력(working stress) σ_w를 사용한다. 안전 응력은 재료의 항복 응력을 안전 계수 N으로 나눈 값으로 정의한다.

안전 응력(사용 응력) 계산

$$\sigma_w = \frac{\sigma_y}{N} \tag{6.24}$$

설계 응력(식 6.23)을 사용하는 방법은 재료의 항복 응력 대신에 예상 최대 작용 하중을 기초로 하므로 이 방법이 선호되는데, 일반적으로 항복 강도를 규정하는 것보다 최대 하중을 예측하는 데 더 큰 불확실성이 도입되기 때문이다. 그러나 본문에서는 작용 하중의 결정에 대해서는 언급하지 않고, 금속 합금의 항복 강도에 영향을 주는 인자에 대하여 다루고 있다. 즉 사용 응력과 안전 계수에 대하여 서술하고자 한다.

또한 적절한 N값을 선정할 필요가 있다. N값을 너무 크게 취하면 과도한 설계가 되어 재료의 과잉 소모를 초래하거나 불필요하게 강도가 큰 합금을 사용한다. 일반적으로 N값은 1.2~4.0 범위이다. N값을 선정할 때에는 경제성과 사전 경험, 기계적 힘 및 재료 성질의 정확성 등을 고려해야 한다. 특히 파손에 따른 인명과 재산의 손실이 가장 중요한 고려 사항이다. N값이 크다는 것은 재료값과 무게의 증가를 의미하므로 구조 설계자는 경제적으로 실현가능하며 설계 여유를 갖도록 (검사도 가능한) 좀 더 인성이 좋은 재료를 채택하는 경향이 있다.

설계예제 6.1

지지대 지름의 산출

최대 하중 220,000 N을 견딜 수 있는 인장 시험기를 제작하려고 한다. 2개의 실린더형 지지대를 설치하여 각각 최대 하중의 1/2를 지지하도록 설계하려 한다. 지지대 재료로는 일반 탄소강 1045 강을 매끄럽게 가공하여 사용한다. 이 합금의 항복 강도는 310 MPa, 인장 강도는 565 MPa이다. 이 지지대의 적절한 지름을 산출하라.

풀이

설계의 1단계는 식 (6.24)에 따른 작용 응력을 산출할 수 있도록 안전 계수 N을 결정하는 것이다. 이 장비를 안전하게 운전하기 위해서는 시험 동안에 지지대의 탄성 휨 변형을 최소화하기 위하여 대체적으로 보수적인 안전 계수 $N = 5$를 적용한다. 이에 따라 작용 응력 σ_w는 다음과 같이 산출된다.

$$\sigma_w = \frac{\sigma_y}{N}$$

$$= \frac{310 \text{ MPa}}{5} = 62 \text{ MPa}$$

식 (6.1)의 응력 정의에 따라 지지대의 단면적은 다음과 같이 산출된다.

$$A_0 = \left(\frac{d}{2}\right)^2 \pi = \frac{F}{\sigma_w}$$

여기서 d는 지지대의 지름, F는 작용 힘이다. 하나의 지지대는 총 하중의 1/2인 110,000 N을 지지해야 하므로 d는 다음과 같이 산출된다.

$$d = 2\sqrt{\frac{F}{\pi\sigma_w}}$$

$$= \sqrt{\frac{110,000 \text{ N}}{\pi(62 \times 10^6 \text{ N/m}^2)}}$$

$$= 4.75 \times 10^{-2} \text{ m} = 47.5 \text{ mm}$$

그러므로 지지대의 지름은 47.5 mm이다.

설계예제 6.2

압력 실린더관용 재료 선정

(a) 얇은 벽두께(2 mm)의 실린더관(반지름 50 mm)을 가압가스 공급용으로 사용하려 한다. 내부압력 20 atm(2.027 MPa), 외부압력 0.5 atm(0.057 MPa)이라면, 표 6.8에 열거한 재료 중에서 적합한 재료는 무엇인가? 안전 계수는 4.0을 적용한다.

얇은 벽두께 실린더관의 원주방향(hoop) 응력(σ)은 다음 식과 같이 압력차(Δp)와 실린더 반지름(r_i) 및 관벽두께(t)에 따라 변한다.

$$\sigma = \frac{r_i \Delta p}{t} \tag{6.25}$$

이러한 매개변수는 그림 6.21에 나타나 있다.

(b) (a)의 조건을 만족하는 합금 중에서 가장 저렴한 재료를 선정하라.

풀이

(a) 이 관을 사용하여 가스를 안전하게 공급하기 위해서는 소성변형을 최소화하여야 한다. 그러므로 식 (6.25)의 원주응력 대신에 안전 계수(N)로 나눈 항복 응력을 대입한다.

$$\frac{\sigma_y}{N} = \frac{r_i \Delta p}{t}$$

σ_y에 대해 풀면 다음과 같다.

$$\sigma_y = \frac{N r_i \Delta p}{t} \tag{6.26}$$

이 식에 문제에 주어진 N, r_i, Δp와 t를 대입하여 σ_y에 대해 푼다. 이 값보다 항복 강도가 큰 재료가 적절한 후보 재료가 된다.

$$\sigma_y = \frac{(4.0)(50 \times 10^{-3} \, \text{m})(2.027 \, \text{MPa} - 0.057 \, \text{MPa})}{(2 \times 10^{-3} \, \text{m})} = 197 \, \text{MPa}$$

표 6.8의 여섯 가지 합금 중 네 종류(강, 구리, 황동, 티탄)의 항복 강도가 197 MPa보다 크며, 이 관의 설계 조건을 만족한다.

(b) 각 합금의 판 가격을 결정하기 위해서 우선 관의 부피(단면적 $A \times$ 길이 L)를 계산하는 것이 필요하다.

$$V = AL$$
$$= \pi(r_o^2 - r_i^2)L \tag{6.27}$$

여기서 r_o는 관 외부 반지름, r_i는 관 내부 반지름이다. 그림 6.21에서 $r_o = r_i + t$이다.

$$V = \pi(r_o^2 - r_i^2)L = \pi[(r_i + t)^2 - r_i^2]L$$
$$= \pi(r_i^2 + 2r_i t + t^2 - r_i^2)L$$
$$= \pi(2r_i t + t^2)L \tag{6.28}$$

길이는 정해져 있지 않지만 편의상 1.0 m로 가정한다. 문제에 주어진 r_i와 t 값을 대입하면 V 값은 다음과 같이 산출된다.

표 6.8 설계예제 6.2에 사용할 금속 합금에 대한 항복 강도, 밀도, 단위질량당 가격

합금	항복 강도, σ_y (MPa)	밀도, ρ (g/cm³)	단위질량당 가격, $\bar{c}$ ($US/kg)
강	325	7.8	1.25
알루미늄	125	2.7	3.50
구리	225	8.9	6.25
황동	275	8.5	7.50
마그네슘	175	1.8	14.00
티탄	700	4.5	40.00

$$V = \pi[(2)(50 \times 10^{-3}\,\text{m})(2 \times 10^{-3}\,\text{m}) + (2 \times 10^{-3}\,\text{m})^2](1\,\text{m})$$
$$= 6.28 \times 10^{-4}\,\text{m}^3 = 628\,\text{cm}^3$$

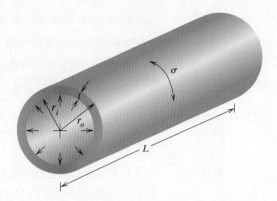

각 합금의 질량(kg)을 결정하기 위하여 부피 V에 밀도 ρ(표 6.8)를 곱하고 1000(1 m = 1000 mm)으로 나누면 된다. 각 합금의 가격($)은 다음 식 (6.29)와 같이 질량에 단위질량당 가격 ($\bar{c}$)(표 6.8)을 곱해 주면 된다.

$$가격 = \left(\frac{V\rho}{1000}\right)(\bar{c}) \qquad (6.29)$$

그림 6.21 설계예제 6.2의 주제인 실린더관의 개략도

예를 들면 강의 가격은 다음과 같다.

$$가격(강) = \left[\frac{(628\,\text{cm}^3)(7.8\,\text{g/cm}^3)}{(1000\,\text{g/kg})}\right](1.25\,\text{\$US/kg}) = \$6.10$$

강을 포함한 다른 세 종류 합금의 가격은 다음 표와 같다.

합금	가격($US)
강	6.10
구리	35.00
황동	40.00
티탄	113.00

그러므로 압력관용으로 강의 가격이 가장 저렴하다.

요약

서론	• 실제 사용을 위하여 재료의 기계적 성질을 평가하기 위한 실험실 시험에서 고려할 세 가지 요인은 (i) 작용 하중의 형태(예 : 인장, 압축, 전단), (ii) 하중 적용 시간, (iii) 환경 조건이다.

응력 및 변형률의 개념	• 인장 및 압축 하중에서 :
	   – 공칭 응력 σ는 순간 하중을 초기 시편 단면적으로 나눈 값으로 정의한다(식 6.1).
	   – 공칭 변형률 ε은 하중 적용 방향으로의 길이 변화량을 초기 길이로 나눈 값으로 정의한다(식 6.2).

응력-변형률 거동	• 재료가 응력을 받으면 우선 탄성변형(영구 변형이 아닌)이 발생한다.
	• 대부분의 재료는 탄성변형이 일어날 경우 응력과 변형률은 비례한다. 즉 응력-변형률 선도는 직선으로 나타난다.
	• 인장 및 압축 하중의 경우 응력-변형률 곡선에서 선형 탄성 구역의 기울기가 탄성 계수(E)이다(식 6.5의 훅의 법칙 참조).
	• 비선형 탄성 거동을 나타내는 재료에 대해서는 탄젠트와 시컨트 계수를 사용한다.
	• 시간에 의존하는 탄성변형은 의탄성이라 부른다.
재료의 탄성 성질	• 또 다른 탄성 성질인 푸아송비(ν)는 종변형률 ε_z에 대한 횡변형률 ε_x의 비에 ($-$)를 붙인 값이다(식 6.8).
인장 성질	• 항복 현상은 영구적인 소성변형이 시작되면서 나타난다.
	• 항복 응력은 소성변형이 시작하는 응력으로 대부분의 재료에 대한 항복 응력은 응력-변형률 곡선에 0.002 변형률 수평 이동 방법을 적용하여 구할 수 있다.
	• 인장 응력은 공칭 응력-변형률 곡선에서 최대점에 위치한 응력값을 취하며, 시편이 지지할 수 있는 최대 인장 응력을 의미한다.
	• 연성은 파괴가 일어나기까지의 소성변형량을 나타낸다.
	• 정량적인 연성값은 신장률이나 단면 감소율로 표시한다.
	• 항복 강도와 인장 강도 및 연성은 사전 변형량 및 불순물, 또는 열처리에 매우 민감하다. 그러나 탄성 계수는 대체로 이러한 조건에 대해 그렇게 민감하지는 않다.
	• 온도가 증가함에 따라 인장 강도 및 항복 강도뿐만 아니라 탄성 계수는 감소하지만 연성은 증가한다.
	• 탄력 계수는 재료가 항복에 도달할 때까지 요구되는 단위체적당 변형률 에너지이며, 공칭 응력-변형률 곡선에서 항복 응력까지의 밑면적으로 구한다.
	• 인성값은 시편이 파괴될 때까지 재료가 흡수한 에너지량을 나타내며, 공칭 응력-변형률 곡선의 전체 밑면적으로 구한다. 연성 재료는 일반적으로 취성 재료보다 인성이 크다.
진응력과 진변형률	• 진응력(σ_T)은 순간적인 하중을 순간적인 단면적으로 나눈 값으로 정의된다(식 6.15).
	• 진변형률(ε_T)은 초기 시편 길이에 대한 순간적인 길이의 자연 로그값과 같다(식 6.16).
소성변형 중의 탄성 회복	• 소성변형이 일어난 시편에서 하중을 제거하면 탄성변형률의 회복이 발생한다. 이 현상은 그림 6.17의 응력-변형률 선도에 나타나 있다.
경도	• 경도는 국부 소성변형에 대한 재료의 저항성을 나타낸다.
	• 가장 보편적인 경도 시험법으로는 로크웰과 브리넬이 있다.
	• 대표적인 두 가지 미세경도 시험기는 누프와 비커스이다. 조그만 압입자와 상대적으로 큰 하중을 사용한다. 세라믹과 같은 취성 재료나 국부 지역의 경도 측정에 사용한다.
	• 몇몇 금속의 경우 경도와 인장 응력 사이에는 선형 비례 관계가 있다.

재료 성질의 다양성	• 재료 성질 측정값이 분산되는 다섯 가지 요인은 시험 방법, 시편 제작 과정의 차이, 시험기 작동자의 편견, 기기 보정, 샘플별 조성 차이와 불균일이 있다.
	• 전형적인 재료 성질값은 평균값($\bar{x}$)으로 주어지며, 분산 정도는 표준편차(s)로 표현한다.
설계/안전 계수	• 측정한 기계적 성질 및 실제 사용 시의 작용 응력의 불확실성 때문에 설계 시에는 설계 응력 또는 안전 응력을 사용한다. 연성 재료의 안전 응력(사용 응력) σ_w는 항복 응력을 안전 계수로 나눈 값이다(식 6.24).

식 요약

식 번호	식	용도
6.1	$\sigma = \dfrac{F}{A_0}$	공칭 응력
6.2	$\varepsilon = \dfrac{l_i - l_0}{l_0} = \dfrac{\Delta l}{l_0}$	공칭 변형률
6.5	$\sigma = E\varepsilon$	탄성 계수(훅의 법칙)
6.8	$\nu = -\dfrac{\varepsilon_x}{\varepsilon_z} = -\dfrac{\varepsilon_y}{\varepsilon_z}$	푸와송비
6.11	$\%\mathrm{EL} = \left(\dfrac{l_f - l_0}{l_0}\right) \times 100$	연성, 길이 변화 %
6.12	$\%\mathrm{RA} = \left(\dfrac{A_0 - A_f}{A_0}\right) \times 100$	연성, 단면 수축 %
6.15	$\sigma_T = \dfrac{F}{A_i}$	진응력
6.16	$\varepsilon_T = \ln \dfrac{l_i}{l_0}$	진변형률
6.19	$\sigma_T = K\varepsilon_T^n$	진응력과 진변형률(네킹까지의 소성변형)
6.20a	$TS(\mathrm{MPa}) = 3.45 \times \mathrm{HB}$	브리넬 경도로 인장 강도 산출
6.20b	$TS(\mathrm{psi}) = 500 \times \mathrm{HB}$	
6.24	$\sigma_w = \dfrac{\sigma_y}{N}$	안전(작용) 응력

기호 목록

기호	의미
A_0	하중을 가하기 전의 시편 단면적
A_f	파괴 시점의 시편 단면적
A_i	하중 적용 시 순간 시편 단면적
E	탄성 계수(인장 및 압축)
F	작용 힘
HB	브리넬 경도
K	재료 상수
l_0	하중을 가하기 전의 시편 길이
l_f	시편 파괴 길이
l_i	하중 적용 시 순간 시편 길이
N	안전 계수
n	변형률-경화 지수
TS	인장 강도
$\varepsilon_x, \varepsilon_y$	하중 작용 방향의 수직 방향 변형률(즉 횡 방향)
ε_z	하중 작용 방향의 변형률(즉 종 방향)
σ_y	항복 강도

주요 용어 및 개념

경도	연성	탄성 계수
공칭 변형률	의탄성	탄성변형
공칭 응력	인성	푸아송비
비례 한계	인장 강도	항복
설계 응력	진변형률	항복 강도
소성변형	진응력	
안전 응력	탄력	

참고문헌

ASM *Handbook, Vol. 8, Mechanical Testing and Evaluation,* ASM International, Materials Park, OH, 2000.

Bowman, K., *Mechanical Behavior of Materials*, Wiley, Hoboken, NJ, 2004.

Boyer, H. E. (Editor), *Atlas of Stress–Strain Curves*, 2nd edition, ASM International, Materials Park, OH, 2002.

Chandler, H. (Editor), *Hardness Testing*, 2nd edition, ASM International, Materials Park, OH, 2000.

Courtney, T. H., *Mechanical Behavior of Materials*, 2nd edition, Waveland Press, Long Grove, IL, 2005.

Davis, J. R. (Editor), *Tensile Testing*, 2nd edition, ASM International, Materials Park, OH, 2004.

Dieter, G. E., *Mechanical Metallurgy*, 3rd edition, McGraw-Hill, New York, 1986.

Dowling, N. E., *Mechanical Behavior of Materials*, 4th edition, Prentice Hall (Pearson Education), Upper Saddle River, NJ, 2012.

Hosford, W. F., *Mechanical Behavior of Materials*, 2nd edition, Cambridge University Press, New York, 2010.

Meyers, M. A., and K. K. Chawla, *Mechanical Behavior of Materials*, 2nd edition, Cambridge University Press, New York, 2009.

연습문제

응력 및 변형률의 개념

6.1 (a) 식 (6.4a)와 (6.4b)는 그림 6.4에 나타난 작용 인장 응력 σ와 기울어진 각도 θ의 함수로 수직 응력 σ'과 전단 응력 τ'을 구하는 식이다. θ와 방향 매개변수(예 : $\cos^2 \theta$와 $\sin \theta \cos \theta$) 사이의 관계를 나타내는 선도를 작성하라.

(b) 이 선도에서 수직 응력이 최대가 되는 경사각은 얼마인가?

(c) 전단 응력이 최대가 되는 경사각은 얼마인가?

응력-변형률 거동

6.2 사각형 단면적이 15.2 mm × 19.1 mm인 구리 시편에 44,500 N의 인장력을 가하여 탄성변형을 일으켰다. 이에 따른 변형률을 계산하라.

6.3 사각형 알루미늄 막대에 66,700 N의 인장력을 가하여 탄성변형을 일으켰다. 초기 길이는 125 mm, 초기 사각형 단면의 한 변은 16.5 mm, 늘어난 길이는 0.43 mm이다. 알루미늄의 탄성 계수를 구하라.

6.4 지름이 2.0 mm이고, 길이가 3×10^4 mm인 실린더형 니켈 선(wire)에 300 N의 인장력을 가하여 탄성변형을 일으켰다. 이때 늘어난 길이를 구하라.

6.5 실린더형 강철($E = 207$ GPa)의 항복 강도는 310 MPa이다. 봉의 초기 길이가 500 mm이고 인장력이 11,100 N일 때 늘어난 길이가 0.38 mm이면 지름은 얼마인가?

6.6 그림 6.22에 나타난 실린더형 강철 합금 시편의 초기 지름 및 초기 길이는 각각 8.5 mm, 80 mm이다. 65,250 N의 인장 하중을 가할 때 신장량은 얼마인가?

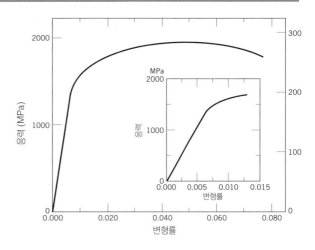

그림 6.22 합금강의 인장 응력-변형률 거동

6.7 2.6절에서 서술한 바와 같이 독립된 양이온과 음이온 사이의 결합 에너지 E_N은 이온 간 거리 r의 함수로 주어진다.

$$E_N = -\frac{A}{r} + \frac{B}{r^n} \tag{6.30}$$

여기서 A, B, n은 특정 이온쌍에 대한 상수값이다. 식 (6.30)은 고체 물질에 인접한 이온 간의 결합 에너지에도 유효하다. 탄성 계수값 E는 이온 간의 힘-거리 곡선에서 원자 간 평형 거리에서의 기울기값에 비례하며 다음 식으로 표현된다.

$$E \propto \left(\frac{dF}{dr} \right)_{r_0}$$

다음과 같은 절차를 따라서 탄성 계수와 상수값 A, B, n 사이의 관계를 유도하라.

1. 다음 식을 참조하여 힘 F를 r의 함수로 나타낸다.

$$F = \frac{dE_N}{dr}$$

2. dF/dr를 구한다.

3. 평형 원자 간 거리 r_0에 대한 식을 전개한다. r_0는 그림 2.10b의 E_N 대 r 곡선의 최저점에서의 r 값에 대응한다. $dE_N/dr = 0$으로 놓고 r에 대해 풀면, 이 값이 r_0에 해당된다.

4. r_0에 대한 표현을 dF/dr에서 구한 관계식에 대입한다.

6.8 연습문제 6.7에서 구한 해를 이용하여 가상적인 재료 X, Y, Z를 탄성 계수가 큰 차례로 나타내라. 이 재료들의 A, B, n값(식 6.30)은 다음 표에 나타나 있다. E_N의 단위는 eV이며, r의 단위는 나노미터이다.

재료	A	B	n
X	1.5	7.0×10^{-6}	8
Y	2.0	1.0×10^{-5}	9
Z	3.5	4.0×10^{-6}	7

재료의 탄성 성질

6.9 지름이 15.2 mm, 길이가 250 mm인 실린더형 강철 시편에 48,900 N의 인장력을 가해 탄성변형을 일으켰다. 표 6.1에 주어진 데이터를 이용하여 다음 값을 구하라.

(a) 작용 응력 방향으로 시편이 늘어난 양

(b) 시편 지름의 변화. 지름은 증가하겠는가, 아니면 감소하겠는가?

6.10 지름이 10 mm인 실린더형 금속 합금 시편에 인장력을 가하여 탄성변형을 일으켰다. 지름을 7×10^{-3} mm 감소시키는 데 15,000 N의 힘을 가하였다. 탄성 계수가 100 GPa이라면 이 재료의 푸아송비는 얼마인가?

6.11 지름이 10 mm인 가상 금속 시편에 인장력을 가하여 탄성변형을 일으켰다. 지름을 6.7×10^{-4} mm 감소시키는 데 1500 N의 힘을 가하였다. 이 재료의 푸아송비가 0.35라면 탄성 계수는 얼마인가?

6.12 50 MPa의 인장 응력을 받고 있는 실린더형 금속 시편의 지름은 15 mm, 초기 길이는 150 mm이다. 이 응력에서는 탄성변형만 일어난다.

(a) 신장량이 0.072 mm보다 작아야 한다면, 표 6.1에 주어진 금속 중에서 이에 맞는 금속은 무엇이며, 그 이유는 무엇인가?

(b) 50 MPa의 인장 응력이 작용할 때 지름의 최대 감소량이 2.3×10^{-3} mm라면 (a)의 금속 중 어느 금속이 이 조건을 만족하겠는가? 그 이유는 무엇인가?

6.13 황동 합금의 지름이 10 mm, 초기 길이가 101.6 mm이고, 응력-변형률 곡선은 그림 6.12와 같다. 인장력은 10,000 N, 푸아송비가 0.35일 때 다음 값을 계산하라.

(a) 시편의 늘어난 길이

(b) 시편 지름의 감소량

6.14 지름 12.7 mm, 길이 500 mm인 실린더형 봉에 29,000 N의 인장력을 가하여 변형을 일으켰다. 소성변형은 일어나지 않았으며, 길이는 1.3 mm 이상 감소되지 않아야 한다. 다음 표에 제시된 재료 중 어느 재료인지를 설명하라.

재료	탄성 계수 (GPa)	항복 강도 (MPa)	인장 강도 (MPa)
알루미늄 합금	70	255	420
황동 합금	100	345	420
구리	110	210	275
강철 합금	207	450	550

인장 성질

6.15 그림 6.22는 강 합금의 공학 인장 응력-변형률 곡선이다.

(a) 탄성 계수는 얼마인가?

(b) 비례 한계는 얼마인가?

(c) 0.002 변형률 수평 이동 방법에 따른 항복 강도는 얼마인가?

(d) 인장 강도는 얼마인가?

6.16 단면의 지름이 10 mm인 실린더형 강 합금 시편에 140,000 N의 하중을 가하였다. 응력-변형률 거동은 그림 6.22에 나타나 있다.

(a) 탄성변형이 일어날지 혹은 소성변형이 일어날지를 설명하라.

(b) 초기 시편 길이가 500 mm라면 늘어난 길이는 얼마인가?

6.17 실린더형 알루미늄 시편의 지름은 12.8 mm, 게이지 길이는 50.800 mm이다. 다음 표에 주어진 하중-길이 특성을 사용하여 다음 (a)∼(f) 문제를 완성하라.

하중	길이
N	**mm**
0	50.800
12,700	50.825
25,400	50.851
38,100	50.876
50,800	50.902
76,200	50.952
89,100	51.003
92,700	51.054
102,500	51.181
107,800	51.308
119,400	51.562
128,300	51.816
149,700	52.832
159,000	53.848
160,400	54.356
159,500	54.864
151,500	55.880
124,700	56.642
파괴	

(a) 공칭 응력−변형률 곡선을 그리라.

(b) 탄성 계수는 얼마인가?

(c) 0.002 변형률 수평 이동 방법에 따른 항복 강도는 얼마인가?

(d) 이 합금의 인장 강도는 얼마인가?

(e) 대략 연성값을 길이 백분율로 나타내라.

(f) 탄력 계수는 얼마인가?

6.18 지름이 15 mm, 길이가 120 mm인 실린더형 금속 시편이 15,000 N의 인장력을 받고 있다.

(a) 어떠한 소성변형도 일어나지 말아야 한다면 표 6.2의 알루미늄, 구리, 황동, 니켈, 강철 및 티타늄 중 적합한 후보는 무엇인가? 이유는 무엇인가?

(b) 늘어난 길이가 0.07 mm 이상이 안 된다면 (a)에서 적절한 후보는 무엇인가? 이유는 무엇인가? 표 6.1의 데이터를 참조하라.

6.19 초기 지름 12.8 mm, 초기 게이지 길이 50.8 mm인 실린더형 금속 시편을 인장으로 파괴시켰다. 파괴 지름은 8.13 mm, 파괴 게이지 길이는 74.17 mm이다. 단면감소율과 길이 %로 연성을 계산하라.

6.20 그림 6.12와 6.22의 응력-변형률 거동을 나타내는 재료의 탄력 계수를 계산하라.

6.21 스프링 강 합금의 탄력 계수는 적어도 2.07 MPa이어야 한다. 최소 항복 강도는 얼마인가?

진응력과 진변형률

6.22 식 (6.18a)와 (6.18b)는 변형 동안에 부피변화가 없을 때 유효하다는 것을 보이라.

6.23 금속 시편의 인장 시험 결과는 다음과 같다. 진응력이 500 MPa일 때 소성변형률은 0.16이고, 식 (6.19)의 K값은 825 MPa이었다. 진응력이 600 MPa일 때의 진변형률을 구하라.

6.24 황동 합금은 네킹 현상이 일어나기 전까지 다음과 같은 공칭 응력에 대응하는 **공칭 소성변형**을 나타낸다. 0.28의 공칭 변형률을 일으키는 데 필요한 공칭 응력은 얼마인가?

공칭 응력(MPa)	공칭 변형률
315	0.105
340	0.220

6.25 탄성변형 및 소성변형을 일으킨 재료에 대한 인성값(파괴에 필요한 에너지)을 구하라. 탄성변형에 대해서는 식 (6.5)를 적용하라. 탄성 계수는 103 GPa이고, 탄성변형률 한계는 0.007이다. 소성변형에는 식 (6.19)를 적용하고, 여기서 K는 1520 MPa, n은 0.15이다. 변형률이 0.007과 0.6 사이에서는 소성변형이 일어난다.

6.26 식 (6.19)의 양변에 로그를 취하면 다음과 같다.

$$\log \sigma_T = \log K + n \log \varepsilon_T \qquad (6.31)$$

그러므로 네킹 현상이 일어나기 전까지의 $\log \sigma_T$ 대 $\log \varepsilon_T$ 곡선의 직선 기울기는 n이며, 절편($\log \sigma_T = 0$)은 $\log K$이다.

연습문제 6.17에 주어진 데이터를 적절히 이용하여 $\log \sigma_T$ 대 $\log \varepsilon_T$ 곡선과 n 및 K 값을 구하라. 식 (6.18a)와 (6.18b)를 이용하여 공칭 응력-변형률을 진응력-진변형률로 변환시키는 것이 필요하다.

소성변형 중의 탄성 회복

6.27 사각형 단면이 19 mm×3.2 mm인 강 합금 시편의 응력-변형률 거동은 그림 6.22에 나타나 있다. 이 시편에 110,000 N의 인장력을 가하였다.
(a) 탄성변형량과 소성변형량을 구하라.
(b) 초기 길이가 610 mm이고, (a)에 주어진 하중을 가한 후에 하중을 제거했다면 시편의 최종 길이는 얼마인가?

경도

6.28 (a) 강 합금을 지름이 10 mm인 브리넬 경도 시험기로 1000 kg의 하중을 사용하여 시험한 결과 지름이 2.5 mm인 누름 자국이 생겼다. 이 재료의 HB를 계산하라.
(b) 500 kg의 하중을 사용할 때 경도 300 HB에 해당하는 누름 자국의 지름은 얼마인가?

6.29 (a) 0.60 kg의 하중으로 비커스 400 HV가 되면 압입 자국의 대각선 길이는 얼마인가?
(b) 하중 700g으로 압입 자국 대각선 길이가 0.05 mm가 나타났다. 비커스 경도는 얼마인가?

6.30 다음 재료에 대한 브리넬 경도값 및 로크웰 경도값을 구하라.
(a) 그림 6.12의 응력-변형률 거동을 보이는 네이벌 황동(naval brass)
(b) 그림 6.22에 주어진 응력-변형률 거동을 보이는 강 합금

재료 성질의 다양성

6.31 재료 성질 측정값의 분산을 일으키는 다섯 가지 요인을 서술하라.

6.32 하나의 강 시편에서 구한 로크웰 G 경도값은 다음과 같다. 평균 경도값과 표준편차를 구하라.

47.3	48.7	47.1
52.1	50.0	50.4
45.6	46.2	45.9
49.9	48.3	46.4
47.6	51.1	48.5
50.4	46.7	49.7

설계/안전 계수

6.33 안전 계수의 바탕을 이루는 세 가지 조건을 기술하라.

설계문제

6.D1 (a) 압력 가스 운송에 반지름 65 mm의 얇은 실린더형 튜브를 사용한다. 튜브의 내부압력은 100 atm(10.13 MPa), 외부압력은 2.0 atm(0.2026 MPa)이다. 다음 금속 합금 각각에 대한 최소 두께를 계산하라. 안전 계수는 3.5fh 가정하라.
(b) 가장 저렴한 튜브 합금은 무엇인가?

합금	항복 강도 σ_y(MPa)	밀도 ρ(g/cm³)	단위질량당 가격 $\bar{c}$($US/kg)
탄소강	375	7.8	1.65
합금강	1000	7.8	4.00
주철	225	7.1	2.50
알루미늄	275	2.7	7.50
마그네슘	175	1.80	15.00

6.D2 (a) 반지름이 0.125 m인 실린더형 니켈 세관에 일정 압력이 0.658 MPa인 기체 수소가 흐르고 있다. 세관의 온도는 350°C, 세관 외부의 압력은 0.0127 MPa을 유지하도록 되어 있다. 확산 유량이 1.25×10^{-7} mol/m$^2 \cdot$ s를 넘지 않도록 하기 위한 세관의 최소 두께를 계산하라. 니켈 내의 수소 농도 C_H(Ni의 m^{3}당 수소 몰 수)는 수소 압력 P_{H_2}(MPa)와 절대 온도 T의 함수로서 다음 식과 같이 주어진다.

$$C_H = 30.8 \sqrt{p_{H_2}} \exp\left(-\frac{12{,}300 \text{ J/mol}}{RT}\right) \quad (6.32)$$

또한 Ni 내의 H의 확산 계수는 온도의 함수로서 식 (6.33)에 나타나 있다.

$$D_H(\text{m}^2/\text{s}) = 4.76 \times 10^{-7} \exp\left(-\frac{39{,}560 \text{ J/mol}}{RT}\right)$$
$$(6.33)$$

(b) 실린더형 가압 세관의 원주 방향 응력은 세관 벽 사이의 압력차(Δp), 실린더 반지름(r), 세관 벽두께(Δx)의 함수로서 다음 식과 같이 표현된다.

$$\sigma = \frac{r\Delta p}{\Delta x} \quad (6.25a)$$

가압 세관에 대한 원주 방향 응력을 계산하라. [참고 : 설계문제 6.2의 식 (6.25)에서 t는 실린더 벽두께를 나타내지만, 식 (6.25a)에서 벽두께는 Δx이다.]

(c) Ni의 상온 항복 강도는 100 MPa이며, 온도가 50°C 증가할 때마다 σ_y는 5 MPa씩 감소한다. (b)에서 산출한 세관 벽두께는 350°C에서도 적합한가? 적합 여부의 이유는 무엇인가?

(d) 이 벽두께가 적합하다면 이 세관에 변형을 일으키지 않을 최소 벽두께는 얼마인가? 벽두께 감소에 따른 확산 유량의 증가량은 얼마인가? 반면에 (c)에서 계산한 벽두께가 적합하지 않다면 최소 벽두께는 얼마인가? 이 경우 확산 유량의 감소량은 얼마인가?

전위와 강화 기구

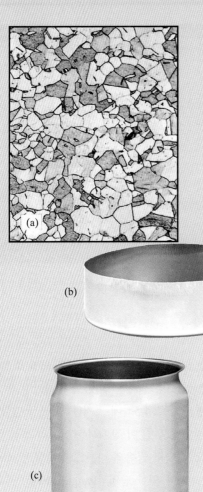

그림 (b)는 알루미늄 음료수 캔의 한 부분이다. 그림 (a)는 알루미늄의 등축(모든 방향으로의 크기가 비슷한) 결정립 구조를 나타낸다.

그림 (c)는 음료수 캔의 전체 성형 모습이다. 이 캔은 딥드로잉(deep drawing) 공정으로 제작되며, 캔의 벽은 늘어나면서 소성변형이 일어난다. 이때 캔 벽의 알루미늄 입자 구조는 잡아당기는 방향으로 늘어나게 되어, 밑의 그림 (d)와 같은 형태로 변한다. 그림 (a)와 그림 (d)의 배율은 150배이다.

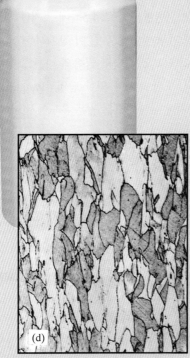

[출처 : (a), (d) W. G. Moffatt, G. W. Pearsall, and J. Wulff, *The Structure and Properties of Materials*, Vol. I, *Structure*, John Wiley & Sons, 1964. Reproduced with permission of Janet M. Moffatt. (b), (c) © William D. Callister, Jr.]

전위와 전위의 소성변형 과정에서의 역할을 이해함으로써 금속과 이들 합금을 강하게 하거나 단단하게 하는 방법의 근원적인 기구를 파악할 수 있게 된다. 그러므로 재료의 기계적 성질을 설계하고 조절할 수 있다. 금속 복합 재료의 강도와 인성의 조절이 하나의 예이다.

학습목표

이 장을 학습한 후에는 다음 내용을 숙지할 수 있어야 한다.

1. 원자의 관점에서 칼날 전위와 나사 전위에 대한 설명
2. 작용 전단 응력에 따른 칼날 전위와 나사 전위의 이동에 의한 소성변형 형태의 법칙과 이의 적용 조건
3. 슬립계와 이에 대한 예
4. 소성변형에 따른 다결정 금속의 입자 구조 변화
5. 입계의 전위 이동 방해 역할과 미세 입자 구조가 조대 입자 구조보다 더 강한 이유
6. 전위와 격자 변형률 사이의 상호작용으로 치환형 고용체 강화 기구의 설명
7. 전위와 변형률장 사이의 상호작용으로 변형률 강화(또는 냉간 가공) 현상의 설명
8. 미세조직의 변경 및 재료의 기계적 특성으로 재결정 설명
9. 거시적 관점과 원자적 관점에서의 입자 성장 설명

7.1 서론

제6장에서는 재료의 탄성변형 및 소성변형에 대하여 서술하였다. 소성변형은 영구적이며, 재료의 강도 및 경도는 소성변형에 대한 저항성을 나타낸다. 미시적으로 보면 소성변형은 작용 응력에 의해 원자가 움직인 결과로 볼 수 있으며, 원자 간의 결합이 끊어진 후 재결합되는 과정이 수반된다. 결정고체에서 소성변형은 주로 4.5절에 소개한 선 결정 결함(linear crystalline defects)인 전위의 움직임에 의해 일어났으며, 이 장에서는 전위의 특성 및 소성변형에서의 전위의 역할에 대하여 기술하고 있고[몇몇 금속의 다른 소성변형 방식인 쌍정(twinning)에 대해서도 언급하고 있다], 또한 전위에 의한 단일상(single-phase) 금속의 강화 기구에 대해서도 언급하고 있다. 마지막 부분에서는 높은 온도에서 나타나는 소성변형된 재료의 회복, 재결정, 결정립 성장을 다루었다.

전위와 소성변형

완전한 결정의 이론적 강도는 실제 측정 강도보다 매우 크다. 1930년대에는 이러한 강도의 차이를 선 결정 결함으로 설명할 수 있었으며, 1950년대에 이르러서야 전자현미경으로 이러한 전위를 직접 관찰할 수 있게 되었다. 그 후 결정 재료(주로 금속 및 세라믹)의 많은 물리적·기계적 현상을 전위 이론으로 설명할 수 있게 되었다(12.10절).

7.2 기본 개념

전위(dislocation)의 기본적인 두 가지 형태는 칼날(edge) 전위와 나사(screw) 전위이다. 칼날 전위에서 전위선(dislocation line)으로 정의되는 과잉 반쪽 원자면의 끝단을 따라 국부적인 격자 뒤틀림(lattice distortion)이 존재한다(그림 4.4). 나사 전위는 전단 뒤틀림에 의해 나타나며, 나사 전위의 전위선은 나선형의 원자면 램프(ramp)의 중심을 통과한다(그림 4.5). 결정 재료의 많은 전위들은 칼날 전위 및 나사 전위의 성분을 모두 갖고 있는 혼합 전위이다(그림 4.6).

미시적 관점에서의 소성변형에는 많은 전위의 움직임이 수반된다. 칼날 전위는 그림 7.1에 나타낸 바와 같이 전위선에 수직으로 작용하는 전단 응력에 따라 움직인다. 그림 7.1a에서와 같이 전단 응력이 작용하면 처음의 과잉 반쪽 원자면 A는 오른쪽으로 힘을 받으며, 이어서 같은 방향으로 윗부분에 있는 B면, C면, D면 등을 순차적으로 밀게 된다. 전단 응력이 충분하다면 면 B의 원자 간 결합은 전단면을 따라 끊어진다. 이에 따라 면 A는 면 B의 아래 반쪽면과 결합하게 됨으로써 면 B의 위 반쪽면이 과잉 반쪽면이 된다(그림 7.1b). 이와 같은 과정은 나머지 다른 면들에 연쇄적으로 일어나게 되어 과잉 반쪽면은 왼쪽에서 오른쪽으로 이동하게 된다. 전위가 결정의 어느 특정 부위를 지나기 전이나 후에는 원자 정렬이 규칙적이며 완전하다. 단지 과잉 반쪽면이 움직일 때에만 격자 구조가 뒤틀린다. 최종적으로는 그림 7.1c에 나타난 바와 같이 과잉 반쪽면이 완전히 오른쪽으로 움직여 원자 간 거리의 폭만큼 가장자리 층을 형성하게 된다.

슬립

전위의 움직임에 따른 소성변형 과정을 슬립(slip)이라 하고, 전위선이 가로지르는 면을 슬립면(slip plane)이라 한다(그림 7.1). 거시적 관점에서의 소성변형이란 그림 7.2a에 나타난 바와 같이 전위의 움직임, 즉 슬립에 따른 영구변형을 의미한다.

전위의 움직임은 자벌레의 움직임과 유사하다(그림 7.3). 자벌레는 끝다리 부분을 끌어당겨 뒤쪽에 산 모양을 만든 후에 다리를 들어올리고 움직이는 동작을 반복함으로써 이 산 모

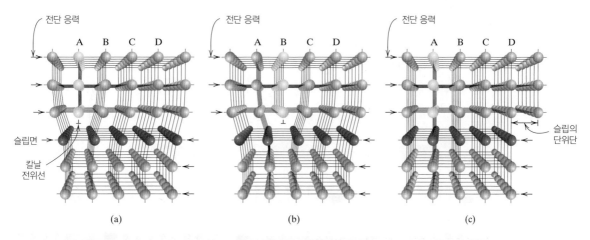

(a)　　　　　(b)　　　　　(c)

그림 7.1 작용 응력에 따른 칼닐 진위의 움직임에 수반되는 원자의 재배열. (a) A는 과잉 원자 반쪽면을 나타낸다. (b) A면이 B면의 밑부분과 이어지면서 전위는 하나의 원자 거리를 이동해 간다. 이에 따라 B면의 윗부분이 과잉 원자면이 된다. (c) 과잉 원자면이 표면에 나와 하나의 단이 형성된다.

그림 7.2 (a) 칼날 전위와 (b) 나사 전위의 움직임에 따른 결정 표면의 단 형성. 칼날 전위의 전위선은 작용 전단 응력 τ의 방향과 같은 방향으로 움직이고 나사 전위의 전위선은 응력 방향에 수직으로 움직인다.
(출처 : H. W. Hayden, W. G. Moffatt, and J. Wulff, *The Structure and Properties of Materials*, Vol. III, *Mechanical Behavior*, John Wiley & Sons, 1965. Reproduced with permission of Kathy Hayden 허가로 복사 사용함)

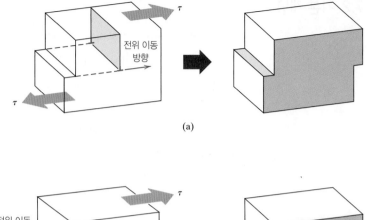

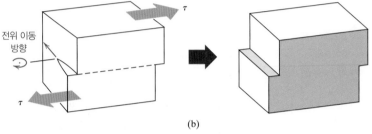

양을 앞으로 전진시킨다. 이 산 모양이 맨 앞쪽에 도달하면 자벌레는 다리 사이의 간격만큼 앞으로 전진한다. 자벌레의 산 모양과 이의 움직임은 소성변형 전위 모델의 과잉 원자면에 대응한다.

작용 전단 응력에 따른 나사 전위의 움직임은 그림 7.2b에 나타나 있다. 이동 방향은 응력 방향에 수직인 반면에 칼날 전위는 전단 응력에 평행하게 움직인다. 그러나 최종 소성변형량은 서로 같다(그림 7.2 참조). 혼합 전위의 이동 방향은 작용 응력에 수직도 아니고 평행도 아니며, 그 중간이다.

실제로 모든 결정 재료에는 응고 과정이나 소성변형 혹은 급속 냉각에 따른 열응력으로부터 생성된 전위가 포함되어 있다. 전위의 수, 즉 **전위 밀도**(dislocation density)는 단위 체적당 총전위 길이, 또는 무작위로 선정한 단위 면적을 관통하는 전위 수로 표현한다. 전위 밀도의 단위는 $mm/mm^3(mm^{-2})$이다. 주위를 기울여 만든 금속 결정의 전위 밀도도 $10^3\ mm^{-2}$이나 된다. 매우 크게 소성변형이 일어난 금속의 전위 밀도는 $10^9 \sim 10^{10}\ mm^{-2}$이다. 이와 같이 큰 전위 밀도는 열처리를 통하여 $10^5 \sim 10^6\ mm^{-2}$까지 낮출 수 있다. 반면에 세라믹 재

전위 밀도

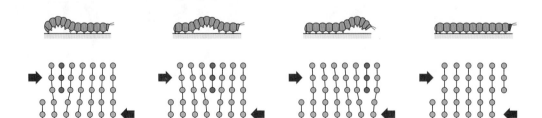

그림 7.3 자벌레 움직임과 전위 움직임의 유사성

료의 전형적인 전위 밀도는 $10^2 \sim 10^4 \, mm^{-2}$이며, 집적회로에 쓰이는 규소 단결정은 $0.1 \sim$ $1 \, mm^{-2}$의 값을 나타낸다.

7.3 전위의 특성

전위의 특성은 금속의 기계적 성질의 측면에서 특히 중요한데 전위의 기동성뿐만 아니라 전위의 증가에도 영향을 끼친다. 또한 전위 둘레에 존재하는 변형장(strain field)도 전위 특성 중의 하나이다.

금속에 소성변형을 가하면 소성 에너지의 약 5%만 내부에 남고 나머지는 열로 분산되는데, 내부에 남은 저장 에너지의 대부분은 전위와 관련된 변형률 에너지이다. 그림 7.4는 칼날 전위를 나타낸다. 이미 언급한 바와 같이 과잉 원자면으로 인해 전위선 주위에 약간의 원자 격자 뒤틀림이 존재한다. 결과적으로 근처 원자에 압축, 인장 및 전단 성분의 격자 변형률(lattice strain)이 부과되고, 전위선의 바로 위나 가까이에 있는 원자들은 서로 조이게 된다. 그러므로 이러한 원자들은 완전한 결정에서의 원자 또는 전위선에서 멀리 떨어진 원자에 비해 압축 변형률이 나타나고(그림 7.4) 전위선 밑에는 반대로 인장 변형률이 걸리게 된다. 또한 칼날 전위 부근에는 전단 변형률도 역시 존재한다. 그러나 나사 전위의 격자 변형률은 순수 전단뿐이다. 이러한 격자 뒤틀림은 전위선에서 방사하는 변형장으로 볼 수 있으며, 변형률은 주위 원자로 전파되고, 그 양은 전위로부터의 원주 거리에 따라 감소한다.

매우 근접한 전위의 변형장은 서로 영향을 미쳐 근처 모든 전위의 상호작용이 합해진 힘이 각 전위에 부과된다. 그림 7.5a에 나타나 있듯이 같은 부호와 같은 슬립면을 갖는 2개의 칼날 전위를 생각해 보자. 두 전위의 인장 및 압축 변형률은 슬립면의 같은 쪽에 존재하고, 변형장의 상호작용으로 두 전위 사이에는 서로 밀치는 상호반발력이 존재한다. 반면에 동일한 슬립면에서 반대 부호를 갖는 전위는 그림 7.5b와 같이 서로 끌어당겨 두 전위가 만나면 전위 소멸 현상이 나타난다. 즉 2개의 과잉 반쪽 원자면이 정렬하여 하나의 완전한 면이 된다. 전위의 상호작용은 칼날 전위, 나사 전위, 혼합 전위 및 다양한 방향성을 갖는 전위 사이에 모두 나타나며, 이러한 변형장과 이와 관련된 힘은 금속의 강화 기구에서 중요한 역할을 한다.

소성변형 동안에 전위의 수는 대단히 많이 증가하는데, 소성변형을 많이 받은 금속의 전

격자 변형률

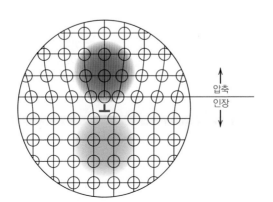

그림 7.4 칼날 전위 주위의 압축 영역(초록색)과 인장 영역(노란색)
(출처 : W. G. Moffatt, G. W. Pearsall, and J. Wulff, *The Structure and Properties of Materials*, Vol. I, *Structure*, John Wiley & Sons, 1964. Janet M. Moffatt 허가로 복사 사용함)

그림 7.5 (a) 같은 슬립면상의 부호가 같은 두 칼날 전위는 서로 밀친다. *C*와 *T*는 각각 압축 영역과 인장 영역을 나타낸다. (b) 같은 슬립면상의 부호가 반대인 두 칼날 전위가 서로 잡아당겨 만나면, 전위는 소멸되고 완전한 결정 구조가 된다.
(출처 : H. W. Hayden, W. G. Moffatt, and J. Wulff, *The Structure and Properties of Materials*, Vol. III, *Mechanical Behavior*, John Wiley & Sons, 1965. Kathy Hayden 허가로 복사 사용함)

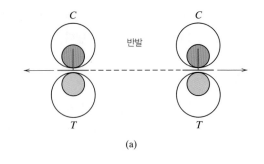

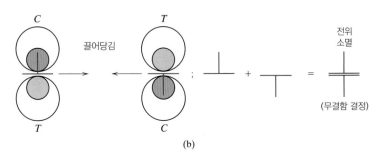

위 밀도는 10^{10} mm^{-2}나 된다. 새로운 전위의 중요한 근원은 이미 존재하는 전위이며, 이러한 기존 전위의 증식 작용에 의해 새로운 전위가 생겨난다. 내부결함이나 흠집과 같은 표면 불균일 지역 및 입계에서는 응력 집중이 일어나 변형 동안에 전위의 생성위치가 된다.

7.4 슬립계

슬립계

전위가 움직이는 정도는 모든 결정학적 원자면이나 방향에 따라 다르다. 통상적으로 전위가 더 잘 움직이는 면과 방향이 있는데, 이 면과 방향을 가리켜 각각 슬립면(slip plane)과 슬립 방향(slip direction)이라 하고, 슬립면과 슬립 방향을 통틀어 슬립계(slip system)라 한다. 슬립계는 금속의 결정 구조와 관련이 있으며, 전위의 움직임에 수반되는 원자의 뒤틀림을 최소화하는 것과도 연관되어 있다. 어떤 특정 결정 구조에 있어 슬립면은 가장 조밀한 원자 충진 밀도를 갖는 면이고, 슬립 방향은 슬립면에서 원자가 가장 조밀하게 늘어선 방향이다. 원자의 면밀도와 선밀도는 3.11절에 서술되어 있다.

FCC 결정 구조의 단위정(unit cell)은 그림 7.6a에 나타나 있다. {111}족(family)은 조밀

그림 7.6 (a) FCC 단위정 내의 {111}⟨110⟩ 슬립계, (b) (111) 슬립면과 3개의 ⟨110⟩ 슬립 방향(화살표로 표시)

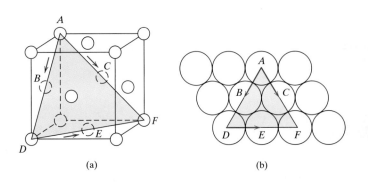

표 7.1 FCC, BCC, HCP 금속의 슬립계

금속	슬립면	슬립 방향	슬립계의 수
	FCC		
Cu, Al, Ni, Ag, Au	{111}	⟨110⟩	12
	BCC		
a-Fe, W, Mo	{110}	⟨111⟩	12
a-Fe, W	{211}	⟨111⟩	12
a-Fe, K	{321}	⟨111⟩	24
	HCP		
Cd, Zn, Mg, Ti, Be	{0001}	⟨11$\bar{2}$0⟩	3
Ti, Mg, Zr	{10$\bar{1}$0}	⟨11$\bar{2}$0⟩	3
Ti, Mg	{10$\bar{1}$1}	⟨11$\bar{2}$0⟩	6

하게 충진된 면의 집합체를 나타낸다. (111)면은 그림 7.6b의 단위정에 나타나 있으며, 원자들은 서로 맞대고 있는 것으로 나타나 있다.

그림 7.6에 표시한 바와 같이 슬립은 {111}면에서 ⟨110⟩ 방향으로 일어난다. 그러므로 {111}⟨110⟩은 FCC의 슬립면과 슬립 방향을 나타내는 슬립계이다. 그림 7.6b는 주어진 슬립면에 하나 이상의 슬립 방향이 있음을 보여 준다. 어느 특정 결정 구조에는 여러 개의 슬립계가 존재하며, 슬립계의 수는 서로 다른 슬립면과 슬립 방향의 가능한 조합 수를 나타낸다. FCC에는 4개의 {111}면과 3개의 ⟨110⟩ 방향으로 이루어진 12개의 슬립계가 있다.

BCC와 HCP의 슬립은 면의 하나 이상의 족에서 가능하며, 가능한 슬립계를 표 7.1에 나타내었다. BCC의 슬립면은 {110}, {211}, {321}이며, 이 중 몇몇 슬립계는 단지 높은 온도에서만 작동한다.

FCC 또는 BCC의 결정 구조를 갖는 금속은 대체적으로 많은 슬립계(적어도 12개)를 가지고 있다. 그러므로 여러 슬립계를 따라 상당한 소성변형이 일어날 수 있으므로 연성이 매우 크다. 반면에 실제로 작용하는 슬립계가 거의 없는 HCP 금속은 통상 취성이 매우 강하다.

버거스 벡터(Burgers vector)의 개념은 4.5절에 소개되어 있으며, 칼날 전위, 나사 전위 및 혼합 전위는 각각 그림 4.4, 4.5, 4.6에 **b**로 표시되어 있다. 슬립 과정에서 버거스 벡터의 방향은 슬립 방향에 해당하며, **b**의 크기는 단위 슬립 거리(즉 이 방향으로의 원자 간 거리)와 같다. 물론 **b**의 방향과 크기는 결정 구조에 따라 다르며, 버거스 벡터는 단위정의 한 변 거리(a)와 결정학적 방향 지수로 나타내는 것이 편리하다. FCC, BCC 및 HCP에 대한 버거스 벡터는 다음 식과 같이 주어진다.

$$\mathbf{b}(FCC) = \frac{a}{2}\langle 110 \rangle \tag{7.1a}$$

$$\mathbf{b}(BCC) = \frac{a}{2}\langle 111 \rangle \tag{7.1b}$$

$$\mathbf{b}(HCP) = \frac{a}{3}\langle 11\bar{2}0 \rangle \tag{7.1c}$$

개념확인 7.1 단순입방 결정 구조의 슬립계는 다음 중 어느 것이며, 그 이유는 무엇인가?

$$\{100\}\langle110\rangle$$
$$\{110\}\langle110\rangle$$
$$\{100\}\langle010\rangle$$
$$\{110\}\langle111\rangle$$

(주 : 단순입방 결정 구조는 그림 3.3에 나타나 있다.)

[해답은 *www.wiley.com/go/Callister_MaterialsScienceGE* → More Information → Student Companion Site 선택]

7.5 단결정의 슬립

단결정의 슬립 현상은 다결정의 슬립 현상을 이해하는 데 기초가 된다. 앞 절에서 언급한 바와 같이 칼날 전위, 나사 전위 및 혼합 전위는 슬립면과 슬립 방향으로 가해진 전단 응력에 따라 움직인다. 작용 응력이 인장 응력이나 압축 응력이라 할지라도 응력 방향의 수직 방향과 수평 방향을 제외하고는 모든 방향에서 전단 응력 성분이 존재하는데, 이를 가리켜 분해

분해 전단 응력

전단 응력(resolved shear stress)이라고 한다. 분해 전단 응력의 크기는 작용 응력뿐만 아니라 슬립계(슬립면 및 슬립 방향)의 방향 각도에 따라 변한다. 그림 7.7에 나타낸 바와 같이 ϕ는 작용 응력 방향과 슬립면의 수직 방향과의 사이각을 나타내고, λ는 작용 응력과 슬립 방향과의 각도를 표시한다. 분해 전단 응력 τ_R은 다음과 같이 주어진다.

분해 전단 응력—슬립면과 슬립 방향에 대한 작용 응력의 분력값

$$\tau_R = \sigma \cos\phi \cos\lambda \tag{7.2}$$

여기서 σ는 작용 응력이다. 일반적으로 인장 응력축과 슬립면의 수직 방향 및 슬립 방향이 모두 한 면에 놓이는 일은 없으므로 $\phi + \lambda \neq 90°$이다.

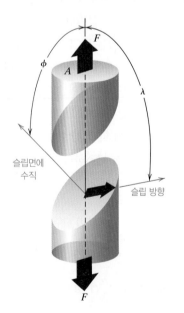

그림 7.7 단결정에서 분해 전단 응력을 계산할 때 인장축, 슬립면 및 슬립 방향 사이의 관계를 보여 주는 개략도

단결정 금속에는 많은 슬립계가 있는데, 각 슬립계는 응력축과의 각도(ϕ와 λ)가 다르므로 각기 다른 분해 전단 응력을 갖는다. 그러므로 다른 슬립계에 비해서 분해 전단 응력 $\tau_R(\max)$이 가장 큰 하나의 계가 나타난다.

$$\tau_R(\max) = \sigma(\cos\phi \cos\lambda)_{\max} \tag{7.3}$$

임계 분해 전단 응력

단결정에서 가장 큰 분해 전단 응력을 갖는 슬립계의 분해 전단 응력이 어느 특정 한계값에 도달하면 슬립이 일어나기 시작한다. 이를 **임계 분해 전단 응력**(critical resolved shear stress) τ_{crss}이라 한다. τ_{crss}은 슬립을 일으키는 데 필요한 최소 전단 응력이며, 항복이 일어나는 때를 결정하는 재료 성질이다. $\tau_R(\max) = \tau_{crss}$일 때 단결정의 소성변형이 일어나며, 이때 필요한 작용 응력의 크기(항복 응력 σ_y)는 다음과 같다.

단결정의 항복 강도—임계 분해 전단 응력과 가장 적절한 각도를 갖는 슬립계의 방향 의존성

$$\sigma_y = \frac{\tau_{crss}}{(\cos\phi \cos\lambda)_{\max}} \tag{7.4}$$

단결정의 항복을 일으키는 데 필요한 최소 응력은 $\phi = \lambda = 45°$일 때 나타난다. 이 조건에서 항복 응력 σ_y는 다음 값을 갖는다.

$$\sigma_y = 2\tau_{crss} \tag{7.5}$$

단결정 시편에 인장력을 가하면 그림 7.8과 같은 변형이 일어난다. 슬립은 가장 적절한 각도를 갖는 슬립면과 방향을 따라 시편의 길이를 따른 여러 위치에서 일어난다. 이러한 변형은 단결정 표면에 조그만 층(step)을 만들고, 이 층들은 서로 평행하며, 시편 원주 둘레에 그림 7.8에 나타난 바와 같은 루프(loop)를 형성한다. 각각의 층은 수많은 전위들이 동일한 슬립면을 움직인 결과이다. 이러한 층들은 연마한 단결정의 표면에 선으로 나타나며, 이를 **슬립선**(slip line)이라고 부른다. 그림 7.9는 이러한 슬립 현상이 잘 나타날 정도로 소성변형

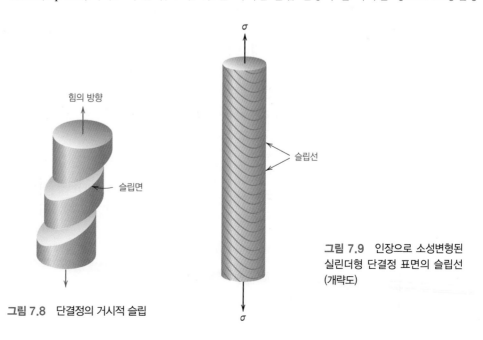

힘의 방향

슬립면

슬립선

그림 7.9 인장으로 소성변형된 실린더형 단결정 표면의 슬립선 (개략도)

그림 7.8 단결정의 거시적 슬립

시킨 아연의 단결정을 보여 준다.

단결정을 계속 잡아당기면 슬립선의 수와 슬립층의 폭은 점점 증가한다. 또한 FCC 및 BCC 금속에서는 인장축을 따라 적절한 각도를 이루는 2차 슬립계에서도 슬립이 일어나기 시작한다. 그러나 슬립계가 거의 없는 HCP 결정 재료에서는 가장 적절한 슬립계에서도 응력축이 슬립 방향에 수직이거나($\lambda = 90°$) 슬립면에 수직이면($\phi = 90°$), 임계 분해 전단 응력은 0이 된다. 이러한 극단적인 각도로 슬립계가 놓이면 결정 재료는 소성변형이 일어나지 못한 채 파괴된다.

개념확인 7.2 분해 전단 응력과 임계 분해 전단 응력 사이의 차이를 설명하라.

[해답은 *www.wiley.com/go/Callister_MaterialsScienceGE* → More Information → Student Companion Site 선택]

예제 7.1

분해 전단 응력 및 항복 시작 응력 계산

철의 단결정(BCC)에 인장 응력이 [010] 방향으로 가해지고 있다.

(a) 인장 응력이 52 MPa(7500 psi) (110)면의 [$\bar{1}$11] 방향으로의 분해 전단 응력을 구하라.

(b) 슬립이 (110)면의 [$\bar{1}$11] 방향으로 일어나고, 임계 분해 전단 응력이 30 MPa(4350 psi)라면, 항복을 일으키는 데 필요한 작용 인장 응력은 얼마인가?

풀이

(a) BCC 단위정의 슬립면, 슬립 방향 및 작용 응력의 방향은 오른쪽 그림에 나타나 있다. 이 문제를 풀기 위해서는 식 (7.2)를 사용해야 한다. 우선 ϕ와 λ를 결정해야 한다. 그림에서 ϕ는 (110) 슬립면에 수직 방향(즉 [110] 방향)과 [010] 방향 사이의 각도이며, λ는 [$\bar{1}$11]과 [010] 방향 사이의 각도이다. 일반적으로 입방 단위정에서 $[u_1v_1w_1]$과 $[u_2v_2w_2]$ 사이의 각도 θ는 다음 식과 같다.

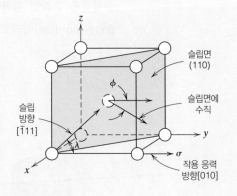

$$\theta = \cos^{-1}\left[\frac{u_1u_2 + v_1v_2 + w_1w_2}{\sqrt{(u_1^2 + v_1^2 + w_1^2)(u_2^2 + v_2^2 + w_2^2)}}\right] \qquad (7.6)$$

$[u_1v_1w_1] = [110]$, $[u_2v_2w_2] = [010]$으로 놓으면 ϕ값은 다음과 같이 결정된다.

$$\phi = \cos^{-1}\left\{\frac{(1)(0) + (1)(1) + (0)(0)}{\sqrt{[(1)^2 + (1)^2 + (0)^2][(0)^2 + (1)^2 + (0)^2]}}\right\}$$

$$= \cos^{-1}\left(\frac{1}{\sqrt{2}}\right) = 45°$$

λ값은 $[u_1v_1w_1] = [\bar{1}11]$, $[u_2v_2w_2] = [010]$으로 놓으면 다음과 같다.

$$\lambda = \cos^{-1}\left[\frac{(-1)(0) + (1)(1) + (1)(0)}{\sqrt{[(-1)^2 + (1)^2 + (1)^2][(0)^2 + (1)^2 + (0)^2]}}\right]$$

$$= \cos^{-1}\left(\frac{1}{\sqrt{3}}\right) = 54.7°$$

따라서 식 (7.2)로 다음과 같이 구할 수 있다.

$$\tau_R = \sigma\cos\phi\cos\lambda = (52\,\text{MPa})(\cos 45°)(\cos 54.7°)$$

$$= (52\,\text{MPa})\left(\frac{1}{\sqrt{2}}\right)\left(\frac{1}{\sqrt{3}}\right)$$

$$= 21.3\,\text{MPa}\,(3060\,\text{psi})$$

(b) 항복 강도 σ_y는 식 (7.4)를 이용하여 구할 수 있다. ϕ와 λ는 (a)의 해와 같다.

$$\sigma_y = \frac{30\,\text{MPa}}{(\cos 45°)(\cos 54.7°)} = 73.4\,\text{MPa}\,(10{,}600\,\text{psi})$$

7.6 다결정 재료의 소성변형

다결정 재료의 변형과 슬립 현상은 다소 복잡하다. 많은 결정립의 결정 방향이 마구 뒤섞여 있으며, 슬립 방향은 결정립에 따라 다르다. 각 결정립에 있어 전위는 앞에서 정의한 바와 같이 가장 적절한 방향을 갖는 슬립계를 따라 움직인다. 그림 7.10에는 소성변형시킨 다결정 구리 시편의 표면 사진이 나타나 있다. 변형을 일으키기 전에 시편의 표면을 연마하였다. 슬립선들이[1] 잘 나타나 있으며, 평행한 2쌍의 슬립선이 교차하는 것으로 보아 대부분의 결정립에서 2개의 슬립계가 작동한 것을 알 수 있고, 또 여러 결정립들의 슬립선이 다르게 정렬된 것에서 결정립들의 결정 방향이 서로 다르다는 것도 알 수 있다.

다결정 시편에 큰 소성변형이 일어나면 슬립에 의해 각각의 결정립이 상당히 뒤틀리는데, 변형 동안에 결정립계(grain boundary)는 벌어지거나 떨어지지 않고 결정립계의 기계적 결합을 유지하고 있다. 결과적으로 각각의 결정립은 근처의 결정립들에 의해 어느 정도는 구속받는다. 그림 7.11a는 큰 소성변형으로 결정립이 뒤틀린 모양을 나타낸다. 변형 전에

---

[1] 이러한 슬립선들은 입자에서 돌출된, 전위에 의해 생성된 미세한 레지(ledge)로 현미경으로 보면 선으로 나타나며(그림 7.1c), 변형된 단결정 표면에 나타나는 거시적인 계단과 유사하다(그림 7.8, 7.9).

그림 7.10 표면 연마 후 변형시킨 다결정 구리 시편 표면에 나타난 슬립선. 173×

[사진 제공 : C. Brady, National Bureau of Standards (now the National Institute of Standards and Technology, Gaithersburg, MD).]

100 μm

결정립들은 **등방형**으로, 즉 모든 방향으로 크기가 거의 같다. 그림 7.11b는 결정립들이 시편의 신장 방향을 따라 늘어난 것을 보여 준다.

다결정 금속은 단결정 금속보다 더 강하다. 즉 슬립이나 이를 수반하는 항복을 일으키는 데 더 큰 응력이 요구되는데, 이는 다결정 금속에 변형이 일어나는 동안에는 결정립에 상당한 기하학적 구속이 가해지기 때문이다. 어느 한 결정립이 슬립이 잘 일어나는 방향에 위치해 있다 하더라도 적절한 방향에 위치하지 못한 근처의 결정립에서 슬립이 일어나지 않는 한 변형이 일어날 수 없기 때문에 더 큰 작용 응력이 필요하다.

그림 7.11 다결정 재료의 소성변형에 따른 결정립 구조 변화. (a) 변형 전의 등방형 결정립 구조, (b) 변형에 따라 늘어난 결정립 구조. 170×

(출처 : W. G. Moffatt, G. W. Pearsall, and J. Wulff, *The Structure and Properties of Materials*, Vol. I, *Structure*, John Wiley & Sons, 1964. Janet M. Moffatt 허가로 복사 사용함)

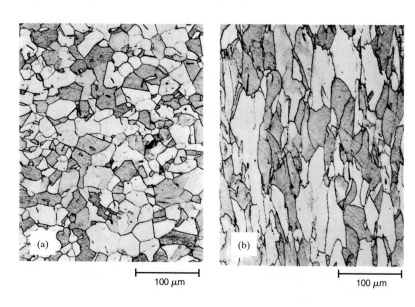

(a)　　　　　(b)

100 μm　　　100 μm

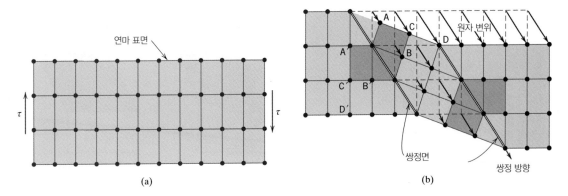

그림 7.12 작용 전단 응력에 의한 쌍정 생성 개략도. (a) 쌍정 전의 원자 위치. (b) 쌍정 후. 파란색 점은 이동하지 않은 원자를 나타내고, 빨간색 점은 이동한 원자를 나타낸다. 프라임 표시를 한 원자와 프라임 표시를 하지 않은 원자(즉 *A*′과 *A*)는 쌍정계면을 경계로 거울처럼 자리잡고 있다.

(출처 : W. Hayden, W. G. Moffatt, and J. Wulff, *The Structure and Properties of Materials*, Vol. III, *Mechanical Behavior*, John Wiley & Sons, 1965. Kathy Hayden 허가로 복사 사용함)

7.7 쌍정에 의한 변형

금속 재료의 소성변형은 슬립 이외에 기계적 쌍정(mechanical twin) 혹은 쌍정(twinning)의 형성에 의해 일어날 수 있다. 쌍정의 개념은 4.6절에 서술되어 있다. 즉 전단 응력에 의해 원자의 변위가 일어나 한 면을(쌍정립계) 중심으로 맞은 편의 원자들이 거울상을 나타내는 것을 의미한다. 쌍정의 생성 방식이 그림 7.12에 나타나 있다. 여기서 빈 원은 움직이지 않는 원자를 나타내고, 점선 원과 검은 원은 각각 쌍정 생성 부위의 초기 위치와 최종 위치를 나타낸다. 이 그림에 나타난 바와 같이 쌍정 지역(화살표로 표시된) 내에서의 변위 크기는 쌍정면으로부터의 거리에 비례한다. 또한 쌍정은 결정 구조에 따라 정해진 결정면에서 특정 방향으로 일어난다. BCC 금속의 쌍정면은 (112), 쌍정 방향은 [111]이다.

전단 응력 *τ*를 받고 있는 단결정의 슬립 변형과 쌍정 변형을 비교하여 그림 7.13에 나타내었다. 슬립 레지(ledge)는 그림 7.13a에 나타나 있으며, 7.5절에 서술되어 있다. 쌍정에 의한 전단 변형은 매우 균일하다(그림 7.13b). 이 두 변형 과정은 여러 관점에서 서로 다른데, 슬립에서는 변형 전이나 변형 후에도 슬립면의 위쪽과 아래쪽에 위치한 결정 원자의 방향이 서로 같은 반면에, 쌍정 변형이 일어난 후에는 쌍정면을 가로질러 원자의 방향이 재조정된다. 또한 슬립에서는 원자 간 거리의 배수로 변형이 진행되지만 쌍정 변형에서의 원자 변위는 원자 간 거리보다 작다.

기계적 쌍정은 BCC 및 HCP 결정 구조를 갖는 금속에서 나타나며, 슬립 과정이 제약을 받는(작동 가능한 슬립계가 거의 없는) 저온이나 하중 속도가 매우 빠른(충격 하중) 경우에 일어난다. 쌍정에 의한 소성변형량은 슬립에 의한 변형량에 비해 작다. 그러나 쌍정 변형의 중요한 역할은 쌍정에 의한 원자 방향의 재조정으로 새로운 슬립계가 응력축에 적절히 놓이도록 하여 슬립 변형이 다시 일어나도록 해주는 것이다.

그림 7.13 전단 응력 τ를 받는 단결정의 (a) 슬립에 의한 변형, (b) 쌍정에 의한 변형

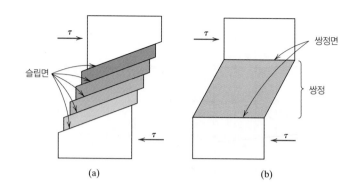

(a)   (b)

금속의 강화 기구

높은 강도와 적절한 연성 및 인성을 갖는 합금을 설계하는 것이 금속 기술자의 역할이다. 일반적으로 합금의 강도가 커질수록 연성은 감소한다. 여러 가지의 경화 방법을 사용할 수 있으며, 특정 용도에 요구되는 기계적 특성을 만족시킬 수 있는 합금을 선정한다.

강화 기구(strengthening mechanism)는 전위와 재료의 기계적 거동 사이의 관계를 기초로 하고 있다. 거시적 소성변형에는 수많은 전위들의 움직임이 관련되므로 금속의 소성변형성이란 전위를 움직이게 하는 능력을 의미한다. 경도와 강도(항복 강도 및 인장 강도)는 소성변형의 용이성과 관련이 있으므로 전위의 기동성을 감소시킴으로써(즉 소성변형을 일으키는 데 더 큰 기계적 힘이 요구되도록 하여) 기계적 강도를 향상시킬 수 있다. 반면에 전위의 움직임이 자유로울수록 변형이 잘 일어나는 동시에 더 무르고 약해진다. 따라서 모든 강화 기구는 실질적으로 전위의 움직임을 방해할수록 재료가 더 단단하고 강해진다는 원리에 기본을 두고 있다.

이 절에서는 단일상을 갖는 합금의 결정립 미세화, 고용체 합금 및 변형 경화에 의한 경화 기구에 대해서만 서술하기로 한다. 대상 합금의 변형 및 강화 기구는 이 절의 내용을 벗어나는 개념을 포함하여 좀 더 복잡하다. 제10장과 11.10절에서는 다상 합금의 강화 방법을 다루고 있다.

7.8 결정립 미세화에 의한 강화

결정립 크기, 즉 평균 결정립 지름은 다결정 금속의 기계적 성질에 영향을 미친다. 입계를 공유하는 바로 옆 결정립은 결정 방향이 다르다(그림 7.14). 그림 7.14에 나타난 바와 같이 소성변형이 일어나는 과정에서 슬립 현상(즉 전위의 이동)은 결정립 A에서 결정립 B로 입계를 가로질러 일어난다. 입계가 전위의 이동을 방해하는 이유는 다음과 같다.

1. 두 결정립의 결정 방향이 다르므로 전위가 결정립 B로 넘어가기 위해서는 이동 방향을 바꾸어야 한다. 결정 방향의 차이가 클수록 전위의 이동은 더 어렵다.
2. 입계 부위에서는 원자가 무질서하게 위치하므로 한 결정립의 슬립면은 다른 결정립의 슬립면으로 연속해서 이어지지 않는다.

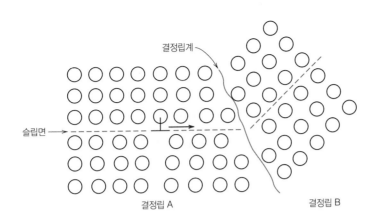

그림 7.14 전위의 움직임에 대한 결정립계의 방해 역할. 입계를 사이에 두고 슬립면은 불연속이며, 슬립 방향은 변한다.
(출처 : L. H. Van Vlack, *A Textbook of Materials Technology*, Addison-Wesley, 1973. Lawrence H. Van Vlack 허가로 복사 사용함)

변형 중에 전위는 고각 결정립계(high-angle grain boundary)를 넘어서 이동하는 것이 아니라 한 결정립의 슬립면의 첨단에 응력 집중을 일으킴으로써 인접 결정립에 새로운 전위를 생성시킨다.

미세한 결정립을 갖는 재료는 굵은 결정립을 갖는 재료보다 전위의 이동을 방해하는 입계의 면적이 더 크므로 미세한 결정립 재료가 더 단단하고 강하다. 많은 재료에서 항복 응력 σ_y와 결정립 크기의 관계는 다음과 같다.

Hall-Petch 관계식—결정립 크기에 따른 항복 강도의 변화

$$\sigma_y = \sigma_0 + k_y d^{-1/2} \tag{7.7}$$

이 식은 Hall-Petch 관계식으로 불리며, 이 식에서 d는 평균 결정립 지름, σ_0와 k_y는 재료 상수이다. 그러나 매우 큰(굵은) 결정립이나 아주 미세한 결정립 크기의 다결정 재료에 식 (7.7)을 적용하는 것은 적절하지 않다는 것을 명시해 둔다. 그림 7.15에는 황동 합금의 결정립 크기에 따른 항복 강도의 변화를 보여 준다. 결정립 크기는 액상-고상 변환에 따른 냉각 속도 조절 및 소성 가공 후의 적절한 열처리를 통하여 조절할 수 있다(7.13절 참조).

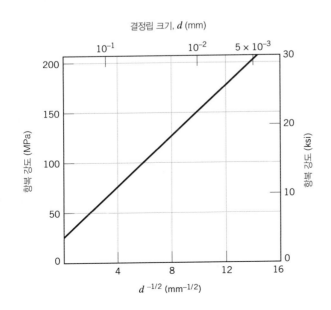

그림 7.15 70 Cu-30 Zn 황동 합금의 항복 강도에 대한 결정립 크기의 영향. 결정립 지름은 오른쪽에서 왼쪽으로 갈수록 커지며, 선형 관계가 아님에 주의하라.
(출처 : H. Suzuki, "The Relation between the Structure and Mechanical Properties of Metals," Vol. II, *National Physical Laboratory, Symposium No.* 15, 1963, p. 524.)

입자 크기를 감소시키면 많은 합금의 강도뿐만 아니라 인성도 향상된다.

소각 결정립계(small-angle grain boundary)(4.6절)는 양쪽 결정립 사이의 결정 배열의 차이가 작으므로 슬립 과정을 방해하는 데 효과적인 역할을 하지 못하는 반면에, 쌍정(4.6절)은 슬립 작용을 효과적으로 방해하여 재료의 강도를 높인다. 2상(phase)의 상 경계도 전위의 움직임을 방해하는데, 상의 크기와 모양은 다상 합금의 기계적 성질에 큰 영향을 미친다(10.7절, 10.8절, 16.1절 참조). 따라서 결정립 크기 감소는 여러 합금의 강도뿐만 아니라 인성을 향상시켜 준다.

7.9 고용체 강화

고용체 강화

금속을 단단하고 강하게 하는 또 다른 방법은 침입형 또는 치환형 고용체 합금을 이용하는 것이다. 이른바 **고용체 강화**(solid-solution strengthening)이다. 고순도 금속은 동종의 합금보다 항상 연하고 약하기 때문에 이종 원소(impurity atom)의 농도를 증가시키면 인장 강도와 경도는 증가한다. 니켈의 농도에 따른 구리-니켈 합금의 인장 강도, 경도 및 연성의 증가 경향은 각각 그림 7.16a, 7.16b, 7.16c에 나타나 있다.

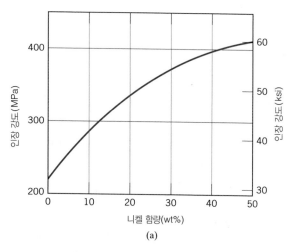
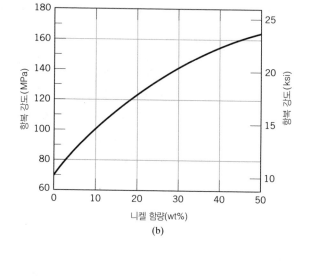
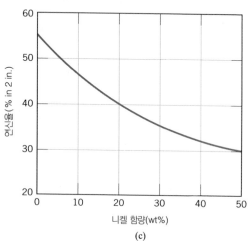

그림 7.16 강화를 나타내는 구리-니켈 합금에서 니켈의 함량 (wt%)에 따라 변하는 (a) 인장 강도, (b) 항복 강도, (c) 연성(%EL)

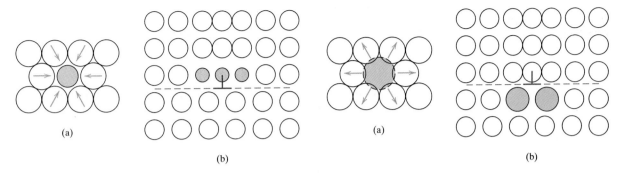

그림 7.17 (a) 기존 원자보다 작은 치환형 불순물 원자에 의해 모원자의 결정 격자가 인장 변형되는 모습. (b) 칼날 전위와 관련된 작은 불순물 원자의 가능한 위치로 여기서 불순물-전위 격자 변형률이 부분적으로 감쇄된다.

그림 7.18 (a) 큰 치환형 이종 원자에 의해 기존 원자에 부과된 압축 격자 변형률. (b) 이종 원자와 전위의 격자 변형률이 부분적으로 상쇄될 수 있는 칼날 전위 주위의 큰 이종 원자 위치

합금의 이종(또는 불순물) 원자는 주위의 기존 원자에 격자 변형률을 부과하므로 합금은 순수 금속보다 더 강하다. 이러한 이종 원자의 격자 변형장과 전위의 격자 변형장의 상호작용은 결과적으로 전위의 움직임을 제한한다. 예를 들면 그림 7.17a에 나타난 바와 같이 기존 원자보다 작은 이종 원자는 주위의 결정 격자에 인장 변형률을 발생시킨다. 반대로 기존 원자보다 더 큰 치환 원자는 주위에 압축 변형률을 발생시킨다(그림 7.18a). 이러한 용질 원자(solute atom)는 전위의 주위에 모임으로써 전위의 주위 격자에 나타나는 변형률을 상쇄시켜 전체 변형률 에너지를 감소시킨다. 그러므로 작은 이종 원자는 이 원자에 의해 발생하는 인장 변형률로 전위의 압축 변형률을 부분적으로 감쇄시킬 수 있는 곳에 모이게 된다. 즉 그림 7.17b에 나타낸 칼날 전위의 경우에는 슬립면 윗부분의 전위선 주위에 위치하며, 더 큰 이종 원자는 그림 7.18b의 위치에 모인다.

이종 원자가 전위 주위에 존재하면 전위가 움직이기 위해서 이들로부터 벗어나야 하므로 전체 격자 변형률은 증가한다. 따라서 슬립에 대한 저항성은 더 커진다. 또한 소성변형 중에도 움직이고 있는 전위와 이종 원자 사이에 나타나는 격자 변형률의 상호작용(그림 7.17b와 그림 7.18b)은 계속 존재한다. 그러므로 고용체 합금에 소성변형을 일으키려면 더 큰 작용 응력이 요구된다. 즉 강도와 경도가 증가한다.

7.10 변형 경화

변형 경화
냉간 가공

변형 경화(strain hardening)는 연성 금속이 변형을 일으킴에 따라 점점 더 단단해지는 현상이다. 냉간 가공(cold working)은 변형이 일어나는 온도가 금속의 융점보다 상대적으로 낮으므로 가공 경화(work hardening)라고도 한다. 대부분의 금속은 상온에서 변형 경화 현상을 일으킨다.

소성 가공의 정도는 변형률로 나타내는 것보다는 다음 식으로 정의되는 냉간 가공률[percent cold work(%CW)]로 나타내는 것이 편리하다.

냉간 가공률—초기 단면적
과 변형된 단면적

$$\%CW = \left(\frac{A_0 - A_d}{A_0}\right) \times 100 \qquad (7.8)$$

여기서 A_0는 변형 전의 초기 단면적, A_d는 변형 후의 단면적이다.

그림 7.19a와 7.19b는 강, 황동, 구리에 대한 냉간 가공의 증가에 따른 항복 강도와 인장

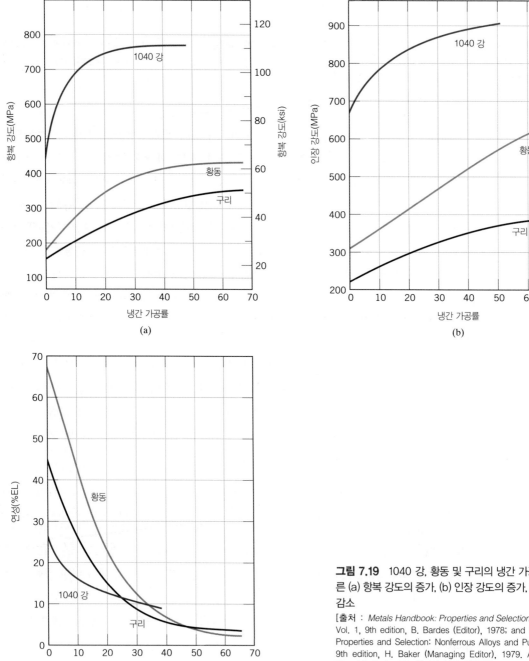

(a)

(b)

(c)

그림 7.19 1040 강, 황동 및 구리의 냉간 가공률(%CW)에 따른 (a) 항복 강도의 증가, (b) 인장 강도의 증가, (c) 연성(%EL)의 감소

[출처 : *Metals Handbook: Properties and Selection: Irons and Steels*, Vol. 1, 9th edition, B. Bardes (Editor), 1978; and Metals Handbook: Properties and Selection: Nonferrous Alloys and Pure Metals, Vol. 2, 9th edition, H. Baker (Managing Editor), 1979. ASM International, Materials Park, OH. 허가로 복사 사용함]

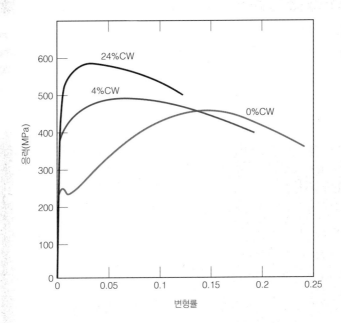

그림 7.20 저탄소강의 응력-변형률 거동에 미치는 냉간 가공률(0%CW, 4%CW, 24%CW)의 영향

강도의 증가를 나타낸다. 경도와 강도의 향상은 연성의 문제를 초래한다. 그림 7.19c에 나타난 바와 같이 세 종류 합금 모두 냉간 가공의 증가에 따라 연성은 감소한다. 그림 7.20은 강의 응력-변형률 거동에 대한 냉간 가공의 영향을 나타내며, 냉간 가공률(0%CW, 4%CW, 24%CW)에 따른 응력-변형률 곡선이다.

변형 경화 현상은 그림 6.17의 응력-변형률 도표에 나타나 있다. 항복 강도가 σ_{y_0}인 금속을 점 D까지 소성변형시킨 후 응력을 제거한다. 그 후 응력을 다시 가하면 새로운 항복 강도 σ_{y_i}가 나타난다. σ_{y_i}가 σ_{y_0}보다 크므로 이 과정 동안에 재료가 더 강해졌다는 것을 의미한다.

7.3절에서 서술한 바와 같이 변형 경화 현상은 전위 사이에 나타나는 변형장의 상호작용으로 설명할 수 있다. 앞에서 언급한 바와 같이 변형(변형 경화) 정도가 증가할수록 금속의 전위 밀도는 증가하므로 결과적으로 전위 사이의 간격은 좁아져 점점 가까운 위치에 놓인다. 평균적으로 전위와 전위 사이의 변형장은 서로 밀친다. 그러므로 한 전위의 움직임은 다른 전위에 의해 방해를 받으므로 전위 밀도가 증가할수록 전위의 움직임에 대한 다른 전위의 방해는 점점 커진다. 따라서 냉간 가공의 양이 증가할수록 변형에 필요한 응력은 증가한다.

상업적 제작 과정 중에 변형 경화 현상을 이용하여 금속의 기계적 성질을 향상시킬 수 있다. 변형 경화 효과는 어닐링(소둔) 열처리(annealing heat treatment)에 의해 제거할 수 있다(11.8절 참조).

한편 진응력과 진변형률에 관한 식 (6.19)에서 매개변수 n은 변형 경화 지수(strain hardening exponent)라고 부르며, 금속의 변형 경화성을 나타낸다. n값이 클수록 주어진 소성변형률에서의 변형 경화 정도는 커진다.

요약하면 금속 합금을 강화시키는 세 가지 기구(결정립 크기 감소, 고용체 강화, 변형 경화)에 대하여 기술하였으며, 이 기구들은 동시에 작용할 수 있다. 예를 들면 고용체 강화 재료가 변형 경화를 일으킬 수도 있다.

개념확인 7.3   경도 측정을 할 때 지난 누름 자국에 아주 가깝게 누른 결과는 어떠할 것이며, 그 이유는 무엇인가?

[해답은 *www.wiley.com/go/Callister_MaterialsScienceGE* → **More Information** → **Student Companion Site** 선택]

개념확인 7.4   결정세라믹 재료는 상온에서 변형 경화가 가능한가? 그 이유는 무엇인가?

[해답은 *www.wiley.com/go/Callister_MaterialsScienceGE* → **More Information** → **Student Companion Site** 선택]

예제 7.2

냉간 가공된 구리의 인장 강도 및 연성 계산

실린더형 구리봉을 냉간 가공하여 지름을 15.2 mm에서 12.2 mm로 감소시켰다. 구리봉의 인장 강도와 연성값(%EL)을 구하라.

풀이

변형에 따른 냉간 가공률(%CW)은 식 (7.8)에서 구할 수 있다.

$$\%CW = \frac{\left(\dfrac{15.2\ mm}{2}\right)^2 \pi - \left(\dfrac{12.2\ mm}{2}\right)^2 \pi}{\left(\dfrac{15.2\ mm}{2}\right)^2 \pi} \times 100 = 35.6\%$$

그러므로 그림 7.19b와 7.19c로부터 인장 강도는 340 MPa, 35.6%CW에서 연성값은 약 7%EL이다.

높은 온도에서는 결정립 크기 감소와 변형 경화에 의한 강화 효과는 제거되거나 적어도 감소될 수 있다(7.12절, 7.13절 참조). 반면에 고용체 강화는 열처리에 영향을 받지 않는다.

제10장과 제11장에서는 몇몇 금속 합금의 기계적 성질을 향상시키기 위한 다른 방법들에 대해서 다룬다. 이러한 합금들은 복합상이며, 합금의 성질은 특별히 고안된 열처리를 통한 상변태를 이용하여 바꿀 수 있다.

회복, 재결정 및 결정립 성장

앞 절에서 소개한 바와 같이 융점보다 상대적으로 낮은 온도에서 다결정 금속 시편에 소성 변형을 가하면 (1) 결정립 모양의 변(7.6절), (2) 변형 경화(7.10절), (3) 전위 밀도의 증가(7.3절) 등과 같은 미세 구조의 변화 및 재료 성질의 변화를 일으킨다. 변형에 쓰인 에너지의 한 부분은 새로이 생성된 전위의 변형장(인장, 압축, 전단)과 관련된 변형률 에너지로 금속 내부에 저장된다(7.3절). 또한 소성변형으로 전기 전도율(18.8절)과 부식 저항성도 변화를 일으킨다.

이와 같이 변화된 미세 구조 및 재료 성질은 적절한 열처리(어닐링 열처리)를 통하여 가공 전의 상태로 복귀시킬 수 있다. 높은 온도에서 나타나는 복귀 과정에는 **회복(recovery)**과 **재결정(recrystallization)**이 있으며, 뒤따라 **결정립 성장(grain growth)**으로 이어진다.

7.11 회복

회복

회복(recovery) 과정 중에는 높은 온도에서 활발해진 원자 확산에 따른 전위의 움직임(외부의 작용 응력은 없는 상태에서)에 의해 내부에 저장된 변형률 에너지가 제거된다. 전위 수는 감소하고, 전위의 배열 상태도 낮은 변형률 에너지를 갖는 배열로(그림 4.9와 흡사한) 바뀐다. 또한 전기 전도율, 열 전도율과 같은 재료의 물리적 성질은 가공 전의 상태로 회복된다.

7.12 재결정

재결정

회복이 완료된 후에도 결정립들은 아직 대체로 높은 변형률 에너지 상태에 있다. 재결정(recrystallization)이란 가공 전 상태의 특징인 낮은 전위 밀도를 갖는 변형률이 없는 새로운 등방형 결정립을 형성하는 것이다. 이러한 새로운 결정립 구조를 형성하는 구동력은 변형된 재료와 변형되지 않은 재료 사이의 내부 에너지 차이이다. 새로운 결정립의 핵이 형성된 후에 근거리 확산 과정을 통하여 기존 재료를 완전히 바꿀 때까지 성장을 계속한다. 재결정의 단계는 그림 7.21a~7.21d에 나타나 있다. 이 사진에서 조그만 결정립은 재결정된 결정립이다. 그러므로 냉간 가공된 재료의 재결정을 통해 결정립을 미세화할 수 있다.

또한 냉간 가공으로 변화된 기계적 성질은 재결정 동안에 원상태로 돌아온다. 즉 재료는 더 무르고, 약하고, 연하다. 재결정을 통한 기계적 특성의 변화를 목적으로 열처리를 행하기도 한다(11.8절).

재결정은 시간과 온도의 함수이다. 그림 7.21a~7.21d에 나타난 바와 같이 재결정의 정도는 시간에 따라 증가하며, 재결정의 시간 의존성은 10.3절에 기술되어 있다.

재결정의 온도 의존성은 그림 7.22에 잘 나타나 있다. 이 그림은 주어진 1시간의 열처리 동안에 황동 합금의 열처리 온도에 따른 인장 강도 및 연성값(상온 측정값)의 변화를 나타내고 있다. 단계별 결정립 구조도 도식으로 나타나 있다.

재결정 온도

특정 금속 합금의 재결정 거동은 재결정 온도로 규정하는데, **재결정 온도(recrystallization temperature)**란 1시간 안에 재결정이 완결되는 온도이다. 그러므로 그림 7.22에 나타낸 황동 합금의 재결정 온도는 약 450°C이다. 전형적인 재결정 온도는 융점의 약 1/3과 1/2 사이에 있으며, 사전 냉간 가공량 및 합금의 순도 등에 따라 변한다. 냉간 가공률이 증가할수록 재결정 속도가 빨라지므로 재결정 온도는 낮아지며, 높은 가공률에서는 일정 한계값에 접근한다(그림 7.23 참조). 이러한 최소 한계 재결정 온도는 문헌상에 나타나 있다. 결정이 일어

그림 7.21 황동의 재결정 및 결정립 성장의 단계별 현미경 사진. (a) 냉간 가공(33%CW) 후의 결정립 구조, (b) 580°C에서 3초간 가열한 후에 나타나는 재결정의 초기 단계. 아주 작은 결정립들이 재결정된 결정립들이다. (c) 냉간 가공된 결정립들의 부분적 재결정(580°C에서 4초간 가열), (d) 재결정 완료(580°C에서 8초간 가열), (e) 결정립 성장(580°C에서 15분간 가열), (f) 700°C에서 10분간 가열한 후에 나타나는 결정립 성장. 70×
(사진 제공 : J. E. Burke, Grain Control in Industrial Metallurgy, in "The Fundamentals of Recrystallization and Grain Growth," Thirtieth National Metal Congress and Exposition, American Society for Metals, 1948. ASM International, Materials Park, OH. www.asmInternational.org.)

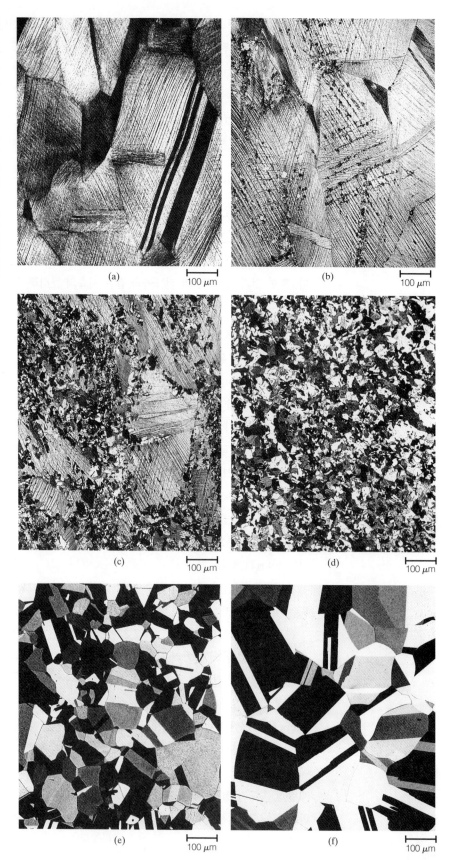

(a)   100 μm

(b)   100 μm

(c)   100 μm

(d)   100 μm

(e)   100 μm

(f)   100 μm

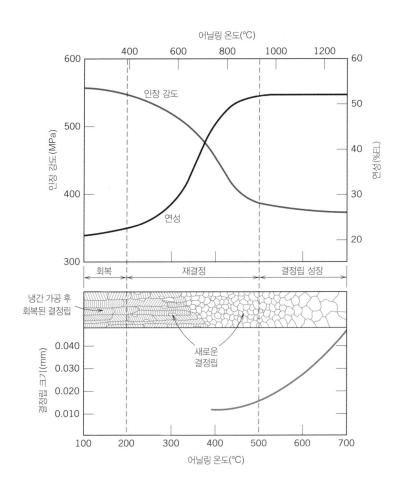

그림 7.22 황동 합금의 인장 강도와 연성에 대한 어닐링 온도의 영향. 결정립 크기는 어닐링 온도의 함수로 주어져 있다. 회복, 재결정, 결정립 성장에 따른 결정립 구조의 변화를 단계별로 나타내었다.
(출처 : G. Sachs and K. R. Van Horn, Practical Metallurgy, Applied Metallurgy and the Industrial Processing of Ferrous and Nonferrous Metals and Alloys, 1940. ASM International, Materials Park, OH. 허가로 복사 사용함)

나기 위해서는 사전 냉간 가공률이 최소 임계 냉간 가공률 이상이 되어야 하며, 일반적으로 그림 7.23에 나타난 바와 같이 2~20%이다.

재결정은 합금보다 순금속에서 더 빠르게 일어난다. 그러므로 합금 원소를 첨가함으로써

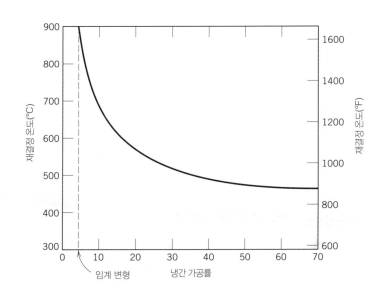

그림 7.23 냉간 가공률에 따른 철의 재결정 온도 변화. 임계 냉간 가공률(약 5%CW)보다 변형량이 작으면 재결정이 일어나지 않는다.

표 7.2 몇몇 금속과 합금의 재결정 온도와 융점

금속	재결정 온도		융점	
	℃	℉	℃	℉
납	−4	25	327	620
주석	−4	25	232	450
아연	10	50	420	788
알루미늄 (99.999 wt%)	80	176	660	1220
구리 (99.999 wt%)	120	250	1085	1985
황동 (60 Cu−40 Zn)	475	887	900	1652
니켈 (99.99 wt%)	370	700	1455	2651
철	450	840	1538	2800
텅스텐	1200	2200	3410	6170

재결정 온도가 높아진다. 순금속의 재결정 온도는 약 $0.4T_m$(융점)이며, 상업용 합금의 경우에는 약 $0.7T_m$이다. 일반 금속 및 합금의 재결정 온도와 융점은 표 7.2에 나타나 있다.

앞에서 논의한 바와 같이 재결정 속도는 여러 가지 변수에 의해 영향을 받으므로 문헌에 언급된 재결정 온도에는 차이가 있을 수 있다. 더욱이 재결정 온도보다 낮은 온도에서 열처리한 합금에서도 재결정이 일어날 수 있다.

재결정 온도 이상에서의 소성 가공을 **열간 가공**(hot working)이라고 한다(11.4절). 열간 가공 중에는 변형 경화가 일어나지 않으므로 재료는 대체로 무르고 연하며 큰 변형을 일으킬 수 있다.

개념확인 7.5 납과 주석 같은 금속이 상온에서 변형 경화가 되지 않는 이유를 간략하게 설명하라.

[해답은 *www.wiley.com/go/Callister_MaterialsScienceGE* → **More Information** → **Student Companion Site** 선택]

개념확인 7.6 세라믹 재료의 재결정 가능성에 대해 논하라.

[해답은 *www.wiley.com/go/Callister_MaterialsScienceGE* → **More Information** → **Student Companion Site** 선택]

설계예제 7.1

지름 감소 절차

초기 지름이 6.4 mm인 냉간 가공하지 않은 실린더형 황동을 냉간 인발 가공하여 단면적을 감소시켰다. 냉간 가공 후의 항복 강도는 345 MPa, 연성값은 20%EL이 요구된다. 최종 지름은 5.1 mm이다. 이에 대한 인발 가공 절차를 설명하라.

풀이

냉간 인발 가공을 통하여 황동 시편의 지름을 $6.4\,\text{mm}(d_0)$에서 $5.1\,\text{mm}(d_i)$로 감소시키면, 이에 따른 %CW는 식 (7.8)을 이용하여 다음과 같이 구할 수 있다.

$$\%\text{CW} = \frac{\left(\dfrac{d_0}{2}\right)^2 \pi - \left(\dfrac{d_i}{2}\right)^2 \pi}{\left(\dfrac{d_0}{2}\right)^2 \pi} \times 100$$

$$= \frac{\left(\dfrac{6.4\,\text{mm}}{2}\right)^2 \pi - \left(\dfrac{5.1\,\text{mm}}{2}\right)^2 \pi}{\left(\dfrac{6.4\,\text{mm}}{2}\right)^2 \pi} \times 100 = 36.5\%\text{CW}$$

그림 7.19a와 7.19c로부터 항복 강도는 $410\,\text{MPa}$, 연성값은 8%EL이다. 즉 항복 강도는 주어진 요건을 만족하지만 연성값은 낮다.

다른 가공 방법으로는 1차 인발을 통하여 시편 지름을 어느 정도 감소시킨 다음 재결정 열처리를 통하여 냉간 가공 효과를 제거한 후 요구되는 항복 강도와 연성값 및 최종 지름은 2차 인발 과정을 통하여 얻는 것이다.

그림 7.19a에 의하면 항복 강도 $345\,\text{MPa}$은 20%CW에서 얻어진다. 반면에 그림 7.19c에 의하면 20%EL 이상의 연성값은 23%CW 이하에서 얻어진다. 그러므로 최종 인발 과정에서의 변형량은 20~23%CW이어야 한다. 중간값 21.5%CW를 취하고, 이에 따른 1차 인발 후의 지름(d_0', 2차 인발 전 지름)을 식 (7.8)을 이용하여 구하면 다음과 같다.

$$21.5\%\text{CW} = \frac{\left(\dfrac{d_0'}{2}\right)^2 \pi - \left(\dfrac{5.1\,\text{mm}}{2}\right)^2 \pi}{\left(\dfrac{d_0'}{2}\right)^2 \pi} \times 100$$

위 식을 d_0'에 대하여 풀면 다음과 같다.

$$d_0' = 5.8\,\text{mm}$$

7.13 결정립 성장

결정립 성장

재결정이 완료된 후에 금속 시편을 높은 온도에 놓아두면 변형률이 없는 결정립은 성장을 계속하는데(그림 7.21d~7.21f), 이 현상을 **결정립 성장**(grain growth)이라고 한다. 회복이나 재결정 과정은 결정립 성장의 선취 조건은 아니며, 결정립 성장은 모든 금속 및 세라믹과 같은 다결정 재료에서 일어난다.

4.6절에서 서술한 바와 같이 입계는 에너지를 갖는다. 결정립 크기가 증가함에 따라 총입계 면적은 감소하므로 총에너지의 감소 효과를 가져오며, 이것이 결정립 성장의 구동력이

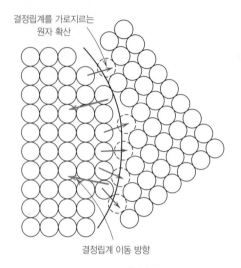

그림 7.24 원자 확산에 의한 결정립 성장을 나타낸 도식적 그림

(출처 : L. H. Van Vlack, A Textbook of Materials Technology, Addison−Wesley, 1973. Lawrence H. Van Vlack 허가로 복사 사용함)

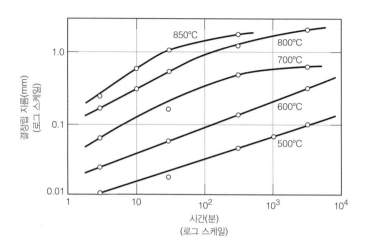

그림 7.25 황동의 온도별 결정립 성장(결정립 지름의 로그값 대 시간의 로그값)

(출처 : J. E. Burke, "Some Factors Affecting the Rate of Grain Growth in Metals." Metallurgical Transactions, Vol. 180, 1949, a publication of The Metallurgical Society of AIME, Warrendale, Pennsylvania 허가로 복사 사용함)

된다.

입계의 이동으로 결정립은 성장한다. 그러나 모든 결정립이 성장하는 것이 아니라 작은 결정립은 소멸되고 큰 결정립들이 성장을 계속한다. 그러므로 평균 결정립 크기는 시간에 따라 증가하며, 어느 특정 순간에는 여러 크기의 결정립이 나타난다. 입계의 이동은 단지 한 입계에서 다른 입계로의 근거리 원자 확산에 의해 진행되며, 그림 7.24에 나타난 바와 같이 입계 이동 방향과 원자 이동 방향은 서로 반대이다.

대부분의 다결정 재료에서 시간 t에 따른 결정립 지름 d는 다음의 관계를 갖는다.

결정립 성장—결정립 크기의 시간 의존성

$$d^n - d_0^n = Kt \tag{7.9}$$

여기서 d_0는 $t = 0$에서의 결정립 지름이고, K와 n은 시간에 의존하지 않는 상수이며, n은 일반적으로 2와 같거나 크다.

시간과 온도에 따른 결정립 크기의 변화는 그림 7.25에 나타나 있다. 여러 온도에서 황동의 결정립 크기에 로그를 취한 값을 시간의 로그값으로 나타낸 것이다. 낮은 온도에서는 직선적 시간 의존성을 나타낸다. 한편 온도가 증가함에 따라 결정립 성장은 더 급속히 진행되므로 이에 따른 곡선은 더욱 위쪽에 위치한다. 이 현상은 온도 증가에 따른 확산 속도의 증가로 설명할 수 있다.

일반적으로 미세한 결정립을 갖는 금속의 기계적 성질은 굵은 결정립의 성질보다 우수하다. 단일상 합금의 결정립이 원하는 크기보다 굵다면 앞에서 서술한 바와 같이 소성 가공을 한 후 재결정 열처리를 통하여 결정립을 미세화할 수 있다.

예제 7.3

열처리 후 결정립 크기 계산

금속을 500°C에서 12.5분 동안 가열한 후 결정립 지름이 8.2×10^{-3} mm에서 2.7×10^{-2} mm까지 증가하였다. 금속을 500°C에서 100분간 가열하면 결정립 지름의 크기는 얼마인가? 결정립 지름 지수는 $n = 2$이다.

풀이

식 (7.9)를 적용하면 다음과 같다.

$$d^2 - d_0^2 = Kt \tag{7.10}$$

우선 K값을 계산한다. 문제에 주어진 다음 값을 대입한다.

$d_0 = 8.2 \times 10^{-3}$ mm
$d = 2.7 \times 10^{-2}$ mm
$t = 12.5$ 분

식 (7.10)을 정리하면 다음과 같다.

$$K = \frac{d^2 - d_0^2}{t}$$

그러므로 K값은 다음과 같이 계산된다.

$$K = \frac{(2.7 \times 10^{-2} \text{ mm})^2 - (8.2 \times 10^{-3} \text{ mm})^2}{12.5 \text{ 분}}$$
$$= 5.29 \times 10^{-5} \text{ mm}^2/\text{분}$$

500°C에서 100분 가열 후 결정립 지름을 계산하기 위해서 식 (7.10)을 d에 대해 풀면 다음과 같다.

$$d = \sqrt{d_0^2 + Kt}$$

이 식에 d_0와 K값 및 $t = 100$분을 대입하면 d는 다음과 같이 계산된다.

$$d = \sqrt{(8.2 \times 10^{-3} \text{ mm})^2 + (5.29 \times 10^{-5} \text{ mm}^2/\text{분})(100 \text{ 분})}$$
$$= 0.0732 \text{ mm}$$

요약

기본 개념	• 미시적 관점에서 보면 소성변형은 외부에서 가해진 전단 응력에 따른 전위의 움직임이다. 칼날 전위는 원자 간 결합을 연속적으로 끊으며, 원자들의 반쪽면이 원자 간 거리만큼 움직임에 따라 이동한다. • 칼날 전위의 경우 전위선의 움직임과 작용 전단 응력의 방향은 평행하다. 나선 전위의 경우 이들 방향은 서로 수직이다. • 칼날 전위의 전위선 주위에는 인장, 압축, 전단 변형률이 존재한다. 순수한 나선 전위에서는 전단 격자 변형률만이 나타난다.
슬립계	• 외부 작용 전단 응력에 따른 전위의 움직임을 슬립이라고 한다. • 슬립은 특정 결정면의 한 방향을 따라 일어난다. 슬립계는 슬립면과 슬립 방향의 조합이다. • 작동 가능한 슬립계는 재료의 결정 구조에 따라 다르다. 슬립면은 가장 조밀한 원자 충진면이며 슬립 방향은 슬립면 내에서 원자 충진율이 가장 높은 방향이다.
단결정의 슬립	• 분해 전단 응력은 응력 방향에 수직도 수평도 아닌 면에서 작용 인장 응력으로부터 분해되는 전단 응력이다. • 임계 분해 전단 응력은 전위를 움직이는(즉 슬립) 데 필요한 최소 분해 전단 응력이다. • 인장 응력이 작용하는 단결정의 표면에는 시편 주위에 루프 형태로 평행하게 조그만 층들이 형성된다.
다결정 재료의 소성변형	• 다결정 재료에서 슬립은 작용 응력에 대해 가장 적절히 놓인 각 결정립의 슬립계를 따라 일어난다. 또한 변형 중에 결정립은 입계가 유지되도록 결정립의 모양을 바꾸며, 변형이 큰 방향으로 늘어난다.
쌍정에 의한 변형	• BCC와 HCP 금속은 쌍정에 의해 제한된 소성변형을 일으키기도 한다. 전단력을 가하면 기계적 쌍정이 형성된다.
금속의 강화 기구	• 재료의 소성 가공 용이성은 전위 이동성의 함수이다. 즉 전위의 이동을 억제함으로써 경도와 강도가 증가한다.

결정립 미세화에 의한 강화	• 결정립계는 다음의 두 가지 이유로 전위의 이동을 방해한다.
	  – 결정립계를 가로지를 때 전위의 이동 방향은 바뀌어야 한다.
	  – 결정립계 근처 부위에서의 슬립면은 불연속이다.
	• 작은 결정립의 금속은 큰 결정립의 금속보다 전위 이동을 방해하는 결정립계가 더 많으므로 더 강하다.

고용체 강화	• 금속의 강도와 경도는 고용체에 함유된 이종 원자(치환 및 침입 원자)의 농도에 따라 증가한다. • 고용체 강화는 이종 금속과 전위 사이의 격자 변형률 상호작용에 의해 나타난다. 이러한 상호작용은 전위 이동성의 감소를 발생시킨다.

변형 경화
- 변형 경화는 소성 가공에 따라 금속의 강도가 증가(연성 감소)한다.
- 금속의 항복 강도, 인장 강도와 경도는 냉간 가공률의 증가에 따라 증가하며(그림 7.19a, 7.19b 참조), 연성은 감소한다(그림 7.19c 참조).
- 소성 가공 동안에 전위 밀도는 증가하며, 전위 사이의 평균 거리는 감소한다. 전위와 전위 사이의 변형장은 평균적으로 서로 반발하므로 전위 이동성은 제약을 더 받게 되어 금속은 더욱 단단하고 강해진다.

회복
- 회복 동안에는
  - 전위 이동에 의해 내부 변형률 에너지가 완화된다.
  - 전위 밀도가 감소하며 전위는 낮은 에너지의 배열을 취한다.
  - 몇몇 재료 성질은 냉간 가공 전의 값으로 되돌아간다.

재결정
- 재결정 동안에는
  - 대체로 전위 밀도가 낮은 새로운 형태의 변형률이 없는 등방형 입자를 갖는 구조가 형성된다.
  - 금속은 더욱 부드럽고 약하며 연성이 증가한다.
- 재결정이 일어나는 냉간 가공 금속의 경우에는 온도가 증가함에 따라(가열 시간은 일정) 인장 강도는 감소하고 연성은 증가한다(그림 7.22 참조).
- 금속의 재결정 온도는 1시간에 재결정이 완결되는 온도이다.
- 재결정 온도에 영향을 주는 두 가지 인자는 냉간 가공률과 불순물의 양이다.
  - 재결정의 온도는 냉간 가공률의 증가에 따라 감소한다.
  - 불순물의 농도에 따라 증가한다.
- 재결정 온도 이상에서의 소성변형을 **열간 가공**, 재결정 온도 이하에서의 변형을 **냉간 가공**이라 한다.

결정립 성장
- **결정립 성장**이란 결정립계의 이동에 의해 다결정 재료의 평균 결정립 크기가 증가하는 것이다.
- 결정립 크기의 시간 의존성은 식 (7.9)로 표현된다.

식 요약

식 번호	식	용도
7.2	$\tau_R = \sigma \cos \phi \cos \lambda$	분해 전단 응력
7.4	$\tau_{\text{crss}} = \sigma_y (\cos \phi \cos \lambda)_{\text{max}}$	임계 분해 전단 응력
7.7	$\sigma_y = \sigma_0 + k_y d^{-1/2}$	항복 강도(평균 입자 크기의 함수) Hall-Petch 식
7.8	$\%\,\mathrm{CW} = \left(\dfrac{A_0 - A_d}{A_0} \right) \times 100$	냉간 가공 퍼센트
7.9	$d^n - d_0^n = Kt$	평균 입자 크기(입자 성장 동안)

기호 목록

기호	의미
A_0	변형 전 시편 단면적
A_d	변형 후 시편 단면적
d	평균 입자 크기, 입자 성장 동안 평균 입자 크기
d_0	입자 성장 전 평균 입자 크기
K, k_y	재료 상수
t	입자 성장 시간
n	입자 크기 지수 – 몇몇 재료에 대해서는대략 2
λ	인장 응력을 받는 단결정의 슬립 방향과 인장축 사이의 각도(그림 7.7)
ϕ	인장 응력을 받는 단결정의 슬립면의 수직 방향과 인장축 사이의 각도(그림 7.7)
σ_0	재료 상수
σ_y	항복 강도

주요 용어 및 개념

격자 변형률   변형 경화   재결정 온도
결정립 성장   슬립   전위 밀도
고용체 강화   슬립계   회복
냉간 가공   임계 분해 전단 응력
분해 전단 응력   재결정

참고문헌

Argon, A. S., *Strengthening Mechanisms in Crystal Plasticity*, Oxford University Press, Oxford, UK, 2008.

Hirth, J. P., and J. Lothe, *Theory of Dislocations, 2nd edition*, Wiley-Interscience, New York, 1982. Reprinted by Krieger, Malabar, FL, 1992.

Hull, D., and D. J. Bacon, *Introduction to Dislocations*, 5th edition, Butterworth-Heinemann, Oxford, UK, 2011.

Read, W. T., Jr., *Dislocations in Crystals*, McGraw-Hill, New York, 1953.

Weertman, J., and J. R. Weertman, *Elementary Dislocation Theory*, Macmillan, New York, 1964. Reprinted by Oxford University Press, New York, 1992.

연습문제

기본 개념

전위의 특성

7.1 금속 시편의 전위 밀도가 $10^3\ mm^{-2}$이다. $1000\ mm^3$ $(1\ cm^3)$에 있는 전위를 모두 제거하여 끝을 서로 이었다고 가정하면 전위의 총길이(mm)는 얼마인가? 냉간 가공으로 전위 밀도를 $10^9\ mm^{-2}$로 증가시켰다면, $1000\ mm^3$ 안에 있는 전위의 총 길이는 얼마겠는가?

7.2 다음 그림과 같이 서로 반대 부호를 갖고 있는 2개의 칼날 전위가 몇 층의 원자 거리를 두고 위치한

슬립면에 놓여 있다. 이 두 전위가 수직선상에 나란히 정렬될 때의 상황을 설명하라.

7.3 BCC의 (100), (110) 및 (111)의 면밀도(연습문제 3.35)를 비교하라.

7.4 {110}⟨111⟩은 BCC 결정 구조의 슬립계의 하나이다. 그림 7.6b와 같이 BCC 구조의 {110}면을 그리라. 원자 위치는 원으로 표시하고, 이 면 안의 2개의 다른 ⟨111⟩ 슬립 방향을 화살표로 표시하라.

7.5 식 (7.1a)와 (7.1b)에 나타낸 바와 같이 FCC와 BCC 결정 구조에 대한 버거스 벡터는 다음의 형태로 표현된다.

$$\mathbf{b} = \frac{a}{2}\langle uvw \rangle$$

여기서 a는 단위정의 한 변의 길이이다. 또한 버거스 벡터의 크기는 다음 식 (7.11)로 결정된다.

$$|\mathbf{b}| = \frac{a}{2}(u^2 + v^2 + w^2)^{1/2} \qquad (7.11)$$

표 3.1을 참조하여 구리와 철의 $|\mathbf{b}|$ 값을 구하라.

7.6 (a) 식 (7.1a~7.1c)의 형태로 단순 입방 결정 구조의 버거스 벡터를 나타내라(그림 3.3 참조). 칼날 전위를 나타낸 그림 4.4와 칼날 전위의 움직임을 나탄낸 그림 7.1도 단순 입방체이다. 개념확인 7.1의 해답을 참조하라.

(b) 식 (7.11)을 기초로 하여 단순 입방 결정구조의 버거스 벡터의 크기 $|\mathbf{b}|$를 표현하라.

단결정의 슬립

7.7 금속 단결정에서 인장축에 대하여 슬립면의 수직 방향 및 슬립 방향이 각각 60°와 35°의 각도를 이루고 있다. 임계 분해 전단 응력이 6.2 MPa이라면 12 MPa의 작용 응력을 가하면 단결정의 항복이 일어나겠는가? 일어날 수 없다면 얼마의 응력이 필요하겠는가?

7.8 니켈 단결정의 슬립 방향인 [001]이 인장축에 따라

놓여 있다. 슬립이 13.9 MPa의 인장 응력하에서 (111)면의 [1̄01] 방향으로 일어난다면 니켈의 임계 분해 전단 응력은 얼마인가?

7.9 (a) BCC 결정 구조를 갖는 금속의 단결정에 [100] 방향으로 4.0 MPa의 인장 응력이 작용하고 있다. (110), (011)과 (101̄)면에서 [11̄1] 방향으로의 분해 전단 응력을 각각 산출하라.

(b) 이러한 분해 전단 응력의 크기를 근간으로 가장 우호적인 슬립계를 결정하라.

7.10 FCC 결정 구조를 갖는 가상 금속의 단결정에 [112] 방향으로 인장 응력이 작용하고 있다. 이 재료의 항복 응력이 5.12 MPa이고, (111) 면에서 [011] 방향으로 슬립이 일어난다면 임계 분해 전단 응력을 계산하라.

결정립 미세화에 의한 강화

7.11 소각 결정립계가 고각 결정립계에 비해 슬립 과정을 방해하는 데 효율적이지 못한 이유를 간략하게 설명하라.

7.12 HCP 금속이 FCC와 BCC 금속보다 취성이 더 강한 이유를 간략하게 설명하라.

7.13 (a) 그림 7.15에 나타난 70 Cu-30 Zn 황동에 대한 (결정립 지름)$^{-1/2}$ 대 항복 강도의 선도로부터 식 (7.7)의 σ_0와 k_y의 값을 구하라.

(b) 평균 결정립 지름이 2.0×10^{-3} mm일 때 이 합금의 항복 강도는 얼마이겠는가?

7.14 그림 7.15가 냉간 가공하지 않은 황동에 대한 선도라고 가정하고, 그림 7.19에 나타난 황동 합금의 결정립 크기를 결정하라. 단, 합금의 조성은 그림 7.15의 합금과 같다고 가정한다.

변형 경화

7.15 초기 반지름이 15 mm인 실린더형 합금 시편을 가공하여 변형 후 반지름을 12 mm로 감소시켰다. 초기 반지름이 11 mm인 합금을 가공하여 같은 경도를 갖도록 하려면 변형 후의 반지름은 얼마여야 하는가? 변형 후 두 번째 시편의 반지름을 계산하라.

7.16 냉간 가공한 실린더형 구리 시편의 연성값은

15%EL이다. 냉간 가공 후의 반지름이 6.4 mm라면, 가공 전의 반지름은 얼마인가?

7.17 (a) 항복 강도가 345 MPa인 황동의 개략적 연성값(%EL)은 얼마인가?

(b) 항복 강도가 620 MPa인 1040 강의 브리넬 경도는 대략 얼마인가?

회복
재결정
결정립 성장

7.18 냉간 가공된 금속의 결정립 구조와 냉간 가공 후 재결정 처리한 금속의 결정립 구조 사이의 차이점을 설명하라.

7.19 (a) 재결정의 구동력은 무엇인가?

(b) 결정립 성장은 무엇인가?

7.20 입자 지름이 2.1×10^{-2} mm인 가상 재료를 600℃에서 3시간 열처리하자 7.2×10^{-2} mm로 증가하였다. 이 재료를 600℃에서 1.7시간 가열할 경우 입자 지름을 계산하라. 입자 지름 지수는 2로 가정하라

7.21 650℃에서 황동의 열처리 시간에 따른 평균 결정립 크기는 다음 표와 같다.

시간(분)	입자지름(mm)
40	5.6×10^{-2}
100	8.0×10^{-2}

(a) 최초의 결정립 지름은 얼마였는가?

(b) 650℃에서 200분간 열처리한 후의 결정립 지름을 구하라.

7.22 결정립 성장은 온도에 크게 영향을 받는다. 온도가 높아질수록 결정립의 성장 속도가 빨라진다. 그러나 식 (7.9)에는 외견상 온도 관련 매개변수가 나타나 있지 않다.

(a) 이 식의 어느 매개변수에 온도가 포함되어야 한다고 생각하는가?

(b) 독창적인 온도 의존 함수식을 나타내라.

7.23 다음 표는 800℃에서 열처리한 철 시편에 대한 항복 강도, 입자 지름, 열처리 시간(입자 성장에 대한) 데이터이다. 이 데이터를 사용하여 800℃에서 3시간 열처리한 시편의 항복 강도를 계산하라. 입자 지름 지수는 $n = 2$로 가정하라.

입자 지름(mm)	항복 강도(MPa)	열처리 시간(h)
0.028	300	10
0.010	385	1

설계문제

변형 경화
재결정

7.D1 브리넬 경도가 최소 240이고, 최소 15%EL의 연성값을 갖도록 강을 냉간 가공할 수 있는지를 입증하라.

7.D2 냉간 가공한 실린더형 강 시편의 브리넬 경도는 240이다.

(a) 연성값(%EL)은 얼마인가?

(b) 가공 전의 반지름이 10 mm라면, 가공 후의 반지름은 얼마인가?

7.D3 초기 지름이 11.4 mm인 실린더형 1040 강봉을 냉간 가공(인발)하여 최소 인장 강도가 825 MPa이고, 최소 연성값이 12%EL이 되도록 가공하는 절차를 기술하라. 강봉의 최종 지름은 8.9 mm여야 한다.

7.D4 연습문제 7.21의 황동 합금 시편 2개에 대한 항복 강도는 다음 표와 같다. 90 MPa의 항복 강도를 갖기 위해서 650℃에서의 가열 시간을 계산하라. 입자 지름 지수는 $n = 2$로 가정하라.

시간(분)	항복 강도(MPa)
40	80
100	70

(a)

(b)

땅 콩이나 사탕 또는 과자가 들어 있는 조그만 플라스틱 봉지를 찢으려고 힘을 주다 화가 치민 경우는 없는가? 반대로 (a)와 같이 귀퉁이에 조금 찢어 놓은 부분을 이용하여 아주 힘을 적게 들이고 봉지를 연 경험이 있을 것이다. 이 현상은 파괴역학의 기본 원리와도 연관되어 있다. 즉 조그만 찢김 또는 노치 끝단에서 작용 인장 응력은 증폭된다는 것이다.

사진 (b)는 유조선이 배 허리둘레를 따라 균열이 전파되어 취성 파괴를 일으킨 모습이다. 유조선이 바다에서 파도와 싸우면서 노치나 결함 끝단에서 응력이 증폭되어 균열이 생성된 후 급속히 전파되어 완전히 두 부분으로 파괴된 것이다.

사진 (c)는 1988년 4월 28일 보잉 737-200 상업용 항공기(Aloha Airlines flight 243)가 폭발적인 감압에 의해 파손된 모습이다. 사고조사 결과 이 사고의 원인은 이 항공기가 습도와 염분 농도가 높은 해안을 따라 운행하는 동안 틈새부식(17.7절 참조)에 의해 악화된 금속피로로 결론지었다. 단거리 비행 동안에 조정실의 압축과 감압이 반복 작용하여 동체에 응력 사이클이 걸리게 된다. 항공사의 적절한 정비 프로그램을 통하여 사전에 피로 손상을 검출하면 이와 같은 사고를 미연에 방지할 수 있다.

(c)

공학도가 부품이나 구조물을 설계할 때에는 되도록 파손이 일어날 확률을 최소화해야 한다. 그러므로 파괴, 피로, 크리프 등의 파손 형태의 기구를 이해하는 것이 중요하다. 또한 가동 중의 파손을 방지하기 위한 적절한 설계 원리도 알아야 한다. 예를 들면 Mechanical Engineering(ME), Module M.7과 M.8(www.wiley.com/go/Callister_MaterialsScienceGE → More Information → Student Companion Site)에서 자동차 밸브 스프링의 피로 현상에 대해 다루었다.

학습목표

이 장을 학습한 후에는 다음 내용을 숙지할 수 있어야 한다.

1. 연성 파괴와 취성 파괴의 균열 전파 기구에 대한 설명
2. 취성 재료의 강도가 이론적으로 산출한 예측값보다 낮은 이유
3. 파괴 인성의 정의와 관련 매개변수 및 식
4. 응력세기 계수, 파괴 인성 및 평면 변형률 파괴 인성의 차이점
5. 파괴 시험의 두 종류
6. 피로의 정의 및 피로 발생 조건
7. 재료의 피로 선도로부터 (a) 주어진 응력값에서의 피로 수명과 (b) 주어진 사이클 수에 대한 피로 강도 산출
8. 크리프의 정의 및 크리프 발생 조건
9. 재료의 크리프 선도로부터 (a) 정상 크리프 속도와 (b) 파열수명의 산출

8.1 서론

공학 재료의 파손은 인명 피해, 경제적 손실, 생산 및 운전 실적의 저하를 초래한다. 파손의 원인과 재료의 거동 상태를 잘 알고 있어도 파손을 완전히 방지하기는 어렵다. 파손의 일반적인 원인으로는 부적절한 재료의 선정 및 제작, 부적합한 기기 설계, 기기의 작동 오류 등을 들 수 있다. 기술자는 파손 가능성을 타진하고, 파손이 일어난 경우에는 원인을 분석하여 차후의 파손 방지를 위한 적절한 조치를 취해야 한다.

이 장에서는 연성 및 취성 파괴, 파괴역학의 기초, 충격 파괴 시험, 연성-취성 전이, 피로, 크리프 등을 다루었다. 또한 파손 기구, 시험 방법, 파손 방지 방안에 대해서도 언급하고 있다.

개념확인 8.1　파손의 가능성을 부품이나 생산품의 설계에 포함하는 경우를 두 가지 열거하라.

[해답은 *www.wiley.com/go/Callister_MaterialsScienceGE* → More Information → Student Companion Site 선택]

파괴

8.2 파괴의 기초

파괴(simple fracture)란 재료의 융점보다 낮은 온도에서 정적 응력(일정한 응력, 또는 시간에 따라 매우 천천히 변하는 응력 상태)을 가함으로써 물체가 두 조각 이상으로 나누어지는

것을 의미한다. 파괴는 피로(사이클 응력이 가해질 때)와 크리프(대체적으로 높은 온도에서 시간에 따른 변형)로도 발생한다. 피로와 크리프는 8.7~8.15절에서 다룬다. 작용 응력의 형태로는 인장 응력, 압축 응력, 전단 응력 또는 뒤틀림 응력 등이 있으나 이 절에서는 단일축 인장 하중에 따라 나타나는 파괴 현상만을 다루고 있다. 공학 재료의 파괴 형태는 재료의 소성 가공성에 따라 연성 파괴(ductile fracture)와 취성 파괴(brittle fracture)로 나눌 수 있다. 연성 재료는 소성변형이 상당히 일어난 후에 파괴가 일어나므로 이 과정 중에 많은 에너지를 흡수한다. 반면에 취성 재료는 소성변형이 거의 일어나지 않은 상태에서 파괴가 일어나므로 흡수 에너지의 양은 매우 적다. 이러한 두 가지 파괴 형태에 대한 인장 응력-변형률 거동은 그림 6.13에 나타나 있다.

연성과 취성은 주어진 상황에 따른 상대적 개념이다. 연성은 신장 백분율(식 6.11)이나 단면 감소율(식 6.12)로 나타내며 온도, 변형률 속도 및 응력 상태의 함수이다. 연성 재료의 취성 파괴에 대한 내용은 8.6절에 나타나 있다.

모든 파괴 과정은 균열 생성과 균열 전파의 2단계로 나누어지며 파괴 형태는 주로 균열 전파 기구(방식)에 따라 결정된다. 연성 파괴에서는 진전하는 균열 주위에 상당한 소성변형이 나타난다. 또한 균열은 대체로 천천히 진전하는데, 이러한 균열을 안정된(stable) 균열이라고 한다. 즉 작용 응력이 증가하지 않으면 균열은 더 이상 진전되지 않는다. 상당한 소성변형이 일어난 흔적은 파괴면에도 나타난다. 반면에 취성 파괴에서는 균열이 매우 빠르게 진전되며, 소성변형도 거의 일어나지 않는다. 이러한 균열을 불안정한(unstable) 균열이라고 하며, 작용 응력이 증가하지 않아도 일단 진전하기 시작한 균열은 매우 빠르게 전파한다.

연성 파괴는 다음의 두 가지 이유로 취성 파괴보다 더 낫다. 첫째, 취성 파괴는 어떠한 징후도 없이 급작스럽게 일어난다. 이는 자발적인 빠른 균열 전파의 결과이다. 반면에 연성 파괴는 파괴에 앞서 상당한 소성변형이 일어나므로 파괴가 일어나기 전에 방지 조치를 취할 수가 있다. 둘째, 일반적으로 연성 재료는 인성이 크므로 연성 파괴가 일어나는 데는 더 많은 변형률 에너지가 요구된다. 대부분의 금속 합금은 인장 응력이 작용할 경우 연성 파괴를 일으키지만 세라믹은 전형적으로 취성 파괴를 일으키며, 폴리머의 경우에는 두 가지 파괴 형태가 모두 일어난다.

8.3 연성 파괴

연성 파괴의 표면은 거시적으로나 미시적으로 독특한 형상을 나타낸다. 그림 8.1은 거시적 파괴 형태를 개략적으로 나타낸 것이다. 그림 8.1a와 같은 파괴 형상은 순금이나 납과 같이 매우 연한 금속이 상온에서 파괴될 때 나타나며, 다른 금속이나 폴리머 및 무기 유리(inorganic glass)도 높은 온도에서는 이와 같은 파괴 형상을 보인다. 이와 같이 연성이 매우 큰 재료는 끊어지는 부분이 점으로 되어 완전한 100%의 단면적 감소를 나타낸다.

가장 일반적인 연성 금속의 인장 파괴는 그림 8.1b에 보인 바와 같이 파괴가 일어나기 전에 어느 정도의 네킹 현상이 나타난다. 연성 파괴의 단계는 그림 8.2에 나타나 있다. 첫째, 네킹 현상이 시작된 후에 조그만 동공과 미세기공이 단면 내부에 형성된다(그림 8.2b). 그 후

연성 파괴
취성 파괴

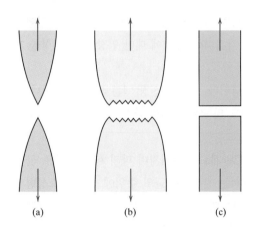

그림 8.1 (a) 시편의 파괴 끝단이 점으로 나타나는 높은 연성 파괴, (b) 약간의 네킹이 일어난 후에 나타나는 중간 연성 파괴, (c) 소성변형 없이 일어나는 취성 파괴

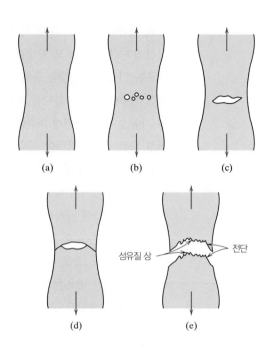

그림 8.2 컵-원뿔 파괴의 단계. (a) 초기 네킹, (b) 조그만 동공 형성, (c) 동공의 결합에 의한 균열 형성, (d) 균열 전파, (e) 인장 방향에 45°로 일어나는 최종 전단 파괴

(출처 : K. M. Ralls, T. H. Courtney, and J. Wulff, *Introduction to Materials Science and Engineering*, p. 468. Copyright ⓒ 1976 by John Wiley & Sons, New York. John Wiley & Sons, Inc. 허가로 복사 사용함)

변형이 계속됨에 따라 미세기공들도 성장을 계속하는데, 성장한 미세기공들은 서로 연결되어 하나의 타원형 균열을 형성한다. 타원형 균열의 장축은 응력 방향에 수직이며, 이 균열은 미세기공들과의 연결 과정을 통하여 균열의 장축 방향으로 점점 진전한다(그림 8.2c). 그 후 네킹 부분의 바깥 주위를 따라 매우 빠른 균열 전파가 일어남으로써 마침내 파괴가 일어난다(그림 8.2d). 최종 파괴는 전단 응력이 최대가 되는 인장축과 45° 각도로 전단 변형에 의해 일어난다. 파괴된 한쪽은 컵 같은 모양이고, 다른 쪽은 볼록한 원뿔 모양이므로 이와 같은 파괴 형상을 가리켜 컵-원뿔 파괴(cup-and-cone fracture)라고 한다. 그림 8.3a의 파괴 시

그림 8.3 (a) 알루미늄의 컵-원뿔 파괴, (b) 연강의 취성 파괴

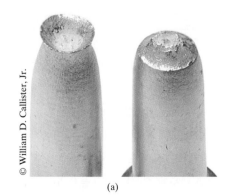

(a)

(b)

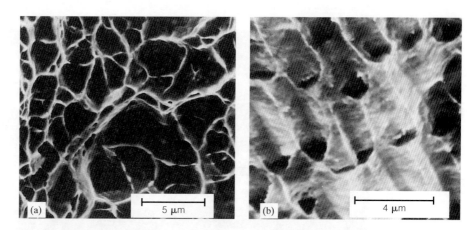

그림 8.4 (a) 단일축 인장 하중에 따라 나타나는 구형 딤플을 보여 주는 주사 전자현미경 파면 사진. 3300×. (b) 전단 하중에 따라 나타나는 포물선형 딤플을 보여 주는 주사 전자현미경 파면 사진 5000×

(출처 : R. W. Hertzberg, Deformation and Fracture Mechanics of Engineering Materials, 3rd edition. Copyright ⓒ 1989 by John Wiley & Sons, New York. John Wiley & Sons, Inc. 허가로 복사 사용함)

편에서 가운데 내부면은 불규칙한 섬유질 모습을 띠고 있으며, 이것은 파괴 전에 상당한 소성변형이 일어났다는 것을 말해 준다.

파면 연구

파괴면을 주사 전자현미경(scanning electron microscopy, SEM)으로 조사함으로써 파괴 기구를 좀 더 상세하게 파악할 수 있다. 이를 가리켜 **파면 사진학**(fractography)이라고 한다. 광학현미경에 비해 전자현미경은 해상력(resolution)과 시계 심도(depth of field)가 월등하므로 파괴면의 울퉁불퉁한 모양을 관찰하기에 적합하다.

시편의 중앙 부위를 고배율로 관찰하면 섬유질 모습이 수많은 공의 반쪽 모양을 갖는 '딤플(dimple)'로 구성되어 있음을 알 수 있다(그림 8.4a). 이러한 표면 구조가 단일축 인장 파손의 특징이다. 컵-원뿔 파괴의 45° 전단 입술(shear lip) 지역에서도 딤플이 나타난다. 그러나 이들은 공 모양이 아니라 그림 8.4b에 나타난 것처럼 C자 모양이나 한쪽으로 늘어난 모양으로 나타난다. 이러한 포물선형 모양은 파손이 전단에 의해 일어났을 가능성을 나타내고 있다. 이와 같은 모양 이외에 다른 파괴 모양도 나타난다. 그림 8.4와 같은 파괴면 사진으로부터 파괴 형태(모드), 응력 상태 및 균열의 시작 위치 등과 같은 유용한 정보를 얻을 수 있다.

8.4 취성 파괴

취성 파괴는 소성변형이 거의 없이 균열이 매우 빠르게 진전하여 일어난다. 균열의 진전 방향은 작용 인장 응력 방향에 거의 수직이며, 파괴면은 그림 8.1c에 나타난 바와 같이 대체로 편평하다.

취성 파괴면의 특징은 소성변형이 일어난 흔적이 거의 없다는 것이다. 그림 8.5a에 나타나 있는 강 시편의 파괴면에서와 같이 V자 모양의 '쉐브론' 표시가 균열 시작점으로부터 시편의 중앙 부위를 따라 연속으로 퍼져나간 것을 볼 수 있다. 또한 그림 8.5b와 같이 선이나

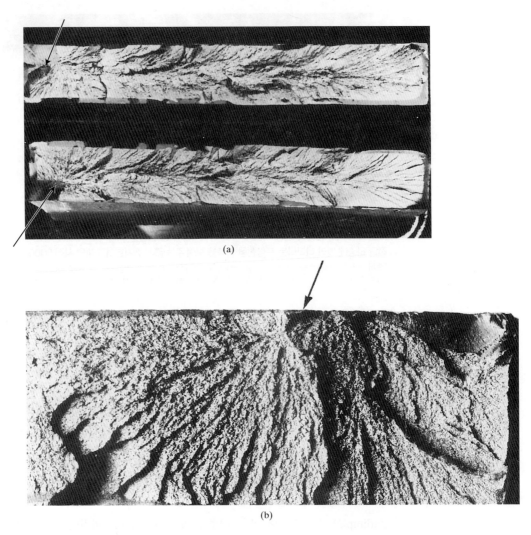

그림 8.5 (a) 취성 파괴의 특징인 V자 모양의 '쉐브론' 표시를 나타내는 사진. 화살표는 균열 생성 위치를 나타낸다. (b) 방사선으로 퍼져나간 골짜기 형태를 나타내는 사진. 화살표는 균열 생성 위치를 나타낸다. 약 2×

[출처 : (a) R. W. Hertzberg, *Deformation and Fracture Mechanics of Engineering* Materials, 3rd edition. Copyright © 1989 by John Wiley & Sons, New York. John Wiley & Sons, Inc. 허가로 복사 사용함. Photograph courtesy of Roger Slutter, Lehigh University. (b) D. J. Wulpi, *Understanding How Components Fail*, 1985. ASM International, Materials Park, OH. 허가로 복사 사용함]

등선 모양이 균열 시작점에서부터 부채꼴로 퍼져나간 모습을 나타내기도 한다. 이러한 모습들은 육안으로 쉽게 식별할 수 있는 경우도 종종 있지만, 매우 단단하고 미세한 결정립을 갖는 금속의 파괴면에는 식별할 만한 파괴 모습이 나타나지 않는다. 세라믹 유리와 같은 비정질 재료의 취성 파괴면은 대체로 표면이 고르므로 빛이 난다.

　대부분의 취성 결정 재료의 균열 전파는 어떤 특정 결정면을 따라 원자 간의 결합이 연속으로 끊어짐으로써 진행된다(그림 8.6a). 이를 가리켜 **벽계**(cleavage) 파손이라고 하며, 결정

입내 파괴

립을 가로질러 균열이 전파하므로 **입내 파괴**(transgranular fracture 또는 입자 간 균열)라고 부른다. 이러한 파괴면을 저배율로 관찰하면 그림 8.3b와 같이 결정립들의 모습(grainy 또

SEM 사진

결정립   균열 전파 경로

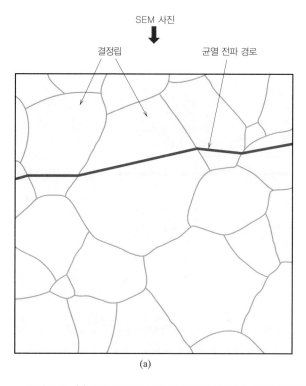

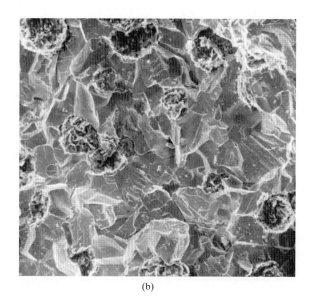

(a)   (b)

그림 8.6 (a) 입내 파괴에서 결정립 내부를 관통하는 균열 전파의 개략적 단면도. (b) 입내 파괴면을 나타내는 연성 주철의 SEM 사진. 배율 미확인

[출처 : (b) V. J. Colangelo and F. A. Heiser, *Analysis of Metallurgical Failures*, 2nd edition. Copyright © 1987 by John Wiley & Sons, New York. John Wiley & Sons, Inc. 허가로 복사 사용함]

는 faceted texture)이 눈에 띈다. 이러한 모습은 벽계면의 방향이 결정립마다 다르기 때문에 나타난 결과이며, 그림 8.6b의 주사 전자현미경 사진에 뚜렷이 나타나 있다.

몇몇 합금에서는 균열 전파가 입계를 따라 일어나며(그림 8.7a), 이를 가리켜 입계 파괴

입계 파괴 (intergranular fracture)라고 한다. 그림 8.7b의 주사현미경 사진과 같이 결정립의 3차원 형태가 명확히 드러난다. 이러한 입계 파괴는 입계가 취약한 경우에 일어난다.

8.5 파괴역학의 기본 원리[1]

제8장 표지 그림 (b)에 나타난 바와 같이 연성 재료의 취성 파괴로 말미암아 파괴 기구에 대

파괴역학 해 좀 더 깊은 이해가 필요하였다. 그리하여 수십 년에 걸친 연구 끝에 파괴역학(fracture mechanics)이라는 학문 분야가 등장하였다. 파괴역학이란 재료 성질, 응력의 크기, 균열을 초래할 수 있는 결함의 존재 및 균열 전파 기구 사이의 관계를 정량화한 것이다. 이 분야에 대한 지식을 습득함으로써 설계 기술자는 구조물의 파괴에 대비할 능력을 갖춘다. 이 절에서는 파괴역학의 기본 원리에 대하여 서술하였다.

---

1 파괴역학의 원리에 대한 상세 내용은 Mechanical Engineering(ME) Module M.2에 기술되어 있다.

(*www.wiley.com/go/Callister_MaterialsScienceGE* → More Information → Student Companion Site)

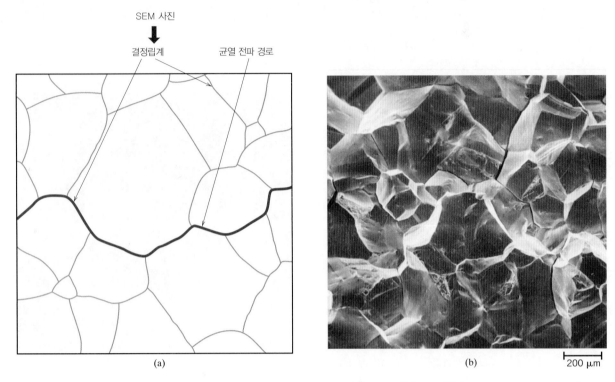

그림 8.7 (a) 입계 파괴에서 결정립계를 따라 전파하는 균열의 개략적 단면도, (b) 입계 파괴면을 나타내는 SEM 사진. 50×
[사진 제공 : (b) *ASM Handbook*, Vol. 12, *Fractography*, ASM International, Materials Park, OH, 1987. 허가로 복사 사용함]

응력 집중

가장 취성이 큰 재료의 파괴 강도 측정값은 원자 결합 에너지를 바탕으로 한 이론적 계산값보다 매우 작다. 이러한 차이는 일반적인 조건에서 재료의 내부와 표면에 항상 존재하는 매우 작고 세밀한 결함이나 균열의 존재로 설명이 가능하다. 작용 응력은 결함의 첨단 부분에 집중되어 파괴 강도를 낮추며, 응력이 집중되는 정도는 균열의 방향과 기하학적 형상에 따라 다르다. 그림 8.8에는 내부 균열이 존재하는 단면의 응력 상태가 나타나며, 이 그림에서와 같이 균열 첨단에서 멀어질수록 국부 응력은 감소한다. 아주 멀리 떨어진 거리에서의 응력은 하중을 단면적으로 나눈 값인 공칭 응력 σ_0값을 갖는다. 이러한 결함들은 결함 주위에서의 응력을 증폭시키므로 **응력 상승자**(stress raiser)라고도 한다.

응력 상승자

    균열이 타원형이고 균열의 장축 방향이 작용 응력에 수직이라면, 이때 균열 첨단에서의 최대 응력 σ_m은 다음과 같이 표현된다.

인장 하중이 작용할 경우
균열 첨단에서의 최대 응
력 계산

$$\sigma_m = 2\sigma_0 \left(\frac{a}{\rho_t} \right)^{1/2} \tag{8.1}$$

여기서 σ_0는 공칭 작용 인장 응력, ρ_t는 균열 첨단 부분의 곡률 반경(그림 8.8a 참조), a는 표면 균열의 길이(즉 내부 균열 길이의 1/2)를 나타낸다. 곡률 반경이 작고 길이가 대체로 긴 균열에 대한 $(a/\rho_t)^{1/2}$의 인자값은 매우 크다. 결과적으로 σ_m은 σ_0에 비해 매우 큰 값(1보다

그림 8.8 (a) 표면 균열 및 내부 균열의 기하학적 형상, (b) 균열 첨단에서의 응력 증폭 현상을 나타내는 그림 (a)의 선 X–X'을 따른 개략적 응력 분포도

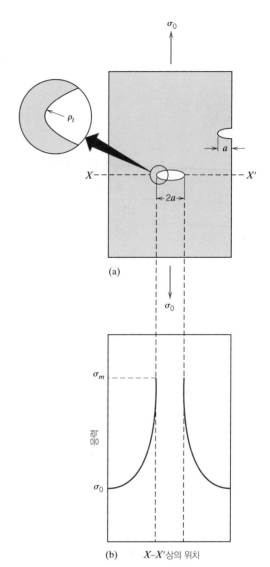

훨씬 큰 값)을 갖는다.

σ_m/σ_0의 비를 응력 집중 계수(stress concentration factor) K_t로 표현하기도 한다.

$$K_t = \frac{\sigma_m}{\sigma_0} = 2\left(\frac{a}{\rho_t}\right)^{1/2} \tag{8.2}$$

이 값은 외부 응력이 작은 균열의 첨단 부분에서 증폭되는 정도를 나타낸다.

이러한 응력의 증폭 현상은 미시적인 결함뿐만 아니라 내부 구멍이나 급격히 각이 진 부분과 노치와 같은 대형 구조물의 불연속 부위에서도 나타난다.

이와 같은 응력 상승 효과는 연성 재료보다 취성 재료에 더 심각한 문제를 일으킨다. 연성 재료의 경우에는 최대 응력이 항복 응력보다 커지면 소성변형이 일어나므로 응력 상승 부위는 좀 더 균일한 응력 분포 상태로 변하고, 최대 응력 집중 계수값도 이론값보다 작아진다. 그러나 취성 재료에서는 결함 주위에 항복이나 응력 재분포와 같은 현상이 나타나지 않

으므로 이론적인 응력 집중 계수값이 그대로 나타난다.

파괴역학의 기본 원리를 적용하면 취성 재료의 균열 전파에 필요한 임계 응력의 크기 σ_c 는 다음과 같이 산출된다.

취성 재료의 균열 전파에
대한 임계 응력

$$\sigma_c = \left(\frac{2E\gamma_s}{\pi a}\right)^{1/2} \tag{8.3}$$

여기서 E는 탄성 계수, γ_s는 비표면 에너지, a는 내부 균열 길이의 1/2이다.

모든 취성 재료는 크기와 기하학적 형상과 방향이 다른 조그만 균열과 결함을 포함하고 있다. 이러한 결함들의 끝단에서의 인장 응력이 임계 응력값을 초과하면 균열이 생성, 전파 하여 파괴에 이른다. 아주 작고 실제로 결함이 없는 금속 또는 세라믹 위스커(whisker)는 이 론값에 근접하는 파괴 강도를 보유한다.

예제 8.1

최대 결함 길이 계산

상당히 큰 유리판이 40 MPa의 인장 응력을 받고 있다. 이 유리의 비표면 에너지는 $0.3\,\text{J/m}^2$이 고, 탄성 계수는 69 GPa이다. 파괴가 일어나지 않을 최대 표면 결함 길이는 얼마인가?

풀이

이 문제를 풀기 위하여 식 (8.3)을 a에 대해서 정리하면 다음과 같다. 종속변수인 a로 재정리한 후 $\sigma = 40$ Mpa, $\gamma_s = 0.3\,\text{J/m}^2$, $E = 69$ GPa을 대입하면 다음과 같다.

$$\begin{aligned}
a &= \frac{2E\gamma_s}{\pi\sigma^2} \\
&= \frac{(2)(69 \times 10^9\,\text{N/m}^2)(0.3\,\text{N/m})}{\pi(40 \times 10^6\,\text{N/m}^2)^2} \\
&= 8.2 \times 10^{-6}\,\text{m} = 0.0082\,\text{mm} = 8.2\,\mu\text{m}
\end{aligned}$$

파괴 인성

파괴역학의 기본 이론을 적용하면 균열 전파에 대한 임계 응력(σ_c)과 균열 길이(a)의 관계는 다음과 같이 표현된다.

파괴 인성—균열 전파 임
계 응력과 균열 길이에
의존

$$K_c = Y\sigma_c\sqrt{\pi a} \tag{8.4}$$

파괴 인성

여기서 K_c는 파괴 인성(fracture toughness)으로 균열이 존재할 때 취성 파괴에 대한 재료의 저항 정도를 나타내는 재료 성질이다. K_c의 단위는 MPa$\sqrt{\text{m}}$ 으로 매우 특이하다. 여기서 Y는 균열 크기, 시편의 크기 및 기하학적 형상과 하중 적용 방식에 따른 무차원 매개변수(또는 함수)이다.

그림 8.9 (a) 무한 평판의 내부 균열을 나타낸 모식적 그림, (b) 준무한 평판의 가장자리

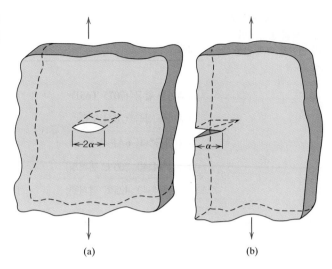

시편의 폭보다 매우 짧은 균열을 포함하는 평면 시편의 경우에 Y는 약 1의 값을 갖는다. 예를 들면 두께를 관통하는 균열을 갖는 무한 평판의 경우에는(그림 8.9a), $Y = 1.0$이며, 균열 길이가 a인 가장자리 균열을 포함하는 준무한 평판의 경우에는(그림 8.9b), $Y \cong 1.1$이다. Y의 수학적 표현은 균열-시편의 기하학적 형상에 따라 다르며 대체로 복잡하다.

대체로 얇은 판에 있어 K_c값은 시편 두께에 따라 변한다. 시편의 두께가 균열 크기보다 **평면 변형률** 매우 크면 K_c값은 시편 두께의 영향을 받지 않으며, 이를 **평면 변형률**(plane strain) 상태라고 한다. **평면 변형률**이란 그림 8.9a에 나타난 방식으로 하중이 균열에 가해질 경우 앞면과 뒷면에 수직인 변형률 성분이 존재하지 않는 것을 나타낸다. 이러한 두꺼운 시편에서의 K_c **평면 변형률 파괴 인성** 값을 **평면 변형률 파괴 인성**(plane strain fracture toughness) K_{Ic}라 하며, 다음과 같이 정의한다.

모드 I 균열면 변위에 대한 평면 변형률 파괴 인성

$$K_{Ic} = Y\sigma\sqrt{\pi a} \tag{8.5}$$

K_{Ic}값은 대부분의 경우에 파괴 인성값을 나타낸다. 여기서 K_{Ic}의 밑첨자 I는 K의 임계값이 그림 8.10a[2]에 나타난 바와 같이 균열 변위 모드 I에 대한 것을 나타낸다.

균열이 진전할 때 소성변형이 거의 수반되지 않는 취성 재료의 K_{Ic}값은 매우 낮고 대형 파

그림 8.10 균열면의 변위 형태에 따른 세 가지 모드. (a) 모드 I(개구또는 인장 모드), (b) 모드 II(미끄러짐 모드), (c) 모드 III(찢김 모드)

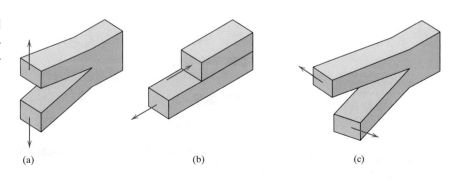

---

2 다른 두 가지의 균열 변위 모드인 II와 III는 그림 8.10b와 그림 8.10c에 나타난 바와 같이 가능한 경우지만, 모드 I의 문제를 가장 많이 접한다.

표 8.1 공학 재료에 대한 상온에서의 항복 강도 및 평면 변형률 파괴 인성 데이터

재료	항복 강도		K_{Ic}	
	MPa	ksi	MPa$\sqrt{m}$	ksi$\sqrt{in.}$
금속				
알루미늄 합금[a] (7075-T651)	495	72	24	22
알루미늄 합금[a] (2024-T3)	345	50	44	40
티탄 합금[a] (Ti-6Al-4V)	910	132	55	50
합금강[a] (4340, 260°C 템퍼링)	1640	238	50.0	45.8
합금강[a] (4340, 425°C 템퍼링)	1420	206	87.4	80.0
세라믹				
콘크리트	—	—	0.2~1.4	0.18~1.27
소다-석회 유리	—	—	0.7~0.8	0.64~0.73
알루미늄 산화물	—	—	2.7~5.0	2.5~4.6
폴리머				
폴리스티렌(PS)	25.0~69.0	3.63~10.0	0.7~1.1	0.64~1.0
PMMA	53.8~73.1	7.8~10.6	0.7~1.6	0.64~1.5
폴리카보네이트(PC)	62.1	9.0	2.2	2.0

[a] *Advanced Materials and Processes*, ASM International, © 1990. 허가로 복사 사용함

손에 취약한 반면, 연성 재료의 K_{Ic}값은 대체로 크다. 파괴역학은 특히 중간 정도의 연성을 갖는 재료의 대형 파손을 예측하는 데 사용된다. 표 8.1(그림 1.7)에는 여러 재료들의 평면 변형률 파괴 인성값이 나타나 있고, 좀 더 상세한 K_{Ic}값은 부록 B의 표 B.5에 나타나 있다.

평면 변형률 파괴 인성 K_{Ic}는 기본적인 재료 성질로서 영향을 주는 주요 인자로는 온도, 변형률 속도, 미세조직 등이 있다. 온도가 떨어질수록 또한 변형률 속도가 증가할수록 K_{Ic}값은 감소한다. 일반적으로 고용체 강화와 분산(dispersion) 경화 또는 변형 경화에 의해 항복 강도를 증가시키면 K_{Ic}값은 감소하며, 결정립을 미세화할수록 조성의 변화나 다른 미세조직의 변화가 없는 한 K_{Ic}값은 증가한다. 몇몇 금속에 대한 항복 강도와 K_{Ic} 사이의 관계는 표 8.1에 나타나 있다.

K_{Ic}의 측정법에는 여러 가지가 있으며(8.6절 참조), 모드 I 균열 변위를 나타내는 어떠한 크기나 형상을 갖는 시편도 사용할 수가 있다. 그러나 식 (8.5)의 Y값을 적절히 정해 주어야만 적절한 K_{Ic}값을 구할 수 있다.

파괴역학을 이용한 설계

구조물의 파괴 가능성을 타진하기 위해서는 식 (8.4)와 (8.5)에서 3개의 매개변수를 알아야 한다. 즉 Y값을 이미 알고 있다면 파괴 인성(K_c) 또는 평면 변형률 파괴 인성(K_{Ic}), 작용 응력(σ) 및 결함 크기(a)가 정해져야 한다. 기기를 설계할 때는 우선 이 3개의 매개변수 중에서 어느 매개변수가 실제 적용에 제약을 받는지와 설계 통제를 받는지를 결정하는 것이 중요하

표 8.2 일반적인 비파괴 시험(NDT) 방법	시험 방법	결함 위치	결함 크기 민감도 (mm)	시험 장소
	SEM	표면	>0.001	실험실
	염료 침투	표면	0.025~0.25	실험실/현장
	초음파	표면 내부	>0.050	실험실/현장
	광학현미경	표면	0.1~0.5	실험실
	육안 관찰	표면	>0.1	실험실/현장
	음향 방출	표면/표면 내부	>0.1	실험실/현장
	방사선(x-선/감마선)	표면 내부	>시편 두께의 2%	실험실/현장

다. 예를 들면 재료를 선정할 경우(K_c 또는 K_{Ic})에는 주위 환경에 따른 부식 특성이나 밀도(경량 적용 시) 등을 고려해야 한다. 허용 결함 크기는 결함 검출법에 의해 측정이 가능할 수도 있지만 검출 한계를 벗어나는 경우에는 별도로 규정한다. 일단 3개의 매개변수 중 2개가 정해지면, 다른 하나의 매개변수는 따라서 정해진다(식 8.4와 8.5). K_{Ic}값과 a의 크기가 규정되면 설계(임계) 응력 σ_c는 다음 조건을 만족해야 한다.

설계 응력의 계산

$$\sigma_c = \frac{K_{Ic}}{Y\sqrt{\pi a}} \tag{8.6}$$

응력의 크기와 평면 변형률 파괴 인성이 설계 조건에 명시되어 있다면, 이에 따른 최대 허용 결함 크기 a_c는 다음과 같이 주어진다.

최대 허용 결함 길이의 계산

$$a_c = \frac{1}{\pi}\left(\frac{K_{Ic}}{\sigma Y}\right)^2 \tag{8.7}$$

　내재 결함이나 표면 결함을 검출하기 위하여 여러 가지 비파괴 시험(nondestructive test, NDT)을 사용한다.[3] 이러한 방법들은 사용 중에 있는 구조적 부품에서 조기 파손을 일으킬 수 있는 결함을 조사하기 위하여 사용한다. 또한 NDT는 제작 과정 중 품질 관리 방법으로도 사용되며, 이름에서 알 수 있듯이 이러한 방법들은 조사 대상 재료나 구조물을 파괴해서는 안 된다. 실험실에서 수행해야 하는 시험법도 있지만 생산 현장에서 사용할 수 있도록 개조될 수 있는 시험법도 있다. 주요 NDT 방법의 특성은 표 8.2에 나타나 있다.[4]

　NDT 사용의 중요한 예로는 알래스카 외지에 설치된 오일 파이프라인 벽의 결함과 누설 탐지를 들 수 있다. 이에는 파이프라인 내부를 따라 먼 거리를 이동하는 '로봇 분석기(robotic analyzer)'와 함께 초음파 분석이 사용된다.

3 NDT 대신에 비파괴 평가(nondestructive evaluation, NDE)와 비파괴 조사(nondestructive inspection, NDI)라는 표현을 쓰기도 한다.

4 Mechanical Engineering(ME) Module M.3에는 결함과 균열 검출을 위한 NDT 사용 방법이 나타나 있다.(*www.wiley.com/go/Callister_MaterialsScienceGE* → More Information → Student Companion Site)

설계예제 8.1

구형 압력탱크의 재료 규격

2.0 MPa 압력의 유체를 저장하는 압력 용기로 사용할 수 있는 반지름 $r = 0.5$ m(500 mm), 두께 $t = 8$ mm인 벽두께가 얇은 실린더형 탱크는 그림 8.11에[5] 나타난 바와 같이 탱크벽에는 내부로 부터 외부로 전파하는 균열이 있다. 이러한 압력 용기의 파손에는 2개의 시나리오가 가능하다.

1. 파단 전 누설(leak-before-break). 파괴역학의 원리를 적용하여 빠른 균열 성장 전에 용기 벽 두께를 통한 균열 성장에 대한 여유를 준다. 따라서 벽두께를 관통한 균열은 누설을 일으켜 급격한 파손이 일어나기 전에 감지할 수 있다.

2. 취성 파괴(brittle fracture). 파단 전 누설 이전에 임계 길이에 도달하여 벽두께를 관통하는 급속 파괴가 일어난다. 이러한 사고는 전형적으로 용기 속 액체의 폭발 분출로 이어진다.

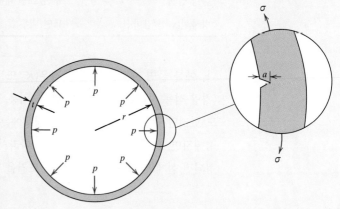

그림 8.11 벽 내부에 $2a$ 길이 균열을 가지면서 p의 내부 압력을 받고 있는 원통형 탱크의 단면 도식도

파단 전 누설이 대체적으로 항상 원하는 확실한 시나리오이다.

구형 압력 용기의 원주방향 벽 응력 σ는 용기 압력 p, 반지름 r 및 벽두께 t의 함수로 다음과 같이 주어진다.

$$\sigma_h = \frac{pr}{t} \tag{8.8}$$

앞서 주어진 p, r과 t값을 사용하여 이 용기의 원주 방향 응력은 다음과 같이 산출된다

$$\sigma_h = \frac{(2.0 \text{ MPa})(0.5 \text{ m})}{8 \times 10^{-3} \text{ m}}$$

$$= 125 \text{ MPa}$$

부록 B의 표 B.5에 나열한 금속합금 중 다음 기준을 만족하는 재료를 결정하라.

(a) 파단 전 누설

(b) 취성 파괴

---

5 균열 전파는 압력의 오르내림에 따른 사이클 하중이나 벽 재료의 극심한 화학적 공격의 결과로 나타날 수 있다.

표 B.5에 명시된 최저 파괴인성값을 사용하고, 안전계수는 3을 가정하라.

풀이

(a) 전파하는 표면 균열의 개략적 형상은 그림 8.12에 나타난 바와 같이 응력 방향에 수직인 면에 반타원형으로 균열 길이는 $2c$(깊이 a, $a=c$)이다. $2c=2t(c=t)$일 때 균열은[6] 외부 벽두께를 관통하게 된다. 그러므로 균열길이가 용기 벽두께와 같거나 클 때 파단 전 누설 조건이 만족된다. 즉 파단 전 누설에 대한 임계 균열 길이는 다음과 같이 정의된다.

$$c_c \geq t \tag{8.9}$$

임계 균열 길이 C_c는 식 (8.7)을 사용하여 계산할 수 있다. 또한 균열 길이가 용기의 폭보다 아주 작기 때문에 그림 8.9a에 나타난 조건과 유사하므로 $Y=1$을 가정한다. 안전 계수 N과 응력을 원주 응력으로 취하면 식 (8.7)은 다음의 형태로 된다.

$$c_c = \frac{1}{\pi}\left(\frac{\frac{K_{Ic}}{N}}{\sigma_h}\right)^2 \\ = \frac{1}{\pi N^2}\left(\frac{K_{Ic}}{\sigma_h}\right)^2 \tag{8.10}$$

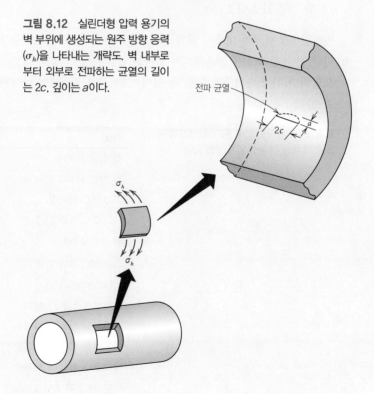

그림 8.12 실린더형 압력 용기의 벽 부위에 생성되는 원주 방향 응력 (σ_h)을 나타내는 개략도. 벽 내부로부터 외부로 전파하는 균열의 길이는 $2c$, 깊이는 a이다.

전파 균열

---

6 *Materials for Missiles and Spacecraft*, E. R. Parker (editor), "Fracture of Pressure Vessels," G. R. Irwin, McGraw-Hill, 1963, pp. 204–209.

그러므로 특정 벽두께 재료에 대해서는 임계 균열 길이(식 8.10)가 압력 용기 벽두께와 같거나 크면 파단 전 누설이 가능하다.

예를 들면 370°C에서 템퍼링한 4140 강철 합금에 대하여 이 재료의 K_{Ic}가 55~65 MPa√m 의 값을 가지므로 요구되는 대로 최저값 55 MPa√m를 사용한다. 앞에서 정한 대로 식 (8.10)에 $N=3$, $\sigma_h=125$ MPa을 적용하면 C_c는 다음과 같이 계산된다.

$$c_c = \frac{1}{\pi N^2}\left(\frac{K_{Ic}}{\sigma_h}\right)^2$$

$$= \frac{1}{\pi(3)^2}\left(\frac{55\ \text{MPa}\ \sqrt{m}}{125\ \text{MPa}}\right)^2$$

$$= 6.8 \times 10^{-3}\,\text{m} = 6.8\ \text{mm}$$

이 값 6.8 mm가 벽두께 8.0 mm보다 작으므로 이 강 합금의 파단 전 누설은 예상할 수 없다.

표 B.5에 나타난 다음 합금들에 대한 파단 전 누설 임계 균열 길이도 같은 방식으로 결정되며, 이 값은 표 8.3에 정리되어 있다. 이 합금 중 3개는 파단 전 누설(LBB) 기준을 만족한다[$C_c > t$ (8.0 mm)].

- 강 합금 4140(482°C 템퍼링)
- 강 합금 4340(425°C 템퍼링)
- 티탄 합금 Ti-5Al-2.5Sn

이러한 3개 합금에 대해서 임계 균열 길이 옆에 '(LBB)' 표시를 하였다.

(b) 파단 전 누설 조건을 만족시키지 못하는 합금은 균열 성장 과정에서 c가 임계 균열 길이 c_c에 도달하면 취성 파괴가 일어날 수 있다. 그러므로 표 8.3의 나머지 8개 합금에서는 취성 파괴가 일어날 수 있다.

표 8.3 실린더형 압력 용기용 10가지 금속 합금*의 파단 전 누설 임계 균열 길이

재료	c_c(파단 전 누설) (mm)
강 합금 1040	6.6
강 합금 4140	
(370°C 템퍼링)	6.8
(482°C 템퍼링)	12.7 (LBB)
강 합금 4340	
(260°C 템퍼링)	5.7
(425°C 템퍼링)	17.3 (LBB)
스테인리스강 17-4PH	6.4
알루미늄 합금 2024-T3	4.4
알루미늄 합금 7075-T651	1.3
마그네슘 합금 AZ31B	1.8
티탄 합금 Ti-5Al-2.5Sn	11.5 (LBB)
티탄 합금 Ti-6Al-4V	4.4

* 'LBB' 표시는 이 문제에서 파단 전 누설 기준을 만족시키는 합금을 나타낸다.

8.6 파괴 인성 시험

구조용 재료의 파괴 인성값을 측정하기 위하여 여러 가지 표준화된 시험법이 고안되었다.[7] 미국에서는 이러한 표준 시험 방법들이 ASTM에 의해 개발되었다. 시험 절차와 시편 형상들은 대체로 복잡하므로 여기서 상세하게 다루지는 않는다. 간단히 설명하자면 각각의 시험 방법에 있어 시편(특정 기하학적 형상과 크기)에는 앞에서 언급한 바와 같이 날카로운 균열이 사전 결함으로 제작 포함되어 있다. 시험 장치는 규정된 속도로 시편에 하중을 가하고, 하중값과 균열 변위값을 측정한다. 이러한 데이터값을 파괴 인성값으로 수용하기 전에 데이터 분석을 통하여 정해진 기준을 만족하는지를 먼저 확인해야 한다. 대부분의 시험 방법은 금속에 대한 것이지만 세라믹과 폴리머 및 복합 재료에 대한 시험법도 개발되어 있다.

충격 시험법

재료의 파괴 특성을 파악하기 위한 충격 파괴 시험법은 파괴역학이 등장하기 전에 이미 수립되어 있었다. 실험실의 인장 시험 결과로는 연성 재료가 소성변형을 일으키지 않고 갑자기 파괴되는 현상과 같은 파괴 거동을 예측할 수 없다. 그러므로 다음과 같이 극심한 파괴 조건이 나타나는 충격 파괴 시험을 수행하였다. 즉 (1) 대체로 낮은 온도에서의 변형, (2) 높은 변형률 속도, (3) 노치 등에 의한 3차 응력 상태 등이다.

충격 에너지
샤르피 시험
아이조드 시험

노치 인성(notch toughness)이라고도 하는 **충격 에너지**(impact energy)의 측정에는 **샤르피 시험**(Charpy test) 또는 **아이조드 시험**(Izod test) 충격 시험법을 사용하는데[8] 미국에서는 샤르피 V-노치(Charpy V-notch, CVN) 방법을 주로 사용한다(그림 8.13a). 그림 8.13b에 나타난 바와 같이 두 시험법의 시편 모양은 서로 같고 V-노치를 갖고 있다. 높이 h에서부터 펜듈럼을 낙하시켜 시편의 노치 부분을 때리도록 되어 있으며, 빠른 속도로 충격 하중을 가하기 때문에 응력 집중 부위인 노치 부분에서 시편은 파괴된다. 시편을 파괴시킨 후에 펜듈럼은 어떤 높이 h'까지 계속 회전하는데, h'은 h보다 낮다. h'과 h의 차이로부터 흡수된 에너지량은 계산할 수 있으며, 이 값이 충격 에너지를 나타낸다. 샤르피 시험법과 아이조드 시험법은 서로 시편을 놓는 방식이 다르다(그림 8.13b 참조). 이는 부하 적용 방식 때문에 **충격 시험**이라고 한다. 한편 시편의 크기 및 모양뿐만 아니라 노치의 형상과 깊이는 시험 결과에 영향을 준다.

재료의 파괴 성질은 평면 변형률 파괴 인성 시험과 충격 시험으로 측정할 수 있다. 평면 변형률 파괴 인성 시험으로는 K_{Ic}값과 같은 정량적인 값을 측정할 수 있지만 충격 시험의 결과는 다소 정성적이므로 설계 목적으로는 거의 사용하지 않는다. 충격 에너지값은 단지 상대적인 파괴 성질을 나타낼 뿐이므로 절댓값의 의미는 없다. 평면 변형률 파괴 인성과 CVN값

---

7 ASTM Standard E399, "Standard Test Method for Linear – Elastic Plane – Strain Fracture Toughness K_{Ic} of Metallic Materials." [이 시험 방법은 Mechanical Engineering(ME) Module M.4(*www.wiley.com/go/Callister_MaterialsScienceGE* → More Information → Student Companion Site)에 기술되어 있다.] 나머지 2개의 파괴 인성값 시험 방법은 ASTM Standard E561-05E1, "Standard Test Method for K – R Curve Determinations"와 ASTM Standard E1290-08, "Standard Test Method for Crack-Tip Opening Displacement (CTOD) Fracture Toughness Measurement"이다.

8 ASTM Standard E23, "Standard Test Methods for Notched Bar Impact Testing of Metallic Materials."

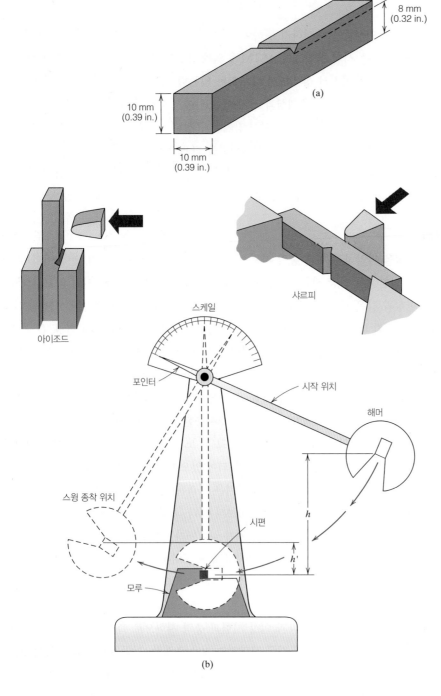

그림 8.13 (a) 샤르피 및 아이조드 충격 시험 시편, (b) 충격 시험기의 도식적 그림. 고정된 높이 h에서 낙하한 펜듈럼이 시편을 때리고, 파괴에 소모된 에너지는 h와 h'의 차이로 측정된다. 샤르피와 아이조드 시험에서의 시편을 놓는 위치의 차이

[출처 : (b) H. W. Hayden, W. G. Moffatt, and J. Wulff, *The Structure and Properties of Materials*, Vol. III, *Mechanical Behavior*, John Wiley & Sons, 1965. Kathy Hayden 허가로 복사 사용함]

사이의 관계식도 유도되었으나 그 적용 범위는 극히 한정되어 있다. 평면 변형률 파괴 인성 시험은 충격 시험과 같이 간단하지도 않고 장비와 시편 제작 비용은 매우 비싸다.

연성-취성 전이

연성-취성 전이

샤르피 시험법과 아이조드 시험법의 주된 역할은 재료가 온도 감소에 따라 연성-취성 전이(ductile-to-brittle transition) 현상이 나타나는지를 결정하는 것이며, 이 현상이 나타난다

그림 8.14 A283 강의 샤르피 V-노치 충격 에너지(곡선 *A*)와 전단 파괴의 백분율(곡선 *B*)의 온도 의존성

(출처 : R. C. McNicol, "Correlation of Charpy Test Results for Standard and Nonstandard Size Specimens," *Welding Research a Supplement to the Welding Journal*, Vol. 44, No. 9. Copyright 1965. Courtesy of the Welding Journal, American Welding Society, Miami, Florida.)

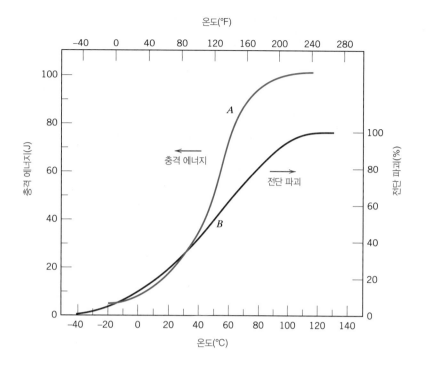

면 그 온도 범위를 결정하는 것이다. 연성-취성 전이는 온도에 따른 충격 에너지 흡수량의 변화와 연관되어 있다. 그림 8.14에서 곡선 *A*는 강에 대한 전이 곡선이다. 높은 온도에서의 CVN 에너지는 대체로 크며 연성 파괴와 관련된다. 온도가 내려감에 따라 어떤 제한된 온도 범위를 지나면 충격 에너지가 갑자기 떨어진다. 이 온도 범위 아래의 온도에서 충격 에너지는 일정하지만 작은 값을 가지며 취성 파괴를 나타낸다.

파단면의 양상도 파괴의 형태를 나타내므로 파단면을 관찰함으로써 전이 온도를 결정할 수 있다. 연성 파괴의 경우에 79°C에서 시험한 그림 8.15의 강 시편에서와 같이 파단면은 섬유질 모양이며 둔탁한 색(전단의 특징)을 띤다. 반면에 그림 8.15의 −59°C 시편과 같이 취성 파단면은 결정립 형태의 조직이 보이며 반짝거린다(벽계 파단의 특징). 연성-취성 전이 영역에 걸쳐서는 두 형태의 파단 특성이 모두 나타난다(그림 8.15의 −12°C, 4°C, 16°C와 24°C에서 시험한 시편에 나타난 바와 같이). 그림 8.14의 곡선 *B*는 전단 파괴의 백분율을 온도 함수로 나타낸 것이다.

많은 합금에서 연성-취성 전이 현상은 어느 주어진 온도 범위에서 나타나므로(그림

그림 8.15 A36 강의 샤르피 V-노치 시편의 파단면 사진. 상단의 숫자는 시험 온도(°C)를 표시함

(출처 : R. W. Hertzberg, *Deformation and Fracture Mechanics of Engineering Materials*, 3rd edition, Fig. 9.6, p. 329. Copyright © 1989 by John Wiley & Sons, Inc., New York. John Wiley & Sons, Inc. 허가로 복사 사용함)

8.14), 하나의 특정한 전이 온도를 규정하기는 어렵다. 따라서 뚜렷한 기준이 수립되지 않았으므로 CVN 에너지가 어떤 특정 값(예 : 20 J)을 갖는 온도로 전이 온도를 정의하거나 주어진 파괴 양상(예 : 섬유질 모양의 50%)이 나타나는 온도로 정의한다. 이 두 방법에 의한 전이 온도가 서로 다르므로 문제는 더 복잡해진다. 아마도 가장 보수적인 전이 온도의 정의는 파단면이 100% 섬유질 모양을 띠는 온도일 것이며, 합금강의 경우에는 약 110°C이다(그림 8.14 참조).

이러한 연성-취성 전이 거동을 나타내는 합금의 구조물은 전이 온도 이상에서 사용해야 취성 파괴 및 대형 파손을 막을 수 있다. 이러한 사고의 예로는 제2차 세계대전 중에 많은 운송선들(용접 제작한)이 갑자기 반으로 갈라진 사고를 들 수 있다. 이 운송선들은 상온 인장 시험 결과 적절한 연성을 갖는 것으로 나타난 합금강으로 제작된 것으로 취성 파괴는 합금의 전이 온도 부근인 약 4°C에서 발생하였다. 파괴를 일으킨 균열은 날카로운 구석 부분이나 제작 결함 등의 응력 집중 부위에서 생성된 후 배의 전체 둘레를 따라 전파되어 나갔다.

그림 8.14에 나타난 연성-취성 전이 현상 외에 온도에 따른 두 가지 다른 형태의 충격 에너지 거동이 관찰되며, 이는 그림 8.16에 개략적으로 상단 곡선과 하단 곡선으로 나타나 있다. 저강도 FCC 금속(몇몇 알루미늄과 구리 합금)과 대부분의 HCP 금속에서는 연성-취성 전이 현상이 나타나지 않으며(그림 8.16의 상단 곡선), 온도가 감소하여도 높은 충격 에너지(즉 연성)를 보유하고 있다. 고강도 재료(예 : 고강도 강 및 티탄 합금)의 충격 에너지는 대체로 온도에 민감하지 않지만(그림 8.16의 하단 곡선), 낮은 충격 에너지값을 가지므로 취성이 매우 강하다. 물론 특징적인 연성-취성 전이 현상은 그림 8.16의 중간 곡선으로 나타난다. 이러한 거동은 BCC 결정 구조를 갖는 저강도 강에서 주로 관찰된다.

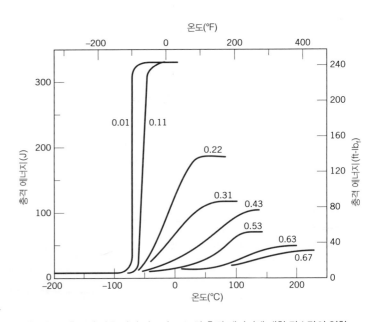

그림 8.17 온도에 따른 강의 샤르피 V-노치 충격 에너지에 대한 탄소량의 영향
(출처 : ASM International, Materials Park, OH 44073-9989, USA; J. A. Reinbolt and W. J. Harris, Jr., "Effect of Alloying Elements on Notch Toughness of Pearlitic Steels," *Transactions of ASM*, Vol. 43, 1951.)

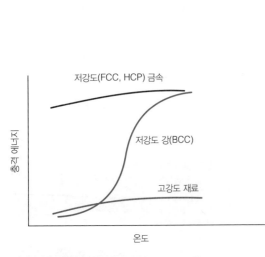

그림 8.16 온도에 따른 충격 에너지 거동의 일반적인 세 가지 형태를 나타내는 개략 곡선

이러한 저강도 강의 경우 전이 온도는 합금 조성과 미세조직에 매우 민감하다. 예를 들면 강의 평균 결정립 크기가 감소할수록 전이 온도는 감소한다. 따라서 결정립 크기를 감소시킬수록 강의 강도(7.8절 참조)와 인성이 증가한다. 반면에 그림 8.17에 나타난 바와 같이 탄소량을 증가시키면 강도가 증가하지만 CVN 전이 온도도 상승한다.

대부분의 세라믹과 폴리머도 연성-취성 전이 현상을 나타낸다. 세라믹 재료의 전이 현상은 일반적으로 약 1000°C 이상의 고온에서 나타나며, 폴리머의 전이 현상은 15.6절에 기술되어 있다.

피로

피로

피로(fatigue)란 다리, 비행기, 기계 부품 등과 같이 동적인 변동 응력을 받는 구조물에서 나타나는 파손의 일종으로 항복 강도나 인장 강도(정적 하중에 대한)보다 매우 낮은 응력 상태에서 일어나는 파손이다. 이와 같은 파손 형태는 오랜 시간 응력 및 변형률 사이클이 반복된 후에 일어나므로 피로라고 부른다. 피로는 모든 금속 파손의 약 90%를 차지하는 금속의 가장 큰 파손 원인이며 아주 중요한 파손 형태이다. 폴리머나 세라믹(유리는 제외)에서도 피로 파손이 일어난다. 피로 파손은 어떠한 파손 징후를 나타내지 않고 갑자기 일어나므로 아주 위험한 대형 사고를 일으킨다.

피로 파손에는 소성변형이 거의 수반되지 않으므로 연성 금속의 피로 파손도 취성 파괴와 같은 양상을 나타낸다. 피로 파손의 과정은 균열 생성 및 균열 전파로 구성되며, 파단면은 일반적으로 작용 인장 응력 방향에 수직이다.

8.7 응력 사이클

작용 응력의 형태로는 축응력(인장-압축), 굽힘 응력, 비틀림 응력 등이 있다. 일반적으로 시간에 따른 변동 응력의 형태는 세 가지로 나눌 수 있다. 첫 번째 형태는 그림 8.18a에 나타난 바와 같이 시간에 따라 규칙적인 사인(sine) 곡선 형태를 보이는 것으로, 진폭은 응력 0에 대해서 대칭이다. 즉 최대 인장 응력(σ_{max})과 최소 압축 응력(σ_{min})의 크기가 서로 같으므로 교번 응력 사이클(reversed stress cycle)이라고 한다. 두 번째 형태는 반복 응력 사이클(repeated stress cycle)로서(그림 8.18b), 최대 응력 및 최소 응력이 응력 0에 대해서 비대칭으로 작용한다. 세 번째 형태는 그림 8.18c와 같이 응력의 진폭 및 주파수가 무질서하게 변하는 응력 사이클이다.

변동 응력 사이클(fluctuating stress cycle)을 표현하기 위해 여러 가지의 매개변수를 도입하고 있다(그림 8.18b 참조). 평균 응력(mean stress) σ_m은 최대 응력과 최소 응력의 평균값으로 응력의 진폭은 이 응력을 중심으로 주어진다.

사이클 하중에 대한 평균 응력—최대 응력과 최소 응력의 평균

$$\sigma_m = \frac{\sigma_{max} + \sigma_{min}}{2}$$

(8.11)

응력 범위(range of stress) σ_r은 σ_{max}와 σ_{min}의 차이이다.

사이클 하중에 대한 응력
범위 계산

$$\sigma_r = \sigma_{max} - \sigma_{min} \qquad (8.12)$$

응력 진폭(stress amplitude) σ_a는 응력 범위 σ_r의 1/2이다.

사이클 하중에 대한 응력
진폭 계산

$$\sigma_a = \frac{\sigma_r}{2} = \frac{\sigma_{max} - \sigma_{min}}{2} \qquad (8.13)$$

또한 응력비(stress ratio) R은 최대 응력에 대한 최소 응력의 비로 다음과 같이 정의된다.

응력비 계산

$$R = \frac{\sigma_{min}}{\sigma_{max}} \qquad (8.14)$$

그림 8.18 피로 파손에서의 시간에 따른 응력의 변화. (a) 최대 인장 응력(+)과 최소 압축 응력(−)의 절댓값이 같은 교번 응력 사이클, (b) 응력 크기 0에 대해서 최대 응력과 최소 응력이 비대칭인 반복 응력 사이클 σ_m은 평균 응력, σ_r은 응력 범위, σ_a는 응력 진폭, (c) 불규칙 응력 사이클

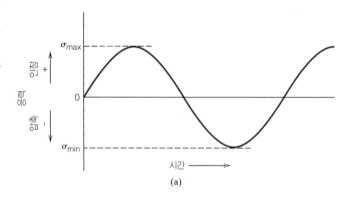

(a)

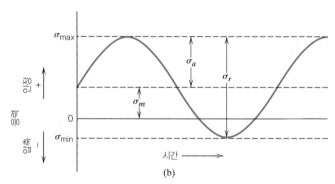

(b)

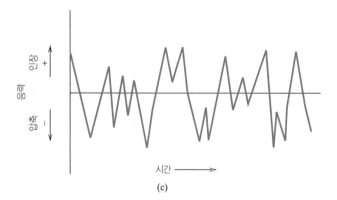

(c)

인장 응력은 (+)로, 압축 응력은 (−)로 표시한다. 그러므로 교번 응력 사이클의 R값은 −1이다.

개념확인 8.2 응력비 $R+1$일 경우의 응력-시간 선도를 개략적으로 나타내라.

[해답은 *www.wiley.com/go/Callister_MaterialsScienceGE* → **More Information** → **Student Companion Site** 선택]

개념확인 8.3 식 (8.13)과 (8.14)를 사용하여 응력비 R이 증가함에 따라 응력 진폭 σ_a는 감소한다는 것을 보이라.

[해답은 *www.wiley.com/go/Callister_MaterialsScienceGE* → **More Information** → **Student Companion Site** 선택]

8.8 *S-N* 곡선

재료의 피로 성질도 다른 기계적 성질과 마찬가지로 실험실 시험으로 구할 수 있다.[9] 가능한 한 사용 중에 나타나는 실제 응력 상태(응력 크기, 시간 주기, 응력 패턴 등)와 같도록 실험 설비를 설계해야 한다. 가장 일반적인 실험 방법은 회전-굽힘 방식으로 시편이 회전하는 동시에 굽힘 응력이 가해지므로 같은 크기의 인장 응력과 압축 응력이 교대로 시편에 가해진다. 이 경우 응력 사이클은 교번되어 $R = -1$이다. 가장 보편적인 피로 시험장치와 피로 시편은 각각 그림 8.19a와 8.19b에 나타나 있다. 그림 8.19a의 시편 회전 동안에 아래쪽 표면

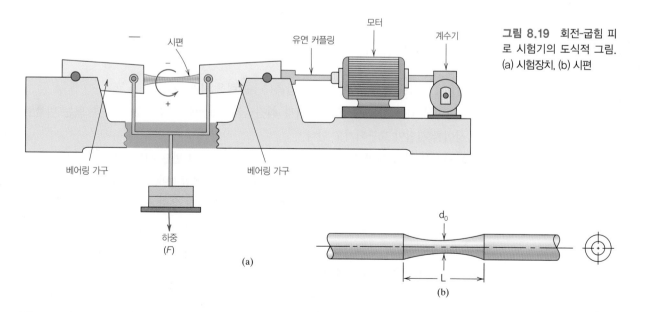

그림 8.19 회전-굽힘 피로 시험기의 도식적 그림. (a) 시험장치, (b) 시편

[9] ASTM Standard E466, "Standard Practice for Conducting Force Controlled Constant Amplitude Axial Fatigue Tests of Metallic Materials," and ASTM Standard E468, "Standard Practice for Presentation of Constant Amplitude Fatigue Test Results for Metallic Materials."

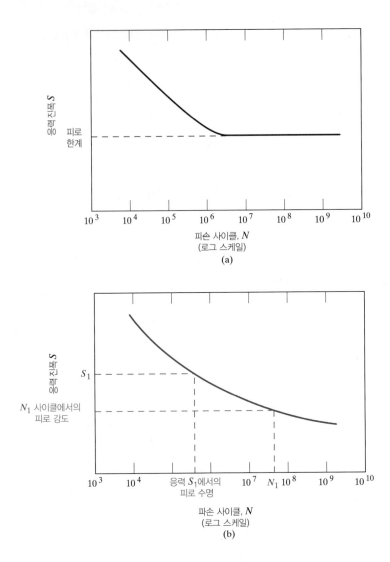

그림 8.20 응력 진폭 S 대 피로 파손 사이클 수 N의 로그값 선도. (a) 피로 한계를 나타내는 재료, (b) 피로 한계가 없는 재료

은 인장(+) 응력을 받고, 위쪽 표면은 압축(−) 응력을 받게 된다.

더욱이 예상되는 가동 중 조건에 따라 회전-굽힘 대신에 단일축 인장-압축 또는 비틀림 응력 사이클 시험이 요구되기도 한다.

S-N 곡선은 여러 개의 시편 시험을 통하여 얻어진다. 첫 번째 시편은 보통 정적 인장 강도의 2/3 정도 되는 대체로 큰 최대 응력 진폭(σ_{max})에서 시험하며, 이 응력에서 시편이 파손될 때까지의 사이클 수를 측정한다. 그 후 점차적으로 최대 응력 진폭(σ_{max})값을 낮춰 가면서 시험을 계속한다. 각각의 시편에서 구한 데이터를 응력 *S* 대 사이클 수 *N*의 로그값의 형태로 나타냄으로써 *S-N* 곡선을 얻는다. 매개변수 *S*로는 보통 최대 응력(σ_{max}) 또는 응력 진폭(σ_a)을 사용한다(그림 8.18a와 8.18b 참조).

그림 8.20은 두 가지 형태의 *S-N* 곡선이 나타나 있다. 이 선도에 나타난 바와 같이 응력의 크기가 클수록 파손까지의 사이클 수는 적어진다. 몇몇 철 합금이나 티탄 합금의 *S-N* 곡선은 응력이 어느 정도 이하로 낮아지면(즉 사이클 수가 많아지는) *S-N* 곡선(그림 8.20a)은

피로 한계

수평으로 변하며 피로 파손이 일어나지 않는다. 이때의 한계 응력 크기를 피로 한계(fatigue limit 또는 내구 한계)라고 한다. 피로 한계는 사이클 수가 무한대가 되어도 피로 파손이 일어나지 않는 최대 교번 응력을 나타낸다. 강의 피로 한계는 인장 강도의 35~60% 범위 내에 있다.

피로 강도

알루미늄, 구리, 마그네슘 등의 비철금속 합금에서는 피로 한계가 나타나지 않으며, 그림 8.20b와 같이 S-N 곡선은 사이클 수의 증가에 따라 계속 하강하는 모습을 나타낸다. 즉 응력 크기에 관계없이 피로 파손이 일어난다는 것을 의미한다. 이러한 재료의 피로 강도(fatigue strength)는 어느 주어진 사이클 수(예 : 10^7 사이클)에서의 응력 크기로 나타내며, 피로 강도의 결정법은 그림 8.20b에 나타나 있다.

피로 수명

재료의 피로 거동을 나타내는 또 하나의 매개변수로는 S-N 선도의 어느 특정 응력에서 파손을 일으키는 데 요구되는 사이클 수인 피로 수명(fatigue life) N_f가 있다(그림 8.20b).

몇몇 금속 합금의 S-N 곡선은 그림 8.21에 나타나 있다. 데이터는 교번 응력을 나타내는 회전-굽힘 시험($R = -1$)을 사용한 결과이다. 주철을 비롯한 티탄, 마그네슘 및 강 합금의 곡선은 피로 한계를 나타내지만 황동과 알루미늄 합금은 이러한 한계를 나타내지 않는다.

한편 피로 데이터의 분산 정도는 매우 크다. 다시 말해 같은 응력 크기에서 시험한 시편에서 얻은 N값이 각기 다르기 때문에 피로 수명이나 피로 한계(강도)를 설계에 고려해야 할 경우에는 이에 따른 불확실성이 커진다. 각 시편에 대한 피로 시험마다 시편 제작, 시편 표면 상태, 금속학적 변수, 시편 정렬, 평균 응력 및 주파수 등의 재료 및 시험 관련 매개변수를 정확하게 통제하는 것이 거의 불가능하기 때문에 이러한 데이터의 분산이 나타난다.

그림 8.21 몇몇 합금에 대한 최대 응력(S) 대 파손 사이클(N)의 로그값. 데이터는 회전-굽힘 및 교번 응력 시험을 통해 생산되었다.
(출처 : ASM International, Materials Park, OH, 44073: ASM Handbook, Vol. I, *Properties and Selection: Irons, Steels, and High-Performance Alloys*, 1990; ASM Handbook, Vol. 2, *Properties and Selection; Nonferrous Alloys and Special-Purpose Materials*, 1990; G. M. Sinclair and W. J. Craig, "Influence of Grain Size on Work Hardening and Fatigue Characteristics of Alpha Brass," *Transactions of ASM*, Vol. 44, 1952.)

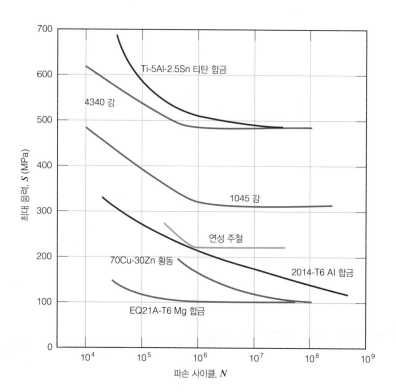

그림 8.22 7075-T6 알루미늄 합금에 대한 피로 파손($S-N$) 확률 곡선. P는 파손 확률을 나타냄
(출처 : G. M. Sinclair and T. J. Dolan, *Trans. ASME*, 75, 1953, p. 867. American Society of Mechanical Engineers 허가로 복사 사용함)

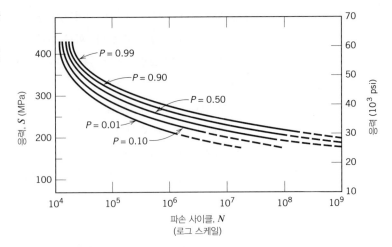

그림 8.21의 $S-N$ 곡선은 데이터의 평균값에 따른 '최적(best fit)' 곡선이다. 시편 수의 반 정도가 실제 파손 응력보다 약 25% 정도 낮은 응력에서 파손된다는 통계학적 분석 결과는 약간 충격적이다.

확률로 피로 수명과 피로 한계를 규정하기 위한 통계적 방법에는 여러 종류가 있는데, 편리한 방법 중 하나는 그림 8.22에 나타난 바와 같이 일정한 확률 곡선으로 표현하는 것이다. 각 곡선의 P값은 파손 확률을 나타낸다. 예를 들면 200 MPa에서는 시편의 1%가 약 10^6 사이클에서 파손되며, 50%가 2×10^7 사이클에서 파손이 예상된다. 문헌에 나타난 $S-N$ 곡선은 별도의 사항이 없는 한 일반적으로 평균값을 나타낸다.

그림 8.20a와 8.20b에 나타난 피로 거동은 크게 두 구역으로 나눌 수 있다. 한 구역은 사이클당 대체로 높은 하중이 가해지므로 탄성변형률뿐만 아니라 약간의 소성변형률이 나타나는 구역이다. 피로 수명이 짧아 $10^4 \sim 10^5$ 사이클에서 파손이 일어나며, 이를 **저주기 피로** (low-cycle fatigue)라고 한다. 또한 완전 탄성 변형이 일어나는 낮은 응력에서는 수명이 길게 나타나는데, 이러한 **고주기 피로**(high-cycle fatigue)에서의 피로 수명은 $10^4 \sim 10^5$ 사이클 이상이다.

예제 8.2

회전-굽힘 시험을 통한 피로 방지 최대 응력 산출

그림 8.21에 나타난 1045 강의 원통형 막대에 대해 교번 응력 사이클을 받는 회전-굽힘 시험(그림 8.19)을 하였다. 막대 지름이 15 mm라면 피로 파손이 일어나지 않는 최대 사이클 하중을 결정하라. 안전 계수는 2.0을 적용하고, 하중점 사이의 거리는 60 mm(0.0600 m)이다.

풀이

그림 8.21로부터 1045 강의 피로 한계(최대 응력)는 310 MPa이다. 지름 d_0의 원통형 막대에 대한 회전-굽힘 시험의 최대 응력의 계산식은 다음과 같다.

$$\sigma = \frac{16FL}{\pi d_0^3} \tag{8.15}$$

여기서 L은 하중점(그림 8.19b) 사이의 거리, σ는 최대 응력(여기서는 피로 한계), F는 최대 적용 하중이다. σ를 안전 계수(N)로 나누면 식 (8.15)는 다음과 같은 형태로 된다.

$$\frac{\sigma}{N} = \frac{16FL}{\pi d_0^3} \tag{8.16}$$

이에 따라 F값은 다음과 같다.

$$F = \frac{\sigma \pi d_0^3}{16NL} \tag{8.17}$$

문제에 주어진 d_0, L, N값을 대입하고, 그림 8.21의 피로 한계값 310 MPa(310×10^6 N/m^2)을 대입하면, F는 다음과 같이 계산된다.

$$F = \frac{(310 \times 10^6 \text{ N/m}^2)(\pi)(15 \times 10^{-3} \text{ m})^3}{(16)(2)(0.0600 \text{ m})}$$

$$= 1712 \text{ N}$$

그러므로 1045 강은 최대 1712 N이 회전-굽힘 방식으로 사이클 교번이 작용하여도 피로에 의한 손상은 발생하지 않는다.

예제 8.3

인장-압축 시험에서 정해진 피로 수명을 확보하기 위한 시편의 최소 지름 계산

그림 8.21의 원통형 황동 막대(70Cu-30Zn)에 교번 사이클 형태로 축방향 인장-압축 응력을 가하였다. 하중 진폭이 10,000 N이라면, 10^7 사이클에서 피로 파손이 일어나지 않을 막대의 최소 허용 지름을 계산하라. 안전 계수는 2.5이다. 또한 그림 8.21은 축방향 인장-압축 교번 응력 데이터이며, S는 응력 진폭이다.

풀이

그림 8.21로부터 10^7 사이클에서 피로 강도는 115 MPa(115×10^6 N/m^2)이다. 인장 응력과 압축 응력은 식 (6.1)과 같이 정의된다.

$$\sigma = \frac{F}{A_0} \tag{6.1}$$

여기서 F는 작용하중, A_0는 단면적이다. 지름 d_0의 원통형 막대의 단면적은 다음과 같다.

$$A_0 = \pi \left(\frac{d_0}{2} \right)^2$$

식 (6.1)에 A_0를 대입하면 다음과 같다.

$$\sigma = \frac{F}{A_0} = \frac{F}{\pi\left(\dfrac{d_0}{2}\right)^2} = \frac{4F}{\pi d_0^2} \qquad (8.18)$$

피로 강도를 안전 계수로 나누어 응력에 대입(σ/N)하면 d_0는 다음과 같이 표현된다.

$$d_0 = \sqrt{\frac{4F}{\pi\left(\dfrac{\sigma}{N}\right)}} \qquad (8.19)$$

앞에서 언급한 F, N, σ값을 대입하면 d_0는 다음과 같이 계산된다.

$$d_0 = \sqrt{\frac{(4)(10{,}000\ \text{N})}{(\pi)\left(\dfrac{115 \times 10^6\ \text{N/m}^2}{2.5}\right)}}$$

$$= 16.6 \times 10^{-3}\ \text{m} = 16.6\ \text{mm}$$

그러므로 피로 파손이 일어나지 않을 황동 막대의 최소 지름은 16.6 mm이다.

8.9 균열 생성과 균열 전파[10]

피로 파손 과정은 다음과 같은 3단계로 나누어진다. (1) 균열 생성 : 응력 집중을 크게 받는 부위에서 조그만 균열이 형성됨, (2) 균열 전파 : 균열이 각 응력 사이클마다 조금씩 진전됨, (3) 최종 파손 : 진전되던 균열이 임계 크기에 도달하면 매우 빠르게 파손이 일어남. 피로 균열은 기기 표면의 응력 집중 부위(표면 홈, 파인 곳, 흠집 등)에서 생성된다. 사이클 하중은 전위의 슬립에 의한 층(step)을 표면에 나타나게 함으로써 표면을 불균일하게 하며, 이것이 응력 상승을 야기함으로써 균열 생성 위치로 된다.

균열 전파 과정은 파괴면에 해변무늬(beachmark)와 줄무늬(striation)의 두 가지 양상을 남긴다. 이 두 양상은 어느 시점에서의 균열 첨단의 위치를 나타내며, 균열 생성 위치를 중심으로 원 모양이나 타원 모양으로 퍼져나가는 능선의 모습을 갖고 있다. 가끔 대합조개표시(clamshell mark)라고 부르는 해변무늬는 그림 8.23과 같이 크기가 커서 육안으로도 관찰이 가능하며, 이러한 무늬들은 2단계 균열 전파 과정이 도중에 중단된 경우(예 : 주간에만 운전하는 기계의 부품)에 나타난다. 각각의 해변무늬 띠는 균열 성장이 일어난 기간을 나타낸다.

반면에 피로 줄무늬는 크기가 작아 전자현미경(SEM 또는 TEM)으로만 관찰이 가능하다. 그림 8.24는 전자현미경의 파단면 사진이며, 각각의 줄무늬는 사이클당 균열 첨단의 진

---

10 피로 균열 전파에 대한 상세 내용은 Mechanical Engineering(ME) Module M.5와 M.6(*www.wiley.com/go/Callister_MaterialsScienceGE* → More Information → Student Companion Site)에 기술되어 있다.

그림 8.23 피로 파손이 일어난 회전 샤프트용 강의 파단면. 해변무 늬가 나타나 있음

(출처 : D. J. Wulpi, *Understanding How Components Fail*, 1985. ASM International, Materials Park, OH. 허가로 복사 사용함)

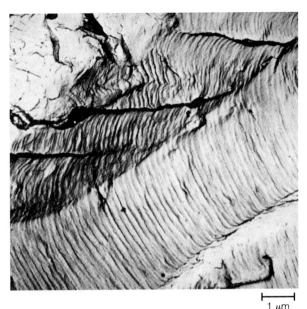

그림 8.24 알루미늄의 피로 줄무늬를 나타내는 투사 전자현미경 파 단면 사진. 9000×

(출처 : V. J. Colangelo and F. A. Heiser, *Analysis of Metallurgical Failures*, 2nd edition. Copyright © 1987 by John Wiley & Sons, New York. John Wiley & Sons, Inc. 허가로 복사 사용함)

전 거리를 나타낸다. 줄무늬의 폭은 응력 범위에 따라 변하며, 응력 범위가 증가할수록 폭은 증가한다.

그러나 피로 균열 전파 과정을 미시적으로 관찰해 보면 응력 사이클의 최대 작용 응력이 재료의 항복 강도보다 작을 경우에도 균열 끝단에는 국부적인 소성변형이 발생한다. 이는 작용 응력이 균열 끝단에서의 국부 응력이 항복 강도 이상으로 증폭되기 때문이다. 피로 줄 무늬 형상은 이러한 소성변형을 나타내고 있다.[11]

해변무늬와 줄무늬의 모습은 유사하지만 생성 원인과 크기는 서로 매우 다르며, 하나의 해변무늬 안에 수천 개의 줄무늬가 있을 수도 있다.

파단면을 관찰함으로써 파손의 원인을 밝힐 수도 있는데, 해변무늬 또는 줄무늬의 존재 는 파손이 피로에 의해 일어났다는 것을 나타낸다. 그러나 해변무늬 또는 줄무늬가 관찰되 지 않는다고 해서 파손 원인으로 피로를 배제시켜서는 안 된다. 피로가 발생한 모든 금속에 서 줄무늬가 관찰되는 것은 아니다. 더욱이 줄무늬가 나타날 가능성은 응력 상태에 따라 다 를 수 있다. 시간에 따라 부식 생성물이나 산화막 형성으로 줄무늬를 검출할 가능성이 점차 감소한다. 또한 응력 사이클 동안에 균열 양쪽 면이 서로 맞닿아 마모 현상을 일으켜 줄무늬 가 손상될 수도 있다.

파손이 급속히 일어난 부위에서는 해변무늬 또는 줄무늬가 나타나지 않는다. 급속 파손

---

11 제안된 피로 줄무늬 형성 기구에 대한 설명과 그림은 Mechanical Engineering(ME) Module M.5(*www.wiley.com/go/Callister_ MaterialsScienceGE* → More Information → Student Companion Site)에 나타나 있다.

그림 8.25 피로 파단면. 균열은 위쪽 가장자리에서 생성되었음. 위쪽의 평평한 부분은 균열 전파가 서서히 진행된 구역을 나타내고, 파손이 갑작스럽게 진행된 구역(가장 큰 지역)은 침침하고 섬유상 형태를 나타낸다. 0.5×

[출처 : *Metals Handbook: Fractography and Atlas of Fractographs*, Vol. 9, 8th edition, H. E. Boyer (Editor), 1974. ASM International, Materials Park, OH. 허가로 복사 사용함]

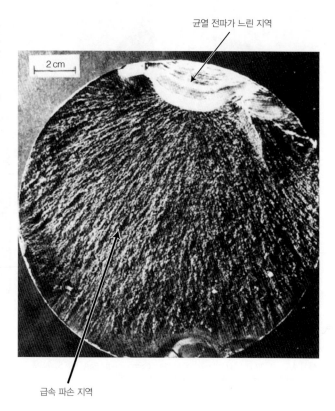

균열 전파가 느린 지역

2 cm

급속 파손 지역

은 연성 파괴일 수도 있고 취성 파괴일 수도 있는데, 연성 파괴일 경우에는 소성변형의 흔적이 나타나지만 취성 파괴일 경우에는 소성변형의 흔적이 보이지 않는다(그림 8.25 참조).

개념확인 8.4 피로 파손이 일어난 강 시편의 표면이 반짝거리는 결정 모습으로 나타났다. 일반 사람들은 사용 중에 금속의 결정화가 진행되어 파손되었다고 설명할 수도 있다. 이 설명에 대해 비판적 견해를 제시하라.

[해답은 *www.wiley.com/go/Callister_MaterialsScienceGE* → **More Information** → **Student Companion Site** 선택]

8.10 피로 수명에 영향을 주는 인자[12]

8.8절에서 언급한 바와 같이, 많은 인자들이 공학 재료의 피로 거동에 영향을 준다. 이러한 인자로는 평균 응력 크기, 기하학적 설계, 표면 효과, 금속학적 변수 및 환경 등을 들 수 있다. 이 절에서는 이러한 인자들 및 구조물 기기들의 피로 저항성을 향상하는 방안에 대하여 서술하고 있다.

---

12 Mechanical Engineering(ME) Module M.7과 M.8에 기술된 자동차 밸브 스프링에 대한 사례연구는 이 절의 내용과 관련된다.
(*www.wiley.com/go/Callister_MaterialsScienceGE* → **More Information** → **Student Companion Site**)

평균 응력

응력 진폭이 피로 수명에 미치는 영향은 S-N 선도에 나타나 있다. 통상적으로 S-N 선도는 교번 사이클($\sigma_m = 0$)이나 일정한 평균 응력하에서 행한 피로 시험 데이터를 근간으로 하여 작성한다. 그러나 피로 수명은 평균 응력에 영향을 받는다. 이에 대한 영향은 그림 8.26에 나타나 있으며, 각기 다른 σ_m에서 측정한 S-N 곡선들은 서로 다른 피로 거동을 보인다. 일 반적으로 평균 응력 크기가 증가할수록 피로 수명은 감소한다.

표면 효과

일반적인 하중 조건에서 최대 응력은 기기나 구조물의 표면에서 나타나므로 피로 파손을 일 으키는 대부분의 균열은 표면(특히 응력이 증폭되는 위치)에서 발생한다. 따라서 피로 수명 은 기기의 표면 상태에 크게 영향을 받으며, 피로 저항성에 영향을 주는 여러 인자를 적절히 처리함으로써 피로 수명을 향상시킬 수 있다. 여기에는 설계 요건뿐만 아니라 여러 가지 표 면 처리가 포함된다.

설계 인자

기기의 설계 내용은 피로 특성에 큰 영향을 미칠 수 있다. 노치나 기하학적 불연속점(홈, 구 멍 등)은 응력 상승자의 역할을 하여 피로 균열이 시작하는 위치가 된다. 불연속점이 날카로 울수록(곡률 반경이 작을수록) 응력 집중은 더 커진다. 그러므로 가능한 한 이러한 구조적 불규칙성을 제거함으로써 피로 손상이 일어날 확률을 감소시킬 수 있다. 그림 8.27에 나타 난 바와 같이 회전축의 지름이 급격히 변하는 부분에 곡률 반경이 커지도록 덧붙임(fillet)을 하여 각이 진 구석 부분이 나타나지 않도록 할 수 있다.

표면 처리

기계 가공 중에는 절삭 공구에 의해 가공하는 재료의 표면에 흠집이나 홈이 생긴다. 이러한

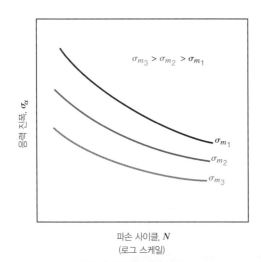

그림 8.26 피로 거동 S-N에 대한 평균 응력 σ_m의 영향

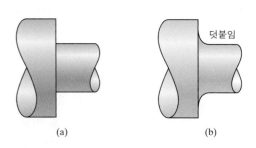

그림 8.27 응력 증폭 감소 설계법. (a) 부적절한 설계 : 날 카로운 구석, (b) 적절한 설계 : 지름이 급변하는 곳에 덧붙 임을 하여 회전 샤프트의 피로 수명을 향상시킨다.

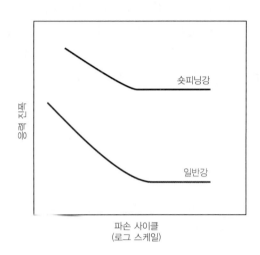

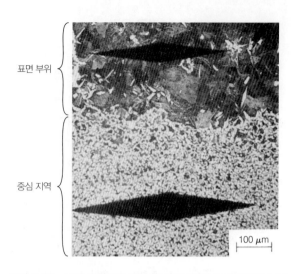

그림 8.29 표면 경화시킨 강의 내부(아래쪽)와 표면(위쪽)을 나타내는 현미경 사진. 표면 경화 지역에 대한 미세 경도 시험의 누름 자국은 더 작다. 100×

(출처 : R. W. Hertzberg, *Deformation and Fracture Mechanics of Engineering Materials*, 3rd edition. Copyright © 1989 by John Wiley & Sons, New York. John Wiley & Sons, Inc. 허가로 복사 사용함)

그림 8.28 일반강과 숏피닝강의 *S-N* 피로 곡선 도식도

표면의 흠집은 피로 수명을 감소시키므로 표면을 연마하여 피로 수명을 상당히 향상시킬 수 있다.

피로 수명을 향상시키는 방법 중에서 가장 효과가 큰 방법은 표면에 잔류 압축 응력을 갖는 얇은 층을 형성시키는 것이다. 잔류 압축 응력은 외부 작용에 의해 나타나는 표면 인장 응력을 어느 정도 감소시키거나 제거하는 역할을 한다. 결과적으로 균열 생성을 억제함으로써 피로 파손이 일어날 확률을 감소시킨다.

잔류 압축 응력을 형성하는 일반적인 방법은 기계적인 방법으로 표면에 국부 소성변형을 일으키게 하는 것으로 상업적으로는 **숏피닝**(shot peening)이라고 한다. 지름이 0.1~1.0 mm인 작고 단단한 물체(숏)를 고속으로 표면에 때리는 작업으로, 이에 따른 변형으로 숏 지름의 1/4~1/2만큼의 깊이에 압축 응력이 형성된다. 강의 피로 거동에 대한 숏피닝 효과는 그림 8.28에 나타나 있다.

표면 경화

표면 경화(case hardening)는 표면 경도를 향상시켜 피로 수명을 향상시키는 방법으로 합금강에 주로 사용된다. 침탄법(carburizing)이나 질화법(nitriding)을 사용하며, 구성품을 고온에서 탄소나 질소 분위기에 노출시켜 기체의 원자 확산으로 표면에 탄소나 질소가 다량 함유되도록 하는 방법이다. 표면 경화층은 약 1 mm 정도이며, 표면 내부보다 더 단단하다(Fe-C 합금의 경도에 대한 탄소의 영향은 그림 10.30a에 나타나 있다). 침탄법이나 질화법으로 나타나는 잔류 인장 응력은 표면 경화와 아울러 피로 성질을 향상시키는 작용을 한다. 제7장 표지 그림의 기어(gear) 사진에서 탄소가 다량 함유된 층은 검은 테두리로 나타나 있다. 그림 8.29의 표면 경화 사진에서 검고 길쭉한 다이아몬드 형상은 누프 경도 시험의 누름 자국이다. 윗부분에 나타난 침탄 지역의 누름 자국은 아랫부분보다 크기가 작다.

8.11 환경 효과

환경 인자도 재료의 피로 거동에 영향을 미친다. 이 절에서는 환경에 따른 일반적인 피로 파손의 두 가지 형태인 열피로와 부식 피로에 대하여 서술한다.

열피로

열피로(thermal fatigue)는 기계적 응력과 무관하며 고온에서의 열응력 사이클에 의해 나타난다. 온도 변화에 따라 나타나는 구조물의 팽창 및 압축이 억제되어 열응력이 발생한다. 온도 변화 ΔT에 따른 열응력의 크기는 식 (8.20)에 나타난 바와 같이 열팽창 계수 α_l과 탄성 계수 E의 함수로 주어진다.

열응력—열팽창 계수, 탄성 계수 및 온도 변화량

$$\sigma = \alpha_l E \Delta T \tag{8.20}$$

(열팽창 계수와 열응력에 대한 내용은 19.3절과 19.5절에 서술되어 있다.) 물론 기계적인 제한 요인이 없으면 열응력은 발생하지 않는다. 그러므로 이러한 제한 요인을 제거하거나 아니면 적어도 감소시켜 온도 변화에 따른 크기 변화가 자유롭게 일어나도록 하여 열응력에 의한 피로 파손을 방지할 수 있다. 또한 적절한 물리적 성질을 갖는 재료를 선정해야 한다.

부식 피로

부식 피로(corrosion fatigue)는 응력 사이클과 화학적인 공격이 동시에 작용함으로써 일어나는 파손이다. 부식 환경은 악영향을 끼치며 피로 수명을 감소시킨다. 일상적인 주위 환경도 몇몇 재료의 피로 거동에 영향을 미치는데, 화학 작용에 의해 형성된 조그만 홈(pit)은 응력 집중점이 되어 균열 생성 위치로 되고, 균열 전파 속도도 부식 환경에 의해 증가한다. 또한 응력 사이클의 형태도 피로 거동에 영향을 미친다. 예를 들어 하중의 주기를 낮추면 열린 균열이 환경과 접촉하는 기간이 길어지므로 피로 수명은 감소한다.

부식 피로의 방지 방안에는 여러 가지가 있는데, 제17장에 서술한 부식 속도 감소법을 들 수 있다. 예를 들면 표면 보호막의 형성이나 부식 저항성이 더 큰 재료의 선정 및 환경의 부식성을 감소시키는 방법이 있다. 한편 작용 인장 응력을 감소시키거나 재료 표면에 잔류 압축 응력을 생성시킴으로써 피로 파손 확률을 감소시킬 수 있다.

크리프

크리프

실제 사용 재료는 고온에서 정적인 기계적 하중을 받는 경우가 종종 있다. 예를 들면 증기 발생기나 제트 엔진의 터빈 로터(turbine rotor)에는 원주 응력이 가해지고 고압 증기가 흐른다. 이러한 주위 환경에서 나타나는 변형을 크리프(creep)라고 하며, 일정한 하중이나 응력을 받는 재료의 시간 의존성 영구 변형으로 정의한다. 크리프는 구조물의 수명을 제한하는 요인이므로 바람직한 현상이 아니다. 크리프 현상은 모든 재료에서 나타나며, 금속의 경우에는 단지 $0.4T_m$ 이상(T_m은 절대 융점)에서 나타난다. 15.4절에 서술한 바와 같이, 특히 플라스틱이나 고무와 같은 비정질 폴리머는 크리프 현상에 민감하다.

8.12 일반적인 크리프 거동

전형적인 크리프 시험[13]에서 시편은 일정한 온도에서 일정한 하중이나 응력을 받는다. 이에 따른 변형이나 변형률은 경과 시간의 함수로 나타난다. 일반적인 공학적 정보를 취득하기 위한 대부분의 시험은 일정한 하중에서 행해진다. 그러나 크리프 기구를 좀 더 잘 이해하기 위해서는 일정한 응력하에서 시험을 한다.

그림 8.30은 일정한 하중하에서의 전형적인 크리프 거동을 나타내고 있다. 그림에 나타난 바와 같이 하중을 가하는 순간에 변형이 일어나며, 이 변형은 주로 탄성변형이다. 크리프 곡선은 세 구역으로 나누어지며, 각각의 구역은 각기 독특한 변형률-시간 양상을 나타낸다. 1차 크리프(primary creep) 또는 전이 크리프(transient creep) 구역에서는 크리프 속도가 연속으로 감소하며, 곡선의 기울기는 시간에 따라 감소한다. 즉 이 구역에서는 재료에 변형 경화(재료의 변형이 일어남에 따라 변형이 점점 어려워지는 현상, 7.10절 참조)가 일어나 크리프에 대한 지항성이 증가하고 있다는 것을 의미한다. 2차 크리프(secondary creep) 또는 정상 크리프(steady-state creep)에서는 크리프 속도가 일정하여 선도는 직선을 나타낸다. 크리프 속도가 일정하다는 것은 재료의 변형 경화와 회복이 평형을 이룬다는 것을 의미한다. 회복(7.11절 참조)이란 재료가 점점 연해져서 변형이 계속 일어날 수 있게 되는 현상이다. 마지막으로 3차 크리프(tertiary creep)에서는 크리프 속도가 가속되어 최종 파괴가 일어난다. 이러한 파손을 파열(rupture)이라고 하며, 입계 분열과 재료 내부에 균열, 동공(cavity) 및 기공의 형성과 같은 미세조직의 변화와 금속학적 변화로부터 나타난다. 인장 하중이 가해지면 변형 구역의 어느 부분에서인가 네킹이 일어난다. 이에 따라 실제 단면적이 감소하고 변형률 속도가 증가한다.

금속 재료에 대한 크리프 시험은 인장 시험 시편(그림 6.2 참조)과 동일한 형상의 시편에 대하여 단일축 인장하에서 행한다. 취성 재료에 대해서는 단일축 압축 시험을 행하며, 인장 하중에 따라 나타나는 응력 증폭이나 균열 전파가 일어나지 않으므로 고유한 크리프 성질을 알아보기 위해서는 압축 시험을 행한다. 압축 시험용 시편은 길이-지름의 비가 약 2~4인 실린더형을 사용한다.

크리프 시험에서 구한 가장 중요한 매개변수는 2차 크리프 구역의 기울기(그림 8.30에서 $\Delta\varepsilon/\Delta t$)이며, 이를 최소 또는 정상 크리프 속도(steady-state creep rate) $\dot{\varepsilon}_s$라고 부른다. 이 값은 장기간 사용을 목표로 하는 구조물의 공학적 설계용 매개변수이다. 예를 들면 원자력 발전소는 수십 년간 가동되며, 파손이나 지나친 변형이 일어나서는 안 된다. 반면에 군용기의 터빈 날개나 로켓 모터 노즐과 같이 대체적으로 크리프 수명이 짧은 경우에 파열 수명 시간(rupture lifetime) t_r이 중요한 설계용 매개변수가 된다(그림 8.30 참조). t_r을 측정하기 위해서는 파손이 일어날 때까지 크리프 시험을 해야 하며, 이 시험을 크리프 파열(creep rupture) 시험이라고 한다. 그러므로 설계 기술자는 재료의 크리프 특성을 파악하여 적용상의 적합성을 판단할 수 있어야 한다.

---

13 ASTM Standard E139, "Standard Test Methods for Conducting Creep, Creep-Rupture, and Stress-Rupture Tests of Metallic Materials."

개념확인 8.5 변형률-시간 선도 위에 (i) 일정 인장 응력과 (ii) 일정 인장 하중에 대한 개략적 크리프 곡선을 중첩하고, 거동의 차이점을 기술하라.

[해답은 *www.wiley.com/go/Callister_MaterialsScienceGE* → More Information → Student Companion Site 선택]

8.13 응력 및 온도 효과

온도와 작용 응력의 크기는 크리프 특성에 영향을 미친다(그림 8.31). 변형률은 $0.4T_m$보다 아주 낮은 온도에서 초기 변형이 일어난 후에는 실질적으로 시간에 무관하다. (1) 응력을 증가시키거나 온도를 높이면, (2) 응력을 가한 시점에서의 순간 변형이 증가하고, (3) 정상 크리프 속도도 증가하여 파열 수명은 단축된다.

크리프 파열 시험의 결과는 일반적으로 응력의 로그값에 대한 파열 시간의 로그값으로 나타낸다. 그림 8.32은 니켈 합금의 크리프 선도이며, 온도별로 선형 관계가 있음을 나타내고 있다. 반면에 몇몇 합금 재료는 비선형 관계를 나타내기도 하는데, 대체로 응력 범위가 큰 경우에는 비선형 관계가 관찰된다.

정상 크리프 속도를 응력과 온도의 함수로 표현하는 실험식이 있다. 다음 식 (8.21)은 정상 크리프 속도의 응력에 대한 의존성을 나타낸다.

크리프 변형률 속도의 응력 의존성

$$\dot{\varepsilon}_s = K_1\sigma^n \tag{8.21}$$

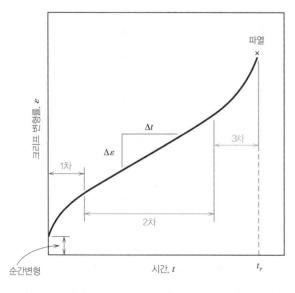

그림 8.30 일정한 응력과 온도(고온)에서 나타나는 전형적인 크리프 곡선(변형률 대 시간). 최소 크리프 속도 $\Delta\varepsilon/\Delta t$은 2차 크리프 구역의 선형 부분의 기울기이다. 파열 수명 시간 t_r은 파열까지의 총 시간이다.

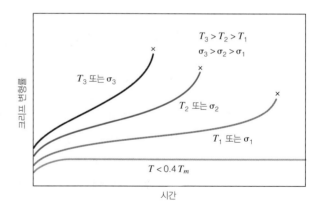

그림 8.31 크리프 거동에 대한 응력 σ와 온도 T의 영향

그림 8.32 S-590 합금에 대한 응력의 로그값 대 파열 수명의 로그값 선도

[S-590의 조성(wt%)은 20.0 Cr, 19.4 Ni, 19.3 Co, 4.0 W, 4.0 Nb, 3.8 Mo, 1.35 Mn, 0.43 C, 그리고 나머지는 Fe이다.] (ASM International.® 허가로 복사 사용함. 모든 저작권은 www.asminternational.org에 있음)

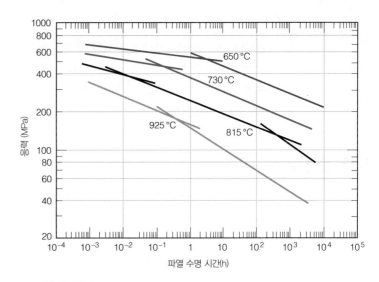

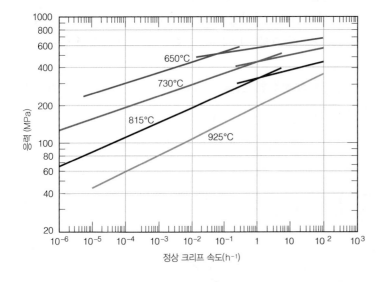

그림 8.33 S-590 합금에 대한 응력의 로그값 대 성상 크리프 속도의 로그값 선도

(ASM International.® 허가로 복사 사용함. 모든 저작권은 www.asminternational.org에 있음)

여기서 K_1과 n은 재료 상수이다. $\dot{\varepsilon}_s$의 로그값에 대한 σ의 로그값 선도는 기울기 n을 갖는 직선으로 나타난다. 그림 8.33은 S-590 합금에 대한 네 가지 온도에서의 직선 관계를 보여 준다. 각 온도에서 하나 또는 두 개의 직선 관계가 분명히 나타나 있다.

식 (8.22)에 온도 항을 포함시키면 다음과 같이 표현된다.

크리프 변형률 속도의 응력 의존성

$$\dot{\varepsilon}_s = K_2\sigma^n \exp\left(-\frac{Q_c}{RT}\right) \tag{8.22}$$

여기서 K_2와 Q_c는 상수이며, Q_c는 크리프에 대한 활성화 에너지, R은 기체 상수 8.31 J·mol/K 이다.

재료의 크리프 거동에 대한 이론적 기구로는 응력 유발 기공 확산, 입계 확산, 전위 이동 및 입계 슬립 등이 있다. 식 (8.21)과 (8.22)의 응력 지수 n은 기구에 따라 각기 서로 다른 값

예제 8.4

정상 상태 크리프 속도 계산

다음 표에는 260℃(533 K)에서의 알루미늄에 대한 정상 상태 크리프 속도값이 나타나 있다.

$\dot{\varepsilon}_s(\text{h}^{-1})$	$\sigma(\text{MPa})$
2.0×10^{-4}	3
3.65	25

260℃, 10 MPa에서의 정상 상태 크리프 속도를 계산하라.

풀이

온도(260℃)가 일정하므로 식 (8.21)을 적용할 수 있다. 이 식에 다음 식과 같이 로그를 취하면 좀 더 유용한 형태로 된다.

$$\ln \dot{\varepsilon}_s = \ln K_1 + n \ln \sigma \qquad (8.23)$$

$\dot{\varepsilon}_s$와 σ값이 문제에 주어져 있으므로 2개의 독립된 식으로부터 K_1과 n값을 구할 수 있다. 이러한 두 가지 매개변수의 값을 대입하면, 10 MPa에서의 $\dot{\varepsilon}_s$값을 결정할 수 있다.

각각 식 (8.23)에 대입하면 다음과 같이 2개의 식이 구성된다.

$$\ln(2.0 \times 10^{-4} \text{ h}^{-1}) = \ln K_1 + (n)\ln(3 \text{ MPa})$$
$$\ln(3.65 \text{ h}^{-1}) = \ln K_1 + (n)\ln(25 \text{ MPa})$$

첫 번째 식에서 두 번째 식을 빼주면 $\ln K_1$ 항이 없어지고 다음과 같은 식으로 나타난다.

$$\ln(2.0 \times 10^{-4} \text{ h}^{-1}) - \ln(3.65 \text{ h}^{-1}) = (n)\big[\ln(3 \text{ MPa}) - \ln(25 \text{ MPa})\big]$$

n값은 다음과 같다.

$$n = \frac{\ln(2.0 \times 10^{-4} \text{ h}^{-1}) - \ln(3.65 \text{ h}^{-1})}{\big[\ln(3 \text{ MPa}) - \ln(25 \text{ MPa})\big]} = 4.63$$

이 n값을 앞의 두 식에 대입하여 K_1값을 구할 수 있다. 첫 번째 식에 적용하면 다음과 같이 나타난다.

$$\ln K_1 = \ln(2.0 \times 10^{-4} \text{ h}^{-1}) - (4.63)\ln(3 \text{ MPa})$$
$$= -13.60$$

그러므로 다음과 같다.

$$K_1 = \exp(-13.60) = 1.24 \times 10^{-6}$$

n과 K_1값을 식 (8.21)에 대입하여 $\sigma = 10$ MPa에서의 $\dot{\varepsilon}_s$값을 계산하면 다음과 같다.

$$\dot{\varepsilon}_s = K_1 \sigma^n = (1.24 \times 10^{-6})(10 \text{ MPa})^{4.63}$$
$$= 5.3 \times 10^{-2} \text{ h}^{-1}$$

을 갖는다. 실제 측정한 n값을 각 기구에 따른 n의 예측값과 비교하여 특정 재료의 크리프 기구를 밝힐 수 있다. 또한 크리프용 활성화 에너지 Q_c와 확산용 활성화 에너지(Q_d, 식 5.8) 사이의 관계도 수립되어 있다.

재료의 크리프 특성 데이터는 응력-온도 선도의 형태로 그림으로 나타낸 **변형 기구 지도** (deformation mechanism map)에 수록되어 있다. 이 지도에는 온도와 응력에 따른 작동 기구가 영역별로 표시되어 있으며, 일정한 변형률 속도의 윤곽도 나타나 있다. 그러므로 적절한 변형 기구 지도를 사용하고 온도, 응력 크기, 크리프 변형률 속도 중 2개의 매개변수값을 알면 나머지 매개변수의 값을 구할 수 있다.

8.14 데이터 외삽법

실험실에서 실제로 측정하기가 어려운 공학적 크리프 데이터가 필요한 경우가 종종 발생한다. 예를 들면 몇 년이 걸리는 실험이 요구되는 경우가 이에 속한다. 이러한 문제를 해결하는 하나의 방안은 대응되는 응력 크기에서 실제 온도보다 높은 온도에서 짧은 시간 안에 크리프 시험 또는 크리프 파열 시험으로 실험 데이터를 측정한 다음 실제 사용 조건까지 외삽하는 것이다. 식 (8.24)로 정의되는 Larson-Miller 매개변수를 사용하는 것이 보편적인 외삽법이다.

Larson-Miller 매개변수—온도와 파열 수명의 함수

$$m = T(C + \log t_r) \tag{8.24}$$

여기서 C는 상수(보통 20 정도), T는 절대 온도, 파열 수명 기간 t_r은 시간 단위로 주어진다. 어느 특정 응력 크기에서 측정한 파열 수명 기간은 온도에 따라 변하므로 이 매개변수는 일

그림 8.34 S-590 합금의 로그 응력에 대한 Larson-Miller 매개변수
(출처 : F. R. Larson and J. Miller, *Trans. ASME*, 74, 1952, p. 765. ASME 허가로 복사 사용함)

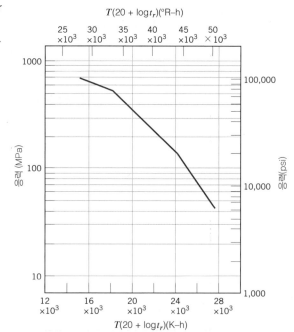

정한 값을 유지한다. 데이터는 그림 8.34와 같이 응력의 로그값 대 Larson-Miller 매개변수로 나타내기도 한다. 이 방법의 사용법은 다음 예제에 나타나 있다.

설계예제 8.2

파열 수명 예측

그림 8.34에 나타난 S-590 합금에 대한 Larson-Miller 데이터를 이용하여 800°C(1073K)에서 140 MPa의 응력을 받는 구성품의 파열 시간을 예측하라.

풀이

그림 8.34로부터 140 MPa에서의 Larson-Miller 매개변수값은 24.0×10^3이다. 온도 T는 K, t_r은 시간이다.

$$24.0 \times 10^3 = T(20 + \log t_r)$$
$$= 1073(20 + \log t_r)$$

시간에 대해서 풀면 다음과 같다.

$$22.37 = 20 + \log t_r$$
$$t_r = 233 \text{ h (9.7 days)}$$

8.15 고온용 합금

금속의 크리프 특성에 영향을 미치는 인자로는 융점, 탄성 계수, 결정립 크기 등이 있다. 일반적으로 융점이 높을수록, 탄성 계수가 클수록, 결정립 크기가 클수록 재료의 크리프 저항성은 더 크다. 입자 크기의 관점에서 보면 크기가 작을수록 입계 미끄럼이 더 잘 일어나므로 크리프 속도는 더 크다. 이 현상은 저온에서의 기계적 거동과 상반된다. 즉 저온에서는 입자 크기가 감소함에 따라 강도(7.8절) 및 인성(8.6절)이 증가한다.

특히 스테인리스강(11.2절), 내화 금속, 초경합금(11.3절) 등이 크리프 저항성이 크며, 고온용 재료로 주로 쓰인다. 고용체 강화 합금

그림 8.35 (a) 전통적인 주조 방법에 의해 생산한 다결정 터빈 날개. 방향성 기둥 결정립 조직을 가지므로 고온 크리프 저항성이 향상됨, (b) 정교한 방향성 응고법에 의한 생산, 단결정 날개, (c)를 사용하면 크리프 저항성이 더욱 향상됨

의 첨가 및 기지상에 녹지 않는 분산상의 첨가로 코발트 및 니켈 초경합금의 크리프 저항성을 향상시킬 수 있다. 또한 매우 길쭉한 결정립이나 단결정을 만들 수 있는 방향성 응고법 (directional solidification)과 같은 최신 제조 방법을 사용할 수도 있다(그림 8.35 참조).

요약

서론
- 일반적인 세 가지 파손 원인
  - 부적절한 재료 선정 및 처리
  - 부적합한 부품 설계
  - 잘못된 부품 사용

파괴의 기초
- 파괴란 대체적으로 낮은 온도에서 인장 하중의 작용에 의해 일어나며 연성 파괴와 취성 파괴로 나눌 수 있다.
- 연성 파괴는
  - 소성변형으로 파괴가 임박했다는 것을 나타낸다.
  - 취성 파괴에 비해 더 많은 에너지가 요구되므로 일반적으로 연성 파괴가 선호된다.
- 연성 재료의 균열은 **안정적**(즉 작용 응력의 증가 없이는 확장되지 않는)이라고 일컬어진다.
- 취성 재료의 균열은 **불안정적**이다. 즉 한 번 시작하면 응력의 증가 없이도 균열 진피는 자발적으로 계속된다.

연성 파괴
- 연성 금속의 경우 두 가지 파손 형태가 가능하다.
  - 연성이 큰 경우(그림 8.1a)에는 네킹이 일어나 한 점으로 끊어진다.
  - 연성이 좀 낮은 경우에는 네킹이 적당히 진행된 후 컵과 원뿔 형태(그림 8.1b)로 파괴된다.

취성 파괴
- **취성 파괴**의 파괴면은 대체로 편평하고, 작용 인장 하중 방향에 수직이다(그림 8.1c).
- 취성 다결정 재료에서는 **입내**(결정립을 관통하여) 파괴와 **입계**(결정립 사이로) 파괴가 발생할 수 있다.

파괴역학의 기본 원리
- 취성 재료의 이론적 파괴 강도와 실제 파괴 강도의 차이는 조그만 결함의 존재에 의해 설명할 수 있다. 즉 결함 주위에서는 작용 인장 응력이 증폭되어 균열 생성에 이른다. 이러한 결함의 한쪽 끝단에서의 응력이 이론적인 결합 강도를 능가하면 파괴가 일어난다.
- 날카로운 귀퉁이는 응력 집중점으로 작용할 수 있으므로 응력을 받는 부품을 설계할 경우에는 이를 피해야 한다.
- 재료의 파괴 인성값은 균열이 존재할 때 취성 파괴에 대한 재료의 저항성을 나타낸다.
- K_{lc}는 일반적으로 설계 관련 매개변수이다. 연성 재료는 대체로 큰 값을 갖고(취성 재료는 작은 값), 미세조직과 변형률 속도, 온도의 함수이다.
- 파괴의 가능성을 방지하기 위해서는 설계 시에 재료(파괴 인성)와 응력 크기, 균열 검출 한계를 고려해야 한다.

파괴 인성 시험
- 금속의 연성-취성 전이는 대체로 낮은 온도, 빠른 변형률 속도, 날카로운 노치에 의하여 나타난다.
- 재료의 정성적인 파괴 거동은 샤르피 또는 아이조드 충격 시험으로 결정할 수 있다(그림 8.13).

- 충격 에너지(또는 파괴면 양상)의 온도 의존성을 토대로 하여 재료의 연성-취성 전이 여부, 전이 온도 범위를 확인할 수 있다.
- 저강도 강철 합금은 전형적으로 연성-취성 전이 현상을 나타내므로 실제 구조물의 사용 온도는 전이 범위보다 높아야 한다.
- 저강도 강철 합금의 경우 연성-취성 전이 온도는 결정립 크기의 감소와 탄소 농도 감소를 통하여 낮출 수 있다.

피로
- 피로는 작용 응력의 크기가 시간에 따라 교번될 때 나타나는 대형 파손의 일반적인 형태이다. 최대 응력 크기가 정적 인장 강도 또는 항복 강도보다 매우 낮은 경우에 발생한다.

응력 사이클
- 교번 응력은 일반적으로 세 가지 형태의 응력 대 시간 사이클 모드인 역모드, 반복 모드, 불규칙 모드로 나뉜다(그림 8.18). 역모드와 반복 모드는 평균 응력, 응력 범위, 응력 크기로 나타낸다.

S-N 곡선
- 피로 시험 데이터는 응력(일반적으로 응력 크기) 대 파손까지의 사이클 수의 로그값으로 나타낸다.
- 금속합금의 독특한 두 가지 형태의 피로 S-N 거동은 다음과 같다.
  - 많은 금속과 합금의 경우 응력은 파손에서의 사이클 수가 증가함에 따라 연속적으로 감소한다(그림 8.20b). 피로 강도와 피로 수명은 이러한 재료의 피로 거동을 나타내는 매개변수로 사용된다.
  - 반면에 다른 금속과 합금(철 합금 및 티탄 합금)에서는 응력은 사이클 수에 따라 감소하기를 멈추고, 사이클 수에 의존하지 않는다(그림 8.20a). 이러한 재료의 파괴 거동은 피로 한계로 설명한다.

균열 생성과 균열 전파
- 피로 균열은 일반적으로 응력 집중이 일어나는 표면의 어느 한 부분에서 생성된다.
- 피로 파괴면의 두 가지 특징은 해변무늬와 줄무늬이다.

피로 수명에 영향을 주는 인자
- 피로 수명을 향상시키는 방법으로는
  - 평균 응력 크기의 감소
  - 표면의 날카로운 불연속점 제거
  - 표면 연마
  - 숏피닝에 의한 표면 잔류 압축 응력 부과
  - 침탄법이나 질화법을 이용한 표면 경화 등이 있다.

환경 효과
- 열응력은 고온에서의 주기적 온도 변화와 열적 팽창 및 수축이 제한을 받음으로써 발생하며, 이에 따른 피로 현상을 **열피로**라고 한다.
- 화학적인 공격성 분위기는 부식 피로 현상을 일으켜 피로 수명을 감소시킨다.

일반적인 크리프 거동
- 온도가 약 $0.4\,T_m$ 이상이고 일정한 하중(또는 응력)을 받는 재료의 시간 의존성 소성변형을 **크리프**라고 한다.
- 전형적인 크리프 곡선(변형률 대 시간)은 명확하게 3구역으로 전이(또는 1차) 크리프 구

역, 정상(또는 2차) 구역, 3차 크리프 구역으로 나뉜다(그림 8.30).

- 크리프에 관한 주요 설계 변수는 정상 크리프 속도(선형 구역의 기울기)와 파열 수명이다(그림 8.30).

응력 및 온도 효과 • 온도와 작용 응력의 크기는 크리프 거동에 영향을 주며, 이 2개의 매개변수 중 하나를 증가시키면
  - 초기 순간 변형량의 증가
  - 정상 크리프 속도의 증가
  - 파열 수명 기간의 감소 등을 가져온다.
- $\dot{\varepsilon}_s$를 온도 및 응력의 함수로 분석한 표현식(식 8.22)도 나타나 있다.

데이터 외삽법 • 특정한 합금의 경우 응력의 로그값에 대한 Larson-Miller 매개변수를 이용하여 크리프 데이터를 더 낮은 온도와 더 긴 시간 영역으로 외삽할 수 있다(그림 8.34).

고온용 합금 • 크리프 저항성이 큰 금속 합금은 탄성 계수가 크며 융점이 높다.

식 요약

식 번호	식	용도
8.1	$\sigma_m = 2\sigma_0 \left(\dfrac{a}{\rho_t} \right)^{1/2}$	타원형 균열 끝단에서의 최대 응력
8.4	$K_c = Y\sigma_c\sqrt{\pi a}$	파괴 인성
8.5	$K_{Ic} = Y\sigma\sqrt{\pi a}$	평면 변형률 파괴 인성
8.6	$\sigma_c = \dfrac{K_{Ic}}{Y\sqrt{\pi a}}$	설계(또는 임계) 응력
8.7	$a_c = \dfrac{1}{\pi}\left(\dfrac{K_{Ic}}{\sigma Y} \right)^2$	최대 허용 결함 크기
8.11	$\sigma_m = \dfrac{\sigma_{max} + \sigma_{min}}{2}$	평균 응력(피로 시험)
8.12	$\sigma_r = \sigma_{max} - \sigma_{min}$	응력 범위(피로 시험)
8.13	$\sigma_a = \dfrac{\sigma_{max} - \sigma_{min}}{2}$	응력 진폭(피로 시험)
8.14	$R = \dfrac{\sigma_{min}}{\sigma_{max}}$	응력비(피로 시험)
8.15	$\sigma = \dfrac{16FL}{\pi d_0^3}$	피로 회전-굽힘 시험의 최대 응력
8.20	$\sigma = \alpha_l E \Delta T$	열응력
8.21	$\dot{\varepsilon}_s = K_1 \sigma^n$	정상 상태 크리프 속도(일정 온도)

식 번호	식	용도
8.22	$\dot{\varepsilon}_s = K_2 \sigma^n \exp\left(-\dfrac{Q_c}{RT}\right)$	정상 상태 크리프 속도
8.24	$m = T(C + \log t_r)$	Larson-Miller 매개변수

기호 목록

기호	의미
a	표면 균열 길이
C	크리프 상수, 일반적으로 20(온도 T는 K, t_r은 시간)
d_0	실린더형 시편의 지름
E	탄성 계수
F	최대 작용 하중(피로 시험)
K_1, K_2, n	응력과 온도에 무관한 크리프 상수
L	하중 지탱점 사이의 거리
Q_c	크리프 활성화 에너지
R	기체 상수(8.31 J/mol·K)
T	절대 온도
ΔT	온도 차이 또는 온도 변화
t_r	파열 수명 기간
Y	단위 없는 매개변수 또는 함수
α_l	선형 열팽창 계수
ρ_t	균열 끝단 반지름
σ	작용 응력, 최대 응력(회전-굽힘 피로 시험)
σ_0	작용 인장 응력
σ_{max}	최대 응력(사이클)
σ_{min}	최소 응력(사이클)

주요 용어 및 개념

부식 피로	입계 파괴	평면 변형률
샤르피 시험	입내 파괴	평면 변형률 파괴 인성
아이조드 시험	충격 에너지	표면 경화
연성-취성 전이	취성 파괴	피로
연성 파괴	크리프	피로 강도
열피로	파괴역학	피로 수명
응력 상승자	파괴 인성	피로 한계

참고문헌

ASM Handbook, Vol. 11, *Failure Analysis and Prevention*, ASM International, Materials Park, OH, 2002.

ASM Handbook, Vol. 12, *Fractography*, ASM International, Materials Park, OH, 1987.

ASM Handbook, Vol. 19, *Fatigue and Fracture*, ASM International, Materials Park, OH, 1996.

Boyer, H. E. (Editor), *Atlas of Creep and Stress–Rupture Curves*, ASM International, Materials Park, OH, 1988.

Boyer, H. E. (Editor), *Atlas of Fatigue Curves*, ASM International, Materials Park, OH, 1986.

Brooks, C. R., and A. Choudhury, *Failure Analysis of Engineering Materials*, McGraw-Hill, New York, 2002.

Collins, J. A., *Failure of Materials in Mechanical Design*, 2nd edition, John Wiley & Sons, New York, 1993.

Dennies, D. P., *How to Organize and Run a Failure Investigation*, ASM International, Materials Park, OH, 2005.

Dieter, G. E., *Mechanical Metallurgy*, 3rd edition, McGraw-Hill, New York, 1986.

Esaklul, K. A., *Handbook of Case Histories in Failure Analysis*, ASM International, Materials Park, OH, 1992 and 1993. In two volumes.

Hertzberg, R. W., R. P. Vinci, and J. L. Hertzberg, *Deformation and Fracture Mechanics of Engineering Materials*, 5th edition, John Wiley & Sons, Hoboken, NJ, 2013.

Liu, A. F., *Mechanics and Mechanisms of Fracture: An Introduction*, ASM International, Materials Park, OH, 2005.

McEvily, A. J., *Metal Failures: Mechanisms*, Analysis, Prevention, 2nd edition, John Wiley & Sons, Hoboken, NJ, 2013.

Sanford, R. J., *Principles of Fracture Mechanics*, Pearson Education, Upper Saddle River, NJ, 2002.

Stevens, R. I., A. Fatemi, R. R. Stevens, and H. O. Fuchs, *Metal Fatigue in Engineering*, 2nd edition, John Wiley & Sons, New York, 2000.

Wulpi, D. J., and B. Miller, *Understanding How Components Fail*, 3rd edition, ASM International, Materials Park, OH, 2013.

연습문제

파괴역학의 기본 원리

8.1 어떤 취성 재료에 1035 MPa의 응력이 가해졌을 때 타원형 표면 균열의 전파로 파괴가 일어났다면, 이 재료의 이론적 파괴 강도는 얼마인가? 균열 첨단의 곡률 반경은 5×10^{-3} mm, 균열 길이는 0.5 mm이다.

8.2 알루미늄 산하물의 비표면 에너지가 0.90 J/m²이라면 길이가 0.40 mm인 내부 균열이 전파하는 데 요구되는 임계 응력을 산출하라. 표 12.5에 주어진 데이터를 이용하라.

8.3 평면 변형률 파괴 인성이 54.8 MPa√m인 4340 강에 1030 MPa의 인장 응력을 가하였다. 가장 큰 표면 균열의 길이는 0.5 mm이다. 파괴 여부에 대하여 논하라. 매개변수 Y의 값은 1.0으로 가정하라.

8.4 알루미늄 합금으로 제조한 비행기 날개 부품의 평면 변형률 파괴 인성이 26 MPa√m이다. 내부 균열의 최대(임계) 길이가 8.6 mm일 때 112 MPa의 응력을 가하자 파괴가 일어났다. 같은 부품에 내부 균열의 최대(임계) 길이가 6.0 mm라면 파괴를 일으키는 데 필요한 응력은 얼마인가?

8.5 강판의 평면 변형률 파괴 인성이 82.4 MPa√m이다. 이 판에 345 MPa의 응력이 가해지고 있다. 파괴를 일으키는 표면 균열의 최소 길이는 얼마 인가? 매개변수 Y의 값은 1.0으로 가정하라.

8.6 강 합금으로 제조한 구조물 부품의 평면 변형률 파괴 인성이 98.9 MPa√m이고, 항복 강도는 860 MPa이다. 결함 검출기의 한계는 3.0 mm이다. 설계 응력이 항복 강도의 1/2이고, 매개변수 Y의 값이 1.0이라면, 이 강판의 임계 결함 크기를 검출할 수 있겠는가?

파괴 인성 시험

8.7 다음 표는 템퍼링한 4340 강 합금에 대한 샤르피 충격 시험의 결과이다.

온도(℃)	충격 에너지(J)
0	105
−25	104
−50	103
−75	97
−100	63
−113	40
−125	34
−150	28
−175	25
−200	24

(a) 충격 에너지 대 온도로 데이터를 나타내라.
(b) 연성-취성 전이 온도를 충격 에너지의 최댓값과 최솟값의 평균값에 대응하는 온도로 설정하라.
(c) 연성-취성 전이 온도를 충격 에너지가 50 J이 되는 온도로 설정하라.

8.8 −50℃에서 최소 200 J의 충격 에너지를 갖는 일반 탄소강의 최대 탄소량은 얼마인가?

응력 사이클

S-N 곡선

8.9 피로 시험에서 평균 응력은 70 MPa, 응력 진폭은 210 MPa이다.
(a) 최대 응력 및 최소 응력 크기를 결정하라.
(b) 응력비는 얼마인가?
(c) 응력 범위는 얼마인가?

8.10 실린더형 4340 강봉 막대의 회전-굽힘 응력 사이클의 결과는 그림 8.21에 나타나 있다. 최대 인장 응력이 5000 N이라면 피로파손이 일어나지 않을 최소 허용 막대 지름을 계산하라. 안전 계수는 2.25, 하중 지탱점 사이의 거리는 55.0 mm로 가정하라.

8.11 70Cu-30Zn 황동 합금으로 제작한 지름이 6.7 mm인 실린더형 봉에 회전-굽힘 압축 하중 사이클을 받고 있다. 시험결과(*S-N* 거동)은 그림 8.21에 나타나 있다. 최대 하중이 +120 N, 최소 하중이 −120 N이라면 피로 수명을 결정하라. 하중 지탱점 사이의 거리는 67.5 mm로 가정하라.

8.12 다음 표는 황동 합금의 피로 시험 데이터를 나타낸다.

응력 진폭(MPa)	파손 사이클
170	3.7×10^4
148	1.0×10^5
130	3.0×10^5
114	1.0×10^6
92	1.0×10^7
80	1.0×10^8
74	1.0×10^9

(a) 다음의 데이터를 사용하여 *S-N* 선도(응력 진폭 대 파손까지 사이클 수의 로그값)를 그려라.
(b) 4×10^6 사이클에서의 피로 강도를 결정하라.
(c) 120 MPa에 대한 피로 수명을 결정하라.

8.13 위 문제 8.12에 주어진 황동 합금에 대한 피로 데이터는 굽힘-회전 시험으로부터 구한 것이며, 이 합금봉은 1800 rpm으로 작동하는 자동차 축에 사용된다. 다음에 주어진 축의 수명에 대한 최대 진폭을 구하라.
(a) 1년, (b) 1월, (c) 1일, (d) 1시간

8.14 비철 합금으로 3개의 동일한 피로 시편(A, B, C로 표시)을 제작하였다. 각 시편에 대한 최대 및 최소 응력값은 다음 표와 같다. 주파수는 모두 같다.

시편	σ_{max} (MPa)	σ_{min} (MPa)
A	−450	−150
B	+300	−300
C	+500	−200

(a) 피로 수명이 긴 순서로 나열하라.

(b) 개략적인 S-N 선도를 사용하여 이 순서를 명확히 하라.

균열 생성과 균열 전파
피로 수명에 영향을 주는 인자

8.15 금속 합금의 피로 저항성을 향상시킬 수 있는 네 가지 방법을 기술하라.

일반적인 크리프 거동

8.16 다음 표는 2.75 MPa의 일정 응력과 480°C에서 측정한 알루미늄 합금의 크리프 데이터이다. 변형률 대 시간의 선도를 그리고 정상(최소) 크리프 속도를 결정하라(주의 : 초기의 순간 변형은 포함되어 있지 않다).

시간(분)	변형률	시간(분)	변형률
0	0.00	18	0.82
2	0.22	20	0.88
4	0.34	22	0.95
6	0.41	24	1.03
8	0.48	26	1.12
10	0.55	28	1.22
12	0.62	30	1.36
14	0.68	32	1.53
16	0.75	34	1.77

응력 및 온도 효과

8.17 초기 지름이 14.5 mm이며 초기 길이가 400 mm인 S-590 합금(그림 8.33)의 시편이 650°C에서 1150 시간 후의 총신장량이 52.7 mm가 되려면, 인장 하중량은 얼마여야 하는가? 순간 변형량 및 1차 크리프에 따른 변형량의 합은 4.3 mm로 가정하라.

8.18 S-590 합금으로 제작한 지름 13.2 mm의 실린더형 시편에 27,000 N의 인장 하중이 걸려 있다. 대략 몇 도에서 정상 크리프 속도가 10^{-3} h^{-1}이 되겠는가?

8.19 S-590 합금(그림 8.32)으로 제작한 지름이 14.5 mm인 실린더형 부품을 925°C에서 10시간 동안 사용하려고 한다. 최대 작용 하중은 얼마인가?

8.20 식 (8.21)에 나타나 있듯이 $\dot{\varepsilon}_s$의 로그값 대 σ의 로그값에 대한 선도로부터 직선 기울기값 n을 구할 수 있다. 그림 8.33을 이용하여 925°C에서의 S-590 합금의 n값을 구하라. 650°C, 730°C, 815°C에 대한 n값은 초기 저온에서의 직선 부분을 이용하라.

8.21 다음 표는 538°C(811K)에서 취한 니켈의 정상 크리프 속도를 나타낸다.

$\dot{\varepsilon}_s(h^{-1})$	σ[MPa]
10^{-7}	22.0
10^{-6}	36.1

538°C에서 정상 크리프 속도가 10^{-5} h^{-1}이 되는 응력을 계산하라.

8.22 다음 표는 140 MPa에서 철의 정상 크리프 속도를 나타낸다.

$\dot{\varepsilon}_s(h^{-1})$	T[K]
6.6×10^{-4}	1090
8.8×10^{-2}	1200

이 합금의 응력 지수 n값이 8.5라면 온도 1300 K, 응력 크기 83 MPa에서의 정상 크리프 속도는 얼마인가?

8.23 (a) 그림 8.32를 사용하여 815°C에서 400 MPa의 인장 응력에 놓여 있는 S-590 합금의 파열 수명을 계산하라.

(b) 이 값을 같은 S-590 합금에 대한 그림 8.34의 Larson-Miller 선도로부터 결정한 값과 비교하라.

설계문제

피로 S-N 곡선

8.D1 실린더형 금속 막대가 교번 회전-굽힘 응력 사이클을 받고 있다. 최대 하중이 250 N일 때 적어도 10^7 사이클에서는 피로 파손이 일어나지 않는다. 적용이 가능한 재료로 그림 8.21에 나타난 S-N 거

동을 갖는 7가지 합금이 있다. 적용상 가장 싼 재료로부터 가장 비싼 재료의 순위를 나타내라. 안전 계수는 2이며, 하중 지탱점 사이의 거리는 80 mm(0.0800 m)이다. 다음 합금에 대해 부록 C의 가격 데이터를 사용하라.

합금 표시 (그림 8.21)	합금 표시 (부록 C의 가격 데이터)
EQ21A-T6 Mg	AZ31B (압출된) Mg
70Cu‑30Zn 황동	합금 C26000
2014-T6 Al	합금 2024-T3
연성 주철	연성철 (모든 등급)
1045 강	강 합금 1040판, 냉간 압연된
4340 강	강 합금 4340 막대, 노멀라이징된
Ti‑5Al‑2.5Sn 티탄	합금 Ti‑5Al‑2.5Sn

부록 B에서도 유용한 데이터를 찾을 수 있다.

데이터 외삽법

8.D2 그림 8.34의 S-590 합금 부품은 650°C(923 K)에서의 크리프 파열 수명 기간이 적어도 20일이어야 한다. 최대 허용 응력은 얼마인가?

8.D3 그림 8.36의 18-8 Mo 스테인리스강이 600°C (873 K)에서 100 MPa의 응력을 받고 있다. 파열 수명을 예측하라.

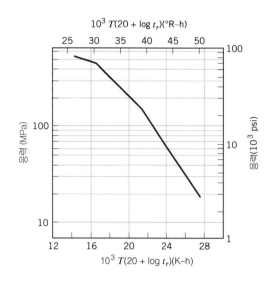

그림 8.36 18-8 Mo 스테인리스강의 로그 응력에 대한 Larson‑Miller 매개변수
(출처 : F. R. Larson and J. Miller, *Trans. ASME*, 74, 765, 1952.)

chapter 9 상태도

아래 그래프는 순수한 물(H_2O)에 대한 상태도이다. 수직축은 로그 스케일로 표시된 외부 압력, 수평축은 온도이다. 한편으로는 물의 세 가지 상, 즉 고체(얼음), 액체(물), 기체(수증기)의 구역을 표시한 지도로 볼 수 있다. 3개의 빨간색 선은 구역을 나누는 상경계를 나타낸다. 각 구역 내의 사진은 각각의 상의 예(즉 얼음조각, 유리잔에 붓는 물, 주전자에서 나오는 수증기)를 보여 준다. [사진 출처 : (왼쪽부터 차례로) © AlexStar/iStockphoto, © Canbalci/iStockphoto, © IJzendoorn/iStockphoto]

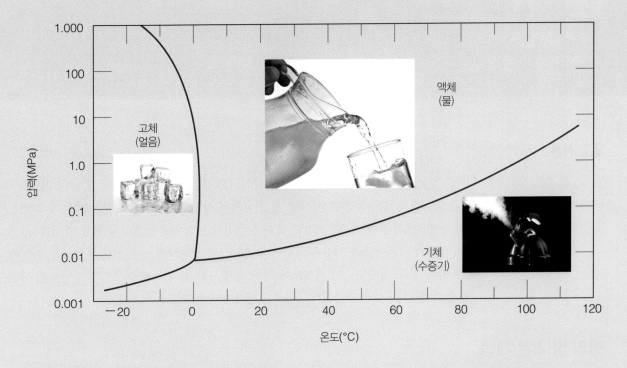

H_2O계의 세 가지 상을 나타내고 있다―얼음(빙산), 물(바다, 해양), 수증기(구름). 이러한 세 가지 상은 서로 평형 상태에 있지 않다.

공학도에게 상태도가 중요한 이유 중 하나는 열처리 과정의 설계 및 조절과 관련 있기 때문이다. 재료의 성질은 미세조직의 함수이므로 결과적으로 열처리 이력과 연관된다. 대부분의 상태도가 안정한(평형) 상태 및 미세조직을 나타내지만 비평형 구조의 전개와 보존 및 이에 수반되는 성질을 이해하는 데 유용하다. 때로는 비평형 재료 성질이 평형 재료 성질보다 더 요구되기도 한다. 이 내용은 석출 경화(11.10절 참조)에 잘 기술되어 있다.

학습목표

이 장을 학습한 후에는 다음 내용을 숙지할 수 있어야 한다.

1. (a) 단순한 전율고용체와 공정 상태도의 개략도 작성
   (b) 이 상태도에 상구역 표시
   (c) 액상선, 고상선 및 솔버스선 표시
2. 2원계 상태도에서 합금이 평형 상태에 있다고 가정하고, 주어진 조성과 온도에서의 다음 사항 결정
   (a) 존재하는 상, (b) 상의 조성, (c) 상의 무게 분율
3. 주어진 2원계 상태도에서의 다음 사항 결정

(a) 공정, 공석, 포정 및 정용 변태의 온도와 조성
(b) 이 변태들에 대한 가열 시 또는 냉각 시의 반응 기술
4. 0.022~2.14 wt% C 범위 내의 철-탄소 합금에 대한 다음 사항 결정
   (a) 아공석 또는 과공석 여부 결정
   (b) 초석상의 명칭
   (c) 초석상과 펄라이트의 무게 분율 산출
   (d) 공석 반응 바로 아래 온도에서의 개략적 미세조직

9.1 서론

미세조직(microstructure)과 기계적 성질 사이에는 밀접한 관계가 있으며, 합금의 미세조직은 그 합금의 상태도 특성에 관련되므로 합금계의 상태도를 이해하는 것은 매우 중요하다. 또한 상태도에서 용해, 주조, 결정화 및 다른 현상에 대한 유용한 정보를 얻을 수 있다.

이 장에서 다룰 내용은 다음과 같다 — (1) 상태도와 상변태에 관한 전문 용어, (2) 순수 재료의 압력-온도 상태도, (3) 상태도에 대한 설명, (4) 철-탄소계를 포함한 일반적인 단순 2원계 상태도, (5) 여러 조건에서 나타나는 냉각에 따른 평형 미세조직.

정의 및 기본 개념

성분

계

상태도에 대한 설명과 사용법에 대하여 설명하기 전에 합금, 상, 평형 등에 관한 정의 및 기본 개념을 수립하는 것이 필요하다. 성분(component)이란 합금을 구성하는 순금속이나 화합물을 의미한다. 예를 들면 황동(구리-아연)의 성분은 구리와 아연이다. 용질과 용매는 4.3절에 정의되어 있다. 계(system)는 두 가지 의미를 지니고 있다. 하나는 고려 대상인 물질의 집합체[예 : 한 레이들(ladle) 분의 용융강(molten steel)]를 '계'라고 하며, 또 하나는 합금의 조성에 관계없이 같은 성분으로 구성할 수 있는 모든 합금 계열을 계라고 한다(예 : 철-탄소계).

고용체의 개념은 4.3절에 나타나 있다. 고용체는 적어도 서로 다른 두 가지의 원자로 구성되어 있다. 용질 원자는 침입형 또는 치환형으로 용매의 격자를 점유하는데, 이때 용매의 결정 구조는 변하지 않는다.

9.2 용해 한도

용해 한도

고용체 형성에 있어 용매에 용해되는 용질 원자의 최대 농도는 온도에 따라 정해져 있으며, 이를 가리켜 용해 한도(solubility limit, 또는 포화 용해도)라고 한다. 용해 한도 이상으로 용질을 첨가하면 전혀 다른 조성을 갖는 별개의 고용체나 화합물이 형성된다. 설탕-물 ($C_{12}H_{22}O_{11}$-H_2O) 계를 예를 들어 보기로 하자. 설탕을 물에 첨가하기 시작하면 먼저 설탕-설탕물(syrup)이 된다. 설탕의 양이 증가하면 용액은 점점 진해지고, 용해 한도에 이르면 용액은 설탕으로 포화가 된다. 이 상태가 되면 설탕은 더 이상 녹지 않고 용기 바닥에 가라앉는다. 그러므로 계는 2개의 서로 다른 물질(설탕-설탕물 용액과 녹지 않는 고형 설탕)로 구성된다.

물에 녹는 설탕의 용해 한도는 물의 온도에 따라 변하며, 그림 9.1과 같이 세로축은 온도, 가로축은 설탕의 무게 함량으로 나타낼 수 있다. 조성축에서 설탕의 농도는 왼쪽에서 오른쪽으로 증가하며, 물의 함량은 오른쪽에서 왼쪽으로 증가한다. 단지 두 성분(설탕과 물)으로 구성되므로 어느 조성에서든지 농도의 합은 100 wt%이다. 용해 한도는 그림에서 거의 수직선으로 나타나 있다. 용해도선(solubility line)을 중심으로 왼편에는 설탕물이 존재하며, 오른편에는 설탕물과 고형 설탕이 같이 존재한다. 임의의 온도에서의 용해 한도는 포화 용해도선과 온도 좌표가 교차하는 점의 조성이다. 예를 들면 20°C에서 설탕의 최대 용해도는 65 wt%이다. 그림 9.1에 나타난 바와 같이 용해 한도는 온도가 증가함에 따라 조금씩 증가한다.

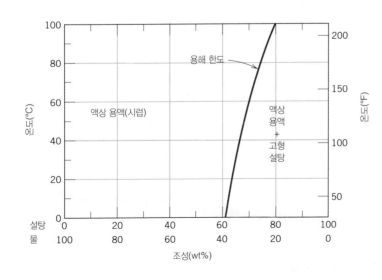

그림 9.1 설탕-설탕물에서 설탕($C_{12}H_{22}O_{11}$)의 용해도

9.3 상

상

상(phase)은 상태도를 이해하는 데 매우 중요한 개념이다. 상은 물리적·화학적 특성이 균일한 계의 균질한 부분으로 정의할 수 있다. 모든 순수한 물질과 모든 용액(고체, 액체, 기체)도 상으로 볼 수 있다. 예를 들면 설탕물은 하나의 상이며, 고형 설탕도 또 하나의 상이다. 각각은 서로 다른 물리적 성질(하나는 액체, 다른 하나는 고체)을 띠며, 화학적으로도 서로 다르다(화학조성이 서로 다름). 또한 하나는 순수한 설탕이고, 다른 하나는 H_2O와 $C_{12}H_{22}O_{11}$의 용액이다. 주어진 계에 하나 이상의 상이 존재하면, 각각의 상은 각기 고유의 성질을 갖게 된다. 그러므로 상들의 경계에서는 물리적·화학적 성질이 불연속적으로 급변한다. 하나의 계가 2개의 상으로 되어 있는 경우에는 물리적 성질과 화학적 성질이 모두 다르지 않아도 된다. 즉 하나의 성질만 달라도 된다. 용기 안에 물과 얼음이 있으면, 별개의 2개의 상이 존재하게 된다. 하나는 액체이고 다른 하나는 고체이므로 물리적 성질은 서로 같지 않지만 화학적 성분은 서로 동일하다. 또한 하나의 물질이 두 가지 이상의 폴리머 형태(예 : FCC와 BCC 결정 구조를 모두 갖는)로 존재할 수 있으며, 각각의 구조는 물리적 특성이 서로 다르므로 별개의 상이 된다.

1개의 상으로 구성된 계를 균질(homogeneous)하다고 하고, 2개 이상의 상으로 구성된 계는 혼합물(mixture) 또는 비균질계(heterogeneous system)라고 한다. 대부분의 금속 합금, 세라믹, 폴리머와 복합 재료계는 비균질계이다. 다상계의 성질은 개별 상과 다르며, 상들의 상호작용으로 더 좋은 성질을 나타낸다.

9.4 미세조직

대부분의 경우 재료의 물리적 성질과 특히 기계적 거동은 미세조직(미세구조)에 따라 변한다. 미세조직은 광학현미경이나 전자현미경으로 직접 관찰할 수 있다. 이에 대한 내용은 4.9절과 4.10절에 나타나 있다. 금속 합금에서 미세조직은 상의 수, 비율, 분포 방식에 따라 특징이 나타난다. 합금의 미세조직은 합금 원소의 종류와 농도, 합금의 열처리(즉 온도, 가열 시간, 상온까지의 냉각 속도) 등의 변수에 따라 변한다.

현미경 관찰을 위한 시편의 준비 방법은 4.10절에 나타나 있다. 시편을 적절히 연마하고 에칭(etching)하면, 상들은 각기 다른 모습으로 나타난다. 예를 들면 이 장 첫 페이지의 사진과 같이 2개 상의 합금에는 한 상은 밝게 보이고, 다른 상은 어둡게 보인다. 단일상이나 고용체의 경우에는 입계(그림 4.15b)를 제외하고는 구성 조직이 모두 동일한 모습으로 나타난다.

9.5 상평형

평형
자유에너지

평형(equilibrium)은 또 하나의 중요한 개념이며, 열역학적 양(변수)인 자유에너지(free energy)로 잘 나타낼 수 있다. 자유에너지는 계의 내부에너지와 원자(또는 분자)들의 무질서도[즉, 엔트로피(entropy)]의 함수이다. 온도, 압력 및 조성의 특정 조합하에서 자유에너지가 최소이면 계는 평형 상태에 있게 된다. 거시적 관점에서 보면 평형이란 계의 특성이 시간에 따라 변하지 않고 계속 유지되는 것을 말한다. 즉 계가 안정되어 있다는 것이다. 평형 상태의 계에서 온도, 압력 또는 조성이 변하면 자유에너지의 증가를 가져와 자유에너지가 낮은 다른 상태로 즉각적인 변화가 일어난다.

상평형

상평형(phase equilibrium)이란 1개 이상의 상이 존재하는 계의 평형을 일컬으며, 시간에 따라 상의 특성이 변하지 않는 것을 의미한다. 설탕과 물이 밀폐된 용기에 들어 있고, 20℃에서 설탕물은 고체 설탕과 서로 접하고 있다. 계가 평형 상태에 있다면 설탕물의 조성은 65 wt% $C_{12}H_{22}O_{11}$−35 wt% H_2O이며(그림 9.1), 설탕물과 고체 설탕의 양과 조성은 시간에 따라 변하지 않을 것이다. 계의 온도가 갑자기 증가하면(예 : 100℃로), 용해 한도가 80 wt% $C_{12}H_{22}O_{11}$까지 증가하므로 평형 상태, 즉 균형이 일시적으로 깨지게 된다. 그러므로 고체 설탕은 어느 정도 설탕물에 더 녹게 된다. 더 높은 온도에서 이루어지는 설탕물의 새로운 평형 농도에 도달할 때까지 고체 설탕은 계속 녹는다.

이러한 설탕-설탕물의 예는 액체-고체 계에 대한 상평형의 기본 원리를 잘 나타내 주고 있다. 많은 금속학적 재료계의 관심은 단지 고상의 평형이며, 이러한 관점에서 계의 상태는 미세조직의 특징으로 나타난다. 미세조직의 특징은 존재하는 상들과 그 상의 조성뿐만 아니라 상의 상대적 양과 상들의 공간적 배열, 분포 등에 의해 결정된다.

자유에너지와 상태도(그림 9.1과 유사)는 어떤 특정 계의 평형 특성에 관한 많은 정보를 제공한다. 그러나 이들은 새로운 평형 상태에 도달하는 데 필요한 시간을 나타내고 있지는 않다. 고체계에서는 평형에 도달하는 속도가 매우 느리므로 완전한 평형 상태에 이르지 못하는 경우가 종종 있다. 이러한 계를 가리켜 비평형(nonequilibrium) 또는 준평형(metastable) 상태라고 한다. 준평형 상태 또는 준평형 미세조직은 시간에 따라 감지할 수 없을 정도의 변화가 일어나므로 준평형은 실질적으로 계속 유지된다고 볼 수 있다. 준평형 구조는 평형 구조보다 실질적인 중요성을 갖기도 한다. 예를 들면 강이나 알루미늄 합금은 경우에 따라서 준평형 미세조직을 갖도록 특별히 설계한 열처리를 통하여 강도를 높이기도 한다(10.5절과 11.10절 참조).

준평형

평형 상태와 평형 구조를 이해하는 것도 중요하지만 평형 상태에 이르는 속도도 중요한 인자이다. 이 장에서는 평형 구조만을 다루고 반응 속도와 비평형 구조는 제10장과 11.10절에서 다룰 것이다.

개념확인 9.1 상평형과 준평형의 차이는 무엇인가?

[해답은 *www.wiley.com/go/Callister_MaterialsScienceGE* → More Information → Student Companion Site 선택]

9.6 단일 성분(1원) 상태도

상태도

특정 합금계의 미세조직과 상의 구조를 조절하는 방법에 관한 많은 정보가 상태도(phase diagram)에 편리하게 함축되어 있다. 이 상태도를 평형도(equilibrium diagram) 또는 구성

그림 9.2 H₂O의 압력-온도 상태도. 1기압을 나타내는 수평 점선과 고체-액체 상경계가 만나는 점 2는 녹는점 0℃, 액체-기체 상경계와 만나는 점 3은 끓는점 100℃이다.

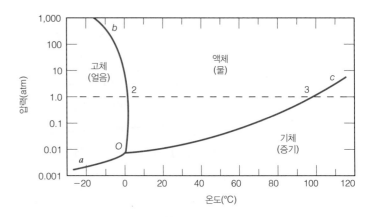

도(constitutional diagram)라고도 한다. 상의 구조에 영향을 주는 세 가지 매개변수(외부에서 통제가 가능한)로는 온도, 압력, 조성을 들 수 있으며, 이러한 매개변수 사이의 관계를 나타낸 것이 상태도이다.

가장 간단하고 이해가 쉬운 상태도는 조성은 일정하고, 온도와 압력만이 변수인 단일 성분계 상태도(즉 순수 재료에 대한 상태도)이다. 이러한 단일 성분 상태도(1원계 상태도)는 압력-온도(P-T) 도표로도 불리며, 압력(세로축, 수직축)에 대한 온도(가로축, 수평축)의 2차원 선도이다. 대부분의 경우 압력축은 로그 스케일로 나타낸다.

그림 9.2에 나타낸 H₂O를 예로 들어 단일 성분 상태도를 설명하고자 한다. 이 선도에는 세 가지 다른 상(고체, 액체, 기체)에 대한 구역이 표시되어 있다. 각각의 상은 해당 구역의 온도-압력 범위 내에서는 평형 상태에 놓여 있다. 또한 선도에 나타난 세 가지 곡선(aO, bO 및 cO로 표시)은 상경계로서 이러한 곡선상에는 양쪽 편의 2개의 상이 평형 상태(공존)에 있다. 곡선 aO를 따라서는 고체상-기체상이 평형 상태에 있고, 곡선 bO를 따라서는 고체상-액체상 평형, 곡선 cO를 따라서는 액체상-기체상이 평형 상태에 있다. 경계를 가로지르면(온도/압력의 변화) 하나의 상은 다른 상으로 바뀌게 된다. 예를 들면 1기압에서 가열하면 그림 9.2에서 점선이 고체-액체 상경계와 만나는 점 '2'에서 고체상은 액체상으로 바뀌게 되며(즉 용융 발생), 이 점이 0℃에 해당한다. 물론 냉각의 경우에는 역으로의 변태(액체에서 고체, 응고)가 같은 점에서 일어난다. 이와 마찬가지로 가열을 계속하여 가열 액체-기체 상경계와 점선이 만나면(그림 9.2에서 점 '3', 100℃), 액체는 기체로 상이 바뀌며(기화), 곡선 aO를 가로지르면 고체인 얼음은 수증기로 승화한다.

그림 9.2에서 3개의 상경계는 공통적으로 'O'로 표시된 한 점(H₂O 계에서는 273.16 K와 6.04×10^{-3} atm)에서 만난다. 이것은 단지 이 점에서만 고체, 액체, 기체의 3개의 상이 동시에 서로 평형을 이룬다는 것을 의미한다. P-T 상태도에서 이와 같이 3개의 상이 평형 상태에 있는 점을 삼상점(triple point)이라고 부르며, 이 위치가 특정 온도와 압력으로 고정되므로 불변점(invariant point)이라고도 한다.

온도/압력의 변화로 이 점에서 벗어나면 적어도 하나의 상은 사라진다. 실험을 통하여 많은 재료에 대한 P-T 상태도(고체, 액체, 기체상으로 구성된)가 확립되어 있다. 여러 가지의 고체상이 존재하는 경우에는(예 : 동소체, 3.6절 참조), 각각의 고체상 구역과 또 다른 삼상점도 표시되어 있다.

2원 상태도

매우 일반적인 상태도는 1 atm으로 압력이 일정하고 온도와 조성이 변수인 상태도이다. 여러 다양한 평형 상태도가 있지만, 이 절에서는 2원계 합금에 대해 온도와 조성을 변수로 다룰 것이다. 2원계 합금은 두 가지 성분으로 구성된다. 성분이 두 가지 이상이면 상태도는 매우 복잡하고 나타내기가 어렵다. 대부분의 합금은 두 가지 이상의 성분으로 되어 있지만, 상태도로 미세조직을 조절하는 기본 원리는 2원계 합금으로 설명이 가능하다.

2원계 상태도는 합금의 미세조직에 영향을 주는 온도와 조성 및 평형 상태에서의 상의 양 사이의 관계를 나타내는 지도이다. 많은 미세조직들은 **상변태**(phase transformation)를 통하여 나타나며, 온도 변화(일반적으로 냉각)에 따라 상의 변화가 일어나는데, 한 상에서 다른 상으로 바뀌기도 하며, 기존의 상이 사라지거나 새로운 상이 나타나기도 한다. 상태도를 통하여 이러한 상변태와 이에 따라 나타나는 미세조직(평형 또는 비평형)을 예측할 수 있다.

9.7 2원 전율고용체계

그림 9.3a의 구리-니켈 계는 가장 이해가 쉽고 설명이 용이한 2원계 상태도이다. 종축은 온도, 횡축은 합금의 조성을 나타낸다. 아래쪽에는 니켈의 무게 함량이, 위쪽에는 원자 함량이 표시되어 있다. 조성의 범위는 왼쪽 끝이 0 wt% Ni(100 wt% Cu), 오른쪽 끝이 100 wt% Ni(0 wt% Cu)이다. 이 상태도에는 3개의 상 구역, 즉 알파(α) 구역, 액상(L) 구역, 2상 ($\alpha + L$) 구역이 나타나 있다. 각 구역은 주어진 온도와 조성의 범위에서 존재하는 상으로 정의되며 상경계선으로 구분된다.

액상 L은 구리와 니켈로 이루어진 균질한 액체 용액이고, α상은 FCC 결정 구조를 갖는 구리와 니켈 원자로 구성된 치환형 고용체이다. 약 1080℃ 이하에서는 모든 조성에서 구리와 니켈은 고체 상태에서 서로 녹는다. 이러한 완전한 용해도는 구리와 니켈이 같은 결정 구조(FCC)를 갖고 있으며, 원자 반지름 및 전기 음성도가 거의 동일하고, 가전자(valence)가 유사하기 때문이다(4.3절 참조). 구리-니켈 계는 두 성분이 액상과 고상에서 완전한 용해도를 보이므로 전율고용체[全率固溶體, isomorphous : 類質同像의]라고 한다.

전율고용체

상태도에 관한 명명법은 다음과 같다. 금속 합금에서 고용체는 통상 그리스 소문자(α, β, γ 등)로 표시한다. 한편 L상과 $\alpha + L$상을 나누는 상경계를 액상선(liquidus line)이라고 하며, 액상선의 윗부분에는 모든 온도와 조성에서 액상이 존재한다(그림 9.3a). 고상선(solidus line)은 α상과 $\alpha + L$상 사이에 위치하며, 고상선 아랫부분에는 고상 α만이 존재한다.

그림 9.3a에서 액상선과 고상선은 조성의 양끝에서 서로 만나는데, 이 점이 순수 성분의 융점이다. 예를 들면 순수한 구리와 니켈의 융점은 각각 1085℃와 1453℃이다. 순수한 구리를 가열할 경우에는 왼쪽 온도축을 따라 상의 변화가 나타난다. 고상에서 액상으로의 변태

는 융점에서 일어나며, 이 변태 과정이 완결된 후에야 계속 가열시킬 수 있다.

순수한 성분이 아닌 다른 조성에서는 이러한 녹는 현상은 고상선과 액상선 사이의 온도 범위에서 일어나며, 이 온도 범위에서는 고상 α와 액상이 평형 상태에 있다. 예를 들면 조성이 50 wt% Ni−50 wt% Cu인 합금(그림 9.3a)을 가열하면 약 1280°C에서 녹기 시작하며, 이 합금이 완전히 액상으로 되는 약 1320°C까지는 온도 증가에 따라 액상의 양이 증가한다.

그림 9.3 (a) 구리-니켈 상태도, (b) 점 *B*에서의 조성과 상의 양을 결정하는 방법을 나타낸 구리-니켈 상태도의 한 부분

(출처 : *Phase Diagrams of Binary Nickel Alloys*, P. Nash, Editor, 1991. ASM International, Materials Park, OH. 허가로 복사 사용함)

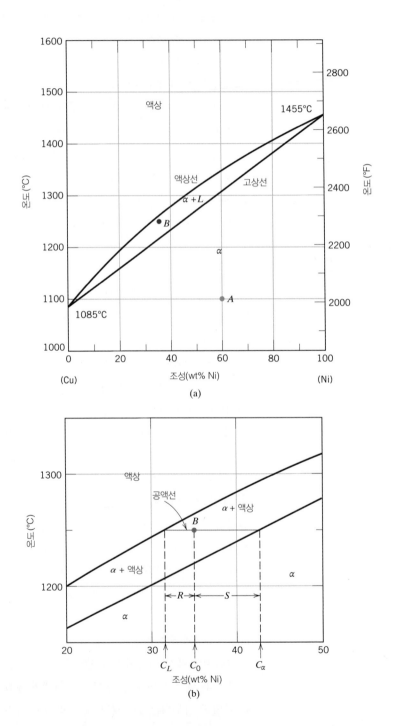

개념확인 9.2 코발트-니켈 합금계의 상태도는 전율고용체이다. 이 두 금속의 용융점을 바탕으로 Co-Ni 계의 상태도를 개략적으로 그리고 설명하라.

[해답은 *www.wiley.com/go/Callister_MaterialsScienceGE* → **More Information** → **Student Companion Site** 선택]

9.8 상태도 설명

2원 합금계에서 평형 상태의 조성과 온도를 알고 있다면 적어도 다음의 세 가지 정보, 즉 (1) 존재하는 상의 종류, (2) 상들의 조성, (3) 상들의 구성비(분율 또는 백분율)를 알아낼 수 있다. 구리-니켈 계를 통하여 이러한 내용을 알아보기로 하자.

상의 종류

존재하는 상의 종류는 대체로 간단히 알 수 있다. 온도와 조성이 만나는 점을 상태도에 표시하고, 이 점이 존재하는 구역의 상 표시를 보면 된다. 예를 들면 1100°C에서 조성이 60 wt% Ni−40 wt% Cu인 합금은 그림 9.3a에서 α 구역 안의 점 *A*에 위치하므로 단일 α상을 갖는다. 반면에 1250°C에서 조성이 35 wt% Ni−65 wt% Cu인 합금은 그림 9.3a에서 $\alpha + L$ 구역 안의 점 *B*에 위치하므로 평형 상태에서는 α상과 액상으로 구성된다.

상의 조성 결정

각 성분의 농도로 상의 조성을 결정하는 1단계는 상태도에 온도-조성 점을 표시하는 것이다. 만일 단지 하나의 상이 존재한다면 이 상의 조성은 합금의 조성과 같다. 1100°C에서의 60 wt% Ni−40 wt% Cu 합금(그림 9.3a의 점 *A*)을 예로 들어 보자. 이 조성과 온도에서는 60 wt% Ni−40 wt% Cu의 조성을 갖는 단일상 α가 존재한다.

조성과 온도가 2상 구역에 위치하는 합금의 경우는 좀 더 복잡하다. 2상 구역에서는 온도별로 수평선을 그을 수 있으며, 이를 가리켜 공액선(tie line) 또는 등온선(isotherm)이라고 한다. 이러한 공액선은 2상 구역을 가로질러 양쪽의 상 경계선과의 교차점에서 끝난다. 2상의 평형 농도 산출법은 다음과 같다.

1. 합금의 온도에서 2상 구역을 가로질러 공액선을 긋는다.
2. 공액선과 양쪽의 상경계가 교차하는 점을 표시한다.
3. 이 교차점에서 조성축으로 수선을 그어 만나는 점이 각 상의 조성이다.

예를 들면 1250°C에서 35 wt% Ni−65 wt% Cu 합금(그림 9.3b의 점 *B*)은 $\alpha + L$ 구역 안에 있다. 그러므로 상과 액상의 조성(Ni과 Cu의 wt%)을 결정해야 한다. 그림 9.3b와 같이 $\alpha + L$상 구역을 가로질러 공액선을 긋고, 공액선과 액상선의 교차점에서 조성축으로 수선을 그으면 31.5 wt% Ni−68.5 wt% Cu에서 만난다. 이 값이 액상의 조성(C_L)을 나타낸다. 마찬가지 방법으로 공액선과 고상선의 교차점으로부터 42.5 wt% Ni−57.5 wt% Cu인 α고용체상의 조성(C_α)을 구할 수 있다.

상의 양 결정

상태도를 이용하여 평형 상태에 존재하는 상들의 상대적인 양(분율 또는 백분율)을 계산할 수 있다. 단일상의 경우와 2상일 경우는 개별적으로 처리해야 한다. 단일상의 경우에는 합금이 단지 하나의 상으로만 존재하므로 상의 분율은 1.0이며, 백분율로는 100%이다. 60 wt% Ni−40 wt% Cu 합금은 1100°C(그림 9.3a의 점 A)에서 단일상 α만으로 존재한다. 그러므로 합금은 100%, α이다.

지렛대 원리

2상의 경우는 좀 더 복잡하다. 공액선 및 다음과 같은 지렛대 원리[lever rule 또는 역지렛대 원리(inverse lever rule)]를 이용해야 한다.

1. 합금의 온도에서 공액선을 긋는다.
2. 합금 자체의 조성을 공액선상에 표시한다.
3. 한 상의 분율은 합금 자체의 조성에서 다른 상의 상경계까지의 공액선 거리를 전체 공액선 거리로 나누어 계산한다.
4. 다른 상의 분율도 같은 방법으로 구한다.
5. 상의 백분율은 분율에 100을 곱하여 구한다. 조성축이 무게 %로 주어져 있으면, 지렛대 원리를 이용하여 산출한 상의 분율은 무게 **분율**이다. 즉 어떤 특정 상의 무게를 합금 전체의 무게로 나눈 값이 된다. 각 상의 무게는 각 상의 분율에 합금 전체의 무게를 곱해 주면 구할 수 있고, 상의 부피 분율을 구하려면 상의 밀도를 고려해 주어야 한다.

지렛대 원리를 적용할 때 공액선의 선분 길이는 자를 이용하여 상태도에서 직접 구할 수도 있고(mm 단위로 하는 것이 바람직함), 또는 조성축을 이용할 수도 있다.

그림 9.3b의 예에서 35 wt% Ni−65 wt% Cu 합금은 1250°C에서 α상과 액상으로 존재하며, α상과 액상의 분율은 다음과 같이 구할 수 있다. α상과 액상 L의 조성을 구하기 위해 그은 공액선을 이용한다. 합금 자체의 조성을 공액선상에 C_0로 표시한다. 액상 L과 α상의 무게 분율을 각각 W_L과 W_α로 표시하기로 한다. 지렛대 원리로부터 W_L은 다음과 같이 산출할 수 있다.

$$W_L = \frac{S}{R + S} \tag{9.1a}$$

또는 조성을 이용하면 다음과 같다.

지렛대 원리 액체 무게 분율 계산식(그림 9.3b 참조)

$$W_L = \frac{C_\alpha - C_0}{C_\alpha - C_L} \tag{9.1b}$$

식 (9.1b)와 같은 계산에서는 2원 합금의 어느 한 성분의 조성만이 필요하다. 즉 니켈의 무게 백분율을 사용하면 $C_0 = 35$ wt% Ni, $C_\alpha = 42.5$ wt% Ni, $C_L = 31.5$ wt% Ni로 나타낼 수 있다.

$$W_L = \frac{42.5 - 35}{42.5 - 31.5} = 0.68$$

α상에 대해서도 같은 방법을 사용한다.

지렛대 원리 α상의 무게 분
율 계산식(그림 9.3b 참조)

$$W_\alpha = \frac{R}{R + S} \tag{9.2a}$$

$$= \frac{C_0 - C_L}{C_\alpha - C_L} \tag{9.2b}$$

$$= \frac{35 - 31.5}{42.5 - 31.5} = 0.32$$

물론 니켈 대신에 구리의 무게 백분율을 사용해도 계산 결과는 같다.

그러므로 2원 합금에 대한 평형 상태에서의 온도와 조성을 알면 2상 구역에서의 상의 분율과 상대량을 결정할 수 있다. 지렛대 원리의 유도 절차는 예제 9.1에 나타나 있다.

상의 조성을 결정하는 절차와 상의 분율을 결정하는 절차를 요약하면 다음과 같다. 상의 조성은 성분(예 : Cu, Ni)의 농도로 나타낸다. 단일상을 갖는 합금에서는 상의 조성과 합금 자체의 조성은 서로 같다. 2상이 존재하면 공액선의 양쪽 끝단이 각각의 상의 조성을 나타낸다. 상의 상대량(fractional phase amounts)(예 : α상 또는 액상) 결정에서 단일상의 합금은 단지 하나의 상만을 갖는 반면에, 2상 합금의 경우에는 공액선의 선분 길이의 비를 취하는 지렛대 원리를 이용한다.

개념확인 9.3　조성이 70 wt% Ni−30 wt% Cu인 구리-니켈 합금을 1300°C에서 서서히 가열하였다.

(a) 액상이 처음 형성되는 온도는 몇 도인가?

(b) 액상의 조성은 무엇인가?

(c) 합금은 몇 도에서 완전히 녹는가?

(d) 완전히 녹기 전에 남아 있는 마지막 고상의 조성은 무엇인가?

[해답은 *www.wiley.com/go/Callister_MaterialsScienceGE* → More Information → Student Companion Site 선택]

개념확인 9.4　α상의 조성이 37 wt% Ni−63 wt% Cu이며, 액상의 조성이 20 wt% Ni−80 wt% Cu인 구리-니켈 합금이 평형 상태에 있을 가능성이 있는가? 그렇다면 합금의 온도는 대략 몇 도인가? 가능하지 않다면, 그 이유를 설명하라.

[해답은 *www.wiley.com/go/Callister_MaterialsScienceGE* → More Information → Student Companion Site 선택]

예제 9.1

지렛대 원리 유도

지렛대 원리를 유도하라.

풀이

구리-니켈 합금의 상태도(그림 9.3b)에서, 1250°C에서의 합금 자체의 조성을 C_0로 표시하고, C_α, C_L, W_α, W_L은 앞의 정의에 따른다. 2개의 무게 보존식을 이용한다. 첫째, 2상만이 존재하므로 무게 분율의 합은 1이 된다.

$$W_\alpha + W_L = 1 \tag{9.3}$$

둘째, 각각의 상에 존재하는 한 성분의 무게 합은 그 성분에 대한 합금 자체의 무게와 같다.

$$W_\alpha C_\alpha + W_L C_L = C_0 \tag{9.4}$$

위의 두 식을 연립으로 풀면, 이 경우에 대한 지렛대 원리는 다음 식 (9.1b)와 (9.2b) 같이 표현된다.

$$W_L = \frac{C_\alpha - C_0}{C_\alpha - C_L} \tag{9.1b}$$

$$W_\alpha = \frac{C_0 - C_L}{C_\alpha - C_L} \tag{9.2b}$$

다상 합금의 경우에는 상대적인 상의 양을 무게 분율보다 부피 분율로 나타내는 것이 더 편리하다. 상의 부피 분율을 질량 비율보다 선호하는 이유는 미세조직에서 직접 구할 수 있고, 기계적 성질도 부피 분율로 산출할 수 있기 때문이다.

α상과 β상으로 구성되는 합금에서 α상의 부피 분율 V_α는 다음과 같이 정의된다.

α상 부피 분율—α상 부피
와 β상 부피

$$V_\alpha = \frac{v_\alpha}{v_\alpha + v_\beta} \tag{9.5}$$

여기서 v_α와 v_β는 각 상의 부피를 나타낸다. V_β도 유사하게 정의되며, 2상만이 존재할 경우에는 $V_\alpha + V_\beta = 1$이다.

다음 식을 사용하여 간단히 무게 비율에서 부피 비율로 변환시킬 수 있다.

α상과 β상의 무게 분율을
부피 분율로 변환

$$V_\alpha = \frac{\dfrac{W_\alpha}{\rho_\alpha}}{\dfrac{W_\alpha}{\rho_\alpha} + \dfrac{W_\beta}{\rho_\beta}} \tag{9.6a}$$

$$V_\beta = \frac{\dfrac{W_\beta}{\rho_\beta}}{\dfrac{W_\alpha}{\rho_\alpha} + \dfrac{W_\beta}{\rho_\beta}} \tag{9.6b}$$

그리고

$$W_\alpha = \frac{V_\alpha \rho_\alpha}{V_\alpha \rho_\alpha + V_\beta \rho_\beta}$$ (9.7a)

α상과 β상의 부피 분율을
무게 분율로 변환

$$W_\beta = \frac{V_\beta \rho_\beta}{V_\alpha \rho_\alpha + V_\beta \rho_\beta}$$ (9.7b)

여기서 ρ_α와 ρ_β는 각 상의 밀도를 나타내며, 식 (4.10a)와 (4.10b)를 이용하여 근삿값을 구할 수 있다.

2상 합금의 경우 상의 밀도 차이가 크다면 무게 분율과 부피 분율 사이의 차이는 매우 크지만, 밀도가 같다면 무게 분율과 부피 분율은 서로 같게 된다.

9.9 전율고용체 합금의 미세조직

평형 냉각

응고 중에 나타나는 전율고용체 합금의 미세조직을 살펴보기로 한다. 냉각 속도가 매우 느려 평형 상태가 계속 유지되는 경우를 다룬다.

구리-니켈 계(그림 9.3a)의 35 wt% Ni-65 wt% Cu 합금을 1300℃로부터 냉각시키는 경우를 살펴보자. 그림 9.4는 Cu-Ni 상태도에서 이 합금의 조성 근처를 나타낸 것이다. 냉각

그림 9.4 35 wt% Ni-65 wt% Cu 합금의 평형 응고 동안에 나타나는 미세조직의 도식적 그림

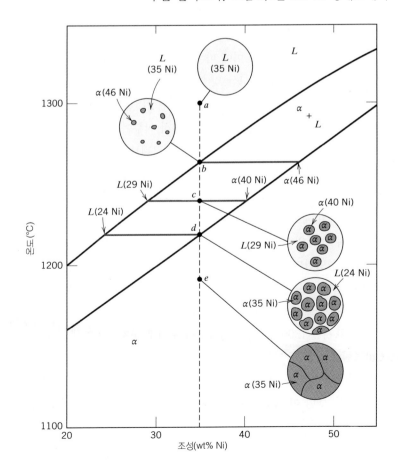

은 그림의 수직 점선을 따라 일어나며, 이에 따른 미세조직을 그림의 원 내부에 나타내었다. 1300°C에서(점 a) 합금은 35 wt% Ni-65 wt% Cu의 조성을 갖는 액상이다. 냉각이 시작된 후 액상선(점 b, 약 1260°C)에 도달하기 전까지는 미세조직이나 조성의 변화가 나타나지 않으며, 점 b에 도달하면 이 온도에서 그은 공액선이 고상선과 만나는 점의 조성(즉 46 wt% Ni-54 wt% Cu)을 갖는 최초의 고상 α가 형성되기 시작한다. 액상의 조성은 초정 α의 조성과 다르게 아직 그대로 약 35 wt% Ni-65 wt% Cu이다. 액상과 α상의 조성은 각각 액상선과 고상선을 따라 변하며 냉각에 따라 α상은 계속 증가한다. 냉각 동안에 구리와 니켈이 상들 사이에 재분포되어 α상과 액상의 조성은 계속 변하지만, 합금 자체의 조성(35 wt% Ni-65 wt% Cu)이 변하는 것은 아니다.

1240°C에서(그림 9.4의 점 c) α상의 조성은 29 wt% Ni-71 wt% Cu, 액상의 조성은 40 wt% Ni-65 wt% Cu이다.

응고 과정은 실질적으로 1220°C에서(그림 9.4의 점 d) 완료된다. 고상의 조성은 약 35 wt% Ni265 wt% Cu(합금 자체의 조성)이며, 잔여 액상의 조성은 24 wt% Ni-76 wt% Cu이다. 고상선을 가로지르면서 잔여 액상도 응고되어 최종적으로는 균일하게 35 wt% Ni-65 wt% Cu의 조성을 갖는 다결정 α고용체가 된다(그림 9.4의 점 e). 후속 냉각 동안에는 어떠한 미세조직의 변화나 조성의 변화는 일어나지 않는다.

비평형 냉각

앞에서 언급한 바와 같이 온도가 변화하면 상태도에 따라 액상선과 고상선을 따라 2상의 조성이 재조정되어야 하므로 평형 응고의 조건과 이에 따른 미세조직은 단지 냉각 속도가 매우 느린 경우에만 만족된다. 조성의 재조정은 고상 및 액상에서의 확산, 또한 고상-액상계면을 통한 확산 과정에 의해 이루어진다. 확산은 시간 의존성 현상(5.3절)이므로 냉각 동안에 평형이 이루어지도록 하기 위해서는 조성의 재조정이 적절히 이루어지도록 각각의 온도에서 충분한 시간이 유지되어야 한다. 확산 속도(즉 확산 계수의 크기)는 고사에서 특히 작으며, 온도 감소에 따라 액상과 고상에서의 확산 속도는 감소한다. 모든 실질적인 응고 상황에서는 응고 속도가 너무 빠르므로 조성의 재조정이나 평형이 이루어질 수 없다. 그러므로 미세조직도 앞에서 서술한 형태의 미세조직과는 다르게 나타난다.

전율고용체 합금의 비평형 냉각의 결과는 앞절의 평형 냉각에서와 같이 35wt% Ni-65wt% Cu 합금을 예로 들어 설명한다. 그림 9.5는 이 조성 근처의 상태도를 보여 준다. 원 안에는 냉각에 따른 여러 온도에서의 미세조직과 이에 관련된 상들의 조성이 나타나 있다. 액체에서의 확산 속도는 충분히 빠르므로 액체 내에서는 평형이 유지된다고 가정한다.

액상 구역에서 점 a'으로 표시한 1300°C로부터 냉각시켜 보기로 하자. 이 액체의 조성은 35 wt% Ni-65 wt% Cu[그림에는 L(35 Ni)로 표시]이며, 냉각 동안에 액상 구역(a'에서 수직으로 내려오는) 안에는 아무런 변화가 없다. 점 b'(약 1260°C)에 이르면 α상 입자가 형성되기 시작하며, 공액선을 그어 보면 이 상의 조성이 46wt% Ni-54 wt% Cu[α(46 Ni)]임을 알 수 있다.

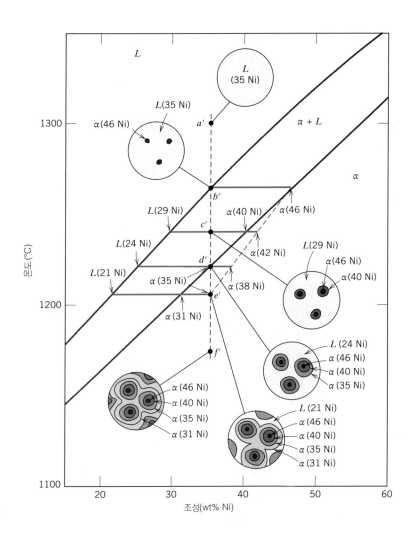

그림 9.5 35 wt% Ni−65 wt% Cu 합금의 비평형 응고 동안에 나타나는 미세조직의 도식도

점 c'(약 1240°C)까지 냉각되면 액체의 조성은 29 wt% Ni-71 wt% Cu로 변하며, 고상인 α상의 조성은 40 wt% Ni-60 wt% Cu[α(40 Ni)]이다. 그러나 고상인 α상에서의 확산은 대체로 느리므로 b'에서 형성된 α상의 조성은 거의 변하지 않고 아직도 46 wt% Ni이다. 따라서 α입자의 조성은 입자 중심에서는 46 wt% Ni, 입자의 외곽에서는 40 wt% Ni로 방사선 방향에 따라 변한다. 따라서 점 c'에서의 고상 α입자의 **평균** 조성은 조성의 부피 비율을 고려하면 40~46 wt% Ni 사이에 있게 되며, 편의상 여기서는 42 wt% Ni-58 wt% Cu[α(42 Ni)]로 한다. 더욱이 지렛대 원리 계산에 의하면 평형 냉각보다 비평형 냉각에서의 액상량이 더 크다는 것을 알 수 있다. 이와 같은 비평형 냉각 현상은 상태도에서의 고상선을 Ni 양이 더 많은 쪽, 즉 상의 평균 조성(예 : 1240°C에서 42 wt% Ni)으로 움직이게 하며, 그림 9.5에 점 선으로 표시되어 있다. 반면에 액상에서의 확산 속도는 매우 빠르므로 액상선의 변화는 거의 없다.

점 d'(약 1220°C)에 이르면 평형 냉각의 경우에는 응고가 완료된다. 그러나 비평형 냉각의 경우에는 아직도 많은 양의 액상이 남아 있으며, 이때 형성되는 α상의 조성은 35 wt% Ni[α(35 Ni)]이다. 이 점에서의 α상의 평균 조성은 38 wt% Ni[α(38 Ni)]이다.

시리아에서 발견된 기원전 19세기로 추정되는 청동 주조 합금의 미세조직을 나타내는 사진. 에칭으로 결정립을 가로지르는 색깔의 변화로 핵편석이 드러났다. 30×
(사진 제공 : George F. Vander Voort, Struers Inc.)

비평형 응고는 점 e'(약 1205℃)에 이르러야 완료된다. 이 점에서 응고되는 최종 α상의 조성은 31 wt% Ni이며, 응고가 완료되었을 때의 평균 조성은 35 wt% Ni이다. 점 f'의 원 안 그림은 완전히 고상이 된 재료의 미세조직을 나타낸다.

비평형 고상선의 이전 정도는 냉각속도에 따라 다르다. 냉각 속도가 느리면 이전 정도는 작아, 평형 고상선과 비평형 고상선 사이의 차이는 작게 된다. 다욱이 고상 내에서의 확산 속도가 증가되면 이 차이는 없어지게 된다.

비평형 조건에서 응고된 유질동상 합금에는 몇 가지 중요한 결과가 있다. 앞에서 논의한 바와 같이 전율고용체 합금의 비평형 응고는 두 가지 원소가 결정립 내에 불균일하게 분포하는 편석(segregation) 현상을 초래한다. 최초로 응고하기 시작하는 각 결정립의 중심부분에는 고용점 원소(예 : Cu-Ni 계에서 니켈)가 많고, 중심부에서 입계로 갈수록 저융점 원소의 농도는 증가한다. 그러므로 그림 9.5에 나타난 바와 같이 결정립 내에 농도 구배가 형성된다. 이를 유핵조직(有核組織, cored structure)이라고 하며, 재료 성질을 저해하는 역할을 한다. 유핵조직을 갖는 주조품을 재가열하면, 저융점 원소들이 모여 있는 입계 부분이 먼저 녹기 시작하여 입계에 얇은 액체막이 형성되므로 기계적 결합력이 갑자기 감소하는 현상이 일어난다. 핵편석(核偏析, coring)은 어느 특정 합금 조성에 대한 고상점 아래의 온도에서 균질화 열처리를 함으로써 제거할 수 있다. 이 과정 동안에 원자 확산이 일어나 조성적으로 균질한 결정립이 형성된다.

9.10 전율고용체 합금의 기계적 성질

다른 구조적 변수들(예 : 결정립 크기)이 고정된 경우에 조성이 전율고용체 합금의 기계적 성질에 얼마나 영향을 미치는지를 알아보기로 하자. 융점이 가장 낮은 성분의 융점보다 낮은 온도에서는 모든 조성에 있어 단지 하나의 고상만이 존재한다. 그러므로 각 성분에 의해 고용체 강화(다른 성분을 첨가함으로써 강도와 경도를 증가시키는 강화 기구 7.9절 참조)가 나타나게 된다. 그림 9.6a는 구리-니켈 계에 대한 조성에 따른 상온에서 인장 강도의 변화를 나타낸 것이며, 중간 조성에서 최대점이 나타난다. 그림 9.6b는 조성에 따른 연성(%EL)의 변화를 나타낸 것이며, 2차 성분을 첨가할수록 연성은 감소하므로 최저점이 나타난다.

9.11 2원 공정계

그림 9.7은 2원계 합금 중에서 대체적으로 단순하며, 일반적인 상태도인 구리-은 계의 2원 공정 상태도이다. 이 상태도에 나타나는 주요 사항은 다음과 같다. 첫째, 이 상태도에는 3개의 단일상 구역인 α, β 및 액상이 존재한다. α상은 구리가 많이 함유된 고용체로서 용질 성분은 은이며 결정 구조는 FCC이다. β상도 FCC 결정 구조를 갖는 고용체이지만 용질 성분은 구리이다. 기술적으로 순수 구리는 α상으로, 순수 은은 β상으로 간주한다.

그러므로 각 고상에서의 용해도는 제한되어 있다. 즉 선 BEG 아래의 온도에서는 구리(α상)에 녹는 은의 농도는 제한되어 있으며, 마찬가지로 은(β상)에 녹는 구리의 양도 제한되어 있다. α상의 용해도는 상계면[$\alpha/(\alpha + \beta)$ 및 $\alpha/(\alpha + L)$]의 경계선 CBA를 따라 변한다. 온

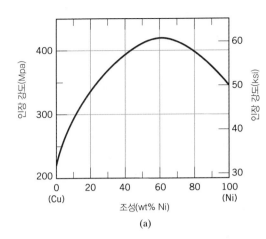

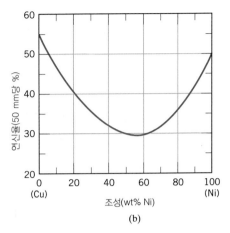

그림 9.6 구리-니켈계. (a) 조성에 따른 인장 강도, (b) 조성에 따른 연성(%EL). 이 계는 모든 조성에 걸쳐 고용체가 이루어진다.

도의 증가에 따라 용해도는 증가하여 점 *B*에서 최댓값(8 wt% Ag, 779°C)을 나타낸 후 다시 감소하여 순수 구리의 융점, 점 *A*(1085°C)에서는 0이 된다. 그림 9.7에 나타난 바와 같이 779°C 아래의 온도에서 α상과 (α + β)상을 나누는 고체 용해도선을 **솔버스선**(solvus line)이라고 하며, α상과 (α + *L*)상을 나누는 선 *AB*를 **고상선**(solidus line)이라고 한다. β상에도 솔버스선(선 *HG*)과 고상선(선 *GF*)이 존재한다. β상에서의 구리의 최대 용해도는 779°C에서 8.8 wt% Cu(점 *G*)이다. 779°C의 최대 용해점을 잇는 조성축과 평행한 수평선 *BEG*도 역시 고상선으로 간주할 수 있다. 이 온도는 평형 상태에 있는 구리-은 계에서 액상이 존재하는 최저 온도를 나타낸다.

솔버스선
고상선

또한 구리-은 계(그림 9.7)에는 3개의 2상 구역이 존재한다. 즉 α + *L*, β + *L*, α + β상 구역 내에서는 모든 조성과 온도에서 α상과 β상이 공존한다. 마찬가지로 (α + *L*) 구역에는 α상과 액상이, (β + *L*) 구역에는 β상과 액상이 공존한다. 각 상의 조성과 상대량은 앞에서 서술한 공액선과 지렛대 원리를 이용하여 구할 수 있다.

은을 구리에 첨가하면 합금이 완전히 액체로 되는 온도는 **액상선**(liquidus line) *AE*를 따라 감소하므로 구리의 융점은 은의 첨가에 따라 점점 낮아진다. 은의 경우도 마찬가지로 구리를 첨가하면 다른 편의 액상선 *FE*를 따라 융점이 감소한다. 이 두 액상선은 점 *E*에서 만나며, 수평 등온선 *BEG*도 역시 점 *E*를 통과한다. 이 점 *E*를 **불변점**(invariant point)이라고 하며, 이 점의 조성과 온도를 각각 C_E와 T_E로 표시한다. 구리-은 계에서의 C_E와 T_E는 각각 71.9 wt% Ag, 779°C이다.

액상선

조성이 C_E인 합금이 온도 T_E를 통과하면 다음과 같은 중요한 반응을 일으킨다.

공정 반응(그림 9.7 참조)

$$L(C_E) \underset{\text{가열}}{\overset{\text{냉각}}{\rightleftharpoons}} \alpha(C_{\alpha E}) + \beta(C_{\beta E}) \qquad (9.8)$$

즉 냉각 시에는 온도 T_E에서 액상이 2개의 고상 α와 β로 바뀌며, 가열 시에는 역반응이 일어난다. 이 반응을 **공정 반응**(eutectic reaction, eutectic은 쉽게 녹는다는 의미)이라고 하며, 이 점 *E*를 **공융점**(eutectic point), C_E를 공정 조성, T_E를 공정 온도라고 한다. $C_{\alpha E}$와 $C_{\beta E}$는

공정 반응

각각 T_E에서의 α상과 β상의 조성을 나타낸다. 그러므로 구리-은 계에 대해서 식 (9.8)은 다음과 같이 나타낼 수 있다.

$$L(71.9 \text{ wt\% Ag}) \underset{\text{가열}}{\overset{\text{냉각}}{\rightleftharpoons}} \alpha(8.0 \text{ wt\% Ag}) + \beta(91.2 \text{ wt\% Ag})$$

이러한 공정 반응은 특정 2원계 평형 조건에서 정해진(즉 변하지 않는) 특정 온도(T_E)와 특정 조성(C_E, $C_{\alpha E}$, $C_{\beta E}$)에서 일어나므로 **불변 반응**(invariant reaction)이라고 한다.[1] 특히 T_E에서 수평 고상선 BEG를 **공정 등온선**(eutectic isotherm)이라고도 한다.

순수 성분의 응고와 같이 냉각 시의 공정 반응은 어느 일정 온도(즉 등온인 T_E)에서 반응이 종료된다. 공정 응고에서는 항상 2개의 고상이 나타나지만 순수 성분은 단 1개의 상만을 갖는다. 이러한 거동을 나타내는 성분들을 가리켜 **공정계**(eutectic system)라고 하며, 그림 9.7과 같은 상태도를 **공정 상태도**(eutectic phase diagrams)라고 한다.

2원계 상태도를 작성할 때에는 그림 9.3a와 그림 9.7에 나타난 바와 같이 하나의 상 구역에는 1개의 상이나 최대 2개의 상이 평형 상태에 있다는 것을 기억해 둘 필요가 있다. 공정계에서는 3개의 상(α, β, L)이 평형 상태에 있을 수 있지만, 이는 단지 공정 등온선 위의 점으로 나타난다. 단일상 구역은 2개의 단일상으로 구성된 2상 구역을 사이에 두고 나뉘어 있

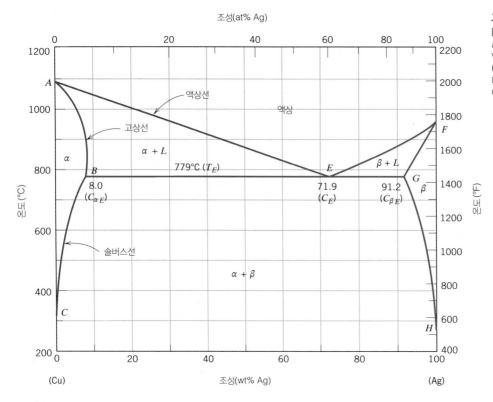

그림 9.7 구리-은 상태도
[출처 : *Binary Alloy Phase Diagrams*, 2nd edition, Vol. 1, T. B. Massalski (Editor-in-Chief), 1990. ASM International, Materials Park, OH. 허가로 복사 사용함]

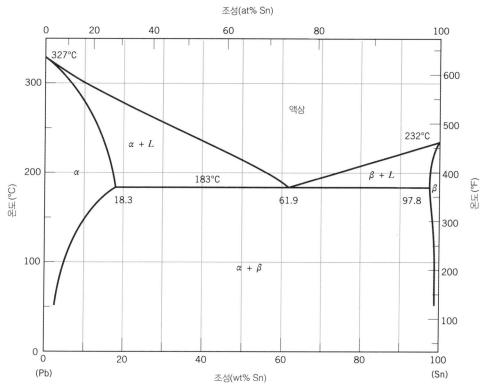

그림 9.8 납-주석 상태도
[출처 : *Binary Alloy Phase Diagrams*, 2nd edition, Vol. 3, T. B. Massalski (Editor-in-Chief), 1990. ASM International, Materials Park, OH. 허가로 복사 사용함]

다. 예를 들면 그림 9.7에서 ($\alpha + \beta$) 구역은 α상과 β상 사이에 위치해 있다.

그림 9.8의 납-주석 계도 일반적인 공정계이며, 구리-은 계의 상태도와 유사하다. 납-주석 계에서도 마찬가지로 고용체 상은 α, β로 표시하며, α는 납 속의 주석 고용체를, β에서는 주석이 용매이며 납이 용질이다. 공정 불변점은 61.9 wt% Sn, 183°C이다. 각각의 상태도에 나타나 있듯이 구리-은 계와 납-주석 계의 최대 고체 용해도의 조성 및 성분의 융점은 서로 다르다.

합금의 조성이 공정 조성에 가까우면 이 합금의 융점은 대체로 낮다. 60~40 납땜(60 wt% Sn-40 wt% Pb)이 잘 알려진 예이다. 그림 9.8에 나타나 있듯이 이 조성을 갖는 합금은 약 185°C에서 완전히 녹는다. 이와 같이 쉽게 녹기 때문에 이 재료는 저융점 납땜 재료로 널리 쓰인다.

개념확인 9.5 700°C에서 (a) Ag에 녹는 Cu의 최대 용해량과 (b) Cu에 녹는 Ag의 최대 용해량은 얼마인가?

[해답은 *www.wiley.com/go/Callister_MaterialsScienceGE* → More Information → Student Companion Site 선택]

개념확인 9.6 H_2O-NaCl 상태도는 다음 그림과 같다.
(a) 이 상태도를 이용하여 얼음에 소금을 뿌리면 0°C 아래의 온도에서 얼음이 녹는 이유를 설명하라.
(b) 소금으로 얼음을 더 이상 녹게 할 수 없는 온도는 몇 도인가?

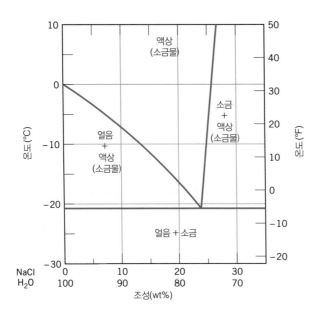

[해답은 *www.wiley.com/go/Callister_MaterialsScienceGE* → **More Information** → **Student** Companion Site 선택]

예제 9.2

존재하는 상의 결정과 상의 조성 계산

40 wt% Sn-60 wt% Pb 합금이 약 150°C에 있다. 다음 질문에 답하라. (a) 무슨 상(들)이 존재하는가? (b) 상(들)의 조성은 무엇인가?

풀이

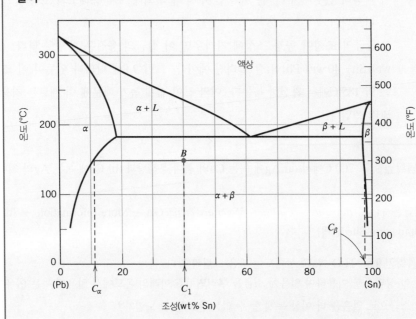

그림 9.9 납-주석 상태도. 40 wt% Sn-60 wt% Pb 합금에 대한 150°C에서의 상의 조성과 상대량 계산은 예제 9.2와 9.3에 나타나 있다.

(a) 상태도에 온도-조성 점(그림 9.9의 점 B)을 표시한다. 이 점은 $(\alpha + \beta)$ 구역에 위치하므로 α상과 β상이 공존한다는 것을 의미한다.

(b) 2상이 존재하므로 그림 9.9에 나타난 바와 같이 $(\alpha + \beta)$ 구역을 가로질러 150°C에서 공액선을 긋는다. α상의 조성은 공액선이 $\alpha/(\alpha + \beta)$ 솔버스 상경계와 만나는 점(C_α)에 해당하며, 약 11 wt% Sn-89 wt% Pb이다. 마찬가지로 상의 조성은 약 98 wt% Sn-2 wt% Pb(C_β)이다.

예제 9.3

상의 상대량 결정−무게 분율 및 부피 분율

예제 9.2의 납-주석 합금에 대하여 각 상의 상대량을 (a) 무게 분율과 (b) 부피 분율로 나타내라. 150°C일 때 Pb상과 Sn상의 밀도는 각각 11.35 g/cm³, 7.29 g/cm³이다.

풀이

(a) 합금이 2상으로 되어 있으므로 지렛대 원리를 적용할 필요가 있다. C_1을 합금 자체의 조성이라고 하면, 각 상의 무게 백분율은 주석의 무게 백분율을 이용하여 다음과 같이 구한다.[2]

$$W_\alpha = \frac{C_\beta - C_1}{C_\beta - C_\alpha} = \frac{98 - 40}{98 - 11} = 0.67$$

$$W_\beta = \frac{C_1 - C_\alpha}{C_\beta - C_\alpha} = \frac{40 - 11}{98 - 11} = 0.33$$

(b) 부피 백분율을 계산하기 위해서는 식 (4.10a)를 이용하여 먼저 각 상의 밀도를 다음 식과 같이 결정할 필요가 있다.

$$\rho_\alpha = \frac{100}{\dfrac{C_{Sn(\alpha)}}{\rho_{Sn}} + \dfrac{C_{Pb(\alpha)}}{\rho_{Pb}}}$$

여기서 이 합금 $C_{Sn(\alpha)}$와 $C_{Pb(\alpha)}$는 각각 α상에서의 주석과 납의 무게 백분율 농도를 나타내며, 이 값은 예제 9.2로부터 11 wt%와 89 wt%로 주어진다. 이러한 농도값과 두 성분의 밀도값을 위 식에 대입하면 다음과 같다.

$$\rho_\alpha = \frac{100}{\dfrac{11}{7.29 \text{ g/cm}^3} + \dfrac{89}{11.35 \text{ g/cm}^3}} = 10.69 \text{ g/cm}^3$$

상에 대해서도 같은 방법으로 다음과 같이 나타낼 수 있다.

---

2 공정 등온 온도 T_E에서는 3개의 상이 평형을 이루고 있으므로 $C_{\alpha E}$와 $C_{\beta E}$ 사이의 조성에서는 지렛대의 법칙을 적용할 수 없다. 그러나 T_E보다 아주 조금이라도 높거나 낮은 온도에서는 2개의 상 영역이므로 지렛대 법칙을 적용할 수 있다. 일반적으로 2개의 성분을 갖는 상태도에서는 어떠한 수평 불변 온도에서도 지렛대의 법칙을 사용할 수 없다.

$$\rho_\beta = \frac{100}{\dfrac{C_{Sn(\beta)}}{\rho_{Sn}} + \dfrac{C_{Pb(\beta)}}{\rho_{Pb}}}$$

$$= \frac{100}{\dfrac{98}{7.29 \text{ g/cm}^3} + \dfrac{2}{11.35 \text{ g/cm}^3}} = 7.34 \text{ g/cm}^3$$

이제 식 (9.6a)와 (9.6b)를 적용하여 다음과 같이 V_α와 V_β를 결정하면 된다.

$$V_\alpha = \frac{\dfrac{W_\alpha}{\rho_\alpha}}{\dfrac{W_\alpha}{\rho_\alpha} + \dfrac{W_\beta}{\rho_\beta}}$$

$$= \frac{\dfrac{0.67}{10.69 \text{ g/cm}^3}}{\dfrac{0.67}{10.69 \text{ g/cm}^3} + \dfrac{0.33}{7.34 \text{ g/cm}^3}} = 0.58$$

$$V_\beta = \frac{\dfrac{W_\beta}{\rho_\beta}}{\dfrac{W_\alpha}{\rho_\alpha} + \dfrac{W_\beta}{\rho_\beta}}$$

$$= \frac{\dfrac{0.33}{7.34 \text{ g/cm}^3}}{\dfrac{0.67}{10.69 \text{ g/cm}^3} + \dfrac{0.33}{7.34 \text{ g/cm}^3}} = 0.42$$

중 요 재 료

납 없는 땜납 재료

땜납은 2개 이상의 부품(보통 다른 금속 합금)을 결합시키는 데 사용되는 금속 합금이다. 땜납은 전자 산업에서 조립 부품을 서로 물리적으로 지지시키기 위해 광범위하게 사용되고 있다. 또한 땜납은 다양한 부품의 팽창과 수축을 수용할 수 있어야 하며, 전기 신호를 전달하고, 발생하는 열이 발산되도록 해야 한다. 땜납 재료를 녹인 후 부품(녹지 않은) 사이에 흘러 들어가게 하고 냉각을 시키면 이러한 부품들 사이에 물리적인 접합이 이루어진다.

과거에는 땜납의 대부분이 납-주석 합금이었으며, 이 재료는 믿을 만하고, 가격이 싸고, 대체적으로 융점이 낮다. 가장 일반적인 땜

납의 조성은 63 wt% Sn-37 wt% Pb이다. 그림 9.8의 납-주석 상태도에 의하면 이 조성은 공정점에 가깝고, 융점은 약 183°C이다. 이 온도는 납-주석 계에서 액상이 존재하는(평형을 이루는) 가장 낮은 온도이다. 이에 따라 이 합금은 **공정 납-주석 땜납**이라고 불린다.

불행하게도 납은 약한 독성이 있으며, 폐기된 납 함유 제품의 매립지로부터 납이 지하수에 녹아 나올 수도 있고, 태울 경우에는 공기를 오염시킬 수 있으므로 납이 환경에 미치는 영향에 대해 크게 우려하고 있다.[3] 그러므로 몇몇 국가에서는 납을 함유한 제품의 사

---

3 납-주석 납땜 재료에서 납은 전자기기 폐기물(e-폐기물)에서 종종 발견되는 유독성 금속의 하나이며, 이는 22.3절 재료과학과 공학의 재활용 쟁점 사항에 논의되어 있다.

표 9.1 납 없는 땜납 재료의 조성과 고상선 및 액상선 온도

조성(wt%)	고상선 온도(°C)	액상선 온도(°C)
납 함유 땜납		
63 Sn−37 Pb[a]	183	183
50 Sn−50 Pb	183	214
납 없는 땜납		
99.3 Sn−0.7 Cu[a]	227	227
96.5 Sn−3.5 Ag[a]	221	221
95.5 Sn−3.8 Ag −0.7 Cu	217	220
91.8 Sn−3.4 Ag −4.8 Bi	211	213
97.0 Sn−2.0 Cu −0.85 Sb −0.2 Ag	219	235

[a] 이 합금들의 조성은 공정 조성이므로 고상선 온도와 액상선 온도는 서로 같다.

용을 금지하는 법안을 입법화하여 실시하고 있다. 이에 따라 무엇보다도 융점이 낮으면서 납을 함유하지 않는 땜납의 개발을 촉진하게 되었다. 땜납 후보 재료로는 3원계 합금(세 가지 금속으로 구성된)으로 주석-은-구리 계와 주석-은-비스무트 계 합금을 들 수 있다. 몇몇 납 없는 땜납의 조성과 액상선과 고상선 온도는 표 9.1에 수록되어 있다. 2종류의 납 함유 땜납도 이 표에 나타나 있다.

물론 새로운 땜납 재료의 개발과 선정에는 융점이 매우 중요하며, 이에 대한 정보는 상태도에 나타나 있다. 예를 들어 주석 함량이 많은 부분의 은-주석 상태도는 그림 9.10에 나타나 있다. 이 재료의 공정점은 96.5wt% Sn, 221°C이며, 표 9.1의 96.5 Sn−3.5 Ag 땜납의 조성 및 융점과 일치한다.

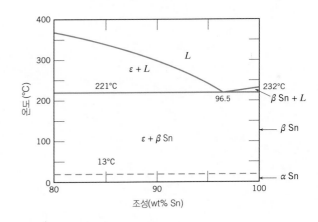

그림 9.10 주석 함량이 많은 부분의 은-주석 상태도
[출처 : *ASM Handbook*, Vol. 3, *Alloy Phase Diagrams*, H. Baker (Editor), ASM International, 1992. ASM International, Materials Park, OH. 허가로 복사 사용함]

9.12 공정 합금의 미세조직

2원 공정계 합금을 서서히 냉각시키면 조성에 따라 여러 가지 형태의 미세조직이 나타난다. 이 현상을 그림 9.8의 납-주석 상태도를 통하여 알아보기로 하자.

첫째, 조성이 순수 성분과 상온(20°C)에서 갖는 순수 성분의 최대 고체 용해도 사이에 존재하는 경우를 다루어 보자. 납-주석 계에서는 0~약 2 wt% Sn을 함유하는(α상 고용체) 납이 풍부한 합금과 약 99~100 wt% Sn을 함유하는(β상 고용체) 합금이 이 경우에 속한다. C_1의 조성을 갖는 합금을 액상 구역 내의 온도(예 : 350°C)에서부터 천천히 냉각시키면, 그림 9.11에서는 수직 점선 ww'을 따라 움직인다. 이 합금은 액상선과 교차하기 전까지는 C_1의 조성 및 액상을 그대로 유지하고 있다. 액상선과 만나는 온도는 약 330°C이며, 이때에 고상 α가 형성되기 시작하고 그 후 좁은 ($\alpha + L$) 구역을 지나 냉각됨에 따라 α상의 양은 증가한다. 이러한 응고 과정은 앞 절에서 언급한 구리-니켈 합금의 경우와 같다. 또한 액상의 조성과 고상의 조성은 각기 액상선과 고상선을 따라 변하므로 서로 같지 않다. ww'이 고상선

그림 9.11 조성이 C_1인 납-주석 합금을 액상 구역으로부터 냉각시킴에 따라 나타나는 평형 미세조직의 도식도

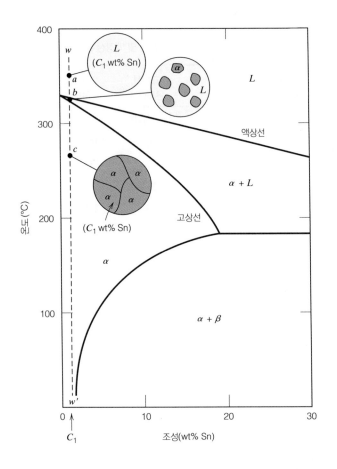

과 만나면 응고는 완료되며, 균일한 조성 C_1을 갖는 다결정이 나타나고, 그 후 상온까지 냉각되는 동안에는 어떠한 변화도 일어나지 않는다. 이에 따른 미세조직은 그림 9.11의 점 c에 대한 원 내부에 도식적으로 나타나 있다.

둘째, 조성이 상온에서의 용해 한도와 공정 온도에서의 최대 고체 용해도 사이에 존재하는 경우를 다루어 보자. 납-주석 계(그림 9.8)에서 납이 많이 함유된 합금의 경우에는 2∼18.3 wt% Sn이며, 주석이 많이 함유된 합금의 경우에는 97.8∼약 99 wt% Sn(순수 주석)이다. 그림 9.12의 수직 점선 xx'을 따라 냉각되는 조성이 C_2인 합금을 살펴보기로 하자. xx'과 솔버스선이 교차하기까지 일어나는 각각의 상 구역 내에서의 변화는 그림 9.12의 점 d, e, f에 대한 원 내부에 나타나 있듯이 첫 번째 경우와 흡사하다. 솔버스선과 교차하기 바로 전(점 f)의 미세조직은 조성이 C_2인 α결정립으로 구성되어 있다. 솔버스선을 교차하면 α의 고체 용해도를 넘어서므로 조그만 β상 입자가 형성되기 시작한다(점 γ에 대한 미세조직 참조). 냉각이 진행됨에 따라 이 입자들의 크기는 점점 커지며, 온도가 감소함에 따라 β상의 무게 분율은 약간씩 증가한다.

셋째, 공정 조성(61.9 wt% Sn)을 갖는 합금(그림 9.13의 C_3)을 살펴보자. 이 조성의 합금을 그림 9.13의 수직 점선 yy'을 따라 액상 구역의 온도(예 : 250℃)로부터 냉각시키면 공정 온도인 183℃에 이르기까지는 아무 변화도 일어나지 않는다. 공정 등온선을 통과하면서 액

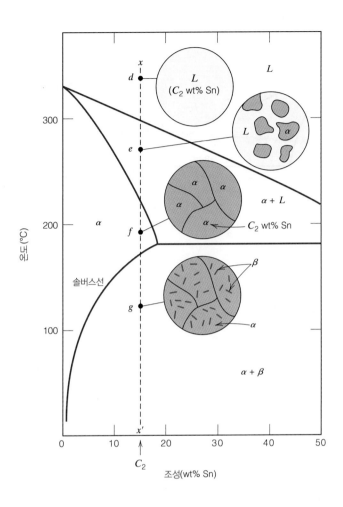

그림 9.12 조성이 C_2인 납-주석 합금을 액상 구역으로부터 냉각시킴에 따라 나타나는 평형 미세조직의 도식도

상은 α상과 β상으로 바뀐다. 이 변태는 다음 식으로 나타낼 수 있다.

$$L(61.9 \text{ wt\% Sn}) \underset{\text{가열}}{\overset{\text{냉각}}{\rightleftharpoons}} \alpha(18.3 \text{ wt\% Sn}) + \beta(97.8 \text{ wt\% Sn}) \tag{9.9}$$

여기서 α상 및 β상의 조성은 공정 등온선의 끝단 조성을 가리킨다.

α상의 조성과 β상의 조성은 서로 다르고, 액상의 조성과도 다르므로 이러한 변태 과정 중에는 납 성분과 주석 성분의 재분포가 일어나야 한다(식 9.9). 이러한 재분포는 원자 확산에 의해 이루어진다. 이에 따른 미세조직은 변태 동안에 동시에 생성된 α상과 β상이 교대로 쌓인 **층상**(lamellae) 구조를 갖는다. 그림 9.13의 점 i에 대한 미세조직을 **공정 구조**(eutectic structure)라고 하며, 이 미세조직이 공정 반응의 특징이다. 납-주석 공정 합금의 미세조직 사진이 그림 9.14에 나타나 있다. 공정 온도에서 상온까지 후속 냉각하는 동안에 나타나는 미세조직의 변화는 무시할 만하다.

이러한 공정 변태에 따른 미세조직의 변화를 도식적으로 그림 9.15에 나타내었다. $\alpha-\beta$ 층상 공정층은 액상 내로 성장해 간다. 공정-액상 계면 전면의 액상에서 확산에 의해 납과 주석의 재분포가 이루어진다. 화살표는 납과 주석의 확산 방향을 나타낸다. 납 원자는

공정 구조

그림 9.13 공정 조성 C_3를 갖는 납-주석 합금이 공정 온도 바로 위와 아래에서 나타내는 평형 미세조직의 도식도

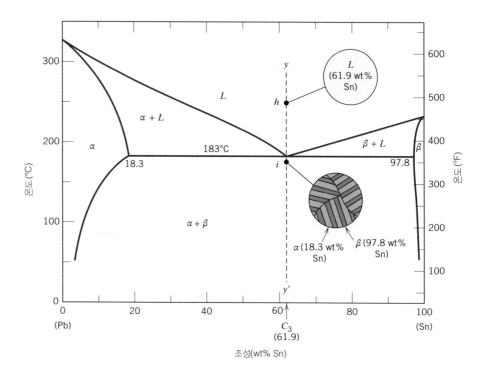

납이 많은 α상(18.3 wt% Sn−81.7 wt% Pb)으로 확산되며, 주석 원자는 주석이 많은 β상 (97.8 wt% Sn−2.2 wt% Pb)으로 확산된다. 층상 구조에서는 납과 주석 원자의 확산이 대체로 짧은 거리를 움직이기만 하면 되므로 공정 구조는 층이 교대로 반복되는 형상을 갖게 된다.

넷째, 공정 등온선을 가로지르는 조성 중에서 공정 조성을 제외한 모든 조성을 살펴보면

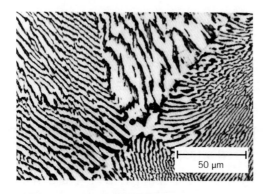

그림 9.14 공정 조성을 갖는 납-주석 합금의 미세조직을 나타내는 현미경 사진. 이 미세조직은 납을 많이 함유한 α상 고용체(검은 층)와 주석을 많이 함유한 β상 고용체(밝은 층)가 교대로 쌓인 층으로 구성되어 있다. 375×

(출처 : *Metals Handbook*, 9th edition, Vol. 9, *Metallography and Microstructures*, 1985. ASM International, Materials Park, OH. 허가로 복사 사용함)

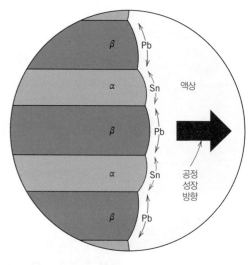

그림 9.15 납-주석 계의 공정 구조 형성을 나타내는 개략도. 주석과 납 원자의 확산 방향이 각각 화살표로 나타나 있다.

알루미늄-구리 합금에 대한 기지 계면 반전 현상 사진(즉 흰색면 위의 검은색에서 검은색면 위의 백색으로 패턴 변화하는 에셔의 판화 작품과 유사). 배율 미상

(출처 : *Metals Handbook*, Vol. 9, 9th edition, *Metallography and Microstructures*, 1985. ASM International, Materials Park, OH. 허가로 복사 사용함)

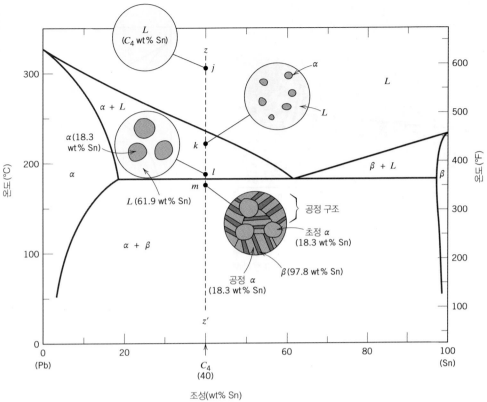

그림 9.16 조성이 C_4인 납-주석 합금을 액상 구역으로부터 냉각시킴에 따라 나타나는 평형 미세조직의 도식도

다음과 같다. 공정 조성의 왼쪽에 위치한 조성 C_4를 그림 9.16의 점 j로부터 수직 점선 zz'을 따라 냉각시키면, 점 j와 점 l 사이에서 나타나는 미세조직의 변화는 두 번째 경우와 같이 공정 등온선을 지나기 바로 전(점 l)에서는 18.3 wt% Sn의 α상과 61.9 wt% Sn의 액상이 존재한다. 이 조성값은 공액선을 적절히 이용하여 구한 값이다. 온도가 공정선 바로 밑으로 내려오면 공정 조성을 갖는 액상은 공정 구조(α와 β의 층상 구조)로 바뀐다. $(\alpha + L)$ 구역에서 형성된 α상에는 특별한 변화가 일어나지 않는다. 이에 대한 미세조직은 그림 9.16의 점 m에 대한 원 내부에 도식으로 나타나 있다. 그러므로 공정 구조에도 α상이 존재하고, $(\alpha + L)$ 구역에서 형성된 α상도 존재한다. 이와 같은 두 종류의 α상을 구별하기 위하여 그림 9.16에 나타낸 바와 같이 공정 구조 내의 α상은 **공정**(eutectic) α, 공정 등온선을 통과하기 전에 형성된 α상을 **초정**(primary) α라고 부른다. 그림 9.17의 미세조직 사진은 납-주석 합금의 초정 α와 공정 구조를 나타낸다.

공정

초정

미세조직에서 식별이 가능하고 특징적인 미세조직의 한 요소를 편의상 **미세 구성인자**

미세 구성인자

(microconstituent)라고 한다. 예를 들면 그림 9.16의 점 m에 대한 원 내부에 나타나 있는 미세조직에는 2개의 미세 구성인자, 즉 초정 α와 공정 구조가 있다. 그러므로 공정 구조는 2상의 혼합체이지만 2상의 비율이 정해진 독특한 층상 구조를 가지므로 미세 구성인자가 된다.

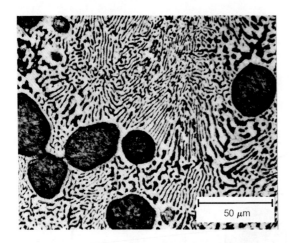

그림 9.17 50 wt% Sn−50 wt% Pb의 조성을 갖는 납-주석 합금의 미세조직을 나타내는 현미경 사진. 이 미세조직에는 주석을 많이 함유한 상(밝은 층)으로 구성된 층상 공정 구조 내에 납을 많이 함유한 초정 α상(큰 검은 구역)이 나타난다. 400×

(출처 : *Metals Handbook*, Vol. 9, 9th edition, *Metallography and Microstructures*, 1985. ASM International, Materials Park, OH. 허가로 복사 사용함)

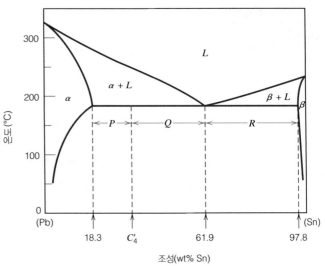

그림 9.18 조성이 C_4'인 합금에 대한 초정 α와 공정 미세 구성인자의 상대량 산출에 쓰인 납-주석 상태도

공정 α와 초정 α의 상대량은 다음과 같이 구할 수 있다. 공정 미세 구성인자는 항상 공정 조성을 갖는 액상으로부터 형성되므로 조성은 61.9 wt% Sn이라고 가정할 수 있다. 따라서 $\alpha - (\alpha + \beta)$ 상경계(18.3 wt% Sn)와 공정 조성까지 공액선을 긋고 지렛대 원리를 적용하면 된다. 그림 9.18에서 C_4'의 조성을 갖는 합금을 예로 들어 보자. 공정 미세 구성인자의 분율 W_e는 원래 액상의 분율 W_L과 같다.

미세 구성인자와 액상의 무게 분율의 계산에 대한 지렛대 원리 적용(그림 9.18의 조성 C_4')

$$W_e = W_L = \frac{P}{P+Q}$$

$$= \frac{C_4' - 18.3}{61.9 - 18.3} = \frac{C_4' - 18.3}{43.6} \tag{9.10}$$

또한 초정 α의 분율 $W_{\alpha'}$은 바로 공정 변태 전에 존재한 α상의 분율이다. 그림 9.18로부터 $W_{\alpha'}$은 다음과 같이 산출된다.

초정 α상의 무게 분율 계산에 대한 지렛대 원리 적용

$$W_{\alpha'} = \frac{Q}{P+Q}$$

$$= \frac{61.9 - C_4'}{61.9 - 18.3} = \frac{61.9 - C_4'}{43.6} \tag{9.11}$$

공정 α와 초정 α를 모두 합친 총 α분율 W_α와 총 β분율 W_β는 $(\alpha + \beta)$상 구역을 가로지르는 공액선에 지렛대 원리를 적용하여 결정할 수 있다. 조성이 C_4'인 합금에 대한 W_α와 W_β는 각각 다음과 같다.

$$W_\alpha = \frac{Q + R}{P + Q + R}$$

$$= \frac{97.8 - C_4'}{97.8 - 18.3} = \frac{97.8 - C_4'}{79.5}$$

(9.12)

총 α상의 무게 분율 계산
에 대한 지렛대 원리 적용

$$W_\beta = \frac{P}{P + Q + R}$$

$$= \frac{C_4' - 18.3}{97.8 - 18.3} = \frac{C_4' - 18.3}{79.5}$$

(9.13)

총 β상의 무게 분율 계산
에 대한 지렛대 원리 적용

공정 조성의 오른쪽에 위치한 조성(61.9~97.8 wt% Sn)도 유사한 상변태와 미세조직을 나타낸다. 그러나 액상으로부터 냉각 시 ($\beta + L$) 구역을 통과하므로 공정 온도보다 낮은 온도에서의 미세조직은 공정 β와 초정 β(미세 구성인자)로 구성된다.

그림 9.16에 나타낸 넷째 경우에서 ($\alpha + L$) 또는 ($\beta + L$) 구역을 통과하는 동안에 평형 상태가 유지되지 않으면 공정 등온선을 지나면서 나타나는 미세조직에 다음과 같은 문제점이 일어날 수 있다. (1) 초정 미세 구성인자의 결정립에 핵편석이 일어나 결정립 내의 용질의 분포가 불균일하다, (2) 공정 미세 구성인자의 분율이 평형 상태에서보다 더 크다.

9.13 중간 상 및 중간 화합물을 갖는 평형 상태도

지금까지 서술한 전율고용체 상태도나 공정 상태도는 대체적으로 간단하지만 많은 다른 2원 합금계의 상태도는 훨씬 더 복잡하다. 그림 9.7과 9.8에 나타나 있는 공정 상태도(구리-은과 납-주석)에는 단지 2개의 고상(α와 β)만이 존재한다. 이들의 조성 범위는 상태도의 양쪽 끝단 부근의 농도를 갖고 있으므로 **최종 고용체**(terminal solid solution)라고 한다. 다른 합금계에서는 **중간 고용체**(intermediate solid solution) 또는 중간상(intermediate phase)이 조성의 끝단 부근이 아닌 중간에 나타나기도 한다. 구리-아연 계가 하나의 예이다. 이 계의 상태도(그림 9.19)는 공정 반응과 유사하지만, 아직 언급하지 않은 여러 반응과 많은 불변점으로 구성되어 있어 매우 복잡하게 보일 것이다. 이 상태도에는 6개의 서로 다른 고용체가 존재한다. 즉 2개의 최종 고용체(α, η)와 4개의 중간 고용체(β, γ, δ, ε)가 있다(β'상은 규칙 고용체라고 하며, 구리와 아연 원자가 각각의 단위 격자 내에 특정한 규칙 배열을 이루고 있다). 그림 9.19의 밑부분에 나타나 있는 상경계는 아직 위치가 정확하게 결정되지 못하여 점선으로 표시되는데, 이는 낮은 온도에서는 확산 속도가 매우 느리므로 평형 조건에 도달하기 위해서는 상당히 긴 시간이 걸리기 때문이다. 이 상태도에도 단일상과 2상 구역만이 존재하므로 9.8절에서 기술한 방법으로 상의 조성과 상대량을 구할 수 있다. 상업용 황동은 구리가 많이 함유된 구리-아연 합금이다. 예를 들면 카트리지(cartridge) 황동의 조성은 70 wt% Cu −30 wt% Zn이며, 미세조직은 α상으로만 구성되어 있다.

고용체가 아닌 확실한 중간 화합물이 나타나는 계도 있다. 이러한 화합물은 정해진 화학식을 갖고 있으며, 금속-금속 계의 경우에 **금속 간 화합물**(intermetallic compound)이라

최종 고용체
중간 고용체

금속 간 화합물

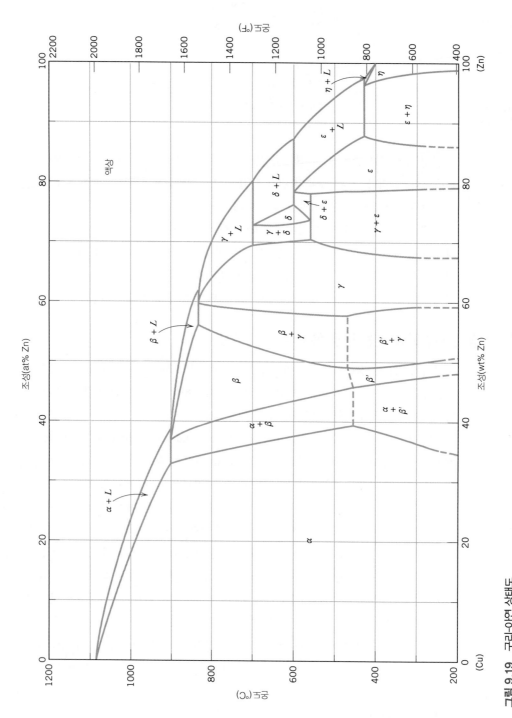

그림 9.19 구리-아연 상태도
[출처 : *Binary Alloy Phase Diagrams, 2nd edition, Vol. 2*, T. B. Massalski (Editor–in–Chief), 1990. ASM International, Materials Park, OH. 허가로 복사 사용함]

그림 9.20 마그네슘-납 상태도

[출처 : *Phase Diagrams of Binary Magnesium Alloys*, A. A. Nayeb-Hashemi and J. B. Clark (Editors), 1988, ASM International, Materials Park, OH. 허가로 복사 사용함]

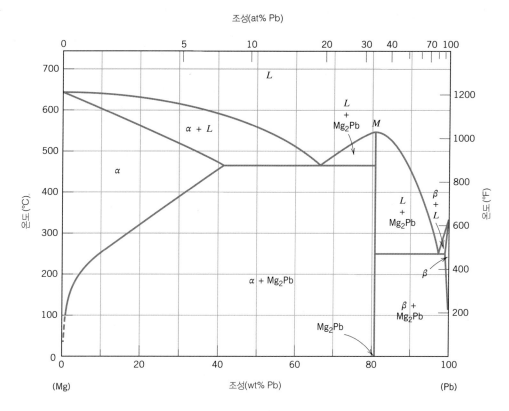

한다. 그림 9.20의 Mg-Pb 계가 하나의 예이다. 화합물 Mg_2Pb의 조성은 19 wt% Mg-81 wt% Pb(33 at% Pb)이며, 상태도에는 일정한 폭을 갖는 상 구역이 아니라 수직선으로 나타나 있다. 즉 Mg_2Pb는 이 조성에서만 존재한다.

이 계에 대하여 좀 더 살펴보기로 하자. 첫째, 화합물 Mg_2Pb는 약 550℃에서 녹는다(그림 9.20에서 점 *M*). α상이 넓은 조성에 걸쳐 있다는 것은 마그네슘에 녹는 납의 용해도가 충분히 크다는 것을 나타내고 있다. 반면에 납에 녹는 마그네슘의 용해도는 극히 제한되어 있어, 상태도의 오른편에 위치한 납이 많이 함유된 쪽에 있는 최종 고용체 β구역은 매우 좁게 나타난다. 이 상태도는 단순한 2개의 공정 상태인 $Mg-Mg_2Pb$와 Mg_2Pb-Pb를 합쳐 놓은 것으로 볼 수 있다. 즉 화합물 Mg_2Pb는 실제로 하나의 성분으로 간주할 수 있다. 이와 같이 복잡한 상태도를 작은 성분 단위로 나누어 살펴보면 상태도를 단순화시킬 뿐만 아니라 쉽게 이해할 수 있다.

9.14 공석 반응과 포정 반응

공정 반응 이외에 3개의 상이 만나는 또 다른 불변점이 있다. 하나의 예가 구리-아연 계(그림 9.19)의 560℃, 74 wt% Zn-26 wt% Cu에서 나타나는 불변점이다. 이 부근을 확대해서 그림 9.21에 나타내었다. 냉각 시에 고상 δ는 다음 식에 따라 2개의 서로 다른 고상(γ, ε)으로 바뀐다.

그림 9.21 구리-아연 상태도. 공석 불변점 *E*(560°C, 74 wt% Zn)와 포정 불변점 *P*(598°C, 78.6 wt% Zn)를 나타낸 부분 확대도

[출처 : *Binary Alloy Phase Diagrams*, Vol. 2, 2nd edition, T. B. Massalski (Editor-in-Chief), 1990. ASM International, Materials Park, OH. 허가로 복사 사용함]

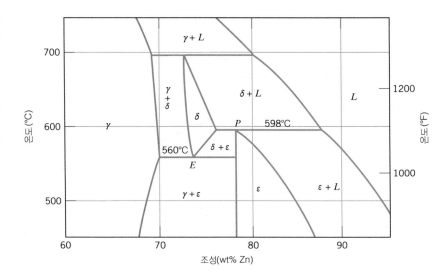

공석 반응(그림 9.21의 점 *E*)

$$\delta \underset{\text{가열}}{\overset{\text{냉각}}{\rightleftharpoons}} \gamma + \varepsilon \qquad (9.14)$$

공석 반응

가열 시에는 역반응이 일어난다. 이 반응을 가리켜 공석 반응(eutectoid reaction)이라고 하며, 불변점(그림 9.21의 점 *E*)을 공석점(eutectoid), 560°C의 수평 공액선을 공석 등온선(eutectoid isotherm)이라고 한다. 74 wt% Zn−26 wt% Cu는 공석 조성인 반면 γ와 ε 생성상의 조성은 각각 70 wt% Zn−30 wt% Cu와 78 wt% Zn−22 wt% Cu이다. '공정' 반응에서는 액상이 한 온도에서 다른 2개의 고상으로 바뀌는 반면에, '공석' 반응에서는 하나의 고상이 한 온도에서 다른 2개의 고상으로 바뀐다. 공석 반응은 철−탄소 계(9.18절)에도 나타나며, 강의 열처리에서 중요한 역할을 한다.

포정 반응

포정 반응(peritectic reaction)도 3개의 상이 관련된 또 다른 하나의 불변 반응이다. 이 반응에서는 가열 시에 하나의 고상이 하나의 액상과 다른 하나의 고상으로 바뀐다. 구리-아연 계에서 포정 반응은 598°C, 78.6 wt% Zn−21.4 wt% Cu(그림 9.21의 점 *P*)에서 일어나며, 반응식은 다음과 같다.

포정 반응(그림 9.21의 점 *P*)

$$\delta + L \underset{\text{가열}}{\overset{\text{냉각}}{\rightleftharpoons}} \varepsilon \qquad (9.15)$$

낮은 온도에서의 고상은 중간 고용체(예 : 위의 반응에서 ε)이거나 최종 고용체이다. 후자의 포정 반응은 435°C, 97 wt% Zn에서 일어나며(그림 9.19), 가열 시에 최종 고용체인 η상은 ε상과 액상으로 바뀐다. 이 밖에 Cu−Zn 계에는 3개의 다른 포정 반응이 있으며, 낮은 온도에서 나타나는 상으로는 β, δ, γ 중간 고용체가 있다. 이러한 중간 고용체는 가열 시 변태를 일으킨다.

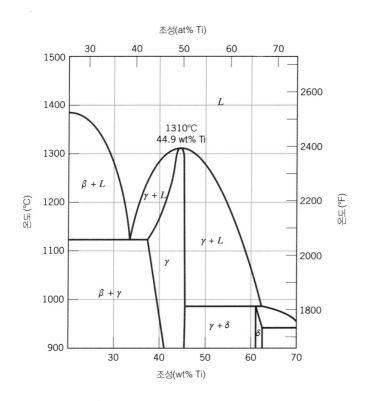

그림 9.22 니켈-티탄의 부분 상태도. 고용체의 정융점은 1310°C, 44.9 wt% Ti에서 나타난다.
[출처 : Phase Diagrams of *Binary Nickel Alloys*, P. Nash (Editor), 1991. ASM International, Materials Park, OH. 허가로 복사 사용함]

9.15 정융 상변태

정융 변태

상변태는 상의 조성이 변하는지 아닌지에 따라 분류가 가능하다. 조성의 변화가 없는 경우를 **정융 변태**(congruent transformation)라고 하며, 적어도 하나의 상에 조성 변화가 일어나는 경우를 비정융 변태(incongruent transformation)라고 한다. 동소 변태(3.6절)와 순수 재료의 용해는 정융 상변태에 속하며, 공정 반응과 공석 반응뿐만 아니라 전율고용체 합금의 용해는 비정융 변태이다.

중간상들은 용해에 따른 조성의 변화 여부로 분류할 수 있다. 금속 간 화합물 Mg_2Pb는 마그네슘-납 상태도(그림 9.20)의 점 *M*에서 조성의 변화 없이 녹는다. 니켈-티탄 계(그림 9.22)에서 γ 고용체는 두 쌍의 액상선과 고상선이 만나는 1310°C, 44.9 wt% Ti에서 정융점(congruent melting point)이 나타난다. 포정 반응은 중간상의 비정융 용해의 한 예이다.

✓ **개념확인 9.7** 다음 그림은 Hf-V 상태도이며, 단지 단일상 구역만이 표시되어 있다. 공정 반응, 공석 반응, 포정 반응 및 정융 상변태가 일어나는 온도-조성 점을 확인하고, 각각의 반응에 대해 냉각에 따른 반응을 기술하라. [출처 : *ASM Handbook*, Vol. 3, Alloy *Phase Diagrams*, H. Baker (Editor), 1992, p. 2.244. ASM International, Materials Park, OH. 허가로 복사 사용함]

[해답은 *www.wiley.com/go/Callister_MaterialsScienceGE* → **More Information** → **Student Companion Site** 선택]

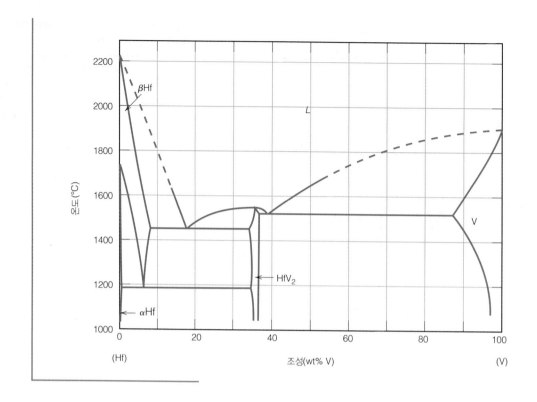

9.16 세라믹과 3원 상태도

상태도는 금속-금속계뿐만 아니라 세라믹계의 설계 및 제조에도 매우 유용하게 사용되며, 실험으로 구한 세라믹 재료의 상태도가 많이 있다. 세라믹 재료에 대한 상태도는 12.7절을 참조하기 바란다.

2개 이상의 성분을 갖는 금속계(세라믹계도 포함)의 상태도도 있다. 그러나 이들의 표현 방법이나 해석 방법은 매우 복잡하다. 예를 들면 3개의 성분으로 이루어진 3원 상태도는 조성-온도를 3차원으로 나타내어야만 한다. 2차원으로 나타낼 수도 있지만 그것은 쉽지 않다.

9.17 Gibbs의 상법칙

Gibbs의 상법칙

상의 평형 조건을 통제하는 원리뿐만 아니라 상태도의 구성은 열역학 법칙에 기반을 두고 있다. 이 법칙 중의 하나가 19세기의 물리학자 J. Willard Gibbs가 제안한 **Gibbs의 상법칙** (Gibbs phase rule)이다. 이 법칙은 평형계에 존재하는 상의 수에 대한 기준을 나타낸 것으로 다음 식과 같이 표현한다.

일반적인 Gibbs의 상법칙

$$P + F = C + N \tag{9.16}$$

여기서 P는 존재하는 상의 개수이다(상에 대한 개념은 9.3절에 기술되어 있음). 매개변수 F는 자유도의 수(number of degrees of freedom), 즉 계를 정의하는 데 규정되어야 할 외부 통제 변수(예 : 온도, 압력, 조성)의 수를 나타낸다. 바꾸어 표현하면 F란 평형 상태에서 공존하는 상의 개수를 바꾸지 않고, 독립적으로 변할 수 있는 변수의 개수이다. 식 (9.16)의 매개변수 C는 계의 성분 수를 나타낸다. 성분이란 일반적으로 원소 또는 안정된 화합물로 상태도에서는 조성축의 맨 끝단에 위치한 재료이다(예 : 그림 9.1의 H_2O와 $C_{12}H_{22}O_{11}$, 그림 9.3a의 Cu와 Ni). 마지막으로 식 (9.16)의 N은 조성과 관련 없는 변수(예 : 온도와 압력)의 개수이다.

온도-조성으로 표현된 2원계 상태도인 구리-은 계(그림 9.7)에 상률을 적용해 보자. 압력은 1기압으로 일정하므로 온도만이 조성과 관련 없는 변수가 된다. 그러므로 $N = 1$을 식 (9.16)에 대입하면 다음과 같다.

$$P + F = C + 1 \tag{9.17}$$

또한 Cu와 Ag가 성분이므로 $C = 2$가 된다.

$$P + F = 2 + 1 = 3$$

또는 다음과 같이 나타낼 수 있다.

$$F = 3 - P$$

상태도에서 단일상 구역(예 : α, β, L)을 살펴보자. 단지 하나의 상이 존재하므로 $P = 1$이다.

$$\begin{aligned} F &= 3 - P \\ &= 3 - 1 = 2 \end{aligned}$$

$F = 2$란 단일상 구역 내에 존재하는 합금의 특성을 완전히 나타내기 위해서는 2개의 매개변수(즉 조성과 온도)를 규정해야 한다는 의미이다. 상태도에서 조성과 온도는 각각 합금의 횡적 위치와 종적 위치를 나타낸다.

그림 9.7의 $\alpha + L$, $\beta + L$, $\alpha + \beta$와 같이 2상이 공존하는 경우에는 다음과 같이 상률에 따라 단지 하나의 자유도밖에 없다.

$$\begin{aligned} F &= 3 - P \\ &= 3 - 2 = 1 \end{aligned}$$

그러므로 계를 완전히 정의하기 위해서는 어느 한 상의 온도나 조성 중에 하나의 매개변수만을 규정하면 된다. 예를 들면 $\alpha + L$상 구역에서 온도(그림 9.23에서 T_1)를 규정하면, α상과 L상의 조성은 T_1에서 $\alpha + L$ 구역을 가로지르는 공액선 끝단의 조성, 즉 C_α 및 C_L을 갖는다. 여기서는 상의 본질이 중요하며 상의 상대량은 문제가 되지 않는다. 즉 합금 자체의 조성이 공액선상의 어느 조성을 갖든 상관없이 온도 T_1에서의 α상과 액상의 조성은 각각 C_α와 C_L이 된다.

다음으로는 어느 한 상의 조성을 규정하면 계의 상태를 완전히 정할 수 있음을 살펴보기로 하자. 예를 들면 액상과 평형 상태에 있는 α상의 조성을 C_α로 규정하면(그림 9.23), C_α에 해당하는 점에서 $\alpha + L$상 구역에 그은 공액선을 따라 합금의 온도(T_1)와 액상의 조성(C_L)이 결정된다.

그림 9.23 구리 영역을 확대한 Cu-Ag 상태도. 2상(예 : α, L) 공존에 대한 Gibbs의 상법칙 적용. 상의 조성 중 하나(예 : C_α 또는 C_L) 또는 온도(예 : T_1)에 규정되면 나머지 2개의 매개변수는 적절한 공액선을 통하여 구할 수 있다.

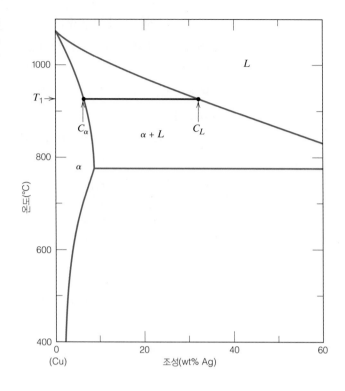

2원계에서 3상이 공존하면 자유도는 0이 된다.

$$F = 3 - P$$
$$= 3 - 3 = 0$$

즉 3상의 조성 및 온도가 고정되어 있다는 의미이다. 공정계의 공정 등온선이 이와 같은 조건을 만족한다. Cu-Ag 계(그림 9.7)의 공정 등온선은 점 *B*에서 점 *G*까지의 수평선이다. α, L, β상이 779°C의 등온선과 만나는 점이 각 상의 조성에 해당한다. 즉 α상의 조성은 8.0 wt% Ag, 액상의 조성은 71.9 wt% Ag, 상의 조성은 91.2 wt% Ag이므로 3상의 평형은 상 구역으로 나타나지 않고, 하나의 등온 수평선으로 나타난다. 3상 모두는 공정 등온선 위에 놓여 있는 어떠한 합금 조성(예 : Cu-Ag 계에서는 779°C, 8.0∼91.2 wt% Ag)과도 평형을 이룬다.

Gibbs의 상법칙을 이용하여 비평형 조건을 분석할 수 있다. 예를 들면 어떤 온도 범위에서 3상으로 형성된 2원계 합금의 미세조직은 비평형 조직이다. 왜냐하면 이 경우에는 3상이 어느 한 온도에서만 존재하기 때문이다.

개념확인 9.8 세 가지 성분으로 구성된 3원계에서는 온도도 변수이다. 압력을 일정하게 유지한다면 3원계에 존재할 수 있는 상의 최대 수는 얼마인가?

[해답은 *www.wiley.com/go/Callister_MaterialsScienceGE* → More Information → Student Companion Site 선택]

철-탄소 계

2원계 합금 중에서 가장 중요한 것이 철과 탄소이다. 모든 선진 기술 문화의 첫 번째 구조용 재료인 강과 주철은 근본적으로 철-탄소 합금이다. 이 절에서는 철-탄소 계의 상태도와 이와 관련된 미세조직에 대하여 서술하고 있다. 열처리, 미세조직, 기계적 성질 사이의 관계는 제10장과 제11장에 나타나 있다.

9.18 철-철탄화물(Fe-Fe₃C) 상태도

페라이트

오스테나이트

철-탄소 상태도의 일부분을 그림 9.24에 나타내었다. 순철은 가열 과정 중에 용해 전까지 결정 구조가 2번 변한다. 페라이트(ferrite)라고 부르는 상온에서의 안정된 형태인 α철의 결정 구조는 BCC이다. 페라이트는 912°C에서 FCC 구조를 갖는 오스테나이트(austenite)로 동질이상 변태(polymorphic transformation)를 일으킨다. 이 FCC 오스테나이트는 1394°C에서 다시 BCC 구조의 페라이트로 바뀐 후 1538°C에서 녹는다. 이러한 모든 변화는 상태도의 왼쪽 수직축에 나타나 있다.[4]

그림 9.24의 조성축은 단지 6.70 wt% C까지만 나타나 있다. 이 농도가 중간 화합물인

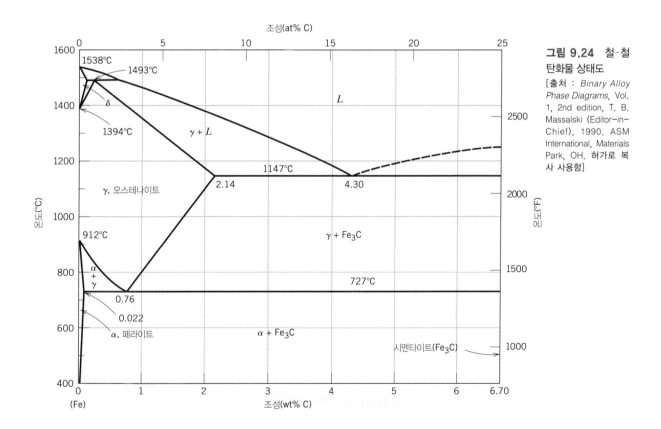

그림 9.24 철-철 탄화물 상태도

[출처 : *Binary Alloy Phase Diagrams*, Vol. 1, 2nd edition, T. B. Massalski (Editor-in-Chief), 1990. ASM International, Materials Park, OH. 허가로 복사 사용함]

---

4 그림 9.24의 Fe-Fe₃C 상태도에 α, β, γ상은 나타나 있지만 왜 중간의 β상은 없는지에 대해 궁금해하는 독자들이 있을 것 같다. 이미 예전에 철의 강자성 거동이 768°C에서 사라지는 것을 관찰했으며, 이 현상을 상변태로 간주하고, 고온상을 'β'로 명명했다. 그 후 이러한 자성의 상실이 상변태(20.6절)의 결과가 아니라는 것을 발견하였고, 이에 따라 추정된 β상은 없어지게 되었다.

그림 9.25 (a) 페라이트의 현미경 사진(90×), (b) 오스테나이트의 현미경 사진(325×)
(Copyright 1971 by United States Steel Corporation.)

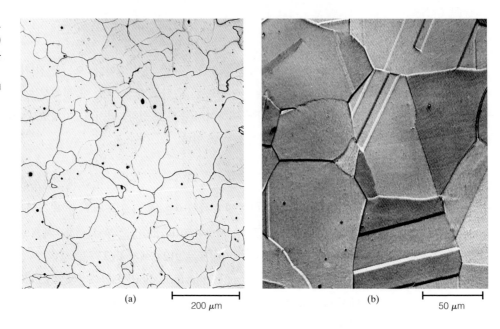

(a)   200 μm   (b)   50 μm

시멘타이트

철탄화물, 즉 시멘타이트(cementite, Fe_3C)의 조성이며 상태도에는 수직선으로 나타나 있다. 그러므로 철-탄소 계는 그림 9.24와 같이 철이 많이 함유된 부분과 6.70 wt% C에서 100 wt% C(순수 흑연)까지의 조성을 갖는 부분으로 나눌 수 있다. 실제로 모든 강과 주철의 탄소 함유량은 6.70 wt% C보다 적으므로 단지 철-철탄화물 계만이 관심의 대상이 된다. Fe_3C는 하나의 성분으로 간주되므로 그림 9.24는 Fe-Fe_3C 상태도라고 하는 것이 더 적합하다. 한편 6.70 wt% C는 100 wt% Fe_3C에 대응되지만 조성을 표시할 때에는 'wt% Fe_3C'로 하지 않고 'wt% C'로 나타낸다.

그림 9.24에 단일상으로 나타나 있는 탄소는 철의 고용체(α, δ 페라이트 및 γ 오스테나이트 등)를 형성하는 침입형 원자이다. BCC α 페라이트에 녹는 탄소의 농도는 매우 작으며, 최대 용해도는 727°C에서 0.022 wt% C이다. 이와 같이 용해도가 작은 이유는 BCC 구조의 침입형 위치의 모양이나 크기가 탄소를 수용하기가 어렵기 때문이다. 탄소는 비록 대체로 적은 양이 함유되어 있지만 페라이트의 기계적 성질에 미치는 탄소의 영향은 매우 크다. 이러한 철-탄소상은 대체로 연하며, 밀도는 7.88 g/cm³이다. 또한 768°C보다 낮은 온도에서는 자성을 나타낼 수 있다. 그림 9.25a는 α 페라이트의 현미경 사진이다.

그림 9.24에 나타난 바와 같이 철-탄소 계의 γ상 오스테나이트는 727°C보다 낮은 온도에서는 안정된 상이 아니다. 오스테나이트의 최대 탄소 용해도는 1147°C에서 2.14 wt% C이다. 이 용해도는 BCC 페라이트보다 약 100배 정도가 크다. 그 이유는 FCC의 침입형 위치에 탄소가 끼어들 때 주위의 철 원자에 부과되는 변형률이 BCC의 침입형 위치보다 훨씬 더 낮기 때문이다. 오스테나이트는 강의 열처리에서 매우 중요한 역할을 하며 비자성체이다. 오스테나이트의 현미경 사진이 그림 9.25b에 나타나 있다.[5]

---

[5] FCC 결정 구조를 갖는 합금에서 나타나는 어닐링 쌍정(4.6절 참조)이 이 오스테나이트 사진에서도 관찰된다. 이러한 어닐링 쌍정은 BCC 합금에서는 발생하지 않으며, 그림 9.25a의 페라이트 미세조직 사진에도 나타나지 않는다.

δ 페라이트는 실질적으로 α 페라이트와 같으며, 단지 존재하는 온도 범위가 다를 뿐이다. δ 페라이트는 고온에서만 안정한 조직이므로 기술의 중요성이 없다. 그러므로 이에 대해서는 더 이상 기술하지 않는다.

(α + Fe₃C) 영역 내의 조성을 갖는 경우에는 온도가 727°C보다 낮아지면 α 페라이트 내의 탄소 용해도가 초과되므로 이에 따라 시멘타이트(Fe₃C)가 형성된다. 그림 9.24에 나타난 바와 같이 727°C와 1147°C 사이에서 Fe₃C는 γ상과 공존하고 있다. 시멘타이트는 기계적으로 매우 단단하며 취성이 강하므로 시멘타이트에 의해 강의 강도를 향상시킬 수 있다.

엄밀하게 말하자면 시멘타이트는 단지 준평형상이다. 즉 상온에서는 화합물로 계속 유지되지만 650°C와 700°C 사이에서 수년간 가열하면 시멘타이트는 점차 α철과 흑연으로 분해된다. 시멘타이트는 평형 화합물이 아니므로 그림 9.24는 실질적으로는 평형 상태도가 아니다. 그러나 시멘타이트의 분해 속도가 매우 느리므로 실질적으로 강 속의 모든 탄소는 흑연이 아닌 Fe₃C로 남아 있다. 그러므로 철-철탄화물 상태도를 모든 실제 용도에 사용할 수 있다. 11.2절에 나타나 있듯이, 주철에 규소를 첨가하면 시멘타이트의 분해 속도를 가속화시켜 흑연을 형성한다.

그림 9.24에는 2상 구역이 여러 개 존재하며, 철-철탄화물 계에는 단 하나의 공정점 [1147°C, 4.30 wt% C]이 존재한다. 이에 대한 공정 반응은 다음과 같다.

철-철탄화물 계에 대한 공정 반응

$$L \xrightleftharpoons[\text{가열}]{\text{냉각}} \gamma + Fe_3C \tag{9.18}$$

즉 냉각에 따라 액상은 오스테나이트와 시멘타이트로 바뀐다. 물론 상온까지 냉각되는 동안에 또 다른 상 변화가 일어난다.

공석점은 727°C, 0.76 wt% C에 해당하며, 공석 반응은 다음과 같다.

철-철탄화물 계에 대한 공석 반응

$$\gamma(0.76\ \text{wt\% C}) \xrightleftharpoons[\text{가열}]{\text{냉각}} \alpha(0.022\ \text{wt\% C}) + Fe_3C(6.7\ \text{wt\% C}) \tag{9.19}$$

즉 냉각에 따라 γ상은 α철과 시멘타이트로 변한다(공석 상변태는 9.14절에 나타나 있다). 다음에 서술한 바와 같이 식 (9.19)의 공석 상변태는 강의 열처리의 기본을 이루므로 매우 중요하다.

철합금에는 탄소 및 다른 합금 원소도 포함되지만 철이 주된 원소이다. 철합금은 탄소량에 따라 철, 강, 주철의 세 종류로 분류할 수 있다. 상업용 순철에 함유된 탄소량은 0.008 wt% C 미만이다. 상태도에 따르면 상온에서는 페라이트상뿐이다. 0.008~2.14 wt% C를 함유하는 철 합금은 강으로 분류하며, 대부분 강의 미세조직은 α상과 Fe₃C로 구성되어 있다. 이 범위 안의 조성을 갖는 합금은 상온까지 냉각되는 동안 γ 구역을 꼭 통과하며 독특한 미세조직을 창출한다. 합금강은 2.14 wt%까지 함유하지만 실제 탄소 농도는 1.0 wt%를 거의 초과하지 않는다. 강의 성질 및 분류에 대한 내용은 11.2절에 서술되어 있다. 주철은 2.14~

6.70 wt% C를 함유한다. 그러나 상업용 주철은 4.5 wt% C 미만이며, 이에 대한 내용은 11.2 절에 나타나 있다.

9.19 철-탄소 합금의 미세조직

이 절에서는 합금강에 나타나는 여러 종류의 미세조직 및 철-철탄화물 상태도와의 연관성에 대하여 서술하고 있다. 미세조직은 탄소량과 열처리에 따라 변한다. 합금강의 냉각은 평형이 연속적으로 유지되는, 매우 느린 냉각에 국한하여 기술한다. 강의 미세조직 및 기계적 성질에 대한 열처리의 영향은 제10장에 상세히 기술되어 있다.

γ 구역으로부터 α + Fe$_3$C 구역을 통과할 때(그림 9.24) 나타나는 상의 변화는 약간 복잡하며, 9.12절의 공정계에 대한 내용과 비슷하다. 공석 조성(0.76 wt% C)을 갖는 합금을 상 구역으로부터(그림 9.26의 점 a, 800°C) 수직 점선 xx'을 따라 냉각시키는 경우를 살펴보기로 하자. 초기의 합금은 0.76 wt% C의 조성을 갖는 오스테나이트상으로 구성되어 있으며, 이에 대한 미세조직은 그림 9.26에 나타나 있다. 공석 온도(727°C)에 도달하기 전까지는 어떠한 변화도 일어나지 않는다. 이 공석 온도를 지나 점 b에 이르면 오스테나이트는 식 (9.19)의 변화를 일으킨다.

이와 같이 공석 온도로부터 서서히 냉각시킨 공석강(eutectiod steel)의 미세조직은 공정 조성을 갖는 합금의 미세조직과 유사하다. 즉 상변태 동안에 동시에 형성된 α와 Fe$_3$C의 2상이 교대로 쌓인 층상 구조를 나타낸다. 이 경우 층 두께의 비는 약 8 : 1이다. 그림 9.26

그림 9.26 공석 조성(0.76 wt% C)을 갖는 철-탄소 합금이 공석 온도 바로 위와 아래에서 나타내는 미세조직의 도식도

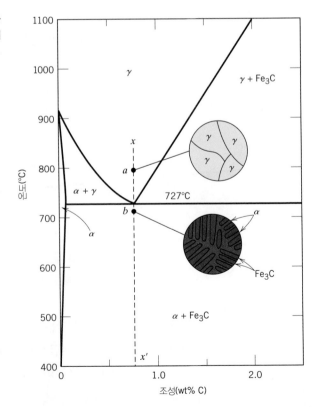

그림 9.27 공석강의 현미경 사진. 페라이트상(밝은 상)과 Fe₃C(검게 나타나는 얇은 층)가 교대로 쌓인 펄라이트 미세조직으로 구성되어 있다. 470×

(출처 : *Metals Handbook*, Vol. 9, 9th edition, *Metallography and Microstructures*, 1985. ASM International, Materials Park, OH. 허가로 복사 사용함)

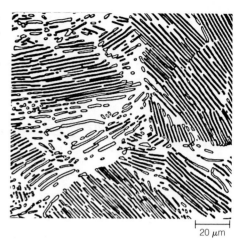

20 μm

펄라이트

에 도식적으로 나타낸 점 *b*에 대한 미세조직은 **펄라이트**(pearlite)라고 부른다. 이 미세조직을 현미경을 통해 저배율로 관찰하면 진주조개(mother-of-pearl)와 같은 모습이 나타나므로 이와 같이 명명되었다. 그림 9.27은 펄라이트 조직을 갖는 공석강의 현미경 사진이다. 펄라이트는 '군(群, colony)'이라고 부르는 입자 형태로 되어 있다. 각 군 내에서는 펄라이트 층이 같은 방향으로 배열되어 있으며, 군별로 다른 방향을 나타낸다. 두껍고 밝게 보이는 층이 페라이트상이며, 검게 나타나는 얇은 층이 시멘타이트상이다. 이 배율에서 검게 보이는 많은 시멘타이트층은 너무 얇아서 근접 상경계와 잘 구별되지 않는다. 기계적으로 펄라이트는 무르고 연성인 페라이트와 단단하고 취성인 시멘타이트의 중간 성질을 나타낸다.

공정 구조의 형성과 같이 펄라이트에서도 α와 Fe₃C층이 교대로 나타난다(그림 9.13과 9.14). 즉 모상의 조성이[여기서는 오스테나이트(0.76 wt% C)] 생성상[페라이트(0.022 wt% C)와 시멘타이트(6.7 wt% C)]과 다르므로 이러한 상변태에는 탄소의 확산에 의한 재분포가 요구된다. 그림 9.28은 공석 반응에 따른 미세조직의 변화를 도식으로 나타낸 것이며, 탄소의 확산 방향은 화살표로 표시되어 있다. 펄라이트가 입계로부터 반응이 일어나지 않은 오스테나이

그림 9.28 오스테나이트로부터 생성되는 펄라이트에 대한 도식도. 탄소 확산 방향을 지시하는 화살표

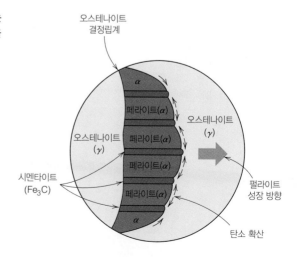

트 입자로 퍼져나갈 때 탄소 원자는 0.022 wt% C의 페라이트로부터 6.7 wt% C의 시멘타이트층으로 확산된다. 이러한 구조를 형성하는 데에는 탄소 원자의 확산 거리가 짧으므로 층상의 펄라이트가 형성된다.

펄라이트가 그림 9.26의 점 *b*로부터 계속 냉각되어도 미세조직의 변화는 거의 없다.

아공석 합금

아공석 합금

공석 조성이 아닌 다른 조성을 갖는 철-철탄화물 합금에서 나타나는 미세조직은 9.12절의 네 번째 경우와 유사하며 공정계에 대해서는 그림 9.16에 나타나 있다. 공석 조성의 왼편 (0.022~0.76 wt% C)에 위치한 C_0의 조성을 갖는 합금을 살펴보기로 하자. 공석 조성보다 탄소 농도가 작은 합금을 아공석 합금(hypoeutectoid alloy)이라고 한다. 이 조성을 갖는 합금의 냉각은 그림 9.29의 수직 점선 *yy'*을 따라 일어난다. 점 *c*(약 875℃)의 미세조직은 그림에 도식으로 나타낸 바와 같이 모두 *γ*상 결정립으로 구성되어 있다. *α* + *γ*상 구역 내의 점 *d*(약 775℃)까지 냉각시키면 그림에 나타난 바와 같이 *α*상과 *γ*상이 공존한다. 조그만 *α*상 입자는 원래의 *γ*상 입계를 따라 형성된다. *α*상과 *γ*상의 조성은 공액선을 적절히 사용하여 구할 수 있으며, 각각 0.020 wt% C와 0.40 wt% C이다.

α + *γ*상 구역을 통과하는 동안에 페라이트상의 조성은 *α* − (*α* + *γ*) 상경계(선분 *MN*)를 따라 변하며, 온도 감소에 따라 탄소 농도가 약간씩 증가한다. 반면에 온도 감소에 따른 오

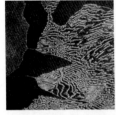

0.44 wt% C 강의 주사현 미경 미세조직 사진. 커다란 어두운 부분은 초석 페라이트. 밝고 어두운 부분이 교차하는 층상 구조는 펄라이트. 밝은 부분은 페라이트, 어두운 부분은 시멘타이트에 해당된다. 700×

(사진 제공 : Republic Steel Corporation.)

그림 9.29 아공석 조성 C_0(0.76 wt% C 미만 함유)를 갖는 철-탄소 합금을 오스테나이트상 구역에서부터 공석 온도 아래까지 냉각시킴에 따라 나타나는 미세조직의 도식도

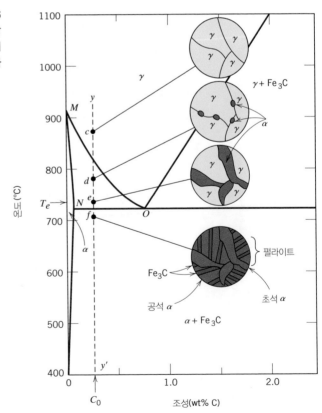

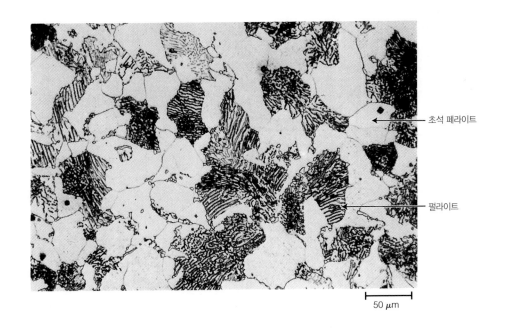

그림 9.30 0.38 wt% C 강의 현미경 사진. 펄라이트와 초석 페라이트로 구성된 미세조직을 갖는다. 635×
(사진 제공 : Republic Steel Corporation.)

초석 페라이트

펄라이트

50 μm

스테나이트의 조성 변화는 $(\alpha + \gamma) - \gamma$상경계(선분 MO)를 따라 매우 급격히 일어난다.

점 d로부터 공석 반응선 바로 위의 점 $e(\alpha + \gamma$ 구역)까지 냉각되는 동안에 α상은 점점 증가하여 그림에 나타난 바와 같이 α상 입자는 상당히 크게 성장한다. 이때의 α상과 γ상의 조성은 온도 T_e에서 그은 공액선으로 구할 수 있으며, α상은 0.022 wt% C, γ상은 공석 조성인 0.76 wt% C를 함유한다.

온도가 공석 반응선 바로 밑의 점 f까지 내려오면 온도 T_e에서 존재하던 모든 상은 식 (9.19)의 반응식에 따라 펄라이트로 변한다. 점 e에 존재하는 α상은 공석 온도를 지나면서 전혀 변화를 일으키지 않고 펄라이트 군을 둘러싸는 연속 기지상(matrix phase)으로 남는다. 점 f의 미세조직은 그림 9.29의 원 내부에 나타나 있다. 그러므로 펄라이트 내부의 α상과 $\alpha + \gamma$ 구역을 통과하면서 형성된 α상의 두 종류 α상이 존재한다. 전자를 공석 페라이트 (eutectoid ferrite)라 하고, T_e 이상에서 형성된 후자를 공석 반응 전에 형성되었으므로 초석

초석 페라이트

페라이트(proeutectoid ferrite)[proeutectoid : 공석 전(pre, before)을 의미함]라고 한다(그림 9.29). 그림 9.30은 0.38 wt% C 강의 현미경 사진이며, 넓고 흰 부분이 초석 페라이트이다. 펄라이트에서 α와 Fe_3C의 층 간격은 결정립마다 다르다. 이 장 첫 페이지의 현미경 사진에는 2개의 미세 구성인자(즉 초석 페라이트와 펄라이트)가 존재한다. 공석 온도 이하까지 서서히 냉각시킨 모든 미세조직은 이와 같이 나타난다.

초석 α와 펄라이트의 상대량은 9.12절에서 다룬 초정 미세 구성인자와 공정 미세 구성인자의 상대량을 산출하는 방식으로 구할 수 있다. 펄라이트는 공석 조성을 갖는 오스테나이트가 변한 것이므로 $\alpha - (\alpha + Fe_3C)$ 상경계의 0.022 wt% C로부터 공석 조성 0.76 wt% C까지를 잇는 공액선과 지렛대 원리를 이용한다. 예를 들어 그림 9.31에서 C_0'의 조성을 갖는 합금에 대한 펄라이트의 분율 W_p는 다음과 같이 산출할 수 있다.

그림 9.31 아공석 조성(C_0')과 과공석 조성(C_1')에 대한 초석상과 펄라이트 미세조직 사이의 상대량 산출을 나타낸 Fe–Fe$_3$C 상태도

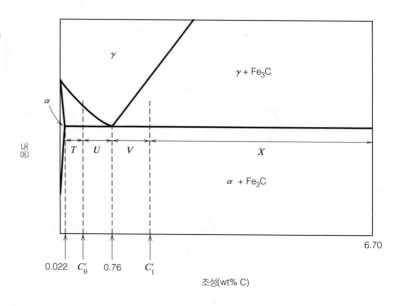

펄라이트 무게 분율 계산에 대한 지렛대 원리 적용 (그림 9.31의 조성 C_0')

$$W_p = \frac{T}{T + U}$$

$$= \frac{C_0' - 0.022}{0.76 - 0.022} = \frac{C_0' - 0.022}{0.74} \tag{9.20}$$

또한 초석 α의 분율 $W_{\alpha'}$은 다음과 같이 구할 수 있다.

초석 페라이트 무게 분율 계산에 대한 지렛대 원리 적용

$$W_{\alpha'} = \frac{U}{T + U}$$

$$= \frac{0.76 - C_0'}{0.76 - 0.022} = \frac{0.76 - C_0'}{0.74} \tag{9.21}$$

총 α(공석과 초석)와 시멘타이트의 분율도 α + Fe$_3$C 구역을 가로지르는 공액선(0.022~6.7 wt% C까지)과 지렛대 원리를 이용하여 결정할 수 있다.

과공석 합금

과공석 합금

조성이 0.76~2.14 wt% C인 **과공석 합금**(hypereutectoid alloy)을 γ상 구역 내에서 냉각시킬 때에도 유사한 상변태와 미세조직이 나타난다. 그림 9.32에서 조성이 C_1인 합금을 선 zz'을 따라 냉각시킨 경우를 살펴보기로 하자. 점 g에서는 조성이 C_1인 상으로 존재하며, 미세조직은 결정립만으로 나타난다. 점 h가 위치한 γ + Fe$_3$C 구역까지 냉각시키면 시멘타이트상이 원래의 입계를 따라 나타나기 시작한다(이 현상은 그림 9.29의 점 d에서 γ상이 형성되는

초석 시멘타이트

것과 유사하다). 이 시멘타이트는 공석 반응 전에 형성되므로 **초석 시멘타이트**(proeutectoid cementite)라고 부른다. 물론 온도가 변해도 시멘타이트의 조성(6.70 wt% C)은 일정하다.

그림 9.32 과공석 조성 C_1(0.76~2.14 wt% C)을 갖는 철-탄소 합금을 오스테나이트상 구역에서부터 공석 온도 아래까지 냉각시킴에 따라 나타나는 미세조직의 도식도

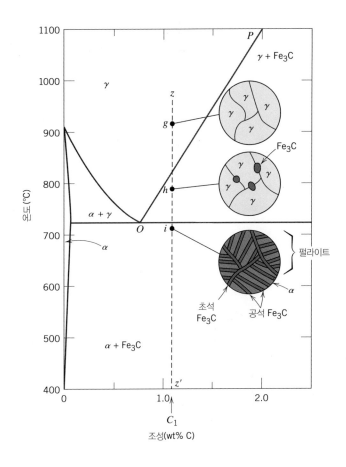

그러나 오스테나이트상의 조성은 선분 *PO*를 따라 공석 조성으로 이동한다. 온도가 공석 반응선을 지나 점 *i*에 이르면 남아 있던 공석 조성의 오스테나이트는 모두 펄라이트로 바뀐다. 그러므로 그림 9.32에 나타낸 바와 같이 미세 구성인자로 펄라이트와 초석 시멘타이트를 갖

그림 9.33 1.4 wt% C 강의 현미경 사진. 펄라이트 군을 둘러싸고 있는 초석-시멘타이트 망상(흰색)으로 구성된 미세조직을 갖는다. 1000×
(Copyright 1971 by United States Steel Corporation.)

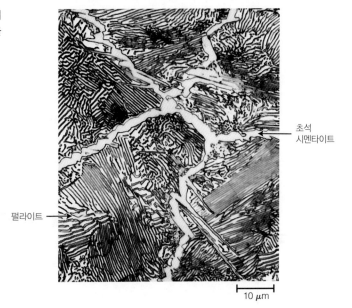

는 미세조직으로 된다. 그림 9.33의 1.4 wt% C 강의 현미경 사진에서 초석 시멘타이트는 밝게 보인다. 그림 9.30의 초석 페라이트도 밝게 보이므로 미세조직만으로 아공석 강과 과공석 강을 구별하기는 어렵다.

과공석 합금강에 대한 펄라이트와 초석 Fe_3C의 상대량은 아공석 재료에 대해서 사용한 방식과 유사한 절차를 통하여 구할 수 있다. 즉 공액선을 0.76~6.70 wt% C 사이에 적절히 긋는다. 그러므로 그림 9.31에서 C_1'의 조성을 갖는 합금의 펄라이트와 초석 시멘타이트에 대한 각각의 분율 W_p와 $W_{Fe_3C'}$은 다음과 같이 지렛대 원리를 적용하여 산출할 수 있다.

$$W_p = \frac{X}{V + X} = \frac{6.70 - C_1'}{6.70 - 0.76} = \frac{6.70 - C_1'}{5.94} \tag{9.22}$$

$$W_{Fe_3C'} = \frac{V}{V + X} = \frac{C_1' - 0.76}{6.70 - 0.76} = \frac{C_1' - 0.76}{5.94} \tag{9.23}$$

개념확인 9.9 초석상(페라이트 또는 시멘타이트)이 오스테나이트 결정립계를 따라 형성되는 이유를 간략하게 설명하라. 힌트 : 4.6절 참조

[해답은 *www.wiley.com/go/Callister_MaterialsScienceGE* → More Information → Student Companion Site 선택]

예제 9.4

페라이트, 시멘타이트 및 펄라이트 미세 구성인자의 상대량 결정

공석 반응선 바로 밑에 있는 합금(99.65 wt% Fe−0.35 wt% C)에 대하여 다음을 구하라.
(a) 페라이트상과 시멘타이트상의 총분율
(b 초석 페라이트와 펄라이트의 분율
(c) 공석 페라이트의 분율

풀이

(a) $\alpha + Fe_3C$의 전 구역에 대한 공액선에 지렛대 원리를 적용하여 C_0'을 0.35 wt% C로 놓으면 W_α와 W_{Fe_3C}는 다음과 같이 산출된다.

$$W_\alpha = \frac{6.70 - 0.35}{6.70 - 0.022} = 0.95$$

$$W_{Fe_3C} = \frac{0.35 - 0.022}{6.70 - 0.022} = 0.05$$

(b) 초석 페라이트와 펄라이트의 분율은 공액선을 단지 공석 조성까지만 긋고 지렛대 원리를 적용하여 구한다(식 9.20과 9.21 참조).

$$W_p = \frac{0.35 - 0.022}{0.76 - 0.022} = 0.44$$

$$W_{\alpha'} = \frac{0.76 - 0.35}{0.76 - 0.022} = 0.56$$

(c) 모든 페라이트는 초석 페라이트이거나 펄라이트 안의 공석 페라이트이다. 그러므로 이러한 두 종류의 페라이트를 합하면 총 페라이트가 된다.

$$W_{\alpha'} + W_{\alpha e} = W_\alpha$$

여기서 $W_{\alpha e}$는 공석 페라이트의 총합금의 분율을 나타낸다. W_α와 $W_{\alpha'}$의 값은 문제 (a)와 (b)의 답에 나타난 바와 같이 각각 0.95와 0.56이다. 그러므로 $W_{\alpha e}$의 값은 다음과 같다.

$$W_{\alpha e} = W_\alpha - W_{\alpha'} = 0.95 - 0.56 = 0.39$$

비평형 냉각

지금까지 다룬 철-탄소 합금의 미세조직에 대한 내용은 냉각 시에 준안정평형[6]이 연속적으로 유지된다는 가정하에서 이루어졌다. 즉 Fe-Fe$_3$C 상태도로부터 예측되는 상의 조성 및 상대량을 가질 수 있을 만큼의 충분한 시간이 각각의 온도에 주어졌다는 의미이다. 그러나 대부분의 경우 이와 같이 느린 냉각 속도는 비현실적일 뿐만 아니라 필요하지도 않다. 실질적으로 많은 경우에 비평형 상태가 요구된다. 실제로 중요성을 갖는 두 가지의 비평형 효과로는 (1) 상태도의 상 경계선으로 예측할 수 있는 온도가 아닌 다른 온도에서 나타나는 상변화 및 상변태, (2) 상태도에는 나타나 있지 않은 상온의 비평형상 등이 있으며, 이에 대한 내용은 제10장에 나타나 있다.

9.20 기타 합금 원소의 영향

Cr, Ni, Ti 등의 합금 원소를 첨가하면 철-철탄화물 상태도(그림 9.24)가 크게 변한다. 각 원소 및 원소의 농도에 따라 상경계의 위치 및 상 구역의 범위가 변한다. 중요한 변화 중의 하나는 공석 반응의 온도 및 탄소량의 변화이다. 여러 합금 원소의 농도에 따른 공석 온도와 공석 조성(wt% C)에 대한 효과는 각각 그림 9.34와 9.35에 나타나 있다. 그러므로 이와 같은 합금 원소의 첨가는 공석 반응의 온도뿐만 아니라 펄라이트와 공석 반응 전에 형성되는 상들의 상대량에 변화를 일으킨다. 그러나 일반적으로 합금강에는 내식성 향상이나 열처리에 대한 적합성을 부여할 목적으로 합금 원소를 첨가한다(11.8절 참조).

---

6 준안정평형이란 말은 Fe$_3$C가 유일한 하나의 준안정 화합물이라는 의미로 사용되고 있다.

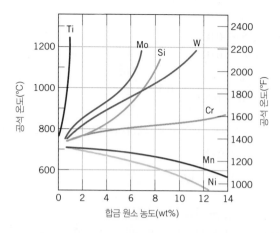

그림 9.34 강에 첨가하는 합금 원소의 농도에 따른 공석 온도의 변화

(출처 : Edgar C. Bain, *Functions of the Alloying Elements in Steel*, 1939. ASM International, Materials Park, OH. 허가로 복사 사용함)

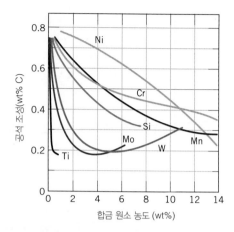

그림 9.35 강에 첨가하는 합금 원소의 농도에 따른 공석 조성 (wt% C)의 변화

(출처 : Edgar C. Bain, *Functions of the Alloying Elements in Steel*, 1939. ASM International, Materials Park, OH. 허가로 복사 사용함)

요약

서론	• 평형 상태도는 합금계에서 상들 사이의 가장 안정된 관계를 나타내는 편리하고 간단한 방법이다.
상	• 상이란 물리적 · 화학적 특성이 균일한 부분이다.
미세조직	• 다중상 합금에서 미세조직의 세 가지 중요성은 다음과 같다. – 상의 수 – 상의 상대 비율 – 상의 분포 방식 • 합금의 미세조직에 영향을 주는 세 가지 인자는 다음과 같다. – 합금 원소의 종류 – 합금 원소의 농도 – 합금의 열처리
상평형	• 평형계는 가장 안정된 상태이다. 즉 상의 특성은 시간에 따라 변하지 않는다. 열역학적인 상평형 조건은 계의 자유에너지가 주어진 온도, 압력, 조성에서 최저라는 것이다. • 준평형계는 시간에 따라 감지할 만한 변화 없이 지속적으로 유지되는 비평형계이다.
단일 성분(1원) 상태도	• 단일 성분 상태도는 압력의 로그값에 대해 온도로 작성되며 고체상, 액체상, 기체상이 나타난다.
2원 상태도	• 2원 상태도에서는 온도와 조성은 변수이지만 외부 압력은 일정하게 유지된다. 온도 대 조성의 선도에서 상 구역에는 1~2개의 상이 존재한다.

2원 전율고용체계	• 전율고용체 도표는 고상에서 완전한 용해도를 갖는다. 구리-니켈 계(그림 9.3a)가 이러한 거동을 보여 준다.
상태도 설명	• 특정 조성 합금의 경우 평형 상태에서 온도에 따라 다음 사항을 결정할 수 있다. 　– 상의 종류 : 상태도의 온도와 조성의 교차점으로부터 　– 상의 조성 : 2상의 경우 수평 공액선을 적용하여 　– 상의 무게 분율 : 2상의 경우 지렛대 법칙 적용(공액선 길이 분율 이용, 식 9.1과 9.2)
2원 공정계	• 공정 반응에서는 액상이 등온에서 다른 2개의 고상으로 변한다(즉 $L \rightarrow \alpha + \beta$). • 어떤 온도에서 용해도 한도는 특정한 상에 완전 고용되는 한 성분의 최대 농도를 가리킨다. 2원 공정계에서 용해도 한도는 고상선과 솔버스선으로 나타난다.
공정 합금의 미세조직	• 공정 조성 합금(액상)이 응고 시에는 2개의 고상이 교대로 반복되는 미세조직이 나타난다. • 공정 온도상에 놓여 있는 모든 조성(공정 조성 제외)은 공정 조직과 아울러 초정(공정 이전)상이 나타난다.
중간 상 및 중간 화합물을 갖는 평형 상태도	• 상태도의 수평축 농도 선상에 놓여 있지 않은 상(중간상 또는 중간 화합물 포함)이나 고용체, 화합물을 갖는 상태도는 더욱 복잡하다. • 공정 반응과 아울러 3개의 상이 관련되는 반응은 상태도의 불변점에서 발생한다. 　– 공석 반응의 경우 냉각 시 하나의 고상이 2개의 고상으로 변태한다(즉 $\alpha \rightarrow \beta + \gamma$). 　– 포정 반응의 경우 냉각시 하나의 액상과 하나의 고상이 다른 고상으로 변태한다(즉 $L + \alpha \rightarrow \beta$). • 관련되는 상의 조성이 변화하지 않는 경우를 정용 변태라고 한다.
Gibbs의 상법칙	• Gibbs의 상법칙은 평형 상태에 존재하는 상의 수와 자유도의 수, 성분의 수 및 조성과 관련 없는 변수의 수 사이의 관계를 나타내는 간단한 식(일반식 : 식 9.16)이다.
철-철탄화물(Fe-Fe₃C) 상태도	• 철-철탄화물 상태도(그림 9.24)에서는 α 페라이트(BCC), γ 오스테나이트(FCC) 및 금속 간 화합물인 철탄화물[시멘타이트(Fe_3C)]이 중요한 상이다. • 조성에 따라 다음과 같이 세 종류로 구분할 수 있다. 　– 철(<0.08 wt% C) 　– 강철(0.008~2.14 wt% C) 　– 주철(>2.14 wt% C)
철-탄소 합금의 미세조직	• 많은 철-탄소 합금과 강의 미세조직은 공석 반응에 의해 좌우된다. 이 반응에서는 조성이 0.76 wt% C인 FCC 오스테나이트상이 727°C에서 α 페라이트상(0.022 wt% C)과 시멘타이트(Fe_3C)로 등온 변태를 일으킨다(즉 $\gamma \rightarrow \alpha + Fe_3C$). • 공석 조성을 갖는 철-탄소 합금의 미세조직은 페라이트와 시멘타이트가 교대로 쌓인 펄라이트로 되어 있다. • 탄소량이 공석 조성보다 작은 (아공석) 합금은 초석 페라이트와 펄라이트로 구성된 미세조직을 나타낸다.

- 탄소량이 공석 조성보다 큰 (과공석) 합금은 초석 시멘타이트와 펄라이트의 미세 구성인 자로 형성된 미세조직을 갖는다.

식 요약

식 번호	식	용도
9.1b	$W_L = \dfrac{C_\alpha - C_0}{C_\alpha - C_L}$	액상의 질량 분율, 2원 이질동상계
9.2b	$W_\alpha = \dfrac{C_0 - C_L}{C_\alpha - C_L}$	α 고용상의 질량 분율, 2원 이질동상계
9.5	$V_\alpha = \dfrac{v_\alpha}{v_\alpha + v_\beta}$	α 상의 부피 분율
9.6a	$V_\alpha = \dfrac{\dfrac{W_\alpha}{\rho_\alpha}}{\dfrac{W_\alpha}{\rho_\alpha} + \dfrac{W_\beta}{\rho_\beta}}$	α 상에 대한 질량 분율의 부피 분율 변환
9.7a	$W_\alpha = \dfrac{V_\alpha \rho_\alpha}{V_\alpha \rho_\alpha + V_\beta \rho_\beta}$	α 상에 대한 부피 분율의 질량 분율 변환
9.10	$W_e = \dfrac{P}{P + Q}$	2원 공정계의 공정 미세성분의 질량 분율(그림 9.18)
9.11	$W_{\alpha'} = \dfrac{Q}{P + Q}$	2원 공정계의 초정 α 미세성분의 질량 분율(그림 9.18)
9.12	$W_\alpha = \dfrac{Q + R}{P + Q + R}$	2원 공정계의 총 α 상의 질량 분율(그림 9.18)
9.13	$W_\beta = \dfrac{P}{P + Q + R}$	2원 공정계의 총 β 상의 질량 분율(그림 9.18)
9.16	$P + F = C + N$	Gibbs의 상법칙(일반 형태)
9.20	$W_p = \dfrac{C_0' - 0.022}{0.74}$	아공석 Fe-C 합금에 대한 펄라이트의 질량 분율(그림 9.31)
9.21	$W_{\alpha'} = \dfrac{0.76 - C_0'}{0.74}$	아공석 Fe-C 합금에 대한 초공석 α 페라이트의 질량 분율(그림 9.31)
9.22	$W_p = \dfrac{6.70 - C_1'}{5.94}$	과공석 Fe-C 합금에 대한 펄라이트의 질량 분율(그림 9.31)
9.23	$W_{Fe_3C'} = \dfrac{C_1' - 0.76}{5.94}$	과공석 Fe-C 합금에 대한 초공석 a 페라이트의 질량 분율(그림 9.31)

기호 목록

기호	의미
C(Gibbs의 상법칙)	계의 성분 수
C_0	합금의 조성(성분 중의 하나)
C_0'	아공석 합금의 조성(wt% C)
C_1'	과공석 합금의 조성(wt% C)
F	계의 상태를 완전하게 정의하기 위해 규정해야 할 외부 조정 변수의 수
N	계의 조성 이외의 변수의 수
P, Q, R	공액선 부분의 길이
P(Gibbs의 상법칙)	주어진 계에 존재하는 상의 수
v_α, v_β	α와 β 상의 부피
ρ_α, ρ_β	α와 β 상의 밀도

주요 용어 및 개념

계
고상선
공석 반응
공액선
공정
공정 구조
공정 반응
과공석 합금
금속 간 화합물
끝단 고용체
미세 구성인자
불변점
상

상태도
상평형
성분
솔버스선
시멘타이트
아공석 합금
액상선
오스테나이트
용해 한도
자유에너지
전율고용체
정융 변태
준평형

중간 고용체
지렛대 원리
초석 시멘타이트
초석 페라이트
초정
최종 고용체
펄라이트
페라이트
평형
포정 반응
Gibbs의 상법칙

참고문헌

ASM *Handbook*, Vol. 3, *Alloy Phase Diagrams*, ASM International, Materials Park, OH, 2016.

ASM *Handbook*, Vol. 9, *Metallography and Microstructures*, ASM International, Materials Park, OH, 2004.

Campbell, F. C., *Phase Diagrams: Understanding the Basics*, ASM International, Materials Park, OH, 2012.

Massalski, T. B., H. Okamoto, P. R. Subramanian, and L. Kacprzak (Editors), *Binary Phase Diagrams*, 2nd edition, ASM International, Materials Park, OH, 1990.

Three volumes. Also on CD-ROM with updates.

Okamoto, H., Desk Handbook: Phase *Diagrams for Binary Alloys*, 2nd edition, ASM International, Materials Park, OH, 2010.

Villars, P., A. Prince, and H. Okamoto (Editors), *Handbook of Ternary Alloy Phase Diagrams*, ASM International, Materials Park, OH, 1995. Ten volumes. Also on CD-ROM.

연습문제

용해 한도

9.1 그림 9.1의 설탕-물 상태도를 이용하여 다음 질문에 답하라.

(a) 80°C(363K)의 물 1000g에 녹는 설탕의 양은 얼마인가?

(b) 문제 (a)의 포화 용액을 20°C까지 냉각시키면 어느 정도의 설탕은 고체로 석출될 것이다. 20°C 포화 용액의 조성(설탕의 wt%)은 얼마인가?

(c) 20°C까지 냉각시키면 얼마만큼의 설탕이 고체로 석출되겠는가?

미세조직

9.2 합금의 미세조직을 결정짓는 세 가지 변수는 무엇인가?

단일 성분(1원) 상태도

9.3 그림 9.2에 나타난 H_2O의 압력-온도 상태도를 이용하여 10 atm에서 −15°C의 얼음을 (a) 녹이기 위해서는, (b) 승화시키기 위해서는, 압력을 얼마까지 올리거나 낮추어야 하는지를 결정하라.

2원 전율고용체계

9.4 아래 표는 Cu-Au 계의 고상선과 액상선의 온도를 나타낸다. 이 계의 상태도를 그리고, 나타나는 상 구역을 표시하라.

조성 (wt% Au)	고상선 온도(°C)	액상선 온도(°C)
0	1085	1085
20	1019	1042
40	972	996
60	934	946
80	911	911
90	928	942
95	974	984
100	1064	1064

9.5 구리 5.43 kg에 몇 kg의 니켈을 첨가해야 1200°C의 고상선 온도가 나타나는가?

상태도 설명

9.6 다음 합금에 대하여 존재하는 상들과 상의 조성을 밝히라.

(a) 100°C에서의 15 wt% Sn − 85 wt% Pb

(b) 425°C에서의 25 wt% Pb − 75 wt% Mg

(c) 600°C에서의 55 wt% Zn − 45 wt% Cu

(d) 350°C에서의 21.7 mol Mg과 35.4 mol Pb

9.7 은-구리가 평형 상태에서 4 wt% Ag − 96 wt% Cu의 β상 조성과 95 wt% Ag − 5 wt% Cu의 액상 조성을 가질 수 있겠는가? 가능하다면 이 합금의 온도는 대략 얼마인가? 가능하지 않다면 그 이유를 설명하라.

9.8 50 wt% Ni − 50 wt% Cu 합금을 1400°C에서 1200°C까지 서서히 냉각시켰다.

(a) 고상이 처음 나타나는 온도는 몇 도인가?

(b) 이 고상의 조성은 얼마인가?

(c) 이 합금이 완전히 응고하는 온도는 몇 도인가?

(d) 완전히 응고되기 전에 마지막까지 남아 있던 액상의 조성은 얼마인가?

9.9 연습문제 9.6에 주어진 합금 및 온도에 대한 상들의 상대량(무게 분율)을 구하라.

9.10 85 wt% Pb − 15 wt% Sn 합금의 시료 2 kg을 200°C까지 가열하였다. 이 온도에서는 α상 고용체를 갖는다(그림 9.8 참조). 이 시료를 액상 50%, α상 50%가 되도록 녹이려고 한다. 이를 위해서는 합금을 가열하든지, 또는 온도를 일정하게 유지하면서 합금의 조성을 바꾸든지 해야 한다.

(a) 시료를 몇 도까지 가열해야 하는가?

(b) 200°C에서 이 상태를 얻으려면 2 kg의 시료에 주석을 얼마나 첨가해야 하는가?

9.11 무게 2.5 kg의 80 wt% Cu − 20 wt% Ag 구리-은 합금이 800°C에 놓여 있다. 이 합금에 얼마만큼의 구리를 첨가하면 800°C에서 완전히 응고가 일어나겠는가?

9.12 40 wt% Pb − 60 wt% Mg 합금을 (α + 액상) 구역 내

의 온도까지 가열시켰다. 각 상의 무게 분율은 0.5 이다. 다음 값을 구하라.

(a) 합금의 온도

(b) α상과 액상의 조성

(c) 두 가지 상의 원자 백분율 조성

9.13 가상 금속 A와 B로 구성된 합금에 A가 많이 함유된 α상과 B가 많이 함유된 β상이 존재한다. 다음 표와 같이 두 합금은 같은 온도에서 α상과 β상의 무게 분율이 서로 다르다. 이 온도에서 α상과 β상에 대한 상경계의 조성(용해 한도)을 결정하라.

합금 조성	α상 분율	β상 분율
70 wt% A − 30 wt% B	0.78	0.22
35 wt% A − 65 wt% B	0.36	0.64

9.14 조성이 20 wt% Ag − 80 wt% Cu인 구리-은 합금은 평형 상태에서 무게 분율이 각각 $W_\alpha = 0.80$, $W_L = 0.20$인 α상과 액상으로 구성될 수 있겠는가? 가능하다면 이 합금의 온도는 대략 얼마인가? 가능하지 않다면 그 이유를 설명하라.

9.15 무게 분율을 부피 분율로, 또는 부피 분율을 무게 분율로 변환하는 식 (9.6a)와 (9.7a)를 유도하라.

9.16 연습문제 9.6의 (a), (b), (c)에 주어진 합금과 온도에 대한 상의 상대량을 부피 분율로 결정하라. 여러 금속의 온도에 따른 밀도는 다음 표에 주어져 있다.

금속	온도 (°C)	밀도 (g/cm³)
Cu	600	8.68
Mg	425	1.68
Pb	100	11.27
Pb	425	10.96
Sn	100	7.29
Zn	600	6.67

이질동상 합금의 기계적 성질

9.17 냉간 가공을 하지 않은 상태에서 최소 인장 응력 380 MPa, 최소 연성값 45 %EL을 갖는 구리-니켈 합금을 생산하려고 한다. 이러한 합금을 생산할 수 있겠는가? 생산이 가능하다면 합금의 조성은 얼마여야 하는가? 만일 생산할 수 없다면 그 이유를 밝히라.

2원 공정계

9.18 60 wt% Pb − 40 wt% Mg 합금을 높은 온도에서 급속 냉각시켜 고온의 미세조직을 보존하였다. 이 조직은 α상과 Mg_2Pb상으로 구성되어 있으며, 무게 분율은 각각 0.42와 0.58로 나타났다. 합금을 대략 몇 도에서 냉각시킨 것인가?

공정 합금의 미세조직

9.19 상과 미세 구성인자의 차이점은 무엇인가?

9.20 마그네슘-납 합금은 460°C에서 초정 α와 총 α의 무게 분율이 각각 0.60과 0.85가 될 수 있겠는가? 그 이유를 설명하라.

9.21 조성이 80 wt% Sn − 20 wt% Pb인 납-주석 합금이 180°C에 있다.

(a) α상과 β상의 무게 분율을 산출하라.

(b) 초정 β와 공정 미세 구성인자의 무게 분율을 산출하라.

(c) 공정 β상의 무게 분율을 산출하라.

9.22 마그네슘-납 합금을 600°C에서 450°C까지 냉각하였다. 미세조직은 초정 Mg_2Pb와 공정 미세 구성인자로 되어 있다. 미세 구성인자의 무게 분율이 0.28이라면 이 합금의 조성을 구하라.

9.23 그림 9.8의 납-주석 계와 유사한 금속 A, B의 가상 공정 상태도에 대한 가정 사항은 다음과 같다. (1) α상과 β상은 A, B의 양 끝단에 존재한다, (2) 공정 조성은 36 wt% A − 64 wt% B이다. (3) 공정 온도에서 β상의 조성은 88 wt% A − 12 wt% B이다. 초정 β와 총 β의 무게 분율이 각각 0.367과 0.768이 되는 합금의 조성을 구하라.

9.24 76 wt% Pb − 24 wt% Mg 합금을 각각 575°C, 500°C, 450°C, 300°C에서 천천히 냉각시킬 때 나타나는 미세조직을 도식으로, 그리고 모든 상과 상들의 대략적인 조성을 표시하라.

9.25 순구리와 순은의 상온 인장 강도는 각각 209 MPa과 125 MPa이다.

(a) 순구리와 순은 사이의 모든 조성에 대해 개략적으로 조성에 따른 인장 강도 그래프를 그리라. [힌트 : 9.10절과 9.11절 참조, 식 (9.24)와 연습문제 9.44 참조]

(b) 같은 그래프 위에 600°C에서의 조성에 따른 인장 강도 그래프를 그리라.

(c) 이 두 곡선의 형태와 차이점을 설명하라.

중간 상과 중간 화합물을 갖는 평형 상태도

9.26 알루미늄-지르코늄 계에서 금속 간 화합물이 22.8 wt% Al−77.2 wt% Zr이다. 이 화합물의 화학식은 무엇인가?

9.27 다음 합금들의 액상선, 고상선 및 솔버스 온도를 규명하라.

(a) 30 wt% Ni−70 wt% Cu

(b) 20 wt% Zn−80 wt% Zr

(c) 3 wt% C−97 wt% Fe

정융 상변태

공석 반응과 포정 반응

9.28 그림 9.36의 Sn-Au 상태도에는 단지 단일상만이 표시되어 있다. 공정 반응, 공석 반응, 포정 반응 및 정융 상변태가 일어나는 온도-조성을 명시하고, 냉각에 따른 반응식을 기술하라.

9.29 다음 사항을 이용하여 상온 20°C와 700°C 사이에서의 가상 상태도를 그리라.

• A의 용융점은 480°C이다.

• A에 대한 B의 최대 용해도는 420°C에서 4 wt% B이다.

• A에 B의 상온 용해도는 0 wt% B이다.

• 첫 번째 공정점은 420°C, 18 wt% B−82 wt% A 이다.

• 두 번째 공정점은 475°C, 42 wt% B−58 wt% A 이다.

• 중간 화합물 AB의 조성은 30 wt% B−70 wt% A 이며, 정융점은 525°C이다.

• B의 융점은 600°C이다.

• B에 대한 A의 최대 용해도는 475°C에서 13 wt% A이다.

• 상온에서 B에 대한 A의 용해도는 3 wt% A이다.

Gibbs의 상법칙

9.30 그림 9.37은 H_2O의 압력-온도 상태도이다. Gibbs의 상법칙을 적용하여 점 A, B, C에서의 자유도 (즉 계를 완벽하게 정의하기 위하여 규정해야 할 외부 통제 가능 인자 수)를 계산하라.

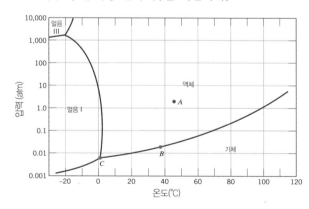

그림 9.37 H_2O의 로그 압력-온도 상태도

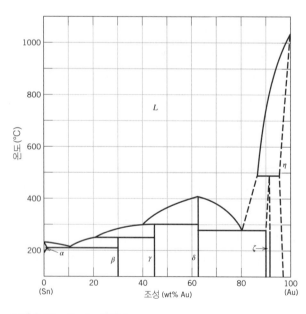

그림 9.36 Sn-Au 상태도

(출처 : *Metals Handbook*, Vol. 8, 8th edition, *Metallography, Structures and Phase Diagrams*, 1973. ASM International, Materials Park, OH. 허가로 복사 사용함)

9.31 다음 합금들에 대한 자유도를 규명하라.

(a) 1300°C에서 20 wt% Ni−80 wt% Cu

(b) 525℃에서 52.7 wt% Zn－47.3 wt% Cu

(c) 1000℃에서 1 wt% C－99 wt% Fe

철-철탄화물(Fe-Fe₃C) 상태도
철-탄소 합금의 미세조직

9.32 펄라이트를 구성하는 α 페라이트와 시멘타이트의 무게 분율을 구하라.

9.33 총 시멘타이트의 분율이 0.10인 철-탄소 합금의 탄소 농도는 얼마인가?

9.34 0.95 wt% C를 함유하는 오스테나이트 3.5 kg을 727℃ 이하로 냉각시켰다.

(a) 초석상은 무엇인가?

(b) 페라이트와 시멘타이트 각각의 총무게(kg)는 얼마인가?

(c) 펄라이트와 초석상 각각의 총무게(kg)는 얼마인가?

(d) 이에 대한 미세조직을 도식으로 그리고, 각각의 상을 구별하여 표시하라.

9.35 그림 9.30에 나타낸 Fe-C 합금의 사진(즉 미세 구성인자의 상대량)과 Fe-Fe₃C 상태도(그림 9.24 참조)를 바탕으로 합금의 조성을 평가하고, 그림 9.30의 주어진 조성값과 비교하라. 가정사항은 다음과 같다. (1) 사진상의 각 상과 미세 구성인자의 면적 분율은 부피 분율과 같다, (2) 초석 페라이트와 펄라이트의 밀도는 7.87과 7.84 g/cm³이다, (3) 이 사진은 725℃에서의 평형 미세조직이다.

9.36 철-탄소 합금의 미세조직이 초석 페라이트와 펄라이트로 구성되어 있으며, 이 두 미세 구성인자의 무게 분율을 계산하라. 이 합금의 탄소 농도는 0.35 wt% C이다.

9.37 철-탄소 합금의 초석 페라이트와 펄라이트의 무게 분율이 각각 0.174와 0.826이다. 이 합금의 탄소 농도를 결정하라.

9.38 철-탄소 합금의 초석 시멘타이트와 펄라이트의 무게 분율이 각각 0.11과 0.89이다. 이 합금의 탄소 농도를 결정하라.

9.39 99.7 wt% Fe－0.3 wt% C 합금 1.5 kg을 공석 온도

바로 아래까지 냉각시켰다.

(a) 초석 페라이트의 무게(kg)는 얼마인가?

(b) 공석 페라이트의 무게(kg)는 얼마인가?

(c) 시멘타이트의 무게(kg)는 얼마인가?

9.40 총 시멘타이트와 초석 페라이트의 무게 분율이 각각 0.057과 0.36인 철-탄소 합금이 가능한가? 그 이유를 설명하라.

9.41 1.00 wt% C를 함유한 Fe-C 합금의 초석 시멘타이트의 무게 분율은 얼마인가?

9.42 철-탄소 합금에서 공석 시멘타이트의 무게 분율이 0.109이다. 이 값만으로 합금의 조성을 결정할 수 있는가? 가능하다면 합금의 조성을 계산하고, 불가능하다면 그 이유를 설명하라.

9.43 3 wt% C－97 wt% Fe 합금을 각각 1250℃, 1145℃, 700℃에서 천천히 냉각시킬 때 나타나는 미세조직을 도식으로, 그리고 모든 상과 상들의 대략적인 조성을 표시하라.

9.44 다상 합금의 성질은 대략 다음과 같이 나타낼 수 있다.

$$E(\text{합금}) = E_\alpha V_\alpha + E_\beta V_\beta \qquad (9.24)$$

여기서 E는 특정 성질(탄성 계수, 경도 등)을, V는 부피 분율을 나타낸다. 아래첨자 α와 β는 존재하는 상이나 미세 구성인자를 표시한다. 위의 관계식을 이용하여 99.75 wt% Fe－0.25 wt% C 합금의 브리넬 경도를 구하라. 페라이트와 펄라이트의 브리넬 경도값은 각각 80과 280이며, 부피 분율값과 무게 분율값은 거의 비슷하다고 가정하라.

기타 합금 원소의 영향

9.45 어느 강 합금의 조성이 95.7 wt% Fe, 4.0 wt% W, 0.3 wt% C이다.

(a) 이 합금의 공석 온도는 대략 얼마인가?

(b) 이 합금을 공석 온도 바로 아래까지 냉각시킬 때 나타나는 초석상은 무엇인가?

(c) 초석상과 펄라이트의 상대량을 계산하라.

W의 첨가에 따른 상태도의 변화는 없다고 가정하라.

상변태 : 미세조직의 전개 및 기계적 성질의 변화

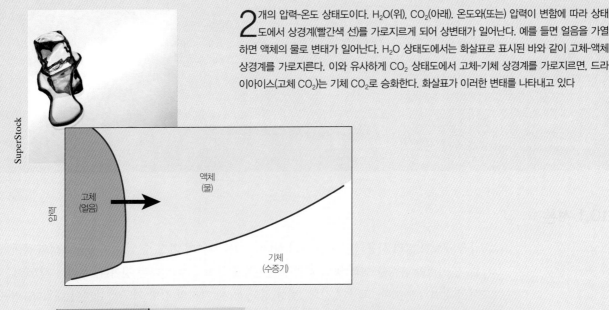

2개의 압력-온도 상태도이다. H_2O(위), CO_2(아래). 온도와(또는) 압력이 변함에 따라 상태도에서 상경계(빨간색 선)를 가로지르게 되어 상변태가 일어난다. 예를 들면 얼음을 가열하면 액체의 물로 변태가 일어난다. H_2O 상태도에서는 화살표로 표시된 바와 같이 고체-액체 상경계를 가로지른다. 이와 유사하게 CO_2 상태도에서 고체-기체 상경계를 가로지르면, 드라이아이스(고체 CO_2)는 기체 CO_2로 승화한다. 화살표가 이러한 변태를 나타내고 있다

SuperStock

고체
(얼음)

액체
(물)

기체
(수증기)

압력

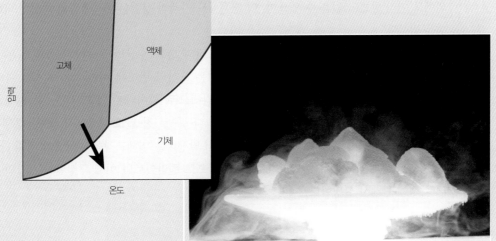

고체

액체

기체

압력

온도

Charles D. Winters/Photo Researchers, Inc.

재료의 원하는 기계적 성질은 많은 경우 열처리에 의한 상변태를 통하여 얻게 된다. 일부 상변태의 시간 및 온도 의존성은 상태도를 일부 개조하여 나타낸다. 이러한 다이어그램을 이해하면 상온에서 원하는 기계적 성질을 얻기 위한 합금의 열처리 공정을 디자인할 수 있다. 예를 들면 공석 조성을 가진 탄소강(0.76 wt% C)은 그의 기계적 성질이 열처리에 따라서 700 MPa에서 2000 MPa까지 변화한다.

학습목표

이 장을 학습한 후에는 다음 내용을 숙지할 수 있어야 한다.

1. 전형적인 고체의 상변태에서 시간과 상변태 분율을 나타낸 대략적 그래프

2. 철 합금에서 나타나는 각각의 미세 구성인자들을 미세조직 : 미세 펄라이트, 조대 펄라이트, 스페로이다이트, 베이나이트, 마텐자이트 그리고 템퍼링된 마텐자이트

3. 다음 미세 물질의 일반적인 기계적인 특성 : 미세 펄라이트, 조대 펄

라이트, 스페로이다이트, 베이나이트, 마텐자이트, 그리고 템퍼링된 마텐자이트, 또한 미세 구조적인(혹은 결정 구조적인) 관점에서 이들의 거동

4. 철과 탄소의 합금에 대한 등온 상태도(혹은 연속적인 냉각 변태도)가 주어진다면 특정한 미세 물질을 만들기 위한 열처리

10.1 서론

금속 재료가 널리 사용되는 이유 중의 하나는 이들 재료가 가질 수 있는 기계적 특성의 폭이 넓고, 이러한 특성을 여러 방법에 의해 용이하게 구현할 수 있다는 것이다. 우리는 제7장에서 결정립의 미세화, 고용체 강화, 변형 경화 등 세 가지의 강화 기구에 대하여 배웠다. 이외에도 여러 방법이 있을 수 있으며, 이 경우에도 기계적 성질은 미세조직의 특성에 의해 영향을 받는다.

일반적으로 단일상과 2상 합금에서 미세조직의 변화는 상변태—상의 종류 또는 상의 수의 변화—를 수반한다. 이 장의 초반부에서는 고상의 변태에 대한 기본 원리에 관해 간략히 설명할 것이다. 대부분의 상변태는 순간적으로 일어나지 않고 시간, 즉 변태 속도(transformation rate)에 의존하여 진행된다. 그다음으로 철-탄소 합금에서 생기는 2상 미세조직에 관해 설명하고, 또한 특정한 열처리에서 발생하는 미세조직을 파악하기 위해 만들어진 변형된 상태도에 대해 설명하기로 한다. 끝으로 펄라이트와 미세 구성인자 각각의 기계적 특성에 관해서 설명한다.

변태 속도

상변태

10.2 기본 개념

상변태

다양한 종류의 상변태(phase transformation)는 재료 가공에서, 특히 미세조직의 변화가 있는 가공에서 중요하다. 이러한 논의를 위하여 여기서는 변태를 세 가지로 분류하였다. 첫 번째는 상의 수나 조성이 변하지 않고 단순히 확산에 의해 생기는 변태이다. 순수 금속의 응

고, 동소 변태(allotropic transformation), 재결정화 및 결정립 성장(7.12와 7.13절 참조) 등이 여기에 포함된다.

확산이 수반되는 또 다른 종류의 변태에서는 상의 조성과 수의 변화가 있다. 이런 경우 최종 미세조직에는 두 상이 존재한다. 식 (9.19)에 설명한 공석 반응(eutectoid reaction)이 여기에 속한다. 이에 대해서는 10.5절에서 좀 더 자세히 언급할 것이다.

세 번째는 무확산(diffusionless) 변태이며, 그곳에서 준안정상이 만들어진다. 10.5절에서 취급한 합금강의 마텐자이트 변태가 이 범주에 속한다.

10.3 상변태 속도론

상변태에 따라 일반적으로 근원상과 물리적 · 화학적 특성이나 구조가 다른 새로운 상이 적어도 하나는 형성된다. 또한 대부분의 상변태는 순간적으로 일어나지 않는다. 상변태는 새로운 상(들)의 수많은 조그만 입자가 형성되면서 시작하며, 변태가 종료될 때까지 크기가 증가한다. 상변태 과정은 크게 **핵생성**(nucleation)과 **성장**(growth)의 2단계로 나눌 수 있다. 핵생성 단계에는 매우 작은 입자들이 나타나며, 이러한 새로운 상의 핵들(단지 수백 개의 원자로 구성된)이 계속 성장할 수 있게 된다. 성장 단계에서 이러한 핵들의 크기가 증가함에 따라 근원상은 전체적으로 또는 부분적으로 소멸하고, 이러한 새로운 상이 평형 분율에 이르면 변태는 종료된다. 이제 이 두 과정의 기구를 논하고, 이 기구가 고상 변태와 어떻게 관련되는지 살펴보기로 한다.

핵생성, 성장

핵생성

핵생성에는 **균일**(homogeneous) 핵생성과 **불균일**(heterogeneous) 핵생성의 두 가지 형태가 있다. 이 두 형태의 차이는 핵생성이 발생하는 위치에서 비롯된다. 균일 핵생성은 새로운 상의 핵들이 근원상 전체에 걸쳐 균일하게 형성되지만, 불균일 핵생성에서는 핵들이 용기벽이나 불용성 불순물, 결정립계, 전위 등과 같은 구조적 불균일 지역에서 먼저 형성된다. 먼저 설명과 이론이 더 단순한 균일 핵생성부터 논의를 시작한 다음 이 원리를 불균일 핵생성까지 확대 적용한다.

균일 핵생성

핵생성 이론에는 열역학적 매개변수인 자유에너지(free energy 또는 Gibbs 자유에너지) G가 관련된다. 요약하자면 자유에너지는 계의 내부에너지(즉 엔탈피, H)와 원자들이나 분자들의 무질서 척도(즉 엔트로피, S) 함수이다. 열역학의 원리에 대해 상세히 논의하는 것이 우리의 목적은 아니다. 그러나 상변태에서 자유에너지의 변화인 ΔG는 중요한 매개변수이며, ΔG가 음수이면 변태는 자발적으로 일어난다.

자유에너지

간단하게 먼저 순수 재료의 응고를 생각해 보자. 고상에서 원자들이 차곡차곡 쌓이듯 액체 내에서 원자들이 서로 뭉쳐(cluster) 고상의 핵들을 형성하며, 각각의 핵은 그림 10.1에 나타낸 바와 같이 반지름이 r인 공모양으로 가정한다.

응고 변태에 관련된 총자유에너지의 변화는 두 가지로 나누어 볼 수 있다. 첫 번째는 고

그림 10.1 액체 내에서 공모양 고체 입자의 핵생성을 나타낸 개략도

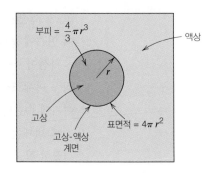

상과 액상의 자유에너지 차이, 즉 부피 자유에너지 ΔG_v이다. 이 값은 온도가 평형 응고 온도 아래이면 음수가 되며, 그 양은 ΔG_v에 공모양 핵의 부피(즉 $\frac{4}{3}\pi r^3$)를 곱한 값이다. 두 번째는 응고 변태 과정에서의 고상-액상 상경계 형성에 따른 자유에너지 변화이다. 이 경계와 관련된 표면 자유에너지 γ는 양수이며, 그 양은 핵의 표면적(즉 $4\pi r^2$)에 γ를 곱한 값이다. 그러므로 총자유에너지 변화는 이 두 값의 합과 같다.

응고 변태에 대한 총자유에 너지 변화

$$\Delta G = \frac{4}{3}\pi r^3 \Delta G_v + 4\pi r^2 \gamma \qquad (10.1)$$

그림 10.2a와 그림 10.2b에 핵의 반지름에 따른 부피 자유에너지, 표면 자유에너지 및 총자유에너지의 변화를 나타내었다. 그림 10.2a에서 식 (10.1)의 첫 번째 항인 부피 자유에너지(음수)는 r의 3승에 비례하여 감소하며 식 (10.1)의 두 번째 항인 표면 자유에너지(양수)는 r의 2승에 비례하여 증가한다. 결과적으로 이 두 항의 합을 나타내는 곡선(그림 10.2b)은 처음에는 증가하여 최대점에 도달 후 결국 감소한다. 물리적 의미를 살펴보면 액상 내의 원자들이 서로 뭉쳐져 고상 입자가 형성되기 시작할 초기에는 자유에너지가 증가한다. 이 뭉쳐진 크기가 임계 반지름 r^*에 도달한 후 성장이 지속됨에 따라 자유에너지는 감소된다. 반면에 뭉쳐진 반지름이 임계 크기보다 작으면 수축하여 다시 용해된다. 이러한 임계 미만의 입자를 엠브리오(embryo)라고 하며, r^*보다 더 큰 입자를 핵(nucleus)이라고 한다. 임계 자유에너지 ΔG^*는 임계 반지름에서 나타내므로 그림 10.2b의 최대점에 대응한다. ΔG^*를 활성화 자유에너지(activation free energy)라고 하며, 안정한 핵생성에 요구되는 자유에너지이다. 또는 핵생성 과정에 대한 에너지 장벽으로 볼 수도 있다.

그림 10.2 (a) 응고 동안 공모양의 엠브리오/핵 형성에 관련된 총자유에너지에 대한 부피 자유에너지와 표면 자유에너지를 나타낸 개략 곡선, (b) 임계 자유에너지 변화(ΔG^*)와 임계 핵 반지름(r^*)을 나타낸 엠브리오/핵 반지름에 따른 자유에너지의 개략 선도

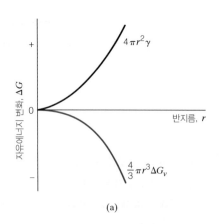

(a)

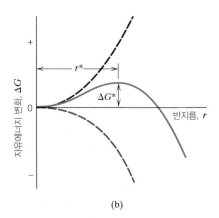

(b)

 r^*와 ΔG^*가 반지름에 대한 자유에너지 곡선(그림 10.2b)의 최대점에 대응하므로 이 두 매개변수를 유도하는 것은 간단하다. r^*의 경우는 식 (10.1)을 r에 대해 미분하고 미분한 결과를 0으로 놓고, $r = r^*$에 대해 풀면 된다.

$$\frac{d(\Delta G)}{dr} = \tfrac{4}{3}\pi\,\Delta G_v(3r^2) + 4\pi\gamma(2r) = 0 \tag{10.2}$$

결과는 다음과 같다.

균일 핵생성의 경우 안정한 고상 입자의 임계 반지름

$$r^* = -\frac{2\gamma}{\Delta G_v} \tag{10.3}$$

 r^* 값을 식 (10.1)에 대입하면 ΔG^*는 다음과 같이 표현된다.

균일 핵생성의 경우 안정한 핵생성에 요구되는 활성화 자유에너지

$$\Delta G^* = \frac{16\pi\gamma^3}{3(\Delta G_v)^2} \tag{10.4}$$

 이 부피 자유에너지 변화 ΔG_v는 응고 변태의 구동력이며, 그 크기는 온도의 함수이다. 평형 응고 온도 T_m에서 ΔG_v는 0이며, 온도가 감소함에 따라 더 큰 음수값으로 된다.

 ΔG_v가 온도의 함수인 것은 다음 식 (10.5)에 나타난다.

$$\Delta G_v = \frac{\Delta H_f(T_m - T)}{T_m} \tag{10.5}$$

여기서 ΔH_f는 용융 잠열(즉 응고할 때 발생하는 열), T_m과 T의 단위는 Kelvin이다. 식 (10.5)의 ΔG_v를 식 (10.3)과 (10.4)에 대입하면 r^*와 ΔG^*는 각각 식 (10.6)과 (10.7)로 표현된다.

표면 자유에너지, 용융 잠열, 용융 온도 및 변태 온도에 따른 임계 핵 반지름

$$r^* = \left(-\frac{2\gamma T_m}{\Delta H_f}\right)\left(\frac{1}{T_m - T}\right) \tag{10.6}$$

활성화 자유에너지

$$\Delta G^* = \left(\frac{16\pi\gamma^3 T_m^2}{3\Delta H_f^2}\right)\frac{1}{(T_m - T)^2} \tag{10.7}$$

 식 (10.6)과 (10.7)로부터 임계 핵 반지름 r^*와 활성화 자유에너지 ΔG^*는 온도가 감소함에 따라 감소하는 것을 알 수 있다(이 식들에서 γ와 ΔH_f는 온도 변화에 대체로 민감하지 않다). 서로 다른 두 온도에서의 개략적인 ΔG 대 r 관계를 나타내는 그림 10.3에서 이 내용을 설명하고 있다. 물리적으로 평형 응고 온도(T_m)보다 온도가 낮아질수록 핵생성은 더 쉽게 일어난다는 것을 의미한다. 또한 안정한 핵 n^*(반지름이 r^*보다 큰)의 수는 온도의 함수로서 다음과 같이 표현된다.

$$n^* = K_1 \exp\left(-\frac{\Delta G^*}{kT}\right) \tag{10.8}$$

그림 10.3 두 가지 온도에서의 엠브리오/핵 반지름에 따른 자유에너지의 개략선도. 각각의 온도에 대한 임계 자유에너지 변화(ΔG^*)와 임계 핵 반지름(r^*)이 표시되어 있다.

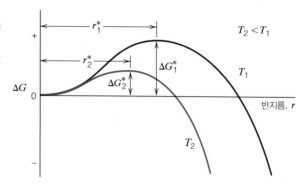

여기서 상수 K_1은 고상 핵의 총수이다. 식 (10.8)의 지수항에서 온도의 변화가 분모의 T항보다 분자인 ΔG^*항에 더 큰 영향을 준다. 결과적으로 온도가 T_m보다 낮아지면 식 (10.8)의 지수항이 감소하여 n^*는 증가한다. 이러한 온도 의존성(n^* 대 T)은 그림 10.4a에 개략적으로 나타나 있다.

핵생성 과정에는 또 하나의 온도 의존성 단계가 존재한다. 즉 핵들의 생성 동안에 단거리 확산에 의한 원자들의 뭉침이다. 확산 속도에 대한 온도의 영향(즉 확산 계수 D의 크기)은 식 (5.8)에 주어져 있다. 또한 이 확산 효과는 액상에서 원자들이 서로 달라붙어 고상 핵으로 되는 빈도 v_d에도 관련된다. 온도에 대한 v_d 의존성은 확산 계수에 대한 것과 같아 다음과 같이 표현된다.

$$v_d = K_2 \exp\left(-\frac{Q_d}{kT}\right) \tag{10.9}$$

여기서 Q_d는 온도와 무관한 매개변수(확산의 활성화 에너지)이며, K_2는 온도에 무관한 상수이다. 그러므로 식 (10.9)와 같이 온도의 감소는 v_d의 감소를 가져온다. 그림 10.4b의 곡선으로 표현되는 이 효과는 앞에서 서술한 n^*의 효과와 정반대이다.

이러한 원리와 개념은 또 다른 중요한 핵생성 매개변수인 핵생성 속도 $\dot{N}$(단위 : 부피당 초당 핵수)로 이어지며, 이 속도는 단순히 n^*(식 10.8)와 v_d(식 10.9)의 곱으로 다음과 같이 표현된다.

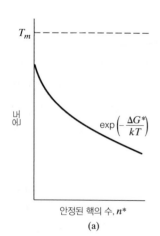

(a)

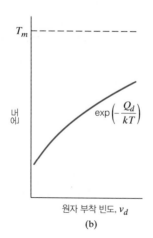

(b)

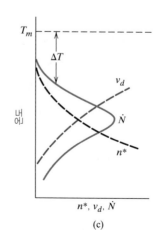

(c)

그림 10.4 응고에 대한 개략 선도. (a) 온도에 따른 안정된 핵의 수, (b) 온도에 따른 원자 부착 빈도, (c) 온도에 따른 핵생성 속도[그림 (a)와 (b)도 같이 나타냄]

균일 핵생성의 핵생성 속도

$$\dot{N} = K_3 n^* v_d = K_1 K_2 K_3 \left[\exp\left(-\frac{\Delta G^*}{kT}\right) \exp\left(-\frac{Q_d}{kT}\right) \right] \tag{10.10}$$

여기서 K_3는 핵 표면의 원자 수이다. 그림 10.4c는 온도의 함수로 핵생성 속도를 개략적으로 나타내며, $\dot{N}$ 곡선은 그림 10.4a와 그림 10.4b로부터 유도된다. 그림 10.4c에 나타난 바와 같이 온도가 T_m보다 낮아지면, 생성 속도는 처음에는 증가하다가 최대점에 도달한 후 다시 감소한다.

이 $\dot{N}$ 곡선의 모양은 다음과 같이 설명할 수 있다. 곡선의 윗부분(T 감소에 따라 $\dot{N}$의 급격한 증가)에서는 ΔG^*가 Q_d보다 크므로 식 (10.10)의 $\exp(-\Delta G^*/kT)$항이 $\exp(-Q_d/kT)$항보다 매우 작다는 것을 의미한다. 즉 높은 온도에서는 활성화 구동력이 매우 작아서 핵생성이 억제된다. 온도를 계속 낮추면 ΔG^*가 온도에 무관한 Q_d보다 더 작아져, $\exp(-Q_d/kT)$ $< \exp(-\Delta G^*/kT)$가 된다. 즉 더 낮은 온도에서는 낮은 원자 이동성이 핵생성을 억제한다. 이것이 곡선의 아랫부분(온도 감소에 따른 급격한 $\dot{N}$ 감소)에 대한 설명이다. 또한 그림 10.4c의 $\dot{N}$곡선은 필연적으로 중간 온도에서 최댓값이 나타나며, 이 온도 부근에서는 ΔG^*와 Q_d 값이 거의 같다.

이 같은 논의에 대해서는 추가적인 해설이 필요하다. 첫째, 우리는 핵 모양을 공으로 가정하였으나 어떠한 모양에 대해서도 같은 결과를 얻는다. 또한 응고(즉 액체-고체)가 아닌 다른 변태(예 : 고체-기체, 고체-고체)에도 응용할 수 있다. 그러나 변태 종류에 따라 ΔG_v와 γ 값 및 원자의 확산 속도는 다르다. 특히 고체-고체 변태의 경우에는 새로운 상의 형성에 수반되는 부피 변화가 있다. 이에 따라 미세한 변형(률)이 유발되며, 이는 식 (10.1)에 나타낸 ΔG 식에 추가되어야 하므로 결과적으로 r^*와 ΔG^* 값에 영향을 준다.

그림 10.4c로부터 액체가 냉각될 경우에는 온도가 평형 응고(또는 용융) 온도(T_m)보다 더 낮아져야 감지할 만한 핵생성(즉 응고)이 시작한다는 것을 알 수 있다. 이 현상을 과냉각(supercooling, undercooling)이라 하며, 균일 핵생성에 대한 과냉각 정도는 매우 크다(수백 K). 몇몇 재료의 균일 핵생성에 대한 과냉각 온도가 표 10.1에 주어져 있다.

표 10.1 균일 핵생성의 경우 몇몇 금속의 과냉각량(ΔT)

금속	$\Delta T(°C)$
안티몬	135
게르마늄	227
은	227
금	230
구리	236
철	295
니켈	319
코발트	330
팔라듐	332

출처 : D. Turnbull and R. E. Cech, "Microscopic Observation of the Solidification of Small Metal Droplets," *J. Appl. Phys.*, 21, 1950, p. 808.

예제 10.1

임계 핵 반지름과 활성화 자유에너지 계산

(a) 순금 응고에서 균일 핵생성을 가정하고 임계 반지름 r^*와 활성화 자유에너지 ΔG^*를 계산하라. 용융 잠열은 -1.16×10^9 J/m³, 표면 자유에너지는 0.132 J/m²이다. 표 10.1의 과냉각 값을 사용하라.

(b) 임계 핵크기의 원자 수를 계산하라. 순금의 용융점에서의 격자 매개변수는 0.413 nm이다.

풀이

(a) 임계 반지름을 계산하기 위하여 식 (10.6)을 적용하고, 금의 용융점은 1064°C, 과냉각은 230°C(표 10.1)이며, ΔH_f는 음수이다.

$$
\begin{aligned}
r^* &= \left(-\frac{2\gamma T_m}{\Delta H_f} \right) \left(\frac{1}{T_m - T} \right) \\
&= \left[-\frac{(2)(0.132 \text{ J/m}^2)(1064 + 273 \text{ K})}{-1.16 \times 10^9 \text{ J/m}^3} \right] \left(\frac{1}{230 \text{ K}} \right) \\
&= 1.32 \times 10^{-9} \text{ m} = 1.32 \text{ nm}
\end{aligned}
$$

활성화 자유에너지의 계산에는 식 (10.7)을 적용한다.

$$
\begin{aligned}
\Delta G^* &= \left(\frac{16\pi \gamma^3 T_m^2}{3\Delta H_f^2} \right) \frac{1}{(T_m - T)^2} \\
&= \left[\frac{(16)(\pi)(0.132 \text{ J/m}^2)^3(1064 + 273 \text{ K})^2}{(3)(-1.16 \times 10^9 \text{ J/m}^3)^2} \right] \left[\frac{1}{(230 \text{ K})^2} \right] \\
&= 9.64 \times 10^{-19} \text{ J}
\end{aligned}
$$

(b) 임계 핵크기의 원자수를 계산(반지름 r^* 공모양 핵을 가정하고)하기 위하여 첫째, 단위정의 수를 결정하고, 여기에 단위정당 원자수를 곱해야 한다. 임계 핵의 단위정 수는 단위정 부피에 대한 임계 핵부피의 비이다. 금의 결정 구조는 FCC(입방 단위정)이므로 부피는 a^3이고, 격자 매개변수(단위정의 한 변 길이) a는 0.413 nm이다. 그러므로 임계 반지름의 단위정 수는 다음과 같이 계산된다.

$$
\#\text{단위정의 수/입자} = \frac{\text{단위정 내의 원자 부피}}{\text{총 단위정 부피}} = \frac{\frac{4}{3}\pi r^{*3}}{a^3} \tag{10.11}
$$

$$
= \frac{\left(\frac{4}{3}\right)(\pi)(1.32 \text{ nm})^3}{(0.413 \text{ nm})^3} = 137 \text{ 단위정}
$$

FCC 단위정에는 4개의 원자가 있으므로(3.4절) 임계 핵당 원자의 총개수는 다음과 같다.

(137 단위정/임계 핵)(4 원자/단위정) = 548 원자/임계 핵

불균일 핵생성

균일 핵생성의 과냉각은 매우 크지만(수백 °C) 실제로는 단지 몇 °C 정도이다. 그 이유는 핵이 이미 존재하는 표면이나 계면에서 생성되면, 표면에너지(식 10.4의 γ)가 감소하므로 핵생성의 활성화 에너지[즉 에너지 장벽 식 (10.4)의 ΔG^*]가 낮아지기 때문이다. 즉 핵은 다른 곳보다 표면이나 계면에서 생성되기 쉽다는 것이다. 이와 같은 형태의 핵생성을 **불균일 핵생성**이라고 한다.

이 현상을 이해하기 위하여 편평한 표면에서 액상으로부터 고상 입자의 핵이 생성되는 것을 생각해 보기로 하자. 액상과 고상은 그림 10.5와 같이 모두 표면에 젖어 완전히 부착되어 있다고 가정한다. 그림에는 두 상의 경계에(γ_{SL}, γ_{SI}, γ_{IL}) 존재하는 계면에너지(벡터로 표시되어 있는)와 고체-액체 계면 사이의 각도[젖음각(wetting angle), 벡터 γ_{SI}과 γ_{SL} 사이의 각도] θ가 나타나 있다. 편평한 표면에서의 표면 인장력 사이의 균형에 따라 다음과 같은 관계가 성립한다.

고체 입자의 불균일 핵생성의 경우 고체-표면, 고체-액체, 액체-표면의 계면에너지와 고체-액체 계면 사이의 각도

$$\gamma_{IL} = \gamma_{SI} + \gamma_{SL}\cos\theta \tag{10.12}$$

균일 핵생성과 같은 형태로 불균일 핵생성에서의 r^*와 ΔG^* 관련식을 다음과 같이 유도할 수 있다(여기서 상세 내용은 생략한다).

불균일 핵생성의 경우 안정된 고체 입자 핵의 임계 반지름

$$r^* = -\frac{2\gamma_{SL}}{\Delta G_v} \tag{10.13}$$

불균일 핵생성의 경우 안정된 핵생성에 요구되는 활성화 자유에너지

$$\Delta G^* = \left(\frac{16\pi\gamma_{SL}^3}{3\Delta G_v^2}\right)S(\theta) \tag{10.14}$$

식 (10.14)의 $S(\theta)$항은 단지 θ의 함수이며(즉 핵의 모양), 0과 1 사이의 값을 갖는다.[1]

중요한 사실은 식 (10.13)의 γ_{SL}값은 식 (10.3)의 γ값과 같으므로 불균일 핵생성의 임계 반지름 r^*는 균일 핵생성의 임계 반지름 r^*와 같다는 것이다. 또한 불균일 핵생성의 활성화 에너지(식 10.14)는 다음 식 (10.15)와 같이 $S(\theta)$ 함수값만큼 균일 핵생성의 활성화 에너지(식 10.4)보다 작다.

$$\Delta G_{het}^* = \Delta G_{hom}^* S(\theta) \tag{10.15}$$

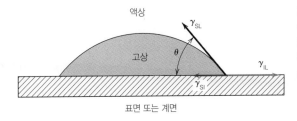

그림 10.5 액체로부터 고체의 불균일 핵생성. 고체와 표면 사이의 계면에너지(γ_{SI}), 고체와 액체 사이의 계면에너지(γ_{SL})와 액체와 표면 사이의 계면에너지(γ_{IL})는 벡터로 표시되어 있고, 젖음각(θ)도 나타나 있다.

---

1 예를 들면 θ가 30°와 90°일 때 $S(\theta)$값은 각각 0.01과 0.5이다.

그림 10.6 균일 핵생성과 불균일 핵생성에 대한 엠브리오/핵 반지름에 따른 자유에너지의 개략 곡선. 임계 자유에너지와 임계 반지름도 나타나 있다.

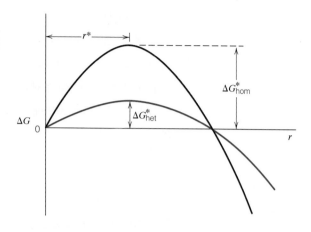

핵생성 형태에 따른 핵 반지름과 ΔG의 관계에 대한 개략적 선도가 그림 10.6에 나타나 있으며 ΔG^*_{het}와 ΔG^*_{hom} 값은 차이가 있으나 r^* 값이 서로 같음을 알 수 있다. 불균일 핵생성의 ΔG^*가 더 낮다는 것은 균일 핵생성에 비해 핵생성 과정에 극복해야 할 에너지 장벽이 낮아, 불균일 핵생성이 더 쉽게 일어난다는 것을 의미한다(식 10.10). 따라서 그림 10.4c에서 불균일 핵생성의 경우에는 $\dot{N}$ 대 T 곡선이 균일 핵생성의 경우보다 더 위의 온도로 옮겨 간다. 이 효과는 그림 10.7에 나타나 있으며, 불균일 핵생성의 경우에 필요한 과냉각(ΔT)은 균일 핵생성의 경우보다 더 작다.

성장

상변태에서 엠브리오의 크기가 임계 크기 r^*를 초과하면, 핵의 성장이 시작되어 안정한 핵으로 된다. 새로운 상 입자의 성장과 동시에 핵생성은 계속되지만, 새로운 상으로 변한 구역에서는 물론 핵생성이 일어나지 않는다. 새로운 상의 입자들이 서로 만나면 변태가 종료되어 성장은 멈춘다.

입자 성장은 장거리 원자 확산에 의해 일어나며, 확산은 일반적으로 여러 단계를 거쳐 일

그림 10.7 균일 핵생성과 불균일 핵생성에 대한 온도에 따른 핵생성 속도. 각각에 대한 과냉각(ΔT)도 나타나 있다.

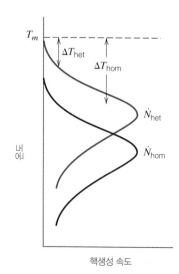

핵생성 속도

어난다. 예를 들면 원래의 상에서의 확산, 상경계를 통한 확산, 핵으로의 확산이다. 결과적으로 성장 속도 $\dot{G}$은 확산 속도에 의해 결정되며, 온도 의존성은 확산 계수에 대한 것과 같다. 식 (5.8), 즉 다음과 같이 나타낼 수 있다.

입자 성장 속도의 확산 관련 활성화 에너지와 온도에 대한 의존성

$$\dot{G} = C \exp\left(-\frac{Q}{kT}\right) \tag{10.16}$$

여기서 Q(활성화 에너지)와 C(지수항의 계수)는 온도에 무관하다.[2] 그림 10.8에는 $\dot{G}$의 온도 의존성을 나타내는 곡선과 핵생성 속도 $\dot{N}$(대부분의 경우 불균일 핵생성 속도)의 곡선도 나타나 있다. 그러면 어느 특정 온도에서의 전체 변태 속도는 $\dot{N}$과 $\dot{G}$의 곱과 같게 된다. 그림 10.8의 세 번째 곡선은 이 두 가지 효과가 결합된 전체 속도의 곡선이다. 이 곡선의 전반적인 형태는 핵생성 속도 곡선과 같지만, $\dot{N}$ 곡선에 비해 최대점이 위로 옮겨져 있다.

이와 같은 변태 해석은 응고에 대해 적용하였지만 고체-고체 변태와 고체-기체 변태에도 같은 일반적인 원리를 적용한다.

다음에 설명하겠지만 변태 속도와 어느 정도까지의 변태(예 : 50% 변태에 이르는 시간, $t_{0.5}$)에 필요한 시간은 서로 역비례한다(식 10.18). 그러므로 변태 시간의 로그값(즉 $\log t_{0.5}$)을 온도에 대해 그려 보면 그림 10.9b와 같은 일반적인 곡선이 나타난다. 이 'C자형' 곡선은 그림 10.9에 나타낸 바와 같이 그림 10.8의 변태 속도 곡선에 대한 거울 상(수직면에 대한)이다. 일반적으로 상변태 속도론에서는 온도에 따른 변태 시간(어느 정도의 변태에 걸리는)의 로그값을 나타낸 도표를 주로 사용한다(10.5절 참조).

그림 10.8의 변태 속도 대 온도 곡선으로 여러 가지 물리적 현상을 설명할 수 있다. 첫째, 생성상(product phase) 입자의 크기는 변태 온도에 의존한다. 예를 들면 T_m 부근의 온도에서는 핵생성 속도는 낮고, 성장 속도는 높아서 빠르게 성장하는 핵은 거의 생성되지 않는다. 그러므로 이의 결과 미세조직은 몇 되지 않는 커다란 상 입자(예 : 거친 결정립)로 구성된다. 반면에 더 낮은 온도에서는 핵생성 속도는 높고 성장 속도는 낮아 대체로 많은 작은 입

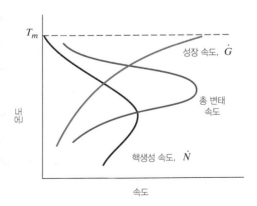

그림 10.8 온도에 따른 핵생성 속도($\dot{N}$), 성장 속도 ($\dot{G}$), 총 변태 속도를 나타낸 개략 선도

열적 활성화   2 식 (10.16)에서 $\dot{G}$과 같이 온도에 의존하는 과정을 **열적 활성화**(thermally activated)라고 부른다. 또한 이와 같은 형태(즉 온도의 지수적 변화를 갖는)의 식은 아레니우스 속도식(Arrhenius rate equation)이라고 부른다.

그림 10.9 (a) 온도에 따른 변태 속도의 개략 선도, (b) 온도에 따른 로그 시간[어느 일정 변태량(예 : 50% 변태) 까지의]의 개략 선도. (a)와 (b)는 같은 데이터에서 생산된 것임. 즉 (b)선도의 로그 시간 수평축은 (a)선도의 수평축인 속도의 역수이다.

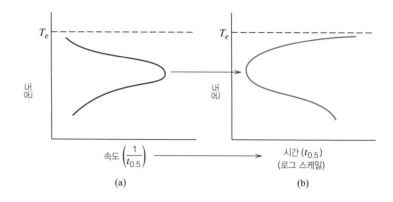

<!-- 그림 10.9 도표 -->
속도 $\left(\dfrac{1}{t_{0.5}}\right)$ (a)   시간 $(t_{0.5})$ (로그 스케일)   (b)

자(예 : 미세 결정립)의 미세조직이 된다.

또한 그림 10.8에 따르면 변태 속도 곡선 영역을 관통하여 변태 속도가 매우 느린 낮은 온도까지 재료를 급격히 냉각시키면, 비평형상 구조를 얻을 수도 있다(10.5절, 11.10절 참조).

고체 상태 변태의 속도론

속도론

앞 절에서는 핵생성, 성장 및 변태 속도의 온도 의존성에 중점을 두었다. 속도의 시간 의존성[변태의 **속도론**(kinetics)이라 부르는]은 주로 열처리에서 주요 고려 사항이다. 또한 재료 과학자와 재료 공학자의 관심을 끄는 변태는 단지 고상에 국한되므로 이제부터는 고체 상태 변태의 속도론에 대해 서술하려 한다.

대부분의 속도론 조사에서는 온도를 일정하게 유지한 상태에서 시간에 따른 변태량을 측정하며, 변태의 진전 상태는 현미경 조사 또는 새로운 상의 특징을 나타내는 물리적 성질(전기 전도율과 같은)의 측정으로 확인한다. 데이터는 시간의 로그값에 대한 변태된 정도(분율)로 나타낸다. 대부분의 고체 상태 반응의 전형적인 속도 거동은 그림 10.10과 같은 S자형 곡선을 나타낸다. 핵생성 단계와 성장 단계도 그림에 표시되어 있다.

그림 10.10에서 반응 속도의 유형을 보여 주고 있는 고상 변태의 경우 변태 분율 y는 다음과 같이 시간 t의 함수로 나타난다.

그림 10.10 등온에서의 고상 상변태에서 흔히 나타나는 분율 대 로그 시간의 도표

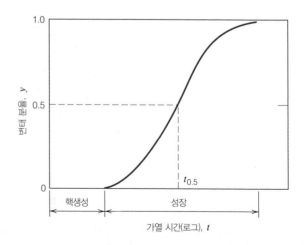

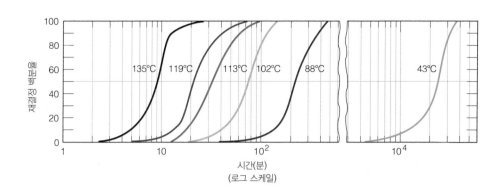

그림 10.11 순수 구리에서 등온에서의 시간에 따른 재결정 백분율
(출처 : *Metallurgical Transactions*, Vol. 188, 1950, a publication of The Metallurgical Society of AIME, Warrendale, PA. Adapted from B. F. Decker and D. Harker, "Recrystallization in Rolled Copper," *Trans. AIME*, 188, 1950, p. 888.)

Avrami 식—변태 분율의 시간 의존성

$$y = 1 - \exp(-kt^n) \tag{10.17}$$

여기서 k와 n은 각 반응에서 시간에 무관한 상수이다. 위의 식을 흔히 Avrami 식이라 한다. 관례적으로 변태 속도 r은 50% 변태되는 시간의 역수로 표현된다.

변태 속도—변태 50% 완료 시간의 역수

$$\text{rate} = \frac{1}{t_{0.5}} \tag{10.18}$$

온도는 속도론과 이에 따른 변태 속도에 많은 영향을 미친다. 변태에 대한 온도의 영향은 그림 10.11에 나타낸 구리의 재결정과 같이 y 대 $\log t$의 S자형 곡선에서 볼 수 있다. 상변태에 대한 온도와 시간의 영향은 10.5절에 상세히 기술되어 있다.

예제 10.2

재결정 속도 계산

몇몇 합금의 재결정 속도론은 Avrami 식으로 표현 가능하고 n값은 3.1로 알려져 있다. 20분이 경과한 후에 재결정 분율이 0.3이라면 재결정 속도는 얼마인가?

풀이

반응 속도는 식 (10.18)과 같이 정의된다.

$$\text{속도} = \frac{1}{t_{0.5}}$$

그러므로 이 문제에서는 $t_{0.5}$를 계산하면 된다. 즉 반응이 50% 완료되는 데 걸리는 시간, 반응 분율 $y = 0.5$가 되는 시간을 계산하면 된다. 또한 식 (10.17)의 Avrami 식을 사용하여 $t_{0.5}$를 계산할 수도 있다.

$$y = 1 - \exp(-kt^n)$$

문제에는 20분일 때 $y = 0.3$이며, $n = 3.1$로 주어져 있으므로 이 값들을 이용하여 상수 k값을 계산할 수 있다. 이러한 계산에는 다음과 같이 식을 재정리할 필요가 있다.

$$\exp(-kt^n) = 1 - y$$

양변에 자연로그를 취하면 다음과 같다.

$$-kt^n = \ln(1 - y) \tag{10.17a}$$

k에 대해 풀면 다음과 같다.

$$k = -\frac{\ln(1 - y)}{t^n}$$

위에서 언급한 y, n, t 값을 대입하면 k 값은 다음과 같다.

$$k = -\frac{\ln(1 - 0.30)}{(20분)^{3.1}} = 3.30 \times 10^{-5}분^{-3.1}$$

우리가 원하는 것은 $y = 0.5$일 때의 t값, 즉 $t_{0.5}$이므로 식 (10.17)을 재정리할 필요가 있다. 이는 다음과 같이 식 (10.17a)를 사용하여 수행할 수 있다.

$$t^n = -\frac{\ln(1 - y)}{k}$$

t에 대해 풀면 다음과 같다.

$$t = \left[-\frac{\ln(1 - y)}{k}\right]^{1/n}$$

$t = t_{0.5}$에 대해서는 다음과 같이 표현된다.

$$t_{0.5} = \left[-\frac{\ln(1 - 0.5)}{k}\right]^{1/n}$$

이 식에 앞에서 결정한 k값과 문제에 주어진 $n = 3.1$을 대입하면 $t_{0.5}$는 다음과 같다.

$$t_{0.5} = \left[-\frac{\ln(1 - 0.5)}{3.30 \times 10^{-5}분^{-3.1}}\right]^{1/3.1} = 24.8분$$

최종적으로 식 (10.18)에 따른 속도는 다음과 같다.

$$속도 = \frac{1}{t_{0.5}} = \frac{1}{24.8분} = 4.0 \times 10^{-2}(분)^{-1}$$

10.4 준안정 상태와 평형 상태

금속 합금계에서 상변태는 온도, 조성 및 외부 압력 등에 의해 제어될 수 있다. 그러나 상변태를 제어하기 위해 가장 보편적으로 사용되는 공정 조건은 열처리 온도의 변화이다. 이것은 주어진 조성의 합금이 가열 또는 냉각됨으로써 조성-온도 상태도의 상경계를 통과하는 것과 같다.

상변태 동안 합금은 상태도에 의해 정해지는 새로운 상, 상의 조성, 상대량을 갖는 평형 상태로 변화된다. 대부분의 상변태는 완료되기까지 어느 정도의 시간이 필요하며, 그 변태 속도는 열처리에 따른 미세조직의 변화에 매우 중요하다. 상태도가 갖는 취약점은 평형 상태에 도달하는 데 필요한 시간을 나타낼 수 없다는 점이다.

고상의 경우 평형 상태에 도달하기 위한 속도는 낮고, 따라서 완전한 평형 상태의 구조가 만들어지는 경우는 드물다. 평형 상태는 가열과 냉각이 극한적으로 느리고 비현실적인 속도로 진행될 경우에만 유지될 수 있다. 평형 냉각이 아닌 경우에 변태는 상태도상에 나타난 온도 이하에서 일어나며, 평형 가열이 아닌 경우에는 그 이상의 온도에서 일어난다. 이러한 현상을 각각 과냉각(supercooling), 과열(superheating)이라 하며, 그 정도는 온도 변화의 속도에 의해 결정된다. 냉각과 가열이 빠르면 빠를수록 과냉각과 과열 현상은 크게 일어난다. 예를 들면 일반적인 냉각 속도의 경우에 철-탄소의 공석 반응은 평형 온도보다 10~20°C 낮은 온도에서 일어난다.[3]

공업적으로 중요한 많은 합금의 경우 바람직한 미세조직은 준안정 상태, 즉 초기와 평형의 중간 상태인 경우가 많으며, 때때로 평형 상태에서 멀리 벗어난 구조를 만들 필요가 있다. 따라서 시간이 상변태에 미치는 영향을 파악하는 것이 매우 중요하다. 많은 경우에 반응 속도에 관한 지식이 최종 평형 상태의 지식보다 더 중요하다.

과냉각
과열

철-탄소 합금에서 미세조직과 성질의 변화

우리가 이제까지 살펴본 고상 변태의 반응 속도론을 철-탄소 합금계의 경우에 적용하여, 열처리에 따른 미세조직의 변화와 이에 따라 수반되는 기계적 성질의 변화에 대해 살펴보도록 하자. 철-탄소 합금계는 많이 사용되며 미세조직과 기계적 특성의 폭넓은 변화가 가능한 합금계이다.

10.5 등온 변태도

펄라이트

철-철탄화물의 공석 반응을 생각해 보자.

철-철탄화물 계에 대한 공석 반응

$$\gamma(0.76 \text{ wt\%C}) \underset{\text{가열}}{\overset{\text{냉각}}{\rightleftharpoons}} \alpha(0.022 \text{ wt\% C}) + Fe_3C \,(6.70 \text{ wt\% C}) \tag{10.19}$$

---

3 10.3절은 일정한 온도에서의 상변태 속도론이지만, 이 절에서는 온도 변화에 따른 상변태를 다룬다. 이와 같이 10.5절은 항온 변태도를, 10.6절은 연속 냉각 변태도를 다루고 있다.

그림 10.12 공석 조성(0.76 wt% C) 철-탄소 합금에서 오스테나이트-펄라이트 변태의 반응 분율 대 로그 시간

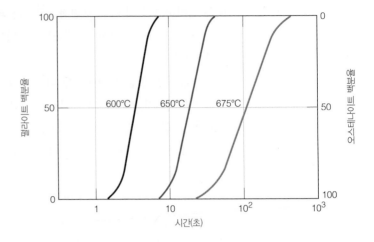

이 반응이 합금강에서 미세조직 변화의 기본이 된다. 냉각 중에 중간적인 탄소 농도를 가지고 있는 오스테나이트는 낮은 탄소 농도를 갖는 페라이트와 높은 탄소 농도를 갖는 시멘타이트로 변태한다. 이러한 과정은 탄소 원자가 선택적으로 시멘타이트로 확산 이동함으로써 이루어진다. 펄라이트는 이러한 변태(그림 9.27)의 미세조직적인 산물이고 펄라이트 형성의 기구는 9.19절에서 이미 논의되었으며, 그림 9.28에서 설명하였다.

온도는 오스테나이트에서 펄라이트로의 변태 속도에 매우 중요한 역할을 한다. 공석 조성의 철-탄소 합금에서의 온도 의존성이 그림 10.12에 나타나 있다. 이 그림은 3개의 각각 다른 온도에서 시간의 로그값 대 변태 분율에 대한 S자형의 곡선을 보여 주고 있다. 각 곡선에서의 데이터는 100% 오스테나이트로 구성된 시편을 표시된 온도에서 급속히 냉각한 후 얻어졌으며, 반응 중에 온도는 일정하게 유지되었다.

이러한 변태의 시간과 온도 의존성을 나타내는 더욱 편리한 방법을 그림 10.13의 밑그림에 나타내었다. 수직축과 수평축은 각각 온도와 시간의 로그값을 나타내고 있다. 여기서 나타난 2개의 실선 중 1개는 상변태의 초기 또는 시작 시간을 나타내고, 다른 곡선은 변태 완료 시간을 나타낸다. 또한 점선은 50% 변태를 나타낸다. 이들 곡선은 일정 범위의 온도에서 시간의 로그값 대 변태 분율의 선도로부터 작성된다. 그림 10.13의 위 그래프에서 S자형 곡선(675℃)은 데이터가 어떻게 작성되었는지를 보여 주고 있다.

이 도표의 해석에서 공석 온도(727℃)는 수평선으로 나타나 있고, 공석 온도 이상의 모든 온도에서는 오스테나이트만이 존재한다. 곡선에 나타난 것처럼 공석 온도 아래로 합금이 과냉각될 때만 오스테나이트에서 펄라이트로 변태가 일어난다. 변태가 시작되고 끝나는 데 필요한 시간은 온도에 의존한다. 변태 시작과 완료 곡선은 거의 평행하고 공석선(eutectoid line)에 접근한다. 변태 시작 곡선의 왼쪽에는 불안정한 오스테나이트만 존재하고, 반면에 변태 완료 곡선의 오른쪽에는 펄라이트만이 존재한다. 그러나 이 사이에는 오스테나이트가 펄라이트로 변태하는 과정이므로 이들 2개의 미세조직 성분이 모두 존재한다.

식 (10.18)에 따르면 어느 특정 온도에서 변태 속도는 50% 변태에 필요한 반응 시간의 역수에 비례한다(그림 10.13에서 점선으로 나타난 곡선). 따라서 이 시간이 짧을수록 변태 속

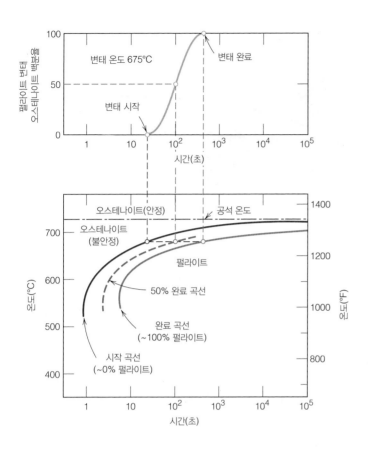

그림 10.13 변태 분율 대 로그 시간의 도표(위)로 어떻게 등온 변태도(아래)가 작성되는지를 보여 준다.
[출처 : H. Boyer (Editor), *Atlas of Isothermal Transformation and Cooling Transformation Diagrams*, 1977. ASM International, Materials Park, OH. 허가로 복사 사용함]

도는 빠르다는 것을 나타낸다. 그림 10.13의 공석 온도 바로 밑의 온도(아주 약간의 과냉각)에서는 50% 변태를 위해 매우 긴 시간(대략 10^5초)이 필요하다. 즉 반응 속도가 매우 느리다. 온도가 감소함에 따라 변태 속도는 증가하며 540℃에서는 50% 변태에 약 3초만이 필요하다.

그림 10.13과 같은 선도는 몇 가지 제약이 있다. 첫째, 이 그림은 공석 조성의 철-탄소 합금의 경우에만 유용하며, 다른 조성의 경우에는 다른 형태의 모양을 나타낸다. 둘째, 반응이 진행되는 동안 일정한 온도를 유지한 변태의 경우만을 나타낸다. 이러한 일정한 온도 상태를 등온이라 하고, 그림 10.13과 같은 그림을 등온 변태도(isothermal transformation diagram) 또는 시간-온도-변태(time-temperature-transformation, *T-T-T*) 곡선이라고 한다.

실질적인 등온 열처리 곡선(*ABCD*)이 공석 철-탄소 합금의 등온 변태도 위에 그려져 있다(그림 10.14). 오스테나이트의 매우 빠른 냉각이 선 *AB*로 거의 수직으로 되어 있고, 이 온도에서의 등온 열처리가 수평선 *BCD*로 되어 있다. 물론 시간은 왼쪽에서 오른쪽으로 증가한다. 오스테나이트에서 펄라이트로의 변태는 교점 *C*(대략 3.5초)에서 시작되고, 약 15초 정도의 점 *D*에서 완료된다. 그림 10.14는 반응이 진행되는 동안 미세조직의 변화를 보여 주고 있다.

펄라이트에서 페라이트와 시멘타이트의 두께 비율은 대략 8 : 1이다. 층상의 절대 두께는 등온 변태에 영향을 받는다. 공석의 바로 밑의 온도에서는 α-페라이트와 Fe_3C의 층이 비교적 두꺼우며, 이러한 미세조직을 조대 펄라이트(coarse pearlite)라고 한다. 이러한 상이 형

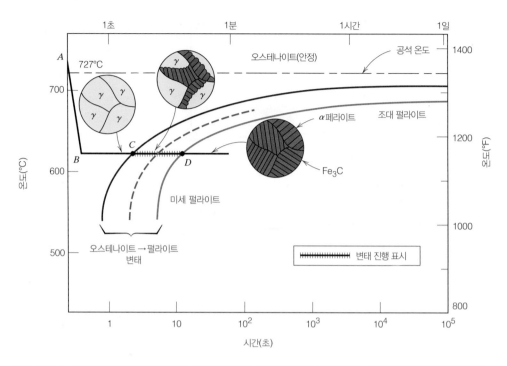

그림 10.14 등온 열처리 곡선(*ABCD*)을 포함한 철-탄소 공석 합금의 등온 변태도. 오스테나이트에서 펄라이트로의 변태가 일어나기 전 변태 상황 그리고 변태 후의 미세조직이 나타나 있다.

[출처 : H. Boyer (Editor), *Atlas of Isothermal Transformation and Cooling Transformation Diagrams*, 1977. ASM International, Materials Park, OH. 허가로 복사 사용함]

성되는 구역을 그림 10.14에서 완료 곡선의 오른쪽에 표시하였다. 이 온도에서의 확산 속도 는 상대적으로 빠르다. 따라서 그림 9.28의 변태 동안 탄소 원자는 비교적 먼 거리까지 확산

그림 10.15 (a) 조대 펄라이트와 (b) 미세 펄라이트의 현미경 사진 3000×

(출처 : K. M. Ralls et al., *An Introduction to Materials Science and Engineering*, p. 361. Copyright © 1976 by John Wiley & Sons, New York. John Wiley & Sons, Inc. 허가 로 복사 사용함)

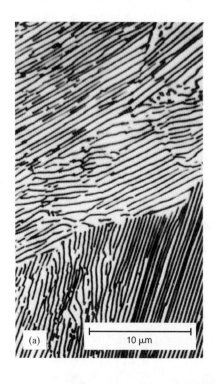

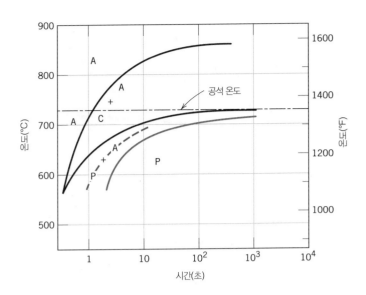

그림 10.16 1.13 wt% C의 철-탄소 합금의 등온 변태도. A(오스테나이트), C(초석 시멘타이트), P(펄라이트)
[출처 : H. Boyer (Editor), *Atlas of Isothermal Transformation and Cooling Transformation Diagrams*, 1977. ASM International, Materials Park, OH. 허가로 복사 사용함]

할 수 있으므로 두꺼운 층상 구조를 가질 수 있다. 온도가 감소함에 따라 탄소 확산 속도가 감소하고 층의 두께는 점진적으로 얇아진다. 540°C 부근에서 만들어진 얇은 층상 구조를 미세 펄라이트(fine pearlite)라고 하며, 그림 10.14에 명시되어 있다. 10.7절에서 층상 구조의 두께가 기계적 성질에 미치는 영향에 관해 논의할 것이다. 공석 조성에 대하여 조대 및 미세 펄라이트의 사진을 그림 10.15에서 비교하였다.

미세 펄라이트

다른 조성의 철-탄소 합금의 경우 9.19절에서 언급했듯이 초석상(페라이트 또는 시멘타이트)이 펄라이트와 공존한다. 따라서 초석 변태를 동반하는 곡선이 등온 변태도에 포함되어야 한다. 1.13 wt% C 합금에 대한 등온 변태도의 초석 변태 곡선이 그림 10.16에 나타나 있다.

베이나이트

오스테나이트 변태의 생성물로 펄라이트 이외에 다른 미세 구성인자가 있다. 이 중의 하나가 베이나이트(bainite)이다. 베이나이트 미세조직은 페라이트와 시멘타이트상으로 구성된다. 그리고 확산의 공정들은 베이나이트의 형태로 포함되어 있다. 베이나이트는 변태 온도에 따라 침상이나 판상 모양으로 형성되며, 세부 미세조직은 매우 가늘다(베이나이트는 오직 전자현미경으로만 분석이 가능하다). 그림 10.17은 전자현미경으로 베이나이트의 결정립을 나타낸 것이다(왼쪽 아래부터 오른쪽 위까지의 대각선). 페라이트의 침상 구조는 Fe_3C상의 미립자가 연장됨에 따라 분리되어 구성된다(이 현미경 사진의 다양한 상들이 그림 10.17에 명시되어 있다). 또한 침상으로 둘러싸인 상은 마텐자이트인데, 이에 대해서는 다음 절에서 설명한다. 게다가 초석이 아닌 상은 베이나이트로 형성된다.

베이나이트 변태의 시간-온도에 대한 의존성도 등온 변태도 위에 나타나 있다. 이것은 펄라이트 변태 온도 이하에서 일어난다. 철-탄소 합금의 공석 조성의 등온 변태도인 그림 10.18에서 보는 것처럼 베이나이트 변태의 시작, 끝, 중간의 반응 곡선은 펄라이트 변태 곡

베이나이트

그림 10.17 상부 베이나이트의 구조를 보여 주는 투과 전자현미경 사진이다. 왼쪽 하단에서 오른쪽 상단 방향으로 나타난 베이나이트 결정립은 페라이트 기지 안에 길쭉한 바늘 모양의 Fe_3C 입자로 구성되어 있다. 베이나이트 바깥 부분은 마텐자이트이다.
(출처 : *Metals Handbook*, Vol. 8, 8th edition, *Metallography, Structures and Phase Diagrams*, 1973. ASM International, Materials Park, OH. 허가로 복사 사용함)

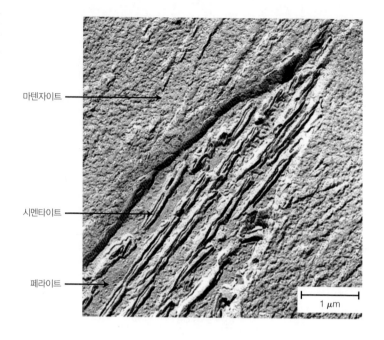

마텐자이트

시멘타이트

페라이트

1 μm

선에 연장되며 낮은 온도까지 분포된다. 이 3개의 곡선은 C자형의 모양을 가지며, 변태 속도가 최대인 점 *N*에서 '코(nose)'를 갖는다. 그림에 나타낸 바와 같이 코 온도 이상(540~727°C)에서는 펄라이트가 생성되며, 이하의 온도(215~540°C)에서는 베이나이트가 생성된다.

　펄라이트와 베이나이트 변태는 서로 독립적으로 생성되는 것이 아니며 서로 경쟁적으로 일어난다. 합금의 어느 부위에서 펄라이트나 베이나이트가 생성된다면, 그 부위에서 다음

그림 10.18 공석 조성의 철-탄소 합금의 등온 변태도. 오스테나이트-펄라이트(A−P)와 오스테나이트-베이나이트(A−B) 변태
[출처 : H. Boyer (Editor), *Atlas of Isothermal Transformation and Cooling Transformation Diagrams*, 1977. ASM International, Materials Park, OH. 허가로 복사 사용함]

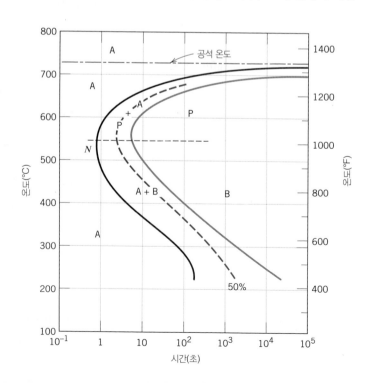

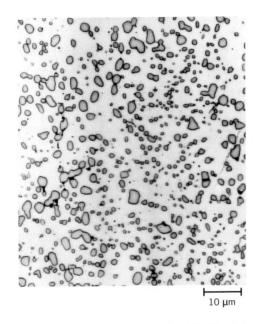

10 μm

그림 10.19 스페로이다이트 미세조직을 갖는 강의 현미경 사진. 기지는 α 페라이트, 조그만 구형 입자는 시멘타이트이다. 1000×
(Copyright 1971 by United States Steel Corporation.)

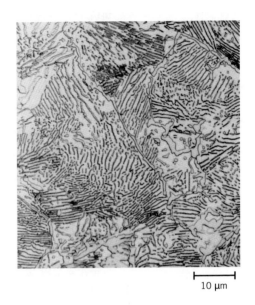

10 μm

그림 10.20 부분적으로 스페로이다이트로 변태한 펄라이트 강의 사진. 1000X
(Courtesy of United States Steel Corporation.)

상으로의 변태는 오스테나이트 형성을 위해 재가열하지 않는다면 불가능하다.

스페로이다이트

스페로이다이트

만약 펄라이트 또는 베이나이트 미세조직을 가지고 있는 합금강이 공석 온도 이하에서 오랜 시간 동안 열처리되면, 예를 들어 약 700°C에서 18~24시간 동안 열처리되면 또 다른 미세조직이 생성된다. 이것을 스페로이다이트(spheroidite)라고 한다(그림 10.19). 스페로이다이트 구조에서는 페라이트와 시멘타이트의 층상 구조(펄라이트)나 상부와 하부 베이나이트에서 관찰된 미세조직 대신 Fe_3C상이 연속적인 α상 기지에 구형의 입자로 나타난다. 스페로이다이트 변태는 조성이나 페라이트와 시멘타이트의 상대적인 양의 변화 없이 추가적인 탄소 확산으로 인해 일어난다. 그림 10.20은 부분적으로 스페로이다이트로 변태한 펄라이트 강의 사진을 보여 준다. 이 변태의 구동력은 α-Fe_3C의 상계면 면적의 감소이다. 스페로이다이트 형성의 반응 속도는 등온 변태도에 포함되지 않는다.

✓ **개념확인 10.1** 펄라이트와 스페로이다이트 중에서 어느 미세조직이 더 안정한가? 그 이유는 무엇인가?

[해답은 *www.wiley.com/go/Callister_MaterialsScienceGE* → More Information → Student Companion Site 선택]

마텐자이트

마텐자이트

마텐자이트(martensite)라는 또 다른 미세 구성인자는 오스테나이트화된 철-탄소 합금이 비교적 낮은 온도까지(상온 부근)까지 급랭(quenching)될 때 형성된다. 마텐자이트는 오스테나이트의 무확산 변태로부터 만들어진 비평행 상태의 단일상 구조이다. 이것은 펄라이트, 베이나이트 대신에 생성되는 변태 생성물로 생각할 수 있다. 급랭 속도가 탄소 확산을 방해할 정도로 급속히 일어날 때 마텐자이트 변태가 형성된다. 어떤 식의 확산이라도 일어나면 페라이트와 시멘타이트의 상이 형성된다.

마텐자이트 변태를 이해하기가 다소 어려울 것이다. 이 변태는 각 원자가 이웃 원자에 대해 약간 이동하는 유기적인 원자 이동에 의해 이루어진다. 이것은 FCC 오스테나이트가 체심정방(body-centered tetragonal, BCT) 마텐자이트로 동질이상(polymorphic) 변태하는 것이다. 마텐자이트 결정 구조의 단위정(그림 10.21)은 한 방향으로 늘어난 체심입방(BCC) 격자이며, 이 구조는 BCC 페라이트와 전혀 다르다. 마텐자이트의 모든 탄소 원자는 침입형 불순물로 남아 있으며, 만약 충분한 온도로 가열되어 확산 속도가 증가하면 다른 구조로 신속히 변태될 수 있는 과포화된 고용체로 구성되어 있다. 많은 강들은 상온에서 거의 무한하게 마텐자이트 구조를 유지한다.

마텐자이트 변태는 철-탄소 합금에만 존재하는 것은 아니다. 이것은 다른 계에서도 관찰되며 부분적으로 무확산 변태에 의해 형성된다.

마텐자이트 변태는 확산 과정을 포함하지 않으므로 거의 순간적으로 일어난다. 마텐자이트 결정립은 매우 빠른 속도, 즉 오스테나이트 기지 내에서 음속으로 핵생성과 핵성장을 한

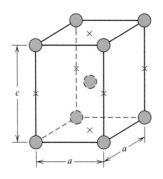

그림 10.21 철 원자(○ 표시)와 탄소 원자(× 표시)의 위치를 표시한 마텐자이트 강의 체심정방 구조. 이 구조의 단위정은 $c > a$이다.

그림 10.22 마텐자이트 미세조직의 현미경 사진. 침상형 입자는 마텐자이트상이고, 흰 부분은 급랭 중에 변태되지 않은 오스테나이트상이다. 1220×
(사진 제공 : United States Steel Corporation)

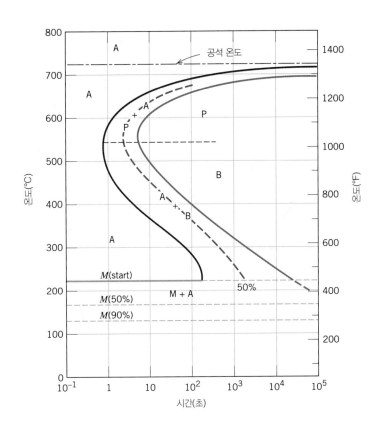

그림 10.23 공석 조성의 철-탄소 합금의 완전한 등온 변태도 : A(오스테나이트), B(베이나이트), M(마텐자이트), P(펄라이트)

다. 따라서 마텐자이트 변태는 시간에 무관하다.

마텐자이트 결정립은 바늘 형태나 판 형태를 하고 있다. 이것은 그림 10.22의 사진에서 나타나 있다. 여기서 하얀 상들은 급속 냉각 도중에 변태하지 않은 오스테나이트이다. 이미 언급된 것처럼 다른 미세조직들(예 : 펄라이트)뿐만 아니라 마텐자이트에도 이러한 두 가지 형태가 함께 공존한다는 사실은 주목할 만하다.

마텐자이트는 비평형상이므로 철-철탄화물(그림 9.24) 상태도에는 나타나지 않는다. 오스테나이트 대 마텐자이트의 변태는 등온 변태도 위에 나타난다. 마텐자이트 변태는 무확산 변태이며 순간적으로 일어나므로 변태도 위에 펄라이트와 베이나이트 반응과 같은 모양으로 나타나지 않는다. 이 변태의 시작은 그림 10.23에 M(start)로 명시된 수평선으로 나타나 있다. M(50%)와 M(90%)로 명시된 두 점선의 수평선은 오스테나이트에서 마텐자이트로 변태한 부피 분율을 나타낸다. 이 선이 위치한 온도는 합금 조성에 따라 변하지만 탄소의 확산이 존재하지 않으므로 비교적 낮다.[4] 이 선이 수평 직선으로 나타난 것은 마텐자이트 변태가 시간에 무관함을 보여 주는 것이다. 이 선은 오직 합금의 급랭되는 온도만의 함수이다. 이런 종류의 변태를 **비열적 변태**(athermal transformation)라고 한다.

비열적 변태

공석 조성의 합금을 727°C 이상에서 165°C로 급랭하였다고 가정하자. 그림 10.23에 보인

---

4 그림 10.22의 합금은 공석 조성의 철-탄소 합금이 아니다. 그리고 이 합금의 100% 마텐자이트 변태 온도는 상온보다 낮다. 이 사진은 상온에서 찍은 것이므로 마텐자이트로 변태하지 않은 오스테나이트(즉 잔류 오스테나이트)가 조금 남아 있다.

그림 10.24 합금강(4340)의 등온 변태도.
A(오스테나이트), B(베이나이트), P(펄라이트),
M(마텐자이트), F(초석 페라이트).
[출처 : H. Boyer (Editor), *Atlas of Isothermal
Transformation and Cooling Transformation
Diagrams*, 1977. ASM International, Materials Park,
OH. 허가로 복사 사용함]

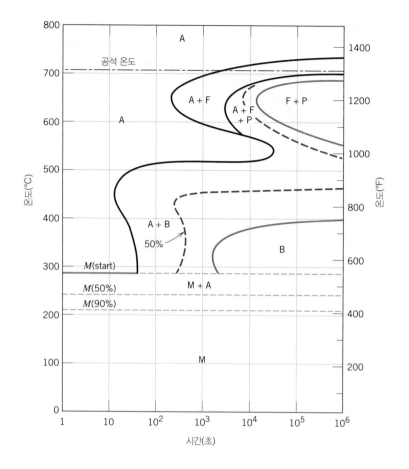

등온 변태도로부터 50%의 오스테나이트가 순간적으로 마텐자이트로 변태될 것이다. 온도
가 유지되는 동안 더 이상의 변태는 일어나지 않는다.

　탄소 이외의 합금 원소(예 : Cr, Ni, Mo, W)는 등온 변태도 내의 곡선 위치와 모양에 상
당한 변화를 준다. 이러한 변화는 (1) 오스테나이트 대 펄라이트 변태의 코를 더욱 긴 시간
으로 이동(만약 이런 것이 존재한다면 초석상의 코에서도 마찬가지임), (2) 베이나이트 코의
분리 등을 들 수 있다. 이러한 변화는 각각 탄소강과 합금강의 등온 변태도인 그림 10.23과
그림 10.24를 비교함으로써 알 수 있다.

순 탄소강　　　　탄소가 주된 합금 원소인 강을 순 탄소강(plain carbon steel)이라 한다. 반면에 합금강
합금강　　　(alloy steel)은 다른 원소가 상당량 첨가되어 있다. 11.2에서 철 합금(ferrous alloy)의 분류
와 성질에 대해 좀 더 자세히 알아보기로 한다.

개념확인 10.2　마텐자이트 변태와 펄라이트 변태 사이의 중요한 차이점 두 가지를 기술하라.

[해답은 *www.wiley.com/go/Callister_MaterialsScienceGE* → **More Information** → **Student
Companion Site** 선택]

예제 10.3

세 가지 등온 열처리에 따른 미세조직 결정

공석 조성의 철-탄소 합금의 등온 변태도(그림 10.23)를 이용하여 다음과 같은 시간-온도 처리 조건을 갖는 작은 시편의 최종 미세조직의 성질에 관해 상세히 기술하라(미세 구성인자와 부피 분율 등). 각 경우에 시편은 760°C에서 시작되며, 이 시편은 완전히 균일한 오스테나이트 구조를 가질 수 있도록 충분한 시간 동안 등온 열처리되었다.

(a) 350°C로 급랭 후 10⁴초 동안 유지되고 다시 상온으로 급랭되었다.

(b) 250°C로 급랭 후 100초 동안 유지되고 다시 상온으로 급랭되었다.

(c) 650°C로 급랭 후 20초 동안 유지되고 다시 400°C로 급랭되어 10³초 동안 유지한 후 상온으로 급랭되었다.

풀이

이 3개의 열처리 시간-온도의 경로는 그림 10.25에 나타나 있다. 각 경우에서 최초의 냉각은 어떠한 변태도 일어나지 않을 정도의 매우 빠른 속도로 이루어진다.

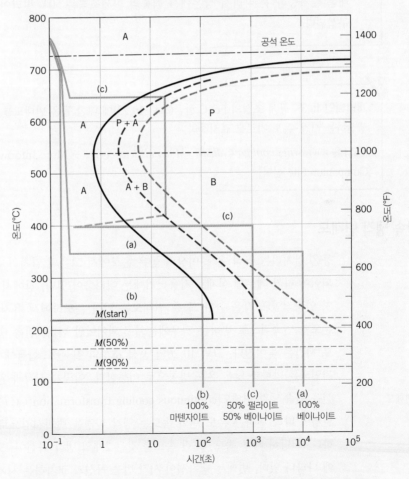

그림 10.25 공석 조성의 철-탄소 등온 변태도. (a), (b), (c)는 예제 10.3의 등온 열처리

(a) 350°C에서 오스테나이트는 등온적으로 베이나이트로 변태한다. 이 반응은 약 10초 후에 시작되며, 500초 경과 후 완성된다. 그러므로 10^4초에서 문제에 명시된 것처럼 시편의 100%가 베이나이트로 되었으며, 이후 최종 급랭선이 변태도상의 마텐자이트 구역을 지났음에도 불구하고 더 이상의 변태는 불가능하다.

(b) 이 경우에 250°C에서 베이나이트 변태가 시작되기 위해서는 약 150초 정도가 필요하다. 그래서 100초에서는 시편이 아직 100% 오스테나이트이다. 시편이 마텐자이트 영역으로 냉각됨에 따라 약 215°C에서 시작하여 오스테나이트는 순간적으로 마텐자이트로 변태하고, 상온에 이르면 변태는 완료된다. 그러므로 최종 미세조직은 100% 마텐자이트이다.

(c) 650°C의 등온선의 경우 펄라이트는 약 7초 후에 형성되기 시작한다. 약 20초 경과 후 시편의 약 50%는 펄라이트로 변태된다. 400°C로의 급랭은 수직선으로 나타나 있다. 이러한 급속한 냉각이 일어나는 동안, 변태도상의 냉각선이 펄라이트와 베이나이트 영역을 지나더라도 남아 있는 오스테나이트가 펄라이트나 베이나이트로 변태될 확률이나 양은 매우 적다. 400°C에서(그림 10.25에 나타난 것처럼) 10^3초 경과된 후 남아 있던 50%의 오스테나이트는 베이나이트로 변태된다. 상온으로 급랭될 경우 남아 있는 오스테나이트가 없으므로 다른 형태의 변태는 불가능하다. 따라서 상온에서 최종의 미세조직은 50% 펄라이트와 50% 베이나이트로 구성된다.

개념확인 10.3 공석 조성의 Fe-C 합금(그림 10.23)에 대한 등온 변태도를 모사하고, 100% 펄라이트를 생산하는 시간-온도 경로를 표시하라.

[해답은 *www.wiley.com/go/Callister_MaterialsScienceGE* → More Information → Student Companion Site 선택]

10.6 연속 냉각 변태도

등온 열처리는 공석 온도 이상의 높은 온도에서 고온의 열처리 온도로 급속 냉각되고 유지되어야 하기 때문에 실제로 사용하기에는 어려움이 있다. 강에서 대부분의 열처리는 상온까지 연속적인 냉각을 한다. 등온 변태도는 일정 온도하에서 유지되는 경우에만 유용하므로 온도가 연속적으로 변하는 경우에는 수정되어야만 한다. 연속 냉각의 경우 반응 시작과 완료 시간은 늦어진다. 그림 10.26의 공석 조성의 철-탄소 합금에서처럼 등온 곡선은 시간이 지연되는 방향과 낮은 온도 방향으로 이동한다. 이렇게 시작과 완료 반응 곡선이 수정된 곡

연속 냉각 변태도

선을 연속 냉각 변태도[continuous cooling transformation(*CCT*) diagram]라고 한다. 냉각 환경에 따라 변하는 온도 변화 속도는 냉각 환경을 변화시킴으로써 어느 정도 조절이 가능하다. 적당히 빠른 속도, 느린 속도를 갖는 2개의 냉각 곡선이 그림 10.27의 공석 변태도상에 나타나 있다. 변태는 냉각선이 시작 반응 곡선과 교차하는 시기에 시작되며 완료 반응 곡선을 지나면서 종결된다. 그림 10.27에서 적당히 빠른 냉각 곡선과 느린 냉각 곡선은 각각

그림 10.26 공석 조성의 철-탄소 합금의
등온 변태도와 연속 냉각 변태도
[출처 : H. Boyer (Editor), *Atlas of Isothermal
Transformation and Cooling Transformation
Diagrams*, 1977. ASM International, Materials
Park, OH. 허가로 복사 사용함]

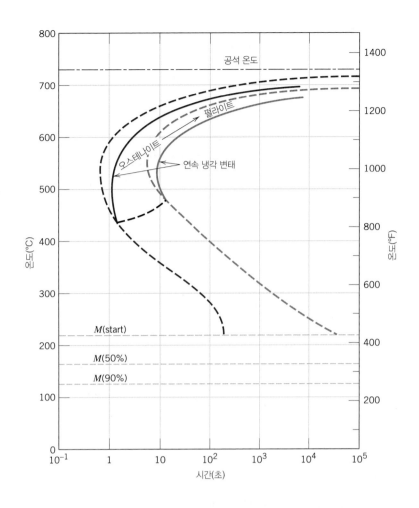

미세 펄라이트와 조대 펄라이트 미세조직을 형성한다.

일반적으로 공석 조성의 합금 또는 순 탄소강이 상온까지 연속적으로 냉각될 때 베이나이트는 형성되지 않는다. 이것은 베이나이트 변태가 일어날 수 있는 시간에 모든 오스테나이트가 펄라이트로 변태되기 때문이다. 그림 10.27에서 *AB*에 나타난 것처럼 오스테나이트-펄라이트 변태를 나타내는 구역이 코 바로 밑에서 종결된다. 그림 10.27에서 *AB*를 지나는 냉각 곡선의 경우 연속 냉각으로 인해 반응하지 않은 오스테나이트는 *M*(start) 선을 지나면서 마텐자이트로 변태된다.

마텐자이트 변태에 관해서는 *M*(start), *M*(50%), *M*(90%) 선은 등온과 연속 냉각 변태도의 두 가지 경우 모두 동일한 온도에서 일어난다. 이것은 공석 조성의 철-탄소 합금에 대해 그림 10.23과 10.26을 비교함으로써 알 수 있다.

합금강의 연속 냉각인 경우 임계 급랭(critical quenching) 속도가 존재한다. 이것은 마텐자이트 구조로 전부 만들 수 있는 급랭의 최소 속도이다. 그림 10.28처럼 임계 냉각 속도는 연속 냉각 변태도에 포함될 때 펄라이트 변태를 시작하는 코에 거의 스쳐 지나간다. 그림에서 보여 주는 것처럼 임계 속도보다 클 경우에는 오직 마텐자이트만 형성된다. 참고로 펄라이트와 마텐자이트 모두가 형성되는 속도의 범위도 있을 것이며, 끝으로 느린 냉각 속도의

그림 10.27 공석 조성을 갖는 철-탄소 합금의 연속 냉각 변태도 위에 그려진 적당한 급랭과 서랭 온도 곡선

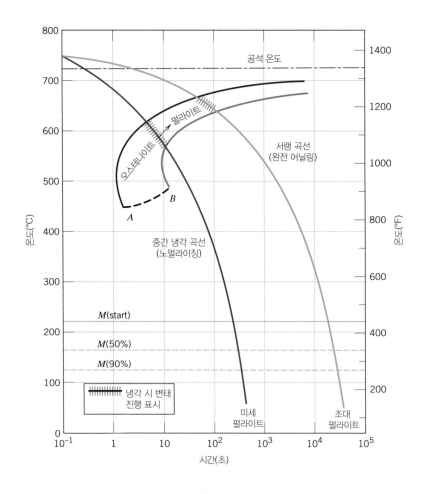

경우 완전히 펄라이트 구조가 생성된다.

　탄소와 다른 합금 원소는 펄라이트(또는 초석상)와 베이나이트의 코를 더 긴 시간 동안에 이동시키고, 따라서 임계 냉각 속도를 감소시킨다. 사실 합금강의 원소 첨가는 이와 같이 마텐자이트의 형성을 촉진해 강 단면의 비교적 두꺼운 부위를 마텐자이트로 만들기 위해 이루어진다. 그림 10.29는 그림 10.24에 나타난 등온 변태도와 동일한 합금강에 대한 연속 냉각 변태도이다. 여기서는 베이나이트의 코가 존재하며, 따라서 연속 냉각 열처리에서 베이나이트의 형성 가능성을 보여 주고 있다. 그림 10.29에 나타난 몇 개의 냉각 곡선은 임계 냉각 속도와 냉각 속도가 변태 거동과 최종 미세조직에 어떻게 영향을 미치는지를 보여 준다.

　임계 냉각 속도는 탄소에 의해서도 감소한다. 약 0.25 wt% 탄소 이하의 철-탄소 합금에서의 마텐자이트 형성은 비현실적으로 빠른 냉각 속도를 필요로 하기 때문에 마텐자이트의 형성을 위해 열처리되지 않는다. 강의 열처리에 특히 효과적인 다른 원소들은 크롬, 니켈, 몰리브덴, 마그네슘, 규소, 텅스텐 등이다. 이들 원소는 급랭 시 오스테나이트와 고용체를 형성하고 있어야 한다.

　정리하면 등온 및 연속 냉각 변태도는 상태도를 시간의 변수로 표현한 것이다. 이들 변태도는 특정 조성의 합금에 대해 온도와 시간의 변화에 따라 실험으로 작성된 것이므로 이러

그림 10.28 공석 조성의 철-탄소 합금의 연속 냉각 변태도와 냉각 곡선. 냉각 중에 일어나는 변태에 따른 최종 미세조직의 변화를 볼 수 있다.

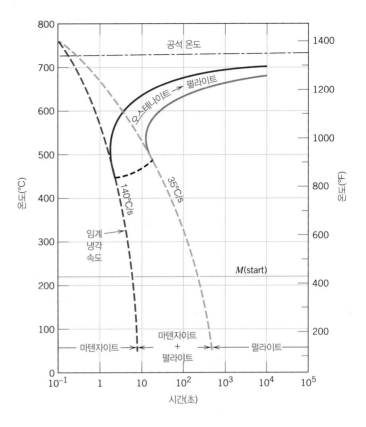

그림 10.29 4340 합금강의 연속 냉각 변태도와 여러 조건의 냉각 곡선. 냉각 중에 일어나는 변태에 따른 최종 미세조직의 변화를 볼 수 있다.

[출처 : H. E. McGannon (Editor), *The Making, Shaping and Treating of Steel*, 9th edition, United States Steel Corporation, Pittsburgh, 1971, p. 1096.]

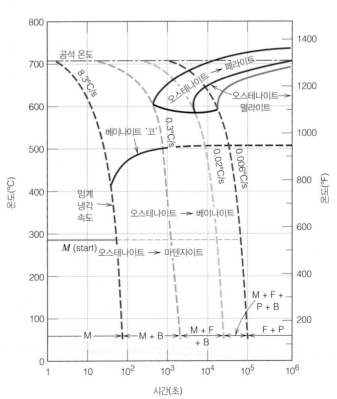

한 변태도를 이용하여 등온 열처리 및 연속 냉각 열처리에 대해 일정 시간 후의 미세조직을 예측할 수 있다.

개념확인 10.4 4340 강을 (마텐자이트＋베이나이트)에서 (페라이트＋펄라이트)로 바꾸는 가장 간단한 연속 냉각 열처리를 간략하게 기술하라.

[해답은 *www.wiley.com/go/Callister_MaterialsScienceGE* → **More Information** → **Student Companion Site** 선택]

10.7 철-탄소 합금의 기계적 거동

이제 지금까지 논의해 온 미세조직, 즉 미세 및 조대 펄라이트, 스페로이다이트, 베이나이트, 마텐자이트의 구조를 갖는 철-탄소 합금의 기계적 성질에 관해 논의할 것이다. 마텐자이트를 제외하고는 두 상(페라이트와 시멘타이트)이 존재하는데, 이러한 합금이 갖는 기계적 성질-미세조직 상관관계에 대해 살펴보도록 하자.

펄라이트

시멘타이트는 페라이트보다 단단하지만 잘 깨진다. 따라서 다른 미세조직의 변화가 없다면 합금강에서 Fe_3C 분율의 증가는 재료의 강도를 증가시킨다. 이것은 그림 10.30a에 보인 미세 펄라이트를 갖는 강의 탄소 농도(혹은 동등한 Fe_3C의 분율)의 증가에 따른 브리넬 경도, 인장 강도와 항복 강도에서 관찰될 수 있다. 이들 값은 모두 탄소의 농도가 증가함에 따라 증가한다. 시멘타이트는 더욱 잘 깨지므로 탄소의 증가는 연성과 인성(또는 충격 에너지)을 감소시킨다. 동일 미세 펄라이트의 경우 이러한 효과가 그림 10.30b에 나타나 있다.

미세조직의 페라이트와 시멘타이트 각 층의 두께도 재료의 기계적 성질에 영향을 미친다. 그림 10.31a의 경도 대 탄소 농도의 선도에서 나타난 것처럼 조대 펄라이트보다 미세 펄라이트가 더욱 단단하고 강하다.

이러한 경향은 α-Fe_3C의 상계면(phase boundary)에서 일어나는 현상과 관계가 있다. 첫째, 두 상 사이의 계면에는 강한 접착력이 있으므로 강하고 단단한 시멘타이트는 계면 영역에서 연한 페라이트의 변형을 저지한다. 그러므로 시멘타이트가 페라이트를 강화시킨다고 볼 수 있다. 이러한 강화 정도는 펄라이트가 미세할수록 단위부피당 상계면의 면적이 증가하므로 더 크다. 또한 상계면은 결정립계의 경우와 같이(7.8절) 전위의 이동을 방해하며, 미세 펄라이트의 경우 소성변형 시 전위들이 지나가야 할 상계면이 증가한다. 따라서 펄라이트가 미세할수록 강화와 전위 이동의 방해가 증가하며, 이에 따라 높은 경도와 강도를 보인다.

그림 10.31b는 조대 및 미세 펄라이트의 경우에 대해 탄소 농도에 따른 면적 축소율 값을 나타낸 것이다. 그림에서 보는 바와 같이 조대 펄라이트가 미세 펄라이트보다 연성이 좋은데, 이는 미세 펄라이트가 소성변형을 저지하는 경향이 크기 때문이다.

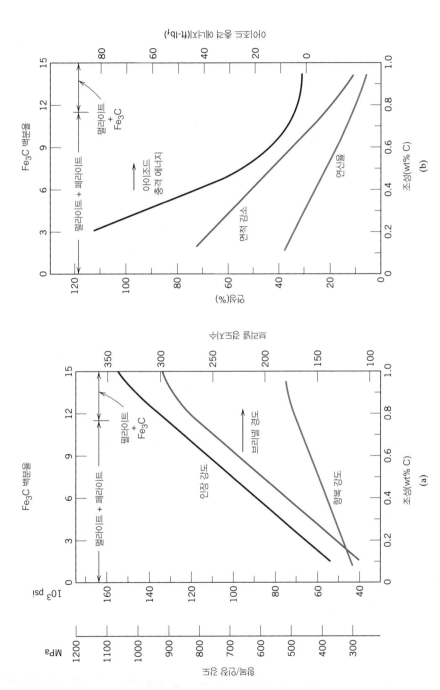

그림 10.30 (a) 미세 펄라이트 구조를 갖는 순 탄소를 갖는 순 탄소강의 탄소 농도에 대한 항복 강도, 인장 강도, 브리넬 경도의 변화 조성, (b) 미세 펄라이트 구조를 갖는 순 탄소강의 탄소 농도에 대한 연성도(%EL과 %RA)와 아이조드 충격 에너지
[출처 : *Metals Handbook: Heat Treating*, Vol. 4, 9th edition, V. Masseria (Managing Editor), 1981. ASM International, Materials Park, OH. 허가로 복사 사용함]

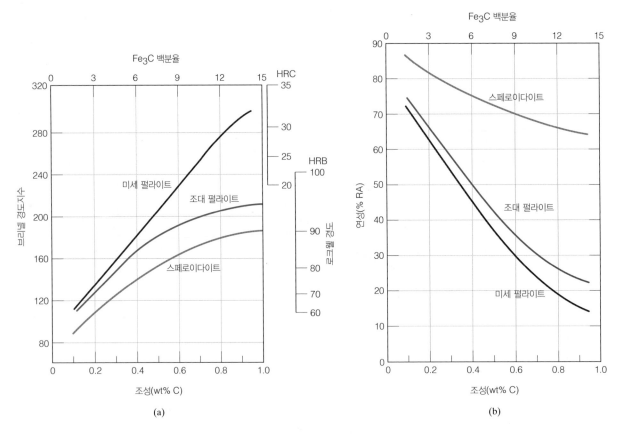

그림 10.31 (a) 미세 펄라이트, 조대 펄라이트, 스페로이다이트 구조를 갖는 순 탄소강의 탄소 농도에 따른 브리넬과 로크웰 경도의 변화, (b) 미세 펄라이트, 조대 펄라이트, 스페로이다이트 구조를 갖는 순 탄소강의 탄소 농도에 따른 연성도(%RA)의 변화
[출처 : *Metals Handbook: Heat Treating*, Vol. 4, 9th edition, V. Masseria (Managing Editor), 1981. ASM International, Materials Park, OH. 허가로 복사 사용함]

스페로이다이트

미세조직의 또 다른 중요 요소는 상의 형태와 분포이다. 펄라이트와 스페로이다이트에서 시멘타이트상은 확연히 다른 형태와 배열을 보인다(그림 10.15와 10.19). 펄라이트 구조를 갖고 있는 합금은 스페로이다이트 합금보다 높은 강도와 경도를 보인다. 이것은 그림 10.31a에서 본 바와 같이 탄소 농도에 대한 스페로이다이트와 두 종류의 펄라이트 강도를 비교함으로써 알 수 있다. 또한 위에서 언급한 것처럼 페라이트–시멘타이트 상계면의 강화 기구와 전위 이동 방해에 의해 설명될 수 있다. 스페로이다이트는 단위부피당 계면의 면적이 작기 때문에 소성변형의 방해가 적으며, 결과적으로 재료를 부드럽고 연하게 만든다. 실제로 가장 약하고 연한 합금강은 스페로이다이트 미세조직을 가지고 있다.

예측되는 바와 같이 스페로이다이트화된 강은 지극히 연하며, 미세 또는 조대 펄라이트보다도 연하다(그림 10.30b). 이것은 균열이 연성의 페라이트 기지를 통해 전파될 때 깨지기 쉬운 시멘타이트 입자를 만나는 비율이 아주 작기 때문이다.

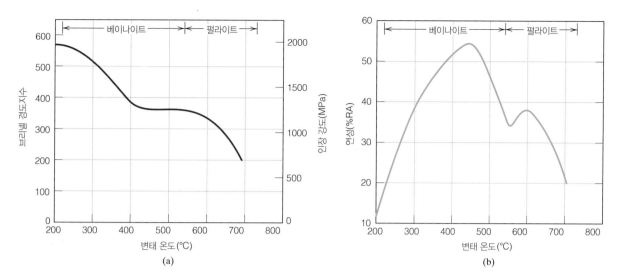

그림 10.32 철-탄소 합금(공석 조성)에 대한 베이나이트와 펄라이트 미세조직 형성 온도 범위에서 등온 변태 온도의 함수로서 (a) 브리넬 경도와 인장 강도 및 (b) 연성
[출처 : (a) E. S. Davenport, "Isothermal Transformation in Steels," *Trans. ASM*, 27, 1939, p. 847. ASM International, Materials Park, OH. 허가로 복사 사용함]

베이나이트

베이나이트강은 미세한 구조이므로(예 : α 페라이트와 Fe₃C 입자보다 작은) 일반적으로 펄라이트보다 강하고 단단하며, 적당한 강도와 연성을 가지고 있다. 그림 10.32a와 10.32b는 공석 조성에서의 철-탄소 합금에 대한 인장 강도와 경도에 대한 변태 온도의 영향을 보여 준다. 펄라이트와 베이나이트가 형성하는 온도 범위가 그림 10.32a와 10.32b의 윗부분에서 두드러진다(그림 10.18의 이러한 합금의 등온 변태도와 일치한다).

마텐자이트

주어진 합금강에서 생성되는 여러 미세조직 중 마텐자이트가 가장 단단하고 강하다. 또한 가장 잘 깨지며, 연성이 거의 없다. 그림 10.33은 마텐자이트와 미세 펄라이트의 경도를 탄소 농도의 함수로 나타낸 것이다. 그림에서 보는 것처럼 약 0.6 wt%의 탄소 농도까지 마텐자이트의 경도는 탄소 농도에 의존한다. 펄라이트 강과는 달리 마텐자이트의 강도와 경도는 미세조직과는 관계가 없는 것으로 생각된다. 이보다는 마텐자이트의 높은 경도와 강도는 침입형 탄소 원자의 효율적인 전위 이동 방해(고용체 효과, 7.9절)와 BCT 구조의 비교적 적은 수의 슬립계(이곳을 따라 전위가 이동)에 기인한다.

오스테나이트는 마텐자이트보다 약간 밀도가 높고, 급랭 시 상변태에 의해 순수 부피가 증가한다. 따라서 큰 처리물을 급랭하면 내부의 응력 때문에 균열이 발생하는데, 이러한 문제는 탄소의 농도가 약 0.5 wt% 이상일 경우에 특히 심각하다.

그림 10.33 순 탄소 마텐자이트강, 템퍼링된 마텐자이트강 (371°C 템퍼링), 펄라이트강의 탄소 농도에 따른 상온 경도값
(출처 : Edgar C. Bain, *Functions of the Alloying Elements in Steel*, 1939; and R. A. Grange, C. R. Hribal, and L. F. Porter, Metall. Trans. A, Vol. 8A. ASM International, Materials Park, OH. 허가로 복사 사용함)

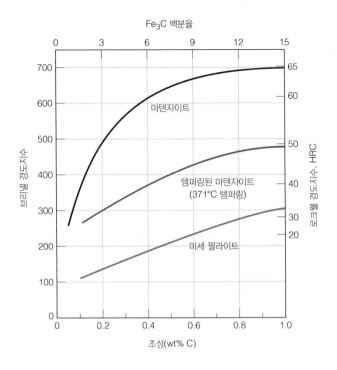

Fe₃C 백분율

조성(wt% C)

10.8 템퍼링된 마텐자이트

급랭된 상태의 마텐자이트는 매우 단단하지만 잘 깨져서 대부분의 응용에 부적합하다. 또한 급랭 시 발생한 내부 응력도 재료를 약하게 만드는 요소이므로 템퍼링(tempering, 뜨임)이라는 열처리에 의해 내부 응력을 제거하고, 마텐자이트의 연성과 인성을 증가시킬 수 있다.

템퍼링은 특정 시간 동안 공석 온도 이하에서 마텐자이트강을 가열하는 열처리이다. 일반적으로 250~650°C(480~1200°F) 사이에서 수행되나 내부 응력의 제거는 200°C(390°F)의 낮은 온도에서 행해진다. 이러한 템퍼링 열처리는 확산에 의한 것이며, 다음과 같은 반응에 따라 **템퍼링된 마텐자이트**(tempered martensite)를 형성한다.

템퍼링된 마텐자이트

그림 10.34 템퍼링된 마텐자이트의 전자현미경 사진. 템퍼링은 594°C에서 이루어졌다. 작은 입자는 시멘타이트상이고 기지는 α 페라이트이다. 9300×
(Copyright 1971 by United States Steel Corporation.)

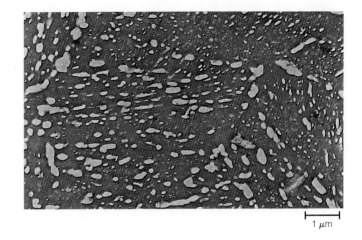

1 μm

마텐자이트에서 템퍼링된
마텐자이트로의 변태 반응

$$마텐자이트(BCT, 단일상) \rightarrow 템퍼링된 마텐자이트(\alpha + Fe_3C상) \tag{10.20}$$

탄소가 과포화된 단일상의 BCT 마텐자이트는 템퍼링된 마텐자이트로 변태하여, 철-철탄화물 상태도에 나타난 안정한 페라이트와 시멘타이트의 상을 갖는다.

템퍼링된 마텐자이트의 미세조직은 연속적인 페라이트 기지에 매우 작고 균일한 시멘타이트 입자가 분산된 형태를 가지고 있다. 이것은 시멘타이트 입자가 매우 작다는 것 외에는 스페로이다이트의 미세조직과 유사하다. 그림 10.34는 고배율로 확대된 템퍼링된 마텐자이트의 전자현미경 사진이다.

템퍼링된 마텐자이트는 원래의 마텐자이트와 거의 같은 강도와 경도를 가지고 있으며, 연성과 인성은 현저하게 향상된다. 예를 들면 그림 10.33의 경도 대 탄소 무게비에서 템퍼링된 마텐자이트에 대한 곡선이 포함되어 있다. 경도와 강도는 매우 미세하고 무수히 분포된 시멘타이트 입자의 미세조직에서 생기는 높은 단위부피당의 페라이트-시멘타이트 상계면 면적에 의해 설명될 수 있다. 단단한 시멘타이트는 상계면을 따라 페라이트 기지를 강화시키고, 소성변형되는 동안 전위 이동을 방해한다. 연속적인 페라이트는 연성이 매우 좋고 비교적 인성도 좋다. 따라서 템퍼링된 마텐자이트가 갖는 이들 두 성질의 향상을 설명할 수 있다.

시멘타이트의 입자 크기는 템퍼링된 마텐자이트의 기계적 성질에 영향을 준다. 입자 크기의 증가는 페라이트-시멘타이트 입계 면적을 감소시키므로 재료를 연하고 약하게 만든다. 템퍼링 열처리는 시멘타이트 입자의 크기를 조절한다. 열처리 변수는 온도와 시간이며, 대부분의 열처리는 등온 공정이다. 마텐자이트-템퍼링된 마텐자이트의 변태는 탄소 확산에 의해 일어나므로 온도 증가는 확산, 시멘타이트 입자 성장 속도 및 결과적으로 연화 속도를 증가시킨다. 합금강의 템퍼링 온도에 의한 인장, 항복 강도 및 연성의 변화를 그림 10.35에 나타내었다. 템퍼링 전에 재료는 마텐자이트 구조를 만들기 위해 기름 속에서 급랭하였으며, 이때 각 온도에서의 템퍼링 시간은 1시간이다. 이러한 템퍼링 데이터는 일반적으로 강

그림 10.35 기름 속에서 급랭된 4340 합금강의 인장 강도, 항복 강도, 연성 정도 그리고 템퍼링 온도의 관계
(출처 : Republic Steel Corporation.)

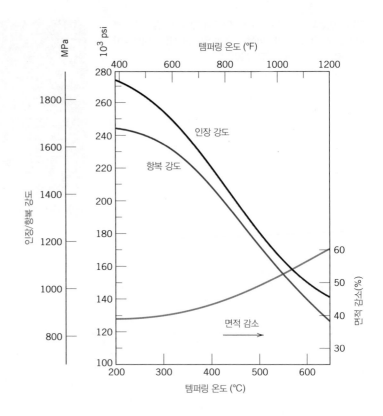

제조업체에서 제공한다.

공석 조성의 재료를 물로 급랭한 경우에 몇 개의 템퍼링 온도에서의 시간에 따른 강도의 변화를 그림 10.36에 나타내었다. 시간은 로그값 차원이다. 시간이 경과함에 따라 시멘타이트 입자의 성장과 병합이 진행되며 경도는 감소한다. 공석(700℃)에 근접한 온도에서 몇 시간이 경과하면 미세조직은 연속적인 페라이트에 분산된 조대한 구상의 시멘타이트를 갖는 스페로이다이트화(구상화)한다(그림 10.19). 그러므로 과템퍼링된(overtempered) 마텐자이트는 비교적 부드럽고 연하다.

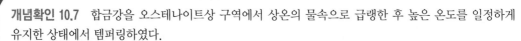

개념확인 10.7 합금강을 오스테나이트상 구역에서 상온의 물속으로 급랭한 후 높은 온도를 일정하게 유지한 상태에서 템퍼링하였다.

(a) 높은 온도에서의 템퍼링 시간(로그)에 따른 상온 연성값의 변화를 개략적으로 나타내라(좌표축 표시 확인).

(b) 더 높은 온도에서 템퍼링한 경우를 같은 선도에 나타내고 이들의 차이를 간략하게 설명하라.

[해답은 *www.wiley.com/go/Callister_MaterialsScienceGE* → More Information → Student Companion Site 선택]

일부 강의 템퍼링은 충격 시험(8.6절)에서 알 수 있듯이 인성의 감소를 수반하며, 이것을 템퍼링 취성(temper embrittlement)이라 한다. 이 현상은 강이 약 575℃(1070°F) 이상의 온

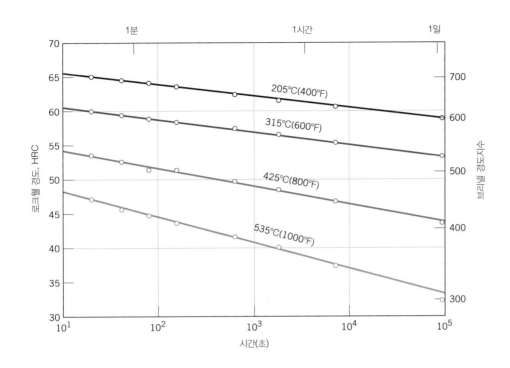

그림 10.36 물 급랭된 공석 순 탄소강 (1080)에서의 경도 대 템퍼링 시간
(출처 : Edgar C. Bain, *Functions of the Alloying Elements in Steel*, American Society for Metals, 1939, p. 233.)

도에서 템퍼링되어 상온까지 서랭되거나 375~575°C(700~1070°F) 사이에서 템퍼링될 때 일어난다. 템퍼링 취성에 약한 합금강은 마그네슘, 니켈, 크롬 등의 많은 양의 합금 원소를 포함하거나 적은 양의 안티몬, 인, 비소, 주석 등이 한 종류 또는 그 이상의 불순물로 포함된 경우에 일어나는 것으로 알려져 있다. 이들 합금 원소와 불순물은 연성 및 취성 전이 온도를 높은 온도로 이동시키고, 따라서 상온에서도 취성 구역에 놓인다. 이들 취성 재료의 균열 전파는 **결정립계**를 따라 일어나며(그림 8.7 참조), 파단 경로(fracture path)는 앞서 생성된 오스테나이트의 결정립계를 따라 일어난다. 합금 원소와 불순물은 이러한 결정립계 영역에 우선적으로 편석된다.

템퍼링 취성은 조성 조절과 575°C 이상 또는 375°C 이하에서 템퍼링한 후 상온까지 급랭함으로써 피할 수 있다. 또한 취성된 강의 인성은 약 600°C까지 가열한 후 300°C 이하의 온도로 급랭함으로써 현저히 향상시킬 수 있다.

10.9 철-탄소 합금의 상변태와 기계적 성질 복습

이 장에서는 열처리에 의존하는 철-탄소 합금 내에서 생성되는 여러 미세조직에 관하여 논의하였다. 그림 10.37은 이들 여러 미세조직을 생성하는 변태 경로를 요약하였다. 여기서 펄라이트, 베이나이트, 마텐자이트는 연속 냉각 처리에 의한 것으로 가정되었고, 베이나이트 형성은 앞에서 설명한 것처럼 오직 합금강의 경우에만 가능하다(순 탄소강에서는 불가능).

그리고 표 10.2에는 철-탄소 합금에 대한 미세 구성인자의 미세조직적 특성 및 기계적 성질이 요약되어 있다.

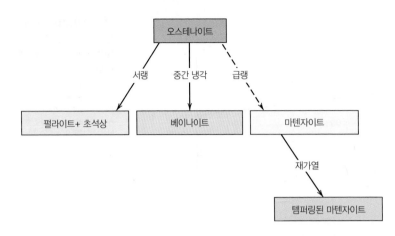

그림 10.37 오스테나이트의 분해를 동반하는 변태. 실선 화살표는 확산에 의한 변태이고, 점선 화살표는 비확산 변태이다.

표 10.2 철-탄소 합금에 대한 미세조직과 기계적 성질 요약

미세 구성인자	존재상	상의 배열	기계적 성질(상대적)
스페로이다이트	α 페라이트 + Fe_3C	α 페라이트 기지 내에 상대적으로 작은 Fe_3C 구형 입자	부드럽고 연하다.
조대 펄라이트	α 페라이트 + Fe_3C	α 페라이트와 상대적으로 두꺼운 Fe_3C의 교대층	스페로이다이트보다 더 강하고 단단하지만 연성은 작다.
미세 펄라이트	α 페라이트 + Fe_3C	α 페라이트와 상대적으로 얇은 Fe_3C의 교대층	조대 펄라이트보다 더 단단하고 강하지만 연성은 작다.
베이나이트	α 페라이트 + Fe_3C	α 페라이트 기지 내의 매우 미세하고 길쭉한 Fe_3C 입자	미세 펄라이트보다 더 단단하고 강하지만 마텐자이트보다 경도는 낮고 연성은 크다.
템퍼링된 마텐자이트	α 페라이트 + Fe_3C	α 페라이트 기지 내의 매우 작은 Fe_3C 구형 입자	강하나 마텐자이트보다 단단하지는 않으나 연성은 더 크다.
마텐자이트	BCT, 단일상	바늘 모양 결정립	매우 단단하고 취성이 크다.

예제 10.4

등온 열처리를 한 Fe-Fe_3C 공석강의 재료 성질 결정

예제 10.3의 열처리 (c) 공정을 거친 Fe-Fe_3C 공석강의 인장 강도 및 연성(%RA)을 결정하라.

풀이

그림 10.25에서 650°C 등온 열처리 동안 형성된 약 50% 펄라이트와 400°C에서 잔여 50% 오스테나이트는 베이나이트로 변하게 되어, 열처리 (c)의 최종 미세조직은 50% 펄라이트와 50% 베이나이트로 구성된다. 인장 강도는 그림 10.32a로부터 구할 수 있다. 650°C 등온 변태 온도에서 형성된 펄라이트의 인장 강도는 약 950 MPa이고, 400°C에서 형성된 베이나이트는 약 1300 MPa의 인장 강도를 갖는다. 이러한 인장 강도 결정법은 다음 그림에 나타나 있다.

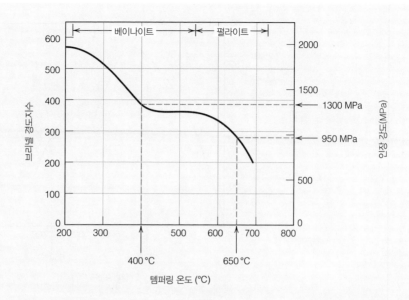

이러한 미세 구성 합금의 인장 강도는 다음 식 (10.21)과 같은 '혼합물 법칙'(즉 합금의 인장 강도는 각 미세 구성요소의 평균 무게 분율과 같다)을 이용하여 구할 수 있다.

$$\overline{TS} = W_p(TS)_p + W_b(TS)_b \qquad (10.21)$$

여기서

$\overline{TS}$ = 합금의 인장 강도

W_p와 W_b = 펄라이트와 베이나이트의 무게 분율

$(TS)_p$와 $(TS)_b$ = 각 구성요소의 인장 강도이다.

식 (10.21)에 네 가지 매개변수 값을 대입하면 합금의 인장 강도는 다음과 같이 구해진다.

$$\overline{TS} = (0.50)(950 \text{ MPa}) + (0.50)(1300 \text{ MPa})$$
$$= 1125 \text{ MPa}$$

같은 방법으로 연성값도 구할 수 있다. 그림 10.32b로부터 650°C(펄라이트)와 400°C(베이나이트)에서 취한 연성값은 각각 32%RA와 52%RA이다.

%RA에 대해 식 (10.21)의 혼합물 법칙을 적용하면 다음과 같다.

$$\%\overline{RA} = W_p(\%RA)_p + W_b(\%RA)_b$$

이 식에 Ws와 %RA 값을 대입하면 평균 연성값은 다음과 같이 구해진다.

$$\%\overline{RA} = (0.50)(32\%RA) + (0.50)(52\%RA)$$
$$= 42\%RA$$

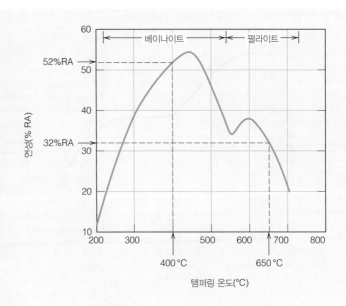

요약하자면 규정된 등온 열처리를 한 공석합금의 인장 강도는 약 1125 MPa, 연성값은 약 42%RA이다.

중 요 재 료

형상 기억 합금

재미있는(그리고 실질적인) 현상을 보이는 새로운 재료로 **형상기억 합금**(shape-memory alloy, SMA)이 있다. 이러한 재료 중의 하나는 변형된 후에 적절한 열처리를 하면, 변형되기 전의 크기와 모양으로 돌아온다. 즉 재료가 예전의 크기/모양을 기억하고 있는 것이다. 일반적으로 변형은 대체로 낮은 온도에서 실시되지만 기억 형상은 가열 시에 나타난다.[5] 상당한 변형량(즉 변형률)을 회복할 수 있는 재료로는 니켈-티탄 합금(상표는 Nitinol)[6]과 구리 합금(예 : Cu-Zn-Al, Cu-Al-Ni)이 있다.

SMA는 동소체(3.6절 참조)로서, 2개의 결정 구조(또는 상)로 이루어지며, 형상 기억 효과는 이들 사이의 상변태를 수반한다. 1개의 상(오스테나이트상)은 고온에서 BCC 구조를 갖고 있으며, 이 구조는 그림 10.38의 1단계에 나타낸 동그라미 안에 개략적으로 나타나 있다. 냉각하면 오스테나이트는 자연적으로 마텐자이트로 상이 변하는데, 이 현상은 철-탄소 계의 마텐자이트 변태와 유사하다(10.5절). 즉 확산 없이 대규모 원자들이 규칙적으로 움직이며 매우 빠르게 일어난다. 변태 정도는 온도에 따라 변하며, 변태의 시작과 끝은 그림 10.38에서 'M_s'와 'M_f'로 표시되어 있다. 또한 이 마텐자이트는 그림 10.38의 2단계에 개략적으로 나타낸 바와 같이 극심한 쌍정이 수반된다.[7] 외부 응력이 작용하면 마텐자이트의 변형(즉 그림 10.38의 2단계에서 3단계로 이동)은 쌍정 경계의 이동(어떤 쌍정 구역은 성장하고, 다른 쌍정 구역은 수축하고)으로 일어난다. 이렇게 변형된 마텐자이트는 3단계에 나타나 있다. 더욱이 응력을 제거해도 이 온도에서는 변형된 형상이 그대로 유지되지만, 초기 온도로 가열하면 재료는 원래의 크기와 형상(4단계으로 되돌아간다(즉

---

5 가열의 경우에만 이 현상을 나타내는 합금을 **일방통행**(one-way) 형상 기억이라고 부른다. 가열 및 냉각의 두 경우 모두 크기/모양 변화를 일으키는 합금은 **쌍방통행**(two-way) 형상 기억 합금으로 표현한다. 여기서는 단지 일방통행 형상 기억 기구만을 다룬다.

6 *Nitinol*은 이 합금을 발견한 '*nickel-ti*tanium Naval Ordnance Laboratory'의 머리글자를 모아서 만든 말이다.

7 쌍정 현상은 7.7절에 서술되어 있다.

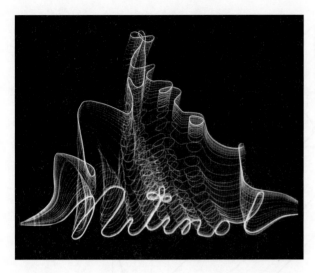

형상 기억 효과를 나타내는 연속 촬영 사진. 형상 기억 합금(Nitinol) 전선을 구부려 'Nitinol'이라는 글자 모양이 나타나도록 제작(기억 형상시킨)한 다음에, 변형시킨 후 가열하면(전류를 통하게 하여), 변형 전의 모습으로 되돌아온다. 이 사진은 원래의 모양으로 회복되는 과정을 사진으로 기록한 것이다.

[사진 제공 : Naval Surface Warfare Center (previously the Naval Ordnance Laboratory)].

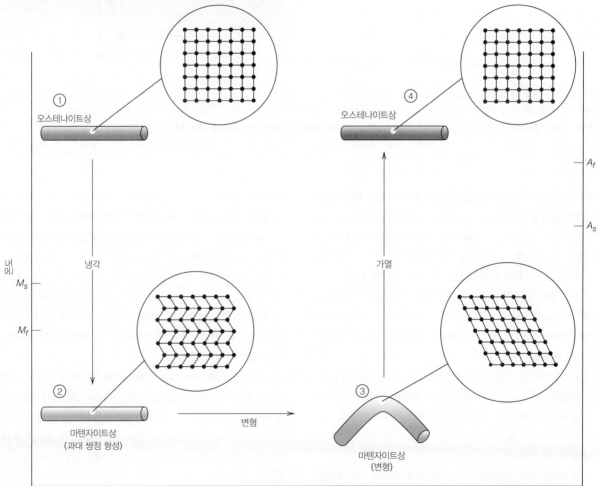

그림 10.38 형상 기억 합금을 설명한 그림. 동그라미 안에는 단계별 결정 구조를 개략적으로 나타내었다. M_s와 M_f는 각각 마텐자이트 변태 개시 온도와 완료 온도를 나타낸다. 오스테나이트 변태도 마찬가지로 A_s는 개시 온도, A_f는 완료 온도를 나타낸다.

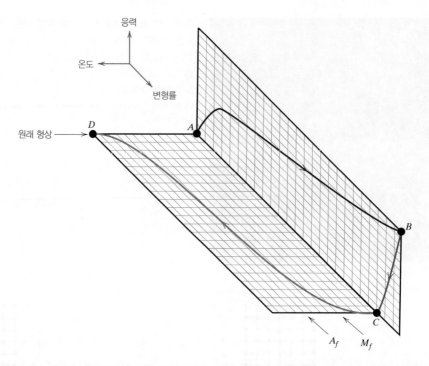

그림 10.39 열탄성 거동을 나타내고 있는 형상 기억 합금의 전형적인 응력-변형률-온도 거동. 점 A로부터 점 B까지의 곡선으로 나타난 시편의 변형은 마텐자이트 변태의 종료 온도(그림 10.38의 M_f) 이하에서 이루어진다. M_f에서의 작용 응력 제거는 곡선 BC로 나타나 있다. 그 후 오스테나이트 종료 변태 온도(그림 10.38의 A_f) 이상으로 가열하면 변형된 물체가 원래의 형상으로 돌아간다(점 C에서 점 D로).

[출처 : Helsen, J. A., and H. J. Breme (Editors), *Metals as Biomaterials*, John Wiley & Sons, Chichester, UK, 1998. John Wiley & Sons Inc. 허가로 복사 사용함]

기억하고 있다). 3단계에서 4단계로의 과정에서 변형된 마텐자이트가 원래 고온 오스테나이트로 상변태가 일어난다. 이러한 SMA는 그림 10.38의 오른쪽 수직축에 'A_s'(오스테나이트 시작)와 'A_f'(오스테나이트 끝) 사이의 온도에서 마텐자이트-오스테나이트 변태가 일어난다. 물론 이러한 변형-변태는 SMA에서 재현될 수 있다.

A_f보다 훨씬 더 높은 온도로 가열(오스테나이트 변태가 종결되도록)하고, 충분한 시간 동안 원하는 기억 형상을 유지시키면 원래의 형상(기억되어야 할)이 나타난다. 예를 들면 Nitinol 합금은 500℃, 1시간이 필요하다.

SMA의 변형은 반영구적이지만 정확하게 '소성'(6.6절)도 '탄성'(6.3절)도 아니다. 변형된 재료를 열처리하면 변형이 비영구적이 되므로 차라리 **열탄성**에 가깝다. 열탄성 재료의 응력-변형률 곡선은 그림 10.39에 나타나 있다. 이러한 재료의 회복 가능한 최대 변형량은 약 8% 정도이다.

Nitinol 합금족의 경우에는 Ni-Ti 비를 변화시키거나 다른 원소를 첨가함으로써 변태 온도의 범위를 확장시킬 수 있다(약 −200℃와 110℃ 사이).

중요한 SMA의 적용 분야로는 용접 없이 파이프 연결기를 수축시켜 꼭 들어맞게 하는 것으로 비행기의 유압선, 심해 파이프라인의 접합부, 선박과 잠수함의 배관 등을 들 수 있다. 각각의 연결기(실린더형 소매 형태)의 내경을 접합시킬 파이프의 외경보다 약간 작게 제작한 다음, 상온 온도보다 훨씬 낮은 온도에서 원주 방향으로 늘어뜨린다. 그 후 파이프 접합부에 연결기를 맞추고 나서 상온까지 가열하면, 연결기가 원래의 지름으로 수축하여 2개의 파이프 사이에 틈이 없이 밀봉된다.

이와 같은 효과를 나타내는 합금의 적용 분야로는 안경테, 치열 교정기, 조립식 안테나, 온실 창문 개폐기, 샤워기의 녹방지 통제 밸브, 여성 속옷류, 화재 스프링클러 밸브와 생의학 분야(혈전 필터, 관상동맥 자가 확장기, bone anchor 등), 형상 기억 합금은 주위 환경(예 : 온도)에 민감하게 반응하므로 '똑똑한 재료'(1.5절)로도 분류된다.

요약

상변태 속도론	• 핵생성과 성장은 새로운 상의 생산에 요구되는 2단계이다.

상변태 속도론

- 핵생성과 성장은 새로운 상의 생산에 요구되는 2단계이다.
- 2종류의 균일과 불균일 핵생성 방법이 있다.
  - 균일 핵생성의 경우 새로운 상의 핵들은 근원상 전반에 균일하게 형성된다.
  - 불균일 핵생성의 경우 핵생성은 우선적으로 구조적 불균일체의 표면(예 : 용기 표면, 불용성 불순물)에 형성된다.
- 핵생성 이론에서 활성화 자유에너지(ΔG^*)는 핵생성 발생의 장애를 극복하기 위한 에너지를 나타낸다.
- 원자들이 모여 임계 반지름(r^*)에 도달하면 자발적으로 핵성장이 일어난다.
- 불균일 핵생성의 활성화 에너지는 균일핵 생성의 ΔG^*보다 낮다.
- 온도 변화에 의한 변태의 경우 온도 변화 속도가 평형을 유지하지 못하면 가열 시에는 온도가 더 올라가거나 냉각 시에는 더 내려간다. 이 형싱을 각각 과열과 과냉각이라 한다.
- 균일 핵생성에 비해 불균일 핵생성에는 더 작은 과냉각(또는 과열)이 요구된다. 즉 $\Delta T_{het} < \Delta T_{hom}$로 표기된다.
- 전형적인 고상 변태에서 변태 분율 대 시간의 로그값 선도는 그림 10.10과 같이 S자 형태로 나타난다.
- 변태에 따른 시간 의존성은 식 (10.17)의 Avrami 식으로 표현된다.
- 변태 속도는 식 (10.18)과 같이 변태의 1/2 완료 시간의 역수로 표시한다.

등온 변태도

- 등온 변태도(시간-온도-변태, TTT)는 일정 온도에서 시간에 따른 변태의 진전을 나타낸다. 각 변태도는 특정 합금에 대해 온도 대 시간의 로그값을 나타낸다. 시작, 50%와 100% 곡선이 포함되어 있다.

연속 냉각 변태도

- 등온 변태도 시작과 완료 곡선을 더 긴 시간과 더 낮은 온도로 이동함으로써 연속 냉각 열처리용으로 변경할 수 있다. 이를 연속 냉각 변태도(CCT)라고 한다.
- 연속 냉각 변태도의 시작 시간과 완료 시간은 냉각곡선과 각각 CCT 도의 등온 변태도의 시작과 완료 곡선이 만나는 교차점으로 결정된다.
- 등온 변태도와 연속 냉각 변태도로 규정된 열처리에 따른 미세조직을 예측할 수 있다.
- 철-탄소 합금의 미세조직은 다음과 같다.
  - 조대 펄라이트와 미세 펄라이트 : 조대 펄라이트에 비해 미세 펄라이트는 α 페라이트와 시멘타이트의 간격이 더 얇다. 조대 펄라이트는 더 높은 온도(등온 변태)와 더 느린 냉각(연속 냉각)으로 생성된다.
  - 베이나이트 : 페라이트 모재 내에 늘어난 시멘타이트 입자로 이루어진 매우 미세한 조직이다. 미세 펄라이트에 비해 더 낮은 온도와 더 빠른 냉각 속도에서 생성된다.
  - 스페로이다이트 : 페라이트 모재 내에 구형의 시멘타이트 입자가 박혀 있는 미세조직이다. 미세/조대 펄라이트 또는 베이나이트를 700℃에서 수 시간 가열하면 생성된다.
  - 마텐자이트 : BCT 결정 구조를 갖는 철-탄소 고용체의 판상 또는 침상 입자이다. 마

텐자이트는 오스테나이트로부터 충분히 낮은 온도까지 급랭하여 탄소의 확산을 막아 펄라이트나 베이나이트의 형성을 저지함으로써 생성된다.

- 템퍼링된 마텐자이트 : 페라이트 모재 내에 매우 미세한 시멘타이트 입자로 구성되어 있다. 마텐자이트를 250~650℃ 범위의 온도로 가열함으로써 생성된다.

- 몇몇 합금 원소(탄소 이외의)를 첨가하면 연속 냉각 변태도에서 펄라이트와 베이나이트의 코를 더 긴 시간 쪽으로 이동시켜 마텐자이트의 생성에 유리한 조건을 만든다(합금의 열처리 가능성을 더 높인다).

철-탄소 합금의 기계적 거동

- 마텐자이트강은 가장 단단하며, 강하지만 취성도 가장 크다.
- 템퍼링된 마텐자이트는 매우 강하며 대체로 연성도 크다.
- 베이나이트는 적절한 강도-연성 조합을 갖추고 있지만, 템퍼링된 마텐자이트보다는 강하지 않다.
- 미세 펄라이트는 조대 펄라이트보다 더 단단하고 강하며 취성이 크다.
- 스페로이다이트는 논의된 미세조직 중에서 가장 연하고 연성이 크다.
- 일부 강에서의 취성은 특정 합금과 불순물 원소가 존재할 경우와 제한 온도 범위 이상에서의 템퍼링일 경우에 발생한다.

형상 기억 합금

- 형상 기억 합금은 변형 후 가열하면 변형 전의 크기/모양으로 되돌아간다.
- 변형은 쌍정 경계의 이동으로 발생한다. 원래 크기/모양으로의 복원에는 마텐자이트에서 오스테나이트 상변태가 수반된다.

식 요약

식 번호	식	용도
10.3	$r^* = -\dfrac{2\gamma}{\Delta G_v}$	안정된 고상 입자(균일 핵생성)
10.4	$\Delta G^* = \dfrac{16\pi\gamma^3}{3(\Delta G_v)^2}$	안정된 고상 입자 형성을 위한 활성화 에너지
10.6	$r^* = \left(-\dfrac{2\gamma T_m}{\Delta H_f}\right)\left(\dfrac{1}{T_m - T}\right)$	임계 반지름-용융 잠열과 융점
10.7	$\Delta G^* = \left(\dfrac{16\pi\gamma^3 T_m^2}{3\Delta H_f^2}\right)\dfrac{1}{(T_m - T)^2}$	활성화에너지-용융 잠열과 융점
10.12	$\gamma_{IL} = \gamma_{SI} + \gamma_{SL}\cos\theta$	불균일 핵생성을 위한 계면 에너지 사이의 관계
10.13	$r^* = -\dfrac{2\gamma_{SL}}{\Delta G_v}$	안정된 고상 입자(불균일 핵생성)
10.14	$\Delta G^* = \left(\dfrac{16\pi\gamma_{SL}^3}{3\Delta G_v^2}\right)S(\theta)$	안정된 고상 입자의 형성을 위한 활성화 자유에너지(불균일 핵생성)

식 번호	식	용도
10.17	$y = 1 - \exp(-kt^n)$	변태 분율(Avrami 식)
10.18	$\text{rate} = \dfrac{1}{t_{0.5}}$	변태 속도

기호 목록

기호	의미
ΔG_v	부피 자유에너지
ΔH_f	용융 잠열
k, n	시간에 의존하지 않는 상수
$S(\theta)$	핵 형상 함수
T	온도(K)
T_m	평형 응고 온도(K)
$t_{0.5}$	50% 변태 완료 시간
γ	표면 자유에너지
γ_{IL}	액체-표면 계면에너지(그림 10.5)
γ_{SL}	고체-액체 계면에너지
γ_{SI}	고체-표면 계면에너지
θ	젖음 각도(γ_{SI}와 γ_{SL}사이의 각도)(그림 10.5)

주요 용어 및 개념

과냉각	비열적 변태	열적 활성화
과열	상변태	자유에너지
등온 변태도	성장(상 입자)	조대 펄라이트
마텐자이트	속도론	템퍼링된 마텐자이트
미세 펄라이트	순 탄소강	합금강
베이나이트	스페로이다이트	핵생성
변태 속도	연속 냉각 변태도	

참고문헌

Brooks, C. R., *Principles of the Heat Treatment of Plain Carbon and Low Alloy Steels*, ASM International, Materials Park, OH, 1996.

Krauss, G., Steels: Processing, Structure, and Performance, 2nd edition, ASM International, Materials Park, OH, 2015.

Porter, D. A., K. E. Easterling, and M. Sherif, *Phase Transformations in Metals and Alloys*, 3rd edition,

CRC Press, Boca Raton, FL, 2009.

Shewmon, P. G., Transformations in Metals, Indo American Books, Abbotsford, B.C., Canada, 2007.

Tarin, P., and J. Pérez, *SteCal® 3.0* (Book and CD), ASM International, Materials Park, OH, 2004.

Vander Voort, G. (Editor), *Atlas of Time–Temperature*

Diagrams for Irons and Steels, ASM International, Materials Park, OH, 1991.

Vander Voort, G. (Editor), *Atlas of Time–Temperature Diagrams for Nonferrous Alloys*, ASM International, Materials Park, OH, 1991.

연습문제

상변태 속도론

10.1 (a) 핵생성에 대한 총 자유에너지를 나타내는 식 (10.1)을 한 변의 길이가 a인 정육면체인 경우에 대하여(반지름 r인 공모양 대신에) 다시 작성하라. 이 식을 a에 대하여 미분하여(식 10.2), 임계 정육면체 변의 길이 a^*와 ΔG^*를 구하라.

(b) 공모양과 정육면체 모양 중 어느 것이 더 큰 ΔG^*를 갖는가? 그 이유는 무엇인가?

10.2 (a) 철의 균일 핵생성에 대한 임계 핵크기 r^*와 활성 자유에너지 ΔG^*를 계산하라. 용융 잠열은 -2.53×10^9 J/m³, 표면 자유에너지는 0.255 J/m²이다. 과냉각 값은 표 10.1을 참조하라.

(b) 임계 핵 크기의 원자수를 계산하라. 융점에서 고체 철의 격자 상수는 0.360 nm로 가정하라.

10.3 어떤 변태가 Avrami 식(식 10.17)을 따르는 반응 속도를 가지는 경우 변수 n은 1.5라는 값으로 알려져 있다. 만약 125초 후에 그 반응의 25%가 완성되었다면, 그 변태가 90% 완성되는 데 필요한 총시간을 구하라.

10.4 어떤 합금의 재결정화 반응 속도가 Avrami 식을 따르고 지수 n의 값이 5라 할 때 어느 온도에서 재결정화된 분율이 100분 후에 0.3이라면 이 온도에서 재결정화의 속도를 구하라.

10.5 오스테나이트와 펄라이트 변태의 반응 속도는 Avrami 식을 따른다. 다음에 주어진 변태 분율과 시간과의 자료를 이용하여 펄라이트로 변태하는 오스테나이트의 95%에 대한 총시간을 구하라.

분율 변태	시간(초)
0.2	280
0.6	425

10.6 Cu(그림 10.11)가 119°C에서 재결정하기 위한 n과 k의 값(식 10.17)을 결정하라.

준안정 상태와 평형 상태

10.7 미세조직의 열처리와 성장에서 철-철탄화물 상태도에서 제한되는 두 가지는 무엇인가?

등온 변태도

10.8 공석 조성의 강이 675°C에서 760°C로 0.5초 내에 냉각되고, 이 온도에서 계속 유지되었다.

(a) 오스테나이트에서 펄라이트로의 반응이 50% 완성되는 데 어느 정도의 시간이 소요되는가? 100% 완성되는 데는 어느 정도의 시간이 소요되는가?

(b) 펄라이트로 완전히 변태된 합금의 경도를 구하라.

10.9 미세조직과 기계적 성질에 관계되는 펄라이트, 베이나이트, 스페로이다이트 사이의 차이를 간략히 설명하라.

10.10 공석 조성(그림 10.23)의 철-탄소 합금의 등온 변태도를 사용해서 다음과 같은 시간과 온도의 처리를 받는 조그만 시편의 최종 미세조직의 성질을 기술하라(각각의 대략적인 퍼센트와 존재하는 미세 구성인자에 관하여). 각 경우에서 시편은 760°C에서 시작하며, 완전하고 균일한 오스테나이트 구조를 얻기 위하여 이 온도에서 충분한 시

간 동안 유지되었다고 가정하자.

(a) 350°C까지 급랭하고 10^3초간 유지한 다음 상온까지 급랭한다.

(b) 600°C까지 급랭하여 4초간 유지한 다음 450°C까지 냉각하고 10초간 유지한 다음 상온까지 급랭한다.

(c) (b)의 시편을 700°C까지 재가열 후 20시간 동안 유지한다.

(d) 575°C까지 급랭하고 20초간 유지한 다음 350°C까지 급랭한 후 100초간 유지하고 상온까지 급랭한다.

10.11 공석 조성의 철-탄소 합금의 등온 변태도(그림 10.23)의 사본을 만든 다음, 이 변태도에 다음과 같은 미세조직을 형성하는 시간-온도를 그리고 표기하라.

(a) 100% 조대 펄라이트

(b) 50% 마텐자이트와 50% 오스테나이트

(c) 50% 조대 펄라이트, 25% 베이나이트, 25% 마텐자이트

10.12 1.13 wt% C 강 합금에 대한 등온 변태도(그림 10.40)를 이용하여 다음과 같이 시간-온도 처리된 조그만 시편의 미세조직을 결정하라(단 존재하는 미세조직에 관해서만). 각 시편은 920°C에서 시작하고, 완전하고 균일한 오스테나이트 구조를 얻기 위하여 이 온도에서 충분한 시간 동안 유지되었다고 가정하자.

(a) 775°C까지 급랭하고 500초간 유지한 다음 상온까지 급랭한다.

(b) 700°C까지 급랭하고 10^5초간 유지한 다음 상온까지 급랭한다.

(c) 350°C까지 급랭하고 300초간 유지한 다음 상온까지 급랭한다.

(d) 600°C까지 급랭하고 7초간 유지한 다음 450°C까지 급랭하고 4초간 유지한 다음 상온까지 급랭한다.

10.13 위 문제 10.12의 (b), (c), (d)의 경우에 대하여 형성되는 미세조직의 대략적인 퍼센트를 구하라.

10.14 1.13 wt% C 철-탄소 합금에 대한 등온 변태도(그림 10.40)를 복사하고, 다음과 같은 미세조직을 그리기 위하여 시간과 온도를 축에 명시하며, 그 미세조직을 그려라.

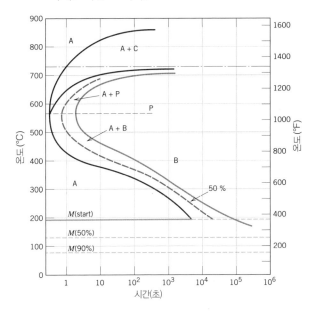

그림 10.40 1.13 wt% C Fe-C 합금의 등온 상태도. A : 오스테나이트, B : 베이나이트, C : 초석 시멘타이트, M : 마텐자이트, P : 펄라이트
[출처 : H. Boyer (Editor), *Atlas of Isothermal Transformation and Cooling Transformation Diagrams*, 1977. ASM International, Materials Park, OH. 허가로 복사 사용함]

(a) 6.2% 초석 시멘타이트와 93.8% 조대 펄라이트

(b) 50% 미세 펄라이트와 50% 베이나이트

(c) 100% 마텐자이트

(d) 템퍼링된 마텐자이트

연속 냉각 변태도

10.15 완벽한 오스테나이트로 변태된 공석 철-탄소 합금(0.76 wt% C) 시편이 다음과 같은 속도로 상온까지 냉각될 경우에 나타나는 미세조직을 기술하라.

(a) 1°C/s

(b) 50°C/s

10.16 그림 10.41은 0.35 wt% C 철-탄소 합금의 연속 냉각 변태도이다. 이 그림을 복사하여 다음과 같은 미세조직을 생성하는 연속 냉각 곡선에 이름을 붙이고 스케치하라.

(a) 미세 펄라이트와 초석 시멘타이트

(b) 마텐자이트

(c) 마텐자이트와 초석 시멘타이트

(d) 조대 펄라이트와 초석 시멘타이트

(e) 마텐자이트, 미세 펄라이트, 초석 시멘타이트

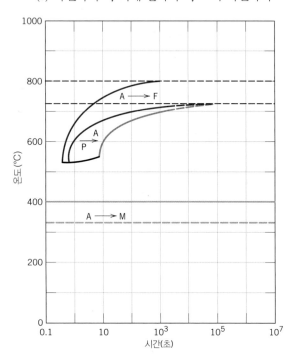

그림 10.41 0.35 wt% C Fe-C 합금의 연속 냉각도

10.17 공석 조성의 철-탄소 합금에 대한 연속 냉각 변태도에서 베이나이트 변태 영역이 없는 이유를 간단히 설명하라.

10.18 완벽한 오스테나이트로 변태된 4340 합금강 시편이 다음과 같은 속도로 상온까지 냉각될 경우에 나타나는 미세조직을 기술하라.

(a) 0.05°C/s

(b) 5°C/s

10.19 4340 강을 한 미세조직으로부터 다른 미세조직으로 바꾸기 위하여 사용되는 가장 간단한 연속 냉각 열처리 과정을 간략하게 기술하라.

(a) (마텐자이트+페라이트+베이나이트) → (마텐자이트+페라이트+펄라이트+베이나이트)

(b) (마텐자이트+베이나이트+페라이트) → 템퍼링된 마텐자이트

철-탄소 합금의 기계적 거동

템퍼링된 마텐자이트

10.20 마텐자이트가 단단하고 취성이 있는 이유 두 가지를 기술하라.

10.21 다음의 철-탄소 합금을 미세조직과 관련하여 단단한 순서로 나열하라.

(a) 0.25 wt% C의 조대 펄라이트

(b 0.80 wt% C의 스페로이다이트

(c) 0.25 wt% C의 스페로이다이트

(d) 0.80 wt% C의 미세 펄라이트

10.22 0.76 wt% C 강을 한 미세조직으로부터 다른 미세조직으로 바꾸기 위하여 사용되는 가장 간단한 연속 열처리 과정을 간략하게 기술하라.

(a) 마텐자이트 → 스페로이다이트

(b) 베이나이트 → 펄라이트

(c) 스페로이다이트 → 펄라이트

(d) 템퍼링된 마텐자이트 → 마텐자이트

10.23 연습문제 10.10의 (a)와 (b)의 열처리를 받는 공석 조성의 철-탄소 합금 시편의 경우에 브리넬 경도와 연성(%RA)을 예측하라.

10.24 연습문제 10.15의 (a)와 (b)의 열처리를 통한 공석 철-탄소 합금 시편의 대략적인 인장 강도와 연성(%RA)을 결정하라.

설계문제

연속 냉각 변태도

철-탄소 합금의 기계적 거동

10.D1 200 HB의 최소 경도와 25%RA의 최소 연성을 갖고 있는 공석 조성의 철-탄소 합금의 생산이 가능하겠는가? 만약 가능하다면 이러한 성질을 얻을 수 있는 강의 연속 냉각 열처리를 설명하고, 불가능하다면 그 이유를 설명하라.

10.D2 등온 변태를 이용해서 다음의 인장 강도와 연성을 갖는 철-탄소 합금의 생산이 가능하겠는가? 만약 가능하다면 이러한 성질을 얻기 위한 열처리를 서술하라. 불가능하다면 그 이유를 설명하라.

(a) 1700 MPa과 45%RA

(b) 1400 MPa과 50%RA

10.D3 연속 냉각 열처리를 이용해서 다음의 브리넬 경도와 연성을 갖는 공석강 열처리를 서술하라.

(a) 680 HB와 ~0%RA

(b) 200 HB와 28%RA

10.D4 200 HB의 최소 경도와 35%RA의 최소 연성을 갖고 있는 철-탄소 합금을 생산하고자 한다. 이것이 가능한가? 만약 가능하다면 이것의 조성과 미세조직은 어떻겠는가? (조대 및 미세 펄라이트, 스페로이다이트 중에서 선택하라.)

템퍼링된 마텐자이트

10.D5 1515 MPa의 최소 항복 강도가 적어도 40%RA의 연성을 가지고 있는 기름 속에서 급랭한 후 템퍼링된 4340 강의 생산이 가능한가? 만약 가능하다면 템퍼링 열처리에 대하여 기술하고, 불가능하다면 그 이유를 설명하라.

10.D6 4340 강 합금에 대해 다음의 인장 강도와 연성 포함을 갖는 시편 제작에 요구되는 연속 냉각/템퍼링 열처리를 기술하라.

(a) 1100 MPa의 인장 강도, 50%RA의 연성

(b) 1300 MPa의 인장 강도, 45%RA의 연성

10.D7 최소 1240 MPa의 항복 강도와 최소 50%RA의 연성을 갖는 기름 속 급랭과 템퍼링된 4340 강을 생산하는 것이 가능한가? 가능하다면 템퍼링 열처리를 기술하라. 가능하지 않다면 그 이유를 설명하라.

© William D. Callister, Jr.

(a)

(a) 알루미늄 음료 캔의 생산 단계. 캔은 판상의 알루미늄 합금으로 제작되며, 인발, 성형, 깎기, 세정, 채색, 목부위 성형 및 플랜지 성형의 순서를 거친다.
(b) 판상 알루미늄 롤의 점검

Daniel R. Patmore/© AP/Wide World Photos.

(b)

엔지니어는 재료 선정 과정에 관여하므로 많은 금속 및 합금들의 일반적인 특성(다른 재료의 형태뿐만 아니라)에 대하여 잘 알고 있어야 한다. 또한 다수의 재료 성질 데이터베이스도 활용할 수 있어야 한다. 제작과 공정 절차는 재료의 성질을 훼손시킬 수도 있다. 예를 들어 10.8절에는 템퍼링 열처리 동안에 몇몇 강이 취약해지는 것을 지적하고 있다. 또한 스테인리스강은 특정 온도 범위에서 장시간 가열될 때 입계부식(17.7 절)에 민감하게 된다. 아울러 11.6절에 논의된 바와 같이 용접 접합 부위에 원하지 않는 미세조직 변화로 강도와 인성이 감소하게 된다. 엔지니어는 예상 밖의 재료 파손을 방지하기 위하여 공정과 제작에 수반될 수 있는 결과를 잘 알고 있어야 한다.

학습목표

이 장을 학습한 후에는 다음 내용을 숙지할 수 있어야 한다.

1. 네 가지 다른 형식의 강의 종류와 각각의 함유된 조성적 차이, 두드러진 성질, 대표적으로 사용하는 용도
2. 다섯 가지 주철의 종류와 각각의 미세구조 및 일반적인 기계적 성질
3. 일곱 가지의 다른 비철합금과 각각의 두드러진 물리적·기계적 특성과 세 가지 대표적인 응용 분야
4. 금속 합금 성형에 사용되는 네 가지 성형 방법
5. 다섯 가지 주조기술
6. 열처리에 따른 과정과 목적 : 공정 어닐링, 응력 제거 어닐링, 완전 어닐링 및 구상화
7. 경화능의 정의
8. 특정 합금에 대한 경화능 곡선과 담금질 속도 대 막대 지름에 대한 정보를 활용하여 실린더형 시편에 대한 경도 프로파일 생산
9. 상태도를 이용하여 석출 경화된 금속 합금에 사용된 두 가지 열처리 설명
10. 일정 온도 석출 열처리에 대한 상온 강도(또는 경도) 대 시간의 로그 값 선도 작성. 석출 경화 기구를 통한 곡선의 모양 설명

11.1 서론

대부분 재료 문제는 특정한 적용에 필요한 적절한 특성을 갖는 재료를 선택하는 것이다. 따라서 선택의 결정에 참여하는 사람은 가능한 선택에 대한 지식을 갖추고 있어야 한다. 이 장의 앞부분에서는 몇몇 상용화 합금의 종류와 그 일반적인 성질, 한계를 간단히 살펴보고자 한다.

재료 선정은 금속 합금으로 얼마나 쉽게 유용한 부품을 성형 제조할 수 있는가에도 영향을 받는다. 합금 성질은 제작 과정에 따라 변하며 또한 적절한 열처리 여부에 따라 성질 변화가 또 일어날 수 있다. 그러므로 이 장의 후반부에서는 어닐링 절차, 강의 열처리 및 석출 경화를 포함한 몇몇 상세 처리에 대해 논의한다.

금속 합금의 형태

금속 합금은 조성에 따라 두 부류로 나눈다: 철합금과 비철합금. 철이 주성분인 철합금에는 강과 주철이 포함된다. 철합금과 철합금의 특성을 이 절에서 먼저 다룬다. 철을 기지로 하지 않는 비철합금은 그다음에 다루고 있다.

11.2 철합금

철합금

철합금(ferrous alloy) ─ 철이 주성분인 합금 ─ 은 다른 어떤 금속보다 광범위하게 사용되며, 특히 공학 구조용 재료로서 중요하다. 이들 합금의 광범위한 응용은 다음의 세 가지 요인에 기인한다. (1) 철을 함유한 광석은 지구상에 풍부히 존재한다. (2) 금속 철과 강 합금은 비교적 저렴하게 선광, 정련, 합금, 가공될 수 있다. (3) 철합금은 광범위한 영역의 기계적·물성적 성질을 갖는다. 많은 철합금의 주요 단점은 내식성이 나쁘다는 것이다. 이 장에서는 여러 종류의 강과 주철의 조성, 미세구조, 특성에 대해 설명하고자 한다. 그림 11.1은 다양한 철합금의 개략적인 분류도이다.

강

강(steel)은 철-탄소의 합금으로 상당한 양의 다른 합금 원소를 포함하고 있다. 다른 조성 그리고/또는 열처리를 갖는 수많은 강이 있으며, 이들의 기계적 성질은 탄소의 함량에 큰 영향을 받고, 일반적인 탄소의 함량은 1.0 wt% 이하이다. 많이 사용되는 강은 탄소의 농도에 의해 분류되며, 저·중·고 탄소강으로 분류된다. 이러한 대분류는 다시 합금 원소에 따라 소분류된다. 순 탄소강(plain carbon steel)은 탄소 이외에 잔류되는 미량의 다른 원소와 약

순 탄소강

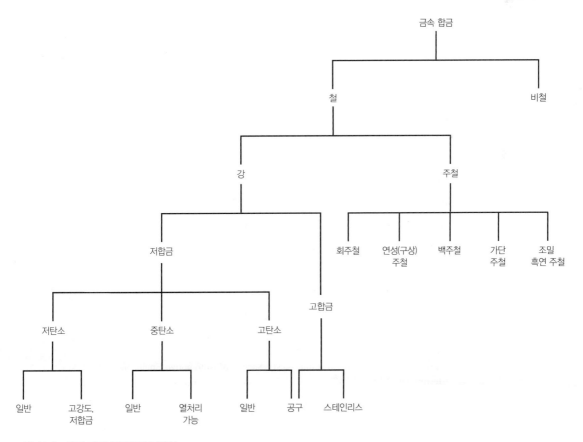

그림 11.1 여러 가지 철합금의 분류도

합금강

간의 망간만을 함유하지만, **합금강**(alloy steel)은 더 많은 합금 원소를 특정 농도만큼 인위적으로 첨가한다.

저탄소강

여러 종류의 강 중에서 가장 많이 생산되는 강이 저탄소강(low-carbon steel)이다. 저탄소강은 일반적으로 0.25 wt% 미만의 탄소 농도를 갖는다. 이 강은 마텐자이트 열처리에 반응하지 않으며 소성 경화에 의해 경화된다. 미세구조는 페라이트와 펄라이트 구조를 가지므로 비교적 연하고 약하지만 우수한 연성과 인성을 갖는다. 또한 기계 가공성과 용접성이 좋으며, 모든 강 중에서 가장 생산비가 저렴하다. 저탄소강의 대표적인 적용 분야는 자동차의 몸체 부위, 구조용재[I-빔, 홈형 철재(channel iron), 앵글 철재(angle iron)]이며, 판재는 파이프, 빌딩, 다리, 깡통 등에 사용된다. 표 11.1a와 11.1b에 중요한 순 저탄소강(plain low-carbon steel)의 조성과 기계적 성질을 나타내었다. 이들 강은 대략 275 MPa의 항복 강도, 415~550 MPa 범위의 인장 강도, 25%EL의 연성을 갖는다.

고강도, 저합금강

또 다른 분류의 저탄소강은 **고강도, 저합금강**[high-strength, low-alloy(HSLA) steel]이다. 이들은 구리, 바나듐, 니켈, 몰리브덴 등이 총 10 wt%까지 함유되며, 저탄소강에 비해 경도가 높다. 대부분은 열처리에 의해 경화되고, 480 MPa 이상의 인장 강도를 가지며, 비교적 연성, 성형성, 기계 가공성이 우수하다. 몇 가지 종류의 고강도 저합금강을 표 11.1에 열거하였다. 일반적인 분위기에서 HSLA강은 순 탄소강에 비해 부식에 대한 내성이 높아 구조적 강도가 중요한 응용 분야(예 : 다리, 탑, 고층 건물의 보조 기둥, 압력통)에 사용된다.

표 11.1a 네 종류의 순 저탄소강과 세 종류의 고강도 저합금강

표시[a]		조성 (wt%)[b]		
AISI/SAE 또는 ASTM 번호	UNS 번호	C	Mn	기타 원소
순 저탄소강				
1010	G10100	0.10	0.45	
1020	G10200	0.20	0.45	
A36	K02600	0.29	1.00	0.20 Cu (최소)
A516 Grade 70	K02700	0.31	1.00	0.25 Si
고강도, 저합금강				
A572 Grade 42	–	0.21	1.35	0.30 Si, 0.20 Cu (최소)
A633 Grade E	K12002	0.22	1.35	0.30 Si, 0.08 V, 0.02 N, 0.03 Nb
A656 Type 3	–	0.18	1.65	0.60 Si, 0.08 V, 0.02 Al, 0.10 Nb

[a] American Iron and Steel Institute(AISI), Society of Automotive Engineers(SAE)와 American Society for Testing and Materials(ASTM)에서 사용되는 code. Uniform Numbering System(UNS)는 본문에 설명되어 있다.

[b] 언급이 없다면 최대 함량은 0.04 wt% P, 0.05 wt% S, 0.30 wt% Si이다.

출처 : *Metals Handbook: Properties and Selection: Irons and Steels*, Vol. 1, 9th edition, B. Bardes(Editor), 1978. ASM International, Materials Park, OH. 허가로 복사 사용함

표 11.1b 순 저탄소강과 고강도, 저합금강에서 열간 압연된 재료의 기계적 특성과 대표적 적용 예

AISI/SAE 또는 ASTM 번호	인장 강도 (MPa)	항복 강도 (MPa)	연성 (50 mm 당 % EL)	적용 예
순 저탄소강				
1010	325	180	28	자동차 판넬, 못, 와이어
1020	380	205	25	파이프, 구조강, 판재강
A36	400	220	23	구조물(다리, 빌딩)
A516 Grade 70	485	260	21	저온 압력 용기
고강도, 저합금강				
A572 Grade 42	415	290	24	볼트 또는 리벳 사용 구조물
A633 Grade E	515	380	23	저온 환경 사용 구조물
A656 Type 3	655	552	15	트럭 프레임 철도 차량

중탄소강

중탄소강(medium-carbon steel)은 탄소의 함량이 0.25~0.60 wt%인 탄소강을 말한다. 이러한 강은 오스테나이트화(austenitizing), 급랭(quenching), 템퍼링(tempering) 등의 열처리에 의해 기계적 성질을 향상시킨다. 이 강은 대부분 템퍼링되어 사용되며, 템퍼링된 마텐자이트의 미세구조를 갖는다. 순 중탄소강(plain medium-carbon steel)은 경화능이 낮기 때문에(11.8절) 매우 빠른 급랭 속도와 매우 얇은 부위에서만 열처리 효과를 갖는다. 크롬, 니켈, 몰리브덴의 첨가는 이들 합금의 열처리 효과를 증대시키며(11.9절), 다양한 강도-연성의 조합을 보인다. 이렇게 열처리된 합금은 저탄소강에 비해 강하지만 연성과 인성은 떨어진다. 응용 분야는 열차의 바퀴와 철로, 기어, 크랭크축, 기타 기계 부품, 고강도 구조재 등으로 고강도와 내마모성 및 인성이 요구되는 분야이다.

표 11.2a에 이러한 합금화된 중탄소강의 몇 가지 조성을 수록하였으며, 여기에 합금의 명칭법을 함께 나타내었다. Society of Automotive Engineers(SAE), American Iron and Steel Institute(AISI), American Society for Testing and Materials(ASTM) 등이 강과 이밖의 다른 합금의 분류와 명칭을 정하고 있다. AISI/SAE 표기법은 4개의 숫자로 구성되며, 처음 두 숫자는 합금의 농도이고, 마지막 두 숫자는 탄소의 농도이다. 순 탄소강의 처음 두 숫자는 1과 0이고, 합금강의 처음 두 숫자는 정수 두 숫자의 조합이다(예 : 13, 41, 43). 세 번째와 네 번째 숫자는 탄소 농도의 무게비를 100으로 곱한 숫자이다. 예를 들어 1060강은 0.60 wt% 탄소 농도를 갖는 순 탄소강을 말한다.

unified numbering UNS(system)은 철합금과 비철합금에 공통으로 사용되는 명칭법이다. 각 UNS 번호는 한 글자에 5개의 숫자를 명기하며, 글자는 합금이 속해 있는 금속군을 가리킨다. 이러한 합금의 UNS 기호는 G로 시작하며, AISI/SAE 번호를 붙이고, 다섯 번째 숫자는 영(0)이다. 표 11.2b는 이러한 강들이 급랭 및 템퍼링되었을 때의 기계적 특성과 대표적 응용 분야를 나타낸 것이다.

표 11.2a 순 탄소강과 여러 저합금강의 AISI/SAE 및 UNS 명칭법과 조성 범위

AISI/SAE 표시[a]	UNS 표시	조성 범위(C 첨가 합금 원소 wt%)[b]			
		Ni	Cr	Mo	기타 원소
10xx, 순 탄소	G10xx0				
11xx, 자유 기계 가공	G11xx0				0.08~0.33 S
12xx, 자유 기계 가공	G12xx0				0.10~0.35 S, 0.04~0.12 P
13xx	G13xx0				1.60~1.90 Mn
40xx	G40xx0			0.20~0.30	
41xx	G41xx0		0.80~1.10	0.15~0.25	
43xx	G43xx0	1.65~2.00	0.40~0.90	0.20~0.30	
46xx	G46xx0	0.70~2.00		0.15~0.30	
48xx	G48xx0	3.25~3.75		0.20~0.30	
51xx	G51xx0		0.70~1.10		
61xx	G61xx0		0.50~1.10		0.10~0.15 V
86xx	G86xx0	0.40~0.70	0.40~0.60	0.15~0.25	
92xx	G92xx0				1.80~2.20 Si

[a] 탄소 농도 × 100 = xx
[b] 13xx 합금 이외의 경우, 망간 농도는 1.00 wt% 미만
12xx 합금 이외의 경우, 인 농도는 0.35 wt% 미만
11xx와 12xx 합금 이외의 경우, 황 농도는 0.04 wt% 미만
92xx 합금 이외의 경우, 규소 농도는 0.15~0.35 wt% 미만

고탄소강

고탄소강(high-carbon steel)은 일반적으로 0.60~1.4 wt%의 농도를 갖는 강으로, 탄소강 중에서 가장 경하고 강하며 낮은 연성을 갖는다. 이들은 대부분 경화되고 템퍼링되어 사용

표 11.2b 기름 급랭과 템퍼링된 순 탄소강과 합금강의 대표적인 응용과 기계적 성질

AISI 번호	UNS 번호	인장 강도 (MPa)	항복 강도 (MPa)	연성 (50 mm당 % EL)	적용 예
			순 탄소강		
1040	G10400	605~780	430~585	33~19	크랭크축, 볼트
1080[a]	G10800	800~1310	480~980	24~13	끌, 망치
1095[a]	G10950	760~1280	510~830	26~10	칼, 쇠톱날
			합금강		
4063	G40630	830~1550	670~1340	24~11	스프링, 손공구
4340	G43400	980~1960	895~1570	21~11	부싱, 항공용 세관
6150	G61500	815~2170	745~1860	22~7	샤프트, 피스톤, 기어

[a] 고탄소강으로 분류

표 11.3 여섯 종류 공구강의 명칭, 조성, 응용

| AISI 번호 | UNS 번호 | 조성(wt%)[a] | | | | | | 적용 예 |
		C	Cr	Ni	Mo	W	V	
M1	T11301	0.85	3.75	0.30 최대	8.70	1.75	1.20	드릴, 톱, 선반, 평삭반 공구
A2	T30102	1.00	5.15	0.30 최대	1.15	—	0.35	펀치, 엠보싱대
D2	T30402	1.50	12	0.30 최대	0.95	—	1.10 최대	주방용 칼, 인발 금형
O1	T31501	0.95	0.50	0.30 최대	—	0.50	0.30 최대	전단날, 절삭 공구
S1	T41901	0.50	1.40	0.30 최대	0.50 최대	2.25	0.25	파이프 절단기, 콘크리트 드릴
W1	T72301	1.10	0.15 최대	0.20 최대	0.10 최대	0.15 최대	0.10 최대	대장간 공구, 목재 공구

[a] 나머지 조성은 철. 합금에 따라 망간 농도는 0.10~1.4 wt%, 규소 농도는 0.20~1.2 wt%

출처 : *ASM Handbook, Vol. 1, Properties and Selection: Irons, Steels, and High-Performance Alloys*, 1990. ASM International, Materials Park, OH. 허가로 복사 사용함

되며, 극히 높은 내마모성이 요구될 때와 날카로운 절삭면에 사용된다. 공구강(tool steel)과 금형용 강(die steel)은 주로 고탄소강이며, 일반적으로 크롬, 바나듐, 텅스텐, 몰리브덴 등이 첨가되어 있다. 이러한 합금 원소는 탄소와 결합하여 매우 강하고 내마모성이 좋은 탄소화합물(예 : $Cr_{23}C_6$, V_4C_3, WC)을 형성한다. 중요한 공구강의 조성과 응용을 표 11.3에 수록하였다. 이러한 강은 재료를 성형하고 가공하는 절삭 공구나 금형뿐만 아니라 칼날, 면도날, 톱날, 스프링, 고강도 강선 등에도 사용된다.

스테인리스강

스테인리스강

스테인리스강(stainless steel)은 다양한 환경에서, 특히 대기 중에서의 내부식성이 매우 우수하다. 이 강의 가장 중요한 합금 원소는 크롬이며, 적어도 11 wt% 이상이 필요하다. 내부식성은 니켈과 몰리브덴의 첨가에 의해서도 향상된다.

스테인리스강은 미세구조의 주된 상에 의해 마텐자이트, 페라이트, 오스테나이트 세 가지로 분류된다. 표 11.4에는 몇 종류의 스테인리스강을 분류순으로 열거하고, 조성과 기계적 특성, 응용 분야를 수록하였다. 광범위한 기계적 성질과 극히 우수한 내부식성 때문에 스테인리스강은 매우 다양한 용도로 사용된다.

마텐자이트 스테인리스강은 마텐자이트가 주 미세 구성요소(prime microconstituent)로 존재하도록 열처리될 수 있다. 상당한 양의 합금 원소의 첨가는 철-철탄화물의 상태도(그림 9.24)를 완전히 바꿀 수 있다. 오스테나이트 스테인리스강은 오스테나이트상(혹은 γ상)의 영역을 상온까지 낮춘다. 페라이트 스테인리스강은 α 페라이트(BCC 구조)로 구성되어 있다. 오스테나이트와 페라이트 스테인리스강은 열처리 경화가 불가능하므로 냉간 가공에 의해 경화 및 강화된다. 오스테나이트 스테인리스강은 높은 크롬 농도와 니켈의 첨가로 내부식성이 가장 강하기 때문에 가장 많이 생산된다. 마텐자이트와 페라이트 스테인리스강은 자성을 가지나, 오스테나이트 스테인리스강은 자성이 없다.

스테인리스강은 흔히 높은 온도나 가혹한 환경에서 사용되는데, 이는 이러한 조건에서

표 11.4 오스테나이트, 페라이트, 마텐자이트, 석출 경화된 스테인리스강의 명칭, 조성, 기계적 성질과 대표적인 응용 분야

AISI 번호	UNS 번호	조성 (wt%)[a]	조건[b]	기계적 성질			적용 예
				인장 강도 (MPa)	항복 강도 (MPa)	연성 (50 mm당 %EL)	
페라이트							
409	S40900	0.08 C, 11.0 Cr, 1.0 Mn, 0.50 Ni, 0.75 Ti	어닐링한	380	205	20	자동차 배기 부품, 농업 용수 탱크
446	S44600	0.20 C, 25 Cr, 1.5 Mn	어닐링한	515	275	20	밸브(고온), 유리 몰드, 배기통
오스테나이트							
304	S30400	0.08 C, 19 Cr, 9 Ni, 2.0 Mn	어닐링한	515	205	40	화학 및 식품, 가공 장비, 극저온 용기
316L	S31603	0.03 C, 17 Cr, 12 Ni, 2.5 Mo, 2.0 Mn	어닐링한	485	170	40	용접 건설
마텐자이트							
410	S41000	0.15 C, 12.5 Cr, 1.0 Mn	어닐링한 Q & T	485 825	275 620	20 12	총신, 주방용 칼, 제트 엔진 부품
440A	S44002	0.70 C, 17 Cr, 0.75Mo, 1.0 Mn	어닐링한 Q & T	725 1790	415 1650	20 5	주방용 칼, 베어링, 외과용 공구
석출 경화							
17-4PH	S17400	0.07 C, 16.25 Cr, 4 Ni, 4 Cu, 0.3 (Nb+Ta), 1.0 Mn, 1.0 Si	석출 경화된	1310	1172	10	화학, 석유화학 및 식품 제조기구, 항공부품

[a] 나머지 조성은 철
[b] Q & T는 급랭과 템퍼링을 의미함
출처 : *ASM Handbook, Vol. 1, Properties and Selection: Irons, Steels, and High-Performance Alloys*, 1990. ASM International, Materials Park, OH. 허가로 복사 사용함

산화에 강하고 기계적 성질의 열화가 적기 때문이다. 산화 분위기하에서의 최고 허용 온도는 1000°C(1800°F)이다. 이러한 강으로 제조된 것은 가스 터빈, 고온 스팀 보일러, 열처리로(heat-treating furnace), 비행기, 미사일, 원자력 발전소 부품 등이다. 표 11.4에 수록된 초

> **개념확인 11.1** 페라이트 스테인리스강과 오스테나이트 스테인리스강을 열처리할 수 없는 이유를 간략히 설명하라. 힌트 : 11.3절의 첫 부분을 참조하라.
>
> [해답은 *www.wiley.com/go/Callister_MaterialsScienceGE* → More Information → Student Companion Site 선택]

고강도 스테인리스강[ultrahigh-strength stainless steel(17-4PH)]은 극히 높은 강도와 내부식성을 갖는다. 강화(strengthening)는 석출 경화 열처리에 의해 일어난다(11.10절).

주철

주철

일반적으로 주철(cast iron)은 탄소 함량이 2.14 wt% 이상인 철합금에 속한다. 그러나 실제로 대부분의 주철은 3.0~4.5 wt%의 탄소 함량을 갖는다. 철-철탄화물 상태도(그림 9.24)를 살펴보면 이러한 조성에서 1150~1300°C 사이에서 완전한 액상을 가지며, 이러한 액상 온도는 일반적인 강에 비해 현저히 낮다. 따라서 이러한 강은 쉽게 용융될 수 있으며 주조가 가능하다. 더구나 이러한 주철은 매우 취약하며, 주조가 가장 편리한 가공법이다.

시멘타이트(Fe_3C)는 준안정상이며, 어느 환경에서는 분해되어 다음과 같은 반응에 의해 α 페라이트와 흑연을 형성한다.

철 탄화물의 α 페라이트와 흑연으로의 분해

$$Fe_3C \rightarrow 3Fe\,(\alpha) + C(흑연) \qquad (11.1)$$

따라서 철-탄소의 완전한 평형 상태도는 그림 9.24가 아니라 그림 11.2와 같다고 할 수 있다. 두 상태도는 철의 주성분 영역에서는 동일하다(즉 Fe-Fe_3C 계의 공정과 공석 반응 온도는 각각 1147°C와 727°C이며, Fe-C 계에서는 각각 1153°C와 740°C이다). 그러나 그림 11.2에서는 탄소 100 wt%까지 나타나며, 탄소 주성분의 상은 흑연 상이다. 이는 그림 9.24의 6.7 wt% 탄소의 시멘타이트와 다르다는 것을 알 수 있다.

흑연이 생성되는 경향은 조성과 냉각 속도에 영향을 받으며, 흑연의 생성은 1 wt% 이상의 규소가 존재할 때 촉진된다. 또한 응고 시의 냉각 속도가 느릴수록 흑연 상이 쉽게 생성

그림 11.2 안정된 상으로 시멘타이트 대신 흑연으로 나타낸 정확한 의미의 평형 철-탄소 상태도
[출처 : *Binary Alloy Phase Diagrams*, T. B. Massalski (Editor-in-Chief), 1990. ASM International, Materials Park, OH. 허가로 복사 사용함]

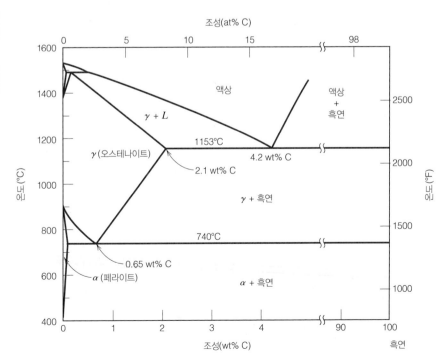

된다. 대부분의 주철은 탄소가 흑연 상으로 존재하며, 미세구조와 기계적 성질은 조성과 열처리에 영향을 받는다. 가장 일반적인 주철은 회주철, 구상 주철, 백주철, 가단 주철, 조밀 흑연 주철 등이다.

회주철

회주철

회주철(gray cast iron)의 탄소와 규소 농도는 각각 2.5~4.0 wt%, 1.0~3.0 wt% 범위이다. 이러한 회주철의 대부분은 흑연이 박편 형태로 존재하며, 주로 α 페라이트나 펄라이트의 기지에 둘러싸여 있다. 전형적인 회주철의 미세구조를 그림 11.3a에 나타내었다. 이러한 박편 형태의 흑연으로 인해 파괴 표면은 회색의 외관을 띠는데, 이에 따라 회주철이라고 부른다.

이러한 미세구조 때문에 회주철은 인장력에 약하고 깨지기 쉽다. 흑연 박편의 모서리는 뾰족하므로 외부의 인장력이 가해지면 이러한 부위에 응력 집중이 일어난다. 강도와 연성은 압축력에 비해서는 훨씬 높다. 몇 종류의 중요한 회주철의 대표적인 성질과 조성을 표 11.5에 수록하였다. 회주철은 여러 중요한 특성을 가지고 있고 실제로 널리 이용되는데, 이러한 회주철은 진동에너지의 흡수에 매우 효과적이다. 강과 회주철의 상대적인 진동 흡수 능력을 그림 11.4에 나타내었다. 진동에 노출되기 쉬운 기계의 지지 구조와 무거운 장비는 이러한 재료로 만들어진다. 또한 회주철은 마찰에 대한 내성이 강하며, 더구나 용융 상태, 즉 주조 온도에서의 유동성이 좋아 복잡한 형태의 주물을 만들 수 있고 주조 시의 수축도 적다. 마지막으로 가장 중요한 성질은 아마도 모든 금속 재료 가운데 회주철이 가장 저렴하다는 점일 것이다.

회주철은 적절한 조성과 열처리에 의해서 그림 11.3a와 다른 미세구조가 형성될 수 있다. 예를 들어 규소 함량을 줄이거나 냉각 속도를 증가시키면 시멘타이트가 완전히 분해되어 흑연 상이 생성되는 것을 막을 수 있다(식 11.1). 이러한 조건에서 미세구조는 흑연 박편이 펄라이트 기지에 분산된 구조이다. 그림 11.5에서 조성과 열처리의 변화에 의한 주철의 미세구조의 변화를 개략적으로 나타내었다.

연성(또는 구상) 주철

구상 주철, 연성 주철

주조 전에 회주철에 약간의 마그네슘과 세륨을 첨가하면 전혀 다른 미세구조와 기계적 특성을 갖게 된다. 흑연 상은 여기서도 형성되지만 그 형태는 박편의 모양 대신에 구상의 형태를 갖는다. 이러한 합금을 구상 주철(nodular cast iron) 혹은 연성 주철(ductile cast iron)이라고 한다. 구상 주철의 미세구조를 그림 11.3b에 나타내었다. 이러한 입자를 둘러싼 기지상은 열처리 조건에 따라 펄라이트 혹은 페라이트이다(그림 11.5). 일반적으로 주조된 상태의 구조는 펄라이트이다. 그러나 700°C에서 장시간 열처리하면, 그림과 같은 페라이트 기지가 만들어진다. 주조물은 표 11.5에서 보는 바와 같이 회주철에 비해 단단하고 훨씬 연성이 좋다. 실제로 연성 주철은 강에 상응하는 기계적 특성을 갖고 있다. 예를 들어 페라이트 연성 주철은 380~480 MPa의 인장 강도와 10~20%의 연성을 갖는다. 이러한 재료의 대표적인 응용은 밸브, 펌프 동체, 크랭크축, 기어, 그리고 자동차, 기계 부품 등을 들 수 있다.

그림 11.3 여러 주철의 광학현미경 사진. (a) 회주철 : 검은 흑연 박편은 α 페라이트상 내에 존재한다. 500×. (b) 구상 (연성) 주철 : 검은 흑연 구상 입자가 α 페라이트상 내에 존재한다. 200×. (c) 백주철 : 흰 시멘타이트 영역은 페라이트-시멘타이트 층상 구조를 갖는 펄라이트에 둘러싸여 있다. 400×. (d) 가단 주철 : 장미형의 검은 흑연 입자 (템퍼 탄소)가 α 페라이트 기지 내에 존재한다. 150×. (e) 조밀 흑연 주철(CGI) : 벌레 같은 검은 흑연 입자가 α 페라이트 기지 내에 박혀 있다. 100×

[출처 : (a), (b) C. H. Brady and L. C. Smith, National Bureau of Standards, Washington, DC (now the National Institute of Standards and Technology, Gaithersburg, MD). (c) Amcast Industrial Corporation. (d) the Iron Castings Society, Des Plaines, IL. (e) Sinter–Cast, Ltd.]

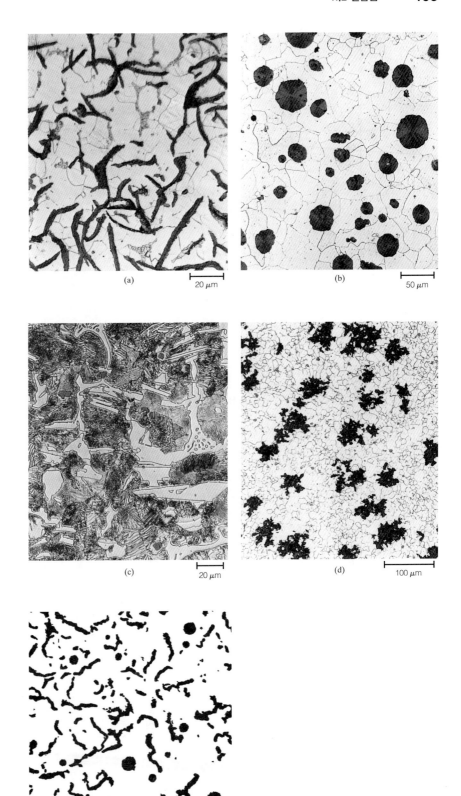

표 11.5 여러 회주철, 구상 주철, 가단 주철의 명칭, 최소 기계적 성질, 대략적인 조성, 대표적인 응용 분야

등급	UNS 번호	조성(wt%)[a]	기지 구조	기계적 성질			적용 예
				인장 강도 (MPa)	항복 강도 (MPa)	연성 (50 mm당 % 일)	
회주철							
SAE G1800	F10004	3.40~3.7 C, 2.55 Si, 0.7 Mn	페라이트 + 펄라이트	124	—	—	강도가 중요하지 않은 경량 주조
SAE G2500	F10005	3.2~3.5 C, 2.20 Si, 0.8 Mn	페라이트 + 펄라이트	173	—	—	소실린더 블록, 실린더 헤드, 피스톤, 클러치판, 변속기 케이스
SAE G4000	F10008	3.0~3.3 C, 2.0 Si, 0.8 Mn	펄라이트	276	—	—	디젤 엔진 주물, 라이너, 실린더, 피스톤
연성(구상) 주철							
ASTM A536							
60-40-18	F32800	3.5~3.8 C, 2.0~2.8 Si, 0.05 Mg, < 0.20 Ni, < 0.10 Mo	페라이트	414	276	18	밸브, 펌프 등 압력 관련 부품
100-70-03	F34800		펄라이트	689	483	3	고강도 기어 및 기계 부품
120-90-02	F36200		템퍼링된 마텐자이트	827	621	2	톱니바퀴, 기어, 롤러, 슬라이드
가단 주철							
32510	F22200	2.3~2.7 C, 1.0~1.75 Si, < 0.55 Mn	페라이트	345	224	10	상온 및 고온용 일반 공하 서비스
45006	F23131	2.4~2.7 C, 1.25~1.55 Si, < 0.55 Mn	페라이트 + 펄라이트	448	310	6	
조밀 흑연 주철							
ASTM A842							
Grade 250	—	3.1~4.0 C, 1.7~3.0 Si, 0.015~0.035 Mg, 0.06~0.13 Ti	페라이트	250	175	3	디젤 엔진 블록, 배기관, 고속철용
Grade 450	—		펄라이트	450	315	1	브레이크 디스크

[a] 나머지 조성은 철

출처 : ASM Handbook, Vol. 1, Properties and Selection: Irons, Steels, and High-Performance Alloys, 1990. ASM International, Materials Park, OH. 허가로 복사 사용함

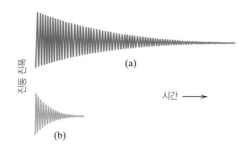

그림 11.4 (a) 강과 (b) 회주철의 상대적인 진동 흡수 능력의 비교

(출처 : *Metals Engineering Quarterly*, February 1961. Copyright © 1961. ASM International, Materials Park, OH. 허가로 복사 사용함)

백주철과 가단 주철

낮은 규소 농도의 주철(1.0 wt% Si 미만)의 급속 냉각으로 그림 11.5에서 보는 바와 같이 대부분의 탄소는 흑연 대신에 시멘타이트가 생성된다. 이러한 합금의 파단면은 백색의 외관을 띠는데, 이에 따라 백주철(white cast iron)이라고 부른다. 그림 11.3c는 백주철의 미세구조

백주철

그림 11.5 상용화된 주철의 철-탄소 상태도와 조성의 영역. 또한 다양한 열처리에 의한 미세구조를 나타내었다. G_f(박편 흑연), G_r(장미형 흑연), G_n(구상형 흑연), P(펄라이트), α(페라이트)

(출처 : W. G. Moffatt, G. W. Pearsall, and J. Wulff, *The Structure and Properties of Materials*, Vol. I, Structure, John Wiley & Sons, 1964. Janet M. Moffatt 허가로 복사 사용함)

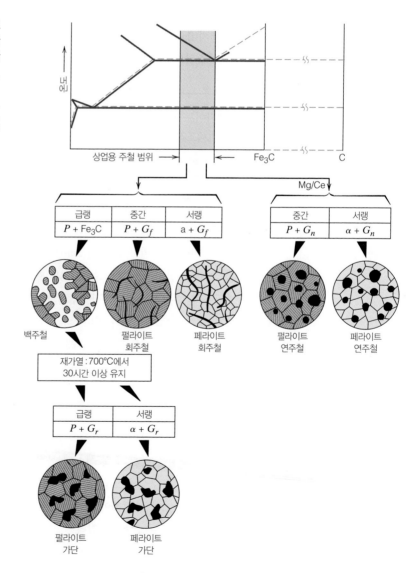

를 나타내는 광학현미경 사진이다. 두꺼운 부위는 주조 공정 중에 '급속히 냉각된(chilled)' 표면층에 생성된 백주철이다. 회주철은 더욱 느리게 냉각되는 내부 영역에서 생성된다. 많은 양의 시멘타이트상으로 인하여 백주철은 실제로 기계 가공이 불가능할 정도로 매우 강하고 취성이 높다. 따라서 백주철의 응용은 매우 강하고 내마모성이 강한 표면을 필요로 하여 높은 연성이 필요하지 않은 분야에 국한된다. 한 예로 압출기의 롤러(roller)를 들 수 있다.

가단 주철　　일반적으로 백주철은 또 다른 주철, 즉 가단 주철(malleable iron) 생산의 중간 과정으로 사용된다.

　　백주철을 800~900°C에서 장시간 동안 중화 분위기(산화를 막기 위해)에서 가열하면 시멘타이트가 분해되어 흑연을 만들며, 그림 11.5와 같이 흑연상은 냉각 속도에 따라 페라이트 혹은 펄라이트 기지 내에 응집형(cluster) 혹은 장미형(rosette)으로 존재한다. 그림 11.3d는 페라이트 가단 주철의 현미경 사진이다. 미세구조는 구상 주철(그림 11.3b)과 비슷하며, 상대적으로 높은 강도와 상당한 연성을 갖는다. 몇 가지의 대표적인 기계적 특성을 표 11.5에 실었다. 대표적인 응용 분야는 연결축, 자동차의 변속 기어, 기차, 잠수함 등의 중장비에 사용되는 플랜지(flange), 파이프 이음쇠, 밸브 부품 등을 들 수 있다.

　　회주철과 연주철의 생산량은 대략 같지만 백주철과 가단 주철의 생산량은 더 적다.

개념확인 11.2　마텐자이트 기지 내에 흑연이 박편이나 구상 또는 장미형으로 박혀 있는 주철을 생산할 수 있다. 이 세 가지 미세조직을 생산하는 처리법을 간략히 설명하라.

[해답은 *www.wiley.com/go/Callister_MaterialsScienceGE* → More Information → Student Companion Site 선택]

조밀 흑연 주철

조밀 흑연 주철　　최근 등장한 주철로는 조밀 흑연 주철(compacted graphite iron, CGI)을 들 수 있다. 회주철, 연주철, 가단 주철과 같이 탄소는 흑연의 형태로 존재하며, 규소에 의해 흑연화가 촉진된다. 탄소량은 3.1~4.0 wt%이지만, 규소의 양은 일반적으로 1.7~3.0 wt%이다. 표 11.5에는 두 가지 *CGI* 재료가 나타나 있다.

　　CGI 합금의 미세조직에서 흑연은 벌레 같은(연충처럼 움직이는) 형태를 지니고 있다. 전형적인 CGI 미세조직은 그림 11.3e에 나타나 있다. 이 미세조직은 회주철(그림 11.3a)과 연성(구상) 주철(그림 11.3b)의 중간 형태로서 얼마만큼의 흑연(20% 미만)은 구상이다. 그러나 날카로운 끝단(흑연 박편의 특성)은 피해야 하는데, 이러한 형상은 재료의 파괴 및 피로 저항성을 감소시킨다. 마그네슘과 세륨도 첨가하지만, 그 양은 연주철에 첨가하는 양보다는 적다. CGI 화학 조성은 다른 주철보다 더 복잡한데, 벌레 같은 흑연 입자를 갖는 미세조직을 나타내면서 동시에 구상 흑연의 정도를 제한하고, 흑연 박편의 형성을 막도록 마그네슘 및 세륨과 다른 첨가제를 조절해야 한다. 또한 열처리에 따라 기지상은 페라이트, 펄라이트 또는 (페라이트/펄라이트)로 될 수 있다.

다른 주철과 마찬가지로 CGI의 기계적 성질은 흑연 입자 형상, 기지상과 미세 구성인자와 같은 미세조직과 관련되어 있으며, 흑연의 구상화가 증가하면 강도와 연성이 모두 향상된다. 또한 페라이트 기지의 CGI는 펄라이트 기지의 CGI보다 강도는 낮지만 연성은 더 크다. CGI의 인장 강도와 항복 강도는 연주철 및 가단 주철과 비슷하지만 고강도 회주철(표 11.5)보다는 더 크다. 한편 CGI의 연성은 회주철과 연주철의 중간 정도이며 탄성 계수는 140~165 GPa이다.

다른 주철에 비해 CGI의 장점은 다음과 같다.

- 높은 열 전도율
- 높은 열충격(급격한 온도 변화에 따른 파괴) 저항성
- 높은 고온 산화 저항성

CGI의 사용 범위는 매우 넓은데, 디젤 엔진 블록, 배기 매니폴드, 기어박스 하우징, 고속 열차용 브레이크 디스크, 속도 조절 열차와 바퀴 등이 있다.

11.3 비철합금

강과 그 밖의 철합금은 매우 광범위한 기계적 성질을 가지고 있으며 생산하기 쉽고 저렴하여 다른 합금과 비교될 수 없을 정도로 많이 소비된다. 그러나 이들 합금은 다음과 같은 몇 가지 중요한 단점을 가지고 있다. (1) 상대적으로 높은 밀도, (2) 낮은 전기 전도율, (3) 일상적 분위기하에서의 낮은 내부식성 등이다. 따라서 많은 응용 분야에서는 더 이상적인 성질을 갖는 다른 합금이 유리하거나 사용되어야 한다. 합금계는 기본 금속의 종류 또는 합금군이 갖고 있는 특성에 따라 분류된다. 이 절에서는 구리, 알루미늄, 마그네슘, 티탄 등의 합금, 고용융점 금속(refractory metal), 초합금(superalloy), 귀금속(noble metal), 그리고 니켈, 납, 주석, 아연 등의 기본 금속을 포함하는 기타의 합금계에 대해 설명하고자 한다. 그림 11.6은 이 절에서 논의한 비철합금에 대한 분류 방식을 나타낸다.

때때로 주조 합금과 단조 합금을 명확히 구분할 필요가 있다. 합금이 너무 취성이 높아 성형과 가공을 위한 적절한 소성변형이 불가능한 경우를 **주조 합금**(cast alloy)이라 하고, 반면에 기계적 소성변형이 가능한 경우를 단조 합금(wrought alloy)이라고 한다.

단조 합금

또한 합금계의 열처리 가능성(heat treatability)이 흔히 언급되는데, '열처리가 가능하다'는 것은 합금이 열처리에 의한 석출 경화(11.10절) 또는 마텐자이트 변태 등을 통하여 기계적 강도가 향상될 수 있다는 것을 의미한다.

구리와 구리 합금

원하는 물성을 갖도록 제조된 구리와 구리 기지 합금은 다양한 분야에 사용되고 있다. 순수 구리는 매우 연하고 연성이 높아 기계 가공이 어렵고, 거의 제한이 없을 정도의 냉간 가공 능력을 갖는다. 또한 대기, 해수, 산업 화학물 등의 다양한 외부 환경에 대해 높은 내부식성을 갖는다. 기계적 혹은 내부식성 성질은 합금화에 의해 향상될 수 있으나, 대부분의 구리

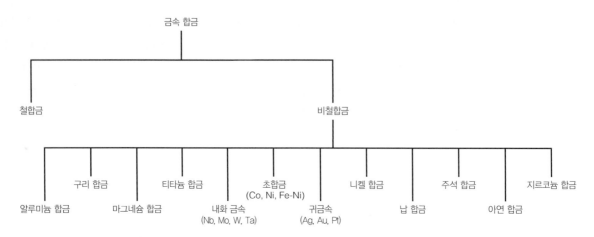

그림 11.6 다양한 비철합금의 분류 계획

합금은 열처리 공정에 의해 경화나 강화되지는 않는다. 따라서 냉간 가공과 용질화 합금 처리로 기계적 성질을 개선한다.

황동   가장 흔한 구리 합금은 아연이 치환형 불순물로 합금화된 황동(brass)이다. 구리-아연의 상태도(그림 9.19)에서 보는 바와 같이 α상은 대략 35 wt% Zn의 농도까지 안정하다. 이 상은 FCC 결정 구조를 갖고 있으며 α황동은 연하고 연성이 높아 쉽게 냉간 가공될 수 있으며, 더 높은 아연 농도를 갖는 황동 합금은 상온에서 α와 β'상을 갖고 있다. β'상은 BCC 결정 구조이며 α상보다 더 경하고 강하다. 따라서 $\alpha + \beta'$ 합금은 일반적으로 열간 가공 처리된다.

일반적인 황동의 종류는 황색 황동(yellow brass), 네이벌 황동(naval brass), 약협 황동(cartridge brass), 먼츠 메탈(muntz metal), 도금 금속(gilding metal) 등이 있으며, 표 11.6에 이러한 합금의 조성, 특성, 응용 분야를 수록하였다. 황동 합금은 의복 장식, 약협 주조(cartridge casing), 자동차 라디에이터, 악기, 동전 등에 사용된다.

청동   청동(bronze)은 구리와 다른 몇 가지의 원소, 즉 주석, 알루미늄, 규소, 니켈 등을 첨가시킨 합금이다. 이 합금은 황동보다 단단하고 좋은 내부식성을 갖는다. 표 11.6에 몇몇 청동 합금의 조성, 특성, 응용 분야를 수록하였다. 일반적으로 청동은 내부식성과 양호한 인장 특성이 요구될 때 사용된다.

최근에 만들어진 고강도 구리 합금은 베릴륨 구리이다. 이 합금은 대단히 우수한 특성을 갖고 있다. 즉 1400 MPa에 이르는 인장 강도와 우수한 전기적 성질, 내부식성, 내마모성을 갖는다. 고강도는 석출 경화의 열처리에 의해 얻을 수 있다(11.10절 참조). 이 합금의 제조에는 1.0~2.5 wt%의 베릴륨이 첨가되므로 제조 단가가 높으며, 주요 응용 분야는 제트기의 착륙 기어 베어링, 부싱, 스프링, 수술 혹은 치과 도구 등이다. 이러한 합금의 예(C17200)를 표 11.6에 나타내었다.

표 11.6 구리 합금의 조성, 기계적 성질, 대표적인 응용 분야

합금 이름	UNS 번호	조성 (wt%)[a]	조건	기계적 성질			적용 예
				인장 강도 (MPa)	항복 강도 (MPa)	연성 (50 mm당 %EL)	
단조 합금							
전기 분해	C11000	0.04 O	어닐링된	220	69	45	전선, 리벳, 거친 체, 개스킷, 피치 냄비, 못, 지붕 재료
베릴륨 구리	C17200	1.9 Be, 0.20 Co	석출 경화된	1140~1310	965~1205	4~10	스프링, 풀무, 총의 격침, 부싱, 밸브, 다이어프램
약협 황동	C26000	30 Zn	어닐링된 냉간 가공된 (H04 hard)	300 525	75 435	68 8	자동차 라디에이터, 주물 심형, 총기 부품, 램프 고정물, 회중 전등통, 킥플레이트
인청동 5% A	C51000	5 Sn, 0.2 P	어닐링된 냉간 가공된 (H04 hard)	325 560	130 515	64 10	풀무, 클러치 디스크, 다이어프램, 스프링, 퓨즈 클립, 용접봉
구리-니켈, 30%	C71500	30 Ni	어닐링된 냉간 가공된 (H02 hard)	380 515	125 485	36 15	복수기 및 열교환기 부품, 염수 배관
주조 합금							
납 포함 황	C85400	29 Zn, 3 Pb, 1 Sn	주조	234	83	35	가구 금속제품, 피팅, 라디에이터, 전구 지지대, 배터리 조임기
주석 청동	C90500	10 Sn, 2 Zn	주조	310	152	25	베어링, 부싱, 피스톤링, 증기 구조물, 기어
알루미늄 청동	C95400	4 Fe, 11 Al	주조	586	241	18	베어링, 기어, 웜, 부싱, 밸브, 시트 및 가드, 피클링 훅

[a] 나머지 조성은 구리

출처 : *ASM Handbook, Vol. 2, Properties and Selection: Nonferrous Alloys and Special-Purpose Materials*, 1990. ASM International, Materials Park, OH. 허가로 복사 사용함

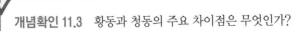

개념확인 11.3 황동과 청동의 주요 차이점은 무엇인가?

[해답은 *www.wiley.com/go/Callister_MaterialsScienceGE* → More Information → Student Companion Site 선택]

알루미늄과 그 합금

알루미늄과 그 합금은 비교적 밀도가 작고(2.7 g/cm³, 강의 경우 7.9 g/cm³), 높은 전기와

열전도성을 가지며, 대기 중에서 좋은 내부식성을 갖는다. 대부분의 합금은 높은 연성을 갖고 있으므로 성형 가공이 용이하다. 이러한 특징은 비교적 순수한 재료를 압연하여 제조한 얇은 알루미늄 박판의 제조에서 알 수 있다. 알루미늄은 FCC 결정 구조이며, 연성이 매우 낮은 온도까지 유지된다. 알루미늄 사용의 가장 중요한 제약은 사용 가능한 최대 온도인 용융점(660°C)이 낮다는 것이다.

알루미늄의 기계적 강도는 냉간 가공과 합금화에 의해 증가된다. 그러나 이러한 강화 공정은 내부식성의 저하를 수반한다. 중요한 합금 원소는 구리, 마그네슘, 규소, 망간, 아연 등이다. 비열처리화 합금은 단일상의 미세구조를 가지며, 고용체 강화에 의해 강도를 증가시킨다. 다른 합금들은 합금화에 의해 석출 경화에 의한 열처리화가 가능하다. 이 합금들 중에는 $MgZn_2$와 같은 금속 간 화합물처럼 알루미늄 이외의 두 원소 간 석출물에 의해 석출 경화가 일어나는 것도 있다.

일반적으로 알루미늄 합금은 주조 또는 단조 합금으로 분류되며, 두 종류 모두 조성은 주 불순물과 순도를 나타내는 4자리의 수로 명시한다. 주조 합금의 경우 소수점은 끝 두 자릿수의 사이에 위치한다. 이 숫자 다음에 **템퍼 표시**(temper designation)—글자와 1~3자릿수—를 하며, 이는 합금이 속해 있는 기계적 또는 열적 처리 방식을 나타낸다. 예를 들어 F, H, O는 각각 가공 전, 소성 경화, 열처리 상태를 가리킨다. 표 11.7은 알루미늄 합금에 대한 템퍼 표시 방식을 나타낸다. 또한 몇몇 단조 및 주조 합금의 조성, 특성 및 응용 분야를 표 11.8에 나타내었다. 알루미늄 합금의 일반적인 응용 분야는 비행기 통제, 음료수 캔, 버스 차체, 자동차 부품(엔진 블록, 피스톤, 다기관) 등이다.

최근에 알루미늄에 저밀도 금속(예 : Mg, Ti)을 첨가하여 운송체의 구조 재료로 사용하여 연료를 절감하는 새로운 합금의 개발에 대한 많은 연구가 진행되고 있다. 이러한 재료의 중요한 성질은 **비강도**(specific strength), 즉 재료의 인장 강도 대 비중의 비이다. 이러한 합금은 밀도가 더 높은 재료(강과 같은)보다 인장 강도가 떨어지지만, 일정한 무게당 더 많은 하중을 지탱할 수 있다.

새로운 알루미늄-리튬 합금의 시대가 최근 우주항공산업에 사용되면서 발전되었다. 이 재료들은 각각 상대적으로 낮은 밀도(약 2.5~2.6 g/cm³), 높은 탄성(중력에 대한 탄성 계수), 그리고 뛰어난 피로와 저온 강도 성질을 가지며, 또한 그중 몇 개는 석출 경화가 된다. 어쨌든 이 재료들은 리튬의 화학적 반응 때문에 특별한 공정 기술이 요구되므로 보통 알루미늄 합금보다 제조비가 더 많이 든다.

개념확인 11.4 어느 경우에는 3003 알루미늄 합금으로 제작된 구조물을 용접하지 않는 것이 좋은 이유를 설명하라. 힌트 : 7.12절 참조

[해답은 *www.wiley.com/go/Callister_MaterialsScienceGE* → More Information → Student Companion Site 선택]

템퍼 표시

비강도

표 11.7 알루미늄 합금의 템퍼 표시

템퍼 표시	내용
	기본 템퍼
F	제작한 그대로—주조 또는 냉간 가공
O	어닐링된—최저 강도 템퍼(단조품만)
H	가공 경화된(단조품만)
W	용체화 처리된—몇 달 또는 몇 년간 상온에서 자연적으로 석출 경화된 제품에만 적용
T	용체화 처리된—몇 주 이내에 강도를 안정화시킨 제품에만 적용, 뒤에 하나 이상의 숫자 사용
	가공 경화 템퍼[a]
H1	가공 경화된 경우에만
H2	가공 경화하고 부분적으로 어닐링된
H3	가공 경화 후 안정화 처리된
	열처리 템퍼[b]
T1	고온 성형 처리 후 냉각 그리고 자연 노화
T2	고온 성형 처리 후 냉각 및 냉간 가공 그리고 자연 노화
T3	용체화 처리, 냉간 가공 그리고 자연 노화
T4	용체화 처리 후 자연 노화
T5	고온 성형 처리 후 냉각 및 인공 노화 처리
T6	용체화 처리 후 인공 노화
T7	용체화 처리 후 과노화 또는 안정화
T8	용체화 처리, 냉간 가공 그리고 인공 노화
T9	용체화 처리, 인공 노화 그리고 냉간 가공
T10	고온 성형 처리 후 냉각, 냉간 가공 그리고 인공 노화

[a] 가공 경화 정도를 나타내기 위해 뒤에 2개 숫자를 추가할 수도 있다.
[b] 이러한 열 가지 템퍼의 다양성을 나타내기 위해 뒤에 2개 숫자(첫 숫자는 0이 될 수 없다)를 추가할 수도 있다.

출처 : *ASM Handbook*, Vol. 2, *Properties and Selection: Nonferrous Alloys and Special-Purpose Materials*, 1990. ASM International, Materials Park, OH, 44073. 허가로 복사 사용함

마그네슘과 마그네슘 합금

아마도 마그네슘의 가장 중요한 특징은 밀도인데(1.7 g/cm³), 마그네슘의 밀도는 구조 금속 중에서 가장 낮다. 따라서 이 합금은 경량화가 중요한 분야에 사용된다(예 : 비행기 부품). 마그네슘은 HCP 결정 구조로 비교적 연하고 낮은 탄성 계수(45 GPa)를 갖는다. 상온에서 마그네슘과 그 합금은 소성변형이 어렵다. 실제로 아주 작은 정도의 냉간 가공만이 고온의 열처리 없이 가능하다. 따라서 대부분의 가공은 주조나 200~350°C 사이에서 행하는 열간 가공에 의해 이루어진다. 알루미늄과 같이 마그네슘은 비교적 낮은 용융 온도(651°C)를 갖고 있다. 화학적으로 마그네슘 합금은 비교적 불안정하고, 특히 해양에서 부식되기 쉬운 반

표 11.8 상용 알루미늄 합금의 조성, 기계적 성질, 대표적인 응용 분야

| 알루미늄 협회 번호 | UNS 번호 | 조성 (wt%)[a] | 조건 (템퍼 표시) | 기계적 성질 | | | 적용 예/특성 |
				인장 강도 (MPa)	항복 강도 (MPa)	연성 (50 mm당 %EL)	
			가단, 열처리 불가능 합금				
1100	A91100	0.12 Cu	어닐링된 (O)	90	35	35~45	식품/화학 처리 및 저장 장치, 열 교환기, 빛 반사경
3003	A93003	0.12 Cu, 1.2 Mn, 0.1 Zn	어닐링된 (O)	110	40	30~40	주방 기구, 압력 용기 및 배관
5052	A95052	2.5 Mg, 0.25 Cr	변형 경화 (H32)	230	195	12~18	항공 연료 및 오일라인, 연료 탱크, 전자제품, 리벳 및 와이어
			가단, 열처리 가능 합금				
2024	A92024	4.4 Cu, 1.5 Mg, 0.6 Mn	열처리된 (T4)	470	325	20	항공 구조물, 리벳, 트럭, 바퀴, 나사, 기계제품
6061	A96061	1.0 Mg, 0.6 Si, 0.30 Cu, 0.20 Cr	열처리된 (T4)	240	145	22~25	트럭, 카누, 철도 차량, 가구, 파이프라인
7075	A97075	5.6 Zn, 2.5 Mg, 1.6 Cu, 0.23 Cr	열처리된 (T6)	570	505	11	항공 구조 부품 및 고응력 부위 적용
			주철, 열처리 가능 합금				
295.0	A02950	4.5 Cu, 1.1 Si	열처리된 (T4)	221	110	8.5	플라이휠 및 후방축 하우징 버스 및 비행기 바퀴, 크랭크 케이스
356.0	A03560	7.0 Si, 0.3 Mg	열처리된 (T6)	228	164	3.5	항공 펌프 부품, 자동차 변속기 케이스, 수랭 실린더 블록
			Al-Li 합금				
2090	—	2.7 Cu, 0.25 Mg, 2.25 Li, 0.12 Zr	열처리된, 냉간 가공된 (T83)	455	455	5	항공 구조물 및 극저온 탱크 구조물
8090	—	1.3 Cu, 0.95 Mg, 2.0 Li, 0.1 Zr	열처리된, 냉간 가공된 (T651)	465	360	—	위험 부담이 높은 항공 구조물

[a] 나머지 조성은 알루미늄

출처 : *ASM Handbook*, Vol. 2, *Properties and Selection: Nonferrous Alloys and Special-Purpose Materials*, 1990. ASM International, Materials Park, OH. 허가로 복사 사용함

표 11.9 마그네슘 합금의 조성, 기계적 성질, 대표적인 응용 분야

ASTM 번호	UNS 번호	조성 (wt%)[a]	조건	기계적 성질			적용 예
				인장 강도 (MPa)	항복 강도 (MPa)	연성 (50 mm당 %EL)	
단조 합금							
AZ31B	M11311	3.0 Al, 1.0 Zn, 0.2 Mn	압출	262	200	15	구조물 및 세관, 음극 보호
HK31A	M13310	3.0 Th, 0.6 Zr	변형 경화, 부분 어닐링	255	200	9	315°C까지 고강도 유지
ZK60A	M16600	5.5 Zn, 0.45 Zr	인공 시효	350	285	11	항공기용 최대 강도 단조
주조 합금							
AZ91D	M11916	9.0 Al, 0.15 Mn, 0.7 Zn	주조	230	150	3	자동차, 수화물, 전자 기기용 다이캐스트 부품
AM60A	M10600	6.0 Al, 0.13 Mn	주조	220	130	6	자동차 바퀴
AS41A	M10410	4.3 Al, 1.0 Si, 0.35 Mn	주조	210	140	6	크리프 강도가 좋은 다이캐스팅

[a] 나머지 조성은 마그네슘

출처 : *ASM Handbook*, Vol. 2, *Properties and Selection: Nonferrous Alloys and Special-Purpose Materials*, 1990. ASM International, Materials Park, OH. 허가로 복사 사용함

면에, 일반 대기 중에서의 내부식성과 내산화성은 우수한 편이다. 이는 마그네슘 합금의 고유한 특성이라기보다는 불순물의 영향에 기인하는 것으로 생각된다. 미세한 마그네슘 분말은 공기 중에서 가열되면 쉽게 점화하므로 이러한 상태에서 취급 시 주의를 요한다.

이들 합금도 역시 주조 또는 단조 합금으로 분류되며 어떤 합금은 열처리화가 가능하다. 알루미늄, 아연, 망간, 몇 종의 희토류 금속이 중요한 합금 원소이며, 조성-템퍼 명칭 방법은 알루미늄과 유사하다. 표 11.9에 중요한 마그네슘 합금과 그의 조성, 특성, 응용 분야를 수록하였다. 이러한 합금은 비행기, 미사일 분야뿐만 아니라 수화물 분야 등에도 사용된다. 게다가 지난 몇 년간 마그네슘 합금의 수요가 다른 산업에서 주요하게 증가하고 있다. 많은 응용 분야 중에서 마그네슘 합금은 마그네슘 재료가 더 단단하고 좀 더 재활용이 가능하고 비용이 저렴하므로 비슷한 밀도를 갖는 공업용 수지를 대체하고 있다. 예를 들어 마그네슘은 지금 다양한 손바닥만 한 크기의 장치(예 : 휴대용 톱, 동력 공구, 가위), 자동차(핸들과 조종대 지지축, 좌석의 틀, 전동상자) 그리고 오디오-비디오-컴퓨터-통신 장치(노트북 컴퓨터, 캠코더, TV, 휴대전화)에 사용되고 있다.

개념확인 11.5 용융점, 산화 저항성, 항복 강도, 취성을 기초 자료로 하여 (a) 알루미늄 합금과 (b) 마그네슘 합금의 열간 압연 또는 냉간 압연 여부를 결정하라. 힌트 : 7.10절과 7.12절 참조.

[해답은 *www.wiley.com/go/Callister_MaterialsScienceGE* → More Information → Student Companion Site 선택]

티탄과 티탄 합금

티탄과 그 합금은 특수한 성질을 갖고 있으며, 비교적 최근에 개발되었다. 순수 금속은 비교적 낮은 밀도(4.5 g/cm³), 높은 용융점(1668°C)과 탄성 계수(107 GPa)를 갖고 있다. 티탄은 대단히 단단하여 상온에서의 인장 강도가 1400 MPa에 이르며, 대단히 높은 특정 강도값을 갖고 있다. 더구나 이 합금은 연성이 매우 좋고, 쉽게 단조, 기계 가공될 수 있다.

합금하지 않은(상업적으로 순수한) 티탄은 HCP 결정 구조를 가지며, 때때로 상온에서 α상으로 표시된다. 883°C에서 HCP 재료는 BCC(β)상으로 변태된다. 이 변태 온도는 합금 원소에 크게 영향을 받는다. 예를 들어 V, Nb, Mo은 α-β 변태 온도를 감소시키고, 상온에서 존재하는 β상의 형성을 증진(β상 안정화 원소)시킨다. 또한 어떤 조성에서는 α상과 β상이 공존한다. 공정 후에 어느 상이 존재하느냐에 따라 티탄 합금은 네 가지 α, β, α + β 및 근사(near)-α로 분류한다.

알파 티탄 합금의 주요 합금 원소는 알루미늄과 주석이며, 크리프 특성이 우수하므로 고온 재료로 사용된다. 그러나 α상이 안정하므로 열처리를 통하여 강화시킬 수는 없다. 따라서 이 재료는 어닐링 상태나 재결정 상태로 사용한다. 강도와 인성은 우수하지만 다른 Ti 합금에 비해 단조성은 떨어진다.

β 티탄 합금은 충분한 양의 β 안정화 원소(V, Mo)를 함유하므로 급랭을 시켜도 상온에서 β(준안정)상을 보유한다. 이 재료는 단조성이 좋으며 높은 파괴 인성을 보인다.

α + β 재료는 알파와 β 안정화 원소를 모두 함유하고 있다. 이 재료는 열처리를 통하여 강도를 향상시킬 수 있다. α상과 잔류 β 또는 변태된 β상으로 구성된 다양한 미세조직을 나타낸다. 일반적으로 이 재료는 성형성이 좋다.

근사-α 합금은 α상과 β상으로 구성되지만 β상 안정화 원소의 농도가 낮으므로 β상의 분율은 작다. 이 재료의 성질과 성형성은 α합금과 유사하지만 α합금에 비해 미세조직과 성질의 다양성이 더 크다.

티탄의 가장 큰 취약점은 고온에서의 다른 재료와의 화학 반응성이다. 이러한 특성 때문에 특수한 정련, 용융, 주조 기술의 개발이 필요해 가격이 꽤 비싸다. 고온 반응성에도 불구하고 상온에서 티탄 합금의 내부식성은 대단히 높은데, 이 합금은 공기, 해양 분위기, 여러 산업 환경에서 실제로 부식이 전혀 없다. 표 11.10에 여러 티탄 합금의 성질과 응용 분야를 나타내었다. 이 합금은 비행기 구조물, 우주선, 석유, 화학 산업에 사용되고 있다.

표 11.10 티탄 합금의 조성, 기계적 성질, 대표적인 응용 분야

합금 형태	일반 명칭 (UNS 번호)	조성(wt%)	조건	평균 기계적 성질			적용 예
				인장 강도 (MPa)	항복 강도 (MPa)	연성 (50 mm당 %EL)	
상업용 고순도	무합금 (R50250)	99.5 Ti	어닐링	240	170	25	제트 엔진 덮개, 케이스 및 항공기 표피, 화학 공정 산업용 부식 저항성 장비
α	Ti-5Al-2.5Sn (R54520)	5 Al, 2.5 Sn, 나머지 Ti	어닐링	826	784	16	가스 터빈 엔진 케이싱 및 링, 480°C까지 강도 화학 공정 장비
근사 α	Ti-8Al-1Mo-1V (R54810)	8 Al, 1 Mo, 1 V, 나머지 Ti	어닐링 (이중)	950	890	15	제트 엔진용 단조품(압축기 디스크, 판, 바퀴살)
α+β	Ti-6Al-4V (R56400)	6 Al, 4 V, 나머지 Ti	어닐링	947	877	14	고강도 보철 임플란트, 화학 공정 장비, 항공 구조물 부품
α+β	Ti-6Al-6V-2Sn (R56620)	6 Al, 2 Sn, 6 V, 0.75 Cu, 나머지 Ti	어닐링	1050	985	14	로켓 엔진 케이스 항공 적용 및 고강도 항공 구조물
β	Ti-10V-2Fe-3Al	10 V, 2 Fe, 3 Al, 나머지 Ti	용체화 처리 + 시효	1223	1150	10	상업용 티탄 합금의 최적 고강도-인성 조합, 표면 및 중심부의 인장 강도가 균일해야 되는 곳, 고강도 항공 부품

출처 : *ASM Handbook, Vol. 2, Properties and Selection: Nonferrous Alloys and Special-Purpose Materials*, 1990. ASM International, Materials Park, OH. 허가로 복사 사용함

고용융점 금속

특별히 높은 용융 온도를 갖고 있는 금속들은 고용융점 금속(refractory metal)으로 분류하며, 이러한 분류에 속하는 금속으로는 니오브(Nb), 몰리브덴(Mo), 텅스텐(W), 탄탈(Ta) 등이 있다. 용융 온도는 Nb의 2468℃와 최고 용융온도인 3410℃의 범위에 있다. 어떠한 금속보다 가장 높은 용융점을 갖는 금속은 텅스텐이다. 이 금속의 원자 간 결합력은 고용융 온도에서 알 수 있듯이 대단히 강하고 높은 탄성 계수를 가지며, 상온뿐만 아니라 고온에서도 높은 강도와 경도를 유지한다. 따라서 이들 금속의 응용은 다양하다. 예를 들어 탄탈과 몰리브덴은 스테인리스강에 첨가되어 내부식성을 향상시키고, 몰리브덴 합금은 압출 금형과 우주선의 구조 부품에 사용되고, 텅스텐은 전구의 필라멘트, x-선 튜브, 용접 전극 등에 사용된다. 탄탈은 150℃ 미만의 모든 환경에서 화학 부식에 안정하므로 이러한 내부식성이 요구되는 분야에 사용된다.

초합금

초합금(superalloy)은 최상의 성질을 갖는 합금으로 대부분 고온과 가혹한 산화 분위기에 장시간 노출되는 비행기의 터빈 부품 등에 사용된다. 이러한 조건에서 적절한 기계적 성질의 유지는 매우 중요하며, 이러한 측면에서 밀도의 감소에 따라 회전 부위에 걸리는 구심 응력이 작아지기 때문에 밀도는 중요한 사항이다. 이러한 재료는 합금의 주된 금속에 따라 분류되며, 여기에는 코발트, 니켈, 철 등이 있다. 기타의 합금 원소로는 고용융점 금속(Nb, Mo, W, Ta), 크롬, 티탄 등이 있다. 또한 이 재료는 가단 또는 주조 형태로 분류한다. 이들 재료의 조성은 표 11.11에 나타나 있다.

터빈 재료의 응용 외에 이러한 합금은 원자력 반응로(nuclear reactor)와 석유 부품에 사용된다.

귀금속

귀금속(noble metal)은 몇 가지의 특성이 유사한 8종의 원소를 가리킨다. 이들은 산화와 부식에 매우 강하고, 비싸며, 특히 연하고 열에 강한 특징이 있다. 귀금속은 은(silver), 금(gold), 백금(platinum), 팔라듐(palladium), 로듐(rhodium), 루테늄(ruthenium), 이리듐(iridium), 오스뮴(osmium)이다. 처음 세 원소는 가장 흔하며, 귀금속으로 널리 사용되고 있다. 은과 금은 구리와의 고용체 합금에 의해 강화된다. 은화(sterling silver)는 7.5 wt%의 Cu가 첨가된 은-구리 합금이다. 은과 금 합금은 치과 복원 재료로 사용된다. 또한 금은 집적회로(integrated circuit)의 전기적 접합 재료로 사용되며, 백금은 화학 연구 부품, 촉매제(특히 가솔린 제조 시), 고온 측정을 위한 열전쌍(thermocouple) 등에 사용된다.

기타 비철합금

지금까지 설명된 합금은 대부분이 사용되는 비철합금이다. 그러나 이외의 많은 합금이 다양한 기술 분야에 사용되고 있으므로 이에 대해 간단히 살펴보기로 하자.

표 11.11 초합금의 조성

합금명	조성(wt%)									
	Ni	Fe	Co	Cr	Mo	W	Ti	Al	C	기타 원소
	Fe–Ni (단조)									
A-286	26	55.2	—	15	1.25	—	2.0	0.2	0.040	005 B, 0.3 V
Incoloy 925	44	29	—	20.5	2.8	—	2.1	0.2	0.01	1.8 Cu
	Ni (단조)									
Inconel-718	52.5	18.5	—	19	3.0	—	0.9	0.5	0.08	5.1 Nb, 0.15 최대 Cu
Waspaloy	57.0	2.0 최대	13.5	19.5	4.3	—	3.0	1.4	0.07	0.006 B, 0.09 Zr
	Ni (주조)									
Rene 80	60	—	9.5	14	4	4	5	3	0.17	0.015 B, 0.03 Zr
Mar-M-247	59	0.5	10	8.25	0.7	10	1	5.5	0.15	0.015 B, 3 Ta, 0.05 Zr, 1.5 Hf
	Co (단조)									
Haynes 25 (L-605)	10	1	54	20	—	15	—	—	0.1	
	Co (주조)									
X-40	10	1.5	57.5	22	—	7.5	—	—	0.50	0.5 Mn, 0.5 Si

출처 : ASM International.® All rights reserved. www.asminternational.org.

니켈과 니켈 합금은 많은 분위기, 특히 알칼리성 분위기에서 내부식성이 강하다. 그러므로 니켈은 주로 금속이 부식되는 것을 막기 위해 금속 표면에 코팅하거나 도금하여 사용한다. 모넬(monel)은 65 wt%의 Ni, 28 wt%의 Cu(나머지는 철)로 이루어진 니켈 기지 합금으로 이 합금은 산, 석유 등과 접촉되는 펌프, 밸브, 기타의 부품에 사용된다. 앞에서 언급한 대로 니켈은 스테인리스강의 주 첨가 원소이며, 초합금의 중요한 첨가 원소 중의 하나이다.

납, 주석과 이들의 합금은 공업적 재료에 일부 사용되고 있다. 두 합금 모두 기계적으로 연하고 약하며 낮은 용융 온도를 갖고 있으나 여러 부식 환경에서 내성이 강하고, 상온 이하에서 재결정이 일어난다. 가장 흔한 땜납(solder) 합금은 납-주석 합금이며, 낮은 용융 온도를 갖는다. 납과 그의 합금은 x-선 차단막, 축전기의 저장체, 배관 등에 사용된다. 주석의 가장 흔한 응용으로는 음식 저장에 사용되는 순 탄소강의 깡통 내부에 얇게 입혀진 주석 코팅을 들 수 있는데, 이러한 코팅은 강과 음식 간의 화학 반응을 억제한다.

비합금화된 아연은 낮은 용융점을 갖는 연한 금속이며, 실온 이하의 재결정 온도를 갖는다. 화학적으로 많은 일반 분위기에 반응성이 있으므로 부식에 약하다. 아연도금 강판

(galvanized steel)은 순 탄소강에 얇은 아연층을 코팅한 것이다. 이때 아연은 우선적으로 산화되어 강을 보호한다(17.9절). 아연도금 강판의 대표적인 응용은 판재금속, 스크루, 철망, 철책 등을 들 수 있으며, 아연 합금의 대표적인 응용은 자동차 부품[문고리, 방열기 격자(grille)], 자물쇠, 사무기기 등을 들 수 있다.

비록 지르코늄이 지각에 풍부하다고 하지만 최근까지 공업적 정제 기술이 발전되지 못했다. 지르코늄과 그 합금들은 연성이 있고 티탄 합금과 오스테나이트화한 스테인리스강의 성질과 비교되는 다른 기계적 성질을 가지고 있다. 어쨌든 이 합금들의 주요한 장점은 과열된 물속을 포함한 주요한 부식물체 내에서 부식에 대한 저항성이다. 더 나아가 지르코늄은 열적으로 중성을 나타낸다. 그래서 그 합금들은 냉각 핵반응로에서 우라늄 연료를 덮는 것으로 사용된다. 가격 면에서 이 합금들은 화학 공정과 핵 산업에서 열교환기, 반응로와 배관에 사용되는 재료로 자주 사용한다. 또한 진공관에서 실링 장치와 방화 병기에도 사용된다.

부록 B에 여러 금속과 합금들에 대해 중요한 성질(밀도, 탄성률, 항복 및 인장 강도, 전기 전도율, 열팽창 계수 등)을 수록하였다.

중 요 재 료

유로 동전용 금속 합금

2002년 1월 1일, 유로가 12개 유럽국가의 법적 단일 화폐가 된 후, 여러 다른 국가들도 유럽 통화 연합에 참가해 유로를 그들의 공식 화폐로 받아들였다. 유로 동전은 여덟 가지의 다른 단위 화폐로 주조되며, 1유로와 2유로, 50센트, 20센트, 10센트, 5센트, 2센트, 1센트 유로로 구성된다. 각 동전의 한 면은 공통 디자인이지만, 다른 면은 통화 연합국가들이 채택한 여러 디자인 중 하나를 선택한다. 그림 11.7에 여러 종류의 동전을 제시하였다.

이 동전에 사용할 금속 합금을 결정하는 데는 많은 고려 사항이 있었지만 대부분이 재료 성질에 초점을 맞추었다.

- 화폐 단위 구별의 용이성은 중요하므로 이를 위해 크기, 색깔, 모양을 다르게 한다. 색깔에서는 고유의 색을 유지하고, 일반적으로 동전이 공기에 노출되는 환경에서 쉽게 색이 변하지 않아야 한다.
- 안전성도 중요하다. 즉 위조가 어려워야 한다. 대부분의 자판기는 위조 동전을 사용하지 못하도록 전기 전도율로 동전을 구별한다. 각각의 동전은 합금 조성에 따른 고유의 **전자 사인**(electronic signature)을 보유해야 한다.
- 동전을 제작하기 쉬운 합금이어야 한다. 즉 스탬프로 동전 면에 디자인을 새길 수 있을 만큼 부드럽고 연해야 한다.
- 합금은 장기간 사용할 수 있도록 내구성(단단하고, 강함)이 좋

아서 동전 면의 문양이 보존되어야 한다. 물론 스탬핑 작업 동안에 변형 경화(7.10절)가 발생하여 경도를 향상시킨다.

- 동전 수명 기간에 재료 손실을 최소화하도록 일반 환경에서 부식 저항성이 커야 한다.
- 동전 합금의 재료값이 동전 금액에 상응하는 것이 매우 바람직하다.
- 동전 합금의 재활용도 요구 조건의 하나이다.
- 합금은 인체의 건강을 고려해 항박테리아 특성이 있어서 동전 면에 미생물이 자라지 못하도록 해야 한다.

그림 11.7 유로 동전(1유로, 2유로, 20유로센트, 50유로센트).
(사진 제공 : Outokumpu Copper)

따라서 위의 기준을 만족시키는 모든 유로 동전의 기지 금속으로 구리가 선정되었다. 8개의 다른 동전에 여러 가지 다른 구리 합금과 합금 조합을 사용하였으며, 이들은 다음과 같다.

• 2유로 : 이 동전은 **2종 금속**(bimetallic)으로 바깥 원과 내부 디스크로 구성되어 있다. 바깥 원은 은 색깔인 75 Cu−25 Ni 을 사용한다. 내부 디스크는 3층 구조로 고순도의 니켈 면에

금색의 니켈-황동 합금(75 Cu−20 Zn−5 Ni)을 입혔다.

• 1유로 : 이 동전 역시 2종 금속이지만 바깥 원과 내부 디스크의 재료는 2유로 동전과 반대이다.

• 50, 20, 10유로센트 : 이 동전들은 '북유럽 금(Nordic Gold)' 합금인 89 Cu−5 Al−5 Zn−1 Sn으로 만들어진다.

• 5, 2, 1유로센트 : 구리를 도금한 강철을 사용한다.

금속의 가공

금속의 가공 기술은 원하는 특성을 갖는 합금을 얻기 위해 적절한 정련, 합금, 열처리 등이 가공 전에 선행된다. 가공법은 다양한 금속 성형법, 주조, 분말야금, 용접, 절삭 및 3D 프린팅으로 분류되며, 제품이 완성되기 전에 주로 두 가지 이상의 방법을 사용한다. 적절한 가공 방법은 금속의 성질, 완성제품의 형태와 크기, 생산비 등에 따라 선택한다. 이 장에서 설명되는 금속 가공 기술은 그림 11.8과 같이 분류할 수 있다.

11.4 성형 작업

성형 작업(forming operation)은 소성변형을 통해 금속제의 형태를 바꾸는 것을 말한다. 예를 들어 단조, 압연, 압출, 인발 등이 일반적으로 많이 사용되는 성형 기술이다. 물론 변형은 외부의 힘이나 압력에 의해 일어나며, 그 크기는 금속의 항복 강도보다 커야 한다. 대부분의 금속 재료는 적절한 연성을 갖고 있으며, 어떠한 균열이나 파단 없이 영구적으로 소성될 수 있어 이러한 성형법에 적합한 재료이다.

열간 가공
냉간 가공

변형이 재결정 온도 이상에서 행해질 때 이러한 공정을 열간 가공(hot working)이라 하고 (7.12절), 그렇지 않은 경우를 냉간 가공(cold working)이라고 한다. 대부분의 성형 방법에서 열간 가공과 냉간 가공이 가능하다. 열간 가공의 경우 많은 소성변형이 가능하고, 금속은

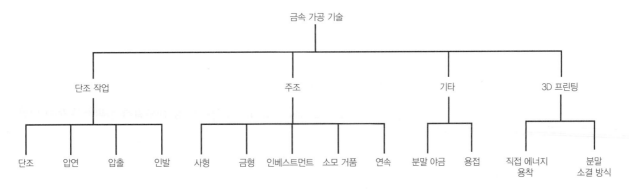

그림 11.8 이 장에서 논의될 금속 가공 기술의 분류도

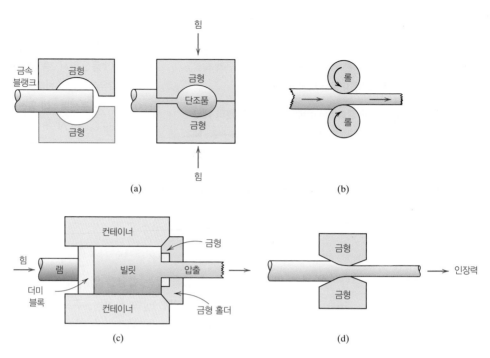

그림 11.9 (a) 단조, (b) 압연, (c) 압출, (d) 인발 중의 금속 변형

연하고 연성이 유지되므로 연속적으로 반복될 수 있다. 또한 냉간 가공에 비해 소성에 필요한 에너지가 적게 소요된다. 그러나 열간 가공된 대부분의 금속은 표면 산화가 생기며, 따라서 표면에서 재료의 손실이 생기고 불량한 표면을 유발한다. 반면에 냉간 가공은 금속의 변형경화에 의해 강도의 증가와 연성의 감소를 가져온다. 열간 가공과 비교한 이점은 우수한 표면마감과 우수한 기계적 성질과 다양성, 완성제의 정밀한 크기 제어 등을 들 수 있다. 때때로 총변형은 대상물이 적은 양만큼 연속적으로 냉간 가공되고 다시 어닐링되는 일련의 공정 과정(11.7절)에 의해 이루어질 수 있지만 이러한 방법은 가공비가 비싸고 불편한 방법이다.

성형 기술에 대한 간단한 개략도를 그림 11.9에 나타내었다.

단조

단조

단조(forging)는 일반적으로 가열된 금속 처리물을 기계적으로 가공하거나 소성하는 방법이다. 단조는 연속적인 망치질이나 연속 압착에 의해 행해지며 폐쇄형 혹은 개방형 금형으로 분류한다. 폐쇄형 금형은 2개 혹은 그 이상의 금형 양편에서 형성된 공간에서 압착에 의해 원하는 마무리 형상을 형성한다(그림 11.9a). 개방형 금형은 단순한 형태(예 : 평행한 평판, 반원 등)로 사용되며 주로 큰 대상물에 적용된다. 단조 처리물은 결정립 구조가 뛰어나고, 기계적 특성이 우수하기 때문에 렌치나 자동차 크랭크축과 봉을 연결하는 피스톤 등이 일반적으로 이 방법으로 제조된다.

압연

압연

압연(rolling)은 가장 널리 사용되는 소성변형 기술로 금속 처리물을 두 원통체의 사이로 지나가게 하는 기술이다. 압연에 의한 두께의 감소는 두 원통체에 의해 걸리는 압축 응력에 의해 이루어지며, 냉간 압연은 우수한 표면 마감을 갖는 판재, 띠, 박판의 제조에 사용된다. 원형, I-빔, 기차 레일 등은 홈이 파인 원통체에 의해 만들어진다.

압출

압출

압출(extrusion)은 금속봉을 피스톤에 가해지는 압축 응력에 의해 금형의 구멍을 통하여 밀어내는 방법이다. 압출물은 원하는 형태와 감소된 단면적을 갖게 되며, 압출제는 봉이나 복잡한 단면 형태를 통하여 관의 형태로 제조된다. 이음매 없는 관은 이러한 압출법에 의해 제조된다.

인발

인발

인발(drawing)은 경사진 구멍을 갖는 금형을 통해 출구 쪽에 가해지는 인장력에 의해 금속제를 당기는 방법이다. 인발에 의해 처리물의 단면적은 감소하고 길이는 증가한다. 완전한 인발은 몇 개의 금형을 통한 연속적인 조업에 의해 이루어진다. 봉, 선, 관 등의 제품은 이러한 방법에 의해 제조된다.

11.5 주조

주조(casting)는 완전히 용융된 금속을 원하는 형태의 주형(mold) 공간에 부어 성형하는 방법이다. 응고에 의해 금속은 주형의 형태로 만들 수 있으나 어느 정도의 수축이 일어난다. 주조는 (1) 완성제의 모양이 매우 복잡하여 어떤 다른 방법으로 성형이 곤란하고, (2) 특정 합금의 연성이 매우 나빠 열간 혹은 냉간 가공이 어려울 경우 적용되며, (3) 다른 가공법과 비교할 경우 가장 경제적이다. 더욱이 연성 금속의 제련 마지막 단계에서 주조 공정을 수반할 수 있다. 주조법에는 사형, 금형, 인베스트먼트, 소모 거품, 연속 주조가 널리 사용된다. 각각의 방법에 대한 개략적인 내용은 다음과 같다.

사형 주조

사형 주조(sand casting)는 가장 널리 사용되는 주조법으로 모래를 주형 재료로 사용한다. 2개의 모래 주형을 원하는 주형의 모양을 한 틀에 모래를 다져 만든다. 일반적으로 주입구를 만들어 용탕이 주형 공간에 용이하게 들어가도록 하고 주조 결함을 최소화한다. 사형 주조법으로 자동차의 실린더 블록, 소화전, 큰 파이프 부속품 등을 만든다.

금형 주조

금형 주조(die casting)는 액상의 금속을 금형 내에 압력을 가하며 비교적 빠른 속도로 삽입하여 압력이 가해진 상태로 응고되도록 하는 방법이다. 2개의 영구적인 강 주형(steel mold) 또는 금형을 이용하며, 서로 조이면 원하는 모양을 갖는다. 완전한 응고가 일어나면 금형을 열고 주물제를 꺼낸다. 빠른 주조 속도가 가능하므로 생산비가 저렴하다. 또한 하나의 금형은 수천 번의 주조에 사용될 수 있다. 그러나 이러한 주조법은 비교적 작은 형체와 아연, 알루미늄, 마그네슘과 같은 용융점이 낮은 금속에만 사용된다.

인베스트먼트 주조

인베스트먼트 주조(investment casting 또는 로스트 왁스 주조라 함)에서는 주형 틀을 왁스나 플라스틱과 같이 용융점이 낮은 재료로 만든다. 주형 틀에 액상의 슬러리(slurry)를 부어 고체의 주형 혹은 인베스트먼트를 제작한다. 일반적으로 소석고(plaster of paris)를 사용하여 주형을 가열하면 주형 틀은 용융되어 타서 날아가며, 원하는 형태의 주형만 남는다. 이러한 방법은 정밀한 치수, 미세한 구조의 재생, 우수한 마감이 요구될 때 사용된다. 예를 들어 보석, 치과에서 사용되는 인공 치관(dental crown), 인레이(inlay) 등의 제작에 사용되며, 가스 터빈이나 제트 엔진의 회전 바퀴 등의 제작에도 사용된다.

소모 거품 주조

인베스트먼트 주조의 일종으로 소모 거품(즉 소모되는 금형) 주조(lost foam casting)가 있다. 여기서 소모되는 금형은 폴리스티렌 비드(compressing polystyrene bead)로 원하는 형상을 압축한 후 가열하여 서로 접착시킨 거품(foam)이다. 다른 방법으로는 금형 모양을 판에서 잘라내어 접착제로 붙여 제작하고, 이 금형 주위를 모래로 채워 주형을 만든다. 용융 금속을 주형에 부으면 금형은 증발하고 꽉 들어찬 모래는 그대로 남아 냉각되면서 금속은 주형의 형태를 갖게 된다.

소모 거품 주조 방식은 기하학적 형태가 복잡하거나 치수가 정확해야 하는 주조에 사용한다. 더욱이 사형 주조에 비해서 소모 거품 방식은 간단하고 더 빠르며 가격도 저렴하고 환경 폐기물도 적다. 이 방식에 쓰이는 금속 합금은 주철과 알루미늄 합금이다. 사용 용도로는 자동차 엔진 블록, 실린더 헤드, 크랭크축, 선박 엔진 블록과 전자 모터 프레임 등이 있다.

연속 주조

추출(extraction) 공정 마무리에서 대부분의 용융 금속은 큰 잉곳(ingot)의 주형으로 응고 주조되며, 이러한 잉곳은 일반적으로 1차 열간 압연 작업에 의해 평판이나 슬랩으로 만들어진다. 이러한 제품 형태는 후속으로 행해지는 2차 금속 가공 작업(예 : 단조, 압출, 인발)의 모재로 적합한 형태이다. 이러한 주조와 압연의 단계를 동시에 수행하는 방법을 연속 주조(continuous casting)라고 하며, 이러한 방법을 통해 정제된 용융 금속은 사각형이나 원형의 단면 형상을 갖는 연속 주관으로 직접 응고된다. 연속 주조에 의한 제품은 잉곳 제품에 비해 단면적 방향으로 화학적 조성과 기계적 성질이 더욱 균일한 장점이 있으며 또한 자동화와 효율 측면에서도 우수하다.

11.6 기타 방법

분말 야금

금속 분말을 압축하고 가열하여 더욱 밀도가 높은 물체로 만드는 가공 기술이 있다. 이러

분말 야금

한 방법을 **분말 야금**(powder metallurgy)이라고 부르며, P/M이라는 약자로 표기하기도 한다. 분말 가공에 의해 완전한 밀도를 갖는 모재와 거의 같은, 즉 실제로 어떠한 기공도 없는 (nonporous) 성형체를 만들 수 있다. 열처리 중의 확산은 이와 같은 특성을 개선하는 주요한 공정이라 할 수 있다. 특히 이러한 방법은 오직 적은 분말체 소성변형만을 필요로 하므로 연성이 낮은 금속의 성형에 적합하다. 높은 용융 온도를 갖는 금속은 용융하여 주조하기가 어렵고, 따라서 분말 가공에 의해 성형될 수 있다. 더구나 정밀한 치수가 요구되는 경우[예 : 부싱(bushing), 기어(gear) 등]에 사용한다.

개념확인 11.6 (a) 주조에 비해 분말 야금의 장점 두 가지를 기술하라.
(b) 단점 두 가지를 기술하라.
[해답은 *www.wiley.com/go/Callister_MaterialsScienceGE* → **More Information** → **Student Companion Site** 선택]

용접

용접

어떤 면에서는 용접도 가공 기술의 일종으로 생각할 수 있다. **용접**(welding)은 하나의 성형체로 만들기가 어렵거나 비쌀 경우 2개 이상의 금속 부위를 서로 붙이는 기술을 말하며, 서로 유사하거나 상이한 금속이 서로 용접될 수 있다. 용접은 리벳이나 볼트와 같이 단순한 기계적 접합이 아니고 금속학적인 현상(확산 현상 등)을 수반한다. 아크(arc) 혹은 가스 용접, 땜질(brazing), 땜납(soldering) 등 다양한 종류의 용접법이 있다.

아크와 가스 용접 중에 대상물을 붙이고 용가재(filler material)[즉 용접봉(welding rod)]를 충분히 높은 온도로 가열하여 대상물과 용가재를 모두 녹인다. 응고가 끝나면 용가재는 두 대상물 사이의 용융 접합 부위에 작용한다. 따라서 미세구조와 성질이 변화되는 용접 부위 영역이 존재하는데, 이를 **열영향부**(heat-affected zone, *HAZ*)라고 하며, 생각할 수 있는 변화는 다음과 같다.

1. 만약 대상물 재료가 앞서 냉간 가공되었으면 열영향부에서는 재결정화와 결정 성장이 일어나므로 강도, 경도, 인성이 열화된다. 이러한 상황을 그림 11.10에 개략적으로 나타내었다.

2. 냉각과 동시에 잔류 응력이 이 부위에 형성되며 이는 접합 강도를 저하시킨다.

3. 강의 경우에 이 영역은 오스테나이트가 형성되기 충분한 고온으로 가열된다. 이때 상온으로 냉각되면 변화된 미세구조는 냉각 속도와 조성에 따라 달라지는데, 순 탄소강의 경우에는 경화능이 작아 보통 펄라이트나 초석상이 만들어지는 반면에, 합금강에서는 마텐자이트의 미세구조가 만들어진다. 그러나 이 구조는 취성이 있어 바람직하지 않다.

4. 스테인리스강은 용접 중에 열화되어 17.7절에서 설명한 것처럼 입자 부식에 취약하다.

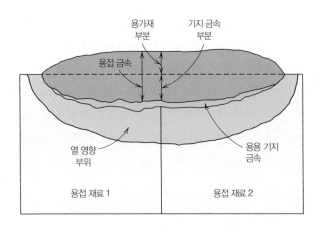

그림 11.10 전형적인 용융 용접 부위에서의 영역을 나타내는 절대 온도와의 대수 그림

[출처 : *Iron Castings Handbook*, C. F. Walton and T. J. Opar (Editors), Iron Castings Society, Des Plaines, IL, 1981.]

비교적 최근에 개발된 접합법에는 집중된 강한 레이저빔을 열원으로 사용하는 레이저 용접이 있는데, 이 레이저빔은 모재를 용융시키고 응고 후에는 용융 접합이 형성되므로 일반적으로 용가재는 필요치 않다. 이 방법의 장점은 (1) 비접촉 방법으로 대상물의 기계적 변형을 피할 수 있고, (2) 공정 속도가 매우 빠르며 자동화가 용이하고, (3) 대상물에 대한 에너지 투입이 국부적으로 작아 열 영향 부위를 최소화할 수 있으며, (4) 용접 부위가 작고 정밀 제어가 가능하며, (5) 다양한 금속과 합금에 적용 가능하고, (6) 모재에 버금가거나 더 우수한 강도의 접합 부위를 만들 수 있다는 것이다. 레이저 용접은 고품질과 고속의 용접 공정이 필요한 자동차나 전자 산업에 널리 사용되고 있다.

개념확인 11.7 용접, 땜질과 땜납의 주요 차이점은 무엇인가? 다른 참고 서적을 참조하라.

[해답은 *www.wiley.com/go/Callister_MaterialsScienceGE* → **More Information** → **Student Companion Site** 선택]

11.7 3D 프린팅(적층 제조)

지난 수년에 걸쳐, 재료제조 산업은 적층 제조(additive manufacturing, AM)라고 일컫는 3차원 또는 3D 프린팅의 도입으로 혁명이 일어났다.[1] additive(추가적인)라는 형용사는 기능적인 대상물을 컴퓨터 지원 설계(computer-aided design, CAD) 데이터로부터 한 번에 한 층씩, 층상 모양으로 원재료를 조금씩 추가하여 창조해 낸다는 뜻이다. 이 방법은 밀링(milling)이나 머시닝(machining)과 같이 재료를 제거하는 절삭(subtractive) 가공과 대비된다. AM의 도래를 (제2차 생산라인 조립 혁명을 잇는) 제3차 산업혁명의 시작이라고도 한다. AM은 또한 잠정적으로 와해성 기술로 규명된다. 즉 십중팔구 새로운 기술을 창조하는 반면에 다른 기술을 더 이상 쓸모없는 기술로 만든다.

어떤 의미로는 적층 제조는 잉크젯/레이저 프린터가 둘로 작동하는 방식과 유사한 3차원

---

1 미군은 3D 프린팅이나 AM보다 직접 디지털 제조(direct digital manufacturing, DDN) 용어를 선호한다. 몇몇 국가에서는 적층 제조(additive layer manufacturing, ALM)라는 용어를 사용한다.

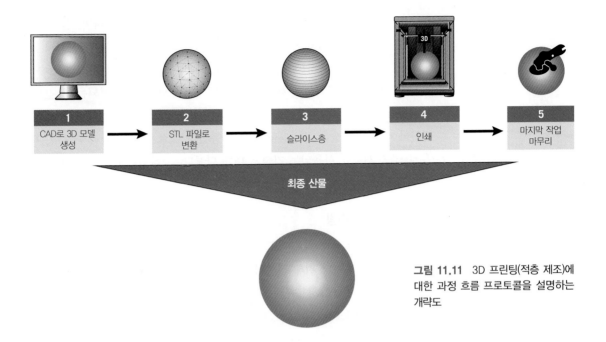

그림 11.11 3D 프린팅(적층 제조)에 대한 과정 흐름 프로토콜을 설명하는 개략도

으로 작동한다. 즉 디지털 모델로부터 하나 위에 하나를 더하여, 층을 연속적으로 프린팅하여 고상 3차원 물체를 창조해 낸다. 종래의 제조 기술로는 생산할 수 없는 복잡한 모양이나 기하학적 형상을 갖는 부품을 AM을 사용하여 생산할 수 있다. 주문에 따라 독특한 제품을 가성비가 좋고 선행 시간도 짧게 제조할 수 있다. 어떠한 설계 변경도 고가의 시간 낭비적인 설비 교체가 요구되는 종래의 방식과는 다르고 간단하게 디지털 방식으로 처리할 수 있다. 또한 AM을 사용하면 폐기물도 줄일 수 있다. 일반적으로 대상물 제조에 요구되는 재료량만을 사용한다.

AM에는 결점과 희생요소(trade-off)가 있다. 대규모 생산가격은 종래 제조방식보다 고가이다. 사용 가능한 재료는 다소 한정되어 있고, 색깔과 마무리에는 선택의 여지가 거의 없다. 그러나 3D 프린팅 재료 색깔은 점차 증가하고 있다. 3D 프린팅 부품의 기계적 성질(즉 강도와 내구성)은 전통 기술에 비해 종종 좋지 않다. 더욱이 동일 3D 프린팅 기계에서는 부품에 따른(또한 다른 기계 사용에 따른) 치수 재현성 및 성질의 향상이 요구된다.

다양한 AM 기술과 재료, 프린터 타입이 있지만 모두 그림 11.11에 개략적으로 나타낸 기본 과정 절차 흐름 프로토콜(basic process flow protocol)을 동일하게 따른다. 그 첫 번째는 CAD 소프트웨어 패키지, 3D 스캐너, 또는 사진 측량 소프트웨어가 장착된 디지털 카메라를 사용하여 디지털 프린팅 가능 모델(실제 모델의 모양과 모습을 갖는)을 생산하는 것이다. 필요하다면 이 디지털 모델은 다른 파일 포맷(가장 일반적인 것은 'STL')으로 변환된다. 이것은 고체 모델의 표면 기하학적 형태의 윤곽을 밝힌다. 그다음 이 파일은 '슬라이서' 파일에 의해 모델을 많은 수평층으로 나누어 프린트 헤드가 한 줄씩 그리고 한 층씩 따라가는 길을 만들어 준다. 이 소프트웨어의 코드는 프린터가 실제 대상물을 창조하도록 지시를 내린다. 마지막으로 프린팅 후에는 표면 연마(sanding)와 페인트 작업이 필요하다.

3D 프린팅으로 모든 형태의 재료를 처리할 수 있다: 금속, 세라믹, 폴리머, 복합제(또한 초콜릿 같은 몇몇 식품). 더욱이 공급재는 프린터 형태뿐만 아니라 재료나 재료 성질에 따라 분말, 부유물(suspensions), 풀(pastes), 전선/필라멘트 형태로 공급할 수 있다. 공급재의 유동 특성은 요구되는 두께(프린터 헤드 해상도에 따라 결정되는)를 갖는 층의 용착(deposition)에 매우 중요하다.

프린터 타입과 기술은 프린팅할 재료의 등급과 재료 특성에 따라 다르다. 다음 절에서는 주로 금속 재료에 사용되는 기술에 대해 다룬다. 세라믹과 폴리머의 3D 프린팅은 각각 13.15절과 15.26절에서 다룬다.

금속 재료의 3D 프린팅

금속 재료에 사용되는 대부분의 3D 프린팅 기술의 공급재는 분말이나 전선 형태이며, 공급재를 가열하거나 녹이기 위해 전형적으로 레이저나 전자 빔과 같은 에너지원이 요구된다. 전자 빔 처리는 고진공에서 수행된다.[2] 직접 에너지 용착(direct energy deposition, DED)과 분말 소결 방식(powder bed fusion, PBF) 등의 공급재 처리 방식에 따라 대부분의 프린팅 기술은 두 가지 등급으로 나누며, 레이저 또는 전자 빔 등의 에너지원의 형태에 따라 재분류된다.

직접 에너지 용착

직접 에너지 용착(DED) 기술은 집중 레이저 빔 또는 전자 빔으로 분말이나 전선을 녹이고 응고가 발생하는 작업 재료의 표면에서 층상으로 노즐로 용착된다(그림 11.12). 이 과정을 용이하게 하려고 여러 방향으로 움직일 수 있으며, 어떠한 각도로부터 용융 금속을 용착할 수 있는 암(arm)에 노즐을 장착한다. 어떤 의미로는 DED는 전통적인 멀티패스 용접 기술과 유사하다. 그러므로 이러한 용접 기술의 처리 매개변수(즉 전력 요구량, 가스 보호막의

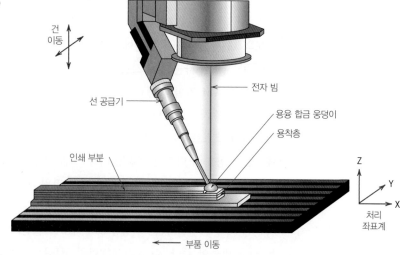

그림 11.12 전자 빔을 이용한 금속용 DED 3D 프린팅 처리 개략도
(출처 : Sciaky, Inc.)

건
이동

전자 빔

선 공급기

용융 합금 웅덩이

용착층

인쇄 부분

Z

Y

X

처리
좌표계

부품 이동

---

2 아크 용접과 초음파 용접에는 다른 에너지원이 사용된다.

필요성, 용융 속도)는 3D 프린팅에도 적용할 수 있다.

미세조직의 성장과 균일성뿐만 아니라 균질성 정도는 DED 프린팅 부품의 건전성을 결정하는 데 중요하다. 프린팅 동안에 화학적 불균질성과 기공(porosity)이 유입될 수 있으며, 용착층이 다시 녹고, 용융이 불완전하거나 상변태가 일어날 수도 있다. 이러한 인자들을 적절히 통제할 수 없다면 열간 정수압 프레스법(hot isostatic press)과 같은 추가적인 후처리가 필요하다.

분말 소결 방식

명칭이 의미하는 대로 분말 소결 방식(PBF)의 공급재는 분말로 공급된다. 이 기술의 구성품으로는 빌드 플랫폼(build platform), 전력공급장치, 롤러(roller) 또는 블레이드(blade) 형태의 분말 살포장치(powder spreader), 레이저 또는 전자 빔 등의 전력원, 표적지향과 초점 시스템으로 그림 11.13에 구성품과 개략도가 나타나 있다. 롤러는 사전 용착층 위에 빌드 플랫폼에 얇은 분말층을 펼친다. 레이저/전자 빔으로 분말 베드를 주사하여 선택적으로 CAD 모델로 생성된 툴 경로에 의해 지정된 층에 있는 분말 입자만을 녹이거나 소결시킨다.[3] 이러한 방식으로 요구되는 대상체의 단면을 갖는 고상의 단층(single layer)이 생산된다. 이 과정은 제작 처리가 완결될 때까지 반복되며, 녹지 않았거나 소결되지 않고 남아 있

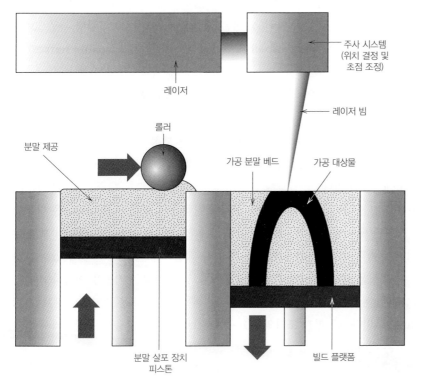

그림 11.13 금속의 3D 프린팅을 위한 분말 소결 방식을 나타낸 개략도

(출처 : Figure 19-11 on page 518 of *DeGarmo's Materials and Processes in Manufacturing*, 11th edition, by J. T. Black and Ronald A. Kohser, John Wiley & Sons, 2012.)

주사 시스템 (위치 결정 및 초점 조정)

레이저

레이저 빔

롤러

분말 제공

가공 분말 베드

가공 대상물

분말 살포 장치 피스톤

빌드 플랫폼

---

3 소결(sintering) 과정은 세라믹 재료에 대해 13.13절에 기술한다(그림 13.23). 가열 시 분말은 녹지 않지만 인접한 분말 입자는 서로 접합(같이 성장)한다. 그러므로 고상의 밀도 높은 덩어리(mass)가 분말 입자 베드로부터 형성된다. 레이저 빔 에너지원이 사용되면 이 과정을 선택적 레이저 소결(selective laser sintering, SLS)이라고 한다.

는 분말은 후처리 작업 동안에 다시 수거하여 재사용할 수 있다.

3D 프린팅으로 제작하는 전형적인 금속 재료는 다음과 같다. 순금속으로는 금, 구리, 티탄, 탄탈륨, 니오비움 등이며, 합금으로는 알루미늄, 구리, 코발트, 니켈, 철, 티탄 등이 있다. 현재 3D 프린팅 금속 재료는 주로 생체의학과 항공 산업에 집중되어 있다.

3D 프린팅 적용

3D 프린팅을 사용하여 제작한 현 생산품과 가능성 있는 생산품의 숫자와 다양성을 알면 놀라게 될 것이다. 적용 사례는 모든 분야와 산업에서 나타나며 의심할 바 없이 극적인 성장을 계속할 것이다. 3D 프린팅의 현 적용 사례와 적용 가능한 예는 다음과 같다.

- 자동차 : 3D 프린팅을 사용하여 자동차를 완전히 제작하는 날이 올 것이다. 사실 2014년에 작동하는 2인승 전기차를 40시간 만에 전부 제작(동력전달장치는 제외)하였다. 현재 많은 자동차 제조업자들은 상업용 3D 프린터를 사용하여 대량 생산된 대체 부품과 동일한 원형 부품을 생산하고 있다. 대체 부품 제작은 비용이 더 비싸고, 예비 재고목록을 유지하는 것이 요구된다. 또한 구식 모델이나 골동품 모델의 부품을 프린팅하는 것도 가능하다.

- 비행기와 항공우주 : 최근 수많은 비행기와 항공우주 구성품(특히 연료 노즐이나 엔진실과 같이 복잡한 모양의 엔진 부품)을 3D 프린팅으로 제작하고 있다. 더욱이 엔진설계가 더욱 간소화되어 연료는 절약되고, 힘은 증가된다. 다른 3D 프린팅 부품으로는 액체 탱크, 연료 탱크, 공기 이동통로(air flow duct)와 몇몇 조정면(control surface) 등이 있다.

- 건축 : 3D 프린팅을 사용하여 청사진 생산에 사용했던 CAD 데이터로부터 직접 빌딩의 축척 모형을 만든다.

- 의학 : 주문 제작되고 있는 3D 프린팅 의학 제품에는 보청기, 무릎과 엉덩이 대체 부품, 외과용 기구, 주조 대체품, 치열교정기, 보철팔다리, 안면이식과 수술용 가이드(surgical guide) 등이 있다.

- 생체의학 : 복잡다단한 생체의학 기구를 설계 창작하는 능력은 조직(tissue)을 다루고 재생하는 작업에 매우 중요하다. 예를 들면 줄기세포를 3D로 제작된 미생물이 자연 분해하는 미세 건축적 비계(飛階)에 씨앗을 뿌리고, 적절하게 잘 키우면 살아 있는 조직이 된다. 이 조직을 몸속에 심어 죽었거나 상처를 입은 조직의 기능을 회복하도록 한다. 지효성(遲效性) 약도 3D 프린팅할 수 있다. 새롭고 흥미로운 전망으로 **생체프린팅**(bioprinting)이 있다. 즉 인간 조직의 3D 프린팅으로 세포를 층층이 용착시켜서 장기를 성장시키는 것이다.

- 치과 : 환자의 턱과 치아를 3D 스캔하여 치열 교정장치, 크라운(crown), 브리지(bridge), 임플란트, 베니어(veneer), 인레이(inlay), 나이트 가드(night guard), 틀니 등과 같은 주문받은 다양한 치과 제품을 정확하게 3D 프린팅할 수 있다.

- 신발 : 몇몇 신발업체는 매장 내의 구두를 개인이 원하는 대로 고객의 발에 완벽하게

맞는 신발을 3D 프린팅한다. 탄성중합체 재료의 프린팅 층으로 구성된 3D 프린팅한 중간 창을 넣은 주문제작 운동화도 가능하다. 이러한 신발은 착용하는 사람에 맞춰 유연성, 강도와 쿠션 정도가 조절된다.

- 의류 : 멀지 않은 장래에 많은 사람들은 3D 프린팅으로 주문 제작한 옷을 입게 될 것이다. 기성복을 온라인으로 주문하면 단순 제작 작업으로 겨우 몇 시간 만에 원단으로 3D 프린팅을 할 수 있게 될 것이다. 이러한 의복은 개인 맞춤으로 스타일이나 색깔에 별로 구애받지 않고 완벽하게 꼭 들어맞을 것이다. 3D 프린팅을 할 수 있는 폴리머 섬유 재료가 의류용으로 현재 개발되고 있다.

금속의 열처리 공정

앞 장에서 금속 그리고 합금이 고온일 때 발생하는 현상(예 : 재결정 그리고 오스테나이트의 조성 분리)에 대해서 다루었다. 이와 같은 것은 적절한 열처리 공정이 이루어졌을 때 기계적 성질을 바꾸는 데 효과가 있다. 사실 공업용 합금에서 열처리는 매우 일반적이다. 그러므로 어닐링 공정, 강의 열처리 그리고 석출 경화를 포함한 공정들에 대해서 생각해 보자.

11.8 어닐링 공정

어닐링

어닐링(풀림, annealing)은 재료를 고온으로 장시간 유지시킨 후 서서히 냉각하는 열처리를 말한다. 일반적으로 이러한 어닐링 열처리는 (1) 잔류 응력의 제거, (2) 연성, 인성의 향상, (3) 특정한 미세구조의 형성을 위해 사용된다. 다양한 어닐링 열처리가 가능하며, 열처리의 종류는 열처리에 의한 재료의 미세구조 변화와 이에 따른 기계적 성질의 변화에 의해 구별된다.

모든 어닐링 열처리는 다음과 같은 3단계, 즉 (1) 상온에서 특정 온도까지의 가열, (2) 그 온도에서의 유지, (3) 보통 상온까지의 냉각으로 이루어져 있다. 이들 공정에서 시간은 중요한 매개변수이다. 가열과 냉각 시 처리물의 내부와 외부 사이에는 온도 기울기가 생기며, 그 정도는 크기와 형상에 따라 다르다. 만약 온도 변화가 너무 크면 온도 구배와 이에 따른 열응력이 생기며, 처리물의 변형 또는 심한 경우 균열이 일어날 수 있다. 또한 어닐링 시간은 상변태가 가능하도록 충분히 길어야 한다. 어닐링 온도 또한 중요한데, 어닐링 현상은 일반적으로 확산 기구를 수반하므로 온도가 높을수록 빨라진다.

공정 어닐링

공정 어닐링

공정 어닐링(process annealing)은 냉간 가공 후의 후속 열처리로 가공 시의 변형 경화(strain-hardened 또는 소성 경화)된 금속을 연화시키고 연성을 증가시키기 위해 사용된다. 보통 심한 소성변형이 수반되는 가공의 경우 가공 중의 파괴를 방지하고 가공에 투입되는 에너지를 낮추기 위해 소성변형 중에 사용한다. 회복과 재결정화 현상이 일어나도록 한다. 일반적으로 미세한 결정립 구조가 바람직하므로 열처리는 상당한 결정립 성장이 일어나기 전에 종료된다. 비교적 낮은 온도(그러나 재결정 온도 이상)나 비산화(nonoxidizing) 분위기에서 어닐링함으로써 표면 산화 또는 산화물의 형성을 방지하거나 최소화한다.

응력 제거

응력 제거

잔류 응력은 다음과 같은 경우에 금속 처리물의 내부에 생성된다: (1) 기계 가공과 연마와 같은 소성변형 공정, (2) 용접, 주조와 같은 고온 공정 후의 불균일 냉각, (3) 냉각 시에 생성된 상의 밀도가 모상과 현저히 다르게 된 상변태. 재료의 변형 또는 뒤틀림은 이러한 내부 잔류 응력이 제거되지 않을 경우 발생한다. 이러한 현상은 처리물을 원하는 온도까지 가열하고 균일한 온도 분포를 이룰 때까지 장시간 유지한 후 상온까지 공기 중에서 냉각하는 응력 제거 (stress relief) 어닐링에 의해 방지될 수 있다. 보통 열처리 온도는 비교적 낮게 하여 냉간 가공이나 다른 열처리의 효과가 감소되지 않도록 한다.

철합금의 어닐링

몇 가지 다른 열처리 방법이 합금강의 성질을 향상시키기 위해 사용되고 있다. 이를 설명하기 전에 상경계에 대하여 몇 가지 설명을 하도록 한다. 그림 11.4는 철-철탄화물의 상태도에서 공석 변태 영역을 나타낸 것이다. A_1으로 표시된 수평선은 공석 온도인데, 이를 하부 임계 온도(lower critical temperature)라고 하며, 이 온도 이하에서는 평형 상태에서 모든 오스테나이트상이 페라이트와 시멘타이트상으로 변태된다. A_3와 A_{cm}으로 표시된 상경계를 상부 임계 온도(upper critical temperature)라고 하며, 각각 아공석강과 과공석강을 나타낸다. 이러한 경계 이상의 온도와 조성에서는 오직 오스테나이트상만이 존재한다. 9.20절에서 설명한 것처럼 다른 합금 원소의 첨가는 이러한 상경계의 공석 위치를 변화시킬 수 있다.

하부 임계 온도

상부 임계 온도

노멀라이징

노멀라이징

예를 들어 압연에 의해 소성변형된 강은 불규칙한 형태이고 조대하며, 크기의 편차가 심한 펄라이트 결정립 구조를 갖는다. 노멀라이징(normalizing)이라 하는 어닐링 열처리는 결정

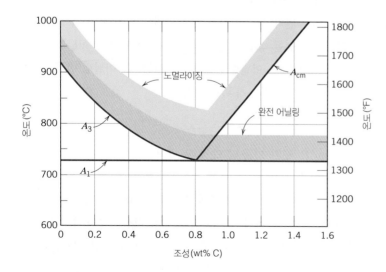

그림 11.14 공석 영역의 철-철탄화물 상태도. 탄소강의 열처리 온도 구간을 표시하였다.

(출처 : G. Krauss, *Steels: Heat Treatment and Processing Principles*, ASM International, 1990, page 108.)

립을 미세하게 하고, 균일한 결정립과 이상적인 결정립 분포를 만들기 위해 행해진다. 미세 결정립을 갖는 펄라이트는 조대 결정립의 펄라이트보다 인성이 좋다. 노멀라이징은 상부 임계 온도보다 55°C 높은 온도에서 행해진다. 그림 11.14에 나타난 바와 같이 공석 조성(0.76 wt% C)보다 작은 조성일 경우에는 A_3가, 큰 조성일 경우에는 A_{cm}이 임계 온도가 된다. 합

오스테나이트화 금을 완전히 오스테나이트로 변태시키는 공정을 오스테나이트화(austenitizing)라고 하며, 충분한 시간 동안 열처리한 후 공기 중에서 냉각한다. 노멀라이징 냉각 곡선을 연속 냉각 변태도(그림 10.27)에 중첩하여 나타내었다.

완전 어닐링

완전 어닐링 완전 어닐링(완전 풀림, full annealing)으로 알려진 열처리는 기계 가공되었거나 성형 가공 중 상당한 소성변형을 받게 될 저(또는 중)탄소강에 적용된다. 그림 11.14와 같이 아공석 합금은 A_3선보다 약 50°C(오스테나이트를 형성시키기 위해), 과공석 합금은 A_1선보다 50°C(오스테나이트와 Fe_3C상을 형성시키기 위해) 높게 가열한다. 이후 노(furnace) 냉각을 시킨다. 즉 열처리로를 끄고 노와 강을 함께 같은 속도로 상온까지 냉각시키며, 수 시간이 걸린다. 이러한 열처리 후의 미세구조는 초석상(proeutectoid phase)과 함께 조대 펄라이트를 가지며(다른 초석상과 함께), 비교적 연하고 연성이 있다. 그림 10.27에서처럼 완전 어닐링 냉각 공정을 위해서는 장시간이 필요하지만, 미세하고 균일한 분포의 결정립 구조를 얻을 수 있다.

스페로이다이징

조대 펄라이트를 갖는 중 또는 저탄소강일지라도 기계 가공과 소성변형을 하기에는 어려움이 있다. 이러한 강(실제로 모든 강)은 10.5절에서 설명한 바와 같이 스페로이다이트 구조를 만들기 위해 열처리한다. 스페로이다이트강은 최고의 연성을 가지므로 쉽게 기계 가공되고 소성변형된다. Fe_3C가 서로 뭉쳐 Fe_3C 구상 입자를 형성하는 스페로이다이징 스페로이다이징 (spheroidizing) 열처리 방법에는 여러 가지가 있다.

- 공석선(그림 11.14의 A_1선 또는 약 700°C) 이하에서 상태도의 $\alpha + Fe_3C$ 상이 존재하는 영역에서 행한다. 만약 기존에 펄라이트상이 존재한다면 스페로이다이징 열처리 시간은 대략 15~25시간이다.
- 공석 온도 바로 위까지 가열하고, 노에서 천천히 냉각시키거나 공석 온도 바로 밑의 온도를 유지한다.
- 그림 11.14의 A_1선을 경계로 ±50°C 범위 내에서 가열과 냉각을 반복한다.

어느 정도까지 스페로이다이트 형성 속도는 사전 미세조직에 따라 다르다. 예를 들어 펄라이트가 가장 느리고, 미세할수록 속도는 빨라진다. 또한 사전 냉간 가공량도 스페로이다이징 속도를 증가시킨다.

이 외에 다른 열처리법이 있을 수 있다. 예를 들어 13.11절에서 언급되었듯이 유리는 재료를 취약하게 하는 잔류 응력을 제거하기 위해 열처리할 수 있다. 이 밖에 11.2절에서와 같

이 주철의 미세구조와 이에 수반되는 기계적 성질을 바꾸기 위해 행하는 열처리도 어떤 의미에서는 어닐링 열처리라고 생각할 수 있다.

11.9 강의 열처리

마텐자이트강을 제조하기 위한 일반적인 열처리는 오스테나이트강의 물, 기름, 공기 등의 냉각재를 이용한 연속 급랭에 의해 이루어진다. 급랭과 템퍼링된 강의 최적 성질은 급랭 열처리 중에 시편이 대부분 마텐자이트로 변태되었을 때 나타난다. 급랭 처리 시에 시편을 균일한 속도로 냉각시키는 것은 불가능하다. 즉 표면은 항상 내부보다 빨리 냉각되므로 온도 구간에 걸친 오스테나이트의 변태는 시편의 위치에 따라 다른 미세구조와 성질을 나타낸다.

시편의 단면을 통해서 대부분이 마텐자이트화한 미세구조를 갖는 이상적인 강의 열처리는 (1) 합금의 조성, (2) 냉각재의 종류와 특성, (3) 시편의 크기와 모양의 조업 변수에 달려있다. 이러한 변수의 영향에 대해 설명하고자 한다.

경화능

경화능

주어진 급랭 조건에서 합금 조성이 합금강을 마텐자이트화에 미치는 영향은 경화능(hardenability)이라는 변수와 관계가 있다. 모든 합금강은 그 조성에 따라 기계적 성질과 냉각 속도 사이에 특정한 관계가 있다. 경화능은 합금이 주어진 열처리에서 마텐자이트의 형성으로 인해 경화되는 능력을 가리키는 용어이다. 경화능은 표면 압입에 대한 저항 정도를 나타내는 '경도(hardness)'와는 다르며, 경화능은 시편의 내부로 들어갈수록 마텐자이트 양의 가소에 의해 감소되는 경도의 감소율을 수치로 나타낸 것이다. 높은 경화능을 갖는 합금강이라 함은 표면뿐만 아니라 내부 전체에 걸쳐 마텐자이트를 형성하여 경화될 수 있음을 의미한다.

Jominy 급랭 시험

Jominy 급랭 시험

경화능을 측정하는 하나의 표준 시험은 **Jominy** 급랭 시험(Jominy end-quench test)[4]이다. 이 방법에서는 조성 이외에 시편 경화층의 두께에 영향을 주는 모든 변수(시편의 크기, 형태, 급랭 조건) 등을 일정하게 한다. 직경 25.4 mm, 100 mm 길이의 원통형 시편을 규정된 온도에서 규정된 시간 동안 오스테나이트화한다. 열처리로에서 시편을 꺼낸 후 그림 11.15a에서 보는 바와 같이 고정 지지대 위에 부착시키고, 하부 끝 부위를 규정된 온도와 유량으로 물을 뿌린다. 따라서 냉각 속도는 급랭되는 하부 끝에서 가장 높고, 위로 올라갈수록 낮아진다. 이러한 시편을 상온으로 냉각시킨 후 0.4 mm의 깊이로 평탄한 홈을 낸 후 로크웰 경도계로 평판 홈을 따라 밑에서 50 mm까지 경도를 측정한다(그림 11.15b). 처음 12.8 mm에서는 1.6 mm 간격으로 측정하고, 그 후 나머지 38.4 mm에서는 매 3.2 mm 간격으로 측정한다. 경화능 곡선은 경도가 급랭 끝 부위에서부터의 위치에 따른 경도값을 그려서 얻는다.

---

4 ASTM Standard A255, "Standard Test Methods for Determining Hardenability of Steel."

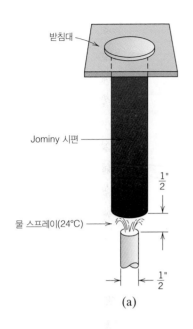

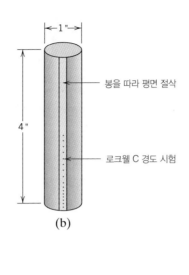

그림 11.15 Jominy 급랭 시편의 개략도. (a) 급랭 중의 부착 상태, (b) 급랭 끝에서 홈의 평탄면을 따라 경도 시험 후

받침대

Jominy 시편

물 스프레이(24°C)

$\frac{1}{2}$"

$\frac{1}{2}$"

(a)

1"

4"

봉을 따라 평면 절삭

로크웰 C 경도 시험

(b)

경화능 곡선

경화능 곡선(hardenability curve)의 대표적인 모양을 그림 11.16에 나타내었다. 급랭 끝 부위는 가장 빨리 냉각되며, 따라서 최고의 경도값을 보인다. 이 부위에서는 대부분의 강에서 100%의 마텐자이트가 생성된다. 냉각 속도는 급랭 끝에서 멀어질수록 낮아지며, 경도도 그림에서 보는 바와 같이 낮아진다. 냉각 속도가 낮아짐에 따라 탄소가 확산될 수 있는 시간적 여유가 생기며, 따라서 마텐자이트와 베이나이트가 혼합된 연성의 펄라이트상이 많이 생성된다. 따라서 경화능이 높은 강이라 함은 상대적으로 긴 거리까지 높은 경도값을 보이는 경우를 말하고, 경화능이 낮은 강은 반대의 경우이다. 각 합금강은 고유한 경화능 곡선을 갖는다.

가끔 경도를 표준 Jominy 시편의 급랭 끝으로부터의 위치보다는 냉각 속도와 연관시키는 것이 편리한 경우가 있다. 그림에서와 같이 냉각 속도(700°C에서의)는 일반적으로 경화능 도식도의 상부 가로축에 나타낸다. 위치와 냉각 속도와의 연관성은 열전달의 속도가 조성에 거의 무관하므로 순 탄소강과 많은 합금강의 경우에서 동일하다. 때때로 냉각 속도나 급랭 끝에서의 위치는 Jominy 거리 단위로 나타내며, Jominy 거리 단위는 1.6 mm이다.

그림 11.16 급랭 끝에서 거리에 따른 로크웰 C 경도값을 도표화한 경화능 곡선의 전형적인 모양

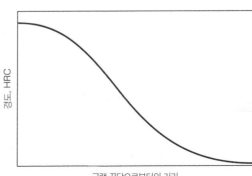

경도, HRC

급랭 끝단으로부터의 거리

그림 11.17 공석 조성의 철-탄소 합금의 경화능과
연속 냉각 정보와의 관계
[출처 : H. Boyer (Editor), *Atlas of Isothermal
Transformation and Cooling Transformation Diagrams*,
1977. ASM International, Materials Park, OH. 허가로 복
사 사용함]

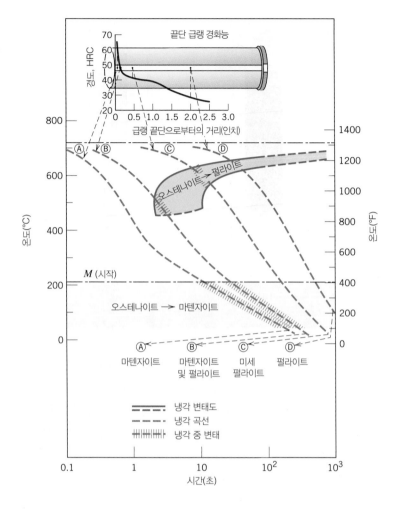

Jominy 시편의 위치와 연속 냉각 변태와의 연관성을 도식화할 수 있다. 예를 들어 그림 11.17은 공석 철-탄소 합금의 연속 변태도를 4개의 다른 Jominy 위치에 대한 냉각 곡선과 이때 생기는 미세구조를 함께 나타낸 것으로 이 합금의 경화능 곡선도 함께 나타내었다.

모두 0.40 wt% C를 가지나 다른 합금 원소를 포함한 5종류의 다른 합금강에 대한 경화능 곡선을 그림 11.18에 나타내었다. 한 시편은 순 탄소강(1040)이고, 다른 네 종류(4140, 4340, 5140, 8640)의 시편은 합금강이다. 네 종류의 합금강 조성을 그림에 나타내었다. 합금 명칭 번호(예 : 1040)의 중요성은 11.2절에서 설명하였다. 이 그림에서는 몇 가지 중요한 사항을 발견할 수 있다. 첫째, 다섯 종류의 합금은 급랭 끝(57 HRC)에서 동일한 경도값을 갖는다. 즉 이 경도값은 오직 탄소의 함량에 영향을 받으며, 이는 모든 시편에서 동일하다.

아마도 이들 곡선의 가장 중요한 특징은 경화능과 관계된 곡선의 형태일 것이다. 1040 순 탄소강의 경우 상대적으로 짧은 Jominy 거리(16.4 mm)에서 경도는 급격히 떨어진다(대략 30 HRC로). 이와는 대조적으로 다른 네 종류의 합금강에서는 경도의 감소는 확연히 완만한 경향을 보인다. 예를 들어 Jominy 거리 50 mm에서 4340과 8640 합금강은 각각 50과 32 HRC를 보인다. 따라서 이 두 합금 중에서도 4340은 더 큰 경화능을 갖는다. 1040 순 탄소

그림 11.18 다섯 종류 합금강의 경화능 곡선. 각 합금은 0.4 wt% C를 포함한다. 대략적인 합금 조성(wt%)은 다음과 같다: 4340(1.85 Ni, 0.80 Cr, 0.25 Mo), 4140(1.0 Cr, 0.20 Mo), 8640(0.55 Ni, 0.50 Cr, 0.20 Mo), 5140(0.85 Cr), 1040 비합금강
(출처 : Republic Steel Corporation에서 제공한 그림에서 수정함)

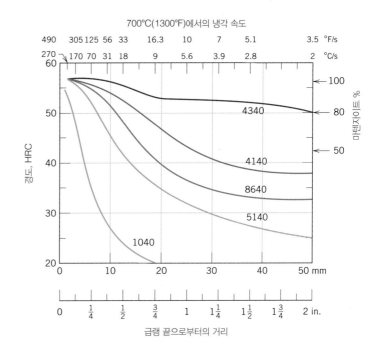

강의 경우 수냉각에 의해서 오직 표면에서 얇은 깊이만이 경화되나 다른 네 종류의 합금강에서는 더욱 깊은 층까지 경화될 수 있다.

그림 11.18의 경도 곡선으로부터 미세구조에 대한 냉각 속도의 영향을 예측할 수 있다. 급랭 끝에서 냉각 속도는 대략 600°C/s이고, 이때 모든 합금은 100% 마텐자이트 구조를 갖는다. 냉각 속도가 70°C/s보다 낮을 때, 또는 Jominy 거리가 약 6.4 mm보다 클 때, 1040강의 미세구조는 약간의 초석 페라이트가 있는 펄라이트가 주된 상으로 존재한다. 그러나 다른 네 종류의 합금강에서는 마텐자이트와 베이나이트가 주된 상으로 존재한다. 또한 베이나이트의 양은 냉각 속도가 감소할수록 증가한다.

그림 11.18에 나타낸 것처럼 합금강의 종류에 따라 다른 경화능 경향을 보이는 것은 합금강에서 첨가된 니켈, 크롬, 몰리브덴에 기인한다. 이러한 합금 원소는 오스테나이트에서 펄라이트(또는 베이나이트)로의 상변태 반응을 억제하며, 따라서 더 많은 마텐자이트상이 생성되어 경도를 증가시킨다. 그림 11.18의 오른쪽 축은 이러한 합금강의 경도값에서 존재하는 마텐자이트상의 분율을 표시하고 있다.

경화능 곡선은 탄소의 함량에도 영향을 받는데, 이러한 영향은 그림 11.19에 보인 탄소 함량이 다른 합금강의 결과에서 알 수 있다. 임의의 Jominy 거리에서 경도는 탄소의 함량에 따라 증가함을 알 수 있다.

또한 강의 산업 생산에서는 배치(batch)별로 피할 수 없는 근소한 농도 차이와 평균 결정립 크기의 편차가 존재하는데, 이로써 경화능 데이터는 어느 정도의 분산된 값을 갖는다. 이런 경우 측정된 데이터의 최곳값과 최젓값을 경계로 하는 띠로 도표화한다. 이러한 경화능 띠곡선을 8640 강에 대해 그림 11.20에 나타내었다. 강의 명칭 번호 뒤에 붙이는 H(예 :

그림 11.19 표시된 탄소 농도를 갖는 네 종류의 8600계 합금의 경화능 곡선
(출처 : Republic Steel Corporation에서 제공한 그림에서 수정함)

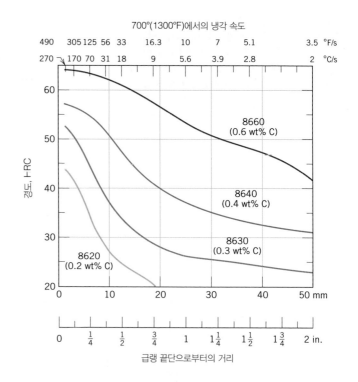

8640H)는 이 합금의 조성과 특성이 경화능 곡선의 이러한 띠 안에서의 값을 갖는다는 것을 의미한다.

그림 11.20 최대와 최소 한계값을 보여 주는 8640 강의 경화능 띠
(출처 : Republic Steel Corporation에서 제공한 그림에서 수정함)

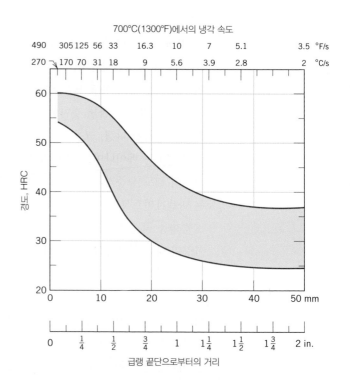

급랭재, 시편 크기 및 형태의 영향

앞에서는 합금의 조성과 냉각 속도가 경도에 미치는 영향의 관점에서 경화능을 살펴보았다. 시편의 냉각 속도는 열에너지의 발산에 의해 좌우되며, 따라서 시편의 표면과 접촉하는 급랭재(quenching medium)의 종류와 시편의 크기 및 형태에 영향을 받는다.

급랭도(severity of quench)는 냉각 속도를 나타내는 용어로 사용된다. 냉각 속도가 증가할수록 급랭도는 증가한다고 말할 수 있다. 가장 일반적인 급랭재, 즉 물, 기름, 공기 중 물에서의 급랭도가 가장 높고, 기름은 공기보다 높다.[5] 급랭재의 교반(agitation)은 열방출에 영향을 주며, 시편 표면에서 급랭재의 유동 속도가 증가할수록 급랭 효과는 증대된다. 또한 기름 급랭은 많은 합금강의 열처리에 적합하다. 실제로 고탄소강의 경우 물 급랭의 냉각 속도는 너무 빨라서 균열과 파단이 일어날 수 있다. 오스테나이트화된 순 탄소강의 공기 급랭에서는 거의 모두 펄라이트상으로 변태된다.

강 시편의 급랭 중에 열에너지가 표면에서 급랭재로 발산하기 위해서는 표면까지 이동되어야 한다. 따라서 강 구조 내의 냉각 속도는 시편 형태와 크기에 영향을 받는다. 그림 11.21a와 11.21b는 냉각 속도(700°C에서의)를 원통형 시편의 반경 위치(표면, 3/4 반경, 1/2 반경, 중심)의 함수로 나타내었다. 급랭은 약하게 교반되는 물(그림 11.21a)과 기름(그림 11.21b)의 경우이다. 냉각 속도는 Jominy 거리 단위로 표시되었으며, 이렇게 함으로써 경화능 곡선과 비교하여 사용할 수 있다. 그림 11.21과 유사한 그림을 원통형 이외의 형태(예: 평평한 판)에서도 만들 수 있다.

이러한 도표는 시편의 단면을 통한 경도값의 변화를 예측하는 데 사용된다. 예를 들어 그림 11.22a에서 원통형 순 탄소강(1040)과 합금강(4140)의 반경에 따른 경도값의 변화 분포를 비교하였다. 2개 모두 50 mm의 직경을 갖고 물 급랭하였다. 이 도표에서 두 시편에서의 경화능 차이를 확연히 알 수 있다. 그림 11.22b는 기름으로 급랭된 원통형 4140 합금강의 직경이 50 mm와 75 mm일 때의 경도값 변화를 나타낸 것으로, 시편 직경이 경도 분포에 주는 영향을 보여 주고 있다. 예제 11.1에서 이러한 경도 분포도가 어떻게 작성되는지에 대해 설명하였다.

경화능에 대한 시편 형태의 영향에 관해서는 열에너지가 시편 표면에서 급랭재로 발산되기 때문에 일정한 급랭 조건에서 냉각 속도는 시편의 체적에서 표면이 차지하는 체적당 표면적의 비에 의존한다. 이 면적비가 클수록 냉각 속도가 빠르며, 따라서 경화 효과는 더욱 내부 깊이까지 일어날 수 있다. 또한 모서리, 귀퉁이와 같은 불규칙적인 형상 부위는 규칙적인 둥근 형상(예: 구, 원통)에 비해 체적당 면적비가 크므로 급랭에 의한 경화도가 높다.

마텐자이트 열처리가 적용될 수 있는 다수의 합금강이 있으며, 이 중에서 어떤 합금강을 사용할지의 선택에서 가장 중요하게 고려할 사항이 경화능이다. 다양한 급랭재에 대한 경화능 곡선과 그림 11.21과 같은 도표를 이용하여 특정한 합금강이 응용 분야에 적합한지를 판

---

5 최근 물과 기름 사이의 급랭도를 갖는 액상 폴리머[일반적으로 PGA(Poly Alkylene Glycol)] 냉각재(물과 폴리머를 혼합한 용액)가 개발되었다. 냉각 속도는 폴리머 농도와 냉각조 온도를 변화시켜 용도에 맞출 수 있다.

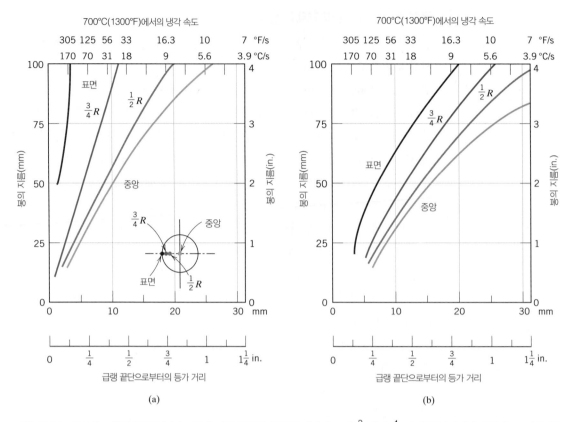

(a)   (b)

그림 11.21 적당히 교반된 (a) 물과 (b) 기름에 의해 급랭된 원통형 시편의 표면, $\frac{3}{4}$ 반경, $\frac{1}{2}$ 반경, 중심에서의 냉각 속도. 상응하는 Jominy 위치는 아래축에 나타나 있다.

[출처 : *Metals Handbook: Properties and Selection: Irons and Steels*, Vol. 1, 9th edition, B. Bardes (Editor), 1978. ASM International, Materials Park, OH. 허가로 복사 사용함]

그림 11.22 반경 방향의 경도 분포. (a) 적당히 교반된 물에 의해 급랭된 50 mm 직경의 원통형 1040, 4140 강 시편. (b) 적당히 교반된 기름에 의해 급랭된 50과 75 mm 직경의 원통형 4140 강 시편

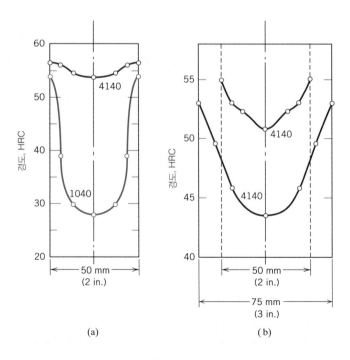

(a)   (b)

별하는 데 사용하거나 또한 합금의 급랭 공정이 적절한지를 판단하는 데도 사용된다. 비교적 높은 응력을 받는 응용에서 급랭 공정으로 적어도 80% 이상의 마텐자이트가 내부까지 형성되어야 한다. 반면에 적당한 응력을 받는 부품의 경우는 50% 정도의 마텐자이트 형성이 요구된다.

 개념확인 11.8 강 시편의 단면 전체에 걸쳐 마텐자이트가 형성되는 정도에 영향을 주는 세 가지 인자를 들고, 각각의 인자가 어떻게 마텐자이트 형성 범위를 증가시키는지를 설명하라.

[해답은 *www.wiley.com/go/Callister_MaterialsScienceGE* → More Information → Student Companion Site 선택]

예제 11.1

열처리한 1040강에 대한 경도 분포 결정

직경이 50 mm(2인치)인 원통형 1040 강을 적당히 교반된 물에 의해 급랭하였을 때 반경으로의 경도 분포를 구하라.

풀이

우선 원통형 시편의 중앙, 표면, 반경, 반경 위치에서의 냉각 속도(Jominy 거리 단위로)를 산출한다. 이는 그림 11.21a에서와 같이 적당한 급랭재에 대해 냉각 속도 대 원통 직경을 나타낸 도표를 이용한다. 다음에 각 반경 위치에서의 냉각 속도를 특정 강의 경화능 곡선을 이용하여 경도값으로 변환한다. 마지막으로 경도값을 반경 위치의 함수로 그린다.

이러한 방법을 그림 11.23에 중심 위치에 대한 경우를 예로 나타내었다. 물 급랭된 50 mm(2인치) 직경의 원통 시편에서 중심의 냉각 속도는 대략 Jominy 시편의 급랭 끝에서 9.5 mm($\frac{3}{8}$인치)에 해당된다(그림 11.23a). 이 Jominy 거리는 1040 합금강(그림 11.23b)의

그림 11.23 경도 분포도를 구하기 위한 경화능 데이터의 사용. (a) 물 급랭된 직경 50 mm(2인치) 시편의 중앙에서의 냉각 속도를 구한다. (b) 이러한 냉각 속도를 1040 강에서의 HRC 경도값으로 바꾼다. (c) 반경에 걸친 로크웰 경도값을 그린다.

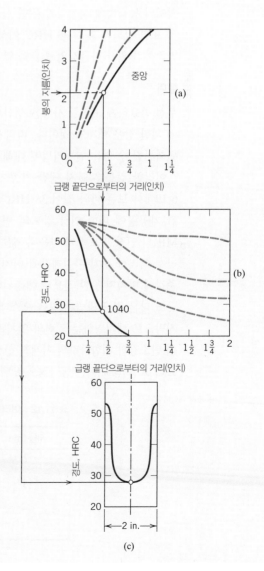

경화능 도표를 참고로 하면 약 28 HRC의 경도값을 갖는다. 이러한 데이터 점들을 이용하여 그림 11.23c와 같은 경도 분포를 구할 수 있다.

표면, 반경, 반경에서의 경도도 앞에서 설명한 방법으로 구할 수 있다. 분석된 데이터를 표로 정리하였다.

반경 위치	급랭 끝단으로부터의 등가 거리[mm(인치)]	경도 (HRC)
중앙	$9.5 \left(\frac{3}{8}\right)$	28
$\frac{1}{2}$ 반경	$8 \left(\frac{5}{16}\right)$	30
$\frac{3}{4}$ 반경	$4.8 \left(\frac{3}{16}\right)$	39
표면	$1.6 \left(\frac{1}{16}\right)$	54

설계예제 11.1

합금강과 열처리 선정

기어의 동력축에 사용하기 위한 합금강을 선택하고자 한다. 설계자는 25 mm 직경의 원통형 축의 표면 강도가 최소 38 HRC 이상이고, 최소 12%EL 이상의 연신율이 필요하다고 한다. 이를 만족하기 위한 합금강의 종류와 열처리 방법을 선택하라.

풀이

우선 중요하게 고려할 사항은 생산비이다. 따라서 상대적으로 비싼 스테인리스강이나 석출 경화에 의한 강은 배제될 것이다. 따라서 순 탄소강이나 저합금강을 선택하고 그들의 기계적 특성을 변화시킬 수 있는 열처리법에 대해 생각해 보자.

이러한 강들은 단지 냉간 가공에 의해 원하는 경도와 연성을 얻을 수 없다. 예를 들어 그림 6.19에서 보는 바와 같이 38 HRC의 경도는 1200 MPa의 인장 강도에 해당된다. 1040 강의 냉간 가공량에 대한 인장 강도의 변화를 그림 7.19b에서 볼 수 있다. 여기서 50%CW에서 900 MPa의 인장 강도밖에 얻을 수 없다. 더구나 이때의 연신율은 대략 10%EL(그림 7.19c)이다. 따라서 이러한 수치는 설계값에 미치지 못한다. 더구나 다른 순 탄소강이나 저합금강도 이러한 기준값에 미치지 못할 것으로 예측된다.

또 다른 접근 방법은 강을 오스테나이트화하고, 급랭한 후(마텐자이트를 형성시키기 위해), 마지막으로 템퍼링하는 일련의 열처리를 시행하는 것이다. 이 같은 방법에 의해 처리된 여러 종류의 탄소강과 저합금강의 기계적 성질을 조사해 보자. 우선 앞의 두 절에서 설명한 대로 급랭된 재료의 표면 경도(이는 궁극적으로 템퍼링 후의 경도에 영향을 줌)는 합금의 조성과 축 직경에 영향

표 11.12 여러 직경을 갖는 1060 강의 기름 급랭 실린더의 표면 경도

지름 (mm)	표면 경도 (HRC)
0.5	59
1	34
2	30.5
4	29

을 받는다. 예를 들어 기름 급랭된 1060 강의 경우 표면 경도의 직경에 대해 감소하는 정도를 표 11.12에서 볼 수 있다. 또한 템퍼링된 표면 경도는 템퍼링 온도와 시간에 영향을 받는다.

표 11.13에 순 탄소강(AISI/SAE 1040)과 보편적으로 사용되고 쉽게 구할 수 있는 저합금강의 급랭, 템퍼링 후의 경도와 연신율 데이터를 수록하였다. 이는 특정한 급랭재(기름 혹은 물)에 대한 540℃, 595℃, 650℃ 템퍼링 온도에서의 경우이다. 표에서 알 수 있듯이 설계 요구값을 만족하는 합금-열처리 조합은 4150/기름−540℃ 템퍼링, 4340/기름−540℃ 템퍼링, 6150/기름 −540℃ 템퍼링이며, 이를 표에서 진한 글자로 표시하였다. 이들 세 가지 재료의 가격은 아마도 비슷할 것이다. 그러나 먼저 생산비 분석이 고려되어야 한다. 또한 6150 합금은 가장 높은 연성을 가지며, 따라서 최종 선택에서 약간 우위에 있을 것이다.

표 11.13 여섯 종류의 2.5 mm 직경의 합금강에 대한 급랭과 여러 템퍼링 열처리 조건에서의 로크웰 C 경도(표면)와 연신율

합금 표시/ 냉각재	급랭 경도 (HRC)	540℃ 템퍼링 경도 (HRC)	연성 (%EL)	595℃ 템퍼링 경도 (HRC)	연성 (%EL)	650℃ 템퍼링 경도 (HRC)	연성 (%EL)
1040/기름	23	(12.5)[a]	26.5	(10)[a]	28.2	(5.5)[a]	30.0
1040/물	50	(17.5)[a]	23.2	(15)[a]	26.0	(12.5)[a]	27.7
4130/물	51	31	18.5	26.5	21.2	—	
4140/기름	55	33	16.5	30	18.8	27.5	21.0
4150/기름	62	**38**	**14.0**	35.5	15.7	30	18.7
4340/기름	57	**38**	**14.2**	35.5	16.5	29	20.0
6150/기름	60	**38**	**14.5**	33	16.0	31	18.7

[a] 이 경도값은 20 HRC 미만이므로 단지 근삿값을 나타낸다.

앞 절에 서술한 바와 같이 급랭한 실린더형 합금강의 표면 경도는 합금 조성과 냉각재뿐만 아니라 시편의 지름에 따라 다르다. 마찬가지로 급랭 후 템퍼링한 강 시편의 기계적 특성도 시편 지름의 함수이다. 이 현상에 대한 설명은 그림 11.24에 나타나 있다. 그림 11.24에는 기름에 급랭시킨 4140 강의 네 가지 지름 크기(12.5 mm, 25 mm, 50 mm, 100 mm)에 대해 온도에 따른 인장 강도, 항복 강도, 연성(%EL)의 변화가 나타나 있다.

이 시점에서 제9장, 제10장, 그리고 이 장에서 논의한 여러 타입의 강 합금에 대한 해설(열처리, 미세조직, 성질 등)을 마친다. 이러한 정보는 그림 11.25에 개략적으로 나타나 있다.

11.10 석출 경화

금속의 모재상(original phase matrix) 내부에 미세하고 균일한 분포의 2차상의 입자를 형성함으로써 금속의 강도와 경도를 증가시킬 수 있다. 이러한 공정은 미세한 입자의 석출상 (precipitate)의 형성을 수반하므로 **석출 경화**(precipitation hardening)라고 하며, 시간에 따

석출 경화

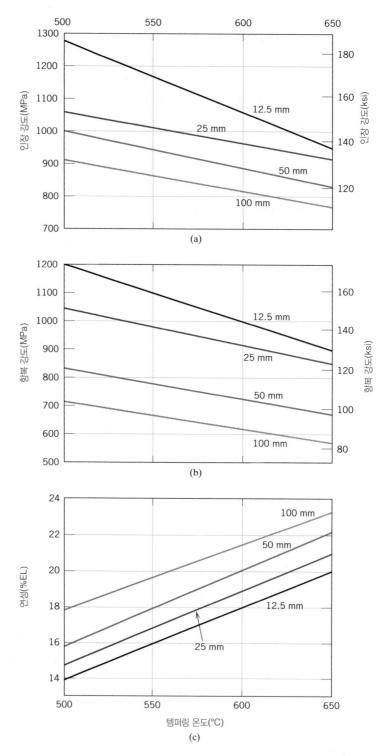

그림 11.24 기름 급랭한 4140 강의 실린더형 시편에 대한 템퍼링 온도에 따른 (a) 인장 강도, (b) 항복 강도, (c) 연성(%EL)의 변화. 시편 지름(12.5 mm, 25 mm, 50 mm, 100 mm)

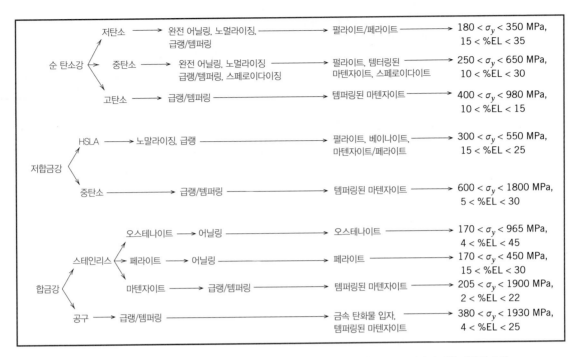

그림 11.25 강의 3 등급과 이에 따른 하위 등급에 대한 열처리, 미세조직 구성인자와 기계적 성질에 대한 개략적 요약

라 강도가 증가하므로 시효 경화(age hardening)라고도 한다. 석출 경화에 의해 경화되는 합금에는 알루미늄−구리, 구리−베릴륨, 구리−주석, 마그네슘−알루미늄 등이 있으며, 다수의 철합금도 석출 경화가 가능하다.

템퍼링된 마텐자이트를 형성하기 위한 강의 열처리와 석출 경화는 열처리 조건이 서로 유사하지만 전혀 다른 현상이다. 두 공정의 기본적인 차이점은 경화와 강화가 만들어지는 기구에 있다. 이러한 차이점은 다음의 석출 경화에 대한 설명에서 명확해진다.

열처리

석출 경화는 새로운 상의 석출에 의한 현상으로 열처리 조건에 대한 설명은 상태도를 이용한다. 실제로 석출 경화용 합금의 대부분은 2개 이상의 합금 원소가 첨가되나 여기서는 2원계의 간단한 경우를 설명하고자 한다. 그림 11.26은 가상의 A−B계에 대한 상태도를 보인 것이다.

석출 경화가 일어날 수 있는 합금계의 상태도는 두 가지 필수 조건이 있다. 첫째, 용질 원소는 다른 용매 원소에 대해 상당한 용해도(수 %)가 있어야 한다. 둘째, 용질 원자의 용해한도는 온도가 감소함에 따라 급격히 감소해야 한다. 제시된 가상 상태도(그림 11.26)는 이러한 두 조건을 만족한다. 최대 용해 한도는 점 M에서의 농도이다. 또한 α상과 $\alpha+\beta$상 사이의 용해도 선은 온도가 낮아짐에 따라 최대 농도에서 아주 낮은 A 원소에 대한 B 용해도(점 N에서)로 감소한다. 더구나 석출 경화가 가능한 합금의 조성은 최대 용해 한도값보다 낮아야 한다. 이러한 조건은 합금계에서 석출 경화가 일어나기 위해 필요조건이지만 충분조

그림 11.26 조성 C_0의 석출 경화 합금의 가상적인 상태도

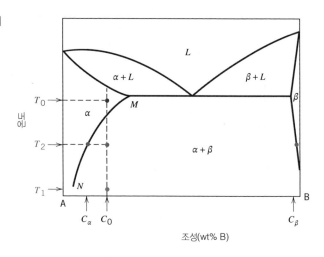

건은 아니다. 이 외의 요구 조건을 다음에 설명한다.

용체화 열처리

석출 경화는 서로 다른 두 종류의 열처리에 의해 수행된다. 첫째는 용질 원자가 완전히 단일상의 고용체로 존재하도록 하는 **용체화 열처리**(solution heat treatment)이다. 그림 11.26에서 조성 C_0의 합금을 생각해 보자. 합금을 α상만이 존재하는 온도, 즉 T_0로 올리고, β상이 완전히 용해될 때까지 유지한다. 이때 합금에는 C_0의 조성을 갖는 α상만이 존재한다. 이러한 열처리 후에 시편은 T_1(많은 경우 상온)의 온도로 빨리 냉각시키거나 급랭시켜, 어떠한 확산과 이에 수반된 β상의 생성을 막는다. 이렇게 함으로써 B원자가 과포화된 비평형의 α상이 T_1의 온도에서도 존재하게 된다. 이러한 상태에서 합금은 비교적 연하고 약한 성질을 갖는다. 더구나 일반적으로 T_1에서의 확산 속도는 매우 느려 단일상의 α상은 이 온도에서 상당히 오랫동안 유지된다.

석출 열처리

2차 혹은 **석출 열처리**(precipitation heat treatment)는 과포화된 α고용체를 적당히 높은 온도 T_2(그림 11.26)로 가열한다. T_2는 확산 속도가 어느 정도 높고, $\alpha+\beta$상이 공존하는 온도이다. 이때 C_β의 조성을 갖는 β석출상이 미세하게 분산된 입자의 형태로 형성되고, 이러한

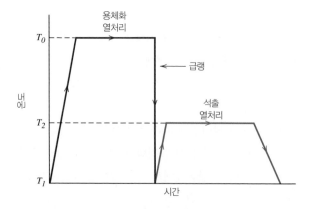

그림 11.27 석출 경화를 위한 용체화 및 석출 열처리를 보여 주는 온도 대 시간 도표

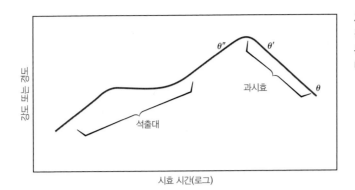

그림 11.28 등온에서의 석출 경화 열처리에서 로그 시간에 따른 인장 강도와 경도의 변화를 나타내는 개략도

현상을 시효(aging)라고 한다. 적당한 시효 시간 후에 합금은 상온으로 냉각된다. 일반적으로 냉각 속도는 그렇게 중요하지 않다. 용체화 및 석출 열처리의 온도 대 시간 도표를 그림 11.27에 나타내었다. β상은 합금의 강도와 경도를 현저히 증가시키는데, 그 정도는 T_2 온도와 시효 시간에 따라 달라진다. 어떤 합금에서는 오랜 시간에 걸쳐 시효가 상온에서도 자발적으로 일어나는 경우가 있다.

등온 열처리에서 β 석출물의 온도와 시간에 대한 의존성은 그림 10.18에서 보인 강의 공석 변태와 유사한 C자 형의 곡선으로 나타낼 수 있다. 그러나 이보다는 시효 시간의 자연 로그값에 대한 인장 강도 혹은 항복 강도값으로 나타내는 것이 더욱 유용하고 편리하다. 그림 11.28에 석출 경화 합금의 전형적인 결과를 나타내었다. 시간이 지남에 따라 강도는 증가하여 최곳값을 보이다가 감소한다. 이러한 장시간 후의 강도와 경도의 감소를 **과시효** (overaging)라고 한다. 석출 경화에 대한 시효 온도의 변화는 여러 온도에 대한 데이터를 한 그래프에 겹쳐 그림으로써 쉽게 파악할 수 있다.

과시효

경화 기구

석출 경화는 고강도 알루미늄에 흔히 적용된다. 다른 조성과 원소 배합의 수많은 합금 중에서 경화 기구(mechanism of hardening)가 가장 자세히 연구된 합금은 알루미늄-구리 합금이다. 그림 11.29는 알루미늄-구리 합금의 알루미늄 농도가 높은 부위를 보여 주는 상태도이다. α상은 알루미늄 내에 구리의 치환형 고용체이며, 금속 간 화합물 $CuAl_2$는 θ상으로 명칭된다. 96 wt% Al−4 wt% Cu의 알루미늄-구리 합금에 대하여, 석출 열처리 중의 평형 θ 상의 석출 과정을 생각해 보자. 몇 개의 중간상(transition phase)이 특정한 순서로 형성된다. 합금의 기계적 성질은 이러한 중간상 입자의 특성에 의해 영향을 받는다. 초기의 경화 과정(그림 11.28의 짧은 시효 시간)에서는 구리 원자가 서로 응집하여 매우 작고 얇은 원판형의 석출물이 생성된다. 이 석출물의 두께는 1개 또는 2개의 원자층이며, 지름은 대략 25개의 원자 직경 거리이다. 이들은 α상 내에 많이 존재하는데, 이러한 응집체는 완전한 석출 입자로 볼 수 없으며, 때때로 석출대(zone)라고 부른다. 그러나 시간이 지남에 따라 구리 원자가 상당히 확산되어 석출대는 크기가 자라 석출 입자가 된다. 이러한 석출 입자는 2개의 중간상(θ'', θ')을 거쳐 결국 평형 θ상으로 형성된다(그림 11.30c). 석출 경화용 7150 알루미

그림 11.29 알루미늄-구리의 알루미늄 주성분 영역의 상태도

(출처 : J. L. Murray, *International Metals Review*, 30, 5, 1985. ASM International. 허가로 복사 사용함)

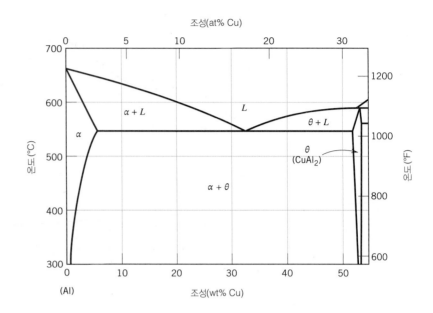

늄 합금에서 생성되는 중간상의 전자현미경 사진이 그림 11.31에 나타나 있다.

그림 11.28에서와 같은 강화 및 경화 현상은 많은 이러한 중간 혹은 준안정상 입자에 의해 이루어진다. 그림에서 보는 바와 같이 최대 강도는 θ''상의 생성 시에 나타나며, 이러한 θ''상은 합금을 상온으로 냉각하여도 유지된다. 과시효 현상은 θ'상과 θ상의 형성 시 일어난다.

강화 현상은 석출 열처리 온도가 높을수록 가속화된다. 이러한 현상은 그림 11.32a에서 보인 2014 알루미늄 합금의 여러 석출 온도에서의 항복 강도의 변화에서 볼 수 있다. 일반적으로 석출 열처리는 최대의 강도나 경도가 만들어지도록 하는 것이 이상적이다. 강도의 증가는 일반적으로 연성의 감소를 수반하는데, 이러한 경향을 그림 11.32b의 2014 알루미늄 합금에 대한 결과에서 볼 수 있다.

모든 합금이 지금까지 설명한 바와 같은 석출 경화에 필요한 조성과 상태도를 갖고 있는 것은 아니다. 더구나 석출 경화를 위해서는 석출물과 기지상 계면에 격자 변형이 형성되어

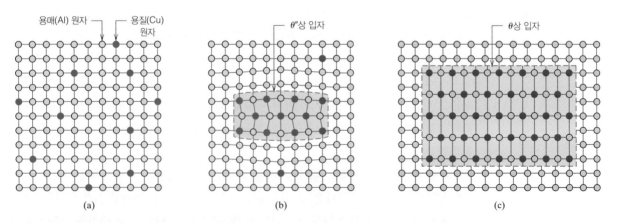

그림 11.30 평형 석출상(θ)이 형성되는 몇 가지 단계를 보이는 개략도. (a) 과포화된 α고용체, (b) 중간 상인 θ''석출상, (c) α 기지상 내의 평형 θ상

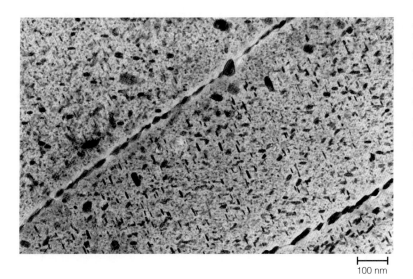

그림 11.31 석출 경화된 7150-T651 알루미늄 합금 (6.2 wt% Zn, 2.3 wt% Cu, 2.3 wt% Mg, 0.12 wt% Zr, 나머지는 Al)의 전자현미경 사진. 사진의 밝은 기지상은 알루미늄 고용체이다. 대부분의 미세한 판상형 석출 입자는 η'상이고, 기타는 η 평형상($MgZn_2$)이다. 여기서 결정립계는 이러한 석출물의 편석에 의해 장식되어 있다. 90,000×

(사진 제공 : G. H. Narayanan and A. G. Miller, Boeing Commercial Airplane 100 nm Company.)

그림 11.32 여러 시효 온도에서의 2014 알루미늄 합금(0.9 wt% Si, 4.4 wt% Cu, 0.8 wt% Mn, 0.5 wt% Mg)의 석출 경화 특성. (a) 인장 강도, (b) 연성(%EL)

[출처 : *Metals Handbook: Properties and Selection: Nonferrous Alloys and Pure Metals*, Vol. 2, 9th edition, H. Baker (Managing Editor), 1979. ASM International, Materials Park, OH. 허가로 복사 사용함]

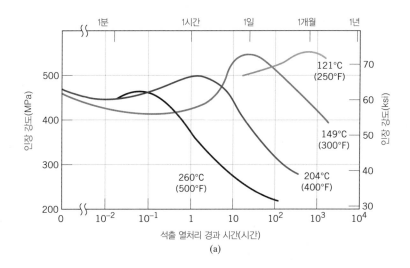

(a)

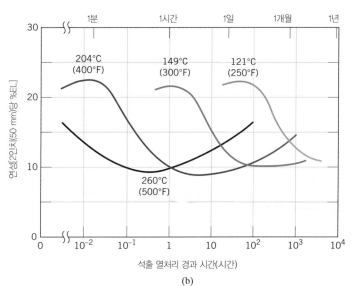

(b)

야 한다. 알루미늄-구리 합금에서는 그림 11.30b에 나타낸 것과 같이 중간상 입자의 내부와 주위에 결정 격자의 변형이 일어난다. 소성변형 시에 전위의 이동은 이러한 격자 변형에 의해 효과적으로 제지되며, 결과적으로 합금은 경화되고 강해진다. θ 석출상이 형성되면 이들 석출상 입자는 슬립(전위의 이동)을 효과적으로 제지하지 못하며, 따라서 과시효(연화 또는 약화)가 일어난다.

자연 시효
인공 시효

상온에서 비교적 짧은 시간에 석출 경화가 일어나는 합금은 급랭하여 냉장고 안에서 보관되어야 한다. 리벳(rivet)에 사용되는 여러 종류의 알루미늄 합금은 이러한 경향을 보이며, 이런 합금은 연성 상태로 가공하고 일반 대기 온도(상온)에서 유지하여 시효 경화시킨다. 이러한 공정을 자연 시효(natural aging)라고 하며, 고온에서 행하는 인공 시효(artificial aging)와 구분한다.

기타 고려 사항

변형 경화와 석출 경화 공정을 조합적으로 사용하여 고강도 합금을 제조할 수 있다. 이러한 경화 공정의 공정 절차는 최적의 기계적 성질을 얻는 데 중요하다. 흔히 합금은 용체화 처리된 후 급랭되며, 이후에 합금을 냉간 가공하고 석출 경화 열처리를 행한다. 마지막 열처리에서 재결정에 의한 약간의 강도 저하가 일어난다. 만약 합금을 냉간 가공하기 전에 석출 경화하면 냉간 가공 시 상당한 소성에너지가 필요하다. 더구나 석출 경화에서 오는 연성의 저하로 가공 중에 균열이 발생할 수 있다.

대부분의 석출 경화 합금은 높은 온도에서 사용하면 과시효에 의한 강도의 저하가 일어나므로 높은 온도에서 사용하는 데 어려움이 있다.

요약

철합금
- **철합금**(강, 주철)은 철이 주성분인 합금이다. 대부분의 강은 1.0 wt% 이하의 탄소를 포함하며, 여기에 열처리 반응(기계적 성질의 향상)과 내식성을 향상시키기 위해 여러 합금 원소가 첨가된다.
- 철합금을 공학 재료로 사용하는 이유는 다음과 같다.
  - 철을 함유하는 화합물이 풍부하다.
  - 경제적인 추출, 제련 및 제작 방법이 있다.
  - 여러 범위의 기계적 성질과 물리적 성질을 갖도록 처리할 수 있다.
- 철합금의 약점은 다음과 같다.
  - 대체로 밀도가 높다.
  - 비교적 전기 전도율이 낮다.
  - 일반적인 환경에서 부식성이 크다.
- 순 저탄소강, 고강도 저합금강, 중탄소강, 공구강, 스테인리스강이 가장 일반적으로 사용되고 있다.

- 순 저탄소강은 탄소 이외에 다소의 망간을, 다른 합금 원소는 미량만 함유한다.
- 스테인리스강은 미세조직에 따라 페라이트, 오스테나이트, 마텐자이트의 세 그룹으로 나뉜다.
- 주철은 3.0∼4.5 wt%의 높은 탄소 함량을 가지며, 다른 합금 원소, 특히 규소가 첨가되어 있다. 이러한 재료에서 대부분의 탄소는 철과 결합된 시멘타이트상보다는 흑연의 형태로 존재한다.
- 회주철, 연성(구상) 주철, 가단 주철, 조밀 흑연 주철이 가장 널리 사용되는 주철이며, 뒤의 세 주철은 연성이 상당히 좋다.

비철합금
- 비철합금에 속하는 합금은 기지 금속의 종류 또는 합금군이 갖는 명확한 특성에 의해 세분된다.
- 비철합금은 구리, 알루미늄, 마그네슘, 티탄, 내열 금속, 초합금, 귀금속의 일곱 가지로 분류되며, 기타 니켈, 납, 주석, 아연, 지르코늄으로 세분된다.

성형 작업
- **성형 작업**은 소성변형으로 금속재의 형태를 바꾸는 것이다.
- 변형이 재결정 온도 이상에서 이루어지면 **열간 가공**, 그렇지 않으면 **냉간 가공**이다.
- 성형 작업의 일반적인 네 가지 방법은 단조, 압연, 압출 및 인발이다.

주조
- 완제품의 성질 및 모양에 따라서 주조는 가장 적절하며 경제적인 성형 방법이 될 수 있다.
- 가장 일반적인 주조법은 사형 주조, 금형 주조, 인베스트먼트 주조, 소모 거품 주조 및 연속 주조이다.

기타 방법
- 분말 야금(P/M)은 분말 금속 입자를 원하는 모양으로 압축한 후 열처리를 통해 밀도를 높이는 방법이다. P/M은 연성이 작고 용융점이 높은 금속을 성형하는 데 주로 사용된다.
- 용접은 2개 이상의 대상물을 결합하는 데 사용된다. 대상물 또는 용가재를 녹여 용융 접합이 형성된다.

3D 프린팅
- 새롭고 혁신적인 기술인 3D 프린팅(적층 제조)은 금속과 금속 합금을 제작하는 데 사용한다. 3차원 대상물을 연속적으로 한 층 위에 또 한 층을 쌓아가는 '프린팅'으로 창작하는 것이다.
- 금속 재료에 사용되는 두 가지 3D 프린팅 방식은 직접 에너지 용착법과 분말 베드 용융법이다. 이 두 방식의 에너지원은 레이저 또는 전자 빔이다.

어닐링 공정
- 어닐링이란 고온에서 장시간 유지시킨 후 상온까지 서랭하는 열처리이다.
- 공정 어닐링 동안에는 재결정으로 인하여 냉간 가공한 재료는 더욱 연하고 연성이 높아진다.
- 응력 제거 어닐링으로 내부 잔류 응력이 제거된다.
- 철합금의 경우 결정립 구조를 세밀화하고 향상시키기 위해 노멀라이징을 사용한다.

강의 열처리
- 고강도강의 경우에 처리물의 단면 전체를 마텐자이트 상으로 만들면 가장 이상적인 기계적 성질을 얻을 수 있다. 템퍼링 열처리를 통해 이 마텐자이트 조직을 템퍼드 마텐자이트

조직으로 바꾼다.

- 경화능은 주어진 열처리 조건에서 마텐자이트 조직을 만드는 데 미치는 조성의 영향을 나타내는 매개변수이다. 마텐자이트의 양은 경도 측정을 통해 결정한다.
- 경화능은 표준화된 Jominy 급랭 시험(그림 11.15)을 통한 경화능 곡선에 의해 정해진다.
- 경화능 곡선은 Jominy 시편의 끝단으로부터의 거리에 따른 경도를 표시한다. 급랭된 끝단으로부터 거리가 멀어질수록 급랭 속도가 감소하고 이에 따라 마텐자이트의 양도 감소하므로 경도는 감소한다(그림 11.16). 각각의 강 합금은 고유의 경화능 곡선을 갖고 있다.
- 급랭재는 마텐자이트의 형성 범위에 영향을 준다. 보편적으로 사용되는 급랭재 중 물이 가장 효과적이고, 다음이 유체 폴리머, 기름과 공기 순이다.

석출 경화
- 다수의 합금은 석출 경화가 가능하며 석출 경화는 2차상, 즉 석출물상을 형성하게 하여 강도를 증가시키는 것을 의미한다.
- 석출 입자의 크기와 수반되는 강도는 두 종류의 열처리에 의해 제어된다.
    - 첫 번째 고용 열처리에서 모든 용질 원자는 단일상의 고용체 속으로 녹아든다. 이 상태를 유지하기 위해서 대체적으로 저온까지 급랭한다.
    - 두 번째 석출처리(일정 온도) 동안에는 석출 입자가 형성되고 성장한다. 강도, 경도 및 연성은 열처리 시간(입자 크기)에 따라 변한다.
- 강도와 경도는 시간에 따라 최곳값까지 증가하며, 이후의 과시효에서는 감소한다(그림 11.28). 이러한 시효 현상은 온도가 높아질수록 가속화된다(그림 11.32a).
- 경화 현상은 미세한 석출 입자의 주위에서 형성되는 격자 변형에 의해 전위의 이동이 억제되는 것으로 설명할 수 있다.

주요 용어 및 개념

가단 주철	석출 경화	인공 시효
경화능	석출 열처리	인발
고강도, 저합금(HSLA)강	순 탄소강	자연 시효
공정 어닐링	스테인리스강	조밀 흑연 주철
과시효	스페로이다이징	주철
구상 주철	압연	철합금
냉간 가공	압출	청동
노멀라이징	어닐링	템퍼 표시
단조	연성 주철	하부 임계 온도
단조 합금	열간 가공	합금강
백주철	오스테나이트화	황동
분말 야금(P/M)	완전 어닐링	회주철
비강도	용접	Jominy 급랭 시험
비철합금	용체화 열처리	
상부 임계 온도	응력 제거	

참고문헌

ASM Handbook, Vol. 1, Properties and Selection: Irons, Steels, and High-Performance Alloys, ASM International, Materials Park, OH, 1990.

ASM Handbook, Vol. 2, Properties and Selection: Nonferrous Alloys and Special-Purpose Materials, ASM International, Materials Park, OH, 1990.

ASM Handbook, Vol. 4, *Heat Treating*, ASM International, Materials Park, OH, 1991.

ASM Handbook, Vol. 4A, Steel Heat *Treating Fundamentals and Processes*, ASM International, Materials Park, OH, 2016.

ASM Handbook, Vol. 4D, Heat Treating of Irons and Steels, ASM International, Materials Park, OH, 2016.

ASM Handbook, Vol. 4E, *Heat Treating of Nonferrous Alloys*, ASM International, Materials Park, OH, 2016.

ASM Handbook, Vol. 6, Welding, Brazing and Soldering, ASM International, Materials Park, OH, 1993.

ASM Handbook, Vol. 6A, *Welding Fundamentals and Processes*, ASM International, Materials Park, OH, 2011.

ASM Handbook, Vol. 7, *Powder Metallurgy*, ASM International, Materials Park, OH, 2015.

ASM Handbook, Vol. 14A, *Metalworking: Bulk Forming*, ASM International, Materials Park, OH, 2005.

ASM Handbook, Vol. 14B, *Metalworking: Sheet Forming*, ASM International, Materials Park, OH, 2006.

ASM Handbook, Vol. 15, *Casting*, ASM International, Materials Park, OH, 2008.

Davis, J. R. (Editor), *Cast Irons*, ASM International, Materials Park, OH, 1996.

Dieter, G. E., *Mechanical Metallurgy*, 3rd edition, McGraw-Hill, New York, 1986. Chapters 15–21 provide an excellent discussion of various metal-forming techniques.

Frick, J. (Editor), *Woldman's Engineering Alloys*, 9th edition, ASM International, Materials Park, OH, 2000.

Heat Treater's Guide: Standard Practices and Procedures for Irons and Steels, 2nd edition, ASM International, Materials Park, OH, 1995.

Kalpakjian, S., and S. R. Schmid, *Manufacturing Processes for Engineering Materials*, 6th edition, Prentice Hall, Upper Saddle River, NJ, 2016.

Krauss, G., *Steels: Processing, Structure, and Performance*, 2nd edition, ASM International, Materials Park, OH, 2015.

Metals and Alloys in the Unified Numbering System, 12th edition, Society of Automotive Engineers and American Society for Testing and Materials, Warrendale, PA, 2012.

Worldwide Guide to Equivalent Irons and Steels, 5th edition, ASM International, Materials Park, OH, 2006.

Worldwide Guide to Equivalent Nonferrous Metals and Alloys, 4th edition, ASM International, Materials Park, OH, 2001.

연습문제

철합금

11.1 (a) 철합금이 매우 널리 사용되는 이유를 세 가지만 기술하라.

(b) 철합금의 사용을 제한하는 성질을 세 가지만 기술하라.

11.2 2.5 wt%의 탄소를 포함한 주철에서 모든 탄소가 흑연 상으로 존재한다면 흑연 상의 부피 분율 V_{Gr}을 계산하라. 페라이트와 흑연의 밀도는 각각 7.9와 2.3 g/cm³으로 가정하라.

11.3 회주철과 가단 주철을 다음 사항에 대해 비교하라.

(a) 조성과 열처리

(b) 미세구조

(c) 기계적 특성

11.4 큰 단면적을 갖는 제품을 가단 주철로 만들 수 있겠는가?

비철합금

11.5 2017 알루미늄 합금으로 만든 리벳을 사용하기 전에 냉장시켜야 하는 이유는 무엇인가?

11.6 다음 합금에서 두드러진 특성, 한계와 응용 분야에 대해 적어 보라 : 티탄 합금, 내화성 금속, 초

합금과 순수 합금.

성형 작업

11.7 (a) 압연과 비교해서 압출의 장점을 기술하라.

(b) 단점은 무엇인가?

주조

11.8 사형, 금형, 인베스트먼트, 소모 거품, 연속 주조 기술을 비교 설명하라.

기타 방법

11.9 강의 용접 시 매우 급속히 냉각될 때의 문제점을 설명하라.

어닐링 공정

11.10 강에 행하는 다음의 열처리와 각 열처리에서 예상되는 미세구조를 설명하라.

(a) 완전 어닐링

(b) 노멀라이징

(c) 급랭

(d) 템퍼링

11.11 다음 각각의 철-탄소 합금을 노멀라이징 열처리 동안 오스테나이트로 만들 수 있는 대략적 최소 온도는 얼마인가?

(a) 0.15 wt% C

(b) 0.50 wt% C

(c) 1.10 wt% C

강의 열처리

11.12 경도와 경화능의 차이점을 설명하라.

11.13 급랭의 효율성에 영향을 주는 액상 급랭재의 열적 특성을 두 가지 열거하라.

11.14 다음에 대한 방사선 경도 프로파일을 작성하라.

(a) 적절히 교반된 기름에 급랭된 지름 50 mm의 실린더형 5140 강 합금 시편

(b) 적절히 교반된 물에 급랭된 지름 100 mm의 실린더형 8660 강 합금 시편

석출 경화

11.15 석출 경화(11.10절)와 급랭 및 템퍼링(10.5, 10.6과 10.8절)에 의한 강의 경화 사이의 차이점을 다

음의 관점에서 비교하라.

(a) 전체적인 열처리 절차

(b) 형성되는 미세구조

(c) 단계적인 열처리 절차에 대한 기계적 성질의 변화

설계문제

철합금

비철합금

11.D1 다음은 금속 및 합금의 목록이다.

순 탄소강	마그네슘
황동	아연
회주철	공구강
백금	알루미늄
스테인리스강	텅스텐
티탄 합금	

위의 목록에서 다음의 응용에 가장 적합한 금속이나 합금을 선택하고, 선택한 이유를 한 가지 이상 기술하라.

(a) 내연기관 엔진 블록

(b) 증기 응축기

(c) 제트엔진 터보 송풍기 날개

(d) 드릴 비트

(e) 초저온 용기

(f) 불꽃 제조기(예 : 화염 및 불꽃놀이)

(g) 산화 분위기에 사용되는 고온로의 부품

11.D2 다음의 합금에서 강화시키기 위해 열처리법, 냉간 가공법, 또는 두 방법 모두 적용할 수 있는지를 판단하라 : 410 스테인리스강, 4340 강, F10004 주철, C26000 카트리지 황동, 356.0 알루미늄, ZK60A 마그네슘, R56400 티탄, 1100 알루미늄과 아연

11.D3 250 mm 길이의 구조 지지대가 44,400 N의 하중을 소성변형 없이 견뎌야 한다. 다음의 황동, 강, 알루미늄, 그리고 티타늄의 데이터를 참고로 어떤 합금이 가장 경량으로 이러한 조건을 만족할

수 있는지를 판단하라.

합금	항복 강도 (MPa)	밀도 (g/cm³)
황동	345	8.5
강	690	7.9
알루미늄	275	2.7
티타늄	480	4.5

강의 열처리

11.D4 직경 38 mm의 원통형 강을 서서히 교반되는 기름을 이용하여 급랭하였다. 표면과 중심부의 경도가 각각 최소 50 HRC와 40 HRC 이상이어야 한다면, 다음의 합금 중(1040, 5140, 4340, 4140, 8640) 어떤 합금이 이러한 조건을 만족할 수 있겠는가? 그 선택 근거를 설명하라.

11.D5 직경 44 mm의 원통형 강을 오스테나이트화시킨 후 급랭하여 처리물의 전체가 적어도 50% 이상의 마텐자이트를 생산하도록 하고자 한다. 급랭재가 다음과 같다면 4340, 4140, 8640, 5140의 합금 중에 이러한 요구를 만족할 수 있는 합금강은 어느 것인가? 급랭재는 (a) 서서히 교반된 기름과 (b) 서서히 교반된 물을 사용하였다. 답의 근거를 설명하라.

11.D6 실린더형 4140 강을 오스테나이트화한 후 서서히 교반된 기름을 이용하여 급랭하였다. 시편 내부를 통하여 최소 80%의 마텐자이트를 갖는 미세구조가 형성되기 위해서는 시편의 최대 허용 직경은 얼마인가? 그 근거를 설명하라.

11.D7 지름이 25 mm인 기름 급랭한 4140 강 실린더형 샤프트의 최소 항복 강도가 950 MPa, 최소 연성이 17% EL이 되도록 템퍼링 처리를 할 수 있겠는가? 가능하다면 템퍼링 온도를 명시하라. 불가능하다면 그 이유를 설명하라.

석출 경화

11.D8 구리가 주성분인 구리-베릴륨 합금은 석출 경화가 가능하다. 그림 11.33의 상태도를 참고하여 다음을 풀어라.

(a) 이 합금에서 석출 경화가 가능한 조성 범위는 얼마인가?

(b) 문제 (a)에서 조성 범위 내의 임의의 조성을 정하여 석출 경화를 위한 열처리 공정 절차(온도에 대한)를 간단히 설명하라.

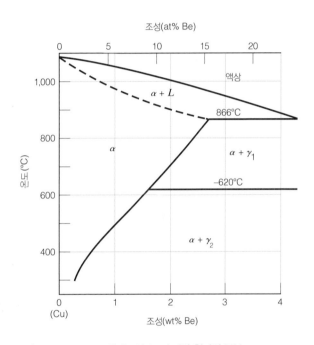

그림 11.33 Cu-Be 상태도의 Cu가 다량 첨가된 부분
[출처 : *Binary Alloy Phase Diagrams*, 2nd edition, Vol. 2, T. B. Massalski (Editor-in-Chief), 1990. ASM International, Materials Park, OH. 허가로 복사 사용함]

11.D9 최소 인장 강도가 425 MPa 이상이고 연성이 12%EL 이상인 석출 경화용 2014 알루미늄 합금의 제조가 가능하겠는가? 가능하다면 열처리 조건을 제시하라. 불가능하다면 그 이유를 설명하라.

사진 제공 : Amir C. Akhavan

모식도는 석영(SiO₂)의 구조를 세 가지 다른 크기의 관점에서 나타낸 것이다. 흰색 구는 실리콘 빨간색 구는 산소 원자를 나타내고 있다. (a) 석영(그리고 모든 실리케이트 재료)의 가장 기본 구조 단위체를 모식적으로 나타낸 것. 각 실리콘 원자는 주위에 배위하는 4개의 산소 원자와 결합되어 있고, 이들 산소 원자의 무게 중심은 사면체 무게 중심에 위치하고 있다. 화학적으로는 단위체는 SiO_4^{4-}로 나타낸다.

(a)

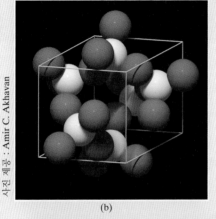

사진 제공 : Amir C. Akhavan

(b) 석영의 단위정 모식도인데, 이는 SiO_4^{4-} 사면체 몇 개가 서로 연결되어 있는 구조이다.

(b)

사진 제공 : Amir C. Akhavan

(c) 매우 많은 SiO_4^{4-} 사면체가 서로 연결되어 있는 구조이다. 이러한 구조의 형태는 석영 단결정이 나타내는 형태이다.

(c)

사진 제공 : Irocks.com

(d) 석영 단결정 2개의 사진. 이 그림에 나타낸 실제 석영 단결정의 형상이 그림 (c)에 모식적으로 나타낸 것과 유사한 것을 알 수 있다.

(d)

세라믹의 일부 특성은 그 구조로부터 설명할 수 있다. 예를 들면 (a) 무기질 유리 재료의 광학적 투명성은 비정질 특성에 기인한 것이며, (b) 점토의 수가소성(물을 첨가함으로써 발생하는 가소성)은 물 분자와 점토 구조 간의 상호작용에 의한 것이며(12.3절 및 13.12절,

그리고 그림 12.14 참조), (c) 일부 세라믹 재료의 영구자석 및 강유전 특성은 그들의 결정 구조(20.5절 및 18.24절)로부터 설명하는 것이 가능하다

학습목표

이 장을 학습한 후에는 다음 내용을 숙지할 수 있어야 한다.

1. 염화나트륨, 염화세슘, 섬아연광, 입방정 다이아몬드, 플로라이트, 그리고 페로브스카이트 결정 구조를 그리고 설명. 또한 흑연 및 실리카 유리의 결정 구조에 대해서 그리고 설명

2. 세라믹 화합물의 화학식 및 이온 반경이 주어질 때 결정 구조 예측

3. 세라믹 화합물 내에서 발견될 수 있는 8가지 다른 종류의 이온 점 결함의 이름과 구조 설명

4. 일정 세라믹 재료에서 파단 강도가 일반적으로 매우 큰 산포를 갖는 이유를 간략하게 설명

5. 3점 하중법으로 파단된 봉형 세라믹 시편의 굴곡 강도를 계산

6. 전위의 슬립의 관점에서 결정질 세라믹 재료가 취성 특성을 가지는 이유를 설명

12.1 서론

제1장에서 세라믹 재료를 무기질 비금속 재료로 간단히 설명하였다. 대부분의 세라믹은 금속과 비금속 원소 간의 화합물인데, 이들 원소 간의 결합은 완전 이온 결합이거나 이온 결합에 일부 공유 결합 특성을 가지고 있다. 세라믹이라는 용어는 그리스어인 *keramikos*에 기원하는데, 이것은 '구운 것', 즉 소성(燒成, firing)이라는 고온 열처리 과정을 거쳐서 재질의 특성을 얻은 것을 의미한다.

60여 년 전까지는 이러한 계열의 가장 중요한 재료들을 전통적 세라믹이라고 불렀는데, 이들 재료의 주요 원료는 점토이다. 전통 세라믹으로 간주되는 제품으로는 자기, 도기, 벽돌, 타일, 유리 및 내화물들이다. 최근 이들 재료의 기본 특성에 대한 연구가 많이 진전되었고, 이를 기반으로 새로운 재료들이 개발됨에 따라 세라믹이 좀 더 넓은 의미를 갖게 되었다. 어떤 관점에서 보면 이들 새로운 재료들은 우리 생활, 전자, 컴퓨터, 통신, 우주항공 및 이들 재료를 사용하는 산업에 매우 현저한 영향을 미치고 있다.

이 장에서는 세라믹 재료에서 볼 수 있는 결정 구조 및 원자 결합에 대해서 논의하고, 또한 일부 기계적 성질에 대해서도 설명할 예정이다. 이러한 재료의 사용처 및 제조 기법에 대해서는 다음 장에서 다룰 예정이다.

세라믹 구조

세라믹은 최소 2개 이상의 원소로 구성되어 있기 때문에 일반적으로 금속의 결정 구조보다 복잡하다. 세라믹 재료 내 원자 간 결합은 완전 이온 결합 또는 완전 공유 결합 특성을 보이

표 12.1 일부 세라믹 재료의 원자 간 결합에서 이온 결합 특성이 차지하는 분율

재료	이온 결합 특성
CaF_2	89
MgO	73
NaCl	67
Al_2O_3	63
SiO_2	51
Si_3N_4	30
ZnS	18
SiC	12

거나, 이들이 혼합된 결합 특성을 보이기도 한다. 이온 결합의 정도는 결합하는 원자의 전기 음성도에 따라 변한다. 표 12.1에 일부 세라믹 재료의 이온 결합 특성의 분율을 나타내었는데, 이 값은 그림 2.9의 전기 음성도 값과 식 (2.16)을 이용하여 구할 수 있다.

12.2 결정 구조

원자 결합이 주로 이온 결합 특성을 나타내는 세라믹 재료의 결정 구조는 중성의 원자 대신 전기적으로 하전된 이온으로 구성되어 있는 것으로 생각할 수 있다. 금속 원자는 전자를 비금속 원자에 공여하기 때문에 금속 이온은 양이온(cation)이 되고, 전자를 받은 비금속 이온은 음이온(anion)이 된다. 결정질 세라믹 재료의 결정격자 구조는 이를 구성하는 이온들의 두 가지 특성에 의해 결정된다: 각 구성 이온의 전하량과 양이온 대비 음이온의 상대적 크기. 첫 번째 특성에 관해서는 결정의 전기적 중성도가 만족되어야 한다. 즉 모든 양이온 전하량의 합은 모든 음이온 전하량의 합과 동일하여야 한다. 화합물의 화학식은 양이온과 음이온의 비율을 나타내고, 전기적 중성을 이루는 성분을 나타낸다. 예를 들면 불화칼슘에서는 +2가인 칼슘 이온(Ca^{2+})은 −1가인 불소 이온(F^-)과 결합하고 있다. 따라서 F^- 이온의 수가 Ca^{2+} 이온의 수에 비하여 두 배 이상 많아야 하는데, 이것이 CaF_2의 화학식에 나타나 있다.

두 번째 관건은 양이온과 음이온의 반지름, 즉 r_C와 r_A에 관련된 것이다. 금속 원소는 이온화될 때 전자를 방출하여 양이온이 음이온보다 크기가 작아 r_C/r_A의 비가 1보다 작다. 각 양이온은 가능한 한 많은 수의 음이온을 주위에 배위시키려 한다. 음이온 역시 양이온을 최대한 많이 주위에 배위시키려 한다.

그림 12.1에 모식적으로 나타낸 바와 같이 하나의 양이온을 둘러싸고 있는 모든 음이온이 서로 접촉되어 있어야 안정한 결정 구조를 형성하게 된다. 배위수(즉 양이온 주위의 음이온 수)는 양이온과 음이온의 반지름 비에 의하여 결정된다. 어느 일정한 배위수에는 임계 또는 최소 r_C/r_A 비가 존재하는데(그림 12.1), 이 값은 단순한 기하학적 관계로부터 얻는다(예제 12.1 참조).

양이온
음이온

그림 12.1 안정한 또는 불안정한 양이온-음이온 배치법. 빨간 원은 음이온을, 파란 작은 원은 양이온을 나타낸다.

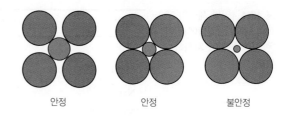

안정   안정   불안정

여러 r_C/r_A 값에 대한 배위수와 근접한 이웃 원자들의 배열을 표 12.2에 나타냈다. r_C/r_A 값이 0.155보다 작을 때는 매우 작은 양이온이 2개의 음이온과 직선적으로 결합하게 된다.

표 12.2 여러 양이온-음이온 반지름 비(r_C/r_A)의 범위에 대한 배위수와 배위 형상

배위수	음이온–양이온 반경비	배위 구조
2	< 0.155	
3	0.155~0.225	
4	0.225~0.414	
6	0.414~0.732	
8	0.732~1.0	

표 **12.3** 배위수가 6인 경우에 있어서 여러 양이온과 음이온의 이온 반경

양이온	이온 반경(nm)	음이온	이온 반경(nm)
Al^{3+}	0.053	Br^-	0.196
Ba^{2+}	0.136	Cl^-	0.181
Ca^{2+}	0.100	F^-	0.133
Cs^+	0.170	I^-	0.220
Fe^{2+}	0.077	O^{2-}	0.140
Fe^{3+}	0.069	S^{2-}	0.184
K^+	0.138		
Mg^{2+}	0.072		
Mn^{2+}	0.067		
Na^+	0.102		
Ni^{2+}	0.069		
Si^{4+}	0.040		
Ti^{4+}	0.061		

r_C/r_A 값이 0.155~0.225 사이에 있을 경우에는 양이온의 배위수가 3이 된다. 이것은 중심의 양이온에 대해 3개의 음이온이 평면삼각형의 꼭짓점에 위치하는 구조이다. r_C/r_A 값이 0.225~0.414 사이에 있을 경우 배위수는 4가 되며, 이 경우 양이온은 사면체의 중심에, 4개의 음이온은 각 꼭짓점에 위치하게 된다. r_C/r_A 값이 0.414~0.732 사이에 있을 경우에는 양이온은 팔면체의 중심에 위치하고, 음이온은 6개 꼭짓점에 위치해 있는 것으로 생각할 수 있을 것이다. r_C/r_A 값이 0.732~1.0 사이에 있을 경우에는 배위수가 8이 되고, 양이온은 육면체의 중심에, 음이온은 육면체의 8개 꼭짓점에 위치하게 된다. 반지름 비가 1보다 큰 경우에는 배위수가 12이다. 세라믹 재질에서 가장 흔한 배위수는 4, 6 및 8이다. 표 12.3에 세라믹 재질에 공통적인 양이온과 음이온의 이온 반지름을 나타냈다.

표 12.2에 나타낸 배위수와 양이온-음이온 반경비와의 관계는 이온이 딱딱한 구체라고 가정하여 얻어진 기하학적 관계에서 얻은 결과이다. 따라서 이러한 관계는 근사치에 해당하고, 예외가 있다는 점을 명심해야 한다. 예를 들면 일부 세라믹의 경우 r_C/r_A 값이 0.414보다 크고 결합이 공유 결합 특성을 가지는 경우에는 배위수가 6이 아니라 4인 경우가 관찰되기도 한다.

이온 반경은 여러 인자에 의해 좌우된다. 그중 하나가 배위수이다. 일반적으로 배위수가 증가함에 따라서 이온의 직경이 증가한다. 표 12.3에 나타낸 이온 반경은 배위수가 6일 경우에 나타낸 것이다. 따라서 배위수가 8로 증가하면 이온 반경이 증가하고, 배위수가 4로 감소하게 되면 이온 반경이 감소하게 된다.

이온의 전하 또한 반경에 영향을 미친다. 예컨대 표 12.3에서 Fe^{2+} 및 Fe^{3+} 이온의 반경은 각각 0.077 및 0.069 nm로 나타나 있는데, 이 값은 Fe 원자 반경 0.124 nm에 비하여 매우 작은 값이다. 원자 또는 이온으로부터 전자가 제거되면 남아 있는 원자가 전자는 원자핵

에 더욱 견고하게 결속되어 이온 반경이 감소하게 되는 것이다. 역으로 원자 또는 이온에 전자가 더해지면 이온의 크기는 증가하게 된다.

예제 12.1

배위수가 3일 때 최소 양이온–음이온 반지름 비율 계산

배위수가 3일 경우 양이온 대 음이온의 최소 반지름 비가 0.155임을 증명하라.

풀이

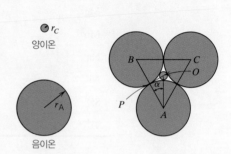

이러한 배위에서는 크기가 큰 음이온은 정삼각형 ABC의 꼭짓점을 이루고, 크기가 작은 양이온은 이들 음이온에 의하여 둘러싸여 있으며, 이들 4개 이온의 중심은 동일 평면상에 존재하게 된다.

이것은 단순한 평면삼각법의 문제이다. 직각삼각형 APO를 보면 빗변의 길이가 양이온-음이온 반지름, 즉 r_A와 r_C에 연관되어 있다.

$$\overline{AP} = r_A$$

그리고

$$\overline{AO} = r_A + r_C$$

또한 $\overline{AP}/\overline{AO}$의 비율은 각도 α의 함수인데, 이는 다음과 같이 나타낸다.

$$\frac{\overline{AP}}{\overline{AO}} = \cos \alpha$$

각도 a가 30°이고, 선분 $\overline{AO}$가 60°인 각 BAC를 이등분하기 때문이다.

$$\frac{\overline{AP}}{\overline{AO}} = \frac{r_A}{r_A + r_C} = \cos 30° = \frac{\sqrt{3}}{2}$$

즉 양이온-음이온 반지름 비는 다음과 같다.

$$\frac{r_C}{r_A} = \frac{1 - \sqrt{3}/2}{\sqrt{3}/2} = 0.155$$

AX형 결정 구조

보통 일부 세라믹 재료는 동수의 양이온과 음이온으로 구성된다. 이러한 재료를 AX 화합물이라고 하는데, 이때 A는 양이온, X는 음이온을 지칭한다. AX 화합물에는 여러 가지 결정 구조가 존재하는데, 결정 구조에 따라 명명된다.

암염 구조

AX 화합물 중 가장 보편적인 재료가 소금(sodium chloride, NaCl) 또는 암염(rock salt) 형태이다. 양이온과 음이온의 배위수는 똑같이 6이고, 양이온-음이온 반지름 비는 대략 0.414~0.732 범위이다. 이 구조의 단위정은 음이온이 FCC 배열을 하고, 양이온은 입방체의 중심과 12개 입방체 모서리의 중심에 위치한다(그림 12.2). 양이온의 FCC 배열에 의하여 동일한 결정 구조가 얻어진다. 따라서 암염 구조는 양이온과 음이온으로 각각 구성된 FCC 격자가 상호 침투되어 있는 것으로 생각할 수 있다. 이러한 결정 구조를 가진 세라믹 재료는 NaCl, MgO, MnS, LiF 및 FeO가 있다.

염화세슘 구조

그림 12.3은 **염화세슘**(cesium chloride, CsCl) 결정의 단위정 구조를 보여 준다. 이 구조의 양이온과 음이온의 배위수는 각각 8이다. 음이온은 입방체의 각 모서리에 위치하고, 양이온은 입방체의 중심에 위치하고 있다. 양이온과 음이온의 위치를 상호 교환하여도 동일한 결정 구조가 된다. 이 결정 격자 구조는 2개 이온이 서로 다른 종류이기 때문에 BCC 결정 구조가 아니다.

섬아연광 구조

세 번째 AX 구조는 배위수가 4여서 모든 이온이 4면체로 배열된 것이다. 이것은 황화아연(ZnS)의 광물학적인 명칭인 **섬아연광**(zinc blende) 또는 섬아연석(스팔러라이트, sphalerite)이라고 한다. 단위정을 그림 12.4에 나타냈는데, 입방체의 모든 모서리와 면심은 S 원자가 차지하고, Zn 원자는 4면체 중심에 위치한다. 만약 Zn과 S의 위치가 서로 바뀌어도 동일한 결정 구조를 가지게 된다. 따라서 각 Zn 원자는 4개의 S 원자와 결합하고 있고, 그 역도 성립한다. 이러한 결정 구조인 화합물은 공유 결합성의 원자 결합을 나타내는 경우가 많으며(표 12.1), ZnS, ZnTe, SiC 등이 있다.

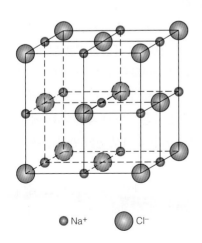

그림 12.2 암염(NaCl) 결정의 단위정 구조

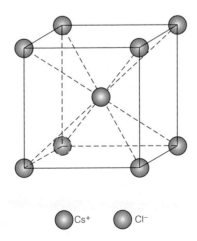

그림 12.3 염화세슘(CsCl) 결정의 단위정 구조

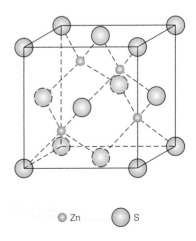

그림 12.4 섬아연광(ZnS) 결정의 단위정 구조

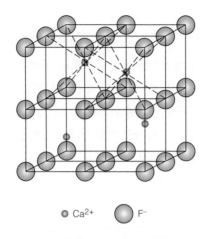

● Ca²⁺   ○ F⁻

그림 12.5 형석(CaF₂) 결정의 단위정 구조

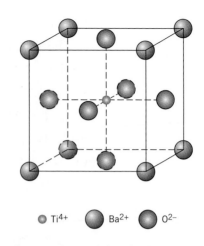

● Ti⁴⁺   ● Ba²⁺   ● O²⁻

그림 12.6 페로브스카이트 결정의 단위정 구조

A_mX_p형 결정 구조

양이온과 음이온의 전하가 서로 다를 경우에는, m과(또는) p의 값이 1이 아닌 A_mX_p형의 화합물이 존재할 수 있다. 예를 들면 AX_2로서 형석(fluorite, CaF_2)에서 관찰되는 결정 구조이다. CaF_2의 이온 반지름 비는 0.8로서 표 12.2에서 보면 배위수가 8이다. 칼슘 이온은 입방체의 중심에 위치하고, 불소 이온은 꼭짓점에 위치하게 된다. 화학식에 의하면 Ca^{2+} 이온이 F^- 이온 수의 절반이므로 결정 구조는 CsCl 구조(그림 12.3)와 비슷하되 입방체 중심의 절반만이 Ca^{2+} 이온에 의하여 채워져 있는 상태이다. 그림 12.5에 나타내었듯이 하나의 단위격자는 8개의 입방체로 구성되어 있다. 이러한 결정 구조를 가진 화합물은 ZrO_2(입방정), UO_2, PuO_2, ThO_2가 있다.

$A_mB_nX_p$형 결정 구조

세라믹 화합물은 하나 이상의 양이온을 갖는 것이 가능하다. 2개의 양이온(A와 B로 표시되었음)을 가졌을 경우 그 화학식은 $A_mB_nX_p$로 나타낼 수 있다. 2개의 양이온 Ba^{2+}와 Ti^{4+}을 원소로 가지는 티탄산바륨($BaTiO_3$)이 가장 대표적인 예에 속한다. 이 재질은 **페로브스카이트 결정 구조**(perovskite crystal structure)를 가지는데, 이 재료의 흥미로운 전기 기계적 성질에 대해서는 다음에 논의할 예정이다. 120℃ 이상의 온도에서 이 재료의 결정 구조는 입방체이다. 이 구조의 단위정을 그림 12.6에 나타내었는데, Ba^{2+} 이온들은 입방체 꼭짓점 8개에 위치하고, Ti^{4+} 이온은 입방체의 중심에, 그리고 O^{2-} 이온들은 입방체 여섯 면의 면 중심에 위치하고 있다.

표 12.4에 암염, 염화세슘, 섬아연광, 형석 및 페로브스카이트 결정 구조의 양이온-음이온 반지름 비 및 배위수에 대하여 요약하였다. 물론 이들 결정 구조 외에 다른 세라믹 결정 구조를 가지는 경우도 많이 있다.

표 12.4 일부 세라믹 재료의 결정 구조

결정 구조명	구조 형태	음이온 충진 구조	배위수 양이온	배위수 음이온	예
암염(염화나트륨)	AX	FCC	6	6	NaCl, MgO, FeO
염화세슘	AX	단순입방	8	8	CsCl
섬아연광(섬아연석)	AX	FCC	4	4	ZnS, SiC
형석	AX_2	단순입방	8	4	CaF_2, UO_2, ThO_2
페로브스카이트	ABX_3	FCC	12(A) 6(B)	6	$BaTiO_3$, $SrZrO_3$, $SrSnO_3$
스피넬	AB_2X_4	FCC	4(A) 6(B)	4	$MgAl_2O_4$, $FeAl_2O_4$

출처 : W. D. Kingery, H. K. Bowen, and D. R. Uhlmann, *Introduction to Ceramics*, 2nd edition. Copyright © 1976 by John Wiley & Sons, New York. John Wiley & Sons, Inc. 허가로 복사 사용함

음이온의 조밀 충진 구조로부터의 세라믹 결정 구조

금속의 결정 구조(3.12절)에서 보면 원자가 조밀 충진된 면을 적층하는 방법으로 FCC와 HCP 결정 구조가 얻어지는 것을 보았다. 세라믹 결정 구조의 경우에 있어서도 유사하게 이온의 조밀 충진면을 적층하거나 단위정을 적층하는 방법으로 형성하는 것이 가능하다. 통상적으로 세라믹 재료에서 조밀 충진면은 크기가 큰 음이온으로 형성된다. 이러한 면이 적층됨에 따라서 작은 격자 간 자리가 형성되고, 이곳에 크기가 작은 양이온이 위치할 수 있게 된다.

이러한 격자 간 자리는 그림 12.7에 나타낸 바와 같이 두 가지 종류가 존재한다. 한 가지 종류는 네 원자(3개는 동일 평면, 1개는 인접한 평면)인데, 이를 사면체 자리(tetrahedral position)라고 칭한다. 사면체 자리의 주위의 배위 원자 4개의 중심을 통한 직선을 그리면 사면체가 되기 때문이다. 다른 종류는 6개의 이온 구체를 포함하고 있는데, 3개씩 2개의 평

사면체 자리

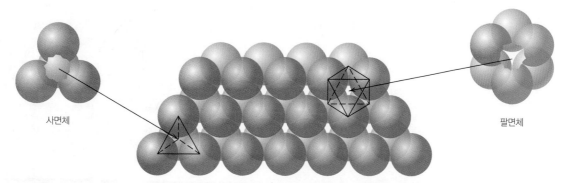

사면체　　　　　　　　　　　　　　　　　　　　　　　팔면체

그림 12.7 음이온 조밀 충진면(주황색)이 다른 음이온 조밀 충진면(파란색)상에 적층되어 있는 현상. 층간의 사면체 자리와 팔면체 자리를 볼 수 있다.
(출처 : W. G. Moffatt, G. W. Pearsall, and J. Wulff, *The Structure and Properties of Materials*, Vol. I, Structure, John Wiley & Sons, 1964. Janet M. Moffatt 허가로 복사 사용함)

면에 존재한다. 이들 6개 구체의 중심을 연결하면 팔면체가 얻어지기 때문에 팔면체 자리 (octahedral position)라고 부른다. 따라서 사면체 자리와 팔면체 자리를 차지하고 있는 양이온의 배위수는 각각 4와 6이 된다. 또한 각 음이온 구체에 대해서 1개를 팔면체 자리와 2개의 사면체 자리가 존재한다.

팔면체 자리

이러한 종류의 세라믹 결정 구조는 두 인자에 의하여 결정된다. (1) 음이온의 조밀 충진면의 적층법(FCC와 HCP 배열이 가능한데, FCC는 *ABCABC*···, HCP는 *ABABAB*··· 배열을 한다)과 (2) 양이온에 의하여 격자 간 자리가 채워지는 방법에 의하여 좌우된다. 예를 들어 앞에서 논의한 암염 구조를 살펴보자. 그림 12.2에서 볼 수 있듯이 단위정이 입방정 대칭을 가지고 있고, 각 양이온(Na^+ 이온)이 6개의 Cl^- 이온을 최인접 배위로 가진다. 이것은 육면체면의 면심에 존재하는 6개의 Cl^- 이온을 최인접 원자로 가지는 육면체의 중심에 Na^+ 이온이 위치해 있다는 것을 의미한다. 이러한 입방 대칭 결정 구조는 음이온의 조밀 충진면인 {111}면의 FCC 배열의 관점에서 해석할 수 잇다. 양이온은 6개의 음이온을 최인접 배위로 가지는 팔면체 자리에 위치한다. 또한 음이온 하나에 한 개의 팔면체 자리가 존재하기 때문에 모든 팔면체 자리는 채워지고, 음이온 대비 양이온의 조성 비율이 1 : 1이 된다. 이러한 결정 구조에 대하여 단위정과 음이온 조밀 충진면의 적층 방법은 그림 12.8에 나타내었다.

다른 세라믹 결정 구조, 모든 것은 아니지만 섬아연광과 페로브스카이트와 같은 경우에도 유사한 방법으로 해석할 수 잇다. 스피넬 결정 구조는 마그네슘 알루미네이트 또는 스피넬($MgAl_2O_4$)에서 볼 수 있는 $A_mB_nX_p$형 중의 하나이다. 이 구조에서 O^{2-} 이온들은 FCC 격자를 형성하고, Mg^{2+} 이온은 사면체 자리 그리고 Al^{3+} 이온은 팔면체 자리를 차지한다. 자성 세라믹 재료 또는 페라이트는 이 스피넬 구조의 변형된 결정 구조를 가지게 되는데, 이들 재료의 자기적 성질이 양이온의 사면체 자리와 팔면체 자리를 차지하는 것에 따라 영향을 받는다(20.5절 참조).

그림 12.8 암염 결정 구조의 모서리 부분을 절단한 후 나타낸 단면도. 노출된 음이온 결정면(삼각형 내 초록색 구)은 (111)면을 나타내고, 양이온(빨간색 구)은 격자 간 자리를 차지하고 있다.

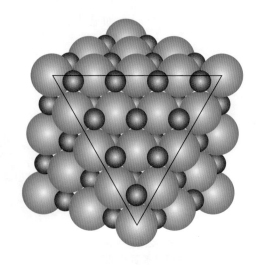

예제 12.2

세라믹 결정 구조 예측

이온의 반지름(표 12.3) 비에서 보면 FeO는 어떠한 결정 구조를 가질 것으로 예측되는가?

풀이

먼저 FeO는 AX형 화합물이다. 다음 양이온-음이온의 반지름 비를 표 12.3으로부터 구하면 다음과 같다.

$$\frac{r_{Fe^{2+}}}{r_{O^{2-}}} = \frac{0.077 \text{ nm}}{0.140 \text{ nm}} = 0.550$$

이것은 0.414~0.732 사이이기 때문에 이에 적합한 Fe^{2+}의 배위수는 표 12.2에 의하면 6이 된다. 양이온과 음이온의 수가 동일하기 때문에 O^{2-}의 배위수도 6이다. 따라서 예상되는 결정 구조는 표 12.4에서 볼 수 있듯이 배위수가 6이고 AX형의 화학 조성을 갖는 암염 구조가 예상된다.

개념확인 12.1 표 12.3에 K^+ 및 O^{2-} 이온의 직경이 0.138 및 0.140 nm로 각각 주어졌다.

(a) O^{2-} 이온의 배위수는 얼마가 되겠는가?

(b) K_2O 결정 구조에 대하여 간단하게 설명하라.

(c) 이 구조가 왜 역형석 구조로 불리는지 설명하라.

[해답은 *www.wiley.com/go/Callister_MaterialsScienceGE* → More Information → Student Companion Site 선택]

세라믹 밀도 계산

3.5절에서 금속에 대하여 설명한 바와 같이 세라믹의 이론적 밀도도 단위정에 대한 데이터로부터 계산하는 것이 가능하다. 이 경우 밀도 ρ는 식 (3.8)을 변형한 다음 식으로부터 계산하는 것이 가능하다.

세라믹 재료의 이론적 밀도

$$\rho = \frac{n'(\Sigma A_C + \Sigma A_A)}{V_C N_A} \tag{12.1}$$

여기서

n' = 단위정 내의 조성 단위[1]의 개수

ΣA_C = 조성 단위 내의 모든 양이온 원자량의 합

ΣA_a = 조성 단위 내의 모든 음이온 원자량의 합

V_C = 단위정의 부피

N_A = 아보가드로수, 6.022×10^{23}개/mol

---

1 조성 단위(formular unit)라는 용어는 화학 조성에 포함되어 있는 모든 이온을 의미한다. 예를 들면 $BaTiO_3$의 경우 조성 단위는 1개의 Ba 이온, 1개의 Ti 이온, 3개의 O 이온이다.

예제 12.3

소금의 이론 밀도 계산

결정 구조로부터 소금의 이론 밀도를 계산하라. 이론값과 측정값과의 차이는 어떠한가?

풀이

이론 밀도는 식 (12.1)로부터 결정될 수 있다. 여기서 n'은 단위정 당 NaCl의 수인데, 나트륨과 염소 이온이 FCC 격자를 형성하기 때문에 4가 된다.

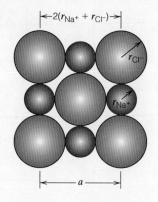

$$\Sigma A_C = A_{Na} = 22.99 \text{ g/mol}$$
$$\Sigma A_A = A_{Cl} = 35.45 \text{ g/mol}$$

단위정이 입방체이기 때문에 $V_C = a^3$인데, 여기서 a는 단위정의 모서리 길이이다. 아래에 보인 것과 같이 입방 단위정의 모서리 길이는 다음과 같다.

$$a = 2r_{Na^+} + 2r_{Cl^-}$$

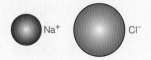

여기서 r_{Na^+}은 나트륨 이온의 반지름, r_{Cl^-}은 염소 이온의 반지름을 나타내는데, 표 12.3에 의하면 0.102 nm와 0.181 nm이다.

$$V_C = a^3 = (2r_{Na^+} + 2r_{Cl^-})^3$$

그러므로 다음과 같이 구할 수 있다.

$$\rho = \frac{n'(A_{Na} + A_{Cl})}{(2r_{Na^+} + 2r_{Cl^-})^3 N_A}$$

$$= \frac{4(22.99 + 35.45)}{[2(0.102 \times 10^{-7}) + 2(0.181 \times 10^{-7})]^3 (6.022 \times 10^{23})}$$

$$= 2.14 \text{ g/cm}^3$$

이 값은 실험값인 2.16 g/cm³와 상당히 근접한 값이다.

12.3 규산염 세라믹

규산염(silicate)은 지각에 가장 많이 존재하는 규소과 산소를 중심으로 이루어진 재료이다. 즉 흙, 바위, 점토, 모래 등은 규산염의 일종이다. 이들 재료의 결정 구조는 단위정의 배열보다는 SiO_4^{4-} 규산염 사면체의 배열 방식으로 해석하는 것이 편리하다(그림 12.9). 사면체의 중심에 존재하는 규소 원자는 사면체 꼭짓점의 4개 산소 원자와 결합하고 있다. 이것이 규산염의 기본 단위이고, 음성 전하를 가진 하나의 단위체로 취급한다.

대부분의 경우 Si-O 결합은 방향성이 있고, 강한 공유 결합성을 상당히 지니고 있기 때문에(표 12.1) 이온성 결합으로 취급하지 않는다. Si-O 결합의 특성과는 상관없이 각 SiO_4^{4-}

그림 12.9 규소-산소 사면체 (SiO_4^{4-})

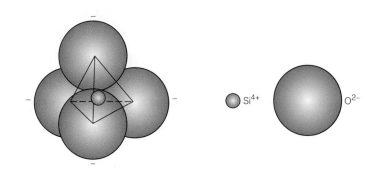

사면체는 −4가의 전하를 갖는다. 왜냐하면 4개의 산소 원자가 안정한 전자 구조를 갖기 위해서는 여분의 전자가 필요하기 때문이다. 여러 규산염은 이러한 SiO_4^{4-} 사면체를 1, 2 및 3차원으로 어떻게 배열하는가에 의하여 특징적인 구조를 얻을 수 있다.

실리카

화학적으로 가장 단순한 규산염 재료는 이산화 규소, 즉 실리카(silica, SiO_2)이다. 구조적으로 이것은 사면체의 꼭짓점에 있는 산소 이온이 인접한 사면체에 의하여 모두 공유되면서 발생하는 3차원적인 망상 구조이다. 따라서 전기적으로 중성이고 모든 원자가 전기적으로 안정한 구조를 띠고 있다. 이러한 상황에서 Si와 O의 비율은 화학식에서 나타낸 바와 같이 1 : 2이다.

이러한 사면체가 반복적이고 규칙적인 배열을 하여 결정 구조가 형성된다. 여기에 3개의 동질이상(polymorphic)의 결정형이 존재하는데, 이것이 석영, 크리스토발라이트(cristobalite, 그림 12.10) 및 트리디마이트(tridymite)이다. 이들은 상당히 복잡하고 상대적으로 열린 구조로 되어 있다. 이들 결정질 규산염은 상대적으로 저밀도이므로 상온에서 석영의 밀도는 단지 2.65 g/cm³이다. Si-O의 원자 간 결합 강도는 상당히 강한데, 이것은 용융점이 1710°C (1983 K)인 점으로부터도 유추할 수 있다.

실리카 유리

실리카는 상온에서 원자의 무질서도가 매우 큰 비결정질, 즉 유리 상태로 존재하는 것이 가능하다. 이것은 액체상의 특성이 있는데, 용융 실리카(fused silica) 또는 유리질 실리카(vitreous silica)라고 한다. 이것도 결정질 실리카와 마찬가지로 SiO_4^{4-} 사면체가 기본 단위인데, 이 사면체들이 무질서하게 배열된 점이 다르다. 그림 3.24에 결정질 실리카와 비결정질 실리카의 구조가 도식적으로 비교되어 있다. 다른 산화물(B_2O_3와 GeO_2)도 액상에서 냉각되면 유리 구조(그림 12.9에 나타낸 것과 유사한 다면체 산화물 구조)를 가질 수 있는데, 이러한 산화물과 SiO_2를 네트워크 형성제(network former)라고 한다.

보통 무기질 유리는 용기, 창문 등에 사용되는데, 이들에는 CaO, Na_2O 등과 같은 산화물이 첨가되고 있다. 이렇게 첨가된 산화물은 다면체 산화물 구조를 형성하지 않고, 이들 양이온(Na^+와 Ca^{2+})이 사면체 망상 구조에 들어가서 네트워크 특성을 변화시키게 된다. 따라서 이러한 첨가물을 네트워크 조절제(network modifier)라고 한다. 예로 그림 12.11에 나트륨-실리케이트 유리의 구조를 도식적으로 나타내었다. TiO_2와 Al_2O_3와 같은 산화물은 네트워크를 형성하지는 않으나, 네트워크 내의 실리콘 원자에 치환형으로 들어가게 되어 네트워크를 안정화시키는 역할을 하게 된다. 따라서 이러한 산화물을 **중간제**(intermediates)라고 한다. 실제 유리에서 이와 같은 네트워크 조절제와 중간제의 첨가는 유리의 점도 및 용융점을 강하시켜 저온에서 유리가 쉽게 가공된다(13.11절 참조).

규산염

SiO_4^{4-} 사면체 코너에 존재하는 4개 산소 원자가 인접하는 사면체와 공유되는 개수에 따라 규산염의 다양한 구조가 생성된다. 이들 중의 일부를 그림 12.12에 나타내었는데 SiO_4^{4-}, $Si_2O_7^{6-}$, $Si_3O_9^{6-}$ 등의 화학식을 가지기도 하고, 그림 12.12e에 나타낸 것과 같이 사슬 구조를 갖기도 한다. 양이온인 Ca^{2+}, Mg^{2+}, Al^{3+} 이온들은 두 가지 역할을 한다. 먼저 SiO_4^{4-} 구조에서 부족한 양이온을 보충해 주는 역할을 하고, 이들 사면체들을 정전기적으로 상호 결합시키는 역할을 한다.

단순 규산염

이들 규산염 중 구조적으로 가장 단순한 것은 고립된 사면체로 이루어진 구조이다(그림 12.12a). 예를 들면 포스테라이트(forsterite, Mg_2SiO_4)는 사면체 하나당 Mg^{2+} 이온 2개가 결합하여 각 Mg^{2+} 이온당 최인접 산소 원자가 6개인 구조를 가지고 있다.

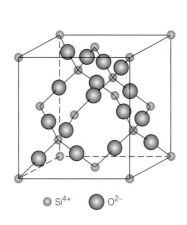

● Si^{4+} ● O^{2-}

그림 12.10 SiO_2의 동질이상인 크리스토발라이트의 단위정 구조 내의 산소와 규소의 배열

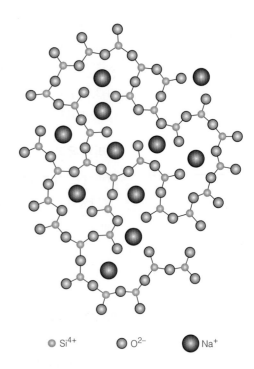

● Si^{4+} ● O^{2-} ● Na^+

그림 12.11 나트륨-실리케이트 유리 내의 이온 위치에 대한 모식도

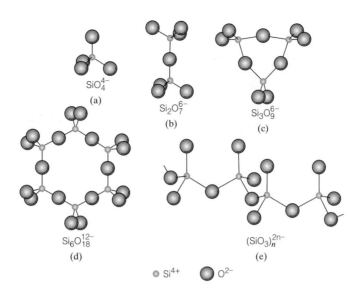

그림 12.12 SiO_4^{4-} 사면체를 이용하여 구성한 5개의 규산염 구조

SiO_4^{4-}
(a)

$Si_2O_7^{6-}$
(b)

$Si_3O_9^{6-}$
(c)

$Si_6O_{18}^{12-}$
(d)

$(SiO_3)_n^{2n-}$
(e)

● Si^{4+} ⬤ O^{2-}

$Si_2O_7^{6-}$ 이온은 2개의 사면체가 하나의 산소 원자를 공유할 경우에 형성된다(그림 12.12b). 아커마나이트(akermanite, $Ca_2MgSi_2O_7$)는 2개의 Ca^{2+} 이온과 하나의 Mg^{2+} 이온이 각 $Si_2O_7^{6-}$ 구조에 결합된 것이다.

층상 규산염

2차원적 층상 구조는 각 사면체의 3개의 산소 이온이 공유될 경우에 발생한다(그림 12.13). 이 구조의 단위 화학식은 $(Si_2O_5)^{2-}$으로 나타낼 수 있다. 이 구조에서 결합되지 못한 산소 원자 하나에 의하여 음전하가 발생하는데, 이 원자는 지면으로부터 상부로 돌출된 사면체 꼭짓점에 위치한다. 이 구조에서 전기적 중성도는 양이온을 과량 가지는 판상형 구조가 공유되지 않은 산소 원자와 결합하여 만족된다. 이러한 재질을 판상 또는 층상 규산염이라고 하며, 이것이 점토와 유사 광물의 기본 구조이다.

가장 흔한 점토 광물 중의 하나인 카올리나이트(kaolinite)는 상대적으로 단순한 두 층의 규산염 판상 구조이다. 카올리나이트의 화학식은 $Al_2(Si_2O_5)(OH)_4$으로 나타낼 수 있는데, 실리카 사면체층, 즉 $(Si_2O_5)^{2-}$이 이웃한 $Al_2(OH)_4^{2+}$ 층과 결합하여 전기적 중성을 이룬다. 이 구조는 그림 12.14에 나타내었는데, 2개의 층으로 이루어져 있는 것을 볼 수 있다. $(Si_2O_5)^{2-}$ 층으로부터의 O^{2-} 이온과 $Al_2(OH)_4^{2+}$ 층으로부터의 OH^- 이온이 중간층을 이루고 있다. 이들 두 층 간의 결합은 강하고 공유-이온 결합의 중간 정도에 해당하나 이렇게 구성되어 있는 판들 간의 결합은 약한 반 데르 발스(van der Waals) 결합이다.

카올리나이트의 결정은 이들 두 층 또는 판상의 결정이 서로 평행하게 적층되어 만들어지는데, 대개는 지름이 1 μm 이하이고 거의 육각형을 이룬다. 그림 12.15에 카올리나이트 결정을 고배율 전자현미경으로 관찰하여 나타내었는데, 육각형 판상 결정과 이들 일부분이 서로 적층되어 있는 것을 볼 수 있다.

이러한 판상 규산염 구조는 점토에만 국한된 것이 아니고 세라믹 원료 재질로서 중요한 탈크[talc, $Mg_3(Si_2O_5)_2(OH)_2$]와 운모[muscovite, $(KAl_3Si_3O_{10}(OH)_2]$에서도 발견된다. 이러

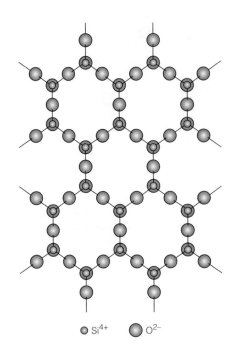

그림 12.13 $(Si_2O_5)^{2-}$을 기본 구조로 갖는 2차원적 판상형 규산염 구조의 모식도

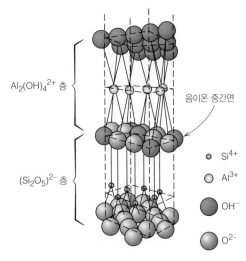

그림 12.14 카올리나이트 점토의 구조
(출처 : W. E. Hauth, "Crystal Chemistry of Ceramics," *American Ceramic Society Bulletin*, 30[4], 1951, p. 140.)

그림 12.15 카올리나이트 결정의 주사 전자현미경 사진. 이들은 육각형 판상 구조를 가지고 있고, 적층되어 있다. 7,500×

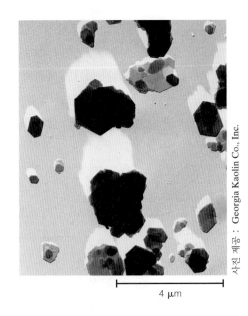

한 재질의 화학식에서도 유추할 수 있지만 일부 규산염의 구조는 무기 재료 중에서 가장 복잡한 경우에 속한다.

12.4 탄소

탄소는 지구상에 많이 존재하는 원소는 아니지만 탄소 원자는 다양하고 흥미로운 방식으로 우리 생활에 영향을 미친다. 탄소는 자연 상태에서 원소 상태로 존재하고, 고체 탄소는 고대 선사시대부터 모든 문명이 사용하여 왔다. 현재 세계에서 탄소의 여러 형태의 독특한 특성들(그리고 그 특성의 조합)은 첨단 기술은 물론 많은 실용적인 용도에 중요한 역할을 한다.

탄소는 다이아몬드와 흑연의 두 가지 동소체(allotropic) 형태와 비정질 형태로 존재한다. 이들 계열의 재질은 전통적인 금속, 세라믹, 폴리머 재료의 분류 방법에 속하지 않는다. 그러나 흑연의 경우 세라믹으로 분류되기 때문에 이 장에서 다루기로 한다. 이 장에서는 흑연과 다이아몬드를 주로 다루게 될 것이다. 다이아몬드와 흑연 그리고 나노 카본(플러렌, 카본 나노 튜브, 그래핀)의 특성과 적용 분야와 관련해서는 13.9절과 13.10절에서 다루게 될 것이다.

다이아몬드

다이아몬드는 상온과 상압에서 탄소의 동질이상인 준안정상이다. 그림 12.16에 나타내었듯이 다이아몬드 결정 구조는 섬아연광 구조(그림 12.4)의 변형으로서 탄소가 단위정 내의 모든 격자 위치를 차지하는 것이다(Zn과 S). 각 탄소 원자는 sp^3 하이브리드 결합을 하여 각 탄소 원자는 4개의 다른 탄소 원자와 결합하게 되고, 2.6절에 논의한 바와 같이 이들 결합은 매우 강한 공유 결합이다(그림 2.14). 이것은 다이아몬드 입방(diamond cubic) 결정 구조라고 하는데, 이러한 구조는 주기율표의 IVA족 원소인 게르마늄, 규소 및 13°C 이하의 회주석 (gray tin)에서도 발견된다.

흑연

탄소의 다른 하나의 동질이상은 흑연(graphite)이다. 흑연의 구조(그림 12.17)는 다이아몬드 구조와는 매우 다른데, 상온과 상압 조건에서 안정한 상이다. 흑연의 구조에서는 탄소 원자들이 서로 연결되어 있는 육각형의 코너를 차지하고 있는데, 이들 육각형은 기저면에 평행하게 배열되어 있다. 이러한 기저면(층 또는 판들)내에 sp^2 하이브리드 오비탈은 인접한

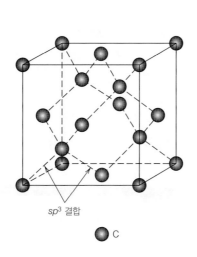

sp^3 결합

C

그림 12.16 다이아몬드 입방 결정 구조

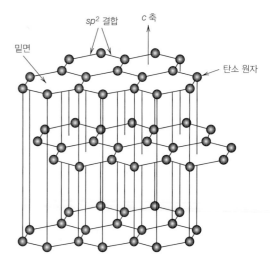

sp^2 결합 c 축

밑면

탄소 원자

그림 12.17 흑연의 구조

동일면 상의 3개의 탄소 원자와 결합하게 하는데, 이들 결합은 강한 공유 결합 특성을 가진다.[2] 이와 같은 sp^2 결합된 탄소 원자의 육각 배열 현상을 그림 2.18에 나타내었다. 한편 각 원자의 네 번째 결합 전자는 비국지화(delocalization) 특성을 나타낸다(즉 이 전자는 특정 원자 또는 결합에 속하지 않음). 오히려 이 전자의 오비탈은 인접 원자까지 연장되는 분자 오비탈의 한 부분이 되고, 이들은 층 사이에 존재한다. 이들 원자층 간의 결합은 이들 원자층에 수직한 방향성을 가지고(그림 12.17의 c 축 방향), 약한 반 데르 발스 결합을 한다

12.5 세라믹의 결함

원자 점 결함

세라믹을 이루는 주 원자의 원자 결함이 세라믹 화합물에 존재할 수 있다. 금속에서와 같이 공공(빈 격자점)과 침입형 결함이 존재할 수 있으나, 세라믹 재료는 최소한 두 종류의 이온을 포함하기 때문에 각 이온에 대하여 이들 결함이 발생할 수 있다. 예를 들면 NaCl에는 Na 침입형 결함과 공공, Cl 침입형 결함과 공공이 존재할 수 있다. 음이온 침입형 결함의 농도는 높지 않은데, 이것은 음이온이 상대적으로 크고, 침입형 자리에 들어가기 위해서는 상당한 변위가 주변 이온에 가해져야 하기 때문이다. 음이온 및 양이온 공공과 침입형 결함을 그림 12.18에 나타냈다.

결함 구조

세라믹 재료에서 결함 구조(defect structure)를 나타내기 위해서는 결함의 종류와 결함의 농도를 나타내는 것이 필요하다. 원자들이 하전된 이온 형태로 세라믹 내에 존재하기 때문에 결함 구조를 고려할 때는 전기 중성도가 유지되어야 한다. 전기 중성도(electroneutrality)

전기 중성도

는 양전하와 음전하의 수가 동일한 상태를 나타낸다. 따라서 이러한 전기적 중성도를 만족시키기 위하여 세라믹 내의 결함은 한 종류만 생성되지 않는다. 예를 들면 양이온 공공과 양이온 침입형 결함의 짝이 생성된다. 이것을 프렌켈 결함(Frenkel defect)이라 한다(그림

프렌켈 결함

12.19). 이것은 양이온이 원래의 위치를 떠나 침입형 자리로 움직인 것으로 생각할 수 있다.

그림 12.18 양이온 및 음이온 공공 및 양이온 침입형 결함
(출처 : W. G. Moffatt, G. W. Pearsall, and J. Wulff, *The Structure and Properties of Materials*, Vol. I, *Structure*, John Wiley & Sons, 1964. Janet M. Moffatt 허가로 복사 사용함)

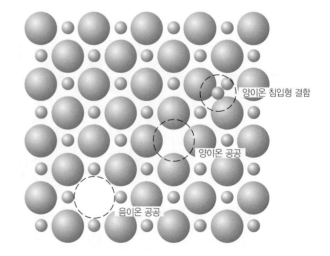

양이온 침입형 결함

양이온 공공

음이온 공공

---

2 sp^2 결합을 한 흑연의 단일층을 그래핀이라 한다. 그래핀은 나노 카본 재료의 일종으로 13.10절에서 다루게 될 것이다.

그림 12.19 이온 결합 고체 내의 프렌켈 및 쇼트키 결함의 모식도
(출처 : W. G. Moffatt, G. W. Pearsall, and J. Wulff, *The Structure and Properties of Materials*, Vol. I, *Structure*, John Wiley & Sons, 1964. Janet M. Moffatt 허가로 복사 사용함)

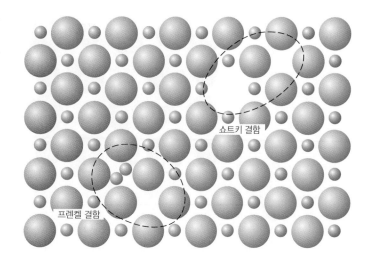

쇼트키 결함

프렌켈 결함

이 경우 결정 전체의 전하에는 변동이 없는데, 이것은 양이온이 같은 양전하를 침입형 결함으로 유지하고 있기 때문이다.

쇼트키 결함　　AX 재료에서 관찰되는 다른 형태의 결함은 **쇼트키 결함**(Schottky defect)이라고 알려진 양이온 공공–음이온 공공의 짝인데, 그림 12.19에 모식적으로 나타냈다. 이 결함은 하나의 양이온과 하나의 음이온을 결정 내부에서 재료의 표면으로 이동시켜 얻은 결함으로 생각할 수 있다. 양이온과 음이온이 같은 전하량을 가지고 있고, 각 음이온 공공에 대해서 양이온 공공이 형성되기 때문에 전하의 전기적 중성이 유지된다.

　　세라믹 재료 내의 양이온과 음이온의 비율은 프렌켈과 쇼트키 결함의 발생에 의해 변하지 않는다. 따라서 이들 결함 이외의 다른 결함이 존재하지 않는다면, 이 재료는 화학양론적이

화학양론　라고 일컬어진다. **화학양론**(stoichiometry)은 화학식에서 규정된 양이온과 음이온 비를 정확하게 가지는 이온 화합물의 상태를 의미한다. 예를 들면 NaCl은 Na^+ 이온과 Cl^- 이온의 비율이 정확하게 1 : 1일 때 화학양론적이다. 이러한 정확한 비율에서 벗어날 때 세라믹 화합물은 비화학양론적(nonstoichiometric)이라고 한다.

　　비화학양론 상태는 구성 이온 중 하나가 최소한 2개의 원자가를 가지는 세라믹 재료에서 관찰된다. 산화철[뷔스타이트(wüstite), FeO]은 Fe 이온이 Fe^{2+} 또는 Fe^{3+}의 상태로 존재할 수 있기 때문에 이러한 범주에 들어간다. 이들 원자가를 가진 이온의 농도는 온도 및 주위 산소 분압에 따라서 변화한다. Fe^{3+} 이온이 형성되면 잉여의 +1 전하를 결정체 내에 유도하기 때문에 전기 중성도가 깨지는데, 다른 형태의 결함이 생성되어 양전하를 중화시켜야 한다. 예를 들면 2개의 Fe^{3+}이 형성될 경우 하나의 Fe^{2+} 공공(또는 양전하 2개의 제거) 결함이 생성되면 전기 중성도가 유지된다(그림 12.20). 이 경우 Fe 이온보다 O 이온의 수가 하나 많기 때문에 결정은 화학양론적이 아니나 전기적으로는 중성이다. 이러한 현상은 철 산화물에서 매우 일반적인 현상이어서 화학식도 $Fe_{1-x}O$라고 표기한다(여기서 x는 1보다는 매우 작고, 그 값이 변화한다). 이것은 비화학양론적이라는 것을 나타내며, Fe가 모자란다는 것을 의미한다.

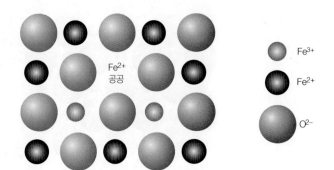

그림 12.20 결정 내에서 2개의 Fe^{3+} 이온의 형성에 의한 Fe^{2+} 공공의 형성

Fe²⁺
공공

Fe^{3+}

Fe^{2+}

O^{2-}

✓ **개념확인 12.2** 쇼트키 결함이 K_2O 결정 내에 존재할 수 있는가? 만약에 존재한다면 이 결함에 대하여 간단하게 설명하라. 만약 존재하지 못한다면 그 이유에 대하여 설명하라.

[해답은 *www.wiley.com/go/Callister_MaterialsScienceGE* → More Information → Student Companion Site 선택]

온도가 증가함에 따라서 세라믹 재료 내의 프렌켈 및 쇼트키 결함의 농도는 증가하게 되는데, 이러한 현상은 금속 내의 공공의 숫자가 온도가 증가함에 따라 증가되는 현상과 유사하다(식 4.1). 프렌켈의 경우 양이온 공공과 양이온 '침입형' 결함 짝(N_{fr})의 개수는 다음 식에 의하여 주어진다.

$$N_{fr} = N \exp\left(-\frac{Q_{fr}}{2kT}\right) \tag{12.2}$$

여기서 Q_{fr}은 각 프렌켈을 형성하는 데 필요로 하는 에너지를 나타내고, N은 총격자 자리의 개수를 나타낸다(앞에서 설명한 바와 같이 k와 T는 볼츠만 상수 및 절대 온도를 각각 나타낸다). 상기의 식에서 분모의 2는 각 프렌켈 결함이 두 종류의 결함(양이온이 빈 자리 및 양이온 '침입형' 결함)으로 구성되어 있기 때문이다.

AX형 화합물의 쇼트키 결함의 경우에도 평형 결함의 개수(N_s)는 다음 식과 같이 온도 함수로 주어진다.

$$N_s = N \exp\left(-\frac{Q_s}{2kT}\right) \tag{12.3}$$

여기서 Q_s는 쇼트키 결함의 형성 에너지를 나타낸다.

예제 12.4

KCl 결정 내의 쇼트키 결함 숫자의 계산

500°C의 KCl 결정 $1\,m^3$ 부피 내에 존재하는 쇼트키 결함의 개수를 계산해 보라. 500°C에서 쇼트키 결함을 형성하는 데 요구되는 에너지는 2.6 eV이고, KCl의 밀도는 1.955 g/cm³이다.

풀이

이 문제를 풀기 위해서는 식 (12.3)을 이용하는 것이 필요하다. 이 식을 이용하기 전에 먼저 N값 (단위부피당 격자 자리의 수)을 계산하는 것이 필요하다. 이 계산은 식 (4.2)를 아래와 같이 변형하면 가능하다.

$$N = \frac{N_A \rho}{A_K + A_{Cl}} \tag{12.4}$$

여기서 N_A는 아보가드로 수(6.022×10^{23} 원자/mol), ρ는 밀도, A_K 및 A_{Cl}은 칼륨과 염소의 원자량(39.10 및 35.45 g/mol)이다.

$$N = \frac{(6.022 \times 10^{23} \text{ 원자/mol})(1.955 \text{ g/cm}^3)(10^6 \text{ cm}^3/\text{m}^3)}{39.10 \text{ g/mol} + 35.45 \text{ g/mol}}$$
$$= 1.58 \times 10^{28} \text{ 격자 위치 /m}^3$$

이제 이 값을 식 (12.3)에 대입하면 쇼트키 결함의 개수(N_s)는 다음 식과 같이 주어진다.

$$N_s = N \exp\left(-\frac{Q_s}{2kT}\right)$$
$$= (1.58 \times 10^{28} \text{ 격자 위치/m}^3) \exp\left[-\frac{2.6 \text{ eV}}{(2)(8.62 \times 10^{-5} \text{ eV/K})(500 + 273 \text{ K})}\right]$$
$$= 5.31 \times 10^{19} \text{ 결함/m}^3$$

세라믹의 불순물

금속의 경우와 마찬가지로 세라믹 재료 내의 불순물 원자는 고용체를 이루는 것이 가능하며, 이 고용체는 치환형이 될 수도 있고, 침입형이 될 수도 있다. 침입형 고용체의 경우에는 불순물 이온의 반경이 음이온의 반경에 비하여 상대적으로 작아야 한다. 세라믹 재료에는 양이온과 음이온이 존재하기 때문에 치환형 고용체의 경우에는 불순물 이온이 기지 이온을 치환하는 과정에서 동일한 종류의 이온을 치환하는 것이 일반적이다. 예를 들면 NaCl 기지 내의 Ca^{2+} 이온 및 O^{2-} 이온은 Na^+ 및 Cl^- 이온을 각각 치환하여 고용체를 형성하는 것이다. 그림 12.21에 치환형 이온 및 음이온 불순물을 모식적으로 나타냈고, 동시에 침입형 결함도 나타냈다. 치환형 불순물 원자가 측정 가능할 정도의 고용체를 형성하기 위해서는 불순물 이온의 원자가 및 반경이 기지 이온의 원자가 및 반경과 유사해야 한다. 기지 원자의 원자가와 불순물의 원자가가 다르면 결정의 전기 중성도를 유지하기 위해서 기지 내에 결함을 형성하게 된다. 이를 이루는 방법 중의 하나는 앞서 논의한 바와 같이 격자 결함-공공 또는 침입형 결함의 형성을 통하여 전기 중성도를 만족시키면 된다.

그림 12.21 이온 결합형 화합물에서 불순물 원자에 의한 침입형 결함. 음이온 치환 및 양이온 치환 결합의 모식도

(출처 : W. G. Moffatt, G. W. Pearsall, and J. Wulff, *The Structure and Properties of Materials*, Vol. I, *Structure*, John Wiley & Sons, 1964. Janet M. Moffatt 허가로 복사 사용함)

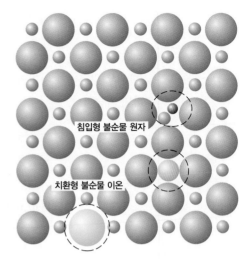

침입형 불순물 원자

치환형 불순물 이온

예제 12.5

NaCl 결정 내 Ca^{2+} 이온 불순물에 의해 발생 가능한 점 결함 유형

NaCl 결정 내의 불순물 Ca^{2+} 이온이 Na^+ 이온을 치환할 때 전기 중성도를 만족시키기 위해서 어떠한 결함이 가능하겠는가? 이러한 결함은 각 Ca^{2+} 이온에 대하여 몇 개씩 존재하겠는가?

풀이

Ca^{2+} 이온이 Na^+ 이온을 치환하게 되면 잉여의 양전하를 격자 내에 발생시키게 된다. 이 경우 전기 중성도는 각 양전하에 대하여 양전하 하나를 격자로부터 제거하거나, 음전하 하나를 격자 내에 발생시키면 된다. 양전하를 제거하는 것은 각 양전하 하나에 대하여 Na^+ 격자 자리에 공공을 하나씩 생성시키면 가능하다. 음전하를 생성시키는 방법은 Cl^- 이온이 격자 간 자리로 이동하면 가능하다. 그러나 이러한 음이온의 격자 간 자리로의 이동은 많은 에너지를 요구하기 때문에 생성되기가 어렵다.

개념확인 12.3 Al_2O_3 내에 MgO가 불순물로 존재할 때 어떠한 결함이 생성되겠는가? 이 결함을 형성하기 위해서 요구되는 Mg^{2+} 이온의 개수는 몇 개인가?

[해답은 *www.wiley.com/go/Callister_MaterialsScienceGE* → **More Information** → **Student Companion Site** 선택]

12.6 이온성 재료 내의 확산

이온성 화합물에서의 확산 거동은 상호 반대의 전하를 가진 두 이온의 확산을 고려해야 한다는 점에서 금속 재료에 비해서 좀 더 복잡하다. 이들 재료에 있어서의 확산은 공공이 이동하는 공공 확산 기구(그림 5.2a 참조)에 의하여 발생한다. 12.5절에서 설명한 바와 같이 이온성 재료는 전기 중성도를 만족해야 하기 때문에 확산에 사용되는 공공은 다음과 같은 기

구를 통해 발생한다. (1) 이온 공공이 쌍으로 발생한다(쇼트키 결함, 그림 12.19), (2) 비화학 당량 조성을 가진 화합물을 형성하는 과정에서 공공이 발생한다(그림 12.20), (3) 모재 이온과 다른 원자가를 가진 치환형 불순물이 첨가되는 과정에서 발생한다(예제 12.5). 어떠한 경우에도 이온이 확산을 일으키면 전기적 전하의 이동을 수반한다. 이동하는 이온 주위에 국부적 전기 중성도를 유지하기 위해서는 반대의 동일한 전하를 가진 이온이 같이 이동해야 한다. 이러한 역할을 할 수 있는 것은 다른 공공, 불순물 원자, 전자 또는 정공[자유 전자나 정공(18.6절)]이다. 이렇게 전기적 중성을 유지하기 위해서 서로 같이 움직여야 하는 경우 확산 속도는 가장 늦게 움직이는 확산 종에 의하여 좌우된다.

이온성 고체에 외부 전기장이 가해지면 전기적으로 하전된 이온들은 전기장에 의하여 가해지는 힘에 따라 움직이게 된다. 18.16절에 언급한 바와 같이 이러한 이온의 이동은 전류의 흐름을 유발하게 된다. 따라서 전기 전도율은 확산 계수의 함수가 된다(식 18.23). 결과적으로 대부분의 이온성 고체의 확산 계수 데이터는 전기 전도율의 측정으로부터 얻는다.

12.7 세라믹 상태도

많은 세라믹 재료에 대하여 세라믹 상태도(phase diagram)가 실험을 통하여 만들어져 있다. 이원계 또는 이성분계 상태도에서는 산소와 같은 공통 원소를 포함한 화합물을 하나의 성분으로 취급한다. 이러한 상태도는 금속-금속계와 유사한 거동을 하는데, 이 상태도는 같은 방식으로 해석된다. 상태도의 해석 방법에 대한 복습을 위해서는 9.8절을 참조하라.

$Al_2O_3-Cr_2O_3$계

세라믹 상태도에서 비교적 단순한 계는 산화알루미늄-산화크롬계이다. 그림 12.22의 상태

그림 12.22 산화 알루미늄-산화크롬의 상태도
(출처 : E. N. Bunting, "Phase Equilibria in the System $Cr_2O_3-Al_2O_3$," *Bur. Standards J. Research*, 6, 1931, p. 948)

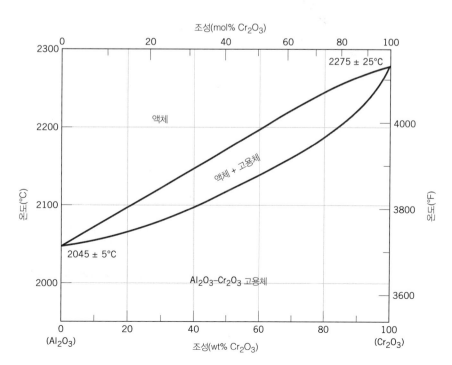

도는 구리-니켈 상태도(그림 9.3a)와 유사한 형태인데, 이것은 단일상의 액상과 고상으로 구성되고, 이들은 잎새 형태의 구역이 고상-액상 공존 영역을 구분한다. Al_2O_3-Cr_2O_3 고용체는 치환형으로서 Al^{3+}이 Cr^{3+}을 치환한다. 이들 성분계는 전율 고용체를 형성하는데, 이것은 알루미늄과 크롬이 동일한 전하를 갖고, 유사한 반지름(각각 0.053 nm와 0.062 nm)을 갖고 있기 때문이다. 또한 Al_2O_3와 Cr_2O_3는 동일한 결정 구조를 가지고 있다.

MgO-Al_2O_3계

산화마그네슘-산화알루미늄계의 상태도(그림 12.23)는 납-마그네슘 상태도(그림 9.20)와 여러 가지 면에서 유사하다. 중간상, 즉 스피넬이 존재하는데, 화학식은 $MgAl_2O_4$(또는 $MgO-Al_2O_3$)이다. 스피넬은 성분이 일정한 화합물[50 mol% Al_2O_3−50 mol% MgO(72 wt% Al_2O_3−28 wt% MgO)]임에도 불구하고 Mg_2Pb(그림 9.20)와 같이 상태도에 단일상 영역으로 나타나 있다. 따라서 스피넬은 50 mol% Al_2O_3−50 mol% MgO 조성 이외에서는 비화학양론적 특성을 보인다. 또한 1400°C에서 MgO 내에 Al_2O_3의 용해도가 작은데(그림 12.23), 이것은 전하 차이 및 Mg^{2+}와 Al^{3+} 이온의 반지름(0.072 대 0.053 nm)의 차이에 기인한다. 동일한 이유로 상태도의 오른쪽 끝에서 알 수 있듯이 MgO는 Al_2O_3 내에 고용도가 거의 없다. 스피넬상 영역의 양쪽에 2개의 공정(eutectic) 반응이 존재하고, 화학양론적 스피넬은 약 2100°C에서 용융된다.

ZrO_2-CaO계

중요한 이원계 세라믹계로서 산화지르코늄(지르코니아)-산화칼슘(칼시아)계가 있는데, 그

그림 12.23 산화마그네슘-산화알루미늄 상태도. ss는 고용체를 나타낸다.
(출처 : B. Hallstedt, "Thermodynamic Assessment of the System MgO−Al_2O_3," *J. Am. Ceram. Soc.*, 75[6], 1992, p. 1502. The American Ceramic Society 허가로 복사 사용함)

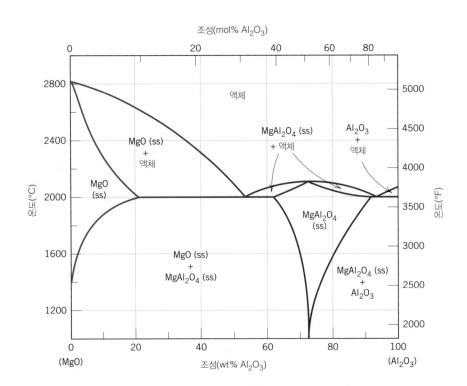

그림 12.24 지르코니아-칼시아 상태도의 일부분. ss는 고용체를 나타낸다.
(출처 : V. S. Stubican and S. P. Ray, "Phase Equilibria and Ordering in the System ZrO₂-CaO," *J. Am. Ceram. Soc.*, 60[11-12], 1977, p. 535. The American Ceramic Society 허가로 복사 사용함)

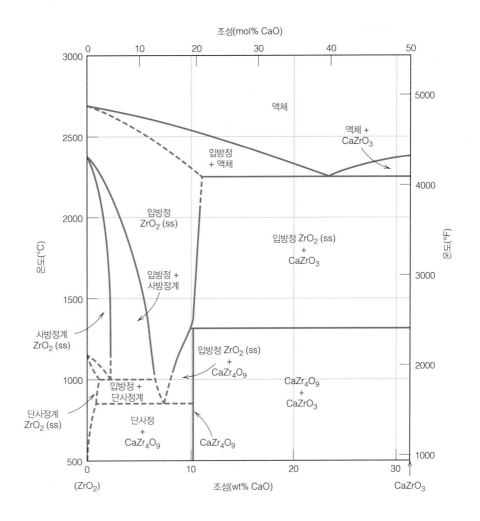

상태도의 일부분을 그림 12.24에 나타냈다. CaO의 조성이 31 wt% CaO(50 mol% CaO)에 도달하면 $CaZrO_3$ 화합물이 생성된다. 이 계에서 공정(2250°C에서 23 wt% CaO), 공석(1000°C에서 2.5 wt% CaO), 그리고 포정(850°C에서 7.5 wt% CaO) 반응이 관찰된다.

그림 12.24에서 볼 수 있듯이 이 계에서는 정방정계, 단사정계 및 입방정계 세 가지의 상이한 결정 구조가 존재한다. 순수한 ZrO_2는 1150°C에서 정방정계-단사정계 간의 상변태를 일으킨다. 이 변태 과정에서 많은 부피 변화가 발생하고, 이것이 재료 내의 균열을 유기시켜 재료를 쓸모없게 만든다. 이러한 문제는 지르코니아에 3~7 wt% CaO를 첨가하여 지르코니아의 입방정 상(cubic phase)을 '안정화'시킴으로써 해결하고 있다. 이 범위의 조성과 1000°C 이상의 온도에서 입방정 상과 정방정 상이 공존하게 된다. 상온으로 정상적인 냉각 조건으로 냉각시키면 상태도에서 볼 수 있듯이 단사정이나 $CaZr_4O_9$ 상이 생성되지 않는다. 이에 따라 입방정 상 및 사방정 상이 상온에서 유지되고, 균열의 발생을 피할 수 있게 된다. 이와 같은 범위의 칼시아 조성을 가진 지르코니아를 **부분 안정화 지르코니아**(partially stabilized zirconia, PSZ)라고 부른다. 이트리아(Y_2O_3), 마그네시아 등도 칼시아와 같은 안정화제이다. 이러한 입방정 상만이 존재하는 범위로 안정화제의 함량을 높이면 입방정 상만이 상온

그림 12.25 실리카-알루미나 상태도. SS는 고용체를 나타낸다. (출처 : F. J. Klug, S. Prochazka, and R. H. Doremus, "Alumina- Silica Phase Diagram in the Mullite Region," *J. Am. Ceram. Soc.*, 70[10], 1987, p. 758. The American Ceramic Society 허가로 복사 사용함)

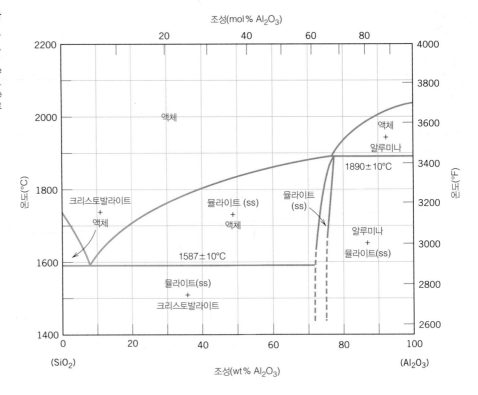

까지 존재하는데, 이러한 재료를 완전 안정화 지르코니아라고 부른다.

SiO₂-Al₂O₃계

실리카-알루미나계는 내화 세라믹 재료의 대부분을 이루고 있어 상업적으로 중요한 재료이다. 그림 12.25에 SiO₂-Al₂O₃계 상태도를 나타냈다. 이 온도 영역에서 안정한 실리카 동질이상체는 크리스토발라이트(cristobalite)라고 하는데, 단위정은 그림 12.10에 나타나 있다. 상태도에서 알 수 있듯이 실리카와 알루미나는 상호 고용도가 없다. 중간 상인 뮬라이트(mullite, 3Al₂O₃-2SiO₂)는 그림 12.25에서 좁은 상 영역을 가지는데, 이 재료는 1890°C에서 용융된다. 1587°C에서 공정 반응이 7.7 wt% Al₂O₃ 조성에서 발생한다. 실리카와 알루미나가 주성분인 내화 세라믹은 13.5절에 소개되었다.

개념확인 12.4 (a) SiO₂-Al₂O₃계에서 액상이 형성되지 않는 최고 온도는 얼마인가? (b) 어떠한 성분 또는 어떠한 성분 범위에서 이러한 최고 온도를 얻을 수 있는가?

[해답은 *www.wiley.com/go/Callister_MaterialsScienceGE* → More Information → Student Companion Site 선택]

기계적 성질

청동기 시대 이전에 인류의 도구와 용기는 대부분 돌(세라믹의 일종)로 만들어졌다. 3000~4000년 전 사이에 금속 재료가 널리 사용되기 시작했는데, 그것은 금속 재료가 연성이 우수하기 때문에 얻어지는 인성의 우수성 때문이었다. 이와 같은 역사 기간에 세라믹 재료는 취약하기 때문에 적용이 제한적이었다. 세라믹 재료의 가장 중요한 단점은 재료의 파괴 시 에너지 흡수가 거의 없이 취성 파괴를 일으킨다는 점이다. 사용이 가능한 파괴 인성을 가진 많은 종류의 새로운 세라믹 복합 재료와 다상계 세라믹 재료(대부분은 조개와 같은 자연에서 발생하는 복합 재료를 모사한 재료)가 개발되고 있지만 대부분의 현재 세라믹 재료는 아직도 취약하다.

12.8 세라믹의 취성 파괴

상온에서 결정질 및 비결정질 세라믹은 인장 하중하에서 소성변형 없이 재료의 파괴가 발생한다. 8.4절과 8.5절에서 논의한 취성 파괴 및 파괴역학의 주제들은 세라믹 재료의 파괴에도 적용할 수 있기 때문에 이 절에서는 간단히 다룰 것이다.

취성 파괴는 가해진 하중에 수직한 방향으로 균열의 생성 및 전달의 과정으로 이루어진다. 결정질 세라믹에서 균열 성장은 대개 결정립을 관통하여, 즉 입내(transgranular) 파괴를 통하여 발생하거나, 입계(intergranular) 파괴, 즉 결정 입계를 따른 파괴를 통하여 발생한다. 입내 파괴는 원자 밀도가 높은 일정한 결정(벽계)면을 따라서 발생한다.

세라믹 파괴 강도는 원자 간 결합력 이론으로부터 예측된 값에 비하여 현저하게 낮다. 이러한 현상은 재료 내에 상존하는 작은 결함 때문인데 이것은 인장 응력이 가해지면 결함 주위에서 응력을 증폭시키는 응력 상승효과 및 이러한 균열의 전파를 늦추거나 다른 방향으로 변경시킬 수 있는 소성변형 기구가 존재하지 않기 때문이다. 단일상의 세라믹 재료에서 응력이 증폭되는 정도는 식 (8.1)에 의하면 균열의 길이와 균열 선단의 반지름에 의존하는데, 균열의 길이가 길고 뾰족한 균열 선단을 가진 것이 가장 크다. 이러한 응력 상승제 역할을 할 수 있는 것으로는 표면 및 내부의 작은 균열(미세 균열), 내부 기공, 입자 코너(grain corner) 등인데, 이것을 제거하거나 조절하기란 거의 불가능하다. 예를 들면 공기 중의 습기와 오염 등이 방금 제조된 유리 섬유(glass fiber) 표면에 균열을 유기할 수 있어 이들 강도를 저하시킨다. 결함 선단에 응력이 집중되면 균열이 유기되고, 결국은 이것이 재료의 파괴에 이르게 한다.

균열이 세라믹 재료 내에 존재할 때 재료가 파괴에 저항할 수 있는 능력을 파괴 인성 (fracture toughness)으로 나타낸다. 평면 변형 파괴 인성 K_{Ic}는 8.5절에서처럼 다음과 같이 정의된다.

모드 I 균열 이동 조건에서 평면 변형 파괴 인성 (그림 8.10a)

$$K_{Ic} = Y\sigma\sqrt{\pi a} \qquad (12.5)$$

여기서 Y는 무차원 매개변수로서 시료와 균열 형상의 함수이고, σ는 가해진 응력, a는 표면 균열의 길이 또는 내부 균열 길이의 반이다. 식 (12.5)의 오른쪽 항의 값이 재료의 평면 변형 파괴 인성값보다 작으면 균열 전파가 발생하지 않는다. 세라믹 재료의 평면 변형 파괴 인성 값은 금속에 비하여 작아서 보통 $10 \ \text{MPa}\sqrt{m}$ 이하이다. 여러 세라믹 재질의 K_{Ic} 값을 표 8.1 과 부록 B의 표 B.5에 제시하였다.

식 (12.5)의 우측항 값이 K_{Ic} 값보다 작아도 어떤 환경의 정적 응력하에서 세라믹 재료 파괴가 발생된다. 이러한 현상을 **정적 피로**(static fatigue) 또는 **지연 파괴**(delayed fracture)라고 하는데, 여기서 반복 응력이 없이 파괴가 발생하기 때문에 **피로**(fatigue)라는 용어는 오해를 일으킬 수 있다(금속 피로는 제8장에서 설명함). 이러한 유형의 파괴는 환경 조건에 민감한데 대기 중의 습기에 특히 영향을 받는다. 이러한 파괴는 균열 선단에서 응력 부식 파괴가 발생하기 때문인 것으로 생각된다. 즉 가해진 응력과 부식 분위기에 의한 재료의 용해로 균열 길이가 증가하고 선단이 예리해져, 궁극적으로는 식 (8.3)에 따른 균열 성장이 발생할 수 있을 정도의 크기로 성장하는 것이다. 파괴가 발생하기 이전의 잠복 기간은 응력이 증가할수록 짧아진다. 따라서 **정적 피로 강도**를 나타낼 때에는 응력을 가해 준 시간도 포함되어야 한다. 규산염 유리가 이러한 유형의 파괴에 민감한데, 그 외에도 자기, 포틀랜드 시멘트, 고알루미나 세라믹, 바륨 티탄산염, 질화규소 등의 다른 세라믹 재료에서도 관찰된다.

세라믹 재료의 파괴 강도는 시편에 따라서 그 산포가 매우 크다. 그림 12.26에 질화규소의 파괴 강도 분포를 나타냈다. 이러한 현상은 파단을 일으킬 수 있는 결함의 존재 확률로 설명할 수 있다. 이 확률은 동일 재료의 시편에 따라 변화하고, 제조 방법과 후처리에 영향을 받는다. 시편의 크기 또는 부피가 파괴 강도에 영향을 미치는데, 큰 시편일수록 파단을 일으킬 수 있는 결함의 존재 확률이 커지게 되어 파괴 강도를 저하시킨다.

그림 12.26 질화규소 재료에서 측정된 파괴 강도의 분포 빈도

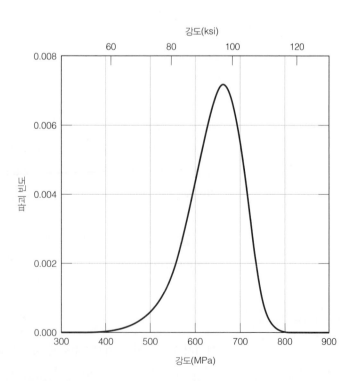

이에 비하여 압축 응력에서는 결함에 의하여 응력 증폭의 효과가 없다. 따라서 세라믹의 강도가 인장에서보다 압축에서 훨씬 크게 되어(약 10배 정도), 압축 하중 조건에서 세라믹 재료가 유용하게 사용된다. 또한 세라믹 파괴 강도는 표면에 잔류 압축 응력을 부가하여 상당히 증가시킬 수 있다. 이것을 열 템퍼링(thermal tempering, 13.11절 참조) 방법이라 한다.

통계 이론이 발전되어 어떤 재료의 파괴 가능성을 실험적 데이터로부터 결정하는 데 사용되는데, 이에 대한 논의는 이 책의 범위를 벗어난다. 그러나 세라믹 재료의 파괴 강도의 산포 때문에 6.11절과 6.12절에서 논의한 평균값과 안전율은 구조 재료의 설계에 적용되지 않는다.

세라믹의 파면 분석

세라믹의 파단을 방지하기 위해서는 파단 원인을 파악하는 것이 필요하다. 이러한 파괴 분석은 대부분 균열을 유발시키는 결함의 위치, 유형 및 원천을 결정하는 것으로부터 출발한다. 파면 분석(8.3절)은 균열의 전파 경로 및 파면의 미세구조를 분석하게 되는데, 이러한 작업은 파괴 분석의 일부이다. 이러한 작업은 비교적 간단하고 저렴한 장비를 이용하여 수행하는 것이 가능하다. 예를 들면 확대경, 저배율 스테레오 현미경 등이 있다. 고배율이 요구될 경우에는 주사 전자현미경이 사용된다.

균열이 생성되고 전파하는 동안에 균열 전파가 가속되어 임계 속도[또는 종착 속도(terminal speed)]에 도달하게 되는데, 유리의 경우 임계 속도는 음속의 절반 정도이다. 임계 속도에 도달하게 되면 균열은 가지를 치게 되는데(분기, branching), 이 과정이 반복되어 균열군이 생성된다. 그림 12.27에 일반적인 네 종류의 하중 인가 조건에서 생성되는 균열의 외형을 모식적으로 나타내었다. 일반적으로 균열이 최초로 생성된 장소는 여러 균열이 합쳐지는 점을 따라가면 찾을 수 있다. 또한 균열 전파가 가속되는 속도는 인가된 응력에 따라

그림 12.27 취성 세라믹에 있어서 인가된 응력 패턴에 따른 균열 기원 및 형상의 모식도. (a) 충격(점 접촉) 하중, (b) 벤딩, (c) 비틀림 하중, (d) 내부압

(출처 : D. W. Richerson, *Modern Ceramic Engineering*, 2nd edition, Marcel Dekker, Inc., New York, 1992. Marcel Dekker, Inc. 허가로 *Modern Ceramic Engineering*, 2nd edition, p. 681에서 복사 사용함)

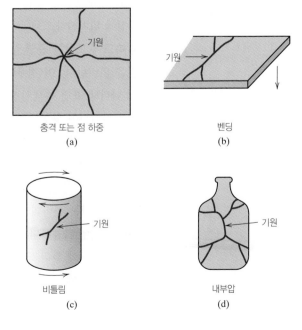

충격 또는 점 하중
(a)

벤딩
(b)

비틀림
(c)

내부압
(d)

그림 12.28 취성 세라믹의 파단면상에서 관찰되는 일반적인 특징의 모식도
(출처 : J. J. Mecholsky, R. W. Rice, and S. W. Freiman, "Prediction of Fracture Energy and Flaw Size in Glasses from Measurements of Mirror Size," *J. Am. Ceram. Soc.*, 57[10], 1974, p. 440. The American Ceramic Society, www.ceramics.org. Copyright 1974. 허가로 복사 사용함)

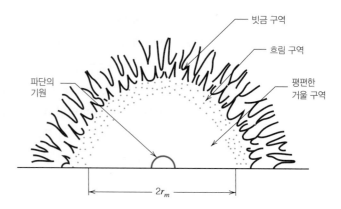

증가한다. 따라서 균열이 분기되는 정도는 인가된 응력에 따라서 증가한다. 예를 들면 경험상으로 볼 때 큰 돌이 유리창과 충돌할 때, 작은 돌이 충돌할 때에 비하여 균열의 분기가 많이 발생하게 된다.

균열이 전파하는 동안 균열은 재료의 미세구조, 응력, 발생된 탄성파 등과 상호작용을 하며, 이러한 상호작용이 파단면에 특정한 특징을 발생시킨다. 또한 이러한 특징으로부터 균열의 발생 장소 및 균열을 생성시킨 결함에 관한 정보를 알 수 있게 된다. 또한 파단을 유발하였던 응력을 개략적으로 측정하는 것이 필요한데, 이와 같은 파단 응력의 크기는 세라믹 재료가 너무 약했거나, 인가된 응력이 부품에 디자인 응력에 비하여 너무 과다한지에 대한 정보를 제공하기 때문이다.

파단된 세라믹 부품의 파단면의 미세조직을 그림 12.28에 모식적으로 나타냈고, 그림 12.29에 사진으로 나타내었다. 균열이 초기에 가속되는 구역은 평편하고 매끄럽기 때문에 거울 구역(mirror region)이라고 한다(그림 12.28). 유리 파단의 경우에는 이러한 거울 구역이 매우 평편하고 반사도가 높다. 이에 비하여 다결정 세라믹의 경우에는 평편한 거울 표면이 거칠고 입자 질감을 갖는다. 거울 구역은 대개의 경우 원형 형태이며, 이때 균열 기원은 원의 중심에 위치한다.

임계 속도에 도달한 균열은 분기를 시작하는데, 이것은 균열 표면의 전파 방향이 변화한다는 것을 의미한다. 이 경우에 균열 표면에 미세한 요철이 발생하고, 그림 12.28 및 그림 12.29에 나타낸 표면 특색인 흐림(mist) 및 빗금(hackle)이 발생한다. 흐림 구역은 유리 구역의 외곽에 나타나는 환상대로서 다결정 세라믹 재료에서는 관찰되지 않는 것이 일반적이다. 그림 구역 밖에 빗금 구역이 존재하는데, 이 부분은 표면 요철이 더욱 크다. 빗금은 균열의 기원으로부터 균열이 전파하는 방향으로 퍼져나가는 줄무늬 또는 선으로 구성되어 있기 때문에 균열의 발생 기원을 찾는 데 사용될 수 있다.

파괴를 유발하는 응력의 정성적인 값은 거울 반경(그림 12.28의 r_m)을 측정하여 개략적으로 추정하는 것이 가능하다. 이 반경은 새로 생성된 균열의 가속도의 함수인데, 가속도가 증가하면 임계 속도에 빨리 도달하고, 이에 따라 거울 반경이 감소한다. 또한 응력이 높을수록 가속도가 빠르기 때문에 거울 반경이 감소한다. 따라서 파괴 응력값이 증가함에 따라 거울 반경이 감소하는데, 실험적으로 이러한 현상이 관찰되었다.

흐림 구역

빗금 구역

균열 기원

거울 구역

200 µm

사진 제공 : George Quinn, National Institute of Standards and Technology, Gaithersburg, MD

그림 12.29　4점 벤딩 시험으로 파단된 6 mm 직경 유리봉의 파단면 사진. 파단의 기원, 거울, 흐림 및 빗금 구역들이 관찰되는 것을 볼 수 있다. 60×

$$\sigma_f \propto \frac{1}{r_m^{0.5}} \tag{12.6}$$

여기서 σ_f는 균열이 발생할 때의 응력값이다.

　　탄성(음)파가 파단이 발생할 때 생성된다. 이러한 파동과 전파되는 균열 선단과의 상호작용이 다른 형태의 표면 특징을 유발시키게 되는데, 이것은 월러 선(Wallner line)이라고 한다. 월러 선은 아크 형상이고 응력 분포 및 균열의 전파 방향에 대한 정보를 제공한다.

12.9 응력–변형률 거동

굴곡 강도

취약한 세라믹 재료의 응력–변형률 거동은 다음의 세 가지 이유 때문에 6.2절에서 설명한 인장 시험법으로 측정하는 것이 곤란하다. 첫 번째 이유는 시편을 요구되는 형상으로 준비하여 시험하기가 어렵고, 두 번째는 시편이 취약하기 때문에 그립(grip)에 고정하기가 어렵고, 세 번째는 세라믹 재료가 약 0.1% 정도 연신된 후에 파단이 일어나기 때문에 인장 시편

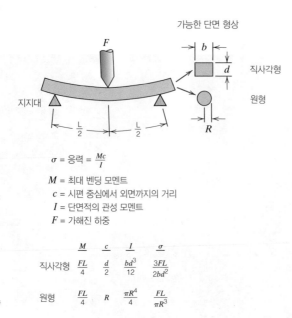

그림 12.30 취약한 세라믹의 응력-연신 거동 및 굴곡 파단 강도를 측정하기 위한 3점 굽힘 시험. 사각 및 원형 단면에 대한 응력을 계산하기 위한 관계식도 나타냈다.

$$\sigma = 응력 = \frac{Mc}{I}$$

M = 최대 벤딩 모멘트
c = 시편 중심에서 외면까지의 거리
I = 단면적의 관성 모멘트
F = 가해진 하중

	M	c	I	σ
직사각형	$\frac{FL}{4}$	$\frac{d}{2}$	$\frac{bd^3}{12}$	$\frac{3FL}{2bd^2}$
원형	$\frac{FL}{4}$	R	$\frac{\pi R^4}{4}$	$\frac{FL}{\pi R^3}$

을 하중이 가해지는 축에 거의 완벽하게 정렬시켜 벤딩 응력이 없도록 해야 하기 때문에 어렵다. 따라서 좀 더 편리한 시험법인 횡방향 굽힘 시험(transverse bending test)법이 주로 사용된다. 이 방법에서는 원형 또는 사각형 단면을 가진 봉상 시편을 3점 또는 4점 하중법을 이용하여 파괴가 일어날 때까지 구부린다.[3] 그림 12.30에 3점 하중법에 대하여 나타냈다. 하중이 가해지는 점의 표면 부분은 압축 응력 상태이고, 밑면은 인장 응력 상태이다. 응력은 시편의 두께, 굽힘 모멘트, 그리고 단면의 관성 모멘트를 이용하여 계산한다. 이들 매개변수를 그림 12.30에 직사각형 및 원형 단면에 대하여 나타냈다. 여기서 계산된 최대 인장 응력은 응력이 가해지는 점 바로 아래 표면에 존재한다. 세라믹 재료의 인장 응력은 압축 응력의 1/10 정도이고, 최대 인장 응력이 시편의 아래 표면에서 발생하기 때문에 굽힘 시험이 인장 시험으로 대체되어 사용되고 있다.

굴곡 강도 굽힘 시험에서 파단 응력은 굴곡 강도(flexural strength), 파단 계수(modulus of rupture), 파괴 강도(fracture strength), 또는 굴곡 강도(bend strength)라고 알려져 있는데, 이것은 취성 세라믹 재료의 중요한 기계적 성질이다. 직사각형 단면에서 굴곡 강도 σ_{fs}는 다음과 같다.

단면이 직사각형인 시편의 굴곡 강도

$$\sigma_{fs} = \frac{3F_f L}{2bd^2} \tag{12.7a}$$

여기서 F_f는 파단 하중, L은 지지점 간의 거리이며, 다른 매개변수는 그림 12.30에 정의되어 있다. 원형 단면에서 굴곡 강도 σ_{fs}는 다음과 같다.

단면이 원형인 시편의 굴곡 강도

$$\sigma_{fs} = \frac{F_f L}{\pi R^3} \tag{12.7b}$$

---

3 ASTM Standard C1161, "Standard Test Method for Flexural Strength of Advanced Ceramics at Ambient Temperature."

표 12.5 10개의 세라믹
재료의 굴곡 강도(파단 계
수) 및 탄성 계수의 값

재료	굴곡 강도		탄성 계수	
	MPa	ksi	GPa	10^6 psi
질화규소(Si_3N_4)	250~1000	35~145	304	44
지르코니아[a](ZrO_2)	800~1500	115~215	205	30
탄화규소(SiC)	100~820	15~120	345	50
알루미나(Al_2O_3)	275~700	40~100	393	57
유리-세라믹(Pyroceram)	247	36	120	17
뮬라이트($3Al_2O_3-2SiO_2$)	185	27	145	21
스피넬($MgAl_2O_4$)	110~245	16~35.5	260	38
마그네시아(MgO)	105[b]	15[b]	225	33
융해 규산(SiO_2)	110	16	73	11
소다-석회 유리	69	10	69	10

[a] 3 mol% Y_2O_3가 첨가되어 부분 안정화된 재료
[b] 5% 기공도를 가진 소결된 경우

여기서 R은 시편의 반경이다.

일부 세라믹 재료에 대한 굴곡 강도의 값을 표 12.5에 나타냈다. 또한 σ_{fs} 값은 시편 크기에 영향을 받는데, 응력을 받은 부분의 부피가 증가할수록 결함의 존재 가능성이 커져 강도가 저하된다. 또한 특정 세라믹 재료의 굽힘 강도는 인장 시험을 통해 얻어진 파괴 강도보다 크다. 이러한 현상은 인장 응력하에 있는 시료의 부피 차이로 설명이 가능하다. 인장 시험을 하는 동안에는 시편의 모든 부분이 인장 응력을 받고 있는 반면에, 굴곡 시험을 하는 경우에는 응력을 인가하는 지점의 반대편 표면 부분만이 인장 응력하에 놓이게 된다(그림 12.30).

탄성 거동

굽힘 시험 동안 세라믹 재료의 탄성 범위에서 응력-변형률 거동은 금속 재료의 인장 시험 결과와 유사하다. 즉 응력과 변형률 사이에 직선 관계가 존재한다. 그림 12.31에 알루미나와 유리의 응력-변형률 거동을 나타냈다. 탄성 영역에서 직선의 기울기는 탄성 계수를 나타내는데, 세라믹 재료의 탄성 계수는 70~500 GPa 범위로서 금속보다 약간 높다. 표 12.5에 일부 세라믹 재료의 탄성 계수를 나타내었다. 좀 더 많은 재료에 대한 데이터는 부록 B의 표 B.2에 수록하였다. 그림 12.31에서 보면 어느 재료도 파단이 일어나기 전에 소성변형을 일으키지 않는다.

12.10 소성변형 기구

상온에서 세라믹 재료는 소성변형되기 이전에 파괴가 발생하지만 소성변형 기구를 이해할 필요가 있다. 결정질과 비결정질 세라믹에 따라 소성변형이 상이하기 때문에 이들 각각에 대하여 설명하기로 한다.

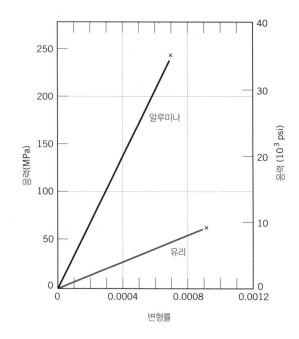

그림 12.31 알루미나와 유리의 응력-변형률 거동

결정질 세라믹

결정질 세라믹의 소성변형은 금속의 경우와 같이 전위(dislocation)의 이동에 의하여 발생한다(제7장 참조). 세라믹 재료의 높은 경도와 취성은 전위의 슬립(slip, 전위의 운동)이 어렵기 때문이다. 주로 이온 결합을 하고 있는 결정질 세라믹에서는 전위가 이동할 수 있는 슬립계(결정면과 결정면 내부에서의 방향)가 매우 적은데, 이것은 전기적으로 하전된 이온의 특성 때문이다. 슬립이 어느 방향으로 발생할 경우 동종의 이온들이 서로 가깝게 접근하게 된다. 이 경우 정전기적 척력이 작용하게 되어 전위의 슬립이 제한받게 된다. 금속의 경우에는 모든 원자가 전기적으로 중성이기 때문에 정전기적 척력이 문제가 되지 않는다.

한편 원자 간 결합이 공유 결합성을 주로 가지는 세라믹 재료의 경우에서도 전위의 이동이 곤란한데, 다음과 같은 이유들 때문에 취성을 나타낸다. (1) 공유 결합 강도가 상대적으로 강하고, (2) 전위의 슬립계(slip system)의 숫자가 적고, (3) 전위의 구조가 복잡하기 때문이다.

비결정질 세라믹

비결정질 세라믹은 규칙적인 원자 구조를 갖고 있지 않기 때문에 소성변형이 전위의 이동을 통해 발생하지 않는다. 다시 말해 비결정질 세라믹 재료는 액체가 변형하는 것과 유사하게 점성 유동(viscous flow)에 의하여 변형된다. 이때 변형 속도는 가해진 응력에 비례하며, 가해진 전단 응력에 대하여 원자 간 결합을 절단하고 재형성하는 과정을 통해 원자 또는 이온이 서로 미끄러져 변형된다. 그러나 전위의 이동에 의한 소성변형 과정과는 달리 점성 유동은 방향성이 없다. 그림 12.32에 거시적인 점성 유동을 나타냈다.

점도

점성 유동의 특성 값인 점도(viscosity)는 비결정질 재료의 변형에 대한 저항을 나타낸다.

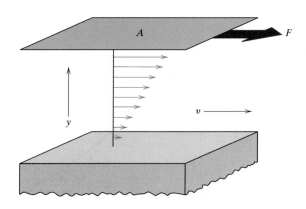

그림 12.32 가해진 전단 응력에 대한 액체와 유리의 점성 유동의 모식도

액체의 점성 유동은 2개의 평행판 사이에 전단 응력을 가하면 발생하는데, 점도(η)는 가해진 전단 응력(τ)과 평판으로부터의 속도 기울기의 비로 정의된다.

$$\eta = \frac{\tau}{dv/dy} = \frac{F/A}{dv/dy} \tag{12.8}$$

이 관계를 그림 12.32에 나타냈다.

점도의 단위는 포아즈(poise, P)와 파스칼-초(Pa·s)인데, 1 P＝1 dyne·s/cm^{2}이고, 1 Pa·s ＝1 N·s/m^{2}이다. 두 단위 간의 관계는 다음과 같다.

$$10\ P = 1\ Pa·s$$

액체는 상대적으로 점도가 작다. 예를 들면 상온에서 물의 점도는 10^{-3} Pa·s이다. 한편 유리는 상온에서 점도가 매우 높은데, 이는 원자 간 결합이 매우 강하기 때문이다. 온도가 상승함에 따라 결합의 세기가 감소하게 되고, 이온 또는 원자 간의 미끄러짐이 쉬워지며, 이에 따라 점도가 감소하게 된다. 유리 점도의 온도 의존성은 13.11절에서 논의할 것이다.

12.11 기타 기계적 고려 사항

기공의 영향

13.12절과 13.13절의 세라믹 제조 공정에서 보겠지만 세라믹 재료의 원재료는 분말 형태이다. 이러한 분말을 원하는 형상으로 성형하면 분말 사이에는 기공이나 공간이 존재할 것이다. 열처리 과정에서 대부분의 기공이 제거되지만 약간의 기공이 잔류하게 된다(그림 13.24 참조). 이렇게 잔류하는 기공(porosity)은 재료의 탄성 및 기계적 성질에 악영향을 미치게 된다. 예를 들면 탄성 계수 E는 기공의 부피 분율 P와 다음의 관계가 있는 것으로 알려져 있다.

탄성 계수의 기공도 의존성

$$E = E_0(1 - 1.9P + 0.9P^2) \tag{12.9}$$

여기서 E_0는 기공이 없는 재료의 탄성 계수이다. 알루미나의 탄성 계수의 기공의 부피 분율에 미치는 영향을 그림 12.33에 나타냈고, 식 (12.9)의 계산 결과는 곡선으로 나타냈다.

기공은 다음의 두 가지 원인으로 굴곡 강도(또는 파단 계수)에 악영향을 미친다. (1) 기공

그림 12.33 상온에서 알루미나의 탄성 계수에 미치는 기공의 영향. 곡선은 식 (12.9)로 나타냈다.
(출처 : R. L. Coble and W. D. Kingery, "Effect of Porosity on Physical Properties of Sintered Alumina," *J. Am. Ceram. Soc.*, 39[11], 1956, p. 381. The American Ceramic Society 허가로 복사 사용함)

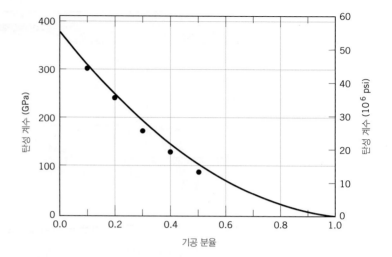

은 하중이 가해지는 면적을 감소시키며, (2) 응력 집중자의 역할을 한다. 예를 들면 고립된 구형 기공의 경우 가해진 인장 응력이 두 배로 증폭되며, 기공이 강도에 미치는 영향은 매우 심각하다. 재료 내의 10% 기공이 재료의 강도를 50% 이상 감소시키는 것은 일반적인 현상이다. 알루미나에서 기공이 파단 강도에 미치는 영향을 그림 12.34에 제시하였다. 실험적으로 기공의 부피 분율 P가 재료의 파단 계수를 지수 함수적으로 감소시키는 것으로 알려져 있다.

기공 분율이 굴곡 강도에 미치는 영향

$$\sigma_{fs} = \sigma_0 \exp(-nP) \tag{12.10}$$

여기서 σ_0와 n은 실험적으로 결정되는 상수이다.

경도

세라믹 재료는 경도 시험기의 압입자(indenter)가 재료 내로 압입시키면 쉽게 균열이 발생하기 때문에 정확한 경도를 측정하기가 매우 어렵다. 균열이 다량 발생하게 되면 경도값이

그림 12.34 상온에서 알루미나의 굴곡 강도에 미치는 기공의 영향
(출처 : R. L. Coble and W. D. Kingery, "Effect of Porosity on Physical Properties of Sintered Alumina," *J. Am. Ceram. Soc.*, 39[11], 1956, p. 382. The American Ceramic Society 허가로 복사 사용함)

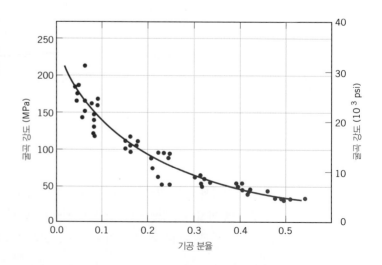

표 12.6 여덟 가지 세라믹 재료의 비커스(그리고 누프 경도)

재료	비커스 경도 (GPa)	누프 경도 (GPa)	설명
다이아몬드(카본)	130	103	단결정, (100)면
보론카바이드(B_4C)	44.2	—	다결정, 소결체
알루미나(Al_2O_3)	26.5	—	다결정, 소결체, 99.7% 순도
실리콘 카바이드(SiC)	25.4	19.8	다결정, 반응결합체, 소결체
텅스텐 카바이드(WC)	22.1	—	용융체
질화 규소(Si_3N_4)	16.0	17.2	다결정, 고온 압축 소결체
지르코니아(ZrO_2) (부분 안정화)	11.7	—	다결정, 9 mol% Y_2O_3
소다-석회 유리	6.1	—	

정확하지 않게 된다. 세라믹 재료에는 구형 압입자[로크웰(Rockwell) 경도 시험기와 브리넬(Brinell) 경도 시험기]가 사용되지 않는데, 이것은 균열을 매우 심하게 발생시키기 때문이다. 오히려 세라믹 재료의 경도는 피라미드형 압입자를 사용하는 비커스(Vickers)와 누프(Knoop)법이 주로 사용된다(6.10절 및 표 6.5 참조).[4] 비커스 법은 세라믹의 경도를 측정하는 데 널리 사용되고 있다. 그러나 취성이 매우 심한 재료의 경우에는 누프 법이 사용된다. 또한 이들 두 방법 모두 압입자에 인가하는 하중을 증가시키거나 압입자의 크기를 증가시키면 결국 경도가 감소한다. 그러나 경도는 하중이 증가함에 따라서 일정한 값에 도달하게 되고, 하중에 의하여 영향을 받지 않고, 재료에 따라서 변화하게 된다. 가장 이상적인 경도 시험법은 일정한 경도 값에 도달하는 하중 값이 높고, 그 하중에서 균열이 광범위하게 발생하지 않아야 한다.

세라믹 재료의 가장 바람직한 기계적 특성은 경도일 것이다. 경도가 가장 높은 재료들이 세라믹 재료에 속한다. 표 12.6에 다양한 세라믹 재료의 비커스 경도를 나타냈다.[5] 이들 재료는 종종 연마재로서 사용되어 왔다(13.6절 참조).

크리프

많은 경우 고온에서 응력(대개는 압축 응력)을 받는 조건에서 세라믹 재료는 크리프 변형을 일으킨다. 일반적으로 세라믹의 시간-크피프 변형거동은 금속(8.12절)과 유사하다. 그러나 세라믹 재료의 크리프는 좀 더 높은 온도에서 발생한다. 세라믹 재료의 온도와 응력에 따른 크리프 변형을 이해하기 위해서 고온의 압축 응력하에서 크리프 시험을 실시한다.

4　ASTM Standard C1326, "Standard Test Method for Knoop Indentation Hardness of Advanced Ceramics," and Standard C1327, "Standard Test Method for Vickers Indentation Hardness of Advanced Ceramics."

5　과거에는 비커스 경도의 단위가 kg/mm^2였으나 표 12.6에서는 SI 단위인 GPa을 사용한다.

요약

결정 구조
- 세라믹의 원자 결합은 순수 이온 결합에서 완전 공유 결합까지 변화한다.
- 이온 결합이 대부분인 결합에서
  - 금속 양이온은 양으로 하전되고, 비금속 이온은 음으로 하전된다.
  - 결정 구조는 (1) 각이온의 전하량과 (2) 각이온의 반지름의 비에 의하여 결정된다.
- 많은 단순 결정 구조는 단위정의 관점에서 설명하는 것이 가능하다.
  - 암염(그림 12.2)
  - 염화세슘(그림 12.3)
  - 섬아연광(그림 12.4)
  - 형석(그림 12.5)
  - 페로브스카이트(그림 12.6)
- 일부 결정 구조는 음이온으로 구성된 조밀 충진면을 적층하는 방법으로 생성하는 것이 가능하다. 이 구조에서 양이온은 사면체 자리와/또는 이웃 평면들 사이에 존재하는 팔면체 자리를 차지한다
- 세라믹 재료의 이론 밀도는 식 (12.1)을 이용하여 계산할 수 있다.

규산염 세라믹
- 규산염 구조는 SiO_4^{4-} 사면체의 상호 연결 상태의 관점에서 이해하는 것이 편리하다(그림 12.9). 이러한 규산염 구조는 다른 양이온(예 : Ca^{2+}, Mg^{2+}, Al^{3+})과 음이온(예 : OH^-)이 혼입될 경우 더욱 복잡해진다.
- 규산염 세라믹에는
  - 결정질 실리카(그림 12.10의 크리스토발라이트)
  - 층상 규산염(그림 12.13 및 그림 12.14)
  - 비정질 실리카 유리(그림 12.11)

탄소
- 탄소(세라믹으로 취급되는 경우도 있음)는 여러 형태의 동질이상으로 존재한다.
  - 다이아몬드(그림 12.16)
  - 흑연(그림 12.17)

세라믹의 결함
- 원자 점 결함으로는 양이온 및 음이온에 대해서 공공과 침입형 결함이 가능하다(그림 12.18).
- 세라믹 재료의 원자 점 결함에는 전하가 있기 때문에 전기 중성도를 만족시키기 위해서 결함이 쌍을 이루어(예 : 프렌켈 및 쇼트키 결함) 발생한다.
- 화학양론적 세라믹 재료는 양이온과 음이온의 비율이 화학 조성에 나타난 비율과 정확하게 일치한다.
- 비화학양론적 세라믹 재료는 이온 중의 하나가 한 개 이상의 이온 상태(예: $Fe_{(1-x)}O$에서 Fe^{2+}와 Fe^{3+})를 가질 때 발생한다.
- 세라믹 재료에 불순물 원자를 첨가하면 치환형 또는 침입형 결함을 발생시킨다. 치환형의 경우에는 전기적으로 유사한 이온이 기지 이온을 치환하게 된다.

이온성 재료 내의 확산	• 이온성 재료에서 확산은 공공 기구를 통해 발생한다. 이 경우 전기 중성도를 유지하기 위해서 하전된 공정은 다른 하전된 개체와 함께 확산을 하게 된다.
세라믹 상태도	• 세라믹 재료의 상태도의 일반적인 특성은 금속 재료와 유사하다. • Al_2O_3-Cr_2O_3계(그림 12.22), MgO-Al_2O_3계(그림 12.23), ZrO_2-CaO계(그림 12.23), SiO_2-Al_2O_3 계(그림 12.25)의 상태도에 대하여 설명하였다.
세라믹의 취성 파괴	• 상온에서 세라믹은 대부분 취약하다. 이것은 세라믹 재료 내부에 거의 상존하는 미세 균열이 가해진 인장 응력을 증폭시키기 때문에 파단 강도(굽힘 강도)가 상대적으로 낮다. • 세라믹 재료에서 파단 강도가 상당히 많이 변하는 이유는 시편 내에 존재하는 균열을 유발하는 결함의 크기가 변하기 때문이다. • 이러한 증폭 현상은 압축 하중에서는 발생하지 않기 때문에 세라믹이 압축 응력하에서는 강하다. • 세라믹 파단면의 분석은 균열을 유발하는 결함의 위치와 원인에 대한 정보를 제공한다(그림 12.29).
응력-변형률 거동	• 세라믹 재료의 응력-변형 거동 및 파괴 강도는 벤딩 시험을 통하여 결정된다. • 파단 강도는 4각 또는 원형 단면의 시편을 3점 벤딩 시험을 통하여 식 (12.7a)와 (12.7b)를 이용하여 결정한다.
소성변형 기구	• 결정질 재료의 소성변형은 전위 운동에 의하여 발생하는데, 세라믹 재료의 취성은 작동 가능한 슬립계의 수가 적은 것으로 설명된다. • 비결정질 재료의 소성변형은 점성 유동에 의하여 발생하는데, 변형에 대한 저항성을 점도로 나타낸다. 상온에서 많은 비결정질 세라믹 재료의 점도는 매우 높다.
기공의 영향	• 많은 세라믹 부품은 잔류 기공을 함유하고 있는데, 이것이 그들의 탄성 계수 및 파괴 강도에 악영향을 미친다. 　－ 탄성 계수는 식 (12.9)에 따르면 기공의 부피 분율에 따라서 감소한다. 　－ 기공의 부피 분율에 따른 파단 강도의 감소는 식 (12.10)에 나타냈다.
경도	• 세라믹 재료의 경도는 측정하기가 어렵다. 이것은 압입자가 균열을 쉽게 유발하기 때문이다. • 피라미드 형상의 압입자를 사용하는 누프 및 비커스 미소 압입법은 세라믹의 경도를 측정하는 데 사용된다. • 경도가 가장 높은 재료가 세라믹 재료군에 속하는데, 이러한 특성 때문에 세라믹 재료는 연마재로 많이 사용된다(13.6절)

식 요약

식 번호	식	용도
12.1	$\rho = \dfrac{n'(\Sigma A_C + \Sigma A_A)}{V_C N_A}$	세라믹 재료의 밀도
12.7a	$\sigma_{fs} = \dfrac{3F_f L}{2bd^2}$	사각형 단면의 막대형 시편의 굴곡 강도
12.7b	$\sigma_{fs} = \dfrac{F_f L}{\pi R^3}$	원형 단면의 막대형 시편의 굴곡 강도
12.9	$E = E_0(1 - 1.9P + 0.9P^2)$	다공질 세라믹의 탄성 계수
12.10	$\sigma_{fs} = \sigma_0 \exp(-nP)$	다공질 세라믹의 굴곡 강도

기호 목록

기호	의미
ΣA_A	화학 공식 단위 내의 모든 음이온 원자량의 합
ΣA_C	화학 공식 단위 내의 모든 양이온 원자량의 합
b, d	사각 단면을 가진 굴곡 강도 시편의 폭 및 높이
E_0	치밀한 세라믹의 탄성 계수
F_f	파단 시 인가된 하중
L	굴곡 강도 측정 시편에서 지지점 간의 거리
n	실험 상수
n'	단위정 내의 화학 공식 단위의 개수
N_A	아보가드로 수
P	기공의 부피 분율
R	봉상의 굴곡 강도 시험 시편의 반경
V_C	단위정의 부피
σ_0	치밀한 세라믹의 굴곡 강도

주요 용어 및 개념

결함 구조	양이온	팔면체 자리
굴곡 강도	음이온	프렌켈 결함
사면체 자리	전기 중성도	화학양론
쇼트키 결함	점도	

참고문헌

Barsoum, M. W., *Fundamentals of Ceramics*, CRC Press, Boca Raton, FL, 2002.

Bergeron, C. G., and S. H. Risbud, *Introduction to Phase Equilibria in Ceramics*, American Ceramic Society, Westerville, OH, 1984.

Carter, C. B., and M. G. Norton, *Ceramic Materials Science and Engineering*, 2nd edition, Springer, New York, 2013.

Chiang, Y. M., D. P. Birnie, III, and W. D. Kingery, *Physical Ceramics: Principles for Ceramic Science and Engineering*, John Wiley & Sons, New York, 1997.

Engineered Materials Handbook, Vol. 4, *Ceramics and Glasses*, ASM International, Materials Park, OH, 1991.

Green, D. J., *An Introduction to the Mechanical Properties of Ceramics*, Cambridge University Press, Cambridge, 1998.

Hauth, W. E., "Crystal Chemistry in Ceramics," American *Ceramic Society Bulletin*, Vol. 30, 1951: No. 1, pp. 5–7; No. 2, pp. 47–49; No. 3, pp. 76–77; No. 4, pp. 137–142; No. 5, pp. 165–167; No. 6, pp. 203–205. A good overview of silicate structures.

Hummel, F. A., *Introduction to Phase Equilibria in Ceramic Systems*, Marcel Dekker, New York, 1984.

Kingery, W. D., H. K. Bowen, and D. R. Uhlmann, *Introduction to Ceramics*, 2nd edition, John Wiley & Sons, New York, 1976. Chapters 1–4, 14, and 15.

Phase *Equilibria Diagrams* (for Ceramists), American Ceramic Society, Westerville, OH. In fourteen volumes, published between 1964 and 2005. Also on CD-ROM.

Richerson, D. W., *The Magic of Ceramics*, 2nd edition, American Ceramic Society, Westerville, OH, 2012.

Richerson, D. W., *Modern Ceramic Engineering*, 3rd edition, CRC Press, Boca Raton, FL, 2006.

Riedel, R., and I. W. Chen (editors), *Ceramic Science and Technology*, Vol. 1, Structure, Wiley-VCH, Weinheim, Germany, 2008.

Riedel, R., and I. W. Chen (editors), *Ceramic Science and Technology*, Vol. 2, Materials and Properties, Wiley-VCH, Weinheim, Germany, 2010.

Wachtman, J. B., W. R. Cannon, and M. J. Matthewson, *Mechanical Properties of Ceramics*, 2nd edition, John Wiley & Sons, Hoboken, NJ, 2009.

연습문제

결정 구조

12.1 세라믹 화합물을 구성하는 이온의 특성 중 결정 구조를 결정하는 두 가지 주요 특성은 무엇인가?

12.2 배위수가 6일 경우 양이온-음이온 반지름 비의 최솟값이 0.414임을 증명하라. [힌트 : NaCl 결정 구조(그림 12.2)를 이용하고, 양이온과 음이온이 입방체 모서리와 면심 대각선을 통하여 접촉한다고 가정하라.]

12.3 표 12.3에 나타낸 이온 전하와 이온 반지름을 이용하여 다음 재료의 결정 구조를 예측하라.

(a) CaO

(b) KBr

여러분의 선택을 정당화하라.

12.4 섬아연광 결정 구조는 음이온의 조밀 충진 구조로부터 만들어질 수 있다.

(a) 이 구조의 충진 순서가 FCC 또는 HCP이겠는가? 그 이유는 무엇인가?

(b) 양이온이 사면체 또는 팔면체 자리를 차지하겠는가? 그 이유는 무엇인가?

(c) 그 자리의 어느 정도 분율만큼 차지하겠는가?

12.5 베릴륨 산화물(BeO)은 O^{2-} 이온을 HCP 배열을 하여서 결정 구조를 형성하는 것이 가능할 것이다. 만약 Be^{2+} 이온 반경이 0.035 nm일 때 다음의 물음에 답하라.

(a) Be^+ 이온이 어떠한 격자 간 자리를 차지하겠는가?

(b) 격자 간 자리 중에서 Be^+ 이온이 차지하는 분율은 얼마나 되겠는가?

12.6 철 타이테네이트 $FeTiO_3$ O^{2-} 이온이 HCP 배열을 한 일메나이트(Ilmenite) 구조를 가지고 있다.

(a) Fe^{2+} 이온이 어떠한 격자 간 자리를 차지하겠는가? 그 이유는?

(b) Ti^{4+} 이온이 어떠한 격자 간 자리를 차지하겠는가? 그 이유는?

(c) 사면체 격자 간 자리가 양이온에 의해 채워진 분율은 얼마인가?

(d) 팔면체 격자 간 자리가 양이온에 의해 채워진 분율은 얼마인가?

12.7 다음 결정 구조에서 그림 3.11과 3.12에 나타낸 바와 같이 양이온과 음이온을 나타낸 그림 3.11과 3.12와 같이 각 면을 나타내 보라.

(a) 염화세슘 결정 구조에서 (100)면

(b) 입방 다이아몬드 결정 구조에서 (111)면

세라믹의 밀도 계산

12.8 Al_2O_3는 육방 대칭 결정 구조와 격자 상수 $a=0.4759$ nm, $c=1.2989$ nm인 단위정을 가진다. 이 재료의 밀도가 3.99g/cm^{3}일 때 원자 충진율을 계산하라. 이 계산에서 표 12.3에 나타낸 원자 반경을 이용하라.

12.9 NiO가 암염 구조를 가졌다고 가정하고, 이 결정의 이론 밀도를 계산하라.

12.10 실리카(SiO_2)의 결정질 상이 입방 단위정 결정 구조를 가지고, x-선 회절 분석 데이터에서 보면 단위정 모서리 길이가 0.700 nm로 얻어졌다. 만약 측정된 밀도가 2.32 g/cm^{3}라면 이 단위정 내에는 몇 개의 Si^{4+}과 O^{2-} 이온이 존재하겠는가?

12.11 표 12.3의 데이터로부터 형석 구조를 가진 CaF_2 밀도를 계산하라.

12.12 Fe_3O_4 단위정은 입방정 대칭성을 가지고 있으며, 단위정의 모서리 길이가 0.839 nm이다. 이 재료의 밀도가 5.24 g/cm^{3}이면 원자 충진 계수를 구하라. 이 계산 시에 표 12.3에 나열된 이온 반경을 사용하라.

규산염 세라믹

12.13 원자 결합의 관점에서 규산염 재료들이 상대적으로 밀도가 작은 이유를 설명하라.

탄소

12.14 다이아몬드의 이론 밀도를 계산하라. C−C 거리 및 각도는 0.154 nm와 109.5°이다. 이렇게 계산된 밀도와 실험적으로 측정된 밀도의 차이는 어떤가?

12.15 다이아몬드 입방정 결정(그림 12.16)에서 원자 충진율을 계산하라. 결합하는 각 탄소 원자들이 서로 접촉되어 있고, 인접한 원자와의 각도는 109.5°이고, 단위정 내에서 각 원자는 $a/4$만큼 떨어져 있다고 가정하라(a는 단위정 모서리의 길이).

세라믹의 결함

12.16 이온 결합 세라믹에서 음이온의 프렌켈이 상대적으로 많이 관찰되겠는가? 그 이유를 설명하라.

12.17 염화 은($AgCl$)의 350°C에서 단위 m^{3}당 프렌켈 결함의 개수를 계산하라. 결함의 형성 에너지는 1.1 eV이고, 350°C에서 AgCl의 밀도는 5.50 g/cm^{3}이다.

12.18 산화동(CuO)이 고온의 환원성 분위기에 노출되면 Cu^{2+} 이온의 일부분이 Cu^+ 이온이 될 것이다.

(a) 이 경우 전기 중성도를 만족시키기 위해 어떤 결함이 형성될 것으로 생각하는가?

(b) 각 결함을 만들기 위해 몇 개의 Cu^+ 이온이 필요한가?

(c) 이 비화학양론적 재료의 화학식을 어떻게 나타내겠는가?

12.19 MgO 재료에 첨가되었을 경우 완전 고용체를 이루는 세라믹은 어떤 것이겠는가? 그 이유를 설명하라.

(a) FeO

(b) PbO

12.20 Al_2O_3가 MgO 내에 불순물로 혼입될 때 발생하는 결함은 무엇인가? 이러한 결함을 형성하기 위해서 Al^{3+} 이온이 몇 개가 첨가되어야 하는가?

세라믹 상태도

12.21 MgO-Al_2O_3계의 상태도(그림 12.23)에서 스피넬 고용체가 상당 범위에 존재하는 것을 볼 수 있다.

이것은 50 mol% MgO−50 mol% Al_2O_3 조성 이외의 범위에서는 비화학량론이 존재한다는 것을 의미한다.

(a) Al_2O_3가 많은 영역에서 온도가 2000°C일 때 스피넬상의 최대 비화학양론 조성은 Al_2O_3가 약 82 mol%(92 wt%)이다. 이 조성에서 공공의 종류 및 그 함량을 결정하라.

(b) MgO가 많은 영역에서 온도가 2000°C일 때 스피넬상의 최대 비화학양론 조성은 Al_2O_3가 약 39 mol%(62 wt%)이다. 이 조성에서 공공의 종류 및 그 함량을 결정하라.

세라믹의 취성 파괴

12.22 다음을 간단히 설명하라.

(a) 세라믹 재료의 파괴 강도의 산포가 매우 큰 이유

(b) 시편 크기가 감소할수록 파괴 강도가 증가하는 이유

12.23 취성 재료의 인장 강도는 식 (8.1)로부터 결정할 수 있다. 70 MPa의 인장 응력하에서 유리 시편을 파단시킬 수 있는 임계 균열 선단 반지름을 계산하라. 임계 표면 균열 길이는 10^{-2} mm, 이론적 파괴 강도는 $E/10$(E는 탄성 계수)로 가정하라.

응력-변형률 거동

12.24 높이 d가 3.8 mm이고, 폭 b가 9 mm인 직사각형 형상의 스피넬($MgAl_2O_4$) 시편에 대하여 3점 굽힘 시험이 행해졌다. 지지점 간의 거리는 25 mm였다.

(a) 파단이 350 N의 하중에서 발생하였을 때 굴곡 강도를 계산하라.

(b) 시료의 중심에서 발생할 수 있는 최대 굽힘 Δy는 다음 식으로 주어진다.

$$\Delta y = \frac{FL^3}{48EI} \qquad (12.11)$$

여기서 E는 탄성 계수, I는 단면적의 관성 모멘트이다. 310 N의 하중에서 최대 굽힘 Δy를 계산하라.

12.25 3점 굽힘 시험이 알루미나 시편에 행해졌다. 봉상 시편의 반경은 5.0 mm이고, 지지점 간의 거리가 40 mm인 조건에서 시료의 파단이 3000 N에서 발생하였다. 동일 재료의 다른 시편은 모서리 길이가 15 mm인 정사각형 단면을 가지는 시편을 이용하여 굽힘 시험을 실시하였다. 지지점 간의 거리가 40 mm일 때 이 시편의 파단 응력을 계산하라.

소성변형 기구

12.26 세라믹 재료가 금속보다는 단단하지만 취약한 이유를 한 가지만 설명하라.

기타 기계적 고려 사항

12.27 5 vol% 기공을 함유하고 있는 티탄 카바이드(TiC)의 탄성 계수가 310 GPa이다.

(a) 이 재료가 기공을 함유하지 않을 때 이 재료의 탄성 계수를 계산하라.

(b) 기공률이 얼마일 때 이 재료의 탄성 계수가 240 GPa이 되겠는가?

12.28 다음 표의 재료 데이터를 이용하여 다음을 계산하라.

σ_{fs}(MPa)	P
70	0.10
60	0.15

(a) 기공을 포함하지 않는 재료의 굴곡 강도를 계산하라.

(b) 기공의 부피 분율이 0.20일 때 굴곡 강도를 계산하라.

설계문제

결정 구조

12.D1 갈륨 비소(GaAs) 및 인디움 비소(InAs)는 모두 섬아연광 결정 구조를 가지고 있고, 상호 전율 고용체를 형성한다. 고용체의 단위정 모서리 길이가 0.5820 nm가 될 수 있도록 GaAs 내에 첨가해야 할 InAs의 함량을 계산하라. GaAs와 InAs의 밀도는 각각 5.316 g/cm³와 5.668 g/cm³이다.

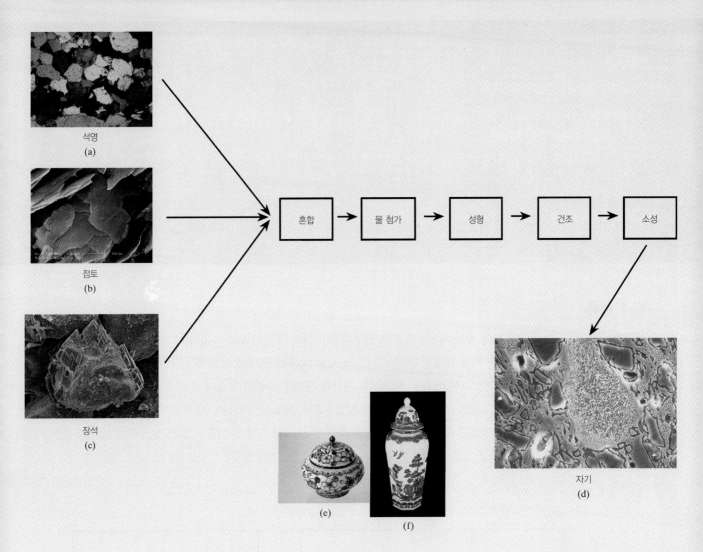

석영
(a)

점토
(b)

장석
(c)

혼합 → 물 첨가 → 성형 → 건조 → 소성

자기
(d)

(e)

(f)

위 사진들은 자기 제품의 주요 구성 요소인 (a) 석영, (b) 점토 (c) 장석의 미세조직을 보여 주고 있다. 자기 제품을 제조하기 위해서는 이들 핵심 구성 요소를 적정 비율로 혼합하고, 물을 첨가하며, 원하는 형상으로 성형(이장 주입 또는 수가소성 성형)한다. 건조 과정에서 대부분의 물이 제거되고, 강도와 다른 요구되는 특성을 부여하기 위해서 고온에서 소성된다. 자기 제품의 장식은 표면에 유약을 바르는 것으로 이루어진다. (d) 소성된 자기 제품의 주사 전자현미경 사진. (e)와 (f)는 소성된 자기 예술품

[출처 : (a) courtesy Gregory C. Finn, Brock University, (b) : Hefa Cheng and Martin Reinhard, Stanford University, (c) : Martin Lee, University of Glasgow, (d) : H. G. Brinkies, Swinburne University of Technology, Hawthorn Campus, Hawthorn, Victoria, Australia, (e) : © Maria Natalia Morales/iStockphoto, (f) : © arturoli/iStockphoto.]

세라믹 재료의 응용과 공정이 재료의 경도, 취성 및 높은 용융점과 같은 기계적, 열적 특성에 의하여 좌우된다는 것을 아는 것이 중요하다. 예를 들면 세라믹 부품들은 전통적인 금속 성형 공정(제11장) 을 통하여 제조하는 것이 곤란하다. 이 장에서 소개하는 바와 같이 분말을 충진/성형하고 고온에서 소성(열처리) 과정을 통해 제조된다.

학습목표

이 장을 학습한 후에는 다음 내용을 숙지할 수 있어야 한다.

1. 유리-세라믹 재료를 제조하는 데 사용되는 공정 설명
2. 점토 제품의 두 종류 및 각각에 대한 예
3. 내화 세라믹 재료와 연마 세라믹 재료가 만족해야 하는 중요한 세 가지 요구 사항
4. 물이 첨가되었을 때 시멘트가 고화되는 메커니즘
5. 이 장에서 논의된 세 가지 형태의 탄소 이름을 대고, 이들의 두 가지 특징적인 현상을 설명

6. 유리 부품을 제조하는 데 사용되는 네 가지 성형 방법과 그 공정에 대한 설명
7. 유리 부품의 열 템퍼링하는 과정에 대한 설명
8. 점토 기반 세라믹 제품을 건조하고 소성하는 과정에서 발생하는 현상에 대한 설명
9. 세라믹 입자들을 소결하는 과정에 대해서 설명하고 모식적으로 나타내기

13.1 서론

앞 장의 재료 특성편에서 언급하였듯이 금속과 세라믹의 물리적 특성에는 큰 차이가 있다. 따라서 이들 재료는 완전히 다른 용도에 이용되고, 상호 보완적으로 사용된다. 물론 폴리머 재료와도 보완적이다. 대부분의 세라믹 재료는 다음의 용도에 따른 분류의 범주에 속하는데 분류 그룹은 유리, 구조용 점토 제품, 백자, 내화물, 연마재, 시멘트, 생체 세라믹, 탄소, 그리고 새롭게 개발된 첨단 세라믹 재료이다. 그림 13.1은 이들 재료를 분류하여 나타낸 것인데, 이들 일부 재료에 대해서 이 장에서 소개할 예정이다.

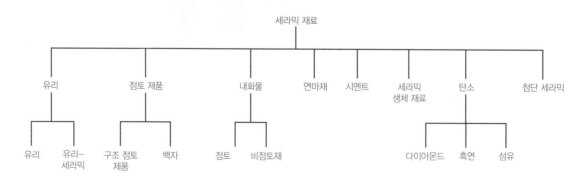

그림 13.1 용도에 따라 분류한 세라믹 재료

세라믹의 종류와 응용

13.2 유리

용기, 유리창, 렌즈, 유리섬유 등에 사용되는 유리는 가장 친숙한 세라믹들이다. 앞에서 언급하였듯이 이들은 비정질 규산염인데, 유리의 특성에 영향을 미치는 CaO, Na$_2$O, K$_2$O, Al$_2$O$_3$ 등의 다른 산화물을 함유하고 있다. 소다-석회 유리는 약 70 wt% SiO$_2$를 차지하고, 나머지는 Na$_2$O(소다)와 CaO(석회)이다. 일반적인 유리 제품의 화학 성분을 표 13.1에 나타내었다. 이 재료의 두 가지 장점은 광학적으로 투명한 점과 쉽게 제조할 수 있다는 점이다.

13.3 유리-세라믹

유리-세라믹

결정화

대부분의 무기질 유리-세라믹(glass-ceramic) 재료는 비정질 상태의 재료를 적절한 고온 열처리 과정을 통하여 결정질 재료로 제조하고 있다. 이러한 과정을 결정화(crystallization)라고 부르고, 이 과정을 통하여 얻어진 미세 결정 구조를 가진 다결정 재료를 유리-세라믹이라고 부른다. 이러한 미세한 유리-세라믹 결정을 형성하는 과정은 핵생성 및 성장 단계를 포함한 상 변태 과정으로 볼 수도 있다. 따라서 결정화 속도는 10.3절에 나타낸 금속의 상 변태에 적용된 동일한 원리를 이용하여 설명하는 것이 가능하다. 예를 들면 온도 및 시간에 따른 상 변태 속도는 항온 변태 및 연속 냉각 변태 다이어그램(10.5절 및 10.6절)을 이용하여 나타내는 것이 가능하다. 루나 유리(lunar glass)의 결정화에 대한 연속 냉각 변태 다이어그램을 그림 13.2에 나타내었다. 여기서 변태의 시작 및 끝을 나타내는 곡선은 그림 10.26

표 13.1 일부 상업용 유리 제품의 조성 및 특성

유리 종류	조성 (wt%)						특성 및 적용
	SiO$_2$	Na$_2$O	CaO	Al$_2$O$_3$	B$_2$O$_3$	기타	
용융 실리카	>99.5						고융점, 저열팽창 계수 (열충격 저항성)
96% 실리카 (바이코)	96				4		열충격 및 화학적 저항성이 우수 : 실험실 용기
보로실리케이트 (파이렉스)	81	3.5		2.5	13		열충격 및 화학적 저항성이 우수 : 오븐 용기
소다-석회 (용기)	74	16	5	1		4 MgO	저융점, 가공용이, 내구성 우수
유리섬유	55		16	15	10	4 MgO	섬유로 제작 용이 : 유리-레진 복합 재료
납유리	54	1				37 PbO, 8 K$_2$O	고밀도와 높은 굴절률 : 광학렌즈
유리-세라믹 (파이로세럼)	43.5	14		30	5.5	6.5 TiO$_2$, 0.5 As$_2$O$_3$	제조 용이, 고강도, 높은 열충격성 : 오븐 용기

그림 13.2 루나 유리의 결정화 반응에 대한 연속 냉각 변태 곡선(35.5 wt% SiO_2, 14.3 wt% TiO_2, 3.7 wt% Al_2O_3, 23.5 wt% FeO, 11.6 wt% MgO, 11.1 wt% CaO) 여기에 2개의 냉각 곡선 1과 2를 넣었다.
(출처 : Elsevier 허가로 *Glass: Science and Technology*, Vol. 1, D. R. Uhlmann and N. J. Kreidl (Editors), "The Formation of Glasses," p. 22, 1983에서 복사 사용함)

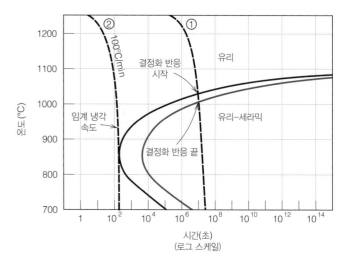

에 나타낸 철-탄소 합금의 공석 조성의 변태 곡선과 그 형태가 유사하다. 또한 이 그림에 연속 냉각 곡선이 2개가 표시되어 있는데, 곡선 '2'가 곡선 '1'에 비하여 냉각 속도가 크다. 이 그림에서 곡선 '1'로 표시되어 있는 냉각 곡선이 상부 커브와 교차하는 지점에서 먼저 결정화가 시작되고, 온도가 감소하고 시간이 증가함에 따라서 결정화도가 진전된다. 냉각 곡선이 하부 커브와 교차하여 더욱 온도가 감소하게 되면, 유리질 재료의 결정화가 완료되는 것이다. 다른 냉각 곡선인 곡선 '2'는 결정화 시작 곡선의 코 앞부분을 지나가고 있다. 이것이 임계 냉각 속도를 나타내고 있는데(이 유리 재료의 경우는 100°C/분), 이 냉각 속도는 최종 상온으로 냉각되었을 때 재료가 100% 유리질을 얻기 위한 최소 냉각 속도이다. 이 냉각 속도보다 실제 냉각 속도가 느리면 재료 내에는 일부의 유리-세라믹이 포함되게 된다.

대부분 유리질의 핵 생성을 촉진하기 위해서 핵 생성제(대부분 산화 티탄)가 첨가되는 것이 일반적이다. 이와 같은 핵 생성제를 첨가하면 변태의 시작 및 끝을 나타내는 커브가 왼쪽으로 이동하여 핵 생성이 개시되는 시간이 감소하게 된다.

유리-세라믹의 특성 및 용도

유리-세라믹 재료는 상대적으로 높은 기계적 강도, 낮은 열팽창 계수(열충격을 방지하기 위해), 상대적으로 높은 온도까지 사용성, 우수한 유전 특성(전자 패키징용), 그리고 우수한 생물학적 상용성 등과 같은 특성으로 설계되었다. 일부 유리-세라믹 재료는 광학적으로 투명한데 대부분은 불투명하다. 아마 유리-세라믹 재료의 가장 우수한 특성은 제조가 용이하다는 점이다. 즉 이 재료는 전통적인 유리 성형 공정을 이용하여 기포가 없는 제품을 제조하는 것이 가능하다.

유리-세라믹 재료는 Pyroceram, CorningWare, Cercor, Vision 등의 상표 이름으로 상품 생산되고 있다. 이들 제품은 오븐 요리용 내열 식기, 식탁용 식기, 오븐용 유리, 레인지용 그릇 등에 많이 사용되는데, 기계적 강도가 우수하고 열충격에 대한 저항성이 우수하기 때문이다. 이들 재료는 인쇄기판의 전기 절연체 및 기판으로 사용되기도 하고, 건축 자재의 클래

그림 13.3 유리-세라믹 재료의 미세구조 전자현미
경 사진. 길고, 침상, 잎새 형상의 상이 재료의 강도나
인성을 크게 향상한다. 40,000×

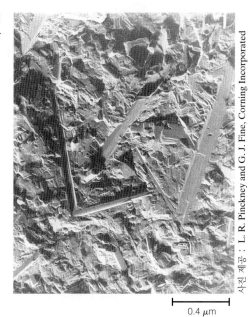

0.4 μm

사진 제공 : L. R. Pinckney and G. J. Fine, Corning Incorporated

딩, 열교환기 및 열재생기에 사용된다. 표 13.1에 대표적인 유리-세라믹을 제시하였으며, 그
림 13.3에는 유리-세라믹 재료의 미세구조를 보여주는 전자현미경 사진을 제시하였다.

개념확인 13.1 유리-세라믹이 광학적으로 투명하지 않은 이유에 대하여 간단하게 설명하라. 힌트 : 제
21장 참조

[해답은 *www.wiley.com/go/Callister_MaterialsScienceGE* → **More Information** → **Student**
Companion Site 선택]

13.4 점토 제품

세라믹 원료 중에서 가장 많이 사용되는 것이 점토이다. 이 값싼 재료는 자연 상태로 존재하
고, 채굴한 상태 그대로 사용되는 경우가 많다. 이 재료가 많이 사용되는 또 하나의 이유 중
하나는 이 재료를 물과 적정한 비율로 섞었을 때 원하는 제품 형태로의 성형이 용이하다는
점이다. 이렇게 성형된 부품은 일부 수분을 건조시킨 후 고온에서 소성하여 기계적 강도를
부여하게 된다.

점토를 이용한 대부분의 제품은 **구조 점토 제품**(structural clay products)과 **백자**(whitewares)
의 두 가지 제품군으로 대별된다. 구조 점토 제품은 벽돌, 타일, 하수구 파이프 등으로 구조
적인 일체성이 중요한 부분에 사용된다. 백자 세라믹은 고온 소성(firing) 후에 흰색으로 변
화한다. 이 제품군에는 도자기, 식기, 접시, 화장실 도기 등이 있다. 이들 제품에는 점토 이
외에 다른 첨가물이 첨가되는데, 이것은 건조 및 소성 과정 중에 영향을 미쳐서 최종 제품의
특성을 결정한다(13.2절 참조).

구조 점토 제품
백자
소성

13.5 내화물

내화 세라믹

많은 양이 사용되는 세라믹 중 또 한 가지 중요한 것은 내화 세라믹(refractory ceramic)이다. 이러한 재질의 특징은 가혹한 분위기에 노출되었을 때 반응하지 않고 불활성 상태로 있으며, 고온에서 용융되거나 분해되지 않는다는 점이다. 열을 차폐하고, 응력을 지탱하고, 열충격(빠른 온도 변화에 의한 파손)에 견딜 수 있다는 점 또한 중요한 특성이다. 대표적인 적용처는 철강, 알루미늄, 구리를 포함한 다양한 금속 재료를 정련하기 위한 용광로 및 제련로의 내벽, 유리 및 금속 재료의 열처리 로, 시멘트 킬른, 그리고 발전소이다.

물론 내화 세라믹의 성능은 성분에 따라 좌우된다. 대부분의 내화물은 자연 상태의 재료를 사용하여 제조하는 것이 일반적인데, 이들 재료로는 SiO_2, Al_2O_3, MgO, CaO, Cr_2O_3, ZrO_2 등이 있다. 성분으로 분류를 하면 **점토** 및 **비점토** 내화물로 분류한다. 상업적인 내화물의 화학 성분을 표 13.2에 나타내었다.

점토 내화물

점토 내화물(clay refractory)은 내화점토 내화물과 고알루미나(high-alumina) 내화물로 구분한다. 내화점토 내화물의 주요 성분은 고순도 내화 점토-알루미나 및 실리카의 혼합물로서 대개 25~45 wt%의 알루미나를 함유한 조성이다. 그림 12.25 SiO_2-Al_2O_3 상태도에서 보면 액상이 생성되지 않는 최고 온도는 1587°C이다. 이 온도 이하에서 존재하는 평형상은 뮬라이트(mullite)와 실리카[크리스토발라이트(cristobalite)]이다. 실제 내화물로 사용될 때는 약간의 액상이 존재하여도 그 기계적 통일성에는 크게 영향을 미치지 않는다. 1587°C 이상에서 액상 분율은 내화물 성분에 따라 변화한다. 알루미나의 함량을 증가시키면 액상의 생성량을 감소시켜 사용 온도를 증가시키는 것이 가능하다.

고알루미나 내화물의 주요 성분은 보크사이트로서 주요 성분이 알루미늄 수화물 $Al(OH)_3$와 카올리나이트 점토 조성의 자연 상태에서 형성된 광물인데, 알루미나의 함량이 50~87.5 wt% 범위로 변화한다. 이 재료는 내화점토 내화물보다 높은 온도까지 강도를 유

표 13.2 통상적으로 사용되는 다섯 가지 세라믹 내화 재료의 조성

내화물 종류	조성(wt%)					
	Al_2O_3	SiO_2	MgO	Fe_2O_3	CaO	기타
내화점토	25~45	70~50	<1	<1	<1	1~2 TiO_2
고알루미나 내화점토	50~87.5	45~10	<1	1~2	<1	2~3 TiO_2
실리카	<1	94~96.5	<1	<1.5	<2.5	
페리클레이스	<1	<3	<94	<1.5	<2.5	
초고함량 알루미나	87.5~99+	<10	—	<1	—	<3 TiO_2
지르콘	—	34~31	—	<0.3	—	63~66 ZrO_2
실리콘 카바이드	12~2	10~2	—	<1	—	80~90 SiC

지하기 때문에 좀 더 가혹한 조건에서 사용된다.

비점토 내화물

비점토 내화물의 원재료는 점토 광물이 아닌 다른 재료이다. 이러한 내화물에 해당하는 것이 실리카, 페리클레이스(periclase), 초고함량 알루미나(extra-high alumina), 지르콘, 실리콘 카바이드 재료이다.

실리카 내화물은 산성 내화물(acid refractories)이라고도 하는데, 주요 성분은 실리카이다. 이 재료는 고온에서의 내력 성능(load-bearing capacity)이 우수하여 철강과 유리 제조용 노(furnace)의 둥근 천장 벽에 주로 사용된다. 이 재료의 최고 사용 온도는 1650℃ 정도이다. 이 온도에서 벽돌의 일부분은 액상으로 존재한다. 약간의 알루미나가 불순물로 존재하여도 이 내화물 성능에 악영향을 미치는데, 이것은 그림 12.25의 실리카-알루미나 상태도로부터 설명될 수 있다. 공정 조성(7.7 wt% Al_2O_3)이 상태도상의 실리카 쪽에 가깝게 있기 때문에 약간의 Al_2O_3 불순물이 액상 온도를 크게 낮추게 된다. 즉 1600℃ 이상에서 상당량의 액상이 존재하는 것을 의미한다. 따라서 알루미나 함량은 최소화하되 대개 0.2~1.0 wt% 이내로 유지한다. 이들 내화물은 실리카가 많은 슬래그[산성 슬래그(acid slag)]에 저항성이 커서 이들을 담는 용기로 사용되기도 한다. 그러나 CaO, MgO의 함량이 많은 슬래그[염기성 슬래그(*basic slag*)]에는 쉽게 침식을 당하므로 이들과는 접촉을 피해야 한다.

페리클레이스(periclase, 산화 마그네슘의 광물 MgO)와 크롬 광물 또는 이 광물의 혼합물을 염기성이라 하는데, 칼슘, 크롬, 철 화합물을 포함하기도 한다. 실리카가 존재할 경우 이들 재료의 고온 성능을 떨어뜨린다. 염기성 내화물은 MgO의 함량이 많은 슬래그 침식에 대한 저항성이 우수하여, 염기성 산소 공정(basic oxygen process, BOP)에 의한 제강 공정 및 전기로에 많이 사용된다.

초고함량 알루미나 내화물은 알루미나의 농도가 87.5에서 99+wt% 범위의 높은 알루미나 농도를 가진다. 이들 재료는 1800℃ 이상의 높은 온도에 노출되어도 액상의 형성이 없고, 열충격에 매우 강하다. 이들 재료는 유리 제조를 위한 로, 철계 주물 제작용 로, 소각로 및 세라믹 킬른의 라이닝으로 사용된다.

비점토 내화물로서는 지르콘 광물 또는 지르코늄 실리케이트($ZrO_2 \cdot SiO_2$)가 있는데, 상업적으로 사용되는 내화물의 조성 범위는 표 13.2에 나타내었다. 지르콘은 용융된 유리가 고온에서 유도하는 부식 특성에 저항성이 가장 우수한 특성을 나타내는 재료이다. 또한 지르콘은 고온에서 기계적 특성이 상대적으로 우수하며, 열충격 및 크리프에 대한 저항성이 우수하다. 이 재료의 대표적인 적용 분야는 유리 용융로의 축로이다

실리콘 카바이드(SiC)는 모래와 코크스(coke)를[1] 전기로의 고온(2200~2480℃ 범위)에서 반응시켜 소위 반응 소결(reaction bonding)법으로 제조되는 내화물이다. 모래는 실리콘 그리고 코크스는 탄소의 원료이다. SiC는 고온에서 하중 지탱 능력이 우수하며, 매우 높은 열전도율을 가지고 있고, 빠른 온도 변화에 의하여 발생할 수 있는 열충격 저항성이 매우 높

---

1 코크스는 산소가 결핍된 로에서 석탄을 가열하여 모든 휘발성 불순물이 제거하여 제조된다.

그림 13.4 세라믹 내화물로 내벽이 구성된 고온용로에서 용융된 강을 제거하는 작업자의 모습

다. SiC의 주요 용도는 세라믹 부품이 소성되는 킬른로의 내화재이다.

탄소와 흑연은 내화성이 매우 우수하나 산화에 대한 저항성이 낮아서 800℃ 이상의 온도에서 사용하는 데 제약을 받는다.

세라믹 내화물은 쉽게 설치하고 경제적으로 이용될 수 있도록 미리 성형된 형태로 제공된다. 미리 성형된 형태로는 벽돌, 도가니와 로의 구조물 부품이다.

통째로 만들어지는 내화물(monolithic refractories)은 분말 또는 가소성 물체의 형태로 판매되는데 현장에서 주조(cast), 틀에 붓거나(poured), 펌프하거나(pumped), 스프레이 또는 진동 방식으로 설치한다. 통째 내화물은 모르타르, 플라스틱, 캐스터블(castable), 래밍(ramming)과 패칭(patching) 등이 있다.

그림 13.4는 세라믹 내화물이 라이닝되어 있는 고온로에서 용융된 철강 샘플을 꺼내고 있는 모습이다.

개념확인 13.2 SiO$_2$-Al$_2$O$_3$ 상태도(그림 12.25)를 참조하여 아래의 성분 중에서 내화물로서 적합한 것이 어떤 것인지를 설명하라.

20 wt% Al$_2$O$_3$-80 wt% SiO$_2$

25 wt% Al$_2$O$_3$-75 wt% SiO$_2$

[해답은 *www.wiley.com/go/Callister_MaterialsScienceGE* → More Information → Student Companion Site 선택]

13.6 연마재

연마재용 세라믹

연마재용 세라믹(abrasive ceramic, 분말 형태)은 상대적으로 연한 재료를 마모, 연마, 절삭하는 데 사용된다. 연마 작용은 연마재가 압력이 가해진 상태에서 연마되는 표면을 문지르면서 표면이 닳기 때문에 발생한다. 따라서 이들 재료에서 중요한 특성은 경도와 마모 저항이고, 대부분의 연마 재료는 모스(Mohs) 경도가 최소 7 이상이 되어야 한다. 또한 연마 중

에 쉽게 파괴되지 않을 정도의 파괴 인성을 가져야 한다. 또한 연마 시 마찰열에 의하여 상당히 고온까지 도달하기 때문에 약간의 내화성이 요구된다. 연마재의 주요 사용 용도로는 연마, 미세 연마, 래핑(lapping), 구멍 가공, 절단, 버핑(buffing)과 샌딩(sanding)이다. 많은 제조업과 첨단 산업이 이들 재료를 사용한다.

연마 재료는 자연산과 인조 재료로 구분되는데, 일부 재료(다이아몬드)는 두 분류에 속한다. 자연산 연마 재료는 다이아몬드, 금강사(산화 알루미늄), 에머리(불순물을 포함한 강옥), 가넷, 칼사이트(칼슘 카보네이트), 퓨미스(pumice), 철단(rouge, 철산화물), 모래가 있다. 인조 연마 재료로는 다이아몬드, 금강사, 보라존(입방 질화붕소, CBN), 카보런덤(탄화규소), 지르코니아-알루미나, 질화 보론 등의 재료가 있다. 이렇게 경도가 매우 높은 인조 연마 재료(예 : 다이아몬드, 보라존과 탄화 보론)는 슈퍼연마재로 불리기도 한다. 이들 연마재의 적용은 연마하고자 하는 재료, 크기 및 형태, 그리고 최종 제품 마무리에 따라서 변화하게 된다.

연마 속도와 표면 거칠기는 몇 가지 인자에 의하여 좌우되는데,

- 연마재와 연마되는 재료의 경도 차이. 경도차가 클수록 절단이 빠르고 깊게 발생한다.
- 입도. 입도가 클수록 연마가 빨리 발생하고 연마된 면이 거칠어진다. 입도가 작은 연마재가 평탄하고 잘 연마된 면을 만든다. 또한 모든 연마재는 입도 크기가 어느 정도 분포를 가진다. 연마재의 평균 입도는 작은 크기는 1 μm에서 큰 크기는 2 mm(2000 μm) 정도까지 다양하다.
- 연마재와 연마 표면 간의 접촉력이 클수록 연마 속도가 빨라진다.

연마재는 세 가지 형태로 사용되는데, 점결된 연마재(bonded abrasive), 코팅된 상태, 분말 상태이다.

- 점결된 연마재는 입자가 기지에 삽입되어 있는 상태로 휠(분쇄, 연마, 절단 휠)에 결합된 것으로 연마는 휠을 회전시켜 얻어지게 된다. 레진 점결된 재료는 유리질 세라믹, 폴리머 레진, 셸락(니스를 만드는 데 쓰이는 천연수지), 고무를 포함하고 있다. 표면 미세구조에는 일부 기포를 포함하고 있어서, 이 기포를 통하여 공기나 액체 냉매가 연속적으로 흐르게 하여 연마 입자가 과도하게 가열되는 것을 방지한다. 그림 13.5는 점결된 연마재의 미세구조를 보여 주고 있는데, 연마재 입자, 점결제 및 기공을 볼 수 있다. 점결된 연마재는 콘크리트, 아스팔트, 금속 및 시편 절단용 휠, 그리고 분쇄, 숫돌, 이물질 제거용 휠에 사용된다. 그림 13.6은 자동차의 클러치 라이닝 압력판으로서 연삭 숫돌(grinding wheel)에 의해 연마되고 있다.
- 코팅된 연마재는 옷감이나 종이 지지체의 표면에 접착제를 위해서 고착되어 있는 형태인데, 가장 친숙한 예가 샌드페이퍼(sandpaper)이다. 통상적으로 지지체로서는 종이, 레이온, 무명, 폴리에스터, 나일론과 같은 여러 옷감 등이 사용되고, 이들 지지체는 유연할 수도 있고 딱딱할 수도 있다. 폴리머 재료가 연마 입자와 지지체를 접합시키는 접착제로 사용되는데 페놀, 에폭시, 아크릴, 아교 등이 사용된다. 알루미나, 알루미나-지

그림 13.5 알루미나가 접착된 세라믹 연마재의 광학 미세조직. 흰색 부분은 알루미나 연마재 입자이고, 어두운 부분은 접착제 및 기공이다. 100×

(출처 : W. D. Kingery, H. K. Bowen, and D. R. Uhlmann, *Introduction to Ceramics*, 2nd edition, p. 568. Copyright © 1976 by John Wiley & Sons. John Wiley & Sons, Inc. 허가로 복사 사용함)

100 μm

르코니아, 실리콘 카바이드, 가넷과 슈퍼 연마재들이 연마 입자로 사용된다. 이와 같이 코팅된 연마재는 연마 벨트, 휴대용 연마 공구, 그리고 목재, 안과 도구, 유리, 플라스틱, 보석 및 세라믹 재료의 래핑 도구에 사용된다.

• 연마, 래핑, 폴리싱 휠은 일부 연마 입자를 사용하는 경우가 있는데, 이 경우 이들 입자는 오일 또는 수계 용액으로 연마면으로 도입된다. 이 경우 연마 입자는 결합되어 있지 않고 연마면 표면에서 구르거나 미끄러지게 되는데, 이들 입자의 크기는 마이크론 또

그림 13.6 세라믹 연마숫돌로 연마되는 자동차용 클러치 라이닝 압력판

는 그 이하 크기인 것이 일반적이다. 이와 같이 결합되지 않은 연마 입자는 고정밀 표면 마무리를 하는 데 사용된다. 래핑과 폴리싱의 목적은 서로 다르다. 폴리싱은 표면 거칠기를 줄이는 것이고, 래핑은 평탄한 물체의 평탄도 또는 볼의 구형도와 같이 제품 형태의 정확도를 개선하는 것이다. 이와 같이 결합되지 않은 연마 입자를 이용한 연마 적용 예는 기계적 실(mechanical seal), 보석시계 베어링, 자기 기록 헤드, 전자 회로 기판, 자동차 부품, 수술 장치 및 광 파이버 커넥터 등이다.

4.10절에서 논의한 바와 같이 점결된 연마재(절단 톱), 코팅된 연마재, 그리고 연마재 분말이 미세구조를 관찰하기 위한 시편의 절단, 연마 및 미세 연마에 사용된다.

13.7 시멘트

시멘트

몇 개의 세라믹 재료 중 무기질 시멘트(cement)로 분류되는 시멘트, 석고, 석회석 등은 대량 생산되고 있다. 이들 재료의 특징은 물과 혼합하면 죽처럼 된 후 경화된다는 점이다. 이 재료의 장점은 어떠한 형태도 매우 빠르게 성형될 수 있다는 것이다. 시멘트 재료 성분 중의 하나가 결합제로 작용하여 입자들을 화학적으로 결합시켜 하나의 일체화된 구조가 되도록 한다. 시멘트는 점토 제품과 일부의 내화 벽돌 소성 시에 사용되는 유리질 결합상(glassy bonding phase)과 유사한 역할을 한다. 그러나 중요한 차이점은 시멘트는 상온에서 결합제 역할을 한다는 점이다.

이들 재료 중 포틀랜드 시멘트(Portland cement)가 가장 많이 사용되고 있다. 이 재료는 점토와 석회석을 포함한 광물을 적당한 비율로 섞은 후 약 1400°C로 회전식 가마(rotary

배소

kiln)에서 가열하여 제조되는데, 이 과정을 배소(calcination)라고 한다. 이 과정에서 원재료에 물리적·화학적 변화가 일어나게 된다. 여기서 생성된 '클링커(clinker)'를 미세한 분말로 밀링한 후 석고($CaSO_4$-$2H_2O$)를 섞어서 경화 과정을 지연시킨다. 이 제품이 바로 포틀랜드 시멘트이다. 포틀랜드 시멘트의 특성인 경화 시간, 최종 강도는 성분에 많은 영향을 받는다.

포틀랜드 시멘트에는 여러 가지 성분이 있는데, 중요한 것은 $3CaO$-SiO_2와 $2CaO$-SiO_2이다. 이 재질은 시멘트 성분과 물을 혼합할 때 발생하는 상당히 복잡한 수화 반응에 의하여 경화된다. 예를 들면 $2CaO$-SiO_2가 참여하는 수화 반응의 한 가지는 다음과 같다.

$$2CaO\text{-}SiO_2 + xH_2O \rightarrow 2CaO\text{-}SiO_2\text{-}xH_2O \tag{13.1}$$

여기서 x는 얼마나 많은 물이 반응하는지에 따라서 변화한다. 이러한 수화 반응은 복잡한 겔(gel) 형태 또는 결정 형태인데, 이들이 시멘트 결합을 한다. 수화 반응은 물이 시멘트에 첨가되면 바로 진행된다. 이러한 현상은 고화 반응으로 나타나는데(즉 반죽이 딱딱해짐), 혼합 후 수 시간 내에 발생한다. 경화 과정은 수화 반응이 진행됨에 따라서 발생하는데, 이것은 상대적으로 느린 과정으로 대개 수년 동안 지속된다. 여기서 강조되어야 할 것은 시멘트의 경화는 물의 건조에 의한 것이 아니라 물의 수화 반응 참여에 의하여 발생한다는 점이다.

포틀랜드 시멘트는 수성 시멘트(hydraulic cement)라고 하는데, 시멘트의 경도가 물과의 화학 반응에 의하여 증가하기 때문이다. 이것은 모르타르나 콘크리트에 사용되어 자갈 또는 모래와 같은 입자들을 서로 결합시켜 하나의 형체로 만드는 데 이용된다. 따라서 이들은 복합 재료(16.2절 참조)로 취급되기도 한다. 석회석과 같이 비수성 시멘트의 경우에서는 경화 과정에 물 이외의 다른 화합물(예 : CO_2)이 관여한다.

개념확인 13.3 시멘트를 미세한 분말로 분쇄하는 것이 왜 중요한지에 대하여 설명하라.

[해답은 *www.wiley.com/go/Callister_MaterialsScienceGE* → More Information → Student Companion Site 선택]

13.8 세라믹 생체 재료

세라믹 재료는 생체 재료로도 많이 사용된다. 세라믹 재료의 화학적 비활성(inertness), 경도, 마모 저항 및 낮은 마찰 계수들이 생체 재료로서 우수한 특성인 데 비해, 이 재료의 가장 불리한 특성은 취성 파괴 특성(파괴 인성값이 낮은 것)이다. 생체 세라믹 재료는 임플란트에 많이 사용되는데 결정질 산화물 재료, 유리, 그리고 유리-세라믹 재료가 주로 사용된다. 아래는 세라믹 생체 재료의 주요 적용 예이다.

- 매우 비활성이고 비반응성 세라믹인 고순도 치밀 알루미나는 인공 엉덩이 보철물과 같이 하중을 지탱하는 정형외과 용도(뼈의 부상을 동반하는)에 사용된다. 기공도가 높은 알루미나는 뼈 교정 및 치유 과정을 돕기 위해서 사용된다. 임플란트는 구조적 골격 역할을 하여 새로운 뼈 조직이 성장하여 기공 내부로 침투할 수 있도록 한다.
- 이트리어에 부분 안정화된 지르코니아(정방형 결정 구조), Y-TZP(yittria tetragonal zirconia polycrystal)라 불리는 재료는 일부 정형 외과 및 치과 용도에 사용된다. 일부 엉덩이 뼈 대체용 인공 대퇴골 머리에는 고순도 치밀 알루미나에 작은 Y-TZP[2] 입자가 첨가된 재료가 사용된다. 이 Y-TZP 재료는 치과 복구 재료(예 : 치과 크라운)에 사용된다.
- 일부 유리 및 유리-세라믹 재료가 사람 체내에 삽입되면 이들 재료의 표면은 주변 조직(대개 뼈)과 상호 작용하여 결합한다. 이러한 계면 결합은 기계적으로 매우 강하여, 조직 또는 임플란트 세라믹의 강도와 유사하거나 강하다. 따라서 이러한 유리/유리-세라믹은 다른 재료의 표면에 코팅되어 조직과의 결합을 촉진시키는 방법으로 사용되고 있는데, 예를 드면 일부 금속 재료로 만든 정형 및 치과 임플란트의 표면에 코팅 재료 사용된다.
- 일부 뼈의 부상 치료 과정에서 점진적으로 침투하여 원래의 뼈를 대체하는 재료를 임플란트하는 것이 바람직하다. 이 임플란트 재료는 궁극적으로 녹아서 체내 숙주에 흡수

---

2 이 재료는 16.10절에 나타낸 변태 강화(transformation toughening) 현상의 결과로 상대적으로 파괴 인성이 높다.

된다. 이러한 재흡수가 가능한 재료로는 두 가지 종류의 칼슘 포스페이트 재료가 사용되는데, 트리칼슘 포스페이트(tricalcium phosphate, $[Ca_3(PO_4)_2]$와 하이드록시 아파타이트 $[Ca_{10}(PO_4)_6(OH)_3]$가 있다.[3] 이러한 재흡수가 가능한 세라믹 재료는 주로 다공질 뼈 이식 용도에 사용되는데, 이는 뼈 손실 또는 뼈 골절 치료를 조력하는 용도이다. 이들 재료는 임플란팅이 가능한 약 전달 시스템에 사용되기도 한다

13.9 탄소 재료

12.4절에서 탄소의 동질이상체인 다이아몬드와 흑연의 결정 구조에 대해서 설명하였다. 또한 탄소 섬유로도 제조되고 있다. 이 절에서는 탄소 재료의 구조, 주요 특성, 그리고 주요 적용 용도에 대해서 소개할 예정이다.

다이아몬드

다이아몬드의 물리적 성질은 매우 매력적이다. 화학적으로 매우 불활성적이고, 다양한 부식 매질에 대한 저항성이 우수하다. 알려진 모든 재료 중에서 다이아몬드는 경도가 가장 높은데, 이것은 원자 간의 결합이 강력한 sp^3 결합이기 때문이다. 이 재료의 마찰 계수 또한 가장 낮은 수준이다. 다이아몬드의 열 전도율은 매우 높고, 전기적 특성도 우수하며, 광학적으로는 가시광 영역과 적외선 영역에 대해서 높은 투과도를 가지는데, 실제로 모든 재료 중에서 투과 영역이 가장 넓은 재료이다. 단결정 재료의 높은 굴절률과 광학적 광택은 다이아몬드를 가장 비싼 보석으로 만드는 원인이 된다. 다이아몬드의 일부 중요한 특성과 다른 탄소 재료의 특성을 표 13.3에 나타내었다. 다이아몬드는 높은 탄성 계수와 낮은 밀도를 갖고 있기

표 13.3 다이아몬드, 흑연, 탄소(섬유)의 특성

| 특성 | 다이아몬드 | 광물 | | 탄소(섬유) |
| | | 흑연 | | |
		평면 내	평면 외	
밀도(g/cm³)	3.51	2.26		1.78~2.15
탄성 계수(GPa)	700~1200	350	36.5	230~725[a]
강도(MPa)	1050	2500	—	1500~4500[a]
열 전도율(W/m·K)	2000~2500	1960	6.0	11~70[a]
열팽창 계수(10^{-6} K^{-1})	0.11~1.2	−1	+29	−0.5~−0.6[a] 7~10[b]
전기저항(Ω·m)	10^{11}~10^{14}	1.4×10^{-5}	1×10^{-2}	9.5×10^{-6}~17×10^{-6}

[a] 섬유 장방향
[b] 섬유 단방향(반경 방향)

---

3 일부 신체 조직(뼈와 이빨의)은 하이드록시 아파타이트와 유사한 칼시움 포스페이트 재료를 포함하는 자연 상태에서 형성된 복합 재료이다.

때문에 매우 높은 비강성(탄성 계수 대 밀도 비)을 요구하는 용도에 적합하다.

1950년대 중반에 고압 고온(High-Pressure High-Temperature, HPHT)을 인가하여 인조 다이아몬드를 제조하는 공정이 개발되었다. 이 기술을 이용하여 많은 공업용 다이아몬드가 생산되고 있으며, 일부분은 보석용으로 사용되고 있다. 이 HPHT 공정은 저급 천연 다이아몬드의 품질을 개량하는 데 사용될 수 있고, 천연 다이아몬드에 불순물 원자를 내부로 확산시켜서 색깔을 나타내게 하는 데 사용될 수도 있다.

공업용 다이아몬드는 다이아몬드의 높은 경도, 마모 저항성 및 낮은 마찰 계수와 같은 특성을 활용한 용도가 대부분이다. 다이아몬드 드릴 비트 및 톱, 선재 신선을 위한 다이스, 절삭, 연삭, 연마 장치의 연마재 등으로 사용된다(13.6절).

다결정질 다이아몬드

다결정질 다이아몬드(polycrystalline diamond, PCD)는 다수의 미세한 다이아몬드 결정 또는 입자가 집합체를 이룬 것으로 주로 공업용 용도로 사용된다. 이러한 형태의 다이아몬드는 인조 다이아몬드 분말은 높은 온도와 압력(HPHT 공정에서 인조 다이아몬드를 만드는 조건과 유사한 조건)을 인가하여 얻어지는데, 이 과정에서 분말의 소결이 발생하여 분말 간에 응집력이 있는 물체가 된다. 이 소결 과정은 통상적으로 텅스텐 카바이드/코발트 혼합물로 제조된 지지 기판과 다이아몬드 분말이 접촉된 상태에서 실시된다. 소결 과정 중에 코발트 원자가 지지 기판으로부터 다이아몬드 분말 쪽으로 확산이 발생하게 되는데, 이 과정에서 다이아몬드 내의 불순물을 제거하고 다아몬드 분말 간의 결합 반응을 촉진시키게 된다. 또한 이러한 확산 과정을 통하여 PCD 층과 카바이드 기판 간에 매우 강한 결합이 형성된다

분말 크기는 통상적으로 마이크론 정도이고 분말 충진을 향상시키기 위해서 입도가 다른 분말이 혼합되어 사용되기도 한다. 소결 온도는 개략적으로 1400°C 정도이고 가압력은 1300 기압을 필요로 한다. 일반적으로 PCD 부품은 개별적으로 끼워 넣는 부품, 또는 패드의 형태로 제조되는데, 절단기, 드릴, 또는 베어링과 같이 복수 부품으로 사용된다. 따라서 텅스텐 카바이드 기판이 PCD와 결합된 끼워 넣는 부품 또는 패드 부품을 이들 장치에 접합시킬 수 있는 방법이 필요하다. 이때 기판은 내구성을 제공하고, PCD에 대해서 기계적 지지물로서 역할을 한다. 이들 부품을 사용하고자 하는 장치에 접합시키는 방법으로는 브레이징, 접착제, 또는 기계적 방법이 사용된다.

단결정 다이아몬드(그리고 다결정 다이아몬드 내의 각 결정립)의 특성은 비등방성, 즉 특성이 결정 방향에 따라서 변화하는 특징이 있다. 이러한 비등방성적인 특징은 벽개 파괴, 즉 외부에서 인가된 응력에 의하여 특정한 면을 따라서 결정이 쉽게 분할되거나 파단되는 현상에서 볼 수 있다. 다결정 다이아몬드 재료에서는 결정학적 방향이 임의로 분포되어 있기 때문에 벽개 특성의 관점에서는 등방성의 특성을 나타내게 된다. 따라서 PCD 재료의 벽개 파괴에 대한 저항성은 PCD의 강도, 경도 및 마모 저항을 개선하는 효과를 갖게 된다.

PCD 부품의 주요 용도는 오일/가스 채굴 및 경질 암석 채굴 산업에서 드릴링 공구와 비트(bit), 절단기와 다운홀 베어링(downhoe bearing) 등에 주로 사용된다. 기계 절삭 공구강

의 절삭 공구, 신선 가공 다이 등에도 사용된다. 다이아몬드의 매우 높은 내마모 특성과 높은 열 전도율은 PCD 부품이 경질 암석 채굴에 가장 이상적인 재료가 된다. 다이아몬드의 높은 열 전도율은 절단 첨단부의 온도를 낮추고, 이는 PCD의 마모 속도를 줄이게 된다. 또한 다이아몬드 재료가 취약하지만 텅스텐 카바이드 기지를 사용함에 따라서 다이아몬드 삽입 부품 또는 패드의 파괴 인성이 좋아진다.

흑연

흑연의 결정 구조(그림 12.17)의 결과 흑연은 결정 방향에 따라서 특성이 변화하는 이방성이 매우 높은 재료이다. 예를 들면 그래핀 면에 평행한 방향과 수직한 방향의 전기 저항값은 10^{-5}과 10^{-2} $\Omega \cdot m$이다. 비국지화(delocalized)된 전자는 이동도가 매우 높은데, 이 전자의 이동이 그래핀 면에 평행한 방향으로 이동하기 때문에 그 방향으로의 전기 저항이 낮게 나타나는 것이다. 또한 면 간의 낮은 반 데르 발스 결합력의 결과 그래핀 면이 서로 쉽게 미끄러지는 흑연의 우수한 고체 윤활 특성을 나타내게 하는 원인이 된다

표 13.3에 나타낸 바와 같이 다이아몬드와 흑연의 특성에는 상당한 차이가 관찰된다. 예를 들면 흑연은 기계적으로 매우 연하고, 판상이며, 탄성 계수 및 강도가 낮다. 그리고 그래핀 면에 평행한 방향(in-plane) 전기 전도율은 다이아몬드 대비 $10^{16} \sim 10^{19}$배 정도 높은 데 비하여 열 전도율은 거의 비슷하다. 또한 다이아몬드의 열팽창 계수는 상대적으로 작은 양의 값을 가지는데, 흑연의 그래핀 면의 열팽창 계수는 작은 음의 값을 가진다. 그래핀 면에 수직한 방향의 흑연의 열팽창 계수는 매우 큰 양의 값을 가지는 특징이 있다. 또한 흑연은 광학적으로 투과도가 없고 검은 은색을 나타낸다. 흑연의 다른 특성으로는 고온의 비산화 환경에서 우수한 화학적 안정성, 열충격에 대한 우수한 저항성, 가스에 대한 높은 흡착성, 그리고 우수한 기계적 가공성이 있다.

흑연의 주요 용도는 윤활제, 연필, 배터리 전극 재료, 마찰 재료(예 : 브레이크 슈), 전기로의 발열체, 용접기 전극, 금속용해 용기, 고온 내화물 및 단열재, 로켓 노즐, 화학 반응 용기, 전기 접점(브러시), 그리고 공기 정화 장치 등이다.

탄소 섬유

폴리머 기지 복합 재료(16.8절)에 직경이 작은 고강도 고탄성 계수의 탄소 섬유가 사용되고 있다. 이러한 섬유 내에서 탄소는 그래핀층 형상을 띤다. 그러나 탄소 섬유를 제조하는 전구체 및 열처리 조건에 따라서 이러한 그래핀층의 배열이 다르게 나타난다. **흑연 탄소 섬유**(graphitic carbon fiber)에서는 그래핀층이 흑연에서 관찰되는 규칙적인 배열을 하고, 층간의 반 데르 발스 결합력이 낮다. 이에 비하여 제조 과정에서 그래핀 시트가 불규칙적으로 겹치고, 기울어지고, 구겨져서 불규칙적인 구조를 가지는 **터보스트라틱 탄소**(turbostratic carbon)라 명명되는 재료가 얻어지기도 한다.

흑연-터보스트라틱 혼합 섬유가 제조되기도 하는데, 이 재료는 이들 구조를 가진 재료가 구역으로 나뉘어서 섞여 있는 재료이다. 그림 13.7에 이러한 흑연 및 터보스트라틱이 혼합

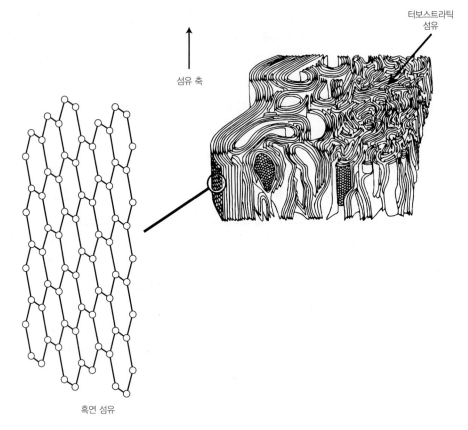

그림 13.7 탄소 섬유의 미세조직 모식도. 흑연 및 터보스트라틱 섬유를 모두 나타내고 있다. (출처 : S. C. Bennett and D. J. Johnson, *Structural Heterogeneity in Carbon Fibres*, "Proceedings of the Fifth London International Carbon and Graphite Conference," Vol. I, Society of Chemical Industry, London, 1978. S. C. Bennett and D. J. Johnson 허가로 복사 사용함)

섬유 축

터보스트라틱 섬유

흑연 섬유

된 섬유의 미세구조를 모식적으로 나타내었다.[4] 통상적으로 흑연 섬유는 탄성 계수가 높은 데 비하여 터보스트라틱 섬유는 강한 특성을 갖는다. 또한 탄소 섬유의 특성은 이방성을 가지는데, 섬유 축에 평행한 방향(길이 방향)의 강도와 탄성 계수가 섬유 축에 수직인 방향(원경 방향 또는 단축 방향) 대비 높다. 표 13.3에 탄소 섬유의 특징적인 특성을 나타내었다.

이들 대부분의 섬유들이 탄소와 터보스트라틱 형태를 포함하고 있기 때문에 탄소 섬유보다는 흑연 섬유로 불리고 있다.

폴리머 복합 재료에 주로 사용되는 세 가지 강화재 섬유(탄소, 유리, 아라미드)에 있어서 탄소 섬유가 가장 높은 탄성 계수와 강도를 갖고, 특히 가격이 가장 저렴하다. 이들 세 가지 섬유 재료의 특성을 표 16.4에 나타내었다. 따라서 탄소 섬유 강화 폴리머 복합 재료는 탄성 계수가 매우 우수하고 강도 대비 무게비가 가장 높다.

13.10 첨단 세라믹

비록 앞 절에서 언급한 전통적인 세라믹들이 생산의 대부분을 차지하고 있지만, 첨단 세라믹으로 명명된 새로운 세라믹의 발전은 이미 시작되었고, 앞으로 첨단 기술에 있어서 중요한 역할을 담당하게 될 것이다. 특히 세라믹의 특이한 전기적, 자기적, 광학적 성질들이 새로

4 터보스트라틱 탄소의 다른 형태인 열분해 탄소는 등방성 특성이 있다. 이 재료는 생체 재료로 많이 사용되는데, 그것은 일부 신체 조직과 생체 적합성을 갖고 있기 때문이다.

운 제품에 많이 이용되었는데, 이에 대해서는 제18장, 제20장, 제21장에 소개되어 있다. 또한 첨단 세라믹은 내연기관, 터빈 엔진, 전자 패키징, 절단 용구, 그리고 에너지 변환, 저장 및 발전에 사용되고 있고, 또한 그 가능성이 크다. 이들 중의 일부분에 대해서는 지금 설명하기로 하겠다.

마이크로 전기기계 시스템

마이크로 전기기계 시스템

마이크로 전기기계 시스템(microelectromechanical system, MEMS)은 소형 스마트 시스템(1.5절)으로 실리콘 기판상에 여러 기계적 장치가 전기 장치와 통합되어 있는 것을 지칭한다. 이 장치에서 기계 부품은 마이크로 센서 및 마이크로 액추에이터이다. 마이크로 센서는 기계적, 열적, 화학적, 광학적, 자기적 현상을 측정하여 주변 환경에 대한 정보를 수집한다. 이 신호를 마이크로 전자 부품이 처리하여 마이크로 액추에이터 부품이 어떠한 작동을 할 것인지를 결정한다. 마이크로 액추에이터는 위치 변경, 이동, 펌핑, 제어, 필터링 등의 기능을 수행한다. 이러한 액추에이터 부품은 보(beam), 구멍, 기어, 모터, 멤브레인의 형태인데, 크기는 마이크론 단위이다. 그림 13.8은 MEMS 리니어 래크 기어 감속 장치의 전자현미경 사진이다.

MEMS의 제조 공정은 실리콘 기판상에 IC를 제조하는 공정과 동일하다. 즉 노광, 이온 임플란트, 에칭, 코팅 기술 등 매우 잘 확립되어 있는 공정 등이 사용된다. 이 외에 마이크로 절삭 공정을 사용하여 제조되는 기계 부품도 있다. MEMS 부품은 매우 복잡하고, 신뢰성이 높으며, 크기가 작다. 또한 상기의 제조 공정이 배치(batch) 작업으로 진행되기 때문에 MEMS 기술은 매우 경제적이다.

실리콘을 MEMS에 적용하는 데 약간의 제약 조건이 있다. 실리콘은 파괴 인성이 매우 낮고(~0.98 MPa$\sqrt{m}$), 연화 온도가 낮으며(600℃), 물과 산소와의 반응성이 높다. 따라서 현재는 인성이 우수하며, 연화 온도가 높고, 안정한 세라믹 재료를 이용한 MEMS에 관한 연구가 활발하게 진행되고 있는데, 이들 부품은 고속 부품 및 나노 터빈 등에 적용이 시도

그림 13.8 리니어 래크 기어 감축 MEMS의 전자현미경 사진. 이 기어들은 왼쪽 상부 기어의 회전 운동을 직선 트랙(오른쪽 하단)을 구동하는 선형 운동으로 변환한다. 대략 100×
(사진 제공 : Sandia National Laboratories, SUMMiT* Technologies, www.mems.sandia.gov.)

100 μm

되고 있다. 이러한 세라믹 재료로서는 비정질 실리콘 카보나이트라이드(탄화규소-질화규소의 합금)가 고려되고 있는데, 이 재료는 금속 유기 전구체로부터 제조하는 것이 가능하다.

MEMS의 실용적인 적용 예는 가속도계(가속도/감속도 센서)로서 자동차 충돌 시 에어백의 전개에 사용된다. 이 용도에서 중요한 마이크로 전기 부품은 구속되지 않고, 독립적으로 서 있는 마이크로 빔이다. 전통적인 에어백 시스템에 비하여 MEMS 부품은 작고, 가볍고, 신뢰성이 높고, 제조 원가가 훨씬 저렴한 장점이 있다.

MEMS의 적용 가능성이 높은 분야로서는 전자 디스플레이, 데이터 저장 장치, 에너지 변환 장치, 화학 센서(화학 및 생물학적 위험 물질, 약품 검색), DNA 증폭 및 검색 등이다. 이러한 MEMS의 적용 분야는 이외에도 매우 많이 있을 것으로 예상되는데, 이 시스템이 우리 미래 사회에 매우 큰 영향을 미칠 것으로 예상된다. 과거 40여 년 동안 마이크로 전자 IC가 우리 사회에 미친 영향보다 더 큰 영향을 MEMS가 미칠 것으로 예측된다.

나노카본

나노카본

최근에 발견된 탄소 재료, 즉 나노카본(nanocarbons)은 새롭고 매우 특이한 특성을 갖고 있어, 최근 첨단 기술 분야에 자주 사용되고 있고, 향후 기술 발전에 중요한 역할을 할 것으로 기대되고 있다. 이러한 범주에 속하는 나노카본은 플러렌, 탄소 나노튜브와 그래핀이다. '나노'라는 접두어는 입자 크기가 100 nm 이하인 것을 지칭하는 것이다. 또한 이러한 나노 입자 내의 탄소 원자들은 하이브리드 sp^2 오비탈을 통한 결합을 하고 있다.[5]

플러렌

1985년에 탄소의 다른 동질이상이 발견되었다. 이것은 단위 분자형으로 존재하며, 60개의 탄소로 이루어져 있는 속이 빈 구형 클러스터(spherical cluster)이다. 이 단위 분자는 C_{60}으로 표기된다. 각 분자는 6개의 탄소 원자가 이루는 육각형과 5개의 탄소가 이루는 오각형 몇 개가 조합되어 이루어진다. 그림 13.9와 같은 하나의 분자는 20개의 육각형과 12개의 오각형으로 구성되어 있다. 이 구조에서는 2개의 오각형이 공통변을 공유하지 않는다. 따라서 이 분자의 구조는 축구공과 같은 대칭을 나타낸다. C_{60} 분자들로 구성되는 재료는 버크민스터플러렌(buckminsterfullerene)이라고 하는데, 이것은 지오데식 돔(geodesic dome)을 최초로 발전시킨 R. Buckminster Fuller를 기념하기 위하여 명명되었다. C_{60} 분자는 버키볼(buckyball)이라고 불리는 이 돔의 복제품이다. 플러렌(fullerene)이란 이 분자들에 의하여 구성된 계열의 재료를 지칭한다.[6]

고체 상태에서 C_{60}은 결정질로 형성되며, 면심입방 적층 구조이다. 이런 재료를 플러라이트(fullerite)라고 지칭하고, 표 13.4에 이들 재료의 특성 일부를 나타내었다.

다수의 플러렌 화합물이 개발되었고, 이들 재료의 우수한 화학적·물리적·생화학적 특성을 이용하여 일부 용도에 적용되고 있고 향후 새로운 용도에 다양하게 적용될 것이 기대

---

5 흑연과 마찬가지로 비국지화된 전자들은 sp^2 결합과 관련이 있다. 이 결합은 분자 내에 국한되어 있다.

6 C_{60} 이외의 플러렌 분자(d: C_{50}, C_{70}, C_{76}, C_{84})가 존재하는데, 속이 비거나 구형의 응집체를 형성한다. 이들 분자들은 12개의 오각형과 다른 숫자의 육각형으로 구성되어 있다.

그림 13.9 플러렌 분자 C_{60}의 구조 모식도

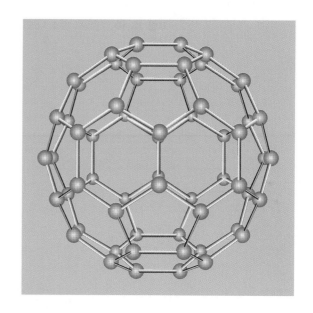

되고 있다. 이러한 예의 하나가 원자 또는 원자 그룹이 플러렌의 탄소 원자 케이지 내에 들어가 있는 형태인데, 이것은 내면체 플러렌(endohedral fullerene)이라고 불린다. 일부 화합물은 원자, 이온, 또는 원자군이 플러렌의 외부에 부착된 형태를 가지는데, 이를 외면체 플러렌(exohedral fullerene)이라고 지칭한다.

플러렌의 잠재적 적용 분야로는 내항산화성 개인 의료용품, 바이오약품, 촉매, 유기 태양전지, 장수명 배터리, 고온 초전도체, 그리고 분자 자성재료 등이 있다.

탄소 나노튜브

매우 특이하고 기술적으로 잠재력이 있는 특성을 가진 분자형 탄소 재료가 최근 발견되었다. 이 재료는 흑연층에서 탄소 시트 한 장, 즉 그래핀이 그림 13.10에 모식적으로 나타낸 것과 같이 튜브 형태로 말려 있는 재료인데, 단일벽 탄소 나노 튜브(single-walled carbon nanotube, SWNT)라고 불린다. 각 나노튜브는 수백만 개의 탄소 원자로 구성되어 있고, 이 재료의 길이는 직경 대비 1,000배 이상 길다. 이들 탄소 나노튜브가 동심원으로 배치된 다

표 13.4 탄소 나노 재료의 특성

특성	재료		
	C_{60} (플러렌)	탄소 나노튜브 (단일벽)	그래핀 (평면 내)
밀도(g/cm³)	1.69	1.33~1.40	—
탄성 계수(GPa)	—	1000	1000
강도(MPa)	—	13,000~53,000	130,000
열 전도율(W/m·K)	0.4	~2000	3000~5000
열팽창 계수(10^{-6} K^{-1})	—	—	~−6
전기저항(Ω·m)	10^{14}	10^{-6}	10^{-8}

그림 13.10 단일벽 탄소 나노튜브의 구조

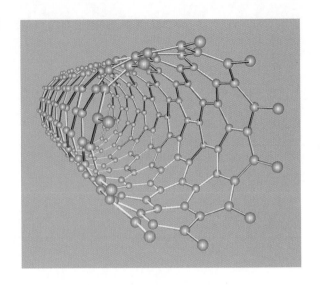

중벽 탄소 나노튜브(multi-walled carbon nanotube, MWCNT)도 존재한다.

나노튜브는 강도와 강성이 매우 높으며 상대적으로 연성이 있다. 단일벽 나노튜브의 경우 측정된 인장 강도는 13~53 GPa(탄소 섬유의 인장 강도인 2~6 GPa 대비 대략 10배 높음)로 알려져 있는 가장 강한 재료이다. 탄성 계수는 약 1테라파스칼[TPa (1 TPa = 10^3 GPa)]이고, 파단 연신율은 약 5~20% 정도이다. 또한 나노튜브는 밀도가 상대적으로 낮다. 단일벽 탄소 나노튜브의 일부 특성을 표 13.4에 나타내었다.

이와 같은 매우 높은 강도 때문에 탄소 나노튜브는 구조 재료로서 적용 가능성이 있다. 그러나 현재 대부분의 적용 분야에 있어서는 정렬되지 않는 탄소 나노튜브 덩어리 형태로 사용되고 있다. 이러한 상태에서는 개개의 나노튜브의 강도 수준에는 도달하기가 어렵다. 이러한 나노튜브 덩어리들은 폴리머 기지 복합 재료의 강화재로 주로 사용되는데(16.16절), 재료의 기계적 성질뿐만 아니라 열적·전기적 특성을 개선하는 데 적용되고 있다.

탄소 나노튜브는 특이하고 구조에 민감하게 변화하는 특성을 갖고 있다. 나노튜브 축방향에 대비하여 그래핀 면의 6각형 단위체의 배향 방향에 따라 나노튜브의 전기적 특성이 금속 또는 반도체 특성을 갖는다. 금속 전도체 특성을 갖는 나노튜브는 고집적도 회로에서 배선 재료로 사용될 수 있다. 또한 나노튜브는 전계 방출 재료로서 우수한 특성을 가지고 있다. 이러한 특성을 이용하여 나노튜브가 평판 디스플레이 소자(예 : 텔레비전 및 컴퓨터 모니터)에 적용될 수 있다.

사용 가능성이 있는 용도는 아래에 나타낸 것과 같은 여러 가지가 있다.

- 효율이 좀 더 높은 태양전지
- 전지를 대체할 수 있는 커패시터
- 열전달 재료
- 암치료(암세포 파괴)
- 생체 재료(인공 피부, 조직을 모니터링하고 평가)

- 갑옷
- 도시 수처리 설비(효과적인 오염물질의 제거)

그래핀

나노카본 재료 중에서 가장 최근에 발견된 그래핀은 흑연의 단일 원자층인데, 탄소 원자가 육각형으로 sp^2 결합을 하고 있다(그림 13.11). 이들 결합은 매우 강함에도 불구하고 매우 유연하여 쉽게 시트가 휘어진다. 첫 번째 그래핀 재료는 흑연을 플라스틱 점착 테이프를 이용하여 한 개의 층이 얻어질 때까지 지속적으로 박리를 하여 얻었다.[7] 결함이 없는 그래핀은 아직도 이 방법을 이용하여 제조되고 있는데, 저가격으로 고품질 그래핀을 제조할 수 있는 다른 공정이 개발되었다.

그래핀 재료의 두 가지 특성이 이 재료를 특별하게 만든다. 첫 번째는 그래핀층 내의 탄소가 거의 완벽하게 배열되어 있어 공공과 같은 원자 결함이 존재하지 않고, 이들 그래핀 재료는 단지 탄소 원자로 구성되어 있어 순도가 매우 높다. 두 번째 특성은 결합되지 않은 전자의 모습과 관련이 있다. 이 전자는 상온에서 통상적인 금속 또는 반도체 내의 전도 전자에 비하여 매우 빠르게 이동한다.[8]

특성의 관점에서(일부 특성은 표 13.4 참조) 그래핀은 궁극적인 재료라고 할 수 있다. 이 재료는 알려진 재료 중에서 가장 강도가 강하고(~130 GPa), 열 전도율이 가장 우수하고 (~5000 W/m·K), 전기 전도율(1028 V·m)이 가장 우수한 최고의 전기 전도체이다. 더욱이 이 재료는 광학적으로 투명하고, 화학적으로 안정하며, 다른 나노카본 재료와 유사한 탄성 계수를 갖고 있다(~1 TPa).

이러한 특성의 관점에서 보면 그래핀 재료의 기술적 적용 가능성은 무궁무진하기 때문에 이 재료는 전자, 에너지, 수송기기, 제약/바이오 기술, 그리고 항공 산업 등과 같은 많은 산업을 혁신할 것으로 기대되고 있다. 그러나 이러한 혁신이 실현되기 위해서는 그래핀 재료

그림 13.11 그래핀층의 구조

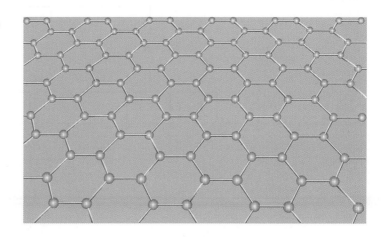

---

7 이 공정은 기계적 박리법 또는 점착 테이프 방법으로 알려져 있다

8 이 현상을 탄도성 전도(ballistic condution) 현상이라 한다.

를 경제적이고 안정적으로 제조할 수 있는 공정 개발이 필요하다.

그래핀 재료의 잠재 적용 분야로는 전자 분야의 터치스크린, 전자 인쇄를 위한 도전성 잉크, 투명 전극, 트랜지스터, 히트 싱크, 에너지 분야의 유기 태양전지, 연료 전지의 촉매, 전지용 전극, 슈퍼커패시터, 제약/바이오 기술 분야의 인공 근육, 효소 및 DNA 센서, 사진 영상, 항공 산업 분야의 화학 센서(폭약), 비행기 구조 부품용 나노 복합 재료 등이 있다.

세라믹의 제조 및 공정

세라믹 재료의 응용에 있어서 가장 큰 문제점은 제조 방법이다. 제11장에서 논의한 금속 성형 공정은 주조와 소성 가공을 포함하는 공정에 의존하고 있다. 세라믹 재질은 용융점이 상대적으로 높기 때문에 주조 방법으로 이들 부품을 제조하는 것은 실제로 비실용적이다. 또한 이들 재료는 취약하기 때문에 소성 가공 공정을 거쳐서 부품을 제조하는 것은 거의 불가능하다. 따라서 많은 세라믹 부품은 분말을 부품 형태로 성형하고, 건조하고 소성하여 제조된다. 이에 비하여 유리 제품의 경우에는 고온에서 유동성이 있는 상태에서 부품 형태로 성형한 후 냉각시킨다. 시멘트는 유동성이 있는 페이스트(paste)로 성형한 후 화학 반응에 의하여 경화되어 최종 형상을 가진다. 그림 13.12에 여러 가지 형태의 세라믹 성형 기술을 분류하여 나타냈다.

13.11 유리와 유리-세라믹의 제조 공정

유리의 특성

유리 성형 기법에 대해 구체적으로 논의하기 전에 유리의 온도에 민감한 성질을 소개하겠

그림 13.12 이 장에서 논의된 세라믹 성형 기술의 분류도

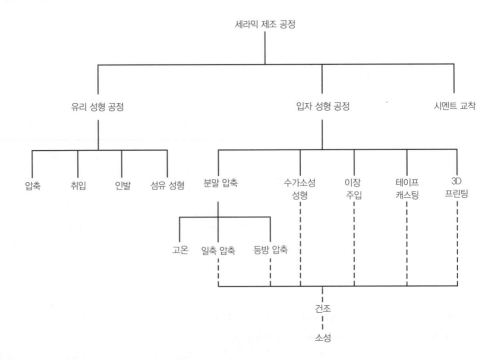

다. 유리질 또는 비결정질 재료는 결정질 재료와는 다른 방식으로 응고한다. 결정질 재료가 일정한 온도에서 액상에서 고상으로 변태하는 것과는 달리 유리질 재료는 냉각됨에 따라 점도가 연속적으로 증가한다. 결국 결정질과 비결정질 재료는 비부피(또는 밀도의 역수)의 온도 의존성(그림 13.13)으로부터 구분된다. 비결정질 재료의 경우 용융점 T_m에서부터 비부피가 연속적으로 감소한다. 곡선의 기울기가 약간 감소하는 온도를 유리 전이 온도(glass transition temperature, Tg) 또는 가상(fictive) 온도라고 한다. 이 온도 이하에서 이 재료는 유리이고, 그 이상에서는 과랭된 액체로서 궁극적으로는 액체이다.

유리 전이 온도

유리의 성형 과정 중 중요한 것은 유리 점도의 온도 의존성이다. 그림 13.14에 온도에 따른 점도를 용융 실리카, 고실리카, 보로실리케이트(borosilicate), 소다−석회 유리에 대하여 나타냈다. 점도 축에 유리의 제조 및 공정에 중요한 온도가 표시되어 있다.

용융점
1. **용융점**(melting point, 융점, 용융 온도) : 점도가 10 Pa·s에 해당하는 온도로서 이 온도에서 유리는 액체로 생각될 만큼 유동성이 있다.

작업 온도
2. **작업 온도**(working point) : 점도가 10^3 Pa·s에 해당하는 온도로서 이 점도에서 유리는 쉽게 성형된다.

연화점
3. **연화점**(softening point) : 점도가 4×10^6 Pa·s에 해당하는 온도로서 유리 제품이 형상이 크게 변화되지 않고 취급할 수 있는 최대 온도이다.

어닐링 온도
4. **어닐링 온도**(annealing point) : 점도가 10^{12} Pa·s에 해당하는 온도로서 이 온도 이상에서는 원자 확산이 충분히 빨라서 잔류 응력이 15분 이내에 제거된다.

변형 온도
5. **변형 온도**(strain point) : 점도가 3×10^{13} Pa·s에 해당하는 온도로서 이 온도 이하에서는 소성변형 없이 파괴가 발생한다. 유리 전이 온도는 이 온도 이상이다.

대부분의 유리 성형 공정은 작업 온도와 연화 온도 사이의 온도 구역에서 행해진다.

이들 온도는 유리의 화학 성분에 따라 변화한다. 예를 들면 그림 13.14에서 보면 소다−석

그림 13.13 결정질과 비결정질 재료의 비부피−온도 거동의 비교. 결정질 재료는 용융 온도 T_m에서 응고한다. 비결정질 재료의 특성은 유리 전이 온도 T_g이다.

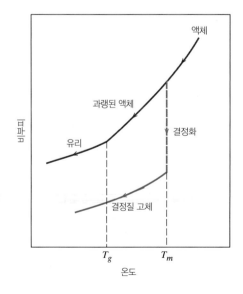

그림 13.14 용융 실리카와 3개의 실리카 유리의 점도-온도 거동
(출처 : E. B. Shand, *Engineering Glass*, Modern Materials, Vol. 6, Academic Press, New York, 1968, p. 262.)

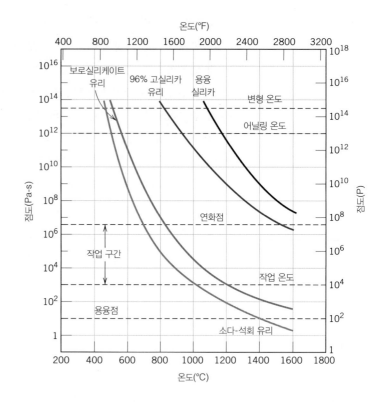

회와 96% 실리카 유리의 연화 온도는 각각 700℃와 1550℃이므로 소다-석회 유리는 훨씬 낮은 온도에서 성형될 수 있다. 유리의 성형성은 화학 성분에 조절하여 제어된다.

유리 성형

유리는 원료를 용융점 이상으로 가열시켜 제조한다. 대부분의 상업적인 유리 제품은 소다-석회-실리카의 변형이다. 실리카는 일반적인 석영 모래, Na_2O와 CaO는 소다재(soda ash, Na_2CO_3)와 석회석($CaCO_3$)으로부터 공급된다. 유리의 광학적인 투명성이 중요할 때 재질이 균일해야 하고 기공이 없어야 한다. 유리의 균일성은 완전히 용융시켜 혼합시킬 때 얻을 수 있다. 기공은 기체의 작은 거품에 의하여 생성되는데, 이 기공을 제거하기 위해서는 기체를 용융체 내로 흡수시키거나 용융된 재질의 점도를 적절하게 조절하여 제거시켜야 한다.

유리 제품의 성형에는 다섯 가지 방법이 사용된다. 즉 가압, 취입, 인발, 판재 성형, 섬유 성형 등이다. 가압 성형은 접시 등과 같이 비교적 두꺼운 제품을 만드는 데 사용된다. 이것은 원하는 형상의 주철 몰드를 이용하여 압력을 가하는데, 몰드는 탄소 코팅이 되어 있고 유리 제품의 표면 평탄도를 향상시키기 위하여 예열된다.

유리 취입 성형은 예술품의 경우 수작업으로 하기도 하지만 유리 그릇, 병, 전구 등의 생산 공정은 거의 다 자동화되어 있다. 이러한 공정 중 몇 단계를 그림 13.15에 나타냈다. 먼저 유리 덩어리를 몰드에 넣고 기계적으로 압축하여 성형한다. 그다음에 최종 취입 성형 몰드에 넣고 고압 공기를 불어넣어 몰드의 형태대로 성형되도록 한다.

인발은 판, 봉, 관 및 섬유와 같이 동일한 단면적과 형상의 제품을 제조하는 데 사용된다.

그림 13.15 유리병을 제조하는 데 사용되는 압축과 취입 기법
(출처 : C. J. Phillips, *Glass: The Miracle Maker*. Pitman Publishing Ltd., London. 허가로 복사 사용함)

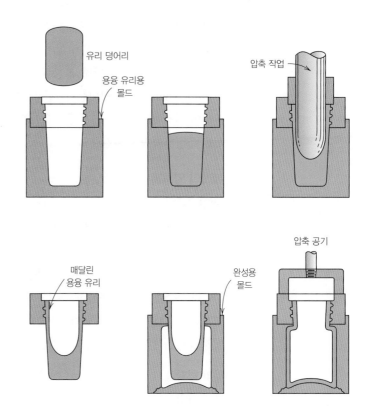

유리 덩어리

용융 유리용 몰드

압축 작업

매달린 용융 유리

완성용 몰드

압축 공기

1950년대 후반까지 유리 판재는 유리 재료를 판재 형상으로 주조(또는 인발)한 후 양면이 편평하고 평행하도록 연마하고, 이들 연마된 표면이 광학적으로 투명하도록 연마하는 방법이 사용되었다. 연마 공정은 비교적 비용이 많이 드는 공정이다. 좀 더 경제적인 부유 공법(float technology)이 1959년 영국에서 특허 출원되었다. 이 공법(그림 13.16에 모식적으로 나타냄)에서 용융된 유리는 용융로에서 액체 주석이 채워져 있는 두 번째 용융로로 롤러를 타고 이송된다. 따라서 이렇게 이송된 연속적인 유리 리본이 용융된 주석의 표면에 부유되면서 중력 및 표면 장력이 유리를 평탄하게 하고 평행하게 하며, 궁극적으로는 두께를 균일하게 한다. 또한 판재 표면은 가열로의 일부에서 불다듬질(fire-polish) 처리를 받게 된다. 그

그림 13.16 판재 유리를 만드는 부유 공법의 모식도
(출처 : Pilkington Group Limited.)

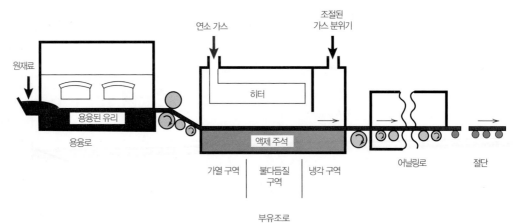

연소 가스

조절된 가스 분위기

원재료

히터

용융된 유리

액제 주석

용융로

가열 구역

불다듬질 구역

냉각 구역

어닐링로

절단

부유조로

리고 판재는 어닐링로(lehr)를 통과한 후 판재로 절단된다(그림 13.16). 물론 이 작업의 성공은 온도와 가스 분위기 조성을 얼마나 잘 조절하는가에 달려 있다.

연속 유리 섬유는 상당히 복잡한 인발 과정을 통해 제조된다. 용융 유리를 백금 가열실(heating chamber)에 담아둔다. 섬유는 용융된 유리를 가열실 밑면의 작은 구멍 속으로 인발하여 제조하며, 이 과정에서 중요한 역할을 하는 유리의 점도는 가열실과 작은 구멍의 온도를 조절하여 변화시킨다.

유리의 열처리

어닐링

세라믹 재질이 고온에서 냉각될 때 부품 내외면의 냉각 속도 차이 때문에 열응력이 발생한다. 유리와 같이 취약한 세라믹에서는 이러한 열응력을 매우 조심스럽게 관리해야 한다. 왜냐하면 이 열응력이 매우 클 경우 **열충격**(thermal shock)에 의한 파괴를 유발할 수 있기 때문이다(19.5절 참조). 통상적으로는 제품을 충분히 느린 속도로 냉각시켜 열응력의 발생을 억제한다. 재료 내부에 열응력이 존재하는 제품은 어닐링 온도까지 가열하여 열응력을 완화시키고 상온까지 서냉시켜 그 크기를 감소시킬 수 있다.

열충격

유리 템퍼링

유리 제품의 강도는 표면에 압축 응력을 의도적으로 유도함으로써 증가시킬 수 있다. 이것은 **열템퍼링**(thermal tempering)이라는 열처리 과정을 통해 이루어지며, 이 열처리에서 유리 제품은 유리 전이 온도보다는 높고 연화 온도보다는 낮은 온도까지 가열된다. 다음으로 공기 제트나 기름욕(oil bath) 내에서 상온까지 냉각된다. 이때 표면과 내부의 냉각 속도가 상이하기 때문에 잔류 응력이 재료 내에 발생한다. 초기에는 표면이 좀 더 빨리 냉각되어 변형 온도보다 낮은 온도로 냉각되어 강해진다. 이때 냉각 속도가 느린 내부는 높은 온도(변형 온도 이상)로 유지되고 있어 아직도 소성변형이 가능한 상태이다. 냉각이 계속됨에 따라 딱

열템퍼링

그림 13.17 강화 유리판 단면의 상온 잔류 응력 분포
(출처 : W. D. Kingery, H. K. Bowen, and D. R. Uhlmann, Introduction to Ceramics, 2nd edition. Copyright © 1976 by John Wiley & Sons, New York. John Wiley & Sons, Inc. 허가로 복사 사용함)

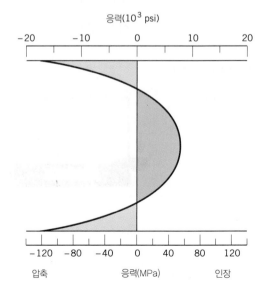

딱한 표면 부분이 허용할 수 있는 정도보다 더욱 많은 점도로 내부가 수축하려고 할 것이다. 따라서 내부는 표면 부분을 안으로 끌어들이려 하여 내부 반지름 방향의 응력을 발생시키게 된다. 그림 13.17에 유리 제품 단면의 상온에서 응력 분포를 도식적으로 나타냈다.

세라믹 재료의 파단 대부분은 인장 응력이 가해진 조건에서 표면의 균열 때문에 유발된다. 템퍼링된 유리를 파단시키기 위해서는 표면의 잔류 압축 응력을 극복할 만한 크기의 인장 응력이 먼저 가해져야 하고, 추가로 표면에 균열을 야기할 만한 인장 응력이 가해져야 한다. 템퍼링되지 않은 유리는 낮은 외부 응력에 의해서 균열이 시작되고, 이에 따라 파괴 강도도 감소된다.

템퍼링된 유리는 강도가 중요한 부분, 예를 들면 큰 유리문, 자동차의 시창, 안경 렌즈 등에 사용된다.

개념확인 13.4 유리질 식기의 두께가 제품 내의 열응력에 어떻게 영향을 미칠지에 대해 설명하라. [해답은 *www.wiley.com/go/Callister_MaterialsScienceGE* → More Information → Student Companion Site 선택]

유리-세라믹 재료의 제조 공정 및 열처리

유리-세라믹 식기의 제조에 있어서 첫 번째 단계는 원하는 형상으로 유리 성형을 하는 것이다. 이전에 설명한 바와 같이 이 재료의 성형은 유리를 성형하는 방법인 압축이나 인발을 이용한다. 유리질은 적절한 열처리를 통해 결정질인 유리-세라믹으로 변환하게 된다(13.3절 참조). $Li_2O-Al_2O_3-SiO_2$ 유리-세라믹의 통상적인 열처리 조건이 그림 13.18에 시간-온도 그래프로 제시되어 있다. 용해 및 성형 공정 후 결정질상 입자의 생성 및 성장은 두 가지의 등온 열처리 온도에서 처리하게 된다.

그림 13.18 $Li_2O_2-Al_2O_3-SiO_2$ 유리-세라믹의 일반적인 시간-온도 사이클
(출처 : Y. M. Chiang, D. P. Birnie, III, and W. D. Kingery, *Physical Ceramics—Principles for Ceramic Science and Engineering.* Copyright © 1997 by John Wiley & Sons, New York. John Wiley & Sons, Inc. 허가로 복사 사용함)

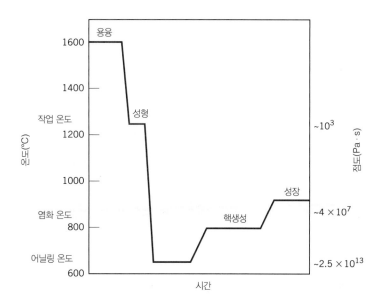

13.12 점토 제품의 제조 및 공정

13.4절에서 나타낸 것과 같이 점토 재료는 구조용 점토 제품과 백자 등에 사용된다. 이들 제품에는 점토와 더불어서 다른 다양한 성분이 첨가되어 있다. 이들 제품은 성형 후 건조와 소성 과정을 거친다. 각 첨가 성분은 이들 공정에서 발생하는 변화 및 완성된 제품의 특성에 영향을 미치게 된다.

점토의 특성

세라믹 제품에서 점토 광물은 두 가지 중요한 역할을 한다. 먼저 물이 첨가되면 가소물(可塑物)이 되는데, 이러한 조건을 수가소성(hydroplasticity)이라고 한다. 이 성질은 성형 과정에 있어서 매우 중요하다. 또한 점토는 매우 넓은 온도 범위에서 용융되기 때문에 치밀하고 강한 세라믹을 완전하게 용융하지 않고 제조하는 것이 가능하여, 성형된 원래의 형체를 그대로 유지할 수 있다. 용융 온도의 범위는 점토 성분에 따라서 변한다.

점토는 화학적으로 결합된 물을 포함하는 알루미나(Al_2O_3), 실리카(SiO_2) 등으로 구성된 알루미노실리케이트(aluminosilicate)이다. 이것은 매우 넓은 물리적 특성, 화학 성분 및 구조를 가지는데, 통상적인 불순물로서는 바륨, 칼슘, 나트륨, 칼륨, 철과 유기물로 이루어진 화합물(대개 산화물) 등이 있다. 점토 광물의 결정 구조는 상당히 복잡하나 하나의 공통적인 특성은 층상 구조라는 점이며, 점토 광물 중 카올리나이트(kaolinite) 구조를 가진 것이 흥미롭다. 카올리나이트 점토$[Al_2(Si_2O_5)(OH)_4]$는 그림 12.14에 나타낸 것과 같은 결정 구조이다. 물이 첨가되면 물 분자가 층상 구조 사이에 들어가서 얇은 박막을 점토 입자 위에 형성한다. 이 입자들은 상대방 위로 자유롭게 이동하게 되는데, 이것이 물-점토 혼합체의 수가소성 성질의 원인이다.

점토 제품의 성분

이들 제품(특히 백자)은 점토 외의 성분을 함유하는데, 부싯돌(flint), 미세하게 연마된 수정, 그리고 장석과 같은 플럭스재를 포함하고 있다.[9] 수정은 주로 충전제(filler material)로 사용되는데, 값이 싸고 상대적으로 딱딱하며 화학적으로 반응성이 적기 때문이다. 이것은 용융점이 높기 때문에 고온 열처리 과정에서 변화가 거의 없고 용융되었을 때는 유리질이 형성된다.

플럭스(용제, flux)가 점토와 혼합되면 용융점이 상대적으로 낮은 유리를 형성한다. 장석은 가장 흔한 플럭스인데 K^+, Ca^{2+}, Na^+ 이온을 함유한 알루미노실리케이트 재료의 그룹이다.

예상할 수 있듯이 건조 및 소성 과정 중의 변화와 완성된 제품의 특성도 이들 세 가지 구성 원소, 즉 점토, 수정, 플럭스에 의해 영향을 받는다. 통상적인 자기(porcelain)는 약 50% 점토, 25% 수정, 25% 장석을 함유한다.

---

9 점토 제품의 관점에서 **플럭스**는 소성 열처리 과정에서 유리질상의 형성을 촉진하는 물질이다.

제조 기법

채광된 원재료는 입도를 감소시키기 위해 밀링(milling)과 연마 과정을 거쳐야 한다. 원하는 입자 크기의 범위를 갖기 위해서는 체질(screening)과 같은 과정을 추가하기도 한다. 여러 가지 성분계에서 분말은 물 또는 다른 성분과 잘 혼합되어 성형 과정에 적합한 유동 특성을 지녀야 한다. 이 성형된 부품은 운반, 건조 및 소성 과정에서 견딜 수 있는 충분한 기계적 강도가 있어야 한다. 점토를 기초로 한 제품의 성형 과정 중 많이 사용되는 것이 **수가소 성형** (hydroplastic forming)과 **이장 주입**(slip casting)이다.

수가소 성형
이장 주입

수가소 성형

위에서 언급하였듯이 점토 광물이 물과 혼합되면 성형성이 향상되어 균열 없이 성형하는 것이 가능하지만 수가소 성형체의 항복 강도가 매우 낮다는 단점이 있다. 수가소 성형법으로 성형된 제품은 운송 및 건조 과정에서 견딜 수 있는 충분한 항복 강도가 있어야 한다.

가장 일반적인 수가소 성형 기법은 압출(extrusion)이다. 이것은 가소성 세라믹 물질이 원하는 제품의 단면 형상을 가진 구멍으로 압출되어 나가는 것인데, 금속의 압출과 유사하다(그림 11.9c). 블릭, 관, 세라믹 블록, 타일 등은 이 수가소 성형법으로 제조된다. 모터로 구동되는 오거(auger)를 이용하여 강제로 금형으로 밀어넣게 되는데, 밀도를 높이기 위하여 공기를 제거한다. 압출된 제품 내부의 공간(예 : 건축용 블록)은 금형 내에 위치한 삽입물로 만들어진다.

이장 주입

점토를 기초로 하는 제품의 또 하나의 성형 방법은 이장 주입(slip casting)이다. 이장(slip)이란 점토 또는 다른 비가소성 재료가 물과 혼합된 현탁액이다. 이러한 이장을 다공질 몰드 주로 소석고 몰드에 부으면 이장 내의 물이 몰드에 흡수되고 몰드 표면에 고체층을 형성한다. 이때 벽의 두께는 시간에 따라 증가한다. 이러한 과정은 내부 공간이 완전하게 채워질 때까지 계속할 수 있다(그림 13.19a). 또는 그림 13.19b에서와 같이 고체의 벽이 원하는 두께에 도달할 경우 몰드를 뒤집어서 나머지 이장을 쏟아낼 수 있다[배수 주입(drain casting)이라 함]. 건조됨에 따라 주입된 부품은 수축되어 몰드의 벽으로부터 떨어져 나오게 된다. 이때 몰드를 분해하여 주입된 부품을 제거할 수 있다.

이장의 특성은 매우 중요하다. 즉 비중이 매우 높아야 하고, 주입이 가능하도록 유동성이 있어야 한다. 이러한 특성은 고체 대 물의 비율과 첨가된 다른 첨가제의 영향을 받으며, 적정한 주입 속도는 기본적인 요구 조건이다. 또한 주입된 부품은 기공이 없어야 하며, 건조 시에 수축률이 작고 강도가 높아야 한다.

몰드의 성질 자체가 주입된 부품의 특성에 영향을 미친다. 보통 소석고가 가격이 저렴하고 복잡한 형상으로 제조하기 쉬우며 재사용이 가능하기 때문에 몰드 재질로 사용되어 왔다. 대부분의 몰드는 여러 개의 부품으로 구성되어 있기 때문에 주입 전에 조립되어야 한다. 또 몰드의 기공률을 변화시켜 주입 속도를 변화시킬 수 있다. 세라믹 튜브와 같이 화장실 변기, 예술 작품, 특수한 과학 실험실 부품들은 이 방법으로 제조된다.

그림 13.19 석고 몰드를 이용한 (a) 고체, (b) 드레인 이장 주입법의 단계
(출처 : W. D. Kingery, *Introduction to Ceramics*. Copyright ⓒ 1960 by John Wiley & Sons, New York. John Wiley & Sons, Inc. 허가로 복사 사용함)

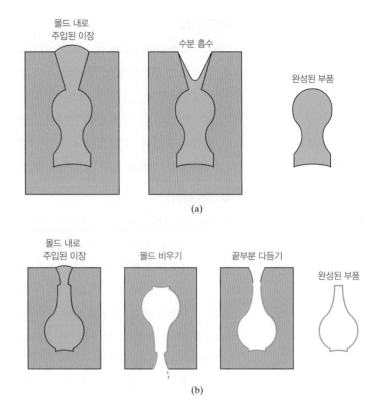

건조 및 소성

수가소 성형법 또는 이장 주입법으로 제조된 세라믹 부품은 기공을 많이 함유하고 있고 강도가 충분하지 않아 대부분의 용도에 적합하지 않다. 또한 성형 과정을 용이하게 만들기 위하여 첨가된 액체(예 : 물)가 잔류하고 있다. 이 액체를 건조(drying) 과정에서 제거하고, 고온 열처리 또는 소성(firing) 처리를 통하여 강도를 증가시키게 된다. 성형된 후 건조되었으나 아직은 소성되지 않은 부품을 미소성체(green)라고 한다. 건조와 소성 방법이 매우 중요한데, 이것은 이 과정 중 변형, 균열 등과 같은 결함이 발생할 수 있기 때문이다. 이러한 결함은 대개 불균일 수축으로부터 생기는 응력 때문에 발생한다.

미소성체

건조

세라믹 성형체가 건조됨에 따라서 약간의 수축이 발생한다. 건조의 초기 단계에서는 세라믹 입자가 물의 박막에 둘러싸여 상호 분리되어 있다. 건조가 진행됨에 따라서 물이 제거되고 입자 간의 간격이 감소하여 제품의 수축으로 나타난다(그림 13.20). 건조 과정 중 수분의 제거 속도를 제어하는 것이 매우 중요하다. 물체 내부의 건조 과정은 물 분자가 표면까지 확산되고 표면에서 대기 중으로 증발함으로써 일어난다. 만약 증발되는 속도가 확산되는 속도보다 크면 표면이 내부보다 빠르게 건조되어(결국 수축도 빠르게 되어), 앞에서 언급한 결함의 발생 확률이 높아진다. 따라서 물의 표면 증발 속도가 확산 속도보다 작도록 조절해야 하는데, 증발 속도는 온도, 습도 및 통기 속도를 이용하여 조절한다.

그림 13.20 점토 입자 사이의 물이 건조되는 단계. (a) 습기가 있는 제품, (b) 부분적으로 건조된 제품, (c) 완전히 건조된 제품

(출처 : W. D. Kingery, *Introduction to Ceramics*, Copyright © 1960 by John Wiley & Sons, New York. John Wiley & Sons, Inc. 허가로 복사 사용함)

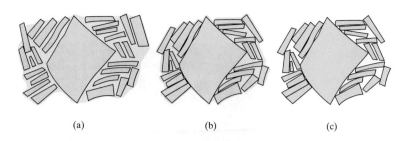

(a)　　　　　　　(b)　　　　　　　(c)

다른 요인들도 수축에 영향을 미친다. 이 중 하나가 두께인데, 두꺼운 부품의 경우 불균일 수축 및 결함 생성의 가능성이 더욱 커진다. 또한 물의 함량도 중요한데, 물의 함량이 많은 경우 수축이 크다. 따라서 수가소 성형 시 수분 함량을 가능한 한 최소로 하는 것이 좋다. 점토 입자의 크기도 영향을 미치는데, 입자의 크기가 작을수록 수축이 크므로 수축을 최소화하기 위하여 큰 입자를 사용하거나 비가소성의 큰 입자 재료를 점토에 첨가한다.

마이크로웨이브 에너지가 세라믹 부품을 건조시키는 데 사용되기도 한다. 이 방법의 장점은 기존의 고온 공정을 피할 수 있다는 점이다. 즉 건조 온도를 50℃ 이하로 유지하는 것이 가능하다. 이것은 일부 온도에 민감한 부품의 건조 시 온도를 가능한 한 최저로 유지해야 하기 때문에 중요하다.

개념확인 13.5　두꺼운 세라믹 식기는 얇은 식기에 비해 건조할 때 쉽게 균열이 발생한다. 그 원인은 무엇인가?

[해답은 *www.wiley.com/go/Callister_MaterialsScienceGE* → **More Information** → **Student Companion Site** 선택]

소성

건조 후에 부품은 대개 900~1400℃ 사이의 온도에서 소성되며, 소성 온도는 성분 및 최종 부품이 요구하는 특성에 따라서 결정된다. 소성 과정 중 밀도가 증가하고(기공이 감소하여) 기계적 강도가 향상된다.

유리질화　　점토 제품을 고온으로 가공 시 상당히 복잡한 반응이 발생한다. 이 중 하나가 유리질화(vitrification) 과정인데, 액상의 유리가 서서히 형성되어 기공 속으로 흘러가 채우게 된다. 유리화의 정도는 소성 온도 및 시간, 화학 성분에 따라 변화하며, 액상이 형성되는 온도는 장석과 같은 플럭스를 첨가하여 낮출 수 있다. 이 용융된 액상은 용융되지 않은 입자를 둘러싸서 기공을 채우게 된다. 이때 표면 장력에 의한 모세관 현상이 입자들을 서로 끌어당겨 수축이 발생하기도 한다. 냉각되는 과정 중 용융되었던 상이 유리질 기지(glassy matrix)를 형성하여 치밀하고 강한 부품이 된다. 따라서 최종 미세조직은 유리질화된 상, 미반응된 수정 입자, 그리고 약간의 기공이 포함되어 있다. 그림 13.21은 소성된 자기의 사진으로 이러한 미세조직을 볼 수 있다.

유리질화 정도는 물론 세라믹 제품의 상온에서의 성질, 즉 강도, 내구성 및 밀도에 영향

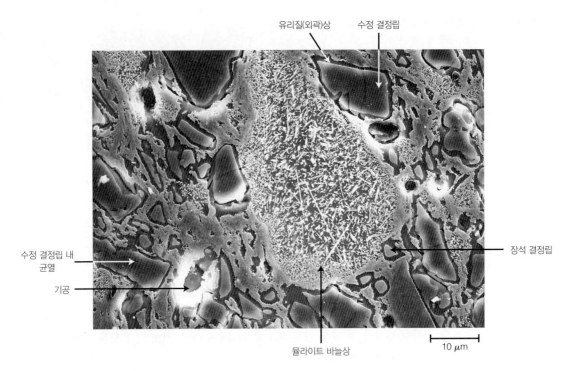

유리질(외곽)상   수정 결정립

수정 결정립 내
균열

기공

뮬라이트 바늘상

장석 결정립

10 μm

그림 13.21 소결된 자기의 미세조직 사진으로(10% HF, 5℃에서 15초 에칭) 수정 결정(큰 검은색 입자)이 주위에 검은색 유리질상으로 둘러싸여 있고, 부분적으로 용해된 장석 결정립(작은 입자), 바늘과 같은 형태의 뮬라이트상 및 검은색의 기공들이 보인다. 그리고 수정 입자 내에는 균열이 존재하는 것을 볼 수 있는데, 이것은 냉각 과정 중에 유리질 기지와 수정의 열팽창 계수의 차이 때문에 발생한 것이다. 1500×

(사진 제공 : of H. G. Brinkies, Swinburne University of Technology, Hawthorn Campus, Hawthorn, Victoria, Australia.)

을 미치는데, 그 정도가 증가함에 따라서 이들 특성이 향상된다. 소성 온도는 어느 정도의 유리질화가 발생할 것인지에 영향을 미친다. 즉 소성 온도가 증가함에 따라서 유리질화 정도가 증가한다. 건축 벽돌은 약 900℃에서 소성되는데, 상대적으로 기공이 많다. 한편 유리질화 정도가 높은 자기의 경우(광학적으로 반투명) 소성 온도는 이보다 높다. 소성 과정 중 완전한 유리질화는 부품이 너무 무르게 되어 형체가 파괴되므로 피한다.

✓ **개념확인 13.6** 점토가 고온에서 소성되면 수가소성을 잃는 이유는 무엇인가?

[해답은 *www.wiley.com/go/Callister_MaterialsScienceGE* → More Information → Student Companion Site 선택]

13.13 분말 압축

유리와 점토 제품의 제조와 관련하여 세라믹 성형 기법의 몇 가지를 소개하였다. 또 하나 중요하고 자주 사용되는 방법이 **분말 압축**(powder pressing)이다. 세라믹 제조에서 분말 압축법은 금속에서 분말 야금에 해당하는 것으로 점토질 또는 비점토질 조성, 예를 들면 전자 및

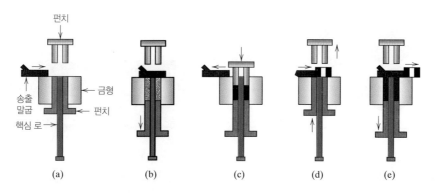

그림 13.22 일축 분말 압출 단계의 모식도 : (a) 작업 시작, (b) 금형 공간에 분말을 채운다, (c) 상부 펀치(가압 피스톤)에 압력을 가하여 분말을 압축한다, (d) 하부 펀치의 상승 작용에 의하여 압축된 부품이 방출된다, (e) 송출 말굽(feed shoe)이 압축된 부품을 밀어내고, 분말 채우기 과정이 반복된다.

(출처 : J. T. Black and Ronald A. Kohser, *DeGarmo's Materials and Processes in Manufacturing*, 11th edition, John Wiley & Sons, Hoboken, NJ, 2012, page 487, Figure 18.4.)

자기 세라믹, 내화 벽돌 제품과 같은 제품을 제조하는 데 사용된다. 이 방법은 소량의 물 또는 결합제를 혼합한 분말에 압력을 가하여 일정한 형태로 성형하는 것이다. 이 경우 조대한 입자와 미세한 입자를 적정 비율로 혼합하면 최대의 압축 밀도를 얻을 수 있다. 금속 분말과는 달리 세라믹 입자를 압축할 경우 소성변형이 발생하지 않는다. 결합제의 한 가지 역할은 분말이 압축되는 과정에서 분말 입자들이 상호 미끌어져 가도록 하는 것이다.

분말을 압축하는 방법은 일방향, 등방향(또는 정수압) 및 고온 압축 방법 등이 있다. 일방향 압축은 분말을 금속 금형(metal die) 내에서 일방향으로 압력을 가하여 압축·성형하는 것이고, 성형된 부품은 금형의 형상과 압력을 가하는 압반(platen)의 형상을 따르게 된다. 이 방법은 대체적으로 단순한 형태를 제조하는 데 사용되며, 생산 속도가 빠르고 제조 원가가 낮다. 이 방법에 의한 제조 단계를 그림 13.22에 나타냈다.

등방향 압축법은 분말 재료를 고무 봉지에 넣고 유체(fluid)를 이용하여 등방향으로 압력을 가한다. 일방향 압축에 비하여 복잡한 형태를 제조하는 것이 가능하나 이 방법은 시간이 많이 걸리고 제조 원가가 높은 단점이 있다.

일방향 및 등방향 압축 후에 소성 공정(firing operation)이 필요하다. 소성 과정 중 부품이 수축하고, 기공이 감소하며, 기계적 특성이 향상된다. 이것은 입자가 서로 결합하여 치밀화되는 **소결**(sintering) 과정이다. 소결의 기제를 그림 13.23에 도식적으로 나타냈다. 압축 후에 분말 입자가 상호 접촉한다(그림 13.23a). 초기 소결 단계에서 인접한 입자의 접촉 지역에 목(neck)이 형성되고, 입자 간의 공간이 기공이 된다(그림 13.23b). 소결이 진행됨에 따라 기공이 점차 작아지고 구형이 된다(그림 13.23c). 소결된 알루미나의 전자현미경 사진을 그림 13.24에 나타냈다. 소결의 구동력은 총입자 면적의 감소인데 표면 에너지가 입계 에너지보다 크다. 소결은 용융점 이하에서 진행되기 때문에 일반적으로 액상이 없다. 그림 13.23에 나타나는 변화는 원자 확산에 의하여 이루어진다.

고온 압축(hot pressing)법은 분말을 가열하는 상태에서 압축 압력을 가하는 것이다. 즉 분말이 고온 상태에서 압축되는 것이다. 이 방법은 고온에서도 액상을 형성하지 않는 소결

소결

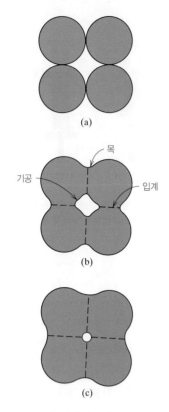

그림 13.23 소성 과정 중에 압분체에서 발생하는 미세구조의 변화. (a) 압축한 상태의 분말, (b) 소결의 개시에 따른 입자의 결합 및 기공의 형성, (c) 소결의 진행에 따른 기공의 크기 및 형상의 변화

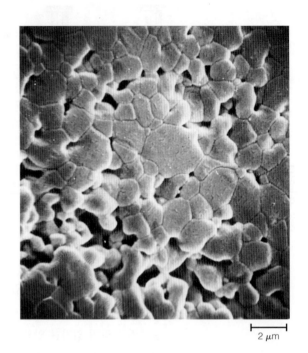

그림 13.24 1700°C에서 6분 동안 소결한 산화 알루미늄의 전자현미경 미세조직. 5000×

(출처 : W. D. Kingery, H. K. Bowen, and D. R. Uhlmann, *Introduction to Ceramics*, 2nd edition, p. 483. Copyright © 1976 by John Wiley & Sons, New York. John Wiley & Sons, Inc. 허가로 복사 사용함)

이 곤란한 재질에 적용되는데, 결정립 성장(grain growth) 없이 치밀화가 요구되는 용도에도 사용된다. 이 방법은 제조 원가가 높기 때문에 적용 분야에 한계가 있다. 이 방법은 몰드와 금형이 각 사이클 동안 가열과 냉각 과정을 겪어야 하기 때문에 생산성이 낮다는 것이 단점이다. 또한 몰드의 제조 원가가 비싸고 통상적으로 수명이 짧다.

13.14 테이프 캐스팅

테이프 캐스팅은 세라믹 제조 기법 중 가장 중요한 공정이다. 이 방법은 이름에서 알 수 있듯이 캐스팅 공정을 이용하여 얇고 유연한 테이프를 제조하는 공정이다. 이 테이프는 이장(slip)을 이용하여 제조하는데, 여러 면에서 이장 주입법과 유사하다(13.12절). 이 공정에 사용되는 이장은 세라믹 입자가 바인더, 가소제 등을 포함하고 있는 유기 용매 내에 분산된 상태로 바인더는 테이프에 강도를, 가소제는 유연성(flexibility)을 부여하기 위하여 첨가된 것이다. 완성된 테이프에 균열을 발생시킬 수 있는 공기나 솔벤트 기체에 의한 기공들을 제거하기 위하여 진공 내에서 이장 내의 공기를 제거하는 공정(탈포 공정)이 필요할 수도 있다. 그림 13.25에 나타낸 바와 같이 실제 테이프의 제조 공정에서는 먼저 이장을 평활한 평면(스테인리스강, 유리, 폴리머 필름, 종이)상에 도포하고, 닥터 블레이드(doctor blade)가 일정

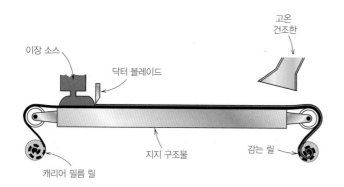

그림 13.25 닥터 블레이드를 이용한 테이프 캐스팅 공정의 모식도

(출처 : D. W. Richerson, *Modern Ceramic Engineering*, 2nd edition, Marcel Dekker, Inc., NY, 1992. Marcel Dekker, Inc. 허가로 *Modern Ceramic Engineering*, 2nd edition, p. 472에서 복사 사용함)

하고 얇은 테이프 형태로 도포시키게 된다. 건조 공정에서는 이장의 휘발성 성분들이 증발에 의하여 제거되고, 그 결과 소성 공정 전에 수행하는 절단이나 천공이 가능한 유연한 테이프가 제조된다. 테이프 두께는 대개 0.1~2 mm이다. 테이프 캐스팅 공정은 집적 회로와 다층 커패시터(capacitor)의 기판용 세라믹을 제조하는 데 많이 적용되고 있다.

세라믹의 제조 공정으로서 시멘트 교착이 고려되고 있다(그림 13.12). 시멘트 재료를 물과 혼합하여 페이스트를 만들고, 원하는 형상으로 성형한 후 복잡한 화학 반응의 결과로서 고화 반응을 일으킨다. 시멘트와 시멘트 교착은 13.7절에서 간단하게 설명하였다.

13.15 세라믹 재료의 3차원 인쇄

3차원 인쇄(3D 프린팅, 적층 제조 공정)는 세라믹 부품을 제조하는 데 사용되고 있는데, 이 장의 앞 절에서 논의한 전통적인 제조 공정으로 제조된 부품과 같이 균열과 기공이 없고 특성이 유사한 제품을 제조할 수 있다. 그러나 세라믹 재료의 낮은 전기 전도율 및 열 전도율 특성 때문에 금속에 사용되었던 기법(11.7절)을 세라믹에 적용하는 것이 실용적이지 않다. 예를 들면 열원으로 사용되었던 전자 빔은 세라믹이 전기 부도체이기 때문에 사용하는 것이 곤란하다. 또한 세라믹 재료가 대부분 용융점이 매우 높고 균열이 쉽게 발생하기 때문에 레이저 용융법의 적용은 곤란하다. 따라서 3차원 인쇄 공정으로 적용이 가능한 세라믹 재료는 매우 제한적이다. 모든 세라믹 3차원 인쇄 기법에서 원료는 분말 형태나 일부의 경우 현탁액 내에 혼합되어 공급되기도 한다

다양한 세라믹 3차원 인쇄 공정이 개발되었는데, 여기서 세라믹 제트 인쇄, 입체 리소그래피(sterolithography), 폴리머 유도 세라믹 그리고 3차원 점토 압출에 관해서 간단히 소개한다.

세라믹 제트 인쇄

그림 13.26에 모식적으로 나타낸 것과 같이 세라믹 제트 인쇄 기법은 상당히 단순하다. 먼저 롤러 기구를 이용하여 제조 플랫폼 상부에 세라믹 분말을 얇은 층으로 펼치고, 원하는 형상에 해당하는 구역에 결합제를 인쇄한다.[10] 결합제는 접촉하는 분말을 결합시키는 역할을

---

10 바인더의 종류는 인쇄되는 세라믹 분말에 따라서 변화된다. 통상적으로 바인더로서는 폴리머나 실리카 콜로이드가 사용된다.

그림 13.26 세라믹 부품의 3D 인쇄 공법의 모식도

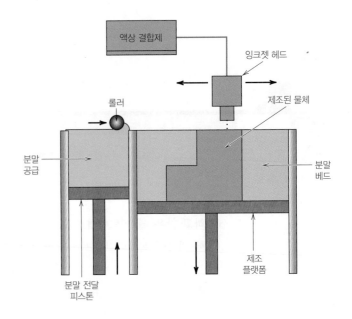

한다. 이 과정을 인쇄 공정이 완결될 때까지 반복한다. 그 후 그린 부품을 인쇄기 내의 결합되지 않은 분말들로부터 꺼내고 외부에 부착되어 있는 분말을 제거한다. 필요할 경우 오븐에서 부품을 가열하여 휘발성 물질을 제거하기도 한다. 마지막으로 부품을 소성 온도로 가열하여 분말들이 소결되도록 하여 제조된 부품의 강도와 밀도를 증가시킨다. 도자기가 이 기법을 이용하여 제조된다.

입체 리소그래피

입체 리소그래피(sterolithography, SLA)의 원료에는 세라믹 분말을 많이 함유하고 있는 광경화성 액상 모노머(중합되지 않은 폴리머)를 포함한다. 제조 플랫폼의 상부에 스위프 암(sweep arm)을 이용하여 원료 현탁액을 25~100 μm의 두께로 액체층을 형성한다. 다음으로는 자외선 레이저를 목표로 하는 패턴 형태로 주사를 하면 주사된 부분에서 폴리머가 고화(경화 또는 고분자화)되어 형상이 얻어지게 된다.[11] 상부에 같은 방식으로 공정을 진행하게 되면 선택된 부분만이 고화되고 상부와 하부층이 서로 결합된다. 이와 같은 층 형성 과정을 반복하면 최종 제품이 얻어진다. 공정이 끝나면 고상 물체를 고분자화되지 않은 고분자-세라믹 현탁액으로부터 꺼내고 표면에 잔류된 미반응 물질을 제거한다. 후공정은 해당 물체를 400℃로 가열하여 탈결합제(debinding) 공정으로부터 시작되는데, 이 열처리 과정을 통하여 경화된 폴리머가 제거된다. 이 후에 고온 소결 열처리를 실시하는데, 이 과정에서 치밀하고 강도가 높은 부품이 제조된다.

이와 같은 입체 리소그래피 방법으로 인쇄되는 세라믹 재료에는 알루미나(공업용, 수술용 기구 및 전기 절연체)와 지르코니아(보석류, 치과 보철류, 연료 전지 부품) 등이 있다. 생

---

11 일부 입체 리소그래피 공법에서 폴리머 경화에 자외선 레이저 대신에 투사된 가시광이 사용되기도 한다. 이 공정은 디지털 광 공정(DLP)이라고 부른다.

그림 13.27 세라믹 광경화 폴리머 현탁액을 이용한 3차원 인쇄를 위한 입체 리소그래피 공법의 모식도
(© I. A. Aksay, R. Garg, and D. M. Dabbs, Princeton University.)

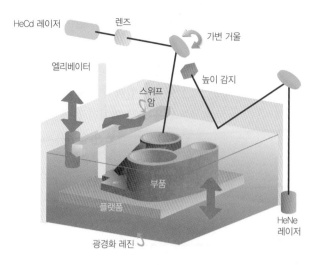

체 친화성 및 생체 재생성이 매우 높은 트리칼슘 포스페이트(tricalcium phosphate)와 수산화 인회석(hydroxyapatite)의 경우에도 생체용 임플란트 및 뼈가 손실된 부분의 재생용 임플란트 부품으로 제조된다.

폴리머 유도 세라믹

최근 개발된 3차원 입체 리소그래피 기법은 제조 가능한 세라믹 재료의 종류를 증가시켰다. 이 기법에서 전구체 원료 재료는 전세라믹(preceramic) 모노머 레진이고 100 μm 정도 두께로 층을 형성한다. 층이 침적된 후 각 층은 자외선 빛으로 조사를 하여 조사된 부분만을 선택적으로 고화(경화 또는 고분자화)시켜 고체 물체의 얇은 층을 구성하게 된다. 이 상태에서 그 물체는 폴리머의 형태이고 세라믹은 아니다. 인쇄 공정이 완료되고 나서 고분자화가 되지 않은 모든 물질을 물체의 표면으로부터 제거하고, 아르곤 분위기에서 1000°C까지 가열한다. 이 열처리는 폴리머 물체를 세라믹 재료(실리콘 옥시카바이드, silicon oxycarbide)로 변환을 발생시킨다.

이렇게 인쇄된 세라믹 재료의 형상은 매우 복잡할 수 있으나 이 방법은 다공질 그리고 셀 구조로 적용이 한정된다. 또한 이 실리콘 옥시카바이드 재료는 용융점이 상당히 높다. 이 재료는 열차폐 시스템, 다공성 버너, 전자 패키징, 그리고 마이크로 전기기계 시스템(MEMS)에 현재 적용되고 있다.

3차원 점토 압출

점토 기반 세라믹 재료를 위한 3차원 인쇄 장치가 개발되었는데, 이 장치는 정수압 성형 압출 장치(정수압 압출은 13.12절에 논의하였음)의 크기를 줄이고 복잡화한 것이다. 인쇄기 헤드는 점토, 물(또는 다른 결합제)과 다른 첨가제가 포함된 반죽을 작은 필라멘트 형태로 연속적으로 압출한다. 반죽의 조성은 인쇄된 부품이 그 형상을 유지할 수 있을 정도의 강도여야 한다. 일부 인쇄기는 특정 반죽에 적합한 전용 기기인 데 비하여 일부 장치는 다른 조성의 반죽을 인쇄할 수 있는 약간의 유연성이 있다. 반죽 내에 포집된 기포를 인쇄 전에 제

거하는 것이 제조된 부품의 표면 평탄도 및 기포 없는 마무리를 하는 데 필요하다. 기존의 인쇄 공법과 이 공법의 주요 차이점은 인쇄 패턴의 크기이다. 즉 인쇄된 부분의 크기는 점토 압출 필라멘트의 크기보다 커서 컵이나 접시의 두께 정도이다. 인쇄 후 부품은 13.12절의 이장 주입과 수가소 성형된 부품과 마찬가지로 건조 및 소성 과정을 거치게 된다. 장식용 유약을 소성 열처리 전에 바르는 것도 가능하다.

3차원 점토 압출법은 도기(접시, 컵, 받침 접시, 머그컵)와 장식/예술용(흉상, 인형, 보석, 화분)으로 사용된다.

요약

유리	• 가장 친숙한 유리 재료는 비정질 실리케이트인데, 이 재료는 다른 산화물을 포함하고 있다. 실리카(SiO_2)와 더불어 일반적인 소다-석회 유리의 주요 성분은 소다(Na_2O)와 석회(CaO)이다.
	• 유리 재료의 가장 큰 장점은 광학적 투명성과 제조의 용이성이다.
유리-세라믹	• 유리-세라믹은 처음에는 유리로 제작된 후 결정화 열처리 과정을 거쳐 미세한 입경을 가지는 다결정 재료로 제조된다.
	• 유리 재료에 대비하여 유리-세라믹은 기계적 강도 및 열팽창 계수(열충격 특성을 개선함)의 관점에서 우수하다.
점토 제품	• 점토는 백자(도기 및 식기)와 구조 점토 제품(빌딩용 벽돌 및 타일)의 주요 성분이다. 장석, 석영 등이 첨가되기도 하는데, 이들은 소성 과정 중 발생하는 현상에 많은 영향을 미친다.
내화물	• 고온과 반응 분위기에서 사용되는 재료는 내화 세라믹으로 정의된다.
	• 이러한 종류의 물질은 용융점이 높아야 하고, 가혹한 조건(대개 고온에서)에 노출되었을 때 반응성이 없어야 하고, 열차단 특성이 있어야 한다.
	• 성분과 주요 용도에 따라서 내화점토(알루미나-실리카 혼합물), 실리카(실리카 함량이 높음), 염기성(산화 마그네슘, MgO의 함량이 높음) 및 특수용 등의 네 가지로 세분된다.
연마재	• 딱딱하고 강인한 연마용 세라믹은 상대적으로 연한 재료를 절단, 연마, 미세 연마하는 데 사용된다.
	• 이들 재료군은 마찰력에 의하여 발생하는 고온을 견딜 수 있을 만큼 경도가 높고 인성이 우수해야 한다.
	• 세라믹 연마재에는 자연 광석에서 얻는 것이 있고 인공으로 제조된 것이 있다. 자연 광석에서 얻는 것은 다이아몬드, 금강사(Al_2O_3), 에머리, 가넷과 모래이다. 다이아몬드, 금강사, 보라존(cubic boron nitride), 카보런덤(실리콘 카바이드), 지르코니아-알루미나, 그리고 보론 카바이드 등이 인공으로 제조된 분류에 속한다.

시멘트	• 포틀랜드 시멘트는 점토와 석회를 포함하고 있는 광물을 로터리 킬른(회전 가마)에서 소성하여 제조된다. 제조된 클링커를 매우 미세한 분말로 분쇄하고 약간의 석고를 첨가한다.

- 무기질 시멘트는 물과 혼합되면 페이스트를 형성하고, 이 재료를 이용하여 어떠한 형태든 성형하는 것이 가능하다.
- 고화 또는 경화 반응은 시멘트 입자가 관여되는 화학 반응으로 상온에서 발생한다. 포틀랜드 시멘트는 가장 일반적인 수계형 시멘트인데, 고화 반응 시의 화학 반응은 수화 반응이다.

세라믹 생체 재료

- 화학적 비반응성, 경도, 내마모성에 기반하여 생체 세라믹 재료들이 실제 생의학 용도에 사용되고 있다.
- 산화 알루미늄(고순도/치밀 또는 다공성), 지르코니아(이트리어 안정화), 유리 및 유리-세라믹, 그리고 인산 칼슘 재료(트칼슘 인산염 및 수산화 인회석)가 생체 세라믹 재료로 사용되고 있다.
- 이러한 생체 세라믹 재료는 정형 외과(뼈/골격) 및 치과 분야에 주로 사용된다.

탄소 재료

- 탄소의 두 가지 동질이상인 다이아몬드와 흑연은 매우 다른 화학적 · 물리적 특성을 갖는다.
- 다이아몬드는 매우 단단하고, 화학적으로 안정하며, 매우 높은 열 전도율 및 낮은 전기 전도율을 가지고 있으며, 광학적으로 투명하고 굴절률이 매우 높다.
- 흑연은 부드럽고 판상이며(예 : 매우 우수한 윤활 특성이 있음), 광학적으로 불투명하고, 고온의 비산화 분위기에서 화학적으로 안정하다. 전기 전도율을 포함한 일부 특성은 매우 비등방적인 특성이 있다.
- 복합 재료의 섬유 강화재로 사용되는 탄소에 대해서도 논의하였다.
  - 탄소 섬유에서 그래핀층의 두 가지 배열 방법 : 흑연 및 터보스트라틱(그림 13.7)
  - 섬유 축에 평행한 방향으로 발생하는 고강도 및 고탄성률

첨단 세라믹

- 최근 발전하고 있는 기술은 세라믹 재료의 기계적, 화학적, 전기적, 자기적, 광학적 특성 또는 이들 특성의 조합을 이용하여 왔고, 앞으로도 이용이 더욱 증가할 것이다.
- 마이크로 전기기계 시스템(MEMS) : 기계적 부품이 전기적 요소와 하나의 기판상(대부분 실리콘 기판)에 형성된 소형 스마트 시스템
- 나노카본 : 탄소 재료로 입자 크기가 100 nm 이하인 소재이며, 나노카본은 다음의 세 가지 형태로 존재할 수 있다.
  - 플러렌(예 : C_{60}, 그림 13.9)
  - 탄소 나노튜브(그림 13.10)
  - 그래핀(그림 13.11)

**유리와
유리-세라믹의
제조 공정**

- 유리가 고온에서 제조되기 때문에 온도-점도 거동이 매우 중요하다. 용융, 작업, 연화, 어닐링, 스트레인 온도는 유리가 고유 점도값을 가지는 온도로 정의된다. 각 유리의 이 온도에 대한 정보는 유리 성형에 있어서 매우 중요한 데이터이다.
- 유리 성형 기술의 네 가지 기법, 즉 압축, 취입 성형(그림 13.15), 인발(그림 13.16), 섬유

성형에 대하여 간단하게 기술하였다.

- 유리가 냉각될 때 시료 내부 및 외부의 냉각 속도의 차이 때문에 내부 잔류 응력이 발생한다.
- 제조된 후 유리의 기계적 특성을 향상하기 위하여 어닐링 또는 템퍼링을 실시한다.

점토 제품의 제조 및 공정

- 점토 광물은 세라믹 물체를 제조하는 데 두 가지 역할을 한다.
  - 물이 점토에 첨가되었을 때 성형이 잘 발생할 수 있도록 유연하고 잘 변형한다.
  - 점토 광물은 넓은 온도 범위에서 용융하여 완전하게 용융되지 않고도 밀도가 높고 강도가 높은 제품을 만드는 데 기여한다.
- 점토 제품을 만드는 데 수가소 성형 및 이장 주입법이 주로 사용된다.
  - 수가소 성형에 있어서 가소성과 유연성이 있는 물질이 압출 금형 오리피스를 통하여 압출되어 원하는 형상을 만들어 낸다.
  - 이장 주입에서는 이장(점토 및 다른 광물이 물과 만든 현탁액)이 다공성 몰드에 부어진다. 몰드 내로 물이 흡수됨에 따라 고체층이 몰드 벽의 내면을 따라서 형성된다.
- 성형 후 제품은 먼저 건조되어야 하고, 고온에서 소성하여 기공을 감소시키고, 강도를 증가시키게 된다.

분말 압축

- 일부 세라믹 부품은 분말 압축에 의해 성형되는데, 일방향 압축법 또는 등방향 압축법이 사용된다.
- 압축 성형된 부품의 치밀화는 고온 소성 공정에서 발생하는 소결 기제(그림 13.23)에 의하여 발생한다.

테이프 캐스팅

- 테이프 캐스팅을 통하여 얇은 세라믹 판재는 평편한 표면에 닥터 블레이드를 이용하여 코팅된 이장으로부터 제조된다(그림 13.25). 이 테이프는 건조와 소성 공정을 거치게 된다.

세라믹 재료의 3차원 인쇄

- 세라믹 재료의 3차원 인쇄를 위하여 몇 가지 기법이 개발되었다. 원료 재료로는 분말이 사용되는데 일부의 경우 액체 현탁액에 첨가되어 사용된다.
- 이 장에서 세라믹 제트 인쇄, 입체 리소그래피, 폴리머 유도 세라믹, 3차원 점토 압출 등에 대해서 설명하였다.

주요 용어 및 개념

결정화	변형 온도(유리)	열충격
구조 점토 제품	소결	열템퍼링
나노카본	소성	용융점(유리)
내화 세라믹	수가소 성형	유리-세라믹
마이크로 전기기계 시스템(MEMS)	시멘트	유리질화
미소성체	어닐링 온도(유리)	유리 전이 온도
배소	연마재용 세라믹	이장 주입
백자	연화점	작업 온도

참고문헌

Black, J. T., and R. A. Kohser, *Degarmo's Materials and Processes in Manufacturing*, 11th edition, John Wiley & Sons, Hoboken, NJ, 2012.

Doremus, R. H., *Glass Science*, 2nd edition, Wiley, New York, 1994.

Engineered Materials Handbook, Vol. 4, *Ceramics and Glasses*, ASM International, Materials Park, OH, 1991.

Hewlett, P. C., *Lea's Chemistry of Cement & Concrete*, 5th edition, Elsevier Butterworth-Heinemann, Oxford, 2017.

Kingery, W. D., H. K. Bowen, and D. R. Uhlmann, *Introduction to Ceramics*, 2nd edition, John Wiley & Sons, New York, 1976. Chapters 1, 10, 11, and 16.

Reed, J. S., *Principles of Ceramic Processing*, 2nd edition,

John Wiley & Sons, New York, 1995.

Richerson, D. W., *Modern Ceramic Engineering*, 3rd edition, CRC Press, Boca Raton, FL, 2006.

Riedel, R, and I. W. Chen (editors), *Ceramic Science and Technology*, Vol. 3, *Synthesis and Processing*, Wiley-VCH, Weinheim, Germany, 2012.

Schact, C. A. (Editor), *Refractories Handbook*, Marcel Dekker, New York, 2004.

Shelby, J. E., *Introduction to Glass Science and Technology*, 2nd edition, Royal Society of Chemistry, Cambridge, 2005.

Varshneya, A. K., *Fundamentals of Inorganic Glasses*, 2nd edition, Society of Glass Technology, Sheffield, UK, 2013.

연습문제

유리

유리-세라믹

13.1 유리에서 요구되는 특성 두 가지를 기술하라.

내화물

13.2 내화 세라믹 재료에서 기공의 함량이 증가함에 따라 향상되는 세 가지 성질과 악영향을 받는 두 가지 성질을 각각 기술하라.

13.3 SiO_2-Al_2O_3 상태도(그림 12.25)에서 다음 두 가지 내화 재료 성분에서 어느 것이 내화 재료로서 바람직할 것인가? 그 이유를 설명하라.

(a) 99.8 wt% SiO_2-0.2 wt% Al_2O_3와 99.0 wt% SiO_2-1.0 wt% Al_2O_3

(b) 70 wt% Al_2O_3-30 wt% SiO_2와 74 wt% Al_2O_3-26 wt% SiO_2

(c) 90 wt% Al_2O_3-10 wt% SiO_2와 95 wt% Al_2O_3-5 wt% SiO_2

13.4 아래의 내화 점토 화학 성분이 1600°C에서 생성되는 액상의 분율을 계산하라.

(a) 25 wt% Al_2O_3-75 wt% SiO_2

(b) 45 wt% Al_2O_3-55 wt% SiO_2

유리와 유리-세라믹의 제조 공정

13.5 소다와 석회는 소다재(Na_2CO_3)와 석회석($CaCO_3$)의 형태로 유리에 첨가된다. 가열 중에 이들은 분해되어 이산화탄소(CO_2)를 생성하고, 소다와 석회가 된다. 유리의 성분이 78 wt% SiO_2, 17 wt% Na_2O, 5 wt% CaO가 되기 위하여 100 kg 석영(SiO_2)에 첨가해야 할 소다재(soda ash)와 석회석의 무게를 계산하라.

13.6 소다-석회, 보로실리케이트, 96% 실리카, 용융 실리카의 연화 온도를 비교하라.

13.7 많은 점성 재질에 대하여 점도 η는 다음의 관계식으로 정의된다.

$$\eta = \frac{\sigma}{d\varepsilon/dt}$$

여기서 σ와 $d\varepsilon/dt$은 각각 인장 응력과 변형 속도이다. 지름이 4 mm이고 길이가 125 mm인 실린더 형태의 보로실리케이트 유리 시료에 축 방향으로 인장 응력 2 N을 가하였다. 일주일 동안 변형을 2.5 mm보다 작게 유지하면서 시료가 가열될 수 있는 최대 온도를 그림 13.14의 데이터를 이용하여 계산하라.

13.8 (a) 유리가 냉각될 때 열응력이 발생하는 이유를 설명하라.

(b) 가열하는 동안에도 열응력이 발생하는가? 발생한다면 이유는, 발생하지 않는다면 그 이유는 무엇인가?

13.9 유리 제품을 열템퍼링시킬 때 어떤 현상이 제품 내에 발생할지 간단히 설명하라.

점토 제품의 제조 및 공정

13.10 분자의 관점에서 점토에 물을 첨가하였을 때 수가소성이 되는 이유에 대하여 설명하라.

13.11 (a) 수가소 성형되었거나 이장 주입으로 성형된 세라믹 제품의 건조 속도가 중요한 이유는 무엇인가?

(b) 건조 속도에 영향을 미치는 세 가지 인자에 대하여 기술하고, 이 인자들이 어떻게 영향을 미치는지에 대하여 설명하라.

13.12 (a) 점토를 주성분으로 한 세라믹 자기에서 유리화의 정도에 영향을 미치는 세 가지 요인을 기술하라.

(b) 밀도, 소성 왜곡, 강도, 부식 저항, 열 전도율이 유리화 정도에 따라 어떻게 영향을 받을 것인지에 대하여 설명하라.

설계문제

13.D1 최근 주방용 식기들은 세라믹 재료들로 제조되고 있다.

(a) 이러한 용도에 사용되는 재료에 요구되는 가장 중요한 특성 3개 이상을 열거하라.

(b) 세 가지 종류의 세라믹을 열거하고 이들의 상대적인 특성과 가격을 상호 비교하라.

(c) 이러한 비교의 결과로부터 주방용에 가장 적합한 재료를 선택하라.

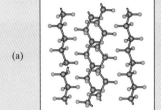

(a) 폴리에틸렌의 결정질 구역에 있어서 분자 사슬 배열의 모식도. 검은색 및 회색 구는 각각 탄소와 수소 원자를 나타낸다.

(a)

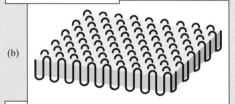

(b)

(b) 사슬 접힘 결정자 모식도 : 분자 사슬(빨간색 선/곡선)이 위아래로 접힌 평판 형상의 결정질 구역. 이러한 접힘 사슬은 결정자의 표면에서 나타난다.

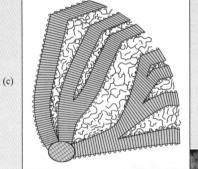

(c)

(c) 일부 준결정질 폴리머에서 발견되는 구정의 모식도. 공통의 센터로부터 사슬 접힘 구조를 가진 결정자가 밖으로 방사형으로 퍼져나간다. 이들 결정자들을 분리시키고, 연결하는 구역은 비정질 재료의 구역으로 이 내부에서는 분자 사슬(빨간색 곡선)이 불규칙적으로 배열되어 있다.

(d) 구정 구조를 보여 주는 투과 전자현미경 사진. 사슬 접힘 구조의 라멜라 결정자(흰색 선)로서 두께가 약 10 nm이고 중심으로부터 밖으로 방사형으로 퍼져나간다. 12,000×

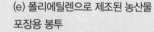

(e) 폴리에틸렌으로 제조된 농산물 포장용 봉투

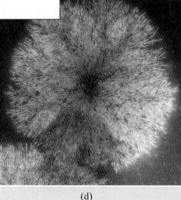

(d)

[출처 : (d) supplied by P. J. Phillips. First published in R. Bartnikas and R. M. Eichhorn, *Engineering Dielectrics*, Vol. IIA, *Electrical Properties of Solid Insulating Materials: Molecular Structure and Electrical Behavior*, 1983. Copyright ASTM, 1916 Race Street, Philadelphia, PA 19103. 허가로 복사 사용함]

Glow Images

(e)

많은 수의 화학적 구조적 특성들이 폴리머 재료의 특성 및 거동에 영향을 미친다. 이러한 영향의 일부는 다음과 같다.

1. 준결정질 폴리머의 결정화도 : 밀도, 강성, 강도 및 연성(14.11절 및 15.8절)

2. 가교 결합의 정도 : 고무질 재료의 강성(15.9절)
3. 폴리머 화학 : 용융점 및 유리 전이 온도(15.14절)

학습목표

이 장을 학습한 후에는 다음 내용을 숙지할 수 있어야 한다.

1. 사슬 구조를 이용하여 전형적인 폴리머 분자를 이해하고, 이 구조가 단량체를 반복하여 생성되는 과정

2. 폴리에틸렌, 폴리염화비닐, 폴리테트라플루오로에틸렌, 폴리프로필렌, 폴리스티렌의 단위 구조

3. 임의 폴리머의 개수-평균 분자량 및 무게-평균 분자량, 개수-평균 중합도 및 무게-평균 중합도의 계산법

4. 다음을 간단하게 설명하는 것

   (a) 폴리머 분자 구조의 네 가지 일반적인 형태

   (b) 세 가지 형태의 입체 이성체

   (c) 두 가지 형태의 기하 이성체

   (d) 네 가지 형태의 공중합체

5. 거동과 분자 구조에 의한 열가소성 및 열경화성 고분자 재료의 차이점

6. 결정질 상태의 폴리머 재료를 간략하게 설명하는 것

7. 준결정질 폴리머의 구정 구조에 대한 이해

14.1 서론

동식물로부터 얻는 천연 상태의 폴리머(고분자 또는 중합체, polymer)는 수세기 동안 사용되어 왔다. 이 범주에 속하는 재료는 나무, 고무, 면사, 모직, 가죽 및 비단 등이다. 다른 형태의 천연 고분자 재료로는 단백질, 효소, 녹말 및 섬유소 등이 있는데, 이들은 식물과 동물의 생물학적 및 생리학적 작용에 중요하다. 현대 과학의 도구들을 이용하여 이러한 재료군의 분자 구조를 이해하게 되었으며, 작은 유기 분자(organic molecule)로부터 수많은 폴리머가 개발되었다. 우리에게 유용한 많은 플라스틱, 고무, 섬유 물질 등은 합성 폴리머(synthetic polymer)이다. 사실 제2차 세계대전 종전 이후 합성 폴리머의 등장에 의하여 재료 분야는 실질적인 대변혁이 일어났다. 합성 물질은 저렴하게 대량 생산이 가능해졌고, 자연 상태의 물질보다 많은 면에서 우수한 특성을 가진 재료가 개발되었다. 몇 가지 적용 분야에서 금속과 나무가 저렴한 가격으로 생산될 수 있고 만족할 만한 물성을 갖는 플라스틱들로 대체되었다.

금속이나 세라믹들과 마찬가지로 폴리머의 물성은 그 구조적 구성 요소에 의하여 좌우된다. 이 장에서는 폴리머의 분자와 결정 구조들을 설명하게 될 것이다. 제15장에서는 폴리머의 구조와 물리적·화학적 물성과의 관계를 다루게 되며, 대표적인 적용 분야와 제조 방법도 함께 언급할 것이다.

14.2 탄화수소 분자

대부분의 폴리머는 원래 유기체이기 때문에 그들 분자 구조와 관계되는 몇 가지 기본적인 개념을 상기해 보기로 한다. 첫째로, 많은 유기 물질은 탄화수소(hydrocarbon)이며, 그들은 수소와 탄소로 이루어져 있고, 분자 내 결합은 공유 결합이다. 각 탄소 원자는 공유 결합에 참여하는 4개의 전자를 갖는 반면에, 수소 원자는 단 1개의 결합 전자를 갖는다. 그림 2.12에 도식적으로 나타낸 바와 같이 수소(H_2) 분자는 결합하는 2개 원자가 각 1개의 전자를 공여하여, 한 개의 공유 결합을 형성한다. 결합을 형성하는 2개의 탄소 원자는 두 쌍 또는 세 쌍의 결합 전자를 공유하여 이중 또는 삼중 결합을 형성하기도 한다.[1] 예를 들면 화학식이 C_2H_4인 에틸렌(ethylene)의 경우 탄소 원자들은 이중으로 결합되어 있고, 각 탄소 원자는 2개의 수소 원자 각각과 한 쌍의 전자를 공유하는 단일 결합을 이루고 있다. 구조 형태는 다음과 같다.

$$
\begin{array}{ccc}
H & & H \\
| & & | \\
C & = & C \\
| & & | \\
H & & H
\end{array}
$$

여기서 '—'와 '='는 각각 단일 공유 결합과 이중 공유 결합을 의미한다. 흔한 경우는 아니지만 아세틸렌(C_2H_2)의 경우와 같이 삼중 결합이 존재하기도 한다.

$$H - C \equiv C - H$$

이중과 삼중 공유 결합을 갖는 분자들은 각각의 탄소 원자들이 최대 개수의 다른 원자, 즉 4개의 원자와 결합되어 있지 않으므로 **불포화된**(unsaturated) 상태이다. 임의의 불포화 분자에서 이중 결합은 2개의 단일 결합으로 구성되었다고 생각할 수 있다. 이 단일 결합 중 하나가 탄소 원자 주변에서 위치를 이동하게 되면, 이 부분에 다른 원자 또는 원자군이 결합할 수 있게 된다. 물론 **포화된**(saturated) 탄화수소의 경우에는 모든 결합이 단일 결합이며, 이미 결합된 원자들이 제거되지 않으면 새로운 원자들의 결합은 불가능하다.

불포화된

포화된

몇 가지 단순한 탄화수소계 재료 중에는 파라핀 족(paraffin family)이 있다. 사슬상의 파라핀 분자에는 메탄(CH_4), 에탄(C_2H_6), 프로판(C_3H_8), 부탄(C_4H_{10}) 등이 있다. 파라핀 분자에 대한 성분과 분자 구조는 표 14.1에 제시했다. 각 분자 내의 공유 결합들은 강하지만 분자 간에는 약한 수소 결합이나 반 데르 발스 결합으로 유지된다. 따라서 이러한 탄화수소는 비교적 낮은 용융점과 비등점을 갖는다. 그러나 용융 및 비등 온도는 원자량이 증가할수록 상승한다(표 14.1).

이성

동일한 성분을 갖는 탄화수소 화합물은 다른 원자 배열을 갖는 이성(isomerism)이라는 현상을 가질 수 있다. 예를 들면 부탄에는 두 가지 이성이 있다. 즉 노멀 부탄(normal butane)은 다음과 같은 구조로 이루어진다.

---

1 탄소의 하이브리드 결합에서(2.6절) 모든 본드가 단일 결합일 경우에 sp^3 하이브리드 오비탈을 형성한다. 이중 결합을 하는 탄소 원자는 sp^2 하이브리드 결합을 한다. 그리고 삼중 결합을 하는 탄소 원자는 sp 하이브리드 결합을 한다.

표 14.1 일부 파라핀 화합물의 조성과 분자 구조 : C_nH_{2n+2}

이름	조성	구조	비등점(℃)
메탄	CH_4	H–C(H)(H)–H	−164
에탄	C_2H_6	H–C(H)(H)–C(H)(H)–H	−88.6
프로판	C_3H_8	H–C(H)(H)–C(H)(H)–C(H)(H)–H	−42.1
부탄	C_4H_{10}		−0.5
펜탄	C_5H_{12}		36.1
헥산	C_6H_{14}		69.0

반면에 이소부탄(isobutane)의 분자 구조는 다음과 같다.

탄화수소의 몇몇 물리적 성질은 이성적 상태(isomeric state)에 영향을 받는다. 예를 들면 노멀 부탄의 비등 온도는 −0.5℃이며, 이소부탄의 비등 온도는 −12.3℃이다.

폴리머 구조에 포함되는 다양한 유기물 그룹이 존재한다. 좀 더 통상적으로 사용되는 그룹이 표 14.2에 있는데, 여기서 R 및 R'은 CH_3, C_2H_5, C_6H_5(메틸, 에틸, 페닐) 등과 같은 유기 그룹을 나타낸다.

표 14.2 일반적인 탄화수소 그룹

조직 단위	특징적 단위		대표적 화합물
알코올	R — OH	구조: $H-\overset{\overset{\displaystyle H}{\mid}}{\underset{\underset{\displaystyle H}{\mid}}{C}}-OH$	메틸 알코올
에테르	R — O — R'	$H-\overset{\overset{\displaystyle H}{\mid}}{\underset{\underset{\displaystyle H}{\mid}}{C}}-O-\overset{\overset{\displaystyle H}{\mid}}{\underset{\underset{\displaystyle H}{\mid}}{C}}-H$	디메틸 에테르
산	$R-C{\overset{OH}{\underset{O}{\diagdown}}}$	$H-\overset{\overset{\displaystyle H}{\mid}}{\underset{\underset{\displaystyle H}{\mid}}{C}}-C{\overset{OH}{\underset{O}{\diagdown}}}$	아세트산
알데히드	$\overset{R}{\underset{H}{\diagup}}C=O$	$\overset{H}{\underset{H}{\diagup}}C=O$	포름알데히드
방향족 탄화수소[a]	R⟨⟩	OH⟨⟩	페놀

a 단순화된 이 구조는 ⟨⟩ 페닐 그룹을 나타낸다.

✓ **개념확인 14.1** 동질다상(polymorphism)(제3장 참조)과 이성(isomerism) 간의 차이점을 설명하라.

[해답은 *www.wiley.com/go/Callister_MaterialsScienceGE* → **More Information** → **Student Companion Site** 선택]

14.3 폴리머 분자

거대 분자

폴리머 분자(polymer molecule)는 지금까지 언급해 온 탄화수소 분자에 비해서 거대한데, 그들의 크기 때문에 때때로 이를 거대 분자(macromolecule)라고도 한다. 각 분자 내에서 원자들은 원자 간 공유 결합에 의해 서로 결합되어 있다. 대부분의 폴리머에 있어서 이러한 분자들은 길고 유연한 사슬 형태로 존재하며, 탄소 원자들의 줄이 등뼈 역할을 한다. 각각의 탄소 원자가 양쪽에 이웃하는 2개의 탄소 원자와 단일 결합하고 있으며, 2차원의 도식적 표현은 다음과 같다.

$$-\overset{\displaystyle |}{\underset{\displaystyle |}{C}}-\overset{\displaystyle |}{\underset{\displaystyle |}{C}}-\overset{\displaystyle |}{\underset{\displaystyle |}{C}}-\overset{\displaystyle |}{\underset{\displaystyle |}{C}}-\overset{\displaystyle |}{\underset{\displaystyle |}{C}}-\overset{\displaystyle |}{\underset{\displaystyle |}{C}}-\overset{\displaystyle |}{\underset{\displaystyle |}{C}}-$$

각 탄소 원자에 남아 있는 2개의 원자가 전자(valence electron)는 원자나 사슬에 근접한 위치에 있는 라디칼과 측면 결합(side-bonding)을 할 수 있다. 물론 인접한 사슬과 측면 이중결합도 가능하다.

반복 단위

단량체

이러한 긴 분자들은 반복 단위(repeat units)라고 하는 구조 단위들로 구성되어 있으며, 이것이 사슬을 따라 연속적으로 반복되어 있다.[2] 단량체(monomer)는 폴리머(polymer)를 합성하는 데 사용된 단위 분자를 지칭한다. 따라서 단량체와 반복 단위는 서로 다른 것을 의미하나 때로는 단량체 또는 단량체 단위라는 용어가 좀 더 적절한 용어인 반복 단위를 대체하여 사용된다.

14.4 폴리머 분자의 화학

다시 탄화수소 에틸렌(C_2H_4)을 생각해 보자. 이것은 대기 온도와 압력에서 기체 상태이며, 다음과 같은 분자 구조를 갖는다.

$$\overset{\displaystyle H \quad\;\; H}{\underset{\displaystyle H \quad\;\; H}{C = C}}$$

에틸렌 가스는 촉매와 함께 적절한 온도와 압력이 유지되면, 중합 재료인 고체 상태의 폴리에틸렌(PE)으로 변화된다. 이 변화 과정은 다음과 같이 반응 개시제 또는 촉매(R·)와 에틸렌 단량체 간의 반응에 의해서 하나의 활성 센터가 형성될 때 시작된다.

$$R\cdot + \overset{\displaystyle H \quad\; H}{\underset{\displaystyle H \quad\; H}{C = C}} \longrightarrow R - \overset{\displaystyle H}{\underset{\displaystyle H}{C}} - \overset{\displaystyle H}{\underset{\displaystyle H}{C}}\cdot \tag{14.1}$$

폴리머 사슬은 폴리에틸렌 단량체가 활성화된 반응 개시제-단량체 단위에 순차적으로 결합되어 형성된다. 활성화된 자리 또는 짝을 이루지 못한 전자(·로 표시하였음)는 사슬이 연결됨에 따라 단량체 끝으로 이동하게 된다. 이것을 도식적으로 표현하면 다음과 같다.

$$R - \overset{\displaystyle H}{\underset{\displaystyle H}{C}} - \overset{\displaystyle H}{\underset{\displaystyle H}{C}}\cdot + \overset{\displaystyle H \quad\; H}{\underset{\displaystyle H \quad\; H}{C = C}} \longrightarrow R - \overset{\displaystyle H}{\underset{\displaystyle H}{C}} - \overset{\displaystyle H}{\underset{\displaystyle H}{C}} - \overset{\displaystyle H}{\underset{\displaystyle H}{C}} - \overset{\displaystyle H}{\underset{\displaystyle H}{C}}\cdot \tag{14.2}$$

많은 에틸렌 단량체를 첨가한 후 폴리에틸렌 분자가 생성되는데,[3] 이 분자의 반복 단위를 그

폴리머

---

[2] 반복 단위는 종종 단위체(머, mer)라고 불린다. 단위체 머는 그리스 단어인 머로스(*meros*)에서 기원하는데 부분(part)이라는 의미이다. 폴리머는 많은 단위체를 의미한다.

[3] 부가 중합 및 축합 중합 기구를 포함한 고분자 형성 반응에 관한 좀 더 상세한 소개는 15.21절에서 볼 수 있다.

그림 14.1 폴리에틸렌의 (a) 반복 단위와 사슬 구조의 모식적 표현과 (b) 지그재그 구조를 보이는 분자의 원근도

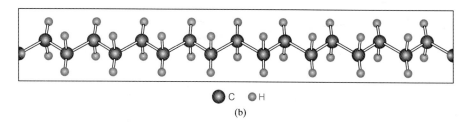

림 14.1a에 나타냈다. 이 폴리에틸렌 사슬 구조는 다음과 같이 나타낼 수 있다.

$$\left(\begin{matrix} H & H \\ | & | \\ C - C \\ | & | \\ H & H \end{matrix}\right)_n$$

또는 다음과 같이 나타낸다.

$$\left(CH_2 - CH_2\right)_n$$

여기서 반복 단위를 괄호 안에 나타냈는데, 아래 첨자 n은 반복 횟수를 나타낸다.[4]

그림 14.1a에 나타낸 사슬 구조는 정확하지 않다. 왜냐하면 일중 결합을 한 탄소 원자 간의 각도가 180°가 아니라 109°에 가깝기 때문이다. 좀 더 실제에 가까운 3차원 모델은 그림 14.1b에 나타낸 바와 같이 지그재그 패턴을 가지고, C—C 결합 길이가 0.154 nm이다. 그러나 편의를 위해서 여기서는 폴리머 분자를 그림 14.1a와 같은 직선 사슬 모델로 나타내기로 한다.

물론 다른 화학 성분을 가진 폴리머 구조가 가능하다. 예를 들면 테트라플루오로에틸렌(tetrafluoroethylene) 단량체, $CF_2 = CF_2$를 중합하여 **폴리테트라플루오로에틸렌**(polytetrafluoroethylene, PTFE)을 아래와 같이 제조하는 것이 가능하다.

$$n\left[\begin{matrix} F & F \\ | & | \\ C = C \\ | & | \\ F & F \end{matrix}\right] \longrightarrow \left(\begin{matrix} F & F \\ | & | \\ C - C \\ | & | \\ F & F \end{matrix}\right)_n \tag{14.3}$$

폴리테트라플루오로에틸렌(상품명 : Teflon)은 불화 탄소로 불리는 계열의 폴리머에 속한다.

염화비닐 단량체($CH_2 = CHCl$)는 에틸렌을 약간 변환한 것인데, 이 단량체에서는 4개 수소 원자 중에서 하나를 염소 원자로 치환한 것이다. 이것의 중합체는 아래와 같이 나타내고, 이것이 **폴리염화비닐**[poly vinyl chloride, PVC]이다.

---

4 사슬 구조에는 사슬의 말단/말단 그룹(식 14.2의 Rs)는 통상적으로 나타내지 않는다.

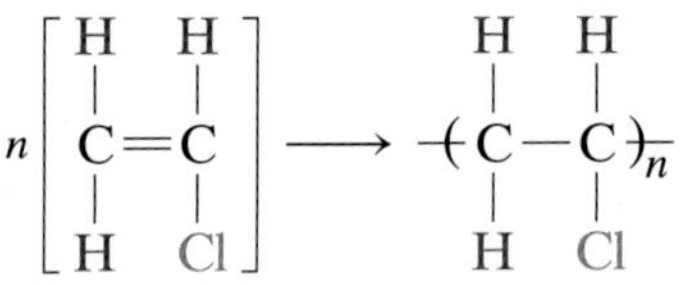

$$n \begin{bmatrix} & H & & H & \\ & | & & | & \\ & C & = & C & \\ & | & & | & \\ & H & & Cl & \end{bmatrix} \longrightarrow \left(\begin{array}{ccc} H & & H \\ | & & | \\ C & - & C \\ | & & | \\ H & & Cl \end{array}\right)_n \tag{14.4}$$

일부 폴리머는 다음과 같은 일반적인 모양으로 나타낸다.

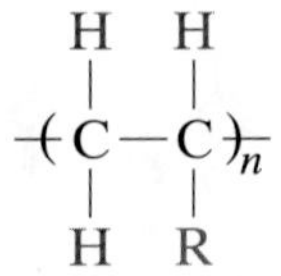

$$\left(\begin{array}{ccc} H & & H \\ | & & | \\ C & - & C \\ | & & | \\ H & & R \end{array}\right)_n$$

여기서 R은 원자(예 : 폴리에틸렌과 폴리염화비닐의 경우에는 H 또는 Cl)를 나타내거나, 유기물 그룹 CH_3, C_2H_5, C_6H_5(메틸, 에틸, 페닐)을 나타내기도 한다. 예를 들면 만약 R이 CH_3 그룹을 나타내면, 그 폴리머는 **폴리프로필렌**(poly-propylene, PP)을 나타낸다. 폴리염화비닐과 폴리프로필렌의 사슬 구조를 그림 14.2에 나타냈다. 표 14.3에 일반적인 폴리머의 반복 단위를 나타냈다. 표에서 볼 수 있듯이 나일론, 폴리에스터, 폴리카보네이트와 같은 재료에 있어서는 반복 단위가 상대적으로 복잡한 것을 알 수 있다. 부록 D에 좀 더 많은 폴리머 재료의 반복 단위가 열거되어 있다.

사슬을 따라 모든 반복되는 단위가 동일한 형태일 경우의 폴리머를 **균일 폴리머**(homopolymer)라고 한다. 폴리머 합성 시 균일 폴리머 이외에 화합물이 형성될 수도 있다. 실제로 사슬은 둘 이상의 다른 반복 단위로 구성될 수 있다. 이것을 **공중합체**(copolymer)라고 한다(14.10절).

지금까지 언급된 단량체는 위의 에틸렌에 대해 지적한 바와 같이 다른 단위체들과 공유

균일 폴리머
공중합체

그림 14.2 반복 단위 및 사슬 구조. (a) 폴리테트라플루오로에틸렌, (b) 폴리염화비닐, (c) 폴리프로필렌

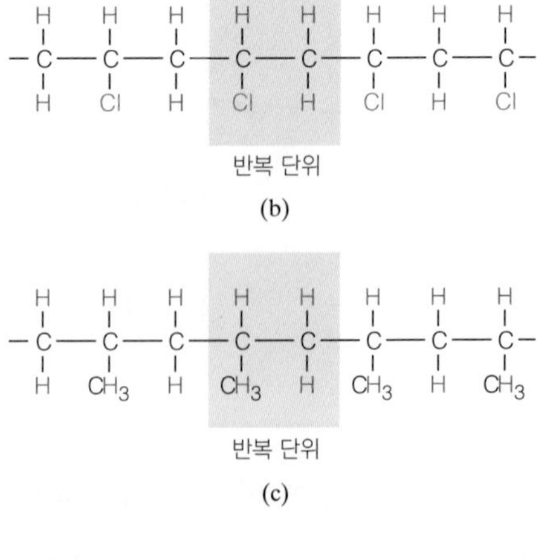

반복 단위

(a)

반복 단위

(b)

반복 단위

(c)

표 14.3 10가지의 일반적인 폴리머의 반복 단위 구조의 형태

폴리머	반복 단위
폴리에틸렌(PE)	
폴리(염화비닐)(PVC)	
폴리테트라플루오로에틸렌(PTEE)	
폴리프로필렌(PP)	
폴리스티렌(PS)	
폴리(메틸 메타크릴레이트)(PMMA)	
페놀-포름알데히드(베이크라이트)	
폴리(헥사메틸렌 아디파미드)(나일론 6, 6)	

(계속)

표 14.3 10가지의 일반적인 폴리머의 반복 단위 구조의 형태(계속)

폴리머	반복 단위
폴리(에틸렌 테레프탈레이트) (PET, 폴리에스터)	(구조식)
폴리카보네이트(PC)	(구조식)

a 사슬 내의 이 기호는 방향족 링 (구조식) 을 나타낸다.

결합을 이룰 수 있는 2개의 활성화된 결합 자리가 있다. 이러한 단위체를 **이기능적** bifunctional)이라 한다. 즉 2차원 사슬 형상의 구조를 형성하면서 2개의 다른 단위들과 결합할 수 있다. 반면에 다른 단량체들은 예를 들면 페놀-포름알데히드(phenol-formaldehyde)(표 14.3)는 **삼기능적**(trifunctional)인데, 그들은 3개의 활성화된 결합 자리를 갖는다. 이 경우 3차원 분자 망상형 구조를 가지게 된다.

이기능적

삼기능적

> ✔ **개념확인 14.2** 앞 절에 나타낸 구조를 이용하여 폴리비닐 플로라이드의 반복 단위 구조를 그려 보라.
> [해답은 *www.wiley.com/go/Callister_MaterialsScienceGE* → More Information → Student Companion Site 선택]

14.5 분자량

사슬이 매우 긴 폴리머는 극단적으로 큰 분자량을 갖는다.[5] 작은 분자에서 큰 거대 분자로 합성되는 중합화 과정 중에 모든 폴리머 사슬이 동일한 길이로 성장하지는 않으므로 사슬의 길이나 무게에 있어서 분포를 가지게 된다. 대개 평균 분자량이 명기되는데, 이는 점도나 삼투압과 같은 여러 가지 물리적 성질의 측정에 의해 결정될 수 있다.

평균 분자량을 정의하는 방법에는 여러 가지가 있다. 개수-평균 분자량(number-average molecular weight) $\overline{M}_n$은 사슬들을 일련의 크기 범위로 구분하고, 각각의 크기 범위 내에 속

---

5 분자 질량, 몰 질량, 그리고 상대 분자 질량이 사용되는 경우가 있는데, 이러한 용어가 **분자량**이라는 용어보다 좀 더 정확하다. 실제로 여기서는 질량을 다루는 것이지 무게를 다루는 것이 아니기 때문이다. 그러나 문헌에서 대부분 분자량으로 사용하기 때문에 여기서는 그 용어를 그대로 사용할 예정이다.

그림 14.3 가상적인 폴리머 분자 크기 분포 (a) 개수 기준, (b) 무게 기준

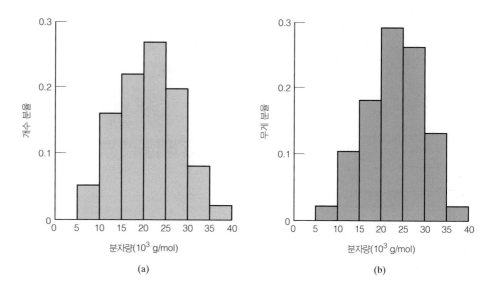

(a)

(b)

하는 사슬의 개수 분율(number fraction)을 결정함으로써 얻어진다(그림 14.3a). 이러한 개수-평균 분자량은 다음과 같이 표시된다.

개수-평균 분자량

$$\overline{M}_n = \Sigma x_i M_i \qquad (14.5a)$$

여기서 M_i는 크기 범위 i에서 평균(중간) 분자량을 나타내며, x_i는 해당되는 크기 범위 내에 있는 사슬의 개수 분율을 의미한다.

무게-평균 분자량(weight-average molecular weight) $\overline{M}_w$는 일정 무게 범위 내에 속하는 분자들의 무게 분율에 의하여 산출되며(그림 14.3b), 이것은 다음 식으로 계산된다.

무게-평균 분자량

$$\overline{M}_w = \Sigma w_i M_i \qquad (14.5b)$$

여기서 다시 M_i는 특정 크기 범위 내의 평균 분자량이며, 반면에 w_i는 일정 크기 범위 내에 있는 분자들의 무게 분율을 의미한다. 개수-평균과 무게-평균의 분자량에 대한 계산은 예제 14.1에서 다루었다. 이러한 분자량 평균에 따른 전형적인 분자량 분포는 그림 14.4에 표시하였다.

그림 14.4 일반적인 폴리머의 분자량 분포

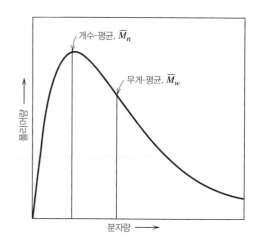

중합도

폴리머의 평균 사슬 길이를 나타내는 또 다른 방법은 중합도(degree of polymerization, DP)를 이용하는 것이다. 이것은 사슬 내의 반복 단위의 평균 개수를 나타낸다. 예는 개수-평균 분자량 $\overline{M}_n$과 다음의 관계가 있다.

중합도의 개수-평균 분자량 및 반복 단위 분자량에 대한 의존성

$$DP = \frac{\overline{M}_n}{m}$$

(14.6)

여기서 m은 반복 단위의 분자량을 나타낸다.

예제 14.1

평균 분자량과 중합도의 계산

그림 14.3에 표시된 분자량 분포들을 폴리염화비닐에 대한 것이라고 가정하자. 이 재료에 대해서 다음을 계산하라. (a) 개수-평균 분자량, (b) 개수-평균 중합도, (c) 무게-평균 분자량

풀이

(a) 그림 14.3a에서 얻어지는 것처럼 이 계산에 필요한 데이터는 표 14.4a에 나타냈다. 식 (14.5a)에 따르면 모든 $x_i M_i$의 합(표의 오른쪽 종렬)은 개수-평균 분자량이 된다. 이 경우에 21,150 g/mol이다.

(b) 개수-평균 중합도(식 14.6)를 결정하기 위해서는 먼저 반복 단위 분자량을 계산할 필요가 있다. PVC에 대하여 각각의 단위체는 2개의 탄소 원자와 3개의 수소 원자 그리고 1개의 염소 원자로 구성되어 있다(표 14.3). 또한 C, H 및 Cl의 원자량은 각각 12.01, 1.01 및 35.45 g/mol이다. 따라서 PVC에 대해서 다음과 같이 구할 수 있다.

$$m = 2(12.01 \text{ g/mol}) + 3(1.01 \text{ g/mol}) + 35.45 \text{ g/mol}$$
$$= 62.50 \text{ g/mol}$$

그리고 DP는 다음과 같이 구한다.

$$DP = \frac{\overline{M}_n}{m} = \frac{21,150 \text{ g/mol}}{62.50 \text{ g/mol}} = 338$$

표 **14.4a** 예제 14.1의 개수-평균 분자량 계산에 사용된 데이터

분자량 범위(g/mol)	평균치 M_i(g/mol)	x_i	$x_i M_i$
5,000~10,000	7,500	0.05	375
10,000~15,000	12,500	0.16	2000
15,000~20,000	17,500	0.22	3850
20,000~25,000	22,500	0.27	6075
25,000~30,000	27,500	0.20	5500
30,000~35,000	32,500	0.08	2600
35,000~40,000	37,500	0.02	750
			$\overline{M}_n = \overline{21,150}$

(c) 표 14.4b는 그림 14.3b로부터 얻어지는 것과 같이 무게-평균 분자량에 대한 데이터이다. 여러 가지의 크기 구간에 대한 $w_i M_i$ 값은 표의 오른쪽 칸에 정리하였다. 이 값들의 합(식 14.5b)으로부터 23,200 g/mol의 $\overline{M}_w$ 값을 얻는다.

표 14.4b 예제 14.1의 무게-평균 분자량 계산에 사용된 데이터

분자량 범위(g/mol)	평균치 M_i(g/mol)	w_i	$w_i M_i$
5,000~10,000	7,500	0.02	150
10,000~15,000	12,500	0.10	1250
15,000~20,000	17,500	0.18	3150
20,000~25,000	22,500	0.29	6525
25,000~30,000	27,500	0.26	7150
30,000~35,000	32,500	0.13	4225
35,000~40,000	37,500	0.02	750
			$\overline{M}_w = \overline{23,200}$

많은 폴리머 성질은 폴리머 사슬의 길이에 의하여 영향을 받는다. 예를 들면 융점 및 연화 온도가 분자량이 증가함에 따라서 증가한다(값이 약 100,000 g/mol 정도까지). 상온에서 사슬 길이가 매우 짧은 폴리머(분자량이 100 g/mol 정도)는 액체 또는 기체상으로 존재한다. 분자량이 약 1000 g/mol 정도인 폴리머의 경우에는 왁스상의 고체(예 : 파라핀) 또는 연한 레진으로 존재한다. 고체상 폴리머[때로는 고폴리머(high polymers)로 칭함]는 분자량이 10,000에서 수백만 g/mol의 범위를 가진 재료이다. 따라서 동일한 폴리머 재료라 하더라도 분자량이 다르면 매우 다른 특성을 가질 수 있다. 분자량에 영향을 받는 특성은 탄성 계수 및 강도인데, 이 부분에 대해서는 제15장을 참조하기 바란다.

14.6 분자 형상

앞에서 폴리머 분자는 그림 14.1b에 나타낸 지그재그 배열을 무시하고 직선형 사슬로 나타냈다. 각 사슬 결합은 3차원적으로 회전과 굽힘이 가능하다. 그림 14.5a에 모식적으로 나타

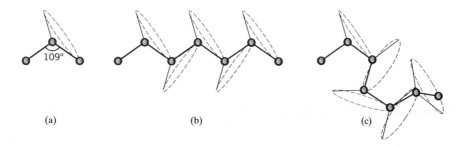

(a)   (b)   (c)

그림 14.5 탄소 원자의 위치에 따라서 폴리머 사슬 형태가 어떻게 영향을 받는지를 나타내는 모식도. (a) 제일 오른쪽에 있는 원자는 점선 원의 어디에나 위치할 수 있으면서 다른 두 원자 결합에 대하여 109° 각도를 이룬다. 선형 또는 꼬인 형태의 사슬이 (b)와 (c) 같이 위치할 때 발생한다.

그림 14.6 사슬 결합의 회전에 의해 형성된 다수의 무질서 킹크와 코일이 있는 하나의 폴리머 사슬 분자 모식도

낸 사슬 원자들을 생각해 보자. 세 번째 탄소 원자는 원뿔 평면상의 어느 점에도 위치할 수 있으며, 이들 원자들이 이루는 각도는 약 109°이다. 이렇게 연속적으로 연결된 사슬 원자들은 그림 14.5b에서처럼 직선으로 배열될 수 있다. 반면에 그림 14.5c에 나타낸 바와 같이 사슬 원자들이 서로 다른 위치로 회전함으로써 굽힘과 비틀림이 가능하다.[6] 따라서 많은 사슬 원자로 구성된 사슬 분자는 그림 14.6에 도식적으로 표현된 것과 유사한 형상, 즉 굽힘, 비틀림 및 킹크(kink) 등의 복합적으로 변형된 형상을 가질 수 있다.[7] 또한 이 그림에서 폴리머 사슬의 끝에서 끝까지의 거리 r로 나타냈는데, 이 거리는 사슬의 총길이보다 훨씬 짧다.

몇몇 폴리머는 많은 수의 분자 사슬로 구성되어 있으며, 각각은 그림 14.6과 같은 방법으로 굽혀질 수도, 감길 수도 그리고 얽힐 수도 있다. 따라서 이웃하는 사슬들의 심각한 상호 엮임과 얽힘을 초래한다. 이는 낚싯대 릴에 얽힌 낚싯줄의 형상과 유사한 상황이다. 이와 같이 되는 대로 말려 있는 것과 분자 사슬의 얽힘은 폴리머의 수많은 중요 특성을 결정한다. 고무 재료들이 탄성적으로 길게 늘어나는 특성을 보이는 현상이 이러한 현상에 기인한다.

폴리머의 기계적 및 열적 특성은 가해진 응력이나 열적 진동에 대응하여 회전할 수 있는 사슬 단락(chain segment)의 능력에 영향을 받는다. 회전의 유연성은 단위체 구조와 화학적 성질에 따라 결정된다. 예를 들면 이중 결합(C=C)을 갖는 사슬 단락의 영역은 회전이 어렵다. 또한 부피가 크거나 큰 측면 원자군은 회전 운동이 제한된다. 예로써 페닐을 측면 그룹(side group)으로 갖는 폴리스티렌 분자(표 14.3)는 폴리에틸렌 사슬의 경우보다 회전에 더 많은 제약을 받는다.

14.7 분자 구조

폴리머의 물리적 특성들은 분자량과 형태에 따라 결정될 뿐 아니라 분자 사슬 구조의 차이에 의해서도 결정된다. 현대의 폴리머 합성 기술로 여러 가지 구조를 제어할 수 있게 되었

---

6 일부 폴리머에서 탄소 사슬 원자의 회전은 크기가 인접하는 사슬 원자의 큰 측면 그룹 요소에 의해 방해를 받을 수 있다.

7 배좌(conformation)라는 용어가 사슬 원자의 일중 결합의 회전을 통하여 변화될 수 있는 분자의 형상에 대한 물리적 윤곽을 나타내기 위해서 사용되기도 한다.

다. 이 절에서는 선형, 가지형, 가교 결합형, 망상형 등 여러 가지 분자 구조를 다룰 것이며, 부가적으로 다양한 이성 배열(isomeric configuration)들도 함께 취급할 것이다.

선형 폴리머

선형 폴리머

선형 폴리머(linear polymer)는 반복 단위들이 하나의 사슬로 처음부터 끝까지 함께 연결되어 있는 것이다. 이러한 긴 사슬은 유연하며, 스파게티 집단으로 생각할 수 있다. 이러한 구조를 그림 14.7a에 도식적으로 나타냈으며, 여기서 각각의 원은 하나의 반복 단위를 의미한다. 선형 폴리머의 경우 사슬들 간에는 상당량의 반 데르 발스 결합이 존재할 수 있다. 선형 구조를 갖는 일반적인 폴리머로는 폴리에틸렌, 폴리염화비닐, 폴리스티렌, 폴리메틸 메타크릴레이트[poly(methyl methacrylate)], 나일론 및 플루오로카본(fluorocarbon) 등이 있다.

가지형 폴리머

가지형 폴리머

폴리머는 주 사슬에 측면 가지 사슬이 연결되게 합성할 수 있다. 그림 14.7b에 나타냈듯이 이를 가지형 폴리머(branched polymer)라고 한다. 주 사슬 분자의 일부분으로 생각할 수 있는 가지들은 폴리머 합성 과정 중에 발생하는 주변 반응의 결과로 생긴다. 사슬의 적층 효율(packing efficiency)은 측면 가지가 발달할수록 감소하며, 결국 폴리머의 밀도를 낮추는 결과를 초래한다. 선형 구조의 폴리머들이 가지형 구조일 수 있다. 예를 들면 고밀도 폴리에틸렌(HDPE)은 선형 폴리머인데, 저밀도 폴리에틸렌(LDPE)은 짧은 가지를 가지고 있다.

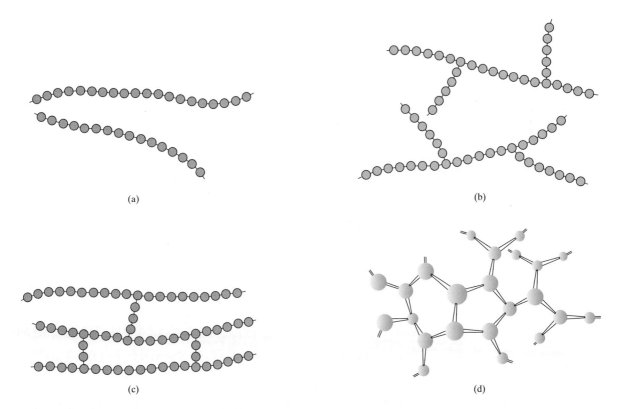

(a)

(b)

(c)

(d)

그림 14.7 분자 구조의 모식도. (a) 선형 구조, (b) 가지형 구조, (c) 가교 결합형 구조, (d) 망상형 구조. 그림에서 원은 각 반복 단위를 나타낸다.

가교 결합형 폴리머

가교 결합형 폴리머

가교 결합형 폴리머(crosslinked polymer)는 그림 14.7c에 나타낸 바와 같이 이웃하는 선형 사슬들이 공유 결합에 의해 여러 위치에서 서로 연결되어 있다. 가교 결합은 합성 중 또는 일반적으로 높은 온도에서 발생하는 비가역적 화학 반응으로 이루어진다. 가끔 이러한 가교 결합은 사슬에 공유 결합 형태로 결합되는 원자나 분자들의 첨가에 의해서 발생할 수도 있다. 많은 탄성 고무 재료들은 가교 결합되어 있으며, 고무의 경우는 이를 가황(vulcanization)이라 한다. 이 과정은 15.9절에서 설명할 것이다.

망상형 폴리머

망상형 폴리머

3개 이상의 활성 공유 결합을 형성하는 다기능적 단량체(multifunctional monomer)들은 선형 사슬 대신에 3차원 망상을 형성한다(그림 14.7d). 이것을 망상형 폴리머(network polymer)라고 한다. 실제로 심하게 가교 결합된 폴리머는 망상형 폴리머로 분류할 수 있다. 이러한 재료들은 독특한 기계적 및 열적 특성을 가지며, 에폭시와 페놀-포름알데히드 등이 이 군에 속한다.

폴리머는 대개의 경우 하나의 특징적인 구조 형태만을 갖지는 않는다. 예를 들면 선형 폴리머가 일부 가지형 또는 망상형 구조를 가질 수도 있다.

14.8 분자 배열

주 사슬에 1개 이상의 측면 원자(side atom) 또는 원자군이 결합된 폴리머에서 측면 그룹의 배열 규칙성과 대칭성은 폴리머의 물성에 중요한 영향을 미친다. 다음 반복 단위체를 생각해 보자.

여기서 R은 하나의 원자 또는 수소 이외의 측면군(side group), 즉 Cl, CH₃ 등을 의미한다. 가능한 한 가지 배열 방법은 다음과 같이 연속되는 반복 단위의 R 측군이 탄소 원자들과 하나씩 걸러서 연결되어 있는 경우이다.

이것은 머리-꼬리 배열(head-to-tail configuration)이라고 한다.[8] 이것의 다른 형태로는 머리-머리 배열(head-to-head configuration)로서 R군들이 사슬 원자들과 이웃하게 결합되어

---

8 배열(configuration)이라는 용어는 사슬 축을 따라 일차 결합을 절단하거나 재형성하지 않고는 변형이 어려운 단위체 또는 원자의 배열을 의미한다.

있는 경우이다.

$$
\begin{array}{cccc}
H & H & H & H \\
| & | & | & | \\
-C- & C- & C- & C- \\
| & | & | & | \\
H & Ⓡ & Ⓡ & H
\end{array}
$$

대부분의 폴리머는 머리-꼬리 배열이 주종을 이루며, 머리-머리 배열의 경우에는 R군 간에 발생하는 극성 반발(polar repulsion)이 종종 존재한다.

이성(isomerism)(14.2절)은 폴리머 분자에서도 발견된다. 즉 다른 원자 배열이 동일한 조성에서 가능하다. 이어지는 절에서는 이성적 아분류(isomeric subclass)인 입체 이성(stereoisomerism)과 기하 이성체(geometrical isomerism)에 대해서 논의하기로 한다.

입체 이성

입체 이성

입체 이성(stereoisomerism)은 원자들이 동일한 배열(머리-꼬리 배열)이지만 공간상의 배열은 서로 다르게 연결되어 있는 상황이다. 모든 R군이 다음과 같이 사슬의 같은 쪽에 위치하고 있는 입체 이성이 존재한다.

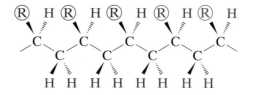

이소택틱 배열

이것을 이소택틱 배열(isotactic configuration)이라고 한다. 이 다이어그램에 탄소 사슬 원자의 지그재그 배열 패턴을 나타내고 있다. 또한 쐐기-형상 결합으로 나타낸 것과 같이 3차원으로 구조적 형상을 나타내는 것이 중요하다. 여기서 실선 쐐기는 지면 평면에서 밖으로 나오는 결합을 나타내고 있고, 점선 쐐기는 지면 안으로 들어가는 결합을 나타내고 있다.[9]

신디오택틱 배열

신디오택틱 배열(syndiotactic configuration)의 경우 R군은 사슬의 양쪽에 번갈아 가며 위치한다.[10]

---

9 이소택틱 배열은 아래의 직선 2차원 모식도로 나타내기도 한다.

$$
\begin{array}{ccccccccc}
H & H & H & H & H & H & H & H & H \\
| & | & | & | & | & | & | & | & | \\
-C- & C- & C- & C- & C- & C- & C- & C- & C- \\
| & | & | & | & | & | & | & | & | \\
Ⓡ & H & Ⓡ & H & Ⓡ & H & Ⓡ & H & Ⓡ
\end{array}
$$

10 신디오택틱 배열도 직선 2차원 모식도로 나타낸다.

$$
\begin{array}{ccccccccc}
H & H & Ⓡ & H & H & H & Ⓡ & H & H \\
| & | & | & | & | & | & | & | & | \\
-C- & C- & C- & C- & C- & C- & C- & C- & C- \\
| & | & | & | & | & | & | & | & | \\
Ⓡ & H & H & H & Ⓡ & H & H & H & Ⓡ
\end{array}
$$

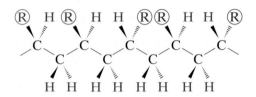

그리고 임의 자리에 위치하는 경우는 다음과 같다.

어택틱 배열

위와 같은 경우를 **어택틱 배열**(atactic configuration)이라 한다.[11]

하나의 입체 이성에서 다른 형태로 전환(예 : 이소택틱에서 신디오택틱)은 단순한 단일 사슬 결합에 대한 회전으로는 불가능하다. 즉 이러한 결합들은 먼저 심하게 변형되고 적당히 회전하여 재형성된다.

실제로 특정 폴리머는 이들 배열 중 단 한 가지 배열 형상을 갖지는 않는다. 주 형태는 합성 방법에 따라 결정된다.

기하 이성체

다른 중요한 사슬 배열법인 **기하 이성체**(geometrical isomer)는 사슬 탄소 원자들이 이중 결합을 하는 반복 단위 내에서 발생한다. 이중 결합을 하는 탄소 원자들 개개와 결합하는 것은 단일 결합 측면 원자이거나 사슬의 한쪽 또는 반대쪽에 위치하는 라디칼(radical)이다. 다음과 같은 구조를 갖는 이소프렌 반복 단위를 생각해 보자.

시스

여기서 CH_3군과 H 원자는 사슬의 같은 쪽에 위치하고 있다. 이것을 **시스**(cis) 구조라 하며, 이것이 결국 천연 고무인 시스-폴리이소프렌이다. 이것의 또 다른 형태는 다음과 같다.

---

11 어택틱 배열도 직선 2차원 모식도로 나타낸다.

그림 14.8 폴리머 분자 특성의 분류 체계

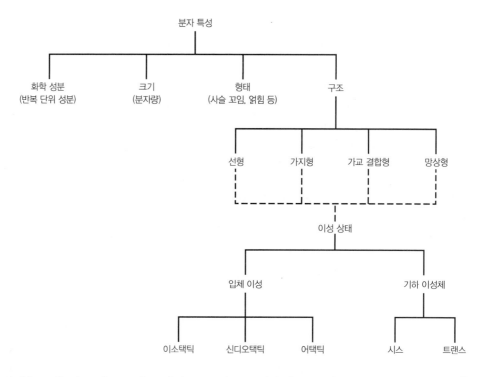

트랜스

이것을 트랜스(trans) 구조라고 한다. CH_3와 H는 사슬의 서로 다른 쪽에 자리잡고 있다.[12] 때때로 구타 페르카(gutta percha)라고 부르는 트랜스-폴리이소프렌은 배열 상태가 변환된 관계로 천연 고무와는 전혀 다른 물성을 갖는다. 트랜스에서 시스로의 변환(또는 그 반대의 경우도 마찬가지로)은 사슬 이중 결합이 극히 견고하기 때문에 단순한 사슬 결합의 회전에 의해서는 불가능하다.

앞 절을 정리하면 폴리머 분자는 그 크기, 형상 및 구조에 따라 특성이 좌우될 수 있다. 분자 크기는 분자량(또는 중합도)으로 표현할 수 있으며, 분자 형상은 사슬의 비틀림, 꼬불꼬불 감김 및 굽힘 정도와 관계가 있다. 분자 구조는 구조 단위가 서로 결합하는 방법에 따라 결정된다. 선형, 가지형, 가교 결합형, 망상형 구조가 모두 가능하며, 부가적으로 여러 가지 이성적(isomeric) 배열(이소택틱, 신디오택틱, 어택틱, 시스 및 트랜스)이 있다. 이러한 분자 특성들을 그림 14.8의 분류도에 나타냈다. 주목할 것은 각각의 방법이 다른 방법과

---

12 시스 폴리이소프렌의 선형 사슬은 다음과 같이 나타낼 수 있다.

이에 비하여 트랜스 선형 재료의 모식도는 다음과 같다.

상호 배타적이지 않으며, 실제로는 한 가지 이상으로 분자 구조를 나타낼 수 있다. 예로써 선형 폴리머는 이소택틱이기도 하다.

개념확인 14.3 폴리머 사슬 구조에서 배열과 배좌의 차이점은 무엇인가?

[해답은 *www.wiley.com/go/Callister_MaterialsScienceGE* → **More Information** → **Student Companion Site** 선택]

14.9 열가소성 및 열경화성 고분자 재료

열가소성 고분자

열경화성 고분자

고온에서 고분자 재료의 기계적 응력에 대한 거동은 분자 구조에 의하여 좌우된다. 실제로 고분자 재료는 이러한 거동에 의하여 분류되기도 한다. 열가소성 고분자(thermoplastic polymers)와 열경화성 고분자(thermosetting polymers)로 분류된다. 열가소성은 가열됨에 따라서 연화되고, 궁극적으로는 용융되게 된다. 냉각되면 다시 딱딱하게 되는데, 이러한 현상이 완전하게 가역적이고 반복이 가능하다. 분자 단위의 레벨에서 보면 온도가 가열됨에 따라 분자 운동이 활발해져 2차 결합력이 감소하고, 이에 따라 응력이 가해지면 인접한 사슬들 간의 상대적인 움직임이 용이해진다. 온도를 더욱 올려서 1차 결합을 한 사슬 내의 공유 결합이 절단되면 열가소성 재료의 특성이 비가역적으로 열화된다. 또한 열가소성은 상대적으로 연하다. 대부분의 선형 그리고 약간의 가지를 가지고 유연한 사슬 구조를 가진 고분자 재료는 열가소성 특징을 나타낸다. 이러한 재료는 대부분 열과 압력을 동시에 가하여 제품으로 제조된다(15.23절 참조). 선형 폴리머는 대부분 열가소성이다. 열가소성 고분자로서는 폴리에틸렌, 폴리에틸렌 테레프탈레이트, 폴리염화비닐 등이 있다.

열경화성 고분자 재료는 망상형 폴리머이다. 열경화성 고분자 재료는 열을 가하면 영구적으로 경화되고, 다시 열을 가하여도 연화되지 않는다. 망상형 폴리머는 인접하는 분자 사슬 간에 공유 결합성 가교 결합을 한다. 열처리 과정에서 공유 결합성 가교 결합이 고온에서 사슬의 진동 및 회전 움직임을 억제하는 역할을 하게 된다. 따라서 이 재료는 가열하였을 때 연화되지 않는다. 대부분 가교 결합은 광범위하게 일어나는데, 사슬 내의 단량체의 10~50% 정도가 가교 결합에 참여하게 된다. 이 재료를 매우 높은 온도로 가열하면 가교 결합이 절단되고, 고분자 재료의 특성에 열화가 발생하게 된다. 열경화성 고분자 재료는 열가소성 고분자 재료에 비하여 경도가 높고 강도가 높으며, 형상의 안정성이 우수하다. 대부분의 가교 결합되고 네트워킹이 된 고분자 재료는 열경화성 특성이 있는데, 가황된 고무, 에폭시, 페놀과 폴리에스터 레진이 이러한 재료의 범위에 속한다.

개념확인 14.4 일부 폴리머(폴리에스터)는 열가소성 특성과 열경화성 특성을 나타낸다. 그 원인에 대해서 설명하라.

[해답은 *www.wiley.com/go/Callister_MaterialsScienceGE* → **More Information** → **Student Companion Site** 선택]

14.10 공중합체

폴리머(고분자 또는 중합체) 분야의 화학자와 과학자들은 이제까지 언급해 왔던 균일 폴리머(homopolymer)가 갖는 물성보다 개선된 물성 또는 더 나은 조합된 물성을 가지면서, 쉽고 경제적으로 합성하여 만들 수 있는 새로운 재료를 꾸준히 탐색하고 있다. 이러한 재료 중의 한 군을 공중합체(copolymer)라고 한다.

그림 14.9에서 빨간색 원(●)과 파란색 원(●)으로 표현된 것과 같이 2개의 반복 단위로 구성되어 있는 공중합체를 생각해 보자. 중합화 과정과 이러한 단위체 형태의 상대적 분율에 따라서 폴리머 사슬을 따라 다른 순서의 배열이 가능하다. 그중 하나는 그림 14.9a에서 묘사된 것과 같이 2개의 다른 단위가 사슬을 따라 임의로 분산 배열되어 있는 것이다. 이것을 **불규칙 공중합체**(random copolymer)라고 한다. **교대 공중합체**(alternating copolymer)는 이름에서 유추할 수 있듯이 2개의 반복 단위가 서로 반복해서 사슬에 위치하는 경우이다(그림 14.9b). **블록 공중합체**(block copolymer)는 동일한 단위체들이 블록별로 사슬을 따라 모여 있는 것을 말한다(그림 14.9c). 그리고 끝으로 한 가지 형태의 균일 폴리머의 측면 가지가 다른 단위체로 구성된 균일 폴리머의 주 사슬에 접지될 수 있으며, 이러한 재료

불규칙 공중합체
교대 공중합체
블록 공중합체

그림 14.9 공중합체의 모식도. (a) 불규칙 공중합체, (b) 교대 공중합체, (c) 블록 공중합체, (d) 접지 공중합체. 2개의 다른 반복 단위를 빨간색 원과 파란색 원으로 나타냈다.

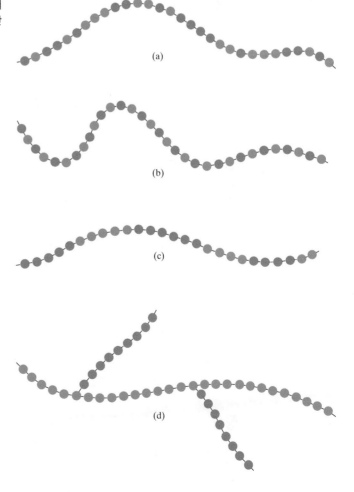

표 14.5 공중합체 고무에 사용된 반복 단위

반복 단위명	반복 단위 구조	반복 단위명	반복 단위 구조
아크릴로니트릴	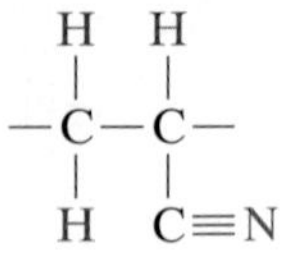 (구조)	이소프렌	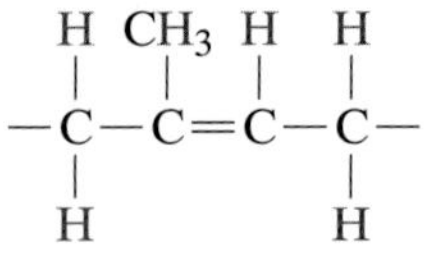 (구조)
스티렌	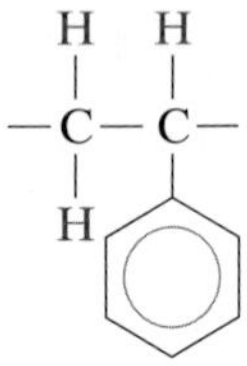 (구조)	이소부틸렌	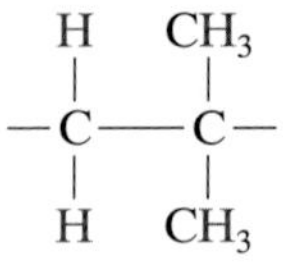 (구조)
부타디엔	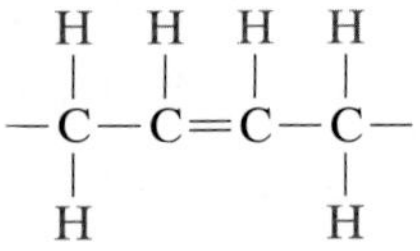 (구조)	디메틸실록세인	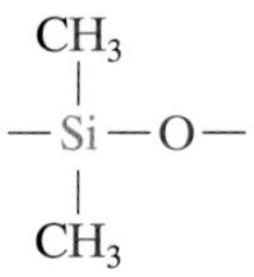 (구조)
클로로프렌	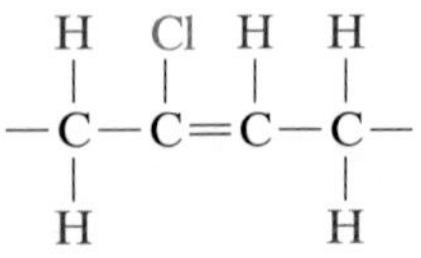 (구조)		

접지 공중합체

를 접지 공중합체(graft copolymer)라고 한다(그림 14.9d).

공중합체의 중합도를 계산할 때 식 (14.6)의 m 값은 아래의 식에서 구해진 $\overline{m}$ 값으로 대체된다.

공중합체 반복 단위의 평균 분자량

$$\overline{m} = \Sigma f_j m_j \tag{14.7}$$

여기서 f_j와 m_j는 폴리머 사슬에서 반복 단위 j의 몰 분율과 분자량을 나타낸다.

15.16절에서 논의한 인조 합성 고무를 흔히 공중합체라고 한다. 이러한 종류의 고무에 속하는 단위체 구조는 표 14.5에 나타냈다. 스티렌-부타디엔 고무(styrene-butadiene rubber, SBR)는 자동차 바퀴 고무로 사용되는 보통의 불규칙 공중합체이다. 니트릴 고무(nitrile rubber, NBR)는 아크릴로니트릴(acrylonitrile)과 부타디엔(butadiene)으로 구성되어 있는 또 다른 불규칙 공중합체이다. 이것은 또한 고탄성일 뿐만 아니라 유기 용제(organic solvent)에 잘 용해되지 않으며, 휘발유 호스는 이 NBR로 만들어진다. 충돌 변형 폴리스티렌은 스티렌과 부타디엔 블록이 교대로 구성되어 있는 블록 공중합체이다. 고무 특성을 가진 이소프렌 블록이 재료 내의 균열 전파를 늦추는 역할을 한다.

14.11 폴리머 결정성

폴리머 재료에 결정 상태가 존재한다. 그러나 금속과 세라믹에서 결정은 원자 또는 이온으로 구성되는 데 반하여 폴리머에서는 원자의 배열이 좀 더 복잡하다. **폴리머 결정성** (polymer crystallinity)은 분자 사슬의 배열에 의하여 규칙적인 원자 배열을 얻는 것으로 생 각할 수 있을 것이다. 결정 구조의 경우에도 단위 격자의 관점에서 정의할 수 있으나 이것은 매우 복잡할 것이다. 예를 들면 그림 14.10에 폴리에틸렌의 단위정과 분자 사슬 구조와의 관계를 나타내었다. 이 단위정은 사방정계 구조(표 3.2)를 갖고 있다. 물론 그림에 단위정을 넘은 사슬 분자를 또한 표시하였다.

작은 분자를 가진 분자 물질(예 : 물과 메탄)은 완전히 결정질(고체) 또는 완전히 비정질 (액체와 같이)인 것이 일반적이다. 고분자 재료는 그 크기와 복잡성 때문에 비정질 재료 내 에 결정질 구역이 분산되어 있는 형태로 부분적인 결정질(또는 준결정질) 구조이다. 분자 사 슬의 일부분에 불규칙성이나 정렬 불량이 상당히 잘 발생하는데, 이러한 부분에 비정질 구 역이 발생하게 된다. 왜냐하면 사슬의 꼬임, 꺾임, 감김 등은 모든 사슬 구역이 엄밀하게 규 칙 배열되는 것을 곤란하게 만들기 때문이다. 아래에 소개하는 것과 같이 다른 구조적 결함 이 결정 정도를 결정하는 데 역시 영향을 미치게 된다.

결정성의 정도는 완전히 비정질에서 완전히(95% 이상) 결정질까지 변화할 수 있다. 이에 비하여 금속의 경우에는 대부분 전체가 결정질이고, 세라믹의 경우에는 완전히 결정질이거 나 완전히 비정질일 수가 있다. 준결정질 폴리머는 어떤 의미에서는 앞에서 논의한 2상 금 속 합금과 유사하다.

결정질 폴리머는 결정 구조에서 사슬이 좀 더 밀집하여 충진되기 때문에 동일한 성분과 분자량을 가진 비정질 재료에 비하여 밀도가 높다. **결정성도**(degree of crystallinity)의 무게 분율은 아래 식에 나타낸 것과 같이 밀도를 정확하게 측정하여 구하는 것이 가능하다.

폴리머 결정성

그림 14.10 폴리에틸렌 단위정 내에서 분자 사슬의 배열

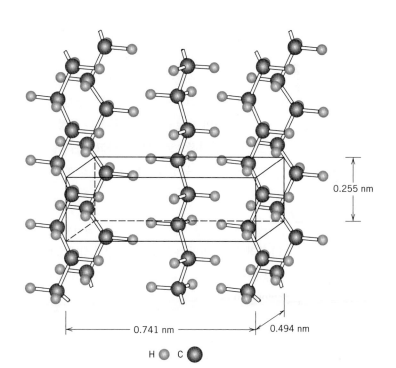

0.255 nm

0.741 nm

0.494 nm

H ⚪ C ⚫

결정화도(반결정질 폴리머)−시편밀도의 관계, 완전 결정질 및 완전 비정질 재료의 밀도

$$\% \text{ 결정화도} = \frac{\rho_c(\rho_s - \rho_a)}{\rho_s(\rho_c - \rho_a)} \times 100 \tag{14.8}$$

여기서 ρ_s는 결정성도를 정해야 하는 재료의 밀도, ρ_a는 완전 비정질 폴리머의 밀도, ρ_c는 완전 결정질 폴리머의 밀도이다. ρ_a와 ρ_c 값들은 다른 시험 방법을 통하여 측정하여야 한다.

폴리머 재료의 결정성도는 응고 과정에서의 냉각 속도와 사슬 배치에 의하여 좌우된다. 용융 온도에서 냉각하는 동안의 결정화 과정에서 점성 액체 내에서 매우 불규칙적이고 서로 뒤얽혀 있는 상태의 분자 사슬이 규칙적인 배열을 갖도록 재배열되어야 한다. 이것이 발생하기 위해서는 사슬이 움직여서 배열이 될 수 있도록 충분한 냉각 시간이 허용되어야 한다.

폴리머의 결정화 반응에 분자 화학 조성 및 사슬 배열 또한 영향을 미친다. 화학적으로 복잡한 반복 단위를 갖는 폴리머(예 : 폴리이소프렌)의 경우 결정화가 잘 일어나지 않는다. 그러나 폴리에틸렌, 폴리테트라플로로에틸렌과 같이 화학적으로 단순한 폴리머의 경우에는 매우 빠른 냉각 속도에서도 결정화를 방지하기가 쉽지 않다.

선형 폴리머의 경우 사슬의 배열을 제약하는 것이 거의 없기 때문에 결정화가 쉽게 발생한다. 측면 가지 사슬은 결정화를 방해하기 때문에 이들이 과도하게 형성되어 있는 폴리머에서는 결정화가 거의 발생하지 않는다. 대부분의 망상 폴리머와 가교 결합된 폴리머들은 대부분 비정질인데, 이것은 가교들이 폴리머 사슬이 재배열되어 결정 구조로 배열되는 것을 방지하기 때문이다. 일부 가교 결합된 폴리머는 부분적으로 결정질 구조를 가지는 경우가 있다. 이성질, 어택틱 폴리머는 결정화가 어려우나 이소택틱 및 신디오택틱 폴리머의 경우 결정화가 상대적으로 용이한데, 이는 측면 그룹 형상의 규칙성이 인접한 사슬이 맞추어 채워지는 것을 도와주기 때문이다. 또한 측면에 결합된 원자의 크기가 클 경우에는 결정화의 경향성이 적다.

공중합체의 경우 일반적으로 단위체의 배치가 불규칙하고 임의로 될수록 비결정질의 가능성이 더욱 증가한다. 교대 및 블록 공중합체의 경우에는 결정화의 가능성이 있다. 그러나 불규칙 및 그래프트 공중합체는 통상적으로 비정질이다.

폴리머 재료의 물리적 특성은 결정성도에 의하여 어느 정도 영향을 받는다. 결정질 폴리머는 일반적으로 강도가 높고, 용해에 대한 저항성이 크며, 고온에서 강도가 적게 감소한다. 이러한 특성들은 다음 장에 소개된다.

개념확인 14.5 (a) 폴리머와 금속에서 결정 상태를 비교하라.

(b) 폴리머와 세라믹 유리에서 비결정질 상태를 비교하라.

[해답은 *www.wiley.com/go/Callister_MaterialsScienceGE* → More Information → Student Companion Site 선택]

예제 14.2

폴리에틸렌의 밀도와 결정상 퍼센트 계산

(a) 완전한 결정질 폴리에틸렌의 밀도를 계산하라. 폴리에틸렌의 사방정 단위정은 그림 14.10에 나타내었고, 2개의 에틸렌 반복 단위가 각 단위정 내에 2개 포함되어 있다.

(b) (a)의 결과를 이용하여 가지형 폴리에틸렌의 결정화 퍼센트를 계산하라. 가지형 폴리에틸렌의 밀도는 0.925 g/cm³이다. 완전 비정질 재료의 밀도는 0.870 g/cm³이다.

풀이

(a) 금속의 밀도를 계산하는 제3장의 식 (3.8)을 폴리머 재료에 적용하여 본 문제를 풀어 보자. 식은 다음과 같다.

$$\rho = \frac{nA}{V_C N_A}$$

여기서 n은 단위정 내의 반복 단위의 개수를 나타내고(폴리에틸렌의 경우 $n=2$), A는 반복 단위의 분자량이다.

$$A = 2(A_C) + 4(A_H)$$
$$= (2)(12.01 \text{ g/mol}) + (4)(1.008 \text{ g/mol}) = 28.05 \text{ g/mol}$$

또한 V_c는 단위정의 부피인데, 이것은 그림 14.10 단위정 모서리 3개의 길이 곱으로 주어진다.

$$V_C = (0.741 \text{ nm})(0.494 \text{ nm})(0.255 \text{ nm})$$
$$= (7.41 \times 10^{-8} \text{ cm})(4.94 \times 10^{-8} \text{ cm})(2.55 \times 10^{-8} \text{ cm})$$
$$= 9.33 \times 10^{-23} \text{ cm}^3 / \text{ 단위정}$$

이렇게 얻어진 n, A값, 그리고 N_A 값을 식 (3.8)에 대입하면 다음과 같다.

$$\rho = \frac{nA}{V_C N_A}$$
$$= \frac{(2 \text{ 반복 단위/단위정})(28.05 \text{ g/mol})}{(9.33 \times 10^{-23} \text{ cm}^3/ \text{ 단위정})(6.022 \times 10^{23} \text{ 반복 단위 /mol})}$$
$$= 0.998 \text{ g/cm}^3$$

(b) 가지형 폴리에틸렌의 결정화 퍼센트를 얻기 위해 식 (14.8)을 이용한다. 이때 $\rho_c=0.998$ g/cm³, $\rho_a=0.870$ g/cm³, $\rho_s=0.925$ g/cm³을 이용하면 다음과 같이 구해진다.

$$\% \text{ 결정화도} = \frac{\rho_c(\rho_s - \rho_a)}{\rho_s(\rho_c - \rho_a)} \times 100$$
$$= \frac{0.998 \text{ g/cm}^3 (0.925 \text{ g/cm}^3 - 0.870 \text{ g/cm}^3)}{0.925 \text{ g/cm}^3 (0.998 \text{ g/cm}^3 - 0.870 \text{ g/cm}^3)} \times 100$$
$$= 46.4\%$$

그림 14.11 폴리에틸렌 단결정의 전자현미경 사진. 20,000×
[출처 : A. Keller, R. H. Doremus, B. W. Roberts, and D. Turnbull (Editors), *Growth and Perfection of Crystals*, General Electric Company and John Wiley & Sons, Inc., 1958, p. 498. John Wiley & Sons, Inc. 허가로 복사 사용함]

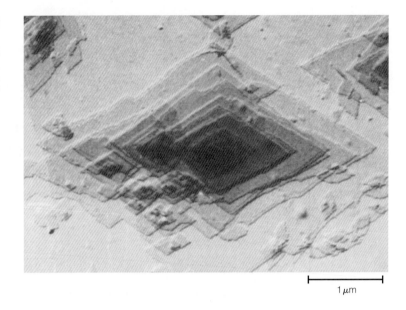

1 μm

14.12 폴리머 결정

결정자

준결정질 폴리머는 작은 결정질 구역[결정자(crystallites)]으로 구성되어 있고, 이들 결정자는 정밀한 배열을 갖고 있으며, 무질서하게 배열된 분자로 구성된 비정질 구역과 상호 섞여서 분산되어 있는 것으로 제안되어 왔다. 결정질 구역의 구조는 희석된 용액으로부터 성장된 폴리머 단결정 구조를 살펴보면 추정할 수 있을 것이다. 이러한 결정은 규칙적 구조를 갖고 있으며, 얇은 판상(또는 라멜라 구조)이며, 두께 10~20 nm, 길이 10 μm 정도이다. 그림 14.11에 전자현미경 사진으로 나타낸 단결정 폴리에틸렌 판상 재료는 종종 다층 구조를 형성한다. 각 판상 구조에서 분자 사슬은 그림 14.12에 나타낸 것과 같이 각 판에서 앞뒤로 접

사슬 접힘 모델

혀서 사슬 접힘 모델(chain-folded model)로 나타낸 것과 같은 구조를 가지고 있다. 각 층은 여러 분자에 의하여 구성되는데, 각 사슬의 길이는 판의 두께에 비하여 매우 크다.

구정

용액 상태로부터 결정화된 덩어리 형태의 폴리머(bulk polymer)는 구정(spherulite)을 형성한다. 이름에 내포되어 있듯이 구정은 구 형상으로 성장하는데, 이 장의 도입부에 천연 고무에서 관찰된 구정의 투과 전자현미경 사진 (d)에 나타냈다. 구정은 리본 형상의 두께가 약 10 nm인 사슬 접힘 결정자(chain-folded crystallite, lamellae)이며, 이들은 중심에서 바깥

그림 14.12 판상형 폴리머 결정자의 사슬 접힘 모델

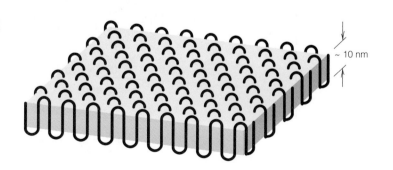

~ 10 nm

천연 고무 내에서 관찰되는 구정의 투과 전자현미경 사진

(사진 제공 : P. J. Phillips. First published in R. Bartnikas and R. M. Eichhorn, *Engineering Dielectrics*, Vol. IIA, *Electrical Properties of Solid Insulating Materials: Molecular Structure and Electrical Behavior*, 1983. Copyright ASTM, 1916 Race Street, Philadelphia, PA.)

그림 14.13 구정의 상세구조에 대한 모식도

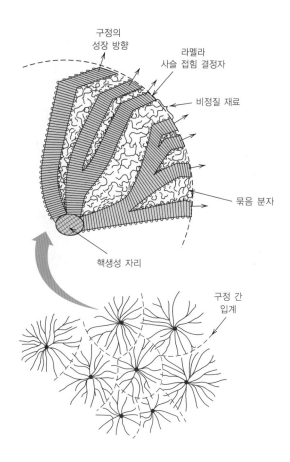

방향으로 방사되는 형태이다. 이 전자현미경 사진에서 판들은 얇고 하얀 줄처럼 보인다. 구정의 상세한 구조는 그림 14.13에 모식적으로 나타냈다. 그림에서처럼 개개의 사슬 접힘 층상 결정은 비정질 재료에 의해 분리되어 있다. 이웃하는 판상 사이를 연결시켜 주는 묶음 사슬 분자(tie-chain molecule)들은 이러한 비정질 영역을 관통한다.

구정 구조의 결정화가 끝나가는 시점에서 이웃하는 구정의 끝단이 서로 접촉/부딪치며 약간의 평면 경계를 형성한다. 이런 충돌이 발생하기 전에 그들은 구형 형상을 유지한다. 이러한 경계들은 교차 편광(cross-polarized light)을 이용하여 관찰된 폴리에틸렌의 광학현미경 사진을 그림 14.14에서 확인할 수 있다. 각각의 구정 내에서 특징적인 몰타의 십자가(Maltese cross)가 나타난다. 구정 이미지의 줄이나 링 무늬는 중앙에서 리본이 꼬여서 나가는 것과 같은 라멜라 결정의 꼬임에 의하여 발생하는 것이다.

폴리머의 구정은 다결정 금속이나 세라믹의 결정립에 해당되는 것이라고 생각할 수 있다. 그러나 위에서 언급한 것과 같이 각각의 구정들은 실제로 많은 이종 판상 결정들과 부수적인 약간의 비정질들로 구성되어 있다. 폴리프로필렌, 폴리염화비닐, 폴리테트라플루오로에틸렌 그리고 나일론 등은 용질 상태에서 결정화될 때 구정 구조를 형성한다.

그림 14.14 폴리에틸렌의 구정 구조를 보이고 있는 투과 광학현미경 사진(편광을 사용). 인접한 구정 간에는 선형 입계를 형성하고, 각 구정 내에는 몰타의 십자가가 나타난다. 525×

100 μm

Courtesy F. P. Price, General Electric Company

14.13 폴리머 내 결함

폴리머 내 점 결함의 개념은 금속(4.2절)과 세라믹(12.5절)과는 상이하다. 그것은 폴리머가 사슬형의 거대 분자 구조를 가지고 있고, 결정 상태의 본성이 다르기 때문이다. 금속 내의 점 결함과 유사한 특성을 갖는 점 결함은 폴리머의 결정질 구역에서 관찰된다. 이들 점 결함은 공공 및 침입형 원자 및 이온이다. 사슬의 끝부분은 결함으로 간주되는데, 이것은 정상적인 사슬 단위와는 화학적으로 상이하기 때문이다. 또한 공공이 사슬의 끝단에 생성된다(그림 14.15). 그러나 추가적인 결함이 폴리머 사슬 내의 가지 또는 결정에서부터 외부로 돌출된 사슬 단위 부분에서 발생할 수 있다. 폴리머 결정으로부터 나온 사슬 부분은 동일한 결정 내의 다른 점에서 다시 들어가면서 루프를 만들거나, 다른 결정으로 들어가면서 결합 분자(tie molecule)로서의 역할을 할 수 있다(그림 14.13). 나선 전위가 폴리머 결정에서 발생할

그림 14.15 폴리머 결정자 내 결함의 모식도

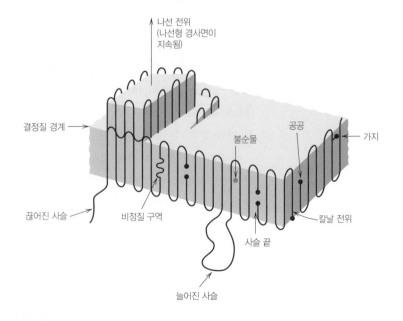

나선 전위
(나선형 경사면이
지속됨)

결정질 경계

불순물

공공

가지

끊어진 사슬

비정질 구역

사슬 끝

칼날 전위

늘어진 사슬

수 있다(그림 14.15). 불순물 원자/이온 또는 원자 및 이온군이 분자 구조 내에 침입형으로 게재될 수 있는데, 이들이 주 사슬 또는 짧은 측면 가지 내에 들어갈 수 있다.

또한 사슬 접힘층의 표면(그림 14.13)은 결정질 구역 간의 경계와 마찬가지로 계면 결함으로 간주되고 있다.

14.14 폴리머 재료 내의 확산

고분자 재료에서 확산 현상은 사슬 구조 내에서 원자의 확산 이동보다는 외래 분자(예 : O_2, H_2O, CO_2, CH_4)의 분자 사슬 간의 확산 거동에 관심을 갖는다. 고분자 재료의 투과성 및 흡착 특성은 외래 분자의 확산 거동에 의하여 영향을 받는데, 이들 외래 원자가 재료 내로 침입하는 현상은 팽윤(swelling)과 화학 반응의 형태로 나타날 수 있는데, 이에 따라서 고분자 재료의 기계적 · 물리적 성질의 열화를 유발하기도 한다(17.11절).

확산 속도는 결정질 구역보다는 비정질 구역을 통하여 빠른데, 이러한 현상은 비정질 재료가 좀 더 '열린' 구조를 하고 있기 때문이다. 이러한 확산 기구는 금속 내의 침입형 확산 기구와 같이 생각할 수 있는데, 고분자 재료에서 확산은 비정질 구역의 공극에서 다른 공극으로의 원자 이동 현상이기 때문이다.

외래 분자의 크기는 확산 속도에 영향을 미친다. 외래 분자의 크기가 작을수록 확산 속도가 빠르다. 또한 외래 원자가 화학적으로 불활성일 때 확산 속도가 고분자 재료와 반응할 때에 비하여 빠르다.

폴리머 멤브레인을 통한 확산 과정 중의 한 단계는 멤브레인 재료 내로 분자 확산종이 용해되는 것이다. 이러한 용해 과정은 시간 의존 과정인데, 만약 용해 속도가 확산 속도보다 느리게 되면 이 단계가 전체 확산 속도를 지배하게 된다. 따라서 폴리머 내의 확산 특성은 **투과성 계수**[permeability coefficient(P_M으로 표시)]로 나타내게 되는데, 이 경우 폴리머 멤브레인을 통한 정상 상태 확산은 Fick의 제1법칙(식 5.2)을 다음과 같이 변형하여 나타낸다.

$$J = -P_M \frac{\Delta P}{\Delta x} \tag{14.9}$$

여기서 J는 멤브레인을 통한 기체의 확산 유속이고[$(cm^3\ STP)/(cm^2 \cdot s)$], P_M은 투과성 계수, Δx는 멤브레인 두께, ΔP는 멤브레인 앞뒤의 압력 차이이다. 비유리질 폴리머 내의 저분자량 기체의 투과성 계수는 확산 계수(D)와 확산종의 용해도(S) 간의 곱에서 근삿값을 구하는 것이 가능하다.

$$P_M = DS \tag{14.10}$$

표 14.6에 일반적인 폴리머 내에서 산소, 질소, 이산화탄소 및 수증기의 투과성 계수를 나타냈다.[13]

---

[13] 표 14.6의 투과성 계수의 단위는 아래에 설명한 바와 같이 특이하다. 확산하는 분자종이 가스상일 경우 용해도는 다음과 같다.

$$S = \frac{C}{P}$$

여기서 C는 폴리머 내의 농도[단위: cm^3 STP gas/cm^3 폴리머], p는 분압(Pa 단위)이다. STP는 표준 온도 및 압력 [273K 및 101.3 kPa] 조건에

표 14.6 25°C에서 여러 폴리머 재료의 산소, 질소, 이산화탄소, 물에 대한 투과성 계수

폴리머	약어	P_M $[\times 10^{-13}$ (cm^3 STP)(cm)/(cm^2·s·Pa)]			
		O_2	N_2	CO_2	H_2O
폴리에틸렌(저밀도)	LDPE	2.2	0.73	9.5	68
폴리에틸렌(고밀도)	HDPE	0.30	0.11	0.27	9.0
폴리프로필렌	PP	1.2	0.22	5.4	38
폴리(염화비닐)	PVC	0.034	0.0089	0.012	206
폴리스티렌	PS	2.0	0.59	7.9	840
폴리(염화비닐리덴)	PVDC	0.0025	0.00044	0.015	7.0
폴리(에틸렌 테레프탈레이트)	PET	0.044	0.011	0.23	—
폴리(에틸 메타크릴레이트)	PEMA	0.89	0.17	3.8	2380

출처 : J. Brandrup, E. H. Immergut, E. A. Grulke, A. Abe, and D. R. Bloch (Editors), Polymer Handbook, 4th edition. Copyright © 1999 by John Wiley & Sons, New York. John Wiley & Sons, Inc. 허가로 복사 사용함

음식 또는 음료 포장, 자동차 타이어 및 내부 튜브와 같은 일부 용도에서는 투과 속도가 낮을 것이 요구된다. 폴리머 멤브레인은 하나의 화학종을 다른 화학종으로부터 분리하는 필터로서 자주 사용된다(예 : 물의 담수화 필터). 이러한 경우 필터링하고자 하는 물질의 투과 속도가 다른 물질보다 커야 한다.

예제 14.3

플라스틱 음료 용기를 통한 이산화탄소의 확산 유속 계산 및 음료의 보관수명

(소다, 팝, 소다팝 등으로 불리는) 탄산음료의 용기로 사용되는 투명한 플라스틱 병은 폴리(에틸렌 테레프탈레이트, PET)로 제조된다. 음료에서 뚜껑을 열었을 때 거품이 발생하는 현상은 용해된 이산화탄소(CO_2)로부터 발생하는데, PET는 CO_2에 대해서 투과성이 있다. 결국 PET에 보관된 탄산음료는 나중에 가서는 거품이 발생하지 않게 된다. 0.6L 용기 내의 탄산음료는 CO_2 압력이 약 400 kPa이고 용기 외부의 압력은 0.4 kPa이다.

(a) 정상 상태 조건을 가정하여 용기 벽을 통한 CO_2의 확산 속도를 계산하라.

(b) PET 용기가 CO_2를 750(cm^3 STP)을 손실하게 될 경우 탄산 맛을 느낄 수 없게 된다면 보관 용기의 저장 가능 기간은 얼마나 될 것인가?

(참고 : 용기 표면적은 500 cm^{2}로 가정하고, 용기 두께는 0.05 cm로 가정하라.)

풀이

(a) 본 문제는 식 (14.9)를 이용하여 풀어야 할 투과성 문제이다. PET 재료를 통한 CO_2 가스의 투과성 계수(표 14.6)는 0.23×10^{-13}(cm^3 STP)(cm)/(cm^2·s·Pa)이다. 따라서 확산 유속은 다

서의 가스 부비이다. 따라서 S의 단위는 cm^3 STP/Pa cm^{3}이다. D가 cm^2/sec의 단위로 표시되어 있기 때문에 투과성 계수의 단위는 (cm^3 STP) (cm)/(cm^2 s·Pa)이 된다.

음과 같다.

$$J = -P_M \frac{\Delta P}{\Delta x} = -P_M \frac{P_2 - P_1}{\Delta x}$$

$$= -0.23 \times 10^{-13} \frac{(cm^3\,STP)(cm)}{(cm^2)(s)(Pa)} \left[\frac{(400\,Pa - 400,000\,Pa)}{0.05\,cm} \right]$$

$$= 1.8 \times 10^{-7}\,(cm^3\,STP)/(cm^2 \cdot s)$$

(b) 용기의 벽을 통한 CO_2의 유속 $\dot{V}_{CO_2}$는 다음 식으로 주어진다.

$$\dot{V}_{CO_2} = JA$$

여기서 A는 용기의 표면적(500 cm^2)이다.

$$\dot{V}_{CO_2} = [1.8 \times 10^{-7}(cm^3\,STP)/(cm^2 \cdot s)](500\,cm^2) = 9.0 \times 10^{-5}\,(cm^3\,STP)/s$$

따라서 750(cm^3 STP) 부피의 CO_2가 용기로부터 새어나가는 데 걸리는 시간은 다음과 같이 계산된다.

$$시간 = \frac{V}{\dot{V}_{CO_2}} = \frac{750\,(cm^3\,STP)}{9.0 \times 10^{-5}\,(cm^3\,STP)/s} = 8.3 \times 10^6\,s$$

$$= 97\,일\,(약\,3개월)$$

요약

폴리머 분자
- 대부분의 폴리머 재료는 매우 큰 분자 사슬로 구성되어 있고, 다양한 원자(O, Cl 등) 또는 유기물 그룹, 예를 들면 메틸, 에틸 또는 페닐 그룹을 측면 그룹으로 가지고 있다.
- 이러한 거대 분자들은 반복 단위, 즉 소규모 구조체로 구성되어 있는데, 이들이 사슬을 따라서 반복된다.

폴리머 분자의 화학
- 비교적 화학적으로 단순한 폴리머[폴리에틸렌, 폴리테트라플루오로에틸렌, 폴리(염화비닐, 폴리프로필렌 등]의 반복 단위를 표 14.3에 나타냈다.
- 단일 중합체는 모든 반복 단위가 동일한 재료이다. 공중합체는 최소한 두 가지 이상의 반복 단위로 구성되어 있는 분자 사슬이다.
- 반복 단위는 활성 결합(즉 관능기)의 숫자로 분류한다.
  - 2개의 관능기를 가진 재료는 사슬 형상의 2차원적 구조를 단위체로부터 형성한다.
  - 3개의 관능기를 가진 재료는 3개의 활성 결합을 갖게 되어 3차원적인 사슬 구조를 형성한다.

분자량
- 고분자 폴리머의 분자량은 백만 이상이 될 수 있다. 모든 분자가 동일한 크기가 아니기 때문에 분자량이 어떤 분포를 갖게 된다.
- 분자량은 많은 경우 평균 수 또는 무게로 표시된다. 이러한 인자의 값은 식 (14.5a) 및 식 (14.5b)로 각각 구하는 것이 가능하다.
- 사슬 길이는 중합도, 즉 평균 분자당 반복 단위의 개수로 나타낼 수 있다(식 14.6).

분자 형상
- 분자 간 얽힘 현상은 사슬이 뒤틀리거나, 감기거나, 킹크 형상 또는 사슬 결합의 회전의 결과로 등고선을 그릴 때 발생한다.
- 사슬 결합이 이중이거나 반복 단위의 측면 그룹이 부피가 클 때 사슬 회전의 유연성이 저하된다.

분자 구조
- 4개의 서로 다른 폴리머 분자 사슬 구조가 가능한데, 선형(그림 14.7a), 가지형(그림 14.7b), 가교 결합형(그림 14.7c), 망상형(그림 14.7d)으로 나타난다.

분자 배열
- 간선 사슬에 하나 이상의 측면 원자 또는 그룹이 결합된 반복 단위를 가진 경우
  - 머리-머리 배열 그리고 머리-꼬리 배열이 가능하다.
  - 이들 측면 원자 또는 그룹의 공간적 배열의 차이가 이소택틱, 신디오택틱, 입체 이성을 발생시킨다.
- 반복 단위가 이중 사슬 결합을 포함하면 시스 또는 트랜스 기하 이성체가 가능하다.

열가소성 및 열경화성 고분자 재료
- 고온 거동에 근거하여 폴리머 재료는 열가소성 또는 열경화성으로 분류된다.
  - **열가소성 고분자**는 선형 또는 가지형 구조를 가진다. 가열하면 연화되고 냉각하면 경화된다.
  - 이와 대비하여 **열경화성 고분자**는 일단 경화되면 가열하여도 연화되지 않는다. 이들 구조는 가교 결합형 및 망상형 구조를 갖는다.

공중합체
- 공중합체는 불규칙(그림 14.9a), 교대(그림 14.9b), 블록(그림 14.9c), 접지(그림 14.9d)로 존재한다.

폴리머 결정성
- 분자 사슬이 배열되고 규칙적인 원자 배열로 배치되면 결정성의 조건이 존재한다.
- 비정질 폴리머는 사슬이 불규칙적으로 배열되어 있을 때 발생한다.
- 완전하게 비정질 구조를 가질 뿐만 아니라 결정질 상이 비정질 기지에 분산하여 존재하는 결정성의 정도가 변화하는 미세구조를 가질 수 있다.
- 화학적으로 단순하고 사슬 구조가 규칙적이고 대칭적일 때 결정상의 형성이 쉽다.
- 준결정질 폴리머의 결정성 분율은 밀도, 완전한 결정질과 완전한 비정질의 밀도로부터 식 (14.8)을 이용하여 계산할 수 있다.

폴리머 결정
- 결정질 구역(또는 결정자)은 판상 형태이고 사슬 접힘 구조(그림 14.12)를 갖고 있다. 판 내의 사슬은 규칙적으로 배열되어 있고 판의 표면, 배면에서 접힘이 발행한다.
- 많은 준결정질 폴리머는 구정을 형성하는데, 각 구정은 리본과 같이 사슬 접힘 구조를 갖은 라멜라 결정자인데, 이러한 리본이 중심으로부터 방사상으로 퍼지는 구조를 하고 있다.

폴리머 내 결함	• 폴리머 내의 점 결함의 개념은 금속이나 세라믹 재료에 비하여 다르지만 공공, 침입형 원자, 불순물 원자/이온 그리고 침입형 원자/이온 그룹이 폴리머의 결정질 구역에 존재하는 것이 관찰되었다.
	• 사슬 끝단, 늘어진 사슬 및 전위(그림 14.15)의 추가적인 결함이 존재한다.
폴리머 재료 내의 확산	• 폴리머 내의 확산에서는 외래의 작은 분자들이 분자 사슬 사이의 미소 공극에서 인접한 공극으로 침입형 유형의 메커니즘으로 확산을 일으킨다.
	• 가스종의 확산(또는 침투)은 침투 계수로서 종종 나타내는데, 이것은 폴리머 확산 계수와 용해도의 곱으로 주어진다(식 14.10).
	• 침투 유속은 Fick의 제1법칙(식 14.9)을 변형하여 나타낸다.

식 요약

식 번호	식	용도
14.5a	$\overline{M}_n = \Sigma x_i M_i$	개수-평균 분자량
14.5b	$\overline{M}_w = \Sigma w_i M_i$	무게-평균 분자량
14.6	$DP = \dfrac{\overline{M}_n}{m}$	중합도
14.7	$\overline{m} = \Sigma f_j m_j$	공중합체 반복 단위의 평균 분자량
14.8	% 결정화도 $= \dfrac{\rho_c(\rho_s - \rho_a)}{\rho_s(\rho_c - \rho_a)} \times 100$	무게 결정화도
14.9	$J = -P_M \dfrac{\Delta P}{\Delta x}$	폴리머 멤브레인을 통한 정상 상태 확산 유량

기호 목록

기호	의미
f_j	공중합체 사슬에서 반복 단위 j의 몰 분율
m	반복 단위의 분자량
M_i	크기 범위 i 내의 평균 분자량
m_j	공중합체 사슬 내의 반복 단위 j의 분자량
ΔP	폴리머 멤브레인의 한쪽 면과 다른 쪽 면의 기체 압력의 차이
P_M	폴리머 멤브레인을 통한 정상 상태 확산의 침투 계수
x_i	크기 i의 범위 내에 있는 분자 사슬의 총개수 분율
Δx	확산이 발생하는 폴리머 멤브레인 두께
w_i	크기 i 범위 내에 있는 분자의 무게 분율
ρ_a	완전 비정질상 폴리머의 밀도

(계속)

기호	의미
ρ_c	완전 결정질상 폴리머의 밀도
ρ_s	결정질상의 분율이 계산되어야 하는 폴리머 시편의 밀도

주요 용어 및 개념

가교 결합형 폴리머	불규칙 공중합체	이기능적
가지형 폴리머	불포화된	이성
거대 분자	블록 공중합체	이소택틱 배열
결정자	사슬 접힘 모델	입체 이성
공중합체	삼기능적	접지 공중합체
교대 공중합체	선형 폴리머	중합도
구정	시스	트랜스
균일 폴리머	신디오택틱 배열	포화된
단량체	어택틱 배열	폴리머
망상형 폴리머	열가소성 고분자	폴리머 결정성
반복 단위	열경화성 고분자	

참고문헌

Brazel, C. S., and S. L. Rosen, *Fundamental Principles of Polymeric Materials*, 3rd edition, John Wiley & Sons, Hoboken, NJ, 2012.

Carraher, C. E., Jr., *Seymour/Carraher's Polymer Chemistry*, 9th edition, CRC Press, Boca Raton, FL, 2013.

Cowie, J. M. G., and V. Arrighi, *Polymers: Chemistry and Physics of Modern Materials*, 3rd edition, CRC Press, Boca Raton, FL, 2007.

Engineered Materials Handbook, Vol. 2, *Engineering Plastics*, ASM International, Materials Park, OH, 1988.

McCrum, N. G., C. P. Buckley, and C. B. Bucknall, *Principles of Polymer Engineering*, 2nd edition, Oxford University Press, Oxford, 1997. Chapters 0–6.

Painter, P. C., and M. M. Coleman, *Fundamentals of Polymer Science: An Introductory Text*, 2nd edition, CRC Press, Boca Raton, FL, 1997.

Rodriguez, F., C. Cohen, C. K. Ober, and L. A. Archer, *Principles of Polymer Systems*, 6th edition, CRC Press, Boca Raton, FL, 2015.

Sperling, L. H., *Introduction to Physical Polymer Science*, 4thm edition, John Wiley & Sons, Hoboken, NJ, 2006.

Young, R. J., and P. Lovell, *Introduction to Polymers*, 3rd edition, CRC Press, Boca Raton, FL, 2011.

연습문제

탄화수소 분자

폴리머 분자

폴리머 분자의 화학

14.1 이 장에서 나타낸 구조를 이용하여 다음 폴리머들에 대한 반복 단위 구조를 그리라.

　(a) 폴리클로로트리플루오로에틸렌(polychloro-trifluoro-ethylene)

　(b) 폴리비닐알코올[poly(vinyl alchohol)]

분자량

14.2 다음의 반복 단위의 분자량을 계산하라.

　(a) 폴리에틸렌테레프탈레이트[poly(ethylene-terephthalate)

　(b) 나일론 6,6

14.3 (a) 폴리스티렌 반복 단위의 분자량을 계산하라.

　(b) 중합도가 15,000인 폴리프로필렌의 개수-평균 분자량을 계산하라.

14.4 다음 표는 폴리테트라플로로에틸렌 분자량 자료이다. 다음을 계산하라.

　(a) 개수-평균 분자량

　(b) 무게-평균 분자량

　(c) 중합도

분자량 범위 (g/mol)	x_i	w_i
10,000~20,000	0.03	0.01
20,000~30,000	0.09	0.04
30,000~40,000	0.15	0.11
40,000~50,000	0.25	0.23
50,000~60,000	0.22	0.24
60,000~70,000	0.14	0.18
70,000~80,000	0.08	0.12
80,000~90,000	0.04	0.07

14.5 폴리염화비닐[poly(vinyl chloride)] 균일 폴리머가 다음과 같은 분자량 자료를 갖고, 중합도 1120을 가질 수 있겠는가? 있다면 그 이유는 무엇이며, 없다면 그 이유는 무엇인가?

분자량 범위 (g/mol)	x_i	w_i
8,000~20,000	0.02	0.05
20,000~32,000	0.08	0.15
32,000~44,000	0.17	0.21
44,000~56,000	0.29	0.28
56,000~68,000	0.23	0.18
68,000~80,000	0.16	0.10
80,000~92,000	0.05	0.03

분자 형상

14.6 하나의 선형 폴리머 분자에서 전체 사슬 길이 L은 다음의 식과 같이 사슬 원자 간의 결합 길이 d, 분자 내 결합의 총수 N, 그리고 이웃하는 사슬 원자 간의 각도에 따라 다음과 같이 결정된다.

$$L = Nd \sin\left(\frac{\theta}{2}\right) \qquad (14.11)$$

또한 그림 14.6에서 일련의 폴리머 분자에 대한 끝에서 끝까지의 거리 r은 다음과 같다.

$$r = d\sqrt{N} \qquad (14.12)$$

선형 폴리에틸렌의 개수-평균 분자량이 300,000 g/mol일 때 이 재료의 L과 r의 평균값을 계산하라.

분자 배열

14.7 (a) 폴리부타디엔, (b) 폴리클로로프렌에 대한 시스와 트랜스 단위체 구조를 각각 그리라. 이 장의 각주 12에 따른 2차원적 모식도를 이용하라.

열가소성 및 열경화성 고분자 재료

14.8 (a) 페놀-포름알데히드를 분말로 갈아 재사용이 가능하겠는가? 또는 그렇지 않겠는가? 그 이유를 설명하라.

　(b) 폴리프로필렌을 분말로 갈아 재사용이 가능하겠는가? 또는 그렇지 않겠는가? 그 이유를 설명하라.

공중합체

14.9 폴리(아크릴로니트릴-부타디엔) 교대 공중합체의 개수-평균 분자량이 1,000,000 g/mol이다. 이때 분자당 아크릴로니트릴과 부타디엔 반복 단위의 평균 개수를 구하라.

14.10 (a) 개수-평균 분자량이 250,000 g/mol이고, 중합도가 4640인 공중합체에서 공중합체 내의 부타디엔과 스티렌 반복 단위의 비율을 구하라.

(b) 이 공중합체는 불규칙, 교대, 접지, 블록 중 어느 유형의 공중합체를 형성하겠는가? 그 이유는?

14.11 불규칙 폴리(스티렌-부타디엔) 공중합체의 경우 개수-평균 분자량이 350,000 g/mol이고, 중합도가 5000이다. 이때 스티렌과 부타디엔 반복 단위의 분율을 계산하라.

폴리머 결정성

14.12 아래의 각 2개의 폴리머에 대해서 다음을 해결하라. (1) 하나의 폴리머가 다른 것에 비하여 결정화가 잘 될 수 있는지를 알 수 있는지, (2) 만약 가능하다면 어느 것이 결정화 가능성이 크고 그 이유를 설명하고, (3) 만약 구분이 어렵다면 그 이유를 설명하라.

(a) 선형이고 어택틱 구조 염화비닐 폴리머, 선형이고 이소택틱 구조 폴리프로필렌

(b) 망상 페놀-포름알데히드, 선형이고 이소택틱 구조 폴리스티렌

14.13 2개의 폴리(에틸렌 테레프탈레이트) 재료의 밀도와 결정화 퍼센트가 다음과 같다

ρ(g/cm^3)	결정화도(%)
1.408	74.3
1.343	31.2

(a) 완전 결정질 및 완전 비정질 폴리(에틸렌 테레프탈레이트)의 밀도를 계산하라.

(b) 밀도가 1.382 g/cm^{3}인 시편의 결정화 퍼센트를 계산하라.

폴리머 재료 내의 확산

14.14 두께가 15 mm인 저밀도 폴리에틸렌(LDPE) 얇은 판재의 산소 확산을 고려해 보자. 양면 산소 분압은 각각 2000과 150 kPa이다. 정상 상태를 가정할 때 298 K에서의 확산 유속[단위 (cm^3 STP/cm^2·s)]을 계산하라.

14.15 크기가 작은 가스 분자의 침투 계수는 절대 온도의 변화에 따라 다음 식으로 주어진다.

$$P_M = P_{M_0} \exp\left(-\frac{Q_p}{RT}\right)$$

여기서 P_{M_0}와 Q_p는 주어진 가스-폴리머 쌍에 대해서 상수이다. 두께가 30 mm인 폴리스티렌 판재를 통하여 물 분자가 확산을 일으키는 경우를 고려하자. 판재 양 표면에서 물 분압은 각각 20과 1 kPa이고, 일정하게 유지된다. 350 K에서 확산 유속[(cm^3 STP/cm^2·s) 단위]을 계산하라. 이 확산계에서

$P_{M_0} = 9.0 \times 10^{-5}$ (cm^3 STP)(cm)$/$cm^2·s·Pa

$Q_p = 42,300$ J/mol

정상 상태를 가정하라.

chapter 15

폴리머의 특성, 용도 및 공정

페 놀-포름알데히드(베이클라이트)를 이용하여 제조된 당구공 사진(a). 15.15절의 '중요 소재'에서 상아 당구공을 대체한 페놀-포름알데히드의 발견에 대해서 다루었다. (b) 당구 게임을 하고 있는 여성

(a)

(b)

© William D. Callister, Jr.

© RapidEye/iStockphoto

공학도가 폴리머의 특성, 응용 및 제조에 대하여 이해해야 하는 몇 가지 이유가 있다. 폴리머 재료는 건축 재료 및 전자 재료 등의 분야에 광범위하게 사용되고 있다. 따라서 대부분의 공학자들은 직업의 경로에서 최소한 한 번은 폴리머 재료를 다루게 되는 것이 일반적이다. 폴리머 재료의 탄성 변형과 소성변형의 기구를 이해하고,

이를 이용하여 탄성 및 기계적 성질을 제어하는 것에 대해서 배우게 될 것이다(15.7절, 15.8절 참조). 또한 폴리머 재료의 물성을 변경하기 위해서 첨가제를 넣을 수도 있는데, 이를 통하여 강도, 마모 저항, 인성, 열적 안정성, 강성, 열화특성, 색깔, 그리고 가연성 저항 특성 등을 변경한다(15.22절).

학습목표

이 장을 학습한 후에는 다음 내용을 숙지할 수 있어야 한다.

1. 폴리머 재료에서 관찰되는 세 가지 유형의 응력–변형률 거동
2. 준결정질(구정) 폴리머의 여러 소성변형 단계
3. 다음 인자들이 폴리머의 인장 계수 및 강도에 미치는 영향
   (a) 분자량, (b) 결정화 정도, (c) 예비 변형, (d) 소성 가공지 않은 재료의 열처리
4. 탄성 폴리머가 탄성적으로 변형하는 기구

5. 폴리머의 융점과 유리 전이 온도에 영향을 미치는 폴리머의 네 가지 특성 및 구조적 인자
6. 일곱 가지 주요 폴리머의 응용 분야와 일반적인 특성
7. 부가 중합 및 축합 중합 기구에 대해서 간략히 설명하기
8. 다섯 가지 종류의 폴리머 첨가제와 이들이 특성을 변화시키는 방법
9. 플라스틱 폴리머의 제조 기법 5개를 간략하게 설명하기

15.1 서론

이 장에서는 폴리머(고분자 또는 중합체)의 중요 특성 중 일부를 소개하고, 폴리머의 여러 가지 형태와 제조 방법에 대하여 다룰 예정이다.

폴리머의 기계적 거동

15.2 응력–변형률 거동

폴리머의 기계적 특성은 금속에서와 같이 탄성률, 인장, 충격 및 피로 강도 등과 같은 동일한 변수들로 정의된다. 이들 변수들은 많은 폴리머 재료의 경우 단순한 응력-변형률 시험법으로 결정한다.[1] 폴리머의 기계적 성질은 변형률, 온도 및 시험의 화학적 분위기(물, 산소, 유기 용매 등) 등 시험 조건에 매우 민감하게 변화한다. 탄성률이 매우 큰 고무와 같은 폴리머의 경우에는 금속 재료에서 사용된 시험 방법 및 시편의 형상을 약간 변형해야 한다(제6장 참조).

폴리머 재료의 인장 시험 시 세 가지 유형의 응력-변형률 곡선이 관찰되는데, 이 모식도를 그림 15.1에 나타냈다. 곡선 A는 취성 폴리머의 응력-변형률 특성으로 파괴가 탄성변형 구간에서 발생한다. 플라스틱 재료의 거동인 곡선 B는 많은 금속 재료의 거동과 유사하다.

---

1 ASTM Standard D638, "Standard Test Method for Tensile Properties of Plastics."

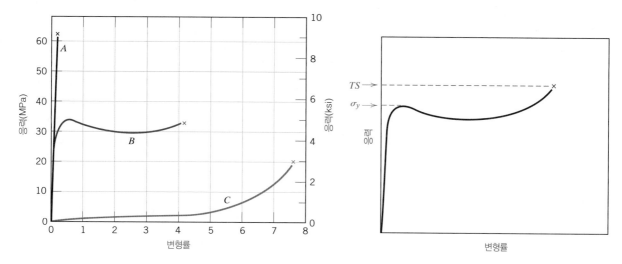

그림 15.1 취성(곡선 *A*), 플라스틱(곡선 *B*) 및 고탄성(탄성체)(곡선 *C*) 폴리머의 응력-변형률 거동

그림 15.2 플라스틱 폴리머의 응력-변형률 곡선의 모식도. 항복 및 인장 강도가 어떻게 결정되는지를 보여 주고 있다.

즉 초기에는 탄성적으로 변형하고, 다음으로 항복이 발생하여 소성변형 영역이 존재하게 된다. 마지막으로 곡선 *C*의 경우에는 완전하게 탄성적인 거동을 나타내는데, 고무와 같은 탄성변형(낮은 응력 수준에서 회복이 가능한 매우 큰 변형)이 이와 같은 예에 해당한다. 이러한 특성을 가진 폴리머를 **탄성체**(elastomer)라고 한다.

탄성체

폴리머 재료의 탄성률(인장 계수 또는 폴리머의 경우 그냥 계수), 연신율 등은 금속의 경우와 동일하게 측정한다(6.3절 및 6.6절 참조). 플라스틱 폴리머의 경우(그림 15.1의 곡선 *B*), 선형 탄성 영역이 끝나는 점을 바로 지나서 나타나는 항복점을 최대 응력점으로 간주한다(그림 15.2). 이 최대 응력이 항복 강도(σ_y)이다. 인장 강도(*TS*)는 파단이 일어나는 응력인데(그림 15.2), 이 값은 항복 강도보다 클 수도 있고, 작을 수도 있다. 표 15.1에 몇 개의 폴리머 재질의 기계적 성질을 나타냈고, 좀 더 많은 데이터가 부록 B의 표 B.2, B.3, B.4에 수록되었다.

폴리머는 여러 관점에서 기계적으로 금속과는 상이하다(그림 1.5, 1.6, 1.7 참조). 예를 들면 고탄성 폴리머 재료의 탄성 계수는 7 MPa 정도로 작은 데 비하여 일부 딱딱한 폴리머 재료에서는 4 GPa 정도까지 증가한다. 이에 비하여 금속 재료의 탄성 계수는 이들 값보다 훨씬 높은데 대개 48~410 GPa의 범위에 있다. 폴리머 재료의 최대 인장 강도는 약 100 MPa 정도인 데 비하여 일부 금속 재료는 4100 MPa 정도까지 도달한다. 그리고 대부분의 금속은 100%까지는 소성변형하는 경우가 거의 없는 데 비하여 탄성이 매우 우수한 폴리머 재료는 1000% 이상 연신된다.

또한 폴리머의 기계적 특성은 상온 부근의 온도 변화에 매우 민감하게 변화한다. 먼저 폴리메틸메타크릴레이트(플렉시글라스)의 응력-변형률 거동을 4°C에서 60°C의 온도 범위에서 살펴보기로 하자(그림 15.3). 그림에서 보면 온도가 증가함에 따라 (1) 탄성 계수가 감소하며, (2) 인장 강도가 감소하고, (3) 연성이 증가하는 것을 볼 수 있다. 이 재료는 4°C에서

표 15.1 일반적인 폴리머의 상온에서의 기계적 특성

재료	비중	인장 계수 (GPa)(ksi)	인장 강도 (MPa)(ksi)	항복 강도 (MPa)(ksi)	파단 연신율 (%)
폴리에틸렌(저밀도)	0.917~0.932	0.17~0.28 (25~41)	8.3~31.4 (1.2~4.55)	9.0~14.5 (1.3~2.1)	100~650
폴리에틸렌(고밀도)	0.952~0.965	1.06~1.09 (155~158)	22.1~31.0 (3.2~4.5)	26.2~33.1 (3.8~4.8)	10~1200
폴리염화비닐	1.30~1.58	2.4~4.1 (350~600)	40.7~51.7 (5.9~7.5)	40.7~44.8 (5.9~6.5)	40~80
폴리테트라플루오로에틸렌	2.14~2.20	0.40~0.55 (58~80)	20.7~34.5 (3.0~5.0)	13.8~15.2 (2.0~2.2)	200~400
폴리프로필렌	0.90~0.91	1.14~1.55 (165~225)	31~41.4 (4.5~6.0)	31.0~37.2 (4.5~5.4)	100~600
폴리스티렌	1.04~1.05	2.28~3.28 (330~475)	35.9~51.7 (5.2~7.5)	25.0~69.0 (3.63~10.0)	1.2~2.5
폴리메틸메타크릴레이트	1.17~1.20	2.24~3.24 (325~470)	48.3~72.4 (7.0~10.5)	53.8~73.1 (7.8~10.6)	2.0~5.5
페놀-포름알데히드	1.24~1.32	2.76~4.83 (400~700)	34.5~62.1 (5.0~9.0)	—	1.5~2.0
나일론 6,6	1.13~1.15	1.58~3.80 (230~550)	75.9~94.5 (11.0~13.7)	44.8~82.8 (6.5~12)	15~300
폴리에스터(PET)	1.29~1.40	2.8~4.1 (400~600)	48.3~72.4 (7.0~10.5)	59.3 (8.6)	30~300
폴리카보네이트	1.20	2.38 (345)	62.8~72.4 (9.1~10.5)	62.1 (9.0)	110~150

출처 : *Modern Plastics Encyclopedia '96.* Copyright 1995, The McGraw-Hill Companies.

는 완전한 취성 상태이고, 50℃ 및 60℃에서는 상당한 소성변형이 가능하다.

변형 속도가 기계적 거동에 미치는 영향도 또한 중요하다. 일반적으로 변형 속도를 감소

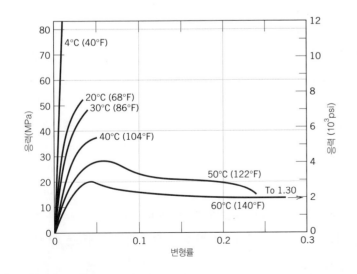

그림 15.3 폴리메틸메타크릴레이트의 응력-변형률 곡선에 미치는 온도의 영향

(출처 : T. S. Carswell and H. K. Nason, "Effect of Environmental Conditions on the Mechanical Properties of Organic Plastics," in *Symposium on Plastics.* Copyright ASTM International, 100 Barr Harbor Drive, West Conshohocken, PA 19428.)

시키는 효과는 응력-변형률 특성에 온도를 상승시키는 것과 동일한 영향을 미치게 된다. 즉 변형 속도가 감소함에 따라서 재료의 강도가 감소하고 연신율이 증가한다.

15.3 거시변형

준결정질 폴리머의 거시변형의 몇 가지 측면을 고려해 보자. 준결정질 재료의 인장 응력-변형률 곡선을 그림 15.4에 나타냈다. 여기에는 변형의 여러 단계에서 시료의 형상을 모식적으로 나타냈다. 곡선에서 상부 및 하부 항복점을 볼 수 있고, 이 점들 다음으로 거의 평행한 구역이 존재한다. 상부 항복점에서 시료의 표점 거리(gauge length) 부분 내에 작은 네킹(necking)이 형성된다. 이 네킹에서 사슬들이 정렬되고(그림 15.13d), 이에 따라서 국부적으로 강화된다(이러한 현상을 그림 15.13d에 모식적으로 나타냈다). 따라서 이 점에서 연속적인 변형을 방해하는 저항이 생기게 되어, 변형은 네킹이 시료의 표점 길이 구역을 따라서 전파하여 발생하게 된다. 사슬의 배열 현상(그림 15.13d)이 이러한 네킹의 확장과 함께 발생한다. 이러한 인장 거동은 금속의 경우(6.6절 참조)와는 상이한 것이다. 즉 금속의 경우에는 일단 네킹이 형성되면 모든 변형은 이 네킹 구역 내에서 발생한다.

> **개념확인 15.1** 준결정질 폴리머의 연성을 인용할 때 파단 연신율을 %를 사용한다. 이 경우 금속 재료와 같이 시편의 표점 길이를 명기하는 것이 필요한가? 그 이유를 설명하라.
>
> [해답은 *www.wiley.com/go/Callister_MaterialsScienceGE* → More Information → Student Companion Site 선택]

15.4 점탄성 변형

비정질 폴리머는 유리 전이 온도보다 낮은 온도에서는 유리와 같이 거동하고, 유리 전이 온도 이상에서는(15.12절) 고무질 고체, 온도를 더욱 상승시키면 점성이 있는 액체로 거동하게 된다. 변형이 상대적으로 작고 낮은 온도에서는 기계적 거동은 탄성적이어서 Hooke의

그림 15.4 반결정질 폴리머의 모식적 인장 응력-변형률 거동. 여러 변형 단계에서 시편의 형상을 나타냈다.

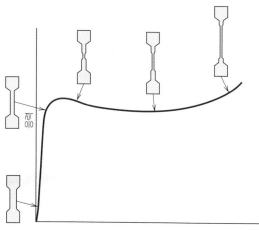

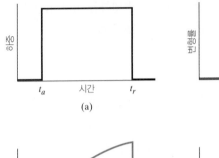

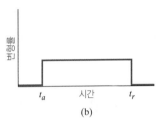

(a) (b)

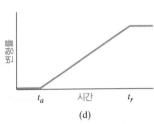

(c) (d)

그림 15.5 (a) 하중-시간 거동. 하중이 t_a에서 순간적으로 가해지고 t_r에서 제거된다. 변형률-시간 거동, (b) 완전 탄성체, (c) 점탄성, (d) 점성 거동

법칙 $\sigma = E\varepsilon$을 만족시킨다. 매우 높은 온도에서는 점성 또는 액체와 같은 거동이 발생한다. 고무질 고체의 거동을 하는 중간 온도에서는 이들 두 극단의 기계적 특성이 복합되어 발생하는데, 이 조건을 **점탄성**(viscoelasticity)이라고 한다.

점탄성

탄성변형은 순식간에 발생하는데, 이것은 전체 변형(변형률)이 응력을 가하거나 제거하는 순간에 발생한다(즉 변형률은 시간과는 무관하다). 또한 외부 응력을 제거하는 순간 변형이 완전하게 회복된다(시편의 형상이 원래의 치수로 된다). 이러한 관계를 그림 15.5b에 나타냈고, 응력을 순식간에 가한 경우의 변형률과 시간과의 관계를 그림 15.5a에 나타냈다.

이와는 다르게 완전한 점성 거동의 경우에는 변형 또는 변형률이 순간적이 아니고, 응력이 가해짐에 따라서 변형이 지연되거나 시간에 의존한다. 또한 이러한 변형은 가역적이 아니고 응력을 제거해도 완전히 회복되지 않는다. 이러한 현상을 그림 15.5d에 나타냈다.

이러한 거동의 중간인 점탄성 거동은 그림 15.5a와 같이 응력을 가하면 순간적으로 탄성변형이 발생한 다음 시간에 따라 변화하는 변형, 즉 의탄성(anelasticity) 변형(6.4절 참조)이 발생하는데, 이 거동을 그림 15.5c에 나타냈다.

이러한 점탄성은 규소 폴리머에서 관찰되는데, 이것은 Silly Putty라는 제품으로 판매되고 있다. 이것을 공(ball) 형태로 만들어서 바닥에 떨어뜨리면 탄성적으로 튀어 오르며, 이때의 변형 속도는 매우 크다. 한편 응력을 천천히 증가시켜 인장력을 가하면, 이 재료는 점성이 큰 액체와 같이 연신된다. 이와 같은 점탄성 재료의 경우에 변형 속도의 변화에 의하여 변형이 탄성적인지 점성적인지를 결정한다.

점탄성 이완 계수

폴리머 재료의 점탄성 거동은 시간과 온도에 따라서 변화하는데, 이러한 거동을 측정하고 정량화할 수 있는 여러 가지 실험 방법이 있다. 응력 이완(stress relaxation)을 측정하는 것이 이 중 한 가지 방법이다. 이 실험에서는 먼저 이미 결정된 상당히 작은 변형량까지 가해진 응력에 의하여 빠르게 변형한다. 이러한 변형량을 유지하기 위한 응력을 시간 함수로 측정하며, 이때 온도는 일정하게 유지한다. 폴리머 내의 분자 이완 과정에 의하여 응력이 시간에 따라서 감소한다. **이완 계수**(relaxation modulus) $E_r(t)$, 즉 점탄성 폴리머의 시간 의존성 탄성 계수는 다음과 같이 정의된다.

이완 계수

이완 계수—시간에 따른 응력과 일정 변형률 값의 비

$$E_r(t) = \frac{\sigma(t)}{\varepsilon_0} \tag{15.1}$$

여기서 $\sigma(t)$는 측정된 시간에 따른 응력값이고, ε_0는 일정하게 유지된 변형률이다.

또한 이완 계수의 크기는 온도의 함수이기 때문에 폴리머의 점탄성 거동을 완전하게 이해하기 위해서는 여러 가지 온도 범위에서 등온 점탄성 이완 계수를 측정해야 한다. 그림 15.6에 점탄성을 나타내는 폴리머의 log $E_r(t)$ 대 log t의 관계로 여러 가지 온도에서 측정한 결과를 나타내고 있다. 이 그림에서 주목할 점은 (1) $E_r(t)$가 시간에 따라서 감소하고(응력의 감소에 해당한다)(식 15.1), (2) 온도가 증가함에 따라서 $E_r(t)$ 값이 낮은 수준으로 감소한다는 점이다.

온도의 영향을 파악하기 위하여 일정한 시간에서 log $E_r(t)$ 대 log t의 관계로부터 데이터

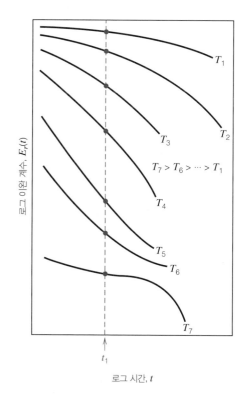

그림 15.6 탄성 폴리머의 이완 계수로 로그값과 시간 로그값의 모식적 관계. 온도를 T_1에서 T_7까지 변화시켰다. 이완 계수의 온도 의존성은 log $E_r(t_1)$ 온도로 나타낸다.

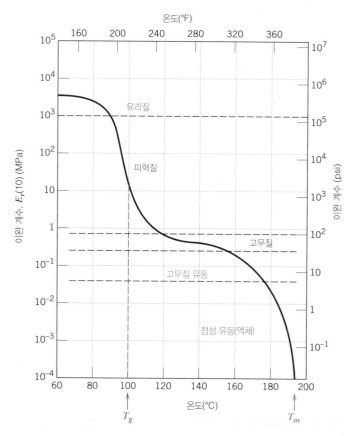

그림 15.7 비정질 폴리스티렌의 이완 계수. 로그값과 온도와의 관계. 5단계의 서로 다른 점탄성 거동을 보여 준다.

(출처 : A. V. Tobolsky, Properties and Structures of Polymers. Copyright ⓒ 1960 by John Wiley & Sons, New York. John Wiley & Sons, Inc. 허가로 복사 사용함)

를 취하였다. 예를 들면 그림 15.6에서 t_1을 취하여 $\log E_r(t_1)$과 온도와의 관계를 나타냈다. 그림 15.7에 비정질(어택틱) 폴리스티렌에 대하여 이들 관계를 나타낸 것으로, 이 경우 t_1값은 임의로 10초로 결정하였다. 이 그림에서 나타난 곡선에는 여러 가지 특징적인 구역이 존재하는 것을 알 수 있다. 먼저 유리 구역인 낮은 온도에서는 재료가 강하고 취약하다. 이 경우 $E_r(10)$은 이 재료의 탄성률이 되고, 이것은 온도의 변화와 거의 무관하다. 이 온도 구간에서 변형률–시간의 거동 특성은 그림 15.5b에 나타냈다. 분자 수준에서 보면 이 온도에서 긴 분자 사슬은 거의 고정되어 있다.

온도가 증가할 때 $E_r(10)$ 값은 약 20°C의 변화에 10^3 정도의 비율로 변화하게 된다. 이러한 현상을 피혁질(leathery) 구역 또는 유리 전이 구역이라고 하는데, 유리 전이 온도(T_g)는 이 온도 구역의 최고 온도에 해당한다(15.13절). 폴리스티렌의 경우(그림 15.7), T_g는 100°C이다. 이 온도 구역에서 폴리머 시편은 가죽과 같은 특성을 갖게 되어 변형이 시간에 따라 변화하고, 그림 15.5c에 나타낸 바와 같이 외력을 제거하여도 완전하게 회복되지 않는다.

고무와 같이 거동하는 온도 구역에서(그림 15.7) 재료는 고무와 같이 변형한다. 즉 변형이 탄성 및 점성 성분에 의하여 발생하며, 이완 계수가 작기 때문에 변형이 쉽게 일어난다.

마지막 2개의 고온 구역에서는 고무와 같은 유동과 점성 유동이 발생한다. 이러한 온도 구역을 통하여 가열하게 되면, 재료는 유연한 고무 상태에서 점성의 액체 상태로 연속적이고 점진적으로 변화한다. 고무 같은 유동 구간에서는 폴리머는 매우 점성이 높은 액체이고 탄성과 점성 유동 거동을 같이 나타낸다. 점성 유동 구역에서는 온도가 증가함에 따라서 이완 계수가 급격하게 감소한다. 이 경우의 변형률–시간 거동은 그림 15.5d에 나타냈다. 분자의 관점에서 보면 점성 유동 상태에서는 사슬 운동이 매우 심해져 진동 및 회전 운동이 서로 간에 독립적으로 발생한다. 이 온도에서는 어떤 변형도 완전하게 점성 유동에 의하여 일어나고 탄성 거동은 나타나지 않는다.

대개의 경우 점성 폴리머의 변형 거동은 점도(viscosity)로 나타내는데, 점도는 전단력에 대한 재료의 유동 저항이다. 점도는 12.10절의 무기질 유리에서 논의하였다.

응력을 가하는 속도 역시 점탄성 특성에 영향을 미치며, 하중을 가하는 속도를 증가시키는 것은 온도를 감소시키는 것과 동일한 효과를 나타낸다.

여러 분자 배열을 가진 폴리스티렌의 $\log E_r(10)$ 대 온도 거동을 그림 15.8에 나타냈다. 비정질 재료(C 곡선)의 경우는 그림 15.7의 것과 동일하다. 약간의 가교 결합형 어택틱 폴리스티렌(B 곡선)의 경우 고무 거동 구역이 평탄하게 폴리머의 분해 온도까지 연장되고, 가교 결합이 많이 된 경우에는 평탄한 구역의 $E_r(10)$ 값이 역시 증가한다. 고무 또는 탄성체 재료는 이러한 거동을 하는데, 대개의 경우 이러한 평탄한 온도 구역에서 사용되고 있다.

그림 15.8에 거의 완전하게 결정질인 이소택틱 폴리스티렌(A 곡선)의 온도 의존성을 나타냈다. T_g에서 $E_r(10)$의 값이 다른 폴리스티렌 재료에 비하여 덜 감소되는 것으로 나타났다. 이러한 현상은 이 재료 중에 매우 적은 부분이 비정질이고 유리 전이 현상을 겪기 때문이다. 또한 이완 계수값이 재료의 용융점(T_m)에 도달할 때까지 상대적으로 높은 값을 유지하는 것을 볼 수 있다. 그림 15.8에서 이소택틱 폴리스티렌의 용융 온도는 약 240°C이다.

그림 15.8 결정질 어택틱(A 곡선), 약하게 가교 결합된 어택틱(B 곡선), 비정질(C 곡선) 폴리스티렌의 이완 계수 로그값과 온도 관계

(출처 : A. V. Tobolsky, *Properties and Structures of Polymers*. Copyright ⓒ 1960 by John Wiley & Sons, New York. John Wiley & Sons, Inc. 허가로 복사 사용함)

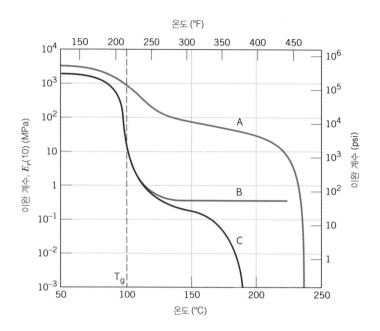

점탄성 크리프

많은 폴리머 재료는 응력이 일정하게 유지될 때 시간에 따라 변화하는 변형 거동을 보인다. 이러한 변형을 점탄성 크리프(viscoelastic creep)라고 한다. 이러한 유형의 변형은 상온에서 재료의 항복 응력보다 상당히 낮은 응력이 가해진 경우에도 매우 많이 발생한다. 예를 들면 장시간 주차한 자동차 타이어의 접촉면은 평평해진다. 폴리머의 크리프 시험은 금속의 경우와 동일하게 실시한다(제8장 참조). 즉 응력(대개는 인장)이 순간적으로 가해지고, 응력을 일정하게 유지한 상태에서 변형률을 시간의 함수로 측정한다. 또한 이 시험은 일정 온도에서 실시한다. 크리프 시험의 결과는 시간에 따라 변화하는 크리프 계수(creep modulus) $E_c(t)$로 나타내는데, 다음과 같이 정의된다.[2]

$$E_c(t) = \frac{\sigma_0}{\varepsilon(t)} \tag{15.2}$$

여기서 σ_0는 가해진 일정 응력, $\varepsilon(t)$는 시간에 따른 변형률이다. 크리프 계수는 온도에 민감하게 변화하는데, 온도가 증가하면 감소한다.

분자 구조는 크리프 특성에 영향을 미치는데, 크리프로의 감수성은 결정화도가 증가함에 따라서 감소한다[즉 $E_c(t)$의 증가].

✓ **개념확인 15.2** 비정질 폴리스티렌이 120°C에서 변형될 경우 그림 15.5 중의 어떠한 거동을 따르겠는가?

[해답은 *www.wiley.com/go/Callister_MaterialsScienceGE* → **More Information** → **Student Companion Site** 선택]

---

2 크리프 계수의 역수인 크리프 콤플라이언스(compliance), $J_c(t)$가 때때로 사용되기도 한다.

15.5 폴리머의 파괴

폴리머 재료의 파괴 강도는 금속 또는 세라믹 재료의 것보다 작다. 일반적으로 열경화성 폴리머(심하게 가교 결합된 망목 구조)는 취성으로 파괴된다. 이러한 파괴 과정은 응력이 집중되는 구역[긁힘 자국, 노치(notch), 예리한 결함]에서 균열이 발생하는 것으로 시작한다. 금속과 마찬가지로(8.5절 참조), 이들 균열 선단에서 응력이 증폭되고, 결국은 균열 전파 및 파단으로 이어진다. 망상 또는 가교 결합형 구조 내의 공유 결합은 파단 도중에 절단된다.

열가소성 폴리머의 경우 연성 또는 취성 형태가 모두 가능하여, 많은 종류의 이들 재질은 연성-취성 파괴의 전이가 발생한다. 취성 파괴를 조장하는 요인으로는 온도의 감소, 변형 속도의 증가, 예리한 노치의 존재, 시료 두께의 증가, 그리고 유리 전이 온도(T_g)를 증가시키는 폴리머 구조의 변경(15.14절) 등이다. 유리질 열가소성 폴리머는 상대적으로 낮은 온도에서 취성 파괴를 일으키고, 유리 전이 온도 부근에서 인성을 나타내기 시작하여 파괴 이전에 소성변형을 일으킨다. 이러한 거동은 그림 15.3의 폴리메틸메타크릴레이트(PMMA)의 응력-변형률 곡선에서 나타냈다. 4°C에서 PMMA는 완전하게 취성 파괴를 나타내지만 60°C에서는 연성이 매우 풍부한 파괴를 일으킨다.

유리질 열가소성 폴리머의 파단 시에 발생하는 하나의 현상은 잔금(crazing)이다. 잔금 부근에서는 매우 국부적인 항복이 발생하고, 이것은 섬유성(fibril, 분자 사슬이 정렬되어 있는 구역)을 형성하게 하고, 미소 공공이 서로 연결되게 한다(그림 15.9a). 이러한 미소 공공들 사이에는 섬유성 가교(fibrillar bridge)가 형성되고, 이 내부의 분자들은 일정 방향으로 배열된다(그림 15.13d). 가해지는 인장 하중이 충분히 크면 이들 가교는 연신되고 파단되어 미소 공공이 서로 합체된다. 결국 그림 15.9b에 나타낸 것과 같이 재료 내에 균열이 형성된다. 잔금은 균열과 달리 표면 간에 하중을 지탱할 수 있다. 균열이 발생하기 전에 발생하는 잔금의 형성 과정은 파괴 에너지를 흡수하게 되어 폴리머 재료의 파괴 인성을 향상시키는 효과를

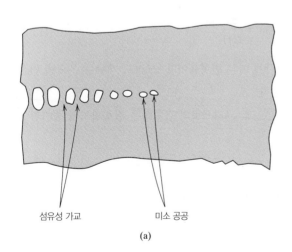

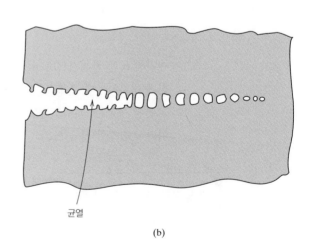

섬유성 가교   미소 공공   균열

(a)   (b)

그림 15.9 (a) 미소 공공과 섬유성 가교를 보여 주는 잔금과 (b) 이로 인하여 발생한 균열의 모식도
(출처 : J. W. S. Hearle, *Polymers and Their Properties*, Vol. 1, *Fundamentals of Structure and Mechanics*, Ellis Horwood, Ltd., Chichester, West Sussex, England, 1982.)

그림 15.10 폴리페닐린 산화물 내의 잔금 사진
[출처 : R. P. Kambour and R. E. Robertson, "The Mechanical Properties of Plastics," in *Polymer Science, A Materials Science Handbook*, A. D. Jenkins (Editor), 1972. Elsevier Science Publishers 허가로 복사 사용함]

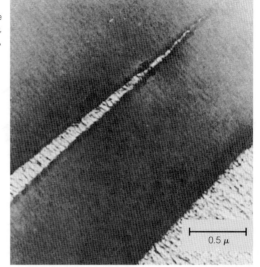

발생시킨다. 유리질 폴리머에서는 균열이 잔금의 형성 없이 전파되어 파괴 인성이 낮다. 잔금은 긁힘 자국, 결함 및 분자적 불균일성이 있는 부분이 높은 하중을 받을 때 발생하고, 부가된 인장 하중축에 수직한 방향으로 전파한다. 대부분의 잔금 두께는 5 μm 또는 그 이하이다. 그림 15.10에 잔금을 보여 주고 있다.

8.5절의 파괴 기구의 원리는 취성과 준취성(quasi-brittle) 폴리머에도 적용된다. 균열이 있을 때 이러한 재료의 파괴에 대한 감수성은 평면 변형 파괴 인성으로 나타낼 수 있을 것이다. K_{Ic} 값의 크기는 폴리머의 특성(분자량, 결정화 백분율 등) 및 온도, 변형 속도, 그리고 외부 환경에 영향을 받는다. 여러 가지 폴리머의 K_{Ic} 값을 표 8.1과 부록 B의 표 B.5에 나타냈다.

15.6 기타 기계적 특성

충격 강도

일부 폴리머 재질의 용도에서는 노치가 있는 시료의 충격 하중에 대한 재질의 저항성에 관심이 있을 것이다. 아이조드(Izod) 또는 샤르피(Charpy) 충격 시험이 이 특성을 평가하기 위하여 사용된다(8.6절 참조). 금속의 경우와 마찬가지로 폴리머는 충격 하중 조건에서 시험 온도, 시편 크기, 변형 속도 및 하중 형태 등에 따라서 연성 또는 취성 파괴가 발생할 수 있다. 결정질 및 반정질 폴리머는 저온에서 취약하고 상대적으로 낮은 충격 강도를 갖는다. 그러나 그림 8.14에서 보여 준 강재의 경우와 유사하게 이들 재질은 매우 좁은 온도 구역에서 취성-연성 전이를 일으킨다. 물론 충격 강도는 폴리머가 연화되기 시작하면 점진적으로 감소하기 시작한다. 대개의 경우 상온에서는 충격 강도가 높고 연성-취성 전이 온도가 상온보다 낮아야 한다.

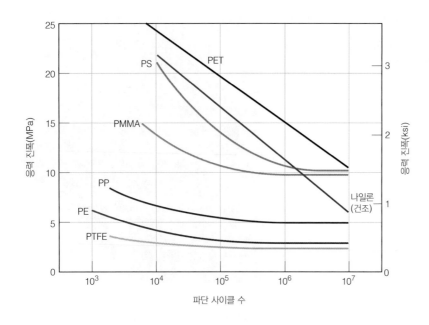

그림 15.11 폴리에틸렌테레프탈레이트(PET), 나일론, 폴리스티렌(PS), 폴리메틸메타크릴레이트(PMMA), 폴리프로필렌(PP), 폴리에틸렌(PE)과 폴리테트라플루오로에틸렌(PTFE)의 피로 곡선(응력 진폭 대 파단 사이클 수). 시험 주파수는 30 Hz.

(출처 : M. N. Riddell, "A Guide to Better Testing of Plastics," *Plastics Engineering*, 30[4], 1974, p. 78. ⓒ Society of Plastics Engineers.)

피로

주기적 하중 조건에서 폴리머 재료도 피로(fatigue) 파괴가 발생할 수 있다. 금속의 경우와 마찬가지로 피로 파괴는 항복 강도보다 상당히 낮은 응력에서 발생한다. 폴리머의 피로 시험 결과는 금속의 경우에 비하여 광범위하지 않으나, 이들 두 재료의 피로 데이터는 동일한 방법으로 표현된다. 몇몇 폴리머의 피로 곡선을 그림 15.11에 응력 대 파괴 사이클의 수(로그 단위)로 나타냈다. 일부의 폴리머 재료에서는 피로 한계(파괴 응력이 사이클 수에 무관한 응력)가 존재하는 데 비하여 일부 재료에서는 피로 한계가 나타나지 않는다. 예상할 수 있듯이 폴리머 재료의 피로 강도와 피로 한계는 금속의 것보다 매우 작다.

폴리머의 피로 거동은 하중 빈도 수에 금속보다 매우 민감하게 변화한다. 높은 주기 또는 상대적으로 큰 응력으로 폴리머에 응력을 가하면 국부적인 가열을 유발하고, 이 경우 재료의 통상적인 피로 과정보다는 연화에 의하여 파단이 발생하게 된다.

파열 강도와 경도

폴리머 재질이 일부의 용도에 이용될 때 파열 강도와 경도가 중요한 경우가 있다. 파열에 견디는 저항은 일부 플라스틱에서 매우 중요한 기능인데, 특히 포장지용과 같은 얇은 필름에 유용하다. 파열 강도(tear strength)는 주어진 치수를 가진 시료를 파열시키는 데 필요한 에너지이며, 인장 강도와 파열 강도는 서로 연관되어 있다.

금속의 경우와 마찬가지로 경도는 재료의 긁힘, 침투 등에 대한 저항을 나타낸다. 폴리머가 금속이나 세라믹에 비하여 연하기 때문에 대부분의 경도 시험은 6.10절에서 금속에 대해 기술한 것과 같이 침입 시험법이 사용된다. 로크웰 시험이 폴리머에 많이 사용된다.[3] 다른

3 ASTM Standard D785, "Standard Testing Method for Rockwell Hardness of Plastics and Electrical Insulating Materials."

압흔 시험법으로는 듀로미터(Durometer)와 바콜(Barcol)법이 있다.[4]

폴리머의 변형 및 강화 기구

폴리머의 기계적 특성을 조절하기 위해서는 폴리머의 변형 기구를 이해하는 것이 필요하다. 이러한 관점에서 두 가지의 서로 다른 폴리머 타입—준결정질 및 탄성체—의 변형 거동을 살펴보자. 준결정질 재료의 강성 및 강도는 중요한 성질 중의 하나인데, 이 재료의 탄성 및 소성변형 기구에 대해서는 다음 절에서 다루게 될 것이다. 이들 재료의 강성 및 강도를 증가시키는 방법에 대해서는 15.8절에서 다룬다. 탄성체는 이 재료의 특이한 탄성 특성을 이용하는데, 이 재료의 탄성 기구에 대하여 설명하였다.

15.7 준결정질 폴리머의 소성변형

많은 준결정질 폴리머는 14.12절에서 설명한 구정 구조(spherulitic structure)를 갖는다. 구정은 여러 개의 사슬 접힘 리본[또는 층상(lamellae)]이 중심으로부터 방사형으로 뻗어 나가는 구조를 하고 있다. 이러한 결정질 판상 구역은 비정질 재료(그림 14.13)에 의하여 분리되어 있는데, 인접한 판상들은 이러한 비정질 구역을 통과하는 폴리머 사슬로 연결되어 있다.

탄성변형 기구

다른 재료와 마찬가지로 폴리머 재료의 탄성변형은 상대적으로 응력-변형률 곡선의 상대적으로 낮은 응력 수준에서 발생한다(그림 15.1). 준결정질 폴리머의 탄성변형은 비정질 구역의 사슬 분자가 인가된 탄성 응력 방향으로 연신되면서 발생된다. 그림 15.12에 2개의 사슬 접힙 라멜라와 라멜라 간의 비정질 재료에 대하여 1단계로 모식적으로 나타냈다. 제2단계에서 연속적으로 변형이 지속되면 결정질 구역과 비정질 구역의 변화를 유발하게 된다. 비정질 구역의 사슬 구조는 가해진 응력 방향으로 정렬되고 연신되며, 라멜라 결정자 내의 강한 공유 결합 사슬이 늘어나게 된다. 이러한 변형은 라멜라 결정자의 두께 증가를 유발하게 되는데, 그림 15.12c의 Δt로 나타냈다.

준결정질 폴리머 재료와 결정질 및 비정질 구역으로 구성되어 있기 때문에 이 재료는 어떤 의미에서 복합 재료로 생각될 수 있다. 따라서 이 재료의 탄성 계수는 결정질과 비정질상 탄성 계수의 조합으로부터 구하는 것이 가능하다.

소성변형 기구

탄성변형에서 소성변형으로의 전이는 그림 15.13의 3단계에서 발생한다(그림 15.12c는 그림 15.13a와 동일한 점에 주의하라). 3단계에서 라멜라 내의 인접한 사슬이 서로 미끄러져 간다(그림 15.13b). 이 결과 라멜라가 경사지어 기울어지게 되고 사슬 접힘 구조가 인장축

4 ASTM Standard D2240, "Standard Test Method for Rubber Property—Durometer Hardness;" and ASTM Standard D2583, "Standard Test Method for Indentation Hardness of Rigid Plastics by Means of a Barcol Impressor."

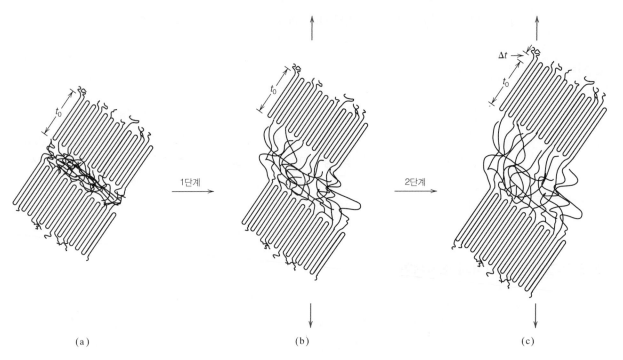

그림 15.12 반결정질 폴리머의 탄성변형 단계. (a) 변형 전의 2개의 인접한 사슬 접힘 라멜라와 라멜라 간의 비정질 재료, (b) 첫 번째 변형 단계에서 비정질 결합 사슬의 연신, (c) 결정자 구역의 사슬이 휘고 연신됨에 따라서 라멜라 결정자의 두께가 증가함(가역적)

방향으로 더욱 정렬된다. 사슬이 이동하는 현상에 대해서는 상대적으로 작은 2차 또는 반데르 발스 결합력이 방해하게 된다.

결정질 덩어리 부분은 제4단계에서 라멜라로부터 분리되고(그림 15.13c), 이들은 결합 사슬(tie chains)에 의하여 결합되어 있게 된다. 마지막 단계인 5단계에서는 덩어리 부분과 결합 사슬이 인장축에 정렬된다(그림 15.13d). 준결정질 폴리머를 상당량 인장 가공하게 되면 우선 배향이 발생하게 된다. 이렇게 배향하는 과정은 **인발**(drawing)이라고 칭하고, 이 공정이 폴리머 섬유나 필름의 기계적 특성을 향상시키는 데 주로 사용된다(15.25절).

인발

구정을 적절하게 변형하게 되면 그 형상이 변화한다. 그러나 변형이 클 경우에는 구정 구조가 거의 파괴된다. 그림 15.13에 나타낸 과정이 어느 정도는 가역적이다. 즉 변형을 임의의 단계에서 중단하고, 시편을 용융점 가까운 온도까지 가열하면(즉 어닐링하면), 시편은 재결정되어 구정 구조를 형성하게 된다. 또한 시편이 원래의 크기로 수축되어 원래의 형상으로 복귀한다. 이러한 형상 또는 구조의 회복 정도는 어닐링 온도 및 연신율에 따라 변화한다.

15.8 준결정질 폴리머의 기계적 특성에 영향을 미치는 인자

폴리머 재료의 기계적 특성에 영향을 미치는 여러 인자가 있다. 예를 들면 응력-변형률 거동에 미치는 온도 및 변형 속도의 영향에 대하여 이미 소개하였다(15.2절 및 그림 15.3). 온도를 증가시키거나 변형 속도를 감소시키면 폴리머의 인장 계수 및 인장 강도를 감소시키게 되고 연성을 증가시키게 된다.

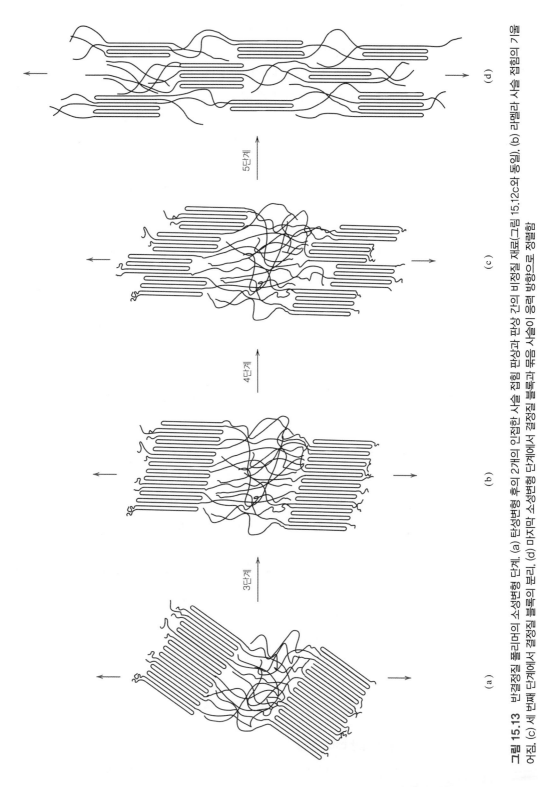

그림 15.13 반결정질 폴리머의 소성변형 단계. (a) 탄성변형 후의 2개의 인접한 사슬 접힘 판상과 판상 간의 비정질 재료(그림 15.12c와 동일). (b) 라멜라 사슬 접힘이 기울어짐. (c) 세 번째 단계에서 결정질 블록이 분리, (d) 마지막 소성변형 단계에서 결정질 블록과 묶음 사슬이 응력 방향으로 정렬함

또한 폴리머 재료의 기계적 특성(강도 및 탄성 계수)은 여러 구조적/공정 인자에 의하여 영향을 받는다. 그림 15.13에 나타낸 변형 과정이 잘 일어나지 못하게 하면 강도가 증가하게 된다. 예를 들면 사슬이 과도하게 얽혀 있거나 사슬 간에 결합 밀도가 증가하면 사슬 간

의 상대적 운동을 방해하게 된다. 분자 간 2차 결합(반 데르 발스 결합)은 주 결합인 공유 결합에 비하여 약하지만 사슬 간에 반 데르 발스 결합을 하는 원자의 개수가 증가하면 상당한 크기의 사슬 간 결합력이 발생하게 된다. 이와 같은 2차 결합 강도 및 사슬의 정렬도가 증가하면 폴리머 재료의 탄성 계수는 증가하게 된다. 따라서 극성 그룹을 가진 폴리머는 강한 2차 결합을 하게 되고 큰 탄성 계수를 갖는다. 다음에는 폴리머의 기계적 거동에 미치는 여러 구조적/공정 인자, 즉 분자량, 결정화도, 예비 성형(예 : 인발) 및 열처리의 영향을 살펴보기로 한다.

분자량

인장 계수의 크기는 분자량에 직접 영향을 받지 않는 것으로 보인다. 그러나 많은 폴리머 재료에서 분자량이 직접적으로 인장 강도에 영향을 미치지 않는 것 같다. 그러나 많은 폴리머 재료에서 분자량의 증가에 따라 인장 강도가 증가하는 것이 관찰되었다. 수학적으로 인장 강도 TS는 개수-평균 분자량의 아래와 같은 함수로 관찰된다.

일부 폴리머의 경우 인장 강도의 개수-평균 분자량에 대한 의존성

$$TS = TS_\infty - \frac{A}{\overline{M}_n} \tag{15.3}$$

여기서 TS_∞는 분자량이 무한대인 재료의 인장 강도, A는 상수이다. 이와 같은 거동은 분자량 $\overline{M}_n$이 증가함에 따라서 사슬 간의 얽힘이 증가하기 때문으로 설명되고 있다.

결정화도

폴리머의 결정화도는 기계적 특성에 상당한 영향을 미친다. 즉 결정화도는 분자 간 2차 결합의 정도에 영향을 미치기 때문이다. 결정화된 구역에서는 분자 사슬이 규칙적으로 밀집되어 평행하게 적층되어 있고, 인접하는 사슬 간에 2차 결합이 밀집되어 존재한다. 이에 비하여 비정질 구역에서는 사슬이 규칙적으로 배열되어 있지 않기 때문에 2차 결합의 빈도가 적다. 따라서 준결정질 폴리머에서 인장 계수는 결정화 정도에 따라서 현저하게 증가한다. 예를 들면 폴리에틸렌의 경우 결정질의 분율이 0.3에서 0.6으로 증가함에 따라서 탄성 계수가 10배 정도 증가한다.

폴리머의 결정성이 증가함에 따라서 강도가 증가하는 반면 취성도 증가한다. 사슬의 화학 성분 및 구조(가지 형성, 입체 이성 등)가 결정화도에 미치는 영향에 대해서는 제14장에서 설명하였다.

폴리에틸렌의 물리적 상태에 미치는 결정화도 및 분자량의 영향을 그림 15.14에 나타냈다.

인발에 의한 예비 성형

기계적 강도 및 인장 계수를 향상시키기 위해서 상업적으로 사용되는 가장 중요한 방법이 인장 응력하에서 폴리머를 영구 변형시키는 것이다. 이러한 공정을 인발(drawing)이라고도 하는데, 이것은 그림 15.4에 나타낸 시편의 넥 연신과 같은 현상이다. 재료의 특성 변화의 관점에서 보면 폴리머의 인발은 금속에서 가공 경화와 유사한 공정이다. 이 공정은 섬유와

그림 15.14 폴리에틸렌의 물리적 특성에 미치는 결정화도 및 분자량의 영향
(출처 : R. B. Richards, "Polyethylene — Structure, Crystallinity and Properties," *J. Appl. Chem.*, 1, 1951, p. 370.)

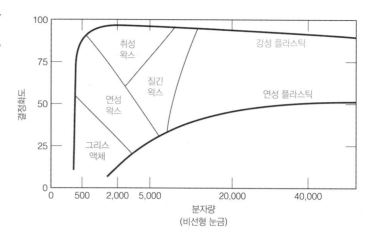

필름의 생산에서 이들 제품에 강성과 강도를 부여하기 위해서 사용하는 가장 중요한 기법이다. 인발 과정 중에 분자 사슬은 상호 미끄러지고 일정 방향으로 대부분 배열되며, 준결정질 재료의 경우에는 그림 15.13d에 나타난 배열을 취하게 된다.

재료의 강화 및 강성의 증가는 소성변형의 정도에 의하여 결정된다. 인발된 폴리머는 이방성인 것이 일반적이다. 일축 인장에 의하여 인발된 재료의 경우 소성변형 방향으로의 강도가 나머지 방향에 비하여 상당히 높은 것이 일반적이다. 인발된 방향으로의 인장 계수는 다른 방향에 비하여 약 3배가량 향상되기도 한다. 인장축에 45°를 이루는 방향으로의 인장 계수가 최소이고, 이 방향으로의 인장 계수는 소성 가공을 하지 않은 재료의 1/5 정도가 된다.

인장 가공된 방향으로의 인장 강도는 불규칙하게 배열된 재료의 인장 강도에 비하여 두 배에서 다섯 배까지 증가된다. 그러나 배열된 방향에 수직한 방향으로의 인장 강도는 1/3에서 1/2까지 감소된다.

고온에서 인발된 비정질 폴리머의 경우 배열된 분자 사슬 구조를 유지하기 위해서는 상온까지 급랭시켜야 한다. 이러한 공정을 거치게 되면 앞 절에서도 언급하였듯이 강도와 강성이 증가하게 된다. 그러나 인발된 재료를 고온에서 유지하면 분자 사슬이 이완되어 소성 가공을 받지 않은 상태와 같은 불규칙 배열을 하게 된다. 따라서 이 경우에는 소성 가공의 효과가 없어진다.

열처리

준결정 재료를 열처리(어닐링)하게 되면 결정화도, 결정자의 크기 및 결정성이 증가하고, 구정의 구조를 변화시키게 된다. 인발을 하지 않은 재료를 등온 열처리할 때 열처리 온도가 증가함에 따라 (1) 인장 계수의 증가, (2) 항복 강도의 증가, (3) 연성의 감소가 발생한다. 이러한 현상은 금속을 열처리할 때 발생하는 강도의 감소 및 연성의 증가(7.12절 참조)와는 반대되는 것이다.

인발된 일부 폴리머 섬유의 경우 어닐링이 인장 계수에 미치는 효과가 가공을 하지 않은 재료와는 반대로 나타난다. 즉 인장 계수가 온도의 증가에 따라 감소한다. 이것은 사슬의 배

열이 감소하고 변형 유기 결정화도가 감소하기 때문이다.

개념확인 15.3 아래의 폴리머 쌍에 대하여 다음의 물음에 답하라. (1) 하나의 폴리머가 다른 폴리머에 비하여 인장 계수가 높을 것인지를 결정하는 것이 가능한지, (2) 결정하는 것이 가능하다면 어느 것이 인장 계수가 높을 것인지와 그 이유, (3) 가능하지 않다면 그 이유에 대하여 설명하라.

• 개수-평균 분자량이 400,000 g/mol인 신디오택틱 폴리스티렌
• 개수-평균 분자량이 650,000 g/mol인 이소택틱 폴리스티렌

개념확인 15.4 아래의 폴리머 쌍에 대하여 다음의 물음에 답하라. (1) 하나의 폴리머가 다른 폴리머에 비하여 인장 강도가 높을 것인지를 결정하는 것이 가능한지, (2) 결정하는 것이 가능하다면 어느 것이 인장 강도가 높을 것인지와 그 이유, (3) 가능하지 않다면 그 이유에 대하여 설명하라.

• 개수-평균 분자량이 600,000 g/mol인 신디오택틱 폴리스티렌
• 개수-평균 분자량이 500,000 g/mol인 이소택틱 폴리스티렌

[해답은 *www.wiley.com/go/Callister_MaterialsScienceGE* → **More Information** → **Student Companion Site** 선택]

중 요 재 료

수축-포장 폴리머 필름

폴리머 재료의 열처리를 이용한 재미있는 용도는 수축-포장이다. 수축-포장 폴리머 재료는 폴리염화비닐, 폴리에틸렌, 또는 폴리올레핀(폴리에틸렌과 폴리프로필렌의 다층 시트)으로 제조된다. 이 재료는 상온에서 약 20~300% 소성 인발하여 연신(정렬)된 상태로 제조된다. 이 필름으로 포장하고자 하는 물체를 둘러싸고 끝부분을 봉한다. 그다음 100~150℃로 가열하면, 연신된 재료는 원래 변형량의 80~90%를 회복하게 되고, 주름 없이 펴진 투명한 폴리머 필름이 된다. 예를 들면 여러분이 구입한 CD와 같은 많은 물품이 이러한 방법에 의하여 포장되었다.

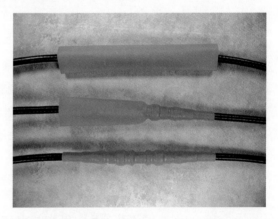

상단 : 제조된 상태의 폴리머 수축 튜브 부분에 위치된 전기 접선 단자. 중간 및 하단 : 튜브에 열을 가하면 튜브의 직경이 수축한다. 이와 같이 구속하는 조건에서 전기 접선을 안정화시키고, 전기적 절연을 제공한다.

(사진 제공 : Insulation Products Corporation.)

15.9 탄성체의 변형

탄성체(elastomer) 재질의 가장 뛰어난 성질은 고무와 같은 탄성이다. 즉 상당히 큰 변형량까지 변형이 가능하며, 응력이 제거되면 탄성적으로 원래의 형상으로 돌아온다. 이것은 폴리머 내의 가교 결합에 의하여 나타나는 것인데, 이 결합은 변형되지 않은 형태로 사슬이 복귀하도록 하는 힘을 제공한다. 이러한 거동은 먼저 천연 고무에서 관찰되었다. 그러나 과거 수십년 동안 여러 가지 특성을 가진 많은 종류의 탄성체가 합성되었다. 탄성체 재료의 특징적인 응력-변형률 특성을 그림 15.1의 *C* 곡선에 나타냈다. 탄성체의 탄성 계수는 매우 작으며 응력-변형률 곡선이 비선형이기 때문에 변형률에 따라서 그 값이 변화한다.

응력이 가해지지 않는 상태에서 탄성체는 비정질이고 많이 꼬이고 겹치고 감겨진 형태의 분자 사슬로 구성되어 있다. 인장 응력이 가해져 탄성변형이 발생하는 현상은 사슬이 감긴 것, 비틀린 것, 구겨진 것의 일부분이 풀려서 응력 방향으로 늘어나는 것인데, 이를 그림 15.15에 나타냈다. 응력을 제거하면 사슬은 원래의 구조대로 되돌아오고, 재료의 거시적인 형태는 원래의 형상을 회복한다.

탄성변형 구동력의 일부는 엔트로피(entropy)라는 열역학적 인자이다. 엔트로피는 계의 무질서도 척도인데, 무질서도의 증가에 따라 증가한다. 탄성체가 연신되어 사슬들이 곧바로 펴지고 좀 더 정렬되면 계의 규칙도가 증가하며, 이러한 상태로부터 사슬이 원래 꼬이고 감겨진 상태로 되돌아오면 엔트로피가 증가하게 된다. 이러한 엔트로피 효과로부터 복잡한 두 가지 현상이 발생한다. 먼저 탄성체가 연신되면 온도가 증가하게 된다. 둘째로 탄성 계수는 온도의 증가에 따라 증가하는데, 이것은 다른 재료의 경우와 반대이다(그림 6.8 참조).

폴리머 재료가 탄성체가 되기 위해서는 몇 가지의 요구 조건을 만족해야 한다. (1) 쉽게 결정화되지 않아야 한다. 즉 탄성체 재료는 비정질이어야 하고, 응력이 인가되지 않은 상태에서 자연적으로 감겨지고 킹크 상태가 되어야 한다. (2) 감겨진 사슬이 가해진 응력에 대하여 감겨진 사슬이 쉽게 대응하기 위해서는 사슬 결합의 회전이 용이해야 한다. (3) 탄성체가 상대적으로 큰 탄성변형을 일으키기 위해서는 소성변형의 발생이 지연되어야 하는데, 사슬의 운동을 가교 결합에 의하여 구속함으로써 소성변형을 지연시킬 수 있다. 가교 결합은 사슬의 운동을 구속함으로써 사슬 간의 구속점으로 작용하여 사슬이 상호 미끄러지는 것을 방지한다. 소성변형에서 가교 결합의 역할은 그림 15.15에 나타냈다. 많은 탄성체에서 가교 결

그림 15.15 가교 결합된 폴리머 사슬 분자의 모식도. (a) 하중을 받지 않은 상태, (b) 가해진 인장 하중에 의한 탄성 변형 상태

(출처 : Z. D. Jastrzebski, *The Nature and Properties of Engineering Materials*, 3rd edition. Copyright © 1987 by John Wiley & Sons, New York. John Wiley & Sons, Inc. 허가로 복사 사용함)

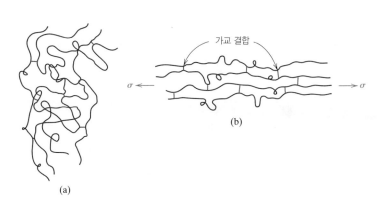

가교 결합

(b)

(a)

합은 다음 절에서 언급할 가황 과정을 통해 얻는다. (4) 마지막으로 유리 전이 온도 이상에 탄성체는 있어야 한다(15.13절). 고무와 같이 거동할 수 있는 가장 낮은 온도는 T_g인데, 대부분의 탄성체는 이 온도가 $-50 \sim -90°C$ 범위이다. 유리 전이 온도보다 낮은 온도에서는 탄성체가 취약해져 응력-변형률 거동이 그림 15.1의 A 곡선과 유사해진다.

가황

가황

탄성체 거동을 갖기 위해서는 사슬 간에 약한 가교 결합 반응이 필요하다. 탄성체에서의 가교 결합 과정을 가황(vulcanization)이라고 하는데, 이 반응은 비가역적 반응이고 고온에서 발생한다. 대부분의 가황 반응은 황 화합물을 가열된 탄성체에 첨가함으로써 일어난다. 황 원자가 인접한 사슬들과 결합하여 사슬들을 가교 결합시키는 것인데, 가교 결합은 다음의 반응으로 발생한다.

$$
\begin{array}{ccc}
& \text{H} & \text{CH}_3 & \text{H} & \text{H} \\
& | & | & | & | \\
-\text{C} & -\text{C} & =\text{C} & -\text{C}- \\
& | & & & | \\
& \text{H} & & & \text{H}
\end{array}
\qquad + (m+n)\,\text{S} \longrightarrow \qquad (\text{S})_m\,(\text{S})_n \tag{15.4}
$$

여기서 2개의 가교 반응은 m과 n개의 황 원자를 필요로 한다. 가교 반응이 일어난 사슬의 탄소 원자는 가교 반응 전에는 이중 결합을 이루고 있는데, 가교 반응 후에는 단일 결합으로 변화한 것을 볼 수 있다.

가황되지 않은 고무는 부드럽고 진득진득하며 마모 저항성이 작다. 가황 반응이 발생한 고무는 탄성률, 인장 강도, 산화에 의한 노화 저항 등이 향상된다. 탄성률은 가교 결합에 의한 결합의 밀도에 직접적으로 비례한다. 가황된 고무와 가황되지 않은 고무의 응력-변형률 곡선을 그림 15.16에 나타냈다. 주 사슬 결합을 절단하지 않으면서 연신율이 고무를 제조하려면 가교 결합의 숫자가 적어야 하고, 결합 간의 거리가 멀리 떨어져 있어야 한다. 일반적으로 사용되는 고무에는 무게비로 황이 $1 \sim 5\%$ 정도 첨가된다. 이 경우 $10 \sim 20$ 반복 단위당 1개의 가교 반응이 형성되는 것과 같다. 황의 첨가량을 증가시키면 고무가 경화되어 연신될 수 있는 능력이 감소된다. 또한 가교 결합되어 있기 때문에 탄성체 재료는 근본적으로 열경화성이다.

개념확인 15.5 아래의 폴리머 쌍에 대하여 응력-연신율 곡선을 그리고 표시하라.

• 개수-평균 분자량이 100,000 g/mol이고 가능한 자리의 10%가 가교 결합된 폴리(스티렌-타디엔) 불규칙 공중합체를 20°C에서 실험한 것

그림 15.16 가황되지 않은 천연 고무와 가황된 천연 고무를 600% 연신시켰을 때 응력-변형률 곡선

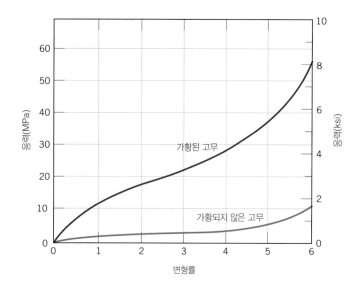

- 개수-평균 분자량이 120,000 g/mol이고 가능한 자리의 15%가 가교 결합된 폴리(스티렌-부타디엔) 불규칙 공중합체를 $-85°C$에서 실험한 것. 힌트 : 폴리(스티렌-부타디엔) 공중합체는 탄성체 거동을 보일 수도 있음

개념확인 15.6 분자의 구조 관점에서 볼 때 페놀-포름알데히드(베이클라이트)가 탄성체가 되지 못하는 이유를 설명하라(페놀-포름알데히드의 분자 구조를 표 14.3에 나타냈다).

[해답은 *www.wiley.com/go/Callister_MaterialsScienceGE* → More Information → Student Companion Site 선택]

결정화, 용융 및 유리 전이 현상

폴리머 재료의 설계와 제조에서 결정화, 용융 및 유리 전이 현상의 세 가지 현상은 중요한 사항이다. 결정화는 매우 무질서한 분자 구조를 가진 액상이 냉각 시에 규칙적인(결정성의) 고체상으로 형성되는 과정이다. 이 과정의 역과정이 폴리머가 가열될 때의 용융 현상이다. 유리 전이 현상은 비정질 또는 결정성이 없는 폴리머에서 나타나는데, 이러한 폴리머는 액체 상태의 불규칙적인 분자 구조를 가지고 있기 때문에 과랭된 액체(또는 비정질 고체)로 생각할 수 있다. 물론 물리적 기계적 특성의 변화가 결정화, 용융 및 유리 전이 과정에서 발생한다. 또한 준결정질(semicrystalline) 폴리머에서는 결정성 구역은 용융이 발생하고, 비결정성 구역은 유리 전이 현상을 경험하게 된다.

폴리머 재료의 결정화, 용융, 유리 전이 현상

폴리머 재료의 설계 및 제조에 있어서 세 가지 중요한 것은 결정화, 용융 및 유리 전이 현상이다. 결정화는 액상으로부터 냉각될 때 배열된 결정질 고체상이 매우 무질서한 액체상으로부터 형성되는 것이다. 유리 전이 현상은 비정질 또는 결정화가 불가능한 폴리머가 액상으

로부터 냉각될 때 액체 상태의 특징인 비정질 분자 구조를 유지하면서 딱딱한 고체가 되는 현상이다. 물론 결정화, 용융, 유리 전이에 따라서 폴리머의 물리적·기계적 성질이 변화한다. 또한 준결정질 폴리머에서는 결정질 구역이 용융(그리고 결정화)을 거치고 이에 비하여 비정질 구간은 유리 전이 현상을 경험하게 된다.

15.10 결정화

폴리머의 결정성이 기계적·열적 성질에 영향을 미치기 때문에 결정화 기구 및 속도론을 이해하는 것은 매우 중요하다. 용융된 폴리머의 결정화는 10.3절의 금속 상변태에서 설명한 핵생성이나 그 성장 과정과 유사한 과정을 거쳐 발생한다. 액상 폴리머가 용융점 이하로 냉각되면 그림 14.12와 같이 규칙적이고 배열된 사슬-접힘층의 구조를 가진 작은 구역의 핵이 형성된다. 용융점 이상에서는 이러한 핵이 원자의 열적 진동에 의하여 불안정하게 되어 규칙적인 사슬의 배열이 파괴된다. 핵이 형성되고 난 후 사슬의 규칙화 및 배열에 의하여 성장하게 된다. 사슬-접힘층은 그 측면으로 성장을 계속하고 구정 구조(그림 14.13)의 경우에는 구정의 반지름이 증가한다.

시간에 따른 결정화 정도는 그림 10.10의 많은 고상 변태 과정과 유사하게 변화한다. 즉 일정 온도에서 시간의 로그축 대비 결정화 분율을 나타내면 S자 커브 형태를 나타내게 된다. 폴리프로필렌의 결정화 분율을 세 가지 온도에서 그림 15.17에 나타냈다. 수학적으로 시간에 따른 결정화된 분율 y는 Avrami 식 (10.17)로 나타낼 수 있다.

$$y = 1 - \exp(-kt^n) \tag{10.17}$$

여기서 k와 n은 시간과는 무관한 상수로서 재료에 따라 변화하는 상수이다. 일반적으로 결정화의 정도는 시편의 부피 변화를 측정하여 결정하게 되는데, 이것은 액상과 결정화된 상의 부피가 서로 다르기 때문이다. 결정화 속도는 10.3절의 식 (10.18)에 따라서 결정된다. 즉 50%가 결정화되기까지 걸린 시간의 역수이다. 이 속도는 결정화 온도(그림 15.17), 폴리머의 분자량에 따라서 변화하는데 분자량이 증가함에 따라서 감소한다.

그림 15.17 140°C, 150°C, 160°C의 등온 조건에서 시간의 로그값에 대한 결정화도의 관계
(출처 : P. Parrini and G. Corrieri, "The Influence of Molecular Weight Distribution on the Primary Recrystallization Kinetics of Isotactic Polypropylene," *Die Makromolekulare Chemie*, 1963, Vol. 62, p. 89. Copyright Wiley–VCH Verlag GmbH & Co. KGaA.)

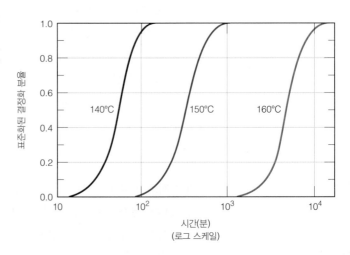

폴리프로필렌에서(다른 어떤 폴리머에서도) 100% 결정화도를 얻는 것은 불가능하다. 따라서 그림 15.17에서 수직축은 **결정화 분율을 정규화**하여 나타냈다. 여기서 1.0은 실험 과정에서 얻을 수 있는 최대 결정화 수준에 해당하는 것이고, 이것은 완전한 결정화보다는 작은 값이다.

15.11 용융

용융점

폴리머 결정의 용융 과정은 규칙적이고 배열된 분자 사슬을 가진 고체상이 매우 불규칙적인 구조를 가지는 점성 액체로 변화하는 것이다. 이러한 현상은 용융점(melting temperature, 융점, 용용 온도) T_m 이상으로 가열하였을 때 발생한다. 폴리머의 용융에 있어서는 금속이나 세라믹의 용융에서 나타나지 않는 특이한 현상이 있다. 이것은 폴리머의 분자 구조에 의한 것이며 층상 결정 구조를 가지고 있기 때문이다. 먼저 폴리머의 용융은 상당히 넓은 온도 범위에 걸쳐서 발생하는데, 이에 대해서는 다음에 상세하게 논의할 예정이다. 또한 용융 거동은 시편의 제조 과정, 특히 결정화 온도에 따라서 변화한다. 사슬-접힘 층상의 두께는 결정화 온도에 따라서 변화하게 되는데, 층상의 두께가 두꺼울수록 용융 온도가 높게 나타난다. 마지막으로 용융 거동은 가열 속도의 함수로 가열 속도가 증가할수록 용융점이 높아진다.

15.8절에서 소개한 대로 폴리머 재료는 열처리에 따라서 변화하게 되는데, 이에 따라서 구조 및 특성이 변화하게 된다. 층상의 두께는 용융점 바로 밑의 온도에서 재료를 어닐링 열처리를 수행하여 증가시킬 수 있다. 어닐링을 통하여 폴리머 결정 내의 공공 농도를 포함한 다른 결함 농도를 감소시키고 결정자 두께를 증가하여 용융점이 상승하게 된다.

15.12 유리 전이

유리 전이는 비정질 또는 준결정질 폴리머가 액상으로부터 냉각 시에 발생하는데, 분자 사슬의 운동 에너지가 온도 감소에 따라 감소하기 때문에 발생한다. 재료가 냉각됨에 따라 유리 전이는 액상에서 고무질 재질(rubbery material)로, 마지막으로 딱딱한 고체상으로의 점

유리 전이 온도

차적인 변환을 의미한다. 폴리머가 고무질에서 딱딱한 고체로 변화하는 온도를 유리 전이 온도(glass transition temperature) T_g로 정의한다. 물론 유리 전이 온도 이하의 온도로부터 재료를 가열할 경우 이러한 변환은 역의 순서로 발생하게 된다. 유리 전이가 발생하게 되면 강성(그림 15.7), 비열, 열팽창 계수 등의 물리적 성질이 급격하게 변화하게 된다.

15.13 용융 및 유리 전이 온도

폴리머 재료의 실제 응용에 있어서 용융 및 유리 전이 온도는 매우 중요한 변수이다. 이들 온도는 폴리머 재료, 특히 준결정질 폴리머의 상한 및 하한 사용 온도를 결정하게 된다. 또한 T_m과 T_g는 폴리머 및 폴리머 복합 재료의 제조 및 가공 공정에 영향을 미치게 된다. 이에 대해서는 다음 절에서 논의하게 될 것이다.

폴리머가 용융 및 (또는) 유리 전이를 일으키는 온도는 세라믹의 경우와 마찬가지로 단위무게당의 부피(비부피) 대 온도와의 관계로부터 결정한다. 그림 15.18이 그와 같은 관계

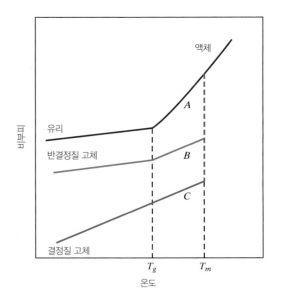

그림 15.18 완전한 비정질(*A* 곡선), 반결정질 (*B* 곡선), 결정질(*C* 곡선) 폴리머를 액상으로부터 냉각시킬 때 비부피-온도 거동

를 나타내는 것으로 *A*와 *C* 곡선은 각각 비정질과 결정질 폴리머에 해당하는 것이다(그림 13.13 참조).[5] 결정질 재질은 용융 온도 T_m에서 비부피가 불연속적으로 변화한다. 완전 비정질 재료는 유리 전이 온도 T_g에서 곡선의 기울기가 약간 감소하며, 준결정질 폴리머(*B* 곡선)는 이들 극단의 중간 거동을 하는데, 용융 및 유리 전이 현상이 발생한다. 준결정질 폴리머의 T_m과 T_g는 결정질 및 비정질상의 각 값과 같다. 위에서 설명하였듯이 그림 15.18에 나타낸 거동들은 가열 또는 냉각 속도에 따라서 변화하게 된다. 대표적인 폴리머의 용융 및 유리 전이 온도를 표 15.2 및 부록 E에 나타냈다.

표 15.2 일반적인 폴리머 재료의 용융 온도 및 유리 전이 온도

재료	유리 전이 온도 [°C]	용융 온도 [°C]
폴리에틸렌(저밀도)	−110	115
폴리테트라플루오로에틸렌	−97	327
폴리에틸렌(고밀도)	−90	137
폴리프로필렌	−18	175
나일론 6,6	57	265
폴리에스터(PET)	69	265
폴리염화비닐	87	212
폴리스티렌	100	240
폴리카보네이트	150	265

5 100% 결정성을 갖는 엔지니어링 폴리머는 존재하지 않는다는 것을 주지해야 한다. 완전한 결정 재료로 나타나는 극단적인 거동을 보이기 위해 곡선 *C*가 그림 15.18에 나타나 있다.

15.14 용융 및 유리 전이 온도에 영향을 미치는 인자

용융 온도

폴리머의 용융 중 규칙적인 분자 배열 상태에서 불규칙한 분자 상태로의 분자 재배열이 발생한다. 분자 화학 및 구조가 폴리머 재배열 과정에 영향을 미치게 되는데, 이에 따라서 이들이 용융 온도에 영향을 미치게 된다.

사슬의 강성(stiffness)은 사슬을 따라 화학 결합의 회전 용이도에 의하여 좌우되기 때문에 매우 중요한 영향을 미치게 된다. 이중 사슬 결합과 방향족이 존재하면 사슬의 유연성을 감소시키고, 용융점을 증가시킨다. 또한 측면 그룹의 크기와 타입이 사슬의 회전 자유도 및 유연성에 영향을 미치게 된다. 크기가 큰 측면 그룹이 존재하게 되면 분자 회전을 억제하게 되고, 이에 따라 용융 온도를 증가시키게 된다. 예를 들면 폴리프로필렌은 폴리에틸렌에 비하여 높은 용융점을 나타낸다(175℃ 대 115℃)(표 15.2). 폴리프로필렌의 CH_3 메틸 측면 그룹이 폴리에틸렌의 H 원자보다 크다. 극성 측면 그룹(예 : Cl, OH, CN) 등의 존재는 분자 간의 결합력을 상당히 증가시켜 상대적으로 높은 용융점을 나타낸다. 이것은 폴리프로필렌의 용융점(175℃)과 폴리염화비닐(212℃)의 상대 비교에서 알 수 있다.

일정 폴리머에서 용융 온도는 분자량에 따라서 변화한다. 상대적으로 작은 분자량을 가진 폴리머에서 분자량의 증가(또는 사슬의 길이 증가)는 용융 온도 T_m을 증가시킨다(그림 15.19). 또한 폴리머의 용융은 일정 온도 범위에서 발생하기 때문에 단일 용융점 대신 용융점의 범위가 존재한다. 이러한 현상은 폴리머가 여러 분자량을 가진 분자들로 구성되어 있고(14.5절), 용융점이 분자량에 따라서 변화하기 때문이다. 대부분 폴리머에서 이 변화는 수 ℃의 범위이다. 표 15.2와 부록 E에 인용된 용융 온도는 온도 범위 중 높은 온도를 나타낸다.

사슬의 가지 형성 정도 또한 폴리머의 용융 온도에 영향을 미치게 되는데, 측면 가지가 형성되면 결정질 재료에 결함을 유발해 용융점을 저하시키게 된다. 고밀도 폴리에틸렌은 대부분이 선형 폴리머인데, 이것은 약간의 가지를 갖는 저밀도 폴리에틸렌의 용융점(115℃)보다 높은 용융점(137℃)(표 15.2)을 갖는다.

그림 15.19 분자량이 폴리머의 용융 온도 및 유리 전이 온도에 미치는 영향

(출처 : F. W. Billmeyer, Jr., *Textbook of Polymer Science*, 3rd edition. Copyright ⓒ 1984 by John Wiley & Sons, New York. John Wiley & Sons, Inc. 허가로 복사 사용함)

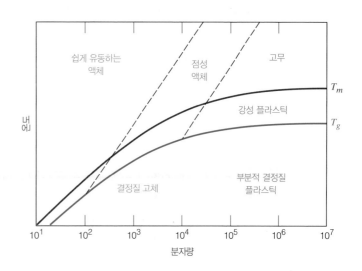

유리 전이 온도

유리 전이 온도 이상으로 가열하게 되면 비정질 고상 폴리머가 고무질상으로 변환하게 된다. 따라서 유리 전이 온도 T_g 이하에서 한 위치에 실질적으로 고정되어 있던 분자가 유리 전이 온도 T_g 이상에서는 회전 및 이동 운동이 가능하게 된다. 또한 유리 전이 온도는 사슬의 강성에 미치는 분자 특성에 따라서 영향을 받게 되는데, 이들 인자들은 앞에서 설명한 용융점에 미치는 인자들의 영향과 유사하다. 사슬 유연성의 감소와 유리 전이 온도 T_g의 증가는 다음의 요인들에 의하여 발생한다.

1. 큰 측면 그룹의 존재 : 표 15.2에서 폴리프로필렌과 폴리스티렌의 유리 전이 온도가 각각 $-18°C$와 $100°C$이다.
2. 극성 측면 그룹 : 이것은 폴리염화비닐과 폴리프로필렌의 유리 전이 온도를 비교하여 보면 알 수 있다($87°C$ 대 $-18°C$).
3. 이중 사슬 결합과 방향성 사슬 그룹의 존재는 분자 구조의 강성을 증가시킨다.

그림 15.19에서 볼 수 있듯이 분자량이 증가하면 유리 전이 온도도 증가하게 된다. 가지가 약간 존재하면 유리 전이 온도가 감소되나, 가지의 밀도가 증가하게 되면 사슬의 운동성을 감소시켜 유리 전이 온도를 증가시킨다. 일부 비정질 폴리머는 가교 결합되어 있는데, 이것은 유리 전이 온도를 증가시킨다. 가교 결합이 분자 운동을 제약하기 때문이다. 가교 결합의 밀도가 증가하면 장범위 분자 운동이 거의 발생하지 못하게 되어 폴리머가 유리 전이에 수반하는 연화가 발생하지 못한다.

결국 동일한 분자 특성을 가졌다 하더라도 용융점과 유리 전이 온도가 높기도 하고 낮기도 하는 것을 알 수 있다. 대부분의 경우 유리 전이 온도 T_g는 $0.5 \sim 0.8 \, T_m$(켈빈) 범위에 존재한다. 따라서 균일 폴리머의 경우 T_g와 T_m을 독립적으로 변화시키는 것이 불가능하므로 이러한 두 가지 변수를 독립적으로 변화시키기 위해서는 공중합체를 이용하게 된다.

✓ **개념확인 15.7** 아래의 폴리머 쌍에 대하여 비부피-온도 곡선을 그리고 표시하라(동일한 그래프에 2개의 커브를 나타내라).

- 결정성이 25%이고 무게-평균 분자량이 75,000 g/mol인 구정형 폴리프로필렌
- 결정성이 25%이고 무게-평균 분자량이 100,000 g/mol인 구정형 폴리프로필렌

개념확인 15.8 아래의 폴리머 쌍에 대하여 다음의 물음에 답하라. (1) 하나의 폴리머가 다른 폴리머에 비하여 용융점이 높을 것인지를 결정하는 것이 가능한지, (2) 결정하는 것이 가능하다면 어느 것이 용융점이 높을 것인지와 그 이유, (3) 가능하지 않다면 그 이유에 대하여 설명하라.

- 밀도가 1.12 g/cm³이고 무게-평균 분자량이 150,000 g/mol인 이소택틱 폴리스티렌
- 밀도가 1.10 g/cm³이고 무게-평균 분자량이 125,000 g/mol인 신디오택틱 폴리스티렌

[해답은 *www.wiley.com/go/Callister_MaterialsScienceGE* → More Information → Student Companion Site 선택]

폴리머 종류

우리에게 친숙하고 다양한 용도에 사용되는 여러 가지 다른 폴리머 재료가 있다. 이러한 것으로는 플라스틱, 탄성체(또는 고무), 섬유, 코팅, 접착제, 폼(foam) 및 필름 등이 있으며, 특성에 따라서 여러 가지 용도에 사용될 수 있다. 예를 들면 플라스틱이 가교 결합되고 유리 전이 온도 이상에서 사용되면 탄성체로 만족스럽게 사용될 수 있고, 섬유 재료가 필라멘트 형상으로 인발되지 않으면 플라스틱으로 사용될 수 있다. 여기에서는 이러한 유형의 폴리머 재료를 소개할 것이다.

15.15 플라스틱

플라스틱

아마 가장 많은 종류의 폴리머 재료가 플라스틱으로 분류된다. 플라스틱 재료는 인가된 하중하에서 구조적 강성을 가지고 있어 일반적 목적의 용도에 사용된다. 폴리에틸렌, 폴리프로필렌, 폴리염화비닐, 폴리스티렌, 플루오로카본, 에폭시, 페놀, 폴리에스터 등은 플라스틱(plastic)으로 분류된다. 플라스틱은 여러 가지 특성을 조합하여 만들어진다. 플라스틱의 일부는 매우 견고하고 취약한 반면에(그림 15.1, A 곡선), 다른 것은 유연하며 탄성 및 소성변형을 일으키고 파괴 시에 상당한 변형을 보이기도 한다(그림 15.1, B 곡선).

이 분류에 속하는 폴리머 재료는 어느 정도의 결정성을 가지고 있고, 모든 분자 구조 및 배열(선형, 가지형, 이소택틱 등)이 가능하다. 또한 플라스틱 재료는 열가소성 또는 열경화성인데, 이 방법으로 소분류되기도 한다. 그러나 플라스틱 재료로 분류되기 위해서는 선형 또는 가지형 폴리머가 유리 전이 온도(비정질 재료의 경우) 이하의 온도에서 사용되어야 하고, 형상을 유지하기 위해서는 가교 결합되어 있어야 한다. 몇몇 플라스틱의 상표명, 특성 및 용도에 대하여 표 15.3에 나타냈다.

일부 플라스틱은 아주 뛰어난 특성을 가지고 있다. 광학적으로 투명한 성질이 필요한 용도에서는 폴리스티렌, 폴리메틸메타크릴레이트 등이 적당하며, 이들 재료는 비정질이거나 결정자의 크기가 매우 작은 준결정질이어야 한다. 플루오로카본은 마찰 계수가 작고, 화학 약품의 부식 저항성이 고온에서도 매우 강하다. 이것은 비고착성 주방용기의 코팅, 베어링 및 베어링통, 고온 전자부품 등에 많이 사용된다.

표 15.3 여러 가지 플라스틱 재료의 상표, 특성 및 용도

재료	상표	주요 특성	주요 용도
		열가소성 플라스틱	
아크릴로니트릴-부타디엔-스티렌 (ABS 수지)	Abson Cycolac Kralastic Lustran Lucon Novodur	뛰어난 강도 및 인성, 열 변형에 대한 저항성, 우수한 전기적 특성, 가연성 및 일부 유기 용매에 대한 용해성	자동차 엔진룸용, 냉장고 라이닝, 컴퓨터와 TV 틀, 장난감, 고속도로 안전 장비

(계속)

표 15.3 여러 가지 플라스틱 재료의 상표, 특성 및 용도(계속)

재료	상표	주요 특성	주요 용도
열가소성 플라스틱			
아크릴[폴리(메틸메타크릴레이트)]	Acrylite Diakon Lucite Paraloid Plexiglas	뛰어난 투광성 및 내노화성, 기계적 성질이 약간 떨어짐	렌즈, 비행기용 투명 포장, 제도 장비, 욕조 및 샤워 외장
플루오로탄소 (PTFE 또는 TFE)	Teflon Fluon Halar Hostaflon TF Neoflon	거의 모든 환경에 대해 화학적으로 안정함, 탁월한 전기적 특성, 낮은 마찰 계수 260°C까지 사용 가능, 상대적으로 약하고, 불충분한 저온 유동 특성	내식 봉인, 화학공업용 파이프 및 밸브, 베어링, 와이어 및 케이블 절연, 내소착 코팅, 고온 전자 부품
폴리아미드(나일론)	Nylon Akulon Durethan Fostamid Nomex Ultramid Zytel	우수한 기계적 강도, 내마모성 및 인성, 낮은 마찰 계수, 물 및 일부 액체를 흡수함	베어링, 기어, 캠, 부싱, 핸들, 와이어나 케이블의 외피, 카펫 섬유, 호스, 벨트 강화제
폴리카보네이트	Calibre Iupilon Lexan Makrolon Novarex	형상 안정성, 낮은 흡습성, 투명함, 매우 우수한 충격 저항 및 연성, 내화학성은 뛰어나지 않음	헬멧, 렌즈, 경량 장갑, 사진 필름의 기판, 자동차용 배터리 외피
폴리에틸렌	Alathon Alkathene Fortiflex Hifax Petrothene Rigged Zemid	화학적 내구성 및 전기적 절연성, 인성이 높고 마찰 계수가 상대적으로 낮음, 노화에 대한 저항성이 낮고 강도가 낮음	쉽게 변형되는 용기, 장난감, 텀블러, 전지 부품, 얼음 용기, 필름형 포장 재료, 자동차 연료 탱크
폴리프로필렌	Hicor Meraklon Metocene Poly-pro Pro-fax Propak Propathene	열변형에 대한 저항성, 뛰어난 전기적 특성 및 피로 강도, 화학적으로 불활성, 상대적으로 저가, 자외선에 대한 저항성이 약함	소독용 병, 포장 필름, 자동차용 킥 패널, 여행용 가방
폴리스티렌	Avantra Dylene Innova Lutex Styron Vestyron	뛰어난 전기적 성질 및 광학적 선명성, 우수한 열 및 형상 안정성, 상대적으로 저가	벽타일, 전지 케이스, 장난감, 실내 조명 패널, 가전기기 외관 재료, 패키징

표 15.3 여러 가지 플라스틱 재료의 상표, 특성 및 용도(계속)

재료	상표	주요 특성	주요 용도
열가소성 플라스틱			
비닐	Dural Formolon Geon Pevikon Saran Tygon Vinidur	저가, 다용도 저가 재료, 원래는 딱딱하지만 가소제 첨가로 유연성 부여 가능, 대개 공중합체임, 열적 변형이 가능함	바닥재, 파이프, 전선 피복, 정원용 호스, 수축 포장
폴리에스터 (PET 또는 PETE)	Crystar Dacron Eastapak HiPET Melinex Mylar Petra	플라스틱 필름 중에서 가장 인성이 높은 것 중의 하나, 우수한 피로 및 파열 강도 및 습도, 산, 그리스, 오일 및 용매에 대한 저항성이 강함	방향성 필름, 의복, 자동차 타이어 코드, 음료수 병
열경화성 폴리머			
에폭시	Araldite Epikote Lytex Maxive Sumilite Vipel	기계적 성질과 부식 저항성의 뛰어난 조합, 형상 안정성, 우수한 접착력, 상대적으로 저가, 우수한 전기적 성질	전기적 몰딩, 싱크, 접착제, 보호 코팅, 유리 섬유 라미네이트에 적용
페놀	Bakelite Duralite Milex Novolac Resole	150°C까지 우수한 열적 안정성, 여러 레진, 필러 등과 혼합물 형성, 저가	전동기 외피, 접착제, 회로판, 전기 기구
폴리에스터	Aropol Baygal Derakane Luytex Vitel	우수한 전기적 성질 및 저가, 고온 및 상온용으로 제조 가능, 섬유 강화해 사용	헬멧, 유리 섬유 강화 보트, 자동차 본체 부품, 의자, 팬
폴리우레탄	Austane Instantrol Lurathane Planthane Urethane	고상 강체 플라스틱에서 저밀도 폴리머 폼까지 넓은 영역의 기계적 성질, 높은 충격 및 마멸 저항, 우수한 전기 절연체, 광범위한 회복력, 오일, 그리스, 화학 물질, 그리고 방사선에 대한 저항성, 저온 유연성	프린트 롤러, 직물 코팅, 합성 섬유, 광택제, 자동차용 범퍼, 신발 창, 단열 폼, 포장 폼, 쿠션 덮개, 의료용 튜브

중 요 재 료

페놀 당구공

19 12년까지는 거의 모든 당구공이 코끼리의 엄니에서 나오는 상아를 이용해서 제조되었다. 공이 잘 구르기 위해서는 결함이 없는 엄니의 중심에서 나오는 상아를 이용해야 하는데, 이러한 요구 조건을 만족하는 상아는 50개 중에서 1개 정도로 매우 적었다. 이 당시에 많은 코끼리가 사냥되면서 상아 얻기가 점점 어려워졌고(또한 당구가 그 당시에 점차 인기를 얻고 있었다) 이에 따라 가격이 상승하였다. 또한 그 당시에 코끼리 사냥에 따른 개체수 감소에 대한 심각한 우려가 있었고(현재도 상존함), 이에 따라 일부 나라에서는 상아 및 제품의 수입에 대하여 엄격한 규제를 부과하였다(현재도 부과 중임). 이에 따라 당구공에 대한 상아의 대체 재료에 대한 요구가 발생하였다. 예를 들면 초기의 대체품으로서는 나무 펄프와 뼈 조각 혼합물이 사용되었는데, 이 재료는 매우 만족스럽지 못하였다. 가장 적합한 대체품(현재의 당구공에 아직도 사용되고 있음)은 인공적으로 만들어진 폴리머인 '페놀'이라고 불리는 페놀-포름알데히드이다.

이 재료의 발견은 인공 폴리머의 개발 역사에 있어서 중요하고 재미있는 사건이다. 페놀-포름알데히드를 제조하고 합성하는 과정을 발견한 사람은 Leo Baekeland이다. 아주 젊고 영리한 화학 박사인 그는 1900년도 초에 벨기에에서 미국으로 이민을 갔다. 그는 도착한 지 얼마 되지 않아 래커의 원료인 인조 합성 셸락(shellac)

을 연구하게 되었는데 자연 물질은 제조하는 것이 상당히 고가였다. 셸락은 목재의 방부제인 래커로 사용되었고(아직도 사용됨) 그 당시에 신흥 산업으로 발전하는 전력 산업의 전기 절연체로 사용되었다. 이러한 그의 연구 노력이 결국은 페놀[카르복실산(C_6H_5OH), 흰색 결정질 재료]과 포름알데히드(HCHO, 무색 독성 가스) 간의 반응 조건의 발견으로 이어지게 된다. 이 반응의 생성물은 액상인데 이것이 투명하고 호박색의 고체로 경화된다. Baekeland는 이 새로운 재료를 '베이클라이트(Bakelite)'로 명명하였는데, 이것을 **페놀-포름알데히드** 또는 **페놀**의 일반 명칭으로 사용하고 있다. 이 재료의 발견이 있고 나서, 그는 이 재료가 당구공에 적합한 가장 이상적인 재료임을 발견하였다(이 장의 도입부 사진 참조).

페놀-포름알데히드는 열경화성 폴리머이고 여러 가지 우수한 특성을 가지고 있다. 폴리머 재료로서 열에 대한 저항성이 매우 강하며, 경도가 높고, 대부분의 세라믹 재료에 비하여 취성이 강하다. 또한 대부분의 용매에 대하여 안정적이고 반응하지 않고, 쉽게 칩이 발생하여 깨지거나 변색되지 않는다. 더구나 상대적으로 가격이 저렴하고, 다양한 색깔로 제조가 가능하다. 이 재료의 탄성 특성은 상아와 매우 유사하여 페놀 당구공이 충돌할 때 내는 소리는 상아 당구공이 충돌할 때 나는 소리와 유사하다. 폴리머 재료의 다른 중요한 용도는 표 15.3에 나타냈다.

15.16 탄성체

탄성체의 특성과 변형 기구에 대해서는 앞 절에서 논의하였다(15.9절). 이 절에서는 탄성체 재료의 종류에 대하여 다루기로 한다.

표 15.4에 탄성체로 많이 사용되는 폴리머들의 특성과 용도에 대하여 나타냈다. 이러한 특성은 가황 정도와 강화제의 사용 여부에 따라서 많이 변화한다. 천연 고무는 매우 좋은 성질이 겸비되어 있기 때문에 많이 사용되고 있다. 그러나 가장 중요한 인조 합성 탄성체는 SBR이며, 이는 카본 블랙(carbon black)으로 강화되어 자동차 타이어에 주로 사용되고 있다. 또 다른 인조 합성 탄성체인 NBR은 노화나 팽창에 대한 저항이 매우 우수하여 많이 사용되는 재료이다.

대부분의 용도(예 : 자동차 타이어)에서는 가황된 고무의 인장 강도, 마모 및 파열 저항, 강성도가 충분하지 못하다. 이러한 특성은 카본 블랙과 같은 첨가제를 첨가함으로써 향상시킬 수 있다(16.2절).

표 15.4 5종 상용 탄성체의 중요한 특성 및 용도

화학적 타입	상표명	연신율 (%)	사용 온도 (°C)	주요 특성	주요 용도
천연 폴리이소프렌	천연 고무 (NR)	500~760	−60~120	탁월한 물리적 성질 및 금속에 접착력, 상당한 절단·침식 및 마멸 저항성, 대기·오일에 대한 낮은 저항성, 우수한 전기적 성질	공기 타이어 및 튜브, 구두굽 및 바닥, 개스킷, 압출 호스
스티렌-부타디엔 공중합체	GRS, Buna S (SBR)	450~500	−60~120	우수한 물리적 성질 및 뛰어난 마멸 저항성, 상당한 대기 및 오존 저항성, 열악한 오일 저항성, 상당히 우수한 전기적 특성	천연 고무와 동일
아크릴로니트릴-부타디엔 공중합체	Buna A, 니트릴 (NBR)	400~600	−50~150	물리적 특성이 나쁨, 우수한 접착 특성, 오일에 뛰어난 저항성, 대기 저항성 나쁨, 오전 저항성 및 전기적 특성이 상당함	휘발유, 화학 및 오일 호스, 봉인 및 오링, 구두굽 및 바닥, 장난감
클로로프렌	네오프렌 (CR)	100~800	−50~105	상당한 물리적 특성, 뛰어난 대기 저항성, 상당한 오일 저항성, 탁월한 화염 저항성, 우수한 오존 저항성 및 전기적 특성	와이어 및 케이블, 화학 탱크 내면 라이닝, 벨트, 호스, 봉인 및 개스킷
폴리실록산	실리콘 (VMQ)	100~800	−115~315	고온·저온 저항성이 우수, 물리적 특성 나쁨, 뛰어난 대기 저항성, 전기적 성질 우수	고온 및 저온 절연체, 봉인 및 오링, 화장품 제품, 식용 및 의학용 호스

마지막으로 규소 고무에 대하여 일부 언급하면 이 재료에서 중추를 이루는 탄소 사슬은 규소과 산소 원자로 구성된 사슬로 대체된다.

$$\left(\!\!\begin{array}{c} R \\ | \\ Si - O \\ | \\ R' \end{array}\!\!\right)_{\!n}$$

여기서 R과 R′은 측면 결합된 원자들을 나타내는 것으로 수소 또는 CH_3와 같은 원자군을 나타낸다. 예를 들면 폴리디메틸실록산(polydimethylsiloxane)의 단위체 구조는 다음과 같다.

$$\left(\!\!\begin{array}{c} CH_3 \\ | \\ Si - O \\ | \\ CH_3 \end{array}\!\!\right)_{\!n}$$

물론 탄성체로서 이들 재질은 가교 결합되어 있다.

규소 탄성체는 저온(−90℃)에서 높은 유연성을 유지하고, 250℃ 정도의 고온까지 안정하다. 또한 이들은 대기에 의한 노화 과정과 윤활유에 저항성이 높아서, 자동차 엔진 부품에 적용된다. 이 재료의 생체 친화성 역시 매우 매력적인 특징이다. 따라서 혈관 튜브와 같은 의학 용도에 적용되고 있다. 이들 재료의 또 다른 매력적인 특징은 가황 반응이 상온에서 발생한다는 점이다(RTV 고무).

개념확인 15.9 겨울 동안 알래스카의 일부 지역에서는 온도가 −55℃ 이하로 떨어진다. 탄성체 중에서 천연 이소프렌, 스티렌-부타디엔, 아크릴로니트릴-부타디엔, 클로로프렌, 폴리실록산 등의 탄성체 중에서 어느 것이 자동차의 타이어 재료로 이러한 기후조건에서 적절할 것으로 생각하는가? 그 이유는?

개념확인 15.10 상온에서 일부 규소 폴리머는 액상으로 존재할 수 있도록 할 수 있다. 이들 재료와 규소 탄성체 간의 분자 구조 차이를 설명하라. 힌트 : 14.5절 및 15.9절 참조

[해답은 *www.wiley.com/go/Callister_MaterialsScienceGE* → More Information → Student Companion Site 선택]

15.17 섬유

섬유

섬유(fiber) 폴리머 재료는 필라멘트형으로 인발하여 길이 대 지름의 비가 최소 100 : 1이다. 대부분의 상업적인 섬유 폴리머는 직물업체에서 옷감을 제조하는 데 사용된다. 또한 아라미드 섬유가 복합 재료에 사용된다(16.8절 참조). 섬유 폴리머 재료가 직물 재료로서 유용하게 사용되기 위해서는 엄격하게 요구되는 물리적 및 화학적 특성을 만족해야 한다. 섬유가 사용되는 중 연신, 뒤틀림, 전단 및 마찰 등의 여러 가지 복잡한 기계적 변형을 받게 될 것이다. 따라서 이들은 인장 강도가 높아야 하고(상대적으로 넓은 온도 범위에서), 탄성률이 높아야 하며, 또한 마멸 저항도 높아야 한다. 이러한 특성은 폴리머 사슬의 화학뿐만 아니라 섬유의 인발 과정에 의해서도 좌우된다.

섬유 재료의 분자량은 상대적으로 커야 한다. 그렇지 않으면 용융 상태의 재질이 인발되는 과정에서 너무 약해서 끊어지게 된다. 그리고 인장 강도는 결정화도에 따라서 증가하기 때문에 높은 정도의 결정성을 가진 폴리머 재료를 제조하기에 적합한 사슬의 구조 및 배치가 이루어져야 한다. 이것을 만족시키기 위해서는 좌우 대칭형이고 규칙적으로 반복되는 단위체로 구성된 선형의 비가지형 사슬이어야 한다. 폴리머 재료 내의 극성 그룹은 결정성과 사슬 분자 간의 힘을 증가시켜 섬유 형성 특성을 증가시킨다.

의류의 세탁 및 관리의 편리성은 대부분 사용된 섬유 폴리머의 열적 성질, 즉 용융 온도 및 유리 전이 온도에 의해서 좌우된다. 또한 섬유 폴리머는 여러 다양한 환경, 즉 산, 염기, 표백제, 드라이클리닝 용제, 햇빛 등에 대하여 안정해야 한다. 또한 가연성이 적어야 하며 건조가 쉬워야 한다.

15.18 기타 용도

코팅

재료의 표면에 코팅(coating)이 자주 사용되는데, 목적은 (1) 주위 환경으로부터 부식 또는 노화 반응을 방지하기 위하여, (2) 외관을 보기 좋게 하기 위하여, (3) 전기적 절연성을 부여하기 위해서 등이다. 코팅 재료의 많은 성분이 폴리머 재료인데, 대부분이 유기 재료이다. 이러한 유기질 코팅은 몇 개의 종류가 있는데, 예를 들면 페인트, 바니시(varnish, 광택제), 에나멜, 래커(lacquer), 셀락(shellac) 등이다.

많은 일반적 코팅은 라텍스를 사용한다. 라텍스는 수용액에 불용성 폴리머 입자가 분산되어 있는 안정한 현탁액이다. 이러한 재료는 유기 용매를 많이 포함하고 있지 않아 사용이 증가하고 있는데, 대기 중으로 방출되는 유기 용매의 양, 즉 휘발성 유기 화합물(volatile organic compound, VOC)이 작기 때문이다. VOC는 대기 중에서 반응하여 스모그를 발생시킨다. 자동차 제조회사와 같이 코팅을 많이 하는 회사에서는 VOC의 양을 지속적으로 감소시켜 환경 규제에 대응하고 있다.

접착제

접착제

접착제(adhesive)는 두 고체 재료의 표면을 서로 결합시키는 데 사용되는 물질이다. 결합시키는 기구에는 기계적 결합 또는 화학적 결합의 두 가지 타입이 있다. 기계적 접합 시에는 접착제가 표면의 기공이나 틈새로 칩입하여 발생한다. 화학적 결합은 접착제와 접착하는 물질 간에 작용하는 분자 간의 힘에 의하여 발생하는데, 분자 간 결합의 힘은 공유 결합과/또는 반 데르 발스 결합이 있다. 반 데르 발스 결합의 정도는 접착제 재료에 극성 그룹이 포함되어 있으면 증가한다.

천연 접착제(동물성 접착제, 카세인, 녹말, 로진 등)가 많은 용도로 사용되고 있으나, 인공 합성된 폴리머에 기반한 다양한 접착제들이 개발되어 사용되고 있다. 이러한 물질로는 폴리우레탄, 폴리실록산(규소), 에폭시, 폴리이미드, 아크릴, 그리고 고무 등의 재료이다. 접착제는 금속, 세라믹, 폴리머, 복합 재료, 피부 등 다양한 재료를 접착하는 데 사용된다. 어떠한 접착제를 사용하는가는 (1) 접착될 재료 및 기공, (2) 요구되는 접착성(접착이 영구적일지, 일시적일지), (3) 최대/최소 사용 온도, (4) 제조 조건과 같은 인자에 의하여 좌우된다.

압력 유기 접착제를 제외하고 대부분의 접착제는 저점도 액체로 먼저 코팅된다. 이 과정을 통하여 접착되는 면을 균일하고 완벽하게 코팅하여, 최대의 접착 강도가 얻어지도록 한다. 실제 접착 조인트는 접착제가 액체에서 고체로의 변태(또는 경화) 과정을 거치면서 형성된다. 이와 같은 경화는 물리적 과정(즉 결정화, 용매 증발) 또는 화학적 과정[부가 중합, 축합 중합(15.21절), 가황 반응]을 거쳐서 발생한다. 접착 조인트가 잘 이루어지면 전단 강도, 접착 강도 및 파괴 강도가 높게 나타난다.

접착 본딩은 다른 접착 방법(리벳 체결, 볼트 체결, 용접 등)에 비하여 일부 장점이 있는데, 예를 들면 무게가 가볍고, 이종 재료 및 얇은 복합 재료를 결합시킬 수 있고, 피로 저항이 높으며, 제조 원가가 낮은 장점이 있다. 또한 부품들을 정밀하게 정렬할 때나 높은 생산성이 요구될 때 접착 본딩이 뛰어난 장점이 있다. 그러나 이 방법의 가장 취약점은 사용 온도인데, 폴리머 재료는 그 기계적 성질이 상대적으로 낮은 온도에서만 유지되고, 온도가 증가함에 따라 급격히 감소하기 때문이다. 최근 개발된 폴리머에서 연속적으로 사용할 수 있는 최대 온도가 300°C 정도이다. 접착제를 사용한 조인트가 항공 분야, 자동차, 건축산업, 포장, 가정 용도 등에 많이 사용되고 있다.

접착제의 특별한 종류는 압력 유도 접착제(자발-접착 재료)인데, 이들 재료는 자발 접착 테이프, 라벨, 우표 등이 있다. 이들 재료는 접촉하여 약간의 압력만 가해도 거의 모든 재료 표면에 접착하도록 설계되어 있다. 앞에서 설명한 접착제와는 달리 이들 재료의 접착 작용은 물리적 변화 또는 화학적 반응을 통하여 발생하는 것이 아니다. 이 접착제는 접착성이 있는 폴리머 수지를 포함하고 있어 작은 원섬유(fibrils)가 표면에 접착하고, 이것이 2개의 재료를 접착시키게 한다. 압력 유도 접착제로 사용되는 폴리머로는 아크릴, 스티렌 블록 공중합체(15.20절), 천연 고무 등이 있다.

필름

폴리머 재료는 얇은 필름 형상으로 광범위하게 사용되고 있다. 필름은 그 두께가 보통 0.025에서 0.125 mm 범위로 제조되고 있는데, 식품 및 다른 제품의 포장용 봉투, 직물 또는 다른 용도로 사용되고 있다. 필름으로 사용되는 재료의 중요한 특성으로는 낮은 밀도, 높은 유연성, 고인장 및 파단 강도, 습기 및 다른 화학약품에 대한 저항성, 일부 가스 및 수증기에 대한 낮은 투습성(14.14절 참조) 등이다. 이러한 필름 제품으로서 요구 조건을 만족시키는 폴리머로는 폴리에틸렌, 폴리프로필렌, 셀로판, 셀룰로오스 아세테이트 등이다.

폼

폼

폼(foam)이란 작은 기공 및 포획된 가스공을 상당히 높은 분율로 포함하고 있는 플라스틱 재료를 칭한다. 폼으로서는 열가소성 및 열경화성 재료 모두가 사용되고 있는데, 폴리우레탄, 고무, 폴리스티렌, 폴리염화비닐 등이 사용된다. 폼은 자동차, 가구, 포장의 쿠션, 단열 재로 사용된다. 발포 공정은 재료 내에 발포제를 첨가하고, 가열하여 발포제가 가스를 발생시키도록 하는 것이다. 가스 버블이 액상 재료 내에서 생성되고, 이를 냉각시키는 동안 재료 내에 남아서 고체화된 재료를 스펀지와 같은 구조를 갖게 하는 것이다. 용융된 폴리머를 고압의 불활성 기체 압력으로 용해시킨 후 압력을 낮추어 동일한 효과를 얻을 수 있다. 즉 압력을 급속히 저하시키면 액체로부터 기체가 석출되어 나오고, 이들이 고체로 냉각되는 동안 재료 내에 포획되어 폼을 형성하게 된다.

15.19 폴리머 생체 재료

폴리머는 여러 생의학 용도에 적합한 특이한 특성을 갖고 있는데, 이들 재료는 화학적, 구조적, 기계적으로 신체 조직과 유사하다. 3개의 재료 종류(금속, 세라믹, 폴리머) 중에서 폴리머가 생의학 용도에 가장 많이 사용되고 있다.

폴리머 생체 재료는 합성(인공)과 **자연**(식물 또는 동물로부터 추출)의 두 종류로 분류된다. 체내 환경에서 안정성의 관점에서 이들 재료는 생체 분해 가능 물질과 생체 분해 불가능 물질로 구분된다. 생체 재료가 이식된 후 생체 분해 가능 물질의 경우에는 점차적으로 분해 또는 생체 분해되어 그들 성분이 통상적인 대사 과정을 거쳐서 체외로 배출된다. 이와는 달리 생체 분해 불가능 폴리머(생체 안정 물질)는 체액이나 신체 조직과 반응하지 않도록 설계된다. 이들 재료의 열화 속도는 거의 인식하지 못할 정도로 매우 느리다. 폴리머 생체 재료의 기계적 그리고 생체 성능 특성은 화학, 분자량, 분자 구조, 분자 형상, 그리고 첨가자(종류 및 농도)에 의하여 좌우되고, 공중합체의 경우에는 두 반복 단위의 배열 방법에 의하여 좌우된다.

이 장의 앞에서 논의한 폴리머는 인공적이고 생체 분해 불가능 재료이다. 따라서 여기서 이들 두 분류에 해당하는 몇 가지 통상적인 폴리머 생체 재료에 대해서 살펴보기로 한다.

초고분자량 폴리에틸렌

초고분자량 폴리에틸렌(15.20절에서 논의한 첨단 폴리머 재료 중의 하나)는 중요한 생의학 용도에 사용된다. 가교 반응(화학적 또는 이온 조사)된 UHMWPE 재료는 마모 및 마멸에 대한 저항성이 매우 높고, 마찰 계수가 매우 낮으며, 자체 윤활 특성과 붙지 않는 표면 특성을 제공한다. 이러한 특성의 조합이 이 재료가 정형외과 수술에서 하중을 지탱하는 인공힙 임플란트의 비구컵 및 무릎 보철 부품에 적합한 이유이다.

폴리(메틸 메타크릴레이트, PMMA)

폴리(메틸 메타크릴레이트)와 이의 공중합체는 경도, 화학적 비활성, 생체 적합성, 광학적 투과도(순수 재료), 그리고 상온에서 합성 및 제조가 가능한 특성 때문에 생체 재료로서 장점을 갖는다. PMMA는 투과도가 매우 높고(약 92%), 굴절 계수가 상대적으로 높으며 (1.49), 생체 적합성이 매우 높고, 기계적으로 강하다(그러나 매우 취약함). PMMA는 뼈 시멘트(bone cement, 생체 뼈에 힙과 무릎 보철물을 고정함)의 기본 조성이고, 안압 렌즈와 경질 콘택트 렌즈로 사용된다.

폴리테트라플로로에틸렌(PTFE)

폴리테트라플로로에틸렌은 탄소와 불소 간의 강한 원자 결합 때문에 체내 환경하에 화학적 안정성이 매우 높고, 물에 잘 젖지 않으며(소수성), 마찰 계수가 매우 낮다. 그러나 이 재료는 상대적으로 낮은 탄성 계수, 인장 강도 및 마모 저항성을 갖고 있다. PTFE의 유일한 염증 질환은 긁힘이나 마모에 의하여 발생된 작은 입자에 의한 것이다. 이 PTFE 재료의 생체 적용은 혈관 이식과 연성 조직(예 : 안면) 보철이다.

한 종류의 PTFE가 다양한 심혈관 장치(예 : 혈관 및 스텐트 이식)에 사용되는데 이것이 확장된 PTFE(expanded PTFE), 즉 e-PTFE이다. 이 재료는 늘리는 과정에서 만들어진 마이크로 기공 구조를 가지는데, 상업적으로 고어텍스로 판매된다.

실리콘

실리콘은 다양한 바람직한 생체 특성을 갖고 있어서 여러 용도에 적용되고 있다. 가교 반응의 정도에 따라서 실리콘은 탄성체, 겔 그리고 유체 상태로 존재하게 할 수 있다. 탄성체로서 이 재료는 생체 친화성이 매우 높다. 혈액과 접촉하면 이 재료는 생체 내구성이 있고, 낮은 표면 장력을 갖고(즉 거의 모든 재료에 젖음성이 있으며), 약물 또는 일부 가스(특히 산소와 수분)에 대한 높은 투과도를 가지며, 이러한 특성을 넓은 온도 영역에서 유지한다. 실리콘 탄성체의 가장 큰 한계는 낮은 강도와 낮은 파괴 저항인데, 이러한 특성은 필러 재료의 첨가에 의하여 개선될 수 있다. 가장 많이 사용되는 필러는 비정질 실리카(SiO_2)이다. 탄성체와 더불어 실리콘은 접착제, 유체 및 레진으로 사용될 수 있다.

실리콘의 생체 적용 예는 아래와 같이 많고 다양하다.

- 장기 착용 콘택트 렌즈와 안압 렌즈의 가스 투과형 멤브레인
- 카테터, 배관 및 분기관
- 정형 외과 임플란트 : 손 및 발 관절
- 미용성형 임플란트 : 가슴 및 얼굴 성형(코, 턱, 귀)
- 피하 바늘, 주사 및 피 수집 장치의 코팅
- 경피 약물 전달
- 치과 본뜨기 재료

폴리에틸렌 테레프탈레이트(PET)

폴리에틸렌 테레프탈레이트는 혈액과 접촉하면 혈액 응고를 유발하지 않는 특성이 있는데, 이것이 이 재료의 가장 중요한 생체 적합 특성이다. 이 재료는 심혈관 수술에서 직조된 직물로 사용되는데, 혈관 이식 및 인공 심장 밸브상의 박음질 링으로 사용된다. 이 외에 봉합선, 임플란트의 고착제, 탈장 치료 및 인대 재건 등에 사용된다.

폴리프로필렌(PP)

폴리프로필렌은 신체 조직과의 반응성이 낮고 예외적으로 높은 굽힘 피로 수명이 생체 특성으로서 현저한 장점이다. 반면에 일부 환경에서는 산화되고 균열이 발생하기도 한다. PP 재료는 생체 분해가 되지 않아 봉합용 실로 사용된다. 다른 용도로는 손가락 보철 및 복부벽 수술용 망사이다.

15.20 첨단 폴리머 재료

과거 수년 동안 특수성을 가진 새로운 폴리머 재료들이 개발되어 기존의 재료들을 성공적으로 대체하였다. 그 예의 일부가 초고분자량 폴리에틸렌, 액정 폴리머, 열가소성 탄성체 등인데 다음에 설명하였다.

초고분자량 폴리에틸렌

초고분자량 폴리에틸렌

초고분자량 폴리에틸렌(ultrahigh molecular weight polyethylene, UHMWPE)은 선형 폴리에틸렌으로 분자량이 매우 큰 재료이다. 평균 분자량 $\overline{M}_w$는 4×10^6 g/mol이며 고밀도 폴리에틸렌 분자량의 10배 정도이다. 섬유 형태의 초고분자량 폴리에틸렌은 'Spectra'라는 이름으로 판매되고 있다. 이 재료의 특성은 다음과 같다.

1. 매우 높은 충격 저항
2. 마모 및 마멸에 대한 높은 저항
3. 매우 낮은 마찰 계수
4. 자체 윤활 및 비접착 표면
5. 매우 우수한 화학적 저항
6. 탁월한 저온 특성
7. 우수한 소리 차단 및 에너지 흡수 특성
8. 전기적으로 절연 및 우수한 유전체 특성

그러나 이 재료는 상대적으로 낮은 용융점을 가지고 있기 때문에 온도가 증가함에 따라서 기계적 특성이 급격히 저하된다.

이러한 여러 우수한 특성을 동시에 나타내기 때문에 방탄조끼, 군용 헬멧, 낚싯줄, 스키의 바닥 표면, 골프공 코어, 볼링장 바닥, 빙상 경기장 바닥 표면, 생체 재료, 혈액 필터, 덩어리 재료를 처리하는 장치(예 : 석탄, 곡물, 시멘트 등), 부싱, 펌프 날개, 개스킷 등에 많이 사용되고 있다.

액정 폴리머

액정 폴리머

액정 폴리머(liquid crystal polymer, LCP)는 화학적으로 복잡하고 구조적으로 특이한 재료로 특유한 특성을 나타내어 여러 분야에 적용되고 있다. 이 재료의 화학적 특성에 대하여 설명하는 것은 이 책의 범위를 벗어나기 때문에 간단하게 설명할 예정이다. LCP는 길쭉한 막대 형태이고, 견고한 분자로 구성되어 있다. 분자 배열의 관점에서 보면 이 재료는 전통적인 액체, 비정질, 결정질, 준결정질의 어느 분야에도 속하지 않는 재료여서 액정 상태, 즉 결정질도 액상도 아닌 새로운 물질 상태이다. 액체 상태에서는 폴리머 분자들이 무질서하게 배열되어 있는 데 반하여, LCP 분자들은 매우 높은 규칙도를 가지고 배열되는 것이 가능하다. 고체와 유사한 이들 분자의 배열은 도메인 구조를 형성하고 분자 간 간격을 유지하는 특성을 가지고 있다. 그림 15.20에 액정, 비정질 폴리머와 준결정질 폴리머의 액상 및 고상에서의 특성 비교를 모식적으로 나타냈다. 또한 액정에는 배열과 규칙 위치에 따라서 스메틱(smectic), 네마틱(nematic), 콜레스테릭(cholesteric)의 세 가지가 존재하는데, 이들 유형의 차이에 대한 설명은 이 책의 범위를 벗어난다.

액정 폴리머의 주요 용도는 디지털 손목시계, 휴대용 컴퓨터 등의 액정 표시 소자(liquid crystal display, LCD)이다. 이들 용도에는 콜레스테릭형의 액정이 사용되는데, 이 재료는

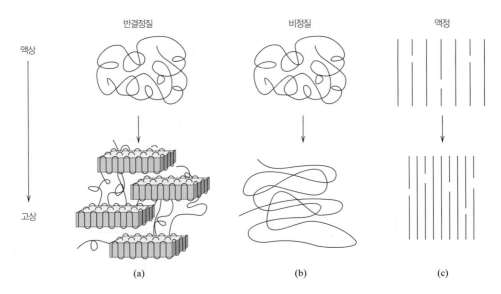

그림 15.20 액상과 고상에서 분자 구조의 모식도. (a) 반결정질, (b) 비정질, (c) 액정 폴리머
(출처 : G. W. Calundann and M. Jaffe, "Anisotropic Polymers, Their Synthesis and Properties," Chapter VII in *Proceedings of the Robert A. Welch Foundation Conferences on Polymer Research*, 26th Conference, Synthetic Polymers, Nov. 1982.)

상온에서 유동성이 있는 액체이고, 투명하며, 광학적으로 이방성을 나타낸다. 액정 표시 소자는 2개의 투명한 유리 기판 사이에 액정 재료가 채워져 있는 상태이다. 각 유리 기판의 표면은 투명하고 전기 전도성이 있는 박막으로 코팅되어 있는데, 이 전도성 라인에 각 숫자나 글자를 나타내도록 에칭되어 있다. 전도성 필름을 통하여 전압이 인가(즉 두 유리 기판 사이에)되면 글자를 형성하는 구역의 액정 배향이 변화되어 빛의 통과를 방해하게 되어 결국 글자가 나타나게 된다.

액정 폴리머의 네마틱형은 상온에서는 강성 고체이고, 특이한 특성을 가지고 있어서 상업적으로 널리 응용되고 있다. 이들 재료의 특성의 예는 다음과 같다.

1. 열적 안정성이 우수하여 230°C까지 사용 가능하다.
2. 강성 및 강인하여, 인장 계수가 10~24 GPa의 범위이고, 인장 강도는 125~255 MPa의 범위에 있다.
3. 고내충격 강도를 가지고 있으며, 이러한 특성이 매우 낮은 온도 범위까지 유지된다.
4. 여러 가지 산, 용매, 표백제 등에 대하여 화학적으로 안정하다.
5. 화염에 저항성이 있고, 연소 생성물이 상대적으로 비독성이다.

이들 재료의 열적 안정성 및 화학적 안정성은 매우 강한 분자 간 결합에 기인한다.
이들의 제조 및 가공 특성은 다음과 같다.

1. 열가소성 재료를 제조하는 기존의 제조 공정을 그대로 사용하는 것이 가능하다.
2. 몰딩 시에 매우 낮은 수축 및 왜곡이 발생한다.
3. 부품을 다수 제조할 때 치수의 재연성이 우수하다.

4. 점도가 낮아서 얇고 복잡한 형상의 몰딩이 가능하다.

5. 낮은 용융 잠열을 가지고 있어 용융과 응고가 빠르게 발생하여 몰딩 사이클을 단축시키는 것이 가능하다.

6. 제조된 부품의 특성이 이방성을 가지고 있는데, 이것은 몰딩 시에 액체의 유동에 의하여 결정된다.

이들 재료는 전자 산업(결선 소자, 릴레이 및 커패시터 하우징, 브라켓 등), 의료 장비 업체(지속적으로 소독되어야 할 부품들), 복사기 및 광섬유 소자 등 매우 광범위하게 사용되고 있다.

열가소성 탄성체

열가소성 탄성체   열가소성 탄성체(thermoplastic elastomer, TPE 또는 TE)는 상온에서는 탄성체 거동을 하고 열가소성 특성(14.9절 참조)이 있는 재료이다. 지금까지 소개한 대부분의 탄성체는 가황 과정에서 가교 결합이 발생하기 때문에 열경화형이다. 여러 열가소성 탄성체 중에서 가장 널리 알려지고 사용되고 있는 것이 블록 공중합체인데, 이것은 강건한 열가소성 단위체(대개 스티렌[S])와 유연한 탄성 단위체(대개 부타디엔[B] 또는 이소프렌[I])로 구성되어 있다. 이러한 두 블록형은 위치를 교대하는데, 대개의 경우 사슬의 끝에 강한 부분이 있고, 중앙 부분에는 연약한 부타디엔이나 이소프렌 단위체가 존재한다. 이러한 열가소성 탄성체를 스티렌 블록 공중합체라고 부르는데, 그림 15.21에 두 가지 형태(S-B-S와 S-I-S)의 사슬 화학식이 나타나 있다.

상온에서 연약하고 비정질인 중앙(부타디엔 또는 이소프렌) 부분이 재료의 고무질, 탄성 거동을 나타내게 한다. 또한 용융점 아래에서는 많은 사슬 끝단의 강한(스티렌) 부분이 상호 응집되어 강건한 도메인 지역을 형성한다. 이 도메인은 **물리적으로 가교 결합**되어 있어서 열경화성 탄성체의 **화학적 가교 결합**과 같은 방법으로 연약한 사슬 부분의 운동을 제한하게 된다. 그림 15.22에 이러한 유형의 구조를 모식적으로 나타냈다.

이러한 열가소성 탄성체 재료의 인장 계수는 변화가 가능한데, 사슬당 연약한 블록의 개수를 증가시키면 계수가 감소하여 강성을 저하시킨다. 또한 사용 온도는 연약한 부분의 유리 전이 온도와 강건한 부분의 용융점 사이에 존재하는데, 스티렌 블록 공중합체는 $-70°C$

그림 15.21 열가소성 탄성체의 사슬 화학식. (a) 스티렌-부타디엔-스티렌(S-B-S), (b) 스티렌-이소프렌-스티렌(S-I-S)

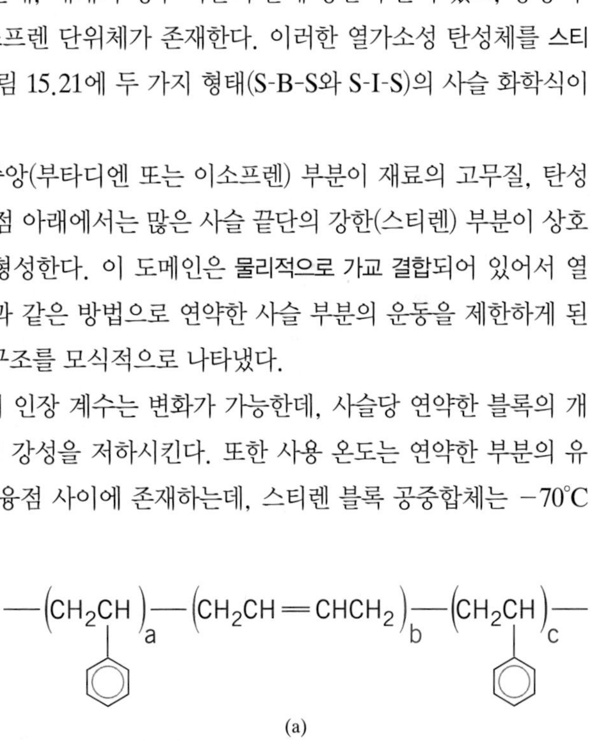

$$-\left(CH_2CH\right)_a-\left(CH_2CH=CHCH_2\right)_b-\left(CH_2CH\right)_c-$$

(a)

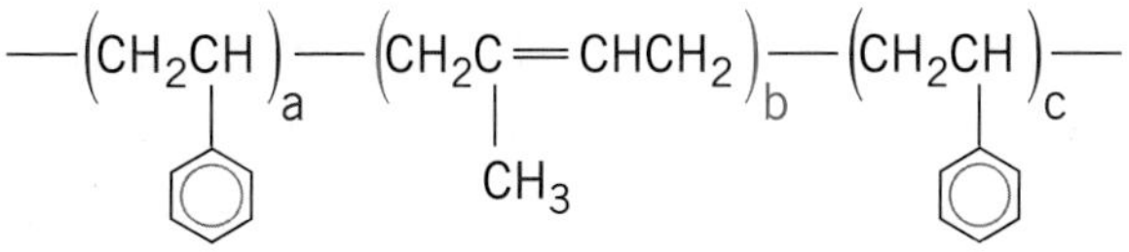

$$-\left(CH_2CH\right)_a-\left(CH_2C=CHCH_2\right)_b-\left(CH_2CH\right)_c-$$

$$CH_3$$

(b)

그림 15.22 열가소성 탄성체의 분자 구조 모식도. 이 구조는 중앙 부분의 연약한 단위체(부타디엔 또는 이소프렌)와 사슬 끝단의 강한 도메인(스티렌)으로 구성되어 있다. 사슬 끝단의 도메인은 물리적 가교 결합을 상온에서 형성한다.

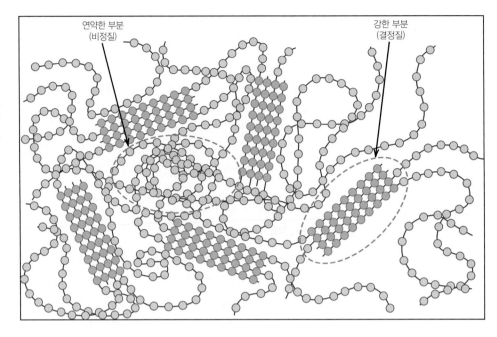

연약한 부분 (비정질)

강한 부분 (결정질)

와 100°C이다.

스티렌 블록 공중합체 이외에 열가소성 올레핀, 공폴리에스터(coployester), 열가소성 폴리우레탄, 탄성 폴리아미드 등이 열가소성 탄성체 특성을 나타낸다.

열경화성 탄성체에 비하여 열가소성 탄성체의 장점은 강성 상(hard phase)의 용융점 이상으로 가열하면 용융이 된다는 점이다(물리적으로 가교 결합된 특성이 없어진다). 따라서 이들 재료는 전통적인 열가소성 재료의 성형 공정(부품 및 사출 성형)(15.23절)을 사용하여 부품을 제조하는 것이 가능하지만, 열경화형 폴리머는 용융이 되지 않기 때문에 성형이 곤란하다. 또한 용융 및 응고 과정이 가역적이기 때문에 열가소성 탄성체는 다른 형상으로 재성형하는 것이 가능하므로 이들 재료는 재활용이 가능하나 열경화성 탄성체는 재활용이 곤란하다. 따라서 열가소성 탄성체는 성형 공정 중에 발생하는 스크랩을 다시 사용하는 것이 가능해져 열경화형 재료에 비하여 제조 원가가 낮아지게 되고, 또한 치수 관리를 엄밀하게 조절하는 것이 가능하므로 밀도가 낮다.

여러 분야에서 열가소성 탄성체가 열경화성 탄성체를 대체하여 사용되고 있는데, 자동차의 외면 부분(범퍼, 대시보드 등), 엔진 부품들(절연체, 커넥터, 개스킷 등), 신발창 및 굽, 스포츠 용품(축구공), 가전 부품, 의료 부품, 접착제 등에서 사용하고 있다.

폴리머의 합성과 제조

상업적으로 유용한 거대 분자의 폴리머 재료는 중합 과정을 통하여 작은 분자로부터 합성된다. 또한 폴리머의 성질은 첨가제를 첨가함으로써 변형되거나 향상될 수 있다. 마지막으로 최종 제품은 원하는 형상대로 성형 과정을 통하여 제조된다. 이 절에서는 중합 반응 및 여러 가지 종류의 첨가제에 대하여 논의하고, 폴리머의 형태에 따른 구체적인 성형 과정을 소개할 예정이다.

15.21 중합 반응

거대 분자를 구성하는 폴리머의 합성 과정을 **중합**(polymerization)이라고 하는데, 이 과정은 단량체 단위들이 연속적으로 결합하여 거대 분자를 형성하는 과정이다. 대개의 경우 인공 합성 폴리머 재료의 원재료는 석탄과 석유 제품에서 추출되는데, 이것은 분자량이 작은 분자들로 구성되어 있다. 중합 반응은 두 가지 부류로 대별되는데, 반응 기제에 따라서 부가 반응과 축합 반응이 있다.

부가 중합

부가 중합

부가 중합(addition polymerization, 또는 사슬 반응 중합)은 이기능적(bifunctional) 단량체 단위들이 사슬처럼 한 번에 하나씩 부착되어 선형의 거대 분자를 형성하는 과정으로 제조된 분자의 성분은 원래 반응하는 단량체의 정수배에 해당한다.

부가 중합 과정은 반응의 개시, 전파, 종료의 세 가지 단계로 구분된다. 개시 단계에서는 전파가 가능한 활성 중심체가 개시제(또는 촉매제)와 단량체 단위들과의 반응에 의하여 형성된다. 이 과정에 대해서는 이미 폴리에틸렌(식 14.1)에 나타냈지만 다음에 다시 나타냈다.

$$
\text{R} \cdot + \underset{\underset{\text{H}}{|}}{\overset{\overset{\text{H}}{|}}{\text{C}}} = \underset{\underset{\text{H}}{|}}{\overset{\overset{\text{H}}{|}}{\text{C}}} \longrightarrow \text{R} - \underset{\underset{\text{H}}{|}}{\overset{\overset{\text{H}}{|}}{\text{C}}} - \underset{\underset{\text{H}}{|}}{\overset{\overset{\text{H}}{|}}{\text{C}}} \cdot \tag{15.5}
$$

여기서 R·는 활성 개시제이고, ·는 짝을 이루지 않은 전자이다.

전파 단계는 단량체 단위들이 계속 부착되어 사슬형 분자를 형성하여 분자가 선형으로 성장하는 과정으로 폴리에틸렌의 경우에 대하여 다음에 나타냈다.

$$
\text{R} - \overset{\overset{\text{H}}{|}}{\underset{\underset{\text{H}}{|}}{\text{C}}} - \overset{\overset{\text{H}}{|}}{\underset{\underset{\text{H}}{|}}{\text{C}}} \cdot + \overset{\overset{\text{H}}{|}}{\underset{\underset{\text{H}}{|}}{\text{C}}} = \overset{\overset{\text{H}}{|}}{\underset{\underset{\text{H}}{|}}{\text{C}}} \longrightarrow \text{R} - \overset{\overset{\text{H}}{|}}{\underset{\underset{\text{H}}{|}}{\text{C}}} - \overset{\overset{\text{H}}{|}}{\underset{\underset{\text{H}}{|}}{\text{C}}} - \overset{\overset{\text{H}}{|}}{\underset{\underset{\text{H}}{|}}{\text{C}}} - \overset{\overset{\text{H}}{|}}{\underset{\underset{\text{H}}{|}}{\text{C}}} \cdot \tag{15.6}
$$

사슬 성장은 상당히 빠르게 일어나며, 1000개의 반복 단위를 가진 분자가 성장하는 데에는 $10^{-2} \sim 10^{-3}$초 정도가 소요된다.

전파 단계는 여러 가지 방법으로 종료될 수 있다. 먼저 2개의 전파하는 활성화된 끝단이 서로 반응하거나 결합하여 비활성 분자를 다음과 같이 형성하는 것이다.[6]

---

6 이러한 종류의 반응 종료법을 조합(combination)이라고 한다.

$$R\left(\underset{\underset{H}{|}}{\overset{\overset{H}{|}}{C}}-\underset{\underset{H}{|}}{\overset{\overset{H}{|}}{C}}\right)_m \overset{\overset{H}{|}}{\underset{\underset{H}{|}}{C}}-\overset{\overset{H}{|}}{\underset{\underset{H}{|}}{C}}\cdot + \cdot \overset{\overset{H}{|}}{\underset{\underset{H}{|}}{C}}-\overset{\overset{H}{|}}{\underset{\underset{H}{|}}{C}}\left(\underset{\underset{H}{|}}{\overset{\overset{H}{|}}{C}}-\underset{\underset{H}{|}}{\overset{\overset{H}{|}}{C}}\right)_n R \longrightarrow R\left(\underset{\underset{H}{|}}{\overset{\overset{H}{|}}{C}}-\underset{\underset{H}{|}}{\overset{\overset{H}{|}}{C}}\right)_m \overset{\overset{H}{|}}{\underset{\underset{H}{|}}{C}}-\overset{\overset{H}{|}}{\underset{\underset{H}{|}}{C}}-\overset{\overset{H}{|}}{\underset{\underset{H}{|}}{C}}-\overset{\overset{H}{|}}{\underset{\underset{H}{|}}{C}}\left(\underset{\underset{H}{|}}{\overset{\overset{H}{|}}{C}}-\underset{\underset{H}{|}}{\overset{\overset{H}{|}}{C}}\right)_n R \qquad (15.7)$$

이에 따라서 사슬의 성장이 종료된다. 즉 활성화된 끝단이 촉매제 또는 하나의 활성 결합을 가진 다른 화학 성분과 반응함으로써 사슬의 성장이 정지된다.[7]

$$R\left(\underset{\underset{H}{|}}{\overset{\overset{H}{|}}{C}}-\underset{\underset{H}{|}}{\overset{\overset{H}{|}}{C}}\right)_m \overset{\overset{H}{|}}{\underset{\underset{H}{|}}{C}}-\overset{\overset{H}{|}}{\underset{\underset{H}{|}}{C}}\cdot + \cdot \overset{\overset{H}{|}}{\underset{\underset{H}{|}}{C}}-\overset{\overset{H}{|}}{\underset{\underset{H}{|}}{C}}\left(\underset{\underset{H}{|}}{\overset{\overset{H}{|}}{C}}-\underset{\underset{H}{|}}{\overset{\overset{H}{|}}{C}}\right)_n R \longrightarrow R\left(\underset{\underset{H}{|}}{\overset{\overset{H}{|}}{C}}-\underset{\underset{H}{|}}{\overset{\overset{H}{|}}{C}}\right)_m \overset{\overset{H}{|}}{\underset{\underset{H}{|}}{C}}-\overset{\overset{H}{|}}{\underset{\underset{H}{|}}{C}}-H + \overset{H}{\underset{H}{C}}=\overset{H}{C}\left(\underset{\underset{H}{|}}{\overset{\overset{H}{|}}{C}}-\underset{\underset{H}{|}}{\overset{\overset{H}{|}}{C}}\right)_n R \qquad (15.8)$$

분자량은 반응의 개시, 전파 및 종료 단계의 상대적인 속도에 의하여 결정된다. 대개는 원하는 정도의 중합도를 가진 폴리머를 제조하기 위하여 이들 속도를 조절한다.

　부가 중합은 폴리에틸렌, 폴리프로필렌, 폴리염화비닐, 폴리스티렌 등 많은 공중합체의 합성에 사용된다.

개념확인 15.11 부가 중합 과정을 통해 합성된 폴리머의 분자량이 아래의 조건에서 높을지, 중간일지, 상대적으로 낮을지 설명하라.

(a) 빠른 개시, 느린 전파, 빠른 종료
(b) 느린 개시, 빠른 전파, 느린 종료
(c) 빠른 개시, 빠른 전파, 느린 종료
(d) 느린 개시, 느린 전파, 빠른 종료

[해답은 *www.wiley.com/go/Callister_MaterialsScienceGE* → More Information → Student Companion Site 선택]

축합 중합

축합 중합 　　축합(또는 단계 반응) 중합(condensation polymerization)은 하나 이상의 단량체 종류가 참여하는 분자 간 화학 반응이 단계별로 발생하여 폴리머를 형성하는 것이다. 이 경우 물과 같은 부산물이 발생한다. 반응물과 단위체의 화학 조성이 서로 다르고, 분자 간의 반응이 단위체가 형성될 때마다 발생한다. 예를 들면 에틸렌 글리콜(ethylene glycol)과 아디프산(adipic acid) 간의 반응에 의한 폴리에스터의 형성 반응은 다음과 같다.

---

7 이러한 종류의 반응 종료법을 불균형화(disproportionation)라고 한다.

디메틸 테레프탈레이트   에틸렌 글리콜

$$n\left(H-\overset{H}{\underset{H}{C}}-O-\overset{O}{C}-\hexagon-\overset{O}{C}-O-\overset{H}{\underset{H}{C}}-H \right) + n\left(HO-\overset{H}{\underset{H}{C}}-\overset{H}{\underset{H}{C}}-OH \right) \longrightarrow$$

(15.9)

$$\left(\overset{H}{\underset{H}{C}}-\overset{H}{\underset{H}{C}}-O-\overset{O}{C}-\hexagon-\overset{O}{C}-O \right)_n + 2n\left(H-\overset{H}{\underset{H}{C}}-OH \right)$$

폴리에틸렌 테레프탈레이트   메틸 알코올

이 단계별 과정이 연속적으로 반복되어 선형 분자를 생성한다. 이 경우 반응 화학보다도 축합 중합의 기구가 매우 중요하다. 대개의 경우 축합 중합의 반응 시간은 부가 중합의 경우보다 길다.

앞의 축합 반응에서 에틸렌 글리콜과 디메틸 테레프탈레이트 반응기가 2개이다. 축합 반응은 대개의 경우 삼기능적(trifunctional) 단량체를 형성하여, 가교 결합형과 망상형 폴리머를 형성한다. 열경화성 폴리에스터와 페놀-포름알데히드, 나일론, 폴리카보네이트 등은 축합 반응에 의하여 형성된다. 나일론과 같은 일부 폴리머는 부가와 축합의 두 방법에 의하여 중합할 수 있다.

개념확인 15.12 나일론 6,6은 축합 중합 반응에 의하여 발생할 수 있다. 즉 헥사메틸렌 디아민[NH_2- $(CH_2)_6-NH_2$]과 아디프산이 반응하여 반응 부산물로서 물이 발생하는 반응이다. 식 (15.9)와 같이 이 반응을 써 보라. 주 : 아디프산의 구조는 아래와 같다.

$$HO-\overset{O}{C}-\overset{H}{\underset{H}{C}}-\overset{H}{\underset{H}{C}}-\overset{H}{\underset{H}{C}}-\overset{H}{\underset{H}{C}}-\overset{O}{C}-OH$$

[해답은 *www.wiley.com/go/Callister_MaterialsScienceGE* → More Information → Student Companion Site 선택]

15.22 폴리머 첨가제

지금까지 이 장에서 논의된 대부분의 폴리머 성질은 각 폴리머 자체의 고유 특성이다. 이러한 특성 중의 일부분은 분자 구조에 관련되어 있거나 그에 의하여 제어된다. 많은 경우에 기계적·화학적·물리적 성질은 이러한 기본적인 분자 구조를 단순히 변경시킴으로써 조절하는 것이 가능하다. 그러나 폴리머의 성질을 좀 더 용도에 적합하도록 변경하기 위해 **첨가제**와 같이 외부 물질을 의도적으로 첨가하는 경우가 있다. 전형적인 첨가제로는 필러, 가소제, 안정화제, 색소제, 방염제 등이 있다.

충전제

충전제

충전제(fillers) 재료는 폴리머의 인장 및 압축 강도, 마찰 저항성 인성, 형상 및 열 안정성, 그리고 다른 특성을 개선하기 위해서 첨가된다. 입자형 충전제로서는 나무 톱밥, 실리카 분말 및 모래, 유리, 점토, 운모, 대리석, 일부 인조 폴리머 등이 사용된다. 입자의 크기는 10 nm 정도에서 눈으로 볼 수 있는 크기까지 다양하다. 충전제를 포함하고 있는 폴리머는 복합 재료로 분류가 가능한데, 이에 대해서는 제16장에 자세히 설명되어 있다. 충전제는 대부분 가격이 저렴하여 가격이 비싼 폴리머 재료를 대체하여 최종 제품의 제조 원가를 낮추는 역할을 하기도 한다.

가소제

가소제

폴리머 재료의 유연성, 연성 및 인성은 **가소제**(plasticizer)를 첨가함으로써 향상될 수 있다. 가소제를 첨가하면 폴리머의 경도와 강성이 감소한다. 가소제는 대개 증기압이 낮고 분자량이 작은 액체이다. 작은 분자량의 가소제가 큰 폴리머 사슬 간의 사이를 차지하여 사슬 간의 간격을 실질적으로 증가시킴으로써 사슬 간의 2차 분자 간 결합을 감소시키게 된다. 폴리머 재료에 주로 사용되는 가소제는 상온에서 취약한 폴리염화비닐과 아세테이트 공중합체이다. 가소제는 유리 전이 온도를 낮추어 실온에서 연성과 연신이 필요한 용도에 폴리머 재료가 사용될 수 있도록 한다. 이러한 용도로는 얇은 판 또는 필름, 튜브, 비옷, 커튼 등이 있다.

개념확인 15.13
(a) 가소제의 증기압이 상대적으로 낮아야 하는 이유는?
(b) 가소제의 첨가가 폴리머의 결정성에 어떻게 영향을 미치겠는가? 그 원인은?
(c) 폴리머의 인장 강도에 미치는 가소제 첨가의 영향은? 그 원인은?

[해답은 *www.wiley.com/go/Callister_MaterialsScienceGE* → More Information → Student Companion Site 선택]

안정화제

안정화제

일부 폴리머 재료는 통상적인 환경 조건에서 매우 빨리 열화가 발생하는데, 대개 기계적 일체성이 열화된다. 이러한 열화 과정을 억제할 수 있는 첨가제가 **안정화제**(stabilizers)이다.

빛(특히 자외선)에 노출될 경우 폴리머 재료의 열화가 발생한다. 폴리머 재료가 자외선에 노출되면 분자 사슬에 존재하는 공유 결합을 절단하게 되고, 이 반응은 가교 결합을 유도하기도 한다. 자외선 조사에 대하여 안정성을 부여하는 방법은 두 가지가 있다. 첫 번째는 UV를 흡수하는 재료를 첨가하는데, 대개의 경우 표면에 얇은 층을 형성한다. 이 층이 자외선을 차단하여 폴리머 재료 내로 침투하지 못하도록 하는 방법이다. 두 번째 접근 방법은 자외선에 의하여 절단된 결합과 반응하는 물질을 첨가하여 절단된 결합이 다른 반응을 하거나 추가적인 폴리머 열화를 발생하지 못하도록 하는 방법이다.

다른 중요한 형태의 열화는 산화이며(17.12절 참조), 이것은 산소[산소 분자(O_2) 또는 오존(O_3)]과 폴리머 분자와의 반응에 의하여 발생한다. 산화에 대한 안정제의 역할은 산소가 폴리머에 도달하기 이전에 반응하여 소모하거나 산화 반응이 일어나지 못하도록 하는 역할을 한다.

착색제

착색제
착색제(colorant)는 폴리머 재료에 색깔을 부여하는데, 염료 또는 안료 형태로 첨가된다. 염료 내의 분자들은 폴리머 재료에 용해되어 분자 구조의 일부분이 되고, 안료는 폴리머 재료 내에 용해되지 않는 충전제로 입도가 작고 투명하며 모체 폴리머 재료의 것과 유사한 굴절률을 가지고 있다. 어떤 것들은 폴리머 재료를 불투명하게 만들고 색깔을 부여하기도 한다.

방염제

방염제
폴리머 재료의 가연성은 직물 및 아동의 장난감을 제조하는 데 매우 중요한 고려 사항이다. 대부분의 폴리머 재료는 상당량의 염소나 플루오로를 함유한 폴리염화비닐과 폴리테트라플루오로에틸렌과 같은 경우를 제외하고는 순수한 상태에서 매우 쉽게 연소된다. 나머지 가연성 폴리머 재료의 연소 저항성은 방염제(flame retardant)를 첨가시켜 개선시킬 수 있다. 이러한 연소 억제제는 연소 과정에서 기상(gas phase)의 생성 또는 화학 반응을 통하여 연소 구역을 냉각시켜 연소를 중단시키게 된다.

15.23 플라스틱의 성형 방법

폴리머 재료를 성형하는 데는 많은 기술이 사용된다. 폴리머 재료의 성형 방법을 결정하기 위해서는 다음의 몇 가지 사항이 고려되어야 한다. (1) 재료가 열가소성 또는 열경화성인지, (2) 열가소성일 경우 연화 온도는 얼마인지, 그리고 (3) 재료의 성형에 대한 대기 안정성, (4) 완성품의 형상 및 크기 등이며, 폴리머의 성형 기법과 금속 및 세라믹의 성형 기법 사이에는 상당한 유사성이 있다.

대개의 경우 폴리머 재료는 고온, 가압하에서 성형된다. 열가소성 폴리머 재료는 유리 전이 온도보다 높은 온도에서 가압하여 성형되고, 가압력은 형상을 유지할 수 있도록 유리 전이 온도 이하로 냉각될 때까지 유지한다. 열가소성 폴리머 재료를 사용하는 경제적인 장점은 재활용이 가능하다는 것이다. 즉 열가소성 재료의 자투리는 재용융되어 새로운 형상으로 제조할 수 있다.

열경화성 폴리머 재료를 이용한 부품의 제조는 두 단계로 이루어진다. 먼저 분자량이 적은 선형 폴리머(프리폴리머) 재료를 가열해 액상으로 준비한다. 두 번째 단계에서 이 재료는 원하는 형상을 가진 몰드 내에서 최종의 단단하고 딱딱한 제품으로 변화한다. 이 두 번째 단계를 경화(curing)라고 하며, 이것은 가열 또는 촉매제의 첨가 그리고 가압하에서 행해진다. 경화 도중에는 화학적 및 구조적인 변화가 분자 단위에서 발생하며, 가교 결합 또는 망상 구조가 형성된다. 경화 반응이 끝나면 열경화성 폴리머 재료는 아직도 뜨거운 몰드로부터 제거할 수 있는데, 이는 이 재료의 치수 안정성이 우수하기 때문이다. 열경화성은 재활용이 불가능하며 용융되지 않는다. 이 재질은 열가소성에 비하여 높은 온도에서 사용하는 것이 가능하고 화학적으로 안정하다.

몰딩

몰딩(molding)은 플라스틱 폴리머 재료를 성형하는 데 가장 일반적으로 사용되는 방법이다. 현재 사용되는 몰딩 기법은 압축, 전달, 취입, 사출, 압출 몰딩법 등이 있다. 이들 기법은 미세한 알갱이 모양 또는 입자상의 플라스틱을 고온에서 압력에 의하여 몰드 형상대로 성형되도록 흐르게 하거나 채우는 방법이다.

압축 및 전달 몰딩

압축 몰딩(compression molding)의 경우 그림 15.23에서 나타낸 바와 같이 완전히 혼합된 폴리머와 필요한 첨가제의 적정량이 암수 몰드 사이에 놓인다. 양쪽 몰드가 가열되지만 이 중 하나만이 움직인다. 몰드를 닫고 열과 압력을 가하여 플라스틱 재료가 점도를 갖게 한 후 몰드 형태대로 성형한다. 몰딩 전에는 원재료를 혼합하여 예비 형성품(preform)이라는 디스크형으로 상온 압축할 수도 있으며, 예비 형성품을 가열하게 되면 몰딩 시간 및 압력을 감소시킬 수 있다. 이에 따라서 금형의 수명을 연장하고 좀 더 균일한 부품을 제조할 수 있다. 이러한 몰딩 기법은 열가소성 및 열경화성 폴리머를 제조하는 데 사용되지만, 열가소성이 좀 더 많은 시간과 비용이 소모된다.

압축 몰딩을 개조한 전달 몰딩(transfer molding)의 경우는 고체 원료가 가열된 전달실 (transfer chamber)에서 먼저 용융된다. 용융된 재료로 몰드실로 사출되면서 압력이 모든 표면에 좀 더 균일하게 분포된다.

이러한 몰딩 공법은 열가소성 및 열경화성 폴리머를 제조하는 데 사용할 수 있다. 그러나 이 공정을 열가소성 재료에 적용하는 것은 다음에 설명하는 압축 또는 사출 몰딩 공법에 비하여 시간이 더 걸리고 가격이 비싸다.

사출 몰딩

폴리머 재료에서 금속의 다이캐스팅(die casting)에 해당하는 사출 몰딩(injection molding)

그림 15.23 압축 몰딩 장치의 모식적 표현

(출처 : F. W. Billmeyer, Jr., *Textbook of Polymer Science*, 3rd edition. Copyright © 1984 by John Wiley & Sons, New York. John Wiley & Sons, Inc. 허가로 복사 사용함)

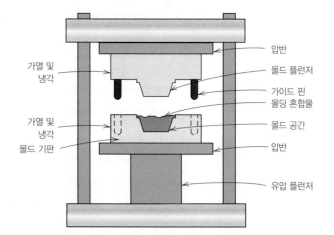

그림 15.24 사출 몰딩 장치의 모식적 표현

(출처 : F. W. Billmeyer, Jr., *Textbook of Polymer Science*, 2nd edition. Copyright © 1971 by John Wiley & Sons, New York. John Wiley & Sons, Inc. 허가로 복사 사용함)

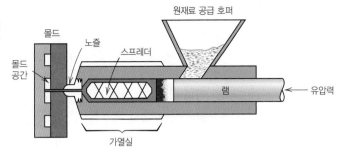

은 열가소성 재료를 성형하는 데 많이 이용된다. 장치의 모식적인 단면도를 그림 15.24에 나타냈다. 작은 알갱이로 만든 재료의 적정한 양이 호퍼(hopper)로 공급되고, 플런저(plunger)를 이용하여 실린더 내로 공급한다. 이것을 가열실 내로 밀어 넣는데, 여기서 열가소성 재료는 점성이 있는 액상으로 용융된다. 다음으로 램(ram)의 움직임에 따라서 용융된 플라스틱이 몰드 내의 공간 속으로 강제로 들어가게 되고, 플라스틱이 고체화될 때까지 압력을 유지한다. 마지막으로 몰드를 열고 제품을 꺼낸 후 몰드를 닫고 위와 같은 과정을 반복한다. 아마 이 기술의 가장 뛰어난 점은 부품의 생산 속도일 것이다. 대부분의 열가소성 플라스틱은 그 응고 속도가 매우 빠르기 때문에 이 과정의 사이클 시간이 짧다(대개 10~30초). 열경화성 폴리머도 사출 몰딩으로 제조할 수 있다. 가열된 몰드 내에서 압력을 가하여 경화시키는 과정으로 열가소성 플라스틱에 비하여 시간이 오래 걸리는 단점이 있다. 이러한 공정은 반응 사출 몰딩(reaction injection molding, RIM)으로 불리며, 폴리우레탄과 같은 재질이 사용된다.

압출

압출(extrusion) 공정은 점성이 있는 열가소성 플라스틱을 한쪽 구멍이 뚫린 금형을 통하여 사출하는 것으로 금속의 압출 공정과 유사하다(그림 11.9c 참조). 분말형 재료를 기계적 스크루(screw)가 밀어서 연속적으로 압축하고 용융시켜 점성이 있는 액상을 만든다(그림 15.25). 압출은 이러한 액상을 금형 내의 조그만 구멍을 통하여 밀어내어 실시한다. 압출된

그림 15.25 사출기의 모식도

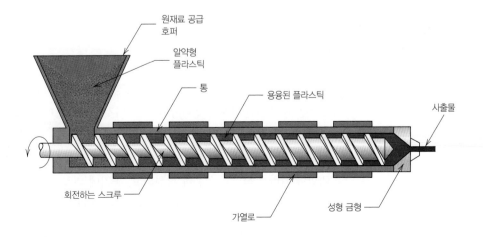

부품의 응고는 압출된 부품에 공기를 불어넣거나 물을 분무시킴으로써 촉진시킬 수 있다. 이러한 공정은 동일한 단면을 갖는 부품을 연속적으로 제조할 때 사용되는데, 봉, 튜브, 호스관, 판, 필라멘트 등이 이 방법으로 제조된다.

취입 몰딩

취입 몰딩(blow molding) 과정은 그림 13.15에 나타낸 것과 같이 유리를 불어서 성형하는 공정과 유사하다. 먼저 폴리머 튜브를 압출한다. 준용융 상태에 있을 때 원하는 형상의 몰드 사이에 넣고, 이 튜브 내로 공기를 송풍하거나 수증기 압력을 가하면 몰드의 형상대로 내부가 빈 부품이 성형된다. 물론 튜브의 점도와 온도는 매우 조심스럽게 조절되어야 한다.

주조

금속 및 세라믹과 같이 폴리머 재료도 주조(캐스팅, casting) 방법으로 제조할 수 있다. 즉 용융된 폴리머 재료를 몰드에 붓고 응고시키는 것으로 열가소성 및 열경화성 폴리머 재료 모두가 응고 방법으로 제조된다. 열가소성 폴리머의 경우에는 용융 상태로부터 냉각됨에 따라 응고가 발생하지만 열경화성 폴리머의 경우에는 경화가 항상 고온에서 수행되는 실제 중합 과정 또는 경화 과정의 결과로 발생한다.

15.24 탄성체의 제조

고무 부품을 제조하는 공정은 앞에서 언급한 플라스틱의 제조 공정, 즉 압축 몰딩, 압출 등과 대부분 같다. 또한 대부분의 고무 재료는 가황 처리되고(15.9절), 일부는 카본 블랙으로 강화된다(16.2절 참조).

개념확인 15.14 고무 부품의 가황 처리를 최종 성형 단계 이전에 해야 하는가 또는 성형 후 처리해야 하는가? 그 이유는? 힌트 : 15.9절 참조

[해답은 *www.wiley.com/go/Callister_MaterialsScienceGE* → **More Information** → **Student Companion Site** 선택]

15.25 섬유와 필름의 제조 기법

섬유

스피닝

폴리머 재료로부터 섬유를 제조하는 과정을 스피닝(spinning)이라고 한다. 대부분의 경우 섬유는 용융된 상태에서 스피닝되는데, 이것을 용융 스피닝(melt spinning)이라고 한다. 먼저 스피닝할 재질을 가열하여 점성이 있는 액체로 만든다. 그다음으로 작은 구멍이 많이 있는 스피너렛(spinneret)이라고 하는 판에 펌프로 부어 넣는다. 용융된 재질이 이 작은 구멍을 통과함에 따라서 하나의 섬유가 형성되고, 공기에 의해 냉각됨에 따라 바로 응고된다.

스피닝에 의하여 제조된 섬유의 결정성은 스피닝 과정 중의 냉각 속도에 따라 영향을 받

으며, 섬유의 강도는 인발(drawing)과 같은 후가공 공정에 의하여 더욱 향상될 수 있다(15.8 절). 인발은 섬유의 축 방향으로 기계적으로 소성 연신시키는 공정이다. 인발 과정 중에 분 자 사슬들이 인발 방향으로 배열되어(그림 15.13d), 인장 강도, 탄성률과 인성이 향상된다. 인발된 섬유의 단면은 거의 원형이고, 단면을 통하여 거의 균일하다.

용매에 용해된 폴리머 용액으로부터 섬유를 제조하는 2개의 다른 제조 방법에는 건식 스 피닝과 습식 스피닝 방법이 있다. 건식 스피닝의 경우에는 폴리머를 휘발성 용매에 용해시킨 다. 이러한 폴리머-용매 용액을 스피너렛과 가열된 구역에 통과시키는데, 이 구역에서 용매 가 증발하여 섬유가 고체화된다. 습식 스피닝의 경우에는 폴리머-용매 용액을 스피너렛과 다 른 용매를 통하여 통과시키는데, 용매 내에서 고체상의 폴리머 섬유가 석출된다. 이들 두 공 정에서는 섬유의 표면에 표피가 먼저 생성되고, 그다음에는 약간의 수축이 발생하여 섬유가 건포도처럼 쭈글쭈글해지는데, 이에 따라 섬유의 단면 윤곽이 매우 불규칙하게 변화하게 된 다. 이러한 현상은 탄성 계수를 증가시켜 섬유를 좀 더 뻣뻣하게 만들게 된다.

필름

대부분의 필름은 금형의 매우 얇은 슬릿을 통하여 압출하여 제조된다. 이렇게 제조된 필름 은 두께를 감소시키고, 기계적 특성을 향상시키기 위해서 압연 또는 인발 과정이 추가되기 도 한다. 다른 방법으로는 취관식 제조가 있다. 먼저 고리 모양의 환상 금형을 통하여 튜브 를 압출하고, 튜브 내에 일정한 가스 압력을 유지하고, 금형으로부터 나오는 축 방향으로 필 름을 인발하여 풍선과 같이 재료가 팽창하도록 하는 방법(그림 15.26)이다. 이 과정을 통하 여 필름의 두께가 연속적으로 감소된 재료의 한쪽을 봉합하여 쓰레기 봉투를 제조하기도 하 고, 전개 절단하여 필름을 제조한다. 이러한 공정은 2축 인발 공정이라고 하며, 이 공정에 의 하여 제조된 필름은 2축 신축 방향에 대하여 강한 특성을 가지고 있다. 일부 새로운 필름들

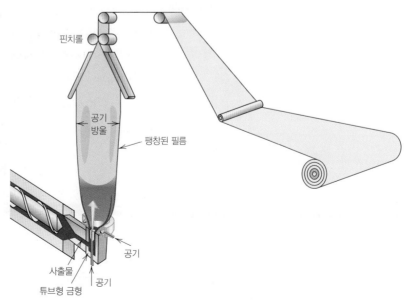

그림 15.26 얇은 폴리머 필름을 제조하는 데 사용되는 장치의 모식도

핀치롤

공기 방울

팽창된 필름

공기

사출물

공기

튜브형 금형

은 동시 압출법에 의하여 제조되기도 하는데, 이것은 하나 이상의 고분자 재료가 동시에 압출되는 것이다.

15.26 폴리머 재료의 3D 프린팅

많은 폴리머 재료들이 3D 프린팅 기법(3차원 인쇄, 적층 가공법)으로 유용한 형상으로 제조될 수 있다. 인쇄기를 위한 소프트웨어 파일과 명령을 만드는 과정은 11.7절(3D 프린팅)과 유사하다. 일반적으로 폴리머 재료는 금속 또는 세라믹 재료에 비하여 3D 프린팅 공정에 적용이 쉬운데, 이는 다음과 같은 이유 때문이다.

- 상대적으로 낮은 용융점/연화 온도
- 상대적으로 유연하고 연성이 있음
- 감광성(광원, 특히 자외선 광원에 노출되었을 때 중합 반응을 일으킴)

폴리머 재료의 3D 프린팅에 여러 기법이 사용되는데, 이 중 4개를 논의할 예정이다. 이는 용융 적층 모델링, 입체 리소그래피, 폴리젯 인쇄, 그리고 연속 액체 계면 제조 등의 방법이다.

용융 적층 모델링

용융 적층 모델링(fused deposition modeling, FDM)[8]은 열가소성 폴리머를 목적으로 개발된 첫 번째 인쇄 공정이다. 그림 15.27에 개략적으로 나타낸 바와 같이 필라멘트 또는 와이어 형태의 폴리머 재료가 인쇄 노즐을 통해서 공급되고, 노즐이 폴리머를 유리 전이 온도 이상으로 가열하게 된다. 목표로 하는 물체의 각층은 노즐에서 용융된 폴리머의 평평한 줄기로 압출된 것으로 형성되는데, 프린터의 소프트웨어가 요구되는 형상을 제조하기 위해서 폴리

그림 15.27 폴리머의 3차원 인쇄에 사용되는 용융 적층 모델링 기술의 모식도

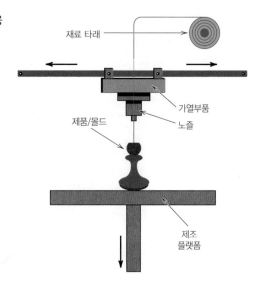

재료 타래

가열부품

제품/몰드

노즐

제조 플랫폼

---

8 용융적층 모델링과 FDM은 Strasys 사의 상표이다. 일반적인 용어로는 용융 필라멘트 제작 공정(FFF), 플라스틱 젯 인쇄(PJP)라고 부르기도 한다.

머를 어디에 '인쇄' 또는 분배해야 하는지를 결정한다. 반 용융 상태로 인쇄된 상하층은 서로 융착이 되고, 이들 층이 냉각됨에 따라 경화된다.

일부 형상을 제조하기 위해서는 골격을 인쇄하여 반 용융 상태의 인쇄층이 휘거나 무너지는 것을 방지할 필요성이 있다. 다른 폴리머(예 : 폴리염화비닐)을 이러한 지지 구조물로 인쇄하고, 후공정 과정에서 수용액에 세제를 넣은 용액으로 녹여서 제거하는 방법이다.

FDM 공법을 이용하여 인쇄되는 폴리머 재료에는 폴리(폴리 유산, PLA), 아크릴로니트릴-부타디엔-스티렌(ABS), 폴리에틸렌 테레프탈레이트(PET), 나일론, 열가소성 폴리우레탄(TPU), 폴리카보네이트(PC) 등이다. FDM-인쇄 폴리머의 중요한 용도는 생의학 조직용 생체 분해형 PLA 골격이다. 다른 적용 예로는 항공 산업, 의학 포장지, 전자(정전기 민감 물질), 프로토타입(prototype) 제작이다.

입체 리소그래피

폴리머의 입체 리소그래피(stereolithography, SLA) 3D 프린팅은 13.3절(그림 13.27)에서 논의한 세라믹의 SLA와 유사한데, 폴리머 레진 현탁액 내에 세라믹 입자를 포함하지 않는 점이 다르다. 감광성 레진 혼합물은 인쇄하고자 하는 폴리머, 단량체(이 재료는 원료의 점도에 영향을 미침), 그리고 빛에 노출되었을 때 경화(중합) 반응을 유도하는 광개시제(photoinitiator)를 포함하고 있다. 인쇄되는 물체는 상하 이동되는 조립 플랫폼상에 위치하여 지지된다. 조립 플랫폼과 인쇄가 진행 중인 물체는 광감응성 레진 용액이 담겨 있는 큰 통 내에 잠겨 있고, 상부는 액상의 표면과 일치하게 유지한다. 다음 층(조각)은 조립 플랫폼을 먼저 층의 두께에 해당하는 거리만큼 아래 방향을 내리고, 다음 층을 블레이드를 이용하여 레진을 펼쳐서 코팅한다. 그다음 레이저 빔으로 주사하여 원하는 부분을 중합 반응(가교 결합 및 고체화)을 유도하는 방법으로 새로운 층을 형성하여 하부의 물체와 융합시킨다. 이러한 공정을 물체의 원하는 형상이 얻어질 때까지 층별로 반복하여 진행한다. 이 과정이 완료되면 물체를 통에서 꺼내서 경화되지 않은 레진을 용제를 포함하고 있는 통에 넣어서 제거한다. 마지막으로 제조된 물체는 자외선 오븐에서 인쇄 후 처리하여 완전한 중합 반응을 유도한다.

입체 리소그래피 공정으로 제조되는 폴리머는 경화된 재료가 가교 또는 사슬 형성 공정을 거치기 때문에 열경화성 재료가 주로 사용되는데, 가장 많이 사용되는 재료가 에폭시와 아크릴레이트 기반 재료이다. 이 방법의 전형적인 적용 예로는 해부학 모델, 맞춤형 생의학 임플란트, 건축 모델과 주형 주조 패턴 등의 제조이다.

폴리젯 인쇄

폴리젯 인쇄(polyjet printing, PJP)(종종 광감응성 폴리머 제팅(photopolymer jetting) 법은 앞에서 논의한 용융 적층 모델링법과 입체 리소그래피법의 기술적 요소를 포함하고 있다. 이 공정은 조립 플랫폼상에서 인쇄기가 한 번에 한 층을 UV-감광성 또는 점성이 있는 액상 광 폴리머(SLA와 같이)를 인쇄하며(FMD 공정에서 같이), 인쇄 후 바로 자외선 램프를 이용하여 경화한다. 그러나 SLA와는 다르게 물체가 광음성 폴리머 용액 내에 담겨 있지 않고 인쇄된다. 목표로 하는 물체의 돌출물 부분을 지지하는 구조물을 인쇄할 필요성이 있을 수 있는데, 이 지지물은 인쇄가 끝난 후에 고압 스팀 물로 제거한다. 일반적으로 광감응성 폴리머는 매우 빠르게 경화되기 때문에 후 경화 처리가 필요없는 것이 일반적이다.

이 기법을 이용하여 원료를 배합하는 방법에 의하여 2~3개 레진 원료를 동시에 인쇄할 수 있다. 따라서 색깔을 다양하게, 투명하게, 다색 물체 및 경사 기능 재료(다른 위치에 다른 특성을 지닌)를 제조하는 것이 가능하다. 인쇄된 물질은 공급 업체마다 독특한 사유(proprietary) 조성이지만 통상적으로 사용되는 폴리머의 이름으로 판매되고 있다. 예를 들면 아크릴로니트릴-부타디엔-스티렌(ABS), 폴리프로필렌(PP)과 폴리카보네이트(PC)의 특성과 유사한 특성을 가지는 재료가 판매되는 것이다. 이들 재료는 생체 적합성, 광투과도 또는 고무 같은 거동과 같이 특정 특성을 기준으로 특정지을 수도 있다. 이 기법은 다양한 용도에 사용되고 있는데, 치과 및 정형외과 모델, 안경, 손잡이, 개스킷, 모바일 폰 케이싱, 주조 패턴 및 수술 가이드 등이 있다.

연속 액체 계면 제조

연속 액체 계면 제조(continuous liquid interface production, CLIP)법이 다른 것과 구별되는 특징은 물체의 인쇄 속도이다. 다른 3D 프린팅 기법이 물체를 층별로 인쇄하여 제조하는 데 비하여, 이 CLIP 공정은 조립 플랫폼이 액상 레진통(그림 15.28)에서 제조되는 물체를 연속적으로 끌어올리는 방법으로 제조한다. 연속 액체 계면의 생성은 매우 빠르게 연속적이고 매우 얇은 물체의 단면을 만드는 방법으로 한다. 통의 아래에 위치해 있는 자외선 프로젝터가 매우 얇은 층에 단면 형상의 이미지를 투사하면 이 얇은 단면이 UV 광에 의하여 경화(중합 또는 경화)된다. 통의 바로 아래에는 산소 투과도가 높은 창을 만들어서 매우 얇은 산소층의 데드 존(dead zone)을 생성시킨다. 이 데드 존의 경우 UV 경화에 의한 중합 반응을 방지하고 중합 반응이 이 층의 상부에서만 발생하도록 한다. 조립 플랫폼이 점진적으로 형성되고 있는 물체를 인양함에 따라서 추가적인 산소 함량이 낮은 레진을 하부로 공급하고, UV 광은 형상을 투사하여 아래층을 연속적으로 경화하여 형상이 완성될 때까지 계속 공정을 진행한다. 제품의 제조가 끝나면 물체를 강제 대류 오븐 내에서 열적으로 경화하는데, 이 공정은 2차 중합 반응을 활성화시켜 기계적 성질을 개선한다.

그림 15.28 폴리머의 3D 프린팅에 사용되는 연속 액체 계면 생성 공정을 나타내는 모식도
(Carbon 3D 허가로 복사 사용함)

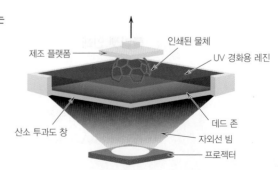

여러 종류의 폴리머가 CLIP 공정으로 제조된다.

- 넓은 온도 영역에서 탄성도가 높고, 회복성이 우수하며, 파손 저항이 우수한 탄성 폴리우레탄(EPU). 완충재, 개스킷, 그로밋(grommet)과 방수 봉인 등이 주요 용도이다.
- 강하고, 딱딱하며, 마멸 저항성이 높고 인성이 높은 강건한 폴리우레탄. 가전제품에 많이 사용되는데 컴퓨터 마우스, 휴대전화 및 다른 전자 기기의 외관 틀, 자동차의 브라켓, 도관 및 커넥터 등이다
- 유연하며, 충격 저항성이 있고, 마멸 및 피로 특성이 우수한 유연 폴리우레탄(FPU). 경첩, 하중을 지탱하는 용도 및 마찰 맞춤용에 주로 사용되는데, 장난감, 강성 포장 및 가정용품 등이다.
- 강하고, 고온에 장기간 노출 시 열적 안정성이 우수하고 저항성이 높은 사이네이트 에스터(cyanate ester). 주로 자동차의 엔진룸 부품과 전자 및 산업 부품으로 사용된다.

요약

응력-변형률 거동
- 응력-변형률 거동에 의하면 폴리머는 3개의 범주로 나눌 수 있는데(그림 15.1), 취성(A 곡선), 플라스틱(B 곡선), 고탄성(C 곡선)이 그것이다.
- 폴리머 재료는 금속에 비하여 강하거나 강성도가 높지도 않다. 그러나 우수한 유연성, 저비중 및 내식 저항성 등의 장점이 있어 많은 분야에 사용된다.
- 폴리머 재료의 기계적 성질이 온도의 변화 및 변형 속도에 민감하다. 온도가 증가함에 따라, 또는 변형 속도가 감소함에 따라 탄성 계수가 감소하고, 파단 연신율이 증가한다.

점탄성 변형
- 완전 탄성 및 완전 점성의 중간 특성인 점탄성 기계적 거동은 여러 폴리머 재료에서 관찰된다.
- 이러한 특성은 시간에 따라 변화하는 탄성 계수인 이완 계수에 의하여 평가된다.
- 이완 계수의 값은 온도에 매우 민감하다. 유리질, 피혁질, 고무질, 점성 유동 구역은 온도에 따른 이완 계수의 로그값으로부터 구할 수 있다(그림 15.7).
- 온도에 따른 이완 계수의 로그값의 거동은 분자 배열, 결정성, 가교 결합 등에 의하여 영향을 받는다(그림 15.8).

폴리머의 파괴
- 폴리머 재료의 파괴 강도는 금속과 세라믹 재료에 비하여 상대적으로 낮다.
- 폴리머 재료의 파괴는 취성 및 연성 파괴 모드를 가지는 것이 가능하다.
- 일부 열가소성 재료는 온도를 감소시키거나, 변형률 속도를 높이거나, 시편의 두께 또는 기하학적 구조를 변화시킴에 따라 연성-취성 천이를 나타내게 된다.
- 일부 열가소성 재료에서는 균열이 형성되기 이전에 잔금이 발생한다. 잔금 형성 지역은 소성변형이 집중되어 발생하고, 미소 공공이 존재한다(그림 15.9).
- 잔금의 형성은 재료의 연성과 인성을 증가시키는 역할을 한다.

준결정질 폴리머의
소성변형
- 구정 구조를 가진 준결정질 폴리머 재료가 인장 응력하에서 변형될 때 비정질 구역에 존재하는 분자들이 응력 방향으로 연신이 발생한다(그림 15.12).
- 구정 폴리머의 인장 소성변형은 여러 단계를 거쳐서 비정질의 묶음 사슬과 사슬 겹침 블록이 배열되는 과정으로 발생하는 것으로 생각된다(그림 15.13).
- 변형 과정 중에 구정의 형태가 변형되고(중간 정도의 소성변형 시), 소성변형의 정도가 상대적으로 크면 매우 정렬된 구조가 형성되면서 구정이 완전히 파괴된다.

준결정질 폴리머의
기계적 특성에
영향을 미치는 인자
- 폴리머의 기계적 거동은 사용 인자 및 구조적/가공 공정의 요인에 의하여 영향을 받는다.
- 온도를 증가시키거나 소성 가공 속도를 감소시키면 탄성 계수 및 인장 강도를 감소시키고, 연성을 증가시킨다.
- 기계적 특성에 영향을 미치는 다른 인자들은 다음과 같다.
  - 분자량 : 인장 계수는 분자량의 변화에 비교적 둔감하다. 그러나 인장 강도는 분자량, $\overline{M}_n$의 증가에 따라 증가한다(식 15.3).
  - 결정화 정도 : 인장 계수 및 인장 강도는 결정화도가 증가함에 따라서 증가한다.
  - 예비 성형 인발 : 인장 조건에서 폴리머 재료를 영구 변형하면 강성 및 강도가 증가한다.
  - 열처리 : 인발하지 않은 준결정질 폴리머 재료를 열처리하면 강성 및 강도가 증가하고, 파단 연신율은 감소한다.

탄성체의 변형
- 비정질이고 가교 결합의 밀도가 낮은 탄성 재료에서 탄성 연신이 크게 발생한다.
- 가해진 인장 응력에 대응해 킹크 및 코일이 풀어지는 과정을 통해 변형이 발생하게 된다.
- 가교 결합은 대개 가황 공정을 통해 얻는다. 가교 결합의 정도가 증가함에 따라 탄성체의 탄성 계수 및 인장 강도가 증가한다.
- 많은 탄성체는 공중합체인데, 실리콘 탄성체는 실제로는 무기 재료이다.

결정화
- 폴리머의 결정화 과정에서 액체 내에 불규칙하게 임의로 배열된 분자가 사슬 접힘 결정자의 형태로 상변태가 발생한다. 이 결정자는 규칙적이고 일정 방향으로 배열된 분자 구조를 갖는다.

용융
- 폴리머의 결정질 구역의 용융 현상은 분자 사슬이 규칙적으로 잘 정렬된 고체 재료가 매우 불규칙적이고 임으로 배열된 분자 상태인 점성 액체로 변화하는 것이다.

유리 전이
- 유리 전이는 폴리머의 비정질 구역에서 발생한다.
- 유리 전이 현상은 냉각하는 과정에서 액체에서 피혁질 재료, 그리고 최종적으로는 딱딱한 고체로 서서히 변태하는 것에 해당한다. 온도가 감소함에 따라 분자 사슬의 움직임이 감소한다.

용융 및 유리 전이 온도
- 용융 및 유리 전이 온도는 온도에 따른 부피 변화의 도표로부터 결정하는 것이 가능하다(그림 15.18).
- 이러한 물리적 특성은 해당 폴리머 재료의 사용 온도 범위 및 공정을 설계하는 데 있어서 중요한 데이터이다.

| 용융 및 유리 전이 온도에 미치는 인자 | • 사슬의 강성이 증가함에 따라서 용융점(T_m)과 유리 전이 온도(T_g)가 증가한다. 사슬의 강성은 이중 결합 사슬, 극성 또는 큰 측면 그룹의 존재 유무에 영향을 받는다.
• 분자량($\overline{M}$)의 증가도 용융점(T_m)과 유리 전이 온도(T_g)를 증가시킨다. |

폴리머 종류

• 폴리머 재료를 분류하는 방법 중의 하나는 최종 용도로 하는 방법이다. 이 방법에 의하면 플라스틱, 섬유, 코팅, 접착제, 필름, 폼, 첨단 소재가 포함된다.

• 플라스틱 재료는 가장 많이 사용되는 폴리머 재료군의 하나인데, 이 재료군에는 폴리에틸렌, 폴리프로필렌, 염화폴리비닐, 폴리스티렌, 에폭시, 페놀, 폴리에스터 등이 있다.

• 많은 폴리머 재료는 섬유 형태로 스피닝하여 제조되는데, 이들은 주로 옷감으로 사용된다. 이들 재료의 기계적, 열적, 화학적 성질이 매우 중요하다.

• 첨단 폴리머 재료로서 초고분자량 폴리에틸렌, 액정 고분자, 열가소성 탄성체에 대하여 소개하였다. 이러한 재료는 특이한 특성을 가지고 있고, 첨단 기술 분야에 사용되고 있다.

중합 반응

• 고분자량 폴리머의 합성은 중합 반응을 통하여 제조되는데, 부가 및 축합 반응의 두 가지가 있다

   – 부가 중합 반응에서는 단량체 단위가 체인과 같이 한 번에 하나씩 더해져서 선형 분자를 형성한다

   – 축합 중합 반응에서는 분자 간의 화학 반응이 단계적으로 발생하는데, 이 경우 하나 이상의 분자종이 반응에 관여할 수 있다.

폴리머 첨가제

• 폴리머 재료의 여러 특성 등은 첨가제에 의하여 변경하는 것이 가능한데, 충전제, 가소제, 안정화제, 착색제, 방염제 등이 주요 첨가제이다.

   – 충전제는 폴리머의 강도, 내마모성, 인성, 열적/형상 안정성을 개선하기 위해서 첨가한다.

   – 가소제는 유연성, 연신율 및 파괴 인성을 개선한다.

   – 안정화제는 폴리머 재료가 대기 중의 햇빛이나 가스 종에 노출되었을 때 열화되는 것을 방지하기 위해서 첨가된다.

   – 착색제는 폴리머 재료에 색깔을 부여하기 위해서 첨가된다.

   – 방염제는 폴리머 재료의 가연 저항성을 향상시키기 위해서 첨가된다.

플라스틱의 성형 방법

• 플라스틱 폴리머 부품의 제조는 고온에서 소성 가공하는 방법으로 이루어지는데, 압축(그림 15.23), 사출(그림 15.24), 취입, 압출(그림 15.25), 주조 등의 여러 몰딩 기술을 혼합하여 사용한다.

섬유와 필름의 제조 기법

• 일부 섬유는 점성이 있는 액체를 스피닝하여 제조되는데, 제조된 섬유는 인발 과정을 거치게 된다. 이 과정 중에 섬유는 늘어나게 되고, 이러한 현상이 기계적 강도를 향상시키는 역할을 한다.

• 필름은 압출 및 취입법(그림 15.26)으로 제조되는데, 제조된 필름은 롤링 과정을 추가적으로 거치기도 한다.

<table>
<tr><td>폴리머 재료의
3D 프린팅</td><td>• 광감응성, 유연성, 그리고 저융점 및 연화 온도 등과 같은 폴리머의 많은 특성들이 3D 프린팅 공정을 가능하게 한다.
• 폴리머 재료의 3D 프린팅과 관련하여 다음의 네 가지 공정에 대해서 설명하였다: 용융 적층 모델링, 입체 리소그래피, 폴리젯 인쇄, 연속 액체 계면 제조 공정.</td></tr>
</table>

식 요약

식 번호	식	용도
15.1	$E_r(t) = \dfrac{\sigma(t)}{\varepsilon_0}$	이완 계수
15.3	$TS = TS_\infty - \dfrac{A}{\overline{M}_n}$	폴리머 탄성 강도

기호 목록

기호	의미
$\sigma(t)$	점탄성 이완 계수 시험에서 측정된 시간 의존성 응력
ε_0	점탄성 이완 계수 시험 동안 유지된 변형 레벨
$\overline{M}_n$	개수-평균 분자량
$TS_\infty,\ A$	물질 상수

주요 용어 및 개념

가소제	액정 폴리머	착색제
가황	열가소성 탄성체	초고분자량 폴리에틸렌
몰딩	용융점	축합 중합
방염제	유리 전이 온도	충전제
부가 중합	이완 계수	탄성체
섬유	인발	폼
스피닝	점탄성	플라스틱
안정화제	접착제	

참고문헌

Billmeyer, F. W., Jr., *Textbook of Polymer Science*, 3rd edition, Wiley-Interscience, New York, 1984.

Black, J. T., and R. A. Kohser, *DeGarmo's Materials and Processes in Manufacturing*, 11th edition, John Wiley & Sons, Hoboken, NJ, 2012.

Brazel, C. S., and S. L. Rosen, *Fundamental Principles of Polymeric Materials*, 3rd edition, John Wiley & Sons, Hoboken, NJ, 2012.

Engineered Materials Handbook, Vol. 2, Engineering Plastics, ASM International, Materials Park, OH, 1988.

Fried, J. R., *Polymer Science & Technology*, 3rd edition,

Pearson Education, Upper Saddle River, NJ, 2014.

Harper, C. A. (Editor), *Handbook of Plastics, Elastomers and Composites*, 4th edition, McGraw-Hill, New York, 2002.

Lakes, R., *Viscoelastic Materials*, Cambridge University Press, New York, 2009.

McCrum, N. G., C. P. Buckley, and C. B. Bucknall, *Principles of Polymer Engineering*, 2nd edition, Oxford University Press, Oxford, 1997. Chapters 7–8.

Muccio, E. A., *Plastic Part Technology*, ASM International, Materials Park, OH, 1991.

Muccio, E. A., *Plastics Processing Technology*, ASM International, Materials Park, OH, 1994.

Nielsen, L. E., and R. F. Landel, *Mechanical Properties of olymers and Composites*, 2nd edition, CRC Press,

Boca Raton, FL, 1993.

Saldivar-Guerra, E., and E. Vivaldo-Lima (Editors), *Handbook of Polymer Synthesis, Characterization, and Processing*, John Wiley & Sons, Hoboken, NJ, 2013.

Schultz, J., *Polymer Materials Science*, Prentice Hall (Pearson Education), Upper Saddle River, NJ, 1974.

Strong, A. B., Plastics: Materials and Processing, 3rd edition, Pearson Education, Upper Saddle River, NJ, 2006.

Ward, I. M., and J. Sweeney, *Mechanical Properties of Solid Polymers*, 3rd edition, John Wiley & Sons, Chichester, UK, 2013.

Young, R. J., and P. A. Lovell, *Introduction to Polymers*, 3rd edition, CRC Press, Boca Raton, FL, 2011.

연습문제

응력-변형률 거동

15.1 그림 15.3에 나타낸 폴리메틸메타크릴레이트의 응력-변형률 데이터로부터 상온(20°C)에서 탄성률과 인장 강도를 구하라. 이 결과를 표 15.1의 결과와 비교하라.

점탄성 변형

15.2 점탄성 폴리머에 대해 응력 이완 시험을 실시할 경우 응력이 시간에 따라서 다음 식으로 감소한다.

$$\sigma(t) = \sigma(0) \exp\left(-\frac{t}{\tau}\right) \qquad (15.10)$$

여기서 $\sigma(t)$와 $\sigma(0)$은 시간에 따라 변화하는 응력과 초기 응력($t=0$)을 각각 나타내고, t와 τ는 경과된 시간과 이완 시간을 나타낸다. τ는 시간에 따라 변화하지 않는 재료의 특성 상수이다. 식 (15.10)에 따라서 변형하는 점탄성 폴리머 시편을 연신율 0.5까지 갑자기 인장으로 변형시킨 다음, 이 일정한 변형량을 유지하는 데 필요한 응력을 시간의 함수로 측정하였다. 초기 응력이 3.5 MPa이고 30초 후에 0.5 MPa로 감소하였다면 이 재료의 $E_r(10)$을 결정하라.

15.3 그림 15.29에 여러 가지 온도에서 PMMA에 대해

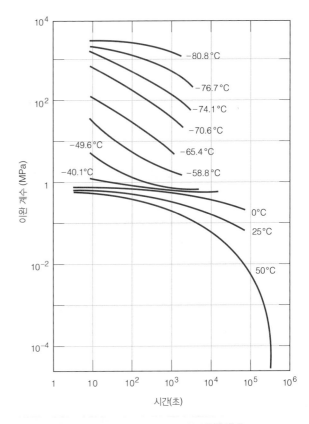

그림 15.29 −80~50°C의 온도 범위에서 폴리이소부틸렌의 이완 계수와 시간과의 관계를 로그 축척으로 나타낸 결과

(출처 : E. Catsiff and A. V. Tobolsky, "Stress-Relaxation of Polyisobutylene in the Transition Region [1,2]," J. *Colloid Sci.*, 10, 1955, p. 377. Academic Press, Inc. 허가로 복사 사용함)

$E_r(t)$ 로그값을 시간의 로그값으로 나타냈다. log $E_r(10)$ 대 온도의 곡선을 그리고 T_g를 결정하라.

15.4 그림 15.5의 곡선을 이용하여 다음의 폴리스티렌 재질에 대하여 각 온도에서 변형률−시간을 모식적으로 나타내라.

(a) 180°C에서 비결정질

(b) 100°C에서 비결정질

15.5 하나의 비정질 폴리머에 대해 이완 계수의 로그값-온도 간의 관계를 모식적으로 2개의 곡선으로 만들라(그림 15.8의 *C* 곡선).

(a) 두 곡선 중의 하나에 분자량이 증가함에 따라 거동이 어떻게 변화하는지를 나타내라.

(b) 다른 곡선에는 가교 결합이 증가함에 따라 거동이 어떻게 변화하는지를 나타내라.

폴리머의 파괴
기타 기계적 특성

15.6 (a) PMMA(그림 15.11)의 피로 한계와 1045 철강의 피로 데이터(그림 8.21)를 비교하라.

(b) 피로 주기가 10^6에서 나일론(그림 15.11)과 2014-T6 알루미늄 합금(그림 8.21)의 피로 강도를 비교하라.

준결정질 폴리머의 기계적 특성에 영향을 미치는 인자
탄성체의 변형

15.7 다음의 인자가 준결정질 폴리머 재료의 기계적 강도에 어떻게 영향을 미치는지에 대하여 설명하라.

(a) 분자량

(b) 결정화도

(c) 인발에 의한 변형

(d) 가공되지 않은 재료의 어닐링 처리

(e) 인발된 재료의 어닐링

15.8 두 폴리(메틸메타크릴레이트) 재료의 인장 강도 및 개수-평균 분자량은 다음과 같다.

인장 강도 (MPa) 개수	개수−평균 분자량 (g/mol)
50	30,000
150	50,000

개수-평균 분자량이 40,000 g/mol일 경우 인장 강도를 예측하라.

15.9 다음의 폴리머 2개에 대하여 다음 사항을 설명하라. (1) 이 중 어느 하나가 높은 인장 강도를 갖는지를 판단하고, (2) 이것이 가능하다면 어느 것이 높은 인장 강도를 가지며, 그 원인은 무엇인지, (3) 만약에 가능하지 않다면 그 이유는 무엇인가?

(a) 가지형이고 어택틱 폴리 염화비닐로서 개수-평균 분자량이 100,000 g/mol, 선형이고 이소택틱 폴리 염화비닐로서 개수-평균 분자량이 75,000 g/mol

(b) 가지형 폴리프로필렌으로서 개수-평균 분자량이 100,000 g/mol, 어택틱 폴리프로필렌으로서 개수-평균 분자량이 150,000 g/mol

15.10 다음의 폴리머 2개에 대하여 다음 사항을 설명하라. (1) 이 중 어느 하나가 높은 인장 강도를 갖는지를 판단하고, (2) 이것이 가능하다면 어느 것이 높은 인장 강도를 가지며, 그 원인은 무엇인지, (3) 만약에 가능하지 않다면 그 이유는 무엇인가?

(a) 선형이고 이소택틱 폴리 염화비닐로서 개수-평균 분자량이 100,000 g/mol, 가지형이고 어택틱 폴리 염화비닐로서 개수-평균 분자량이 75,000 g/mol

(b) 접지형 아크릴로니트릴-부타디엔 공중합체로서 10%가 가교 결합, 교대형 아크릴로니트릴-부타디엔 공중합체로서 5%가 가교 결합

15.11 다음 각 쌍의 폴리머에 대하여 동일 그래프상에 응력-변형률 곡선을 모식적으로 각각 그리고 표시하라[(a)와 (b)에 대해서 각각 그리라).

(a) 폴리이소프렌이고 개수-평균 분자량이 100,000 g/mol이고 10%가 가교 결합, 폴리이소프렌이고 개수-평균 분자량이 100,000 g/mol이고 20%가 가교 결합

(b) 가지형 폴리에틸렌이고 개수-평균 분자량이 90,000 g/mol, 가교 결합이 대부분 발생한 폴리에틸렌이고 개수-평균 분자량이 90,000 g/mol

15.12 상온에서 다음의 재료 중 어느 것이 탄성체가 되고, 어느 것이 열경화성 폴리머가 되겠는가? 그 이유를 설명하라.

(a) 선형 고결정질 폴리에틸렌

(b) 가교 결합 밀도가 매우 높고 유리 전이 온도가 50℃인 폴리이소프렌

(c) 가교 결합 밀도가 낮고 유리 전이 온도가 −60℃인 폴리이소프렌

15.13 교대 아크릴로니트릴-부타디엔 공중합체를 완전하게 가교 결합시키기 위해서 필요한 황의 무게 %를 계산하라. 각 가교 결합에는 4개의 황 원자가 소요된다고 가정하라.

15.14 폴리이소프렌을 가황하는 경우 가교 결합이 가능한 자리 중 10%를 결합시키기 위해서 필요한 황의 양(wt%)은 얼마나 되겠는가? 단, 각 가교 결합 당 3.5개의 황 원자가 참여한다고 가정하라.

결정화

15.15 150℃에서 폴리프로필렌(그림 10.17)의 결정화에 대하여 그림 15.17의 상수 n과 k를 결정하라.

용융 및 유리 전이 온도

15.16 표 15.2에 나타낸 폴리머 중에서 얼음을 얼리는 데 사용되는 칸막이 상자에 적합한 것은 어느 것이겠는가? 그 이유는?

용융 및 유리 전이 온도에 미치는 인자

15.17 아래의 폴리머 쌍에 대하여 부피-온도 곡선을 모식적으로 나타내라[(a)와 (b) 대해서 그래프를 각각 그리라].

(a) 선형 폴리에틸렌으로서 무게-평균 분자량이 75,000 g/mol, 가지형 폴리에틸렌으로서 무게-평균 분자량이 50,000 g/mol

(b) 중합도가 7000인 완전 비정질 폴리스티렌, 중합도가 7000인 완전 비정질 폴리프로필렌

15.18 다음 각 쌍의 폴리머에 대하여 (1) 어느 폴리머의 용융점이 높을지를 선택하는 것이 가능한지를 설명하고, (2) 만약 가능하다면 어느 것의 용융점이 높을지를 선택한 후 그 이유를 설명하고, (3) 가능

하지 않다면 그 이유를 설명하라.

(a) 밀도가 2.14 g/cm³이고 무게-평균 분자량이 600,000 g/mol인 폴리테트라플로에틸렌, 밀도가 2.20 g/cm³이고 무게-평균 분자량이 600,000 g/mol인 PTFE

(b) 선형 신디오택틱 폴리프로필렌으로서 무게-평균 분자량이 500,000 g/mol, 선형 어택틱 폴리프로필렌으로서 무게-평균 분자량이 750,000 g/mol

탄성체

섬유

기타 적용

15.19 규소 폴리머와 다른 폴리머 재료 간의 분자 화학적인 차이점을 간단하게 설명하라.

15.20 얇은 필름 용도로 사용되는 폴리머의 중요한 특성 다섯 가지를 기술하라.

중합 반응

15.21 (a) 식 (15.9)에 의하면 20.0 kg의 디메틸 테레프탈레이트에 얼마만큼의 에틸렌 글리콜을 첨가해야 선형 사슬 구조의 폴리(에틸렌 테레프탈레이트)를 제조할 수 있겠는가?

(b) 반응에 의하여 생성된 폴리머의 질량은 얼마인가?

폴리머 첨가제

15.22 염료와 안료 착색제의 차이점은 무엇인가?

플라스틱 성형 방법

15.23 폴리머 재료를 성형하는 데 사용되는 방법을 결정하는 데 있어 영향을 미치는 4개의 인자에 대하여 설명하라.

섬유 및 필름의 제조 기법

15.24 다음의 두 가지 방법으로 제조된 폴리에틸렌 얇은 필름 중 어느 것이 우수한 기계적 특성을 가지겠는가?

(a) 가스 압력으로 불어서 제조한 것

(b) 압출로 성형한 후 압연한 것

그 이유는 무엇인가?

설계문제

15.D1 (a) 안경용 렌즈로서 투명 폴리머 재료를 사용하는 것에 대한 장단점에 대하여 열거하라.

(b) 이러한 용도에서 필요로 하는 네 가지 특성(투명성은 제외)을 열거하라.

(c) 이러한 안경용 렌즈 재질로서 3개의 폴리머가 쓰일 수 있다. 이들 재료에 대하여 (b)에서 언급한 특성 등을 표로 나타내라.

15.D2 식품류 및 드링크류의 포장에 사용되는 폴리머 재료에 대하여 간단한 에세이를 써라. 이러한 용도에 사용되는 재질에 요구되는 특성에 대하여 설명하고, 세 가지 다른 용기에 사용되는 폴리머 재질을 열거하라. 이때 이것들이 사용되는 이유에 대해서도 설명하라.

사진 제공 : Black Diamond Equipment, Ltd.

상부 시트 : 유리 전이 온도가 상대적으로 낮고 깨짐 저항성이 높은 폴리아미드 폴리머이다.

뒤틀림 박스 덮개 : 유리, 아라미드 또는 탄소 섬유를 사용하는 섬유 강화 복합 재료. 다양한 직조 방법 및 강화재 분율을 사용하여 스키의 굴곡 특성을 조율한다.

코어 : 폼, 목재 수직 박판, 목재, 목재−폼 박판, 허니콤, 그리고 다른 재료. 목재로는 상록 포플러, 대나무, 발사, 자작나무 등이 주로 사용된다.

진동 흡수 재료 : 고무가 주로 사용된다.

보강층 : 유리 섬유가 사용된 섬유 강화 복합 재료. 길이 방향 강성을 제공하기 위해서 다양한 직조 방법과 강화재의 함량이 변화될 수 있다.

밑면 : 마찰 계수가 낮고 마멸 저항성이 우수한 초고분자량 폴리에틸렌이 사용된다.

측면 : 경도가 48 HRC가 되도록 처리된 탄소강. 눈 속으로 쉽게 파고들어 회전을 용이하게 한다.

(a)

(a) 근대 스키의 복잡한 복합 재료의 모식도. 이 모식도에 각 부분의 역할 및 재료에 대해서 나타냈다.
(b) 깨끗한 눈에서 스키를 즐기는 사람의 사진

© Doug Berry/iStockphoto

(b)

여러 복합 재료의 특성에 미치는 강화재의 특성, 함량, 형상 및 분포의 영향을 이해하게 되면, 금속 합금, 세라믹, 폴리머로부터 얻을 수 있는 각각의 특성보다 우수한 특성의 조합을 가진 복합 재료를 설계하는 것이 가능해진다. 예를 들면 설계예제 16.1에서와 같이 강성의 요구 조건을 만족시키는 필라멘트 강화축을 설계할 수 있게 된다.

학습목표

이 장을 학습한 후에는 다음 내용을 숙지할 수 있어야 한다.

1. 복합 재료의 네 가지 종류 및 특징
2. 과립 강화 및 분산 강화 복합 재료의 강화 기제의 차이점
3. 섬유 강화 복합 재료의 세 가지 타입을 섬유의 길이 및 배향에 따른 분류 및 이들의 특징적인 기계적 특성
4. 배향된 연속 섬유 강화 복합 재료의 장축 인장 계수 및 강도의 계산
5. 배향된 단섬유 강화 복합 재료의 장축 인장 강도 계산
6. 폴리머 기지 복합 재료에 사용되는 세 가지의 일반적인 섬유 강화재 및 이들이 요구하는 물성 및 한계
7. 금속 기지 복합 재료에서 요구되는 특성
8. 세라믹 기지 복합 재료를 개발하는 주요 이유
9. 구조용 복합 재료의 두 가지 분류

16.1 서론

새로운 재료로서 복합 재료의 등장은 20세기 중반 유리 섬유 강화 폴리머 기지 복합 재료와 같은 의도적으로 설계되고 엔지니어링된 다상 복합 재료의 제조로부터 가능하였다. 목재, 지푸라기 강화된 점토 벽돌, 바닷조개, 철 합금 등과 같은 다상 재료는 수천년 동안 알려져 있었지만, 이러한 서로 다른 재료를 결합시켜 제조하는 독창적인 개념에 대한 인식이 복합 재료를 기존의 친숙한 금속, 세라믹, 폴리머 재료와는 구별하게 만들었다. 이제 우리는 다상 복합 재료의 개념이 전통적인 단일(monolithic) 금속 합금, 세라믹 재료, 폴리머 재료로서는 얻을 수 없는 매우 다양한 특성으로 조합된 다양한 재료를 설계할 수 있는 기회를 제공하고 있다.[1]

특수하고 특별한 물리적 특성을 가진 재료가 우주항공, 해저, 생물공학, 운송 산업 등의 분야에서 요구되고 있다. 예를 들면 비행기 엔지니어들은 밀도가 낮고, 강하고, 강성이 있으며, 내마모성과 내충격성이 우수하고, 내식성이 우수한 구조용 재료를 지속적으로 탐구하고 있다. 단일 재료 중에서 강한 재료는 밀도가 상대적으로 높고, 강도 또는 강성의 증가는 인성의 저하를 유발한다.

이러한 많은 성질을 조합한 복합 재료의 개발에 의하여 특성 범위가 넓은 재료가 확대되고 있다. 일반적으로 복합 재료는 여러 가지 상으로 구성된 재질로서 각 구성 재료의 개개 성질이 조합되어 나타난다. 복합 작용 원리(principle of combined action)에 의하면 2개 이

복합 작용 원리

---

1 여기서 단일 재료(monolithic)라는 개념은 균일하고 연속적이며 하나의 재료로서 제조된 미세구조를 가진 재료를 의미하는데, 하나 이상의 구성 인자를 가질 수 있다. 이에 비하여 복합 재료의 서로 다른 재료 2개 이상이 혼합된 것이기 때문에 미세구조는 불균일하고, 불연속적이며, 다상이다.

상의 서로 다른 재료를 적절하게 조합함으로써 향상된 성질을 얻을 수 있다. 많은 복합 재료에서는 일부 특성이 개개의 성질보다 저하되기도 한다.

　복합 재료의 종류에 대해서는 이미 설명하였는데, 이 중 다상(multiphase) 금속 합금, 세라믹 및 폴리머 복합 재료가 있다. 예를 들면 펄라이트 강(9.19절)은 α-페라이트와 시멘타이트 층이 교대로 있는 미세조직이 있다(그림 9.27). 페라이트 상은 연하고 연성이 있는 데 반하여, 시멘타이트는 딱딱하고 매우 취약하다. 이와 같은 두 상의 조합된 펄라이트의 기계적 성질(상당히 높은 연성과 강도)은 이들 각 상의 것보다 우수하다. 또한 자연 상태에서 복합 재료 형태로 존재하는 것이 있다. 예를 들면 목재는 강하고 유연한 셀룰로오스 섬유(cellulose fiber)와 이를 둘러싸고 있는 리그닌(lignin)이라고 하는 강성이 높은 재료로 구성되어 있다. 또한 뼈는 연한 단백질 콜라겐과 딱딱하고 취약한 인회석(apatite)으로 구성되어 있는 복합 재료이다.

　이 장에서 다루는 복합 재료는 자연에 존재하는 것과는 달리 인공적(artificially made)으로 여러 가지 상을 조합하여 합성된 재료를 지칭한다. 이러한 재료를 구성하고 있는 각 상은 화학적으로 서로 다르며 계면으로 분명히 구분되어야 한다.

　과학자나 기술자들은 여러 가지 금속, 세라믹 및 폴리머를 조합하여 특이한 특성을 가진 차세대 복합 재료들을 개발하였다. 대부분의 복합 재료는 강성, 인성, 상온 및 고온 강도를 향상시키기 위하여 개발되었다.

기지상

분산상

　많은 복합 재료는 2개의 상으로 구성되어 있으며, 그중 하나를 기지상(matrix phase)이라고 하는데, 이것은 연속적이고 분산상(dispersed phase)이라는 다른 상을 둘러싸고 있다. 복

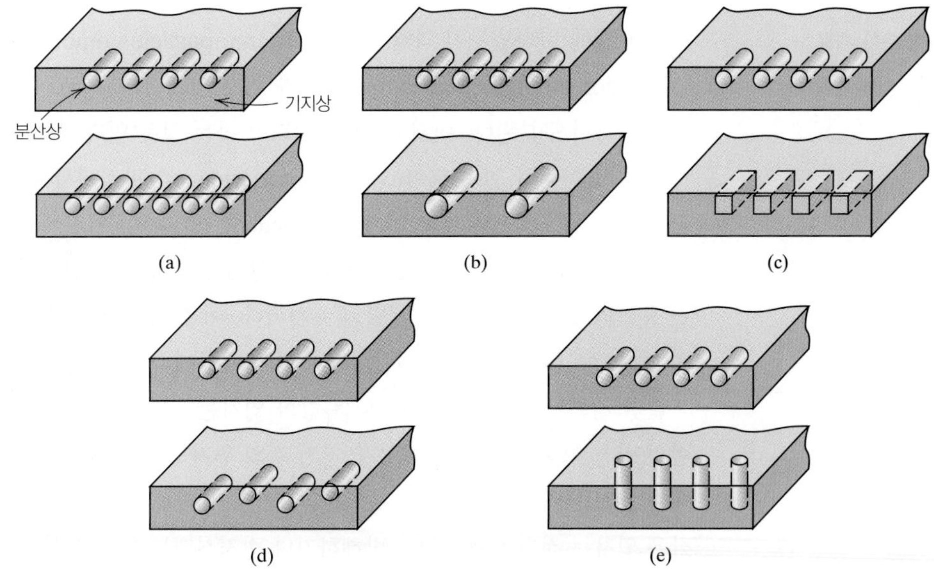

그림 16.1 복합 재료의 특성에 영향을 미치는 분산상 입자의 기하학적·공간적 특성에 대한 모식적인 표현. (a) 농도, (b) 크기, (c) 형상, (d) 분포, (e) 배향

(출처 : Richard A. Flinn and Paul K. Trojan, *Engineering Materials and Their Applications*, 4th edition. Copyright © 1990 by John Wiley & Sons, Inc. John Wiley & Sons, Inc. 허가로 복사 사용함)

그림 16.2 이 장에서 논의된 여러 복합 재료의 분류도

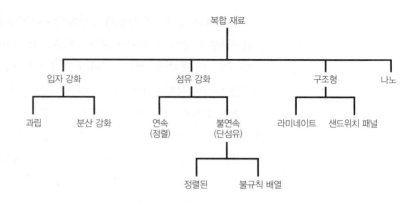

합 재료의 성질은 구성상의 성질, 상대적 함량 그리고 분산상의 형태에 의하여 좌우된다. 분산상의 형태라는 것은 입자의 형상, 입자의 크기 및 분포, 배열을 의미하는데, 이것은 그림 16.1에 나타냈다.

　복합 재료를 간단히 분류하여 그림 16.2에 나타냈다. 복합 재료는 크게 네 종류로 구분되는데, 입자 강화, 섬유 강화, 구조형, 나노 복합 재료로 나뉜다. 입자 강화 복합 재료에서는 등축정상(입자 크기가 모든 방향에 대하여 거의 같음)의 분산상이, 섬유 강화 복합 재료에서는 섬유 형상(길이-지름 비율이 큼)의 분산상이 사용된다. 구조용 복합 재료는 다층 구조이며 밀도가 낮고, 구조적 완전성이 매우 높도록 설계된다. 나노 복합 재료의 경우에는 분산상의 크기가 나노미터의 크기이다. 이 장에서는 이 분류 순서로 소개할 것이다.

입자 강화 복합 재료

과립 복합 재료

분산 강화 복합 재료

　그림 16.2에 나타냈듯이 과립 복합 재료(large-particle composites)와 분산 강화 복합 재료 (dispersion-strengthened composites)가 입자 강화 복합 재료에 속하는데, 이들은 강화 기제에 따라서 구분된다. 여기서 '과립'이라고 하는 것은 입자-기지 간의 관계가 원자 또는 분자 단위가 아니라 연속 역학(continuum mechanics) 관점에서 취급해야 함을 의미한다. 이러한 복합 재료의 대부분은 입자상(particulate phase)이 기지에 비하여 딱딱하고 강성이 높다. 이러한 강화 입자는 입자 주위의 기지상의 변형을 억제한다. 이 재료에서 기지상에 가해진 응력의 일부분이 입자로 전달되는 것이다. 이 복합 재료에서 강화 정도 또는 기계적 성질의 향상 정도는 기지-입자 계면의 결합력의 크기에 좌우된다.

　분산 강화 복합 재료에 사용되는 강화 입자는 대개 지름이 0.01~0.1 μm(10~100 nm) 범위이다. 이 재료의 강화는 입자-기지 간의 원자 또는 분자 단위에서 발생한다. 이 강화 기제는 11.10절의 석출 경화와 유사하다. 기지가 가해진 하중의 대부분을 부담하고, 분산된 작은 입자는 전위의 움직임을 방해하거나 정지시키는 역할을 한다. 따라서 소성변형이 제한되고 항복 강도, 인장 강도, 경도가 향상된다.

16.2 과립 복합 재료

15.22절에서 언급한 충전제(filler)가 첨가된 폴리머 복합 재료는 과립 복합 재료의 대표적인 예이다. 충전제는 재료의 특성을 변화시키거나 향상시키며, 가격이 저렴한 충전제가 폴리머의 일부분을 대체하기도 한다.

또 다른 과립 복합 재료의 예는 콘크리트(concrete)로, 이 재료는 기지인 시멘트와 과립자인 모래와 자갈로 구성되어 있다. 콘크리트는 다음 절에서 다른 주제로 다룰 것이다.

입자는 여러 형상으로 이루어질 수 있지만 각 방향으로는 거의 같은 크기이다. 강화가 효율적으로 이루어지기 위해서는 입자 크기가 미세해야 하고, 기지 내에 균일하게 분포되어야 한다. 각 상의 부피 분율은 재료의 특성에 영향을 미치는데, 기계적 특성은 입자의 부피 분율이 증가함에 따라서 향상된다. 2상 복합 재료에서 복합 재료 탄성률의 강화상 부피 분율에 따른 변화를 다음 두 종류 식으로 제안하였다. 이들 **혼합 법칙**(rule of mixture) 식에 의하면 복합 재료의 실제 탄성률은 이론적인 상한값과 하한값 사이에 존재한다. 탄성률의 상한값은 다음의 관계에 의하여 주어진다.

혼합 법칙

2상 복합 재료에서 탄성 계수의 상한값

$$E_c(u) = E_m V_m + E_p V_p \tag{16.1}$$

또한 하한값은 다음 식으로 주어진다.

2상 복합 재료에서 탄성 계수의 하한값

$$E_c(l) = \frac{E_m E_p}{V_m E_p + V_p E_m} \tag{16.2}$$

여기서 E와 V는 각각 탄성 계수와 부피 분율을 의미하고, 아래 첨자인 c, m, p는 복합 재료, 기지, 입자를 의미한다. 그림 16.3에 구리-텅스텐 복합 재료(텅스텐 입자)에서 V_p에 따른 E_c의 상한값과 하한값을 나타냈는데, 실험 결과가 이들 상-하한값 사이에 존재하는 것을 볼 수 있다. 섬유 강화 복합 재료에 대하여 식 (16.1)과 (16.2)와 유사한 관계가 16.5절에 유도되어 있다.

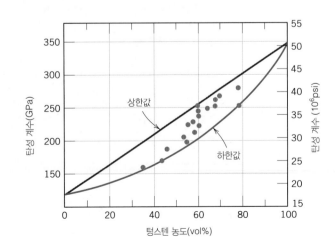

그림 16.3 구리 기지에 텅스텐 입자 분산 강화된 복합 재료에서 탄성 계수와 텅스텐의 부피 분율과의 관계. 상한과 하한은 식 (16.1)과 (16.2)에 의하여 제안된 것이고, 비교를 위하여 실험 데이터를 포함시켰다.
(출처 : R. H. Krock, ASTM Proceedings, Vol. 63, 1963. Copyright ASTM International, 100 Barr Harbor Drive, West Conschohocken, PA 19428.)

서멧

과립 복합 재료는 금속, 폴리머 및 세라믹 복합 재료에서 모두 사용되고 있다. 서멧 (cermet)은 세라믹-금속 복합 재료의 예이다. 가장 일반적인 서멧은 텅스텐 카바이드 (WC), 티탄 카바이드(TiC) 등과 같이 매우 딱딱한 입자와 코발트 또는 니켈과 같이 연한 기 지로 구성되어 있다. 이들 복합 재료는 열처리로 경화된 강의 절삭에 매우 많이 사용된다. 딱딱한 탄화물 입자는 절삭을 하는 역할을 하지만 매우 취약하기 때문에 절단 응력을 견딜 수가 없다. 이 재료의 인성은 연성이 있는 기지 금속을 첨가함으로써 향상되는데, 금속 기지 는 탄화물 입자를 서로 격리시켜 균열이 입자에서 입자로 전파되는 것을 방지한다. 기지상 과 입자상은 상당한 내열(refractory) 특성이 있어야 하는데, 이것은 절삭 시에 발생하는 열 을 견디기 위해서 필요하다. 어떠한 단일상의 재질도 서멧이 가진 특성의 조합을 제공하지 못한다. 입자의 부피 분율이 90 vol%를 상회하는 정도까지 입자가 많이 사용되는데, 이 경우 복합 재료의 내마모 특성이 최대화된다. 그림 16.4에 WC-Co 서멧의 미세구조를 나타냈다.

탄성체와 플라스틱은 여러 가지 입자 재료에 따라 강화된다. 고무가 카본 블랙(carbon black) 입자로 강화되지 않았다면 고무를 사용하기가 매우 곤란하였을 것이다. 카본 블랙은 매우 미세하고 구형의 탄소 입자인데, 천연가스나 기름을 대기 중에서 적정한 연비로 연소 시켜서 얻어진다. 또한 가격이 매우 저렴하며, 카본 블랙을 가황된 고무에 첨가하면 인장 강 도, 인성, 절단 및 마모 저항이 증가한다. 자동차의 타이어는 약 15~30 vol% 정도의 카본 블랙을 함유하고 있다. 카본 블랙이 강화 효과가 있으려면 입자 크기가 20~50 nm 정도로 매우 미세하고, 고무 기지 내에 균일하게 분포되어야 하며, 고무 기지와의 결합력이 매우 커 야 한다. 유리와 같은 다른 입자를 고무 기지 내 강화 입자로 사용하면 고무 분자와 유리 입

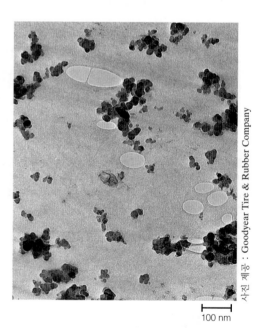

사진 제공 : Carboloy Systems Department, General Electric Company

사진 제공 : Goodyear Tire & Rubber Company

100 μm

100 nm

그림 16.4 WC-Co 서멧 카바이드의 미세조직 사진. 밝은 부분이 코발트 기지이고, 어두운 부분이 텅스텐 카바이드이다. 100×

그림 16.5 타이어용 인조 고무 내의 구형 카본 블랙 강 화상의 전자현미경 사진. 물방울과 같은 부분은 고무 내의 작은 공기 방울이다. 80,000×

자 표면 사이에 특별한 작용이 없기 때문에 강화 효과가 크지 않다. 그림 16.5에 카본 블랙으로 강화된 고무의 전자현미경 미세조직을 나타냈다.

콘크리트

콘크리트

콘크리트(concrete)는 흔하게 사용되는 과립 복합 재료인데, 기지상과 분산상 모두가 세라믹 재료이다. 콘크리트와 시멘트라는 용어는 대부분 서로 혼합되어 사용되는데, 이들은 엄밀하게는 구분되어야 한다. 넓은 의미에서 콘크리트는 시멘트라는 결합제로 결합된 입자 복합 재료이다. 가장 쉽게 볼 수 있는 콘크리트로는 포틀랜드와 아스팔트 시멘트로 만들어진 것으로 입자상은 모래와 자갈이다. 아스팔트 시멘트는 도로 포장에 많이 사용되고, 포틀랜드 시멘트는 건축 구조에 많이 사용된다. 이 장에서는 포틀랜드 시멘트에 대하여 소개한다.

포틀랜드 시멘트 콘크리트

이 콘크리트는 포틀랜드 시멘트, 미세 입자(모래), 조대 입자(자갈), 물로 구성되어 있다. 포틀랜드 시멘트가 고화되고 경화되는 과정을 13.7절에 간단하게 소개하였다. 첨가된 입자인 모래와 자갈은 가격이 비교적 비싼 시멘트를 대체함으로써 전체적인 가격을 낮춘다. 콘크리트가 적절한 강도와 작업성을 갖기 위하여 각 구성상의 비율을 적정하게 조절해야 한다. 충전이 잘 되고 계면 간의 접촉이 촉진되기 위해서는 2개의 서로 다른 입도의 입자를 사용하는 것이 필요하다. 즉 미세한 모래와 입도가 큰 자갈을 섞어서 사용하면 모래가 자갈에 의해 생기는 공극을 채우게 된다. 대부분의 경우 이들 충전제가 전체의 60~80 vol%를 차지한다. 시멘트-물 반죽이 모래와 자갈의 표면을 충분하게 코팅해야 하는데, 그렇지 못할 경우에는 시멘트 결합이 불완전하게 된다. 또한 이 요소들이 완전하게 혼합되어야 한다. 시멘트와 충전제 간의 결합이 완전하게 이루어질 것인가는 첨가된 물의 함량에 따라서 많이 좌우되는데, 물의 양이 너무 적을 때는 결합이 불완전해지고, 너무 많으면 기공이 많이 생성된다. 이러한 경우 재료의 강도는 적정 강도보다 저하된다.

첨가된 골재 입자의 특성도 중요한 요소이다. 특히 골재 입자의 입도 분포가 필요한 시멘트-물 반죽의 양을 결정한다. 또한 입자 표면이 진흙이나 미사 등이 없이 깨끗해야 좋은 결합 강도를 얻을 수 있다.

포틀랜드 시멘트 콘크리트는 주요 건축 자재인데, 현장에서 부어넣는 것이 가능하고, 상온에서 고화되며 물속에서도 고화되는 우수한 특성이 있기 때문이다. 그러나 구조 재료로서 약간의 한계와 단점이 있으며, 대부분의 세라믹 재료와 마찬가지로 포틀랜드 콘크리트는 상대적으로 약하고 매우 취약하다. 이 재료의 인장 강도는 압축 강도보다 약 10~15배 약하다. 또한 큰 콘크리트 구조는 온도 변화에 따라서 상당한 열적 팽창과 수축이 발생한다. 또한 물이 기공으로 침투하여 동결-해빙 과정을 계속하게 되면 균열이 발생하는데, 이러한 문제점들은 강화재 또는(그리고) 첨가제를 첨가하여 제거하거나 향상시키는 것이 가능하다.

강화 콘크리트

포틀랜드 시멘트의 강도는 강화재를 첨가하여 증가시킬 수 있는데, 강화 콘크리트는 강봉,

와이어, 철근, 강선, 강 망사(mesh) 등을 경화되지 않은 콘크리트에 첨가시켜 만든다. 이러한 강화재는 경화된 콘크리트 구조가 인장, 압축, 전단 응력에 견딜 수 있는 힘을 향상시키므로 만약 콘크리트 내에 균열이 발생하여도 상당한 강화 효과가 잔존한다.

철강재의 열팽창 계수는 콘크리트와 거의 비슷하기 때문에 강화재로서 가장 적합하다. 또한 철강재는 콘크리트 환경에서 쉽게 산화되지 않고, 경화된 콘크리트와 그 표면에서 상대적으로 강한 결합을 한다. 이러한 표면 결합을 철강재 표면을 철근과 같이 울퉁불퉁하게 만들어서 기계적으로 서로 얽히게 만들어 더욱 촉진시킨다.

포틀랜드 시멘트 콘크리트에 유리, 강, 나일론 그리고 폴리에틸렌 등과 같은 고탄성률 섬유 재료를 혼합하여 강화하는 것이 가능하다. 이러한 재료를 사용할 때 주의해야 할 점은 어떤 재질은 시멘트 환경에서 빠른 속도로 성능이 저하된다는 것이다.

콘크리트를 강화시키는 또 하나의 강화 기술은 압축 잔류 하중을 구조물에 가하는 방법이다. 이렇게 제조된 콘크리트를 **프리스트레스트 콘크리트**(prestressed concrete)라고 부른다. 이 방법은 세라믹이 인장 응력보다 압축 응력 조건에서 강하다는 특성을 이용한 것이다. 따라서 프리스트레스트 콘크리트를 파단시키기 위해서는 콘크리트에 이미 가해져 있는 압축 응력만큼을 인장 응력이 극복해야 한다.

프리스트레스트 콘크리트를 제조하는 방법 중의 하나는 비어 있는 몰드 내의 고강도 철근을 상당히 높은 인장 응력을 가하여 연신된 상태로 만든다. 콘크리트를 부은 다음 경화시키고 나서 철근에 가해져 있는 인장 응력을 제거한다. 철근이 수축함에 따라서 콘크리트-철근의 계면을 통하여 압축 응력이 콘크리트에 전달된다.

또 다른 기술은 콘크리트가 고화된 후 응력을 가하는 **후인장**(posttensioning)법이다. 거푸집 내에 금속 판재, 고무 튜브를 일정한 배열로 위치시킨 후 그 주위에 콘크리트를 붓는다. 시멘트가 경화된 후, 철근을 금속 판재 또는 고무 튜브에 의하여 형성된 구멍 속으로 넣은 후 잭(jack)을 이용하여 인장 응력을 철근에 가하고, 이에 따라 콘크리트에는 잭에 의하여 압축 응력이 가해지게 된다. 마지막으로 튜브의 비워진 공간은 철근이 부식되는 것을 방지하기 위하여 모르타르로 채운다.

프리스트레스트 콘크리트는 수축이 적고 크리프 속도가 느려 우수한 품질을 나타낸다. 프리스트레스트 콘크리트는 대개 공장에서 제조되는데, 보통 고속도로나 철도의 교량에 많이 사용된다.

프리스트레스트 콘크리트

16.3 분산 강화 복합 재료

대부분의 금속 합금에 매우 딱딱하고 안정하며 미세한 입자를 수 퍼센트 정도 첨가하여 재료의 강도와 경도를 증가시키는 것이 가능하다. 이 분산된 상은 금속성일 수도 있고 비금속성일 수도 있는데, 산화물이 종종 사용되기도 한다. 이 재료의 강화는 석출 경화의 경우와 마찬가지로 입자와 전위 간의 상호작용에 의하여 발생한다. 분산 강화 효과는 석출 경화 효과보다는 효과적이지 못하나, 분산상이 기지상과 반응을 하지 않기 때문에 고온에서 장시간 동안 그 강도를 유지하는 장점이 있다. 석출 경화형 합금은 온도가 올라가면 석출물이 성장하고 기지 내로 재용해되기 때문에 강화 효과가 줄어들거나 없어진다.

니켈 합금에 미세한 토리아(thoria, ThO₂)를 약 3 vol%가량을 균일하게 분산시키면 이 재료의 고온 강도를 향상시킬 수 있는데, 이것을 **토리아-분산**(또는 TD) 니켈이라고 한다. 이러한 효과는 알루미늄-알루미나계에서도 관찰된다. 매우 얇고 부착력이 강한 알루미나 코팅을 매우 미세한 알루미늄 판상형 분말(0.1~0.2 μm 두께)에 형성시킨 후 이것을 소결하여 알루미늄 기지 내에 분산시키는 것인데, 이것을 **알루미늄 분말 소결체**(SAP)라고 한다.

개념확인 16.1 입자-강화 복합 재료에서 과립 강화 복합 재료와 분산 강화 복합 재료의 강화 기제의 일반적인 차이점에 대하여 설명하라.

[해답은 *www.wiley.com/go/Callister_MaterialsScienceGE* → More Information → Student Companion Site 선택]

섬유 강화 복합 재료

섬유 강화 복합 재료

비강도

비탄성률

기술적으로는 복합 재료에서 분산상의 형태가 섬유인 복합 재료가 가장 중요하다. **섬유 강화 복합 재료**(fiber-reinforced composite)의 설계 목적은 무게당 강도 또는 강성(stiffness)이 높은 재질을 만드는 것이다. 이 특성은 **비강도**(specific strength)와 **비탄성률**(specific modulus)로 표현되는데, 이것은 각각 인장 강도 대 밀도와 탄성률 대 밀도의 비율이다. 비강도 및 비탄성률이 매우 높은 섬유 강화 복합 재료는 밀도가 낮은 섬유와 기지 재료를 이용하여 제조된다.

그림 16.2에서 볼 수 있듯이 섬유 강화 복합 재료는 섬유 길이에 따라서 분류된다. 길이가 짧은 단섬유는 복합 재료의 강도를 증가시키는 효과가 상대적으로 작다.

16.4 섬유 길이의 영향

섬유 강화 복합 재료의 기계적 특성은 섬유 특성에 의존할 뿐만 아니라 기지상으로부터 섬유에 하중이 전달되는 정도에 따라서도 변화한다. 하중이 전달되는 정도는 섬유와 기지상 간의 계면 결합력의 크기에 따라 영향을 받는다. 응력이 가해지면 섬유-기지 간의 결합이 섬유의 끝에서 끝나기 때문에 기지상이 그림 16.6에서 모식적으로 나타낸 것과 같이 소성변형을 일으키게 된다. 즉 각 섬유의 끝단에서는 하중의 전달이 없다.

복합 재료의 강도와 강성도를 효과적으로 증가시키기 위해서는 섬유가 어느 일정 길이 이상 되어야 한다. 이 임계 길이는 섬유의 지름 d, 인장 강도 σ_f^*와 섬유-기지 간의 결합력 τ_c에 좌우된다.

임계 섬유 길이―섬유 강도 및 직경, 그리고 섬유-기지 접합 강도/기지의 전단 항복 강도의 의존성

$$l_c = \frac{\sigma_f^* d}{2\tau_c} \tag{16.3}$$

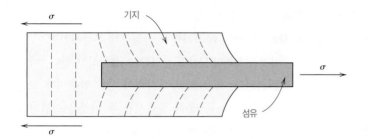

그림 16.6 인장 하중하에서 섬유를 둘러싸고 있는 기지의 변형 패턴

유리와 탄소 섬유-기지 조합에서 임계 길이는 약 1 mm 범위인데, 이것은 섬유 지름의 약 20~150배에 해당한다.

임계 길이를 가진 섬유에 섬유의 인장 강도 σ_f^*에 해당하는 응력이 가해지면, 그림 16.7a와 같은 응력-위치 분포가 얻어진다. 즉 섬유에 걸리는 최대 하중은 섬유 축의 중심에서 얻어진다. 섬유의 길이 l이 증가함에 따라 섬유 강화 효과는 효과적이 되는데, 그림 16.7b에는 섬유 길이가 임계 길이 l_c보다 클 경우($l > l_c$), 그림 16.7c에는 섬유의 길이가 임계 길이 l_c보다 작을 경우($l < l_c$) 응력-축 위치 간의 관계를 모식적으로 나타냈다.

섬유 길이가 임계 길이보다 매우 큰 경우($l > 15l_c$)를 연속 섬유(continuous fiber)라고 하며, 이보다 작을 경우에는 불연속 섬유(discontinuous fiber) 또는 단섬유(short fiber)라고 한다. l_c보다 그 크기가 매우 작은 불연속 섬유의 경우 섬유 주위의 기지는 섬유가 없는 것과

그림 16.7 (a) 섬유의 길이 l이 임계 길이 l_c와 동일한 경우, (b) 임계 길이보다 클 경우, (c) 임계 길이보다 작을 경우 위치에 따른 응력 분포. 이 복합 재료에서 섬유의 인장 강도(σ_f^*)와 동일한 인장 하중이 가해지고 있다.

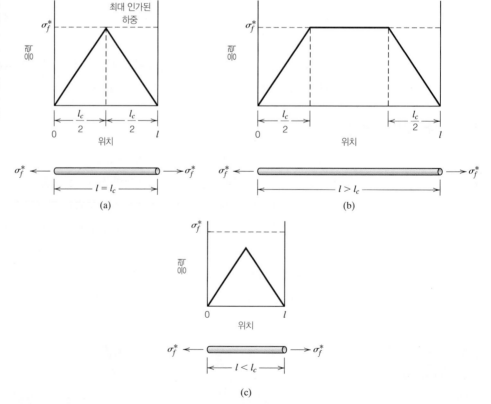

같이 변형되기 때문에 섬유에 의한 강화 효과가 거의 없다. 이러한 것은 앞서 설명한 입자 강화 복합 재료에 해당하는 것이다. 복합 재료의 강도를 효과적으로 증가시키기 위해서는 연속 섬유를 이용해야 한다.

16.5 섬유 배열 및 농도의 영향

섬유 상호 간의 배열, 부피 분율 및 분포는 섬유 강화 복합 재료의 강도 및 다른 성질에 많은 영향을 미친다. 섬유의 배열에는 (1) 섬유가 한쪽 방향으로 서로 평행하게 정렬되는 경우와 (2) 완전하게 무질서한 상태인 2개의 극단이 가능하다. 연속 섬유는 그림 16.8a와 같이 정렬되어 있으나 불연속 섬유는 정렬되어 있거나(그림 16.8b) 무질서하거나(그림 16.8c) 부분적으로 정렬되어 있다. 섬유가 배열되었을 때 복합 재료의 특성이 전체적으로 향상되어 나타난다.

정렬된 연속 섬유 복합 재료

장축 방향으로 하중 인가 시 인장 응력-연신율 거동

이런 타입의 복합 재료의 기계적 거동은 섬유 및 기지상의 응력-변형률 거동, 부피 분율, 하중 방향 등의 몇 가지 요인에 의하여 영향을 받는다. 정렬된 섬유로 강화된 복합 재료의 특성은 측정 방향에 따라 다르기 때문에 그 이방성이 매우 심하다. 먼저 그림 16.8a에서 나타낸 것과 같이 섬유의 정렬된 방향인 장축 방향(longitudinal direction)으로 응력이 가해졌을 때 복합 재료의 변형을 살펴보자.

장축 방향

먼저 그림 16.9a에 모식적으로 나타낸 섬유와 기지상의 응력-변형률 거동을 가정하자. 여기서 섬유는 완전 취성 특성을 가지고 있고, 기지상은 약간의 파단 연신율을 가지고 있다. 그림에서 섬유의 인장 파단 강도는 σ_f^*, 기지의 인장 파단 강도는 σ_m^*으로 표기하였고, 각각의 파단 연신율은 ε_f^*, ε_m^*으로 나타냈다. 대부분의 경우 $\varepsilon_m^* > \varepsilon_f^*$ 조건을 만족한다.

이러한 섬유와 기지 재료로 구성된 복합 재료는 그림 16.9b에 나타낸 것과 같은 일축 응력-변형률 거동을 보일 것이다. 비교를 위하여 섬유와 기지의 거동도 동시에 그림 16.9a에

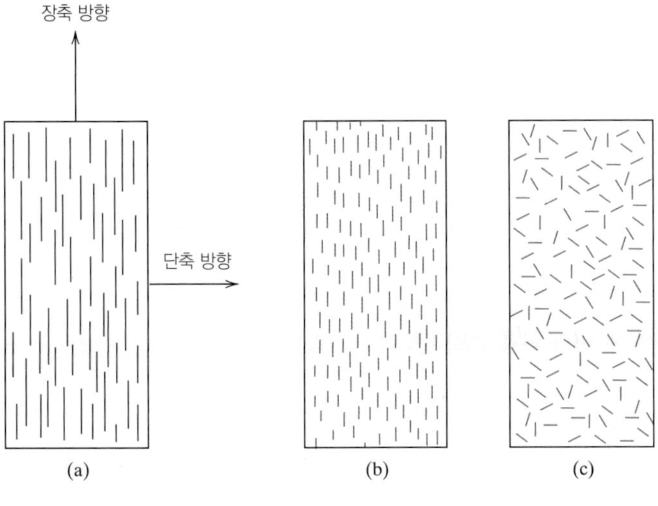

그림 16.8 (a) 정렬된 연속 섬유, (b) 정렬된 단섬유, (c) 무작위 배향의 단섬유 섬유 강화 복합 재료의 모식도

장축 방향

단축 방향

(a)　　　(b)　　　(c)

그림 16.9 (a) 취성의 섬유와 연성의 기지 재료의 응력-연신율 커브의 모식도. 이들 재료의 파단 응력과 연신율이 나타나 있다. (b) 섬유의 정렬 방향으로 일축 응력이 가해진 조건에서 정렬된 섬유 강화 복합 재료의 응력-변형률의 모식도. (a)에 나타낸 섬유와 기지 재료의 커브를 중첩하여 나타냈다.

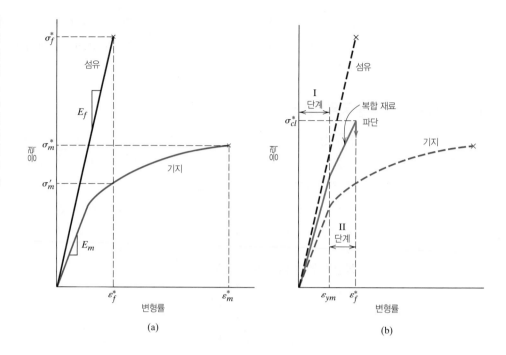

나타냈다. 초기의 제1단계 구역에서는 섬유와 기지가 탄성변형을 일으키게 되는데, 이 부분의 커브는 대부분의 경우 직선이다. 복합 재료에 부가하는 응력을 더욱 증가시키게 되면 기지 재료는 항복을 일으켜 소성변형을 하게 된다. 이것이 제2단계가 되는데, 커브는 거의 직선이나 그 기울기는 제1단계에 비하여 감소한다. 제1단계에서 제2단계로 전이함에 따라 섬유가 분담하는 하중의 비중이 증가하게 된다.

복합 재료의 파단은 섬유가 파단되기 시작하면 발생하는데, 이때 파단 연신율은 그림 16.9b에 나타낸 바와 같이 개략적으로 ε_f^*가 된다. 복합 재료의 파단은 순간적으로 발생하지 않는데, 이에는 몇 가지 이유가 있다. 먼저 섬유와 같이 취약한 재료의 파단 강도는 상당한 편차가 있기 때문에(12.8절 참조), 일정 하중하에서 섬유가 동시에 파단되지 않는다는 점이다. 또한 섬유가 일단 파단된 후에도 기지상은 섬유에 비하여 파단 연신율이 크기 때문에 ($\varepsilon_f^* < \varepsilon_m^*$) 파단되지 않고 건재하다(그림 16.9a). 따라서 이렇게 파단된 섬유는 원래의 크기보다는 작지만 기지에 매입되어 있어 기지의 소성변형 지속 시 하중을 일부분 분담할 수 있게 된다.

장축 방향으로 하중 인가 시 탄성의 거동

먼저 연속 섬유의 배향 방향으로 하중이 복합 재료에 가해졌다고 가정하자. 먼저 섬유-기지 간의 계면 결합력이 매우 우수하여, 기지와 섬유의 변형이 동일[동일 변형률(isostrain) 조건]하다고 가정하자. 이러한 상황에서 복합 재료에 의하여 지탱되는 총하중력 F_c는 기지에 의하여 지탱되는 하중 F_m과 섬유에 의한 하중 F_f의 합이다.

$$F_c = F_m + F_f \tag{16.4}$$

식 (6.1)의 응력에 대한 정의 $F = \sigma A$로부터 F_c, F_m, F_f에 대한 표현을 각각에 해당하는 응력(σ_c, σ_m, σ_f)과 그 단면적(A_c, A_m, A_f)으로 나타내는 것이 가능하다. 이것을 식 (16.4)에 대입하면 다음과 같다.

$$\sigma_c A_c = \sigma_m A_m + \sigma_f A_f \tag{16.5}$$

복합 재료의 단면적으로 나누면 다음과 같다.

$$\sigma_c = \sigma_m \frac{A_m}{A_c} + \sigma_f \frac{A_f}{A_c} \tag{16.6}$$

여기서 A_m/A_c과 A_f/A_c는 각각 기지상의 면적 분율과 섬유상의 면적 분율이다. 만약 복합 재료, 기지, 섬유의 길이가 동일하다면 A_m/A_c은 기지의 부피 분율 V_m과 동일하고, $V_f = A_f/A_c$의 관계가 성립한다. 식 (16.6)은 다음과 같이 된다.

$$\sigma_c = \sigma_m V_m + \sigma_f V_f \tag{16.7}$$

앞에서 가정한 동일 변형률 조건은 다음과 같다.

$$\varepsilon_c = \varepsilon_m = \varepsilon_f \tag{16.8}$$

식 (16.7)의 각 항을 각각의 변형률로 나누면 다음과 같다.

$$\frac{\sigma_c}{\varepsilon_c} = \frac{\sigma_m}{\varepsilon_m} V_m + \frac{\sigma_f}{\varepsilon_f} V_f \tag{16.9}$$

또한 복합 재료, 기지, 섬유의 변형이 탄성변형이라면 $E_c = \sigma_c/\varepsilon_c$, $E_m = \sigma_m/\varepsilon_m$, $E_f = \sigma_f/\varepsilon_f$인데, 여기서 E는 각 상의 탄성 계수를 나타낸다. 식 (16.9)로 치환하면 **배향된 연속 섬유 강화 복합 재료**의 **장축 방향** 탄성 계수 E_{cl}은 다음과 같다.

정렬된 연속 섬유 강화 복합 재료에서 장축 방향으로의 탄성 계수

$$E_{cl} = E_m V_m + E_f V_f \tag{16.10a}$$

또는

$$E_{cl} = E_m(1 - V_f) + E_f V_f \tag{16.10b}$$

이 복합 재료는 기지상과 섬유상으로만 구성되어 있어 $V_m + V_f = 1$이기 때문이다.

따라서 E_{cl}은 섬유와 기지상 탄성 계수의 부피 분율에 가중 평균값이 된다. 복합 재료의 밀도도 이와 같은 거동을 한다. 식 (16.10a)는 섬유 복합 재료 특성의 상한인데, 이것은 입자 강화 복합 재료의 상한값인 식 (16.1)과 유사하다.

길이(장축) 방향의 하중력에서 섬유와 기지가 부담하는 하중의 비율은 다음 식으로 주어진다.

장축 방향으로 하중이 인가되었을 때 섬유와 기지에 의하여 각각 분담된 하중의 비율

$$\frac{F_f}{F_m} = \frac{E_f V_f}{E_m V_m} \tag{16.11}$$

식 (16.11)의 증명은 숙제로 풀기 바란다.

예제 16.1

유리 섬유 강화 복합 재료의 물성 측정—장축 방향

정렬된 연속 유리 섬유 강화 복합 재료에서 유리 섬유가 40 vol%를 차지하고 있는데, 탄성 계수는 69 GPa(10×10^6 psi)이고, 60 vol%를 차지하고 있는 폴리에스터 수지 기지는 경화되었을 경우 3.4 GPa(0.5×10^6 psi)이다.

(a) 이 복합 재료의 길이 방향의 탄성 계수를 계산하라.

(b) 단면적이 250 mm²(0.4 in.²)이고, 50 MPa(7250 psi)의 응력이 복합 재료의 길이 방향으로 가해지고 있는 조건에서 섬유상과 기지상에 의하여 각각 부담되는 하중을 계산하라.

(c) (b)에서 계산된 응력이 각 상에 가해졌을 경우 각 상에 의하여 부담되는 변형률을 계산하라.

풀이

(a) 복합 재료의 탄성 계수는 식 (16.10a)로 계산된다.

$$E_{cl} = (3.4 \text{ GPa})(0.6) + (69 \text{ GPa})(0.4)$$
$$= 30 \text{ GPa } (4.3 \times 10^6 \text{ psi})$$

(b) 이 부분을 풀기 위해서 섬유와 기지가 부담하는 하중의 비율을 식 (16.11)을 이용하여 먼저 구하면 다음과 같다.

$$\frac{F_f}{F_m} = \frac{(69 \text{ GPa})(0.4)}{(3.4 \text{ GPa})(0.6)} = 13.5$$

즉 $F_f = 13.5 \, F_m$이다.

또한 복합 재료에 의하여 부담되는 하중 F_c는 가해진 응력 σ와 단면적 A_c를 곱하여 구할 수 있다.

$$F_c = A_c\sigma = (250 \text{ mm}^2)(50 \text{ MPa}) = 12{,}500 \text{ N } (2900 \text{ lb}_f)$$

그러나 이 총하중은 섬유상과 기지상이 부담하는 하중의 합이다.

$$F_c = F_f + F_m = 12{,}500 \text{ N } (2900 \text{ lb}_f)$$

F_f를 대입하면 다음과 같다.

$$13.5 \, F_m + F_m = 12{,}500 \text{ N}$$

즉 F_m은 860 N이다.

$$F_m = 860 \text{ N } (200 \text{ lb}_f)$$

여기서 다음과 같이 구할 수 있다.

$$F_f = F_c - F_m = 12{,}500 \text{ N} - 860 \text{ N} = 11{,}640 \text{ N } (2700 \text{ lb}_f)$$

따라서 섬유상은 가해진 하중의 대부분을 부담하게 된다.

(c) 먼저 섬유상과 기지상의 응력을 계산해야 한다. 다음으로 각 상의 탄성 계수를 이용하여 변형률을 계산한다.

응력을 계산하기 위해서는 각 상의 단면적을 계산해야 한다.

$$A_m = V_m A_c = (0.6)(250 \text{ mm}^2) = 150 \text{ mm}^2 (0.24 \text{ in.}^2)$$

그리고

$$A_f = V_f A_c = (0.4)(250 \text{ mm}^2) = 100 \text{ mm}^2 (0.16 \text{ in.}^2)$$

따라서

$$\sigma_m = \frac{F_m}{A_m} = \frac{860 \text{ N}}{150 \text{ mm}^2} = 5.73 \text{ MPa (833 psi)}$$

$$\sigma_f = \frac{F_f}{A_f} = \frac{11{,}640 \text{ N}}{100 \text{ mm}^2} = 116.4 \text{ MPa (16,875 psi)}$$

그러므로 변형률은 다음과 같다.

$$\varepsilon_m = \frac{\sigma_m}{E_m} = \frac{5.73 \text{ MPa}}{3.4 \times 10^3 \text{ MPa}} = 1.69 \times 10^{-3}$$

$$\varepsilon_f = \frac{\sigma_f}{E_f} = \frac{116.4 \text{ MPa}}{69 \times 10^3 \text{ MPa}} = 1.69 \times 10^{-3}$$

결국 기지상과 섬유상의 변형률은 동일한데, 이것은 식 (16.8)의 당연한 결과이다.

단축 방향으로 하중을 가할 때의 탄성변형

단축 방향

배향된 연속 섬유 강화 복합 재료에 섬유 배향 방향의 직각 방향, 즉 **단축 방향**(transverse direction)으로 하중이 가해질 경우가 있다(그림 16.8a). 이 경우 복합 재료에 가해지는 응력 σ는 강화재 및 기지상에 대하여 동일하다.

$$\sigma_c = \sigma_m = \sigma_f = \sigma \tag{16.12}$$

이것은 동일 응력(isostress) 조건이 된다. 이 경우 복합 재료의 전체 변형률 ε_c는 다음과 같다.

$$\varepsilon_c = \varepsilon_m V_m + \varepsilon_f V_f \tag{16.13}$$

그러나 $\varepsilon = \sigma / E$이기 때문에 다음과 같이 나타낼 수 있다.

$$\frac{\sigma}{E_{ct}} = \frac{\sigma}{E_m} V_m + \frac{\sigma}{E_f} V_f \tag{16.14}$$

여기서 E_{ct}는 단축 방향으로 탄성 계수이다. 이것을 σ로 나누면 다음과 같다.

$$\frac{1}{E_{ct}} = \frac{V_m}{E_m} + \frac{V_f}{E_f} \tag{16.15}$$

이것은 결국 다음과 같이 나타낼 수 있다.

정렬된 연속 섬유 강화 복합 재료에서 단축 방향으로의 탄성 계수

$$E_{ct} = \frac{E_m E_f}{V_m E_f + V_f E_m} = \frac{E_m E_f}{(1 - V_f)E_f + V_f E_m}$$ (16.16)

식 (16.16)은 입자 강화 복합 재료의 하한값, 식 (16.2)에 해당한다.

예제 16.2

유리 섬유 강화 복합 재료의 탄성 계수 측정—단축 방향

예제 16.1의 복합 재료의 탄성 계수를 계산하라. 단, 하중의 방향이 섬유의 정렬 방향에 수직하다고 가정하라.

풀이

식 (16.16)에 의하면 다음과 같다.

$$E_{ct} = \frac{(3.4\,\text{GPa})(69\,\text{GPa})}{(0.6)(69\,\text{GPa}) + (0.4)(3.4\,\text{GPa})}$$
$$= 5.5\,\text{GPa}$$

여기서 얻어진 E_{ct}값은 기지상의 값보다 약간 크나 예제 16.1a에서 구한 섬유축 방향(E_{cl})으로의 값의 1/5에 불과하다. 이러한 결과는 복합 재료의 이방성을 보여 주는 결과이다.

장축 방향 인장 강도

이제 배향된 연속 섬유 강화 복합 재료에 장축 방향으로 하중이 인가되었을 때 복합 재료의 강도에 대하여 살펴보기로 한다. 이 경우 강도는 그림 16.9b의 응력-변형률 커브에서 최대 응력을 강도로 간주한다. 대개의 경우 최대 응력이 얻어지는 점에서 섬유의 파단이 발생하고 복합 재료의 파단이 시작된다. 표 16.1에 세 가지 섬유 강화 복합 재료의 장축 인장 강도를 나타냈다. 이러한 유형의 복합 재료는 매우 복잡한 과정을 통하여 파단이 발생하는데, 여러 다른 파단 모드가 가능하다. 특정 복합 재료의 파단 모드는 섬유와 기지의 특성, 섬유-기지의 계면 접합 특성 및 강도에 의하여 영향을 받는다.

표 16.1 세 가지 일축 배향된 섬유 강화 복합 재료의 장축 및 단축 방향 인장 강도.[a]

재료	장축 방향 인장 강도 (MPa)	단축 방향 인장 강도 (MPa)
유리-폴리에스터	700	47~57
탄소(고탄성 계수)-에폭시	1000~1900	40~55
케블라-에폭시	1200	20

[a] 각 복합 재료 내의 섬유 함량은 약 50 vol%이다.

$\varepsilon_f^* < \varepsilon_m^*$를 가정하면(그림 16.9a), 섬유는 기지가 파괴되기 이전에 파단될 것이다(이것이 일반적 현상임). 섬유가 파괴되고 나면 섬유에 의하여 지탱되었던 대부분의 하중은 기지로 전달된다. 이 경우 이런 종류의 복합 재료의 응력은 식 (16.7)을 변형하여 복합 재료의 장축 방향 강도 σ_{cl}^*로 나타낼 수 있다.

정렬된 연속 섬유 강화 복합 재료의 인장 시 장축 방향 강도

$$\sigma_{cl}^* = \sigma_m'(1 - V_f) + \sigma_f^* V_f \tag{16.17}$$

여기서 σ_m'은 섬유가 파단될 때 기지에 작용하는 응력이고(그림 16.9a), σ_f^*는 섬유의 인장 강도이다.

단축 인장 강도

일방향으로 정렬된 연속 섬유 강화 복합 재료는 방향에 따라 강도가 크게 변화하는 특성을 가지고 있기 때문에 이러한 복합 재료는 장축 고강도 방향으로 응력이 가해지도록 설계된다. 그러나 실제 사용 시 단축 방향의 하중도 가해질 경우가 있다. 이러한 경우 단축 강도가 매우 낮기 때문에(경우에 따라서는 기지의 강도보다 낮음) 파괴가 쉽게 발생한다. 따라서 실제로는 이 방향으로 섬유의 강화 효과는 마이너스인 셈이다. 일축으로 정렬된 복합 재료의 단축 방향 인장 강도를 표 16.1에 나타냈다.

장축 방향의 강도는 섬유 강도에 의하여 좌우되는데, 단축 방향의 강도는 여러 요인에 의하여 영향을 받는다. 이러한 요인으로는 섬유와 기지의 특성, 섬유와 기지 계면의 강도, 기공의 존재 유무 등이다. 복합 재료의 단축 방향 강도를 향상시키기 위해서는 대부분의 경우 기지의 특성을 변화시킨다.

개념확인 16.2 아래 표에는 4개의 가상의 정렬된 섬유 강화 복합 재료가 그 특성과 함께 나타나 있다 (A에서 D까지). 이러한 데이터를 기반으로 장축 방향의 강도가 가장 높은 것에서부터 가장 낮은 복합 재료를 나타내고, 그 이유에 대하여 설명하라.

복합 재료	섬유 유형	섬유의 분율	섬유 강도 (MPa)	평균 섬유 길이 (mm)	임계 길이 (mm)
A	유리	0.20	3.5×10^3	8	0.70
B	유리	0.35	3.5×10^3	12	0.75
C	탄소	0.40	5.5×10^3	8	0.40
D	탄소	0.30	5.5×10^3	8	0.50

[해답은 www.wiley.com/go/Callister_MaterialsScienceGE → More Information → Student Companion Site 선택]

정렬된 단섬유 강화 복합 재료

단섬유(짧은 섬유)의 강화 효과는 연속 섬유에 비하여 작지만 정렬된 단섬유 강화 복합 재

료(그림 16.8b)는 실제의 상업적인 용도에 있어서 그 중요함이 더해 가고 있다. 절단된 유리 섬유가 가장 널리 사용되고, 탄소와 아라미드(aramid) 단섬유도 많이 사용된다. 이러한 단섬유 강화 복합 재료는 연속 섬유 강화 복합 재료에 비하여 탄성 계수와 인장 강도값이 각각 90%와 50% 수준에 이른다.

정렬된 단섬유 강화 복합 재료에서 섬유의 길이가 임계 길이보다 길고($l > l_c$), 균일하게 분포되어 있을 경우 장축 방향 강도(σ_{cd}^*)는 다음 관계로 주어진다.

정렬된 단섬유($l > l_c$) 강화 복합 재료의 인장하중 하에서 장축 방향 강도

$$\sigma_{cd}^* = \sigma_f^* V_f \left(1 - \frac{l_c}{2l} \right) + \sigma_m'(1 - V_f) \tag{16.18}$$

여기서 σ_f^*와 σ_m'은 복합 재료가 파괴될 때 섬유의 파단 강도 및 기지에 가해지는 응력이다 (그림 16.9a).

섬유 길이가 임계 길이보다 작을 경우($l < l_c$), 장축 방향 강도($\sigma_{cd'}^*$)는 다음 식으로 주어진다.

정렬된 단섬유($l < l_c$) 강화 복합 재료의 인장 하중 하에서 장축 방향 강도

$$\sigma_{cd'}^* = \frac{l\tau_c}{d} V_f + \sigma_m'(1 - V_f) \tag{16.19}$$

여기서 d는 섬유의 지름이고, τ_c는 섬유-기지 결합 강도와 기지의 전단 항복 강도 중 작은 값에 해당한다.

정렬되지 않은 단섬유 강화 복합 재료

짧은 단섬유가 임의로 배열되어 있을 경우 이 재료의 강화 효과를 그림 16.8c에 모식적으로 나타냈다. 이 경우 탄성 계수를 계산하기 위하여 사용된 혼합 법칙 식 (16.10a)와 유사한 관계식을 사용할 수 있다.

정렬되지 않은 단섬유 강화 복합 재료의 탄성 계수

$$E_{cd} = KE_f V_f + E_m V_m \tag{16.20}$$

여기서 K는 섬유 효율 계수로서 V_f와 E_f/E_m의 비율에 따라 변화하는 함수이다. 물론 이 값의 크기는 1보다 작으며, 대개 0.1~0.6의 범위에 있다. 따라서 섬유가 정렬되지 않은 강화재의 경우 탄성 계수가 섬유 부피 분율의 비례보다 작게 증가한다. 표 16.2에 강화되지 않은

표 16.2 정렬되지 않은 유리 섬유 강화된 폴리카보네이트 복합 재료와 강화되지 않은 폴리카보네이트의 물성

물성	비강화	강화재 분율값(vol%)		
		20	30	40
비중	1.19~1.22	1.35	1.43	1.52
인장 강도(MPa)	59~62	110	131	159
탄성 계수(GPa)	2.24~2.345	5.93	8.62	11.6
변형률(%)	90~115	4~6	3~5	3~5
충격 강도, 노치 아이조드 시편(N/cm)	12~16	2.0	2.0	2.5

출처 : Materials Engineering's *Materials Selector*, copyright ⓒ Penton/IPC.

표 16.3 섬유 강화 복합 재료의 섬유 배향과 다양한 응력 적용 방향에 따른 강화 효율

섬유 배향	응력 방향	강화 효율
모든 섬유	섬유에 평행	1
	섬유에 수직	0
일정 평면상에 섬유가 임의로 균일하게 분포	평면상의 섬유 대비 임의 방향	3/8
섬유가 3차원 공간 내에서 임의로 균일하게 분포	임의 방향	1/5

출처 : H. Krenchel, *Fibre Reinforcement*, Copenhagen: Akademisk Forlag, 1964 [33].

것과 정렬되지 않은 단섬유 유리 섬유로 강화된 폴리카보네이트의 기계적 성질을 비교하여 나타냈는데, 이것이 강화 효과를 파악하는 데 도움이 될 것이다.

요약하면 정렬된 섬유 복합 재료는 근본적으로 그 성질이 방향성이 있고, 최대 강도 및 강화 효과는 섬유가 정렬된 방향(장축 방향)에서 얻어진다. 가로 방향의 경우 섬유 강화 효과가 거의 존재하지 않는다. 즉 복합 재료의 파단이 매우 낮은 응력에서 발생한다. 다른 응력 방향에서 복합 재료의 강도는 이들의 중간값을 가진다. 표 16.3에 섬유 강화 효율에 대한 값을 여러 가지 경우에 대하여 나타냈다. 이 효율은 정렬된 섬유 방향값을 1로 하였고, 정렬 방향에 수직인 경우를 0으로 하였다.

여러 방향의 응력이 하나의 면에 가해질 경우 서로 다른 방향으로 정렬된 층을 상호 적층하여 사용하는 경우가 있다. 이것을 **층상 복합 재료**(laminar composite)라고 하는데, 16.14절에서 설명할 것이다.

응력이 여러 방향에서 작용하는 용도에서는 정렬되지 않은 단섬유 섬유 복합 재료를 사용한다. 표 16.3에서 보면 이 강화 효과는 정렬된 연속 섬유에 비하여 1/5에 불과하지만 기계적 특성은 등방성임을 알 수 있다.

어느 섬유 강화 복합 재료에서 섬유의 정렬성 및 길이의 선택은 가해지는 응력의 크기 및 성질, 제조 가격에 따라서 변화하게 된다. 단섬유(short-fiber) 복합 재료는 생산 속도(정렬 또는 비정렬 상태)가 빠르고, 연속 섬유 복합 재료에서는 곤란하고 복잡한 형태의 제조가 가능하다. 또한 제조 가격이 정렬된 연속 섬유 강화 복합 재료에 비하여 저렴하고, 단섬유 강화 복합 재료의 제조에 사용할 수 있는 방법도 압축, 사출, 압출 몰딩 등 폴리머의 제조에 사용하는 방법(15.23절 참조)을 적용할 수 있다.

개념확인 16.3 다음의 복합 재료의 우수한 특성 및 열세 특성을 각각 하나씩 열거하라. (1) 불연속이고 정렬된 섬유 강화 복합 재료, (2) 불연속이고 불규칙 배열된 섬유 강화 복합 재료

[해답은 *www.wiley.com/go/Callister_MaterialsScienceGE* → More Information → Student Companion Site 선택]

16.6 섬유상

취약한 재질의 중요한 특징 중의 하나는 지름이 작은 섬유 형상이 큰 부피의 것에 비하여 훨

씬 강하다는 점이다. 12.8절에서 언급하였듯이 재료 파괴를 유발할 수 있는 임계 표면 균열의 존재 확률이 시료의 부피가 감소함에 따라 감소하여 섬유의 강도가 증가한다. 따라서 강화재로 사용하는 직경이 작은 섬유는 높은 인장 강도를 갖는다.

위스커

지름과 특성에 따라 섬유는 3개의 다른 그룹, 즉 위스커, 섬유, 선재로 나뉜다. 위스커(whisker)는 직경이 매우 작은 단결정으로 길이 대 지름 비가 매우 크다. 위스커는 크기가 매우 작기 때문에 결정성이 거의 완벽하고, 결함이 거의 없다. 이에 따라 강도가 매우 높고, 가장 강한 재질 중의 하나이다. 그러나 위스커는 매우 높은 강도에도 불구하고 강화재로 많이 사용되지 못하는데, 가격이 너무 비싸기 때문이다. 또한 기지 내에 위스커를 균일하게 혼합하는 것이 실용적으로 매우 곤란하기 때문이다. 위스커 재질로는 흑연, 탄화규소, 질화규소, 알루미나 등이 있으며, 이들 재료의 기계적 특성의 일부를 표 16.4에 나타냈다.

섬유

섬유(fibers)로 분류되는 재질은 다결정이거나 비정질이고 지름이 작다. 이들 재질은 폴리머이거나 세라믹 재질이 대부분이다(즉 폴리머 아라미드, 유리, 탄소, 보론, 산화 알루미늄, 탄화규소). 표 16.4에 섬유 형상 재료의 특성에 대하여 나타냈다.

미세한 선재(wire)는 상대적으로 지름이 큰데, 이러한 재료로는 철강, 몰리브덴, 텅스텐

표 16.4 몇 가지 섬유 강화 재료의 특성

재료	비중	인장 강도 (GPa)	비강도 (GPa)	탄성 계수 (GPa)	비탄성 계수 (GPa)
위스커					
흑연	2.2	20	9.1	700	318
질화 규소	3.2	5~7	1.56~2.2	350~380	109~118
알루미나	4.0	10~20	2.5~5.0	700~1500	175~375
탄화 규소	3.2	20	6.25	480	150
섬유					
알루미나	3.95	1.38	0.35	379	96
아라미드(Kevlar 49)	1.44	3.6~4.1	2.5~2.85	131	91
탄소[a]	1.78~2.15	1.5~4.8	0.70~2.70	228~724	106~407
E-유리	2.58	3.45	1.34	72.5	28.1
보론	2.57	3.6	1.40	400	156
탄화 규소	3.0	3.9	1.30	400	133
UHMWPE(Spectra 900)	0.97	2.6	2.68	117	121
금속선					
고강도 강	7.9	2.39	0.30	210	26.6
몰리브덴	10.2	2.2	0.22	324	31.8
텅스텐	19.3	2.89	0.15	407	21.1

[a] '흑연(graphite)' 대신 '탄소(carbon)'라는 용어를 사용하여 탄소 섬유를 지칭하였는데, 이것은 결정질 흑연 구역, 비정질 재료 및 결정질이 정렬되지 않은 재료로 구성되어 있기 때문이다.

등이 있다. 선재는 자동차 타이어 강화재, 필라멘트가 감긴 로켓 케이싱(rocket casing), 선재가 감긴 고압 호스 등에 사용된다.

16.7 기지상

섬유 강화 복합 재료의 기지상(matrix phase)에는 금속, 폴리머, 세라믹 등이 있다. 대개의 경우 금속과 폴리머가 기지 재료로 많이 사용되는데, 이것은 기지가 약간의 연성을 갖는 것이 바람직하기 때문이다. 세라믹 기지 복합 재료(16.10절)에서는 강화상을 첨가하여 파괴 인성을 개선한다. 이 절에서는 금속과 폴리머 기지에 대하여 설명할 것이다.

섬유 강화 복합 재료의 기지상은 여러 역할을 한다. 먼저 이들은 섬유상을 서로 결합시키는 역할을 하고, 외부 응력이 가해질 때 그 응력을 섬유에 전달하는 역할을 한다. 이 경우 매우 작은 부분의 하중이 기지상에 의하여 지탱된다. 또한 기지 재료는 연성이 있어야 하고, 섬유의 탄성 계수는 기지에 비하여 매우 높아야 한다. 기지의 두 번째 기능은 섬유상이 마찰 또는 마모에 의하여 표면이 손상되는 것을 방해하고, 주위 환경과 화학 반응이 발생하지 않도록 보호하는 역할을 한다. 이러한 주위 환경과의 상호작용이 있는 표면 결함을 유도하면 낮은 응력에서도 재료가 파괴될 수 있다. 마지막으로 기지상은 섬유와 섬유를 서로 분리시켜 균열이 섬유를 따라서 직접 전파하는 것을 방지한다. 즉 기지가 연하고 소성변형되므로 균열이 전파하는 데 장애 역할을 하게 된다. 즉 개개의 섬유가 일부 파괴되어도 그 주위의 많은 수의 섬유가 절단되어 임계 균열 크기에 해당하는 균열 뭉침이 형성되지 않는 한 복합 재료는 파괴되지 않을 것이다.

섬유와 기지 간의 결합력이 매우 커서 섬유가 빠져나오는 현상을 최소화해야 하는 것은 필수적인 요구조건이다. 실제의 경우 섬유-기지 간의 결합력은 섬유-기지의 조합을 선택하는 데 있어서 가장 중요한 고려 사항이다. 복합 재료의 최대 강도는 결합 강도의 크기에 많이 의존하는데, 결합 강도가 적절해야 강도가 약한 기지로부터 강도가 강한 섬유로의 응력 전달이 손쉬워진다.

16.8 폴리머 기지 복합 재료

폴리머 기지 복합 재료   폴리머 기지 복합 재료(Polymer-Matrix Composite, PMC)는 폴리머 수지[2]가 기지를 이루고 섬유가 강화상으로 구성된 재료이다. 이들 재료는 특성이 우수하고 제조가 용이하며, 가격이 저렴하기 때문에 여러 형태의 복합 재료로 많이 사용되고 있다. 이 절에서는 강화재의 유형(유리, 탄소, 아라미드), 용도 및 사용된 폴리머 수지의 종류에 따른 분류에 대하여 그 특성 및 용도를 설명할 것이다.

유리 섬유 강화 폴리머 기지 복합 재료

유리 섬유(fiberglass)는 플라스틱 기지를 연속 또는 단섬유 유리 섬유로 강화된 복합 재료인

---

2 여기서 사용된 수지(resin)라는 용어는 고분자량의 강화 플라스틱을 의미한다.

데, 이 복합 재료가 가장 많이 생산되고 있다. 섬유 형상으로 제조되는 유리(E-유리)의 화학 성분을 표 13.1에 나타냈다. 섬유 직경이 대개는 $3\sim20\ \mu m$ 범위에 있다. 유리가 섬유 강화 재료로 많이 사용되는 이유는 다음과 같다.

1. 용융 상태에서 고강도 섬유로 쉽게 인발된다.
2. 용이하게 제조할 수 있고, 여러 가지 복합 재료의 제조 방법을 이용하여 유리 강화 플라스틱을 경제적으로 제조할 수 있다.
3. 섬유로서 상대적으로 강하고, 플라스틱 기지에 넣게 되면 매우 높은 비강도 복합 재료가 제조된다.
4. 여러 가지 플라스틱과 함께 사용되었을 때 화학적으로 안정하여 부식 환경에서 유용한 복합 재료가 된다.

12.8절에서 언급했듯이 유리 섬유의 표면 특성이 매우 중요한데, 아주 작은 표면 결함도 이 재료의 인장 특성에 악영향을 미치기 때문이다. 표면 결함은 다른 강한 재질과 서로 마찰될 때에 쉽게 발생한다. 유리 표면이 정상적인 분위기에서 짧은 시간 동안 노출되어도 기지 재료와 결합을 방해하는 표면층을 형성하게 된다. 새롭게 인발된 섬유는 표면에 결함이 생성되는 것을 방지하고 주위 환경과 원하지 않는 반응을 방지하며, 기지와의 결합을 촉진시키기 위하여 '사이즈(size)'법에 의한 인발을 실시하여 표면 코팅을 한다. 이들 코팅은 복합 재료를 제조하기 직전에 제거한 후, 기지와 섬유와의 결합 특성을 향상시키기 위한 **결합제**(coupling agent)로 대체한다.

이러한 계열의 재료는 몇 가지의 한계가 있다. 강도가 강한 반면에 강성이 매우 크지 않고, 일부 용도(비행기, 다리 등의 구조 부품)에서 요구되는 구조적 강성이 없다. 대부분의 유리 섬유 재료는 최대 사용 온도가 200℃를 넘지 못하는데, 이 온도 이상에 이르면 대부분의 폴리머는 변형되든지 노화된다. 고순도 용융 실리카를 섬유로, 폴리이미드 수지(polyimide resin)를 기지로 사용함으로써 사용 온도를 300℃까지 높일 수 있다.

많은 유리 섬유는 친숙한 용도로 자동차와 보트의 몸체, 플라스틱 파이프, 저장 탱크, 산업체 바닥용 등에 사용되며, 수송 산업들도 차량의 무게를 감소시키고 연비를 향상시키기 위하여 유리 섬유 강화 플라스틱의 사용량을 증가시키고 있다. 새로운 용도들이 자동차 산업 부문에서 개발되고 있는 상황이다.

탄소 섬유 강화 폴리머(CFRP) 복합 재료

첨단 폴리머 기지 복합 재료에는 주로 고성능 탄소 섬유가 강화재로 사용되고 있다. 그 이유는 다음과 같다.

1. 탄소 섬유는 모든 강화상 중에서 가장 높은 비탄성률과 비강도를 가지고 있다.
2. 고온에서 탄소 섬유는 높은 인장 계수 및 고강도를 유지한다. 그러나 고온 산화의 문제는 있다.
3. 상온에서 탄소 섬유는 습기, 여러 종류의 용제, 산 및 염기에 대하여 영향을 받지 않는다.

4. 탄소 섬유는 여러 가지 물리적 · 기계적 특성을 나타내기 때문에 이러한 섬유를 사용하게 되면 요구되는 특성에 맞는 재료를 제조하는 것이 가능하다.

5. 섬유와 복합 재료를 제조하는 공정 가격이 비교적 저렴하다.

그림 13.7에 모식적으로 나타낸 것과 같이 통상적인 탄소 섬유는 흑연상(규칙상) 또는 터보스트라틱(불규칙) 구조이다.

탄소 섬유의 제조 공정은 상당히 복잡하기 때문에 여기서는 다루지 않는다. 그러나 3개의 다른 유기물 전구체, 즉 레이온, 폴리아크릴로니트릴(PAN), 피치 등이 사용되고 있으며, 제조 공정은 전구체에 따라서 변화하고 이에 따라서 섬유의 특성도 변화한다.

탄소 섬유를 구분하는 한 가지 방법은 그 인장 강도에 따르는 것이다. 즉 표준, 중간, 고, 초고강도이다. 섬유의 직경은 대개 $4 \sim 10 \ \mu m$이고 연속 또는 작게 절단된 형태로 공급된다. 탄소 섬유는 대개의 경우 보호를 위하여 에폭시로 코팅하는데, 이것이 폴리머 기지와의 접착성을 높이게 된다.

탄소 섬유 강화 복합 재료는 스포츠와 여가용 장비(낚싯대, 골프채), 필라멘트로 감은 군용 및 상업용 항공기의 고정 날개와 헬리콥터(날개, 몸체, 안정체) 등의 부품에 많이 사용된다.

아라미드 섬유 강화 폴리머 복합 재료

아라미드 섬유는 고강도, 고강성 재료인데, 1970년대 초에 개발되었다. 이 재료는 매우 뛰어난 비강도, 강도 대 무게 비율을 가지고 있는데, 이 특성은 금속보다 우수하다. 이들 재료는 화학적으로는 폴리 파라페닐렌 테레프탈아미드로 알려져 있는데, 상업적으로는 케블라(Kevlar)와 노멕스(Nomex)로 판매되고 있고, 기계적 특성이 상이한(예 : 케블라 29, 49, 149) 것들이 있다. 제조 과정 중 강한 분자들이 섬유의 축 방향으로 액정 도메인(15.20절)의 형태로 배열되는데, 반복 단위와 사슬 배열이 그림 16.10에 나타나 있다. 이들 섬유는 알려진 어느 폴리머 재료에 비하여 길이 방향으로의 인장 강도가 높으나 압축 강도는 상대적으로 약하다(표 16.4). 또한 이 재료는 인성, 충격 저항, 크리프 저항 및 피로 저항이 높은 특성이 있다. 아라미드는 열가소성임에도 불구하고 $-200 \sim 200°C$의 온도 범위에서 우수한 기계

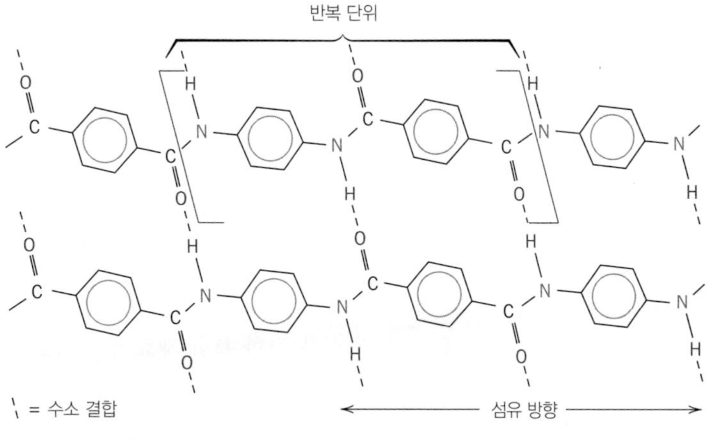

그림 16.10 아라미드(케블라) 섬유의 반복 단위 및 사슬 구조의 모식도. 섬유 방향으로의 사슬 배열과 인접한 사슬 간의 수소 결합으로 나타나 있다.

성질	유리 (E-유리)	탄소 (고강도)	아라미드 (케블라 49)
비등	2.1	1.6	1.4
인장 계수			
장축(GPa)	45	145	76
단축(GPa)	12	10	5.5
인장 강도			
장축(MPa)	1020	1520	1240
단축(MPa)	40	41	30
최대 인장 변형률			
장축	2.3	0.9	1.8
단축	0.4	0.4	0.5

[a] 모든 경우 섬유의 부피 분율은 0.6이다.

적 특성을 유지하고, 연소에 대한 저항성이 크다. 이들 재료는 강산과 알칼리에 상대적으로 취약하나, 솔벤트나 다른 화학 물질에는 저항성이 대체로 우수하다.

아라미드 섬유는 대개의 경우 에폭시와 폴리에스터와 같은 폴리머 기지 복합 재료에 많이 사용된다. 섬유가 대체로 유연하고 연성이 있기 때문에 일반적인 직조 공정을 적용하는 것이 가능하다. 이러한 아라미드 복합 재료는 방탄 제품(방탄 조끼), 스포츠 용품, 타이어, 로프, 미사일 표면, 압력 용기, 석면 브레이크 부품의 대체품, 클러치 라이닝, 개스킷 등에 사용된다.

표 16.5에 배향된 연속 유리 섬유 강화, 탄소 섬유 강화, 아라미드 섬유 강화 에폭시 복합 재료의 물성을 나타냈다. 이 세 가지 재료의 장축 및 단축 방향 기계적 특성의 비교가 가능할 것이다.

기타 섬유 강화 재료

유리, 탄소, 아라미드가 가장 흔하게 폴리머 기지에 강화재로 사용되는 재료이다. 이 재료에 비하여 그 사용 빈도가 떨어지는 섬유로는 보론, 탄화 규소, 알루미나 등이 있다. 이 재료의 인장 계수, 인장 강도, 비강도 및 비탄성 계수 등이 표 16.4에 나타나 있다. 보론 섬유 강화 폴리머 복합 재료는 군사용 항공기 부품, 헬리콥터 회전 날개, 스포츠 용품에 사용되고 있으며, 탄화 규소와 알루미나 섬유는 테니스 라켓, 기판 및 로켓의 코 부분에 사용되고 있다.

폴리머 기지 재료

폴리머 기지의 역할은 16.7절에 설명하였다. 기지는 대개의 경우 섬유보다 낮은 온도에서 연화되거나 용융되기 때문에 복합 재료의 사용 온도는 기지에 의하여 결정된다.

가장 저렴하여 가장 많이 사용되는 폴리머 기지는 폴리에스터와 비닐에스터인데,[3] 이 재료는 유리 섬유 강화 복합 재료의 기지로서 주로 사용된다. 수지의 조성을 변화시킴으로써

---

3 이 절에서 소개한 일부 폴리머 기지 재료의 화학적 특성과 일부 특성에 대해서 부록 B, D 와 E에 나타냈다.

이들 폴리머 기지에 넓은 범위의 특성을 부여하는 것이 가능하다. 에폭시는 가격이 좀 더 비싼데, 기계적 특성이 우수하고 습기에 대한 저항성이 폴리에스터와 비닐 수지에 비하여 우수하여 상업적인 부분과 더불어서 우주 항공 분야에 많이 사용되고 있다. 고온 용도로는 폴리이미드 수지가 사용되는데, 연속적으로 사용할 수 있는 최고 온도는 230°C이다. 마지막으로 폴리에테르에테르케톤(PEEK), 폴리페닐렌술파이드(PPS), 폴리에테르이미드(PEI) 등과 같은 고온용 열가소성 수지가 우주 항공 분야에 사용될 것으로 예상된다.

설계예제 16.1

튜브형 복합 재료 샤프트의 디자인

그림 16.11에 모식적으로 나타낸 것과 같이 외경이 70 mm(2.75 in.)이고 내경이 50 mm(1.97 in.), 길이가 1.0 m(39.4 in.)인 튜브형 복합 재료 샤프트를 설계하고자 한다. 이 부품의 가장 중요한 기계적 특성은 길이 방향의 탄성 계수에 의한 굽힘 강성이다. 필라멘트 복합 재료가 사용될 경우 강도와 피로 저항은 중요한 고려 사항이 아니다. 강성은 그림 12.30과 같이 3점 하중에 의한 벤딩 시 최대 허용 처짐량으로 정의된다(튜브 양단에서 지지되고, 튜브의 중간점에서 하중이 작용함). 하중이 1000 N일 때 하중이 가해지는 중심점에서의 탄성 처짐량은 0.35 mm(0.014 in.) 이하여야 한다.

튜브의 축 방향으로 연속 섬유가 평행하게 배열된 것이 사용된다. 섬유로 가능한 재질은 유리, 그리고 표준-, 중간-, 고-계수 급의 탄소 섬유이다. 기지 재료는 에폭시 수지이고, 최대 허용 가능한 섬유의 부피 분율은 0.60이다.

다음의 문제를 해결하라.

(a) 이들 4개의 섬유 재질 중에서 에폭시 기지 복합 재료에 첨가하였을 때 이러한 요구 조건을 만족시키는 것은 무엇인가?

(b) 이들 중에서 제조 원가가 가장 낮은 섬유 재질을 선택하라(모든 섬유에 대하여 복합 재료의 제조 원가는 동일하다고 가정하라).

섬유 및 기지 재료의 탄성 계수, 밀도, 가격에 관한 데이터는 표 16.6의 값을 이용하라.

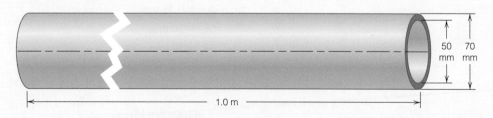

그림 16.11 설계예제 16.1의 주제인 튜브형 복합 샤프트의 모식도

표 16.6 유리 및 여러 탄소 섬유 및 에폭시 수지의 탄성 계수, 밀도 및 가격 데이터

재료	탄성 계수 (GPa)	밀도 (g/cm³)	가격 ($US/kg)
유리 섬유	72.5	2.58	1.70
탄소 섬유(표준 탄성 계수)	230	1.80	45.00
탄소 섬유(중탄성 계수)	285	1.80	90.00
탄소 섬유(고탄성 계수)	400	1.80	150.00
에폭시 수지	2.4	1.14	3.50

풀이

(a) 요구되는 조건을 만족시키기 위해서 요구되는 복합 재료의 길이 방향 탄성 계수를 구하는 것이 필요하다. 이 계산을 위해서는 3점 휨에 대해서 다음의 식을 이용하여 계산해야 한다.

$$\Delta y = \frac{FL^3}{48\,EI} \tag{16.21}$$

여기서 Δ_y는 중간점의 휨, F는 인가된 힘, L은 지지점 간의 거리, E는 탄성 계수, I는 단면 관성 모멘트이다. 내경과 외경이 d_i 및 d_o인 튜브의 경우 다음과 같다.

$$I = \frac{\pi}{64}(d_o^4 - d_i^4) \tag{16.22}$$

그리고

$$E = \frac{4FL^3}{3\pi\,\Delta y\,(d_o^4 - d_i^4)} \tag{16.23}$$

이 샤프트 디자인에서 각 지수는 다음과 같다.

$$F = 1000\ \text{N}$$
$$L = 1.0\ \text{m}$$
$$\Delta y = 0.35\ \text{mm}$$
$$d_o = 70\ \text{mm}$$
$$d_i = 50\ \text{mm}$$

따라서 이 샤프트에서 요구되는 길이 방향 탄성 계수는 다음과 같이 구해진다.

$$E = \frac{4(1000\ \text{N})(1.0\ \text{m})^3}{3\pi(0.35 \times 10^{-3}\ \text{m})[(70 \times 10^{-3}\ \text{m})^4 - (50 \times 10^{-3}\ \text{m})^4]}$$
$$= 69.3\ \text{GPa}\ (9.9 \times 10^6\ \text{psi})$$

다음 단계는 각 4개의 섬유 재료 후보 재질에 대해서 섬유와 기지 분율을 결정해야 한다. 이것은 혼합 법칙(식 16.10b)을 이용하여 계산하는 것이 가능하다.

$$E_{cs} = E_m V_m + E_f V_f = E_m(1 - V_f) + E_f V_f$$

표 16.7에 E_{cs} = 69.3 GPa을 만족시키기 위한 V_m과 V_f를 각 재료에 대하여 나타냈다. 이 계산에 식 (16.10b)와 표 16.6의 탄성 계수 데이터를 사용하였다. 이 결과에서 보면 세 종류의 탄소 섬유만이 요구되는 V_f의 값이 0.60 이하로 만족하는 것을 알 수 있다.

(b) 여기서 세 가지 탄소 섬유 종류와 기지의 부피를 결정하는 것이 필요하다. 센티미터 단위로 총부피는 다음과 같다.

$$V_c = \frac{\pi L}{4} (d_o^2 - d_i^2) \tag{16.24}$$

$$= \frac{\pi(100 \text{ cm})}{4}[(7.0 \text{ cm})^2 - (5.0 \text{ cm})^2]$$

$$= 1885 \text{ cm}^3 (114 \text{ in.}^3)$$

따라서 이들 값과 표 16.7에 나타낸 V_f 및 V_m 값으로부터 계산된 섬유와 기지의 부피를 표 16.8에 나타냈다. 이 부피는 밀도(표 16.6) 값을 이용하여 무게로 변환하고, 여기에 단위무게당의 가격(표 16.6)을 곱하여 단위무게당의 가격으로 환산하였다.

표 16.7 복합 재료의 탄성 계수 69.3 GPa을 만족시킬 수 있는 유리 및 세 종류 탄소 섬유 및 기지의 분율

섬유 유형	V_f	V_m
유리	0.954	0.046
탄소(표준 탄성 계수)	0.293	0.707
탄소(중탄성 계수)	0.237	0.763
탄소(고탄성 계수)	0.168	0.832

표 16.8에서 알 수 있듯이 선정된 재료(가장 저렴한 재료)는 표준 계수 탄소 섬유 복합 재료이다. 상대적으로 낮은 단위 섬유 무게당의 가격이 탄성 계수가 낮아서 요구되는 높은 부피 분율을 상쇄하게 된 것이다.

표 16.8 세 종류 탄소-섬유 에폭시-기지 복합 재료의 섬유 및 기지 부피, 질량 및 가격, 총가격

섬유 유형	섬유 부피 (cm³)	섬유 질량 (kg)	섬유 가격 ($US)	기지 부피 (cm³)	기지 질량 (kg)	기지 가격 ($US)	총가격 ($US)
탄소 (표준 탄성 계수)	552	0.994	44.70	1333	1.520	5.30	50.00
탄소 (중탄성 계수)	447	0.805	72.50	1438	1.639	5.70	78.20
탄소 (고탄성 계수)	317	0.571	85.70	1568	1.788	6.30	92.00

16.9 금속 기지 복합 재료

금속 기지 복합 재료

금속 기지 복합 재료(metal-matrix composite, MMC)는 이름에서 알 수 있듯이 기지가 연성인 금속이다. 이 복합 재료는 기지 금속에 비하여 높은 온도에서 사용하는 것이 가능하고, 강화상은 재료의 비강성, 비강도, 마멸 저항, 크리프 저항, 열 전도율, 치수 안정성 등을 향상시키는 역할을 한다. 이러한 재료의 장점으로는 높은 사용 온도, 비가연성, 유기 유체에 대한 저항성이 폴리머 기지 복합 재료에 비하여 크다는 점이다. 그러나 폴리머 기지 복합 재료에 비하여 이들 재료는 가격이 고가이기 때문에 그 용도가 훨씬 제한적이다.

초합금, 알루미늄, 마그네슘, 티탄 및 구리 합금 등이 기지 재료로 사용되고 있다. 강화상은 입자, 연속 또는 단섬유 섬유, 위스커의 형태이며, 그 첨가량은 대개 10~60 vol%이다. 연속 섬유 재료로는 탄소, 탄화 규소, 보론, 알루미나, 내화 금속 등이 사용된다. 한편 불연속 강화상으로는 규소 카바이드 위스커, 잘게 절단한 알루미나와 탄소 섬유, 탄화 규소와 알루미나 입자들이 사용된다. 어떤 의미로 서멧(cermet)은(16.2절) 금속 기지 복합 재료의 일종이다. 표 16.9에 정렬된 연속 섬유 강화 복합 재료의 특성을 나타냈다.

일부 기지와 강화상은 고온에서 계면 반응이 자주 발생한다. 따라서 고온 제조 공정 또는 고온에서 사용하는 중에 복합 재료의 특성이 열화될 가능성이 있다. 이러한 문제점은 대개의 경우 강화상에 보호 코팅을 하거나 기지 합금의 조성을 변경하여 해결한다.

통상적으로 금속 기지 복합 재료를 제조하는 공정은 최소한 두 단계가 있다. 즉 결합(consolidation) 또는 합성(기지에 강화상을 첨가하는 과정)과 성형하는 공정이다. 여러 가지 결합법이 있는데 그중 일부는 매우 복잡하다. 단섬유 섬유 강화 복합 재료는 기존의 금속 성형 공정(단조, 압출, 압연)을 사용하여 성형할 수 있다.

최근 자동차 제조업체에서는 알루미나 또는 탄소 섬유로 강화된 알루미늄 합금 기지 복합 재료를 엔진 부품에 사용하기 시작하였다. 이러한 복합 재료는 무게가 가볍고 마모 및 열 뒤틀림에 대한 저항성이 크다는 장점이 있다. 금속 기지 복합 재료는 자동차의 구동축(높은 회전 속도와 낮은 진동 소음 레벨의) 및 압출 안정제 바(stabilizer bar), 그리고 단조된 현가 장치 및 변속기 부품에 사용되고 있다.

표 16.9 정렬된 연속 섬유에 의하여 강화된 금속 기지 복합 재료의 물성

섬유	기지	섬유량 (vol%)	밀도 (g/cm³)	장축 인장 계수 (GPa)	장축 인장 강도 (MPa)
탄소	6061 Al	41	2.44	320	620
보론	6061 Al	48	—	207	1515
탄화 규소	6061 Al	50	2.93	230	1480
알루미나	380.0 Al	24	—	120	340
탄소	AZ31 Mg	38	1.83	300	510
보어식	Ti	45	3.68	220	1270

출처 : J. W. Weeton, D. M. Peters, and K. L. Thomas, *Engineers' Guide to Composite Materials*, ASM International, Materials Park, OH, 1987.

우주 항공 분야에서도 첨단 알루미늄 금속 기지 복합 재료가 사용되고 있다. 이 재료는 밀도가 낮고, 그 특성(기계적 및 열적 특성)을 제어하는 것이 가능하다. 연속 탄소 섬유 강화된 복합 재료가 허블 망원경의 안테나 팔의 보강재로 사용되는데, 이 팔은 우주 유영에서 안테나의 위치를 안정화하는 역할을 한다. 또한 위성항법 시스템(global positioning system, GPS)용 위성에 탄화 규소-알루미늄 그리고 흑연-알루미늄 금속 복합 재료가 전자 패키징 및 열 관리 시스템에 사용되고 있다. 이러한 금속 복합 재료는 높은 열 전도율을 가지고 있고, GPS 부품의 전자 재료의 열팽창과 근접하는 특성이 있다.

초합금의 고온 크리프 및 파단 특성이 텅스텐과 같은 내화 재료 섬유 강화상에 의하여 개선되기도 하는데, 매우 우수한 고온 내산화 저항과 충격 강도가 유지된다. 이러한 복합 재료를 사용하면 터빈 엔진의 사용 온도와 효율을 향상시키는 것이 가능해질 것이다.

16.10 세라믹 기지 복합 재료

제12장과 제13장에서 설명하였듯이 세라믹 재료는 근본적으로 고온 산화 및 열화에 대한 저항성이 우수하고, 취성 파괴 특성만 없다면 자동차 및 항공기 터빈 엔진의 고온, 고부하의 용도에 가장 이상적인 재료이다. 세라믹 재료의 파괴 인성은 표 8.1과 부록 B의 표 B.5에 제시한 바와 같이 대개 $1 \sim 5 \, \text{MPa}\sqrt{\text{m}}$으로 매우 낮다. 금속의 경우 파괴 인성 K_{Ic}의 값은 $15 \sim 150 \, \text{MPa}\sqrt{\text{m}}$의 범위이다.

세라믹 기지 복합 재료

최근 세라믹 기지 복합 재료(ceramic-matrix composites, CMC)의 개발로 세라믹의 파괴 인성이 현저하게 향상되었다. 세라믹 입자, 섬유 또는 위스커 형상의 강화재가 세라믹 기지에 첨가되었다. 세라믹 기지 복합 재료의 파괴 인성은 $6 \sim 20 \, \text{MPa}\sqrt{\text{m}}$으로 향상되었다.

이러한 파괴 특성의 변화는 전파하는 균열과 분산상과의 상호작용에 의하여 발생한다. 균열은 기지상에서 대개 개시되는데 균열 전파가 입자, 섬유 또는 위스커 형상의 강화상에 의하여 저지된다. 균열의 전파를 저지하는 데 사용되는 몇 가지 기법을 다음에 설명하였다.

균열의 전파를 저지하는 매우 가능성이 있는 방법은 상변태를 이용하는 방법인데, 이 방법을 **변태 강화**(transformation toughening)라 한다. 부분 안정화된 미세한 지르코니아 입자를 알루미나 또는 지르코니아 기지에 분산시킨다(12.7절). 대개의 경우 지르코니아는 CaO, MgO, Y_2O_3, CeO 등의 안정화제가 첨가된 것이 사용된다. 부분 안정화 처리는 상온에서 안정상인 단사정계의 상 대신에 정방정계의 상이 유지되게 하는데, 이들 상은 그림 12.24의 $ZrO_2 - ZrCaO_3$ 상태도에서 볼 수 있다. 전파하는 균열 선단의 응력장은 준안정상으로 포함되어 있는 정방정계 상을 안정상인 단사정계 상으로 변태시킨다. 이러한 상변태가 발생하면 입자의 부피가 약간 팽창되어 전파하는 균열의 선단에 압축 응력을 발생시키게 된다. 그 결과 이 응력장은 전파하는 균열을 닫게 하여 균열의 성장을 억제하는 효과를 나타낸다. 이러한 과정을 그림 16.12에 모식적으로 나타냈다.

인성을 증가시키는 다른 기법으로 개발된 것은 SiC 또는 Si_3N_4 등과 같은 세라믹 위스커를 이용하는 방법이다. 이러한 위스커는 (1) 균열 선단을 전파 경로로부터 벗어나게 하는 효과, (2) 균열면의 양단에 다리를 형성하는 효과, (3) 기지로부터 위스커가 빠져나올 때 에너

그림 16.12 변태 강화의 모식도.
(a) ZrO₂ 입자상의 변태가 유기되기 이전의 균열, (b) 응력 유기 변태에 의한 균열의 정지

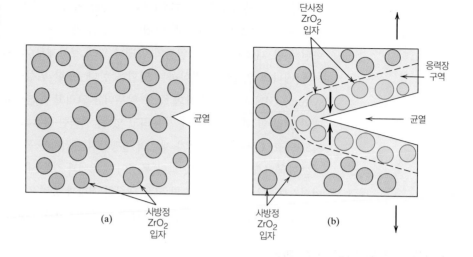

지 흡수 효과, (4) 균열 선단 주위 부분으로의 응력의 재배치 효과 등에 의하여 균열의 전파를 억제하게 된다.

일반적으로 섬유의 함량을 증가시키면 강도 및 인성을 향상시키는 효과가 있는데, 이러한 효과를 SiC 위스커 강화 알루미나 복합 재료에 대하여 표 16.10에 나타냈다. 또한 위스커 강화 복합 재료의 경우 순수한 기지 재료에 비하여 파괴 강도의 산포가 적은 것으로 나타났다. 이러한 세라믹 기지 복합 재료는 고온 크리프와 열충격 파단(급격한 온도 변화에 의한 파괴)에 대한 저항성이 향상되는 것으로 나타났다.

세라믹 기지 복합 재료는 고온 프레스, 고온 정수압 프레스, 액상 소결의 공정 등을 이용하여 제조된다. SiC 위스커 강화 알루미나는 경도가 높은 금속 합금을 절삭하기 위한 절삭 공구로서 사용되고 있고, 이들 재료는 서멧에 비하여 수명이 긴 것으로 보고되고 있다 (16.2절).

16.11 탄소-탄소 복합 재료

탄소-탄소 복합 재료

최첨단의 가장 유망한 공학 재료 중의 하나는 탄소-탄소 복합 재료(carbon-carbon composite)로 알려져 있는 탄소 섬유 강화 탄소 기지 복합 재료이다. 이름에서 의미하듯이 이 재료는 기지와 강화재가 모두 탄소이며, 상대적으로 새롭고 고가이기 때문에 지금은 널

표 16.10 상온에서의 SiC 위스커 함량에 따른 Al₂O₃의 파단 강도 및 파괴 인성

위스커 함량 (vol%)	파단 강도 (MPa)	파괴 인성 (MPa√m)
0	—	4.5
10	455 ± 55	7.1
20	655 ± 135	7.5~9.0
40	850 ± 130	6.0

출처 : *Engineered Materials Handbook*, Vol. 1, *Composites*, C. A. Dostal (Senior Editor), ASM International, Materials Park, OH, 1987.

리 사용되지 않고 있다. 이 재료의 유망한 특성은 2000°C까지 유지되는 고인장 계수 및 인장 강도, 높은 크리프 저항성 및 상대적으로 높은 파괴 인성값이다. 또한 탄소-탄소 복합 재료는 열팽창 계수가 작고, 열 전도율이 높은 특성이 높은 강도와 결부되어 열충격 파괴에 대한 감수성이 매우 낮다. 이 재료의 큰 단점은 고온 산화가 많이 발생한다는 점이다.

탄소-탄소 복합 재료는 로켓 모터, 항공기 및 고성능 자동차의 마찰 재료, 고온 프레스 몰드, 첨단 터빈 엔진의 부품, 대기권 재진입 시의 방열재 등으로 사용되고 있다.

이들 복합 재료가 매우 고가인 주요 원인은 제조 공정이 상대적으로 복잡하기 때문이다. 기본 제조 공정은 탄소 섬유 강화 폴리머 기지 복합 재료를 제조하는 데 사용되는 제조 공정과 유사하다. 즉 연속 섬유를 원하는 형상으로 깔아 놓는다. 이러한 섬유는 페놀과 같은 액상 폴리머 수지로써 함침시키며, 이러한 과정을 통하여 요구되는 형상으로 제조하고 이를 경화시키게 된다. 이때 기지를 이루고 있는 수지는 불활성 분위기 내에서 가열시켜 탄소로 변화시키게 된다(pyloysis). 이 과정을 통하여 산소, 수소, 질소와 같이 분자를 구성하는 원소들은 기화되고 탄소 사슬 분자만이 남는다. 이러한 처리 후 좀 더 높은 온도에서 열처리를 실시하면 탄소 기지는 치밀화되고 강도가 증가한다. 이러한 제조 과정 결과 원래의 탄소 섬유는 제조 과정 중 그대로 남고, 탄소 기지가 열처리 과정을 거쳐서 생성되는 것이다.

16.12 하이브리드 복합 재료

하이브리드 복합 재료

상대적으로 새로운 섬유 강화 복합 재료는 하이브리드 복합 재료(hybrid composite)인데, 이것은 2개 이상의 다른 종류의 섬유를 하나의 기지에 사용한 것이다. 하이브리드는 한 가지 종류의 섬유를 사용한 것보다 좀 더 우수한 특성 조합을 보인다. 여러 가지 섬유의 조합과 기지 재료가 사용되는데, 탄소 및 유리 섬유가 폴리머 수지에 함침된 것이 가장 많이 사용된다. 탄소 섬유는 비교적 강성이 높고 밀도가 낮은 강화재이나 값이 비싼 반면에, 유리 섬유는 값이 싸나 강성도가 탄소보다 떨어진다. 유리-탄소 하이브리드는 좀 더 강하고 인성이 높으며, 충격 저항이 높고, 탄소 또는 유리 강화 플라스틱에 비하여 저렴하게 생산할 수 있다.

2개의 서로 다른 섬유를 혼합하는 방법에는 여러 가지가 있는데, 이 방법이 결국은 전체 성질에 영향을 미친다. 예를 들면 섬유를 정렬되고 서로 치밀하게 혼합하거나, 한 가지 섬유 형태로 제조된 각 시트를 여러 층으로 쌓는 방법이 있다. 실제로 모든 하이브리드 복합 재료의 특성은 그 성질이 비등방성이다.

인장 응력하에서 하이브리드 복합 재료의 파단은 통상적으로 갑자기 발생하지 않는다. 먼저 탄소 섬유가 파단되고, 이 응력이 유리 섬유에 전달되고, 유리 섬유의 파단에 따라서 기지상이 하중을 지탱해야 한다. 결국 복합 재료의 파단은 기지상의 파단과 함께 일어난다.

하이브리드 복합 재료의 주요 용도는 육상, 수상 및 항공 수송 기계의 경량 구조 부품, 스포츠용 그리고 경량 생체 부품에 사용된다.

16.13 섬유 강화 복합 재료의 제조

설계 규격에 맞는 연속 섬유 강화 플라스틱을 제조하기 위해서는 섬유가 플라스틱 기지 내에 균일하게 분포되어 있어야 하는데, 대부분의 경우 한쪽 방향으로 정렬되어야 한다. 이 절에서는 새로 개발된 복합 재료의 제조 방법을 소개하기로 한다.

인발 압출법

인발 압출법(pultrusion)은 연속적이고 동일한 단면 형상을 가진 부품(예 : 봉, 튜브, 빔 등) 제조에 이용된다. 이 방법을 그림 16.13에 모식적으로 나타냈는데, 먼저 연속 섬유 조방 장치 혹은 타래(roving 또는 tow)[4]가 먼저 열경화성 수지로 함침되고, 원하는 형상으로 성형시키는 철강재 금형 속을 통하여 뽑아낸다. 이때 수지와 섬유의 비율이 결정된다. 이것은 경화(curing) 금형 속으로 통과되는데, 이 금형은 정밀하게 가공되어 최종 형상을 일정하게 얻게 하고, 수지 기지의 경화 과정을 개시하기 위해서 금형이 가열된다. 이 다발을 경화 금형 속으로 뽑아내는 속도는 생산 속도를 결정한다. 튜브나 내부가 빈 부품은 내부에 맨드릴이나 코어를 삽입한 후 인발하여 제조한다. 주 강화재인 유리, 탄소, 아라미드 섬유는 대개 40~70 vol%가량 첨가한다. 대개 기지 재료로 사용되는 것은 폴리에스터, 비닐에스터, 에폭시 수지이다.

인발 압출은 연속 과정으로 쉽게 자동화가 가능하며, 생산 속도가 상대적으로 높아 제조 원가를 낮출 수 있다. 또한 여러 가지 형상이 가능하고, 제조 가능한 길이에도 실용적으로 한계가 없다.

예비 함침 제조 공정

예비 함침

예비 함침(prepreg)이라는 것은 약간 경화된 폴리머 수지로 예비 함침된 연속 섬유 강화재의 제조 공정이다. 이들 재료는 테이프 형태로 부품 생산업자에게 공급되며, 수지를 첨가할 필요없이 몰딩하고 경화하여 제품을 제조하는 방법이다. 이것은 구조용 복합 재료에서 가장 많이 사용되는 형태이다.

열경화성 폴리머에 대한 예비 함침 과정을 그림 16.14에 모식적으로 나타냈는데, 이 과정은 스풀(spool)에 감겨진 여러 개의 연속 섬유를 풀어서 한 면으로 모으는 것부터 시작된다. 이 실타래는 캐리어 종이(carrier paper)와 릴리스 종이(release paper) 사이에 샌드위치로

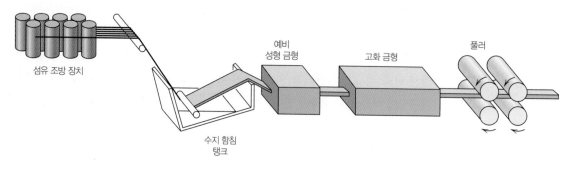

섬유 조방 장치

수지 함침 탱크

예비 성형 금형

고화 금형

풀러

그림 16.13 인발 압출 과정의 모식도

---

4 섬유 타래라고 하는 것은 평행한 방향으로 같이 인발된 연속 섬유의 묶음으로 서로 엉켜 있지 않은 상태이다.

만들어져 가열된 롤러 사이에서 압축되는데, 이 과정을 캘린더링(calendering)이라고 한다. 릴리스 종이 표면은 점도가 비교적 낮은 수지액으로 얇게 코팅되어 있는데, 이것이 섬유를 완전하게 함침시킨다. 닥터 블레이드(doctor blade)는 수지를 일정한 두께 및 폭을 가진 필름 상으로 종이 위에 코팅한다. 최종 함침 제품은 일부 경화된 수지 내에 함침된 연속 정렬된 섬유로 구성되어 있는 얇은 테이프 형태인데, 이것을 카드보드 코어(cardboard core)에 감아 포장한다. 그림 16.14에서 보여 주었듯이 릴리스 종이는 예비 함침된 테이프가 감겨질 때 벗겨내며, 대개의 테이프 두께는 보통 0.08~0.25 mm, 테이프의 폭은 25~1525 mm, 수지의 함량은 35~45 vol% 범위이다.

상온에서 열경화성 기지는 경화 반응을 계속하기 때문에 예비 함침 부품은 0°C 이하로 유지시켜야 하며, 또한 상온에서 유지하는 시간을 최소화해야 한다. 만약 적절하게 유지되면 열경화 예비 함침 부품은 6개월 또는 그 이상의 수명이 지속된다.

열가소성 및 열경화성 수지가 모두 기지로 사용될 수 있는데 탄소, 유리 및 아라미드 섬유가 강화재로 많이 사용된다.

실제의 제조 과정은 층쌓기(lay-up), 즉 예비 함침된 테이프를 공구 표면에 놓는 것으로부터 시작된다. 대개의 경우 쌓는 층의 개수(캐리어 종이를 제거한 것)는 원하는 두께에 따라서 결정되며, 층쌓기 방법은 일방향으로 하는 것과 섬유 방향이 서로 직교하거나 각도를 갖도록 쌓는 것이 있다(16.14절). 또 최종 경화는 동시에 가열과 압력을 가함으로써 완성된다.

층쌓기 과정은 전적으로 손으로 할 수 있는데, 작업자가 테이프의 길이를 절단한 후 공구 표면에 쌓는 과정이다. 다른 방법으로는 테이프 패턴을 기계로 절단한 후 작업자가 쌓는 방법이 있다. 예비 함침된 테이프의 쌓기 또는 다른 제조 과정(예 : 필라멘트 감기 등)을 자동화하여 수작업 공정을 없앰으로써 제조 원가를 감소시킬 수 있으며, 이 자동화된 방법은 복합 재료 제조 과정의 제조 원가를 낮추는 데 필수적이다.

필라멘트 감기

필라멘트 감기(filament winding)는 연속 섬유가 이미 정해진 패턴으로 어떤 형상(대개는 실린더)으로 감는 작업이다. 한 가닥 또는 타래 섬유를 수지통으로 통과시킨 후 자동화된 감는 장치를 이용하여 맨드릴 표면에 감는다(그림 16.15). 적정한 층수까지 감은 후 상온 또는 경화 오븐 속에서 경화시킨 다음 맨드릴을 제거한다. 다른 방법으로 폭이 10 mm 내외의 좁고 얇은 예비 함침 섬유 제품의 필라멘트 감기를 할 수 있다.

적정한 기계적 성질을 얻기 위하여 여러 가지 감기 패턴(원주형, 나선형, 폴라형)을 사용할 수 있다. 필라멘트를 감은 부품은 매우 높은 강도 대 무게비를 나타낸다. 또한 감기의 균일성과 방향성이 잘 조절된다는 장점이 있으므로 이 방법이 자동화되면 제품의 경제성도 확보된다. 필라멘트 감기로 제조된 부품으로는 로켓 모터 피복, 저장 탱크, 파이프 및 고압 용기 등이 있다.

현재 둥근 형태뿐만 아니라 여러 가지 형상(예 : I-빔)의 제품을 제조할 수 있는 제조 기술이 개발되고 있는데, 이 기술은 제조 원가가 저렴하기 때문에 발전 속도가 매우 빠르다.

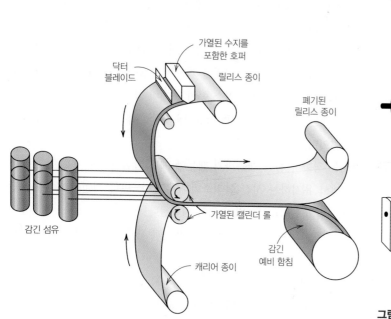

그림 16.14 열경화성 폴리머를 이용하여 예비 함침 테이프를 제조하는 과정의 모식도

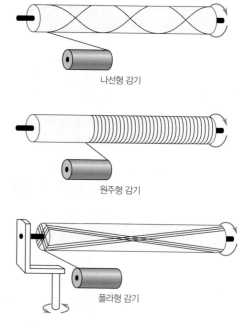

그림 16.15 나선형, 원주형, 폴라형 필라멘트 감기법의 모식적 표현
[출처 : N. L. Hancox, (Editor), *Fibre Composite Hybrid Materials*, The Macmillan Company, New York, 1981.]

구조용 복합 재료

구조용 복합 재료

구조용 복합 재료(structural composite)는 다층이고 저밀도 복합 재료로서 구조적 일체성, 고인장, 압축 및 비틀림 강도 및 강성을 요구하는 용도에 사용된다. 이 재료의 특성은 구성 요소 재료의 특성뿐만 아니라 다양한 구조 부품의 기하학적 설계에 따라서 변화한다. 층상 복합 재료와 샌드위치 패널이 구조 복합 재료의 가장 일반적인 예인데, 여기서 이들에 대하여 간단히 소개하기로 한다.

16.14 층상 복합 재료

층상 복합 재료

층상 복합 재료(laminar composite)는 2차원의 얇은 판 또는 패널(합판 또는 라미네이트)이 상호 접착되어 구성된다. 각 합판은 정렬된 연속 섬유 강화 플라스틱과 같이 고강도를 나타내는 방향을 가진다. 이와 같은 다층 구조를 라미네이트(laminate)라고 한다. 라미네이트의 특성은 층간에 고강도 방향이 어떻게 변화하는지 등과 같은 여러 변수에 의해 좌우된다. 그러한 관점에서 네 가지 종류의 층상 복합 재료가 있는데, 일방향성, 직교 방향성, 방향성, 그리고 다방향성이다. 일방향성의 경우 모든 라미네이트의 고강도 방향이 동일하다(그림 16.16a). 직교 방향성은 라미네이트의 고강도 방향이 0°와 90°로 교대로 배치된(그림 16.16b), 방향성은 고강도 배향이 $+\theta$와 $-\theta$가 교대로 적층되는 것(예 : $\pm45°$)(그림 16.16c)이다. 다방향성 라미네이트는 라미네이트의 고강도 방향이 여러 배향을 갖는다(그림

그림 16.16 (a) 일방향성, (b) 직교, (c) 방향성, (d) 다방향성 배향
(출처 : *ASM Handbook*, Vol. 21, *Composites*, 2001. ASM International, Materials Park, OH, 44073.)

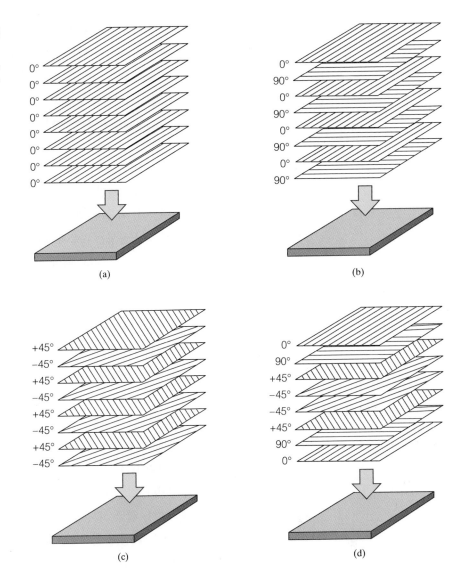

16.16d). 거의 모든 라미네이트에서 라미네이트의 중간층에 대칭인 방향으로 적층이 된다. 이러한 배열은 라미네이트가 비틀어지거나 휘는 것을 방지하는 효과를 나타낸다.

일방향 라미네이트의 탄성 계수 및 강도와 같은 평면 특성은 이방성이 높은 특성이 있다. 직교, 방향성, 다방향성 라미네이트는 평면 등방성의 정도를 향상시키기 위해서 설계된 것이다. 다방향성 라미네이트는 가장 등방적인 복합 재료로 제조될 수 있고, 등방성의 정도는 방향성 다음으로 직교성 라미네이트의 순으로 감소한다.

라미네이트의 응력 및 변형률 간의 관계는 연속 섬유 강화 복합 재료에 관한 식 (16.10)과 배열된 섬유 강화 복합 재료의 식인 (16.16)과 유사하게 유도되었다. 그러나 이러한 식은 텐서 대수학(tensor algebra)을 사용하는데, 이 부분은 본 설명의 범위를 벗어난다.

라미네이트 재료에서 가장 일반적인 예는 경화되지 않은 수지에 예비 함침된 일방향성 테이프이다. 요구되는 배향을 가지는 다층 구조 복합 재료는 미리 정해진 방향으로 여러 층을

적층하여 얻는 것이다. 전체적인 강도와 등방성의 정도는 섬유 재료, 층수, 배향 순서 등의 변수에 의하여 영향을 받는다. 라미네이트에서 주로 사용되는 섬유 재료는 탄소, 유리, 아라미드이다. 적층 후에는 수지를 경화시켜야 하고 층간에 접착이 일어나도록 하여야 한다. 이러한 작업은 부품을 가압하에서 가열하는 방법을 사용한다. 이와 같은 적층 후 작업 방법으로는 가압 몰딩(autoclave molding), 압력 백 몰딩(pressure-bag molding), 진공 백 몰딩(vacuum-bag molding) 등이 있다.

적층 구조물은 목화 또는 종이 직물 또는 직조된 유리 섬유를 플라스틱 기지에 함침시켜 제조되기도 한다. 이러한 재료의 경우 평면상의 등방성은 상대적으로 높다.

이러한 층상 복합 재료는 항공기, 자동차, 해양, 그리고 빌딩과 사회간접자본의 구조물에 많이 사용되고 있다. 구체적인 적용 용도는 다음과 같다. 비행기에는 동체, 수직 및 수평 안정제, 랜딩 기어 덮개, 바닥재, 페어링, 그리고 헬리콥터의 로터 블레이드에 적용되고, 자동차에는 자동차 패널, 스포츠카 몸체, 드라이브 샤프트, 해양 구조물에는 선박 선체, 해치 커버, 갑판실, 칸막이, 프로펠러 등에 적용되며, 건물과 사회간접자본에는 다리 부품, 장대 지붕 구조, 빔, 구조 패널, 지붕 패널, 탱크 등에 적용된다.

층상 복합 재료는 스포츠 및 레크리에이션 용품에도 많이 사용되고 있다. 예를 들면 최신 스키(이 장의 도입부 참조)는 상당히 복잡한 층상 구조를 가지고 있다.

16.15 샌드위치 패널

샌드위치 패널

샌드위치 패널(sandwich panels)은 강성과 강도가 상대적으로 높은 경량 빔 또는 패널로 설계된다. 이 샌드위치 패널은 그림 16.17에 나타낸 바와 같이 두꺼운 코어 부분의 표면에 접착된 2개의 외피 판으로 구성된다. 그 외피 판은 상대적으로 강성 및 강도가 높은 재료로 만들어지는데, 통상적으로 알루미늄 합금, 철강재 및 스테인리스강, 섬유 강화 플라스틱, 베니어판 등이 사용된다. 이 외피는 패널에 인가되는 벤딩 하중을 지탱한다. 샌드위치 패널이 휨 하중을 받을 때 외피 중의 하나는 압축 응력을 받고, 다른 하나는 인장 응력을 받게 된다.

코어 재료는 경량 재료이고 탄성 계수가 낮은 것이 일반적이다. 구조적으로는 다음의 몇 가지 기능을 담당한다. 첫째, 표피층을 지지하고 서로 잡아 주는 역할을 한다. 또한 전단 응력을 견딜 수 있는 충분한 전단 강도를 갖고 있고, 충분한 두께로 설계되어 충분히 높은 전단 강성(패널의 좌굴 저항성)을 제공한다. 외피층에 비해서 코어층 내에 인가되는 인장 및 압축 응력은 상대적으로 낮다. 패널의 강성은 코어 재료의 종류 및 두께에 의하여 주로 좌우되고, 좌굴 강성은 코어 두께의 증가에 따라 증가한다. 여기서 외피층이 코어층에 매우 단단하게 접착되어야 하는 것은 필수적이다.

샌드위치 패널은 코어 재료가 외피 재료에 비해서 저가인 재료들이 통상적으로 사용되기 때문에 경제성이 우수한 재료이다.

코어 재료에는 대체적으로 강성 폴리머 폼, 목재, 허니콤의 세 가지 종류로 구분이 가능하다.

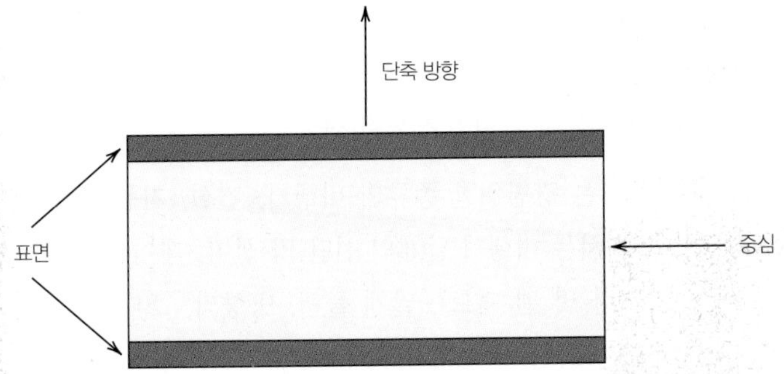

그림 16.17 샌드위치 패널의 단면 모식도

단축 방향

표면

중심

- 열가소성 및 열경화성 폴리머 재료가 강성 폴리머 폼 재료로 사용되는데, 이들 재료에는 폴리스티렌, 페놀-포름알데히드(페놀), 폴리우레탄, 폴리염화비닐, 폴리프로필렌, 폴리에테르이미드, 폴리메틸아크릴이미드(가격이 저가인 재료부터 순서로)가 그것이다.
- 발사나무는 다음의 몇 가지 이유 때문에 코어 재료로 사용된다. (1) 밀도가 0.10~0.25 g/cm³로 매우 낮고(그렇지만 이 재료보다 낮은 재료가 있음), (2) 가격이 상대적으로 저가이며, (3) 압축 및 전단 강도가 상대적으로 높기 때문이다.
- 다른 것은 '허니콤(honeycomb)' 구조인데, 이것은 얇은 포일형 재료가 육각형 셀을 형성하여 그 축 방향이 표면층에 수직하게 놓여 있는 구조이다. 그림 16.18에 허니콤 샌드위치 패널의 절단면 구조를 보여 주고 있다. 허니콤 패널의 기계적 특성은 비등방성 특성을 갖는다. 셀 축 방향으로의 인장 및 압축 강도가 가장 높고, 전단 강도는 패널 평면 방향으로 가장 높다. 허니콤 구조의 강도와 강성은 셀 크기, 셀 벽두께, 그리고 허니콤 재질에 의하여 좌우된다. 허니콤 구조물은 셀 내부에 공간을 많이 포함하고 있기 때문에 음파 및 진동에 대한 감쇄 특성이 매우 우수하다. 허니콤 구조물은 얇은 판재 재질로부터 제조된다. 이러한 코어 구조를 만드는 데 사용되는 재질로서는 알루미늄, 티

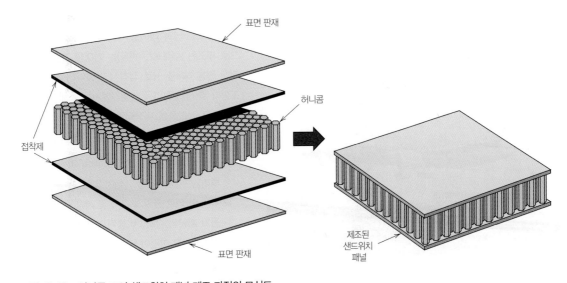

표면 판재

허니콤

접착제

표면 판재

제조된 샌드위치 패널

그림 16.18 허니콤 코어 샌드위치 패널 제조 과정의 모식도
(출처 : *Engineered Materials Handbook*, Vol. 1, *Composites*, ASM International, Materials Park, OH, 1987.)

탄, 니켈 합금, 스테인리스 등의 금속 합금이 있고, 폴리프로필렌, 폴리우레탄, 크라프트 종이(고강도 쇼핑백이나 카드보드를 제조하는 데 사용되는 갈색의 질긴 종이), 그리고 아라미드 등의 폴리머 재료가 사용된다.

샌드위치 패널은 광범위한 종류의 비행기, 건설, 자동차 및 해양 구조물에 사용되는데, 비행기 구조물에서는 비행기 날개의 선단 및 선미, 레이돔, 페이링, 엔진 덮개(터빈 엔진 주위의 발동기 커버 및 팬 덕트), 날개 플랩, 방향키, 스태빌라이저와 내장 캐비닛에 사용되고, 자동차에서는 짐칸 바닥재, 예비 타이어 커버, 객실 바닥재로 사용되며, 해양 구조물에서는 칸막이, 가구, 벽, 천장, 그리고 분할 칸막이재를 만드는 데 사용된다.

사례연구 16. 1

보잉 787 드림라이너에 사용된 복합 재료

그림 16.19의 보잉 787 드림라이너의 등장으로 상업적 항공기에 복합 재료의 사용 혁명이 시작되었다. 이 항공기는 장거리, 중형(210명에서 290명의 승객 정원)인 쌍발 제트 항공기로서 항공기 제작에 복합 재료가 대부분 사용된 첫 번째 항공기이다. 복합 재료의 사용으로 항공기가 가벼워지고, 이에 따라 연비가 약 20%가량 향상되었으며, 매연 발생량이 감소하고, 운항 거리가 늘어났다. 또한 복합 재료의 채용으로 객실 압력과 습도가 기존의 항공기보다 높아지고, 소음이 감소하여 좀 더 안락한 여행을 즐길 수 있게 되었다. 또한 머리 위의 화물칸이 넓어지고 창문이 좀 더 커지게 되었다.

드림라이너 항공기에서 무게비로 복합 재료가 50%를 차지하고, 알루미늄이 20%를 차지한다. 비교하자면 보잉 777에서는 복합 재료가 11%, 알루미늄 합금이 70%를 차지한다. 이러한 복합 재료, 알루미늄 합금을 포함하여, 777 및 787 항공기에 사용된 다른 재료

표 16.11 보잉 787 및 777 항공기에 사용된 재료의 종류 및 함량

항공기	재료 함량(wt%)				
	복합 재료	Al 합금	Ti 합금	강재	기타
787	50	20	15	10	5
777	11	70	7	11	1

(티탄 합금, 강재, 기타 재료)의 함량을 표 16.11에 제시하였다.

가장 많이 사용된 복합 구조물은 항공기 동체에 사용된 탄소 연속 섬유-에폭시 라미네이트 재료이다(그림 16.20). 이러한 라미네이트는 예비 함침된 테이프로 구성되어 있는데, 이들은 미리 정해진 배향으로 연속 테이프 적층 장치를 이용하여 적층된다. 일체형으로 제조된 동체(또는 원통)는 거대한 가압 오븐에서 경화된다. 이러한 원통 6개를 서로 접착시켜 하나의 완전한 비행기 동체를 제조한다. 이전의 상업용 비행기에서는 동체 구조는 알루미늄 판재를 리벳으로 접합하여 제작되었다. 이러한 복합 재료 원통 구조가 알루미늄 합금에 비해서 갖는 장점은 다음과 같다.

- 조립 비용의 감축 : 50,000개의 리벳으로 고정되는 1,500 알루미늄 판재의 조립 과정이 없어짐
- 부식 및 피로 균열의 검사 및 예방 정비에 필요한 비용 감축
- 공기 저항의 감축 : 비행기 표면에 돌출된 리벳이 공기 저항을 증가시키고 이것이 연비를 저하시킴

드림라이너의 동체는 열경화성 폴리머(에폭시)에 함침된 연속 탄

그림 16.19 보잉 787 드림라이너

Jens Wolf/picture alliance/dpa/Newscom

소 섬유로 구성된 거대 복합 재료 구조물을 대량 생산하려는 첫 번째 시도였다. 따라서 보잉(그리고 하청업자)사는 새롭고 혁신적인 제조 기법을 발전시키고 적용해야 했다.

그림 16.20에 나타낸 바와 같이 탄소 라미네이트는 날개와 꼬리 구조물에도 적용되었다. 그림에서 나타낸 다른 복합 재료는 유리 섬유 강화 에폭시 복합 재료 및 하이브리드 복합 재료다. 하이브리드 복합 재료에서는 유리 섬유와 탄소 섬유가 사용되었다. 이러한

복합 재료들은 주로 꼬리 및 날개의 후미 부분에 사용되었다.

샌드위치 패널이 엔진 커버(엔진을 둘러싸고 있는 구조물)와 꼬리의 부품에 사용되었다(그림 16.20). 이들 패널의 외피 재료로는 탄소 섬유-에폭시 라미네이트가 사용되었다. 이 경우 알루미늄 합금 판재로 제조된 허니콤 코어 재료가 일반적으로 사용되었다. 엔진 커버 부품에서 허니콤 셀 내에 비금속 재료(또는 커버 재료)의 사용으로 소음 감소 효과를 얻었다.

■ 탄소 라미네이트
■ 탄소 샌드위치
■ 기타 복합 재료
■ 알루미늄
■ 티타늄
■ 기타

그림 16.20 보잉 787 드림라이너에 사용된 각종 재료의 종류 및 위치
[출처 : Ghabchi, Arash, "Thermal Spray at Boeing: Past, Present, and Future." *International Thermal Spray & Surface Engineering (iTSSe)*, Vol. 8, No., 1, February 2013, ASM International, Materials Park, OH.]

16.16 나노 복합 재료

나노 복합 재료

재료 세계는 현재 새로운 복합 재료의 발전을 경험하고 있는데, 이 재료가 나노 복합 재료 (nanocomposites)다. 나노 복합 재료라는 것은 나노 크기의 입자(또는 나노 입자)[5]가 기지 재료 내에 충전되어 있는 재료이다. 나노 복합 재료는 기존의 전통적인 충전제에 비하여 우수한 기계적, 전기적, 자기적, 광학적, 열적, 생물학적 그리고 전달 특성을 갖도록 설계하는 것이 가능하고, 특정한 적용 분야를 위해서 재단하는 것이 가능한 장점이 있다. 이러한 이유에서 나노 복합 재료는 다양한 첨단 기술과 융합되고 있다.[6]

입자의 크기가 나노 사이즈로 감소함에 따라서 동반되는 흥미롭고 새로운 현상은 그들의

---

5 나노 입자로서 자격을 갖추기 위해서는 입자의 가장 큰 치수가 최대 100 nm 이하여야 한다.

6 카본 블랙 강화 고무(16.2절)는 나노 복합 재료의 사용 예이다. 이 경우 카본 블랙 입자의 크기는 통상적으로 20~50 nm 범위이다. 카본 블랙 입자의 첨가에 의하여 재료의 강도, 인성, 그리고 찢어짐 저항성 및 마멸 저항성이 개선된다.

물리적 화학적 특성이 매우 극적인 변화를 겪는다는 것이고, 더욱이 그 특성 변화의 정도가 입자의 크기(즉 원자의 개수)에 영향을 받는다는 것이다. 예를 들면 일부 재료[예 : 철, 코발트, 산화철(Fe_3O_4)]에서 영구자석의 특성이 입자의 크기가 50 nm 이하가 되면 사라진다는 것이다.[7]

이러한 입자 크기 변화에 의해서 유도되는 특성 변화는 (1) 입자 표면과 부피비의 변화, (2) 입자 크기의 인자에 의하여 발생한다. 4.6절에서 설명한 바와 같이 표면에 위치한 원자는 재료 내부에 존재하는 원자와는 다르게 거동한다. 입자 크기가 감소하면 표면에 존재하는 원자의 비중이 재료 내부에 존재하는 원자 대비 증가하고, 그 결과로 표면 현상이 재료의 특성을 좌우하게 되는 것이다. 더욱이 그 크기가 더욱 감소하면 양자 효과가 발생하게 된다.

나노 복합 재료의 기지 재료로서 금속이나 세라믹 재료가 사용될 수 있으나 대부분 폴리머 재료가 사용되고 있다. 이러한 **폴리머 나노 복합 재료**로서 다수의 열가소성, 열경화성, 탄성체 기지 재료가 사용되고 있다. 이들 폴리머 재료로서는 에폭시 수지, 폴리우레탄, 폴리프로필렌, 폴리카보네이트, 폴리에틸렌 테레프탈레이트, 실리콘 수지, 폴리메틸 메타아크릴레이트, 폴리아미드(나일론), 폴리염화 비닐리덴, 에틸렌 비닐 알코올, 부틸 고무 및 자연고무 등이 있다.

나노 복합 재료의 특성은 기지 및 나노 입자 재료의 물성뿐만 아니라 나노 입자의 형태 및 함량, 그리고 나노 입자의 계면 특성에 의하여 좌우된다. 현재 상업적으로 사용되는 나노 복합 재료는 대개 다음의 세 가지 나노 입자 범주에 속한다. **나노 카본, 나노 점토, 입자형 나노 결정**이다.

- 나노 카본계에는 단일벽 및 다중벽 탄소 나노 튜브, 그래핀 시트(13.10절), 탄소 나노 섬유가 포함된다.
- 나노 점토는 층상 실리케이트(12.3절) 재료로서 가장 일반적인 것이 몬모릴로나이트(montmorillonite) 점토이다.
- 대부분의 입자형 나노 결정은 무기질 산화물인 실리카, 알루미나, 지르코니아, 해프니아, 그리고 타이타니아 등이 있다.

나노 입자의 함량은 사용 용도에 따라서 크게 좌우된다. 예를 들면 탄소 나노 튜브의 함량을 5 wt% 정도까지 첨가하여도 강도와 강성을 크게 증가시킨다. 그러나 전기적인 전도율을 요구하는 용도(정전기 방전으로부터 나노 복합 재료 구조를 보호하기 위해서)에 있어서는 탄소 나노 튜브의 함량을 15~20 wt%까지 증가시켜야 한다.

나노 복합 재료에 있어서 가장 큰 장애는 제조 공정이다. 대부분의 용도에 있어서 나노 입자는 기지 내에 균일하게 분산되어 있어야 한다. 이와 같이 균일한 분산을 얻기 위한 새로운 분산 및 제조 공법이 지속적으로 개발되고 있다.

이러한 나노 복합 재료는 다양한 기술과 산업에서 적용 분야를 찾아가고 있는데, 이들의 예는 다음과 같다.

---

[7] 이 현상을 초상자성(superparamagnetism)이라 한다. 초상자성 입자가 기지에 첨가된 재료는 자기 기록 매체에 사용된다(20.11절 참조)

- **가스 차단 코팅** : 음식의 신선도와 저장 가능 기간이 나노 복합 재료 박막 백(bag) 또는 용기에 저장할 경우 증가할 수 있다. 통상적으로 이러한 필름은 몬모릴로나이트 나노 점토 입자로서 구성되어 있는데, 이 재료는 폴리머 기지 내에 첨가될 때 층별로 박리되고, 제조 과정에서 폴리머 필름면에 평행한 방향으로 배열된 구조를 보인다. 이 코팅은 광학적으로 투명하다. 나노 점토 입자의 첨가에 의해서 폴리머 필름은 포장된 음식물에서 수분이 빠져나가는 것을 방지하고, 탄산음료에서는 이산화탄소(CO_2)가 새나가는 것을 방지하며, 외부의 산소 분자가 내부로 침투하는 것을 방지하는 특성이 개선된다. 이러한 판상의 입자는 필름 내를 확산하는 분자의 다층 장벽으로 작용하는데, 이것은 분자가 판상 입자를 돌아서 먼 거리를 확산해 나가야 하기 때문이다. 이러한 코팅의 장점은 재활용성이다.

  나노 복합 재료 코팅은 자동차용 타이어와 스포츠용 공(축구공, 테니스공)의 압력 유지 특성을 개선한다. 이러한 코팅은 작고 박리된 판상의 버미큘라이트(vermiculite)[8] 입자를 타이어/스포츠용 공 고무 내에 첨가한다. 이러한 판상 입자들은 앞의 경우와 마찬가지로 일방향으로 배열되어 있어 확산하는 분자에 대한 장벽으로 작용하여 압력이 감소하는 것을 방지한다.

- **에너지 저장** : 그래핀 나노 복합 재료가 리튬 이온 2차 배터리의 양극에 사용되고 있다. 배터리는 하이브리드 자동차에서 전기 에너지를 저장하는 데 사용되고 있다. 리튬 전해질과 접촉하고 있는 나노 복합 재료 전극의 표면적은 통상적인 전극 재료에 비해서 매우 넓다. 이에 따라 전지 용량이 크고, 사용 가능한 수명이 길며, 고속 충방전 시 2배의 전력을 얻을 수 있다.

- **연소 장벽 코팅** : 실리콘 기지에 분산된 다중벽 탄소 나노 튜브로 이루어진 박막 코팅은 우수한 연소 장벽 특성(연소 및 분해에 대한 저항성)을 나타내고 있다. 이 코팅 재료는 마멸과 스크래치에 대한 저항성이 우수하고, 유독 가스를 생산하지 않으며 대부분의 유리, 금속, 목재, 플라스틱 및 복합 표면에 접착력이 우수하다. 연소 장벽 코팅은 우주, 항공, 전자, 그리고 공업용도에 사용되는데, 전선 및 케이블, 폼, 연료 탱크, 강화 복합 재료의 표면에 코팅하여 사용된다.

- **치과 복원** : 최근에 개발된 치과 복원 재료(보형물)는 폴리머 나노 복합 재료이다. 실리카 나노 입자(직경이 약 20 nm), 약하게 응집된 나노 크기의 실리카와 지르코니아 입자들이 이 용도에 사용되고 있다. 폴리머 기지로는 대부분 디메타아크릴레이트계가 사용된다. 이러한 나노 복합 재료의 복원 재료는 높은 파괴 인성을 갖고 있으며, 내마모성이 우수하고, 경화시간이 짧으며, 경과 수축 그리고 색상과 외형이 자연치와 유사하다.

- **기계적 강도 개선** : 고강도 경량 폴리머 나노 복합 재료는 에폭시 수지 내에 다중벽 탄소 나노 튜브를 첨가하여 제조되기도 한다. 나노 튜브의 함량은 20~30%의 범위에 있다. 이러한 나노 복합 재료는 풍력 터빈 블레이드와 일부 스포츠 용품(테니스 라켓, 야

---

8 버미큘라이트는 층상 실리케이트계 재료 중의 하나로서 12.3절에 설명하였다.

구 배트, 골프채, 스키, 자전거 프레임, 보트 선체 및 마스트)에 사용되고 있다.

- **정전기 소산** : 자동차와 비행기의 폴리머 연료 라인 내에 있는 가연성이 높은 연료의 유동은 정전기를 발생시킬 수 있다. 정전기가 제거되지 않으면 스파크가 발생할 위험성이 있고, 이는 폭발 위험성을 유발하게 된다. 이러한 연료 라인을 전기적으로 도전성을 갖도록 함으로써 전하의 증강을 방지하는 것이 가능하다. 적절한 전기 전도율은 폴리머 기지 내에 다중벽 탄소 나노 튜브를 첨가하여 얻을 수 있다. 탄소 나노 튜브를 15~20 wt%까지 첨가하는 것이 필요한데, 이 정도의 첨가량은 폴리머의 다른 특성에 크게 악영향을 미치지 않는다.

나노 복합 재료의 상업적 적용 예가 급속도로 증가하고 있고, 앞으로 이들의 적용 분야가 더욱 다양하게 증가할 것으로 기대하고 있다. 제조 기법이 개선될 것이고, 폴리머 기지뿐만 아니라 금속 기지 및 세라믹 기지 나노 복합 재료들이 개발될 것이다. 나노 복합 재료의 제품들이 다양한 상업적 분야[예 : 연료 전지, 태양 전지, 의약품, 생물의약, 전자, 광전자, 자동차(윤활제, 차체 및 엔진룸 구조물, 스크래치가 나지 않는 페인트)]에 적용될 것이다.

요약

서론	• 복합 재료는 인공적으로 제조된 다상 재료로서 구성하고 있는 각 상의 우수한 성질이 결합되어 나타나는 것이다.
	• 대개의 경우 기지상은 연속적이고 분산상을 완전하게 둘러싼다.
	• 이 장에서는 복합 재료를 입자 강화, 섬유 강화, 구조용 복합 재료 및 나노 복합 재료로 분류하였다.
과립 복합 재료	• 과립 및 분산 강화 복합 재료는 입자 강화 복합 재료의 범주에 들어간다.
분산 강화 복합 재료	• 분산 강화의 경우 강도는 매우 미세한 분산 입자에 의하여 향상되는데, 이 입자들이 전위의 이동을 방해한다.
	• 과립 복합 재료는 분산 강화 복합 재료에 대비하여 입자의 크기가 일반적으로 큰데, 이들의 기계적 특성은 강화 작용에 의하여 향상된다.
	• 과립 복합 재료의 탄성 계수의 최댓값 및 최솟값은 식 (16.1) 및 (16.2)에 나타낸 혼합 법칙에 의하여 주어지는데, 기지 재료 및 강화 재료의 탄성 계수 및 부피 분율에 의하여 결정된다.
	• 콘크리트는 과립 복합 재료 중의 하나인데 조대한 입자가 시멘트에 의하여 결합되어 있다. 포틀랜드 시멘트의 경우 조대 입자가 모래와 자갈인데, 시멘트 결합은 포틀랜드 시멘트와 물의 반응에 의하여 이루어진다.
	• 이 콘크리트의 기계적 강도는 강화 방법(예 : 철근이나 철봉을 첨가)에 의하여 향상될 수 있다.
섬유 길이의 영향	• 여러 개의 복합 재료 중에서 강화 효과가 가장 클 가능성이 높은 것은 섬유 강화 복합 재

료이다.

- 섬유 강화 복합 재료에서 인가된 응력은 연성을 어느 정도 가진 기지상에서 섬유로 전달되어 분배된다.
- 기지와 섬유 간의 결합이 강할 경우 상당한 강화 효과가 얻어진다. 섬유의 끝단에서는 강화 효과가 발생하지 않으므로 강화 효율은 섬유 길이에 좌우된다.
- 섬유 기지의 각 조합에 대하여 임계 길이가 존재하는데(l_c), 이것은 식 (16.3)에 나타낸 바와 같이 섬유 직경 및 강도, 섬유-기지 간 결합 강도에 의하여 좌우된다.
- 이 임계 길이보다 매우 큰 섬유(즉 $l > 15l_c$)를 연속 섬유라 하고, 짧은 섬유를 불연속 섬유라고 한다.

섬유 배열 및 농도의 영향

- 섬유 길이 및 배향을 기준으로 세 종류의 섬유 강화 복합 재료가 가능하다.
  - 정렬된 연속 섬유(그림 16.8a) : 기계적 특성이 매우 비등방적이다. 정렬된 방향으로는 강화 효과 및 강도가 최대인데 비해 정렬 방향의 수직 방향에서는 강화 효과 및 강도가 최소이다.
  - 정렬된 불연속 섬유(그림 16.8b) : 길이 방향으로는 강도 및 강성을 얻는 것이 가능하다.
  - 불규칙 불연속 섬유(그림16.8c) : 강화 효과에 제약이 있으나 특성은 등방적이다.
- 정렬된 연속 섬유 강화 복합 재료에 있어서 길이 방향과 가로 방향에 대한 복합 재료 혼합 법칙에 대하여 소개하였다(식 16.10 및 식 16.16). 또한 길이 방향의 강도에 대해서 언급하였다(식 16.17).
- 정렬된 불연속적 섬유 복합 재료에 대하여 복합 재료 강도에 대해서 두 가지 경우로 나타냈다.
  - $l > l_c$일 때, 식 (16.18)이 적용된다.
  - $l < l_c$일 때, 식 (16.19)를 적용한다.
- 불규칙 불연속 섬유 복합 재료의 탄성 계수는 식 (16.20)을 이용하여 결정하는 것이 가능하다.

섬유상

- 직경 및 재료의 종류에 따라서 섬유 강화 재료는 다음과 같이 분류된다.
  - 위스커 : 매우 강한 단결정 재료로서 직경이 매우 작다.
  - 섬유 : 대개의 경우 폴리머 또는 세라믹 재료로서 비정질 또는 다결정질 재료이다.
  - 선재 : 금속/합금 재료로서 직경이 상대적으로 크다.

기지상

- 세 가지 재료 모두가 복합 재료의 기지로 사용되지만 가장 흔한 재료는 폴리머와 금속 재료이다.
- 기지상은 일반적으로 세 가지 기능을 한다.
  - 섬유를 서로 결속시키고 외부에서 인가된 하중을 섬유로 전달한다.
  - 섬유의 표면이 손상을 당하는 것으로부터 보호한다.
  - 섬유에서 섬유로 균열이 전파하는 것을 방지한다.
- 섬유 강화 복합 재료는 때로는 기지 재료의 종류에 따라 폴리머 기지-, 금속 기지-, 세라믹 기지 복합 재료로 분류된다.

폴리머 기지 복합 재료	• 폴리머 기지 복합 재료가 가장 일반적이다. 강화재로는 유리, 탄소, 아라미드 섬유가 있다.

금속 기지 복합 재료

• 금속 기지 복합 재료의 사용 온도는 폴리머 기지 복합 재료보다 높다. MMC는 다양한 섬유와 위스커 재료를 강화재로 사용한다.

세라믹 기지 복합 재료

• 세라믹 기지 복합 재료의 설계 목적은 재료의 파괴 인성을 향상시키는 것이다. 이것은 균열이 진전하면서 분산상 입자와 상호작용에 의하여 이루어진다.

• 변태 강화 기법은 파괴 인성을 개선하는 이러한 기법 중의 하나이다.

탄소-탄소 복합 재료

• 탄소-탄소 복합 재료는 열분해된 탄소 기지 내에 탄소 섬유가 삽입되어 있는 구조이다.

• 이 재료는 고가이고 고강도와 강성(고온에서 유지되는), 크리프에 대한 저항성과 우수한 파괴 인성이 요구되는 용도에 적용된다.

하이브리드 복합 재료

• 하이브리드 복합 재료는 최소 2개 이상의 섬유상을 포함하는 복합 재료이다. 하이브리드 복합 재료를 이용하면 전반적으로 우수한 특성의 집합을 가진 재료를 설계하는 것이 가능하다.

섬유 강화 복합 재료의 제조

• 섬유의 분포와 배열을 향상시키기 위한 여러 가지 복합 재료의 제조 기술이 개발되어 왔다.

• 인발 압출법의 경우에는 수지가 함침된 섬유 타래가 금형을 통하여 인발되는데, 연속적이고 일정한 단면 형상을 갖는 제품을 제조하는 데 많이 사용된다.

• 구조 용도에 사용되는 복합 재료는 대개 층쌓기 작업(자동 또는 수동)에 의하여 제조된다. 즉 예비 함침된 테이프를 공구 표면에 쌓고, 열과 압력을 가하여 경화시키는 것이다.

• 내부가 빈 구조물은 자동 필라멘트 감기법을 사용하여 제조한다. 이 경우에는 예비 함침된 테이프나 수지 코팅된 섬유 타래를 맨드릴 표면에 연속적으로 감고 경화 과정을 거친다.

구조용 복합 재료

• 구조용 복합 재료인 층상 복합 재료 및 샌드위치 패널에 대해서 소개하였다.

• 층상 복합 재료는 고강도 방향을 가지고 있는 2차원 시트를 서로 적층/접착하여 제조한 것이다.

  - 라미네이트의 평면 방향 특성은 층과 층 간에 고강도 방향의 적층 순서 및 배열에 의하여 좌우되며, 이러한 관점에서 네 종류의 층상 복합 재료가 있는데, 일방향성, 직교 방향성, 방향성, 다방향성이 그것이다. 다방향성 층상 복합 재료는 등방향성에 가장 가깝고, 일방향성 층상 복합 재료는 이방성이 가장 큰 특성이다.

  - 가장 일반적인 라미네이트 재료는 일방향성 예비 함침 테이프로서 이것은 일정 배향을 갖도록 적층하여 층상 복합 재료를 제조하는 데 사용할 수 있다.

• 샌드위치 패널은 2개의 강도가 높고 강성이 우수한 2개의 외피 판과 코어 재료 또는 구조로 구성되어 있다. 이 구조용 복합 재료는 상대적으로 고강도이며, 강성이 높은 반면에 밀도가 낮다.

  - 코어 재료로 사용되는 재질에는 견고한 폴리머 폼, 저밀도 목재 및 허니콤 구조가 있다.

  - 허니콤 구조는 서로 연결되어 있는 셀(많은 경우 6각형 기하학적 구조임)로 구성되어 있는데, 이것은 얇은 포일로 만들어진다. 셀의 축은 외피 판재면에 수직한 방향으로 배열된다.

- 보잉 787 드림라이너의 구조물에는 저밀도 복합 재료(즉 허니콤 구조물과 연속 탄소 섬유 강화 에폭시 층상 복합 재료)가 사용되고 있다.

나노 복합 재료

- 나노 복합 재료는 나노 재료를 기지(가장 많이 사용되는 것은 폴리머)에 넣은 것으로 나노 크기 입자의 특징적인 성질을 활용한다.
- 나노 입자의 종류에는 나노 카본, 나노 점토, 입자형 나노 결정이 있다.
- 기지 내에 균일한 나노 입자의 분산은 나노 복합 재료를 제조하는 데 있어서 가장 큰 걸림돌이다.

식 요약

식 번호	식	용도
16.1	$E_c(u) = E_m V_m + E_p V_p$	혼합 법칙 – 상한
16.2	$E_c(l) = \dfrac{E_m E_p}{V_m E_p + V_p E_m}$	혼합 법칙 – 하한
16.3	$l_c = \dfrac{\sigma_f^* d}{2\tau_c}$	섬유의 임계 길이
16.10a	$E_{cl} = E_m V_m + E_f V_f$	정렬된 연속 섬유 강화 복합 재료의 장축 방향의 탄성 계수
16.16	$E_{ct} = \dfrac{E_m E_f}{V_m E_f + V_f E_m}$	정렬된 연속 섬유 강화 복합 재료의 단축 방향의 탄성 계수
16.17	$\sigma_{cl}^* = \sigma_m'(1 - V_f) + \sigma_f^* V_f$	정렬된 연속 섬유 강화 복합 재료의 장축 방향의 인장 강도
16.18	$\sigma_{cd}^* = \sigma_f^* V_f\left(1 - \dfrac{l_c}{2l}\right) + \sigma_m'(1 - V_f)$	정렬된 불연속 섬유 강화 복합 재료($l > l_c$)의 장축 방향 인장 강도
16.19	$\sigma_{cd'}^* = \dfrac{l\tau_c}{d}V_f + \sigma_m'(1 - V_f)$	정렬된 불연속 섬유 강화 복합 재료($l < l_c$)의 장축 방향 인장 강도

기호 목록

기호	의미
d	섬유 직경
E_f	섬유상 재료의 탄성 계수
E_m	기지상 재료의 탄성 계수
E_p	입자상 재료의 탄성 계수
l	섬유 길이
l_c	섬유 임계 길이
V_f	섬유상의 부피 분율

(계속)

기호	의미
V_m	기지상의 부피 분율
V_p	입자상의 부피 분율
σ_f^*	섬유상의 인장 강도
σ_m'	섬유상이 파단될 시점에서의 기지상의 응력
τ_c	섬유상-기지 결합 강도 또는 기지상 전단 항복 강도

주요 용어 및 개념

과립 복합 재료	비탄성률	층상 복합 재료
구조용 복합 재료	샌드위치 패널	콘크리트
금속 기지 복합 재료	서멧	탄소-탄소 복합 재료
기지상	섬유	폴리머 기지 복합 재료
나노 복합 재료	섬유 강화 복합 재료	프리스트레스트 콘크리트
단축 방향	세라믹 기지 복합 재료	하이브리드 복합 재료
분산 강화 복합 재료	예비 함침	혼합 법칙
분산상	위스커	
비강도	장축 방향	

참고문헌

Agarwal, B. D., L. J. Broutman, and K. Chandrashekhara, *Analysis and Performance of Fiber Composites*, 3rd edition, John Wiley & Sons, Hoboken, NJ, 2006.

Ashbee, K. H., *Fundamental Principles of Fiber Reinforced Composites*, 2nd edition, CRC Press, Boca Raton, FL, 1993.

ASM Handbook, Vol. 21, *Composites*, ASM International, Materials Park, OH, 2001.

Bansal, N. P., and J. Lamon, *Ceramic Matrix Composites: Materials, Modeling and Technology*, John Wiley & Sons, Hoboken, NJ, 2015.

Barbero, E. J., *Introduction to Composite Materials Design*, 2nd edition, CRC Press, Boca Raton, FL, 2010.

Cantor, B., F. Dunne, and I. Stone (Editors), *Metal and Ceramic Matrix Composites*, Institute of Physics Publishing, Bristol, UK, 2004.

Chawla, K. K., *Composite Materials Science and Engineering*, 3rd edition, Springer, New York, 2012.

Chawla, N., and K. K. Chawla, *Metal Matrix Composites*, 2nd edition, Springer, New York, 2013.

Chung, D. D. L., *Composite Materials: Science and Applications*, 2nd edition, Springer, New York, 2010.

Gay, D., *Composite Materials: Design and Applications*, 3rd edition, CRC Press, Boca Raton, FL, 2015.

Gerdeen, J. C., H. W. Lord, and R. A. L. Rorrer, *Engineering Design with Polymers and Composites*, 2nd edition, CRC Press, Boca Raton, FL, 2012.

Hull, D., and T. W. Clyne, *An Introduction to Composite Materials*, 2nd edition, Cambridge University Press, New York, 1996.

Loos, M., *Carbon Nanotube Reinforced Composites*, Elsevier, Oxford, UK, 2015.

Mallick, P. K. (editor), *Composites Engineering Handbook*, Marcel Dekker, New York, 1997.

Mallick, P. K., *Fiber-Reinforced Composites: Materials, Manufacturing, and Design*, 3rd edition, CRC Press, Boca Raton, FL, 2008.

Park, S. J., *Carbon Fibers*, Springer, New York, 2015.

Strong, A. B., *Fundamentals of Composites: Materials, Methods, and Applications*, 2nd edition, Society of Manufacturing Engineers, Dearborn, MI, 2008.

연습문제

과립 복합 재료

16.1 코발트의 기계적 성질은 매우 미세한 텅스텐 카바이드(WC)를 첨가함으로써 개선할 수 있다. 이들 재료의 탄성 계수가 200 GPa과 700 GPa로 주어졌을 때 WC의 부피 분율(0~100 vol%)에 따른 탄성 계수의 변화를 상한과 하한 관계식을 이용하여 그래프로 나타내라.

16.2 어떤 과립 복합 재료가 구리 기지 내 텅스텐 입자로 구성되어 있다. 텅스텐과 구리의 부피 분율이 각각 0.70과 0.30일 때 다음 데이터를 참조하여 이 복합 재료의 비강성도의 상한을 계산하라.

재료	비중	탄성 계수(GPa)
구리	8.9	110
텅스텐	19.3	407

16.3 (a) 시멘트와 콘크리트의 차이점은 무엇인가?
(b) 콘크리트를 강화하는 방법에 대하여 간단히 설명하라.

섬유 길이의 영향

16.4 (a) 섬유 강화 복합 재료에서 강화 효율 η는 섬유 길이 l에 따라서 다음 관계식으로 주어진다.

$$\eta = \frac{l - 2x}{l}$$

여기서 x는 하중 전달에 기여하지 않는 섬유 양쪽의 길이를 나타낸다. η와 l 간의 관계를 그래프로 나타내라. $l = 50$ mm, $x = 1.25$ mm로 가정하라.
(b) 강화 효율이 0.90이 되기 위해서는 섬유 길이가 얼마 필요한가?

섬유 배열 및 농도의 영향

16.5 정렬된 연속 섬유 강화 복합 재료를 제조하고자 한다. 이때 강화재로는 아라미드 섬유를 45 vol% 사용하고, 기지로는 55 vol% 폴리카보네이트를 사용하고자 한다. 이들 두 재질의 기계적 특성은 다음과 같다.

재료	탄성 계수 (GPa)	인장 강도 (MPa)
아라미드 섬유	131	3600
폴리카보네이트	2.4	65

아라미드 섬유가 파단될 때 기지인 폴리카보네이트에 가해지는 응력은 35 MPa이었다. 이 재료에 대하여
(a) 길이 방향의 인장 강도를 계산하라.
(b) 길이 방향의 탄성 계수를 계산하라.

16.6 정렬된 연속 탄소 섬유 강화 에폭시 복합 재료를 만드는데, 섬유 정렬 방향으로의 탄성 계수가 33.1 GPa, 횡방향으로의 탄성 계수는 3.66 GPa로 각각 얻고자 한다. 이때 섬유의 부피 분율이 0.30이라면 섬유 및 기지의 탄성 계수를 구하라.

16.7 정렬된 연속 탄소 섬유 강화 나일론 6,6 복합 재료에서 섬유가 길이 방향 하중의 97%를 부담한다.
(a) 다음의 데이터를 이용해 필요한 섬유의 부피 분율을 구하라.
(b) 이 복합 재료의 인장 강도는 얼마나 될 것인지를 계산하라. 섬유가 파단될 복합 기지 재료에 가해진 응력은 50 MPa로 가정하라.

재료	탄성 계수 (GPa)	인장 강도 (MPa)
탄소 섬유	260	4000
나일론 6,6	2.8	76

16.8 연습문제 16.5에서 복합 재료의 단위면적이 480 mm²이고, 길이 방향으로 53,400 N의 하중이 걸려 있다고 가정하라.
(a) 섬유 기지 하중비를 계산하라.
(b) 섬유상과 기지상에 걸려 있는 실제 하중을 계산하라.
(c) 섬유상과 기지상에 각각 걸려 있는 응력을 계산하라.
(d) 복합 재료의 변형률은 얼마겠는가?

16.9 부피 분율이 0.20인 정렬된 탄소 섬유-에폭시 기지 복합 재료의 길이 방향 강도를 계산하라. 이 계산에서 다음을 가정하라. (1) 섬유의 평균 지름은 6×10^{-3} mm, (2) 섬유의 평균 길이는 8.0 mm, (3) 섬유의 파괴 강도는 4.5 GPa, (4) 섬유 기지의 결합 강도는 75 MPa, (5) 복합 재료가 파괴될 때 기지의 응력은 6.0 MPa, (6) 기지의 인장 강도는 60 MPa이다.

16.10 길이 방향의 인장 강도가 500 MPa인 복합 재료를 정렬된 탄소 섬유-에폭시 기지 복합 재료로 제조하고자 한다. 필요한 섬유의 부피 분율을 계산하라. 단, (1) 섬유의 평균 지름은 0.01 mm, 평균 길이는 0.5 mm, (2) 섬유의 파괴 강도는 4.0 GPa, (3) 섬유 기지의 결합 강도는 25 MPa, (4) 복합 재료가 파괴될 때 기지에 걸리는 응력은 7.0 MPa이다.

섬유상
기지상
16.11 섬유 강화 폴리머 기지 복합 재료에 대하여

(a) 기지상의 역할 세 가지를 열거하라.

(b) 기지상과 섬유상에 요구되는 기계적 특성을 비교하라.

(c) 섬유와 기지 계면에서 강한 접합이 이루어져야 하는 이유 두 가지를 열거하라.

폴리머 기지 복합 재료
16.12 (a) 표 16.5의 유리 섬유, 탄소 섬유, 아라미드 섬유 강화 에폭시 복합 재료의 길이 방향 비강도를 계산하고 다음의 합금과 비교하라. 냉간 압연된 17-7 PH 스테인리스강, 7075-T6 알루미늄 합금, 냉간 가공된 (H04 템퍼) C26000 카트리지 황동, 압출된 AZ31B 마그네슘 합금, 소둔된 Ti-5Al-2.5Sn 티탄 합금

(b) 상기 세 가지의 에폭시 복합 재료의 비탄성 계수를 동일한 금속 합금의 값과 비교하라. 이들 금속 합금의 밀도, 인장 강도, 탄성 계수는 부록 B의 표 B.1, B.4, B.2에 나타냈다.

16.13 탄소와 흑연의 차이점을 기술하라.

하이브리드 복합 재료
16.14 (a) 두 종류의 섬유가 같은 방향으로 정렬된 하이브리드 복합 재료에서 탄성 계수에 관한 관계식을 유도하라.

(b) 이 식을 이용하여 아라미드와 유리 섬유를 각각 0.25와 0.35의 부피 분율만큼 함유한 하이브리드 폴리에스터 기지 복합 재료의 길이 방향 탄성 계수를 계산하라[힌트 : $E_m = 4.0$ GPa].

층상 복합 재료
샌드위치 패널
16.15 (a) 샌드위치 패널에 대하여 간략하게 설명하라.

(b) 구조용 복합 재료를 제조하는 주요 이유는 무엇인가?

(c) 표면층과 코어의 역할은 무엇인가?

설계문제

섬유 배열 및 농도의 영향
16.D1 정렬된 연속 섬유 강화 에폭시 복합 재료에서 섬유가 최대 40 vol%를 함유한 복합 재료를 제조하고자 한다. 또한 길이 방향의 최소 탄성 계수와 인장 강도는 55 GPa과 1200 MPa이 되어야 한다. E-유리, 탄소(PAN, 표준 계수), 아라미드 섬유 중 어떤 재료가 가능하겠는가? 그 이유는 무엇인가? 에폭시 기지의 탄성 계수는 3.1 GPa, 인장 강도는 69 MPa로 가정하라. 또한 각 섬유가 파단될 때 에폭시 기지에 걸리는 응력을 다음과 같이 가정하라. E-유리 섬유 70 MPa, 탄소 섬유(PAN 표준 계수) 30 MPa, 아라미드 섬유 50 MPa. 섬유에 관한 데이터는 부록 B의 표 B.2와 B.4를 참조하라. 아라미드 섬유의 경우에는 부록 B의 표 B.4에서 제시한 강도값 범위의 최솟값을 사용하라.

16.D2 정렬된 연속 유리 섬유 강화 폴리에스터 기지 복합 재료의 길이 방향의 인장 강도가 최소 1250 MPa이 되도록 하고자 한다. 가능한 최대 비중은 1.80이

다. 아래의 데이터를 이용하여, 이러한 복합 재료 제조의 가능 여부를 결정하라. 섬유가 파단될 때 기지에 걸리는 응력은 20 MPa로 가정하라.

재료	비중	인장 강도 (MPa)
유리 섬유	2.50	3500
폴리에스터	1.35	50

16.D3 그림 16.11에 나타낸 것과 같은 필라멘트로 감은 튜브형 샤프트를 외경 100 mm, 길이 1.25 m로 설계하고자 한다. 이 부품의 가장 중요한 기계적 특성은 길이 방향의 탄성 계수에 의한 굽힘 강성이다. 강성은 그림 12.30과 같이 3점 하중에 의한 벤딩 시 최대 허용 처짐량으로 정의된다. 하중이 1700 N일 때 하중이 가해지는 점에서의 탄성 처짐량은 0.20 mm 이하여야 한다. 튜브의 축 방향으로 평행하게 배열된 연속 섬유가 사용될 것이다. 섬유로 가능한 재질은 유리, 표준-, 중간-, 고- 계수 급의 탄소 섬유이다. 기지 재료는 에폭시 수지이고, 섬유의 부피 분율은 0.40이다.

(a) 이들 4개의 섬유 재질 중에서 에폭시 기지 복합 재료에 첨가하였을 때, 이러한 요구 조건을 만족시키는 것은 무엇인가? 그리고 상기 평가 기준을 만족시키는 튜브 내경을 각 재료에 대하여 계산하라.

(b) 이들 중에서 제조 원가가 가장 낮은 섬유 재질을 선택하라. 섬유 및 기지 재료의 탄성 계수, 밀도, 가격에 관한 데이터는 표 16.6의 값을 이용하라.

(a) 페인트 처리를 하지 않은 스테인리스강을 차체로 제작한 1936 포드 고급 세단. 6대의 고급 세단이 제작되어 스테인리스강에 대한 부식 저항과 내구성 시험을 극단적인 조건에서 실시하였다. 각각의 차는 매일 운행되고 수십만 마일을 주행하였다. 결과는 스테인리스강의 표면 상태는 차가 공장 조립라인에서 제조되었을 때와 같은 상태를 유지하였다. 그러나 스테인리스강이 아닌 부품들(엔진, 완충기, 브레이크, 스프링, 클러치, 트랜스미션, 기어)은 교체되어야만 했다. 예를 들면 차 한 대가 3개의 엔진을 교체하였다.

(b) 위의 차와 동일 연도에 제작된 자동차가 잔뜩 녹슬어 캘리포니아 들판에 방치된 사진이 아래에 보인다. 녹슨 차의 차체는 페인트를 입힌 일반 탄소강으로 만들어졌다. 일반적인 대기 환경에서 일어나는 탄소강의 부식을 페인트 처리로는 완벽하게 방지하지 못하고 제한적으로 억제시키는 것을 알 수 있다.

사진 제공 : Dan L. Greenfield, Allegheny Ludlum Corporation, Pittsburgh, PA

(a)

© EHStock/iStockphoto

(b)

부식과 열화 유형에 대한 지식과 함께 기구 및 원인을 이해함으로써 부식과 열화를 방지하기 위한 조처를 취할 수 있다. 예를 들면 우리는 주변 환경의 성질을 변화시키고 비교적 반응성이 적은 재료를 선택하면서 재료의 열화를 방지할 수 있다.

학습목표

이 장을 학습한 후에는 다음 내용을 숙지할 수 있어야 한다.

1. 산화 전기화학 반응과 환원 전기화학 반응의 구분
2. 전지 결합, 표준 반쪽 셀, 표준 수소 전극에 대한 설명
3. 전기적으로 연결이 되어 있는 2개의 순수 금속을 각각의 이온을 포함한 용액에 잠입시킨 경우 일어나는 자발적인 전기화학 반응 방향의 결정과 셀 전위 계산
4. 반응 전류 밀도가 주어진 경우 금속 산화율의 결정
5. 두 가지 형태의 분극 명칭과 각 분극에 대한 기술과 각각의 분극 반응 속도를 결정하는 조건

6. 수소 취성과 여덟 가지 형태의 부식에 대한 열화 과정의 기술과 그에 대한 기구 설명
7. 부식을 방지하기 위하여 사용되는 일반적인 다섯 가지 방법
8. 일반적으로 세라믹 재료들이 부식에 대한 높은 저항을 나타내고 있는 이유
9. 폴리머 재료들이 (a) 액상 용매에 노출되었을 경우 일어나는 두 가지 열화 과정과 (b) 분자 사슬 결합 파괴의 원인 및 결과

17.1 서론

대부분 재료는 주변 환경과 반응이 일어난다. 그와 같은 상호 반응은 기계적 성질(예 : 연성과 강도), 물리적 성질, 외양을 열화시켜 재료의 유용도에 손상을 준다. 가끔 설계 기술자의 취향에 따라 재료의 열화 거동이 무시되면서 설계되어 부정적인 결과를 초래한다.

부식

열화 기구는 세 가지 다른 형태의 재료에 대하여 다르게 나타난다. 금속의 경우에는 용해[부식(corrosion)], 또는 비금속 막의 형성[산화(oxidation)]으로 실제적인 재료 손실이 일어난다. 세라믹 재료는 높은 온도나 비교적 극한적인 분위기에서 일어나는 질적 하락(deterioration, 흔히 이러한 과정을 부식이라고 함)에 대하여 비교적 높은 저항성을 보인다. 폴리머의 경우는 금속이나 세라믹의 경우와는 다른 기구나 결과를 나타내며, 질적 저하

질적 저하

(degradation, 열화)라는 말이 자주 사용되고 있다. 폴리머는 액체 용매에 노출될 때 녹거나 용매를 흡수하여 부풀기도 한다. 또한 전자기 복사선(주로 자외선)과 열에 의하여 분자 구조의 변화가 일어나기도 한다.

이 장에서 각 재료 열화에 대한 열화 기구를 포함하여 여러 가지 환경과의 반응 및 저항성, 열화 현상의 방지 및 감소를 위한 방법 등을 다루기로 한다.

금속의 부식

부식이란 금속에서 일어나는 비의도적이고 파괴적인 반응으로 정의한다. 부식은 전기화학적으로 반응하며 보통 표면부터 시작된다. 금속 부식의 문제점 중 하나는 부식에 의한 손실이 상당한 비율을 차지한다는 것이다. 경제적인 관점에서 보면 산업 국가 수입의 약 5%가 부식 방지와 부식 반응으로 일어나는 오염, 손실에 대한 생산물의 보수 및 교체에 지출되고 있다. 부식은 흔하게 발생하며 잘 알려진 예로는 자동차 차체 패널, 라디에이터, 배기관 부품이 녹스는 것이다.

이와 함께 부식 과정을 유용하게 활용하는 응용도 있다. 예를 들면 4.10절에서 논의된 바와 같이 에칭(etching) 과정으로 입자 계면 또는 미세구조를 구성하는 요소들을 선택적으로 화학 반응시켜 입자 및 미세구조를 용이하게 관찰할 수 있다. 건전지에서 발생하는 전류도 부식 과정으로 일어난다.

17.2 전기화학적 고려 사항

금속 재료의 경우에 부식 과정은 보통 전기화학적, 즉 한 화학 원소에서 다른 화학 원소로 전자가 이동하는 화학 반응으로 일어난다. 금속 원자들은 소위 산화(oxidation) 반응으로 전자를 잃거나 방출한다. 예를 들면 n개의 원자가 전자를 소유한 가상적인 금속 M(n은 원자가 전자)의 산화는 다음 식에 의하여 일어난다.

산화

금속 M에 대한 산화 반응

$$M \longrightarrow M^{n+} + ne^- \tag{17.1}$$

여기서 M은 $n+$양전하를 띤 이온이 되면서 n개의 원자가 전자를 잃어버린다. 한 개의 전자는 e^-로 표시된다. 다음은 산화되는 금속들의 예이다.

$$Fe \longrightarrow Fe^{2+} + 2e^- \tag{17.2a}$$

$$Al \longrightarrow Al^{3+} + 3e^- \tag{17.2b}$$

양극

산화가 일어나는 지역을 양극(anode)이라 하고, 산화를 양극 반응(anodic reaction)이라고 한다.

환원

산화로 금속 원자로부터 방출되는 전자들은 이동되어 다른 화학 원소에 부착되는데, 이 반응을 환원(reduction) 반응이라고 한다. 예를 들면 어떤 금속은 높은 농도의 수소 이온(H^+)을 가진 산 용액 내에서 부식이 일어난다. H^+ 이온들은 다음과 같이 환원되면서 수소(H_2)를 방출한다.

산 용액에서 수소 이온의 환원

$$2H^+ + 2e^- \longrightarrow H_2 \tag{17.3}$$

금속이 노출된 수용액의 성질에 따라 다른 환원 반응도 발생한다. 산소가 용해된 산 용액의 경우는 환원이 다음의 반응식에 의하여 일어난다.

용융된 산소를 포함한 산 용액에서 일어나는 환원 반응

$$O_2 + 4H^+ + 4e^- \longrightarrow 2H_2O \tag{17.4}$$

또한 산소가 용해되어 있는 중성이나 염기성 용액에서는 다음의 반응이 일어난다.

용융된 산소를 포함한 중성 또는 염기 용액에서 일어나는 환원 반응

$$O_2 + 2H_2O + 4e^- \longrightarrow 4(OH^-) \tag{17.5}$$

용액 내에 존재하는 어떤 금속 이온들은 환원될 수 있다. 1가 이상을 가진 이온(다가 이온, multivalent ions)에 대한 환원은 다음과 같이 일어난다.

다가 금속 이온을 보다 낮은 원자가 상태로 환원

$$M^{n+} + e^- \longrightarrow M^{(n-1)+} \tag{17.6}$$

이 식에서 금속 이온은 하나의 전자를 받아 원자가를 하나 감소시킨다. 또는 금속은 전체적으로 다음 식에 의하여 이온 상태에서 중성 금속 상태로 환원되기도 한다.

금속 이온을 전기적으로 중성인 원자로 환원

$$M^{n+} + ne^- \longrightarrow M \tag{17.7}$$

음극

환원이 발생하는 부분을 음극(cathode)이라고 한다. 물론 위의 환원 반응 중 두세 가지가 동시에 일어나는 경우도 있다.

전반적인 전기화학적 반응은 적어도 하나의 산화와 하나의 환원 반응으로 구성되고 그들의 합으로 나타난다. 각각의 산화와 환원 반응을 반쪽 반응(half-reaction)이라고 한다. 전체 반응에서 전자와 이온들에 의해 생성될 수 있는 전기 전하의 순수한 축적은 없다. 다시 말하면 총산화율은 총환원율과 같아야 하고, 산화에 의해 생성되는 모든 전자는 환원으로 모두 소모되어야 한다.

예를 들어 H^+ 이온을 포함하고 있는 산 용액에 아연 금속을 잠입시킨 경우를 고려해 보자. 그림 17.1에 보인 바와 같이 아연 표면의 일부 지역에서 산화 또는 부식 반응이 다음과 같이 일어난다.

$$Zn \longrightarrow Zn^{2+} + 2e^- \tag{17.8}$$

아연은 좋은 전도체이므로 산화 지역에서 생성된 전자들은 인접한 지역으로 이동되고 H^+ 이온들은 다음 식에 따라 환원된다.

$$2H^+ + 2e^- \longrightarrow H_2 \text{ (기체)} \tag{17.9}$$

만약 다른 산화나 환원 반응이 일어나지 않으면, 전체 전기화학적 반응은 다음 식과 같이 반응식 (17.8)과 (17.9)의 합으로 나타난다.

$$\begin{array}{c} Zn \longrightarrow Zn^{2+} + 2e^- \\ 2H^+ + 2e^- \longrightarrow H_2 \text{ (기체)} \\ \hline Zn + 2H^+ \longrightarrow Zn^{2+} + H_2 \text{ (기체)} \end{array} \tag{17.10}$$

또 다른 예로는 산소가 용해된 물에 잠겨 있는 철의 산화 또는 녹(rusting)이다. 이 과정은

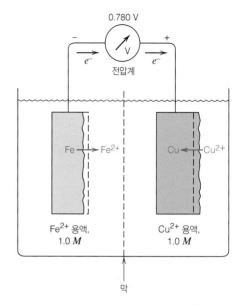

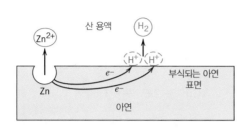

그림 17.1 산 용액 내에서 아연 부식과 관련된 전기
화학 반응

(출처 : Tan, Yongjun, *Heterogeneous Electrode Processes and Localized Corrosion*, John Wiley and Sons, Inc., 2013, Figure 1.5a.)

그림 17.2 각 이온을 1 *M* 포함한 용액에 잠입된 철
전극과 구리 전극으로 구성된 전기화학 셀

두 단계로 진행된다. 첫 단계에서 Fe이 Fe^{2+}[$Fe(OH)_2$로 존재]으로 산화되고,

$$Fe + \frac{1}{2}O_2 + H_2O \longrightarrow Fe^{2+} + 2OH^- \longrightarrow Fe(OH)_2 \qquad (17.11)$$

두 번째 단계에서 Fe^{3+}[$Fe(OH)_3$로 존재]으로 다음 식에 따라 산화된다.

$$2Fe(OH)_2 + \frac{1}{2}O_2 + H_2O \longrightarrow 2Fe(OH)_3 \qquad (17.12)$$

화합물 $Fe(OH)_3$는 잘 알려진 녹이다.

산화 결과로 금속 이온들은 이온 형태(식 17.8 참조)로 부식 용액 내에 존재할 수 있고, 식 (17.12)와 같이 비금속 원소들과 불용성 화합물로 생성될 수도 있다.

✓
개념확인 17.1 고순도 물에서 철이 부식될 것으로 기대하는가? 왜 그렇게 예측하는가?

[해답은 *www.wiley.com/go/Callister_MaterialsScienceGE* → More Information → Student Companion Site 선택]

전극 전위

모든 금속 재료는 산화되어 이온을 형성하는 용이함의 정도가 다르다. 그림 17.2에 보인 전기화학 셀(electrochemical cell)을 고려하자. 왼쪽에는 1 *M* 농도[1]의 Fe^{2+} 이온을 함유한 용액에 순철 한 조각을 잠입시키고, 셀의 오른편은 Cu^{2+} 이온 1 *M*이 함유된 용액에 순 구리

몰수인몰농도

----

1 액체 용액의 농도는 용액의 리터(1000cm³)당 용질의 몰수인몰농도(molarity), *M*으로 표현된다.

전극을 만들었다. 셀의 중앙에는 두 용액이 섞이는 것을 제한하는 하나의 막(membrane)을 설치하여 양쪽을 분리하였다. 만약에 철과 구리 전극이 전기적으로 연결되었다면 철의 산화로 구리 전극에서 환원이 일어나고 이때의 반응은 다음과 같다.

$$Cu^{2+} + Fe \longrightarrow Cu + Fe^{2+} \tag{17.13}$$

결과적으로 Cu^{2+} 이온들은 구리 전극 위에 구리 금속으로 침전(전기 석출, electrodeposit)되고, 반면에 철은 반대쪽 셀에서 $FeCu^{2+}$ 이온으로 용해(부식)된다. 그러므로 두 반쪽 셀 반응은 각각 다음 관계식으로 표현된다.

$$Fe \longrightarrow Fe^{2+} + 2e^- \tag{17.14a}$$

$$Cu^{2+} + 2e^- \longrightarrow Cu \tag{17.14b}$$

전류가 외부 회로를 통하여 흐를 때 철의 산화로부터 생성되는 전자들은 구리 셀 쪽으로 흘러 Cu^{2+}을 환원시킨다. 이와 함께 막을 통하여 한쪽 셀로부터 다른 쪽으로 순수한 이온의 이동이 일어난다. 이것을 전지 결합(galvanic couple)—한쪽 금속은 양극으로 부식이 일어나고 다른 쪽 금속은 음극의 역할을 하는 **전해액**(electrolyte)에서 두 금속을 전기적으로 연결—이라고 한다.

전해액

두 반쪽 셀 사이에는 전기 전압이 형성되며, 그 전압값은 외부 회로에 전압계(voltmeter)를 설치하여 측정할 수 있다. 25°C에서 구리-철 전지 셀에 대한 전압은 0.78 V(볼트)이다.

다른 전지 결합에 대하여 고려해 보자. 이번에 고려할 전지는 위와 똑같은 철 반쪽 셀이 1 M의 Zn^{2+} 이온 용액에 형성된 아연 전극에 연결시킨 전지이다(그림 17.3). 이 경우 아연은 양극이 되며 부식된다. 반면에 철은 음극이 된다. 그러므로 전기화학적 반응은 다음과 같다.

$$Fe^{2+} + Zn \longrightarrow Fe + Zn^{2+} \tag{17.15}$$

이 셀 반응의 전압은 0.323 V이다.

그러므로 여러 가지 전극쌍은 다른 전압을 가지고 있으며, 전압 크기는 전기화학적 산화-환원 반응의 기전력(driving force)으로 나타낼 수 있다. 결과적으로 금속 재료는 그들 각각의 금속 이온들을 함유하는 용액에 설치된 다른 금속들과 결합할 적에 발생하는 산화 경향에 대해 어림잡아 서열을 매길 수 있다. 위에 설명한 것과 유사한 반쪽 셀[즉 25°C에서 그 금속의 이온 농도가 1 M인 용액에 잠입된 순수 금속 전극]을 **표준 반쪽 셀**(standard half-cell)이라고 한다.

표준 반쪽 셀

표준 기전력 계열

측정된 셀 전압들은 단지 전위차만을 나타내므로 다른 반쪽 셀이 비교될 수 있는 기준점, 즉 기준 셀을 만들어 놓는 것이 편리하다. 임의로 선정된 기준 셀은 표준 수소 전극이다(그림 17.4). 표준 수소 전극은 H^+ 이온의 1 M 용액에 설치된 불활성 백금 전극으로 구성되는데, H^+ 이온의 1 M 용액은 25°C, 1기압에서 용액을 통해 수소 기체로 포화된다. 백금 금속 자

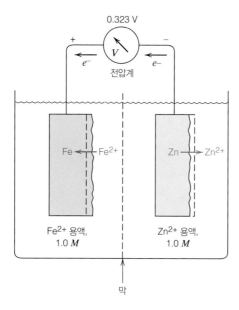

그림 17.3 각 이온을 1 M 포함한 용액에 잠입된 철 전극과 아연 전극으로 구성된 전기화학 셀

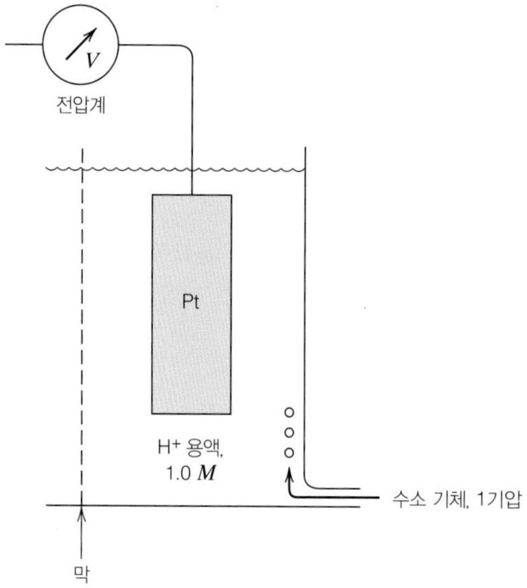

그림 17.4 수소 기준 표준 반쪽 셀

기전력 계열

체는 전기화학적 반응에 참여하지 않고, 단지 그 표면에서 수소 원자들이 산화되거나 환원된다. 기전력 계열[electromotive force(emf) series]은 여러 가지 금속의 표준 반쪽 셀을 표준 수소 전극에 연결시켜 측정된 전압에 의하여 서열을 정하여 만든 것인데, 이 서열은 표 17.1에 나타나 있다. 표 17.1은 여러 가지 금속에 대한 부식 경향을 나타내고 있다. 위쪽에 있는 금속(금과 백금)은 귀하고 화학적으로 불활성이다. 표의 아래로 움직임에 따라 금속은 **활성화가 증가되며 산화가 보다 쉽게 일어난다.** 나트륨과 칼륨이 가장 높은 활성도를 가지고 있다.

표 17.1에 나타난 전압들은 화학식의 왼쪽에 전자를 가지고 있는 환원 반응(reduction reaction)의 형태로 표현된 반쪽 반응에 대한 것이다. 산화에 대하여는 반응의 방향이 반대로 바뀌어 전압의 부호가 변하게 된다.

금속 M_1의 산화와 금속 M_2의 환원을 포함하고 있는 일반적인 반응을 고려하자.

$$M_1 \longrightarrow M_1^{n+} + ne^- \qquad -V_1^0 \qquad (17.16a)$$

$$M_2^{n+} + ne^- \longrightarrow M_2 \qquad +V_2^0 \qquad (17.16b)$$

여기서 V^0는 표준 기전력 계열로부터 취한 표준 전위이다. 금속 M_1이 산화됨에 따라 V_1^0의 부호는 표 17.1에 나타난 것의 반대가 된다. 식 (17.16a)와 (17.16b)를 합하면 다음 식이 된다.

$$M_1 + M_2^{n+} \longrightarrow M_1^{n+} + M_2 \qquad (17.17)$$

전체 셀 전위 ΔV^0는 식 (17.18)과 같다.

표 17.1 표준 기전력 계열

전극 반응	표준 전극 전위, V^0(V)
$Au^{3+} + 3e^- \longrightarrow Au$	+1.420
$O_2 + 4H^+ + 4e^- \longrightarrow 2H_2O$	+1.229
$Pt^{2+} + 2e^- \longrightarrow Pt$	~+1.2
$Ag^+ + e^- \longrightarrow Ag$	+0.800
$Fe^{3+} + e^- \longrightarrow Fe^{2+}$	+0.771
$O_2 + 2H_2O + 4e^- \longrightarrow 4(OH^-)$	+0.401
$Cu^{2+} + 2e^- \longrightarrow Cu$	+0.340
$2H^+ + 2e^- \longrightarrow H_2$	0.000
$Pb^{2+} + 2e^- \longrightarrow Pb$	-0.126
$Sn^{2+} + 2e^- \longrightarrow Sn$	-0.136
$Ni^{2+} + 2e^- \longrightarrow Ni$	-0.250
$Co^{2+} + 2e^- \longrightarrow Co$	-0.277
$Cd^{2+} + 2e^- \longrightarrow Cd$	-0.403
$Fe^{2+} + 2e^- \longrightarrow Fe$	-0.440
$Cr^{3+} + 3e^- \longrightarrow Cr$	-0.744
$Zn^{2+} + 2e^- \longrightarrow Zn$	-0.763
$Al^{3+} + 3e^- \longrightarrow Al$	-1.662
$Mg^{2+} + 2e^- \longrightarrow Mg$	-2.363
$Na^+ + e^- \longrightarrow Na$	-2.714
$K^+ + e^- \longrightarrow K$	-2.924

불활성 증가 (음극)

활성화 증가 (양극)

전기적으로 연결된 2개의 표준 반쪽 셀들에 대한 전기화학 셀 전위

$$\Delta V^0 = V_2^0 - V_1^0 \qquad (17.18)$$

이 반응이 자발적으로 일어나기 위해서는 ΔV^0가 양수이어야만 한다. 만약에 음수이면 자발적인 셀 반응은 식 (17.17)의 반대가 될 것이다. 표준 반쪽 셀들이 함께 결합될 때 표 17.1의 아래쪽에 있는 금속은 산화되고(즉 부식) 위쪽의 금속은 환원될 것이다.

농도와 온도가 셀 전위에 미치는 영향

기전력 계열은 매우 이상적인 전기화학적 셀(25°C에서 그 금속 이온들을 1 M 포함한 용액에 설치된 순수한 금속)에 적용된다. 순수한 금속 대신 합금 전극을 사용하거나 온도나 용액의 농도를 바꾸는 것은 셀 전위에 변화를 주고, 경우에 따라 자발적 반응의 방향이 반대로 바뀌게 된다.

다시 식 (17.17)에 의하여 표현된 전기화학적인 반응을 고려하자. 만약에 M_1과 M_2 전극이 순수한 금속들이라면 셀 전위는 다음의 네른스트(Nernst) 방정식에 의하여 절대 온도 T

와 몰 이온 농도 $[M_1^{n+}]$과 $[M_2^{n+}]$에 좌우된다.

네른스트(Nernst) 방정식.
이온 농도가 1몰이 아니면
서 전기적으로 연결된 2개
의 셀에 대한 전기화학적
셀 전위

$$\Delta V = (V_2^0 - V_1^0) - \frac{RT}{n\mathscr{F}} \ln \frac{[M_1^{n+}]}{[M_2^{n+}]} \qquad (17.19)$$

여기서 R은 기체 상수, n은 반쪽 셀 반응 양쪽에 참여하는 전자의 수, $\mathscr{F}$는 패러데이 상수이다. 1은 1몰(6.022×10^{23})의 전자당 전하량, 즉 96,500 C/mol의 값을 가진다. 25°C(실온)에서의 셀 전위 ΔV(volt)는 다음과 같다.

식 (18.19)를 $T = 25$°C(상
온)로 단순화시킨 식

$$\Delta V = (V_2^0 - V_1^0) - \frac{0.0592}{n} \log \frac{[M_1^{n+}]}{[M_2^{n+}]} \qquad (17.20)$$

자발적으로 반응이 일어나기 위해 ΔV는 양수여야 한다. 또한 두 이온의 농도가 1 M인 경우(즉 $[M_1^{n+}] = [M_2^{n+}] = 1$), 식 (17.19)는 식 (17.18)의 단순한 형태가 된다.

개념확인 17.2 M_1과 M_2가 합금인 경우 합금에 맞게 식 (17.19)를 변환하라.

[해답은 *www.wiley.com/go/Callister_MaterialsScienceGE* → More Information → Student Companion Site 선택]

예제 17.1

전기화학 셀 특성 결정

하나의 전기화학 셀의 반쪽은 Ni^{2+} 이온 용액에 잠겨 있는 순수 니켈 금속으로 되어 있고, 다른 쪽은 Cd^{2+} 용액에 잠겨 있는 카드뮴(Cd) 전극으로 되어 있다.

(a) 만약에 그 셀이 표준 셀이라면 자발적으로 일어나는 전체 반응을 쓰고 생성되는 전압을 계산하라.

(b) 만약에 Cd^{2+}과 Ni^{2+} 농도가 각각 0.5 M과 10^{-3} M이라면 25°C에서의 셀 전위를 계산하라. 이때 일어나는 자발적 반응의 방향이 표준 셀의 경우와 같은가?

풀이

(a) 기전력 계열에서 낮은 서열을 가진 카드뮴 전극은 산화되고 니켈은 환원될 것이다. 그러므로 자발적 반응은 다음과 같다.

$$\begin{array}{c} Cd \longrightarrow Cd^{2+} + 2e^- \\ \dfrac{Ni^{2+} + 2e^- \longrightarrow Ni}{Ni^{2+} + Cd \longrightarrow Ni + Cd^{2+}} \end{array} \qquad (17.21)$$

표 17.1로부터 카드뮴과 니켈의 반쪽 셀 전위는 각각 -0.403 V와 -0.250 V이다. 그러므로 셀 전위는 식 (17.18)에 의하여 다음과 같이 구할 수 있다.

$$\Delta V = V_{Ni}^0 - V_{Cd}^0 = -0.250 \text{ V} - (-0.403 \text{ V}) = +0.153 \text{ V}$$

(b) 반쪽 셀 용액의 농도가 1 M이 아닌 경우에는 식 (17.20)을 이용하여야 한다. 이 지점에서 금속의 산화(또는 환원) 여부에 대하여 계산을 통해 추측할 필요가 있다. 계산으로 얻어진 ΔV의 부호를 보고 금속이 산화될지 또는 환원될지를 알 수 있다. 다음 식에 의하여 니켈은 산화되고 카드뮴은 환원된다고 가정하자.

$$Cd^{2+} + Ni \longrightarrow Cd + Ni^{2+} \tag{17.22}$$

따라서 다음과 같이 구해진다.

$$\Delta V = (V_{Cd}^0 - V_{Ni}^0) - \frac{RT}{n\mathscr{F}} \ln \frac{[Ni^{2+}]}{[Cd^{2+}]}$$

$$= -0.403 \text{ V} - (-0.250 \text{ V}) - \frac{0.0592}{2} \log\left(\frac{10^{-3}}{0.50}\right)$$

$$= -0.073 \text{ V}$$

ΔV의 부호가 음수이므로 자발적으로 일어나는 반응은 식 (17.22) 반응의 반대 방향이며, 카드뮴이 산화되고 니켈이 환원되는 것을 알 수 있다.

$$Ni^{2+} + Cd \longrightarrow Ni + Cd^{2+}$$

전지 계열

표 17.1은 이상적 조건에서 만들어졌고 적용에 한계가 있지만 이것을 이용하여 우리는 금속의 상대적인 반응성을 알 수 있다. 그러나 보다 현실적이고 실용적인 순서는 표 17.2의 전지

전지 계열

계열(galvanic series)에 나타나 있다. 이 전지 계열은 바닷물에서 수많은 금속과 상업용 합금의 상대적인 반응성을 나타내고 있다. 위쪽 끝에 가까이 있는 합금들은 음극의 특성을 띠고 반응성이 없으며, 반면에 아래쪽에 있는 것들은 가장 양성적이다. 표준 기전력 계열과 전지 계열의 비교는 순수한 금속들의 상대적인 위치 사이에서 상당한 정도까지 일치되는 것을 보여 준다.

대부분 금속과 합금은 여러 가지 다른 주위 환경에서 어느 정도 산화 또는 부식을 일으킨다. 다시 말하면 그들은 금속 상태보다는 이온 상태로 존재하는 것이 보다 안정적이다. 열역학적 관점에서 금속 상태에서 산화 상태로 변할 적에 자유에너지가 감소한다. 결과적으로 거의 모든 금속은 자연 상태에서 화합물, 예컨대 산화물(oxide), 수산화물(hydroxide), 탄산염(carbonate), 규산염(silicate), 황화물(sulfide), 황산염(sulfate) 등의 형태로 존재한다. 두 가지 예외 금속물은 귀금속인 금과 백금이다. 이 금속은 대부분 환경에서 산화가 일어나지 않아 자연에서 금속 상태로 존재한다.

표 17.2 전지 계열
(25℃ 바닷물)

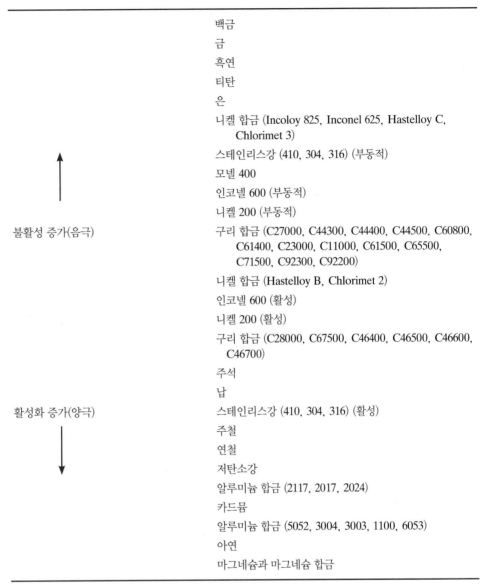

백금

금

흑연

티탄

은

니켈 합금 (Incoloy 825, Inconel 625, Hastelloy C, Chlorimet 3)

스테인리스강 (410, 304, 316) (부동적)

모넬 400

인코넬 600 (부동적)

니켈 200 (부동적)

불활성 증가(음극)

구리 합금 (C27000, C44300, C44400, C44500, C60800, C61400, C23000, C11000, C61500, C65500, C71500, C92300, C92200)

니켈 합금 (Hastelloy B, Chlorimet 2)

인코넬 600 (활성)

니켈 200 (활성)

구리 합금 (C28000, C67500, C46400, C46500, C46600, C46700)

주석

납

활성화 증가(양극)

스테인리스강 (410, 304, 316) (활성)

주철

연철

저탄소강

알루미늄 합금 (2117, 2017, 2024)

카드뮴

알루미늄 합금 (5052, 3004, 3003, 1100, 6053)

아연

마그네슘과 마그네슘 합금

출처 : Davis, Joseph R. (senior editor), *ASM Handbook, Corrosion*, Volume 13, ASM International, 1987, p. 83, Table 2.

17.3 부식률

표 17.1에 나열된 반쪽 셀 전위들은 평형 상태에 있는 계(system)에 대한 열역학적 매개 변수이다. 예를 들면 그림 17.2와 17.3에 대한 설명에서 외부 회로를 통하여 전류가 흐르지 않는다고 가정하였다. 실제 부식이 일어나는 계는 평형 상태가 아니다. 그림 17.2와 17.3의 전기화학 셀 회로에서 보이는 것과 같이 양극에서 음극으로 전자의 흐름이 있을 것이다. 이것은 표 17.1에 보인 반쪽 셀 전위 매개변수들을 사용할 수 없다는 것을 의미한다.

더욱이 이 반쪽 셀 전위들은 기전력(driving force)의 값, 즉 어떤 반쪽 셀 반응이 발생하는 경향을 나타낸다. 그러나 이 전위들은 자발적 반응의 방향을 결정할 수 있지만, 부식률

(corrosion rate)에 대한 정보는 주지 못한다는 것을 인지해야 한다. 다시 말하면 어떤 부식 조건에서 식 (17.20)을 이용하여 계산한 ΔV 전위가 매우 큰 양의 값을 가진 경우에도 반응은 매우 느린 속도로 진행될 수 있다. 공학적인 관점에서 계들의 부식 속도를 예측하는 것은 매우 의미 있고 또한 흥미로운 일이다. 이러한 예측은 다음 설명과 같이 다른 매개변수들의 사용을 요구한다.

부식률, 즉 화학 반응의 결과로 재료가 제거되는 속도는 매우 중요한 부식 매개변수이다. 이것은 **부식 침투율**(corrosion penetration rate, CPR), 즉 단위 시간당 재료 두께의 소모로 표현된다. 이 계산 공식은 다음과 같다.

$$\text{CPR} = \frac{KW}{\rho A t} \tag{17.23}$$

여기서 W는 t시간 동안 노출된 후에 감소된 무게, ρ와 A는 각각 노출된 시편의 밀도와 면적, K는 검토되는 계에 따라 달라지는 상수이다. 부식 침투율(CPR)은 mils per year(mpy) 또는 millimeters per year(mm/yr)의 단위로 표시된다. 첫 번째(mpy) 경우 K의 값은 534이고, W, ρ, A, t는 각각 mg, g/cm³, in.², h(hours)의 단위이다. (1 mil은 0.001 inch이다.) 두 번째(mm/yr) 경우 K의 값은 87.6이며 노출된 면적 A(cm²)를 제외하고 동일한 단위를 사용한다. 대부분의 응용에서 20 mpy(0.50 mm/yr)보다 적은 양의 부식 침투율은 허용되고 있다.

다음은 두 가지 다른 부식 침투율 단위에 이용되는 단위 표현을 모은 표이다.

부식 침투율 단위	K 상수	단위			
		W (감소된 무게)	ρ(시편 밀도)	A(노출 면적)	t(시간)
mpy	534	mg	g/cm³	in.²	h
mm/yr	87.6	mg	g/cm³	cm²	h

전기화학 부식 반응에 의해서 전류가 흐르므로 부식률은 이와 같은 전류, 보다 구체적으로 말하면 전류 밀도(i라고 표시함)—부식되는 재료의 단위 표면적당 흐르는 전류—의 관점에서 표현될 수 있다. mol/m² · s의 단위를 가진 부식률 r은 다음 표현식으로 결정된다.

$$r = \frac{i}{n \mathscr{F}} \tag{17.24}$$

여기서 n은 각 금속 원자의 이온화와 관련된 전자수이고, $\mathscr{F}$는 패러데이 상수로 96,500 C/mol의 값이다.

17.4 부식률 예측

분극

분극

그림 17.5에 보인 표준 Zn/H$_2$ 전기화학적 셀을 고려하자. 이 표준 셀은 외부 회로가 연결되어 있어 아연의 산화와 수소의 환원이 각자의 전극 표면에서 일어난다. 이 계는 비평형 상태이므로 두 전극의 전위는 표 17.1로부터 결정된 값과 같지 않을 것이다. 각 전극 전위가 자신의 평형값에서 벗어나는 것을 분극(polarization)이라 하고, 이때 벗어나는 양을 과전압(overvoltage)이라 한다. 과전압은 보통 η 기호로 표시한다. 과전압은 평형 전위에 대하여 벗어난 만큼의 전위차를 + 또는 − volt(또는 millivolt)의 단위로 표현한다. 예를 들어 그림 17.5에서와 같이 아연 전극을 백금 전극에 연결시킨 후 아연 전극이 −0.621 V의 전위를 가졌다고 가정하자. 이때 과전압은 표 17.1에 평형 전위가 −0.763 V인 것을 알 수 있으므로 다음과 같은 계산으로 구한다.

$$\eta = -0.621 \text{ V} - (-0.763 \text{ V}) = +0.142 \text{ V}$$

분극에는 두 가지 형태, 즉 활성화 분극(activation polarization)과 농도 분극(concentration polarization)이 있다. 전기화학 반응들은 각 분극 기구에 의하여 조절되므로 각 기구에 대하여 논의하기로 한다.

활성화 분극

활성화 분극

모든 전기화학적 반응은 금속 전극과 전해액 사이의 계면에서 연속적으로 발생하는 일련의 과정들로 구성된다. 활성화 분극(activation polarization)은 일련의 과정을 거쳐 일어나는 반응에서 반응률이 가장 느린 속도로 진행되는 단계에 의하여 조절되는 조건을 말한다. 활성화(activation)란 말은 위와 같은 형태의 분극에 적용되는데, 이는 활성화 에너지 장애(activation energy barrier)가 가장 느린 반응 속도 제약 단계(rate-limiting step)의 에너지와 연관되기 때문이다.

이를 설명하기 위하여 아연 표면에서 수소 이온이 환원되어 수소 기체 거품을 형성하는 것을 고려하자(그림 17.6). 이 반응은 다음과 같은 일련의 단계에 의하여 진행될 수 있다.

1. H$^+$ 이온들이 수용액으로부터 아연 표면에 흡착된다.
2. 표면으로 전자 이동
3. 아연으로부터 전자가 이동되어 하나의 수소 원자를 형성한다.

$$H^+ + e^- \longrightarrow H$$

4. 두 수소 원자가 결합하여 하나의 수소 분자를 형성한다.

$$2H \longrightarrow H_2$$

5. 많은 수소 분자가 뭉쳐져 하나의 거품을 형성한다.

이 단계 중 가장 느린 단계가 전체 반응 속도를 결정한다.

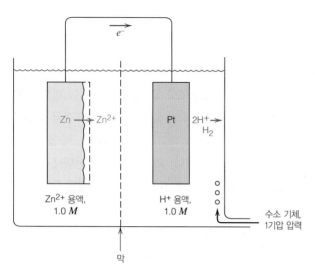

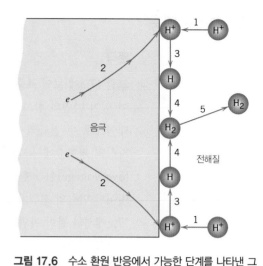

그림 17.6 수소 환원 반응에서 가능한 단계를 나타낸 그림. 이 수소 반응 속도는 활성화 분극에 의해 조절된다.

(출처 : Flinn, Richard A. and Paul K. Trojan, *Engineering Materials and Their Applications*, 4th edition, John Wiley and Sons, Inc., 1990, p. S–18, Figure 18.7.)

그림 17.5 전기적으로 연결된 표준 아연 전극과 수소 전극들로 구성된 전기화학 셀

활성화 분극에서 과전압 η_a와 전류 밀도 i의 관계는 다음과 같다.

활성화 분극에서 과전압과 전류 밀도 사이의 관계

$$\eta_a = \pm\beta \log \frac{i}{i_0} \qquad (17.25)$$

여기서 β와 i_0는 특정 반쪽 셀에 대한 상수이다. 매개변수 i_0는 교환 전류 밀도(exchange current density)라고 하며 이에 대해 간단한 설명이 필요하다. 어떤 특정 반쪽 셀 반응에 대한 평형이라는 것은 원자 수준에서 볼 때 실제로는 하나의 동적인 상태를 말한다. 다시 말하면 산화와 환원은 동시에 같은 속도로 진행되어 전체적으로 볼 때 순수한 반응이 없게 된다. 예를 들어 그림 17.4에 보인 표준 수소 셀에서 수용액 내의 수소 이온들의 환원은 다음 식으로 백금 전극의 표면에서 일어난다.

$$2H^+ + 2e^- \longrightarrow H_2$$

이때의 환원율은 r_{red}이다. 마찬가지로 수용액 중의 수소 기체의 산화가 다음과 같이 진행된다.

$$H_2 \longrightarrow 2H^+ + 2e^-$$

이때의 산화율은 r_{oxid}이다. 다음 관계가 성립할 때 평형 상태가 유지된다.

$$r_{\text{red}} = r_{\text{oxid}}$$

이와 같은 교환 전류 밀도는 평형 상태의 식 (17.24)로부터 계산된 전류 밀도로 다음과 같이 표현된다.

평형 상태에서 산화율과 환원율이 같은 그 반응률과 교환 전류 밀도와의 관계

$$r_{\text{red}} = r_{\text{oxid}} = \frac{i_0}{n\mathscr{F}} \qquad (17.26)$$

그림 17.7 수소 전극에서 일어나는 산화 반응과 환원 반응에 대하여 전류 밀도의 로그값 대 활성화 분극 과전압에 대한 그림

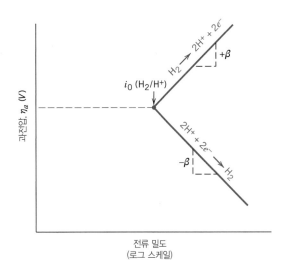

i_0에 대한 **전류 밀도**란 어휘는 실제 순수 전류가 흐르지 않은 가운데 사용되므로 약간의 혼동을 일으킬 가능성이 있다. 더욱이 i_0의 값은 실험적으로 결정되며 계에 따라 변하고 있다.

식 (17.25)에 의하면 과전압을 전류 밀도의 로그값에 대한 함수로 그릴 때 직선으로 표시된다. 수소 전극에 대한 이 관계는 그림 17.7에 나타나 있다. $+\beta$의 기울기를 가진 직선 부분은 산화 반쪽 반응에 대응되고, $-\beta$의 기울기를 가진 직선은 환원 반응에 대응된다. 또한 주목할 것은 두 직선이 교환 전류 밀도 $i_0(H_2/H^+)$ 또는 과전압이 0인 점에서 시작되고 있는 것인데, 이것은 이 지점에서 계가 평형 상태를 유지하며 순수 반응(net reaction)이 일어나지 않기 때문이다.

농도 분극

농도 분극

수용액 내에서 반응 속도가 확산에 의해 제약을 받을 때 농도 분극(concentration polarization)이 존재한다. 예를 들어 다시 수소 발생 환원 반응을 고려해 보자. 반응률 또는 H^+의 농도가 높은 경우 전극 표면 근처에 있는 수용액 내에는 수소 이온들이 언제나 충분하게 전극에 공급되고 있다(그림 17.8a). 반면에 높은 반응률 그리고(또는) 낮은 H^+ 농도의 경우에는, H^+의 표면에서 일어나는 반응에서 소모되는 만큼의 H^+ 이온을 충분히 공급하지 못하므로 계면 근처에 하나의 공핍대(depletion zone)가 형성된다(그림 17.8b). 그러므로 계면으로서 H^+ 이온의 확산은 반응 속도를 조절하며, 이때 그 계는 농도 분극되었다고 말한다.

농도 분극 데이터는 보통 과전압대 전류 밀도의 로그값으로 그려진다. 이와 같은 그림은 그림 17.9a에 개략적으로 나타나 있다.[2] 주의할 만한 것은 과전압이 i의 값이 i_L에 도달할 때

---

2 농도 분극 η_c와 전류 밀도 i의 수학적 관계식은 다음과 같다.

농도 분극에서 과전압과
전류 밀도와의 관계

$$\eta_c = \frac{2.3RT}{n\mathscr{F}} \log\left(1 - \frac{i}{i_L}\right) \qquad (17.27)$$

여기서 R과 T는 각각 기체 상수와 절대 온도이고, n과 $\mathscr{F}$는 앞의 경우와 같은 의미를 가지며, i_L은 임계 확산 전류 밀도(limiting diffusion current density)이다.

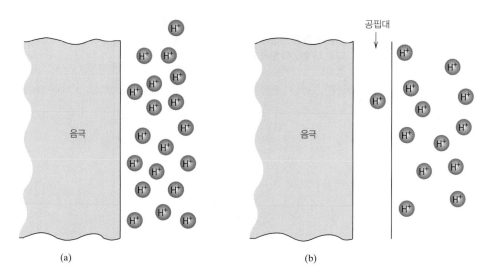

그림 17.8 수소 환원에 대하여 (a) 낮은 반응률과(또는) 높은 H^+ 농도의 경우, (b) 높은 반응률과(또는) 낮은 H^+ 농도의 경우, 음극 근처에서 H^+ 이온 분포를 나타내는 그림. (b)의 경우에는 공핍대가 형성되며 농도 분극을 일으킨다.

(출처: Flinn, Richard A. and Paul K. Trojan, *Engineering Materials and Their Applications*, 4th edition, John Wiley and Sons, Inc., 1990, p. S-17, Figure 18.5.)

까지는 전류 밀도에 무관하다는 것이다. i_L에 도달하는 점에서 과전압 η_c는 급격히 감소하고 있다.

농도 분극과 활성화 분극은 환원 반응에서 가능하다. 이러한 환경에서 전체 과전압은 두 가지 분극에 의한 과전압의 합이다. 그림 17.9b는 η 대 $\log i$의 개략적 그림이다.

개념확인 17.3 일반적으로 농도 분극이 산화 반응들에 대한 반응률을 결정하지 못하는 이유를 간결하게 기술하라.

[해답은 *www.wiley.com/go/Callister_MaterialsScienceGE* → More Information → Student Companion Site 선택]

분극 데이터로부터의 부식률

위에서 전개하였던 개념들을 부식률을 결정하는 데 적용해 보자. 두 가지 형태의 계가 논의될 것이다. 첫 번째 경우는 산화와 환원 반응 모두가 활성화 분극에 의하여 반응률 제약을 받는다. 두 번째 경우는 농도 분극과 활성화 분극이 함께 환원 반응을 조절하지만 산화 반응은 오직 활성화 분극만이 중요하다. 첫 번째 경우는 산 용액에 잠입된 가상적인 2가 금속 M을(그림 17.1의 아연 부식과 유사함) 고려함으로써 설명할 수 있다. 반응식 (17.3)에 따라 금속 표면에서 다음과 같이 H^+ 이온들이 환원되어 H_2 기체 거품을 형성한다.

$$2H^+ + 2e^- \longrightarrow H_2$$

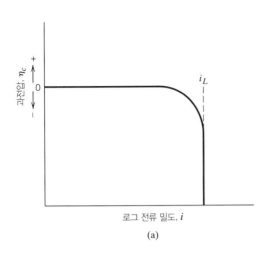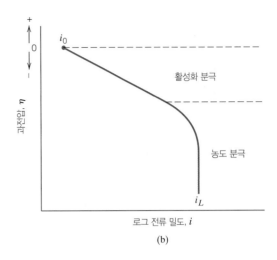

그림 17.9 환원 반응에 대하여 (a) 농도 분극, (b) 활성화-농도 분극이 혼합된 분극에 대한 전류 밀도의 로그값 대 과전압의 모식적 선도

금속은 반응식 (17.8)에 따라 산화가 진행되는 아연과 유사하게 산화가 일어난다.

$$M \longrightarrow M^{2+} + 2e^-$$

이러한 반응들로부터 순수 전하 축적은 일어나지 않는다. 즉 반응식 (17.8)로부터 생성되는 전자들은 모두 반응식 (17.3)에 의해서 소모되어야 한다. 다시 말하면 산화율과 환원율은 서로 같아야만 한다.

표준 수소 전극(과전압이 아님)을 기준으로 하는 셀 전위를 전류 밀도의 로그값에 대하여 나타낸 그림 17.10에서와 같이 두 반응에 대한 활성화 분극이 표현되었다.[3] 결합되지 않은 상태에서 수소 반쪽 셀 전위 $V(H^+/H_2)$와 아연 반쪽 셀 전위 $V(Mn/Mn^{2+})$가 각각의 교환 전류 밀도 $i_0(H^+/H_2)$와 $i_0(Mn/Mn^{2+})$와 함께 표시되어 있고, 수소 환원과 아연 산화에 대하여 직선 부분들이 보이고 있다. 잠입시켰을 때 수소와 아연은 각자의 선을 따라 활성화 분극이 일어나는데 궁극적으로 산화율과 환원율은 같아야 한다. 산화율과 환원율이 같을 수 있는 점은 두 직선의 교차점에서 가능하며 이 교차점에서의 전위는 V_C, 부식 전류 밀도 i_C로 표현된다. 그러므로 아연의 부식률(또한 수소 발생률에 대응) i_C값을 식 (17.24)에 대입하여 구할 수 있다.

두 번째 부식의 경우(금속 M의 산화에 대하여 활성화 분극이 일어나고, 수소 환원에 대하여는 혼성된 활성화−농도 분극이 일어나는 경우)도 비슷한 방법으로 취급된다. 그림 17.11은 두 분극 곡선을 보여 주고 있다. 위에서 보인 바와 같이 부식 전위와 부식 전류 밀도는 산화선과 환원선이 교차하는 점에 해당한다.

---

3 그림 17.10과 같은 전기화학적 전압 대 전류 밀도 도면을 가끔 에반스 도표라고 부른다.

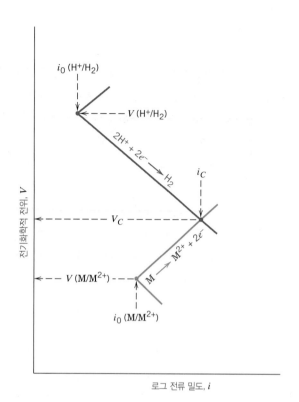

그림 17.10 산 용액에서 금속 M에 대한 전극 속도론적 거동을 나타내는 도식도. 산화 및 환원 반응은 모두 활성화 분극에 의해 반응률이 제한된다.

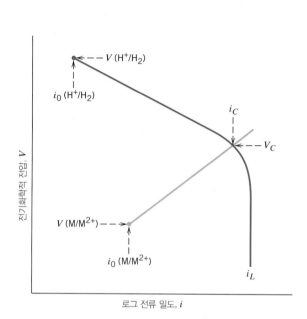

그림 17.11 금속 M에 대한 개략적인 전극 속도론적 거동. 환원 반응이 혼합된 활성화-농도 분극에 의하여 반응률이 제약받고 있다.

예제 17.2

산화율 계산

산 용액 내에 있는 아연은 다음 반응식에 의하여 부식된다.

$$Zn + 2H^+ \longrightarrow Zn^{2+} + H_2$$

산화와 환원 반쪽 반응은 활성화 분극에 의하여 조절된다.

(a) 다음에 주어진 활성화 분극 데이터를 이용하여 아연의 산화율($mol/cm^2 \cdot s$)을 계산하라.

아연	수소
$V_{(Zn/Zn^{2+})} = -0.763\ V$	$V_{(H^+/H_2)} = 0\ V$
$i_0 = 10^{-7}\ A/cm^2$	$i_0 = 10^{-10}\ A/cm^2$
$\beta = +0.09$	$\beta = -0.08$

(b) 부식 전위값을 계산하라.

풀이

(a) 아연에 대한 산화율을 계산하기 위하여 먼저 두 산화와 환원 반응의 전위에 대하여 식

(17.25)에서 관계식을 세울 필요가 있다. 다음에 이 두 관계식은 서로 같게 되고, 이때 부식 전류 밀도 i_C인 i값을 구한다. 결국 부식률은 식 (17.24)로 구할 수 있다. 두 전위에 대한 표현식은 다음과 같다. 수소 환원에 대하여,

$$V_H = V_{(H^+/H_2)} + \beta_H \log\left(\frac{i}{i_{0_H}}\right)$$

아연 산화에 대하여,

$$V_{Zn} = V_{(Zn/Zn^{2+})} + \beta_{Zn} \log\left(\frac{i}{i_{0_{Zn}}}\right)$$

$V_H = V_{Zn}$으로부터 다음 관계를 얻는다.

$$V_{(H^+/H_2)} + \beta_H \log\left(\frac{i}{i_{0_H}}\right) = V_{(Zn/Zn^{2+})} + \beta_{Zn} \log\left(\frac{i}{i_{0_{Zn}}}\right)$$

위 식을 $\log i$, 즉 $\log i_C$에 대하여 정리하면 다음과 같다.

$$\log i_C = \left(\frac{1}{\beta_{Zn} - \beta_H}\right)[V_{(H^+/H_2)} - V_{(Zn/Zn^{2+})} - \beta_H \log i_{0_H} + \beta_{Zn} \log i_{0_{Zn}}]$$

$$= \left[\frac{1}{0.09 - (-0.08)}\right][0 - (-0.763) - (-0.08)(\log 10^{-10})$$

$$+ (0.09)(\log 10^{-7})]$$

$$= -3.924$$

또는

$$i_C = 10^{-3.924} = 1.19 \times 10^{-4} \, A/cm^2$$

식 (17.24)에 위의 값을 대입하면 다음과 같다.

$$r = \frac{i_C}{n\mathscr{F}}$$

$$= \frac{1.19 \times 10^{-4} \, C/s \cdot cm^2}{(2)(96,500 \, C/mol)} = 6.17 \times 10^{-10} \, mol/cm^2 \cdot s$$

(b) 이제 부식 전위값 V_C를 계산하자. V_H 또는 V_{Zn}에 대한 위 식들을 이용하고, i를 i_C에 대해 위에서 결정한 값을 대입하여 V_C의 값을 구할 수 있다. 그러므로 V_H에 대한 표현을 이용하면 다음 식을 얻을 수 있다.

$$V_C = V_{(H^+/H_2)} + \beta_H \log\left(\frac{i_C}{i_{0_H}}\right)$$

$$= 0 + (-0.08 \, V) \log\left(\frac{1.19 \times 10^{-4} \, A/cm^2}{10^{-10} \, A/cm^2}\right) = -0.486 \, V$$

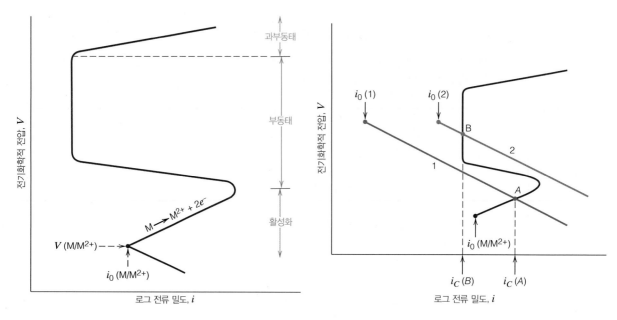

그림 17.12 활성-부동 전이를 보여 주는 금속에 대한 모식적 분극 곡선

그림 17.13 활성-부동 금속이 어떻게 활성 부식 거동과 부동태 부식 거동을 나타내는지를 보여 주는 그림

17.5 부동태

부동태

반응성 있는 금속과 합금의 일부는 특별한 환경 조건에서 화학적인 반응성을 상실하고 비활성화된다. 이와 같은 현상을 **부동태**(passivity)라고 하며, 크롬, 철, 니켈, 티타늄과 이들의 합금에서 볼 수 있다. 이 부동태 현상은 금속 표면에 접착성이 우수한 얇은 산화막이 형성되어 계속적인 산화를 억제하는 방어막 역할을 한다. 스테인리스강은 이와 같은 부동태화에 의하여 비교적 넓은 범위에 걸친 분위기에서 부식에 대한 저항이 강하다. 스테인리스강은 적어도 11% 이상의 크롬을 포함하고 있다. 철 중에서도 크롬은 고용체 합금 원소로서 녹(rust)의 형성을 최소화하지만, 그보다는 산화 분위기에서 표면에 보호막을 형성시켜 계속적 산화를 억제한다. 알루미늄도 이같은 부동태 피막 형성 때문에 여러 분위기에서 부식에 대한 저항성이 매우 높다. 만약에 부동태 피막이 손상을 입으면 보통 보호막은 매우 빠르게 다시 형성된다. 그러나 분위기 성질 변화(즉 부식을 일으키는 활성화 원소의 농도 변화)는 부동태 재료를 활성화 상태로 변환시킬 수 있다. 미리 형성된 부동태 피막을 계속 손상시키면 부식률이 100,000배까지 급격히 증가할 수 있다.

이와 같은 부동태 현상은 앞 절에서 논의된 분극 전위(polarization potential) – 전류 밀도의 로그값(log current density) 곡선의 관점에서 설명될 수 있다. 부동태화되는 금속에 대한 분극 곡선은 그림 17.12에 보인 바와 같이 일반적인 형태일 것이다. '활성화(active)' 지역 내에 있는 비교적 낮은 전위값에서 분극 거동은 일반적인 금속의 경우처럼 직선적으로 변하고 있다. 전위를 계속적으로 증가시키면 전류 밀도는 급격히 감소하여 아주 낮은 값이 되며, 이 전류 밀도는 전위에 무관하게 일정한 값을 유지한다. 이것을 '부동태(passive)' 지역이라고 한다. 마지막으로 '과부동태(transpassive)' 지역에 해당하는 보다 더 높은 전위값에서 전류 밀도는 전위가 증가함에 따라 다시 증가한다.

그림 17.13은 하나의 금속이 부식 환경에 따라 활성과 부동 현상들이 각각 어떻게 일어나는지를 보여 주고 있다. 그림에는 양면성을 가진, 즉 활성(active)−부동(passive)의 금속 M에 대한 S자 형태의 산화 분극 곡선과 1, 2로 표시되는 2개의 다른 용액에 대한 환원 분극 곡선들이 포함되어 있다. 곡선 1은 활성화 지역에 있는 산화 분극 곡선과 점 A에서 교차하면서 부식 전류 밀도 $i_c(A)$를 나타내고 있다. 곡선 2는 부동태 지역의 산화 분극 곡선과 점 B에서 교차하고 $i_c(B)$의 전류 밀도를 나타내고 있다. 용액 1에서 금속 M의 부식률은 $i_c(A)$가 $i_c(B)$보다 크고 또한 부식률이 전류 밀도에 비례하기 때문에(식 17.24에 의거) 용액 2보다 크다. 두 용액 사이의 부식률 차이는 매우 클 것이다. 그림 17.13에서 전류 밀도 눈금이 로그 스케일로 표시된 것을 고려할 때 두 용액의 부식률 차이는 수 차수(several order)에 이를 것이다.

17.6 환경 효과

부식 환경의 변수들, 이를테면 유량 속도, 온도, 조성은 재료의 부식 특성에 결정적인 영향을 미칠 수 있다. 대부분의 경우 유량 속도를 증가시키면 마모 효과에 의해 부식률이 증가한다. 대부분의 화학 반응 속도는 온도가 올라감에 따라 증가한다. 또한 이 결과는 대부분의 부식 여건에서도 적용된다. 많은 상황에서 부식성 원소[즉 산(acid) 중의 H^+]의 농도 증가는 부식 속도를 보다 빠르게 한다. 그러나 부동태화를 할 수 있는 금속에서는 부식성 원소의 양을 증가시키는 것이 활성-부동 전이를 일으켜 부식 발생을 상당히 억제시킨다.

연성 재료의 강도를 증가시키기 위하여 보통 냉간 가공 또는 소성변형을 시킨다. 그러나 냉간 가공된 금속은 어닐링 처리된 같은 재료보다 부식되기가 쉽다. 예를 들면 변형 과정들은 못의 머리와 끝의 형상을 만들기 위하여 이용된다. 결과적으로 이러한 위치들은 못의 몸통(shank)에 대하여 양극 역할을 하게 된다. 그러므로 부식성 분위기에서 사용될 때에는 하나의 구조에서 다르게 가해지는 냉간 가공량을 고려해야 한다.

17.7 부식 형태

명백한 방법에 의해 부식을 분류하는 것이 편리하다. 금속 부식은 보통 8가지 형태로 분류된다. 균일, 전지, 틈새, 피팅(pitting), 입자 간, 선택적 침출, 마모-부식, 응력 부식. 각 부식 형태에 대한 원인과 방지 수단들은 간략하게 다루기로 한다. 또한 이 절에서 수소 취성에 대해 다루게 될 것이다. 수소 취성은 엄격한 의미에서 부식의 형태라기보다는 파괴 현상이다. 그러나 이 파괴가 부식 반응으로부터 발생한 수소에 의하여 유발된다.

균일 부식

균일 부식(uniform attack)은 노출된 표면 전체에 걸쳐 동일한 세기로 발생시키면서 가끔 녹또는 침전물을 표면에 남기는 전기화학적 부식의 한 형태이다. 미시적인 관점에서 산화와 환원 반응은 표면에 걸쳐 임의로 발생한다. 강과 철의 녹, 은자기의 변색(tarnishing)은 우리에게 친숙한 예들이다. 아마도 이것이 부식의 가장 평범한 형태일 것이다. 또한 이것은 비교적 쉽게 예측되고 설계될 수 있기 때문에 가장 작은 결함이 될 것이다.

전지 부식

전지 부식

전지 부식(galvanic corrosion)은 두 금속 또는 다른 조성을 가진 두 합금이 전해질 내에서 전기적으로 연결되어 있을 때 발생한다. 이것이 17.2절에서 논의되었던 용해 또는 부식의 형태이다. 보다 반응성이 있거나 또는 덜 귀한 금속들은 부식이 발생하는 경향이 강하고, 보다 비활성인 금속들은 부식으로부터 보호받는 음극이 되는 경향이 커질 것이다. 예를 들어 강 스크루(steel screw)는 바닷물 속에서 놋쇠와 접촉되어 있을 때 부식된다. 또한 구리관과 강관을 접합시켜 가정용 물 히터로 사용하면 접합 근처에서 강의 부식이 일어난다. 용액의 성질에 따라 음극 표면에서 식 (17.3)에서 식 (17.7)에 걸친 반응 중 한 가지 이상의 반응이 일어난다. 그림 17.14는 전지 부식을 보여 준다.

표 17.2의 전지 계열은 바닷물 속에서 수많은 금속과 합금의 상대적인 반응성을 보여 준다. 두 합금이 바닷물 속에서 연결될 때 전지 계열의 낮은 위치에 있는 합금에서 부식이 일어날 것이다. 또한 이 전지 계열로부터 주목할 만한 내용은 두 번 표시된 일부 합금들(즉 니

전지 부식   강 코어

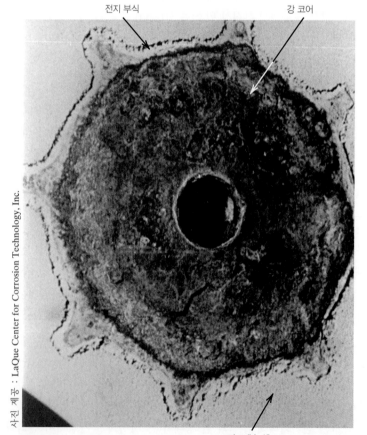

마그네슘 셀

그림 17.14 어선 바닥에 괸 물을 퍼올리는 데 사용되는 단주기 빌지 펌프에서 발생한 전지 부식을 보여 주는 사진. 마그네슘 셀과 강 코어 사이 계면에서 부식이 발생하였다.

켈과 스테인리스강)이 활성과 부동의 두 가지 상태로 모두 존재하고 있다는 것이다.

전지 부식률은 전해질에 노출된 양극과 음극의 면적비에 의해 좌우된다. 즉 일정한 음극 면적에 대해 면적이 작은 양극이 큰 양극에 비하여 보다 빠르게 부식된다. 왜냐하면 부식률은 단순히 전류보다는 전류 밀도(식 17.24)에 영향을 받기 때문이다. 따라서 양극의 면적이 음극의 면적에 비하여 작을 때 양극에는 전류 밀도가 높게 된다.

전지 부식의 효과를 현저히 감소시키기 위하여 수많은 방법들이 취해질 수 있다. 이 중 몇 가지 방법은 다음과 같다.

1. 서로 다른 금속을 연결시킬 필요가 있을 때 전지 계열상에 근접하게 위치해 있는 두 재료를 선택하라.

2. 바람직하지 않은 양극과 음극의 표면적 비율을 피하라. 즉 가능하면 넓은 면적의 양극을 사용하라.

3. 이종의 금속들은 전기적으로 서로 절연시켜라.

4. 연결된 두 금속에 제3의 양극의 금속을 전기적으로 연결시켜라. 이것은 **음극 보호**(cathodic protection)의 한 형태이다(17.9절 참조).

개념확인 17.4 (a) 전지 계열로부터(표 17.2) 활성화된 니켈을 전지적으로 보호하는 데 이용될 수 있는 세 가지 금속 또는 합금을 열거하라.

(b) 하나의 결합으로 되어 있는 두 금속과 이 금속들에 대하여 양극적인 제3의 금속을 전기적으로 연결시켜 가끔 전지 부식을 방지한다. 전지 계열을 이용하여 구리-알루미늄 결합을 보호할 수 있는 금속 하나를 명명하라.

개념확인 17.5 전지 부식을 유용하게 사용할 수 있는 두 가지 예를 열거하라. 힌트 : 하나의 예는 이 장의 뒷부분에 기술되었다.

[해답은 *www.wiley.com/go/Callister_MaterialsScienceGE* → **More Information** → **Student Companion Site** 선택]

틈새 부식

전기화학적 부식은 같은 금속 조각의 두 지역 사이 전해질 용액에서 용해된 기체나 이온의 농도차에 의해 발생할 수 있다. 그와 같은 **농도 셀**(concentration cell)의 경우 부식은 낮은 농도를 가진 지역에서 발생한다. 이런 부식의 좋은 예는 틈새와 파인 곳, 또는 먼지 침전물, 부식 산물(corrosion product)들이 있는 곳이다. 부식 산물 근처의 수용액은 정체되어 있어 용해된 산소가 국부적으로 고갈되어 있다. 이러한 지역에 우선적으로 발생하는 것이 **틈새 부식**(crevice corrosion)이다(그림 17.15). 틈새는 용액이 침투할 수 있을 만큼 충분히 넓어야 하고 또한 정체를 일으킬 만큼 충분히 좁아야 한다. 보통 폭은 천분의 몇 인치(inch)이다.

틈새 부식에 대한 기구는 그림 17.16과 같이 제안되고 있다. 산소가 틈새 내에서 고갈된

틈새 부식

그림 17.15 바닷물에 잠겨 있던 판 위에 틈새 부식이 와셔로 덮여 있던 구역에서 발생하고 있다.
(사진 제공 : LaQue Center for Corrosion Technology, Inc.)

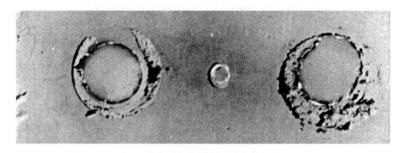

후에 금속의 산화는 식 (17.1)에 의해 이 지점에서 발생된다. 이 전기화학적 반응으로부터 생성되는 전자는 금속을 통하여 부근의 외부 지역으로 전도되어 환원을 일으키면서 소모된다. 대개의 환원 반응은 반응식 (17.5)에 의해 일어난다. 많은 수용액에서 틈새 내에 있는 용액은 부식성이 아주 강한 H^+ 이온과 Cl^- 이온의 농도가 높아지고 있는 것이 발견되고 있다. 부동태화된 많은 합금은 틈새 부식이 쉽게 일어나는 경향이 있는데, 이는 보호막들이 자주 H^+와 Cl^- 이온에 의해 파괴되기 때문이다.

틈새 부식 발생은 리벳 이음이나 볼트 이음 대신 용접 사용, 가능하면 불순물을 흡수하지 않은 가스켓(gasket)의 사용, 축적되는 침전물을 자주 제거, 정체되는 지역을 없애고 완벽하게 배수될 수 있게 용기를 설계하는 것 등으로 방지할 수 있다.

피팅

피팅
피팅(pitting)은 조그만 피트 또는 구멍이 형성된 곳에 매우 국지적으로 일어나는 부식의 한 형태이다. 피팅은 보통 수평 표면의 꼭대기로부터 거의 수직 방향을 따라 아래로 전파된다. 이것은 극단적으로 내부로 진행되는 부식의 형태이며, 파괴가 발생하기 전까지 매우 적은 양의 재료 손실이 일어나 잘 발견되지 않는다. 그림 17.17은 피팅 부식의 한 예를 보여 준다.

그림 17.16 리벳으로 연결된 두 판 사이에서 일어나는 틈새 부식의 기구를 보여 주는 개략도

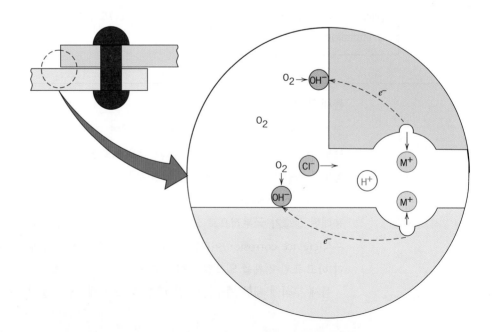

피팅에 대한 부식 기구는 산화가 피트 내부에서 일어나고, 이에 대응되는 환원이 표면에서 이루어진다는 점에서 틈새 부식에 대한 기구와 같다. 중력에 의해 피트는 아래 방향으로 성장하고, 피트 표면에 있는 수용액의 농도는 피트의 성장이 진행됨에 따라 증가하는 것으로 고려되고 있다. 하나의 피트는 긁힘 자국과 같은 국부적인 표면 결함 또는 약간의 농도 변화에 의하여 시작된다. 사실 표면이 잘 연마된 시편은 피팅 부식에 보다 큰 저항을 나타내는 것이 관찰된다. 스테인리스강은 다소 이런 형태의 부식에 민감해진다. 그러나 약 2% 몰리브덴을 첨가하여 합금을 만들면 부식에 대한 저항이 급격하게 증진된다.

개념확인 17.6 식 (17.23)이 균일한 부식과 피팅에 대하여 똑같이 적용될 수 있는가? 그 답에 대한 이유는?

[해답은 *www.wiley.com/go/Callister_MaterialsScienceGE* → More Information → Student Companion Site 선택]

입자 간 부식

입자 간 부식

이름이 암시하는 바와 같이 입자 간 부식(intergranular corrosion)은 특수한 환경에서 일부 합금의 입자 계면을 따라 우선적으로 발생하고 있다. 순수 결과는 하나의 시편이 입자 계면을 따라 분리된다. 이런 형태의 부식은 특별히 스테인리스강에서 많이 발생한다. 500~800°C (950~1450°F) 사이의 온도에서 충분히 오래 가열할 때, 이러한 합금은 입자 계면에 대한 부식에 민감해진다. 이 열처리는 스테인리스강에 있는 크롬과 탄소 사이에 반응을 일으켜 탄화크롬($Cr_{23}C_6$)으로 이루어진 작은 침전 입자를 형성시키는 것으로 이해된다. 이들 입자는 그림 17.18에 나타낸 것과 같이 입자 계면을 따라 형성되고 있다. 크롬과 탄소의 두 원소는 입자 계면을 따라 확산되어 침전물을 형성하면서 입자 계면 근처에 크롬이 고갈된 구역을 남겨 놓는다. 결과적으로 이런 입자 계면 지역에서는 부식이 매우 쉽게 일어난다.

입계 부식은 특별히 스테인리스강의 용접에서 심각한 문제가 되고 있는데, 이것을 흔히

그림 17.17 인산염 용액에 의해 316L 스테인리스강 표면에서 일어난 피팅
(사진 제공 : Rick Adler/Adler Engineering LLC of Wyoming USA)

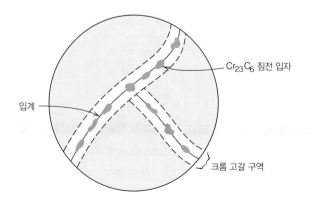

그림 17.18 스테인리스강에서 입자 계면을 따라 침전되는 탄화크롬 입자와 주위의 크롬이 고갈된 구역을 보여 주는 개략도

그림 17.19 스테인리스강에서 발생한 용접 붕괴. 홈들이 형성된 지역을 따라 용접 부위가 냉각되면서 민감하게 반응한 것을 보여 주고 있다. (출처 : H. H. Uhlig and R. W. Revie, *Corrosion and Corrosion Control*, 3rd edition, Fig. 2, p. 307. Copyright © 1985 by John Wiley & Sons, Inc. John Wiley & Sons, Inc. 허가로 복사 사용함)

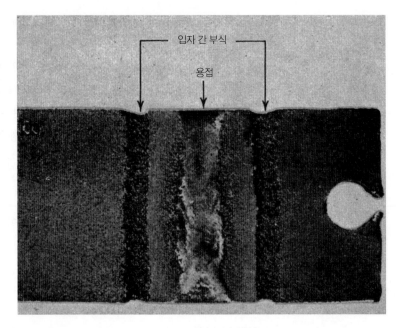

용접 붕괴

용접 붕괴(weld decay)라고 한다. 그림 17.19는 이런 형의 입계 부식을 보여 주고 있다.

스테인리스강은 다음의 조처에 의하여 입계 부식이 일어나는 것을 방지할 수 있다. (1) 재료를 높은 온도로 유지시켜 탄화크롬 입자가 다시 녹게 한다. (2) 탄소 농도를 0.03 wt% 이하로 낮추어 탄화물의 형성을 최소화한다. (3) 이를테면 니오븀 또는 티타늄과 같은 다른 금속을 스테인리스강에 첨가시키는데, 이 원소들은 크롬보다도 탄화물을 형성하려는 경향이 커서 크롬을 고용체로 존재하게 한다.

선택적 침출

선택적 침출

선택적 침출(selective leaching)은 고용체 합금에서 발견되고 있으며, 한 원소 또는 구성 요소가 부식에 의해서 우선적으로 제거될 때 발생한다. 가장 보편적인 예는 황동의 탈아연화(dezincification)이다. 구리와 아연의 합금으로 이루어진 황동에서 탈아연화 과정에 의하여 아연이 선택적으로 침출된다. 탈아연화가 일어난 구역은 구리로 된 다공성 물질로 존재해 있으므로 합금의 기계적 강도는 현저하게 손상을 입는다. 또한 재료의 색은 노란색에서 적색 또는 구리색으로 바뀐다. 그리고 선택적 침출은 선택적으로 제거되기 쉬운 알루미늄, 철, 코발트, 크롬, 기타 다른 원소들이 함유된 합금에서 발생한다.

마모-부식

마모-부식

마모-부식(erosion-corrosion)은 화학적 반응과 유체의 움직임으로 일어나는 기계적인 마멸(abrasion)에 의한 두 가지 복합적인 행위로부터 일어난다. 실제적으로 모든 금속 합금은 어느 정도 마모-부식의 영향을 받고 있다. 특히 마모-부식에 의해 해를 입는 합금은 표면에 보호막을 형성하면서 부동태화되는 합금이다. 마모 행위는 표면막을 제거시켜 금속 내부를 드러나게 만든다. 만약에 코팅이 계속적으로 빠르게 다시 형성되어 보호막 층 역할을 해

주지 않는다면 부식은 심각하게 발생할 것이다. 비교적 연한 금속들, 가령 구리와 납은 이런 형태의 공격에 민감하다. 보통 이러한 사실은 유체 흐름의 특성을 보여 주는 표면의 물결 모양과 표면 홈에 의하여 확인될 수 있다.

유체 성질은 부식 거동에 매우 큰 영향을 주고 있다. 보통 유체 속도를 증가시키면 부식률이 증가한다. 또한 거품이나 떠 있는 입자들이 존재할 때 수용액은 보다 부식성이 강해진다.

마모-부식은 배관에서, 특히 구부러진 곳, 엘보, 배관 직경이 급격히 변하는 곳, 다시 말해 유체의 방향이 바뀌거나 유량이 갑자기 변하여 난류가 되는 위치에서 발생한다. 또한 프로펠러, 터빈 날개, 밸브, 펌프 등은 이런 형태의 부식에 매우 민감하다. 그림 17.20은 엘보 피팅에서 발생한 충격 파손을 보여 준다.

마모-부식을 방지하는 가장 좋은 방법 중의 하나는 유체 난류의 형성과 충격 효과를 없애기 위하여 설계를 바꾸는 것이다. 또한 본래 부식에 대해 저항이 강한 다른 재료들을 이용하는 것도 한 방법이다. 이와 함께 수용액에 있는 입자와 거품을 제거하는 것도 부식을 감소시킬 것이다.

그림 17.20 수증기 응축관의 엘보에서 발생한 충격 파손
(사진 제공 : Mars G. Fontana. From M. G. Fontana, *Corrosion Engineering*, 3rd edition. Copyright © 1986 by McGraw-Hill Book Company. 허가로 복사 사용함)

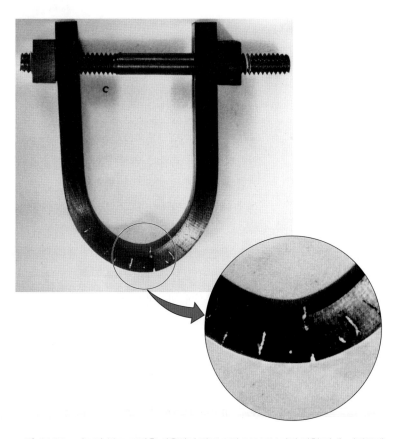

그림 17.21 너트와 볼트 조립을 사용하여 말굽 모양으로 구부러진 강철 막대. 바닷물에 잠기는 동안 인장 응력이 가장 큰 구역에서 굽힘을 따라 응력 부식 균열이 형성되었다.
(사진 제공 : F. L. LaQue. From F. L. LaQue, *Marine Corrosion*, *Causes and Prevention*. Copyright © 1975 by John Wiley & Sons, Inc. John Wiley & Sons, Inc. 허가로 복사 사용함)

그림 17.22 황동에서 발생한 입계 응력 부식 균열을 보여 주는 사진
(출처 : H. H. Uhlig and R. W. Revie, *Corrosion and Corrosion Control*, 3rd edition, Fig. 5, p. 335. Copyright 1985 by John Wiley & Sons, Inc. John Wiley & Sons, Inc. 허가로 복사 사용함)

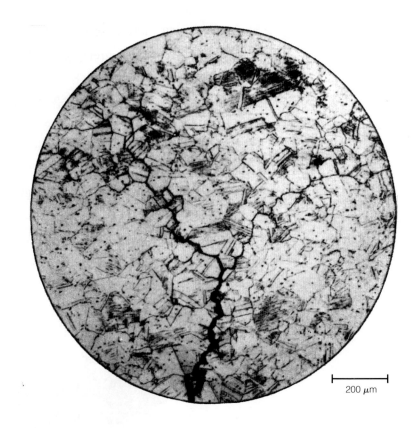

200 μm

응력 부식

응력 부식

응력 부식 균열이라고도 하는 응력 부식(stress corrosion)은 부식 환경과 인장 응력 두 가지 인자의 혼합된 효과에 의해서 발생된다(응력 부식에는 두 가지 인자가 꼭 필요함). 실제로 어떤 부식 매개물 내에서 비활성의 특성을 보이는 재료들은 외부에서 응력이 가해질 때 부식에 예민하게 반응한다. 조그만 균열들이 형성되고, 계속해서 가해지는 응력에 수직된 방향으로 전파되면서(그림 17.21) 결국에는 파괴가 일어난다. 파괴 거동은 연성 재료의 경우에도 취성 재료의 파괴 특성을 나타낸다. 더욱이 균열들은 인장 강도보다 현저히 낮은 응력 값에서 형성된다. 대개의 합금은 특수한 분위기에서, 특히 적당한 값의 응력이 가해지는 경우 응력 부식에 민감하게 영향을 받는다. 예를 들면 보통 스테인리스강은 염소 이온을 함유한 용액 내에서 응력 부식이 일어나는 반면에 황동은 암모니아에 노출되었을 때 응력 부식이 쉽게 발생한다. 그림 17.22는 황동에서 입계 응력 부식 균열이 발생한 예를 보여 주는 사진이다.

응력 부식 균열을 일으키는 응력이 반드시 외부에서 가해질 필요는 없다. 이것은 급격한 온도 변화와 불균일한 수축으로부터 야기되는 잔류 응력일 수도 있고, 다른 열 팽창 계수를 가진 두 상의 합금에서 발생하는 내부 응력일 수도 있다. 또한 내부에 포획된 기체와 고체의 부식 산물이 내부 응력을 야기할 수 있다.

응력 부식을 감소시키거나 완전히 제거시킬 수 있는 방법으로 취할 수 있는 가장 좋은 방법은 응력의 양을 줄이는 것이다. 응력의 감소는 외부 하중을 줄이거나, 가해 주는 응력에

수직된 단면의 면적을 증가시킴으로써 달성할 수 있다. 또한 적당한 열처리는 열적 잔류 응력을 제거하는 데 이용되기도 한다.

수소 취성

수소 취성

여러 가지 금속 합금, 특히 어떤 강들은 원자 수소(H)가 재료 내부로 침투해 들어가는 경우 연성과 인장 강도에 있어 큰 감소가 일어난다. 이와 같은 현상을 수소 취성(hydrogen embrittlement)이라고 하며, 수소 유도 균열(hydrogen induced cracking) 또는 수소 응력 균열(hydrogen stress cracking)이라고 부르기도 한다. 엄격하게 말하면 수소 취성은 일종의 파괴이다. 외부에서 가해지는 인장 응력 또는 잔류 인장 응력에 의하여 균열들이 성장하고 빠른 전파가 진행됨에 따라 취성 파괴는 갑작스럽게 일어난다. 원자 형태의 수소[분자(H_2) 형태에 대응되는 H, 수소 원자]는 결정 격자 내부를 침입 형태로 확산하여 들어가며, 백만분의 일 정도에 해당하는 수소 농도로도 균열을 유도할 수 있다. 더욱이 수소 유도 균열들은 어떤 합금들에서는 입계(intergranular) 파괴로 진행되지만 대부분의 경우 입내(transgranular) 파괴로 일어난다. 수소 취성을 설명하기 위하여 수많은 기구들이 제안되었다. 제안된 기구들 중 대부분의 이론은 용융된 수소들이 전위의 이동에 미치는 간섭에 근거를 두고 있다.

수소 취성은 (앞 절에서 논의된 바와 같이) 보통은 연성을 나타내는 금속들이 부식 분위기에서 인장 응력을 받을 적에 취성 파괴를 일으킨다는 점에서 응력 부식과 유사하다. 그러나 이 두 가지 현상은 외부에서 가해지는 전류와 서로 다른 상호 반응을 일으킨다는 점에서 구분이 된다. 즉 음극 보호(17.9절 참조)를 실시하는 경우 응력 부식을 감소시키거나 멈추게 할 수 있는 반면 음극 보호는 수소 취성을 유발하거나 증진시킬 수 있다.

수소 취성이 발생하기 위해서는 수소 공급에 대한 원천이 있어야만 하고, 이와 함께 수소 원자 형성에 대한 가능성이 있어야만 한다. 이와 같은 조건을 만족시키는 상황들은 다음과 같다. 강을 황산에서 산세척(pickling)[4] 시킨다. 전기 도금, 높은 온도, 즉 용접이나 열처리를 실시하는 동안에 수소를 포함한 분위기(수증기 포함)에 노출한다. 또 이른바 독(poison)이라고 불리는 황 화합물(예 : H_2S) 또는 비소 화합물들이 존재하는 경우 수소 취성을 가속화시킨다. 이와 같은 물질들은 분자 수소의 형성을 저해함으로써 금속 표면 위에 수소 원자들이 존재하는 체류 시간을 증진시킨다. 가장 도전적인 독인 수소 황화물은 석유, 천연가스, 유정(oil-well) 바닷물, 지열 유동체들에서 발견된다.

고강도 강들은 수소 취성에 취약하며, 강도를 증가시킴에 따라 취성에 대한 취약성이 더 커지는 경향이 있다. 마르텐사이트강들은 이와 같은 파괴 형태에 특히 약하며 베이나이트, 페라이트, 스페로이다이트강들은 보다 나은 경향을 보여 주고 있다. 또한 FCC 합금들(오스테나이트 스테인리스강, 구리 합금, 알루미늄 합금, 니켈 합금)은 비교적 수소 취성에 대한 저항이 높으며 이는 주로 높은 연성에 기인하고 있다. 그러나 이와 같은 합금들을 변형 경화(strain hardening)시키는 경우 수소 취성에 대한 취약성을 크게 할 것이다.

---

4 산세척(pickling)이란 강 조각들을 뜨겁고 묽은 황산 또는 묽은 염산에 담가 표면 산화막을 제거하는 과정을 말한다.

수소 취성을 감소시키기 위하여 보편적으로 사용하고 있는 기술 중 몇 가지를 열거하면 다음과 같다. 열처리를 통하여 합금의 인장 강도를 감소시킨다. 수소 원천을 제거, 용용된 수소를 재료 외부로 배출시키기 위하여 높은 온도에서 합금을 가열시킨다. 수소 취성에 대해 저항이 보다 높은 재료로 대체한다.

17.8 부식 환경

부식 환경으로는 대기, 수용액, 흙, 산, 염기, 무기 용매, 용융염, 액상 금속, 인체 등이 있다. 무게로 계산한 경우 가장 많은 손실은 대기 부식에 의하여 일어난다. 용해된 산소를 포함한 습기는 주요한 부식 매체이지만 황화합물과 염화나트륨을 포함한 다른 물질들도 부식을 일으킨다. 이것은 해양 대기에서 특히 심각하다. 해양 대기는 부식성이 매우 높은데, 이는 염화나트륨을 포함하고 있기 때문이다. 공업 환경에서 생성되는 묽은 황산 용액(산성비) 또한 부식 문제를 야기한다. 대기 응용물(atmospheric application)로 가장 보편적으로 사용되는 금속은 알루미늄 합금, 구리, 아연 도금강 등이다.

물 환경은 또한 다양한 조성들과 부식 특성을 가질 수 있다. 신선한 물은 물의 세기를 나타내는 광물질 중 일부와 함께 용해 산소를 포함한다. 바닷물은 대략적으로 약간의 광물질, 유기질과 함께 3.5% 염(거의 염화나트륨으로 구성)으로 구성되어 있다. 바닷물은 일반적으로 신선한 물보다 부식성이 강하며 자주 피팅과 틈새 부식을 일으킨다. 주철, 강, 알루미늄, 구리, 황동, 일부 스테인리스강은 일반적으로 신선한 물에 대하여 적합하나, 반면에 티타늄, 황동, 청동, 구리-니켈 합금, 니켈-크롬-몰리브덴 합금은 바닷물에서 부식에 대한 저항이 매우 강하다.

토양은 매우 넓은 범위의 조성으로 이루어져 있으며 부식에 매우 민감하다. 조성 변수로는 습기, 산소, 염의 양, 알칼리도, 산도와 함께 여러 가지 형태의 박테리아의 존재 여부이다. 주철과 순 탄소강은 표면 보호막을 처리하거나 또는 하지 않은 상태에서 지하 구조물로서 가장 경제적인 재료로 이용되고 있다.

여기서는 이 문제들에 대한 해결책을 논의하지 않겠다. 왜냐하면 너무 많은 산, 염기, 유기 용매들이 있기 때문이다. 이런 주제를 자세히 취급한 좋은 참고 자료들을 쉽게 찾을 수 있다.

17.9 부식 방지

일부 부식 방지 방법은 8가지 형태의 부식에서 취급하였다. 그러나 그것은 여러 가지 부식 형태 각각에 적합한 특수한 조처에 대한 논의였다. 지금은 보다 일반적인 기술들을 소개하겠다. 이러한 기술은 재료 선택, 환경 변화, 설계 변경, 코팅 적용, 음극 보호 등을 포함하고 있다.

부식 방지에 가장 보편적이고 쉬운 방법은 일단 부식 환경의 특성이 파악되면 재료의 선택을 주의 깊게 하는 것이다. 이런 관점에서 표준 부식 기준은 매우 도움이 될 것이다. 여기서 원가는 매우 중요한 인자이다. 부식 방지에 적합한 재료를 사용하는 것이 언제나 경제적으로 타당하지는 않다. 즉 가끔 다른 합금이나 다른 조처가 사용되어야 한다.

만약 가능하다면 환경 특성을 변화시키는 것이 부식에 상당한 영향을 미칠 수 있다. 유체 온도와 (또는) 속도를 낮추는 것은 보통 부식률을 감소시킨다. 많은 경우 수용액에 있는 일부 원소를 증가 또는 감소시키는 것은 긍정적인 효과를 얻을 수 있다. 예를 들면 금속은 부동태화된다.

억제제

억제제(inhibitor)란 환경에 비교적 낮은 농도를 첨가시켰을 때 부식성을 감소시키는 물질을 말한다. 물론 부식 억제제로는 합금과 부식 환경에 의해 적합하고 특수한 억제제가 결정된다. 억제제의 효과를 설명하는 여러 기구가 있다. 일부 억제제는 반응하여 수용액 중에 화학적 활성 원소(용해 산소)를 제거한다. 다른 억제제 분자들은 부식 표면을 직접 자신들이 공격하여 산화 또는 환원 반응에 간섭을 일으키거나 매우 얇은 보호막을 형성하기도 한다. 이 억제제들은 보통 밀폐된 계, 이를테면 자동차 라디에이터와 증기 보일러에서 사용된다.

설계 시 고려해야 할 몇 가지 관점에 대하여, 특히 전지 부식, 틈새 부식, 마모-부식에 대하여 이미 논의하였다. 이와 함께 설계는 정지 시 완전한 배수와 용이한 세척이 가능하도록 만들어져야만 한다. 용해 산소가 많은 수용액의 부식성을 증가시키는 이상 가능하다면 설계는 공기를 제거할 수 있는 방법을 고려해야 한다.

표면에 형성시키는 박막이나 코팅은 부식에 대한 물리적인 장애 역할을 한다. 매우 다양한 금속과 비금속이 코팅 재료로 가능하다. 코팅은 우수한 접착력을 유지해야만 하는데, 이를 위해 미리 표면 처리를 해야 한다. 대부분의 경우 코팅은 부식 환경에서 반응성이 없고 기계적인 손상에 대한 저항이 강해야만 한다. 기계적인 손상으로 코팅 내부의 금속을 부식적인 환경에 노출시킨다. 세 가지 형태의 재료, 즉 금속, 세라믹, 폴리머 모두 금속에 대한 코팅 재료로 사용한다.

음극 보호

음극 보호

부식 방지의 가장 효율적인 수단 중 하나는 음극 보호(cathodic protection)이다. 이 방법은 위에서 논의된 8가지 부식 형태 모두에 대하여 사용할 수 있으며, 어떤 여건하에서는 부식을 완전하게 방지할 수 있다. 어떤 금속 M의 산화 또는 부식은 다음의 일반적인 반응에 의하여 일어난다.

금속 M에 대한 산화 반응

$$M \longrightarrow M^{n+} + ne^-$$

음극 보호는 외부 전원으로부터 전자를 보호받을 금속에 공급하여 금속을 음극으로 만들어 주는 것이다. 즉 위 반응에 외부의 힘을 가하여 역방향(또는 환원)으로 반응이 진행하도록 만드는 것이다.

한 가지 음극 보호 기술은 전지 연결을 이용한 것이다. 즉 보호할 금속을 특별한 환경에서 보다 반응성이 높은 다른 금속에 전기적으로 연결시키는 것이다. 그러면 후자의 금속에서는 산화가 일어나고 전자가 발생하게 된다. 생성된 전자는 보호할 금속에 공급되어 부식이 일어나는 것을 방지하게 된다. 흔히 산화되는 금속을 희생 양극(sacrificial anode)이라고

희생 양극

도 한다. 보통 마그네슘과 아연이 희생 양극으로 사용되는데, 이는 이들이 전지 계열의 양극

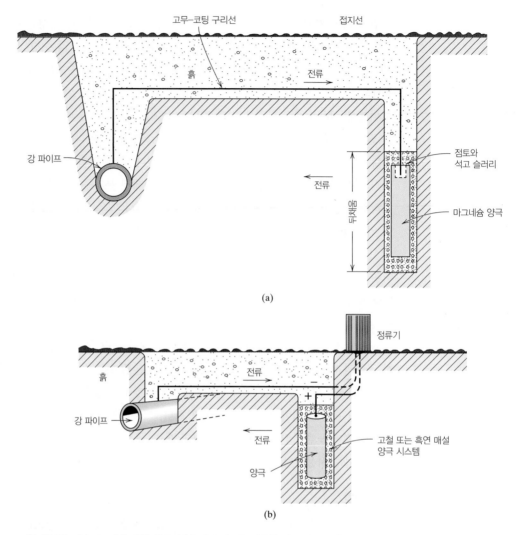

그림 17.23 (a) 마그네슘 희생 양극과 (b) 외부 전류를 이용한 지하 파이프의 음극 보호
(출처 : Uhlig, Herbert H. and R. Winston Revie, *Corrosion and Corrosion Control*, 3rd edition, John Wiley and Sons, Inc., 1985, pp 219-220, Figures 1 and 2.)

그림 17.24 아연 코팅에 의한 강의 전지 보호

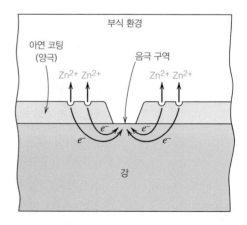

끝에 위치하기 때문이다(그림 17.23a).

아연 도금(galvanizing) 과정은 강을 용융 아연 속에 침적시켜 한 층의 아연을 강 표면에 입히는 단순한 방법이다. 대기 환경과 대부분의 수성 환경에서 표면의 일부가 손상되면 아연은 양극 역할을 하여 강에 대하여 음극 보호를 하게 된다(그림 17.24). 아연 코팅의 부식은 매우 느린 속도로 진행되는데 이는 양극과 음극의 표면적 비가 매우 크기 때문이다.

음극 보호의 다른 방법은 지하 탱크에 대하여 그림 17.23b에 나타난 바와 같이 외부 직류 전원을 사용하는 것이다. 전원의 음극 단자는 보호받을 구조물에 연결시킨다. 다른 쪽 단자는 비활성 양극(보통 흑연)에 연결시킨다. 이 경우에는 양극을 흙 속에 묻었다. 즉 높은 전도율의 뒤채움(backfill) 재료는 양극과 주변 흙 사이의 전기적 접촉을 좋게 한다. 중간의 흙을 통하여 음극과 양극 사이에 전류 통로(current path)가 형성되어 전체적인 전류 회로가 완성된다. 음극 보호는 물 히터, 지하 탱크와 배관, 해양 장비의 부식 방지에 특히 유용하다.

개념확인 17.7 주석 캔은 얇은 주석 박막으로 내부를 코팅한 강으로 만들어졌다. 박막 주석은 아연이 공기 중으로부터 강이 부식되는 것을 방지하는 것과 같이 음식으로부터 강이 부식되는 것을 방지한다. 전지 계열(표 17.2)에 의하면 주석은 전기화학적으로 강에 비하여 덜 활성적이다. 그런데 어떻게 주석이 강의 음극 보호 역할을 할 수 있는지 간략하게 기술하라.

[해답은 *www.wiley.com/go/Callister_MaterialsScienceGE* → **More Information** → **Student Companion Site** 선택]

17.10 산화

17.2절에서 금속 재료의 부식을 수용액 내에서 발생하는 전기화학적 관점에서 취급하였다. 또한 금속 합금도 기체 분위기, 보통 공기 중에서 산화될 수 있다. 산화층 또는 녹이 금속 표면 위에 형성된다. 이 현상을 녹(scaling), 변색(tarnishing), 건식(dry corrosion) 등으로 부르고 있다. 이 절에서는 이런 부식 형태에 가능한 기구, 형성될 수 있는 산화막 형태, 산화막 형성에 대한 반응 속도론들에 대해 다루기로 한다.

기구

수용성 부식의 경우와 같이 산화막 형성 과정은 전기화학적 과정으로 다음의 반응에 의해 2가 금속 M에 대해 표현할 수 있다.[5]

$$M + \frac{1}{2}O_2 \longrightarrow MO \tag{17.28}$$

더욱이 위의 식은 산화와 환원 반쪽 반응으로 구성되어 있다. 산화 반쪽 반응은 다음과 같이

---

5 2가 금속의 경우 이 반응은 다음과 같이 표현된다.

$$aM + \frac{b}{2}O_2 \longrightarrow M_aO_b \tag{17.29}$$

금속 이온을 형성하면서 금속-녹 계면에서 일어난다.

$$M \longrightarrow M^{2+} + 2e^- \tag{17.30}$$

환원 반쪽 반응은 다음과 같이 산소 이온을 생성하면서 녹-기체 계면에서 일어난다.

$$\tfrac{1}{2}O_2 + 2e^- \longrightarrow O^{2-} \tag{17.31}$$

이와 같은 금속-녹-기체 계에 대한 개략도는 그림 17.25에 나타나 있다.

식 (17.28)에 의해 산화막의 두께가 증가하기 위해서는 전자들이 환원 반응이 일어나는 녹-기체 계면에 전도되어야 한다. 또한 M^{2+} 이온들은 금속-녹 계면으로부터 확산되어야 하고, O^{2-} 이온들은 금속-녹 계면을 향하여 확산되어야 한다(그림 17.25).[6] 그러므로 산화녹은 이온이 확산할 수 있는 전해질 역할과 전자 통로를 위한 전기 회로 역할을 한다. 더욱이 녹이 이온 확산과 (또는) 전기 전도에 대한 장애물 역할을 할 때는 녹의 존재는 금속이 급격하게 산화되는 것으로부터 보호하는 역할을 한다. 대개의 금속 산화물은 전기적으로 부도체이다.

녹 형태

Pilling–Bedworth 비율

산화율(즉 산화막 두께의 증가율)과 박막이 계속적인 산화로부터 금속을 보호하는 경향은 산화막과 금속의 상대적인 부피비에 관련된다. **Pilling-Bedworth** 비율[Pilling-Bedworth (P-B) ratio]이라고 하는 이러한 부피비는 다음 표현식으로 결정할 수 있다.[7]

2가 금속에 대한 P-B 비율. 금속과 그 금속 산화막의 무게, 밀도에 대한 의존성

$$\text{P-B 비율} = \frac{A_O \rho_M}{A_M \rho_O} \tag{17.32}$$

여기서 A_O는 산화막의 분자량, A_M은 금속의 원자량을 나타내며, ρ_O와 ρ_M은 각각 산화 밀도와 금속 밀도이다. 1보다 작은 P-B 비율의 금속의 경우 산화막은 다공성이며 보호막 역할을 하지 못하는 경향이 있다. 그 이유는 산화막이 금속 표면을 충분히 덮지 못하기 때문이다. 만약에 P-B 비율이 1보다 크다면 박막에 압축 응력이 형성된다. 2~3보다 큰 경우는 산화막 코팅에 균열이 형성되면서 벗겨지고, 계속적으로 새로우며 보호막이 형성되지 않은 금속 표면이 노출될 것이다. 보호 산화막 형성에 이상적인 P-B 비율은 1이다. 표 17.3은 보호 코팅을 형성하는 금속과 형성하지 않은 금속에 대한 P-B 비율을 보여 준다. 이 데이터로부터 주의할 만한 것은 보통 보호 코팅들이 1~2 사이의 P-B 비율을 가지면서 형성되고 이 비율이 1보다 작거나 2보다 클 때는 보호막이 형성되지 않는다는 것이다. P-B 비율과 함께 다

---

6 전자 정공(18.10절)과 공공은 전자와 이온을 대신하여 확산한다.

7 2가 금속 이외의 경우 식 (17.32)는 다음과 같이 된다.

2가가 아닌 금속에 대한 P-B 비율

$$\text{P-B 비율} = \frac{A_O \rho_M}{a A_M \rho_O} \tag{17.33}$$

여기서 a는 식 (17.29)의 전체 산화 반응에 대한 금속의 계수이다.

그림 17.25 금속 표면에서 일어나는 기체 산화에 연관된 공정의 개략도

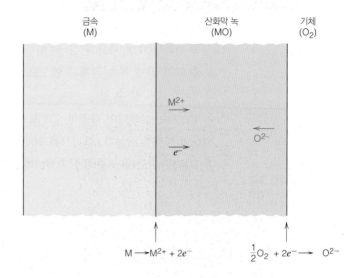

른 인자들이 산화 저항에 영향을 미친다. 이와 같은 인자에는 박막과 금속 사이의 높은 부착력, 금속과 산화막의 비교될 만한 열팽창 계수, 산화막에 대해서는 비교적 높은 녹는점과 우수한 고온 가소성(high-temperature plasticity)이 있다.

금속의 산화 저항을 증진시키기 위한 여러 가지 기술이 있다. 한 가지는 금속에 대한 부착력이 양호하여, 자신을 산화 저항에 우수한 다른 재료로 보호 표면 코팅을 하는 것이다. 어떤 경우에는 합금 원소를 첨가하여 보다 바람직한 P-B 비율과 (또는) 다른 녹 특성을 증진시킴으로써 접착력과 보호성이 우수한 산화막을 형성시킨다.

표 17.3 여러 가지 금속 및 금속 산화물에 대한 P-B 비율[a]

보호			비보호		
금속	산화물	P–B 비율	금속	산화물	P–B 비율
Al	Al_2O_3	1.29	K	K_2O	0.46
Cu	Cu2O	1.68	Li	Li_2O	0.57
Ni	NiO	1.69	Na	Na_2O	0.58
Fe	FeO	1.69	Ca	CaO	0.65
Be	BeO	1.71	Ag	AgO	1.61
Co	CoO	1.75	Ti	TiO_2	1.78
Mn	MnO	1.76	U	UO_2	1.98
Cr	Cr_2O_3	2.00	Mo	MoO_2	2.10
Si	SiO_2	2.14	W	WO_2	2.10
			Ta	Ta_2O_5	2.44
			Nb	Nb_2O_5	2.67

[a] "*Handbook of Chemistry and Physics*, 85th edition (2004–2005)"에서 금속 및 금속 산화물 밀도값을 취함

반응 속도론

금속 산화에 대한 주요 관심 중 하나는 산화 반응의 진행 속도이다. 반응 산물인 산화녹이 보통 표면 위에 계속 존재해 있으므로 반응률은 시간에 따라 단위면적당 늘어나는 무게를 측정함으로써 알 수 있다.

형성되는 산화막이 다공성이고 표면에 잘 부착되어 있을 때 산화막 성장률은 이온 확산에 의하여 지배를 받는다. 그러므로 단위면적당 증가하는 무게 W와 시간 t 사이에는 다음과 같은 포물선(parabolic) 관계가 존재한다.

금속 산화에 대한 포물선 산화율 표현. 단위면적당 무게 증가에 대한 시간 의존성

$$W^2 = K_1 t + K_2 \tag{17.34}$$

여기서 K_1과 K_2는 일정한 온도에서 시간에 무관한 상수이다. 이러한 무게 증가-시간 거동은 개략적으로 그림 17.26에 도식화되었다. 철, 구리, 코발트의 산화는 이와 같은 포물선형 성장률 표현을 따르고 있다.

생성된 금속의 산화막이 다공성이거나 벗겨지는 경우(즉 P-B 비율이 1보다 작거나 그보다 큰 경우)에 산화율 표현은 직선형이다. 즉 다음 식에 의해 표현된다.

금속 산화에 대한 직선형 증가율 표현

$$W = K_3 t \tag{17.35}$$

여기서 K_3는 상수이다. 이러한 분위기에서는 산화막이 산화 반응의 장애물 역할을 하지 못하기 때문에 산소가 충분히 공급되어 금속 표면과 반응한다. 나트륨, 칼륨, 탄탈륨은 직선형 산화율 표현에 따라 산화되고 있으며 P-B 비율이 1과 현저히 다른 값을 보인다(표 17.3 참조). 직선형 성장률 반응 속도론에 대한 도표가 그림 17.26에 나타나 있다.

세 번째로 위와 다른 반응률 법칙이 비교적 낮은 온도에서 형성되는 매우 얇은 산화막(일반적으로 100 nm) 이하의 산화막에서 관찰된다. 증가되는 산화막 질량은 시간의 로그함수로 표시되며 다음의 형태로 나타낸다.

그림 17.26 직선형, 포물선형, 그리고 성장률의 로그함수 법칙에 대한 산화막 성장 곡선

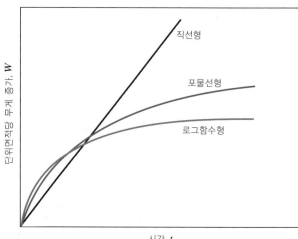

금속 산화의 로그함수 중
가율에 대한 표현

$$W = K_4 \log(K_5 t + K_6) \qquad (17.36)$$

여기서 K_4, K_5, K_6는 상수이다. 그림 17.26에서 보인 것 같은 산화 거동은 상온의 알루미늄, 철, 구리에서 관찰되고 있다.

세라믹 재료의 부식

금속과 비금속 원소 사이의 화합물인 세라믹 재료는 이미 부식된 것으로 여겨지고 있다. 그러므로 이들은 거의 모든 환경에 대하여, 특히 상온에서 부식에 대한 면역이 지극히 크다. 일반적으로 세라믹 재료의 부식은 금속에서 일어나는 전기화학적 공정들과는 대조적으로 단순한 화학적 용해에 의해 일어난다.

세라믹 재료는 부식에 대한 저항성이 크기 때문에 널리 이용되고 있다. 이러한 이유로 유리는 액체를 담는 용기로 흔히 사용한다. 내화 세라믹은 고온에 견디며 열 절연이 가능해야 할 뿐만 아니라 용융 금속, 염, 슬래그, 유리의 고온 부식에 대한 저항이 강해야 한다. 에너지를 한 형태에서 다른 유용한 형태로 전환시키는 새로운 기술 중 일부는 비교적 높은 온도, 부식성 대기, 상압 이상의 압력 조건을 이용하고 있다. 세라믹 재료는 금속보다는 이러한 환경에 대하여 상당히 오랜 시간 견디는 데 훨씬 적합하다.

폴리머 열화

폴리머 재료 역시 환경과 상호 반응하여 질 저하가 발생한다. 이와 같이 바람직하지 않은 반응을 부식보다는 열화(degradation)라고 하는데, 이는 기본적으로 이 두 과정이 서로 상이하기 때문이다. 대부분의 금속 부식 반응이 전기화학적(electrochemical)인 데 반하여 폴리머 열화는 물리화학적(physiochemical)이다. 즉 물리적 현상과 화학적 현상을 모두 포함하고 있다. 더욱이 다양한 반응과 반대의 결과가 폴리머 열화에서 일어날 수 있으며, 폴리머는 부풂(swelling)과 용해(dissolution)에 의하여 질 저하가 발생할 수 있다. 또한 열에너지, 화학 반응, 복사열에 의하여 공유결합 파괴가 일어나 보통 기계적인 성질의 감소를 초래할 수 있다. 그러나 이러한 폴리머의 열화 기구들은 폴리머가 화학적으로 너무 복잡하기 때문에 아직 잘 이해되지 않고 있다.

간단하게 폴리머 열화에 대하여 두 가지 예를 들어 보자. 폴리에틸렌(polyethylene)을 산소 분위기에서 높은 온도로 가열하면 부서지기 쉬운 취성 재료로 바뀌면서 기계적인 성질이 손상을 입는다. 또한 염화폴리비닐(polyvinyl chloride)을 높은 온도에 노출시키면 기계적인 성질은 변하지 않으나 색깔을 띠게 되어 사용에 제약을 받는다.

17.11 부풂과 용해

폴리머가 액체에 노출될 때 발생되는 주요 열화 형태는 부풂과 용해이다. 부풀면서 액체 또는 용질의 확산이 폴리머 안쪽으로 일어나 폴리머 내부에 흡착이 일어나게 된다. 이같은 현상으로 분자 덩어리들이 강제로 분리되며, 결과적으로 시편의 팽창 또는 부풂이 발생된다. 더욱이 이같은 사슬 분리의 증가는 2차적인 분자 간 결합 힘을 감소시키게 되며 결과적으로 재료는 보다 연해지고 연성을 갖게 된다. 액체 용질은 유리 전이 온도(glass transition temperature)를 낮추어 주며, 만약에 유리 전이 온도가 상온보다도 낮아지게 되면 보통은 강했던 재료도 고무같이 약해질 것이다.

부풂이란 폴리머가 용매에 대하여 제한된 용해도를 갖는 경우에 일어나는 부분적인 용해 공정으로 고려된다. 폴리머가 완전하게 용해될 때 발생하는 용해는 부풂의 연속으로써 고려될 수 있다. 경험적인 사실에 의하면 용매와 폴리머의 화학적인 구조가 유사성이 크면 클수록 부풂이나 용해의 유사성도 커질 것이다. 예를 들면 많은 탄화수소 고무들은 쉽게 가솔린과 같은 탄화수소 액체를 흡수한다. 표 17.4와 17.5에서는 몇 가지 선택된 폴리머 재료들의 유기 용매에 대한 반응성이 나타나 있다.

부풂이나 용해 성질은 또한 온도와 분자 구조의 특성에 의하여 영향을 받고 있다. 일반적으로 분자량이 증가하고, 교차 결합과 결정성의 정도가 증가하고 온도가 낮아질수록 열화

표 17.4 선택된 플라스틱 재료의 열화에 대한 저항[a]

재료	비산화산 (20% H_2SO_4)	산화산 (10% HNO_3)	수성염 용액 (NaCl)	수성 알칼리 (NaOH)	극성 용매 (C_2H_5OH)	비극성 용매 (C_6H_6)	물
폴리테트라플루오로에틸렌	S	S	S	S	S	S	S
나일론 6,6	U	U	S	S	Q	S	S
폴리카보네이트	Q	U	S	U	S	U	S
폴리에스터	Q	Q	S	Q	Q	U	S
폴리에테르에테르케톤	S	S	S	S	S	S	S
저밀도 폴리에틸렌	S	Q	S	—	S	Q	S
고밀도 폴리에틸렌	S	Q	S	—	S	Q	S
폴리(에틸렌 테레프탈레이트)	S	Q	S	S	S	S	S
폴리(페닐산화물)	S	Q	S	S	S	U	S
폴리프로필렌	S	Q	S	S	S	Q	S
폴리스티렌	S	Q	S	S	S	U	S
폴리우레탄	Q	U	S	Q	U	Q	S
에폭시	S	U	S	S	S	S	S
실리콘	Q	U	S	S	S	Q	S

[a] S = 만족, Q = 의심, U = 불만족.

출처 : R. B. Seymour, *Polymers for Engineering Applications*, ASM International, Materials Park, OH, 1987.

표 17.5 탄성 중합체의 환경으로 인한 열화에 대한 저항[a]

재료	기후 태양 열화	산화	오존 산화	알칼리 희석/ 고농도	산 희석/ 고농도	염소화 탄화수소, 기름 제거제	지방성 탄화수소, 등유 등	동물, 식물 오일
폴리이소프렌 (자연)	D	B	NR	A/C-B	A/C-B	NR	NR	D-B
폴리이소프렌 (합성)	NR	B	NR	C-B/C-B	C-B/C-B	NR	NR	D-B
부타디엔	D	B	NR	C-B/C-B	C-B/C-B	NR	NR	D-B
스티렌부타디엔	D	C	NR	C-B/C-B	C-B/C-B	NR	NR	D-B
네오프렌	B	A	A	A/A	A/A	D	C	B
니트릴(고)	D	B	C	B/B	B/B	C-B	A	B
실리콘 (폴리실록산)	A	A	A	A/A	B/C	NR	D-C	A

a A = 탁월, B = 우수, C = 양호, D = 주의(하여) 사용, NR = 추천 불가.

출처 : *Compound Selection and Service Guide*, Seals Eastern, Inc., Red Bank, NJ, 1977.

과정은 감소하게 된다.

금속보다는 폴리머가 산과 알칼리 용액에 의한 공격에 저항이 강하다. 이러한 용액 내에서 여러 가지 폴리머들의 거동에 대한 양적 비교는 표 17.4와 17.5에 나타나 있다. 두 가지 타입의 용액들에 의한 공격에 대해 우수한 저항을 보이는 재료들로는 폴리테트라프루오르에틸렌(그리고 다른 프루오르탄소들)과 폴리에테르에테르케톤(polyetheretherketone)이 있다.

개념확인 17.8   폴리머 재료의 가교 결합성과 결정성을 증가시키는 것이 부풂과 용해에 대한 저항성을 증가시킬 것이라는 이유를 분자적인 관점으로부터 설명하라. 또한 가교 결합성과 결정성 중에 어느 것이 보다 큰 영향을 미칠 것으로 기대되는가? 당신의 선택을 정당화하라. 힌트 : 14.7절과 14.11절을 참조하라.

[해답은 *www.wiley.com/go/Callister_MaterialsScienceGE* → More Information → Student Companion Site 선택]

17.12 결합 파괴

절단

폴리머는 또한 절단(scission)—분자 사슬 결합의 분열 또는 파괴—에 의하여 질 저하가 일어날 수 있다. 이것은 분자량의 감소와 사슬의 분리를 야기한다. 제15장에서 논의하였던 바와 같이 기계적 강도와 화학적 부식 저항을 포함한 폴리머 재료의 여러 가지 성질들은 분자량에 좌우된다. 결론적으로 폴리머의 일부 물리적 및 화학적 성질은 이와 같은 형태의 질 저하에 의하여 유해한 영향을 받는다. 결합 파괴는 복사선(radiation), 열 등의 노출과 화학 반응에 의하여 일어난다.

복사선 효과

어떤 형태의 복사선(전자 빔, x-선, β-선, γ-선, 자외선)은 충분한 에너지를 소유하고 있어 폴리머 시편을 침투하면서 폴리머를 구성하는 원자 또는 전자들과 반응한다. 이와 같은 반응 중의 하나가 이온화(ionization)이다. 복사선은 이 과정에 의하여 특정 원자로부터 전자를 제거하여 그 이온을 양전하 이온으로 만들어 준다. 결과적으로 그 원자 주위의 공유 결합 중 하나의 결합이 깨지게 되어 원자 또는 원자군들의 재배열이 일어난다. 이러한 결합이 깨짐으로써 이온화가 일어난 자리에서 폴리머의 화학적 구조와 복사선량에 따라 절단(scission) 또는 교차 결합(cross-linking)이 발생한다. 안정화제(15.22절)의 첨가는 자외선 손상으로부터 폴리머를 보호할 수 있다.

그러나 복사선에의 노출이 항상 해로운 효과만을 주는 것은 아니다. 복사에 의해서 일어나는 교차 결합은 기계적인 거동 향상과 질 저하에 대한 저항을 증진시킨다. 예를 들면 γ-복사선은 폴리에틸렌의 교차 결합을 일으키는 데 이용되어 고온에서 연화나 유동에 대한 저항을 증진시킨다. 실제로 이 방법은 이미 양산의 제품 생산에 적용되고 있다.

화학 반응 효과

산소, 오존, 그리고 다른 물질은 폴리머와 화학적인 반응을 일으켜 사슬 절단을 일으키거나 가속시킬 수 있다. 이 효과는 등뼈 분자 사슬을 따라 이중 결합된 가황 고무가 대기 오염물의 하나인 오존에 노출될 때 특히 심하게 일어난다. 한 가지 절단 반응은 다음과 같이 표현된다.

$$-R-\underset{\underset{H}{|}}{C}=\underset{\underset{H}{|}}{C}-R'- + O_3 \longrightarrow -R-\underset{\underset{H}{|}}{C}=O + O=\underset{\underset{H}{|}}{C}-R'- + O\cdot \qquad (17.37)$$

여기서 사슬은 이중 결합점에서 절단된다. R과 R'은 반응 중에 영향받지 않은 사슬에 결합된 원자군들을 나타낸다. 보통 고무는 응력이 가해지지 않은 상태에서는 하나의 박막이 표면에 형성되어 계속되는 반응으로부터 내부 물질을 보호한다. 그러나 이 물질에 인장 응력이 가해지면 균열과 틈새가 생겨 응력에 수직 방향으로 성장하게 되며 결국에는 재료의 파괴가 일어나게 된다. 이러한 균열은 수많은 오존에 기인된 절단에 의하여 형성된다. 표 17.5는 탄성 중합체(elastomer)를 오존에 노출시킬 때 일어나는 질 저하에 대한 재료의 저항 등급을 나타낸 것이다. 이러한 사슬 절단 반응의 대부분은 자유 래디칼(free radicals)이라 불리는 반응성 그룹을 포함하고 있다. 안정화제들(15.22절)은 폴리머를 산화로부터 보호하기 위하여 첨가되기도 한다. 안정화제는 오존과 희생적으로 반응하여 오존을 소모시키거나 자유 래디칼과 반응하여 래디칼이 폴리머에 손상을 가하기 전에 제거시켜 주기도 한다.

열 효과

열적 열화(thermal degradation)는 고온에서 분자 사슬들의 절단을 말한다. 결과적으로 일부 폴리머는 기체 성분을 생성하는 화학 반응을 겪게 된다. 이러한 반응들은 무게 감소에 의하여 증명되며 폴리머의 열적 안정성은 분해에 대한 탄성 에너지의 척도이다. 열적 안정성은 폴리머를 구성하고 있는 여러 가지 원자 구성원 사이에 존재하는 결합 에너지의 크기에 주로 관련된다. 즉 보다 높은 결합 에너지는 보다 열적으로 안정된 재료를 만들어 준다. 예를 들어 C−F 결합은 C−H 결합보다 높은 에너지를 가지고 있으며, C−H 결합은 C−Cl 결합보다는 높은 에너지를 보유하고 있다. 그러므로 C−F 결합으로 이루어진 플루오로카본 (fluorocarbon)은 가장 열적 저항이 높은 폴리머 재료이며 비교적 높은 온도에서 이용될 수 있다. 그러나 폴리염화비닐을 200℃에서 수분 정도만 가열하여도 약한 C−Cl 결합 때문에 탈색이 일어나고 많은 양의 염산(HCl)을 방출하면서 계속적인 분해가 가속적으로 일어난다. 아연 산화물과 같은 안정화제(15.22절)는 염산과 반응하여 폴리비닐염산의 열적 안정성을 증가시킨다.

사다리(ladder) 폴리머들은 열적으로 가장 안정적인 폴리머의 일부이다.[8]

예를 들면 위와 같은 구조를 가지고 있는 래더 폴리머는 열적으로 안정되어 이 재료로 만들어진 의류는 화염에 직접 접촉되어 가열되어도 열화가 일어나지 않는다. 이런 유형의 폴리머들은 고온 장갑용 석면과 함께 사용된다.

17.13 풍화 작용

많은 폴리머 재료는 실외 대기 중에 노출되어 사용되는 제품에 이용된다. 실외 대기 중에 노출 시 발생되는 질 저하를 **풍화 작용**(weathering)이라고 하며, 풍화 과정은 여러 가지 다른 과정이 합쳐져 일어난다. 이런 조건하에서 열화는 주로 산화 과정을 통하여 일어나며 산화는 태양 자외선에 의하여 시작된다. 또한 나일론(nylon), 셀룰로오스(cellulose)와 같은 일부 폴리머는 물 흡수가 용이하며 이와 같은 물 흡수는 경도와 강도 감소를 초래한다. 여러 가지 폴리머가 나타내는 풍화 작용에 대한 저항은 매우 다양하다. 플루오로카본은 실제적으로 이러한 조건에 영향받지 않으나 염화폴리비닐(polyvinyl chloride, PVC), 폴리스티렌 (polystyrene)을 포함한 일부 재료는 풍화 작용에 민감하게 영향을 받는다.

----

8 사다리 폴리머의 사슬 구조는 교차 결합된 방향에 걸쳐 두 셀의 공유 결합으로 이루어졌다.

개념확인 17.9 금속의 부식이 다음 현상들과 다른 차이점 세 가지를 기술하라.

(a) 세라믹 부식

(b) 폴리머 열화

[해답은 *www.wiley.com/go/Callister_MaterialsScienceGE* → More Information → Student Companion Site 선택]

요약

전기화학적 고려 사항	• 금속 부식은 산화와 환원 반응을 포함하여 보통 전기화학적으로 일어난다.

전기화학적 고려 사항

- 금속 부식은 산화와 환원 반응을 포함하여 보통 전기화학적으로 일어난다.
  - 양극에서 발생하는 산화는 금속 원자가 가전자를 잃어버리는 것을 말한다. 그러면서 생성되는 금속 이온들은 부식 용액 내로 용해되거나 불용성 화합물을 형성한다.
  - 환원 과정(음극에서 발생)이 일어나는 동안에 이러한 전자(산화에 의해서 잃어버린 가전자)들이 적어도 하나 이상의 다른 화학종으로 이동된다. 여러 가지 가능한 환원 반응 중에서 일어나는 반응은 부식 환경의 특성에 의하여 결정된다.
- 모든 금속이 하나의 전지 쌍에서 보이는 것과 같이 동일한 산화 성향(산화되는 용이함의 정도)을 보이지 않는다.
  - 금속들이 전해질 내에 있을 때 한 금속(양극)은 부식되고 다른 금속(음극)에서는 환원 반응이 일어날 것이다.
  - 이때 양극과 음극 사이에 형성되는 전기 전위의 양은 부식 반응에 대한 구동력이 된다.
- 표준 기전력 계열과 표준 전지 계열은 하나의 금속을 다른 금속들과 전기적으로 연결시켜 부식되는 성향에 근거하여 금속 재료의 서열을 매긴 것이다.
  - 표준 기전력 계열에서 서열은 금속의 표준 셀을 25°C(77°F)의 표준 수소 전극에 연결시켜 생성되는 전압값으로 결정된다.
  - 전지 계열은 바닷물 속에서 금속들과 합금들의 상대적인 반응성에 근거하여 서열이 결정된다.
- 표준 기전력 계열에서의 반쪽 셀 전위는 평형 상태에서만 유용한 열역학적 계수이다. 실제 부식계는 평형 상태가 아니다. 더욱이 이러한 전위의 양은 부식 반응 속도에 대해 아무런 정보를 제공하지 못한다.

부식률

- 부식률은 부식 침투율, 즉 단위 시간당 재료의 두께 손실로 표현할 수 있다. 부식 침투율(CPR)은 식 (17.23)을 이용하여 결정할 수 있다. 이 계수에 대한 일반적인 단위는 mil/yr과 mm/yr이다.
- 또한 부식률은 식 (17.24)에 의해 전기화학 반응식에 관련된 전류 밀도에 비례한다.

부식률 예측

- 부식되는 계에서 분극이 발생된다. 분극이란 평형 전위로부터 각 전극의 전위가 벗어나 있는 것을 말하며 이때 벗어난 양을 과전압이라 한다.
- 반응 부식률은 분극에 의하여 제한되며 두 가지 형태의 분극, 즉 활성화 분극과 농도 분극

이 있다.

- 활성화 분극은 부식률이 일련의 반응 계열에서 가장 늦게 일어나는 반응 단계에 의하여 결정되는 반응계들과 관련된다. 활성화 분극에 대하여 전류 밀도의 로그값 대 과전압이 그림 17.7에 제시되어 있다.
- 농도 분극은 용액 내의 확산에 의하여 부식률이 제한될 때 일어난다. 전류 밀도의 로그값 대 과전압이 도식화될 때 그 결과 곡선은 그림 17.9a처럼 나타난다.

• 어떤 특별한 반응에 대한 부식률은 산화와 환원 분극 곡선 간의 교차점에서 얻어진 전류 밀도를 식 (17.24)에 대입하여 계산된다.

부동태

• 많은 금속과 합금은 어떤 환경에서 부동태화하거나 화학 반응성을 잃는다. 이와 같은 현상은 얇은 보호 산화막이 형성되어 일어나는 것으로 여겨지고 있다. 스테인리스강이나 알루미늄 합금은 이와 같은 특징을 보여 준다.

• 활성 대 부동의 거동은 전기화학적 전위 대 전류 밀도의 로그값에 대한 그 합금의 S자형 곡선으로 설명된다(그림 17.12). 활성화 지역과 부동태 지역에서 환원 분극 곡선과의 교차점은 각각 높은 부식률과 낮은 부식률에 대응된다(그림 17.13).

부식 형태

• 금속 부식은 때때로 여러 다른 형태로 분류된다.
- 균일 부식 : 부식 정도가 노출된 표면 전체에 걸쳐 대략적으로 균일
- 전지 부식 : 두 가지 다른 금속 또는 합금들이 전해액에 노출되어 있으면서 전기적으로 연결된 경우에 발생
- 틈새 부식 : 부식이 산소가 국부적으로 결핍된 지역 또는 틈새 내에서 발생하는 상황
- 피팅 : 피트 또는 구멍이 표면으로부터 형성되는 국부적 부식 형태
- 입계 부식 : 특정의 금속/합금들(예 : 일부 스테인리스강)에 대한 입자 계면을 따라 우선적으로 발생
- 선택적 침출 : 합금의 한 원소/성분이 부식 행위에 의해 선택적으로 제거되는 경우
- 마모-부식 : 유체 움직임의 결과로 일어나는 기계적 마모와 화학적 부식의 연합 작용
- 응력 부식 : 가해지는 인장 응력과 부식의 연합된 효과에 의하여 발생되는 균열의 형성과 전파(또는 가능한 파괴)
- 수소 취성 : 금속 또는 합금 내부로 침투하는 수소 원자에 의해 발생되는 연성의 큰 감소

부식 방지

• 부식을 방지 또는 적어도 감소시킬 수 있는 여러 가지 방안들이 조치될 수 있다. 이러한 방안들로 재료 선택, 환경 변화, 부식 억제제의 사용, 설계 변경, 코팅 적용, 음극 보호 등이 있다.

• 음극 보호에서 외부 소스로부터 전자를 공급하여 보호하고자 하는 금속을 음극으로 만들어 준다.

산화

• 건조한 기체 분위기 내에서도 전기화학적 반응에 의하여 금속 재료의 산화가 일어날 수 있다(그림 17.25).

• 만약에 금속 표면에 형성된 산화막이 금속의 부피와 비슷하면, 즉 **Pilling-Bedworth** 비율

(식 17.32와 17.33)이 1에 가까운 값이면 표면의 산화막은 계속적인 산화를 저지하는 장애물 역할을 할 것이다.

- 박막 형성의 반응 속도론은 포물선형(식 17.34), 직선형(식 17.35) 또는 로그함수형(식 17.36)을 따를 것이다.

세라믹 재료의 부식

- 본래 부식에 대한 저항력이 높은 세라믹 재료는 고온과(또는) 극단적인 부식 환경에서 자주 사용된다.

폴리머 열화

- 폴리머 재료들은 비부식적인 과정에 의하여 열화된다. 액체에 노출 시 부풂이나 용해에 의하여 질 저하가 발생할 수 있다.
  - 부풂이 일어나면서 용질 분자들은 분자 구조 안으로 끼워 맞춰 들어간다.
  - 폴리머가 완벽하게 액체에 용해될 때 분해가 일어날 수 있다.
- 절단 또는 분자 사슬 결합의 분열은 복사선, 화학 반응, 열에 의하여 일어날 수 있다. 이러한 절단 및 분열은 폴리머의 물리적·화학적 성질들을 열화시키고 분자량 감소를 일으킨다.

식 요약

식 번호	식	용도
17.18	$\Delta V^0 = V_2^0 - V_1^0$	2개의 표준 반쪽 셀에 대한 전기화학적 셀 전압
17.19	$\Delta V = (V_2^0 - V_1^0) - \dfrac{RT}{n\mathscr{F}} \ln \dfrac{[M_1^{n+}]}{[M_2^{n+}]}$	2개의 비표준 반쪽 셀에 대한 전기화학적 셀 전압
17.20	$\Delta V = (V_2^0 - V_1^0) - \dfrac{0.0592}{n} \log \dfrac{[M_1^{n+}]}{[M_2^{n+}]}$	상온에서 2개의 비표준 반쪽 셀에 대한 전기화학적 셀 전압
17.23	$CPR = \dfrac{KW}{\rho At}$	부식 침투율
17.24	$r = \dfrac{i}{n\mathscr{F}}$	부식률
17.25	$\eta_a = \pm\beta \log \dfrac{i}{i_0}$	활성화 분극에 대한 과전압
17.27	$\eta_c = \dfrac{2.3RT}{n\mathscr{F}} \log\left(1 - \dfrac{i}{i_L}\right)$	농도 분극에 대한 과전압
17.32	$P{-}B \text{ 비율} = \dfrac{A_O \rho_M}{A_M \rho_O}$	2가 금속에 대한 P-B 비율
17.33	$P{-}B \text{ 비율} = \dfrac{A_O \rho_M}{a A_M \rho_O}$	2가가 아닌 금속에 대한 P-B 비율
17.34	$W^2 = K_1 t + K_2$	금속 산화에 대한 포물선형 산화율 표현
17.35	$W = K_3 t$	금속 산화에 대한 직선형 산화율 표현
17.36	$W = K_4 \log(K_5 t + K_6)$	금속 산화에 대한 로그함수형 산화율 표현

기호 목록

기호	의미
A	노출된 표면의 면적
A_M	금속 M의 원자량
A_O	금속 M 산화물의 분자량
$\mathscr{F}$	패러데이 상수
i	전류 밀도
i_L	임계 확산 전류 밀도
i_o	교환 전류 밀도
K	부식 침투율 상수
$K_1, K_2, K_3, K_4, K_5, K_6,$	시간에 무관한 상수들
$[M_1^{n+}], [M_2^{n+}]$	반응식 (17.17)에서 금속 1과 2에 대한 몰 이온 농도
n	반쪽 셀 반응에 참여하는 전자 수
R	기체 상수(8.31 J/mol·K)
T	절대 온도(K)
t	시간
V_1^0, V_2^0	반응식 (17.17)에서 금속 1과 2에 대한 표준 반쪽 셀 전압들(표 17.1)
W	단위면적당 무게 감소(식 17.23), 단위면적당 무게 증가 (식 17.34,17.35, 17.36)
β	반쪽 셀 상수
ρ	밀도
ρ_M	금속 M의 밀도
ρ_O	금속 M 산화물의 밀도

주요 용어 및 개념

기전력 계열	수소 취성	전해액
농도 분극	양극	절단
마모-부식	억제제	질적 저하
몰수인몰농도	용접 붕괴	틈새 부식
부동태	음극	표준 반쪽 셀
부식	음극 보호	피팅
부식 침투율	응력 부식	희생 양극
분극	입자 간 부식	환원
산화	전기 계열	활성화 분극
선택적 침출	전지 부식	Pilling – Bedworth 비율

참고문헌

ASM Handbook, Vol. 13A, *Corrosion: Fundamentals, Testing, and Protection*, ASM International, Materials Park, OH, 2003.

ASM Handbook, Vol. 13B, *Corrosion: Materials*, ASM International, Materials Park, OH, 2005.

ASM Handbook, Vol. 13C, *Corrosion: Environments and Industries*, ASM International, Materials Park, OH, 2006.

Craig, B. D., and D. Anderson (Editors), *Handbook of Corrosion Data*, 2nd edition, ASM International, Materials Park, OH, 1995.

Jones, D. A., *Principles and Prevention of Corrosion*, 2nd edition, Pearson Education, Upper Saddle River, NJ, 1996.

Marcus, P. (Editor), *Corrosion Mechanisms in Theory and Practice*, 3rd edition, CRC Press, Boca Raton, FL, 2011.

McCafferty, E., *Introduction to Corrosion Science*, Springer, New York, 2010.

McCauley, R. A., *Corrosion of Ceramic Materials, 3rd edition*, CRC Press, Boca Raton, FL, 2013.

Revie, R. W., and H. H. Uhlig, *Corrosion and Corrosion Control*, 4th edition, John Wiley & Sons, Hoboken, NJ, 2008.

Revie, R. W., (Editor), *Uhlig's Corrosion Handbook*, 3rd edition, John Wiley & Sons, Hoboken, NJ, 2011.

Roberge, P. R., *Corrosion Engineering: Principles and Practice*, McGraw-Hill, New York, 2008.

Roberge, P. R., *Handbook of Corrosion Engineering*, 2nd edition, McGraw-Hill, New York, 2012.

Schweitzer, P. A. (Editor), *Corrosion Engineering Handbook*, 2nd edition, CRC Press, Boca Raton, FL, 2007. Three-volume set.

Schweitzer, P. A., *Corrosion of Polymers and Elastomers*, 2nd edition, CRC Press, Boca Raton, FL, 2007.

Schweitzer, P. A., *Fundamentals of Corrosion: Mechanisms, Causes, and Preventative Methods*, CRC Press, Boca Raton, FL, 2010.

Schweitzer, P. A., *Fundamentals of Metallic Corrosion: Atmospheric and Media Corrosion of Metals*, 2nd edition, CRC Press, Boca Raton, FL, 2007.

Talbot, D. E. J., and Talbot, J. D. R., *Corrosion Science and Technology*, 2nd edition, CRC Press, Boca Raton, FL, 2007.

연습문제

전기화학적 고려 사항

17.1 (a) 마그네슘이 다음의 용액에 잠입되었을 때 일어날 수 있는 가능한 산화와 환원 반쪽 반응을 적어라. (i) HCl, (ii) 용해 산소를 포함한 HCl 용액, (iii) 용해 산소와 함께 Fe^{2+} 이온을 포함한 HCl 용액.

(b) 이러한 용액 중에 마그네슘이 가장 빠르게 산화되는 것은 어느 것인가? 그 이유는 무엇인가?

17.2 (a) 25°C에서 전기화학 셀의 전압을 계산하라. 전기화학 셀은 5×10^{-2} M의 Pb^{2+} 이온을 함유한 용액에 순수 납(Pb)을 잠입한 쪽과 0.25 M의 Sn^{2+} 이온을 함유한 용액에 순수 철을 잠입한 쪽으로 구성되어 있다.

(b) 자발적인 전기화학 반응을 적어라.

17.3 어떤 전기화학 셀은 각자의 2가 이온 용액에 잠입된 순수 구리 전극과 순수 카드뮴(Cd) 전극으로 구성되어 있다. 6.5×10^{-2} M의 Cd^{2+} 이온을 함유한 용액에 대해 카드뮴 전극이 산화되면서 0.775 V의 셀 전위를 생성한다. 온도가 25°C라고 할 때 Cu^{2+} 이온의 농도를 계산하라.

17.4 바닷물에 잠입되어 연결된 다음과 같은 한 쌍의 합금이 있다. 이 합금 쌍에 대한 부식의 가능성을 예측하라. 만약에 부식이 일어난다면 어느 합금이 부식되겠는가?

(a) 알루미늄과 주철

(b) 인코넬과 니켈

(c) 카드뮴과 니켈

(d) 황동과 티타늄

(e) 저탄소강과 구리

부식률

17.5 부식된 금속 합금판 한 조각이 바닷물 속에 가라앉은 용기 안에서 발견되었다. 초기 합금판의 면적은 800 cm²였고, 바닷물 속에 가라앉아 있는 동안 약 7.6 kg의 합금판이 부식되어 없어진 것으로 추정된다. 바닷물 속에서 금속 합금의 부식 침투율이 4 mm/yr라고 가정하면 몇 년 동안 이 합금판이 잠수되어 있었다고 추정되는가? (금속 합금의 밀도는 4.5 g/cm³이다.)

17.6 (a) 부식 침투율(CPR)은 부식 전류 밀도 i(A/cm²)와 다음 관계식으로 표현되는 것을 입증하라.

$$CPR = \frac{KAi}{n\rho} \qquad (17.38)$$

여기서 K는 상수, A는 부식이 일어나는 금속의 원자량, n은 각 금속 원자의 이온화와 관련된 전자의 수, ρ는 금속의 밀도이다.

(b) mpy의 단위의 CPR과 μA/cm²(10⁻⁶ A/cm²) 단위를 가진 i에 대한 K 상수값을 계산하라.

17.7 연습문제 16.6의 결과를 이용하여 염산(HCl)에서 Fe^{2+} 이온이 생성되며 부식이 일어나는 철의 부식 전류 밀도가 8×10^{-5} A/cm²이다. 이 경우 철의 부식 침투율(mpy 단위)을 계산하라.

부식률 예측

17.8 산 용액에서 니켈은 다음 반응에 의하여 부식된다.

$$Ni + 2H^+ \longrightarrow Ni^{2+} + H_2$$

산화와 환원의 반쪽 반응 속도는 활성화 분극에 의해 조절된다.

(a) 다음 활성화 분극 데이터를 이용하여 니켈의 산화율(mol/cm²·s 단위로 표시)을 계산하라.

니켈	수소
$V_{(Ni/Ni^2)} = -0.25$ V	$V_{(H^+/H_2)} = 0$ V
$i_0 = 10^{-8}$ A/cm²	$i_0 = 6 \times 10^{-7}$ A/cm²
$\beta = +0.12$	$\beta = -0.10$

(b) 이 반응에 대한 부식 전위를 계산하라.

17.9 그림 17.27은 혼합된 활성화-농도 분극이 일어나는 용액에서 용액 속도의 증가가 과전압 대 전류 밀도의 로그값 거동에 미치는 영향을 보여 주는 그림이다. 이러한 거동을 토대로 금속 산화에 대한 부식률 대 용액 속도의 개략적인 도표를 작성하라(산화 반응은 활성화 분극에 의하여 조절된다고 가정하자).

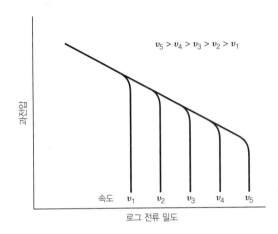

그림 17.27 혼합된 활성화-농도 분극이 일어나고 있는 용액에서 여러 가지 용해 속도에 따라 달라지는 과전압 대 전류 밀도의 로그값에 대한 곡선들을 나타내는 선도

부동태

17.10 스테인리스강에 존재하는 크롬은 스테인리스강을 여러 가지 분위기에서 보통 탄소강보다 부식에 대한 저항을 크게 하고 있다. 그 이유는 무엇인가?

부식 형태

17.11 양극과 음극 면적비(양극 면적/음극 면적)가 작은 경우의 부식률이 큰 면적비의 경우보다 커지는 이유를 간결하게 설명하라.

부식 방지

17.12 전지 보호를 위하여 사용될 수 있는 두 가지 기법에 대하여 간결하게 설명하라.

산화

17.13 아래에 열거된 금속 각각에 대하여 Pilling-Bedworth 비율을 계산하라. 또한 이 값에 근거하

여 표면에 계속적 산화를 저지할 수 있는 보호 산화막이 형성될 것으로 기대하는지의 여부를 명시하고 그 결정을 정당화하라. 금속과 그 금속의 산화물에 대한 밀도 데이터는 다음 표에 나타나 있다.

금속	금속 밀도 (g/cm³)	금속 산화	산화막 밀도 (g/cm³)
Mg	1.74	MgO	3.58
V	6.11	V_2O_5	3.36
Zn	7.13	ZnO	5.61

17.14 높은 온도에서 니켈의 산화에 대한 무게 증가-시간 데이터가 다음 표에 나타나 있다.

무게(mg/cm²)	시간(분)
0.527	10
0.857	30
1.526	100

(a) 산화 반응 속도론이 직선, 포물선, 또는 로그 함수 성장률 표현 중 어느 것을 따르는지 결정하라.

(b) 600분 후의 무게 증가는 얼마인가?

17.15 높은 온도에서의 어떤 금속 산화에 대한 무게 증가-시간 데이터는 다음과 같다.

무게(mg/cm²)	시간(분)
1.54	10
23.24	150
95.37	620

(a) 산화 반응 속도론이 직선, 포물선, 또는 로그함수 성장률 표현 중 어느 것을 따르는지 결정하라.

(b) 1200분 후의 무게 증가는 얼마인가?

설계문제

17.D1 소금물은 강 열교환기의 냉각수로 이용된다. 소금물은 열교환기 내부를 순환하고 약간의 용해 산소를 포함한다. 소금물에 의하여 강이 부식되는 것을 감소시키기 위하여 취할 수 있는 방법을 음극 보호 외에 세 가지 제시하라. 그리고 각 제안에 대한 이유를 설명하라.

17.D2 다음의 응용물 각각에 대하여 적합한 한 가지 재료들을 제시하라. 그리고 필요하다면 부식을 방지할 수 있는 방법들을 제안하고 그 제안을 정당화시켜라.

(a) 비교적 묽은 질산 용액을 포함하는 실험 용기

(b) 벤젠을 수용하는 통

(c) 뜨거운 알칼리성(염기성) 용액을 운반하는 파이프

(d) 다량의 고순도 물을 저장하는 지하 탱크

(e) 고층 빌딩에 대한 건축학적 창호

전기적 성질

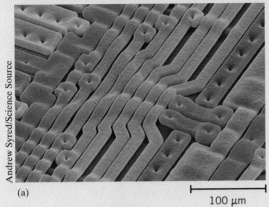

Andrew Syred/Science Source

(a)

100 μm

디지털 정보를 저장하는 현대의 플래시 메모리 카드와 스틱들의 기능은 반도체 재료인 실리콘의 독특한 전기적 성질에 의존한다(플래시 메모리는 18.15절에서 설명된다).

(a) 금속 배선과 실리콘으로 구성된 집적회로에 대한 주사 전자 현미경 사진. 디지털 형식의 정보를 저장하는 데 집적회로의 구성 요소들이 이용된다.

(b) 세 가지 다른 형태의 플래시 메모리 카드에 대한 사진들

(c) 디지털카메라에 끼워진 플래시 메모리 카드를 보여 주는 사진. 이 메모리 카드는 그래픽 이미지를 저장하는 데 사용된다(그리고 어떤 경우에는 GPS 위치를 저장).

Courtesy SanDisk Corporation

(b)

Nicholas/Getty Images

(c)

하나의 구성 요소 또는 구조물을 설계할 때에 적합한 재료와 공정을 선택하는데, 이때 재료의 전기적 성질을 고려하는 것이 중요하다. 예를 들어 집적회로 패키지를 고려할 때 여러 재료가 다른 전기적 거동을 보이면서 사용된다. 어떤 재료에서는 우수한 전도성이 요구되고(예 : 연결 배선), 다른 재료들은 전기적인 절연성을 필요로 한다(예 : 보호 캡슐 포장)

학습목표

이 장을 학습한 후에는 다음 내용을 숙지할 수 있어야 한다.

1. 고체 재료들에 대한 네 가지 가능한 전자 밴드 구조
2. (a) 금속, (b) 반도체(진성, 외인성), (c) 절연체에서 자유 전자/정공을 생성하는 전자 여기 현상
3. 전하 운반 밀도와 이동도가 주어지는 경우 금속, 반도체(진성, 외인성), 절연체에서 전기 전도율 계산
4. 진성 반도체와 외인성 반도체의 구분
5. 진성, 외인성 반도체의 온도-전하 밀도(상용 로그)에 대한 곡선의 개략도

6. p-n 접합에서 일어나는 정류 과정을 전자와 정공의 거동 관점에서 설명
7. 평행한 커패시터의 커패시턴스 계산
8. 유전율 관점에서 유전 상수에 대한 정의
9. 두 전극 사이에 유전체를 끼워 유도된 분극으로 어떻게 커패시터의 전하 저장 능력이 증가하는가에 대한 간략한 설명
10. 세 가지 분극에 대한 명명과 기술
11. 강유전성과 압전 현상에 대한 정의

18.1 서론

이 장의 주요 목적은 재료의 전기적 성질, 즉 외부 전기장(electrical field)에 대한 전기적 반응을 공부하는 것이다. 설명은 전기 전도의 현상부터 시작한다. 즉 전기 전도를 표현하는 계수, 전자에 의한 전도 기구, 재료의 전자 에너지 밴드 구조가 어떻게 전기 전도에 영향을 미치는지에 대한 설명부터 시작한다. 이러한 원리들은 금속, 반도체, 절연체(부도체)에 확장 적용된다. 또한 반도체가 특별한 관심을 받으므로 이어서 반도체 소자를 취급하고, 절연물의 유전 특성을 함께 설명하였다. 마지막 절에서 강유전성(ferroelectricity)과 압전기(piezoelectricity) 현상에 대해 기술하였다.

전기 전도

18.2 옴의 법칙

옴의 법칙

고체의 가장 중요한 전기적 특성 중 하나는 고체가 얼마나 용이하게 전류를 흐르게 하는가이다. 옴의 법칙(Ohm's law)은 전류 I, 즉 단위시간에 통과하는 전하량과 인가전압 V의 관계를 나타내며 그 관계식은 다음과 같다.

옴의 법칙 표현

$$V = IR \tag{18.1}$$

여기서 R은 재료의 저항이다. V, I, R의 단위는 각각 볼트(J/C), 암페어(C/s), 옴(V/A)이

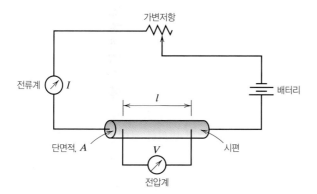

그림 18.1 비저항값을 측정하는 데 사용되는 기구의 개략도

다. R의 값은 시편의 형상에 따라 달라지며, 많은 재료의 경우에는 전류에 무관하다. 전기 비저항(electrical resistivity) ρ는 시편 형상에 무관하며 재료 고유의 값을 나타내는데, R과의 관계는 다음과 같다.

전기 비저항

전기 비저항—저항, 시편의 단면적, 측정 위치 간 거리의 의존성

$$\rho = \frac{RA}{l} \tag{18.2}$$

여기서 l은 전압이 측정되는 두 지점 사이의 거리이고, A는 전류 방향에 수직한 단면적이다. ρ에 대한 단위는 ohm-meter(Ω·m)이다. 옴의 법칙과 식 (18.2)로부터 다음의 관계식이 유도된다.

전기 비저항—전압, 전류, 시편의 단면적, 측정 위치 간 거리의 의존성

$$\rho = \frac{VA}{Il} \tag{18.3}$$

그림 18.1은 전기 비저항을 측정하는 실험적 배열에 대한 계통도이다.

18.3 전기 전도율

전기 전도율

전기 전도율(electrical conductivity) σ는 재료의 전기적 특성을 명시하기 위하여 자주 사용된다. 전도율(전도도) σ는 간단하게 비저항의 역수로 다음과 같이 표현된다.

전기 전도율과 비저항의 역수 관계

$$\sigma = \frac{1}{\rho} \tag{18.4}$$

또한 전도율은 재료가 전류를 얼마나 용이하게 흐르게 할 수 있는가를 나타내는 척도이며, 전도율의 단위는 (Ω·m)$^{-1}$ 또는 mho/m로 표시한다.[1] 다음의 논의에서 비저항과 전도율을 이용하여 전기적 성질을 설명하기로 한다.

식 (18.1)에 대한 관계식 이외에도 옴의 법칙은 다음과 같이 표현할 수 있다.

옴 법칙 표현—전류 밀도, 전도율, 인가 전기장의 관점에서

$$J = \sigma \mathscr{E} \tag{18.5}$$

여기서 J는 전류 밀도, 즉 시편의 단위면적당 흐르는 전류 I/A이고, $\mathscr{E}$는 전기장 세기(electric field intensity)이다. 전기장 세기는 측정되는 두 점 사이의 전압(voltage)을 두 점

---

1 전기 전도율에 대한 SI 단위는 S/m(미터당 시멘스)이고, 1 S/m은 1(Ω·m)$^{-1}$과 같다. 관례적으로 (Ω·m)$^{-1}$ 단위가 주로 사용되고 있다.

사이의 거리로 나눈 값이고 다음 식으로 표현한다.

전기장 세기

$$\mathscr{E} = \frac{V}{l}$$ (18.6)

두 가지 옴의 법칙(식 18.1과 18.5)이 동일한 표현임을 증명하는 것은 각자 숙제로 맡긴다.

고체 재료는 10^{27} 이상에 걸친 광범위한 범위의 전기 전도율을 나타내고 있는데, 아마도 어느 물리적 성질도 이와 같이 넓은 범위에 걸친 변화를 보이는 것은 없을 것이다. 실제로 고체 재료를 분류하는 하나의 방법으로 재료의 전류 흐름 능력을 사용한다. 이러한 분류 방법으로 재료는 전도체, 반도체, 부도체의 세 가지로 구분된다. 금속(metal)은 양호한 전도체이며, 전형적으로 $10^7 \ (\Omega \cdot m)^{-1}$ 정도의 전도율을 나타낸다. 이에 대응되는 극단적인 경우로 $10^{-10} \sim 10^{-20} \ (\Omega \cdot m)^{-1}$ 범위에 걸친 값을 가진 극히 낮은 전도율을 나타내는 재료가 있는데, 이것을 부도체(insulator, 절연체)라고 한다. 또한 두 재료의 중간되는 전도율, 즉 $10^{-6} \sim 10^4 (\Omega \cdot m)^{-1}$ 범위에 걸친 값을 나타내는 재료를 반도체(semiconductor)라고 한다.

금속

부도체(절연체)
반도체

18.4 전자 및 이온 전도

전류는 전하가 외부 전기장에 의해 받는 힘에 따라 움직이는 결과이다. 양전하는 전기장의 방향으로 가속되며, 음전하는 반대 방향으로 가속된다. 대부분의 고체 재료에서 전류는 전자 흐름으로 일어나는데, 이와 같은 전도를 전자 전도(electronic conduction)라고 한다. 이온 재료에서 전하를 띤 입자가 이동하여 전류를 흐르게 하는데, 이와 같은 전도를 이온 전도(ionic conduction)라고 한다. 우선 전자 전도에 대하여 검토하고 이온 전도에 대해서는 18.16절에서 간단히 설명하겠다.

이온 전도

18.5 고체의 에너지 밴드 구조

전도체, 반도체 그리고 많은 절연체(부도체)에서 오직 전자 전도로 전류가 흐르며, 전기 전도율의 값은 전도 과정에 직접 참여하는 전자 수에 매우 의존적으로 크게 변한다. 그러나 전기장이 가해졌을 경우에 원자 안에 있는 모든 전자가 가속되는 것은 아니다. 어떤 재료에서 전기 전도에 직접 참여하는 전자 수는 에너지에 대한 전자 준위들의 배열과 이 전자 준위들이 전자에 의하여 채워지는 방법에 따라 크게 달라진다. 이러한 주제는 양자역학 원리를 포함하는 복잡한 내용으로 이 책의 취급 범위를 넘어서고 있다. 그러므로 계속되는 내용에서는 몇 가지 개념을 제외하고 단순화시켜 설명하기로 한다.

고립된 원자들에 대한 전자 에너지 준위, 전자에 의한 에너지 준위의 점유, 결과적인 전자 배열들에 대한 개념은 2.3절에서 논의되었다. 즉 개개 원자는 명백히 분리된 에너지 준위를 가지고 있고, 각 에너지 준위는 각(shell), 그리고 아각(subshell)으로 다시 배열된다. 각은 정수(1, 2, 3, …)로 명명하고, 아각은 문자(s, p, d, f)로 나타낸다. 아각 s, p, d, f에는 각각 1, 3, 5, 7개의 에너지 준위가 존재한다. 대부분 원자에서 전자들은 가장 낮은 에너지를 가진 준위부터 채우며, 파울리의 배타 원리(Pauli exclusion principle)에 따라 하나의 에너지 준위에 서로 방향이 반대인 스핀을 가진 2개의 전자까지 들어갈 수 있다. 고립된 원자

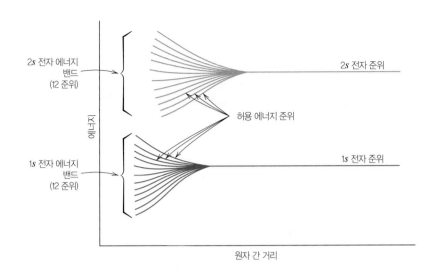

그림 18.2 12개의 원자(N=12)로 구성된 집합체에 대하여 원자 간 거리 대 전자 에너지를 나타낸 도식도. 서로 접근함에 따라 1s, 2s 원자 준위들은 분리되어 12개의 준위로 형성된 하나의 전자 에너지 밴드를 형성한다.

는 전자의 배열이 허용될 수 있는 전자 준위들을 채우는 전자 배치를 가진다.

이와 같이 고립된 원자에서 적용된 개념은 고체 재료에 확장하여 적용할 수 있다. 고체는 초기에는 서로 멀리 떨어져 분리되어 존재해 있었던 N개의 분자를 서로 접근시켜 규칙적인 원자 배열 상태로 결합한다. 어느 정도 멀리 떨어진 상태에서 각 원자는 서로 아무런 영향을 주지 않아 각 원자의 에너지 준위나 원자 배열은 고립된 원자와 같은 형태를 유지할 것이다. 하지만 각 원자를 상당히 근접한 거리로 접근시키면 전자들은 주변 원자들의 핵 또는 전자에 의하여 영향을 받아 동요되는 현상이 발견된다. 결과적으로 각 원자에 명백하게 구분되었던 전자 에너지 상태는 N개의 원자가 모인 고체 안에서도 근접하게 거리를 둔 전자 에너지 준위로 분리되어 전자 에너지 밴드(electron energy band)를 형성하게 된다. 분리의 정도는 원자 간의 거리에 따라 달라진다(그림 18.2 참조). 또한 분리는 최외각부터 시작되는데, 이는 원자들이 서로 접근하여 합쳐질 때 최외각부터 간섭받기 때문이다. 비록 근접한 에너지 준위들 사이가 매우 좁은 간격으로 유지되어 있지만, 각각의 밴드 내에 있는 에너지 준위들은 명백히 분리되어 있다. 원자 간의 평형 거리에서는 핵에 가까운 전자-아각에 대하여 에너지 밴드가 형성되지 않을 수 있다(그림 18.3b 참조). 더구나 에너지 밴드 갭(energy band gap)이 이웃한 에너지 밴드 사이에 존재할 수 있는데, 보통은 이 밴드 갭 사이에 에너지 준위가 존재할 수 없다. 고체 전자 밴드 구조 표현의 일반적인 방법이 그림 18.3a에 나타나 있다.

각 밴드 내의 에너지 준위 수는 고체를 구성하고 있는 N개의 원자에 의하여 제공된 모든 에너지 준위의 합과 같다. 예를 들면 s밴드는 N개의 에너지 준위로 구성되어 있고, p밴드는 $3N$개의 에너지 준위를 가지고 있다. 각 에너지 준위에는 2개의 전자까지 허용되는데, 이때 두 전자는 방향이 반대인 스핀을 가져야만 한다. 또한 에너지 밴드를 점유하고 있는 전자는 멀리 떨어져 존재하는 원자에 속해 있던 에너지 준위에 해당하는 밴드에 위치하게 된다. 예를 들면 고체 내의 4s 에너지 밴드는 멀리 떨어져 있는 원자의 4s 에너지 준위에 존재해 있는 전자에 의해 점유된다. 물론 에너지 밴드 중에는 전자가 부분적으로 채워져 있거나 비어

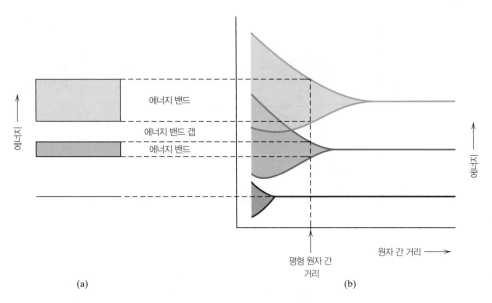

에너지 밴드

에너지 밴드 갭

에너지 밴드

에너지

에너지

원자 간 거리 ⟶

평형 원자 간 거리

(a)   (b)

그림 18.3 (a) 평형 원자 간 거리를 유지하고 있는 고체 재료에 대한 원자 에너지 밴드 구조의 전형적인 표현, (b) 원자들이 모여 이루어진 하나의 집합체에 대한 원자 간 거리 대 전자 에너지. 이 그림은 (a)에서 나타나는 바와 같은 평형 원자 간 거리에서 에너지 밴드 구조가 어떻게 생성되는가를 보여 주고 있다.

(출처 : Z. D. Jastrzebski, *The Nature and Properties of Engineering Materials*, 3rd edition. Copyright © 1987 by John Wiley & Sons, Inc. John Wiley & Sons, Inc. 허가로 복사 사용함)

있는 밴드도 있다.

고체 재료의 전기적 특성은 전자 밴드 구조에 따라 달라진다. 즉 최외각 전자 밴드의 배열과 그 밴드들이 전자로 어떻게 채워졌느냐에 따라 전기적 특성은 크게 변한다.

0 *K*에서 네 가지 다른 유형의 밴드 구조가 있다. 첫 번째 밴드 구조(그림 18.4a)는 가전자대에 전자가 부분적으로 채워진 것이다. 0 *K*에서 전자가 채워지는 가장 높은 에너지 전위에 해당하는 에너지를 **페르미 에너지**(Fermi energy, E_f)라고 한다. 일부 금속, 특히 1개의 가전자를 가진 금속[예 : 구리(Cu)]에서 전형적으로 이와 같은 에너지 밴드 구조를 나타낸다. 구리 원자는 4*s* 각에 1개의 전자를 가지고 있다. 그러나 *N*개의 원자로 구성된 고체의 경우 4*s* 밴드가 2*N*개의 전자까지 채울 수 있다. 그러므로 1개의 4*s* 전자를 가진 구리의 경우 전자는 4*s* 가전자대의 절반까지 채워진다.

두 번째 밴드 구조(그림 18.4b)는 금속에서 발견되는 구조로서 가전자대가 가득 채워져 있지만 가전자대의 윗부분이 전도대와 겹쳐 있는 경우이다. 만약에 겹치는 부분이 없으면 전도 부분은 완전히 비어 있을 것이다. 마그네슘(Mg)은 두 번째 밴드 구조를 가지고 있다. 멀리 떨어진 마그네슘 원자는 3*s* 아각에 2개의 전자가 채워진다. 그러나 마그네슘 고체에서는 3*s*와 3*p* 밴드가 서로 겹친 에너지 밴드 구조를 나타낸다. 이와 같은 경우 0 *K*에서 페르미 에너지는 *N*개의 원자에 대한 *N*개의 에너지 준위를 하나의 준위에 2개의 전자를 채워서 이루어지는 가장 높은 에너지로 결정된다.

마지막 두 밴드 구조는 유사한 구조이다. **가전자대**(valence band)의 모든 에너지 준위가 전자에 의해 완전히 채워지고, 전자가 비어 있는 **전도대**(conduction band)와 분리된다. 즉

페르미 에너지

가전자대

전도대

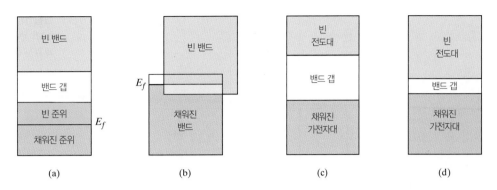

그림 18.4 0 K의 고체에서 존재할 수 있는 여러 가지 가능성 있는 전자 밴드 구조. (a) 구리와 같은 금속에서 발견되는 전자 밴드 구조. 한 밴드 내에서 가득 채워진 준위 바로 위에 빈 에너지 준위가 존재해 있다. (b) 마그네슘과 같은 금속의 전자 밴드 구조. 꽉 채워진 가전대와 빈 전도대가 겹쳐져 있다. (c) 절연체 전자 밴드 구조 특징. 비교적 큰 밴드 갭(> 2 eV)을 가지고 있다. (d) 반도체에서 발견되는 전자 밴드 구조. 절연체와 비교적 좁은 밴드 갭(< 2 eV) 을 가지고 있다는 것 외에는 차이가 없다.

에너지 밴드 갭 | 가전자대와 전도대 사이 에너지 밴드 갭(energy band gap)이 형성된다. 순수한 재료에서 전자들은 이 에너지 밴드 갭 내에 에너지를 가질 수 없으며, 에너지 갭 차이에 의하여 부도체, 반도체로 구분한다. 즉 밴드 갭이 비교적 큰 경우(그림 18.4c)는 부도체에 해당하며, 밴드 갭이 작은 경우는 반도체에 해당한다(그림 18.4d). 이 두 밴드 구조에 대한 페르미 에너지는 밴드 갭의 거의 중앙에 위치한다.

18.6 원자 결합 및 에너지 밴드 모델에 의한 전도

전기 전도를 이해하기 위해서는 다른 개념의 이해가 필요하다. 즉 전기장이 가해질 때 움직이면서 가속되는 전자는 오직 페르미 에너지보다 높은 에너지 준위에 있는 전자들이다. 이들 전자만이 전기 전도에 참여하는데, 이 전자를 자유 전자(free electron)라 한다. 반도체 또는 절연체에서는 정공(hole)이라 하는 다른 전하가 있다. 정공의 경우 페르미 에너지(E_f)보다 낮은 에너지를 가진 정공이 전기 전도에 참여한다. 전기 전도율은 자유 전자와 정공의 수의 직접적인 함수로 나타나며, 도체와 부도체(절연체와 반도체)의 차이점은 자유 전자와 정공 운반자 수의 차이에 있다. 이와 같은 논의는 다음에 계속된다.

금속

자유 전자가 되기 위해서 전자는 페르미 에너지(E_f)보다도 높은 준위 중 비어 있는 준위로 뛰어 올라가야만 한다. 그림 18.4a나 그림 18.4b에서 보인 두 가지 밴드 구조 중 어느 한 가지 구조를 가진 금속에는 페르미 에너지(E_f)에 근접한 비어 있는 에너지 준위들이 있다. 그러므로 그림 18.5에서 보인 것과 같이 페르미 에너지에 아주 가까이 있는 빈 에너지 준위로 전자가 점프하는 데는 아주 작은 에너지가 필요함을 알 수가 있다. 일반적으로 외부 전기장에 의한 에너지는 많은 전하를 전도 상태의 준위로 들뜨게 하는 데 충분한 양이다.

2.6절에서 설명되었던 금속 모델에서 모든 가전자는 자유롭게 움직일 수 있으며, 전자 가스

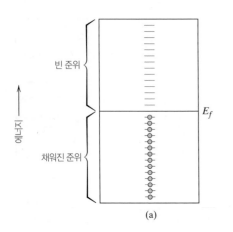
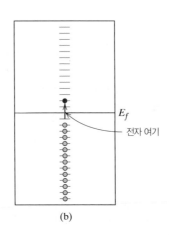

그림 18.5 금속의 경우 전자 여기 전 (a)과 후(b)에 전자 준위가 전자에 의해 채워진 상태

(electron gas)를 형성하면서 이온으로 구성된 격자 전반에 걸쳐 고르게 분포된다고 가정하였다. 이와 같이 전자가 어느 한 원자에 지역적으로 결합되어 있지는 않지만, 이 전자들이 전도성 전자로 바뀌기 위해서는 약간의 여기(들뜸, excitation)가 일어나야 한다. 그러므로 금속에서는 비록 일부의 전자가 들뜨게 되지만 다른 재료에 비하여 상당히 많은 자유 전자가 생성되어 높은 전도율을 나타낸다.

부도체와 반도체

부도체와 반도체에서는 전자로 꽉 채워진 가전자대의 꼭대기에 근접해서 빈 준위들이 존재하지 않는다. 가전자대에 있는 전자가 자유 전자가 되기 위해서 전자는 에너지 밴드 갭을 뛰어넘어 전도대 바닥의 빈 에너지 준위로 이동해야 한다. 이와 같은 전자의 이동은 두 에너지 준위 차만큼의 에너지가 전자에 공급될 때 가능하며, 두 에너지 준위차는 거의 밴드 갭의 에너지(E_g)에 해당한다. 이와 같은 여기 과정(excitation process)은 그림 18.6에 나타나 있다.[2] 많은 재료의 밴드 갭 에너지는 몇 eV이다. 대부분 경우 여기 에너지(excitation energy)는 비전기적인 소스(source), 예를 들면 열 또는 빛 에너지로 오는데 일반적으로 열의 경우가 많다.

열에너지에 의해서 전도대로 여기된 전자의 수는 온도와 에너지 밴드 갭의 값에 의해 결정된다. 주어진 온도에서 E_g가 크면 클수록 가전자(valence electron)가 전도대의 에너지 준위로 여기될 확률은 낮아진다. 다시 말하면 밴드 갭이 크면 클수록 주어진 온도에서 전기 전도율은 낮아진다. 그러므로 반도체와 부도체의 구분은 밴드 간격 차이에 의해서 이루어진다. 반도체는 작은 에너지 갭을 가지고 있고, 부도체는 비교적 큰 밴드 갭을 가지고 있다.

반도체 또는 부도체 온도를 증가시키면 전자 여기(electronic excitation)에 사용될 열에너지가 많아져 보다 많은 전자가 전도대로 이동하고, 전도율을 증가시킨다.

부도체와 반도체의 전도율은 2.6절에서 검토된 원자 모델의 관점에서 이해할 수 있다. 절연 재료의 원자 간 결합은 이온 결합 또는 강한 공유 결합으로 이루어진다. 그러므로 가전

---

2 그림 18.6의 가전자대와 전도대 내의 인접한 에너지 준위 간격과 밴드 갭 에너지값들은 비례적으로 표시한 것이 아니다. 밴드 갭 에너지는 eV 정도의 값을 가지고 있는 반면, 밴드 내의 에너지 준위들은 약 10^{-10} eV 정도로 분리되어 있다.

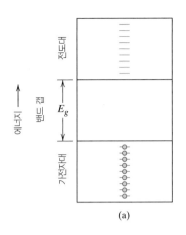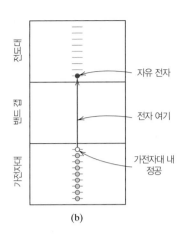

그림 18.6 부도체 또는 반도체에서 가전자대로부터 전도대로 일어나는 전자의 여기 전(a)과 후(b)에 걸쳐 전자에 의하여 채워지는 전자준위의 변화를 보여 주고 있다. 이때 일어나는 한 번의 전자 여기에 의하여 한 쌍의 자유전자와 정공이 생성된다.

자들이 개개 원자에 강력하게 결합되어 있거나 공유되어 있다. 다시 말하면 이 전자들의 움직임이 제한되어 전자가 결정 내를 자유롭게 돌아다닐 수가 없다. 반도체는 일반적으로 공유 결합(또는 공유 결합이 압도적)으로 되어 있다. 공유 결합이 이온 결합에 비하여 비교적 약하게 결합되어 있다는 사실은 반도체의 가전자들이 원자에 이온 결합만큼 강하게 부착되어 있지 않다는 것을 의미한다. 결국 이 전자들은 부도체의 경우보다는 열적 여기(thermal excitation)에 의해 쉽게 유리되어 자유롭게 움직일 수 있다.

18.7 전자 이동도

전기장이 외부에서 가해지면 자유 전자는 힘을 받게 된다. 즉 전자는 음전하를 띠고 있으므로 전기장 방향의 반대 방향으로 가속된다. 양자역학에 의하면 완전한 결정 격자 내에서는 원자와 가속되는 전자 사이에 아무런 상호작용이 일어나지 않는다. 그와 같은 상황에서 모든 자유 전자는 외부 전기장이 존재하는 한 계속 가속되어 시간에 따라 전류가 계속 증가될 것이다. 그러나 전기장이 가해지자마자 전류는 일정한 값에 도달하며, 이 값은 계속 유지된다. 이와 같은 사실은 전자의 흐름에 어떤 **마찰력**이 작용하고 있어 외부 전기장에 의하여 가속되는 것을 상쇄시키고 있음을 의미한다. 이 마찰력은 이동하는 전자가 결정 결함 및 원자의 열진동과 충돌하여 발생한다(결정 격자의 결함으로 불순물, 공공, 침입형 원자, 전위 등이 있다). 이와 같은 충돌은 그림 18.7에서 나타난 것과 같이 전자의 운동에너지를 잃게 하고 운동 방향을 바꾼다. 그러나 전체적으로 보았을 때 전기장의 반대 방향으로 전자의 순수한 흐름이 있으며 이 전하의 흐름으로 전류가 만들어진다.

산란 현상은 전류의 흐름에 대한 저항으로 표현되고 있다. 산란의 정도를 나타내는 데에는 여러 가지 매개변수, 즉 전자의 유동 속도(drift velocity)와 **이동도**(mobility)가 있다. 유동 속도 v_d는 전기장에 의하여 가해지는 힘의 방향에 대한 평균 전자 속도이며, 전기장에 대하여 다음과 같은 비례 관계식을 유지한다.

이동도

전자 유동 속도—전자 이동도와 전기장 세기

$$v_d = \mu_e \mathscr{E}$$

(18.7)

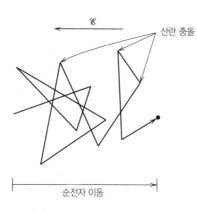

그림 18.7 산란 충돌로 인하여 하나의 전자 행로가 굴절되는 것을 보여 주는 도식도

비례 상수 μ_e는 전자 이동도로 충돌 주기를 나타내며 단위는 $m^2/V\cdot s$이다. 대부분의 재료에 대한 전도율 σ는 다음 식으로 표현된다.

전기 전도율—전자 농도, 전하, 이동도에 대한 의존성

$$\sigma = n|e|\mu_e \tag{18.8}$$

여기서 n은 단위 부피당 자유 전자 수 또는 전도되는 전자 수이며, $|e|$는 하나의 전자가 보유하는 절대 전하량(1.6×10^{-19} C)이다. 이 식으로부터 전기 전도율은 자유 전자의 수와 전자 이동도에 비례함을 알 수 있다.

개념확인 18.1 금속 재료가 용융점으로부터 매우 빠른 속도로 냉각된 경우 금속 재료는 비정질 고체(예 : 금속 유리)가 될 것이다. 비정질 금속이 결정질 금속보다 전기 전도율이 커지는지에 대한 여부를 결정하고, 이유를 말하라.

[해답은 *www.wiley.com/go/Callister_MaterialsScienceGE* → More Information → Student Companion Site 선택]

18.8 금속의 전기 비저항

앞에서 언급하였던 것과 같이 대부분의 금속은 매우 우수한 전도체이다. 상온에서 몇 가지 일반적인 금속의 전도율이 표 18.1에 나타나 있다(부록 B의 표 B.9에 다수의 금속과 합금의 전기 비저항값이 나타나 있다). 금속이 이와 같이 높은 전도율을 가지고 있는 것은 페르미 에너지(E_f)보다 높은 빈 에너지 준위로 많은 자유 전자가 여기되기 때문이다. 즉 식 (18.8)에서의 n의 값이 커진 것이다.

이 시점에서는 금속의 전도를 비저항(전도율의 역수)의 관점에서 설명하는 것이 편리하다. 전기 전도의 현상을 전도율 대신 비저항으로 표현하는 이유는 다음 설명을 보면 명백해진다.

결정 결함이 금속에서 전기 전도에 대한 산란 중심체(scattering center)의 역할을 하므로 결정 결함의 증가는 비저항을 증가(또는 전도율을 감소)시킨다. 결함의 농도는 금속 시편의

표 18.1 아홉 가지 상용 금속과 합금들에 대한 상온 전기 전도율

금속	전기 전도율[$(\Omega \cdot m)^{-1}$]
은	6.8×10^7
구리	6.0×10^7
금	4.3×10^7
알루미늄	3.8×10^7
황동(70 Cu–30 Zn)	1.6×10^7
철	1.0×10^7
백금	0.94×10^7
일반 탄소강	0.6×10^7
스테인리스강	0.2×10^7

온도, 조성 및 냉간 가공에 따라 달라진다. 실제로 금속의 총 비저항값은 열진동, 불순물, 냉간 가공량들이 미치는 영향의 총합이다. 이 세 가지 산란 기구(scattering mechanism)는 서로 독립적으로 작용하고 있다. 그러므로 이와 같은 개념을 수학적 형태로 표현하면 다음과 같다.

마시젠의 규칙―하나의 금속에서 전기 비저항은 열적, 불순물, 가공들의 영향을 합친 총합

$$\rho_{\text{total}} = \rho_t + \rho_i + \rho_d \tag{18.9}$$

마시젠의 규칙

여기서 ρ_t, ρ_i, ρ_d는 각각 열진동, 불순물, 냉간 가공 정도에 의하여 증가되는 비저항값이다. 식 (18.9)는 마시젠의 규칙(Matthiessen's rule)으로 알려져 있다. 그림 18.8은 온도에 따라 변하는 고순도 구리와 구리-니켈 합금들의 비저항 값을 나타내는 그림이다. 이 그림으로부터 온도와 불순물 농도가 총 비저항 값에 미치는 영향을 알 수 있다. 4개의 모든 금속이 온도가 증가함에 따라 비저항이 증가하고 있다. 이와 함께 특정한 온도, 예를 들어 −100°C를 살펴보면 3개의 구리-니켈 합금의 비저항이 고순도 구리보다 큰 값을 보이고, 니켈 농도가 증가함에 따라 비저항이 증가하고 있다.

온도의 영향

그림 18.8에서 보인 것과 같이 순수한 금속과 모든 구리-니켈 합금의 비저항값이 −200°C 이상에서 온도 증가에 따라 직선적으로 증가하는 것을 알 수 있다. 이와 같은 관계는 다음과 같다.

열적 비저항의 온도 의존성

$$\rho_t = \rho_0 + aT \tag{18.10}$$

여기서 ρ_0와 a는 금속에 따라 다른 값을 가지는 상수이다. 온도가 비저항에 미치는 영향은 온도 증가에 따라 열진동과 격자 불규칙성[예 : 공공(빈 격자점, vacancy)]이 증가하는 데 기인한다. 열진동과 격자 불규칙성은 전자 산란의 중심체 역할을 한다.

그림 18.8 순수 구리와 세 가지 구리-니켈 합금의 온도에 따른 전기 비저항 변화
(출처 : J. O. Linde, *Ann. Physik*, 5, 1932, p. 219.)

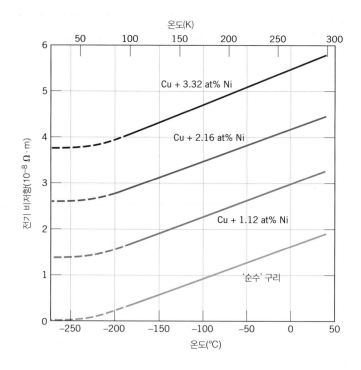

불순물의 영향

한 가지 불순물을 첨가하여 형성하는 고용체의 경우 불순물 농도 c_i가 비저항 ρ_i에 미치는 영향은 원자 분율(atom fraction, at%/100)로 다음과 같이 표시된다.

(고용체에서) 불순물 비저항의 불순물 농도(원자 분율) 의존성

$$\rho_i = Ac_i(1 - c_i) \tag{18.11}$$

여기서 A는 농도와 무관하고 불순물과 주 금속(host metal)에 대해 함수 관계를 유지하는 상수이다. 상온에서 구리의 전도율에 미치는 니켈 불순물의 영향을 50 wt% 니켈까지 그림 18.9에 나타냈다. 이 이상의 니켈 조성에서도 니켈은 구리에 완전하게 고용된다(그림 9.3a). 구리 내에서 니켈 원자는 전자 흐름에 대한 산란 중심체 역할을 하므로 니켈 원자 농도의 증가는 비저항값을 증가시킨다.

α상과 β상으로 이루어진 2상 합금의 경우 비저항값은 혼합 법칙(rule-of-mixture)을 이용하여 다음과 같이 표현할 수 있다.

(2상 합금의) 비저항에 부피 분율과 2상의 비저항이 미치는 영향

$$\rho_i = \rho_\alpha V_\alpha + \rho_\beta V_\beta \tag{18.12}$$

여기서 V와 ρ는 각각 상에 대한 부피 분율과 비저항값이다.

소성변형의 영향

소성변형은 재료 내에 전자 산란 전위(electron-scattering dislocation)를 증가시켜 비저항값을 증가시킨다. 또한 소성변형은 온도나 불순물에 비교하여 훨씬 약하게 영향을 미치고 있다.

그림 18.9 구리-니켈 합금의 조성 변화에 대한 상온에서의 전기 비저항의 변화

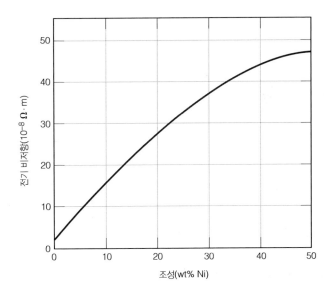

 개념확인 18.2 상온에서 순수 납과 주석의 전기 비저항은 각각 2.06×10^{-7}과 1.11×10^{-7} $\Omega \cdot m$이다.

(a) 납과 주석으로 구성된 합금에 대하여 조성의 변화에 대한 상온 비저항의 변화를 개략적으로 그리라.

(b) 같은 그래프상에 150℃에서 전기 비저항을 농도 변화에 대하여 표시하라.

(c) 두 그래프 간의 차이와 두 그래프에서 얻어지는 형상들을 설명하라.

힌트 : 그림 9.8의 납-주석 상태도를 참고하라.

[해답은 *www.wiley.com/go/Callister_MaterialsScienceGE* → **More Information** → **Student** **Companion Site** 선택]

18.9 상용 합금의 전기적 특성

구리는 전기적 성질과 함께 여러 가지 좋은 특성을 가져 금속 전도체로 가장 많이 이용되고 있다. 산소 및 다른 불순물 농도가 아주 낮은 산소 결핍 고전도율(oxygen-free high-conductivity, OFHC) 구리는 많은 전기적 용도로 생산되고 있다. 또한 구리 전도율보다 약 0.5배의 전도율을 가진 알루미늄도 전도체로 자주 사용된다. 은은 구리나 알루미늄에 비하여 높은 전도율을 가지고 있다. 그러나 높은 가격으로 사용이 제한된다.

가끔 전기 전도율 측면에서 심각한 저하가 발생하지 않는 범위 내에서 금속 합금의 기계적 강도를 증진시킬 필요가 있다. 고용체 합금 처리(7.9절)나 냉간 가공 처리(7.10절)는 전도율을 감소시키지만 기계적 강도를 높여 주므로 두 가지 성질(전도율, 기계적 강도)을 적당히 만족시키는 범위에서 처리되어야 한다. 대부분 경우 제2의 상을 형성시키면 강도가 증가되면서 전기 전도율은 크게 낮아지지 않는다. 구리 합금의 예를 들면(11.10절) 침전 강화된 구리-베릴륨(Cu-Be) 합금의 전도율은 고순도 구리 전도율의 약 1/5 만큼 감소된다.

이와 달리 노 발열체(furnace heating element)의 경우 높은 전기 비저항이 요구된다. 전자 충돌 시 발생하는 에너지 손실은 열에너지로 방출된다. 이와 같은 재료는 높은 전기 비저

항뿐만 아니라 높은 온도에서 산화에 대한 저항도 커야 하고, 높은 용융점을 가지고 있어야 한다. 니크롬(니켈-크롬 합금)은 발열체로 흔히 사용되고 있다.

반전도율

반도체의 전도율은 금속만큼 높지 않으나 재료의 특이한 전기적 특성 때문에 여러 면에서 유용하게 이용되고 있다. 이 재료의 전기적 성질은 아주 적은 불순물에도 매우 민감하게 변하고 있다. 진성 반도체(intrinsic semiconductor)는 순수한 재료의 전자 구조에 의한 전기적 특성을 나타내는 재료이다. 그러나 전기적 특성이 불순물에 의하여 좌우될 때는 그 반도체를 외인성 반도체(extrinsic semiconductor)라고 한다.

진성 반도체

외인성 반도체

18.10 진성 반도체

진성 반도체는 그림 18.4d에 나타낸 바와 같이 0 K에서 전자로 꽉 채워진 가전자대와 비어 있는 전자대가 보통 2 eV보다 작은 에너지 밴드 갭으로 분리된 구조에 의하여 특징지어진다. 2개의 원소 반도체로 규소(Si)와 게르마늄(Ge)이 있으며, 각각의 밴드 갭 에너지는 1.1 eV와 0.7 eV이다. 두 원소 모두 주기율표(그림 2.8 참조)상에 IVA 그룹의 위치에 있으며 공유 결합을 하고 있다.[3] 두 원소 반도체 이외에도 화합물 반도체들이 고유한 특성을 나타내고 있다. 주기율표상에서 IIIA 그룹과 VA 그룹에 있는 원소들로 만들어진 화합물, 예를 들면 GaAs, InSb 등이다. 이들은 흔히 III2-V 화합물이라 한다. 또한 IIB 그룹과 VIA 그룹의 원소들로 구성된 화합물로 반도체 특성을 나타낸다. 이런 화합물에는 CdS, ZnTe가 있다. 이와 같은 화합물 반도체는 주기율표상에서 멀리 떨어져 있을수록(즉 그림 2.9에서 알 수 있듯이 전기 음성도의 차가 큼) 원자 결합이 보다 이온 결합성을 띠게 되며, 에너지 밴드 갭이 증가한다. 즉 그 재료는 보다 절연체 성향을 나타낸다. 몇 가지 화합물 반도체에 대한 밴드 갭 에너지(band gap energy)는 표 18.2에 나타나 있다.

개념확인 18.3 ZnS와 CdSe 중 어느 것이 보다 큰 에너지 밴드 갭(E_g)을 가지고 있는가? 선택에 대한 이유를 기술하라.

[해답은 *www.wiley.com/go/Callister_MaterialsScienceGE* → More Information → Student Companion Site 선택]

정공의 개념

진성 반도체에서 1개의 전자가 전도대로 여기될 때마다 공유 결합에서 1개의 전자를 잃어

---

3 규소와 게르마늄에서의 가전자대는 고립된 원자들에서 sp^3 혼성 에너지 준위에 해당된다. 이 혼성 가전자대들은 0 K에서 완전하게 채워진다.

표 18.2 상온에서 반도체 재료의 밴드 갭 에너지, 전자 이동도, 정공 이동도, 전기 전도도

재료	밴드 갭 (eV)	전자 이동도 $(m^2/V \cdot s)$	정공 이동도 $(m^2/V \cdot s)$	전기 전도도(진성) $[(\Omega \cdot m)^{-1}]$
원소				
Ge	0.67	0.39	0.19	2.2
Si	1.11	0.145	0.050	3.4×10^{-4}
III–V 화합물				
AlP	2.42	0.006	0.045	—
AlSb	1.58	0.02	0.042	—
GaAs	1.42	0.80	0.04	3×10^{-7}
GaP	2.26	0.011	0.0075	—
InP	1.35	0.460	0.015	2.5×10^{-6}
InSb	0.17	8.00	0.125	2×10^4
II–VI 화합물				
CdS	2.40	0.040	0.005	—
CdTe	1.56	0.105	0.010	—
ZnS	3.66	0.060	—	—
ZnTe	2.4	0.053	0.010	—

출처 : 이 자료는 John Wiley & Sons, Inc. 허가로 복사 사용함

버린다. 에너지 밴드 구조에 의하면 그림 18.6b[4]에 보인 것과 같이 하나의 정공은 가전자대에 비어 있는 하나의 전자 준위에 해당된다. 전기장이 가해지면 결정 격자 내에서 전자를 잃어버린 자리는 불완전하게 채워진 결합을 계속적으로 채우면서 움직이는 다른 가전자에 의하여 움직이는 것처럼 여겨진다(그림 18.10). 이와 같은 가전자의 움직임은 마치 전자를 잃어버린 자리가 전기장에 의하여 움직이는 것처럼 여겨지게 한다. 그러므로 이 과정은 가전자대에서 전자가 빠진 자리를 양이온 입자, 즉 정공(hole)으로 취급함으로써 간편하게 처리할 수 있다. 정공의 전하는 1개의 전자와 같은 양을 가지며, 이와 반대의 부호를 가지고 있다 ($+1.6 \times 10^{-19}$ C). 그러므로 전기장을 가할 경우에는 전자와 정공이 서로 반대 방향으로 움직이게 된다. 또한 반도체에서 전자와 정공은 격자 결함에 의하여 산란 현상을 일으킨다.

진성 전도율

진성 반도체에는 두 가지 형태의 전하 운반자(전자와 정공)가 있으므로 전기 전도를 나타내는 식 (18.8)은 정공에 의한 영향을 고려하여 다음과 같이 바꾸어 준다.

진성 반도체에 대한 전기 전도율—전자/정공 농도와 이동도에 대한 의존성

$$\sigma = n|e|\mu_e + p|e|\mu_h \qquad (18.13)$$

---

4 진자대의 채워진 준위로부터 전도대(그림 18.6)의 빈 준위로 전자 천이가 일어날 적에 반도체와 절연체 내에서 정공(자유 전자와 함께)이 생성된다. 금속에서 전자 천이는 보통 정공을 생성하지 않고 동일한 에너지대(그림 18.5) 내부에서 빈 준위로부터 채워진 준위로 일어난다.

그림 18.10 진성 규소에서 일어나는 전기 전도에 대한 전자 결합 모델. (a) 여기 전, (b)와 (c) 여기 후(외부 전기장에 대응하여 일어나는 자유 전자와 정공의 움직임)

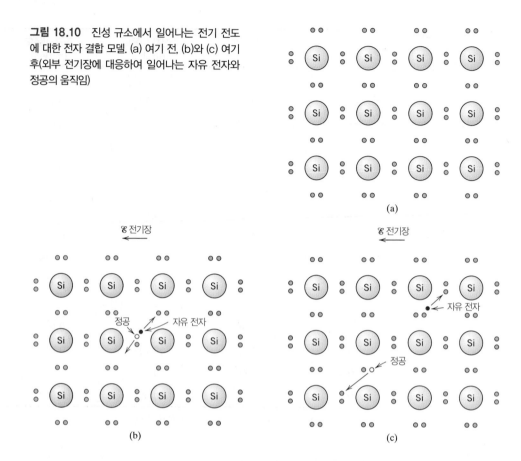

여기서 p는 단위부피당 정공의 수이고, μ_h는 정공의 이동도이다. 반도체에서 μ_h의 값은 μ_e의 값보다 항상 작다. 또한 진성 반도체에서 밴드 갭을 뛰어넘는 하나의 전자는 언제나 가전자대에 정공을 남긴다. 그러므로 다음의 관계식을 얻을 수 있다.

$$n = p = n_i \tag{18.14}$$

n_i는 진성 운반자 농도이다.

진성 운반자 농도로 표시한 진성 반도체의 전도율

$$\sigma = n|e|(\mu_e + \mu_h) = p|e|(\mu_e + \mu_h) \tag{18.15}$$
$$= n_i|e|(\mu_e + \mu_h)$$

몇 가지 반도체에 대한 상온에서의 진성 전도율, 전자와 정공의 이동도가 표 18.2에 나타나 있다.

예제 18.1

상온에서 진성 갈륨 비화물의 운반자 농도 계산

상온에서 진성 갈륨 비화물(GaAs)의 전기 전도율은 3×10^{-7} $(\Omega \cdot m)^{-1}$이고, 전자와 정공의 이동도는 각각 $0.80\ m^2/V \cdot s$와 $0.04\ m^2/V \cdot s$이다. 상온에서 전자와 정공의 농도를 구하라.

풀이

진성 반도체에서는 전자와 정공의 농도가 같다. 그러므로 식 (18.15)로부터 다음과 같이 구할 수 있다.

$$n_i = \frac{\sigma}{|e|(\mu_e + \mu_h)}$$

$$= \frac{3 \times 10^{-7}\,(\Omega{\cdot}\text{m})^{-1}}{(1.6 \times 10^{-19}\,\text{C})\big[(0.80 + 0.04)\,\text{m}^2/\text{V}{\cdot}\text{s}\big]}$$

$$= 2.2 \times 10^{12}\,\text{m}^{-3}$$

18.11 외인성 반도체

실제적으로 모든 상용 반도체는 외인성(extrinsic)이다. 즉 전기적 특성이 적은 농도가 존재할 때에도 과잉의 전자 또는 정공을 형성시키는 불순물에 의하여 결정된다. 예를 들면 10^{12} 농도의 불순물은 상온에서 규소를 외인성으로 만들기에 충분하다.

n-형 외인성 반도체

외인성 반도체의 전도가 어떻게 이루어지는가를 보여 주기 위하여 다시 원소 반도체 규소를 고려하자. 1개의 규소 원자는 4개의 전자를 가지고 있으며, 각 전자는 주위의 4개 규소 원자에서 공급되는 1개의 전자와 공유 결합을 형성한다. 이제 전자가 5개인 1개의 불순물 원자가 치환형 불순물로서 첨가되었다고 하자(즉 5의 가전자를 가지는 불순물은 VA 그룹에 속하는 원소로 P, As, Sb 등이 있다). 그러면 이 불순물에 속해 있는 5개의 가전자 중 오직 4개만이 주위의 원자들과 결합된다. 나머지 결합되지 않은 1개의 전자는 약한 정전기적 인력에 의하여 그 불순물 주위에서 느슨하게 결합된다(그림 18.11a). 이 전자의 결합 에너지는 0.01 eV 정도 되는 매우 작은 값이다. 그러므로 이 전자는 불순물 원자에서 쉽게 떨어져 자유 전자 또는 전도 전자가 된다(그림 18.11b와 18.11c).

결합되지 않은 전자의 에너지 준위는 전자 밴드 모델로 나타낼 수 있다. 느슨하게 결합된 각 전자는 전도대의 하단(E_c) 바로 아래 에너지 밴드 갭(E_g) 내에 있는 하나의 에너지 준위를 점유하고 있다(그림 18.12a). 그 전자의 결합 에너지는 불순물 에너지 준위에 있는 전자를 전도대(E_g) 에너지 준위로 여기시키는 데 필요한 에너지에 해당된다. 하나의 전자 여기 (그림 18.12b)가 일어날 때 하나의 전자가 전도대로 공급된다. 이와 같이 하나의 전자를 전도대로 공급하는 불순물의 유형을 도너(donor)라고 명명한다. 도너 전자(donor electron)는 불순물 에너지 준위로부터 공급되므로 도너 자유 전자의 형성은 가전자대에 정공을 만들지 않는다.

도너 준위

상온에서 열에너지는 도너 준위(donor state)로부터 많은 수의 전자를 전도대로 여기시키기에 충분하며, 약간의 고유성 천이(가전자대에서 전도대로 전자 여기)도 일어나지만 그 양은 미미한 정도이다(그림 18.6b). 그러므로 전도대의 전자 수는 가전자대에 있는 정공수

그림 18.11 외인성 *n*-형 반도체 모델(전자 결합). (a) 하나의 불순물, 즉 인과 같은 하나의 원자는 하나의 규소 원자를 대체할 수 있다. 대체 결과로 불순물 원자에 결합되어 있으면서 궤도를 따라 움직이는 과잉의 결합 전자를 생성한다. (b) 한 개의 자유 전자를 생성시키는 여기, (c) 외부 자장에 대응하여 움직이는 자유 전자

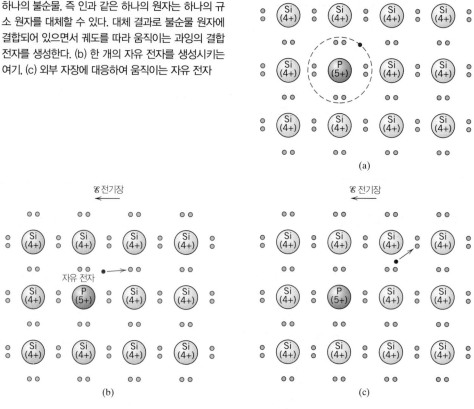

보다 훨씬 많은 양이 존재하여(*n* >> *p*), 식 (18.13) 우변의 첫째 항이 두 번째 항보다 훨씬 크게 된다.

$$\sigma \cong n|e|\mu_e \tag{18.16}$$

n-형 외인성 반도체—전자 농도와 이동도에 대한 전도도 의존성

이런 유형의 재료를 *n*-형 외인성 반도체라고 하며, 전자를 다수 운반자(majority charge carrier), 정공을 소수 운반자(minority charge carrier)라고 한다. *n*-형 반도체에서 페르미 준위는 밴드 갭 내에서 도너 준위 가까이 위로 이동하여 위치한다. 정확한 위치는 온도와 도너

그림 18.12 (a) 밴드 갭 내에서 전도 밴드 하단 바로 아래에 위치하고 있는 도너 불순물 에너지 준위에 대한 전자 에너지 밴드 그림. (b) 전도 밴드 내에 하나의 자유 전자를 생성시키는 도너 에너지 준위로부터 전자 여기

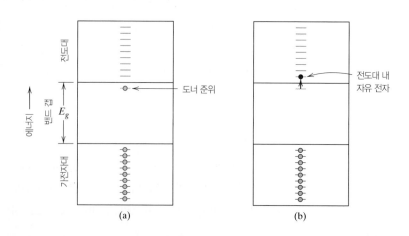

그림 18.13 외인형 p-형 모델(전자 결합). (a) 3개의 최외각 전자를 가진 붕소와 같은 불순물 원자 하나는 하나의 규소 원자를 대체할 수 있다. 대체 결과로 불순물 원자와 관련된 하나의 정공이 생성된다. (b) 전기장에 대응하여 일어나는 정공의 움직임

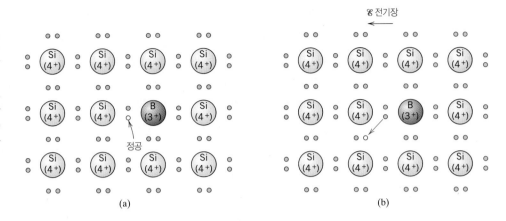

불순물 농도에 대한 함수로 결정된다.

p-형 외인성 반도체

규소 또는 게르마늄에 3가의 치환형 불순물, 즉 Al, B, Ga(IIIA 그룹에 속한 원소들)을 첨가하면 n-형 반도체와는 다른 현상이 발생한다. 각 불순물 원자 주위의 공유 결합 중 하나는 전자가 결핍되어 있다. 그와 같은 결핍은 불순물 원자에 약하게 결합된 정공으로 여겨지며, 이런 정공은 근접한 주위의 결합으로부터 하나의 전자가 이동해 옴으로써 자유롭게 움직일 수 있게 된다(그림 18.13). 본질적으로 전자와 정공은 서로 위치를 바꾸는 것이다. 움직이는 정공은 들뜬 도너 전자와 유사하게 여기 준위(excited state)에 위치해 있으며 전도 과정에 참여한다.

정공이 형성되는 외인성 여기는 에너지 밴드 모델을 이용하여 나타낼 수 있다. 각 p-형 불순물 원자들은 밴드 갭 내에서 각자의 에너지 준위, 가전자대 상단 근처(그러나 약간 위에 위치)의 에너지 준위를 도입하고 있다(그림 18.14a). 정공은 가전자대에 있는 전자가 열적 여기 현상에 의하여 p-형 불순물 전자 준위로 뛰어 올라감으로써 가전자대에 형성되는 것으로 상상할 수 있다(그림 18.14b). 이와 같이 천이는 오직 하나의 운반자(carrier), 즉 가전자대 내에 정공을 생성시키고, 자유 전자는 전도대에 형성시키지 않는다. 이런 유형의 불순

그림 18.14 (a) 밴드 갭 내에 가전자 밴드 바로 위에 위치해 있는 억셉터 불순물 에너지 준위에 대한 에너지 밴드 그림. (b) 하나의 전자가 억셉터 준위로 여기하면서 가전자 밴드 내에 하나의 정공을 생성시킨다.

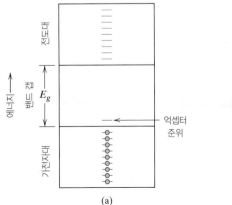
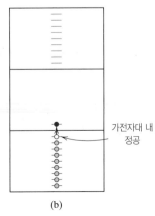

물을 억셉터(acceptor)라고 하는데, 이는 p-형 불순물들은 가전자대로부터 전자를 받아들여 정공을 가전자대에 남겨 놓기 때문이다. 그러므로 p-형 불순물에 의하여 밴드 갭 내에 형성 되는 에너지 준위를 **억셉터 준위**(acceptor state)라고 한다.

억셉터 준위

이런 유형의 외인성 전도에서는 정공이 전자보다 훨씬 많이 존재해 있다(즉 $p \gg n$). 그 리고 이렇게 정공이 훨씬 많은 재료를 p-형이라 하는데, 그 이유는 전기 전도가 양전하에 의하여 주로 이루어지기 때문이다. 즉 정공이 다수 운반자이고, 전자가 소수 운반자이다. 그러므로 식 (18.13)은 다음과 같이 정공에 의한 식으로 변화시킬 수 있다.

p-형 외인성 반도체—정 공의 농도와 이동도에 대 한 전도도의 의존성

$$\sigma \cong p|e|\mu_h \tag{18.17}$$

p-형 반도체의 페르미 준위는 밴드 갭 내에서 억셉터 준위 쪽으로 가까이 위치해 있다.

불순물 반도체(n-형과 p-형)는 초기에 극히 순수한, 보통 전체 불순물의 양이 10^{-7} at% 정도가 함유된 재료로 만든다. 여러 가지 방법을 이용하여 원하는 도너 또는 억셉터 불 순물을 원하는 양만큼 의도적으로 첨가시킨다. 반도체에서 이와 같은 합금 과정을 도핑 (doping)이라고 한다.

도핑

외인성 반도체에서 상온에서 공급되는 열에너지에 의하여 많은 전하 운반자(불순물 유형 에 따라 좌우되는 전자 또는 정공)가 생긴다. 결국 외인성 반도체는 상온에서 상당히 높은 전기 전도율을 가지며, 대부분의 반도체 재료는 상온에서 작동되는 전자 소자 형성에 이용 된다.

개념확인 18.4 높은 온도에서는 도너와 억셉터로 도핑된 반도체 재료들이 진성 반도체 거동을 한다 (18.12절). 18.5절과 18.11절에 근거하여 n-형 반도체를 진성 반도체 거동을 보이는 온도까지 페르미 에 너지의 온도에 따른 변화를 개략적으로 그리라. 그리고 이 개략적 그림에 전도대 하단과 가전자대 상단 에 대응되는 에너지 위치를 표기하라.

개념확인 18.5 GaAs에 아연을 첨가할 경우 첨가된 아연이 도너 또는 억셉터로 작용할지를 결정하고, 그 이유를 설명하라(아연이 치환형 불순물이라 가정하자).

[해답은 *www.wiley.com/go/Callister_MaterialsScienceGE* → More Information → Student Companion Site 선택]

18.12 온도 변화가 운반자 농도에 미치는 영향

그림 18.15는 규소와 게르마늄에 대한 진성 운반자 농도(n_i)의 로그값을 절대 온도의 함수로 나타낸 것이다. 이 그림에서 주목할 만한 가치가 있는 두 가지 특징을 이야기하자. 첫째, 온 도의 증가는 가전자대에서 전도대로 전자를 여기(그림 18.6b)시키는 데 소요되는 열에너지 를 보다 많이 공급하게 되어, 결과적으로 온도 증가에 따라 전자와 정공의 농도가 증가하게 된다. 또한 전 온도에 걸쳐 게르마늄의 운반자 농도는 규소보다 많다. 이와 같은 결과는 게 르마늄의 밴드 갭 에너지 값이 규소보다 적은 데 기인하고 있다[0.67 eV(게르마늄) 대 1.11

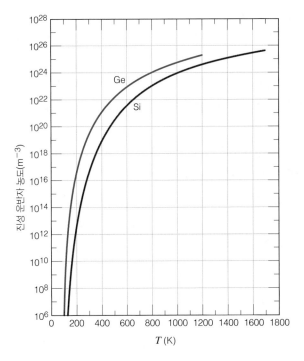

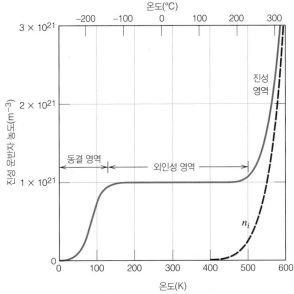

그림 18.15 게르마늄과 규소에 대한 온도의 함수로 나타낸 진성 운반자 농도(상용 로그 눈금으로 표시)
(출처 : C. D. Thurmond, "The Standard Thermodynamic Functions for the Formation of Electrons and Holes in Ge, Si, GaAs, and GaP," *Journal of the Electrochemical Society*, 122, [8], 1975, p. 1139. The Electrochemical Society, Inc. 허가로 복사 사용함)

그림 18.16 도너 불순물이 10^{21} m^{-3}으로 도핑된 n-형 규소와 진성 규소(점선)에 대한 전자 농도 대 온도. 동결, 외인성, 진성 온도 지역이 곡선에 표시되어 있다.
(출처 : S. M. Sze, *Semiconductor Devices, Physics and Technology*. Copyright © 1985 by Bell Telephone Laboratories, Inc. John Wiley & Sons, Inc. 허가로 복사 사용함)

eV(규소), 표 18.2]. 즉 게르마늄은 어느 특정 온도에서 규소보다 많은 전자가 밴드 갭을 뛰어넘어 여기된다.

반면에 외인성 반도체에서 온도 변화에 대한 운반자 농도 변화는 크게 다른 모습을 보이고 있다. 예컨대 10^{21} m^{-3} 인(phosphorous)으로 도핑된 규소에 대한 전자 농도-온도 그림이 그림 18.16에 나타나 있다[비교를 위해 진성 규소에 대한 점선 곡선을 표시하였다(그림 18.15에서 취함)].[5] 외인성 곡선은 세 가지 부분으로 구분되는 특징을 보이고 있다. 약 150 K에서 475 K 사이의 중간 온도에서 재료는 n-형을[인(P)이 도너 불순물이므로] 나타내고, 전자 농도는 일정하게 유지된다. 이것을 외인성-온도 구간[6]이라 한다. 전도대에 있는 전자들은 인(P) 도너 준위로부터 여기(그림 18.12b)된다. 자유 전자 농도가 인 농도(10^{21} m^{-3})와 대략적으로 유사한 값을 보이기 때문에 실제적으로 모든 인 원자는 이온화(즉 도너 자유 전자 생성)된 것이다. 또한 밴드 갭을 뛰어넘는 진성 여기(intrinsic excitation)는 외인성 여기에 비하여 무시할 만하다. 외인성 영역이 나타나는 온도 구간은 불순물 농도에 의존한다. 더욱이 대

---

5 그림 18.15의 'Si' 곡선과 그림 18.16의 n_i 곡선은 동일한 계수들에 대하여 도표화하였지만 다른 형태로 표시됨에 주의하라. 이와 같은 차이는 도표 축의 눈금이 다른 데 기인하고 있다. 즉 2개의 도표에 대한 온도 축(수평)은 직선적으로 표시되고 있으나, 그림 18.15의 운반자 농도 축(수직)은 상용 로그 눈금으로 그림 18.16의 농도 축은 직선적으로 나타내고 있다.

6 도너 도핑된 반도체들에 대하여 이 영역을 포화 영역으로 명명하고, 억셉터 도핑한 재료들에서는 고갈 영역으로 명명한다.

부분의 고체 소자는 이 온도 구간에서 작동되고 있다.

100 K 이하(그림 18.16)의 낮은 온도에서 전자 농도는 온도 감소에 따라 급격하게 감소하여 0 K에서는 0에 접근하고 있다. 이 온도 구간에서의 열에너지는 전자를 인(P) 도너 에너지 준위로부터 전도대로 여기시키기에 충분치 못하다. 이 구간에서는 전하 운반자들(즉 전자들)이 도펀트(dopant) 원자들에 '얼어붙기' 때문에 동결 온도 영역(freeze-out temperature region)이라고 부른다.

마지막으로 그림 18.16의 높은 온도 구간에서는 온도 증가에 따라 전자 농도가 인 농도 이상으로 진성 곡선을 따라 급격하게 증가하고 있다. 이 높은 온도 구간에서는 반도체가 진성 거동을 하므로 이 구간을 진성 온도 영역이라고 부른다. 즉 밴드 갭을 뛰어넘는 전자 여기로부터 생성되는 전하 운반자 농도가 처음에는 도너 운반자 농도와 같아지고, 계속적인 온도 증가에 맞추어 도너 운반자를 완전히 초월하는 농도 증가를 보인다.

개념확인 18.6 그림 18.16에 근거하여 도핑 농도가 증가함에 따라 반도체가 진성 거동을 일으키는 온도가 증가, 감소 또는 변하지 않는지를 예측하라. 그리고 이유를 설명하라.

[해답은 *www.wiley.com/go/Callister_MaterialsScienceGE* → **More Information** → **Student Companion Site** 선택]

18.13 운반자 이동도에 영향을 미치는 인자

반도체의 전기 전도율(또는 비저항)은 전자와 (또는) 정공의 농도 이외에도 전하 운반자의 이동도, 즉 전자와 정공들이 결정을 통하여 이동하는 용이성의 함수로 나타난다(식 18.13). 더욱이 전자와 정공의 이동도는 금속에서 전자의 산란을 일으키는 결정 결함 존재에 영향을 받는다. 지금 우리는 전자와 정공의 이동도에 불순물 농도와 온도가 어떻게 영향을 미치는지 조사하고자 한다.

도펀트 농도의 영향

그림 18.17은 상온에서 규소의 전자와 정공 이동도가 도펀트의 농도에 대한 의존성을 보여주고 있다. 그림에서 양 축은 상용 로그 스케일임을 주의하라. 도펀트 농도가 약 10^{20} m^{-3} 이하인 경우 두 운반자(전자와 정공)의 이동도는 최곳값을 보이면서 도핑 농도에 영향을 받지 않음을 보여 주고 있다. 그러나 도핑 농도가 약 10^{20} m^{-3} 이상으로 증가하는 경우 이동도는 두 운반자(전자와 정공) 모두 불순물 농도가 증가함에 따라 감소하고 있다. 또한 전자의 이동도가 정공의 이동도보다 항상 큰 값을 나타내고 있는 것은 주의할 만하다.

온도 영향

그림 18.18a와 그림 18.18b는 각각 규소에서 전자와 정공 이동도의 온도에 대한 의존성을 보여 주는 그림이다. 두 가지 운반자 형태에 대하여 여러 가지 불순물 농도에 대한 곡선들

그림 18.17 규소에 대한 상온에서 측정된 전자와 정공 이동도(상용 로그 눈금)에 미치는 도펀트 농도(상용 로그 눈금)의 영향
(출처 : W. W. Gärtner, "Temperature Dependence of Junction Transistor Parameters," *Proc. of the IRE*, 45, 1957, p. 667. Copyright © 1957 IRE now IEEE.)

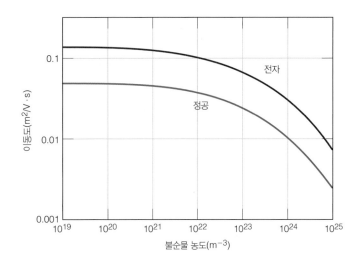

이 보이고 있다. 두 그림의 축은 상용 로그 눈금으로 표시되어 있다. 이 결과부터 10^{24} m^{-3} 이하의 농도에서는 전자와 정공 이동도들이 온도의 증가에 따라 감소함을 알 수 있다. 이와 같은 효과는 운반자들의 열적인 산개(thermal scattering)가 증가하는 데 기인하고 있다. 도 펀트의 농도가 10^{20} m^{-3} 이하인 경우 전자와 정공 이동도에 미치는 온도의 의존성은 억셉 터/도너 농도에 영향을 받지 않는다(즉 단일 곡선으로 나타남). 또한 10^{20} m^{-3}보다 큰 농도 의 경우 양쪽 그림의 곡선들이 도펀트 농도가 증가함에 따라 점진적으로 낮은 이동도 값으 로 이동하는 것을 볼 수 있다. 이 두 가지 효과는 그림 18.17에서 보여 주고 있는 결과와 일

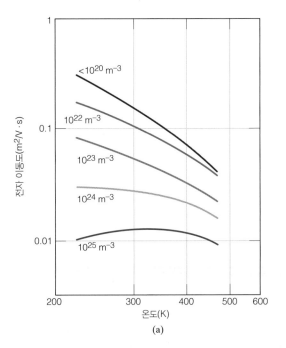

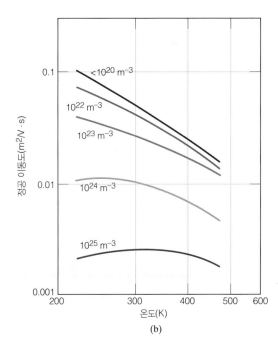

그림 18.18 도너와 억셉터를 다양한 농도로 도핑시킨 규소에 대한 전자 (a)와 정공 이동도 (b)의 온도 의존성. 양 수직축은 상용 로그 눈금 표시
(출처 : W. W. Gärtner, "Temperature Dependence of Junction Transistor Parameters," *Proc. of the IRE*, 45, 1957, p. 667. Copyright © 1957 IRE now IEEE.)

치하고 있다.

　이와 같이 온도와 도펀트 농도가 운반자 농도와 운반자 이동도에 미치는 영향에 대해 앞에서 논의하였다. 그러므로 정해진 온도와 도너/억셉터 농도에 대하여 n, p, μ_e, μ_h의 값이 결정되면(그림 18.15~18.18까지 이용), 식 (18.15), (18.16), (18.17)을 이용하여 σ의 값을 계산할 수 있다.

개념확인 18.7　그림 18.16에 나타나 있는 n-형 규소에 대한 온도 대 전자 농도 곡선과 온도에 대한 전자 이동도의 온도에 대한 로그 관계식(그림 18.18a)을 이용하여, 10^{21} m^{-3} 농도의 도너 불순물로 도핑된 규소에 대한 온도 변화에 따른 로그 전기 전도율을 개략적으로 그리라. 그리고 이 곡선 형상에 대하여 간략하게 설명하라. [전기 전도율에 미치는 전자 농도와 이동도의 영향을 표현하는 식 (18.16)을 활용하라.]

[해답은 *www.wiley.com/go/Callister_MaterialsScienceGE* → More Information → Student Companion Site 선택]

예제 18.2

150°C의 진성 규소에 대한 전기 전도율 결정

150°C(423 K)에서 진성 규소의 전기 전도율을 계산하라.

풀이

이 문제는 식 (18.15)를 이용하여 풀 수 있다. 식 (18.15)를 이용하기 위하여 n_i, μ_e, μ_h의 값을 알아야 한다. 그림 18.15로부터 423 K의 규소에 대한 n_i는 4×10^{19} m^{-3}이다. 또한 그림 18.18a와 18.18b의 < 10^{20} m^{-3} 곡선으로부터 진성 전자와 정공 이동도의 값을 구할 수 있다. 423 K에서 μ_e는 0.06 m^2/V·s이고 μ_h는 0.022 m^2/V·s이다(이동도와 온도 축은 상용 로그 눈금으로 표시되었음을 주의하라). 식 (18.15)로부터 구해진 전기 전도율은 다음과 같다.

$$\sigma = n_i|e|(\mu_e + \mu_h)$$
$$= (4 \times 10^{19} \text{ m}^{-3})(1.6 \times 10^{-19} \text{ C})(0.06 \text{ m}^2/\text{V·s} + 0.022 \text{ m}^2/\text{V·s})$$
$$= 0.52 \ (\Omega\text{·m})^{-1}$$

예제 18.3

외인성 규소에 대한 상온과 고온 전기 전도율 계산

고순도 규소에 10^{23} m^{-3}의 비소(As) 원자들이 첨가되었다.

(a) 이 재료는 n-형인가, p-형인가?

(b) 이 재료의 상온에서 전기 전도율을 계산하라.

(c) 100°C (373 K)에서 전기 전도율을 계산하라.

풀이

(a) 비소(As)는 VA족 원소(그림 2.8 참조)이므로 규소 내에서 도너 불순물로 작용하고, 이 재료를 n-형으로 만들어 준다.

(b) 상온(298 K)은 그림 18.16의 외인성 온도 구간 내에 들어가 있음을 알 수 있다. 이와 같은 사실은 실제적으로 모든 비소 원자가 자유 전자를 기여했다는 것을 의미한다($n = 10^{-3}\,m^{-3}$). 또한 이 재료가 외인성 n-형이므로 전도율은 식 (18.16)을 이용하여 계산할 수 있다. 결과적으로 우리는 $10^{23}\,m^{-3}$의 도너 농도에 대하여 전자 이동도를 결정할 필요가 있다. 그림 18.17을 이용하여 계산된 전자 이동도는 $10^{23}\,m^{-3}$ 도너 농도(μ_e)에서 $0.07\,m^2/V{\cdot}s$이다(그림 18.17의 축들은 상용 로그 눈금임을 기억하라). 그러므로 전기 전도율은 다음과 같다.

$$\sigma = n|e|\mu_e$$
$$= (10^{23}\,m^{-3})(1.6 \times 10^{-19}\,C)(0.07\,m^2/V{\cdot}s)$$
$$= 1120\,(\Omega{\cdot}m)^{-1}$$

(c) 373 K에서 이 재료의 전도율을 구하기 위하여 우리는 다시 이 온도에서 전자 이동도를 가지고 식 (18.16)을 이용하자. 그림 18.18a의 $10^{23}\,m^{-3}$ 곡선으로부터 373 K에서 $\mu_e = 0.04\,m^2/V{\cdot}s$이고, 이 결과로부터 전도율은 다음과 같이 구할 수 있다.

$$\sigma = n|e|\mu_e$$
$$= (10^{23}\,m^{-3})(1.6 \times 10^{-19}\,C)(0.04\,m^2/V{\cdot}s)$$
$$= 640\,(\Omega{\cdot}m)^{-1}$$

설계예제 18.1

규소에서 엑셉터 불순물 도핑

상온에서 전도율이 $50\,(\Omega{\cdot}m)^{-1}$인 외인성 p-형 규소 재료를 만들고자 한다. 이와 같은 전기적 특성을 얻기 위해 사용될 억셉터 불순물 형태와 농도(at%)를 결정하라.

풀이

첫째, 규소에 첨가됨으로써 p-형 규소로 만들어 줄 수 있는 원소들은 주기율표에서 규소의 왼쪽에 있는 IIIA 족(group) 원소들이고 IIIA 족(그림 2.8 참조)에는 붕소, 알루미늄, 갈륨, 인듐이 포함되어 있다.

외인성 p-형(즉 $p >> n$) 재료에서 전기 전도율은 식 (18.17)에 의한 정공의 농도와 이동도의 함수로 나타난다. 또한 상온에서 모든 억셉터 도펀트 원자들은 전자를 받아들이면서 정공을 생성한다고 가정함으로써(즉 그림 18.16의 외인성 영역에 속함) 생성된 정공의 수는 대략적으로 억셉터 불순물의 수 N_a와 같다고 할 수 있다.

이 문제는 또한 그림 18.17에서 보인 μ_h에 대한 불순물 농도 의존성으로 복잡해진다. 이와 같은 문제를 풀어 가는 하나의 접근 방법은 시행착오를 거치는 것이다. 하나의 불순물 농도를 가정하고 이 농도와 이에 대응하는 이동도 값을 그림 18.17의 곡선으로부터 구하여 전기 전도율을 계산한다. 그리고 이 결과를 기초로 또 다른 불순물 농도를 이용하여 이 과정을 반복적으로 시행한다.

예를 들어 10^{22} m^{-3}의 N_a 값(즉 p의 값)을 우선 선택하도록 하자. 이 농도에서 정공의 이동도는 대략적으로 0.04 m^2/V·s이고(그림 18.17), 이 값에 대한 전도율은 다음과 같다.

$$\sigma = p|e|\mu_h = (10^{22}\ \text{m}^{-3})(1.6 \times 10^{-19}\ \text{C})(0.04\ \text{m}^2/\text{V·s})$$
$$= 64\ (\Omega\text{·m})^{-1}$$

이 값은 $50(\Omega\text{·m})^{-1}$보다 약간 높다. 불순물 농도를 10^{21} m^{-3} 수준으로 낮추어 주면, μ_h는 약간 증가하여 0.045 m^2/V·s(그림 18.17)로 증가하고, 전도율은 다음과 같다.

$$\sigma = (10^{21}\ \text{m}^{-3})(1.6 \times 10^{-19}\ \text{C})(0.045\ \text{m}^2/\text{V·s})$$
$$= 7.2\ (\Omega\text{·m})^{-1}$$

여기에 약간의 값을 조절하여, 즉 $N_a = p \cong 8 \times 10^{21}$ m^{-3}으로 조절한 경우 $50(\Omega\text{·m})^{-1}$의 전도율을 얻을 수 있다. 이 농도에서 μ_h는 대략적으로 0.04 m^2/V·s이다.

다음은 억셉터 불순물의 농도(at%)를 계산하는 것이 필요하다. 이와 같은 계산을 위해서 m^{3}당 규소 원자 개수(규소 원자 개수/단위 체적)를 알아야 하고, 식 (4.2)를 이용하여 다음과 같이 구한다.

$$N_{\text{Si}} = \frac{N_A \rho_{\text{Si}}}{A_{\text{Si}}}$$
$$= \frac{(6.022 \times 10^{23}\ \text{atoms/mol})(2.33\ \text{g/cm}^3)(10^6\ \text{cm}^3/\text{m}^3)}{28.09\ \text{g/mol}}$$
$$= 5 \times 10^{28}\ \text{m}^{-3}$$

at%로 표시되는 억셉터 불순물의 농도 C_a'는 다음과 같이 $N_a + N_{\text{Si}}$에 대한 N_a 분율에 100을 곱한 것이다.

$$C_a' = \frac{N_a}{N_a + N_{\text{Si}}} \times 100$$
$$= \frac{8 \times 10^{21}\ \text{m}^{-3}}{(8 \times 10^{21}\ \text{m}^{-3}) + (5 \times 10^{28}\ \text{m}^{-3})} \times 100 = 1.60 \times 10^{-5}$$

그러므로 상온에서 $50(\Omega\text{·m})^{-1}$의 전도율을 가진 p-형 규소를 만들기 위해서는 1.60×10^{-5} at% 농도의 붕소(B)[또는 알루미늄(Al), 갈륨(Ga), 인듐(In)]를 규소에 첨가해야 한다.

18.14 홀 효과

홀 효과

일부 재료에서는 다수 전하 운반자의 유형, 농도, 이동도 등을 결정할 경우가 있다. 그러나 이와 같은 값들을 간단한 전도율 측정 방법으로 알아내기는 힘들며, 홀 효과(Hall effect) 실험에 의해서만 값을 구할 수 있다. 홀 효과는 전하 입자의 움직이는 방향에 수직으로 자기장(magnetic field)이 가해질 때 자기장과 입자의 진행 방향에 수직으로 작용하는 힘(로렌츠 힘 Lorentz force)이 생성되며, 이 힘이 움직이는 전하 입자에 가해지는 현상을 말한다.

홀 효과를 이해하기 위하여 우선 전기 전도가 전자의 움직임으로 일어나는 재료(대부분의 금속과 n-형 반도체들)들을 고려해 보자. 이 재료 형상은 x-y-z 직교좌표를 기준으로 하는 평행육면체로 고려하고, 그림 18.19a에 나타나 있다. 외부의 전압(V_x)이 가해지면 그림과 같이 전류가 $+x$ 방향으로 흐르고, 전자는 점선 화살로 표시되는 $-x$ 방향으로 움직인다. 자기장이 $+z$ 방향(B_z로 표현)으로 가해질 때 로렌츠 힘 $F(-y)$가 생성되고 생성된 힘은 하나의 전자에 $-y$ 방향으로 힘을 가하여 전자가 시편의 왼쪽(뒷면) 면을 향하고 커브의 궤적을 그리면서 움직이게 한다. 계속적으로 전자는 시편의 왼쪽 면에 축적되고, 이때 시편의 반대쪽 면(전면)에서 전자의 고갈(depletion)이 일어나면서 전면이 양전하를 띠게 된다(그림 18.19b). 이러한 상황으로부터 시편의 양면 사이에 전압(V_H)이 형성되고, 또한 흐르는 전류 I_x의 전자에 가해지는 새로운 힘 $F(+y)$가 생성된다. 새로운 힘 $F(+y)$는 $F(-y)$와 반대방향이다(그림 18.19b). 궁극적으로 그림 18.19b에서 화살표로 표시된 것과 같이 $F(+y)$와 $F(-y)$가 동일한 값을 가지면서 $-x$ 방향으로 전자의 움직임이 회복되는 정상 상태에 도달된다.

홀 전압의 크기와 방향(+ 또는 −)으로부터 전하 운반자의 유형(전자 또는 정공), 농도, 이동도를 결정할 수 있다. 음수의 홀 전압은 전자들이 전하 운반자이다. 또한 힘 $F(+y)$와

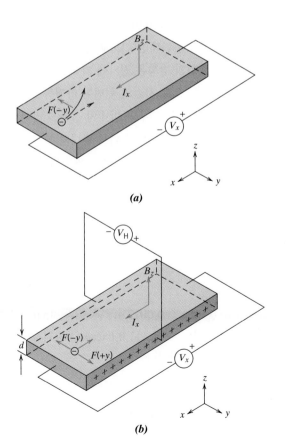

그림 18.19 홀 효과를 보여 주는 개략도. 대부분 금속과 n-형 반도체에서 일어나는 홀 효과. (a) 자기장 B_z가 가해지기 전에 전자는 $-x$ 방향(점선 화살표)을 따라 직선적으로 움직인다. B_z가 가해지면 움직이는 하나의 전자는 로렌츠 힘 $F(-y)$를 받아 시편의 뒷면으로 굴절되고 곡선 화살표가 지시하는 대로 이동한다. (b) 정상 상태에 도달되면 음전하를 띤 시편 뒷면과 양전하를 띤 앞면 사이에 홀 전압(V_H)이 생성된다. (c) p-형 반도체에서 일어나는 홀 효과를 보여 준다.

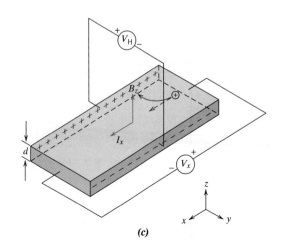

$F(-y)$ 값이 동일하므로 홀 전압 값에 대한 관계식을 다음과 같이 유도할 수 있다.

그림 18.19의 홀 계수, 시편 두께, 전류, 자기장들에 대한 홀 전압의 의존성

$$V_H = \frac{R_H I_x B_z}{d} \tag{18.18}$$

d는 시편의 두께(그림 18.19b), 식 (18.18)의 R_H는 홀 계수(Hall coefficient)이며 재료마다 다른 값을 보이고 있다. 전자에 의하여 전도가 일어나는 금속과 n-형 반도체는 R_H는 음수이고 다음의 관계식으로 주어진다.

금속에 대한 홀 계수

$$R_H = \frac{1}{n|e|} \tag{18.19}$$

그러므로 식 (18.18)을 이용하여 R_H를 구하고, 알려진 e 전자의 기본 전하량을 값으로부터 전하운반자 농도, n을 구할 수 있다.

식 (18.8)로부터 전자 이동도 μ_e는 다음과 같이 표현할 수 있다.

$$\mu_e = \frac{\sigma}{n|e|} \tag{18.20a}$$

또는 식 (18.19)를 사용하여 다음과 같은 표현을 얻을 수 있다.

금속에서 홀 계수와 전도율로 나타낸 전자 이동도

$$\mu_e = |R_H|\sigma \tag{18.20b}$$

그러므로 μ_e의 값은 다른 실험을 이용하여 전도율 σ가 측정된다면 결정될 수 있다.

p-형 반도체에서 전기 전도는 정공의 움직임으로 일어난다. 정공은 양전하로 그림 18.19c에서 보는 것과 같이 $+x$ 방향(전자 움직임과 반대방향)으로 움직인다. 정공에 로렌츠 힘이 가해지는 경우 정공에 가해지는 로렌츠 힘의 방향은 전자에 가해지는 방향과 같아, 정공을 시편 뒷면을 향하여 움직이게 한다. 결과적으로 시편의 뒷면이 양전하를 띠게 되고 전면이 음전하를 띠면서 전자가 전하 운반자로 움직인 경우와 반대의 상황을 맞이한다. 그러므로, V_H는 양부호(positive sign)로 금속이나 n-형 반도체와 다른 반대의 부호를 보인다.

진성 반도체와 함께 전자의 농도 n과 정공의 농도 p가 비슷한 양을 가진 외인성 반도체를 측정하기 위해서는 다른 실험적인 구성이 필요하다. 또한 이 재료들에 대한 전자와 정공의 농도와 이동도를 계산하는 데는 다른 식들이 사용된다.

예제 18.4

홀 전압 계산

알루미늄의 전기 전도율과 이동도는 각각 $3.8 \times 10^7 (\Omega \cdot m)^{-1}$, 0.0012 m²/V·s이다. 15 mm 두께의 알루미늄 시편에 25 A의 전류와 이 전류 방향에 대하여 수직으로 0.6 tesla의 자기장이 가해지고 있다. 이 경우 알루미늄 시편에 형성되는 홀 전압을 계산하라.

풀이

홀 전압(V_H)은 식 (18.18)을 이용하여 계산한다. 그러나 식 (18.20b)를 이용하기 위해서는 홀 계

수(R_H)가 다음과 같이 먼저 계산되어야만 한다.

$$R_\mathrm{H} = -\frac{\mu_e}{\sigma}$$

$$= -\frac{0.0012 \ \mathrm{m^2/V \cdot s}}{3.8 \times 10^7 \ (\Omega \cdot \mathrm{m})^{-1}} = -3.16 \times 10^{-11} \ \mathrm{V \cdot m/A \cdot tesla}$$

이제 식 (18.18)을 이용하여 홀 전압을 다음과 같이 구할 수 있다.

$$V_\mathrm{H} = \frac{R_\mathrm{H} I_x B_z}{d}$$

$$= \frac{(-3.16 \times 10^{-11} \ \mathrm{V \cdot m/A \cdot tesla})(25 \ \mathrm{A})(0.6 \ \mathrm{tesla})}{15 \times 10^{-3} \ \mathrm{m}}$$

$$= -3.16 \times 10^{-8} \ \mathrm{V}$$

18.15 반도체 소자

반도체 재료는 독특한 전기적 성질 때문에 특수한 전자적 기능을 수행하는 소자로 제작된다. 두 가지 대표적인 소자로 구식의 진공관을 대체하여 사용되고 있는 다이오드와 트랜지스터가 있다. 반도체 소자(가끔 고체 소자라고 불림)의 장점은 소형, 저전력 소비, 예열 시간의 불필요 등이다. 수많은 아주 작은 회로(각 회로들은 많은 전자 소자로 형성되었음)는 조그만 크기의 규소 칩(chip)에 형성 가능하다. 이러한 소형의 회로망을 구성하는 반도체 소자의 발명은 새로운 공업 분야를 탄생시켰고 수년 안에 급격한 발전을 이루게 하였다.

p-n 정류 접합

다이오드

정류 접합

다이오드[diode 또는 정류기(rectifier)]는 전류를 한쪽 방향으로만 흐르게 하는 전자 소자이다. 예를 들어 정류기를 이용하여 교류를 직류로 변환시킨다. *p-n* 접합 반도체 정류기가 만들어지기 전에는 진공관 다이오드를 사용하였다. *p-n* 정류 접합(rectifying junction)은 하나로 이루어진 반도체를 이용하여 한쪽은 *n*-형으로 도핑하고, 다른 한쪽은 *p*-형으로 도핑함으로써 만들어진다(그림 18.20a). 만약에 분리된 2개의 *n*-형과 *p*-형 재료를 서로 접근시켜 접합시키면 매우 불량한 정류기가 만들어지는데, 이것은 두 접합면 사이에 존재하는 계면이 소자 성능을 크게 저하시키기 때문이다. 또한 단결정 반도체 재료를 사용해야 하는데, 이것은 다결정 재료에 존재해 있는 입자 계면들이 전자의 흐름을 방해하여 전자 특성을 저하하기 때문이다.

전압을 *p-n* 접합에 가해 주기 전에 *p*-형 반도체 쪽은 정공이 주 운반자가 되고, *n*-형 반도체 쪽은 전자가 주 운반자가 된다(그림 18.20a). 외부에서 가해 주는 전압은 *p-n* 접합에 걸쳐 전압차가 다른 극성을 나타내며 형성된다. 건전지를 사용할 때 양극 단자는 *p*-형에, 음극 단자는 *n*-형 반도체 쪽에 연결하는데, 이와 같은 배열을 순방향 바이어스(forward bias)

순방향 바이어스

역방향 바이어스

라고 하며, 극성을 반대(음극을 *p*-형, 양극을 *n*-형)로 연결시킬 경우에는 **역방향 바이어스**

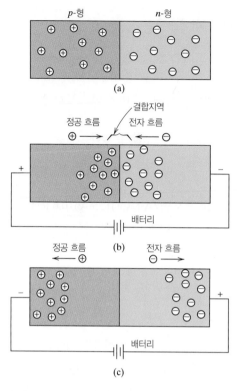

그림 18.20 $p-n$ 정류 접합체에서 (a) 전압이 걸리지 않은 경우, (b) 순방향 바이어스, (c) 역방향 바이어스들이 걸린 경우의 전자와 정공의 분포를 나타낸다.

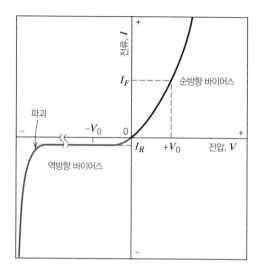

그림 18.21 순방향과 역방향에 대한 하나의 $p-n$ 접합체의 전류-전압 특성. 파괴 또한 보인다.

(reverse bias)라고 한다.

　$p-n$ 정류 접합에 가해지는 순방향 바이어스에 대한 전하 운반자의 반응은 그림 18.20b에 나타냈다. p-형 쪽에 존재하는 정공과 n-형 쪽에 있는 전자는 접합부로 끌리게 된다. 전자와 정공은 접합 지역에서 만남에 따라 서로 결합되어 다음의 식에 의하여 상쇄된다.

$$\text{전자} + \text{정공} \rightarrow \text{에너지} \qquad (18.21)$$

　그러므로 순방향 바이어스가 가해지면 많은 수의 전하 운반자가 반도체를 지나 접합부로 흐르게 된다. 이와 같은 사실은 상당한 양의 전류가 낮은 비저항으로 흐르는 것에 의하여 증명된다. 순방향 바이어스가 가해질 때의 전류-전압 특성 곡선은 그림 18.21의 오른쪽 편에 나타나 있다.

　반면에 역방향 바이어스(그림 18.20c)가 $p-n$ 정류기 양단에 가해지면 다수 운반자인 정공과 전자들이 접합부로부터 빠르게 멀어진다. 이와 같은 양전하와 음전하의 분리(또는 분극)는 접합부 부근에서 움직일 수 있는 전하 운반자들이 존재하지 못하게 만든다. 그러므로 재결합이 매우 드물게 일어나 전류가 접합부를 통해 흐르지 못하므로 결과적으로 접합부는 강한 부도체 성격을 띤다. 역방향 바이어스에 대한 전류-전압 특성은 그림 18.21의 왼쪽 편에 나타나 있다.

입력 전압과 출력 전압의 관점에서 보인 정류 과정은 그림 18.22에 나타나 있다. 전압이 시간에 따라 사인 곡선을 그리며 변할 때(그림 18.22a), 순방향 바이어스에 대한 최대 전류 I_F에 비하여 역방향 바이어스에 대한 최대 전류 I_R은 지극히 작은 값이다(그림 18.22b). 최대 전압($\pm V_0$)이 부과되었을 경우에 대응되는 전류는 그림 18.21에 나타나 있다.

역방향 바이어스의 경우 약 수백 볼트나 되는 높은 값의 바이어스를 역방향으로 가하면 다수의 전하 운반자(전자와 정공)가 생성되어 갑작스러운 전류 증가를 야기한다. 이와 같은 현상을 파괴(breakdown)라고 하며 그림 18.21에 나타냈다. 보다 자세한 설명은 18.22절에서 다룬다.

트랜지스터

트랜지스터(transistor)는 현대 초소형 전자회로(microelectronic circuitry)를 구성하는 아주 중요한 반도체 소자로 두 가지 중요한 기능을 가지고 있다. 첫째, 트랜지스터는 진공관의 전신인 3극 진공관과 똑같은 작동을 한다. 다시 말하면 전기 신호를 증폭시킬 수 있다. 둘째, 트랜지스터는 컴퓨터 내에서 정보를 처리하거나 저장하는 데 있어 스위칭 소자(switching device)로 사용되고 있다. 트랜지스터의 두 가지 주요 유형은 **접합 트랜지스터**(junction transistor)와 **MOSFET**(metal-oxide-semiconductor field-effect transistor)이다.

접합 트랜지스터
MOSFET

접합 트랜지스터

접합 트랜지스터(junction transistor)는 2개의 p-n 접합이 서로 대칭적으로, 즉 n-p-n 또

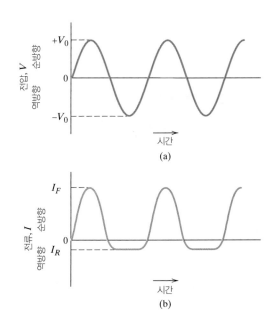

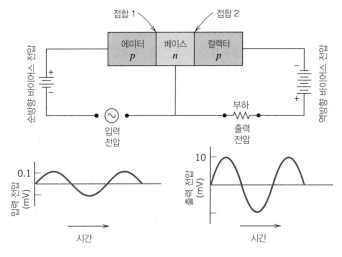

그림 18.22 (a) 하나의 p-n 정류 집합체에 입력을 가할 때 시간에 대한 전압의 변화, (b) 그림 18.21에서 보인 것과 같은 전압-전류의 특성을 가진 p-n 정류 집합체에서 (a)에서와 같은 전압에 대하여 정류의 특성을 보여 주는 시간-전류 그림

그림 18.23 p-n-p 접합 트랜지스터와 관련된 회로에 대한 개략적인 그림. 하단에는 전압 증폭을 보여 주는 입력과 출력 전압-시간 특성이 보이고 있다.

는 p-n-p 형태로 배열되어 있다. 여기서는 p-n-p 트랜지스터에 대해 설명하기로 한다. 그림 18.23은 부대적인 회로와 함께 그려진 p-n-p 트랜지스터의 개략도이다. 매우 얇은 n-형 베이스(base) 지역이 p-형 에미터(emitter)와 p-형 컬렉터(collector) 사이에 형성되어 있으며, 에미터-베이스 접합(접합 1)을 포함한 회로는 순방향 바이어스가 걸려 있다. 반면에 베이스-컬렉터 접합(접합 2)은 역방향 바이어스 전압이 걸려 있다.

그림 18.24는 전하 운반자의 움직임 관점에서 작동 기구를 보여 주고 있다. 에미터가 p-형이고 접합 1이 순방향 바이어스이므로 많은 수의 정공이 베이스 지역으로 이동한다. 이와 같이 이동한 정공은 n-형 베이스 지역에서 소수 운반자가 되어 다수 운반자인 전자와 결합될 것이다. 베이스 지역의 두께가 지극히 얇다면 대부분의 정공은 베이스 지역에서 재결합을 일으키지 않고 베이스를 통과한 후 계속적으로 접합 2를 지나 p-형 컬렉터 지역으로 이동한다. 컬렉터 지역으로 이동한 정공으로 에미터-컬렉터 회로가 연결된다. 에미터-베이스 회로의 입력 전압을 조금만 증가시켜도 접합 2를 거쳐 흐르는 전류는 크게 증가한다. 컬렉터 전류의 큰 증가는 부하 저항에 걸리는 전압을 크게 증가시켜(그림 18.23), 접합 트랜지스터가 전압 신호를 증폭시키는 결과를 가져온다. 그림 18.23은 입력 전압과 출력 전압(부하 저항에 걸리는 전압)이 시간에 따라 변하는 결과를 보여 주고 있다.

비슷한 논리가 n-p-n 트랜지스터 작동 원리에 적용된다. 단지 다른 것은 베이스를 지나 컬렉터로 이동하는 운반자는 정공 대신 전자라는 사실이다.

MOSFET

그림 18.25에서 보인 단면도는 **MOSFET**[7]의 한 가지 형태를 나타내고 있는 개략도이다.

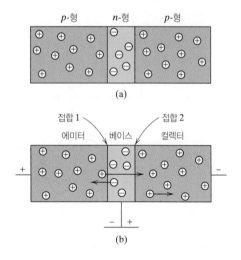

그림 18.24 p-n-p형 접합 트랜지스터에서 (a) 전압이 가해지지 않은 경우와 (b) 전압 증폭을 위하여 적당한 바이어스가 가해진 경우에 전자와 정공의 움직임 방향과 분포

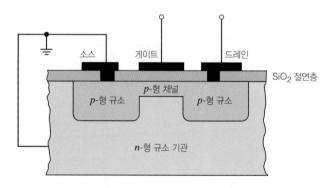

그림 18.25 MOSFET 트랜지스터의 개략적인 단면 그림

---

7 여기서 기술된 **MOSFET**은 소진 모드 p-형이다. 그림 18.25에서 n-지역과 p-지역을 바꾸어 만들면 소진 모드 n-형이 된다.

n-형 규소의 기판 내에 조그만 2개의 *p*-형(섬과 같은 형태)이 형성되어 MOSFET을 구성함을 알 수 있다. 이 두 *p*-형 섬은 좁은 *p*-형 채널(channel)로 연결되어 있다. 적당한 금속을 각 *p*-형에 연결시키면 규소 기판 또는 접지시킨 쪽의 *p*-형을 소스(source), 전압을 가해 줄 수 있는 쪽을 드레인(drain)이라 한다. 절연막으로는 이산화규소(SiO₂)를 사용하는데, 이는 규소 표면을 산화시켜 만든다. 또한 절연막 표면 위에 연결시키는 것을 게이트(gate)라고 한다.

채널 전도율은 게이트에 가해지는 전기장의 존재에 따라 변한다. 예를 들어 정공이 채널을 형성할 경우 게이트에 양의 전기장을 가하면, 채널로부터 정공을 몰아내어 전기 전도율을 크게 떨어뜨린다. 그러므로 게이트에 가해지는 전기장을 약간 변화시키면 소스와 드레인 사이에 흐르는 전류량이 크게 변하게 된다. 어떤 면에서 MOSFET의 작동은 접합 트랜지스터와 매우 유사하다. 주요 차이점은 접합 트랜지스터의 베이스 전류와 비교하여 매우 적은 게이트 전류가 흐른다는 점이다. 그러므로 MOSFET은 증폭되는 신호가 상당히 많은 전류량을 지탱할 수 없는 곳에서 사용한다.

접합 트랜지스터와 MOSFET의 주요한 또 하나의 차이점은 다수 운반자가 MOSFET의 기능을 결정하고(예 : 그림 18.25의 *p*-형 MOSFET의 소진 모드에 대한 정공), 접합 트랜지스터에서는 소수 운반자가 기능 결정에 중요한 역할을 담당한다(예 : 그림 18.24의 *n*-형 기저 영역에 주사되는 정공).

개념확인 18.8 온도를 올리는 것이 *p-n* 접합 정류기와 트랜지스터 작동에 영향을 미치는가? 이에 대해 설명하라.

[해답은 *www.wiley.com/go/Callister_MaterialsScienceGE* → More Information → Student Companion Site 선택]

컴퓨터에서 반도체의 역할

가해 주는 전기적 신호를 증폭시키는 능력 이외에도 트랜지스터와 다이오드는 스위칭 소자로서 산술 및 논리적 작동용으로 또는 컴퓨터 내에서 정보 저장을 위하여 사용되고 있으며, 컴퓨터 숫자와 함수들은 이원적 코드(즉 0, 1로 쓰이는 숫자)로 표현되고 있다. 이런 체계에서 숫자는 일련의 두 가지 상태(0과 1로 표시)로 나타낸다. 디지털 회로에서 트랜지스터와 다이오드들은 온오프(on/off), 다시 말하면 전류가 흐르는 상태 또는 흐르지 않는 상태의 두 가지 상태를 표현하는 스위치로 작동하고 있다. 여기에서 '오프'는 이원적 숫자 중 하나에 대응되고, '온'은 다른 하나에 대응된다. 그러므로 하나의 숫자는 스위칭 기능을 가진 트랜지스터로 구성된 회로 요소들의 일련의 묶음으로 나타낼 수 있다.

플래시(고체 드라이브) 메모리

반도체 소자를 이용하는 **플래시 메모리**는 빠르게 발전하는 새로운 정보 저장 기술이다. 컴퓨터 저장체와 같이 플래시 메모리도 앞의 단락에서 기술한 바와 같이 전기적으로 프로그래밍과 삭제가 이루어진다. 또한 이와 같은 플래시 기술은 비휘발성이다. 다시 말하면 저장된 정보를 유지하는 데 전력이 필요 없다. 또한 플래시 메모리는 자기하드 드라이브와 자기테이프(20.11절)와 같이 움직이는 부품이 없다. 이와 같은 사실들이 플래시 메모리를 휴대용 소자들(디지털카메라, 랩톱 컴퓨터, 휴대전화, PDA, 디지털 오디오 플레이어, 게임기) 간에 데이터를 옮기고, 보관하는 데 특별히 매력적으로 만들어 주고 있다. 또한 플래시 메모리는 메모리 카드[제18장 도입부의 그림 (b)와 (c) 참조], 고체 드라이브, USB 플래시 드라이브의 응용물로 포장된다. 자기메모리와는 다르게 플래시 포장(package)은 내구성이 매우 좋고, 물에 잠길 경우나 비교적 넓은 범위에 걸친 극한 온도에서도 잘 견딜 수 있다. 더욱이 플래시 메모리 기술이 발전되면서 앞으로 저장 용량은 계속적으로 증가하고, 플래시 칩 크기가 감소되며, 결과적으로 플래시 메모리 가격은 떨어질 것이다.

플래시 메모리의 작동 원리는 비교적 복잡하여 여기서는 논의하지 않겠다. 본질적으로 정보는 매우 많은 메모리 셀로 구성된 하나의 칩에 저장된다. 각각의 셀은 앞서 이 장에서 설명하였던 MOSFET과 유사한 트랜지스터들로 구성된 하나의 배열로 이루어졌다. 하나의 게이트로 구성된 MOSFET과 달리 플래시 메모리 트랜지스터는 2개의 게이트를 가지고 있는 것이 주요하게 다른 점이다(그림 18.25). 플래시 메모리는 전자적으로 삭제가 가능하고, 프로그래밍이 가능하며, 읽기만 할 수 있는 메모리 EEPROM(electronically erasable, programmable, read-only memory)의 하나의 특별한 유형이다. 데이터 삭제는 전체의 셀 불록에 대하여 매우 빠르게 이루어진다. 이와 같은 특성으로 빈번하게 대용량 데이터를 갱신하는 응용에 플래시 메모리는 이상적이다. 삭제를 통하여 셀 내용을 제거하고, 새로운 내용을 다시 쓸 수가 있다. 하나의 게이트에 전기적인 전하량을 변화시켜 삭제 또는 다시 쓰기를 할 수 있다. 매우 빠르게 진행되어 '플래시'라는 이름이 붙었다.

초소형 전자회로

수십억 개의 전자 요소와 회로가 매우 작은 공간에 집적되어 있는 초소형 전자회로의 등장은 전자 부문에 하나의 혁명과도 같은 것이다. 이와 같은 변혁은 부분적으로 항공 산업 때문에 가속되고 있는데, 항공 산업은 낮은 전력을 소모하며 크기가 작은 컴퓨터와 전자 소자의 사용을 필요로 하기 때문이다. 또한 공정과 제조 기술의 정교화가 가능해짐에 따라 집적회로의 가격이 놀라울 정도로 인하되었다. 그 결과 많은 나라의 사람들이 개인용 컴퓨터를 사용할 수 있게 되었다. 또한 집적회로(integrated circuit)는 많은 다른 생활용품, 즉 계산기, 통신 수단, 시계, 산업 생산 및 제어 그리고 모든 분야의 전자 산업에서 이용되고 있다.

집적회로

값싼 초소형 전자회로가 몇 가지 정교한 제조 기술을 이용하여 대량 생산되고 있다. 이 공정은 규소를 커다란 원통형의 고순도 단결정으로 성장시키는 것부터 시작하여, 성장된 원통형 규소를 원통형 축에 수직 방향으로 절단하여 얇은 원형의 규소 웨이퍼(wafer)를 만든다. 하나의 웨이퍼 위에는 많은 집적회로[하나의 집적회로를 칩(chip)이라 함]들을 형성시킨다. 하나의 칩은 사각형으로 되어 있고, 한쪽 변의 길이가 약 6 mm이며, 수천 개의 회로 요소(다이오드, 트랜지스터, 저항, 커패시터)를 포함하고 있다. 그림 18.26은 다른 배율로 확대된 마이크로프로세서 칩들의 사진으로 집적회로의 정교함을 보여 주고 있다. 요즈음은 10

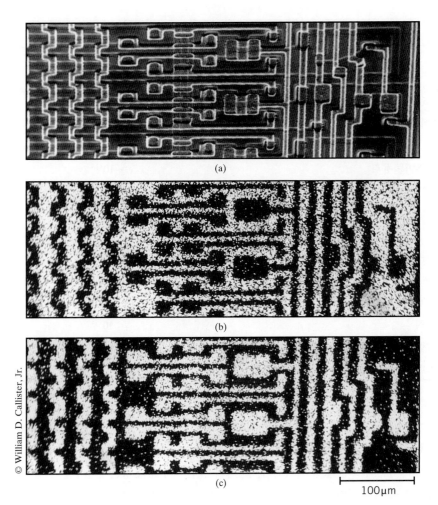

그림 18.26 (a) 집적회로에 대한 주사 전자 현미경 사진.
(b) 위의 집적회로에 대한 규소 점 지도로 규소 원자들이 집중된 지역을 보여 준다. 도핑된 규소는 집적회로 소자들이 만들어지는 반도체 재료이다.
(c) 알루미늄 점 지도. 금속 알루미늄은 전기 전도체로, 배선으로 사용되어 소자들을 전기적으로 연결시켜 집적회로를 만들어 준다. 대략 200배 배율
주의 : 4.10절에서 설명한 바와 같이 검사하는 시편 표면에 전자 빔이 주사되어 주사 전자 현미경에 하나의 이미지가 생성된다. 이 주사 빔 전자들에 의하여 시편 표면의 일부 원자들은 x-선을 방출한다. 이 방출되는 1개의 x-선 광자의 에너지는 x-선 외의 다른 것들은 선택적으로 제거할 수 있다. 방출된 x-선이 음극선관에 입사될 적에 특정한 원자의 위치에 대응되는 작은 하얀 점들이 생성된다. 그러므로 그 이미지에 대응되는 **점 지도**(dot map)가 만들어진다.

억 개의 소자들로 구성된 마이크로프로세서 칩들이 생산되고 이 소자들의 수는 약 18개월마다 두 배씩 증가하고 있다.

초소형 전자회로 구성은 여러 층으로 정교한 패턴을 갖추면서 이루어져 있다. 일부 층은 규소 웨이퍼 내에 형성되어 있고, 일부는 규소 웨이퍼 표면에 차례로 쌓여 형성되고 있다. 사진 석판(photolithographic) 기술을 이용하여 각각의 층에 있는 매우 작은 요소들이 극소형 패턴에 따라 마스크(mask)된다. 회로 요소들은 확산(5.6절) 또는 이온 주입 등의 방법으로 마스크되지 않은 부분에 선택적으로 불순물을 주입시켜 국부적으로 n-형, p-형, 높은 비저항이나 전도 지역을 형성시킨다. 이러한 과정은 MOSFET 개략도(그림 18.25)에서 볼 수 있는 바와 같이 전체 집적회로가 제조될 때까지 각 층에 대하여 반복된다. 하나의 집적회로를 구성하는 여러 가지 요소들은 이 장 도입부의 사진 (a)와 그림 18.26에 나타나 있다.

이온 세라믹과 폴리머에서의 전기 전도

대부분의 폴리머와 이온 세라믹은 상온에서 절연체이다. 그러므로 전자 에너지 밴드 구조는

표 18.3 13개 비금속 재료에 대한 전형적인 상온 전기 전도율

재료	전기 전도율$[(\Omega \cdot m)^{-1}]$
흑연	$3 \times 10^4 \sim 2 \times 10^5$
세라믹	
콘크리트(건조)	10^{-9}
소다-석회 유리	$10^{-10} \sim 10^{-11}$
자기	$10^{-10} \sim 10^{-12}$
보로실리케이트 유리	$\sim 10^{-13}$
산화알루미늄	$< 10^{-13}$
용융 실리카	$< 10^{-18}$
폴리머	
페놀-포름알데히드	$10^{-9} \sim 10^{-10}$
폴리(메틸메타크릴레이트)	$< 10^{-12}$
나일론 6,6	$10^{-12} \sim 10^{-13}$
폴리스티렌	$< 10^{-14}$
폴리에틸렌	$10^{-15} \sim 10^{-17}$
폴리테트라플루오로에틸렌	$< 10^{-17}$

그림 18.4c에서 보인 것과 유사하며, 일반적으로 2 eV 이상되는 비교적 넓은 밴드 갭으로 분리되어 있어 전자가 가득 채워진 가전자대와 비어 있는 전도대로 구성된다. 그러므로 상온에서는 매우 작은 전도율 값을 나타낸다. 몇 가지 절연체에 대한 상온에서의 전기 전도율이 표 18.3에 나열되어 있다(여러 가지 세라믹과 폴리머 재료들의 전기 비저항이 부록 B, 표 B.9에 나타나 있다). 물론 많은 절연체는 그들의 절연 특성을 이용하여 사용되고 있으며, 높은 전기 비저항이 요구되고 있다. 그러나 절연체도 온도 증가에 따라 전기 전도율이 증가하고 있어, 경우에 따라서는 반도체보다도 높은 전도율을 나타낼 수 있다.

18.16 이온 재료에서의 전도

이온 재료를 구성하고 있는 양이온과 음이온은 전기 전하를 띠고 있으므로 외부에서 전기장이 가해지면 이온들이 확산 또는 이동할 수 있다. 전자들의 움직임과 함께 이와 같은 전하 이온들의 순수 움직임(net movement)에 의해 전류가 흐르게 된다. 물론 양전하와 음전하는 서로 반대 방향으로 이동한다. 그러므로 이온 재료의 전체 전도율 σ_{total}은 전자와 이온에 의한 전도의 합으로 표시된다.

이온 재료들에서 전도율은 전자 및 이온 전도율의합과 동일하다.

$$\sigma_{total} = \sigma_{electronic} + \sigma_{ionic} \tag{18.22}$$

어느 성분에 의한 전도가 우세한가의 여부는 재료, 순도, 온도에 따라 결정된다.

이동도 μ_I는 각 이온과 다음과 같은 관계를 가진다.

하나의 이온 운반자에 대한 이동도 계산

$$\mu_I = \frac{n_I e D_I}{kT}$$

(18.23)

여기서 n_I와 D_I는 각각 I라는 이온의 가전자 수와 확산 계수이다. e, k, T는 이 절의 앞에서 설명되었던 것과 같은 매개변수이다. 그러므로 온도 증가에 따라 전자 전도 부분이 증가하는 것과 같이 이온 전도가 전체 전도율에 미치는 영향도 증가한다. 그러나 온도가 증가함에 따라 두 가지 성분에 의하여 전도율은 증가하지만 대부분 이온 재료는 높은 온도에서 절연 특성을 유지한다.

18.17 폴리머의 전기적 특성

대부분의 폴리머 재료는 나쁜 전기 전도성을 띠고 있는데(표 18.3), 이는 전도 과정에 참여할 자유 전자들이 적기 때문이다. 이러한 재료에서의 전기 전도 기구는 잘 이해되고 있지는 않지만, 고순도 폴리머에서 전도는 전자에 의하여 이루어지고 있을 것으로 여겨진다.

전도성 폴리머

수년 전에 금속 전도체와 비슷한 수준의 전기 전도율을 가진 폴리머 재료가 합성되었다. 이와 같은 폴리머를 **전도성 폴리머**(conducting polymer)라고 하며, 전도율은 $1.5 \times 10^7 (\Omega \cdot m)^{-1}$ 정도의 높은 값을 나타내고 있다. 이 값은 부피로 비교했을 경우 구리 전도율의 1/4에 해당되며, 무게로 비교하면 구리 전도율의 2배에 해당된다.

이러한 현상은 약 12개 정도의 폴리머 재료에서 발견되고 있으며, 전도성 폴리머로는 적당한 불순물로 도핑된 폴리아세틸렌(polyacetylene), 폴리파라페닐렌(polyparaphenylene), 폴리피롤(polypyrrole), 폴리아닐린(polyaniline) 등이 있다. 각각의 폴리머는 폴리머 사슬 안에 단일과 이중 결합이 교대로 있고 그리고/또는 방향족 단위로 구성된 시스템을 포함하고 있다. 예를 들면 폴리아세틸렌의 구조는 다음과 같다.

반복
단위

단일과 이중 결합이 교대로 이루어진 사슬 결합과 관련된 가전자는 위치를 옮겨다닐 수 있다. 가전자가 위치를 옮겨다닐 수 있다는 것은 폴리머 사슬의 주 결합(backbone) 원자들 사이로 가전자가 공유되고 있다는 것을 의미하고, 금속에서 부분적으로 채워진 밴드에 있는 전자가 이온들에 의해 공유되는 것과 유사하다. 또한 전도성 폴리머의 밴드 구조는 전기 절연물에 대한 밴드 구조의 특성을 지니고 있다(그림 18.4c). 0 K에서 완전하게 채워진 가전자 밴드가 금지된 에너지 밴드 갭에 의하여 분리되고 있다. 이와 같은 폴리머가 AsF_5, SbF_5, 또는 요오드와 같은 적절한 불순물을 도핑할 때 전도성들이 보인다. 반도체와 같이 전도성 폴리머는 도펀트에 따라 n-형(자유 전자 우세) 또는 p-형(정공 우세)으로 만들어질 수 있다. 그러나 반도체와 다르게 도펀트 원자 또는 분자들이 폴리머 원자들을 치환하거나 격자 위치를 바꾸지 않는다.

다수의 자유 전자와 정공을 생성하는 기구는 복잡하고, 잘 이해되지 않고 있다. 간단하게 말하면 도펀트 원자는 진성 폴리머의 가전자 밴드와 전도 밴드를 겹칠 수 있는 새로운 에너지 밴드를 형성하고, 부분적으로 채워진 밴드를 생성하고, 상온에서 고농도의 자유 전자와 정공을 생성한다. 또한 합성 시 기계적(15.7절 참조) 또는 자기적으로 폴리머의 사슬들이 방향성을 갖게 되는 것은 재료 성질의 이방성, 즉 방향성을 따라 최대 전도율을 보이는 성질을 나타내게 한다.

이와 같은 전도성 폴리머는 낮은 밀도, 유연성, 어렵지 않게 제조할 수 있는 특성 때문에 넓은 범위에 걸쳐 적용할 수 있다. 폴리머 전극을 사용하고 있는 재충전 건전지가 현재 제조되고 있으며, 금속 전극에 비하여 여러 가지 면에서 우수한 특성을 보이고 있다. 다른 적용 가능한 품목으로는 항공기 요소들의 연결선과 의류, 전자기 스크린 재료, 전자 소자들(예 : 트랜지스터와 다이오드)에 대한 방전 억제 코팅 등이 있다. 일부 전도성 폴리머는 전계발광(전류에 의해 일어나는 빛 방출) 현상을 보여 준다. 전계 발광 폴리머는 태양광 패널, 디스플레이 패널과 같은 응용에 사용된다(제21장의 중요 재료 '발광 다이오드' 참조).

유전체 거동

유전체

전기적 쌍극자

유전체(dielectric)란 전기적으로 절연 특성(비금속)을 보이면서 동시에 전기적 쌍극자(electric dipole) 구조를 보이거나 또는 보이도록 만들어진 재료이다. 즉 양성체와 음성체가 분자 또는 원자 거리로 떨어져 있는 쌍극자 구조를 말하며, 이와 같은 전기 쌍극자의 개념은 2.7절에서 설명하였다. 쌍극자가 가해지는 전기장에 대하여 일으키는 반응은 유전체 재료를 커패시터로 이용할 수 있게 한다.

18.18 커패시턴스

커패시터(capacitor, 제거)의 양단에 걸쳐 전압이 가해질 때 외부에서 가해지는 전기장의 방향, 즉 양에서 음으로 향하는 방향에 대응하여 한쪽 면은 양전하, 다른쪽 면은 음전하로 대전된다. 커패시턴스(capacitance) C는 양면에 저장된 전하량 Q와 다음과 같은 관계에 있다.

커패시턴스

인가 전압과 축적된 전하로 나타낸 커패시턴스

$$C = \frac{Q}{V} \tag{18.24}$$

여기서 V는 커패시터 양단에 가해진 전압이며, 커패시턴스의 단위는 쿨롱/볼트(C/V) 또는 패럿(F, Farad)으로 표시한다.

그림 18.27a에 나타난 것과 같이 진공 중에 평행한 2개의 판(plate)으로 구성된 커패시터를 고려하자. 커패시턴스는 다음의 관계식으로 계산된다.

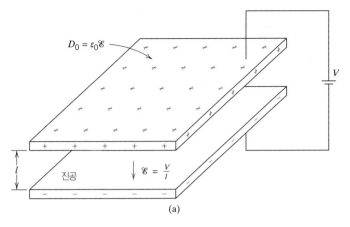

그림 18.27 평행판 사이가 (a) 진공인 경우와 (b) 유전체로 차 있는 경우에 대한 평행한 커패시터
(출처 : K. M. Ralls, T. H. Courtney, and J. Wulff, *Introduction to Materials Science and Engineering.* Copyright ⓒ 1976 by John Wiley & Sons, Inc. John Wiley & Sons, Inc. 허가로 복사 사용함)

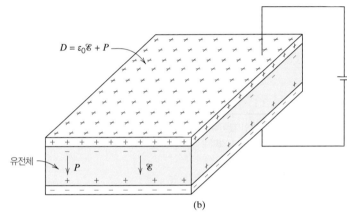

평행한 두 판으로 구성된 커패시터의 진공 커패시턴스

$$C = \varepsilon_0 \frac{A}{l} \tag{18.25}$$

여기서 A는 평행판의 면적이고, l은 두 판 사이의 거리이다. ε_0는 진공 중의 유전율(permittivity)로 8.85×10^{-12} F/m의 값을 가지고 있다.

유전율

유전체가 두 판 사이에 끼워지면(그림 18.27b) 다음과 같이 바뀌게 된다.

두 판 사이에 유전체가 끼워진 커패시터의 커패시턴스

$$C = \varepsilon \frac{A}{l} \tag{18.26}$$

여기서 ε은 유전체 매개물의 유전율이고, ε_0보다는 큰 값을 나타내고 있다. 상대 유전율 ε_r은 유전 상수(dielectric constant)라고 하며 다음과 같은 비율로 나타낸다.

유전 상수

유전 상수 정의

$$\varepsilon_r = \frac{\varepsilon}{\varepsilon_0} \tag{18.27}$$

상대 유전율 ε_r은 1보다 큰 값을 나타내며, 이는 두 판 사이에 유전체 매개물이 끼워짐으로써 전하의 저장 능력이 커진다는 것을 의미한다. 유전 상수는 커패시터 설계를 위해 가장 중요하게 고려되는 재료 성질이다. 유전체 재료들의 유전 상수값이 표 18.4에 나타나 있다.

표 18.4 일부 유전체
재료에 대한 유전 상수와
강도

재료	유전 상수		유전 강도 (V/mil)[a]
	60 Hz	1 MHz	
세라믹			
티탄산염 세라믹	—	15~10,000	50~300
운모		5.4~8.7	1000~2000
스테아타이트(MgO_2SiO_2)	—	5.5~7.5	200~350
소다-석회 유리	6.9	6.9	250
자기	6.0	6.0	40~400
용융 실리카	4.0	3.8	250
폴리머			
페놀-포름알데히드	5.3	4.8	300~400
나일론 6,6	4.0	3.6	400
폴리스티렌	2.6	2.6	500~700
폴리에틸렌	2.3	2.3	450~500
폴리테트라플루오로에틸렌	2.1	2.1	400~500

[a] 1 mil = 0.0025 cm. 이 유전 강도의 값들은 평균적인 값이다. 유전 강도의 값은 전기장이 인가되는 시간 및 인가율 그리고 시편의 두께 및 형상에 대한 의존성을 가지고 있다.

18.19 전기장 벡터와 분극

커패시턴스 현상을 설명하는 데 가장 좋은 방법은 전기장 벡터(field vector)를 이용하는 것이다. 전기 쌍극자에 대한 고려를 그림 18.28에 나타난 바와 같이 양전하와 음전하가 분리되어 있는 그림으로부터 시작하자. 전기 쌍극자 모멘트 p는 각각의 쌍극자와 다음의 관계를 유지하고 있다.

전기 쌍극자 모멘트

$$p = qd \tag{18.28}$$

여기서 q는 각각의 쌍극자 전하량이고, d는 두 전하 사이의 거리이다. 실제로 하나의 쌍극자 모멘트는 그림 18.28에 표시된 것과 같이 음전하에서 양전하로 향하는 방향성을 가진 하나의 벡터이다. 이와 같은 쌍극자에 전기장 $\mathscr{E}$(벡터량)가 가해지면, 힘[토크(torque)]이 전기 쌍극자에 가해져 쌍극자가 외부 전기장과 방향을 맞춰 정렬하게 된다. 이 현상은 그림 18.29에

분극

나타나 있다. 쌍극자 배열 과정을 분극(polarization)이라 한다.

커패시터로 다시 돌아가면 표면 전하 밀도 D 또는 커패시터 박막에 대한 단위면적당 전하량(C/m^2)은 전기장에 비례한다. 진공 상태에서는 식 (18.29)와 같다.

진공 중에서 유전 변위(표면 전하 밀도)

$$D_0 = \varepsilon_0 \mathscr{E} \tag{18.29}$$

여기서 ε_0는 비례 상수이다. 또한 유전체 재료의 경우에는 다음과 같이 비슷한 표현을 얻을 수 있다.

그림 18.28 d만큼 거리로 분리되어 있는 2개의 전하량 q에 의해서 생성되는 하나의 전기 쌍극자에 대한 개략도. 생성된 분극 벡터 p가 보이고 있다.

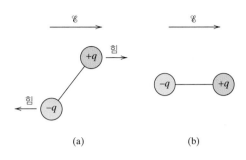

(a)   (b)

그림 18.29 (a) 전기장에 의하여 하나의 쌍극자에 부과되는 힘, (b) 전기장과의 최종적인 쌍극자 정렬이 있다.

하나의 유전체가 존재하는 경우의 유전 변위

$$D = \varepsilon \mathscr{E} \qquad (18.30)$$

유전 변위

때때로 D는 유전 변위(dielectric displacement)라고도 한다.

유전체 재료의 사용으로 커패시턴스 또는 유전 상수가 증가하는 것은 단순화시킨 분극 모델을 이용하여 설명할 수 있다. 그림 18.30a의 커패시터를 고려하자. 커패시터는 진공 상태에 있으며 상단의 판(plate)에 $+Q_0$의 전하가, 하단의 판에는 $-Q_0$의 전하가 저장되어 있다. 이와 같은 커패시터의 양쪽 판 사이에 유전체 재료를 끼워 넣고 전기장을 외부에서 가해 주면, 판 내부에 위치해 있는 유전체는 분극화(polarized)된다(그림 18.30c). 이러한 분극에 의하여 양극 가까이 위치한 유전체 표면에는 과잉의 음전하량 $-\Delta Q$가 축적되고, 음극 가까이 있는 유전체 표면에는 과잉의 $+\Delta Q$ 전하량이 축적된다. 유전체에서 양쪽 표면을 제외하면 분극에 중요한 영향을 미치지 않는다. 그러므로 각 판과 각 판에 근접하게 위치해 있는 유전체에서 양쪽 표면을 하나의 물체로 고려하면, 유전체에 유도되는 전하($-\Delta Q$ 또는 $+\Delta Q$)는 진공 상태에서 판에 축적된 전하($-Q_0$ 또는 $+Q_0$)의 일부를 상쇄시킬 것으로 여겨진다. 결과적으로 양쪽 판에 가해지는 전압은 진공 상태에서 가해진 전압과 같이 일정하게 유지되며, 양쪽 판에 음극단의 전하량은 $-\Delta Q$만큼 증가하고, 양극단의 전하량은 $+\Delta Q$만큼 증가하게 된다. 전자는 외부에서 가해지는 전압에 의하여 양극에서 음극으로 흘러들어 가면서 내부에서 새로운 전압이 재정립된다. 그러므로 각 판의 전하량은 $Q_0 + \Delta Q$를 나타내어 ΔQ만큼의 전하량이 증가된다.

커패시터에 절연물이 존재할 때 커패시터 판막에 형성되는 표면 전하 밀도(surface charge density)는 다음과 같이 표현된다.

유전 변위—전기장 세기와 (유전체의) 분극에 대한 의존성

$$D = \varepsilon_0 \mathscr{E} + P \qquad (18.31)$$

여기서 P는 분극 또는 절연물이 존재하기 때문에 진공의 경우보다 증가된 전하 밀도를 말한다. 그림 18.30c에 의하면 증가된 전하 밀도와 분극과의 관계는 $P = \Delta Q / A$이다(A는 각 판의 면적, P의 단위는 D의 경우와 똑같이 C/m²이다).

분극 P는 절연물의 단위부피당 전체 쌍극자 모멘트라고 여길 수 있다. 다시 말하면 분극은 절연물 내의 원자 또는 분자 쌍극자들이 외부 전기장 $\mathscr{E}$에 의하여 정립됨에 따라 절연물 내

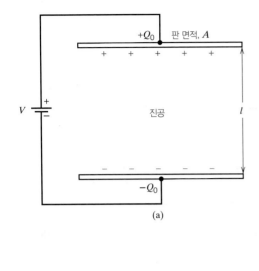

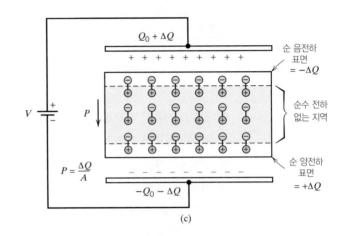

그림 18.30 (a) 진공에 대한 커패시터 판 위에 저장된 전하, (b) 분극이 일어나지 않은 유전체 내에서 쌍극자 정렬, (c) 유전체의 분극에 의하여 증가되는 전하 저장 능력들을 보여 주는 개략도

부에 형성되는 분극 전기장이라고 생각할 수 있다. 많은 절연물에 대하여 P와 $\mathscr{E}$의 관계식은 다음과 같다.

유전체의 분극—유전 상수와 전기장 세기에 대한 의존성

$$P = \varepsilon_0(\varepsilon_r - 1)\mathscr{E} \tag{18.32}$$

표 18.5 다양한 전기 매개변수 및 필드 벡터의 기본 및 유도 단위

양	기호	SI 단위	
		유도 단위	기본 단위
전기 전압	V	volt	$kg \cdot m^2/s^2 \cdot C$
전기 전류	I	ampere	C/s
전기장 세기	e	volt/meter	$kg \cdot m^2/s^2 \cdot C$
저항	$\mathscr{E}$	ohm	$kg \cdot m^2/s \cdot C^2$
비저항	ρ	ohm	$kg \cdot m^2/s \cdot C^2$
전도율[a]	σ	(ohm-meter)$^{-1}$	$s \cdot C^2/kg \cdot m^3$
전기 전하	Q	coulomb	C
커패시턴스	C	farad	$s^2 \cdot C^2/kg \cdot m^2$
유전율	ε	farad/meter	$s^2 \cdot C^2/kg \cdot m^3$
유전 상수	ε_r	dimensionless	dimensionless
유전 변위	D	farad-volt/m^2	C/m^2
전기 분극	P	farad-volt/m^2	C/m^2

[a] 전도율에 대한 유도 단위는 S/m(미터당 지멘스)이다.

여기서 ε_r은 전기장의 크기와 무관하다.

여러 가지 절연체 계수들과 단위는 표 18.5에 나타나 있다.

예제 18.5

커패시터 성질 계산

평행판의 면적이 $6.45 \times 10^{-4}\,\mathrm{m^2}$ (1 in.²)이고, 판 사이의 거리가 $2 \times 10^{-3}\,\mathrm{m}$ (0.08 in.) 떨어져 있는 커패시터에 10 V의 전압이 걸려 있다. 이와 같은 커패시터 판 사이에 유전 상수가 6.0인 재료를 삽입하였다. 이 경우에 다음의 값을 구하라.

(a) 커패시턴스

(b) 각 판에 축적된 전하량

(c) 유전 변위 D

(d) 분극 P

풀이

(a) 커패시턴스는 식 (18.26)을 이용하여 계산한다. 그러기 위해서는 식 (18.27)을 이용하여 먼저 유전체 매개물의 유전율 ε을 구해야 한다.

$$\varepsilon = \varepsilon_r \varepsilon_0 = (6.0)(8.85 \times 10^{-12}\,\mathrm{F/m})$$
$$= 5.31 \times 10^{-11}\,\mathrm{F/m}$$

그러므로 커패시턴스는 다음과 같이 구해진다.

$$C = \varepsilon \frac{A}{l} = (5.31 \times 10^{-11}\,\mathrm{F/m})\left(\frac{6.45 \times 10^{-4}\,\mathrm{m^{-2}}}{20 \times 10^{-3}\,\mathrm{m}}\right)$$
$$= 1.71 \times 10^{-11}\,\mathrm{F}$$

(b) 커패시턴스가 결정되었으므로 축적된 전하량은 식 (18.24)를 이용하여 다음과 같이 계산된다.

$$Q = CV = (1.71 \times 10^{-11}\,\mathrm{F})(10\,\mathrm{V}) = 1.71 \times 10^{-10}\,\mathrm{C}$$

(c) 유전 변위 D는 식 (18.30)을 이용하여 계산한다.

$$D = \varepsilon\mathscr{E} = \varepsilon \frac{V}{l} = \frac{(5.31 \times 10^{-11}\,\mathrm{F/m})(10\,\mathrm{V})}{2 \times 10^{-3}\,\mathrm{m}}$$
$$= 2.66 \times 10^{-7}\,\mathrm{C/m^2}$$

(d) 식 (18.31)을 이용하여 분극은 다음과 같이 결정된다.

$$P = D - \varepsilon_0\mathscr{E} = D - \varepsilon_0 \frac{V}{l}$$

$$= 2.66 \times 10^{-7}\,\mathrm{C/m^2} - \frac{(8.85 \times 10^{-12}\,\mathrm{F/m})(10\,\mathrm{V})}{2 \times 10^{-3}\,\mathrm{m}}$$
$$= 2.22 \times 10^{-7}\,\mathrm{C/m^2}$$

18.20 분극의 유형

앞에서 설명한 바와 같이 분극은 외부 전기장에 의하여 유도되는 원자 또는 분자 쌍극자 모멘트 또는 영구 쌍극자 모멘트들의 정렬이다. 분극에는 세 가지 유형이 있는데, 전자 (electronic), 이온(ionic), 배향(orientation)의 세 가지 다른 원천이 있다. 보통 절연체 재료는 재료의 특성에 따라서, 또한 전기장을 외부에서 가해 주는 방법에 따라 이와 같은 세 가지 분극 중 적어도 하나 이상의 분극 유형을 보인다.

전자 분극

전자 분극

전자 분극(electronic polarization)은 모든 원자에서 어느 정도 유도되고 있다. 이 분극은 전기장이 가해짐에 따라 하나의 원자에서 양전하를 띤 핵에 비하여 음전하 전자군의 중심이 이동됨으로써 형성된다(그림 18.31a). 이와 같은 분극은 모든 재료에서 전기장이 가해지는 동안 형성된다.

이온 분극

이온 분극

이온 분극(ionic polarization)은 이온 재료에서만 일어난다. 외부에서 전기장이 가해짐에 따라 양이온이 한쪽 방향으로 약간의 움직임이 일어나고, 반대 방향으로는 음이온이 움직이게 되어 위치 변화가 일어난다. 이러한 위치 변화는 순수한 쌍극자 모멘트를 형성시킨다. 그림 18.31b는 이 현상을 개략적으로 보여 주고 있다. 각 이온쌍에 대한 쌍극자 모멘트 p_i는 각 이온의 전하량과 상대적인 위치 이동 d_i를 곱해 준 값과 같다.

하나의 이온쌍에 대한 전기 쌍극자 모멘트

$$p_i = qd_i \qquad (18.33)$$

그림 18.31 (a) 전기장에 의하여 뒤틀린 하나의 원자 전자군에 의하여 형성되는 전자 분극, (b) 전기장에 대응하여 일어나는 이온들의 상대적 거리 이동에 의하여 형성되는 이온 분극, (c) 영구 전기 쌍극자(화살표)들이 외부장에 대응하여 배향 분극을 생성

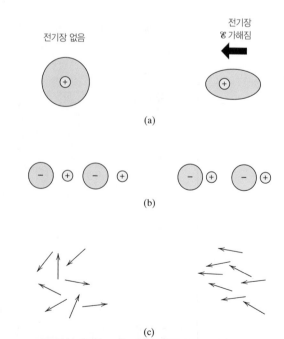

배향 분극

배향 분극

배향 분극(orientation polarization)은 영구 쌍극자 모멘트를 소유하고 있는 물질에서만 발견된다. 이 분극은 그림 18.31c에 나타난 것과 같이 외부 전기장 방향으로 영구 쌍극자 모멘트가 회전하기 때문에 형성된다. 이와 같은 정렬 경향은 원자들의 열적 진동에 의하여 상쇄되는 효과가 있어 온도가 증가함에 따라 이러한 분극은 감소된다.

어떤 물질의 전체 분극 P는 전자 분극, 이온 분극, 배향 분극(P_e, P_i, P_o)의 합으로 다음과 같이 나타난다.

하나의 물질에 대한 전체 분극은 전자, 이온, 배향 분극의 합이다.

$$P = P_e + P_i + P_o \tag{18.34}$$

세 가지 유형의 분극 중 어떤 분극은 다른 분극에 비하여 무시할 정도로 작아 그 분극이 전체 분극에 영향을 미치지 못하는 경우가 있다. 예를 들면 이온 분극은 이온이 존재하지 않은 공유 결합에서는 존재하지 않는다.

개념확인 18.9 고체 티탄산납(PbTiO₃)에 대하여 어떤 종류의 분극이 가능한가? 이유는?
주의 : 티탄산납은 티탄산바륨과 결정 구조가 동일하다(그림 18.34).

[해답은 *www.wiley.com/go/Callister_MaterialsScienceGE* → More Information → Student Companion Site 선택]

18.21 유전 상수의 주파수 의존성

실제적인 경우에 교류 전류를 많이 사용하고 있다. 그림 18.22a는 시간에 따라 전기장 방향이 바뀌는 교류 전압의 변화를 보여 주고 있다. 외부에서 가해 주는 교류에 의하여 분극이 변하는 절연체를 고려하자. 그림 18.32에서 볼 수 있는 것과 같이 전기장의 방향이 바뀜에 따라 쌍극자는 전기장에 따라 방향을 바꾸어 재배향하고 있으며, 이와 같은 과정이 일어나는 데는 어느 정도 시간이 소요된다. 앞에서 설명한 여러 가지 분극은 그 유형에 따라 재배향하는 데 소요되는 최소한의 시간이 각각 다르며, 각각의 시간은 쌍극자들이 얼마나 쉽게 재배향할 수 있느냐에 따라 결정된다. 이완 주파수(relaxation frequency)는 최소 재배향 시간의 역수를 취한 값으로 나타낸다.

이완 주파수

쌍극자는 교류 주파수가 이완 주파수보다 클 때 배향 방향이 바뀌어 변할 수 없으므로 이러한 경우의 쌍극자는 유전 상수에 아무런 변화를 주지 못한다. 세 가지 유형의 분극을 소유하고 있는 유전체 매개물에 대하여 교류를 가해주었을 경우 주파수의 변화가 유전 상수 ε_r에 미치는 영향을 그림 18.33에 개략적으로 표시하였다(그림 18.33의 주파수 축은 상용 로그로 취한 값으로 나타낸 것에 대해 주의를 요함). 그림 18.33에 나타난 것과 같이 한 가지 분극 기구가 높은 주파수 때문에 나타나지 않으면 유전 상수값이 급격히 감소한다. 만약에 주파수 변화에 분극 기구가 변하지 않으면 유전 상수는 주파수 변화와 무관한 것이다. 표 18.4는

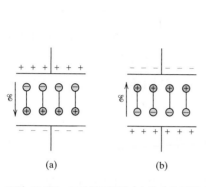

그림 18.32 교류 전기장의 (a) 하나의 극성과 (b) 역극성에 대한 쌍극자들의 배향

(출처 : Richard A. Flinn and Paul K. Trojan, *Engineering Materials and Their Applications*, 4th edition. Copyright © 1990 by John Wiley & Sons, Inc. John Wiley & Sons, Inc. 허가로 복사 사용함)

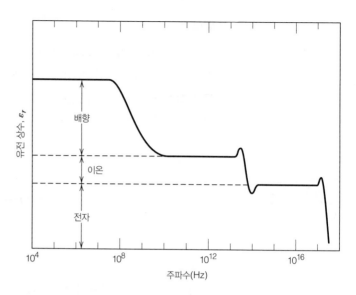

그림 18.33 교류장의 주파수에 따라 변하는 유전 상수. 유전 상수에 대한 분극, 이온 분극, 배향 분극들의 기여가 보이고 있다.

60 Hz와 1 MHz 두 가지 주파수에서 측정된 유전 상수를 나타낸 것이고, 이것으로부터 낮은 주파수 영역에서도 유전 상수가 주파수에 의하여 영향받음을 알 수 있다.

교류 전압이 가해지는 유전체 물질에 의하여 전기 에너지가 흡수되는 것을 유전 손실 (dielectric loss)이라고 한다. 이러한 손실은 특정 재료에 해당하는 각각의 쌍극자 유형에 대한 이완 주파수 부근에서 크게 일어나며, 낮은 유전 손실이 실제 사용하는 주파수에서 바람직하다.

18.22 절연 내력

절연 내력

유전체 재료에서 높은 전기장이 부가될 때 수많은 전자가 갑자기 전도대 안으로 여기된다. 결과적으로 이들 자유 전자에 의하여 유전체를 통한 전류의 흐름이 급격히 증가하게 되며, 급격히 증가된 전류는 가끔 국부적으로 녹임, 태움, 휘발을 유발해 재료의 손상 또는 파괴를 일으킨다. 이러한 현상을 유전 파괴(dielectric breakdown)라고 한다. 절연 내력(dielectric strength)은 때때로 파괴 강도(breakdown strength)라고도 하며, 파괴를 일으키는 데 필요한 전기장으로 나타낸다. 표 18.4는 여러 가지 재료에 대한 절연 내력을 보여 주고 있다.

18.23 유전체 재료

수많은 세라믹과 폴리머가 절연물 또는 커패시터에 이용되고 있다. 유리, 자기(porcelain), 스테아타이트(steatite), 운모(mica) 등을 포함한 많은 세라믹의 유전 상수는 6~10의 값을 보이고 있으며(표 18.4), 형태의 안정성 및 높은 기계적 강도를 나타내고 있다. 대표적인 적용은 전력선과 전기적 절연, 스위치 베이스(switch base), 빛 리셉터클(light receptacle)이다. 티타니아(TiO_2)와 티탄산바륨($BaTiO_3$)과 같은 티탄산 세라믹(titanate ceramic)은 매우 높은 유전 상수값을 갖도록 만들 수 있어, 커패시터 제조에 매우 유용하게 적용할 수 있다.

대부분의 폴리머에 대한 유전 상수값은 세라믹보다 작다. 이는 세라믹이 보다 높은 쌍극자 모멘트를 보여 주고 있기 때문이며, 일반적으로 폴리머의 유전 상수는 2~5의 값이다. 이와 같은 폴리머는 보통 도선, 케이블, 모터, 발전기에서 절연물로 사용되며, 커패시터로도 일부 사용되고 있다.

재료의 다른 전기적 특성

일부 재료에서 나타나는 중요하고 진기한 두 가지 다른 전기적 특성, 즉 강유전성(ferro-electricity)과 압전기(piezoelectricity)에 대하여 간단히 설명하기로 한다.

18.24 강유전성

강유전체

강유전체(ferroelectric)라고 하는 유전체 재료 그룹은 자발적 분극을 보이고 있다(자발적 분극이란 전기장이 없을 경우에도 분극이 나타나는 것을 말한다). 강유전체라는 말은 영구자석 특성을 보이는 강자성체의 유전체에 대한 유사 언어이다. 강유전체에는 영구적 전기 쌍극자가 존재해 있다. 영구 쌍극자의 원천에 대해서는 가장 보편적인 강유전체 중의 하나인 티탄산바륨을 이용하여 설명할 수 있다. 자발적 분극은 그림 18.34에 나타난 것과 같이 단위정 안에 놓여 있는 Ba^{2+}, Ti^{4+}, O^{2-} 이온들의 위치의 결과로 형성된다. Ba^{2+} 이온은 정방 구조 대칭을 보유하고 있는 단위정의 구석에 위치해 있다. 쌍극자 모멘트는 단위정의 측면 그림에서 보이는 것과 같이 O^{2-}과 Ti^{4+} 이온들이 자신의 대칭되는 위치로부터 상대적으로 이동된 결과에 의해 형성된다. O^{2-} 이온은 6개 각 면 중심의 약간 아래에 위치해 있고, 반면에 Ti^{4+} 이온은 단위정 중심으로 약간 위쪽 방향으로 이동되어 있다. 그러므로 각 단위정에 관

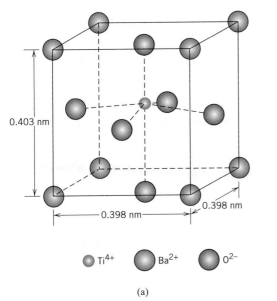

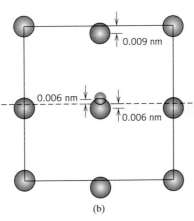

그림 18.34 티탄산바륨($BaTiO_3$) 단위정의 (a) 등축 투영도, (b) 단면은 면의 중심으로부터 Ti^{4+}과 O^{2-}들이 벗어남을 보여 준다.

0.403 nm

0.398 nm

0.398 nm

0.009 nm

0.006 nm

0.006 nm

● Ti^{4+} ● Ba^{2+} ● O^{2-}

(a)

(b)

련된 영구 이온 쌍극자 모멘트가 형성된다(그림 18.34b). 그러나 티탄산바륨이 강유전체 큐리 온도[ferroelectric Curie temperature, 120°C(250 °F)] 이상으로 가열될 때 단위정은 등축정 계(cubic)의 구조로 바뀌게 된다. 그러므로 이제 이 재료는 퍼로브스카이트(perovskite) 결정 구조(그림 12.6)로 이루어지게 되며, 더 이상 강유전체 특성을 보이지 않는다.

이러한 그룹에 속하는 재료의 자발적 분극은 이웃한 영구 쌍극자들 사이에서 일어나는 상호작용의 결과이다. 이 상호작용에 의하여 쌍극자들이 모두 같은 방향으로 정렬된다. 티탄산바륨을 예로 들면 시편 내 어느 부분의 모든 단위정에 대하여 O^{2-}과 Ti^{4+} 이온의 상대적인 변위가 모두 같은 방향으로 이루어져 있으며, 다른 재료들도 강유전성을 보이고 있다. 이러한 재료로는 로셀염(Rochelle salt, $NaKC_4H_4O_6 \cdot 4H_2O$), 인산이수소칼륨(potassium dihydrogen phosphate, KH_2PO_4), 칼륨 니오브산염(potassium niobate, $KNbO_3$), 납 지르콘산염-티탄산염(lead zirconate-titanate, $Pb[ZrO_3, TiO_3]$)들이 있다. 강유전체는 비교적 낮은 주파수의 전기장이 가해지는 경우 매우 높은 유전 상수를 보유한다. 티탄산바륨의 경우는 상온에서 ε_r이 5000 정도의 높은 값을 보이고 있다. 그러므로 이러한 재료로 만들어진 커패시터는 다른 재료로 만들어진 커패시터에 비해 훨씬 작은 면적을 사용해도 같은 용량의 커패시턴스를 얻을 수 있다.

18.25 압전기

몇 가지 세라믹 재료와 일부 폴리머 재료에서 나타나고 있는 특별한 성질은 압전기(piezo-electricity)이다. 압전기란 글자 그대로 압력 전기라는 말이다. 압전결정체에 외부로부터 물리적 힘을 가하면 기계적인 변형(형상 변화)이 일어나면서 압전결정체에 전기 분극(다시 말하면 전기장 또는 전압)이 유도된다(그림 18.35). 또한 외부 힘의 방향을 바꾸면(즉 인장으로부터 압축으로 방향을 바꿈) 전기장 방향도 바뀐다. 이와 같은 압전 재료에서 역압전 효과(inverse piezoelectric effect)도 함께 보이고 있다. 다시 말하면 전기장이 재료에 가해지면 기계적인 변형이 유도된다.

압전

압전(piezoelectric) 재료는 변환기(transducer), 즉 전기 에너지를 기계적 변형(mechanical strain)으로 또는 반대로 변화시키는 소자에 사용된다. 압전 세라믹을 이용하여 일찍부터 응용하여 사용한 것 중 한 가지는 음파탐지 시스템이다. 음파탐지 시스템은 초음파를 발생하고 감지할 수 있는 시스템을 이용하여 수중에 있는 물체(예 : 잠수함)를 감지하고 위치를 확인하는 장치이다. 압전결정체에 전기적인 신호를 가하면 고주파 기계적 진동이 생성되고 이 진동은 수중을 통하여 전달된다. 수중을 통하여 이동하는 기계적 진동이 물체를 만나게 되면 반사되고, 반사된 진동파는 다른 압전체에 의하여 감지되고, 감지된 기계적 신호는 전기적인 신호로 변환된다. 초음파 발사체와 반사 물체 간의 거리는 초음파 발사와 수신 사이의 경과된 시간을 측정하여 결정한다.

최근에 압전소자의 사용이 급증하고 있다. 이는 정교한 현대적 장치에 대한 소비자들의

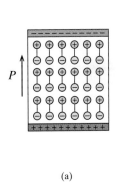 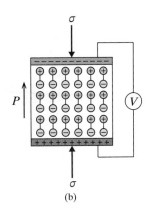

그림 18.35 (a) 압전체 내의 쌍극자들, (b) 그 물질이 압축 응력을 받을 때 생성되는 전압

(출처 : L. H. Van Vlack, *A Textbook of Materials Technology*, Addison-Wesley, 1973. Lawrence H. Van Vlack 허가로 복사 사용함)

관심과 자동화에 대한 증가에 기인하고 있다. 최근 많은 응용에 압전소자가 사용되고 있으며, 대표적인 응용은 다음과 같다: 자동차-휠 밸런스, 안전벨트 버저, 바퀴 마모 표시, 무열쇠 승차, 에어백 센서, 컴퓨터/전자-마이크로폰, 스피커, 노트북 트랜스포머와 하드디스크에 대한 마이크로 액추에이터, 상업적/소비자-잉크젯 프린팅 헤드, 스트레인 게이지, 초음파 용접기, 연기 탐지기, 의학-인슐린 펌프, 초음파 요법, 초음파 백내장 제거기구.

압전 세라믹 재료로는 바륨과 납의 티타네이트($BaTiO_3$와 $PbTiO_3$) 납 지르코네이트($PbZrO_3$), 납 지르코네이트-티타네이트(PZT)[$Pb(Zr,Ti)O_3$], 칼륨 니오베이트($KNbO_3$) 등이 있다. 압전기 재료는 낮은 대칭성을 가지며 복잡한 결정 구조로 되어 있는 특성이 있다. 다결정 시편의 압전 거동은 시편을 큐리 온도 이상으로 가열한 후 강한 전기장을 걸어 주면서 상온으로 냉각시키면 향상된다.

중 요 재 료

압전 세라믹 잉크젯 프린터 헤드

압전 재료는 잉크젯 프린터의 한 가지 유형의 헤드에서 사용되고 있다. 잉크젯 프린터 헤드의 구성 요소와 작동 모드에 대한 개략도가 그림 18.36a부터 18.36c에 걸쳐 나타나 있다. 헤드는 유연한 이중층, 즉 변형되는 비압전 물질(주황색 구역)과 접합된 압전 세라믹(초록색 구역)으로 구성된 이중층 디스크로 만들어졌다. 개략도에서 액체 잉크와 저장소가 파란색 구역으로 나타나 있다. 압전체 내에 가로 방향으로 짧은 화살표가 영구 쌍극자 모멘트의 방향을 표시하고 있다.

역압전 효과에 의해서 프린터 헤드가 작동(노즐로부터 작은 잉크 방울의 방출)된다. 즉 압전체에 가해지는 전압에 반응하여 일어나는 압전 재료의 팽창과 수축에 의하여 이중층 디스크가 전후로 휘어지게 된다. 예를 들면 그림 18.36a는 순방향 전압이 가해지면서 어떻게 이중층 디스크가 휘어지고, 결과적으로 잉크를 저장소로부터 노즐 챔버 쪽으로 이동시키는가를 보여 주고 있다. 역방향으로 가해지는 전압은 이중층 디스크를 반대 방향(노즐 방향)으로 휘게 하여 하나의 잉크방울이 방출되게 한다(그림 18.36b). 마지막으로 가한 전압을 제거하게 되면 디스크는 원래의 위치(그림 18.36c)로 회복되어 다음의 잉크 방출을 준비하게 된다.

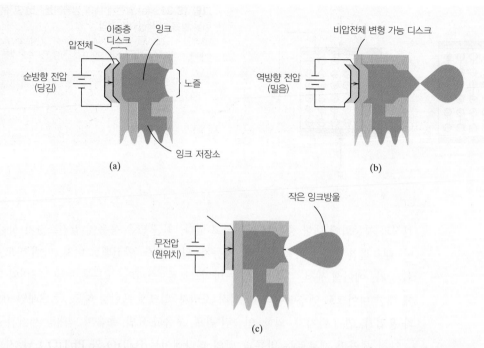

그림 18.36 압전 세라믹 잉크젯 프린터 헤드(개략도). (a) 순방향 전압을 가하면 이중층 디스크가 한 방향으로 휘어지면서 잉크를 노즐 챔버로 이동시킨다. (b) 역방향으로 전압을 가하여 디스크를 반대 방향으로 휘게 하여 한 방울의 잉크를 방출시킨다. (c) 전압을 제거하면 이중층 디스크가 원래의 위치로 회복하여 다음 순서를 준비한다
(이미지 제공 : Epson America, Inc.)

요약

옴의 법칙	• 재료에 전류를 흐르게 할 수 있는 용이함의 정도는 전도율 또는 비저항의 관점에서 표현된다(식 18.2, 18.4).
전기 전도율	• 인가 전압, 전류, 저항의 관계를 나타낸 것이 옴의 법칙이다(식 18.1). 동일한 표현인 식 (18.5)는 전류 밀도, 전도율, 전기장 세기들을 관련시킨 식이다.
	• 전도율 관점에서 고체 재료는 전도체, 반도체, 부도체로 구분된다.
전자 및 이온 전도	• 대부분의 재료에 대해 전류는 자유 전자의 움직임에 의해 흐르게 되며, 자유 전자는 외부에서 가해지는 전기장에 대응하여 가속된다.
	• 이와 함께 이온 재료에서는 이온들의 순수한 움직임이 전도 과정에 기여한다.
고체의 에너지 밴드 구조	• 자유 전자의 수는 재료의 전자 에너지 밴드 구조에 좌우된다.
	• 하나의 전자대는 에너지에 관하여 매우 근접한 간격으로 떨어져 있는 일련의 전자 준위들의 모임으로 이루어져 있으며, 고립된 원자에서 발견되는 각각의 아각에 대하여 각각 하나의 밴드가 존재해 있다.
원자 결합 및 에너지 밴드 모델에 의한 전도	
	• 전자 에너지 밴드 구조는 최외각 밴드들이 배열되면서 차례로 전자들이 채워지는 방법을 보

여 준다.

- 금속에서 두 가지 밴드 구조 형태가 가능하다(그림 18.4a, 18.4b). 빈 에너지 준위들이 전자가 채워진 에너지 준위에 인접해 있다.
- 반도체와 절연체의 밴드 구조는 유사하다. 두 재료 모두 0 K에서 채워진 가전자 밴드와 비어 있는 전도 밴드 사이에 존재하는 에너지 밴드 갭을 가지고 있다. 절연체(그림 18.4c)의 밴드 갭은 비교적 넓고(> 2 eV), 반도체(그림 18.4d)는 상대적으로 좁다(< 2 eV).

• 하나의 전자는 한 밴드 내의 채워진 전위로부터 보다 높은 빈 에너지 준위로 여기됨으로써 자유로워진다.

- 금속에서는 비교적 적은 에너지들이 전자 여기에 요구되어 많은 수의 자유 전자가 생성된다(그림 18.5).
- 반도체나 절연체에서는 전자 여기에 큰 에너지가 요구되어 보다 적은 농도의 자유 전자를 생성하고(그림 18.6), 결과적으로 낮은 전도율을 나타낸다.

전자 이동도

• 전기장에 의하여 움직이는 자유 전자는 결정 격자 내의 불순물들과 충돌한다. 전자 이동도의 값은 이와 같은 충돌 횟수를 나타내는 값이다.

• 많은 재료에 있어서 전기 전도율은 전자 농도와 이동도의 곱에 비례한다(식 18.8).

금속의 전기 비저항

• 금속 재료에 대하여 전기 비저항은 온도, 불순물 농도, 소성변형량이 증가함에 따라 증가한다. 전체 비저항은 각 인자에 의해 기여되는 값을 합한 것과 같다: 마시젠의 규칙(식 18.9).

• 고용체와 2상 합금들에서 열과 불순물이 전기 비저항에 미치는 영향을 식 (18.10), (18.11), (18.12)로 기술하였다.

진성 반도체

• 반도체는 원소(Si 또는 Ge) 또는 공유 결합 화합물로 된 재료이다.

• 이와 같은 재료에서는 자유 전자 이외에도 정공(가전자대에서 전자를 잃음)들이 전도 과정에 참여한다(그림 18.10).

외인성 반도체

• 반도체들은 진성 또는 외인성으로 구분한다.

- 진성 반도체에서 전기적 성질은 순수한 재료에 고유한 값들이고, 전자와 정공 농도는 서로 같다. 전기 전도율은 식 (18.13) 또는 (18.15)를 이용하여 계산된다.
- 외인성 반도체의 전기적 거동은 불순물에 의하여 결정된다. 외인성 반도체는 전자 또는 정공이 주 운반자인지에 따라 각각 n-형 또는 p-형이 된다.

• 도너 불순물은 과잉의 전자를 생성하고(그림 18.11, 18.12), 억셉터 불순물은 과잉의 정공을 생성한다(그림 18.13, 18.14).

• n-형 반도체의 전기 전도율은 식 (18.16)을 이용하여 계산하고 p-형 반도체의 전기 전도율은 식 (18.17)을 이용하여 계산한다.

온도 변화가 운반자 농도에 미치는 영향

운반자 이동도에 영향을 미치는 인자

• 온도 증가에 따라 진성 운반자 농도는 급격하게 증가한다(그림 18.15).

• 외인성 반도체의 경우 운반자 농도는 온도 대 주 운반자 농도 변화(그림 18.16)에서 보듯이 외인성 **영역**에서 온도 변화에 대해 일정한 값을 보인다. 이 영역에서 운반 농도의 양은 대략적으로 불순물 농도의 값과 같다.

- 외인성 반도체의 경우 전자와 정공의 이동도는 (1) 불순물의 양이 증가함에 따라 감소하고 (그림 18.17), (2) 일반적으로 온도가 증가하면서 감소한다(그림 18.18a, 18.18b).

홀 효과
- 홀 효과 실험을 이용하여 운반자 농도, 이동도와 함께 운반자 전하 형태(전자 또는 정공)를 결정할 수 있다.

반도체 소자
- 수많은 반도체 소자는 특수한 전기적 기능을 실행할 수 있는 반도체 재료의 특정한 전기적 특성을 이용하고 있다.
- p-n 정류 접합(그림 18.20)은 교류를 직류로 바꾸는 데 사용된다.
- 다른 형태의 반도체 소자로 컴퓨터 회로 내에서 스위칭 소자로 전기적 신호를 증폭하는 데 사용되는 트랜지스터가 있다. 접합 트랜지스터, MOSFET 트랜지스터(그림 18.23, 18.24, 18.25)가 이와 같은 기능으로 사용이 가능하다.

이온 세라믹과 폴리머에서의 전기 전도
- 상온에서 대부분의 이온 세라믹과 폴리머는 절연체이다. 전기 전도율은 10^{-9}, 10^{-18} $(\Omega \cdot m)^{-1}$ 범위의 값을 갖는다. 대부분 금속의 전도율 σ는 $10^{7}(\Omega \cdot m)^{-1}$ 정도의 값을 갖는다.

유전체 거동
- 쌍극자는 원자 또는 분자 수준에서 양전하와 음전하 물체가 일정한 거리로 분리되어 있을 때 존재하고 있다고 말한다.

커패시턴스
전기장 벡터와 분극
- 분극은 전기장에 따라 전기적 쌍극자가 정렬되는 것이다.
- 유전체 재료는 전기장이 존재할 적에 분극이 일어나는 전기적인 절연체이다.
- 이 분극 현상은 유전체가 커패시터로서 전하를 저장할 수 있는 능력이 증대되는 이유를 설명하고 있다.
- 커패시턴스는 식 (18.24)에 의하면 저장된 전하량과 가해진 전압에 대한 의존성을 가지고 있다.
- 커패시터의 전하 저장 효율은 유전 상수 또는 상대 유전율 관점에서 표현된다(식 18.27).
- 평행판 커패시터의 커패시턴스는 판 사이 간격, 판의 면적, 판 사이에 삽입된 재료의 유전율 값들의 함수로 표현된다(식 18.26).
- 유전체 매개물 내의 유전 변위는 식 (18.31)에 의하면 유도 분극과 가해지는 전기장에 의존한다.
- 어떤 유전체 재료에 대하여 가해지는 전기장에 의해 유도되는 분극은 식 (18.32)로 표현된다.

분극의 유형
- 가능한 분극 유형에는 전자(그림 18.31a), 이온(그림 18.31b), 배향(그림 18.31c) 분극이 있다. 모든 형태의 분극이 특별한 유전체에 존재할 필요는 없다.

유전 상수의 주파수 의존성
- 교류 전기장에서는 주파수에 따라 특수한 분극 형태가 전체 분극에 영향을 미치고 있어 유전 상수는 주파수에 의하여 좌우된다. 각각의 분극 기구는 외부에서 가해 주는 주파수가 그 분극 기구의 이완 주파수보다 클 때 그 기능이 멈추게 된다(그림 18.33).

재료의 다른 전기적 특성
- 강유전체는 자발적으로, 즉 외부 전기장이 없을 경우에 분극을 나타낼 수 있는 재료이다.
- 기계적인 응력이 압전체에 가해질 때 전기장이 생성된다.

식 요약

식 번호	식	용도
18.1	$V = IR$	전압(옴의 법칙)
18.2	$\rho = \dfrac{RA}{l}$	전기 비저항
18.4	$\sigma = \dfrac{1}{\rho}$	전기 전도율
18.5	$J = \sigma\mathscr{E}$	전류 밀도
18.6	$\mathscr{E} = \dfrac{V}{l}$	전기장 세기
18.8 18.16	$\sigma = n\lvert e\rvert\mu_e$	전기 전도율(금속), 전기 전도율(n-형 반도체)
18.9	$\rho_{\text{total}} = \rho_t + \rho_i + \rho_d$	금속의 총 비저항(마시젠의 규칙)
18.10	$\rho_t = \rho_0 + aT$	비저항에 미치는 열적 기여
18.11	$\rho_i = Ac_i(1 - c_i)$	단상 합금의 비저항에 미치는 불순물 기여
18.12	$\rho_i = \rho_\alpha V_\alpha + \rho_\beta V_\beta$	2상 합금의 비저항에 미치는 불순물 기여
18.13 18.15	$\sigma = n\lvert e\rvert\mu_e + p\lvert e\rvert\mu_h$ $= n_i\lvert e\rvert(\mu_e + \mu_h)$	진성 반도체의 전기 전도율
18.17	$\sigma \cong p\lvert e\rvert\mu_h$	p-형 외인성 반도체의 전기 전도율
18.24	$C = \dfrac{Q}{V}$	커패시턴스
18.25	$C = \varepsilon_0\dfrac{A}{l}$	평행한 두 판으로 구성된 커패시터의 진공 커패시턴스
18.26	$C = \varepsilon\dfrac{A}{l}$	두 판 사이에 유전체가 끼워진 커패시터의 커패시턴스
18.27	$\varepsilon_r = \dfrac{\varepsilon}{\varepsilon_0}$	유전 상수
18.29	$D_0 = \varepsilon_0\mathscr{E}$	진공 유전 변위
18.30	$D = \varepsilon\mathscr{E}$	유전체 유전 변위
18.31	$D = \varepsilon_0\mathscr{E} + P$	유전체가 끼워진 커패시터의 유전 변위
18.32	$P = \varepsilon_0(\varepsilon_r - 1)\mathscr{E}$	분극

기호 목록

기호	의미
A	평행판 커패시터의 판 면적, 농도에 무관한 상수
a	온도에 무관한 상수
c_i	원자분율로 표시한 농도
$|e|$	하나의 전자 전하량의 절댓값(1.6×10^{-19} C)
I	전류 밀도
l	전압 측정 시 사용되는 두 접촉점 사이의 거리(그림 18.1), 평형판 커패시터에서 두 전극 사이 거리(그림 18.27a)
n	단위부피당 자유 전자의 수
n_i	진성 운반자 농도
p	단위부피당 정공의 수
Q	하나의 커패시터 전극에 저장된 전하량
R	저항
T	온도
$V_\alpha V_\beta$	α와 β상의 부피 분율
ε	유전체의 유전율
$\varepsilon_\circ$	진공 유전율
μ_e, μ_h	전자, 정공 이동도
ρ_α, ρ_β	α와 β상의 전기 비저항
ρ_0	농도에 무관한 상수

주요 용어 및 개념

가전자대	억셉터 준위	자유 전자
강유전체	에너지 밴드 갭	전기 비저항
금속	역방향 바이어스	전기적 쌍극자
다이오드	옴의 법칙	전기 전도율
도너 준위	외인성 반도체	전도대
도핑	유전 변위	전자 분극
마시젠의 규칙	유전 상수	전자 에너지 밴드
반도체	유전율	절연 내력
배향 분극	유전체	접합 트랜지스터
부도체(절연체)	이동도	정공
분극	이온 분극	정류 접합
순방향 바이어스	이온 전도	진성 반도체
압전	이완 주파수	집적회로

커패시턴스   홀 효과   MOSFET

페르미 에너지

참고문헌

Hofmann, P., *Solid State Physics: An Introduction*, 2nd edition, Wiley-VCH, Weinheim, Germany, 2015.

Hummel, R. E., *Electronic Properties of Materials*, 4th edition, Springer, New York, 2011.

Irene, E. A., *Electronic Materials Science*, John Wiley & Sons, Hoboken, NJ, 2005.

Jiles, D. C., *Introduction to the Electronic Properties of Materials*, 2nd edition, CRC Press, Boca Raton, FL, 2001.

Kingery, W. D., H. K. Bowen, and D. R. Uhlmann, *Introduction to Ceramics*, 2nd edition, John Wiley & Sons, New York, 1976. Chapters 17 and 18.

Kittel, C., *Introduction to Solid State Physics*, 8th edition, John Wiley & Sons, Hoboken, NJ, 2005. An advanced treatment.

Livingston, J., *Electronic Properties of Engineering Materials*, John Wiley & Sons, New York, 1999.

Pierret, R. F., *Semiconductor Device Fundamentals*, Addison-Wesley, Boston, 1996.

Rockett, A., *The Materials Science of Semiconductors*, Springer, New York, 2008.

Solymar, L., and D. Walsh, *Electrical Properties of Materials*, 9th edition, Oxford University Press, New York, 2014.

연습문제

옴의 법칙

전기 전도율

18.1 (a) 길이가 57 mm, 지름이 7.0 mm인 원통형 규소(Si) 시편에 길이 방향으로 전류를 0.25 A를 흘렸다. 이때 길이 방향으로 45 mm 떨어진 두 탐침 사이의 전압이 24 V임을 확인하였다. 이 시편의 전기 전도율을 계산하라.

(b) 그 시편 전체 길이 57 mm에 대한 저항을 계산하라.

18.2 3 mm 지름의 일반 탄소강 선이 20 Ω 이하의 저항을 나타내고 있다. 표 18.1을 참고하여 최대 길이를 계산하라.

18.3 (a) 표 18.1의 데이터를 이용하여 지름이 5 mm, 길이가 5 m인 알루미늄 선의 저항을 계산하라.

(b) 만약에 구리선 양단에 0.04 V의 전위차가 걸려 있다면 얼마의 전류가 흐를 것인가?

(c) 이때 전류 밀도는 얼마인가?

(d) 또한 선 양단에 걸친 전기장의 값은 얼마인가?

전자 및 이온 전도

18.4 하나의 고립된 원자의 전자 구조와 고체 재료의 전자 구조는 어떻게 다른가?

원자 결합 및 에너지 밴드 모델에 의한 전도

18.5 전도체, 반도체, 부도체의 전기 전도율 차이에 대한 이유를 전자 에너지 밴드의 관점에서 논의하라.

전자 이동도

18.6 (a) 상온에서 500 V/m의 전기장이 가해진 규소(Si) 내 전자의 유동 속도를 계산하라.

(b) 이와 같은 조건하에서 하나의 전자가 25 mm 떨어진 거리를 이동하는 데 소요되는 시간은 얼마인가?

18.7 (a) 1개의 은 원자당 1.3개의 자유 전자가 있다고 가정하고, 은에 대한 m^3당 자유 전자의 수를 계산하라. 은의 전기 전도율과 밀도는 각각 $6.8 \times 10^7 (\Omega \cdot m)^{-1}$, 10.5 g/cm³이다.

(b) 은에 대한 전자 이동도를 계산하라.

금속의 전기 비저항

18.8 (a) 그림 18.8의 데이터를 이용하여 순 구리에 대한 ρ_0와 a의 값을 식 (18.10)으로부터 결정하라. 온도 T는 섭씨 온도값을 취하라.

(b) 그림 18.8의 데이터를 이용하여 구리에서 불순물인 니켈에 대하여 표현된 식 (18.11)에서 A의 값을 결정하라.

(c) (a), (b)의 결과를 이용하여 120°C에서 2.50 at% Ni을 함유한 구리의 비저항을 추정하라.

18.9 주석 청동은 89 wt% Cu와 11 wt% Sn의 조성을 가지고 있으며, 상온에서 두 상(α상, ε상)으로 구성되어 있다. α상은 매우 적은 양의 주석을 보유하고 있는 구리이고, ε상은 약 37 wt%의 Sn을 보유한다. 다음의 데이터를 이용하여 이 합금의 상온에서 전도율을 계산하라.

상	전기 비저항 ($\Omega \cdot m$)	밀도 (g/cm³)
α	1.88×10^{-8}	8.94
ε	5.32×10^{-7}	8.25

18.10 지름이 3 mm인 원통형 금속 도선에 12 A의 전류를 흘릴 때 도선 300 mm당 0.01 V의 최소 전압 감소가 있도록 하고 싶다. 표 18.1에 열거된 금속과 합금 중 어느 것이 가장 가능성 있는 후보 재료인가?

진성 반도체

18.11 (a) 그림 18.15를 이용해 상온(298 K)에서 진성 게르마늄과 규소에 대하여 하나의 원자당 몇 개의 자유 전자가 있는가를 계산하라. 게르마늄과 규소의 밀도는 각각 5.32 g/cm³, 2.33 g/cm³이다.

(b) 그리고 원자당 자유 전자 수에서 차이를 설명하라.

18.12 상온에서 PbS의 전기 전도율은 25 $(\Omega \cdot m)^{-1}$이고, 전자와 정공의 이동도는 각각 0.06 m²/V·s, 0.02 m²/V·s이다. 상온에서 PbS에 대한 진성 운반자 농도를 계산하라.

18.13 다음의 반도체 쌍에 대하여 어느 것이 보다 작은

에너지 밴드 갭 E_g를 가질 것인가를 결정하고, 그 선택에 대한 이유를 설명하라.

(a) C(다이아몬드)와 Ge

(b) AlP와 InAs

(c) GaAs와 ZnSe

(d) ZnSe과 CdTe

(e) CdS와 NaCl

외인성 반도체

18.14 n-형 반도체는 전자 농도가 5×10^{17} m^{-3}이다. 이때 1000 V/m의 전기장에서 전자의 유동 속도가 350 m/s라면 이 재료의 전도율은 얼마인가?

18.15 다음 원소들이 오른쪽에 대응되는 반도체 재료에 첨가될 때 도너로 작용할 것인가, 아니면 억셉터로 작용할 것인가? 불순물 원소들은 치환형이라고 가정하자.

불순물	반도체
N	Si
B	Ge
S	InSb
In	CdS
As	ZnTe

18.16 10^{24} m^{-3} As 원자가 첨가된 게르마늄은 외인성(불순물) 반도체이며, 실제적으로 모든 As 원자들이 이온화되었다고 생각할 수 있다(즉 하나의 As 원자에 대하여 1개의 전하 운반자가 존재한다).

(a) 이 재료는 n-형인가, p-형인가?

(b) 이 재료의 전기 전도율을 계산하라(전자와 정공의 이동도는 각각 0.1 m²/V·s, 0.05 m²/V·s라고 가정하자).

18.17 상온에서 진성 GaSb와 p-형 외인성 GaSb에 대한 전기적 특성은 다음과 같다.

	$\sigma(\Omega \cdot m)^{-1}$	$n(m^{-3})$	$p(m^{-3})$
진성	8.9×10^4	8.7×10^{23}	8.7×10^{23}
외인성 (P-형)	2.3×10^5	7.6×10^{22}	1.0×10^{25}

전자와 정공의 이동도를 계산하라.

온도 변화가 운반자 농도에 미치는 영향

18.18 상온 부근의 온도에서 진성 게르마늄의 전기 전
도율에 대한 온도 의존성은 다음과 같다.

$$\sigma = CT^{-3/2} \exp\left(-\frac{E_g}{2kT}\right) \qquad (18.35)$$

C는 온도에 무관한 상수이고, T는 절대 온도이
다. 식 (18.35)를 이용하여 175°C에서의 게르마늄
의 진성 전기 전도율을 계산하라.

18.19 식 (18.35)와 연습문제 18.18의 결과를 이용하여
진성 게르마늄의 전도율이 40 $(\Omega \cdot m)^{-1}$을 나타내
는 온도를 결정하라.

18.20 진성 반도체와 금속의 전기 전도율에 대한 온도
의존성을 비교하라. 거동에 대한 차이점을 간결
하게 기술하라.

운반자 이동도에 영향을 미치는 인자

18.21 2×10^{24} m^{-3}의 B 원자로 도핑된 규소의 상온에서
전기 전도율을 계산하라.

18.22 10^{24} m^{-3}의 Al 원자로 도핑한 규소의 135°C에서
전기 전도율을 구하라.

18.23 어떤 합금 금속이 1.2×10^7 $(\Omega \cdot m)^{-1}$의 전기 전도
율과 0.0050 $m^2/V \cdot s$의 전자 이동도를 가지고 있
다. 두께가 35 mm인 이 금속 합금에 40 A의 전
류를 통과시킬 경우 -3.5×10^{-7} V의 홀 전압을
얻으려면 얼마의 자기장을 가해야 하는가?

반도체 소자

18.24 *p-n* 접합에서 순방향 바이어스와 역방향 바이어
스에 대한 전자와 정공 거동을 간결하게 기술하
라. 그리고 이와 같은 거동이 어떻게 정류를 만들
어 내는지를 설명하라.

18.25 전자회로에서 트랜지스터가 행하는 두 가지 기능
은 무엇인가?

이온 재료에서의 전도

18.26 12.5절(그림 12.20)에서 우리는 FeO(wütite)에서

Fe 이온들이 Fe^{2+}과 Fe^{3+}으로 존재하고 있다는
것을 알았다. 이와 같은 두 가지 형태의 Fe 이온
들에 대한 각각의 개수는 온도와 산소 분위기 압
력에 따라 변하고 있다. 또한 전기적인 중성을 유
지하기 위하여 2개의 Fe^{3+} 이온이 형성될 때마다
하나의 Fe^{2+} 공공이 생성되고 있으며, 이와 같은
공공의 존재를 나타내기 위하여 wütite의 화학식
을 $Fe_{(1-x)}O$로 자주 표현하고 있다. 여기서 x는 1
보다 작은 부분율이다.

이와 같은 비화학양론적인 $Fe_{(1-x)}O$ 재료에서
전기 전도는 전자적으로 일어나고 있으며, 실제
적으로 *p*-형 반도체와 같은 거동을 하고 있다. 즉
Fe^{3+} 이온은 전자 억셉터와 같이 행동한다. 다시
말하면 Fe^{3+} 이온은 가전자대로부터 Fe^{3+} 이온의
억셉터 준위로 전자 천이를 비교적 쉽게 일으키
면서 하나의 정공을 생성한다. 1.0×10^{-5} $m^2/V \cdot s$
의 정공 이동도와 x가 0.040인 wütite 시편의 전
기 전도율을 결정하라. 이때 억셉터 준위들은 포
화되어 있다고 가정하라(Fe^{3+} 이온 수만큼 정공
이 생성된다). wütite는 단위정의 모서리 길이가
0.437 nm인 염화나트륨(NaCl) 구조를 가지고
있다.

커패시턴스

18.27 유전 상수가 2.2인 유전체를 사용하여 만들어진
평행판 커패시터의 판 사이의 거리는 2 mm이다.
만약 유전 상수가 3.7인 재료를 이용하여 똑같은
커패시턴스 값을 얻었다면 두 평행판 간의 거리
는 얼마인가?

18.28 3225 mm^2의 면적과 1 mm의 평형판 간격을 가지
고 있는 평형판 커패시터 사이에 유전 상수가 3.5
인 재료를 끼워 넣은 경우를 고려해 보자.
(a) 이 커패시터의 커패시턴스를 구하라.
(b) 각 판 위에 저장된 전하가 2×10^{-8} C이 되게
하기 위해서는 얼마의 전기장이 가해져야 하는지
계산하라.

전기장 벡터와 분극

분극의 유형

18.29 CaO의 경우에 Ca^{2+} 이온 반지름과 O^{2-} 이온 반지름은 각각 0.100 nm, 0.140 nm이다. 만약에 외부에서 가해지는 전기장에 의하여 5%의 격자 팽창이 일어난다면 $Ca^{2+}-O^{2-}$ 쌍에 대한 쌍극자 모멘트를 계산하라(이 재료는 전기장이 가해지지 않은 경우에는 전혀 분극이 생성되지 않는다고 가정하자).

18.30 650 mm²의 면적과 4.0 mm의 평행판 간 거리를 가지고 있는 커패시터의 각 판 위에 저장된 전하는 2.0×10^{-10} C이다.

(a) 판 사이에 3.5의 유전 상수를 보유한 재료를 끼워 넣은 경우 얼마의 전압이 필요한가?

(b) 만약에 진공이 이용되는 경우는 얼마의 전압이 필요한가?

(c) (a), (b)에 대한 커패시턴스는 얼마인가?

(d) (a)에 대한 유전 변위를 계산하라.

(e) (a)에 대한 분극을 계산하라.

18.31 (a) 그림 18.34에 보인 $BaTiO_3$의 단위정 1개에 관련된 쌍극자 모멘트 값을 계산하라.

(b) 이 재료에 대하여 가능한 최대 분극을 계산하라.

강유전성

18.32 $BaTiO_3$의 강유전체 거동이 강유전체 큐리 온도 이상에서 사라지는 이유를 간결하게 설명하라.

설계문제

금속의 전기 비저항

18.D1 A 90 wt% Cu-10 wt% Ni 합금은 상온(25°C)에서 1.90×10^{-7} Ω·m의 비저항을 가진 것으로 알려져 있다. 이 결과로부터 상온에서 비저항이 2.5×10^{-7} Ω·m인 Cu-Ni 합금의 조성을 계산하라. 표 18.1을 참조하여 상온에서 순수 구리(Cu)의 비저항을 구할 수 있다. 그리고 구리와 니켈은 고용체를 이룬다고 가정하라.

18.D2 구리에 니켈을 첨가하여 전기 전도율이 4.0×10^6 $(\Omega \cdot m)^{-1}$을 유지하면서 최소의 항복 강도가 130 MPa을 나타낼 수 있는 합금을 제조하는 것이 가능한가? 만약에 가능하지 않다면 그 이유는 무엇인가? 만약에 가능하다면 필요한 니켈의 농도는? 그림 7.16b를 참조하라.

외인성 반도체

운반자 이동도에 영향을 미치는 인자

18.D3 집적회로 제조 중 높은 온도에서 매우 높은 순도의 규소 내부로 붕소(B) 원소를 확산시키고자 하고 이에 대한 공정을 설계하고자 한다. 규소 표면으로부터 0.2 μm 거리에서 상온 전기 전도율은 1000 $(\Omega \cdot m)^{-1}$을 유지해야 한다. 규소 표면에서 붕소(B) 농도는 1.0×10^{25} m⁻³으로 유지된다. 원래의 규소에서 붕소 농도는 무시되고, 또한 상온에서의 붕소 원자들은 포화(즉 모든 붕소 원자들이 정공을 생성)된다고 가정하자. 만약에 1시간 동안 열처리를 실시하고자 한다면 위 조건을 만족시키는 확산 열처리 온도를 결정하라. 규소 내에서 붕소의 확산 계수는 다음과 같다.

$$D(m^2/s) = 2.4 \times 10^{-4} \exp\left(-\frac{347{,}000 \text{ J/mol}}{RT}\right)$$

반도체 소자

18.D4 집적회로 생산 과정 중 하나는 칩들의 표면에 SiO_2의 얇은 박막을 형성하는 것이다(그림 18.25). 높은 온도에서 산화성 분위기(즉 수증기 또는 산소 가스)에 규소를 노출시켜 표면을 산화시켜 얇은 산화막을 형성한다. 산화막 성장률은 포물선, 즉 산화막 두께(x)가 다음의 관계식에 의하여 시간(t)의 함수로 표현된다.

$$x^2 = Bt \qquad (18.36)$$

여기에서 B는 온도와 산화 분위기에 의존하여 변하는 계수이다.

(a) 1기압의 O_2에 대하여 B(μm²/h 단위)의 온도 의존성은 다음과 같다.

$$B = 800 \exp\left(-\frac{1.24 \text{ eV}}{kT}\right) \quad (18.37a)$$

$$B = 215 \exp\left(-\frac{0.70 \text{ eV}}{kT}\right) \quad (18.37b)$$

여기에서 k는 볼츠만 상수(8.62×10^{-5} eV/atom), T는 절대 온도(K)이다. 1기압 O_2 분위기에서 100 nm 두께의 산화막을 성장시키는 데 소요되는 시간을 700°C와 1000°C 온도에서 각각 구하라.

(b) 1기압의 수증기(H_2O) 분위기에서 B ($\mu m^2/h$)는 다음과 같이 표현된다.

700°C와 1000°C에서 100 nm 두께의 산화막을 (1기압 수증기 분위기로) 성장시키는 데 소요되는 시간을 구하라. 그리고 (a)의 결과와 비교하라.

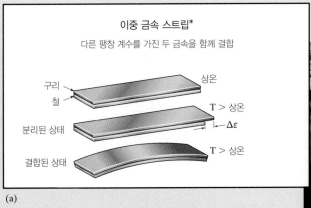

이중 금속 스트립*

다른 팽창 계수를 가진 두 금속을 함께 결합

구리
철
상온

T > 상온
분리된 상태
Δε

결합된 상태
T > 상온

(a)

나선 이중 금속 스트립   수은 유리구

© Steven Langerman

(b)

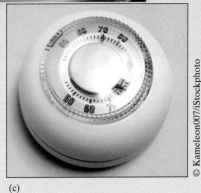

© Kameleon007/iStockphoto

(c)

온도를 조절하는 데 사용되는 소자인 서모스탯(자동 온도 조절 장치)의 한 가지 유형은 열팽창(가열 시 일어나는 재료의 팽창) 현상을 이용한다.[1] 이와 같은 서모스탯의 중요한 부분은 이중 금속 스트립(다른 열팽창 계수를 가진 두 금속이 길이 방향으로 결합된 스트립)이다. 온도의 변화는 이 스트립을 휘게 한다. 열이 가해질 경우 열팽창 계수가 큰 금속은 더 많이 늘어나 그림 (a)와 같이 휘게 된다. 그림 (b)는 코일 또는 나선 형태의 이중 금속 스트립으로 구성된 서모스탯을 보여 준다. 이와 같은 배열로 상대적으로 긴 이중 금속 스트립이 만들어지고, 길이가 늘어난 스트립은 온도 변화에 따라 보다 많이 휘어져, 보다 정밀한 온도 변화를 측정한다. 보다 큰 열팽창 계수를 가진 금속을 스트립 밑면으로 구성하여 가열 시 코일이 풀리도록 한다. 코일의 끝단에 수은 스위치 ─ 몇 방울의 수은을 포함한 작은 유리구[그림 (b)] ─ 가 부착되어 있다. 이 스위치는 코일의 끝이 (온도가 변할 적에) 한 면 또는 다른 면의 유리구에 접촉할 수 있도록 설치되어 있고, 이에 따라 수은 방울은 유리구의 한 면의 끝에서 다른 면 끝으로 구르도록 만들어졌다. 온도가 서모스탯의 설정값에 도달하면 수은이 한쪽 끝으로 굴러가 전기적 접촉이 이루어진다. 그러므로 이 서모스탯은 가열 장치 또는 냉각 장치(예 : 열처리로 또는 에어컨)에서 스위치로 작동되고 있다. 온도가 제한값에 도달하는 경우 유리구가 다른 쪽 방향으로 기울어지면서 수은 방울이 기울어지는 쪽 끝으로 굴러가 전기의 접촉이 끊어지고 전기 흐름이 차단된다.

ASSOCIATED PRESS/© AP/Wide
World Photos

(d)

그림 (d)는 1978년 7월 24일에 뉴저지 애스버리 파크 근처에서 발생한 폭염으로 철로가 심하게 휘어진 모습을 보여 주는 사진이다. 열팽창으로 발생된 열응력에 의하여 철로가 심하게 휘어졌고, 심하게 휜 철로 탓에 열차가 탈선되었다.

스트립(Strip)* : 길고 가느다란 조각

1 이 유형을 기계식 온도 조절기라고 한다. 다른 유형인 전자는 전자부품을 사용해서 작동한다. 또한 디지털 표시 장치도 내장되어 있다.

세 가지 주요한 재료 형태 중에 세라믹이 열충격에 가장 취약하다. 급격한 온도의 변화(보통 냉각 시)로 세라믹 조각 내부에 형성되는 내부 응력의 결과로 취성 파괴가 일어나기 때문이다. 열충격은 보통 바람직하지 않은 사건이고, 이와 같은 현상에 대한 세라믹 재료의 취약성은 재료의 열적, 기계적 성질(열팽창 계수, 열 전도율, 탄성 계수, 파괴강도)의 함수이다. 이와 같은 성질과 열충격 변수 간의

관계에 대한 이해로부터 (1) 세라믹 재료를 보다 열적 충격에 대한 저항을 높일 수 있도록 열적 성질 또는 기계적 성질을 변화시키는 것이 어떤 경우에는 가능한지 알아보고 (2) 어떤 구체적 세라믹 재료들에 대하여는 파괴가 일어나지 않는 최대허용온도 변화를 예측할수 있다.

학습목표

이 장을 학습한 후에는 다음 내용을 숙지할 수 있어야 한다.

1. 열용량과 비열에 대한 정의

2. 고체의 열에너지에 해당하는 주요 기구

3. 주어진 온도 변화에 대응하여 길이 변화가 일어날 때의 선형 열팽창 계수 결정

4. 원자 간 거리 대 위치에너지 그림을 이용한 원자적 관점으로부터의 열팽창 현상 설명

5. 열 전도율에 대한 정의

6. 고체 내에서 일어나는 열 전도의 두 가지 주요 기구 및 이 두 가지 기구들이 금속, 세라믹, 폴리머 재료 각각에 대해 기여하는 상대적인 양의 비교

19.1 서론

열적 성질이라는 것은 재료가 열을 받을 때 보이는 반응을 말한다. 고체가 열의 형태로 에너지를 흡수하면 온도가 높아지고 크기가 증가한다. 만약 시편 내부에 온도 구배가 있으면 에너지는 낮은 온도 쪽으로 이동하고, 계속적인 에너지 공급은 궁극적으로 시편을 녹일 것이다. 열용량, 열팽창, 열 전도율은 고체를 실제 사용하는 데 있어 중요한 성질이다.

19.2 열용량

열용량

고체를 가열하면 온도가 증가하게 되는데, 이는 에너지가 고체에 흡수되었음을 의미한다. 열용량(heat capacity)은 외부 환경으로부터 열을 흡수할 수 있는 재료의 능력을 나타내는 성질로 단위 온도를 올리는 데 필요한 에너지의 양을 말한다. 열용량 C에 대한 수학적 표현은 다음과 같다.

열용량의 정의—에너지 변화(에너지 얻음 또는 잃음)와 그에 따라 일어난 온도 변화에 대한 비율

$$C = \frac{dQ}{dT} \tag{19.1}$$

여기서 dQ는 dT만큼의 온도를 변화시키는 데 요구되는 에너지의 양이다. 보통 열용량은 재료 1 mol에 대해 표시한다(예 : J/mol·K 또는 cal/mol·K). 또한 비열(specific heat, 보통 소문자 c로 표시)로도 사용된다. 비열은 단위질량당 열용량으로 표시되며 사용 단위는 J/kg·K, cal/g·K, Btu/lb$_m$ °F 등 여러 가지가 있다.

비열

열 전도가 일어나는 주위 조건에 따라 두 가지 다른 열용량을 사용한다. 하나는 시편의 부피가 일정한 경우에 측정하는 열용량 C_v이고, 다른 하나는 외부 압력이 일정하게 유지된 경우에 측정되는 열용량 C_p이다. C_p의 값은 C_v보다 언제나 크게 나타나고 있으나 대부분의 고체에서 이 값의 차이는 상온 또는 그 이하의 온도에서 매우 적다.

진동 열용량

대부분의 고체에서 열에너지 동화(thermal energy assimilation)의 주요 방식은 원자들의 진동 에너지의 증가로 이루어진다. 다시 말하면 고체 내 원자들은 비교적 작은 진폭과 매우 높은 주파수를 유지하며 지속적인 진동을 한다. 원자 진동은 독립적으로 이루어지기보다는 이웃한 원자들끼리 원자 결합으로 상호 연결되어 이루어진다. 상호 조정되며 일어나는 진동으로 이동 격자파(lattice wave)가 생성되고, 그림 19.1에서 격자파의 생성을 볼 수 있다. 이 격자파는 짧은 파장과 매우 높은 주파수를 가진 탄성파(elastic wave) 또는 단순한 음파(sound wave)로 여겨지며 매질 내를 통과할 때는 음파 속도로 진행한다. 재료에 대한 열진동 에너지(vibrational thermal energy)는 일련의 탄성파로 구성되어 어느 범위에 걸친 에너지 분포와 주파수를 보유하고 있다. 또한 열진동 에너지는 양자화되어 허용된 에너지값만 취한다. 그리고 하나의 열진동 양자 에너지를 포논(phonon)이라고 한다[포논은 전자기파 복사 양자인 광자(photon)와 유사하다]. 가끔 진동파 자체를 **포논**이라고도 한다.

포논

전자 전도(18.7절)가 이루어지는 동안 자유 전자는 진동파와 충돌하여 열적 산란을 일으키고, 또한 이 탄성파를 통하여 에너지가 전달되어 열 전도가 이루어진다(19.4절 참조).

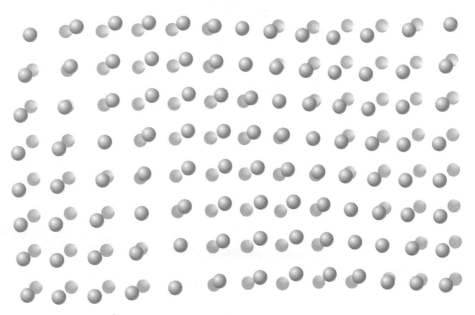

그림 19.1 원자 진동에 의하여 결정 내에서 생성되는 격자파를 보여 주는 도식도
(출처 : "The Thermal Properties of Materials" by J. Ziman. Copyright ⓒ 1967 by Scientific American, Inc.)

원자에 대한 정상 격자 위치

진동으로 이동된 위치

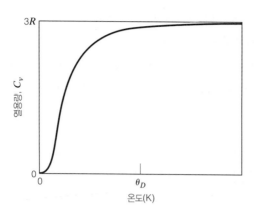

그림 19.2 일정한 부피에서 열용량의 온도 의존성. θ_D는 디바이 온도이다.

열용량의 온도 의존성

많은 결정 고체들에 대한 일정 부피에서의 열용량 C_v에 미치는 온도 변화의 영향은 그림 19.2에 나타나 있다. 0 K에서 C_v의 값은 0이다. 그러나 온도가 증가됨에 따라 C_v가 급격히 커지고 있으며, C_v의 이 같은 변화는 온도 증가에 따라 증가하는 격자파의 능력과 부합된다. 낮은 온도에서 C_v와 절대 온도 T와의 관계는 다음과 같다.

(0 K에 가까운) 낮은 온도에서 온도에 대한(일정 부피) 열용량 변화

$$C_v = AT^3 \tag{19.2}$$

여기서 A는 온도와 무관한 함수이다. 소위 디바이 온도(Debye temperature) θ_D 이상에서 C_v는 $3R(R$은 기체 상수)의 일정한 값을 나타내며 온도와 무관하다. 즉 재료의 전체 에너지는 온도 증가에 따라 증가하지만 C의 온도를 증가시키는 데 필요한 에너지량은 일정하다는 것을 의미한다. 많은 고체 재료의 경우 θ_D의 값은 상온 이하이고, C_v의 값은 25 J/mol·K이다.[2] 표 19.1은 여러 가지 재료에 대해 실험적으로 측정한 비열을 나열한 것이다. 보다 많은 재료에 대한 일정 압력에서의 열용량(c_p) 값들은 부록 B의 표 B.8에 나타나 있다.

열용량에 미치는 다른 인자

고체의 열용량에 영향을 미치는 다른 에너지 흡수 기구들이 있다. 그러나 대부분 이러한 기구들이 미치는 영향은 열적 진동에 비하여 적은 부분을 차지한다. 전자가 운동에너지를 증가시켜 에너지를 흡수하는 전자적 기여(electronic contribution)가 있다. 그러나 이것은 오직 자유 전자, 즉 가전자를 가득 채우고 있는 상태에서 페르미 에너지보다 높은 에너지 준위로 여기된 전자에 대해서만 가능하다(18.6절). 금속은 오직 페르미 에너지 부근에 위치하는 준위의 전자들이 이러한 여기를 일으킬 수 있으며, 이렇게 여기된 전자 수는 전체 전자 수에 비하여 매우 적은 양이다. 부도체 또는 반도체는 금속에 비해 훨씬 적은 양의 전자가 여기된다. 그러므로 이와 같은 재료에서 전자가 열용량에 미치는 영향은 0 K 온도 부근을 제외하고는 매우 미미하다.

---

2 고체 금속 원소들의 열용량 C_v는 대략적으로 25 J/mol·K이다. 그러나 모든 고체들의 열용량이 이 값을 나타내는 것은 아니다. 예를 들면 디바이 온도 θ_D 이상의 온도에서 세라믹 재료의 C_v는 대략적으로 1몰의 이온당 25 J의 값을 가진다. 그러므로 Al_2O_3는 약 125 J/mol·K(= 5 × 25 J/mol·K)의 열용량을 갖고 있으며, 이 값은 Al_2O_3 단위 화학식에 5개 이온(2개 Al^{3-} 이온과 3개의 O^{2-} 이온)에 대한 합계로 얻어진다.

표 19.1 여러 가지 재료에 대한 열적 성질 집대성

재료	c_p (J/kg·K)[a]	α_l [(°C)$^{-1}$×10^{-6}][b]	k (W/m·K)[c]	L [Ω·W/(K)^2×10^{-8}]
금속				
알루미늄	900	23.6	247	2.20
구리	386	17.0	398	2.25
금	128	14.2	315	2.50
철	448	11.8	80	2.71
니켈	443	13.3	90	2.08
은	235	19.7	428	2.13
텅스텐	138	4.5	178	3.20
1025 강	486	12.0	51.9	—
316 스테인리스강	502	16.0	15.9	—
황동(70 Cu–30Zn)	375	20.0	120	—
코바(54 Fe–29 Ni–17 Co)	460	5.1	17	2.80
인바(64 Fe–36 Ni)	500	1.6	10	2.75
슈퍼 인바(63 Fe–32 Ni–5 Co)	500	0.72	10	2.68
세라믹				
알루미나(Al$_2$O$_3$)	775	7.6	39	—
마그네시아(MgO)	940	13.5[d]	37.7	—
스피넬(MgAl$_2$O$_4$)	790	7.6[d]	15.0[e]	—
용융 실리카(SiO$_2$)	740	0.4	1.4	—
소다-석회 유리	840	9.0	1.7	—
보로실리케이트 유리	850	3.3	1.4	—
폴리머				
폴리에틸렌(고밀도)	1850	106~198	0.46~0.50	—
폴리프로필렌	1925	145~180	0.12	—
폴리스티렌	1170	90~150	0.13	—
폴리테트라플루오로에틸렌(테플론™)	1050	126~216	0.25	—
페놀-포름알데히드, 페놀	1590~1760	122	0.15	—
나일론 6,6	1670	144	0.24	—
폴리이소프렌	—	220	0.14	—

[a] cal/g·K로 환산을 위해 2.39 × 10^{-4}을 곱함
[b] (°F)$^{-1}$로 환산을 위해 0.56을 곱함
[c] cal/s·cm·K로 환산을 위해 2.39 × 10^{-3}을 곱함
[d] 100°C에서 측정된 값
[e] 0~1000°C 범위에서 측정된 평균값

또한 일부 재료는 다른 에너지 흡수 과정이 어떤 특정 온도에서 발생한다. 예로 강자성체를 큐리 온도 이상으로 가열하면 전자 스핀은 방향성을 잃으면서 무질서하게 배열된다. 이러한 변태 온도에서 열용량 대비 온도 곡선에 커다란 스파이크가 발생한다.

19.3 열팽창

대부분의 고체 재료는 열을 가하면 팽창하고 냉각시키면 수축하므로 하나의 고체 재료에 대하여 온도의 변화에 따라 길이가 변하는 것을 다음과 같이 표현한다.

열팽창에서 열팽창 선형 계수와 온도 변화가 길이 분율 변화에 미치는 영향

$$\frac{l_f - l_0}{l_0} = \alpha_l (T_f - T_0) \tag{19.3a}$$

또는 다음과 같이 표현한다.

$$\frac{\Delta l}{l_0} = \alpha_l \Delta T \tag{19.3b}$$

열팽창 선형 계수

여기서 l_0와 l_f는 온도를 T_0에서 T_f로 변화시킬 때 초기 상태의 길이와 변화된 길이를 각각 표시한다. 계수 α_l은 **열팽창 선형 계수**(linear coefficient of thermal expansion)라고 하며, 이 계수는 어떤 재료가 가열됨으로써 팽창되는 정도를 나타내는 재료 성질이며 온도의 역수 $[(°C)^{-1}$ 또는 $(°F)^{-1}]$로 표현되는 단위를 가지고 있다. 물론 가열 또는 냉각 시 3차원적 부피 변화를 일으킨다. 온도에 따른 부피 변화는 다음 식으로 계산한다.

열팽창에서 열팽창 체적 계수와 온도 변화가 부피 분율 변화에 미치는 영향

$$\frac{\Delta V}{V_0} = \alpha_v \Delta T \tag{19.4}$$

여기서 ΔV와 V_0는 각각 변화된 부피와 초기 부피를 나타내고, α_v는 열팽창 체적 계수이다. 많은 재료에서 α_v의 값은 비등방성을 나타낸다. 즉 α_v의 값은 측정하는 결정 방향에 따라 달라진다. 그러나 열팽창이 등방적으로 일어나는 재료에서는 α_v가 $3\alpha_l$과 비슷한 값을 나타낸다.

원자적 관점에서 열팽창은 원자 간 평균 거리의 증가를 반영한다. 이 현상은 앞에서 설명되었던 고체 재료에서 위치에너지 대 원자 간 거리 곡선(그림 2.10b)을 살펴봄으로써 가장 잘 이해할 수 있으며, 그림 19.3a는 그 곡선을 다시 그린 것이며, 곡선은 위치에너지 골(potential energy trough) 모양을 나타내고 있다. 0 K에서 원자 간 평형 거리 r_0는 위치에너지의 최솟값에 해당한다. 보다 높은 온도(T_1, T_2, T_3, …)로 가열하면 진동에너지는 E_1, E_2, E_3, …로 증가한다. 한 원자의 평균 진동 진폭은 각 온도에서의 골 넓이에 해당하며, 평균 원자 간 거리는 평균 위치로 나타난다. 이 평균 위치는 온도의 증가에 따라 r_0, r_1, r_2, …로 증가하고 있다.

열팽창은 온도의 증가에 따라 증가하는 원자 진동 진폭보다 위치에너지 골의 비대칭성 때문에 일어난다. 그림 19.3b에서 보이는 대칭적 위치에너지 곡선은 진동에너지 증가에 따라

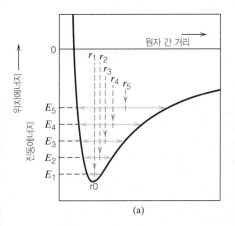
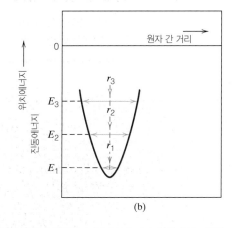

그림 19.3 (a) 원자 간 거리 대 위치에너지 그림. 이 그림은 온도가 증가함에 따라 원자 간 거리가 증가하는 것을 보여 주고 있다. 가열됨에 따라 원자 간 거리가 r_0에서 r_1, r_2로 증가하고 있다. (b) 대칭적인 위치에너지 대 원자 간 거리 곡선에서는 온도 증가에 따라 원자 간 거리 증가가 일어나지 않는다(즉 $r_1 = r_2 = r_3$).
(출처 : R. M. Rose, L. A. Shepard, and J. Wulff, *The Structure and Properties of Materials, Vol. IV, Electronic Properties,* John Wiley & Sons, 1966. Robert M. Rose 허가로 복사 사용함)

원자 간 거리의 변화가 없으므로 열팽창은 일어나지 않는다.

금속, 세라믹, 폴리머의 모든 종류의 재료는 원자 결합 에너지가 크면 클수록 이러한 위치에너지 골은 더욱더 좁아진다. 결과적으로 온도 증가에 따라 원자 간 거리의 증가는 보다 낮아 작은 α_l의 값을 보여 준다. 여러 가지 재료에 대한 열팽창 선형 계수의 값들이 표 19.1에 나타나 있다. 온도 의존성을 살펴보면 열팽창 계수의 값은 온도 증가에 따라 증가하며, 이러한 열팽창 계수는 0 K 근처에서 특히 빠르게 증가한다. 표 19.1에서 주어진 값들은 특별히 지칭하지 않는 이상 상온에서 취해진 것들이다. 열팽창 계수에 대한 보다 광범위한 목록은 부록 B의 표 B.6에 수록되어 있다.

금속

표 19.1은 몇 가지 일반적 금속의 열팽창 계수가 $5 \times 10^{-6} \sim 25 \times 10^{-6} \, (°C)^{-1}$의 범위에 걸쳐 있음을 보여 준다. 이와 같은 수치들은 세라믹과 폴리머 재료들의 열팽창 계수 사이의 값이다. 다음의 중요 재료에서 설명되는 바와 같이 낮고 또한 조절이 가능한 열팽창을 보이는 몇 가지 금속 합금들이 개발되어 온도 변화에 대하여 안정적인 형상이 유지되어야 하는 응용에 사용되고 있다.

세라믹

많은 세라믹 재료는 비교적 강한 원자 간 결합을 이루고 있다. 이 같은 사실은 낮은 열팽창 계수에서 반영되고 있으며, 이 값들은 전형적으로 약 0.5×10^{-6}과 $15 \times 10^{-6} \, (°C)^{-1}$ 범위에 걸쳐 있다. 정육각형 결정 구조로 이루어진 비정질 세라믹의 α_l은 등방적인 값을 나타내며, 그 외의 구조를 가진 세라믹의 경우는 비등방성을 띠고 있다. 실제 어떤 세라믹은 가열 시 어떤 결정 방향으로 팽창이 일어나고, 다른 방향으로는 수축이 일어나는 비등방성을 보이고 있다. 무기질 비정질의 경우는 팽창 계수가 조성에 따라 변한다. 용융 실리카(고순도 SiO_2 유리)는 지극히 적은 열팽창 계수인 0.4×10^{-6} $(°C)^{-1}$의 값을 가지고 있는데, 이러한 사실은 원자 간 팽창이 비교적 적은 변화를 일으키는 낮은 원자 충진 밀도를 용융 실리카가 가지고 있기 때문인 것으로 설명되고 있다.

온도의 변화를 받고 있는 세라믹 재료들은 열팽창 계수가 낮아야 하며 등방성이어야 한

열충격

다. 반면에 취성 재료는 **열충격**(thermal shock)을 받을 때 불균일한 부피 변화의 결과로 파괴가 일어날 수 있다(이 장의 후반부에서 설명함).

폴리머

어떤 폴리머들은 $50 \times 10^{-6} \sim 400 \times 10^{-6}$ $(°C)^{-1}$의 넓은 범위에 걸친 팽창 계수에서 알 수 있듯이 가장 높은 α_l의 값이 선형과 가지형 폴리머에서 나타나는데, 이는 2차적 분자 간 결합이 약하면서 최소의 교차 결합(crosslinking)을 가지고 있기 때문이다. 교차 결합이 증가함에 따라 팽창 계수의 값은 감소하며, 거의 공유 결합으로 이루어진 페놀-포름알데히드와 같은 열경화성 망상 폴리머(thermosetting network polymer)에서 가장 낮은 값을 보인다.

중 요 재 료

인바와 다른 낮은 열팽창 합금

1896년 프랑스의 Charles-Edouard Guillaume은 1920년에 물리학 노벨상을 받게 되는 흥미롭고 중요한 발견을 하였다. 상온에서 230°C까지 거의 0에 가까운 낮은 열팽창 계수를 가진 철-니켈 합금이 그 발견이다. 이 재료는 '낮은 팽창'(또는 '조절된 팽창'이라 불리기도 함) 금속 합금의 선구자가 되었다. 이 합금은 64 wt% Fe – 36 wt% Ni의 조성을 가지고 있으며, 이 재료로 구성된 시편은 온도 변화에 따라 시편의 길이가 거의 변하지 않는다는 이유로 인바(Invar)라는 상품명을 갖게 되었다. 인바의 상온 열팽창 계수는 1.6×10^{-6} $(°C)^{-1}$이다.

그림 19.3b에서 볼 수 있는 위치에너지 대 원자 간 거리 곡선에서 대칭성을 확보한 경우 거의 0에 가까운 열팽창을 얻을 수 있다고 생각할 수 있다. 그러나 그와 같은 설명은 인바에는 맞지 않다. 인바의 낮은 열팽창은 자기적 특성과 관련이 있다. 철과 니켈은 강자성체이다(20.4절). 이와 같은 강자성체로 영구자석을 만들며, 온도를 증가시킬 경우 특정 온도(큐리 온도)에서 자석의 자성은 사라진다. 이 큐리 온도는 자성 재료에 따라 다른 값을 가지고 있다(20.6절). 인바 시편이 가열됨에 따라 일어나는 팽창은 강자성체 성질에 관련하여 일어나는 수축 현상[**자기변형**(magnetostriction)이라고 함]에 의하여 상쇄된다. 큐리 온도(약 230°C) 이상에서 인바는 일반적인 팽창을 따르면서 열팽창 계수가 크게 증가한다.

또한 인바의 열팽창 특성은 인바에 실시되는 공정과 열처리에 영향을 받고 있다. 예를 들면 높은 온도(800°C 부근)에서 급속 냉각을 실시하고, 이어 냉간 가공 처리된 샘플에서 가장 낮은 열팽창 계수의 값이 얻어지고 있다. 이 시편에 대하여 열처리를 실시하면 열팽창 계수가 증가한다.

낮은 열팽창이 일어나는 다른 합금들이 개발되고 있다. 이 합금 중 하나가 슈퍼 인바(super-Invar)이다. 슈퍼 인바의 열팽창 계수는 0.72×10^{-6} $(°C)^{-1}$로 인바보다 낮은 값을 나타내고 있다. 그러나 낮은 열팽창이 일어나는 온도 구간이 상대적으로 좁다. 성분을 살펴보면 슈퍼 인바는 니켈의 일부를 다른 자성체 금속, 코발트로 대체하여 63 wt% Fe, 32 wt% Ni, 5 wt% Co의 조성으로 이루어져 있다.

코바(Kovar)라는 상품명을 가진 다른 합금이 설계되어 붕소실리케이트(또는 파이렉스)와 비슷한 열팽창 계수를 가지고 있다. 이와 같은 코바를 파이렉스에 접합시키면 온도 변화로 접합 부분에서 발생할 수 있는 열응력과 파괴를 피할 수 있다. 코바는 54 wt% Fe, 29 wt% Ni, 17 wt% Co의 조성으로 이루어져 있다.

이와 같이 열팽창 계수가 낮은 합금들은 온도 변화에 대한 안정성이 크게 요구되는 응용에 사용되며, 이러한 응용으로 다음과 같

은 것들이 있다.

- 기계식 벽걸이 시계와 휴대용 시계들에 대한 보정 추와 평형 바퀴
- 빛의 파장 정도의 크기 안정성이 요구되는 광학적 레이저 측정 장치 내의 구조 부품

- 물 가열 시스템에서 미세 스위치 작동에 사용되는 이중 금속 스트립
- TV와 디스플레이 스크린으로 사용되는 음극선 튜브 위의 섀도 마스크(shadow mask). 낮은 팽창 재료를 사용하여 높은 색 대비, 향상된 밝기, 선명한 영상을 얻는다.
- 액화 천연 가스를 저장하는 용기와 운송하는 운반관

개념확인 19.1　(a) 뚜껑이 황동으로 된 유리 통조림 항아리에 열이 가해질 때 황동 뚜껑이 느슨해지는 이유를 설명하라.

(b) 황동 대신 텅스텐으로 만들어진 뚜껑을 사용하였다고 가정하자. 텅스텐 뚜껑으로 닫힌 항아리에 열을 가하면 어떤 일이 일어날까? 그 이유는?

[해답은 *www.wiley.com/go/Callister_MaterialsScienceGE* → **More Information** → **Student Companion Site** 선택]

19.4 열 전도율

열 전도율

열 전도란 열이 물체 내의 높은 온도 지역에서 낮은 지역으로 이동하는 현상이다. 열 전도율(thermal conductivity)은 하나의 재료가 열을 전달할 수 있는 능력을 특징짓는 성질이며 이것은 다음 식으로 잘 정의된다.

정상 상태 열 흐름에서 열 유량에 미치는 열 전도율과 온도 구배의 영향

$$q = -k \frac{dT}{dx} \tag{19.5}$$

여기서 q는 **열유량**(heat flux), 즉 단위시간, 단위면적(면적은 열 흐름 방향에 수직)에 대한 열 흐름을 나타내고, k는 열 전도율, dT/dx는 전도 매질을 통하여 나타내는 온도 구배(temperature gradient)이다.

q와 k의 단위는 각각 W/m²(Btu/ft²·h)과 W/m·K(Btu/ft·h·°F)이다. 식 (19.5)는 정상 상태의 열 흐름에 대해서만 적용되는 식이다. 정상 상태 열 흐름(steady-state heat flow)이란 시간에 따라 열유량이 변하지 않는 것을 의미한다. 또한 식 (19.5)의 마이너스 표시는 열 흐름이 뜨거운 곳에서 차가운 곳으로, 또는 온도 구배의 아래 방향으로 이루어지고 있다는 것을 의미한다.

식 (19.5)는 원자 확산에 대한 Fick의 제1법칙(식 5.2)과 형태상 유사하다. 이들 표현에 있어 k는 확산 계수 D와 유사하고, 온도 구배는 농도 구배 dC/dx와 유사하다.

열 전도 기구

열은 고체 내에서 격자 진동파(포논)와 자유 전자에 의하여 전달된다. 열 전도율은 각각의

이들 기구와 관련되어 있으며, 총전도율은 두 기구의 합으로 나타난다.

$$k = k_l + k_e \tag{19.6}$$

여기서 k_l과 k_e는 각각 격자 진동 열 전도율과 전자 열 전도율을 나타내며 일반적으로 한 가지 기구가 다른 기구보다도 우세하게 나타난다. 포논 또는 격자파와 관련된 열에너지는 포논의 이동 방향으로 전달된다. 그러므로 전체 k에 대한 포논의 기여(k_l)는 온도 구배가 있는 물체 내 높은 온도 지역에서 낮은 온도 지역으로 포논이 이동하면서 이루어진다.

자유 전자들도 전자 열 전도에 참여한다. 시편의 뜨거운 지역에 있는 자유 전자들은 운동 에너지를 얻어 보다 차가운 지역으로 이동하게 되며, 이 과정에서 전자는 포논 또는 다른 결정 결함과 충돌하여 일부 에너지를 원자에 전달한다(진동에너지로 전달). 총 열 전도율에 기여하는 k_e의 상대적인 양(k_l에 대한 상대적인 양)은 자유 전자의 농도가 증가할수록 커진다. 왜냐하면 보다 많은 전자가 열 전도 과정에 참여하기 때문이다.

금속

고순도 금속에서 열 전달에 미치는 전자 기구의 효과가 포논 기구보다 훨씬 효과적이다. 왜냐하면 전자는 포논만큼 쉽게 산란되지 않을 뿐만 아니라 속도 또한 빠르기 때문이다. 더욱이 금속은 열 전도에 참여하는 비교적 많은 자유 전자를 가지고 있어 매우 좋은 열 전도체이다. 일반적인 금속의 열 전도율이 표 19.1에 나타나 있으며, 그 값들은 약 20~400 W/m·K에 걸쳐 분포하고 있다.

순수한 금속은 자유 전자에 의하여 전기 전도와 열 전도가 이루어지므로 두 가지 전도율은 Wiedemann-Franz 법칙에 의하여 다음 관계가 성립해야 한다고 이론적으로 제시하고 있다.

Wiedemann-Franz 법칙
—금속에서 전기 전도율과 절대 온도를 곱한 값과 열 전도율의 비율은 일정한 값을 나타낸다.

$$L = \frac{k}{\sigma T} \tag{19.7}$$

여기서 σ는 전기 전도율, T는 절대 온도, L은 상수이다. L의 이론적인 값 2.44×10^{-8} $\Omega \cdot W/(K)^2$은 열에너지가 자유 전자에 의하여 이동되는 경우 모든 금속에 대하여 똑같은 값을 갖고 온도에 무관해야만 한다. 여러 가지 금속에 대해 실험적으로 얻은 L의 값이 표 19.1에 나타나 있다. 특기할 만한 것은 이론적 값과 실험적 값이 매우 잘 일치한다는 것이다(두 배 차이 내에 있음).

불순물이 첨가된 합금 금속은 열 전도율이 감소한다. 그 이유는 불순물 첨가 시 전기 전도율이 감소하는 것과 같이(18.8절), 고용체에서 불순물 원자들은 산란 중심체로 작용하여 전자 운동의 효율을 떨어뜨리기 때문이다. 그림 19.4에 나타난 구리-아연 합금의 조성에 대한 열 전도율의 변화는 이러한 효과를 보여 주고 있다. 또한 스테인리스강(높은 농도로 합금되어 있음)은 비교적 열 전달에 대하여 저항성이 크다.

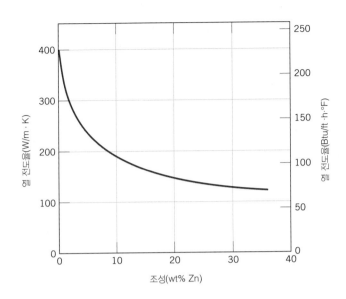

그림 19.4   구리-아연 합금의 조성 변화에 대한 열 전도율 변화
[출처 : *Metals Handbook: Properties and Selection: Nonferrous Alloys and Pure Metals*, Vol. 2, 9th edition, H. Baker (Managing Editor), 1979. ASM International, Materials Park, OH. 허가로 복사 사용함]

개념확인 19.2   일반 탄소강의 열 전도율은 스테인리스강에 비하여 크다. 왜 그런가? 힌트 : 11.2절 참조

[해답은 *www.wiley.com/go/Callister_MaterialsScienceGE* → **More Information** → **Student Companion Site** 선택]

세라믹

비금속 재료는 자유 전자가 적기 때문에 열절연체이다. 그러므로 포논들은 열 전도에 주도적인 역할을 한다. 즉 k_e의 값은 k_l보다 훨씬 작은 값을 나타낸다. 포논은 열에너지를 전달하는 데 자유 전자 만큼 효율적이지 못하다. 왜냐하면 격자 결함에 의한 포논의 산란은 자유 전자보다 효율적으로 일어나기 때문이다.

여러 가지 세라믹 재료에 대한 열 전도율값은 표 19.1에 나타나 있다. 즉 상온에서의 열 전도율은 대략 2~50 W/m·K 범위에 걸쳐 있다. 유리 및 다른 비정질 세라믹은 결정질 세라믹보다 전도율이 낮은데, 이는 원자 구조가 매우 불규칙적이고 무질서하게 배열되어 있으면 격자 진동의 산란이 온도의 증가에 따라 보다 많이 일어나기 때문이다.

격자 진동의 산란은 온도가 높아질수록 많이 발생한다. 그러므로 일반적으로 대부분 세라믹 재료의 열 전도율은 온도가 올라감에 따라 감소하며, 비교적 낮은 온도 영역에서 감소가 시작된다(그림 19.5). 그림 19.5를 보면 전도율은 높은 온도에서 다시 증가하기 시작하는데, 이는 복사열 전달에 기인한다. 즉 이것은 적외선 복사열의 상당량이 투명한 세라믹 재료를 통하여 전달될 수 있기 때문이다. 이 과정의 효율은 온도 증가에 따라 커진다.

세라믹 재료 내에 존재하는 다공성은 열 전도에 상당히 큰 영향을 미칠 수 있는데, 빈 공간 체적의 증가는 대부분 열 전도율의 감소를 초래한다. 실제 열절연에 이용되는 많은 세라믹은 다공성으로 이루어졌다. 작은 기공(pore)을 통한 열 전도는 보통 느리면서 비효율적으로 진행된다. 보통 내부에 존재하는 작은 기공들은 공기를 포함하고 있으며, 공기는 매우 낮은 열 전도율, 약 0.02 W/m·K이다. 또한 기공 내의 기체 대류는 비효율적으로 일어난다.

그림 19.5 여러 가지 세라믹 재료에 대한 열 전도율의 온도 의존성

(출처 : W. D. Kingery, H. K. Bowen, and D. R. Uhlmann, *Introduction to Ceramics*, 2nd edition. Copyright © 1976 by John Wiley & Sons, New York. John Wiley & Sons, Inc. 허가로 복사 사용함)

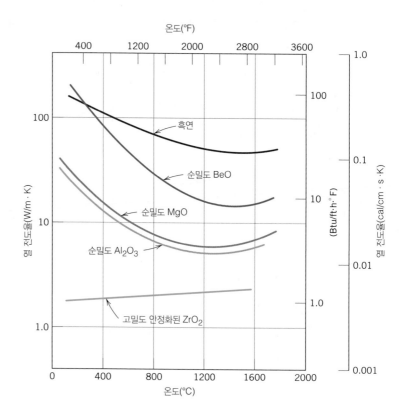

개념확인 19.3 단결정 세라믹의 열 전도율은 다결정에 비하여 크다. 왜 그런가?

[해답은 *www.wiley.com/go/Callister_MaterialsScienceGE* → **More Information** → **Student Companion Site** 선택]

폴리머

표 19.1에서 나타난 것과 같이 대부분 폴리머의 열 전도율은 0.3 W/m·K 정도의 값을 가지고 있다. 이러한 재료 내에서 일어나는 에너지 전달은 사슬 분자들의 진동과 회전에 의하여 이루어진다. 열 전도율값은 결정화 정도에 따라 변한다. 즉, 높은 정도의 결정화가 이루어진 폴리머는 비정질 상태의 동등한 폴리머보다 훨씬 큰 전도율을 가진다. 이것은 결정질 상태에 있는 분자 사슬들의 진동이 보다 효율적으로 연동되어 일어나기 때문이다.

폴리머는 낮은 열 전도율 때문에 열절연체로 흔히 이용된다. 세라믹의 경우와 같이 그들의 절연 성질은 작은 기공들을 내부에 형성시킴으로써 향상되며, 폴리머 내 작은 기공의 형성은 일반적으로 중합(polymerization) 과정에서 기포를 형성시킴으로써 이루어진다(15.18절). 기포 폴리스티렌(foamed polystyrene, 스티로폼)은 마시는 컵과 절연 체스트(chest)에 흔히 이용된다.

개념확인 19.4　선형 폴리에틸렌($\overline{M}_n$ = 450,000 g/mol)과 약하게 가지형으로 이루어진 폴리에틸렌($\overline{M}_n$ = 650,000 g/mol) 중 어느 것이 보다 높은 열 전도율을 나타내는가? 이유는? 힌트 : 14.11절 참조

개념확인 19.5　추운 날에 자동차의 금속 손잡이가 자동차 플라스틱 핸들에 비하여 차갑게 느껴진다. 두 물체의 온도가 같지만 금속 손잡이가 보다 차갑게 느껴지는 이유를 설명하라.

[해답은 *www.wiley.com/go/Callister_MaterialsScienceGE* → More Information → Student Companion Site 선택]

19.5 열응력

열응력

열응력(thermal stress)은 물질이 온도 변화를 받음으로써 물질 내에 형성되는 응력이다. 열응력의 근원과 성질에 대한 이해는 매우 중요한데, 이것은 열응력이 바람직하지 못한 소성변형이나 파괴를 일으킬 수 있기 때문이다.

제한받는 열적 팽창과 수축에 의하여 형성되는 응력

먼저 균일하고 등방적인 성질을 가지고 있는 고체 봉을 균일하게 가열하거나 냉각시키는 경우를 고려하자. 즉 어떤 온도 구배도 고체 봉 내에 형성되지 않은 경우이다. 자유로운 팽창과 수축에 대하여 그 봉은 응력이 없는 상태가 될 것이다. 그러나 만약 봉의 축방향이 견고한 물질에 의하여 고정되어 축방향으로 변형에 대한 제한이 가해지면 열응력이 형성된다. 온도를 T_0에서 T_f로 변화시킴으로써 야기되는 응력 σ의 양은 다음과 같다.

탄성 계수, 열팽창 선형 계수, 온도 변화가 열응력에 미치는 영향

$$\sigma = E\alpha_l(T_0 - T_f) = E\alpha_l\Delta T \tag{19.8}$$

여기서 E는 탄성 계수, α_l은 열팽창 선형 계수이다. 가열 시($T_f > T_0$) 봉은 팽창이 억제되므로 압축 응력이 형성되고($\sigma < 0$), 냉각 시($T_f < T_0$)에는 인장 응력이 가해진다($\sigma > 0$). 또한 식 (19.8)에서 계산된 응력은 봉이 $T_0 - T_f$의 온도 변화에 따라 자유롭게 팽창(또는 수축)한 후에 봉에 힘을 가하여 탄성적으로 압축(또는 신장)시켜 원래의 길이로 줄이는 데 필요한 응력과 같다.

예제 19.1

가열 시 발생되는 열응력

황동 봉을 양끝에 고정시켜 사용할 예정이다. 만약에 이 봉이 상온(20°C)에서는 응력이 전혀 없는 이상 상태라고 하면 가열되면서 봉에 형성되는 압축 응력이 172 MPa(25,000 psi) 이상 되지 않게 하는 최대 온도는 얼마인가? 황동의 탄성 계수는 100 GPa(14.6×10^6 psi)이라고 가정한다.

풀이

식 (19.8)을 이용하여 172 MPa의 응력이 음의 값으로 취해지는 이 문제를 풀어 보자. 초기의 온

도 T_0는 20°C이고, 표 19.1로부터 열팽창 선형 계수는 20×10^{-6} (°C)$^{-1}$이다. T_f에 대하여 다음과 같이 계산된다.

$$T_f = T_0 - \frac{\sigma}{E\alpha_l}$$

$$= 20°C - \frac{-172\,\text{MPa}}{(100 \times 10^3\,\text{MPa})[20 \times 10^{-6}\,(°C)^{-1}]}$$

$$= 20°C + 86°C = 106°C\ (223°F)$$

온도 구배로부터 형성되는 응력

하나의 고체가 가열되거나 냉각될 때 내부 온도 분포는 그 시편의 크기나 형상, 재료의 열 전도율 그리고 온도 변화율에 따라 달라진다. 열응력은 재료 내에 형성되는 온도 구배로 생성되며, 재료 내 온도 구배는 주로 빠른 가열 또는 냉각으로 형성되고 빠른 열처리 시 내부보다는 외부에서 온도 변화가 더 빨리 일어난다. 이러한 결과로 시편에서 불균일한 부피 변화가 일어나면서 인접한 지역의 팽창이나 수축을 억제하게 된다. 예를 들면 가열 시 시편의 외부가 더욱 뜨거워지며 내부보다도 더 많이 팽창할 것이다. 이로써 표면에 압축 응력이 유도되는데, 이는 내부의 인장 응력과 균형을 이루게 된다. 내부-외부 응력 조건은 급속 냉각 시킬 때 반대로 표면이 인장 응력 상태로 된다.

취성 재료의 열충격

연성의 금속이나 폴리머의 경우 열적으로 유도되는 응력들은 소성변형에 의해 완화된다. 그러나 연성이 부족한 대부분 세라믹에서 이러한 응력으로 취성 파괴가 일어날 가능성이 크다. 취성체는 가열시킬 때보다는 급속 냉각시킬 때 더 많은 열충격이 가해지는 경향이 있는데, 이것은 냉각 시 표면에 인장 응력이 형성되기 때문이다. 표면 결함으로부터 일어나는 균열과 전파는 압축 응력보다 인장 응력이 가해질 때 일어날 가능성이 더 크다(12.8절).

재료가 이와 같은 파괴에 견딜 수 있는 능력을 **열충격 저항**(thermal shock resistance)이라고 한다. 급속히 냉각된 세라믹 물체에 대하여 열충격에 대한 저항은 온도 변화의 크기뿐 아니라 재료의 기계적 열적 성질에 따라 달라진다. 열충격 저항이 가장 우수한 세라믹은 낮은 열팽창 계수뿐만 아니라 높은 파괴 강도 σ_f, 높은 열 전도율을 가지고 있으며 이러한 유형의 파괴에 대한 많은 재료의 저항은 열충격 저항 계수, TSR로 다음과 같이 표현된다.

열충격 저항 계수의 정의

$$TSR \cong \frac{\sigma_f k}{E\alpha_l} \tag{19.9}$$

열충격은 냉각 또는 가열 속도를 감소시키고 물체 내의 온도 구배를 줄이는 것과 같이 외부 조건을 변화시켜 방지할 수 있다. 또한 식 (19.9)에 나타난 것과 같이 열적 및 기계적 특성을 변형시켜 재료의 열충격 저항 능력을 증진시키는 방법도 있다. 이러한 계수 중에 열팽창 계수는 가장 쉽게 변화되고 조절될 수 있다. 예를 들면 보통의 소다-석회 유리[α_l 값이 대략적으로 9×10^{-6} (℃)$^{-1}$]는 빵 굽는 기구에 사용할 경우 특히 열충격을 받기가 쉽다. CaO와 Na$_2$O 양을 감소시키고, 동시에 B$_2$O$_3$의 충분한 양을 첨가하여 보로실리케이트[borosilicate, 파이렉스(Pyrex)] 유리를 형성하면 열팽창 계수가 약 3×10^{-6} (℃)$^{-1}$로 감소된다. 따라서 이 재료의 용도는 가열과 냉각이 수없이 반복 사용되는 부엌용 오븐으로 적합하다.[3] 또한 비교적 큰 기공 또는 연성이 있는 2차 상을 재료에 형성시키면 열충격에 견디는 능력이 향상되며 두 가지 모두 열에 의하여 유도되는 균열 전파를 저지한다.

기계적 강도와 광학 특성 향상을 위하여 세라믹 재료의 열응력 제거가 필요한 경우가 있으며, 열응력은 13.11절의 유리에 대하여 설명한 것과 같이 어닐링(annealing) 열처리로 제거할 수 있다.

요약

열용량	• 열용량은 1 mol의 물질을 단위온도만큼 상승시키는 데 요구되는 열의 양을 말한다. 단위 질량에 대하여 공시할 경우 **비열**이라고 한다.
	• 많은 고체 재료에 의하여 동화되는 에너지의 대부분은 원자들의 진동에너지 증가와 관련된다.
	• 오직 특정의 진동에너지 값들이 허용된다(에너지가 양자화되었다고 함). 열진동에너지에 대한 하나의 양자를 **포논**이라 한다.
	• 0 K 부근의 온도에서 많은 결정질 고체에 대하여 일정한 부피에서 측정된 열용량은 절대온도의 세제곱에 비례하여 변한다(식 19.2).
	• 디바이 온도 이상에서는 C_v는 온도에 무관하고, 약 3 R의 일정한 값을 가지고 있다.
열팽창	• 고체 재료는 가열 시 팽창하고 냉각 시에는 수축한다. 길이 변화의 분율은 가해지는 온도 변화에 비례하여 변하며, 이때 비례 상수는 열팽창 계수이다(식 19.3).
	• 열팽창은 평균 원자 간 거리의 증가에 기인하며 원자 간 거리의 증가는 원자 간 거리 대 위치에너지의 곡선 골이 비대칭적인 모양을 갖기 때문에 일어난다(그림 19.3a). 원자 간 결합에너지가 크면 클수록 열팽창 계수는 낮은 값을 갖게 된다.
	• 폴리머의 열팽창 계수는 금속보다 일반적으로 크고 금속 재료는 세라믹 재료보다 큰 열팽창 계수를 가진다.
열 전도율	• 재료 내의 높은 온도 지역에서 낮은 온도 지역으로 열에너지가 이동하는 것을 **열 전도**라고 한다.

---

[3] 미국에서 일부 파이렉스 구이용 유리용기들이 열적으로 담금질 처리된 저렴한 소다-석회 유리로 만들어지고 있다. 이 유리용기는 보로실리케이트 유리만큼 열충격에 강하지는 못하다. 결과적으로 이러한 구이용 접시는 일반적인 구이 과정에서 일어나는 온도 변화에 의해서도 깨지는 일이 발생하면서 유리 조각이 사방으로 날아간다(어떤 경우에는 부상을 야기함). 유럽에서 판매되는 파이렉스 유리용기는 열충격에 보다 강한 특성을 보인다. 한 회사가 유럽에서 파이렉스라는 이름에 대한 권리를 소유하고 있으며, 보로실리케이트 유리를 이용하여 파이렉스 유리용기를 생산하고 있다.

- 정상 상태 열전달에서 열유량은 식 (19.5)에 의하여 결정된다.
- 고체 재료에서 열은 자유 전자와 진동 격자파 또는 포논에 의하여 이동된다.
- 비교적 순수한 금속들의 전도율이 높은 이유는 자유 전자가 많고, 또 이 자유 전자들이 열 에너지를 효율적으로 운반할 수 있기 때문이다. 이와는 대조적으로 세라믹과 폴리머는 나쁜 열전도체이다. 왜냐하면 자유 전자의 농도가 매우 낮고 포논에 의해서 주로 열전도가 이루어지기 때문이다.

열응력
- 온도 변화에 의해서 물체 내부에 형성되는 열응력은 파괴 또는 바람직하지 못한 소성변형을 일으킬 수 있다.
- 열응력을 일으키는 하나의 원천은 물체의 열팽창(또는 수축)에 대한 제한이다. 응력량은 식 (19.8)을 이용하여 계산된다.
- 본체에 대한 급격한 가열 또는 냉각으로 생성되는 열응력은 본체의 내부와 외부 간에 형성된 급격한 열 구배로부터 야기되면서 서로 다른 체적 변화를 수반한다.
- **열충격**은 빠른 온도 변화에 의하여 발생한 열응력에 의해 일어나는 물체의 파괴이다. 세라믹 재료는 취성의 특성을 가지고 있으므로 이와 같은 파괴가 일어나기 쉽다.

식 요약

식 번호	식	용도
19.1	$C = \dfrac{dQ}{dT}$	열용량 정의
19.3a	$\dfrac{l_f - l_0}{l_0} = \alpha_l (T_f - T_0)$	열팽창 선형 계수 정의
19.3b	$\dfrac{\Delta l}{l_0} = \alpha_l \, \Delta T$	
19.4	$\dfrac{\Delta l}{l_0} = \alpha_l \, \Delta T$	열팽창 부피 계수 정의
19.5	$q = -k \dfrac{dT}{dx}$	열 전도율 정의
19.8	$\sigma = E\alpha_l (T_0 - T_f)$ $= E\alpha_l \, \Delta T$	열응력
19.9	$TSR \cong \dfrac{\sigma_f k}{E\alpha_l}$	열충격 저항 계수

기호 목록

기호	의미
E	탄성 계수
k	열 전도율
l_0	초기 길이

기호	의미
l_f	최종 길이
q	열유량 : 단위면적당 단위시간당 열 흐름
Q	에너지
T	온도
T_f	최종 온도
T_0	초기 온도
α_l	열팽창 선형 계수
α_v	열팽창 체적 계수
σ	열응력
σ_f	파괴 강도

주요 용어 및 개념

비열

열용량

열응력

열 전도율

열충격

열팽창 선형 계수

포논

참고문헌

Bagdade, S. D., *ASM Ready Reference: Thermal Properties of Metals*, ASM International, Materials Park, OH, 2002.

Hummel, R. E., *Electronic Properties of Materials*, 4th edition, Springer, New York, 2011.

Jiles, D. C., *Introduction to the Electronic Properties of Materials*, 2nd edition, CRC Press, Boca Raton, FL, 2001.

Kingery, W. D., H. K. Bowen, and D. R. Uhlmann, *Introduction to Ceramics*, 2nd edition, John Wiley & Sons, New York, 1976. Chapters 12 and 16.

연습문제

열용량

19.1 아래의 재료 5 kg을 20~150°C로 증가시킬 때 요구되는 에너지를 추정하라: 알루미늄, 황동, 알루미늄 산화막(알루미나), 폴리프로필렌

19.2 (a) 구리, 철, 금, 니켈 재료들에 대하여 일정 압력에서 상온 열용량 값을 구하라.

(b) 어떻게 이 값들을 서로 비교하겠는가? 또한 어떻게 설명하겠는가?

19.3 식 (19.2)의 상수 A는 $12\pi^4 R/5\theta_D^3$이다. 여기서 R은 기체 상수이고, θ_D는 디바이 온도(K)이다. 알루미늄의 비열이 15 K에서 4.60 J/kg·K로 주어진 경우 알루미늄에 대한 디바이 온도(θ_D)를 추정하라.

열팽창

19.4 15 m 길이의 구리 배선을 40°C에서 −9°C로 냉각시켰다. 변화된 길이는 얼마인가?

19.5 상온에서 7.870 g/cm³의 밀도를 가진 철의 700°C에서 밀도를 계산하라. 열팽창 체적 계수 α_v는 $3\alpha_l$

과 같다고 가정하라.

19.6 금속이 가열될 때 금속의 밀도는 감소한다. 이와 같은 밀도 감소를 야기하는 원천에는 두 가지가 있다. (1) 고체의 열팽창과 (2) 공공 형성(4.2절)이다. 19.320 g/cm³의 밀도를 가진 상온(20°C)의 금 시편을 고려해 보자.

(a) 단지 열팽창만 고려할 때 금 시편을 800°C로 가열시킨 경우 얻어지는 밀도를 결정하라.

(b) 열처리에 의하여 공공이 생성되는 것을 고려하여 위 계산을 반복하라. 공공 형성 에너지는 0.98 eV/atom, 열팽창 체적 계수 α_v는 $3\alpha_l$과 같다고 가정하라.

19.7 지름이 15.025 mm인 원통형 텅스텐 봉과 지름이 15.000 mm인 원형 구멍을 가진 1025 강판이 있다. 이 두 재료를 몇 도의 온도로 가열해야 원통형 봉이 구멍에 잘 맞겠는가? 초기의 온도는 25°C라고 가정하자.

열 전도율

19.8 (a) 식 (19.7)은 세라믹과 폴리머 재료에 대하여 유용한 식이라고 생각하는가? 그 이유는 무엇인가?

(b) 다음의 비금속에 대하여 상온(293 K)에서 Wiedemann-Franz 상수 $L[\Omega \cdot W/(K)^2]$의 값을 추정하라. 지르코니아(zirconia, 3 mol% Y_2O_3), 합성 다이아몬드(synthetic diamond), 진성 갈륨비소(intrinsic GaAs), 폴리에틸렌 테레프탈레이트(PET), 실리콘(silicone) 부록 B에 있는 표 B.7과 B.9를 참조하라.

19.9 금속이 세라믹 재료보다 열 전도율이 큰 이유를 간결하게 설명하라.

19.10 다음 재료의 쌍 각각에 대하여 어느 재료가 보다 큰 값의 열 전도율을 보이는지 결정하라. 그리고 그 결정을 정당화하라.

(a) 순수 은, 법정 순도의 은(sterling silver, 92.5wt% Ag−7.5wt% Cu) 순수 구리

(b) 용융 실리카, 결정질 실리카

(c) 선형과 신디오택틱 폴리비닐클로라이드(linear and syndiotactic poly(vinyl chloride)(DP=1000), 선형과 신디오택틱 폴리스티렌 (linear and syndiotactic polystyrene)(DP=1000)

(d) 어택틱 폴리프로필렌 (atatic polypropylene)($\overline{M_w}=10^6$ g/mol), 아이소탁틱 폴리프로필렌 (isotactic polypropylene)($\overline{M_w}=10^5$ g/mol)

19.11 비정상 상태의 열 흐름은 다음의 편미분 방정식에 의하여 표현된다.

$$\frac{\partial T}{\partial t} = D_T \frac{\partial^2 T}{\partial x^2}$$

여기서 D_T는 열확산 계수이다. 위 식은 확산에 대한 Fick의 제2법칙(식 5.4b)과 동등한 열적 표현식이다. 열확산 계수는 다음에 의하여 정의된다.

$$D_T = \frac{k}{\rho c_p}$$

이 표현에서 k, ρ, c_p는 각각 열 전도율, 질량 밀도, 일정 압력에서의 비열이다.

(a) D_T에 대한 SI 단위는 무엇인가?

(b) 표 19.1의 데이터를 이용하여 구리, 황동, 마그네시아 (magnesia), 용융 실리카, 폴리스티렌, 폴리프로필렌에 대한 D_T의 값을 결정하라. 각 밀도값은 부록 B의 표 B.1에서 찾을 수 있다.

열응력

19.12 (a) 빠른 가열이나 냉각에 의하여 열응력이 하나의 구조물 내부에 형성되는 이유를 간결하게 설명하라.

(b) 냉각 시 발생하는 표면 응력의 근원은 무엇인가?

(c) 가열 시 발생하는 표면 응력의 근원은 무엇인가?

19.13 하나의 강선을 20°C에서 70 MPa의 응력으로 신장시켰다. 이때 길이를 일정하게 유지하면서 응력을 17 MPa로 감소시키기 위하여 온도를 얼마만큼 가열해야 하는가?

19.14 지름 12.000 mm, 길이 120.00 mm의 원통형 니켈 봉의 양끝은 고정되어 있다. 만약에 이 봉이 초기에 70°C로 유지되어 있었다면 지름을 0.023 mm만큼 감소시키기 위하여 냉각시킨 봉의 온도를 결정하라.

설계문제

열팽창

19.D1 1025 강으로 만들어진 철도 선로가 평균 온도 4°C(283 K)를 유지하며 놓일 예정이다. 만약에 11.9 m 길이의 선로 사이 간에 이음 간격이 5.4 mm로 놓인다면, 이 선로에 열응력이 발생하지 않고 허용될 수 있는 가장 높은 온도는 몇 도인가?

열응력

19.D2 재료의 열충격 저항에 대한 식 (19.9)는 비교적 낮은 열 전도율에 대하여 유용하다. 높은 전도율의 경우에 냉각 시 열충격을 받지 않는 최대 온도 변화 ΔT_f는 대략적으로 다음과 같다.

$$\Delta T_f \cong \frac{\sigma_f}{E\alpha_l}$$

여기서 σ_f는 파괴 강도이다. 부록 B의 표 B.2, B.4, B.6에 나타나 있는 데이터를 이용하여 소다-석회 유리(soda-lime glass), 보로실리케이트(파이렉스, Pyrex) 유리, 알루미늄 산화물(aluminum oxide, 96% 순도), 갈륨 비소(GaAs)[⟨100⟩ 방향과 {100} 면 결정]에 대한 ΔT_f의 값을 결정하라.

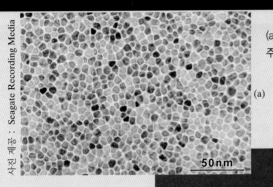

50 nm

(a)

(a) 하드 디스크 드라이버에서 사용되는 수직 자성 기록 매체의 미세구조를 보여 주는 투과 전자현미경 사진

(b)

(b) 데스크톱(오른쪽)과 랩톱(왼쪽) 컴퓨터에서 사용되는 자기저장 하드 디스크

(c) 하나의 하드 디스크 드라이버의 내부를 보여 주는 사진. 둥근 디스크는 전형적으로 분당 5400회 또는 7200회의 회전 속도로 빙빙 돈다.

(c)

(d) 랩톱 컴퓨터. 이 컴퓨터의 내부 구성 요소 중 하나가 하드 디스크 드라이버이다.

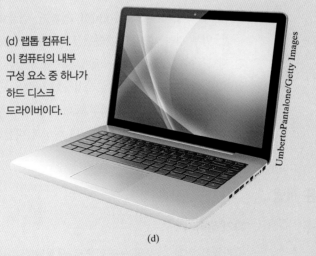

(d)

우리는 어떤 재료들의 영구 자기 거동 기구를 이해하여 자기적 성질을 변경거나, 응용에 맞게 원하는 자기적 성질을 제조하고자 한다. 예로 설계문제 20.1에서 재료의 조성을 바꾸어 세라믹 재료의 자기 거동이 어떻게 증진되나를 이해하고자 한다.

학습목표

이 장을 학습한 후에는 다음 내용을 숙지할 수 있어야 한다.

1. 어떤 재료에 가해지는 자기장 세기와 자화율이 주어지면 재료의 자화 결정
2. 재료의 자기 모멘트에 대한 두 가지 원천을 전자적인 관점에서 설명
3. (a) 반자성, (b) 상자성, (c) 강자성의 본질과 원천에 대한 설명
4. 결정 구조 관점에서 입방 페라이트에 대한 페리자성의 원천에 대한 설명

5. (a) 자기이력 곡선에 대한 기술, (b) 강자성체와 페리자성체들이 자기이력 곡선을 나타내는 이유를 설명, (c) 이 재료들이 영구 자성체가 되는 이유를 설명
6. 연자성체와 경자성체의 자기적 특성의 차이점 기술
7. 초전도성 현상 기술

20.1 서론

자성(magnetism)은 — 하나의 재료가 다른 재료에 대하여 밀거나 당기는 힘들이 작용하는 현상 — 수천 년 동안 알려져 왔다. 그러나 자기 현상을 설명하는 중요한 이론과 기구들은 복잡하고 미묘하여, 최근까지 과학자들도 이에 대하여 완전하게 이해하지 못하고 있다. 대부분의 현대 제품에서 자성과 자기 재료가 사용되고 있으며, 이런 제품들로 전력 발전기와 변압기, 전기 모터, 라디오, 텔레비전, 전화기, 컴퓨터, 음성 및 영상 제품 등이 있다.

철, 일부 강들, 그리고 자연광물인 천연자석(lodestone)은 자기 성질을 보여 주는 잘 알려진 재료들이다. 그러나 우리에게 친숙한 사실은 아니지만 모든 재료는 (물론 정도의 차이는 있지만) 외부에서 가해 주는 자기장의 영향을 받고 있다. 이 장은 자기장에 대하여 간략하게 설명하고, 여러 가지 자기장 벡터들과 자기 매개변수들에 대해 다루고 있다. 이어서 반자성, 상자성, 강자성, 페리자성들의 현상과 다른 자기 재료에 대하여 설명하고, 마지막으로 초전도 현상을 기술한다.

20.2 기본 개념

자기 쌍극자

자기력은 전하 입자의 움직임으로 생성된다. 이러한 자기력은 정전기력에 추가로 존재하는 힘이다. 자기력은 자기장의 관점에서 고려하는 것이 편리하다. 가상적인 힘의 선들이 자기장 원천 근처에서 힘의 방향을 나타내며 그려질 수 있다. 힘의 선들로 나타낸 자기장 분포는 하나의 막대 자석과 전류 루프(current loop)로 그림 20.1과 같이 그려진다.

자기 쌍극자(magnetic dipole)는 자기 재료에 존재해 있으며, 이와 같은 쌍극자는 어떤 면에서 전기 쌍극자와 유사한 특성을 보인다(18.19절). 자기 쌍극자는 전기 쌍극자가 양전

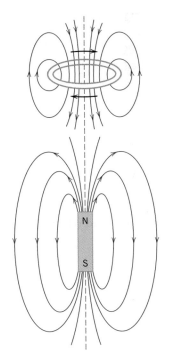

그림 20.1 하나의 전류 루프와 하나의 막대자석 주위에 형성되는 자기 자장선

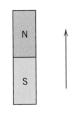

그림 20.2 화살표로 표시된 자기 모멘트

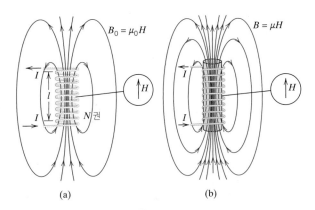

그림 20.3 (a) 실린더 코일로 인해 생성된 자기장. H는 식 (20.1)에 의해 전류 I, 권선 수 N, 코일 길이 l의 영향을 받고 있다. 진공 중에서의 자기력 선속 밀도 B_0는 $\mu_0 H$와 같다. μ_0는 진공 중의 투자율이고, $4\pi \times 10^{-7}$ H/m의 값을 갖는다. (b) 고체 내의 자기력 선속 밀도 B는 μH와 같다. μ는 고체의 투자율이다.

하와 음전하로 구성된 반면, 남극과 북극으로 구성된 작은 막대자석으로 고려될 수 있다. 여기서 자기 쌍극자 모멘트는 그림 20.2에 나타난 것과 같이 화살표로 표시된다. 자기 쌍극자는 전기 쌍극자가 전기장에 의하여 영향을 받는 것(그림 18.29)과 유사한 방법으로 자기장에 의하여 영향받고 있다. 자기장 내 위치한 쌍극자는 자기장으로부터 회전력(torque)을 받아 자기장의 방향에 맞추어 회전하게 된다. 이와 같은 예로 잘 알려진 것은 자석 나침반 바늘이 지구의 자기장 방향에 맞추어 일직선상에 배열되는 것이다.

자기장 벡터

고체 재료에서 자기 모멘트의 원천을 논의하기 전에 먼저 여러 자기장 벡터의 관점에서 자기 행위를 설명하고자 한다. 외부에서 가해지는 자기장[자기장 세기(magnetic field strength)라고도 함]을 H로 표기한다. 만약에 촘촘한 간격으로 N번 감고 길이가 l인 실린더 코일[또는 솔레노이드(solenoid)]에 I의 전류를 흘리면, 이때 생성되는 자기장은 다음과 같다.

자기장 세기

코일 내부 자기장 세기—권선 수, 전류, 코일 길이에 대한 의존성

$$H = \frac{NI}{l} \tag{20.1}$$

그와 같은 배열의 개략적 그림은 그림 20.3a에 나타나 있다. 그림 20.1에 보인 전류 루프와 막대자석 때문에 발생하는 자기장은 H 자기장이다. H의 단위는 ampere-turns per meter 또는 ampere per meter이다.

자기 유도

자기력 선속 밀도

B로 나타나는 자기 유도(magnetic induction) 또는 자기력 선속 밀도(magnetic flux density)는 H 자기장을 받고 있는 재료에서 형성되는 내부 자기장 세기의 양을 표시한다. B의 단위는 *tesla*[또는 weber per square meter(Wb/m²)]로 나타낸다. B와 H는 모두 자기장 벡터들로서 양뿐만 아니라 방향에 의해 표시된다.

자기장 세기와 선속 밀도는 다음과 같은 관계를 맺는다.

재료 내 자기력 선속 밀도—투자율과 자기장 세기에 대한 의존성

$$B = \mu H \tag{20.2}$$

투자율

매개변수 μ는 투자율(permeability)이라고 하며, 그림 20.3b에서 보인 바와 같이 H 자기장이 가해질 때 자기 유도 B가 생성되는 매개 물질이 보유하는 하나의 자기적 성질을 말한다. 투자율의 단위는 weber per ampere-meter(Wb/A·m) 또는 henry per meter(H/m)이다.

진공 상태에서는 다음과 같이 표시된다.

진공에서 자기력 선속 밀도

$$B_0 = \mu_0 H \tag{20.3}$$

여기서 μ_0는 진공 투자율(permeability of a vacuum)이고, $4\pi \times 10^{-7}(1.257 \times 10^{-6})$ H/m의 값을 갖는다. 계수 B_0는 그림 20.3a에 나타난 것과 같이 진공 내에서의 선속 밀도이다.

여러 가지 계수들은 고체의 자기적 성질을 나타내는 데 이용된다. 이것들 가운데 하나는 진공 중 투자율에 대한 재료 내의 투자율 비율로 표시된 상대적 값이다.

상대 투자율 정의

$$\mu_r = \frac{\mu}{\mu_0} \tag{20.4}$$

여기서 μ_r은 상대 투자율(relative permeability)이라고 하며, 단위를 가지고 있지 않다. 하나의 재료에 대한 투자율 또는 상대 투자율은 그 재료가 자화될 수 있는 정도를 나타내거나 또는 유도 자기장 B가 외부에서 가해지는 H 자기장에 의하여 얼마나 쉽게 유도될 수 있는지를 나타내는 척도이다.

자화

또 다른 자기장의 양 M[자화(magnetization)라고 함]은 다음 식으로 정의한다.

자기력 선속 밀도—자기장 세기와 자화의 함수

$$B = \mu_0 H + \mu_0 M \tag{20.5}$$

H 자기장이 가해질 때 고체 내의 자기 모멘트들은 자기장에 맞추어 정렬하려는 경향이 있다. 그리고 가해진 외부 자기장으로 정렬된 고체 내 자기 모멘트는 자화를 더욱 강화시킨다. 식 (20.5)의 $\mu_0 M$은 이러한 자기장의 기여를 나타내는 항이다.

M의 양은 외부 자기장에 대하여 다음과 같은 비례 관계식으로 표현할 수 있다.

재료의 자화—자화율과 자기장 세기에 대한 관계식

$$M = \chi_m H \tag{20.6}$$

자화율

여기서 χ_m은 자화율(magnetic susceptibility)이라 하고, 단위가 없다.[1] 자기 자화율과 상대 투자율은 다음과 같은 관계를 유지한다.

---

1 자화율 χ_m은 SI 단위에서 체적 자화율로 취해지고, 자기장 H가 곱해지면 재료의 단위부피(m³)당 자화를 나타낸다. 다른 자화율들도 또한 가능하다. 연습문제 20.2를 참조하라.

표 20.1 SI와 cgs-emu 체계에 대한 자기 단위와 환산 인자

| 양 | 기호 | SI 단위 | | cgs-emu 단위 | 환산 |
		유도된	주요한		
자기 유도	B	Tesla (Wb/m²)[a]	kg/s·C	Gauss	1 Wb/m² = 10⁴ gauss
자기장 세기	H	Amp·turn/m	C/m·s	Oersted	1 amp·turn/m = $4\pi \times 10^{-3}$ oersted
자화	M (SI) I (cgs-emu)	Amp·turn/m	C/m·s	Maxwell/cm²	1 amp·turn/m = 10^{-3} maxwell/cm²
진공 투자율	μ_0	Henry/m[b]	kg·m/C²	단위 없음(emu)	$4\pi \times 10^{-7}$ henry/m = 1 emu
상대 투자율	μ_r (SI) μ' (cgs-emu)	단위 없음	단위 없음	단위 없음	$\mu_r = \mu'$
자화율	χ_m (SI) χ'_m (cgs-emu)	단위 없음	단위 없음	단위 없음	$\chi_m = 4\pi\chi'_m$

[a] 웨버(Wb)의 단위는 volt·second이다.

[b] 헨리(henry)의 단위는 webers per ampere이다.

자화율과 상대 투자율 간의 관계

$$\chi_m = \mu_r - 1 \tag{20.7}$$

앞서 말한 자기장 계수들은 유전 계수들과 형태상 유사점이 있다. 즉 B와 H는 유전 변위 D와 전기장 $\mathscr{E}$에 대하여 유사성을 가지고 있으며, 투자율 μ는 유전율 ε에 대응된다(식 20.2와 18.30). 또한 자화 M과 분극 P는 서로 대응되는 유사성을 가지고 있다(식 20.5와 18.31).

자기 단위는 상당한 주의를 요한다. 왜냐하면 두 가지 단위체계가 일반적으로 널리 사용되고 있기 때문이다. 이제까지 SI[합리화된 *MKS*(meter-kilogram-second)] 단위가 사용되었다. 다른 단위로 *cgs-emu*(centimeter-gram-second-electromagnetic unit) 체계가 있다. 표 20.1에는 두 가지 단위체계와 적당한 환산 인자들이 표시되어 있다.

자기 모멘트의 원천

재료의 거시적인 자기 성질은 개개 전자들의 자기 모멘트(magnetic moment)로부터 비롯된 결과이다. 이러한 개념 가운데 일부는 비교적 복잡하고 여기에서 논의하기에는 어려운 양자역학적 원리를 포함하고 있다. 그러므로 여기에서 몇 가지 상세한 부분을 제외하고 개념을 단순화시켰다. 하나의 원자 안에 있는 개개 전자들은 두 가지 다른 원천을 가지고 있는 자기 모멘트를 가지고 있다. 한 가지는 원자핵 주위를 돌고 있는 전자의 궤도(orbital) 운동에 관련된 것이다. 궤도를 따라 움직이는 하나의 전자는 작은 전류 루프를 형성하며, 이와 같은 전류 루프는 그림 20.4a에 개략적으로 그려진 것과 같이 회전축을 따라 생성되는 자기 모멘트를 가지며 매우 작은 자기장을 발생시킨다.

이와 함께 각 전자는 자신의 축을 중심으로 회전하는 것으로 여겨진다. 다른 자기 모멘트

그림 20.4 (a) 1개의 오비탈 전자와 (b) 1개의 스핀 전자들에 의하여 형성되는 각각의 모멘트

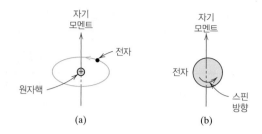

는 이와 같은 전자 스핀(electron spin)으로 형성된다. 전자 스핀에 의한 자기 모멘트의 방향은 스핀축을 따라 그림 20.4b에 보인 바와 같이 나타난다. 스핀 자기 모멘트는 '위(up)' 방향이거나 '아래(down)' 방향 중 하나를 취할 수 있다. 원자 안에 있는 각 전자는 영구 오비탈 및 스핀 자기 모멘트를 가진 하나의 작은 자석으로 여겨질 수 있다.

보어 마그네톤

가장 기본적인 자기 모멘트는 보어 마그네톤(Bohr magneton) μ_B이고, 그 값은 9.27×10^{-24} A·m²이다. 원자 안에 있는 개개 전자의 스핀 자기 모멘트는 $\pm\mu_B$이다(+는 스핀 방향이 위이고, −는 스핀 방향이 아래임을 의미한다). 더욱이 오비탈 자기 모멘트에 의한 증가는 $m_l\mu_B$이고, m_l은 2.3절에서 언급한 것과 같이 자기 양자수이다.

개개의 원자에서 어떤 전자쌍의 오비탈 모멘트는 서로 상쇄되며, 이것은 스핀 모멘트에도 똑같이 적용된다. 예를 들면 스핀의 방향이 위로 유지된 전자의 스핀 모멘트는 스핀 방향이 아래로 되어 있는 전자와 상쇄된다. 하나의 원자에 대한 순수 자기 모멘트는 원자를 구성하고 있는 개개 전자들의 자기 모멘트의 총합이고, 자기 모멘트는 오비탈과 스핀에 의한 기여를 포함하고 있다. 모든 각(shell) 또는 아각(subshell)들에 전자가 완전히 채워진 하나의 원자에 대해서는 오비탈과 스핀 모멘트의 전체적인 상쇄 효과가 있다. 그러므로 완전히 채워진 각을 가지고 있는 원자들로 구성된 재료는 영구적으로 자화되지 않는다. 이러한 범주에 속하는 재료는 불활성 기체들(He, Ne, Ar 등)과 일부 이온 재료들이다. 자성의 종류로는 반자성, 상자성, 강자성이 있다. 이와 함께 반강자성과 페리자성은 강자성의 소분류로 고려된다. 모든 재료는 이러한 유형 가운데 적어도 하나 이상의 특성을 나타내고, 이러한 특성들의 형태는 외부에서 가해 주는 자기장에 대하여 전자와 원자 자기 쌍극자들이 어떻게 대응하는가에 따라 달라진다.

20.3 반자성과 상자성

반자성

반자성(diamagnetism)은 비영구적이며 외부에서 자기장이 가해지는 동안에만 형성되는 매우 약한 형태의 자성이다. 반자성은 외부에서 가해 주는 자기장에 의하여 전자의 궤도 운동이 변함으로써 유도되는 자성이다. 유도되는 자기 모멘트의 양은 매우 적으며, 외부 자기장의 반대 방향으로 형성된다. 그러므로 상대 투자율 μ_r은 1보다 작게(그러나 1에 근접한 값임) 나타나고, 자화율은 음의 값을 취하고 있다. 음수의 자화율은 반자성체 내의 B 자기장의 양이 진공 중에서의 값보다 작다는 것을 의미한다. 반자성체에 대한 체적 자화율(volume susceptibility) χ_m은 -10^{-5} 정도의 수준이다. 강한 전자석으로 이루어진 극들 사이에 반자

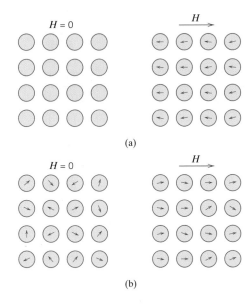

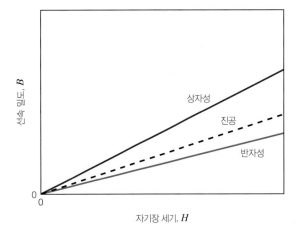

그림 20.5 (a) 외부에서 가해지는 자기장이 있는 경우와 없는 경우 반자성 재료에서의 원자 쌍극자 배열. 외부 자기장이 없는 경우에는 쌍극자가 존재하지 않고, 자기장이 존재하는 경우는 자기장에 의하여 쌍극자가 유도되어 자기장 방향에 반대되는 방향으로 정렬된다. (b) 상자성 재료에서 외부 자장이 없는 경우와 있는 경우의 원자 쌍극자 배열

그림 20.6 반자성과 상자성에 대한 자기장 세기 H 대 선속 밀도 B의 관계를 나타내는 도식도

성체를 놓으면 반자성체는 자기장이 약한 쪽으로 끌려간다.

그림 20.5a는 반자성체에 외부 자기장이 가해지는 경우와 가해지지 않는 경우 대응되는 원자 자기 쌍극자 배열을 보여 주는 개략적 그림이다. 여기서 화살표는 원자 쌍극자 모멘트를 나타내고, 앞에서 보았던 화살표는 전자 모멘트를 표시한다. 반자성체 특성을 보이는 재료에 가해지는 외부 자기장 H와 B의 관계는 그림 20.6에 나타나 있다. 표 20.2는 여러 가지 반자성체 재료의 자화율을 보여 준다. 반자성은 모든 재료에서 발견되지만 매우 약하기 때문에 다른 유형의 자성이 전혀 존재하지 않는 경우에만 관찰된다. 이러한 형태의 자성은 실질적으로 중요하지 않다.

일부 고체 재료에서 각 원자는 원자의 전자 스핀과 (또는) 오비탈 자기 모멘트가 불완전하게 상쇄되어 영구적인 쌍극자 모멘트를 보유한다. 외부 자기장이 없을 경우 이러한 원자 자기 모멘트들의 방향은 무질서하게 분포되어 있어 거시적 자화는 0의 값을 나타내게 된다. 이러한 원자 쌍극자들은 자유롭게 회전하는데, 외부에서 자기장이 가해지면 그림 20.5b처럼 가해지는 자기장에 맞추어 회전하고 정렬하여 상자성(paramagnetism)을 생성하게 된다. 이러한 자기 쌍극자들은 근접한 쌍극자들 사이는 아무런 상호 작용이 일어나지 않으면서 개별적으로 외부 자기장과 작용을 한다. 쌍극자들은 외부 자기장에 맞추어 정렬하면서 증강되고, 1보다 큰 상대 투자율을 가지며 양의 값을 가지나 비교적 작은 값의 자화율을 나타낸다. 상자성체의 자화율은 약 $10^{-5} \sim 10^{-2}$ 범위에 걸친 값을 보인다(표 20.2). 상자성체에 대한 개

상자성

표 20.2 반자성 재료와 상자성 재료에 대한 상온 자화율

반자성		상자성	
재료	자화율 χ_m(체적) (SI 단위)	재료	자화율 χ_m(체적) (SI 단위)
산화알루미늄	-1.81×10^{-5}	알루미늄	2.07×10^{-5}
구리	-0.96×10^{-5}	크롬	3.13×10^{-4}
금	-3.44×10^{-5}	염화크롬	1.51×10^{-3}
수은	-2.85×10^{-5}	망간황화물	3.70×10^{-3}
규소	-0.41×10^{-5}	몰리브덴	1.19×10^{-4}
은	-2.38×10^{-5}	나트륨	8.48×10^{-6}
염화나트륨	-1.41×10^{-5}	티탄	1.81×10^{-4}
아연	-1.56×10^{-5}	지르코늄	1.09×10^{-4}

략적인 B 대 H의 곡선이 그림 20.6에 나타나 있다.

반자성체와 상자성체는 비자기(nonmagnetic) 재료로 고려되고 있다. 왜냐하면 외부 자기장이 가해질 때만 자화되기 때문이다. 또한 두 재료의 선속 밀도 B는 진공 중에서와 거의 비슷하다.

20.4 강자성

강자성

강자성 재료에서 자기력 선속 밀도와 자화 간의 관계

$H = 0$

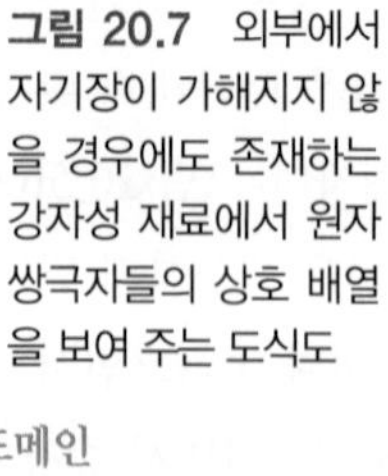

그림 20.7 외부에서 자기장이 가해지지 않을 경우에도 존재하는 강자성 재료에서 원자 쌍극자들의 상호 배열을 보여 주는 도식도

도메인

포화 자화

어떤 금속 재료는 외부 자기장이 가해지지 않을 때도 영구 자기 모멘트를 소유하고 있으며, 매우 큰 영구 자화를 띠고 있다. 이와 같은 것이 강자성(ferromagnetism)의 특징이다. 전이 금속인 철(α-ferrite), 코발트, 니켈, 그리고 일부 희토류 금속, 예를 들면 가돌리늄(Gd)이 강자성을 띠고 있다. 강자성체는 10^6 정도의 높은 자화율을 가질 수 있다. 결과적으로 $H \ll M$의 관계가 유지되며, 식 (20.5)는 다음과 같이 표현된다.

$$B \cong \mu_0 M \tag{20.8}$$

강자성체에서의 영구 자기 모멘트는 원자 자기 모멘트로부터 형성되며, 원자 자기 모멘트는 전자 구조에서 상쇄되지 않은 전자 스핀들로 생성된다. 이와 함께 스핀 모멘트에 비하여 적은 값이지만 오비탈 자기 모멘트도 원자 자기 모멘트 형성에 기여하고 있다. 더욱이 강자성체에서 결합(coupling) 상호 작용으로 외부 자기장이 가해지지 않은 경우에도 이웃한 원자들끼리 서로 정렬하여 순수한 스핀 자기 모멘트를 생성시킨다. 이와 같은 과정이 그림 20.7에 나타나 있다. 이러한 결합 힘의 근원은 완전하게 이해되고 있지 않지만 금속의 전자 구조로부터 생성되는 것으로 여겨지고 있다. 이런 상호 스핀 정렬은 도메인(domain)이라는 결정 내 비교적 큰 부피에 걸쳐 존재한다(20.7절 참조).

강자성체의 가능한 최대 자화 또는 포화 자화(saturation magnetization) M_s는 고체 내에 있는 모든 자기 쌍극자가 외부 자기장에 따라 서로 정렬될 때 생성되는 자화를 말한다. 물론

이에 대응되는 포화 선속 밀도 B_s가 존재한다. 포화 자화는 각 원자들이 보유하는 순수 자기 모멘트와 재료 내에 존재하는 원자 수를 곱한 것과 같다. 철, 코발트, 니켈의 원자당 순수 자기 모멘트는 각각 2.22, 1.72, 0.60 보어 마그네톤이다.

예제 20.1

니켈의 포화 자화 및 포화 선속 밀도 계산

니켈의 밀도는 $8.90\,\text{g/cm}^3$이다. 니켈의 (a) 포화 자화와 (b) 포화 선속 밀도를 계산하라.

풀이

(a) 포화 자화는 1개의 원자가 보유하고 있는 보어 마그네톤의 수(0.60)와 보어 마그네톤 μ_B의 값, $1\,\text{m}^3$에 들어 있는 원자수 N의 곱으로 다음과 같이 표시된다.

니켈에 대한
포화 자화

$$M_s = 0.60\,\mu_B N \tag{20.9}$$

m^3당 원자수는 밀도 ρ, 원자량 A_{Ni}, 아보가드로 수 N_A와 다음과 같은 관계가 있다.

단위부피당
니켈 원자수에
대한 계산

$$N = \frac{\rho N_A}{A_{Ni}} \tag{20.10}$$

$$= \frac{(8.90 \times 10^6\,\text{g/m}^3)(6.022 \times 10^{23}\,\text{원자/몰})}{58.71\,\text{g/mol}}$$
$$= 9.13 \times 10^{28}\,\text{원자/m}^3$$

그러므로 M_s는 다음과 같이 계산된다.

$$M_s = \left(\frac{0.60\,\text{보어 마그네톤}}{\text{원자}}\right)\left(\frac{9.27 \times 10^{-24}\,\text{A·m}^2}{\text{보어 마그네톤}}\right)\left(\frac{9.13 \times 10^{28}\,\text{원자}}{\text{m}^3}\right)$$
$$= 5.1 \times 10^5\,\text{A/m}$$

(b) 식 (20.8)로부터 포화 선속 밀도는 다음과 같이 계산된다.

$$B_s = \mu_0 M_s$$
$$= \left(\frac{4\pi \times 10^{-7}\,\text{H}}{\text{m}}\right)\left(\frac{5.1 \times 10^5\,\text{A}}{\text{m}}\right)$$
$$= 0.64\,\text{tesla}$$

20.5 반강자성과 페리자성

반강자성

이웃한 원자들 사이 또는 이웃한 이온들 사이에 일어나는 자기 모멘트 결합(magnetic

moment coupling)은 강자성체 외의 재료에서도 발생한다. 이러한 재료에서 이 결합 현상으로 반평행(antiparallel) 정렬이 일어나고, 이때 이웃한 원자들 또는 이웃한 이온의 스핀 모멘트들이 완전히 반대 방향으로 정렬된다. 이와 같은 현상을 반강자성(antiferromagnetism)이라고 한다. 망간 산화물(MnO)은 이러한 특성을 가진 재료이다. 망간 산화물은 이온 특성을 가진 세라믹 재료이고, Mn^{2+}과 O^{2-} 이온으로 구성되어 있다. O^{2-} 이온에 대한 스핀과 오비탈 모멘트는 완전히 상쇄되기 때문에 O^{2-} 이온에 의한 순수 자기 모멘트는 없어진다. 그러나 Mn^{2+} 이온들은 주로 스핀 모멘트에 의한 순수 자기 모멘트를 소유한다. 이러한 Mn^{2+} 이온들은 이웃한 이온들의 모멘트가 반 평행하게 위치하도록 배열된다. 이러한 배열의 개략적 그림이 그림 20.8에 나타나 있다. 그림에서 명백하게 서로 반대 방향으로 정렬된 자기 모멘트들은 서로 상쇄되어 고체는 순수 자기 모멘트를 갖지 않는다.

페리자성

또한 어떤 세라믹은 페리자성(ferrimagnetism)이라는 영구 자화를 나타낸다. 강자석과 페리 자석들은 거시적으로 보았을 때 자기 특성들이 비슷하다. 단지 다른 점은 순수 자기 모멘트의 원천에 있다. 페리자성의 원리는 입방 페라이트(cubic ferrite)를 이용하여 설명할 수 있다.[2] 이와 같은 이온 재료는 MFe_2O_4의 화학식으로 나타낼 수 있다(M은 금속 원소들을 의미함). 페라이트의 원형은 Fe_3O_4, 즉 마그네타이트(magnetite)이며, 천연자석이라고도 한다.

Fe_3O_4의 화학식은 $Fe^{2+}O^{2-}-(Fe^{3+})_2(O^{2-})_3$로 표시할 수 있으며, 이때 Fe 이온은 Fe^{2+} 또는 Fe^{3+}으로 존재하고, 비율은 1 : 2이다. Fe^{2+}, Fe^{3+} 두 가지 이온 형태에 대하여 순수 자기 모멘트는 각각 4 μ_B, 5 μ_B이다. O^{2-} 이온의 자기 모멘트는 0의 값을 띠고 있다. 또한 반강자성 특징과 유사하게 Fe 이온 사이에는 반평행 스핀 결합(spin-coupling) 상호작용이 있다. 그러나 순수 페리 자기 모멘트는 스핀 모멘트의 불완전한 상쇄 효과로 발생된다.

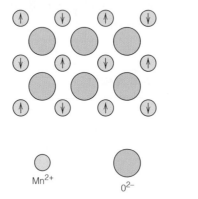

그림 20.8 반강자성 망간 산화물에서 스핀 자기 모멘트들이 반평행하게 배열된 개략적인 그림

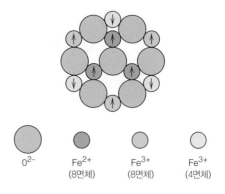

그림 20.9 Fe_3O_4에서 Fe^{2+}과 Fe^{3+} 이온들의 스핀 자기 모멘트들의 배열을 보여 주는 개략적 그림

(출처 : Richard A. Flinn and Paul K. Trojan, Engineering Materials and Their Applications, 4th edition. Copyright © 1990 by John Wiley & Sons, Inc. John Wiley & Sons, Inc. 허가로 복사 사용함)

페라이트   2 자기적 의미에서 페라이트는 9.18절에서 논의된 페라이트-철과 혼동하지 말아야 한다. 이 장에서 사용되는 페라이트(ferrite)는 자기 세라믹을 의미한다.

표 20.3 Fe_3O_4의 단위 정에서 Fe^{2+}과 Fe^{3+} 이온들에 대한 스핀 자기 모멘트들의 분포[a]

양이온	8면체	4면체	순자기 모멘트
Fe^{3+}	↑↑↑↑	↑↑↑↑	완전
	↑↑↑↑	↑↑↑↑	상쇄
Fe^{2+}	↑↑↑↑	—	↑↑↑↑
	↑↑↑↑		↑↑↑↑

[a] 각 화살표는 하나의 양이온에 대한 자기 모멘트 방향을 표시한다.

입방 페라이트들은 스피넬(spinel) 결정 구조(12.2절)와 유사하면서 입방형 대칭성을 가지고 있는 역스피넬(inverse spinel) 결정 구조를 가진다. 이 구조는 O^{2-} 이온들을 조밀한 면으로 쌓아 만들어진다. 여기에는 철 양이온들에 의하여 점유될 수 있는 두 가지 다른 위치가 있다(그림 12.7 참조). 한 위치는 배위수가 4이다(4면체 배위). 즉 각각의 Fe 이온들은 인접한 4개의 산소 원자에 의해 둘러싸여 있다. 또 다른 위치는 배위수가 6이다(8면체 배위). 이와 같은 역스피넬 구조에서 3가 이온(Fe^{3+})의 절반은 8면체 위치에 놓여 있고, 나머지 절반의 3가 이온들은 4면체 위치에 놓여 있게 된다. 2가의 Fe^{2+} 이온들은 모두 8면체 위치에 놓여 있다. 중요한 인자는 그림 20.9와 표 20.3에 나타난 바와 같이 Fe 이온들의 스핀 모멘트 결합 방법이다. 8면체 위치에 놓여 있는 모든 Fe^{3+} 이온들의 스핀 모멘트는 서로 간에 평행하게 정렬되어 있으나, 4면체 위치를 차지하고 있는 Fe^{3+} 이온들에 대하여는 반대 방향으로 정렬되어 있다. 그러므로 모든 Fe^{3+} 이온의 스핀 모멘트들은 서로 상쇄되어 고체의 자화에 아무런 기여를 하지 못한다. Fe^{2+} 이온들은 모두 같은 방향으로 정렬된 모멘트를 가지고 있어, 이들 Fe^{2+} 이온의 모멘트 총합이 순수 자화를 나타낸다(표 20.3). 그러므로 페리자성체의 포화 자화는 각 Fe^{2+} 이온의 순수 스핀 모멘트와 Fe^{2+} 이온 수를 곱한 것과 같다. 이 값은 Fe_3O_4 시편에 있는 모든 Fe^{2+} 이온 자기 모멘트들의 상호 정렬된 것에 대응된다.

입방 페라이트에서 금속 이온을 첨가하여 일부분의 철을 대체하여 다른 조성의 입방 페라이트를 생성할 수 있다. 즉 $M^{2+}O^{2-}-(Fe^{3+})_2(O^{2-})_3$, 페라이트 화학식에 Fe^{2+} 이외에도 다른 2가 금속들이 M^{2+}을 나타낼 수 있는데, 이와 같은 2가 금속으로는 Ni^{2+}, Mn^{2+}, Co^{2+}, Cu^{2+}이 있고, 각각은 4와 다른 순수 스핀 자기 모멘트를 소유하고 있다. 표 20.4에 순수 자기 모멘트값들이 나열되어 있다. 따라서 조성을 변화시켜 넓은 범위에 걸친 페라이트 화합물을 생성할 수 있다. 일례로 니켈 페라이트는 $NiFe_2O_4$의 화학식을 가진다. 이와 함께 두 가지 금속 이온을 포함한 다른 화합물, 이를테면 $(Mn, Mg)Fe_2O_4$를 생성할 수 있으며, 이때 Mn^{2+} : Mg^{2+} 비율은 변할 수 있다. 이러한 화합물을 혼합 페라이트(mixed ferrite)라고 한다.

입방 페라이트 외에 페리자성을 띠고 있는 다른 세라믹들로는 육각형 페라이트와 가닛(garnet)이 있다. 육각형 페라이트들은 역스피넬과 유사한 결정 구조를 가지며, 육각형 대칭성을 보유하고 있다. 이러한 재료에 대한 화학식은 $AB_{12}O_{19}$로 표현되며, A는 바륨, 납, 스트론튬 등의 2가 금속이고, B는 알루미늄, 갈륨, 크롬, 철 등의 3가 금속이다. 육각형 페라이트의 가장 일반적인 두 가지 예는 $PbFe_{12}O_{19}$와 $BaFe_{12}O_{19}$이다.

가닛은 가장 복잡한 결정 구조를 가진다. 일반식은 $M_3Fe_5O_{12}$로 표현되고, M은 사마륨,

표 20.4 6개 양이온의 순수 자기 모멘트

양이온	순수 스핀 자기 모멘트 (보어 마그네톤)
Fe^{3+}	5
Fe^{2+}	4
Mn^{2+}	5
Co^{2+}	3
Ni^{2+}	2
Cu^{2+}	1

유로퓸, 가돌리늄, 이트륨과 같은 희토류 이온을 나타낸다. 가끔 YIG라고 표시되는 이트륨 철 가닛($Y_3Fe_5O_{12}$)은 가장 보편적으로 알려진 가닛이다.

　페리자성체들의 포화 자기는 강자성체만큼 강하지는 않지만 세라믹으로 형성된 페라이트는 좋은 전기 절연체 재료이다. 고주파 변압기와 같은 일부 자기 응용물에 대해서는 전기 전도율이 낮은 것이 가장 바람직하다.

개념확인 20.1 강자성체와 페리자성체 간의 주요한 차이점과 유사점을 열거하라.

개념확인 20.2 스피넬 결정 구조와 역스피넬 결정 구조 간에 차이점은 무엇인가? 힌트 : 12.2절 참조

[해답은 www.wiley.com/go/Callister_MaterialsScienceGE → More Information → Student Companion Site 선택]

예제 20.2

Fe₃O₄에 대한 포화 자화 결정

Fe_3O_4의 입방 단위정은 8개의 Fe^{2+}과 16개의 Fe^{3+} 이온으로 구성되어 있고, 단위정 모서리 길이는 0.839 nm이다. Fe_3O_4에 대한 포화 자화를 계산하라.

풀이

이 문제는 계산의 근거가 원자 또는 이온 대신 단위정을 단위로 구한다는 것 외에는 예제 20.1과 유사한 방법으로 풀면 된다.

　포화 자화는 Fe_3O_4 입방미터당 존재하는 보어 마그네톤의 수 N'과 보어 마그네톤당 자기 모멘트 μ_B를 곱한 값과 같다.

페리자성체 (Fe_3O_4)에 대한 포화 자화

$$M_s = N'\mu_B \tag{20.11}$$

N'은 단위정당 보어 마그네톤의 수 n_B를 단위정 부피 V_C로 나눈 값이다.

단위정당 보어 마그네톤의 개수 계산

$$N' = \frac{n_B}{V_C} \tag{20.12}$$

순수 자화는 Fe^{2+} 이온으로만 형성된다. 단위정당 8개의 Fe^{2+} 이온이 있고, 1개의 Fe^{2+} 이온은 4개의 보어 마그네톤을 보유하므로 n_B는 32이다. 더욱이 단위정이 정육각형이므로 $V_C = a^3$이다 (a는 단위정의 모서리 길이). 그러므로 다음과 같다.

$$M_s = \frac{n_B \mu_B}{a^3} \tag{20.13}$$

$$= \frac{(32 \ 보어 \ 마그네톤/단위정)(9.27 \times 10^{-24} \ A \cdot m^2/보어 \ 마그네톤)}{(0.839 \times 10^{-9} \ m)^3/단위정}$$

$$= 5.0 \times 10^5 \ A/m$$

설계예제 20.1

입방 혼합 페라이트 자기재료 설계

$5.25 \times 10^5 \ A/m$의 포화 자화를 보유하고 있는 입방 혼합 페라이트를 설계하라.

풀이

예제 20.2에 의하면 Fe_3O_4의 포화 자화는 $5.0 \times 10^5 \ A/m$이다. M_s의 양을 늘리기 위하여 Fe^{2+}의 일부를 보다 큰 자기 모멘트를 가진 2가 금속 이온, 예를 들면 Mn^{2+} 이온으로 교체하는 것이 필요하다. 표 20.4로부터 Fe^{2+} 이온은 $4 \ \mu_B/Fe^{2+}$을 가지고 있으나 Mn^{2+} 이온의 경우에는 $5 \ \mu_B/Mn^{2+}$을 가지고 있음을 알 수 있다. 먼저 식 (20.13)을 이용하여 단위정당 몇 개의 보어 마그네톤이 있는지를 계산하도록 하자. 이때 Mn^{2+}의 첨가는 단위정 모서리 길이(0.839 nm)를 변하게 하지 않는다고 가정하자. 그러면 다음과 같이 구할 수 있다.

$$n_B = \frac{M_s a^3}{\mu_B}$$

$$= \frac{(5.25 \times 10^5 \ A/m)(0.839 \times 10^{-9} \ m)^3/단위정}{9.27 \times 10^{-24} \ A \cdot m^2/보어 \ 마그네톤}$$

$$= 33.45 \ 보어 \ 마그네톤/단위정$$

Fe^{2+} 이온에 대하여 치환될 Mn^{2+} 이온의 부분율을 x라고 하면 치환되지 않고 남아 있는 Fe^{2+} 이온의 부분율은 $(1 - x)$가 된다. 또한 단위정당 8개의 2가 이온이 포함되어 있으므로 다음과 같은 관계식을 얻을 수 있다.

$$8[5x + 4(1 - x)] = 33.45$$

이 관계식을 풀면 $x = 0.181$을 얻게 된다. 그러므로 Fe_3O_4에서 18.1 at%의 Fe^{2+}을 Mn^{2+}으로 대체시키면 포화 자화는 5.25×10^5 A/m으로 증가하게 될 것이다.

20.6 자기 거동에 미치는 온도의 영향

온도는 재료의 자기 특성에 영향을 미칠 수 있다. 고체의 온도를 올리는 것은 원자들의 열적 진동의 양을 증가시킨다. 원자 자기 모멘트들은 자유롭게 회전한다. 따라서 온도 증가로 증가하는 원자들의 열적 움직임은 정렬된 자기 모멘트의 방향을 무질서하게 하는 경향이 있다.

강자성체, 반강자성체, 페리자성체에 있어서 원자의 열적 움직임은 이웃한 원자들의 쌍극자 모멘트끼리 작용하는 결합력에 대하여 반대되는 힘을 가하게 된다. 이러한 효과는 외부 자기장의 존재와 무관하게 쌍극자들의 정렬을 흐트러지게 하여 강자성체와 페리자성체의 포화 자화 값을 감소시킨다. 그러므로 포화 자화는 열진동이 최소가 되는 0 K에서 최댓값을 나타낸다. 온도가 증가함에 따라 포화 자화는 점진적으로 감소하다가 큐리 온도(Curie temperature) T_c에서 급격하게 감소하며 0이 된다. 그림 20.10은 철과 Fe_3O_4에 대한 자화−온도 변화를 나타낸 곡선이다. T_c에서 상호 스핀 결합력들이 완전히 없어지며, T_c 이상에서 강자성체와 페리자성체들은 상자성을 띠게 된다. 큐리 온도 값은 재료에 따라 달라진다. 예를 들면 철, 코발트, 니켈, Fe_3O_4에 대한 큐리 온도는 각각 768°C, 1120°C, 335°C, 585°C이다.

또한 반강자성도 온도에 따라 영향을 받으며, 소위 니일 온도(Néel temperature)라고 하는 온도에서 반강자성은 사라진다. 이 온도 이상에서 반강자성체 역시 상자성을 띠게 된다.

큐리 온도

그림 20.10 철과 Fe_3O_4에 대한 온도의 함수로 나타낸 포화 자기의 도식도
(출처 : J. Smit and H. P. J. Wijn, Ferrites. Copyright © 1959 by N. V. Philips Gloeilampenfabrieken, Eindhoven (Holland). 허가로 복사 사용함)

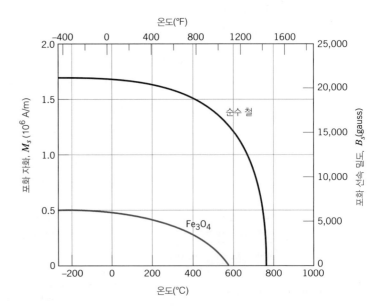

개념확인 20.3 영구자석을 계속적으로 마루에 떨어뜨리면 탈자화가 일어나는 이유를 설명하라.

[해답은 *www.wiley.com/go/Callister_MaterialsScienceGE* → More Information → Student Companion Site 선택]

20.7 도메인과 자기이력

그림 20.11에서 보인 것과 같이 T_c 이하에서 강자성체 또는 페리자성체는 자기 쌍극자 모멘트들이 모두 같은 방향으로 정렬된 작은 부피의 구역으로 구성되어 있다. 그와 같이 자기 쌍극자 모멘트들이 모두 같은 방향으로 정렬된 구역을 도메인(domain)이라 하고, 각 도메인은 자신의 포화 자화만큼 자화된다. 근접해 있는 도메인들은 도메인 계면 또는 벽에 의하여 분리되고, 그림 20.12에 나타난 것과 같이 자화 방향은 도메인 계면을 걸쳐 점진적으로 변한다. 보통 도메인의 크기는 미시적이며, 다결정 시편의 경우 각 결정립은 하나 이상의 도메인으로 구성되어 있다. 따라서 일반적으로 재료들은 많은 수의 도메인으로 구성되어 있고, 모든 도메인은 다른 자화 배향을 이루고 있다. 하나의 고체에 대한 총자화 M은 모든 도메인의 자화를 벡터로 합성한 것으로, 각 도메인은 자신의 부피 분율만큼 기여한다. 비자화 시편의 경우 모든 도메인의 자화를 벡터로 합성한 값은 0이다.

강자성체와 페리자성체에 있어서 자기력 선속 밀도 B와 자기장 세기 H는 비례 관계에 있지 않다. 만약에 재료들이 초기에 자화되어 있지 않다면, B는 H의 변화에 대하여 그림 20.13에 나타난 것과 같이 변한다. 곡선은 원점에서부터 시작되며, H가 증가함에 따라 B는

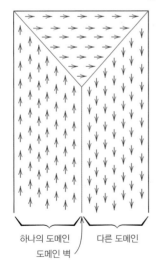

그림 20.11 상자성체와 페리자성체에 존재하는 도메인들의 도식적인 그림. 화살표는 원자 자기 쌍극자를 나타낸다. 각 도메인 내에서 모든 쌍극자들은 한 방향으로 정렬되어 있지만 도메인들의 정렬 방향은 도메인에 따라 변하고 있다.

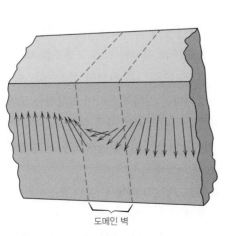

그림 20.12 하나의 도메인 벽을 거쳐 자기 쌍극자 방향이 점진적으로 변한다.
(출처 : W. D. Kingery, H. K. Bowen, and D. R. *Uhlmann, Introduction to Ceramics*, 2nd edition. Copyright © 1976 by John Wiley & Sons, New York. John Wiley & Sons, Inc. 허가로 복사 사용함)

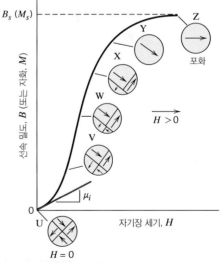

그림 20.13 초기에는 자기화되어 있지 않은 강자성체와 페리자성체에서의 B 대 H의 거동 자화가 일어나는 여러 단계에서의 도메인 배열이 보이고 있다. 포화 선속 밀도 B_s, 포화자기 M_s, 초기 투과율 μ_i가 나타나 있다.

단결정 철의 도메인 구조를 보여 주는 그림(화살표는 자화 방향을 표시하고 있다).

자기이력

잔류 자기

초기에는 천천히 증가하고 곧이어 보다 빠르게 증가한다는 것을 알 수 있다. 계속적인 H의 증가는 결국 B의 값이 더 이상 증가하지 않는 평평한 지역에 도달하게 되어 H와는 무관하게 일정한 값에 수렴하고 있다. B의 최댓값은 포화 선속 밀도 B_s이고, 이에 대응되는 자화는 포화 자화 M_s이다. 식 (20.2)에서 투자율 μ는 B 대 H 곡선의 기울기이다. 그림 20.13으로부터 투자율이 H에 따라 변하는 것에 대해 주의를 요한다. 가끔 $H=0$일 때 B 대 H 곡선의 기울기는 재료의 성질로 명시되며, 그림 20.13에서 보인 것과 같이 초기 투자율 μ_i로 명명한다.

자기장 세기 H가 가해지면 도메인들은 도메인 계면의 움직임에 의해 형태와 크기가 변한다. B 대 H 곡선을 따라 나타나는 도메인 구조 변화는 그림 20.13의 삽화 U로부터 Z에 걸쳐 개략적으로 나타나 있다. 초기에는 각 도메인의 모멘트들이 무질서한 방향으로 분포되어 순수 B(또는 M)의 값은 0을 나타내고 있다(삽화 U에 대응). 외부 자기장이 가해짐에 따라 외부 자기장에 불리한 방향으로 정렬된 도메인은 소멸되고, 외부 자기장에 에너지적으로 유리한 방향(즉 외부 자기장의 방향과 거의 같은 방향으로 정렬)으로 정렬된 모멘트를 가진 도메인은 성장한다(삽화 V로부터 X까지). 즉 이 과정은 자기장 세기가 증가함에 따라 시편 전체가 자기장에 정렬되어 단 하나의 도메인으로 구성될 때까지 진행되며(삽화 Y), 마지막으로 이 도메인 모멘트들이 회전하여 H 자기장과 같은 방향으로 정렬될 때 포화가 이루어진다(삽화 Z).

그림 20.14에 나타나 있는 포화점 S로부터 H 자기장이 감소될 때 나타나는 곡선은 본래의 선을 따라 변하지 않는다. 즉 H의 감소보다 낮은 비율로 B의 감소가 일어나는 자기이력(hysteresis) 현상이 발생하게 된다. H의 값이 0이 되는 때(곡선에서 R점), 잔류 자기(remanence) 또는 잔류 선속 밀도 B_r이라 하는 잔류 B가 존재한다. 즉 재료는 외부 자기장 H가 제거된 후에도 자화 상태에 있다.

자기이력 현상과 영구 자화는 도메인 벽들의 움직임으로 설명할 수 있다. 포화(그림 20.14에서 S점)로부터 자기장을 반대 방향으로 가함에 따라 도메인 구조가 변하는 과정은 역으로 진행된다. 먼저 반대 방향으로 가해지는 자기장을 따라 하나의 도메인이 회전한다. 다음으로 새로운 자기장을 따라 정렬된 자기 모멘트를 보유한 도메인들이 형성되고, 이 도메인들은 이전에 형성된 도메인을 희생하면서 성장한다. 이 과정에서 고려해야 할 것은 반대 방향으로 자기장이 증가하는 것에 반응하여 발생하는 도메인 벽들의 움직임에 대한 저항이다. 이 저항은 H 자기장에 따라 B의 지체 현상 또는 자기이력 곡선에 대한 설명이 된다. 외부에서 가해 주는 자기장이 0이 될 때 아직도 이전 방향대로 정렬되어 있는 도메인들의 양이 많아 잔류 자기 B_r을 나타내게 된다.

포화 보자력

시편 내에서 B를 0으로(그림 20.14에서 C점) 감소시키기 위하여 H의 양을 본래 자기장 방향의 반대 방향으로 $-H_c$만큼 가하여야 한다. 이때의 H_c를 포화 보자력(coercivity)이라고 하며, 가끔 보자력이라고도 한다. 이와 같이 역방향으로 계속 자기장을 가하면 그림에서 보인 바와 같이 S'에 해당하는 포화가 이루어진다. 역방향 포화점 S'으로부터 초기 포화점 S로의 움직임은 대칭적인 자기이력 루프를 완성하고, 또한 음의 잔류 자기($-B_r$)와 양의 포화 보자력($+H_c$)을 생성한다.

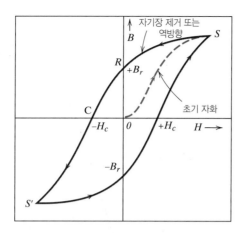

그림 20.14 순방향 포화(S)와 역방향 포화(S')까지 강자성 재료들에 대한 자기력 선속 밀도 대 자기장 세기를 나타낸 도식도. 자기이력 곡선은 실선으로 표시되었고, 점선 곡선은 초기 자화를 나타내고 있다. 잔류 자기 B_r과 보자력 H_c도 함께 보여 주고 있다.

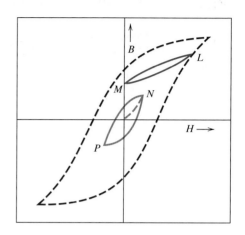

그림 20.15 강자성 재료에 대하여 포화 루프 내에서 포화보다도 작은 자기이력 곡선(곡선 NP), 포화보다는 다른 점에서 행해진 자기 반전에 대한 B–H 거동은 LM 곡선에 의하여 나타나고 있다.

그림 20.14에 나타난 B 대 H 곡선은 포화에까지 취해진 자기이력 루프를 나타낸다. 물론 자기장의 방향을 바꾸기 전에 H 자기장을 포화점까지 증가시킬 필요는 없다. 그림 20.15에서 보인 것과 같이 NP 루프는 포화점보다 적은 값에 해당되는 자기이력 곡선이다. 이와 같이 곡선의 어느 점에서든지 자기장의 방향을 반대로 바꿀 수 있으며, 이로써 다른 자기이력 루프를 형성시킬 수 있다. 그와 같은 루프 중의 하나가 그림 20.15의 포화 곡선 위에 나타나 있다. 루프 LM의 경우 H 자기장은 역방향으로 가해지면서 0이 된다. 강자석 또는 페리자석의 비자화를 실시하는 한 가지 방법은 1, 2방향을 교대로 바꾸어 주면서 동시에 자기장의 크기를 줄여 가며 계속 주기적으로 가해 주는 것이다.

이 시점에서 상자성체, 반자성체, 강자성체/페리자성체들의 B 대 H의 거동을 비교하는 것이 필요하고, 비교는 그림 20.16에서 나타나 있다. 삽입도면에서 상자성체와 반자성체가 직선 거동을 보이는 것과는 달리 전형적인 강자성체/페리자성체는 비직선적인 거동을 보인다. 이와 함께 상자성체와 반자성체를 비자성체로 분류하는 것은 두 도면의 수직축 B의 값을 비교함으로써 확인될 수 있다. 즉 50 A/m의 H 자기장 세기에서 강자성체/페리자성체의

✓

개념확인 20.4 다음 온도에서 강자성체에 대한 B 대 H의 거동을 개략적으로 하나의 도면 위에 나타내라. (a) 0 K, (b) 큐리 온도 바로 아래 온도, (c) 큐리 온도 바로 위의 온도. 그리고 이러한 곡선들이 다른 형상을 보이는 이유를 간략하게 설명하라.

개념확인 20.5 자기장의 방향을 주기적으로 바꿔 주면서 크기를 감소시켜 가는 자기장을 하나의 강자성체에 적용할 때 점진적으로 일어나는 탈자화에 대한 강자성체의 자기이력 거동을 개략적으로 그리라.

[해답은 *www.wiley.com/go/Callister_MaterialsScienceGE* → More Information → Student Companion Site 선택]

그림 20.16 강자성체/페리자성체와 반자성체/상자성체(삽입 도면) 재료들에 대한 $B-H$ 곡선 비교. 여기에서 반자성, 상자성 거동을 보이는 재료들이 극히 낮은 자기력 선속 밀도 B를 생성하고, 이 낮은 값 때문에 이 재료들이 비자성체로 분류되었다는 것을 인식해야 한다.

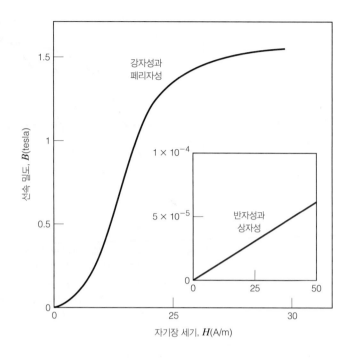

자기력 선속 밀도는 1.5 tesla인 데 비하여 상자성체와 반자성체는 5×10^{-5} tesla 정도의 낮은 값을 보인다.

20.8 자기 이방성

이전 절에서 논의한 자기이력 곡선들은 다음 여러 가지 인자들에 의해 다른 형상을 가질 것이다: (1) 시편이 단결정 또는 다결정이냐, (2) 만약 다결정이라면, 입자들이 우선 방향이 있는지 여부, (3) 이차상 입자 또는 기공(pore)들이 있는가, (4) 다른 인자, 이를테면 온도 그리고 만약에 기계적 응력이 가해졌다면 응력 상태.

예를 들면 단결정 강자성체의 B(또는 M)$-H$ 곡선은 가해지는 자기장 H에 대한 결정 방향에 따라 달라진다. 이러한 거동은 그림 20.17, 20.18에서 보인다. 그림 21.17은 자기장이 [100], [110], [111]로 가해질 때 단결정 니켈(FCC)과 철(BCC)에서 얻을 $B-H$ 자화 곡선이고, 그림 21.18은 [0001], [10$\bar{1}$0]/[11$\bar{2}$0] 방향으로 자기장이 가해질 때 코발트(HCP)에서 얻은 $B-H$ 곡선이다. 결정 방향에 따른 자기 거동의 의존성을 자기(때로는 자석결정) 이방성이라 명명한다.

이 재료들 각각에 대하여 자화가 가장 쉽게 일어나는 하나의 결정 방향이 있다. 즉 가장 낮은 자기장 H로 포화 자화가 이루어지며, 이 방향을 용이 자화(easy magnetization) 방향이라 부른다. 예를 들면 니켈(그림 20.17)은 점 A에서 포화가 일어나므로 용이 자화 방향은 [111]이다. 반면에 [110]과 [100] 방향에 대하여 포화점은 각각 점 B와 C에 해당된다. 철과 코발트에 대한 용이 자화 방향은 각각 [100], [0001]이다(그림 20.17과 20.18). 반대로 자화가 일어나기 힘든 결정 방향(hard crystallographic direction)은 포화 자화가 일어나기에 가장 어려운 방향으로 니켈, 철, 코발트에 대한 힘든 방향은 [100], [111], [10$\bar{1}$0]/[11$\bar{2}$0]이다.

그림 20.17 단결정 철과 니켈에 대한 자화 곡선. 두 금속에 대하여 자기장이 [100], [110], [111] 각각의 방향으로 자기장이 가해질 때 다른 자화 곡선들이 생성된다.

(출처 : K. Honda and S. Kaya, "On the Magnetisation of Single Crystals of Iron," *Sci. Rep. Tohoku Univ.*, 15, 1926, p. 721; and from S. Kaya, "On the Magnetisation of Single Crystals of Nickel," *Sci. Rep. Tohoku Univ.*, 17, 1928, p. 639.)

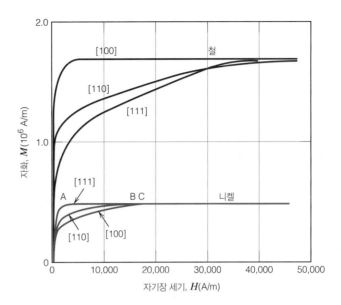

20.7절에서 언급한 바와 같이 그림 20.13의 삽입도면은 강자성/페리자성 재료들이 자화가 일어나는 동안 B(또는 M)$-H$ 곡선을 따라 다양한 단계에서 일어나는 도메인 구조들의 변화를 보여 주고 있다. 여기에서 화살표의 방향은 하나의 도메인의 용이 자화 방향을 나타낸다. 그리고 가해지는 자기장 H의 방향과 용이 자화 방향이 가장 가깝게 정렬되어 있는 도메인들이 다른 도메인(V부터 X 삽입도면)들의 감소에 힘입어 성장한다. 더욱이 Y 삽입도

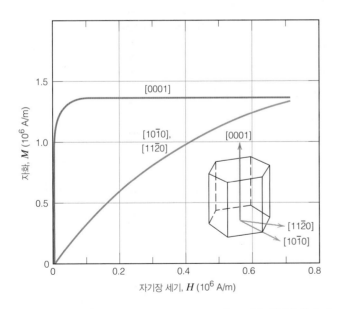

그림 20.18 단결정 코발트에서 얻은 자화 곡선. [0001], [10$\bar{1}$0]/[11$\bar{2}$0] 각각의 결정 방향으로 자기장이 가해질 때 생성되는 곡선

(출처 : S. Kaya, "On the Magnetisation of Single Crystals of Cobalt," *Sci. Rep. Tohoku Univ.*, 17, 1928, p. 1157.)

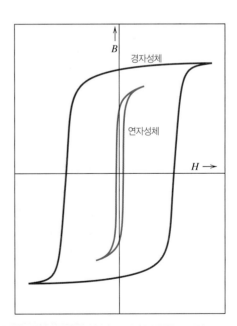

그림 20.19 연자성체와 경자성체에 대한 도식적인 자화 곡선

(출처 : K. M. Ralls, T. H. Courtney, and J. Wulff, Introduction to Materials Science and Engineering. Copyright © 1976 by John Wiley & Sons, New York. John Wiley & Sons, Inc. 허가로 복사 사용함)

면에 있는 단일 도메인의 자화는 또한 용이 방향과 일치한다. 그리고 이 도메인이 용이 방향으로부터 외부에서 가해지는 자기장(Z 삽입도면) 방향으로 회전된다.

20.9 연자성체

강자성체와 페리자성체에 대한 자기이력 곡선의 크기와 형태는 실제 적용에 매우 중요한 의미를 가지고 있다. 하나의 루프 내의 면적은 한 번의 자화-비자화 과정에서 소비되는 단위부피당 에너지를 나타낸다. 이와 같은 에너지 손실은 시편 내부에서 열로 발생되어 시편의 온도를 높일 수 있다.

연자성체

강자성체와 페리자성체는 자기이력 곡선 특성에 따라 연(soft)자성체 또는 경(hard)자성체로 구분된다. 연자성체(soft magnetic material)는 가해 주는 자기장의 방향이 교대로 바뀌면서 에너지 손실이 적어야 하는 소자에 이용된다. 한 가지 우리에게 친숙한 예로 변압기 코어가 있다. 이러한 이유로 자기이력 곡선 루프 내의 면적은 작은 값을 가져야 하며, 그림 20.19에 나타난 바와 같이 자기이력 곡선은 얇고 좁은 특성을 보인다. 결과적으로 연자성체는 높은 초기 투자율과 낮은 포화 보자력을 가지고 있어야 한다. 이러한 성질을 보유하는 재료는 비교적 낮은 외부 자기장으로 포화 자화에 쉽게 도달하고(즉 자화와 비자화가 쉽게 이루어짐), 낮은 자기이력 에너지 손실을 나타낸다.

포화 자기장 또는 포화 자화는 재료의 조성으로 결정된다. 예를 들면 입방 페라이트에서 $FeO-Fe_2O_3$의 화학식에서 Fe^{2+} 대신 Ni^{2+}과 같은 2가 금속 이온들로 대체하면 포화 자화는 변할 것이다. 그러나 자기이력 곡선의 형태에 영향을 미치는 자화율과 포화 보자력(H_c)은 조성보다는 구조적 변화에 더 큰 영향을 받는다. 예를 들면 자기장의 크기나 방향을 바꿀 때 도메인 벽들이 쉽게 움직이면 낮은 포화 보자력을 얻게 된다. 구조적인 결함, 이를테면 자성체 내에 존재하는 공극(void) 또는 비자기상(nonmagnetic phase)의 입자들은 도메인 벽의 움직임을 제한하는 경향이 있어 포화 보자력을 증가시킨다. 결과적으로 연자성체는 그와 같은 구조적 결함들이 제거되어야 한다.

연자성체에서 고려해야 할 또 다른 성질은 전기 비저항이다. 앞에서 기술한 자기이력 에너지 손실 외에도 자성체에 가해지는 자기장이 시간에 따라 크기와 방향이 변하면서 자성체에 유도되는 전류로 인한 에너지 손실이 발생한다. 이때 유도되는 전류를 와류(eddy current)라고 한다. 연자성체에서 전기 비저항을 증가시켜 에너지 손실을 최소화하는 것이 가장 바람직하다. 연자성체에서 고용체 합금을 만들어 전기 비저항을 증가시키고, 고용체 합금의 예로 철-실리콘 합금과 철-니켈 합금이 있다. 세라믹 페라이트들은 연자성체를 요구하는 응용에 흔하게 이용되고 있으며, 이는 세라믹 페라이트가 전기적 절연체이기 때문이다. 그러나 이들의 적용은 비교적 낮은 자화율로 어느 정도 제한되고 있다. 여섯 가지 연자성체의 성질이 표 20.5에 나타나 있다.

연자성체는 자기장을 외부에서 가하면서 적절한 열처리를 실시하여 자기이력 특성을 향상시켜 일부 응용에 적용한다. 이러한 기술의 사용으로 사각형의 자기이력 루프를 만들 수

중 요 재 료

변압기 코어에 사용되는 철-규소 합금

이 절의 앞부분에서 언급한 바와 같이 변압기 코어로 쉽게 자화와 탈자화가 일어나는(또한 비교적 높은 전기 비저항을 가지는) 연자성체를 사용한다. 이 응용으로 보통 사용되는 합금은 표 20.5에 나타나 있는 철-규소합금(97 wt% Fe − 3 wt% Si)이다. (위에서 설명된 바와 같이) 단결정 순수 철과 동일하게 이 합금의 단결정은 자기적 이방성을 보이고 있다. 그러므로 이 코어들이 단결정으로 제조되고, [100] 방향(용이 자화 방향)(그림 20.17)에 평행하게 자기장이 가해지는 경우 변압기의 에너지 손실을 최소화시킬 수 있다. 변압기 코어의 개략적 구조가 그림 20.20에 나타나 있다. 그러나 단결정 제조가 비싸므로 단결정 코어를 사용하는 것은 경제적으로 실용적이지 못하다. 보다 좋은 경제적 대체 방안(상업적으로 사용되는)은 자기적으로 이방성을 보이는 다결정 판재로 코어를 제조하는 것이다.

다결정 재료 입자는 무질서한 방향성을 보이면서, 자기적으로 등방성을 나타내는(3.15절) 것이 보통의 경우다. 이와 같은 다결정 금속에서 이방성을 만들어 주는 한 가지 방법은 소성변형, 예컨대 압연(11.4절, 그림 11.9b)을 이용하는 것이다. 압연은 판재 변압기 코어를 제조하는 기술이다. 압연된 판재는 압연(또는 판재) 집합조직을 가지고 있다고 말하고, 또한 그 입자들은 결정학적 우선 방향성을 가지고 있다. 이와 같은 유형의 집합조직에서 압연 작업이 일어나는 동안에 판재 입자의 대부분은 특별한 결정학적 면(*hkl*)이 판재 표면에 평행(또는 거의 평행)하게 정렬되고, 또한 그 면에서 하나의 방향[*uvw*]이 압연 방향에 평행(또는 거의 평행)하게 형성된다. 그러므로 압연 집합조직은 면-방향의 조합, (*hkl*)[*uvw*]로 표시된다. 체심입방 합금(앞에서 언급된 철-규소 합금을 포함)에서 압연 집합조직은 (110)[001]이며, 그림 20.21에 개략적으로 나타나 있다. 그러므로 철-규소 합금의 변압기 코어는 판재가 압연되는 방향(대부분 입자에 대하여 [001] 방향으로 대응)으로 자기장 응용의 방향이 평행하게 정렬되도록 제조된다.[3]

이 합금의 자기적 특성들은 (100)[001] 집합조직을 생성하는 일련의 변형과 열처리 과정을 이용하여 더욱 향상될 수 있다.

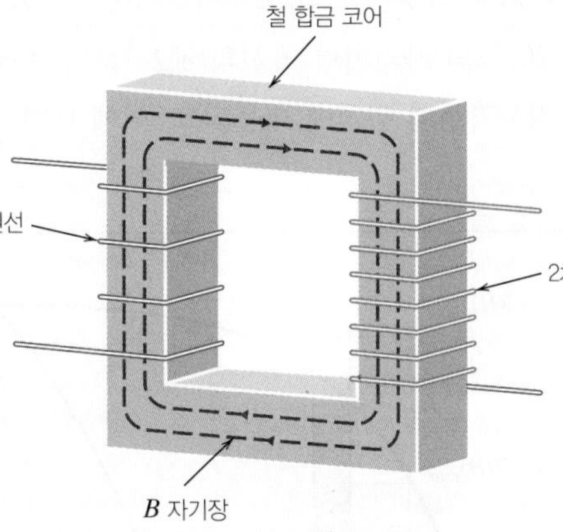

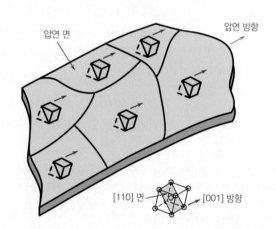

그림 20.21 체심입방격자 철에서 형성되는 (110)[001] 집합조직을 보여 주는 개략도

그림 20.20에 표시된 부분(철 합금 코어, 1차 권선, 2차 권선, *B* 자기장)

그림 20.20 생성되는 *B* 자기장의 방향을 포함한 변압기 코어의 개략도

---

3 체심입방격자 금속 및 합금에서 [100]과 [001] 방향은 동등하다(3.9절). 즉 두 방향 모두 용이 자화 방향이다.

있으며, 이 특성은 자기 증폭기와 펄스 변압기(pulse transformer)의 응용에 유리하다. 또한 연자성체는 발전기, 모터, 다이너모(발전기), 스위칭 회로에 이용된다.

표 20.5 여러 가지 연자성 재료에 대한 전형적인 성질

재료	조성 (wt %)	초기 상대 투자율 μ_i	포화 선속 밀도 B_s [tesla (gauss)]	자기이력 손실/주기 [J/m³ (erg/cm³)]	비저항 $\rho(\Omega \cdot m)$
상업적 철 인곳	99.95 Fe	150	2.14 (21,400)	270 (2,700)	1.0×10^{-7}
규소-철(oriented)	97 Fe, 3 Si	1,400	2.01 (20,100)	40 (400)	4.7×10^{-7}
45 퍼멀로이	55 Fe, 45 Ni	2,500	1.60 (16,000)	120 (1,200)	4.5×10^{-7}
슈퍼멀로이	79 Ni, 15 Fe, 5 Mo, 0.5 Mn	75,000	0.80 (8,000)	—	6.0×10^{-7}
페록스큐브 A	48 MnFe$_2$O$_4$, 52 ZnFe$_2$O$_4$	1,400	0.33 (3,300)	~40 (~400)	2,000
페록스큐브 B	36 NiFe$_2$O$_4$, 64 ZnFe$_2$O$_4$	650	0.36 (3,600)	~35 (~350)	10^7

출처 : *Metals Handbook: Properties and Selection: Stainless Steels, Tool Materials and Special-Purpose Metals*, Vol. 3, 9th edition, D. Benjamin (Senior Editor), 1980. ASM International, Materials Park, OH. 허가로 복사 사용함

20.10 경자성체

경자성체

경자성체는 영구자석을 만드는 데 이용되며, 영구자석은 비자화에 대한 높은 저항성이 있어야 한다. 자기이력 곡선을 보면 **경자성체**(hard magnetic material)는 큰 잔류 자기, 높은 포화 보자력 및 큰 포화 선속 밀도와 함께 낮은 초기 투자율과 높은 자기이력 에너지 손실을 가진다. 그림 20.19에 강자성체와 연자성체들에 대한 자기이력 특성 비교가 나타나 있다. 이러한 재료들의 응용에 있어 가장 중요한 두 가지 특성은 포화 보자력과 소위 에너지 적(積)이며 $(BH)_{max}$로 나타낸다. $(BH)_{max}$는 그림 20.22의 자기이력 곡선의 제2사분면 내에서 만들어질 수 있는 B-H 직사각형 중 가장 큰 직사각형의 면적에 대응되고, 이에 대한 단위는

그림 20.22 자기이력 곡선을 보여 주는 개략적인 자화 곡선. 제2사분면 내에 2개의 B-H 에너지 직사각형이 그려져 있다. $(BH)_{max}$로 명명된 사각형 면적이 가능한 가장 넓은 면적이고, B_d-H_d로 정의된 면적보다 더 넓다.

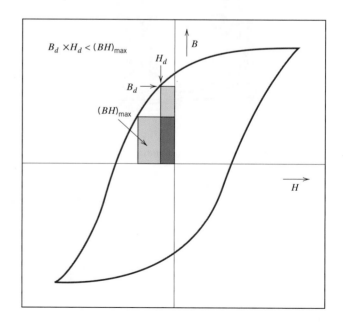

$kJ/m^3(MGOe)$이다.[4] 에너지 적의 값은 하나의 영구자석을 탈자화시키는 데 요구되는 에너지를 나타낸다. 즉 $(BH)_{max}$가 크면 클수록 자기적 특성에서 보다 더 경한 재료이다.

자기이력 거동은 자기 도메인 경계면이 얼마나 용이하게 움직이느냐와 관련된다. 즉 도메인 벽의 움직임을 억제함에 따라 포화 보자력과 자화율이 증가하고, 탈자화에 그만큼 더 큰 외부 자기장이 요구된다. 또한 이러한 특성들은 재료의 미세구조와 밀접한 관련이 있다.

개념확인 20.6 여러 가지 방법(예 : 미세구조 변화와 불순물 첨가)에 의하여 강자성체와 페리자성체에서 자기장 변화에 따라 도메인 벽들의 이동의 용이한 정도를 조절하는 것이 가능하다. 하나의 강자성체에 대하여 B 대 H 자기이력 루프를 개략적으로 그리고, 그 곡선 위에 도메인 경계면의 움직임이 방해를 받을 경우 일어날 수 있는 루프를 중첩하여 그리라.

[해답은 *www.wiley.com/go/Callister_MaterialsScienceGE* → More Information → Student Companion Site 선택]

일반적인 경자성체

경자성체는 두 가지—일반적인 경자성체, 고에너지 경자성체—로 크게 나누어진다. 일반적인 경자성체는 $(BH)_{max}$의 값이 약 2~80 kJ/m^3(0.25~10 MGOe) 범위에 걸쳐 있으며, 강자성 재료—자석 강(magnet steel), 큐니페(cunife, Cu-Ni-Fe) 합금, 알니코(Al-Ni-Co) 합금—과 육각형 페라이트($BaO-6Fe_2O_3$)는 일반적 경자성체에 포함된다. 표 20.6에서 몇 가지 경자성체들에 대한 중요한 성질들을 볼 수 있다.

경자석 강은 일반적으로 텅스텐과 (또는) 크롬들을 합금 원소로 사용하여 제조한다. 적절한 열처리로 이 두 원소는 강 내부의 탄소와 쉽게 결합하여 텅스텐 카바이드와 크롬 카바이드 침전 입자들로 형성된다. 이와 같이 형성된 입자들은 도메인 벽의 움직임을 매우 효율적으로 억제시켜 준다. 다른 금속 합금들에서는 적절한 열처리로 비자성 기지상(nonmagnetic matrix phase) 내부에 매우 작은 단일 도메인(single-domain)과 강력한 자성의 철-코발트(iron-cobalt) 입자들이 만들어진다.

고에너지 경자성체

약 80 kJ/m^3 이상의 에너지 적을 보유하는 영구 자성체들은 고에너지 형태로 고려된다. 이들은 최근에 개발된 다양한 조성을 가진 중간상 화합물들이다. 상업적인 응용이 발견된 두 가지 중간상 화합물들로 $SmCo_5$와 $Nd_2Fe_{14}B$이 있다. 이들에 대한 자기적 성질들은 표 20.6에 나타나 있다.

---

4 MGOe는 다음과 같이 정의된다.

$$1\ MGOe = 10^6\ gauss\text{-}oersted$$

cgs-emu를 SI 단위로 다음과 같은 관계식으로 환산된다.

$$1\ MGOe = 7.96\ kJ/m^3$$

표 20.6   여러 가지 경자성 재료에 대한 전형적인 성질

재료	조성 (wt %)	잔류자기 B_r [tesla (gauss)]	보자력 H_c [amp-turn/m (Oe)]	$(BH)_{max}$ [kJ/m³ (MGOe)]	큐리 온도 T_c(°C)	비저항 $\rho(\Omega \cdot m)$
텅스텐강	92.8 Fe, 6 W, 0.5 Cr, 0.7 C	0.95 (9,500)	5,900 (74)	2.6 (0.33)	760	3.0×10^{-7}
큐니페	20 Fe, 20 Ni, 60 Cu	0.54 (5,400)	44,000 (550)	12 (1.5)	410	1.8×10^{-7}
소결된 알니코 8	34 Fe, 7 Al, 15 Ni, 35 Co, 4 Cu, 5 Ti	0.76 (7,600)	125,000 (1,550)	36 (4.5)	860	—
소결된 철산화물 3	$BaO \cdot 6Fe_2O_3$	0.32 (3,200)	240,000 (3,000)	20 (2.5)	450	$\sim 10^4$
코발트 희토류 1	$SmCo_5$	0.92 (9,200)	720,000 (9,000)	170 (21)	725	5.0×10^{-7}
소결 네오디뮴-철-붕소	$Nd_2Fe_{14}B$	1.16 (11,600)	848,000 (10,600)	255 (32)	310	1.6×10^{-6}

출처 : *ASM Handbook*, Vol. 2, *Properties and Selection: Nonferrous Alloys and Special-Purpose Materials*. Copyright © 1990 by ASM International. ASM International, Materials Park, OH. 허가로 복사 사용함

사마륨-코발트 자석

$SmCo_5$는 코발트 또는 철, 그리고 한 가지의 경희토류 원소(light rare earth element)와의 합성으로 이루어진 합금 중 하나이다. 다수의 이 합금은 고에너지, 경자성 거동을 보이고 있으나 $SmCo_5$만이 상업적인 중요성을 보이는 유일한 합금이다. 이와 같은 $SmCo_5$의 에너지적[120~240 kJ/m³]은 일반적인 경자성체(표 20.6 참조)에 비하여 현저하게 높은 값을 보이고 있다. 또한 이 재료들은 비교적 큰 포화 보자력을 가지고 있다. $SmCo_5$ 자석 제조는 분말 야금 기술이 이용되고 있다. 우선 적합한 합금 재료들을 갈아서 미세한 분말을 만들어 준다. 이어 외부 자장을 가하여 분말가루를 자장에 대하여 정합시켜 준 후에 압력을 가하여 원하는 형상을 만들어 준다. 이후 만들어진 조각들을 고온에서 소결시키고, 이어서 자기적 성질을 향상시키는 열처리를 실시한다.

네오디뮴-철-붕소 자석

사마륨은 희귀하면서 비교적 비싼 재료이다. 더욱이 코발트는 가격 변화가 심하면서 공급이 믿을 만하지 못하다. 결과적으로 $Nd_2Fe_{14}B$ 합금들은 경자성체를 필요로 하는 다양하면서 수많은 응용물들을 위한 선택의 재료가 되고 있다. 이들 재료의 포화 보자력과 에너지 적(energy product)은 사마륨-코발트 합금들에서 얻어지는 값 이상을 나타내고 있다(표 20.6).

　이 재료들의 자화-비자화 거동은 도메인 벽 이동도(domain wall mobility)의 함수이며, 이 도메인 벽 이동도는 최종적인 미세조직(입자 또는 결정체들의 크기, 형태, 방향성과 제2상 입자들의 분포 및 성질)에 의하여 조절된다. 물론 미세조직은 재료를 어떻게 제조하느냐

에 따라 변하고 있다. $Nd_2Fe_{14}B$ 자석 제조에는 두 가지 다른 제조 기술이 이용되고 있다. 분말야금(소결)과 급속 고화(固化)(용용 회전, melt spinning)법이다. 분말야금 방법은 $SmCo_5$에서 사용되었던 방법과 유사하다. 급속 고화에서 용용 상태의 합금을 매우 빠른 속도로 냉각시켜 비정질 또는 매우 미세한 입자로 구성된 하나의 얇은 고체 박막 리본(ribbon)을 생성시킨다. 그리고 이 리본 재료는 잘게 부수어 원하는 형상으로 압축시킨 후 이어서 열처리를 실시한다. 급속 냉각법은 위와 같은 두 가지 제조 과정을 포함하는 다단계 제조 과정을 거치지만 연속적으로 진행된다. 반면에 분말야금법은 하나의 일련(batch) 공정으로 진행되지만 고유한 단점을 가지고 있다.

이와 같은 고에너지 경자성체는 다양한 기술 분야에서 여러 가지 다른 소자들에 이용되고 있다. 한 가지 일반적인 응용물은 모터에 이용되는 것이다. 영구자석은 계속 자기장을 유지할 수 있으면서 전기를 사용할 필요가 없고, 더욱이 작동 중에 열이 발생되지 않는다는 점에서 전자기보다 훨씬 우수한 장점을 보인다. 영구자석을 사용하는 모터는 전자석 사용 모터보다 훨씬 소형이며, 마력(horsepower) 단위의 몇 분의 1까지의 힘을 발휘하며 광범위하게 이용되고 있다. 친근한 모터 응용물들은 선 없는 드릴(cordless drill)과 스크루드라이버, 자동차 용품(시동 장치, 창문 감기, 와이퍼, 워셔, 팬 모터), 음성과 영상 레코더, 시계 등이다. 이 자석들을 이용하는 다른 일반적 소자들은 음성 시스템에서의 스피커, 경량의 이어폰, 보청기들과 컴퓨터 주변기의 스피커들이다.

20.11 자기 저장

자기 재료는 정보 저장 분야에서 중요하다. 실제 자기 기록[5]은 전자 정보 저장에 대한 범용적인 기술이 되었다. 이와 같은 사실은 디스크 저장 매체[예 : 컴퓨터(데스크톱과 랩톱), 고화질 캠코더 하드 드라이브], 신용/직불 카드(자기 스트립) 등의 압도적인 사용으로 알 수 있다. 컴퓨터에서 반도체 원소들은 주요 기억자로 사용되는 반면, 자기 디스크는 이차적인 기억자로 사용되고 있다. 왜냐하면 자기 디스크는 더 싼 가격으로 보다 많은 양의 정보를 저장하기 때문이다. 더욱이 기록 산업과 TV 산업은 일련의 음성과 영상의 기록 및 재생을 위하여 자기 테이프에 더 많이 의존하고 있다. 또한 테이프는 데이터를 파일에 저장하고, 백업받기 위하여 대형 컴퓨터 시스템과 함께 사용된다.

본질적으로 전기 신호 형태로 전달되는 컴퓨터 바이트, 음성 또는 영상은 자기 저장 매체(테이프 또는 디스크)의 아주 작은 부분에 저장된다. 테이프 또는 디스크로의 전달('기록')과 검색('재생')은 하나의 유도 재생 기록 헤드(head)에 의하여 이루어진다. 하드 드라이브에서 헤드 시스템은 비교적 빠른 회전 속도로 매체가 아래로 통과하면서 자발적으로 생성되는 공기 흐름에 의해 자기 매체의 위쪽으로 근접해서 떠받쳐진다.[6] 반면에 테이프는 기록과 재생 작업 시 헤드와 물리적인 접촉이 이루어진다. 테이프는 10 m/s의 속도로 움직인다.

---

5 자기 기록(magnetic recording)이란 용어는 음성과 영상 신호를 기록하고 저장할 때 자주 사용하는 반면, 컴퓨팅 분야에서는 자기 저장(magnetic storage)이란 용어를 선호하여 사용한다.
6 가끔 헤드가 디스크 위로 떠 있다고 이야기한다.

앞에서 언급한 것처럼 두 가지 주요 자기 매체[하드 디스크 드라이브(HDD)와 자기 테이프]
가 있다. 두 가지 매체에 대하여 간략하게 설명하겠다.

하드 디스크 드라이브

하드 디스크 자기 저장 드라이브는 단단한 원형 디스크(약 65 mm에서 95 mm 범위의 직경
임)로 구성되어 있다. 재생과 기록 과정에서 디스크는 비교적 빠른 속도로 회전한다. 분당
5,400회전과 7,200회전이 일반적이다. 고저장 밀도를 가진 하드 디스크 드라이브(HDD)를
사용하여 빠른 속도의 데이터 저장과 검색이 가능하다.

현재의 HDD 기술에서 '자기 비트'는 디스크 표면에 수직하게 위로 또는 아래로 향한다.
이와 같은 설계를 수직 자기 기록(perpendicular magnetic recording, PMR)이라 하고, 이에
대한 개략도가 그림 20.23에 나타나 있다.

데이터(또는 비트)는 유도 기록 헤드를 이용하여 저장 매체에 기록된다. 그림 20.23에서
보이는 하나의 헤드 설계에 대하여 주 자기극(main pole) — 하나의 코일선이 감겨 있는 강
자성/페리자성 코어 물질 — 의 끝에서 코일을 통하여 흐르는 전류(또는 시간 변수)에 의하
여 시간 변화(time-varying) 기록 자기 유량이 생성된다. 이 유량은 자기 저장층을 통하여 자
기 연성 하층으로 침투하고 반송 자기극(return pole)을 통하여 헤드 조립체로 다시 들어간
다(그림 20.23). 매우 강한 자기장이 주 자기극의 끝 아래에 있는 저장층에 집중된다. 이 지
점에서 저장층의 매우 작은 지역이 자화되면서 데이터들이 기록된다. 자기장을 제거해도(다
시 말하면 디스크가 계속 회전하면서) 자화가 유지된다. 말하자면 신호(데이터)가 저장된
다. 디지털 데이터 저장(1 또는 0)은 미세한 자화 패턴 방식이다. 1과 0은 인접한 지역 간에
자기장 방향이 역전되어 있는지, 같은 방향으로 존재하는지에 대응된다.

저장 매체로부터 데이터 검색은 자기 저항 재생 헤드를 이용하여 이루어진다(그림
20.23). 기록된 자기 패턴은 자기장을 생성하고, 이 생성된 자기장은 재생할 때 헤드에 의해

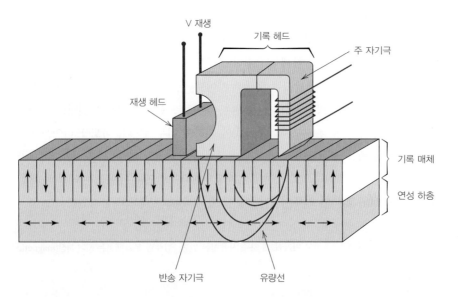

그림 20.23 수직 자기 기록 매체
를 사용한 하드 디스크 드라이브에
대한 도식도. 또한 유도 기록 헤드와
자기 저항 재생 헤드가 보인다.
(출처 : Western Digital Company)

그림 20.24 하드 디스크 드라이브에 사용되는 수직 자기 기록 매체의 미세구조를 보여 주는 투과 전자 현미경 사진. 이 '입자 매체'는 산화막 입계 분리자(밝은 구역)에 의해 서로 간에 분리되어 있는 코발트-크롬 합금의 작은 입자(어두운 구역)로 구성되었다.

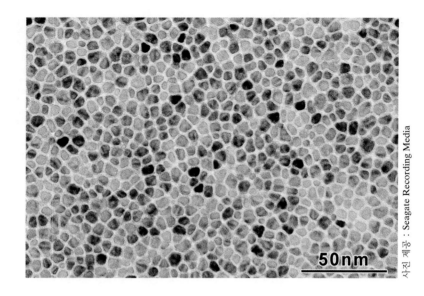

사진 제공 : Seagate Recording Media

감지되고 전기 저항의 변화를 일으킨다. 이렇게 생성된 전기 저항의 변화는 과정을 거쳐 본래의 데이터로 재생된다.

이 저장층은 **입자 매체**—자기적 이방성을 보이는 HCP 코발트-크롬 합금의 매우 작고 (~10 nm 직경), 분리된 입자들로 구성된 박막(15~20 nm 두께)—들로 구성된다. 또한 다른 합금 원소들(특히 Pt과 Ta)을 자기 이방성 증진과 함께 입자를 분리시키는 산화막 입계 분리자를 형성시키기 위해 첨가한다. 그림 20.24는 HDD 저장층의 입자 구조를 보여 주는 투과 전자 현미경이다. 각각의 입자는 입자의 c-축([0001] 결정학적 방향)이 디스크 표면에 수직인 (또는 거의 수직인) 방향으로 정렬된 단일 도메인이다. 이 [0001] 방향이 코발트에 대한 용이 자화 방향이다(그림 20.18). 그러므로 자화될 때 각 입자의 자화 방향은 이 바람직한 수직 방향을 갖는다. 신뢰성 높은 데이터 저장을 위하여 디스크에 기록된 각 비트에는 대략적으로 100개의 입자가 포함된다. 게다가 입자 크기가 작아지는 데 한계가 있다. 이 한계 크기 이하의 입자에서 열적 동요 효과에 의해 자화 방향이 자발적으로 역전되어(20.6절) 저장 데이터의 손실을 초래할 수 있다.

수직 HDD의 현재 저장 능력은 100 Gbit/in.^{2} 이상이다. HDD의 궁극적 목표는 1 Tbit/in.^{2}의 저장 능력을 확보하는 것이다.

자기 테이프

자기 테이프 저장 기술은 하드 디스크 드라이브에 앞서서 개발되었다. 오늘날 테이프 저장은 HDD에 비해 저렴하다. 그러나 테이프의 면적 저장 밀도는 하드 디스크 드라이브에 비해 더 낮다(100배 정도 낮음). 테이프(표준 12.7 mm 폭)는 릴(reel)로 감겨 있고, 보호나 용이한 취급을 위해 카트리지 내부에서 둘러싸여 있다. 작동하는 동안 정밀 동기 모터를 이용하는 테이프 드라이브는 재생/기록 헤드 시스템을 지나 하나의 릴에서 다른 릴로 테이프를 감으면서 관심 지역에 접근한다. 전형적인 테이프 속도는 4.8 m/s이다. 하지만 어떤 시스

그림 20.25 테이프 메모리 저장에 사용되는 입자 매체를 보여 주는 주사 전자 현미경 사진. (a) 침상의 강자성 금속 입자들, (b) 판상의 페리자성 바륨 페라이트 입자들. 배율은 표기되지 않음

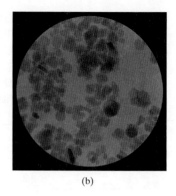

(a)   (b)

템들은 10 m/s의 빠른 속도로 돌아간다. 테이프 저장에 대한 헤드 시스템은 앞에서 기술한 HDD의 헤드 시스템과 유사하다.

가장 최근 테이프 메모리 기술에서 저장 매체는 수십 nm 크기의 자기 재료 입자들로 이루어졌다: 침상(needle-shaped)의 강자성 금속 입자, 육각형, 판상(plate-shaped)의 페리자성 바륨 페라이트 입자. 두 가지 매체에 대한 사진이 그림 20.25에 나타나 있다. 테이프 제품은 응용에 따라 하나의 입자 형태 또는 다른 형태(두 형태를 동시에 사용하는 것이 아니라)의 매체를 사용한다. 이러한 자기 입자들은 대략 50 nm 두께의 자기층을 고분자량 유기 바인더 재료 내에 완전히 균일하게 분산되어 있다. 이 층의 하부에는 테이프에 부착되어 있는 비자기 박막 지지 기판(100~300 nm 두께)이 있다. PEN(폴리에틸렌 나프탈레이트), PET(폴리에틸렌 테레프탈레이트)는 테이프의 재료로 사용된다.

두 가지 입자 형태 모두 자기적으로 이방성이다. 즉 자화시키는 방향을 따라 우선적인 방향, 또는 '용이(easy)' 방향을 가진다. 예를 들면 금속 입자에 대하여 이 방향은 장축(long axes)에 평행한다. 제조 시 이 입자들은 이 방향이 기록 헤드를 지나 테이프가 움직이는 방향에 평행하게 정렬된다. 하나의 입자는 기록 헤드에 의하여 한 방향 또는 반대 방향으로만 자화되는 하나의 도메인인 이상, 두 가지 자기 상태가 가능하다. 이와 같은 두 가지 상태는 1 또는 0으로 나타나는 디지털 형태로 정보 저장을 가능하게 한다.

판상의 바륨 페라이트 매질을 사용하여 6.7 Gbit/in.^{2}의 테이프 저장 밀도가 만들어졌다. 산업 표준 LTO 테이프 카트리지에 대하여 이 밀도는 압축되지 않은 데이터 8 Tbyte의 저장 용량에 대응된다.

20.12 초전도성

초전도성은 기본적으로 하나의 전기적 현상이다. 그러나 이에 대한 논의는 여태까지 미루어 왔다. 왜냐하면 초전도 상태는 자기와 관련이 있으며, 더욱이 초전도체들은 높은 자기장을 발생할 수 있는 자석에 주로 사용되기 때문이다.

대부분의 고순도 금속은 0 K 근처로 냉각시키면 전기 비저항이 점진적으로 감소하면서 금속에 따라 다른 어떤 낮은 비저항값으로 접근하게 된다. 그러나 몇 가지 재료들은 매우 낮은 온도에서 비저항이 거의 0인 값으로 급격하게 감소되고, 냉각을 더 해도 더 이

초전도성

상 비저항값이 변하지 않는 특성을 나타낸다. 이러한 거동이 나타나는 재료들을 **초전도체**(superconductor)라고 하며 **초전도성**(superconductivity)이 나타나는 온도를 임계 온도 T_C라고 한다.[7] 초전도체와 비초전도체에 대한 각각의 비저항 온도 변화는 그림 20.26에서 비교되고 있다. 임계 온도는 초전도체에 따라 변하고 있으나 그 변화 범위는 1 K 이내이며, 금속과 금속 합금들에 대한 임계 온도 T_C는 거의 20 K이다. 최근에 일부 복잡한 산화물 세라믹들의 임계 온도가 100 K 이상인 것으로 증명되었다.

T_C 이하의 온도에서 임계 자기장 H_C보다 큰 자기장을 가할 때 초전도 상태가 사라진다. 이때 임계 자기장 H_C는 온도에 따라 변하며 온도가 증가함에 따라 감소한다. 자기장과 같이 전류 밀도에서도 임계 전류 밀도 J_C가 존재한다. 임계 전류 밀도보다 적은 양의 전류를 흘릴 때도 초전도 상태가 유지되지만 보다 큰 전류를 흘리면 초전도성이 사라진다. 그림 20.27은 온도-자기장-전류를 축으로 하는 공간에서 초전도 상태와 보통의 상태를 구분하는 경계를 나타낸 개략적 그림이다. 물론 이 경계면의 위치는 재료에 따라 달라질 것이다. 원점(0, 0, 0)과 이 경계면 사이에 존재하는 온도, 자기장, 전류값들에 대하여 재료는 초전도성을 띠게 되고, 경계면 밖의 조건에서는 일반적인 전도성을 보인다.

초전도성 현상에 대해서는 비교적 복잡한 이론에 의하여 만족스럽게 설명되고 있다. 본질적으로 초전도 상태는 전도 전자쌍들 사이에 작용하는 인력에 의하여 형성된다. 이와 같이 쌍으로 되어 있는 전자들의 움직임은 조절되어 열진동과 불순물에 의하여 일어나는 산란 효과가 없도록 한다. 그러므로 전자 산란에 비례하는 비저항값이 0이 된다.

자기 반응에 근거하여 초전도체들은 I형과 II형으로 명시되는 두 가지 유형으로 구분된다. I형 재료에서는 초전도 상태에서 완전하게 반자성체 특성을 나타낸다. 즉 외부에서 가

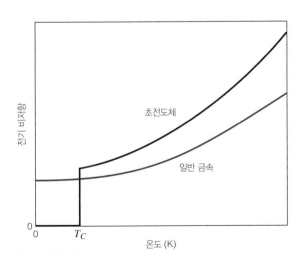

그림 20.26 0 K 근처에서 일어나는 전도체와 초전도체들의 전기 비저항의 온도 의존성

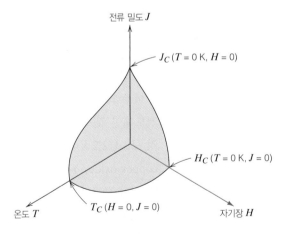

그림 20.27 초전도 상태와 일반적인 전도 상태를 가르는 임계 온도, 임계 전류 밀도, 임계 자기장 경계

---

7 T_c는 큐리 온도(20.6절)와 초전도 임계 온도를 나타내는 상징으로 쓰인다. 이들은 완전히 다른 용어이며 혼동하지 말아야 한다. 그러므로 여기에서는 각각 T_c, T_C로 나타냈다.

그림 20.28 마이스너 효과의 도식도. (a) 초전도 상태에서 재료의 몸체(구형원)는 내부로부터 자기장(화살표)을 배제한다. (b) 이 물체는 일단 전도성으로 바뀌면 자기장이 내부로 침투한다.

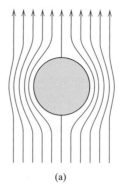
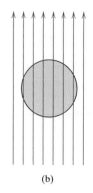

(a)   (b)

해지는 모든 자기장이 물체 내부로 흘러 들어가지 못하고 외부로만 흐른다. 이와 같은 현상을 마이스너 효과(Meissner effect)라고 하며, 이는 그림 20.28에 나타나 있다. H를 증가시키면 임계 자기장 H_C에 도달하기 전까지는 그 재료는 반자성체를 유지한다. 계속적인 H의 증가로 H_C에 도달하면 전도는 정상 상태가 되며, 자기력 선속이 완전하게 내부로 통과하여 흐르게 된다. 알루미늄, 납, 주석, 수은 등을 포함한 여러 가지 금속 원소는 I형에 속한다.

II형 초전도체는 낮은 자기장이 가해지는 경우에 완전한 반자성체이며, 자속의 배제도 완전하다. 그러나 초전도 상태에서 정상 상태로의 천이는 하위의 임계 자기장 H_{C1}과 상위의 임계 자기장 H_{C2} 사이에서 점진적으로 발생한다. 자기력 선속은 H_{C1}에서 재료 내부를 통과하기 시작하며, 외부 자기장이 증가함에 따라 자기력 통과는 계속적으로 증가하고, H_{C2} 자기장에서 자기력 침투는 완전해진다. H_{C1}과 H_{C2} 사이의 자기장에 대하여 재료는 초전도 상태와 정상 상태의 혼합된 특성을 나타낸다.

대부분의 실제 적용에서는 I형보다 II형 초전도체를 더 선호하는데, 이는 II형 초전도체가 보다 높은 임계 온도와 임계 자기장을 보이기 때문이다. 현재 세 가지 초전도체, 즉 니오븀-지르코늄(Nb-Zr) 합금, 니오븀-티타늄(Nb-Ti) 합금, 니오븀-주석(Nb_3Sn) 금속 간 화합물들이 가장 보편적으로 사용되고 있다. 표 20.7은 몇 가지 I형과 II형의 초전도체들과 그들의 임계 온도, 임계 선속 밀도를 보여 주고 있다.

아주 최근에 보통은 절연체 특성을 나타내는 세라믹 재료군이 높은 임계 온도를 가진 초전도체인 것으로 밝혀지고 있다. 이에 대한 초기 연구는 페로브스카이트(perovskite)형 결정 구조(12.2절)와 약 92 K의 임계 온도를 가진 이트륨 바륨 구리 산화물(yttrium barium copper oxide, $YBa_2Cu_3O_7$)에 집중되었다. 훨씬 높은 임계 온도를 보유한 새로운 초전도체에 대한 보고가 있었으며, 계속 개발되고 있다. 이러한 재료 가운데 몇 가지 초전도체와 임계 온도가 표 20.7에 나타나 있다. 이러한 재료는 액체 수소나 액체 헬륨에 비하여 매우 값싼 액체 질소의 사용을 가능하게 하는 77 K 이상의 임계 온도를 가지고 있다. 따라서 이 재료들의 기술적 적용 가능성은 매우 희망적이다. 그러나 새로운 세라믹 초전도체의 주요 결점은 부서지기 쉬운 성질이다. 이러한 취성 때문에 이들 재료를 선(wire)과 같은 형상으로 제조하는 데 제약을 받고 있다.

초전도성 현상은 실제적 적용에 중요한 의미를 가지고 있다. 낮은 전력을 소모하면서 높

표 20.7 초전도 재료들에 대한 임계 온도와 임계 자기력 선속 밀도

재료	임계 온도 $T_C(K)$	임계 자기력 선속 밀도 B_C (tesla)[a]
원소[b]		
텅스텐	0.02	0.0001
티탄	0.40	0.0056
알루미늄	1.18	0.0105
주석	3.72	0.0305
수은(α)	4.15	0.0411
납	7.19	0.0803
화합물 및 합금[b]		
Nb–Ti 합금	10.2	12
Nb–Zr 합금	10.8	11
$PbMo_6S_8$	14.0	45
V_3Ga	16.5	22
Nb_3Sn	18.3	22
Nb_3Al	18.9	32
Nb_3Ge	23.0	30
세라믹 화합물		
$YBa_2Cu_3O_7$	92	—
$Bi_2Sr_2Ca_2Cu_3O_{10}$	110	—
$Tl_2Ba_2Ca_2Cu_3O_{10}$	125	—
$HgBa_2Ca_2Cu_2O_8$	153	—

[a] 0 K에서 측정된 원소에 대한 임계 자기력 선속 밀도($\mu_0 H_C$). 0 K에서 측정된 합금과 화합물에 대한 선속 밀도(teslas).

[b] 출처 : *Materials at Low Temperature*, R. P. Reed and A. F. Clark (Editors), 1983. ASM International, Materials Park, OH. 허가로 복사 사용함

은 자기장을 발생시킬 수 있는 초전도 자석들은 현재 과학적 실험과 연구 장치들에 이용되고 있다. 또한 이 초전도 자석들은 하나의 진단 도구로 의학 분야에서 이용되고 있는 자기공명영상(MRI) 장치에 이용되고 있는데, 이것은 신체 조직과 기관의 이상 여부를 단면 영상을 근거로 검사하는 것이다. 신체 조직의 화학 분석도 자기공명분광학(MRS)을 이용하여 이루어질 수 있다. 초전도 재료가 응용될 수 있는 수많은 적용 분야들이 있다: (1) 초전도체를 통하여 이루어지는 전력 전송, 즉 전력 손실이 극도로 낮고 전송 장치들은 낮은 전압에서 가동된다. (2) 높은 에너지의 입자 가속기를 위한 자석, (3) 컴퓨터에 대한 보다 빠른 속도의 스위칭과 신호 전달, (4) 빠른 속도의 자기부상열차(열차의 자기부상은 자기장 반발로 이루어짐). 물론 이와 같은 초전도체들의 넓은 범위에 걸친 응용에 대한 주요한 걸림돌은 지극히 낮은 온도를 얻기가 어렵고 유지하기도 힘들다는 데 있다. 그러므로 상당히 높은 임계 온도를 가진 새로운 차세대 초전도체가 개발되면 이러한 문제를 해결할 수 있을 것이다.

요약

기본 개념	• 재료에 대한 거시적인 자기 성질은 외부 자기장과 재료를 구성하는 원자들의 자기 쌍극자 모멘트들 사이의 상호작용에서 비롯된다.

• 재료에 대한 거시적인 자기 성질은 외부 자기장과 재료를 구성하는 원자들의 자기 쌍극자 모멘트들 사이의 상호작용에서 비롯된다.

• 코일선 내부의 자기장 세기(H)는 전류값과 권선 수에 비례하고, 코일 길이에는 반비례한다(식 20.1).

• 자기력 선속 밀도와 자기장 세기는 서로 비례한다.
  - 진공 중에서 비례 상수는 진공 투자율이다(식 20.3).
  - 어떤 물질이 존재하는 경우 이 상수는 그 재료의 투자율이 된다(식 20.2).

• 각각의 개별적인 전자와 관련된 오비탈 자기 모멘트와 스핀 자기 모멘트가 있다.
  - 1개 전자의 오비탈 자기 모멘트 양은 보어 마그네톤의 값과 그 전자의 자기 양자 수를 곱한 값과 같다.
  - 1개 전자의 스핀 자기 모멘트는 ±보어 마그네톤의 값이다.(+는 스핀 방향이 위로, −는 스핀 방향이 아래로 유지된 것을 의미한다.)

• 1개의 원자에 대한 순수 자기 모멘트는 그 원자의 전자들 각각으로부터 기여되는 자기 모멘트 모두를 합한 것이다. 이러한 과정에서는 전자쌍들에 대하여 스핀과 오비탈 모멘트들 각각에서 상쇄도 일어날 것이다. 완전한 상쇄가 일어날 경우 그 원자는 자기 모멘트를 갖지 않는다.

반자성과 상자성

• 반자성은 외부 자기장에 의하여 유도되는 전자 궤도 움직임의 변화로부터 일어난다. 그 영향은 매우 작으며(-10^{-5} 정도의 자화율) 가해지는 자기장에 반대 방향으로 형성된다. 모든 재료는 반자성체이다.

• 상자성체는 영구 원자 쌍극자들을 가지고 있는 재료를 말하며, 이 영구 원자 쌍극자들은 외부 자기장에 따라 정렬된다.

• 자화가 비교적 작고 외부 자기장이 존재할 경우에만 유지되기 때문에 반자성체와 상자성체는 비자성으로 고려된다.

강자성

• 영구적이면서 큰 자화는 강자성 금속(Fe, Co, Ni)에서 형성된다.

• 원자 자기 쌍극자 모멘트들은 전자 스핀으로부터 일어나는데, 이 쌍극자 모멘트들은 이웃한 원자의 모멘트들과 결합되며 상호 간에 정렬하고 있다.

반강자성과 페리자성

• 이웃한 양이온 스핀 모멘트들의 반평행 결합은 일부 이온 재료에서 발견된다. 스핀 모멘트들의 전체적인 상쇄가 일어나는 재료를 반강자성체라고 한다.

• 페리자성체에서는 스핀 모멘트의 상쇄가 완전하지가 않아 영구 자화가 가능하다.

• 입방 페라이트에서는 순수 자화가 8면체 격자 위치에 있는 2가 이온(Fe^{2+})에 의해 형성되는데, 그 스핀 모멘트들은 모두 상호 간에 정렬하고 있다.

자기 거동에 미치는 온도의 영향

• 온도가 올라감에 따라 증가되는 열진동은 강자성체와 페리자성체에서 일어나는 쌍극자 결합력을 감소시키는 방향으로 작용하는 경향이 있다. 결과적으로 포화 자화는 온도가 올

라감에 따라 점차적으로 감소하고, 큐리 온도에서는 거의 0으로 떨어진다(그림 20.10)

- T_c 이상의 온도에서 강자성체와 페리자성체들은 상자성체가 된다.

도메인과 자기이력
- 큐리 온도 이하에서 강자성체 또는 페리자성체는 **도메인**들로 구성된다. 도메인이란 모든 순수 쌍극자 모멘트들이 서로 정렬되어 포화 자화가 이루어지는 작은 부피 지역을 말한다 (그림 20.11).
- 고체의 총자화는 모든 도메인의 자화를 대략적인 가중 벡터 합으로 구한다.
- 외부 자기장이 가해짐에 따라 자기장 방향과 같은 방향의 자화 벡터를 가진 도메인들은 다른 자화 방향을 가진 도메인들을 희생시키면서 성장한다(그림 20.13).
- 전체 포화에서 전 고체는 하나의 도메인이 되며, 그 도메인은 자기장의 방향에 따라 정렬된다.
- 자기장의 증가에 따른 도메인 구조의 변화는 도메인 벽들의 이동에 의하여 이루어진다. 영구 자화(또는 **잔류 자기**)와 자기이력(가해진 H 자기장에 대한 B 자기장의 지연)들은 이러한 도메인 벽들의 움직임에 대한 저항으로부터 기인된다.
- 강자성/페리자성체들에 대한 완전한 자기이력 곡선으로부터 다음의 값들이 결정된다.
  - 잔류 자기 : $H = 0$일 때 B 자기장의 값(B_r, 그림 20.14)
  - 포화 보자력 : $B = 0$일 때 H 자기장의 값(H_c, 그림 20.14)

자기 이방성
- 단결정 강자성 재료에 대한 M(또는 0) 대 H 거동은 **이방성**이다. 즉 자기장이 가해지는 방향에 따라 결정학적인 방향으로 달라지는 의존성을 보인다.
- 가장 낮은 자기장(H)으로 포화 자화(M_s)가 얻어지는 결정 방향을 용이 자화 방향이라 한다.
- 철, 니켈, 코발트에 대한 용이 방향은 각각 [100], [111], [0001]이다.
- 자기 철 합금으로 구성된 변압기 코어에서 일어나는 에너지 손실은 이방성 자기 거동을 이용하여 최소화할 수 있다.

연자성체
- 연자성체의 경우 도메인 벽들의 움직임은 자화나 비자화 과정 중에 쉽게 일어나고, 결과적으로 그들은 작은 자기이력 루프와 낮은 에너지 손실을 가져온다.

경자성체
- 경자성체에 대한 도메인 벽의 움직임은 훨씬 어려워 결과적으로 보다 큰 자기이력 루프를 만든다. 이러한 재료들을 비자화시키는 데는 보다 큰 자기장이 요구되므로 자화는 보다 영구적이다.

자기 저장
- 정보 저장은 자기 재료들을 이용하여 이루어진다. 두 가지 주요한 자기 매체 형태는 하드 디스크 드라이브와 자기 테이프이다.
- 하드 디스크 드라이브의 저장 매체는 HCP 코발트-크롬 합금의 nm 크기의 입자들로 구성된다. 이 입자들은 용이 자화 방향([0001])이 디스크 표면에 수직하게 정렬되어 있다.
- 테이프 메모리 저장을 위하여 침상 강자성 금속 입자나 판상 강자성 바륨 페라이트 입자들이 이용된다. 입자 크기는 수십 nm 정도이다.

초전도성
- 전기 비저항이 사라지는 초전도성은 절대 온도 0 K 근처의 온도에서 수많은 재료에서 관찰되고 있다(그림 20.26).

- 이 초전도 상태는 온도, 자기장, 전류 밀도들이 각각의 임계값을 초과할 경우에는 더 이상 그 상태로 존재하지 못한다.
- I형 초전도체의 경우 임계 자기장 이하에서는 자기장 배타가 완벽하게 이루어지며, 임계 자기장 이상에서는 자기장 침투가 완벽하게 달성된다. II형 초전도체의 경우 자기장이 증가함에 따라 이와 같은 침투는 점진적으로 이루어지고 있다.
- 비교적 높은 임계 온도를 가진 복잡한 산화 세라믹들이 새롭게 개발되어 값싼 액체 질소를 냉각제로 사용할 수 있게 되었다.

식 요약

식 번호	식	용도
20.1	$H = \dfrac{NI}{l}$	코일 내부의 자기장 세기
20.2	$B = \mu H$	재료 내 자기력 선속 밀도
20.3	$B_0 = \mu_0 H$	진공 자기력 선속 밀도
20.4	$\mu_r = \dfrac{\mu}{\mu_0}$	상대 투자율
20.5	$B = \mu_0 H + \mu_0 M$	자화를 포함한 자기력 선속 밀도
20.6	$M = \chi_m H$	자화
20.7	$\chi_m = \mu_r - 1$	자화율
20.8	$B \cong \mu_0 M$	강자성체에 대한 자기력 선속 밀도
20.9	$M_s = 0.60\mu_B N$	니켈의 포화 자화
20.11	$M_s = N'\mu_B$	페리자성체에 대한 포화 자화

기호 목록

기호	의미
I	하나의 자기 코일을 흐르는 전류의 양
l	자기 코일의 길이
N	자기 코일의 권선 수(식 20.1), 단위체적당 전자의 수(식 20.9)
N'	단위정당 보어 마그네톤의 수
μ	재료의 투자율
μ_0	진공 투자율
μ_B	보어 마그네톤(9.27×10^{-24} A·m^2)

주요 용어 및 개념

강자성	자기력 선속 밀도	큐리 온도
경자성체	자기 유도	투자율
도메인	자기이력	페라이트
반자성	자기장 세기	페리자성
반강자성	자화	포화 보자력
보어 마그네톤	자화율	포화 자화
상자성	잔류 자기	
연자성체	초전도성	

참고문헌

Brockman, F. G., "Magnetic Ceramics—A Review and Status Report," *American Ceramic Society Bulletin*, Vol. 47, No. 2, February 1968, pp. 186–194.

Coey, J. M. D., *Magnetism and Magnetic Materials*, Cambridge University Press, Cambridge, 2009.

Cúllity, B. D., and C. D. Graham, *Introduction to Magnetic Materials*, 2nd edition, John Wiley & Sons, Hoboken, NJ, 2009.

Hilzinger, R., and W. Rodewald, *Magnetic Materials: Fundamentals, Products, Properties, Applications*, John Wiley & Sons, Hoboken, NJ, 2013.

Jiles, D., *Introduction to Magnetism and Magnetic Materials*, 3rd edition, CRC Press, Boca Raton, FL, 2016.

Spaldin, N. A., *Magnetic Materials: Fundamentals and Device Applications*, 2nd edition, Cambridge University Press, Cambridge, 2011.

연습문제

기본 개념

20.1 길이가 0.25 m이며 400회 감긴 코일 도선에 15 A 의 전류가 흐르고 있다.

(a) 자기장 세기 H는 얼마인가?

(b) 코일이 진공 내에 있을 경우 선속 밀도 B를 계산하라.

(c) 코일 내부에 위치해 있는 크롬 막대 내부의 선속 밀도를 계산하라. 표 20.2에서 크롬에 대한 자화율을 찾을 수 있다.

(d) 자화 M의 값을 계산하라.

20.2 여러 가지 다른 단위로 자화율 χ_m을 표현할 수 있다. 이 장에서 χ_m은 SI 단위로 체적 자화율을 사용하였다. 즉 체적 자화율에 H를 곱한 값은 재료의 단위부피(m^3)당 자화를 나타낸다. 질량 자화율 χ_m(kg)에 H를 곱한 값은 kg당 자기 모멘트(또는 자화)를 나타낸다. 마찬가지로 원자 자화율 χ_m(a)는 kg-mol당 자화율에 해당하고 있다. 후자의 두 양은 다음의 관계식과 같이 χ_m에 연관되어 있다.

$$\chi_m = \chi_m(kg) \times 질량\ 밀도(kg/m^3)$$

$$\chi_m(a) = \chi_m(kg) \times 원자량(kg)$$

cgs-emu 단위체계를 사용하는 경우 SI 단위처럼 χ'_m, χ'_m(g), χ'_m(a) 계수들이 사용되고, χ_m과 χ'_m에 대한 상호 환산은 표 20.1로부터 확인할 수 있다. 표 20.2로부터 구리에 대한 χ_m은 -0.96×10^{-5}이다. 이 값을 다른 다섯 가지 자화율로 변환하라.

반자성과 상자성
강자성

20.3 어떤 재료의 막대 내부의 자속 밀도는 5×10^5 A/m

의 H 자기장에서 0.630 tesla의 값을 보이고 있다. 이 재료에 대한 다음의 사항을 계산하라.

(a) 투자율

(b) 자화율

(c) 어떤 종류의 자성이 이 재료에서 나타나는가? 그 이유는 무엇인가?

20.4 원자당 순수 자기 모멘트가 2.2 보어 마그네톤, 밀도가 7.87 g/cm³인 철에 대하여 다음을 계산하라.

(a) 포화 자화

(b) 포화 선속 밀도

20.5 강자성체를 보이는 어떤 가상 금속이 (1) 단순 입방 결정 구조(그림 3.3), (2) 0.125 nm의 원자 반지름, (3) 0.85 tesla의 포화 선속 밀도를 가지고 있다. 이 재료에 대한 원자당 보어 마그네톤의 수를 결정하라.

20.6 상자성체와 강자성체 내의 각 원자와 관련된 순수 자기 모멘트가 있다. 상자성체는 영구적으로 자화시킬 수 없는 반면, 강자성체는 영구적으로 자화시킬 수 있다. 그 이유를 설명하라.

반강자성과 페리자성

20.7 단위정의 모서리 길이가 0.838 nm인 코발트 페라이트[$(CoFe_2O_4)_8$]에 대한 (a) 포화 자화 및 (b) 포화 선속 밀도를 추정하라.

20.8 사마륨 철 가닛($Sm_3Fe_5O_{12}$)에 대한 화학식은 $Sm_3^cFe_2^aFe_3^dO_{12}$ 형태로 표시될 수 있다. 여기서 a, c, d는 Sm^{3+}과 Fe^{3+} 이온들이 놓여 있는 다른 위치들을 나타낸다. a와 c 위치에 놓인 Sm^{3+}과 Fe^{3+} 이온에 대한 스핀 자기 모멘트들은 서로 간에 평행한 방향으로 놓여 있고, d 위치에 놓인 Fe^{3+} 이온에 대하여는 역평행 방향으로 놓여 있다. 다음의 정보를 보고 Sm^{3+} 이온에 관련된 보어 마그네톤의 수를 계산하라. (1) 각 단위정은 하나의 단위인 $Sm_3Fe_5O_{12}$가 8개로 구성되어 있다. (2) 단위정은 한 변의 길이가 1.2529 nm인 입방 정계이다. (3) 이 재료에 대한 포화 자화는 1.35×

10⁵ A/m이다. (4) 각 Fe^{3+} 이온은 5 보어 마그네톤을 가지고 있다고 가정하자.

도메인과 자기이력

20.9 자기이력 현상에 대하여 간단하게 묘사하고, 강자성체와 페리자성체에서 자기이력 현상이 일어나는 이유를 설명하라.

20.10 어떤 강자성체가 1.0 tesla의 잔류 자기와 15,000 A/m의 보자력을 가지고 있다. 포화는 25,000 A/m의 자기장 세기, 이때의 자속 밀도는 1.25 tesla에서 이루어지고 있다. 이 데이터를 이용하여 −25,000∼+25,000 A/m 범위의 H에서 전체의 자기이력 곡선을 그리라. 양축에 눈금과 표시를 분명히 명시하라.

20.11 7000 A/m의 보자력을 가진 철 막대자석이 비자화될 예정이다. 만약에 막대가 0.25 m의 총길이에 150회 감긴 원통형 도선 코일 내에 존재한다면 필요한 자기장을 생성하는 데 드는 전류는 얼마인가?

자기 이방성

20.12 단결정 니켈에 대하여 [100],[110],[111] 방향으로 자기장(H)의 포화값을 추정하라.

연자성체

경자성체

20.13 경자성체와 연자성체 사이의 차이점을 자기이력 거동과 전형적인 응용물 관점에서 기술하라.

20.14 그림 20.29는 니켈-철 합금에 대한 B 대 H 곡선을 보여 주고 있다.

(a) 포화 선속 밀도는 얼마인가?

(b) 포화 자화는 얼마인가?

(c) 잔류 자기는 얼마인가?

(d) 포화 보자력은 얼마인가?

(e) 표 20.5와 표 20.6의 데이터를 근거하여 이 재료를 연자성체 또는 경자성체 중 어느 것으로 분류하겠는가? 그 이유는 무엇인가?

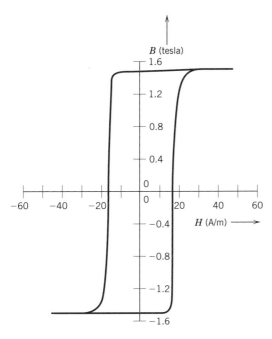

그림 20.29 강 합금에 대한 자기이력 곡선

초전도성

20.15 임계 온도 T_C 이하의 온도 T를 유지하고 있는 초전도 재료의 경우 임계 자기장 $H_C(T)$는 다음 같은 관계로 온도에 좌우된다.

$$H_C(T) = H_C(0)\left(1 - \frac{T^2}{T_C^2}\right) \qquad (20.14)$$

여기서 $H_C(0)$은 0 K에서 임계 자기장이다.

(a) 표 20.7의 데이터를 이용하여 2.5 K와 5.0 K에서 납에 대한 임계 자기장을 계산하라.

(b) 15,000 A/m의 자기장에서 납을 냉각시킬 경우 어느 온도까지 냉각시켜야 초전도체가 되겠는가?

20.16 I형과 II형 초전도체 간의 차이점을 기술하라.

20.17 비교적 높은 임계 온도를 가진 새로운 초전도체의 주요 한계를 말하라.

설계문제

강자성

20.D1 1.47×10^6 A/m의 포화 자화를 갖는 코발트-철 합금이 요구된다. 철의 조성(wt%)을 명시하라. 코발트는 c/a 비율이 1.623인 HCP 구조를 가지고 있다. 이 합금의 단위정 부피는 순수 Co와 같다고 가정하자.

(a) 광기전 태양 전지의 작동을 보여 주는 도식도. 전지 자체는 p-n 접합(18.11과 18.15절 참조)을 형성하도록 제작된 다결정 규소로 만들어진다. 태양광의 광자들은 전자들을 접합의 n-형 지역에서 전도대로 여기시키고 p-형 지역에서 정공들을 만들어 준다. 이 전자들과 정공들은 서로 반대 방향의 접합 지역으로부터 흘러나가 외부 전류로 흐르게 된다.

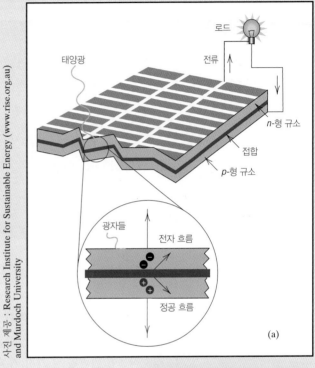

사진 제공 : Research Institute for Sustainable Energy (www.rise.org.au) and Murdoch University

(c) 많은 수의 태양 패널을 설치한 집의 사진

© Brainstorm1962/iStockphoto

(c)

© Gabor Izso/iStockphoto

(b)

(b) 다결정 규소로 이루어진 광기전 태양 전지의 사진

학습목표

이 장을 학습한 후에는 다음 내용을 숙지할 수 있어야 한다.

1. 플랑크 상수값과 광자의 주파수가 주어져 그 광자의 에너지를 계산
2. 전자기 복사선-원자 간의 상호작용으로 일어나는 전자 분극과 그 전자 분극에 대한 중요한 두 가지 의미를 기술
3. 금속 재료들이 가시광선에 대하여 불투명한 이유를 설명
4. 굴절 지수 정의

5. (a) 고순도 절연체와 반도체, (b) 전기적으로 활성화 결함을 보유한 절연체와 반도체에 대한 광 흡수 기구를 기술
6. 본래 투명한 유전체에서 반투명과 불투명을 일으키는 내부 산란의 세 가지 원인을 이해
7. 루비 레이저와 반도체 레이저의 구조와 작동에 대한 기술

21.1 서론

광학적 성질은 재료가 전자기 복사선, 특히 가시광선에 노출될 때 나타내는 반응을 의미한다. 먼저 이 장에서 전자기 복사파 성질, 고체 재료와 전자기 복사파 사이에서 일어날 수 있는 상호작용에 관련된 몇 가지 기본적인 원리와 개념에 대하여 다루기로 한다. 이어서 금속과 비금속 재료의 흡수, 반사, 투과 성질에 관련된 광학적인 거동에 대하여, 마지막 절에서 발광, 광전도, 복사선의 유도 방출로 일어나는 빛의 증폭(레이저), 그리고 이러한 현상의 실제적인 적용에 대하여 설명하기로 한다.

기본 개념

21.2 전자기 복사선

고전적인 의미에 있어서 전자기 복사선은 진행 방향에 수직하면서 전기장 성분과 자기장 성분이 서로 수직한 형태로 진행하는 파로 여겨지고 있다(그림 21.1). 빛, 열(또는 복사 에너지), 레이더, 전파, x-선은 모두 전자기 복사파의 한 형태이다. 각 전자기파는 고유한 범위의 파장으로 또한 그것을 생성하는 기술로 특징지어진다. 복사파의 전자기 스펙트럼(electromagnetic spectrum)은 γ-선(방사 물질로부터 방출됨)으로부터 시작하여 넓은 범위에 걸친 파장을 가지는데, 이는 10^{-12} m(10^{-3} nm) 정도의 파장을 가진 x-선, 자외선, 가시광선, 적외선 그리고 마지막으로 10^5 m의 파장을 가진 전파에 걸쳐 이루어져 있다. 로그 눈금으로 나타낸 스펙트럼이 그림 21.2에 나타나 있다.

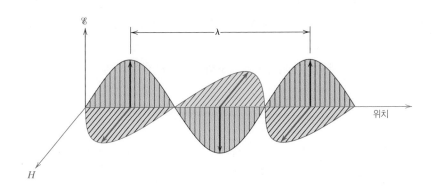

그림 21.1 전기장 $\mathscr{E}$과 자기장 H, 파장 λ를 보여 주는 하나의 전자기파

가시광선은 약 0.4 μm(4×10^{-7} m)에서 0.7 μm의 파장을 가진 매우 좁은 범위의 스펙트럼 내에 있다. 색은 눈에 들어오는 파장으로 인식된다. 예를 들면 약 0.4 μm 길이의 파장을 가진 복사선은 보라색으로 인식되며, 약 0.5와 0.65 μm의 파장은 각각 초록색과 빨간색으로 인식된다. 여러 가지 색에 대한 파장 범위는 그림 21.2에 나타나 있다. 백색 빛은 단순히 모든 색이 합쳐진 것이다. 계속되는 설명은 가시 복사선에 대해서 주로 이루어지며 가시 복사선은 눈이 느낄 수 있는 복사선으로 정의하고 있다.

모든 전자기 복사선은 진공 내에서 빛과 똑같은 속도로 진행하고 있다. 빛의 속도는 3×10^{8} m/s이다. 빛의 속도 c는 진공 유전율 μ_0와 진공 투자율 ε_0에 대하여 다음의 관계식을 가진다.

진공 중에서 빛의 속도에 미치는 전기 유전율과 자기 투자율의 영향

$$c = \frac{1}{\sqrt{\varepsilon_0\,\mu_0}} \tag{21.1}$$

그림 21.2 가시광선의 여러 가지 색깔에 대한 파장 범위를 포함한 전자기선의 스펙트럼

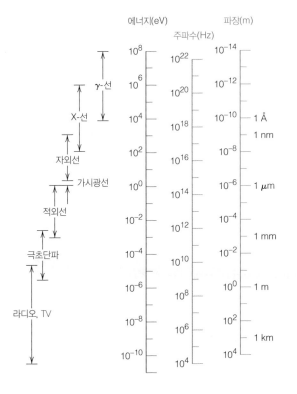

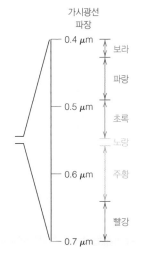

이것으로부터 전자기적 상수 c와 전기적 상수 및 자기적 상수 사이에는 일정한 관계가 있음을 알 수 있다.

이와 함께 전자기 복사선 주파수 ν와 파장 λ는 속도의 함수로서 다음과 같은 관계를 유지하고 있다.

전자기 복사선에서 속도, 파장, 주파수 간의 관계

$$c = \lambda\nu \tag{21.2}$$

주파수의 단위는 헤르츠(Hz)이고, 1 Hz=1 cycle/s이다. 여러 가지 형태의 전자기 복사선에 대한 주파수 범위는 그림 21.2의 스펙트럼에 나타나 있다.

광자

전자기 복사선을 복사선이 파동으로 구성되어 있다고 보기보다는 광자(photon)라고 하는 에너지의 묶음으로 보는 양자역학적인 관점에서 보는 것이 편리할 때가 있다. 한 광자의 에너지 E는 양자화되어 있다고 하는데, 양자화되어 있다는 것은 각 에너지가 특정한 값을 가지고 있다는 것을 말한다. 각 에너지 E는 다음과 같이 양자화된 에너지를 가지고 있다.

전자기 복사선의 1개 양자에너지에 미치는 주파수, 속도, 파장의 영향

$$E = h\nu = \frac{hc}{\lambda} \tag{21.3}$$

플랑크 상수

여기서 h는 6.63×10^{-34} J·s인 플랑크 상수(Planck's constant)이다. 이 식에서 광자 에너지는 복사선 주파수에 비례하고 파장의 길이에 반비례함을 알 수 있다. 그림 21.2에 전자기 스펙트럼에 대한 광자 에너지값들이 나타나 있다.

복사선과 재료 사이의 상호작용으로 일어나는 광학적 현상을 묘사할 때 빛을 광자 관점에서 취급하여 설명하는 것이 용이한 경우가 있고, 파동의 관점에서 설명하는 것이 용이한 경우가 있다. 따라서 두 가지 접근 방법이 이와 같은 논의를 하는 데 모두 이용된다.

개념확인 21.1 광자와 포논의 차이와 유사점을 간결하게 논의하라. 힌트 : 19.2절 참조

개념확인 21.2 전자기 복사는 양자역학적 또는 고전적인 관점에서 이해될 수 있다. 이 두 가지 견해를 간결하게 비교하라.

[해답은 www.wiley.com/go/Callister_MaterialsScienceGE → **More Information** → **Student Companion Site** 선택]

21.3 고체와 빛의 상호작용

빛이 다른 매질 사이를 통과할 때(예 : 공기 중으로부터 고체 재료로 진행할 때) 여러 가지 현상이 발생한다. 빛의 일부는 매질 내를 진행하여 통과하고, 일부는 매질 내에서 흡수되며, 나머지는 두 매질 계면에서 반사된다. 그러므로 고체 표면에 주사되는 빛의 세기 I_0는 통과(I_T), 흡수(I_A), 반사(I_R)되는 빛의 세기의 합과 같아야만 한다.

계면에서 입사 빛의 세기는 투과, 흡수, 반사되는 빛의 세기들의 합과 같다.

$$I_0 = I_T + I_A + I_R \tag{21.4}$$

복사선 세기는 watt/m²의 단위로 표현되며, 빛의 진행 방향에 수직한 단위면적을 통과하는 에너지에 대응된다.

식 (21.4)는 다음과 같은 형태로 표현할 수 있다.

$$T + A + R = 1 \tag{21.5}$$

여기서 T, A, R은 각각 투과율(I_T/I_0), 흡수율(I_A/I_0), 반사율(I_R/I_0)을 나타내며, 이들 값은 재료에 의하여 투과, 흡수, 반사되는 분율을 의미하고 그 총합은 1이 되어야 한다.

투명

반투명

비교적 적은 흡수와 반사가 일어나며 빛을 투과시키는 재료를 투명(transparent)하다고 하는데 그 재료를 통하여 물체들을 볼 수 있다. 반투명(translucent)한 재료란 빛이 산란되면서 통과하는 재료를 말한다. 즉 빛이 재료 내부를 통과하면서 산란 현상이 일어나 그 재료를 통해서 볼 때 사물들이 명백하게 구분되지 않는 정도를 말한다. 또한 가시광선이 전혀 통과하지 못하는 재료를 불투명(opaque)하다고 한다.

불투명

금속 덩어리는 가시광선의 전 범위에 걸쳐 불투명하다. 다시 말하면 모든 빛의 복사선을 흡수하거나 반사하고 있다. 반면에 전기적 절연체는 투명하게 만들어질 수 있으며 반도체의 경우는 투명한 재료도 있고 불투명한 특성을 보이는 재료도 있다.

21.4 원자와 전자적 상호작용

고체 내부에서 일어나는 광학적인 현상은 전자기 복사선과 원자, 이온, 그리고(또는) 전자 간에 일어나는 상호작용을 포함하고 있다. 이러한 상호작용 중 가장 중요한 두 가지 현상은 전자 분극(electronic polarization)과 전자 에너지 천이(electron energy transition)이다.

전자 분극

고려되어야 할 전자기파의 한 가지 성분은 단순히 빠르게 진동하는 전기장이다(그림 21.1). 가시광선의 주파수 범위에 대하여는 이와 같은 전기장이 각 원자를 둘러싸고 있는 전자 구름과 상호작용을 일으켜 전자 분극을 유도한다. 다시 말하면 그림 18.31a에서 보인 것과 같이 전기장 성분의 변화에 따라 원자 핵에 대하여 전자 구름이 이동된 상태를 유지하게 한다. 이와 같은 분극의 중요한 결과 두 가지는 (1) 일부 복사 에너지의 흡수와 (2) 매질을 통과하는 빛의 속도 감소이다. 두 번째 결과는 21.5절에서 논의되는 현상, 즉 굴절에서 명백하게 볼 수 있다.

전자 천이

전자기 복사의 흡수와 방출은 전자의 한 에너지 상태에서 다른 에너지 상태로의 천이 현상을 포함하고 있다. 이 현상의 이해를 돕기 위하여 그림 21.3에 보인 것과 같은 하나의 고립된 원자의 에너지 선도(energy diagram)를 고려해 보자. 원자가 광자 에너지를 흡수할 때 E_2의 에너지 준위에 위치해 있는 전자는 채워지지 않고 보다 높은 에너지 준위 E_4로 여기된다. 그 전자가 겪는 에너지 변화 ΔE는 다음과 같이 복사선 주파수에 따라 변한다.

그림 21.3 하나의 고립된 원자에 대하여 한 에너지 준위로부터 다른 에너지 준위로 전자가 여기됨에 따라 일어나는 광자 흡수를 보여 주는 도식도. 광자의 에너지($h\nu_{42}$)는 두 준위차($E_4 - E_2$)와 정확히 같아야 한다.

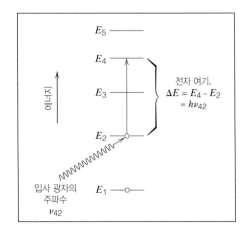

하나의 전자 천이에서 일어나는 에너지의 변화는 플랑크 상수와 흡수(또는 방출)되는 복사선의 주파수를 곱한 값과 같다.

$$\Delta E = h\nu \tag{21.6}$$

여기서 h는 플랑크 상수이다. 이 시점에서 몇 가지 개념을 이해하는 것이 중요하다. 첫째, 원자의 에너지 준위들은 분리되어 있으므로 에너지 준위 사이는 일정한 ΔE값이 존재한다. 그러므로 전자의 천이에 의하여 흡수될 수 있는 광자는 그 원자에 대하여 가능한 ΔE에 해당하는 주파수를 가진 광자이다. 더욱이 모든 광자 에너지는 각각의 여기 현상에 의하여 흡수된다.

여기 준위

기저 준위

두 번째 중요한 개념은 여기된 전자는 오랫동안 여기 준위(excited state)에 머물러 있을 수 없다는 것이다. 짧은 시간이 지난 후에 전자는 기저 준위(ground state) 또는 여기되지 않았던 준위로 다시 복귀하면서 전자기 복사선을 재방출한다. 여러 가지 붕괴 경로가 가능하다(후에 계속 논의될 것임). 어떤 경우에도 전자 천이로 인한 흡수와 방출에 대한 에너지 보존 법칙이 성립되어야 한다.

이어지는 설명과 같이 전자기 복사선의 흡수와 방출에 관한 고체 재료의 광학적 특성은 재료의 전자 밴드 구조(18.5절에서 논의되었던 것과 같은 가능한 밴드 구조)와 앞의 두 절에서 설명한 전자 천이 원리로 설명될 수 있다.

금속의 광학적 성질

그림 18.4a와 18.4b에 나타난 것과 같이 높은 에너지 밴드의 일부분만이 전자로 채워진 금속의 에너지 밴드 구조를 생각해 보자. 금속은 불투명하다. 왜냐하면 가시광선 범위의 주파수를 갖는 복사선은 그림 21.4a와 같이 페르미 에너지(Fermi energy)보다 높은 빈 전위로 전자를 여기시켜 흡수되기 때문이다. 주입된 복사선의 흡수에너지와 주파수의 관계식은 식 (21.6)을 따른다. 전체 흡수는 매우 얇은 표면, 보통 0.1 μm 이내에서 일어난다. 그러므로 0.1 μm보다 얇은 금속 박막은 가시광선을 투과시킬 수 있다.

모든 주파수에 걸쳐 가시광선은 금속에 의하여 흡수되는데, 이는 그림 21.4a에 나타난 것

그림 21.4 (a) 높은 빈 에너지 준위로 전자의 여기가 일어나는 금속 재료에서 광자 흡수 기구를 보여 주는 도식도. 전자 에너지 변화 ΔE 는 광자 에너지와 같아야만 한다. (b) 높은 데 서 낮은 에너지 준위로 일어나는 전자 천이에 의하여 발생되는 광자의 재방출

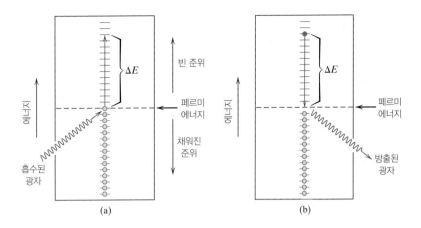

과 같이 전자 천이가 허용되는 빈 에너지 준위가 연속적으로 존재하기 때문이다. 실제로 금 속은 모든 전자기 복사선, 즉 낮은 주파수 스펙트럼인 적외선으로부터 가시광선, 자외선의 중간에 이르기까지 불투명하다. 금속은 고주파 복사선(x-선과 γ-선)에 대하여 투명하다.

흡수된 복사선 대부분은 똑같은 파장의 가시광선 형태로 표면으로부터 다시 방출되어 반 사되는 빛으로 보인다. 그림 21.4b는 다시 복사가 일어나는 전자 천이를 보인 그림이다. 대 부분 금속에 대한 반사도는 $0.90 \sim 0.95$ 사이의 값을 가지며, 전자 붕괴 과정에서 발생하는 에너지 일부는 열로 발산된다.

금속은 불투명하고 반사도가 높아, 색깔은 금속에 의하여 흡수되는 복사선이 아니라 표 면에서 반사되는 복사선의 파장 분포로 결정된다. 백색 빛(white light)에 노출된 금속의 표 면이 밝은 은색을 띠는 경우는 그 금속이 모든 가시광선 범위에 걸쳐 높은 반사를 일으키고 있다는 것을 의미한다. 다시 말해 다시 방출되는 광자들의 주파수와 수량은 입사되는 빛과 거의 유사한 값을 가지고 있음을 의미한다. 알루미늄(Al)과 은(Ag)은 이와 같은 반사 특성 을 나타내는 재료이다. 구리와 금은 각각 붉은 주황색과 노란색을 나타내고 있는데, 이는 짧 은 파장의 빛 광자 일부가 다시 방출되지 않은 데 기인한다.

개념확인 21.3 금속들이 고주파 x-선이나 γ-복사선에 투명한가?

[해답은 *www.wiley.com/go/Callister_MaterialsScienceGE* → More Information → Student Companion Site 선택]

비금속의 광학적 성질

비금속 재료는 그들의 에너지 밴드 구조 때문에 가시광선에 대하여 투명하다. 그러므로 반 사와 흡수 이외에도 굴절과 투과 현상에 대한 고려가 필요하다.

21.5 굴절

굴절

굴절 지수

투명한 재료 내부를 통과하는 빛은 속도가 감소하면서 경계면에서 구부러지는 현상이 발생된다. 이러한 현상을 굴절(refraction)이라고 한다. 어떤 재료의 굴절 지수(index of refraction) n은 진공 중의 빛의 속도 c와 매질 중의 빛의 속도 v의 비율로 다음과 같이 정의된다.

굴절 지수의 정의—진공 중과 관심 있는 매질 내에서의 빛의 속도들의 비

$$n = \frac{c}{v} \tag{21.7}$$

굴절 지수 값(또는 빛이 경계면에서 휘어지는 정도)은 빛의 파장에 따라 변한다. 이와 같은 효과는 유리 프리즘에 의하여 백색 빛이 여러 가지 성분의 색깔로 분리 또는 분산되는 사실에 의하여 증명된다. 백색 빛을 구성하고 있는 각각의 색은 유리에 들어갈 때와 나갈 때 다른 양만큼 회절되어 색 분리가 일어난다. 굴절률은 빛의 진행에 영향을 미칠 뿐만 아니라 다음 설명과 같이 표면에 입사되는 빛에 대한 반사 빛의 분율에 영향을 준다.

식 (21.1)에 의하여 c의 값을 정의한 것과 같이 매질 내의 빛의 속도 v가 다음과 같이 정의된다.

매질 내에서 빛의 속도를 매질의 전기 유전율과 자기 투자율로 표현

$$v = \frac{1}{\sqrt{\varepsilon\mu}} \tag{21.8}$$

여기서 ε과 μ는 각각 매질의 유전율과 투자율이다. 식 (21.7)로부터 다음의 관계식을 얻을 수 있다.

매질의 굴절 지수를 매질의 유전 상수와 비자기 투자율로 표현

$$n = \frac{c}{v} = \frac{\sqrt{\varepsilon\mu}}{\sqrt{\varepsilon_0\mu_0}} = \sqrt{\varepsilon_r\mu_r} \tag{21.9}$$

여기서 ε_r과 μ_r은 각각 유전 상수와 비자기 투자율을 말한다. 대부분 재료는 약한 자성을 띠고 있어 $\mu_r \cong 1$이며, n은 다음과 같이 표현할 수 있다.

비자성체에서 굴절 지수와 유전 상수의 관계

$$n \cong \sqrt{\varepsilon_r} \tag{21.10}$$

프리즘을 통과하는 백색 빛의 분산

그러므로 투명한 재료에 대하여 굴절 지수와 유전 상수 사이에는 일정한 관계가 유지되고 있음을 알 수 있다. 앞에서 언급된 바와 같이 굴절 현상은 가시광선 중 비교적 높은 주파수에서 전자 분극(21.4절)과 관련이 있어 유전 상수의 전자 성분은 식 (21.10)을 이용하여 측정된 굴절 지수 값으로부터 결정될 수 있다.

하나의 매질 내 이동하는 전자기 복사선에 대한 진행 감소가 전자 분극에 의해서 일어나기 때문에 매질을 구성하는 원자나 이온의 크기는 감소 효과에 매우 큰 영향을 미치고 있다. 일반적으로 원자나 이온의 크기가 클수록 전자 분극은 더 커지고 속도는 느려지며 굴절 지수는 커지게 된다. 전형적인 소다-석회 유리(soda-lime glass)의 굴절 지수는 대략 1.5의 값

표 21.1 일부 투명한 재료들에 대한 굴절 지수

재료	평균 굴절 지수
세라믹	
실리카 유리	1.458
보로실리케이트(파이렉스) 유리	1.47
소다-석회 유리	1.51
석영(SiO_2)	1.55
고밀도 광학 플린트 유리	1.65
스피넬($MgAl_2O_4$)	1.72
페리클라세(MgO)	1.74
코론덤(Al_2O_3)	1.76
폴리머	
폴리테트라플루오로에틸렌	1.35
폴리(메틸 메타크릴레이트)	1.49
폴리프로필렌	1.49
폴리에틸렌	1.51
폴리스티렌	1.60

을 갖는다. 이 유리에 큰 크기의 바륨과 납 이온(BaO와 PbO 형태)을 첨가하면 굴절 지수 값이 현저히 증가한다. 예로 90 wt% PbO를 함유한 유리의 굴절 지수는 약 2.1 정도이다.

입방형 결정 구조로 구성된 결정질 세라믹과 유리는 굴절 지수가 결정 방향과 무관한 등방성을 띠고 있다. 반면에 입방형 구조가 아닌 결정들은 비등방성 n의 값을 가지고 있다. 다시 말하면 이온 밀도가 가장 높은 방향을 따라 굴절 지수가 가장 큰 값을 나타내게 된다. 표 21.1은 여러 가지 유리, 투명 세라믹, 폴리머에 대한 굴절 지수를 보여 주고 있다. 비등방성 n을 가진 결정질 세라믹에서는 평균값이 제공되고 있다.

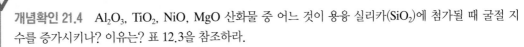

개념확인 21.4 Al_2O_3, TiO_2, NiO, MgO 산화물 중 어느 것이 용융 실리카(SiO_2)에 첨가될 때 굴절 지수를 증가시키나? 이유는? 표 12.3을 참조하라.

[해답은 *www.wiley.com/go/Callister_MaterialsScienceGE* → More Information → Student Companion Site 선택]

21.6 반사

광선이 한 매질에서 굴절 지수가 다른 매질로 진행할 때 일부 빛은 두 매질이 투명한 경우에도 계면에서 산란이 일어난다. 반사율 R은 입사 광선에 대한 반사 광선의 분율이고 다음과 같이 표현된다.

굴절률 정의—반사와 입사
빛의 세기로 표현

$$R = \frac{I_R}{I_0} \qquad (21.11)$$

여기서 I_0와 I_R은 각각 입사 빔과 반사 빔의 세기를 나타낸다. 만약에 광선이 계면에 수직으로 입사되면 R은 다음과 같다.

다른 굴절 지수를 가지는
두 매질의 경계면에서(수
직으로 입사되는 빛에 대
한) 굴절 지수

$$R = \left(\frac{n_2 - n_1}{n_2 + n_1}\right)^2 \qquad (21.12)$$

여기서 n_1과 n_2는 두 매질의 굴절 지수이다. 만약에 입사 광선이 계면에 수직하지 않다면, R은 입사각에 따라 변할 것이다. 광선이 진공 또는 공기 중으로부터 고체 s 내로 진행할 때 R의 값은 공기의 굴절 지수가 거의 1에 근접하므로 다음과 같이 표현된다.

$$R = \left(\frac{n_s - 1}{n_s + 1}\right)^2 \qquad (21.13)$$

이로부터 고체의 굴절 지수가 커지면 커질수록 반사율이 커짐을 알 수 있다. 전형적인 실리케이트 유리(silicate glass)의 반사율은 대략 0.05의 값을 나타낸다. 고체의 굴절 지수가 입사 광선의 파장에 따라 변하듯이 반사율도 파장에 따라 변한다. 렌즈나 다른 광학 기구들에 대한 반사 손실은 플루오르화 마그네슘(MgF_2)과 같은 절연체를 매우 얇은 두께로 표면 위에 형성시켜 현저하게 감소시킬 수 있다.

21.7 흡수

비금속 재료들은 가시광선에 대하여 투명하거나 불투명하다. 만약에 투명하다면 재료는 색깔을 잘 띠지 않는다. 원칙적으로 광선은 두 가지 기본적인 기구에 의해서 재료 내에 흡수되며, 이 두 가지 기구는 또한 비금속 재료의 투과 특성에도 영향을 미치고 있다. 이 중 하나가 전자 분극이다(21.4절). 전자 분극에 의한 흡수는 구성 원자들의 이완 주파수와 비슷한 광선 주파수에서만 중요하다. 다른 기구는 재료의 에너지 밴드 구조에 의하여 결정되는 가전자대와 전도대 사이 일어나는 전자 천이이다. 반도체와 절연체의 밴드 구조에 대한 설명은 18.5절에서 이루어졌다.

광자의 흡수는 하나의 전자가 거의 채워진 가전자대로부터 밴드 갭을 뛰어넘어 전도대의 빈 준위로 여기되면서 일어난다(그림 21.5a). 이때 전도대에 자유 전자가 형성되고 가전자대에 정공이 만들어진다. 여기 에너지 ΔE와 흡수된 광자 주파수의 관계는 식 (21.6)으로 표현된다. 빛의 흡수로 일어나는 여기는 광자 에너지가 밴드 갭 E_g보다 큰 경우에 일어난다. 식으로 표현하면 다음과 같다.

비금속 재료에서 1개의 (복
사선) 광자가 전자 천이에
의하여 흡수되는 조건을 복
사선 주파수로 표현

$$hv > E_g \qquad (21.14)$$

파장으로 표현하면 다음과 같다.

그림 21.5 (a) 하나의 전자가 가전자대에 하나의 정공을 형성시키면서 밴드 갭을 뛰어넘는 현상이 일어나는 비금속 재료에 대한 광자 흡수 기구. 흡수된 광자 에너지는 ΔE이고, 이 값은 E_g보다 커야만 한다. (b) 전자가 밴드 갭을 뛰어넘어 일어나는 직접 전자 천이에 의하여 발생되는 광자 흡수

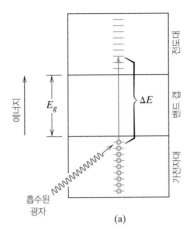
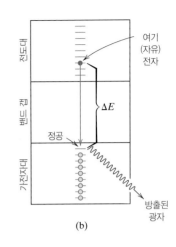

비금속 재료에서 1개의 (복사선) 광자가 전자 천이에 의하여 흡수되는 조건을 복사선 파장 관점에서 표현

$$\frac{hc}{\lambda} > E_g \tag{21.15}$$

가시광선의 최소 파장 $\lambda(\min)$는 약 0.4 μm이고, $c = 3 \times 10^8$ m/s, $h = 4.13 \times 10^{-15}$ eV·s이므로 가시광선의 흡수가 가능한 최대 밴드 갭 에너지 $E_g(\max)$는 다음과 같이 계산된다.

가전자대와 전도대 사이의 전자 천이에 의해 가시광선 흡수가 일어나는 최대 가능 밴드 갭 에너지

$$E_g(\max) = \frac{hc}{\lambda(\min)}$$

$$= \frac{(4.13 \times 10^{-15} \text{ eV·s})(3 \times 10^8 \text{ m/s})}{4 \times 10^{-7} \text{ m}} \tag{21.16a}$$

$$= 3.1 \text{ eV}$$

이 계산에서 3.1 eV보다 큰 밴드 갭 에너지를 가진 비금속 재료는 가시광선을 흡수하지 못한다는 것을 알 수 있으며, 이러한 재료들이 높은 순도를 유지한다면 투명하면서 색깔이 없는 것처럼 보일 것이다.

반면에 가시광선의 최대 파장 $\lambda(\max)$가 약 0.7 μm이므로 가시광선 흡수가 일어나는 최소한의 밴드 갭 에너지 $E_g(\min)$는 다음과 같이 계산된다.

가전자대와 전도대 사이의 전자 천이에 의해 가시광선 흡수가 일어나는 최대 가능 밴드 갭 에너지

$$E_g(\min) = \frac{hc}{\lambda(\max)}$$

$$= \frac{(4.13 \times 10^{-15} \text{ eV·s})(3 \times 10^8 \text{ m/s})}{7 \times 10^{-7} \text{ m}} = 1.8 \text{ eV} \tag{21.16b}$$

이 결과는 약 1.8 eV 보다 적은 밴드 갭 에너지를 가진 반도체에서는 모든 가시광선이 가전자대에서 전도대로 일어나는 전자 천이로 흡수된다는 것을 의미하며 이와 같은 재료들은 불투명하다. 1.8~3.1 eV 사이의 밴드 갭 에너지를 가진 재료에 의해서는 일부 가시광선 스펙트럼이 흡수된다. 그러므로 이러한 재료는 색깔을 띠게 된다.

모든 비금속 재료는 일정 파장에서 불투명(opaque)해지는데 이는 E_g의 크기에 좌우된다. 예를 들면 5.6 eV의 밴드 갭을 가진 다이아몬드는 0.22 μm보다 짧은 파장의 복사선에 대하여 불투명하다.

광선과의 상호작용은 넓은 밴드 갭을 가진 절연체에서 가전자대-전도대에 걸쳐 일어나는 전자 천이 외의 다른 천이에 의해서도 이루어진다. 만약에 불순물 또는 다른 전기적으로 활성화된 결함들이 절연체 내에 존재하는 경우 밴드 갭 내에 도너와 억셉터 준위(18.11절)와 함께 밴드 갭 중앙 근처에 보다 가깝게 위치하는 전자 준위들이 형성된다. 특정한 파장의 광선이 밴드 갭 내에 존재하는 불순물 준위를 포함하여 일어나는 전자 천이로 인하여 방출이 일어난다. 예를 들어 하나의 불순물 준위를 가진 재료에서 가전자대와 전도대 간의 전자 천이가 일어나는 것을 보여 주는 그림 21.6a를 고려하자. 전자 천이로 흡수되는 전자기 에너지는 다시 가능한 여러 가지 기구들을 통하여 사라진다. 하나의 기구로서 다음과 같은 반응을 통해 전자와 정공이 직접적인 재결합을 이루고 에너지를 소모할 수 있다.

에너지 생성과 전자-정공 재결합을 나타내는 식

$$\text{전자 + 정공} \longrightarrow \text{에너지 } (\Delta E) \tag{21.17}$$

위 반응은 그림 21.5b에 개략적으로 나타나 있다. 이와 함께 전자 천이가 밴드 갭 내에 있는 불순물 준위를 거치면서 여러 단계에 걸쳐 일어날 수 있다. 그림 21.6b에 나타낸 것과 같이 한 가지 가능성은 두 개의 광자 방출이다. 즉 한 광자의 방출은 전자가 전도대 내의 하나의 전위로부터 불순물 전위로 떨어질 때 일어나고, 다른 하나는 전자가 불순물 전위로부터 가전자대로 떨어질 때 일어난다. 광자 방출과 달리 천이로 포논이 생성될 수 있다(그림 21.6c). 포논 생성에 관련된 에너지는 열 형태로 소멸된다.

순수하게 흡수된 복사선의 세기는 매질의 특성과 매질 내를 진행하는 복사선 거리에 의존

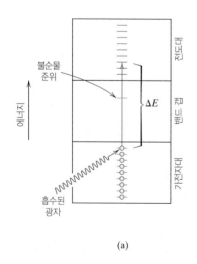
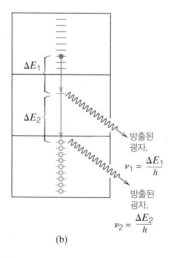
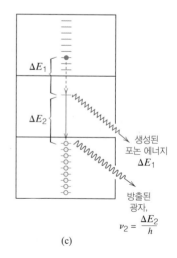

그림 21.6 (a) 밴드 갭 내에 존재하는 불순물 주위로부터 광자의 흡수에 의하여 일어나는 전자 여기 기구, (b) 전자가 하나의 불순물 준위로 붕괴되면서 마지막으로 기저 준위로 떨어지며 발생하는 두 광자의 방출, (c) 하나의 여기된 전자가 불순물 주위로, 결국에는 기저 준위로 떨어질 때 발생하는 포논과 하나의 광자

하고 있다. 매질 내를 통과하는 복사선의 세기 I'_T는 광선이 진행하는 거리 x의 값이 증가함에 따라 다음과 같이 감소한다.

흡수되지 않은 복사선 세기— 흡수 계수와 매질 내부를 빛이 진행한 거리에 대한 의존성

$$I'_T = I'_0 e^{-\beta x} \tag{21.18}$$

여기서 I'_0는 표면에서 반사되지 않은 입사 복사선이고, 흡수 계수(absorption coefficient, mm^{-1}) β는 재료에 따라 달라지는 계수이다. 또한 β는 입사 복사선의 파장에 따라 변하고 있다. 매개변수 x는 입사되는 표면으로부터 재료 내부로 측정되는 거리이다. β의 값이 큰 재료는 빛을 강하게 흡수한다는 것을 알 수 있다.

예제 21.1

유리에 대한 흡수 계수 계산

200 mm 두께의 유리를 통과하는 빛의 부분율은 0.98이다. 이 재료의 흡수 계수를 계산하라.

풀이

식 (21.18)의 β를 계산하라는 문제이다. 우선 이 표현을 다음과 같이 정리하자.

$$\frac{I'_T}{I'_0} = e^{-\beta x}$$

그리고 위 식에서 양쪽에 대하여 자연 로그를 취해 주면 다음과 같은 관계식을 얻는다.

$$\ln\left(\frac{I'_T}{I'_0}\right) = -\beta x$$

마지막으로 위 식에 $I'_T/I'_0 = 0.98$, $x = 200$ mm를 대입하고 β로 정리하면 다음과 같은 값을 얻는다.

$$\beta = -\frac{1}{x}\ln\left(\frac{I'_T}{I'_0}\right)$$

$$= -\frac{1}{200\,mm}\ln(0.98) = 1.01 \times 10^{-4}\,mm^{-1}$$

 개념확인 21.5 규소와 게르마늄은 가시광선에 대하여 투명한가? 이유는? 표 18.2를 참조하라.

[해답은 *www.wiley.com/go/Callister_MaterialsScienceGE* → More Information → Student Companion Site 선택]

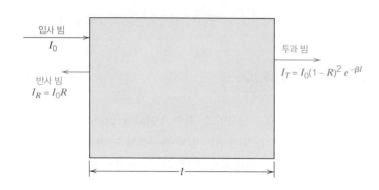

그림 21.7 매질 내부에서의 흡수와 전면과 후면에서의 반사들이 일어나는 투명한 매질의 빛 투과성

(출처 : R. M. Rose, L. A. Shepard, and J. Wulff, *The Structure and Properties of Materials*, Vol. IV, *Electronic Properties*, John Wiley & Sons, 1966. Robert M. Rose 허가로 복사 사용함)

21.8 투과

그림 21.7에서 나타낸 바와 같이 흡수 반사, 투과 현상들은 빛이 투명한 고체를 지나가는데 적용된다. 두께 l, 흡수 계수 β인 시편의 표면을 I_0의 세기로 입사한 경우 시편 뒷면에서 투과된 세기 I_T는 다음과 같이 표현된다.

l의 두께를 가진 시편을 통과하는 복사선 세기는 반사와 흡수에 의한 모든 손실로 표현됨

$$I_T = I_0(1 - R)^2 e^{-\beta l} \tag{21.19}$$

여기서 R은 반사율이고, 이 식의 유도를 위하여 시편의 앞면과 뒷면에는 똑같은 매질이 존재한다고 가정하였다. 식 (21.19)의 유도는 숙제로 남기기로 한다.

그러므로 투명한 재료를 통과하는 입사광의 분율은 흡수와 반사가 얼마나 일어나느냐에 따라 달라진다. 다시 말해서 반사율 R, 흡수율 A, 투과율 T의 총합은 식 (21.5)에 의해 1인 것이다. 또한 R, A, T 각 변수들은 빛의 파장에 의존하며 변한다. 하나의 초록색 유리에서 가시광선 스펙트럼의 넓은 범위에 걸쳐 반사율, 흡수율, 투과율이 변하는 것을 보여 주는 그림 21.8에서 파장에 대한 의존성이 잘 보이고 있다. 예를 들어 0.4 μm의 파장을 가진 빛에 대하여 투과, 흡수, 반사되는 분율이 각각 0.90, 0.05, 0.05이고, 0.55 μm에서 각각의 분율은 0.5, 0.48, 0.02이다.

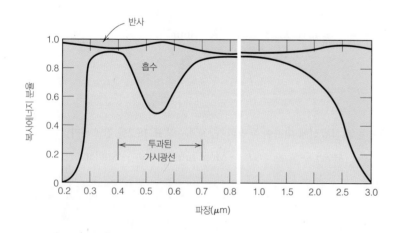

그림 21.8 빛이 하나의 초록색 유리를 통과할 때 일어나는 반사, 흡수, 통과되는 분율들의 파장에 따른 변화

(출처 : W. D. Kingery, H. K. Bowen, and D. R. Uhlmann, *Introduction to Ceramics*, 2nd edition. Copyright © 1976 by John Wiley & Sons, New York. John Wiley & Sons, Inc. 허가로 복사 사용함)

21.9 색

색

투명한 재료들은 빛의 일정한 파장 범위를 선택적으로 흡수하기 때문에 색을 띠게 된다. 인식되는 색(color)은 투과되는 빛의 파장들을 합성한 결과이다. 만약에 모든 가시광선의 파장에 대하여 균일하게 흡수가 일어난다면 재료는 무색을 띠게 된다. 이와 같은 재료로 고순도 무기질 유리, 고순도 단결정 다이아몬드 및 사파이어들이 있다.

보통 선택적 흡수는 전자 여기에 의하여 일어난다. 이런 경우는 가시광선 에너지 범위(1.8~3.1 eV)보다 작은 밴드 갭을 가진 반도체 재료에서 일어난다. E_g보다 큰 에너지를 가진 가시광선은 가전자대－전도대에 걸친 전자 천이로 선택적으로 흡수된다. 물론 이와 같이 흡수된 복사선의 일부는 여기된 전자들이 초기 상태 또는 보다 낮은 에너지 준위로 떨어지면서 재방출된다. 이런 재방출이 일어나는 주파수는 흡수할 때의 주파수와 같을 필요는 없다. 결과적으로 색깔은 통과된 광선과 재방출되는 광선의 주파수 분포에 따라 결정된다.

예를 들면 황화카드뮴(CdS)은 약 2.4 eV의 밴드 갭을 가지고 있다. 그러므로 2.4 eV보다 큰 에너지를 가진 광자는 흡수되며 이것에 해당되는 색은 파란색과 초록색이다. 흡수된 에너지 일부는 다른 주파수를 가진 광선으로 다시 방출된다. 흡수되지 않은 가시광선은 약 1.8~2.4 eV 사이의 에너지를 가진 광자들로 구성된다. 그러므로 이 통과된 광선들의 합성으로 황화카드뮴은 노란 주황색을 띠게 된다.

절연 세라믹의 경우 특수한 불순물을 첨가시켜 앞에서 설명한 바와 같이 밴드 갭 내에 전자 준위를 형성시킨다. 그러므로 그림 21.6b와 21.6c에서 보인 것과 같이 불순물 준위를 포함한 전자 여기 현상의 결과로 밴드 갭보다 적은 에너지의 광자들이 흡수된다. 물론 일부 재방출이 일어난다. 또한 재료의 색깔은 투과된 빛의 파장 분포의 함수로 나타낸다.

예를 들면 고순도이면서 단결정인 알루미늄 산화물, 즉 사파이어는 무색을 띠고 있다. 찬란한 빨간색을 띠고 있는 루비는 단순히 사파이어에 0.5~2%의 크롬 산화물(Cr_2O_3)을 첨가하여 만든 것이다. Cr^{3+} 이온은 Al_2O_3 결정 구조에서 Al^{3+} 이온을 대체하면서 사파이어의 넓은 밴드 갭 내에 불순물 준위를 형성시킨다. 빛은 가전자대－전도대 전자 천이를 통하여 흡수되고, 흡수된 빛 일부는 불순물 준위로 또는 불순물 준위로부터 일어나는 전자 천이를 통하여 재방출된다. 그림 21.9는 사파이어와 루비가 파장의 변화에 따라 투과성이 어떻게 다르게 나타나고 있는가를 보여 주고 있다. 사파이어의 경우는 투과율이 가시광선 스펙트럼에 걸친 파장에 따라 비교적 일정한 값을 나타내면서 사파이어가 무색인 것을 설명해 준다. 그러나 루비의 경우는 두 파장 지역에서 강한 흡수가 일어나고 있다. 하나는 약 0.4 μm 파장 영역으로 청보라에 해당하고, 다른 하나는 약 0.6 μm 파장으로 황록색에 해당한다. 흡수되지 않고 투과된 광선과 재방출되는 빛이 합해져 루비가 검붉은색을 띠게 된다.

무기질 유리는 유리가 용융 상태에 있는 동안에 첨가된 천이 이온 또는 희토류 이온들에 따라 색깔을 띠게 된다. 대표적인 이온-색 조합은 Cu^{2+} 청록색, Co^{2+} 청보라색, Cr^{3+} 초록색, Mn^{2+} 노란색, Mn^{3+} 보라색 등이다. 이와 같은 색유리들은 세라믹 용기 표면에 장식용 코팅과 광택제로 사용된다.

그림 21.9 사파이어(단결정 알루미늄 산화물)와 루비
(약간의 크롬 산화물을 포함한 알루미늄 산화물)에 대하
여 파장의 함수로 나타낸 빛의 복사선 투과. 사파이어는
색깔이 없는 것처럼 나타나는 반면에 루비는 특수한 파장
범위에서 일어나는 선택적인 흡수에 의하여 연한 붉은색
을 띤다.
(출처 : "The Optical Properties of Materials," by A. Javan.
Copyright © 1967 by Scientific American, Inc.)

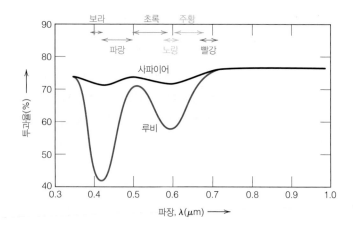

 개념확인 21.6 금속과 투명한 비금속들이 나타내는 특징적인 색을 결정하는 인자들을 비교하라.

[해답은 *www.wiley.com/go/Callister_MaterialsScienceGE* → More Information → Student
Companion Site 선택]

21.10 절연체의 불투명과 반투명

본래 투명한 유전체 재료에 대한 반투명과 불투명의 정도는 주로 재료가 가지고 있는 내부
반사율과 투과율에 의하여 좌우된다. 대부분의 유전체 재료는 본래 투명하다. 그러나 내부
반사와 굴절의 특성을 이용하여 반투명 또는 불투명하게 만들 수 있다. 투과하는 광선 빔은
방향성 있게 회절이 일어나고, 그리고 여러 단계의 충돌이 일어날 때는 뿌옇게 보인다. 불투
명은 산란(scattering) 현상이 너무 광범위하게 일어나 입사광이 뒷면으로 투과하지 못할 때
일어난다.

이러한 내부 산란 현상은 여러 가지 다른 원천 때문에 일어난다. 비등방성 굴절 지수를
가진 다결정 시편은 보통 반투명하다. 입자 계면에서 일어나는 반사와 굴절은 입사 빔의 방
향을 엇갈리게 한다. 이러한 빛의 엇갈림은 다른 결정 방향을 가진 인접한 입자 간에 존재하
는 아주 작은 차이의 굴절 지수에 기인한다.

또한 빛의 산란은 한 가지 상(phase)이 아주 미세하게 다른 상에 분포된 이상(two-phase)
재료에서도 일어난다. 다결정 시편의 경우와 같이 빔의 분산은 두 상의 굴절 지수 값 차이가
존재할 경우 상 계면에서 일어나는데, 두 상의 굴절 지수의 차가 크면 클수록 산란은 효율적
으로 일어난다. 결정상과 잔여 비정질상으로 구성된 유리-세라믹은 입자의 크기가 가시광
선 파장보다 작은 경우에 매우 투명하게 보일 수 있고, 두 상의 굴절 지수 값이 거의 동일할
때(조성 조절로 가능함)도 매우 투명하게 보일 수 있다.

많은 세라믹 재료는 제조나 공정 과정에서 미세하게 분산된 기공을 포함하게 된다. 이와
같은 기공들은 효율적으로 빛을 산란시킨다.

그림 21.10은 단결정 시편, 밀도가 높은 다결정 시편, 다공성(~5% 다공성) 알루미늄 산

그림 21.10 세 가지 알루미늄 산화물 시편의 빛 투과성을 보여 주는 사진. 왼쪽부터 오른쪽으로 투명한 단결정 재료(사파이어), 반투명과 다결정 (조밀한) 재료, 불투명한 5%의 기공을 포함한 결정질 재료
(표본 준비 : P. A. Lessing.)

화막 시편들의 광학적 투과 특성의 차이를 보여 주고 있다. 단결정은 완전한 투명체인 반면 다결정 재료와 다공성 재료는 각각 반투명체와 불투명체이다.

진성 폴리머 경우(첨가물이나 불순물 투입이 없음) 반투명성 정도는 주로 결정질의 정도에 의해서 영향을 받고 있다. 비정질과 결정질 사이의 계면에서 굴절 지수의 차이에 의해 가시광선의 일부가 산란한다. 높은 결정질 시편에서 상당한 정도의 산란이 일어나 반투명하게 되고 어떤 경우는 불투명하게도 된다. 높은 비정질 폴리머는 완전히 투명하다.

광학 현상의 응용

21.11 발광

발광

어떤 재료는 에너지를 흡수하고 이어서 가시광선을 방출하는, 즉 발광(luminescence)이라는 현상을 일으킨다. 방출되는 빛 광자들은 고체 내에서 일어나는 전자 천이로 생성된다. 하나의 전자는 에너지를 흡수함으로써 여기된 에너지 준위로 여기되고, 여기된 전자는 낮은 에너지 준위로 떨어지면서 1.8~3.1 eV 사이의 에너지를 가진 가시광선을 방출한다(1.8 eV $< hv <$ 3.1 eV). 흡수되는 에너지는 보다 높은 에너지를 가진 전자기 복사선(가전자대-전도대 천이를 야기함)(그림 21.6a), 이를테면 자외선 또는 높은 에너지의 전자들과 같은 다른 원천에 의해 공급되기도 하고, 열, 기계적 또는 화학적 에너지에 의하여 공급되기도 한다. 발광은 흡수와 재방출 사건 간의 지체 시간에 의하여 구분된다. 만약 재방출이 1초보다 훨씬 짧은 시간에 발생하면 이 현상을 형광(fluorescence)이라 하고, 보다 긴 시간에서 일어나면 인광(phosphorescence)이라 한다. 많은 재료들은 인광이나 형광이 일어나게 만들 수 있다. 이러한 재료에는 일부 황화물, 산화물, 텅스텐염(tungstate), 수개의 유기 재료들이 있다. 보통 순수한 재료는 이러한 현상을 나타내지 못하고 조절된 농도의 불순물이 첨가될 때만 이러한 현상이 나타난다.

형광
인광

발광 현상은 상업적으로 많이 응용되고 있다. 형광 램프는 글래스 하우징(glass housing), 특수한 텅스텐염 또는 규산염으로 코팅된 내부로 구성되어 있다. 수은 방전(mercury glow discharge)으로 관 내에서 생성되는 자외선은 코팅 물질에서 흡수되고 인광이 발생하여 백

색 광선이 외부로 방출된다. 새로운 소형 형광등(compact fluorescence lights, CLF)이 백열 전구를 대체하고 있다. 이 소형 형광등을 구성하고 있는 관을 접거나 곡선화하여 기존에 백열등으로 차지하는 공간에 맞추고 또한 붙박이 조명기구로 설치된다. 소형 형광등은 백열전구와 동일한 양의 가시광선을 방출하지만 백열전구에 비하여 1/5에서 1/3 정도의 에너지를 소모하고 수명이 훨씬 길다. 그러나 좀 더 비싸고 수은을 함유하고 있어 처리가 복잡하다.

21.12 광전도율

반도체 재료의 전도율은 식 (18.13)에 나타난 것과 같이 전도대에 있는 자유 전자 수와 가전자대에 있는 정공 수에 따라 변한다. 격자 진동과 관련되는 열에너지는 18.6절에서 설명한 바와 같이 전자 여기를 일으키면서 자유 전자와 (또는) 정공을 생성시킨다. 빛의 흡수로 일어나는 광자 유도 전자 천이(photon-induced electron transition)로 인하여 추가적인 전하 운반자들이 생성된다. 추가 증가하는 전도율을 **광전도율**(photoconductivity)이라고 한다. 그러므로 광전도 재료에 빛을 조명하면 전도율이 증가한다.

광전도율

이러한 현상은 사진 조도계에 이용되고 있다. 조도계에서는 광유도 전류(photoinduced current)가 측정되며, 이 양은 입사 광선의 세기 또는 빛의 광자들이 광전도 재료를 때리는 율(rate)과 직접적인 함수 관계를 유지한다. 물론 가시광선은 광전도 재료에 전자 천이를 유도해야만 한다. 카드뮴 황화물은 흔히 조도계에 이용되고 있다.

태양 광선은 반도체로 만들어진 태양 전지에서 전기적 에너지로 변환된다. 어떤 의미에서 이러한 소자는 발광 소자의 경우와 반대로 작동되고 있다. 이 장의 도입부 그림 (a)에서 설명한 것과 같이 p-n 접합은 빛으로 여기된 전자와 정공들이 접합부로부터 서로 반대 방향으로 움직이면서 외부 회로에 연결되어 사용된다.

개념확인 21.7 2.58 eV의 밴드 갭을 가지는 반도체 아연 셀레나이드(ZnSe)는 가시광선에 노출될 때 광전도성을 보이는가? 이유는?

[해답은 *www.wiley.com/go/Callister_MaterialsScienceGE* → More Information → Student Companion Site 선택]

21.13 레이저

지금까지 논의된 모든 복사 전자 천이는 자발적으로 일어나는 현상이다. 다시 말하면 하나의 전자가 높은 에너지 준위로부터 낮은 에너지 준위로 외부의 자극 없이 떨어지는 현상을 말한다. 이러한 천이는 상호 무관하게 일어나며 아무 때나 비간섭성(incoherent)의 복사선을 생성한다. 즉 생성되는 광파(light wave)들은 서로 간에 위상이 벗어나 있는 것들이다. 그러나 레이저의 경우는 외부 자극으로 일어나는 전자 천이로 인해 간섭성 광파가 생성된다. 사실 레이저(laser)는 복사선의 자극 방출에 의한 빛 증폭(light **a**mplification by **s**timulated

레이저

중 요 재 료

발광 다이오드

18.15절에서 p-n 접합에 대하여 논의하였고, p-n 접합이 전류에 대한 정류기 또는 다이오드로 어떻게 이용되는지를 기술하였다.[1] 일부 상황에서 p-n 접합 다이오드에 비교적 높은 값의 순방향 전압이 가해질 때 가시광선(또는 적외선)이 방출된다. 이와 같이 전기에너지를 빛에너지로 변환시키는 것을 전기 발광이라 하고, 전기 발광을 일으키는 소자를 발광 다이오드(LED)라고 한다. 순방향 전압은 n-지역의 전자를 접합 경계면으로 끌어당기고, 그중 일부 전자는 경계면을 통과하여 p-지역으로 들어간다(그림 21.11a). 이 지역에서 전자는 소수 전하 운반자이고, 넘어온 전자는 식 (21.17)에 의하여 접합 근처에서 정공과 재결합 또는 소멸되면서 광자의 형태로 빛에너지를 방출한다(그림 21.11b). 유사한 과정이 p-지역에서도 일어난다. 즉 정공이 접합 지역으로 이동하여 n-지역에 있는 다수 전하 운반자인 전자와 결합한다.

단일 원소 반도체인 규소와 게르마늄은 에너지 밴드 구조 특성상 발광 다이오드에 적합하지 않다. 이보다는 갈륨 비화물(GaAs), 인듐 인화물(InP), 그리고 이들 화합물로 구성된 합금($GaAs_xP_{1-x}$, 여기에서 x는 1보다 작은 숫자)들과 같은 III-V 반도체 화합물과 같은 재료가 자주 사용된다. 또한 발광 빛의 파장(색)은 반도체(일반적으로 다이오드의 n-과 p-지역은 동일 반도체임) 밴드 갭과 관련 있다. 예를 들면 빨강, 주황, 노랑은 GaAs-InP 시스템에서 얻을 수 있다. 그리고 파란색과 초록색 발광 다이오드는 (Ga, In)N 반도체 합금을 이용하여 개발된다. 그러므로 발광 다이오드에서 이와 같은 색을 조합하여 모든 색을 구현할 수 있다.

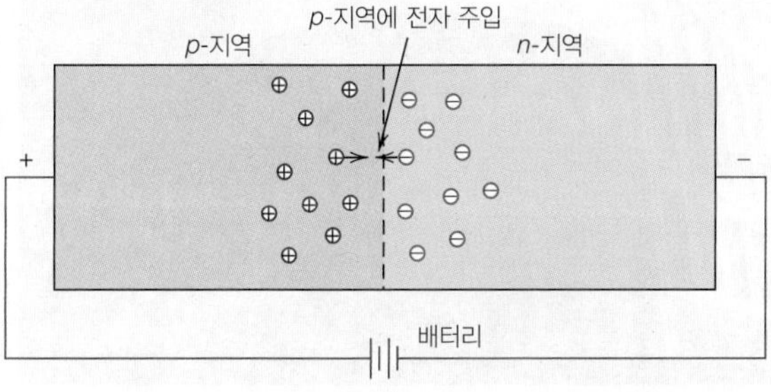

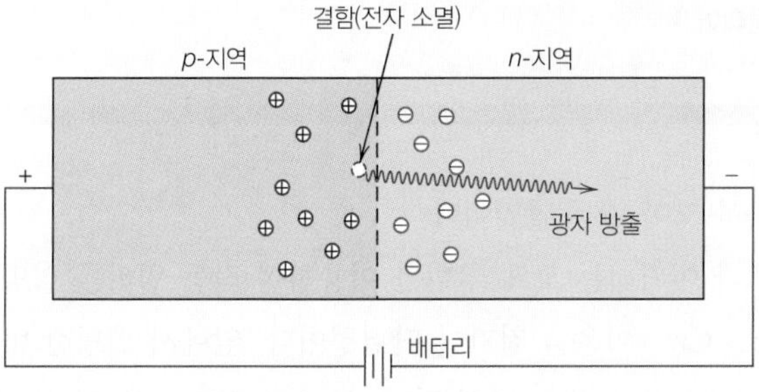

반도체 발광 다이오드를 이용한 주요한 응용으로 전자 시계, 발광 시계 디스플레이, 광학마우스(컴퓨터 입력 기구), 필름 스캐너가 있다. 전자 리모트 컨트롤(TV, DVD 플레이어용) 또한 적외선을 방출하는 발광 다이오드를 사용하고 있다. 이 빔은 수신 장치의 검출기가 수신할 수 있도록 코드화된 신호를 전달한다. 이와 함께 발광 다이오드는 요새 광원으로 사용된다. 이 광원은 백열광보다 수명이 훨씬 길고(타서 끊어지는 필라멘트가 없기 때문) 매우 적은 열을 발산하며 백열광보다 에너지적으로 효율적이다. 새로운 교통 통제 신호 대부분이 백열광 대신 발광 다이오드를 사용한다.

18.17절에서 일부 폴리머 재료들이 반도체(p-형과 n-형 모두)인 것을 보았다. 결과적으로 폴리머로 발광 다이오드를 만들 수 있는데 여기에는 두 가지 형태가 있다. (1) 유기 발광 다이오드(OLED), 이 폴리머는 비교적 낮은 분자량을 가지고 있다. (2) **고분자 폴리머 발광 다이오드**(PLED), 이 발광 다이오드는 전기적 접촉(양극과 음극) 지역에서 양극(또는 음극) 전극과 폴리머 사이에 박막 형태의 비정질 폴리머를 사용한다. 발광 다이오드로부터 빛이 방출되기 위해 한쪽 콘택트 전극은 투명해야 한다. 그림 21.12는 OLED 구조를 보여 주는 개략도이다. OLED와 PLED를 이용하여 다양한 색을 구현할 수 있고, 또한 실제 단색보다 더 많은 색을 만들어 낼 수 있다(이것은 반도체 LED에서는 가능하지 않음). 그러므로 여러 색을 합성하여 백열광을 만드는 것이 가능하다.

반도체 LED가 유기 발광 소자보다 현재는 수명이 길지만 OLED/PLED는 분명한 장점을 가지고 있다. 다양한 색을 만들 수 있는 점과 함께 제조가 용이하고(잉크젯 프린터로 기판 위에 폴리

그림 21.11 순방향이 가해지는 반도체 p-n 접합에서 (a) n-지역으로부터 p-지역으로 전자가 주사되고, (b) 이 전자가 정공과 결합하여 빛을 방출하는 것을 보여 주는 개략적 도식도

---

1 순방향과 역방향 바이어스가 가해진 경우와 함께 바이어스가 가해지지 않은 경우들에 대해 접합부의 양쪽에서 전자 및 정공의 분포를 보여 주는 개략적 그림이 그림 18.20에 나타나 있다. 추가로 그림 18.21은 p-n 접합에서 일어나는 전류-전압 거동이다.

머 '프린팅'을 실시함) 비교적 저렴하며 보다 가는 형상, 고분해능과 모든 색 영상을 보여 줄 수 있는 패턴이 가능하다. OLED 디스플레이는 현재 디지털카메라, 이동 전화기, 차 오디오 부품에 사용되면서 상업화되고 있다. TV, 컴퓨터, 게시판들에 대한 보다 큰 디스플레이를 실현하기 위한 응용도 가능하다. 또한 적절한 재료 조합으로 유연한 디스플레이를 만들 수 있다. 프로젝션 스크린과 같이 둘둘 말 수 있는 컴퓨터 모니터 또는 TV를, 그리고 건축물 기둥 주위를 둘러싸는 또는 늘 변하는 벽지로 방의 벽에 설치된 조명기구를 상상할 수도 있다.

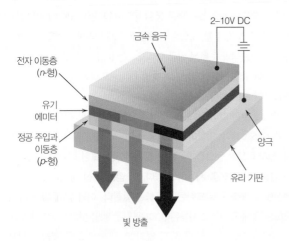

그림 21.12 유기 발광 다이오드(OLED) 부품과 배열을 보여 주는 개략적 도식도
(Silicon Chip magazine과의 협약으로 복사 사용함)

뉴욕 브로드웨이 43번가 코너에 위치한 거대한 LED 비디오 디스플레이

emission of radiation)에 대한 첫 글자를 모아 만든 낱말이다.

몇 가지 다른 종류의 레이저가 있으나 여기서는 고체 루비를 이용하여 작동 원리를 설명한다. 루비는 Al_2O_3(사파이어)에 0.05% Cr^{3+} 이온을 첨가한 단결정이다. 앞에서 설명한 바와 같이(21.9절) 이 이온들에 의하여 루비는 붉은색을 띠게 된다. 보다 중요한 것은 이 이온들이 레이저가 작동하는 데 필수적인 전자 준위를 제공한다는 것이다. 루비 레이저는 봉의 형태로 만들어져 있으며 양끝은 평평하고 서로 평행하면서 아주 잘 연마되어 있다. 또한 양끝은 은으로 덮여 있으면서 한쪽 면은 빛을 완벽하게 반사하고 다른 쪽 면은 부분적으로 투과시킨다.

루비는 그림 21.13에서 보듯이 크세논 섬광 램프(xenon flash lamp)로부터 방출되는 빛으로 조명된다. 루비에 포함된 Cr^{3+} 이온들은 빛에 조명되기 전에는 기저 준위에 존재해 있다. 다시 말하면 그림 21.14에서 보듯이 전자는 가장 낮은 에너지 준위를 채우고 있다. 그러나 램프로부터 나오는 0.56 μm 파장의 광자들이 Cr^{3+} 이온에 있는 전자들을 보다 높은 에

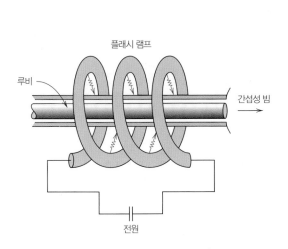

플래시 램프

루비

간섭성 빔

전원

그림 21.13 루비 레이저와 크세논 플래시 램프의 구성도

(출처 : R. M. Rose, L. A. Shepard, and J. *Wulff, The Structure and Properties of Materials*, Vol. IV, *Electronic Properties*, John Wiley & Sons, 1966. Robert M. Rose 허가로 복사 사용함)

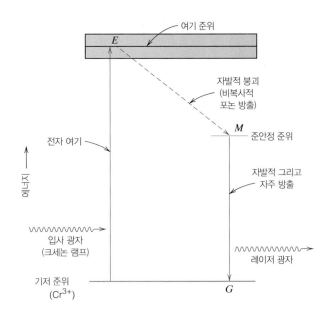

여기 준위

E

자발적 붕괴
(비복사적
포논 방출)

전자 여기

M 준안정 준위

에너지

자발적 그리고
자주 방출

입사 광자
(크세논 램프)

레이저 광자

기저 준위
(Cr^{3+})

G

그림 21.14 루비 레이저에 대한 에너지 구성도. 전자 여기와 붕괴 행로를 보여 준다.

너지 준위로 여기시킨다. 여기된 전자들은 두 가지 다른 경로를 거쳐 초기의 기저 준위로 복귀한다. 일부 전자들은 직접 복귀하는데, 이때 방출되는 광자는 레이저 빔하고 무관하다. 다른 전자들은 준안정 중간 준위로 떨어지고(경로 *EM*, 그림 21.14), 이 준위에서 전자들은 자발적인 방출(경로 *MG*)이 일어나기 전에 3 ms 정도까지 머무른다. 전자적인 관점에서 3 ms는 비교적 긴 시간이며 상당히 많은 준안정 준위들이 채워지고 있음을 의미한다. 이와 같은 상황이 그림 21.15b에 나타나 있다.

이 전자들 가운데 소수의 전자에 의하여 초기에 일어나는 자발적인 광자 방출은 준안정 준위(그림 21.15c)에 있는 전자들의 홍수 같은 방출에 시동을 거는 자극제이다. 루비 봉의 긴 축에 평행하게 진행하는 광자들 가운데 일부는 은이 부분적으로 덮인 끝단을 투과하고, 일부는 전체가 은으로 덮인 끝단에서 내부로 반사된다. 긴 축 방향으로 방출되지 않은 광자는 소멸된다. 광선 빔은 봉의 길이 방향을 따라 앞뒤 반복적으로 진행하면서 보다 많은 방출을 자극하여 광선 세기를 증가시킨다. 결과적으로 짧은 기간에 증폭되어 강한 세기를 가지면서 간섭적이고 평행한 레이저 광선 빔이 은이 부분적으로 덮인 끝단을 투과한다(그림 21.15e). 이 단색의 붉은 빔은 0.6943 μm의 파장을 가진다.

갈륨 비화물(gallium arsenide)과 같은 반도체 재료는 콤팩트디스크 플레이어와 전기 통신 산업에 이용되는 레이저로 사용된다. 이러한 재료에 대한 한 가지 요구는 재료의 밴드 갭 E_g에 관련된 파장 λ는 가시광선에 대응되어야 한다는 점이다. 식 (21.3)을 변형시켜 얻은 파장에 대한 관계식은 다음과 같다.

$$\lambda = \frac{hc}{E_g} \tag{21.20}$$

그림 21.15 루비 레이저에서 일어나는 자극 방출과 빛 증폭에 대한 개략적 표현. (a) 여기 전의 크롬 이온들, (b) 일부 크롬 원자들은 전자들의 크세논 플래시에 의하여 보다 높은 에너지 준위로 여기된다. (c) 자발적으로 방출되는 광자들에 의하여 자극되거나 시작되어 일어나는 준안정 전자들의 방출, (d) 은으로 덮인 양 끝단으로부터의 반사에 의해 광자들은 봉 길이 방향으로 이동하면서 계속적으로 방출을 자극한다. (e) 결국에는 부분적으로 은이 덮인 끝단을 통하여 간섭적이고 강한 강도의 빔이 방출된다.

(출처 : R. M. Rose, L. A. Shepard, and J. Wulff, *The Structure and Properties of Materials*, Vol. IV, *Electronic Properties*, John Wiley & Sons, 1966. Robert M. Rose 허가로 복사 사용함)

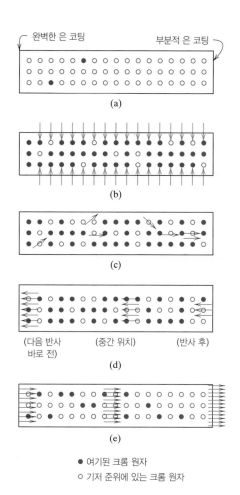

● 여기된 크롬 원자
○ 기저 준위에 있는 크롬 원자

λ는 0.4~0.7 μm 사이의 값을 가져야 한다. 재료에 가해진 전압은 전자를 가전자대로부터 전도대로 여기시키고 가전자대에 정공을 생성시킨다. 이 과정이 그림 21.16a에 나타나 있다. 그림 21.16a는 여러 개의 정공, 여기된 전자들과 함께 반도체 재료의 에너지 밴드 구조를 보여 주고 있다. 계속적으로 이같이 여기된 전자들과 정공 중에 소수가 자발적으로 재결합되면서 식 (21.20)으로 주어지는 파장의 광자가 방출된다(그림 21.16a). 이렇게 형성된 광자는 다른 여기된 전자-정공 쌍들의 재결합을 자극하여 원래의 광자와 동일한 파장 및 위상을 가진 광자 형성을 촉진시키면서 추가적인 광자들을 생성시킨다(그림 21.16b~f). 결과적으로 하나의 단파장과 간섭성의 빔이 생성된다. 루비 레이저와 같이(그림 21.15) 반도체 레이저의 한쪽 끝에서는 완전한 반사로 빔을 재료 속으로 다시 반사시켜 추가적인 재결합을 유도한다. 레이저의 다른 쪽 끝에서는 부분적으로 반사가 일어나고 빔의 일부가 빠져나갈 수 있다. 이와 같은 레이저는 일정하게 가해지는 전압이 지속적으로 정공과 여기된 전자들을 생성시키므로 연속적인 빔을 생성한다.

반도체 레이저는 조성이 다른 여러 층의 반도체 재료로 구성되어 있고 금속 전도대 (conductor)와 히트 싱크(heat sink) 사이에 위치해 놓는다. 전형적인 배열이 그림 21.17에 나타나 있다. 각 층의 조성은 중앙에 있는 갈륨 비화물층에 레이저 빔뿐만 아니라 여기된 전

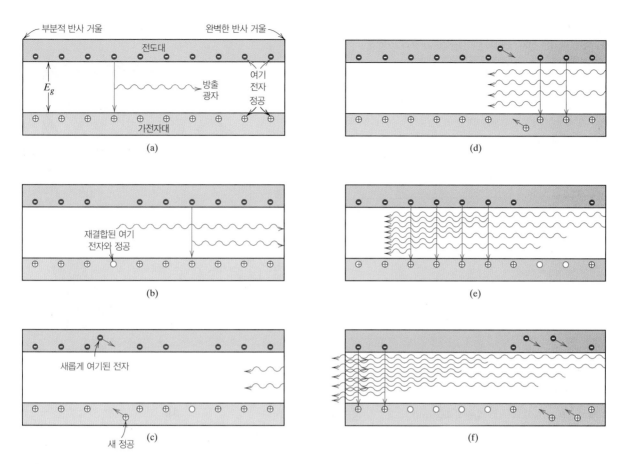

그림 21.16 반도체 레이저에서 일어나는 가전자대의 정공과 전도대의 전자의 자극적인 재결합을 보여 주는 구성도. 이 재결합에 의하여 레이저 빔이 방출된다. (a) 하나의 여기된 전자가 하나의 정공과 재결합한다. 이 재결합에 관련된 에너지는 하나의 광자로 방출된다. (b) (a)에서 방출된 광자는 다른 재결합을 자극하여 다른 광자의 방출을 일으킨다. (c) (a)와 (b)에서 방출된 두 광자는 같은 파장과 서로 일치하는 상을 가지며, 완벽한 반사 거울에 의하여 반사되어 레이저 반도체 안으로 되돌아간다. 또한 반도체 안으로 흐르는 광자의 흐름에 의하여 새로운 여기 전자와 정공들이 생성된다. (d)와 (e) 반도체를 통하여 진행하면서 보다 많은 전자와 정공의 재결합이 자극되고, 이 자극은 단일 에너지를 보유하고 간섭적인 추가 광자를 생성시킨다. (f) 이 레이저 빔의 일부는 부분적으로 반사시키는 반도체의 한쪽 거울을 통하여 밖으로 방출된다.

(출처 : "Photonic Materials," by J. M. Rowell. Copyright © 1986 by Scientific American, Inc.)

자와 정공들을 국한시키기 위해 조절된다.

　　일부 기체와 유리를 포함하여 다른 여러 가지 물질도 레이저에 사용되고 있다. 표 21.2는 여러 가지 일반적인 레이저들과 함께 특징들을 보여 주고 있다. 레이저의 응용도 다양하다. 레이저 빔으로 국부적인 가열을 실시할 수 있어 일부 외과 수술 또는 금속의 절단, 용접, 가공 등에 이용된다. 레이저는 또한 광학 통신 체계에 대하여 광원(light source)으로 이용되기도 하며, 레이저 빔은 간섭성이 높아 매우 정밀한 거리를 측정하는 데 이용되고 있다.

21.14 통신에서의 광섬유

　　통신 분야는 최근에 광섬유(optical fiber)의 개발로 하나의 큰 변혁이 일어났다. 사실상 현재의 모든 전자 통신은 구리선보다 광섬유를 통하여 전송이 이루어지고 있다. 금속 전도선을 통한 신호 전송은 전자적(즉 전자에 의하여)으로 이루어지는 반면, 광학적으로 투명한 섬

그림 21.17 GaAs 반도체 레이저의 단면을 보여 주는 모식도. 정공, 여기된 전자, 레이저 빔이 인접한 *n*-형과 *p*-형의 GaAlAs 층들에 의해 GaAs 층에 국한되고 있다. (출처 : "Photonic Materials," by J. M. Rowell. Copyright ©1986 by Scientific American, Inc.)

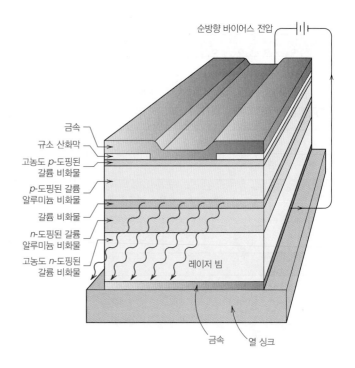

순방향 바이어스 전압

금속
규소 산화막
고농도 *p*-도핑된 갈륨 비화물
p-도핑된 갈륨 알루미늄 비화물
갈륨 비화물
n-도핑된 갈륨 알루미늄 비화물
고농도 *n*-도핑된 갈륨 비화물
레이저 빔
금속
열 싱크

표 21.2 여러 가지 레이저 유형의 특성 및 응용

레이저	일반적 파장(μm)	평균 출력 범위	응용
Carbon dioxide (이산화탄소)	10.6	밀리와트에서 수만 와트	열처리, 용접, 절단, 스크라이빙, 마킹
Nd:YAG (네오디뮴:야그)	1.06 0.532	밀리와트에서 수백 와트 밀리와트에서 와트	용접, 홀 뚫기, 절단
Nd:glass (네오디뮴:글래스)	1.05	와트(W)[a]	펄스 용접, 홀 뚫기
Diodes (다이오드)	가시광선 및 적외선	밀리와트에서 수천 와트	바코드 인식, CD와 DVD, 광통신
Argon-ion (아르곤-이온)	0.5415 0.488	밀리와트에서 수십 와트 밀리와트에서 와트	수술, 거리 측정, 홀로그래피
Fiber (파이버)	적외선	와트에서 수천 와트	광통신, 스펙트로스코피, 에너지 무기
Excimer (엑사이머)	자외선	와트부터 수백 와트[b]	눈 수술, 미세 가공, 미세 인쇄

[a] 글래스 레이저는 비교적 낮은 평균 출력을 생성하지만 대부분 글래스 레이저는 펄스 모드로 생성하면서 피크 파워가 기가와트 수준에 달한다.
[b] 엑사이머는 또한 펄스 레이저이고, 피크 파워가 수 메가와트에 달한다.

출처 : C. Breck, J. J. Ewing, and J. Hecht, Introduction to Laser Technology, 4th edition. Copyright © 2012 by John Wiley & Sons, Inc., Hoboken, NJ. John Wiley & Sons, Inc. 허가로 복사 사용함

유를 통한 신호 전송은 전자기파 또는 광파의 광자를 이용해 광학적(photonic)으로 이루어진다. 섬유-광학 시스템의 이용은 오차율 감소와 함께 전송 속도, 정보 밀도, 전송 거리를 증가시키고, 더욱이 광섬유 간에 전자기 간섭이 없다. 광섬유의 대역폭(데이터 전송률)은 놀

그림 21.18 광섬유 통신 체계를 구성하는 구성 요소들을 보여 주는 개략도

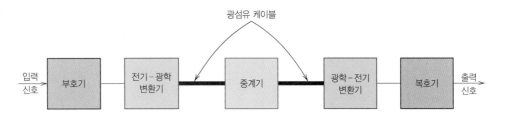

랍다. 하나의 광섬유로 15.5 테라바이트의 데이터를 7000 km 거리로 1초 만에 전송할 수 있다. 이와 같은 전송률로 아이튠즈 전체 카탈로그를 뉴욕에서 런던까지 전송하는 데는 대략 30초가 소요된다. 하나의 광섬유로 매초 2.5억 건의 전화 통화를 전달할 수 있다는 것이다. 1 마일 떨어진 거리를 구리 30,000 kg(33톤)으로 전달할 수 있는 정보의 양을 전달하는 데 필요한 광섬유의 무게는 0.1 kg에 불과하다.

여기서 광학 섬유의 특성을 중점적으로 취급한다. 그러나 먼저 전송 시스템의 구성 요소와 작동에 대하여 간결하게 논의하기로 하자. 구성 요소에 대한 개략도는 그림 21.18에 나타나 있다. 우선 전자식 형태의 정보(예 : 전화 대화)는 비트, 즉 1과 0으로 수치화해야 한다. 수치화는 부호기(encoder)로 이루어진다. 다음은 이 전기 신호를 광학 신호로 변환시키는 것이 필요하다. 이와 같은 변환은 전기-광학 변환기로 이루어진다(그림 21.18). 앞 절에서 기술한 단파장(monochromatic), 간섭적인 광파를 방출하는 반도체 레이저를 변환기로 이용하는 것이 일반적이다. 방출되는 광파의 파장은 보통 0.78~1.6 μm 범위이며, 이 파장대는 전자기 스펙트럼에서 적외선 구간이고, 흡수 손실(absorption loss)이 낮다. 이 레이저 변환기로부터 출력은 펄스(pulse) 형태의 광파이다. 이원계의 1은 고출력 펄스(그림 21.19a), 0은 저출력 펄스(또는 펄스가 없음)(그림 21.19b)에 해당된다. 이와 같은 광파 펄스 신호들은 광섬유 케이블[때로는 도파관(waveguide)이라고 부름] 내부로 입사되고 케이블을 통해 전달되어 수신 말단에 도달한다. 장거리 송신에는 중계기(repeater)들이 필요하다. 중계기는 신호를 증폭, 재생시켜 주는 장치이다. 최종적으로 수신 말단에서 광파 신호를 전자 신호로 재변환시키고, 이 신호는 다시 풀어져 원래의 전자 정보(예 : 전화 대화)로 바뀌게 된다.

이 통신 시스템의 심장은 광섬유이다. 광섬유는 장거리를 심각한 신호 출력 손실(감쇠)이나 펄스의 뒤틀림 없이 광 펄스를 전달해야만 한다. 이 섬유는 코어(core), 클래딩(cladding), 코팅(coating)으로 구성되어 있다. 그림 21.20은 광섬유 단면 개략도이다. 신호는 코어를 통하여 전달되며, 주위 클래딩은 광파를 코어 내부로 이동하도록 한다. 바깥의 코팅은 코어와 클래딩을 마모나 외부 압력으로 인한 손상으로부터 보호해 준다.

고순도 실리카 유리는 광섬유 재료로 이용된다. 섬유 직경은 보통 약 5~100 μm이다. 그 섬유는 거의 결함이 없어 매우 강하다. 생산하는 동안 긴 길이의 섬유들을 테스트하여 최소 강도 표준을 만족하는지 확인한다.

내부 반사를 이용하여 광파를 섬유 코어 내부로 국한시키고 있다. 다시 말하면 섬유 축에 사각을 이루면서 진행하는 광파들이 코어와 클래딩 사이의 경계면에서 다시 반사되어 코어 내부로 진행된다. 이와 같은 내부 반사는 코어와 클래딩 재료의 굴절 지수를 변화시켜 일어

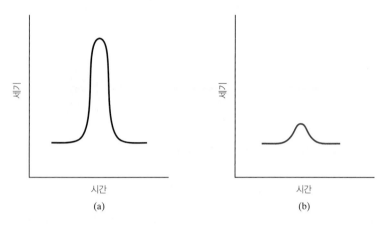

그림 21.19 광통신에 대한 디지털 암호화 모양. (a) 이원계에서 '1'에 대응되는 광자의 고출력 펄스, (b) '0'에 해당하는 저출력 광자 펄스

그림 21.20 하나의 광섬유에 대한 개략적인 단면도

난다. 이러한 관점에서 두 가지 형태의 설계가 이용되고 있다. 한 형태[계단형(step-index)이라고 함]는 클래딩 재료의 굴절 지수를 코어보다 약간 낮게 하는 것이다. 굴절 지수 값에 대한 단면 분포와 내부 반사 모습을 그림 21.21b와 그림 21.21d에서 볼 수 있다. 이 설계의 경우 출력 펄스가 입력 펄스보다 폭이 넓어지고 있는데(그림 21.21c와 그림 21.21e), 이 현상은 송신율에 제한을 주므로 바람직하지 않다. 펄스의 폭이 넓어지는 것은 거의 동시에 입사되는 여러 가지 광파들이 다른 시간에 출력되기 때문이다. 광파들이 다른 경로를 따라 이동하고, 그러므로 서로 다른 이동 길이를 갖게 된다.

다른 형태[집속형(graded-index)이라고 함] 설계로 펄스 폭이 넓어지는 것을 크게 방지하였다. 붕소 산화물(B_2O_3) 또는 게르마늄 이산화물(GeO_2)들과 같은 불순물들을 실리카 유리에 첨가하면 굴절 지수가 단면을 걸쳐 그림 21.22b와 같이 포물선 형태로 형성된다. 여기서 코어 내부의 광속도는 직경 방향의 위치에 따라 변하고, 중심보다 주변에서 보다 빠른 속도가 얻어진다. 결과적으로 코어 바깥쪽 주변으로 보다 긴 경로를 이동해야 하는 빛은 낮은 굴절 계수의 재료로 구성된 코어의 주변을 보다 빠른 속도로 진행하게 되어, 코어 중심으로 직진하는 빛과 거의 같은 시간에 출력단에 도달하게 된다.

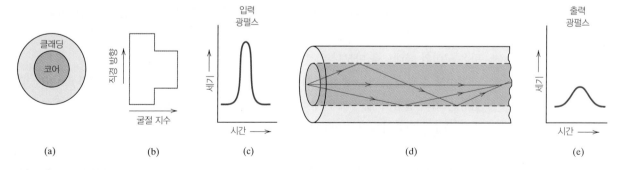

그림 21.21 계단형 광섬유 설계. (a) 섬유 단면, (b) 섬유 반지름 방향으로의 굴절 지수 단면도, (c) 입력 광펄스, (d) 광파의 내부 반사, (e) 출력 광펄스
(출처 : S. R. Nagel, *IEEE Communications Magazine*, 25[4], 1987, p. 34.)

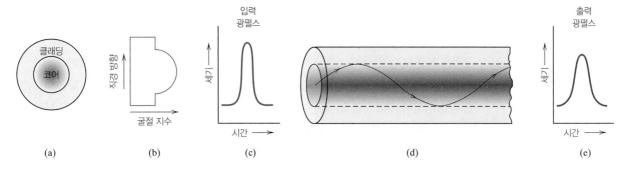

그림 21.22 집속형 광섬유 설계. (a) 섬유 단면, (b) 섬유 반지름 방향으로의 굴절 지수 단면도, (c) 입력 광펄스, (d) 광파의 내부 반사, (e) 출력 광펄스
(출처 : S. R. Nagel, IEEE Communications Magazine, 25[4], 1987, p. 34.)

고순도와 고품질의 섬유들은 진보적이며 정교한 공정 기술들을 이용하여 제조되고 있으며, 이 기술들에 대한 논의는 여기서 하지 않겠다. 광파를 흡수, 산란시키면서 감쇠시키는 불순물이나 다른 결함들은 제거되어야 한다. 구리, 철, 바나듐들은 특히 치명적이며, 이들 농도는 ppb(parts per billion) 정도로 유지된다. 유사하게 물과 수산기 불순물들의 양도 매우 낮다. 코어의 크기나 둥근 형상에 대한 균일도는 절대적으로 요구된다. 이러한 매개변수들에 대한 허용치는 1 km 길이에 대하여 1 μm 이내이다. 더욱이 유리 내부의 기포와 표면 결함들은 실제적으로 완전하게 제거되어 있다고 볼 수 있다. 이 유리 재료에서 빛의 감쇠는 인식하기 어려울 정도로 매우 적다. 예를 들면 16 km 두께의 광섬유 유리를 통과하면서 일어나는 출력 손실은 25 mm 두께의 일반 창문 유리를 통과할 때의 출력 감소와 동일하다.

요약

전자기 복사선	• 고체의 광학적인 거동은 가시광선 범위(대략 0.4 μm에서 0.7 μm)에 걸친 파장을 가진 전자기 복사선과 고체 사이에서 일어나는 상호작용의 함수이다.
	• 양자역학적 관점으로부터 전자기 복사선은 광자들(특수한 에너지 값만을 가질 수 있는 양자화된 에너지군 또는 다발)로 구성되었다고 여겨진다.
	• 광자 에너지는 플랑크 상수와 복사선 주파수의 곱과 같다(식 21.3).
고체와 빛의 상호작용	• 빛과 고체 간의 상호작용으로 발생하는 가능한 현상에는 빛의 굴절, 반사, 흡수, 투과가 있다.
	• 빛 투과 정도에 따라 재료들을 다음과 같이 분류한다.
	– 투명 : 빛이 매우 적은 흡수나 반사를 일으키면서 재료를 통과한다.
	– 반투명 : 빛이 산개하면서 통과한다. 재료 내부에서 일부 산란이 일어난다.
	– 불투명 : 실질적으로 모든 빛이 산란 또는 반사가 일어나 빛이 재료를 통과하지 못한다.
원자와 전자적 상호작용	• 전자기 복사선과 물질 간에 일어나는 상호작용 중 하나가 전자 분극이다. 광파의 전기장 성분이 원자의 전자군을 중심핵으로부터 상대적인 이동을 유도한다(그림 18.31a).
	• 전자 분극으로 일어나는 두 가지 결과는 빛의 흡수와 굴절이다.

- 전자기 복사는 하나의 에너지 준위에서 보다 높은 에너지 준위로 전자를 여기시키면서 흡수된다(그림 21.3).

금속의 광학적 성질
- 금속은 표면의 얇은 층에 걸쳐 일어나는 빛의 흡수와 재방출로 불투명하게 보인다.
- 흡수는 채워진 에너지 준위에 있는 전자가 페르미 에너지 위에 있는 빈 에너지 준위로 여기되면서 일어난다(그림 21.4a). 재방출은 역방향으로 전자 천이가 일어나면서 발생한다(그림 21.4b).
- 눈으로 인식되는 금속의 색깔은 반사되는 빛의 합성에 의한 결과이다.

굴절
- 빛은 투명한 재료에서 굴절을 일으킨다. 즉 빛의 속도가 재료 내에서 감소되고, 광선 빔이 계면에서 휘어진다.
- 굴절 현상은 원자 또는 이온의 전자 분극에 의한 결과이다. 원자 또는 이온의 크기가 커질수록 굴절 지수도 커진다.

반사
- 빛이 하나의 투명한 매질에서 굴절 지수가 다른 매질로 진행할 때 일부 빛들은 계면에서 반사된다.
- 반사 정도는 입사각뿐만 아니라 두 매질의 굴절 계수에 의하여 좌우된다. 일반적 입사에 대한 반사도는 식 (21.12)를 이용하여 계산된다.

흡수
- 비금속 재료는 투명하거나 불투명할 수 있다.
  - 비교적 좁은 밴드 갭($E_g < 1.8\,\text{eV}$)을 가진 재료는 불투명하고, 불투명은 광자의 에너지가 가전자대와 전도대 사이의 전자 천이를 충분히 일으키면서 일어나는 흡수의 결과이다(그림 21.5).
  - 투명한 비금속은 $3.1\,\text{eV}$ 이상 되는 밴드 갭 에너지를 가지고 있다.
  - $1.8\,\text{eV}$와 $3.1\,\text{eV}$ 사이의 밴드 갭을 가진 비금속 재료들에 대하여 오직 일부 가시 스펙트럼만 흡수된다. 이러한 재료들은 색을 띠게 된다.
- 전자 분극 때문에 투명한 재료에서도 부분적인 광흡수가 일어난다.
- 불순물을 포함하고 있는 넓은 밴드 갭 부도체들에서 여기된 전자들이 밴드 갭 내 불순물 준위로 떨어지면서 밴드 갭 에너지보다 적은 에너지를 가진 광자가 방출되는 감쇠 과정이 일어날 수 있다(그림 21.6).

색
- 투명한 재료들은 특정한 파장 범위의 빛이(보통 전자 여기에 의해) 선택적으로 흡수가 일어나는 결과로 색을 띤다.
- 우리 눈에 인식되는 색은 투과 빔들이 가지고 있는 파장 분포의 결과이다.

절연체의 불투명과 반투명
- 보통 투명한 재료들도 입사선 빔의 내부 반사와(또는) 굴절로 반투명이나 불투명하게 만들 수 있다.
- 다음 재료에서 반투명이나 불투명이 내부 산란으로 이루어진다.
  (1) 비등방성 굴절 지수를 가진 다결정 재료
  (2) 2상으로 이루어진 재료
  (3) 작은 기공을 가진 재료

(4) 높은 결정성을 가진 폴리머

발광	• 발광에서 에너지는 전자 여기로 흡수되고, 이어서 가시광선으로 재방출된다.

      – 빛이 1초 이내로 재방출되면 이와 같은 현상을 **형광**이라 한다.

      – 보다 긴 시간에 걸쳐 재방출이 일어나면 **인광**이라 한다.

• 전기 발광은 순방향으로 전압이 가해진 다이오드에서 일어나는 전자–정공 재결합으로 빛이 방출되는 현상이다(그림 21.11).

• 전기 발광을 일으키는 소자는 발광 다이오드(LED)이다.

광전도율

• 광전도율은 일부 반도체들에서 광유도 전자 천이로 추가적인 전자와 정공이 생성되어 반도체의 전기 전도율이 증가하는 현상이다.

레이저

• 자극성 전자 천이로 레이저 내에 고강도, 간섭적인 광파들이 생성된다.

• 루비 레이저에서 방출되는 광선은 준안정 여기 준위로부터 Cr^{3+} 기저 준위로 천이되는 전자에 의해 생성된다.

• 반도체 레이저에서 방출되는 광선은 전도대로 여기된 전자들이 가전자대의 정공들과 재결합하면서 생성된다.

통신에서의 광섬유

• 현대 정보 통신에서 광섬유 기술을 이용하여 간섭이 없고, 빠르며, 강열한 정보를 전달하고 있다.

• 하나의 광섬유는 다음의 요소들로 구성되었다.

      – 광펄스를 전달하는 코어

      – 광파가 전반사를 일으켜 코어 내부로만 전달되게 하는 클래딩

      – 코어와 클래딩을 손상으로부터 보호하는 코팅

식 요약

식 번호	식	용도
21.1	$c = \dfrac{1}{\sqrt{\varepsilon_0 \mu_0}}$	진공 내 빛의 속도
21.2	$c = \lambda v$	전자기 복사선의 속도
21.3	$E = hv = \dfrac{hc}{\lambda}$	하나의 광자의 에너지
21.6	$\Delta E = hv$	전자 천이가 일어나는 동안 흡수되는 또는 방출되는 에너지
21.8	$\upsilon = \dfrac{1}{\sqrt{\varepsilon \mu}}$	매질 내 빛의 속도
21.9	$n = \dfrac{c}{\upsilon} = \sqrt{\varepsilon_r \mu_r}$	굴절 지수
21.12	$R = \left(\dfrac{n_2 - n_1}{n_2 + n_1} \right)^2$	수직 입사 빛에 대한 두 매질의 경계면에서 반사도

(계속)

식 번호	식	용도
21.18	$I'_T = I'_0 e^{-\beta x}$	투과된 빛의 강도(반사 손실은 고려하지 않음)
21.19	$I_T = I_0(1 - R)^2 e^{-\beta l}$	투과된 빛의 강도(반사 손실을 고려함)

기호 목록

기호	의미
h	플랑크 상수
I_o	입사 빛의 세기
I'_o	반사되지 않은 입사 빛의 세기
l	투명한 재료의 두께
n_1, n_2	재료 1과 2의 굴절 지수
v	재료 내 빛의 속도
x	투명한 재료 내에서 빛이 진행한 거리
β	흡수 계수
ε	재료의 전기 유전율
ε_0	진공의 전기 유전율(8.55×10^{-12} F/m)
ε_r	유전 상수
λ	전자기 복사선의 파장
μ	재료의 자기 투자율
μ_0	진공 자기 투자율(1.257×10^{-6} H/m)
μ_r	상대 자기 투자율
ν	전자기 복사선의 주파수

주요 영어 및 개념

굴절	반투명	인광
굴절 지수	발광	전기 발광
광자	발광 다이오드(LED)	투명
광전도율	불투명	플랑크 상수
기저 준위	색	형광
레이저	여기 준위	

참고문헌

Fox, M., *Optical Properties of Solids*, 2nd edition, Oxford University Press, Oxford, 2010.

Fulay, P., and J. K. Lee, *Electronic, Magnetic, and Optical Materials*, 2nd edition, CRC Press, Boca Raton, FL, 2017.

Gupta, M. C., and J. Ballato (editors), *The Handbook of Photonics*, 2nd edition, CRC Press, Boca Raton, FL, 2007.

Hecht, J., *Understanding Lasers: An Entry-Level Guide*, 3rd edition, Wiley-IEEE Press, Hoboken/Piscataway, NJ, 2008.

Kingery, W. D., H. K. Bowen, and D. R. Uhlmann, *Introduction to Ceramics*, 2nd edition, John Wiley & Sons, New York, 1976, Chapter 13.

Locharoenrat, K., *Optical Properties of Solids: An Introductory Textbook*, CRC Press, Boca Raton, FL, 2016.

Rogers, A., *Essentials of Photonics*, 2nd edition, CRC Press, Boca Raton, FL, 2008.

Saleh, B. E. A., and M. C. Teich, *Fundamentals of Photonics*, 2nd Edition, John Wiley & Sons, Hoboken, NJ, 2007.

Svelto, O., *Principles of Lasers*, 5th edition, Springer, New York, 2010.

연습문제

전자기 복사선

21.1 5×10^{-7} m의 파장을 가진 가시광선은 초록색을 나타내고 있다. 이 가시광선 광자의 주파수와 에너지를 계산하라.

고체와 빛의 상호작용

21.2 불투명, 반투명, 투명한 재료들을 모양과 빛 투과성 관점에서 구분하여 설명하라.

금속의 광학적 성질

21.3 가시광선 영역의 광자 에너지를 가지는 전자기 복사선에 대하여 금속들이 불투명한 이유를 설명하라.

굴절

21.4 다이아몬드에서 빛의 속도를 계산하라. 다이아몬드 유전 상수 ε_r은 5.5(가시광선 범위 내 주파수에서)이고, 자화율은 -2.17×10^{-5}이다.

21.5 표 21.1의 데이터를 이용하여 실리카 유리(용융 실리카), 소다-석회 유리, 폴리테트라플루오로에틸렌, 폴리에틸렌, 폴리스티렌의 유전 상수를 추정하고, 아래 표에 인용된 값들과 이 값들을 비교하라. 그리고 그 차이에 대하여 간결하게 설명하라.

재료	유전 상수 (1 MHz)
실리카 유리	3.8
소다-석회 유리	6.9
폴리테트라플루오르에틸렌	2.1
폴리에틸렌	2.3
폴리스티렌	2.6

반사

21.6 투명한 매질의 표면에 수직하게 주사되는 빛의 반사도가 5% 이하여야 한다. 표 21.1에 있는 다음의 재료 중 어느 것이 가장 근사한 후보자이겠는가? 소다-석회 유리, 파이렉스 유리, 페리클레이스, 스피넬, 폴리스티렌, 폴리프로필렌. 그 선택을 정당화하라.

21.7 석영의 굴절률은 이방성이다. 가시광선이 한 입자에서 다른 결정 방향을 가진 입자로 입계면에 수직하게 지나가고 있다고 가정하자. 만약에 두 입자의 굴절률이 각각 1.544, 1.553이라면 입자 계면에서 반사율을 계산하라.

흡수

21.8 셀레화 아연의 밴드 갭은 2.58 eV이다. 어느 범

위의 파장이 가시광선에 대하여 투명한가?

21.9 5 mm 두께의 투명한 재료를 통과하는 복사선의 분율은 0.95이다. 만약에 두께가 12 mm로 증가한다면 통과하는 빛의 분율은 얼마이겠는가?

투과

21.10 표면에 수직하게 입사하는 빛에 대하여 15 mm 두께의 투명한 재료의 투과율 T는 0.80이다. 만약에 이 재료의 굴절률이 1.5라면 투과율이 0.70이 되게 하는 재료 두께를 계산하라. 모든 반사 손실을 고려하라.

색

21.11 일부 투명한 재료들은 색이 나타나는 반면에 다른 투명한 재료들은 색이 없다. 그 이유를 간결하게 설명하라.

절연체의 불투명과 반투명

21.12 비정질 폴리머는 투명한 반면에 결정질 폴리머들은 불투명하거나 기껏해야 반투명하다. 그 이유를 간결하게 설명하라.

발광
광전도율
레이저

21.13 광전도율 현상에 대하여 간결하게 기술하라.

21.14 루비 레이저에 대하여 준안정 전자 준위와 기저 전자 준위 사이의 에너지 차이를 계산하라.

통신에서의 광섬유

21.15 21.14절의 끝부분에서 길이가 16 km인 광섬유 유리를 통과하면서 흡수되는 빛의 강도가 25 mm 두께의 일반적인 유리창을 통과하면서 흡수되는 빛 강도와 대등하다. 유리창의 β값이 10^{-4} mm^{-1}이라면 광섬유 유리의 흡수 계수 β를 구하라.

설계문제

원자와 전자적 상호작용

21.D1 GaAs와 GaP는 상온에서의 밴드 갭 에너지가 각각 1.42 eV와 2.26 eV이며, 서로 간에 전율 고용체를 이루는 화합물이다. 더욱이 이 합금의 밴드 갭은 GaP의 농도(mol%)가 증가함에 따라 거의 직선적으로 증가하고 있다. 이 두 재료의 합금은 전도대와 가전자대 사이의 전자 천이로 빛이 생성되고 발광 다이오드에 이용된다. 0.68 μm 파장의 빛을 방출하는 GaAs-GaP 합금의 조성을 결정하라.

(a) 알루미늄 합금(왼쪽)과 철 합금(오른쪽)으로 만들어진 음료수 캔. 철 음료수 캔은 심하게 부식되고 미생물 분해가 일어나 재활용을 할 수 없다. 반대로 알루미늄 캔은 매우 적은 양의 부식이 일어나기 때문에 미생물 분해가 일어나지 않아 재사용이 가능하다.

(a)

© William D. Callister, Jr.

(b) 미생물 분해성 폴리머 폴리 유산(lactic acid)로 만들어진 포크의 단계별 열화 모습. 전체 열화 과정은 대략 45일에 걸쳐 일어난다.

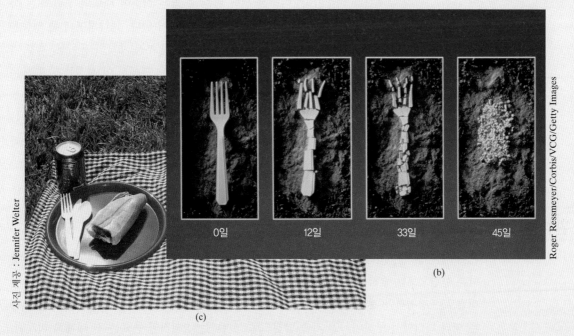

| 0일 | 12일 | 33일 | 45일 |

사진 제공 : Jennifer Welter

(c)

(b)

Roger Ressmeyer/Corbis/VCG/Getty Images

(c) 일부는 재활용이 가능하고, 일부는 미생물로 분해가 되지 않는 익숙한 피크닉 용품(하나는 식용 가능)

지구의 자원에 대한 요구가 보다 커지면서 환경과 사회 문제에 대한 공학도의 인식이 더욱 중요해지고 있다. 더욱이 공해 수준이 점점 더 악화되면서 원재료의 소모, 물과 공기의 오염, 사용한 생산품을 버리거나 또는 재생시킬 수 있는 소비자의 선택 기준까지 고려한 재료 공학적인 결정이 이루어져야 한다. 현재와 미래 세대에 대한 삶의 질은 어느 정도 이와 같은 문제를 공학적으로 어떻게 해결하느냐에 달려 있다.

학습목표

이 장을 학습한 후에는 다음 내용을 숙지할 수 있어야 한다.

1. 전체 재료 순환의 도식화와 각 순환 단계에서 발생되는 문제를 간략하게 논의
2. 수명주기 분석/평가 계획을 위한 두 가지 입력 사항과 다섯 가지 출력 사항에 대한 리스트 작성
3. 생산품 설계의 '녹색 설계' 철학에 관련된 논쟁점
4. (a) 금속, (b) 유리, (c) 플라스틱과 고무, (d) 복합 재료에 관한 재생/폐기 문제

22.1 서론

앞 장에서 우리는 재료 선정 과정에 이용되는 기준을 확보하기 위하여 재료과학과 재료공학에 관한 다양한 문제들을 다루었다. 이러한 선택 기준 중 많은 기준이 재료의 성질 또는 복합적인 재료 성질인 기계적, 전기적, 열적, 부식 등과 관련되어 있다. 왜냐하면 부품 성능은 부품을 구성하는 재료 성질에 의하여 결정되기 때문이다. 또한 부품 제작의 용이성, 제조 가능성은 선정의 중요한 기준이다. 실제로 이 책의 대부분은 어느 면에서 이 성질들과 제조 문제를 다루는 데 할애하고 있다.

공학적인 면에서 시장에 판매할 수 있는 하나의 상품을 개발하는 데 고려해야만 하는 다른 중요한 기준이 있다. 고려해야 하는 기준으로는 공해, 일회용 사용, 재생, 에너지 등과 같은 환경과 사회 문제들이다. 이 마지막 장에서는 실제 공학에서 중요한 환경 및 사회적 고려에 대하여 비교적 간결하게 총론적인 고찰을 하고자 한다.

22.2 환경 및 사회적 고려

근대 기술에 의한 제품의 생산은 우리 사회에 여러 방면으로, 즉 한편으로는 좋은 방향으로 다른 한편으로는 좋지 않은 방향으로 영향을 끼쳤다. 이러한 영향의 범위는 국제적이며, 형태별로는 경제적인 것과 환경적인 것으로 나눌 수 있다. 즉 (1) 신기술에 필요한 자원은 다른 여러 나라에서 구하며, (2) 기술 발전으로 생겨나는 경제적인 풍요는 전 세계로 퍼지며, (3) 환경적인 영향은 한 나라에 국한되지 않기 때문이다.

재료는 이러한 기술─경제─환경의 연결고리에서 핵심적인 역할을 한다. 그림 22.1은 재료의 순환 과정으로 최종 생산품부터 마지막 폐기되는 과정까지를 나타낸다. 재료의 '요람에서 무덤까지'라고 볼 수 있는 재료의 한평생을 총체적인 재료주기 또는 간단하게 재료주기라

고 부른다. 그림 22.1의 맨 왼쪽을 시작으로 하여 원재료를 채광, 굴삭 등을 통하여 채취한 후 정제 과정을 통하여 금속, 시멘트, 석유제품, 고무, 섬유제품 등으로 변환한다. 그 후 합성과 공정을 거쳐 금속 합금, 세라믹 분말, 유리, 플라스틱, 복합 재료, 반도체, 탄성중합체 (엘라스토머)와 같은 공학 재료로 만든다. 그다음 이러한 공학 재료를 이용하여 소비자가 사용하는 제품, 장치 및 전기 기구를 생산하게 되며, 그림 22.1의 '생산품 설계, 제조, 조립' 단계가 여기에 속한다. 소비자는 제품을 구입한 후 이 제품을 폐기 처분하거나 신제품을 구입할 때까지 사용하게 된다. 이 시점에 이르면 생산제품을 재생/재사용하거나 폐기물로 처리하게 된다. 즉 소각하거나 고형 폐기물로 매립하는 폐기 처리를 통하여 흙으로 다시 돌아가게 되어 재료의 한 주기가 완성된다.

전 세계적으로 매년 약 150억 톤의 원재료(재생 불가능한 재료 포함)를 채취하고 있는 것으로 추정한다. 시간이 흐름에 따라 폐쇄계인 지구의 자원이 한정되어 있다는 사실은 더욱 명백해진다. 사회가 성숙하고 인구가 증가함에 따라 사용 가능한 자원은 점차 고갈되므로 재료주기의 관점에서 자원의 효율적인 이용을 향상시키는 데 관심이 모아지고 있다.

더욱이 그림 22.1의 단계별로 에너지가 필요하다. 미국의 경우에 제작 공업에 사용되는 에너지의 약 절반이 재료의 생산과 제작에 사용되는 것으로 추정된다. 에너지는 어느 정도까지 공급에 제한을 받으므로 에너지 보존 대책과 아울러 재료의 생산, 적용과 폐기에 효율적으로 에너지를 사용해야 한다.

마지막으로 재료주기의 각 단계는 자연환경에 영향을 미친다. 대기와 물, 땅의 상태는 우리가 이 재료주기를 어떻게 관리하느냐에 크게 영향을 받는다. 원재료의 채취 과정에서는

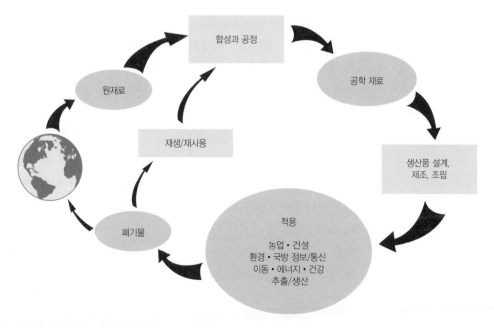

그림 22.1 재료주기를 전반적으로 나타낸 도식도

(출처 : M. Cohen, *Advanced Materials & Processes*, 147[3], 1995, p. 70. Copyright © 1995 by ASM International. ASM International, Materials Park, OH. 허가로 복사 사용함)

불가피하게 생태학적인 손상과 자연경관을 해치는 일이 생긴다. 합성 과정에서는 매연 물질이 생성되어 공기나 물속으로 퍼질 수도 있다. 생성된 유해 화학 물질은 폐기 처분해야 한다. 최종 제품은 사용 동안에 환경에 미치는 영향이 최소가 되도록 설계되어야 한다. 폐기 시에는 재활용이 가능하도록 하며 생태학적으로 악영향을 끼치지 않도록 처분되어야 한다 (예 : 박테리아에 의한 자연부패).

폐기물로 처분하는 것보다 재활용하는 것이 바람직하다. 우선 재활용을 함으로써 채취 (채광) 과정이 필요 없어 자연 자원을 보존할 수 있을 뿐만 아니라 생태환경에 미칠 영향을 줄일 수 있다. 둘째, 재활용 재료의 정제 과정에 필요한 에너지는 원재료를 정제하는 데 소모되는 에너지보다 훨씬 적다. 예를 들면 알루미늄 원광석을 정제하는 데 필요한 에너지는 알루미늄 음료수 캔을 정제하는 데 필요한 에너지의 약 28배이다. 마지막으로 재활용품으로 사용하면 폐기 처리할 필요가 없어진다.

이와 같이 재료주기(그림 22.1)는 재료, 에너지와 환경 사이의 상호관계를 나타낸다. 더욱이 전 세계적으로 미래의 엔지니어들은 지구의 자원을 효율적으로 사용하고, 환경에 미치는 해로운 생태학적 영향을 최소화하기 위하여 이러한 다양한 단계 사이의 관계를 이해해야 한다.

여러 나라에서는 환경 문제를 해결하기 위하여 정부 규제기관이 제정한 기준을 준수하도록 요구하고 있다(예 : 전자부품에서의 납 사용 금지). 또한 산업적인 관점에서 보면 현재 존재하거나 미래에 발생할 가능성이 있는 환경 문제에 대한 실질적인 해결책을 제시하는 것도 엔지니어의 몫이 되었다.

제조와 관련된 환경 문제를 해결하는 것은 생산품 가격에 영향을 미친다. 일반적인 오해는 환경친화적인 제품이나 처리 과정이 환경을 고려하지 않은 경우보다 근본적으로 더 비쌀 수밖에 없다는 생각이다. 틀에서 벗어나 생각하는 엔지니어는 더 좋고 값싼 제품이나 과정을 생산할 수 있다. 또 다른 고려 사항은 가격을 어떻게 정의할 것이냐는 것이다. 즉 제품의 전반적인 수명주기를 보고 폐기 처리 및 환경 영향 문제를 포함한 관련 요소들을 모두 고려해야 한다.

기업에서 제품의 환경 성능을 향상시키기 위해서 도입하는 한 접근 방식을 가리켜 **수명주기 분석/평가**라고 한다. 이 접근 방식을 제품 설계에 적용하면 원재료의 채취에서부터 제조 및 사용을 거쳐 재활용 및 폐기에 이르는 재료에 대한 요람에서 무덤까지의 환경 평가를 고려하므로 이를 녹색 설계라고도 한다. 이 접근 방식에서 중요한 것은 그림 22.2에 나타나 있듯이 수명주기의 각 단계에 대한 입력변수(재료, 에너지 등)와 출력변수(폐기물 등)를 정량화하는 것이다. 또한 생태계와 인간의 건강 및 자원 보존에 대한 효과를 고려하여 전반적인 환경 영향 평가와 국부적인 환경 영향 평가를 모두 수행해야 한다.

현재의 환경/경제/사회적인 핵심 용어는 **지속 가능성**이다. 이는 환경을 보존하면서 불특정한 미래까지 현재의 수준으로 수용 가능한 생활양식을 유지하는 능력을 의미한다. 즉 시간이 지나고 인구가 증가해도 지구의 자원을 자연적으로 보충되는 속도로 사용하며 공해 물질의 방출도 적정 수준으로 유지한다는 것을 의미한다. 엔지니어에게 이러한 개념은 지속

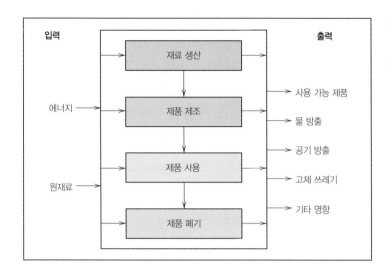

그림 22.2 제품 수명주기에 대한 입출력 목록 도식도
(출처 : J. L. Sullivan and S. B. Young, *Advanced Materials & Processes*, 147[2], 1995, p. 38. Copyright ⓒ1995 by ASM International. ASM International, Materials Park, OH. 허가로 복사 사용함)

가능한 제품을 생산할 책임이 있다는 것으로 해석된다. 국제적으로 인정되는 표준기준인 ISO 14001은 조직들이 적용 가능한 법과 규제에 상응하며, 기업 이익과 환경 영향 감소라는 미묘한 균형 문제의 해결을 돕기 위하여 제정되었다.[1]

22.3 재료과학과 공학에서의 재활용 관점

재료과학과 공학이 중요한 역할을 해야 하는 재료주기의 중요 단계는 재활용과 폐기이다. 재활용도와 폐기 용이성은 새로운 재료가 설계되고 합성되는 단계부터 중요하게 고려되어야 한다. 재료의 선택 과정에서 사용된 재료의 최종 폐기는 중요한 기준이 되어야 한다. 몇 가지 재활용/폐기 문제에 대해 논의하면서 이 절을 마무리하고자 한다.

환경 관점에서 이상적인 재료는 완전한 재활용 혹은 생태 분해가 가능해야 한다. **재활용도**(recyclable)는 부품으로 사용된 재료가 수명주기를 다한 후 재가공되거나 새로운 재료주기로 다시 들어가거나 다른 부품에 재사용되는 것을 의미한다(즉 순환이 무한정 반복되는 것). 완전한 생태 분해는 외부 환경(자연 화학작용, 미생물, 산소, 열, 태양광 등)과 상호 반응하여 재료가 분해되어 초기에 가공되기 이전의 상태로 돌아가는 것을 말한다. 공학 재료는 그 재활용도와 생체 분해 정도에 차이가 있다.

재활용에서 중요한 도전 중 한 가지는 다중물질로 구성된 제품들(예 : 자동차, 전자 장치, 가전제품)로부터 재활용이 가능한 다양한 재료들을 분리하는 것이다. 대부분의 분리기술들에서 파쇄(crushing), 분쇄(shredding), 세정(cleaning), 연삭(grinding, 미세 분쇄) 과정을 거쳐 미세한 입자를 생산한다. 예를 들어 폐치된 자동차는 재활용 재료를 회수하는 일반적인 공급원이다. 크레인, 컨베이어 벨트, 롤러, 해머 밀로 구성된 거대한 장비로 대략 20초 이내에 자동차 한 대를 완벽하게 잘게 파쇄한다. 이와 함께 잘게 파쇄된 입자 덩어리로부터 여러 가지 재료를 분리하는 독창적인 기술들이 고안되었다. 예컨대 대부분 철 합금들은 자

---

1 국제표준화기구(The International Organization for Standardization, ISO)는 여러 국가의 산업 및 상업 관련 표준규격을 재정, 보급하는 기관의 대표들로 구성된 세계적인 기구이다.

성을 보유하고 있어 자기분리 기술로 제거될 수 있다. 와전류 분류기(강한 전자석 이용)는 반발력을 가하여 남아 있는 재료 집합체로부터 비철 합금들을 제거한다. 낮은 밀도 재료와 고밀도 재료 품목들은 중력을 이용하여 서로 분리한다. 혼합된 재료들을 경사진 플랫폼을 따라 움직이게 하고, 선풍기를 이용하여 압축된 공기를 플랫폼 표면으로 불어주어서 가벼운 품목들을 띄운다. 플랫폼에 진동을 가하면 무거운 품목은 방향을 바꾸어 한쪽 측면으로 모이고 가벼운 것은 다른 측면으로 모이게 된다. 이와 함께 일반적인 재료들의 분리를 위하여 다른 분리 기술들도 이용되고 있다.

금속

대부분의 금속 합금(예 : Fe, Cu)은 어느 정도의 부식이 일어나며 생체 분해가 가능하다. 그러나 일부 금속(예 : Hg, Pb)은 유독하고 매립되어도 유해하다. 대부분의 금속 합금은 재활용도가 높지만 합금 내의 모든 금속을 재활용하는 것은 어렵다. 합금의 품질은 재활용 순환을 거치면서 점차적으로 열화된다.

제품은 여러 합금으로 구성된 부품을 쉽게 분리할 수 있도록 설계되어야 한다. 재활용의 또 다른 문제는 절단이나 분해 후 여러 종류의 합금을 분리하는 것이다(예 : 철 합금에서 알루미늄 분리). 이를 위해 독창적인 분리 기술(예 : 자기적, 중력)이 개발되었다. 상이한 합금의 접합은 오염 문제를 야기한다. 예를 들면 동일한 합금을 접합하는 경우 볼트나 리벳보다는 용접이 선호된다. 코팅(페인트, 산화피막, 클래딩)은 오염물로 작용하여 재료의 재활용성이 없도록 할 수 있다. 이러한 예로부터 왜 설계 단계부터 제품의 모든 수명주기를 고려하는 것이 중요한지를 알 수 있을 것이다.

알루미늄 합금은 부식이 매우 어려우며 따라서 생체 분해가 안 된다. 다행히 이 재료는 재활용이 가능하며 실제로 알루미늄은 재활용도가 가장 좋은 비철 금속이다. 알루미늄은 쉽게 부식되지 않기 때문에 재사용이 가능하다. 재활용되는 알루미늄을 정련하는 것은 최초의 알루미늄 생산보다 에너지가 적게 든다. 더구나 많은 상용화 합금은 불순물 오염을 수용할 수 있도록 설계되었다. 재활용 알루미늄의 자원은 주로 사용된 용기 캔이나 폐기된 자동차에서 얻는다.

유리

대중적으로 널리 사용되는 세라믹 재료의 하나는 용기로 사용되는 유리이다. 유리는 상당히 안정된 재료로 분해되지 않으며, 따라서 생체 분해가 어렵다. 공공 매립물이나 소각로 잔류물의 상당 부분을 차지하는 것이 폐기된 유리이다. 유리는 또한 이상적인 재활용 재료이다. 품질 저하 없이 여러 번 재활용할 수 있기 때문이다.

폐유리는 색깔(예 : 투명, 호박색, 초록), 성분[소다-석회, 납, 보로실리케이트(혹은 파이렉스)][2]별로 분류해야 한다. 그리고 오염물질을 제거하기 위한 세척 과정을 거친다. 그다음

---

2 보로실리케이트와 같은 내열 유리는 다른 폐유리와 분리될 필요가 있다. 왜냐하면 보로실리케이트는 비교적 높은 용융점을 가지고 있어 높은 온도에서 형성되는 유체 유리의 점성에 영향을 미치기 때문이다(그림 13.14 참조).

파쇄, 분쇄하여 **파유리**(cullet)로 만드는 단계가 뒤따른다. 파유리는 첨가물을 사용하여 탈색(색상 제거)하거나 다시 색깔(색상 변경)을 입힐 수 있다. 마지막으로 파유리를 녹여 다른 유용한 제품, 즉 유리 용기로 성형하거나 콘크리트 골재, 유리섬유 벽 단열재, 카운터(작업대) 상판, 연마재 및 벽돌의 융제(소성 동안) 등으로 사용할 수 있다.

플라스틱과 고무

합성 폴리머(고무를 포함한)가 공학 재료로 매우 인기 있는 이유의 하나는 화학적, 생태적으로 안정하기 때문이다. 하지만 이러한 특성이 폐기 처리의 관점에서는 불리하게 작용한다. 대부분의 폴리머는 생태 분해성이 좋지 않아 매립지에서 분해되지 않는다. 폐기물의 대부분은 포장, 폐기된 자동차, 자동차 타이어, 내구 소비재 등에서 나온다. 생태 분해가 가능한 폴리머는 합성되었으나 생산비가 높다(896쪽의 '중요 재료' 참조). 반면에 다수의 폴리머는 소각이 가능하고 많은 유해 혹은 공해 물질을 방출하지 않으므로 소각 처리한다.

열가소성 수지

열가소성 폴리머는 가열 시 재변환되어 재생과 재활용이 용이한 재료이다. 앞서 설명한 분리 단계(파쇄, 세정, 분쇄)와 함께 플라스틱 입자들을 색상과 화학적 성질에 의해 구분하고 분류하는 것이 필요하다. 색상은 특정한 색을 인식하는 광전소자로 분류할 수 있고, 공기총을 이용하여 폐기물질로부터 원하는 색을 제외한 다른 색 입자들을 모두 불어 날린다. 화학적 성질을 이용하여 분류하는 하나의 기술은 선광으로부터 유래된 부유법이다. 또한 이와 유사한 방법을 이용하여 플라스틱 재료를 불순물(예 : 충전제)(15.22절 참조)로부터 분리한다.

일부 국가에서는 포장 재료의 종류별로 식별 코드 번호를 부과하여 분류한다. 가령 '1'은 폴리(에틸렌 테레프탈레이트)(PET 혹은 PETE)를 명칭한다. 표 22.1은 재활용 코드 번호와 해당되는 재료들이다. 이 표에는 처음으로 사용되거나 재활용되는 재료의 용도를 수록하였다.

고무

고무 소재는 폐기나 재활용이 상당히 어렵다. 가황처리(vulcanized)된 고무는 열경화성 재료로 되어 화학적 재활용을 어렵게 한다. 또한 다양한 충전제를 포함하고 있다. 미국에서 폐고무의 대부분은 자동차 타이어에서 나오며 생태 분해가 불가능하다. 쓰레기 매립 처리는 폐타이어의 큰 부피와 부유성(물에 잠길 때 떠오름) 때문에 일반적으로 실행이 가능한 선택은 아니다. 더욱이 폐타이어 더미에서 불이 붙으면 진화가 매우 힘들다.

이와 같은 어려움에도 불구하고 미국에서 버려진 타이어의 많은 양이 다시 활용되어 유용하고 혁신적인 제품으로 만들어진다. 재활용은 타이어를 대략 20 mm 크기 덩어리로 조각내는 공정으로부터 시작된다. 이때 강 강화선(steel enforcement wires)은 자석을 이용하여 분리되어 폐철로 판다. 고무 덩어리는 더 줄여 600 µm 크기의 폐타이어 분말 입자로 만들어준다.

재활용 타이어는 다음과 같은 응용물로 이용된다.

- 고무화 아스팔트 고속도로 포장 재료 : 15~22% 고무 분말을 함유하고 있으며 적은 비

표 22.1 몇몇 상업용 폴리머의 재활용 코드, 원재료의 용도, 재활용 제품

재활용 코드	폴리머명	원재료의 용도	재활용 제품
(1)	폴리(에틸렌 테레프탈레이트) (PET 혹은 PETE)	음료수병, 음식 용기, 오븐필름, 약병	공업용 끈, 의류, 밧줄, 덮개 직물, 침낭 및 겨울 코트의 인조섬유, 카펫, 건축 재료
(2)	고밀도 폴리에틸렌(HDPE)	우유병, 식료품 봉투, 장난감, 배터리 부품, 엔진오일통	배수관과 이음쇠, 탱크통, 도마, 재활용통, 플라스틱 목재, 밧줄
(3)	폴리(염화 비닐) 혹은 비닐(V)	투명 식료품 포장 재료, 샴푸통, 창문틀, 의료용 튜브	세척관, 주택 건설용 자재, 울타리, 호스, 인공 어초
(4)	저밀도 폴리에틸렌(LDPE)	투명 플라스틱 봉투, 식료품 용기 뚜껑, 접착제, 장난감	두엄통, 플라스틱 필름, 잔디깎기 용품, 선적용 봉투, 수축 포장 필름
(5)	폴리프로필렌(PP)	살균 가능한 병, 병뚜껑, 전자레인지용 식사 쟁반, 음식물 용기(마가린통), 약병, 재사용 가능 플라스틱 컵	보관통, 선적 컨테이너 팰릿, 성에 제거기, 빗자루 및 머리빗 등, 정원용 갈퀴, 자동차 부품, 담요와 코트 충전제의 섬유, 카펫
(6)	폴리스티렌(PS)	음식 서비스 품목 : 컵, 나이프, 숟가락, 포크, 전자장비 덮개, 패스트푸드 샌드위치 용기와 같은 발포 고무 포장재, DVD 케이스	전등 스위치판, 자, 열적 절연체, 플라스틱 건축조형, 음식 서비스 쟁반, 일회용 컵
(7)	기타 : 합성수지(예 : 폴리 유산)와 합성수지 혼합물은 코드 1~6에 포함되지 않았다.	케첩통, 음식물 포장재, 오븐 구이 봉투	펜, 성에 제거기, 플라스틱 목재

용, 보다 긴 수명 포장재이며, 보다 매끈하고 조용한 승차 도로를 제공한다.

- 운동 경기장 표면(축구, 육상 트랙, 승마장) : 완충 효과와 탄력성을 증진시키고, 먼지와 진흙을 감소시키며, 표면을 빠르게 마르게 하고, 동결 손상을 줄여 준다.
- 놀이터와 풍경용 고무 덮개 : 수명을 길게 하고, 흰개미들이 모이지 않게 한다.
- 슬리퍼 샌들
- 일부 산업 응용물들에 대한 연료(예 : 시멘트 식물, 발전소, 공장)
- 도어 매트, 휴대용 과속 방지턱, 침목으로 사용

일반적인 고무 재료를 대체하는 재활용성이 높은 제품은 열가소성 탄성체이다(15.20절). 이들은 가소성으로 인해 화학적으로 중합되지 않으며, 따라서 쉽게 재성형된다. 또한 가황 처리가 필요 없어 생산에 필요한 에너지가 열경화성 고무에 비해 적다.

복합 재료

복합물은 속성상 여러 상을 포함하기 때문에 재순환되기 어렵다. 복합물을 구성하는 2개 이상의 상/소재는 매우 미세한 단위로 서로 혼합되어 재활용 공정에서 서로 분리하는 것이 어

렵다. 개발된 대부분 재활용 기술들이 유리와 탄소섬유로 구성된 폴리머 기지 섬유 강화 복합체들에 대하여 이루어졌다. 폴리머 기지상은 열가소성 (가열하면 유연해지고 냉각하면 단단해짐) 또는 열경화성 수지(일단 단단해지면 열을 가해도 부드러워지지 않음)로 이루어진다. 열가소성과 열경화성 기지에 이용되는 세 가지 유형의 재활용 공정은 다음과 같다.

- 기계적 : 복합체를 부수고, 빻고, 갈아서 작은 입자로 만든다. 이렇게 만들어진 분말의 재생원료는 다른 복합체에 첨가되어 충전제 또는 강화상으로 쓰인다.
- 열적 : 섬유는 복합체를 열처리하여 회수하고, 몇 가지 기법들에서 기지를 휘발시킨다. 그러므로 열적 재활용의 목표는 다시 사용될 수 있는 고품질 섬유를 회수하는 것이다. 회수된 섬유는 길이가 짧고 재료 성질이 저하될 수도 있다. 또한 열에너지가 생성되어 사용될 수 있다.
- 화학적 : 섬유와 기지를 분리하는 것은 화학적 반응으로 이루어진다. 섬유를 회수하는 것이 주요 목표이고, 기지는 다른 물질들로 변환시킨다. 변환된 물질은 해로울 수 있고, 추가 처리 공정이 필요할 수 있다.

열적, 화학적 기술들은 모두 기계적 처리가 선행된다.

열가소성 기지로 이루어진 복합체는 부수거나 갈아 작은 입자로 만들지 않고도 원하는 형상을 만들 수 있다. 반면에 열경화성 기지 재생원료는 분말 형태로 주형을 이용하여 형상을 만들 수 있다.

열경화성 기지 섬유 강화 복합체(thermoset-matrix fiber-reinforced composites)에 대하여 주형 사용은 가능하지 않다. 이 재료들을 재활용하는 두 가지 일반적인 형태는 다음과 같다. (1) 이러한 재료로부터 (열적 또는 화학적 방법으로) 추출된 섬유질은 재활용된다. 즉 다른 응용물에서 강화 재료로 재사용한다. (2) 분말 재생원료는 새로운 복합체의 구성원소(예 : 충전제, 대체 강화재)로 사용된다.

재사용되는 섬유유리 복합체들은 다음 응용물에서 사용된다: 인공나무 재료. 콘크리트 바닥, 도로 경계석, 인도(수축을 감소시키고, 내구성을 향상시키기 위해), 아스팔트, 지붕 타르, 작업대 상판. 재활용된 탄소섬유 강화 복합체를 이용한 응용은 다음과 같다: 전자석 차폐물, 정전기 방지 페인트와 코팅, 고온 절연체, 복합체 공구, 자동차 주형 부품.

전자기기 폐기물(e-폐기물)

현대는 전자기기들의 출현으로 다른 형태의 폐기물, 즉 전자기기 폐기물(electronic waste, e-waste)이 생성되고, 이 폐기물에 대한 매립 또는 소각 처리, 또는 재활용이 필요하다. 오래되고, 버려지고, 부서진 전자기기들(예 : 컴퓨터, 노트북, 휴대전화, 태블릿, TV, 모니터, 프린터)이 e-폐기물의 주류를 이루고 있다. 기술의 빠른 팽창과 새롭고, 보다 좋고, 값싼 전자 장치들에 대하여 계속적으로 증가하는 인간의 욕구는 e-폐기물을 충격적인 속도로 양산해 내고 있다.

많은 수, 다양한 재료들이 e-폐기물에 포함돼 있다. 일부는 해롭고 독성이 있어 토양, 지하수, 대기로 돌아가는 것을 막아야 한다. 해로운 주요 재료는 납, 카드뮴, 크롬, 수은, 브롬계 난연제(폴리머에 첨가된 브롬계 난연제, BFR), 산화 베릴륨이다. 무해한 재료로는 구리, 알루미늄, 금, 철, 팔라듐, 주석, 에폭시 레진, 폴리염화비닐(PVC), 섬유유리들이 있다. 위두 가지 유형에 속하는 재료 중 일부는 쉽게 재활용 처리될 수 있다.

그러나 불행하게도 이와 같은 재료 중에 매우 적은 재료들만이 재활용 처리되고 있다. 미국, 캐나다, 유럽에서 생성되는 e-폐기물은 빈번하게 개발도상국에 수출된다. 여기서 사실상 규제받지 않는 원시적 기술(예 : 회로판 녹임, 전선 외장 태움, 노천 침출을 이용하여 재활용할 수 있는 금속을 분리)로 폐기물을 처리하여 유용재료를 회수한다. 이러한 기술을 사용하면서 생성되는 독성 물질은 재생 처리자의 건강을 매우 위험하게 한다. 또한 폐기물의 많은 양이 태우거나 대지에 매립되면서, 환경을 오염시키고 지역 주민들의 건강을 크게 해치고 있다.

중 요 재 료

생물 분해성 및 생물 재생이 가능한 폴리머/플라스틱

현재 제조되는 대부분의 폴리머 재료는 인공적이고, 석유 화학 제품에 기반을 두고 있다. 이러한 인공 재료(예 : 폴리에틸렌과 폴리스티렌)은 대부분 매우 안정하며 열화되지 않는 특성이 있는데 특히 수분 환경에서 안정하다. 이러한 플라스틱 폐기물의 대량 발생은 사용 가능한 매립지를 대부분 채워 버릴 것으로 1970년 대와 1980년대에는 우려되었다. 따라서 폴리머 재료의 열화 또는 노화에 저항성이 큰 특성이 이 재료의 장점보다는 문제점으로 간주되었다. 따라서 생물 분해성 폴리머 재료의 개발은 폐기물의 매립지 문제를 해결할 수 있는 방안으로 간주되어, 폴리머 산업계는 생화학적으로 분해되는 폴리머 재료를 개발하기 시작하였다.

생물 분해성 폴리머(biodegradable polymer)는 대부분은 미생물의 작용에 의하여 자연환경에서 스스로 분해/열화되는 재료이다. 분해/열화되는 기구로서는 미생물이 폴리머 사슬 결합을 절단하여 분자량을 감소시키며, 이렇게 생성된 작은 분자를 미생물이 소화시키는데, 이 과정은 식물의 비료화(composting) 과정과 유사하다. 물론 양털, 목화, 나무와 같은 자연 상태의 폴리머는 미생물이 쉽게 소화하여 분해하기 때문에 생물 분해성이 좋다.

초기에 개발된 제1세대 생물 분해성 폴리머는 폴리에틸렌과 같은 통상적인 폴리머에 기반을 두고 있다. 즉 보통의 폴리머 재료가 태양광에 의하여 분해되거나(광분해성), 공기 중의 산소와 반응하여 산화되거나, 생물학적으로 열화되도록 하는 특성을 부여하는 화합물을 첨가하였다. 불행하게도 이러한 제1세대 물질은 일반의 기대에 부응하지 못하였다. 이 재료는 분해가 된다 하더라도 분해 속도가 매우 느려서 매립지 폐기물 양을 감소시키지 못하였다. 이러한 초기의 실망스러운 결과는 생물 분해성 폴리머의 평판을 나쁘게 만들었고, 이는 이 재료의 개발 및 발전을 저해하는 요인으로 작용하였다. 이러한 상황에 대응하기 위하여 폴리머 산업계는 분해 속도를 정확하게 측정하는 방법과 분해 모드를 특징지을 수 있는 방법을 정의한 규정을 제정하였다. 이러한 변화는 생물 분해성 폴리머 재료에 대한 관심을 다시 끌어모으게 되었다.

현재 개발된 생물 분해성 폴리머 재료는 짧은 수명을 활용한 틈새 용도에 자주 사용되고 있다. 예를 들면 나뭇잎과 마당에서 발생하는 폐기물을 담는 봉지 재료로 사용되는데, 이 경우 내용물을 다시 꺼내야 하는 번거로움을 제거할 수 있는 장점이 있기 때문이다.

생물 분해성 플라스틱의 다른 중요한 용도는 농업용 뿌리 덮개 필름이다(그림 22.3). 플라스틱 필름을 이용하여 씨앗이 뿌려져 있는 부분을 덮으면 온도가 낮은 지역에는 식물이 성장하는 시간을 증대시켜 곡물의 수확량을 증대시키고 비용을 감소시킬 수 있다. 이때 사용된 플라스틱 필름은 열을 흡수하여 지면의 온도를 상승시키고 땅의 습기를 유지한다. 전통적으로 (생화학 분해가 되지 않는) 검은색 폴리에틸렌 필름이 사용되었다. 그러나 이 필름은 분해되거나 생물학적으로 열화되지 않기 때문에 곡물을 수확한 후 손으로

그림 22.3 재배되는 농지에 깔려 있는 생물 분해성 플라스틱 뿌리 덮개 필름의 사진

일일이 걷어 내어 폐기해야 한다. 최근에 이러한 뿌리 덮개 필름으로 사용 가능한 생물 분해성 플라스틱 재료가 개발되었다. 이 재료는 곡물을 수확한 후 필름과 함께 땅을 갈아엎어서 땅속에서 필름이 분해되면서 땅을 비옥하게 만든다.

또한 이러한 재료들이 사용 가능성이 있는 분야가 패스트푸드 산업계이다. 이 산업계에서 사용되는 모든 접시, 컵, 포장 등을 생물 분해성 재료로 사용한다면 이들 재료를 음식 폐기물과 함께 섞은 후 대규모 도시에 인접한 공장에서 처리하는 것이 가능해진다. 이러한 접근 방법은 매립지로 향하는 폐기물의 양을 줄일 뿐만 아니라 폴리머가 재생 가능한 재료로 만들어진다면 온실가스 발생을 줄일 수도 있다.

석유화학 제품의 의존성과 온실가스 발생을 줄이기 위해서 생물 분해성이면서 **생물 재생이 가능한**(biorenewable) 폴리머 재료를 개발하기 위한 노력이 활발하게 이루어졌다. 이 재료는 근본적으로는 식물을 기반으로 하는 **바이오매스**(biomass)[3]이다. 이들 새로운 재료는 기존의 재료와 비교하여 가격 경쟁력이 있어야 하며 전통적인 공정 기법(압출, 사출 성형 등) 등으로 제조될 수 있어야 한다.

과거 30여 년 동안 생물 재생이 가능한 폴리머 재료가 개발되었

---

3 바이오매스는 줄기, 잎, 씨앗들과 같이 연료 또는 공업용도로 사용할 수 있는 생물학적 물질을 의미한다.

는데, 이들 재료는 석유화학 제품에서 합성된 재료와 거의 유사한 특성이 있고, 일부는 생물 분해성이며, 일부는 분해되지 않는 특성이 있다. 이들 생물 분해성 재료 중 가장 잘 알려진 폴리머 재료는 **폴리 유산**(약어로 PLA)인데, 이 재료는 아래에 나타낸 것과 같은 반복 단위체 구조로 구성되어 있다.

$$\left[\begin{array}{c} \quad \overset{O}{\overset{\|}{C}} \\ \overset{|}{\underset{CH_3}{C}} \end{array}\right]_n$$

상업적으로 PLA는 폴리 유산에서 유도된다. 그러나 이들 재료의 원재료는 옥수수, 사탕수수, 밀과 같이 녹말이 많이 들어 있는 재생 가능한 물질에서 얻는다. PLA의 기계적 성질, 즉 탄성 계수 및 인장 강도는 폴리(에틸렌 테레프탈레이트, PET)와 유사하다. 또한 생물 분해성 폴리머[예 : 폴리(글리콜산), PGA]와 중합 반응을 유도하면 사출 성형, 압출, 취입 성형, 섬유 성형과 같은 전통적인 제조 공정을 사용할 수 있는 특성을 부여하는 것이 가능하다. PLA 재료는 투명하고 습기 및 그리스(grease)에 대한 침투 저항성이 크며 냄새가 없고 냄새를 차단하는 특성이 있어 음료수 및 식료품 포장 재료로 매력적인 특성을 가지고 있다. 또한 PLA는 생물학적으로 흡수가 가능한데, 인체에 흡수될 수 있다. 따라서 이 재료는 흡수되는 봉합재, 임플란트재, **방출조절**(일정 시간을 두고 약효를 내는) 시스템 등의 다양한 생물 의학(biomedical) 분야에 적용되고 있다.

새로운 물질이 시장에 도입될 때 수반되는 현상에서 볼 수 있듯이 PLA 및 다른 생물 분해성 폴리머 재료가 광범위하게 사용되는 것에 대한 주요 장애 요인은 높은 가격이다. 그러나 좀 더 효율적이고 경제적인 합성 및 제조 공정의 개발로 이들 재료의 가격이 획기적으로 낮춰졌고, 이에 따라 이들 재료가 석유화학 제품보다 가격 경쟁력을 갖게 되었다.

PLA는 생화학적 분해가 가능하지만 매우 잘 조절된 환경 조건에서만 분해된다. 즉 상업적 비료화 장치에서 발생되는 높은 온도에서 가능한 것이다. 상온의 통상적인 조건에서 이 재료는 거의 무한 시간 동안 안정하다. 이 재료의 분해 시 발생하는 물질은 물, 이산화탄소, 유기 물질이다. 이 재료에서 높은 분자량의 폴리머가 작은 조각으로 분해되는 초기 단계에는 진정한 의미에서 생화학적 분해 반응은 아니다. 오히려 이 반응은 폴리머 기본 사슬의 수화 반응에 따른 절단 현상으로 미생물 작용에 의한 분해 반응의 증거는 없다. 그러나 이 반응으로 생성된 저분자량의 폴리머 조각들은 미생물에

의한 분해 반응에 따라 분해된다.

또한 폴리 유산은 적절한 장비를 사용하면 재활용이 가능하다. 이 장비를 활용하여 원래의 단량체로 환원하고, 제조된 단량체를 이용하여 PLA를 재합성하는 것이 가능하다.

PLA는 섬유 분야에 적용하는 데 여러 매력적인 특성을 가지고 있다. 예를 들면 전통적인 용융 방사(melt-spinning) 공정(15.25절)을 이용하여 섬유를 제조하는 것이 가능하다. 또한 PLA는 우수한 접힘성과 접힘 저항성이 매우 높고, 자외선에 노출되었을 때 저항성이 높으며(변색), 가연성이 상대적으로 작다. 이 재료는 집의 커튼, 실내 장식, 천막, 기저귀, 공업용 청소 도구 재료에 사용 가능하다.

사진 제공 : NatureWorks LLC and International Paper, Inc.

생물 분해성/생물 재생성 폴리 유산의 적용 예 : 필름, 포장지, 직물

요약

환경 및 사회적 고려	• 제품 제조가 미치는 환경적 · 사회적 영향은 중요한 공학적 문제가 되고 있다. 이러한 관점에서 재료의 요람에서 무덤까지를 전 주기적으로 고려해야 한다.

환경 및 사회적 고려

• 제품 제조가 미치는 환경적 · 사회적 영향은 중요한 공학적 문제가 되고 있다. 이러한 관점에서 재료의 요람에서 무덤까지를 전 주기적으로 고려해야 한다.

• 요람에서 무덤까지의 주기는 추출, 합성/공정, 제품 설계/제작, 적용, 그리고 폐기 단계로 이루어진다(그림 22.1).

• 재료주기의 효율적인 운영은 제품의 수명주기 평가에서 입력/출력을 관리함으로써 이루어진다. 재료와 에너지가 입력 인자이며 출력 인자는 사용 가능한 제품, 폐수, 대기오염 및 고체 폐기물이다(그림 22.2).

• 지구는 닫힌 계로서 자원이 유한하다. 어느 관점에서 보면 에너지 자원에 대해서도 유사하게 이야기할 수 있다. 환경 문제는 생태에 대한 손상, 공해, 폐기물 처리이다.

• 사용된 제품의 재활용, 녹색 설계의 적용은 이러한 환경 문제를 줄인다.

재료과학과 공학에서의 재활용 관점

• 재활용 및 폐기물 처리 문제는 재료과학 및 공학과 관련하여 중요한 문제이다. 이상적으로는 재료는 재활용성이 우수해야 하며, 생화학적으로 분해되거나 폐기 처리되지 않아야 한다.

• 다중물질로 구성된 제품들로부터 재활용이 가능한 다양한 재료들을 분리하는 기술들이 개발되었다.

• 사용된 제품의 재활용, 녹색 설계의 적용은 이러한 환경 문제를 줄인다.

• 다양한 재료 종류의 재활용성 및 폐기물 처리성
  - 금속 합금은 다양한 재활용성 및 생물 분해성(예 : 부식성)이 있다. 일부 금속은 독성

이 있어 폐기하는 것이 곤란하다.

  – 유리는 상업적으로 가장 많이 사용되는 세라믹 재료이다. 이 재료는 생화학적 분해가 되지 않는데, 현재로서 이 재료의 재활용에 대한 경제적인 유인 요인이 없다.

  – 대부분의 플라스틱과 고무 재료는 생물 분해성이 없다. 열가소성 폴리머는 재활용이 가능한 데 비하여 대부분의 열경화성 재료는 재활용이 불가능하다.

  – 복합 재료는 크기가 매우 작은 2개 이상의 재료로 혼합되기 때문에 재활용이 일반적으로 매우 어렵다. 일부 복합체는 갈아 작은 입자로 만들어서 다른 복합체에서 충전제로 사용한다. 섬유 기지 복합체를 분리하는 열적 기술과 화학적 기술들이 개발되었다.

• 쓸모가 없어지고, 한물가고, 버려진 전자기기 폐기물은 빠른 속도로 증가하고 있다. 일부 전자기기 폐기물 재료들은 해롭고, 독성이 있어 소각 또는 매립하면 안 된다. 다른 무해한 재료들은 재활용 처리되고 있다.

참고문헌

사회 관련

Cohen, M., "Societal Issues in Materials Science and Technology," *Materials Research Society Bulletin*, September, 1994, pp. 3–8.

환경 관련

Anderson, D. A., *Environmental Economics and Natural Resource Management*, 4th edition, Taylor & Francis, New York, 2014.

Ashby, M. F., *Materials and the Environment: Eco-Informed Material Choice*, 2nd edition, Butterworth-Heinemann/Elsevier, Oxford, 2012.

Azapagic, A., A. Emsley, and I. Hamerton, *Polymers, the Environment and Sustainable Development*, John Wiley & Sons, West Sussex, UK, 2003.

Baxi, R. S., Recycling Our *Future: A Global Strategy*, Whittles Publishing, Caithness, Scotland, UK, 2014.

Connett, P., *The Zero Waste Solution*, Chelsea Green Publishing, White River Junction, VT, 2013.

Davis, M. L., and D. A. Cornwell, *Introduction to Environmental Engineering*, 5th edition, McGraw-Hill, New York, 2012.

McDonough, W., and M. Braungart, *Cradle to Cradle: Remaking the Way We Make Things*, North Point Press, New York, 2002.

Mihelcic, J. R., and J. B. Zimmerman, *Environmental Engineering: Fundamentals, Sustainability, Design*, 2nd edition, John Wiley & Sons, Hoboken, NJ, 2014.

Nemerow, N. L., F. J. Agardy, and J. A. Salvato (Editors), *Environmental Engineering*, 6th edition, John Wiley & Sons, Hoboken, NJ, 2009. Three volumes.

Porter, R. C., *The Economics of Waste*, Resources for the Future Press, New York, 2002.

Unnisa, S. A., and S. B. Rav, *Sustainable Solid Waste Management*, Apple Academic Press, Point Pleasant, NJ, 2013.

Young, G. C., *Municipal Solid Waste to Energy Conversion Processes: Economic, Technical and Renewable Comparisons*, John Wiley & Sons, Hoboken, NJ, 2010.

연습문제

설계문제

22.D1 유리, 알루미늄 및 여러 플라스틱 재료가 용기 재료로 많이 사용되고 있다(제1장의 도입부 사진 및 제22장의 '중요 재료' 사진 참조). 이들 세 가지 재료가 용기 재료로 사용될 때 장점 및 단점을 설명하라. 이때 가격, 재활용성 및 용기를 만드는 에너지 소비 등의 인자를 포함하라.

22.D2 녹색 설계에서 재료공학자가 할 수 있는 역할을 설명하라.

국제단위계(International System of Units)는 두 가지로, 즉 기본 단위(base units)와 유도 단위(derived units)로 분류된다. 기본 단위는 기초적이며 축소될 수 없는 것이다. 표 A.1에 재료과학 분야에서 관심 있게 사용하는 기본 단위들을 나타냈다.

유도 단위는 곱셈과 나눗셈에 대하여 수학적인 기호를 이용하며, 기본 단위 관점에서 표현된다. 예를 들면 밀도에 대한 SI 단위는 입방 미터당 킬로그램(kg/m^3)이다. 또한 N은 힘의 단위인 newton을 나타내는 데 사용된다. 1 N은 1 $kg·m/s^2$에 해당된다. 수많은 중요 유도 단위가 표 A.2에 나와 있다.

SI 단위의 이름 또는 기호를 10의 배수로 나타내는 것은 자주 필요하면서 매우 편리한 경우가 있다. 하나의 SI 단위의 배수가 오직 하나의 접두어로 사용될 때 분자여야만 한다. 이와 같은 접두어들과 승인된 기호들이 표 A.3에 나타나 있다.

표 A.1 SI 기본 단위

구분	명칭	기호
길이	meter, metre	m
질량	kilogram	kg
시간	second	s
전류	ampere	A
열역학 온도	kelvin	K
물질의 양	mole	mol

표 A.2 일부 SI 유도
단위

구분	명칭	공식	특수기호
면적	평방미터	m^2	—
부피	입방미터	m^3	—
속도	초당 미터	m/s	
밀도	입방미터당 킬로그램	kg/m^3	—
농도	입방미터당 몰수	mol/m^3	—
힘	뉴턴	$kg \cdot m/s^2$	N
에너지	줄	$kg \cdot m^2/s^2$, $N \cdot m$	J
응력	파스칼	$kg/m \cdot s^2$, N/m^2	Pa
변형률	–	m/m	—
동력, 복사 유속	와트	$kg \cdot m^2/s^3$, J/s	W
점도	파스칼-초	$kg/m \cdot s$	$Pa \cdot s$
주파수	헤르츠	s^{-1}	Hz
전하량	쿨롱	$A \cdot s$	C
전위	볼트	$kg \cdot m^2/s^2 \cdot C$	V
정전 용량	파라드	$s^2 \cdot C^2/kg \cdot m^2$	F
전기 저항	오옴	$kg \cdot m^2/s \cdot C^2$	Ω
자속	웨버	$kg \cdot m^2/s \cdot C$	Wb
자속 밀도	테슬라	$kg/s \cdot C$, Wb/m^2	(T)[a]

[a] T는 SI 단위로 공인된 것이나 여기서는 사용하지 않고 '테슬라(tesla)'가 사용되었다.

표 A.3 SI 배수 및 약수
접두어

변환 시 곱할 지수	접두어	기호
10^9	giga	G
10^6	mega	M
10^3	kilo	k
10^{-2}	centi[a]	c
10^{-3}	milli	m
10^{-6}	micro	μ
10^{-9}	nano	n
10^{-12}	pico	p

[a] 가능하면 사용하지 말 것

여기서는 약 100개 정도의 흔히 사용되는 공업 재료의 중요한 특성들에 대해서 소개하고 있다. 각 자료는 선택된 재료들의 한 가지 특성에 대한 데이터를 포함한다. 또한 소개된 금속 화합물들의 조성을 정리해 놓았다(표 B.10). 데이터들은 물질의 종류에 따라서 분류해 놓았다(금속과 금속 간 합금, 석영, 세라믹, 그리고 반도체 물질들, 폴리머, 섬유 재료, 그리고 복합 재료), 각각의 분류에서 재료들은 알파벳순으로 정렬했다.

데이터 항목들은 전형적 측정 단일 값 또는 어느 범위의 값들로 표현되었다. 또한 데이터에 표기된 '(min)'은 인용된 값이 최솟값이라는 것을 의미한다.

표 B.1 다양한 공업 재료의 상온에서의 밀도

재료	밀도	
	g/cm^3	$lb_m/in.^3$
금속 및 금속 합금 **일반 탄소 및 저합금 강**		
Steel alloy A36	7.85	0.283
Steel alloy 1020	7.85	0.283
Steel alloy 1040	7.85	0.283
Steel alloy 4140	7.85	0.283
Steel alloy 4340	7.85	0.283
스테인리스강		
Stainless alloy 304	8.00	0.289
Stainless alloy 316	8.00	0.289
Stainless alloy 405	7.80	0.282
Stainless alloy 440A	7.80	0.282
Stainless alloy 17-4PH	7.75	0.280

표 B.1 다양한 공업 재료의 상온에서의 밀도(계속)

재료	밀도	
	g/cm^3	$lb_m/in.^3$
주철		
Gray irons		
• Grade G1800	7.30	0.264
• Grade G3000	7.30	0.264
• Grade G4000	7.30	0.264
Ductile irons		
• Grade 60-40-18	7.10	0.256
• Grade 80-55-06	7.10	0.256
• Grade 120-90-02	7.10	0.256
알루미늄 합금		
Alloy 1100	2.71	0.0978
Alloy 2024	2.77	0.100
Alloy 6061	2.70	0.0975
Alloy 7075	2.80	0.101
Alloy 356.0	2.69	0.0971
구리 합금		
C11000 (electrolytic tough pitch)	8.89	0.321
C17200 (beryllium–copper)	8.25	0.298
C26000 (cartridge brass)	8.53	0.308
C36000 (free-cutting brass)	8.50	0.307
C71500 (copper–nickel, 30%)	8.94	0.323
C93200 (bearing bronze)	8.93	0.322
마그네슘 합금		
Alloy AZ31B	1.77	0.0639
Alloy AZ91D	1.81	0.0653
티탄 합금		
Commercially pure (ASTM grade 1)	4.51	0.163
Alloy Ti–5Al–2.5Sn	4.48	0.162
Alloy Ti–6Al–4V	4.43	0.160
귀금속		
Gold (commercially pure)	19.32	0.697
Platinum (commercially pure)	21.45	0.774
Silver (commercially pure)	10.49	0.379
내화 금속		
Molybdenum (commercially pure)	10.22	0.369
Tantalum (commercially pure)	16.6	0.599
Tungsten (commercially pure)	19.3	0.697
기타 비철 합금		
Nickel 200	8.89	0.321
Inconel 625	8.44	0.305
Monel 400	8.80	0.318

표 B.1 다양한 공업 재료의 상온에서의 밀도(계속)

재료	밀도	
	g/cm³	*lbₘ/in.³*
Haynes alloy 25	9.13	0.330
Invar	8.05	0.291
Super invar	8.10	0.292
Kovar	8.36	0.302
Chemical lead	11.34	0.409
Antimonial lead (6%)	10.88	0.393
Tin (commercially pure)	7.17	0.259
Lead–tin solder (60Sn–40Pb)	8.52	0.308
Zinc (commercially pure)	7.14	0.258
Zirconium, reactor grade 702	6.51	0.235
흑연, 세라믹, 반도체 재료		
Aluminum oxide		
• 99.9% pure	3.98	0.144
• 96% pure	3.72	0.134
• 90% pure	3.60	0.130
Concrete	2.4	0.087
Diamond		
• Natural	3.51	0.127
• Synthetic	3.20–3.52	0.116–0.127
Gallium arsenide	5.32	0.192
Glass, borosilicate (Pyrex)	2.23	0.0805
Glass, soda–lime	2.5	0.0903
Glass-ceramic (Pyroceram)	2.60	0.0939
Graphite		
• Extruded	1.71	0.0616
• Isostatically molded	1.78	0.0643
Silica, fused	2.2	0.079
Silicon	2.33	0.0841
Silicon carbide		
• Hot-pressed	3.3	0.119
• Sintered	3.2	0.116
Silicon nitride		
• Hot-pressed	3.3	0.119
• Reaction-bonded	2.7	0.0975
• Sintered	3.3	0.119
Zirconia, 3 mol% Y_2O_3, sintered	6.0	0.217
폴리머		
Elastomers		
• Butadiene–acrylonitrile (nitrile)	0.98	0.0354
• Styrene–butadiene (SBR)	0.94	0.0339
• Silicone	1.1–1.6	0.040–0.058
Epoxy	1.11–1.40	0.0401–0.0505

표 B.1 다양한 공업 재료의 상온에서의 밀도(계속)

재료	밀도	
	g/cm^3	$lb_m/in.^3$
Nylon 6,6	1.14	0.0412
Phenolic	1.28	0.0462
Poly(butylene terephthalate) (PBT)	1.34	0.0484
Polycarbonate (PC)	1.20	0.0433
Polyester (thermoset)	1.04–1.46	0.038–0.053
Polyetheretherketone (PEEK)	1.31	0.0473
Polyethylene		
• Low density (LDPE)	0.925	0.0334
• High density (HDPE)	0.959	0.0346
• Ultra high molecular weight (UHMWPE)	0.94	0.0339
Poly(ethylene terephthalate) (PET)	1.35	0.0487
Poly(methyl methacrylate) (PMMA)	1.19	0.0430
Polypropylene (PP)	0.905	0.0327
Polystyrene (PS)	1.05	0.0379
Polytetrafluoroethylene (PTFE)	2.17	0.0783
Poly(vinyl chloride) (PVC)	1.30–1.58	0.047–0.057
섬유 재료		
Aramid (Kevlar 49)	1.44	0.0520
Carbon		
• Standard modulus (PAN precursor)	1.78	0.0643
• Intermediate modulus (PAN precursor)	1.78	0.0643
• High modulus (PAN precursor)	1.81	0.0653
• Ultra-high modulus (pitch precursor)	2.12–2.19	0.077–0.079
E-glass	2.58	0.0931
복합 재료		
Aramid fibers–epoxy matrix ($V_f = 0.60$)	1.4	0.050
Standard-modulus carbon fibers–epoxy matrix ($V_f = 0.60$)	1.6	0.058
E-glass fibers–epoxy matrix ($V_f = 0.60$)	2.1	0.075
Wood		
• Douglas fir (12% moisture)	0.46–0.50	0.017–0.018
• Red oak (12% moisture)	0.61–0.67	0.022–0.024

출처 : *ASM Handbooks*, Volumes 1 and 2, *Engineered Materials Handbook*, Volume 4, *Metals Handbook: Properties and Selection: Nonferrous Alloys and Pure Metals*, Vol. 2, 9th edition, and *Advanced Materials & Processes*, Vol. 146, No. 4, ASM International, Materials Park, OH; *Modern Plastics Encyclopedia* '96, The McGraw-Hill Companies, New York, NY; and manufacturers' technical data sheets.

표 B.2 다양한 공업 재료의 상온에서의 탄성 계수

재료	탄성 계수	
	GPa	*10^6 psi*
금속 및 금속 합금		
일반 탄소 및 저합금 강		
Steel alloy A36	207	30
Steel alloy 1020	207	30
Steel alloy 1040	207	30

표 B.2 다양한 공업 재료의 상온에서의 탄성 계수(계속)

재료	탄성 계수	
	GPa	*10^6 psi*
Steel alloy 4140	207	30
Steel alloy 4340	207	30
스테인리스강		
Stainless alloy 304	193	28
Stainless alloy 316	193	28
Stainless alloy 405	200	29
Stainless alloy 440A	200	29
Stainless alloy 17-4PH	196	28.5
주철		
Gray irons		
• Grade G1800	66–97[a]	9.6–14[a]
• Grade G3000	90–113[a]	13.0–16.4[a]
• Grade G4000	110–138[a]	16–20[a]
Ductile irons		
• Grade 60-40-18	169	24.5
• Grade 80-55-06	168	24.4
• Grade 120-90-02	164	23.8
알루미늄 합금		
Alloy 1100	69	10
Alloy 2024	72.4	10.5
Alloy 6061	69	10
Alloy 7075	71	10.3
Alloy 356.0	72.4	10.5
구리 합금		
C11000 (electrolytic tough pitch)	115	16.7
C17200 (beryllium–copper)	128	18.6
C26000 (cartridge brass)	110	16
C36000 (free-cutting brass)	97	14
C71500 (copper–nickel, 30%)	150	21.8
C93200 (bearing bronze)	100	14.5
마그네슘 합금		
Alloy AZ31B	45	6.5
Alloy AZ91D	45	6.5
티탄 합금		
Commercially pure (ASTM grade 1)	103	14.9
Alloy Ti–5Al–2.5Sn	110	16
Alloy Ti–6Al–4V	114	16.5
귀금속		
Gold (commercially pure)	77	11.2
Platinum (commercially pure)	171	24.8
Silver (commercially pure)	74	10.7

표 B.2 다양한 공업 재료의 상온에서의 탄성 계수(계속)

재료	탄성 계수 *GPa*	탄성 계수 *10⁶ psi*
	내화 금속	
Molybdenum (commercially pure)	320	46.4
Tantalum (commercially pure)	185	27
Tungsten (commercially pure)	400	58
	기타 비철 합금	
Nickel 200	204	29.6
Inconel 625	207	30
Monel 400	180	26
Haynes alloy 25	236	34.2
Invar	141	20.5
Super invar	144	21
Kovar	207	30
Chemical lead	13.5	2
Tin (commercially pure)	44.3	6.4
Lead–tin solder (60Sn–40Pb)	30	4.4
Zinc (commercially pure)	104.5	15.2
Zirconium, reactor grade 702	99.3	14.4
	흑연, 세라믹, 반도체 재료	
Aluminum oxide		
• 99.9% pure	380	55
• 96% pure	303	44
• 90% pure	275	40
Concrete	25.4–36.6[a]	3.7–5.3[a]
Diamond		
• Natural	700–1200	102–174
• Synthetic	800–925	116–134
Gallium arsenide, single crystal		
• In the ⟨100⟩ direction	85	12.3
• In the ⟨110⟩ direction	122	17.7
• In the ⟨111⟩ direction	142	20.6
Glass, borosilicate (Pyrex)	70	10.1
Glass, soda–lime	69	10
Glass-ceramic (Pyroceram)	120	17.4
Graphite		
• Extruded	11	1.6
• Isostatically molded	11.7	1.7
Silica, fused	73	10.6
Silicon, single crystal		
• In the ⟨100⟩ direction	129	18.7
• In the ⟨110⟩ direction	168	24.4
• In the ⟨111⟩ direction	187	27.1
Silicon carbide		
• Hot-pressed	207–483	30–70
• Sintered	207–483	30–70

표 B.2 다양한 공업 재료의 상온에서의 탄성계수(계속)

재료	탄성 계수	
	GPa	*10⁶ psi*
Silicon nitride		
• Hot-pressed	304	44.1
• Reaction-bonded	304	44.1
• Sintered	304	44.1
Zirconia, 3 mol% Y$_2$O$_3$	205	30
폴리머		
Elastomers		
• Butadiene–acrylonitrile (nitrile)	0.0034^b	0.00049^b
• Styrene–butadiene (SBR)	0.002–0.010^b	0.0003–0.0015^b
Epoxy	2.41	0.35
Nylon 6,6	1.59–3.79	0.230–0.550
Phenolic	2.76–4.83	0.40–0.70
Poly(butylene terephthalate) (PBT)	1.93–3.00	0.280–0.435
Polycarbonate (PC)	2.38	0.345
Polyester (thermoset)	2.06–4.41	0.30–0.64
Polyetheretherketone (PEEK)	1.10	0.16
Polyethylene		
• Low density (LDPE)	0.172–0.282	0.025–0.041
• High density (HDPE)	1.08	0.157
• Ultra high molecular weight (UHMWPE)	0.69	0.100
Poly(ethylene terephthalate) (PET)	2.76–4.14	0.40–0.60
Poly(methyl methacrylate) (PMMA)	2.24–3.24	0.325–0.470
Polypropylene (PP)	1.14–1.55	0.165–0.225
Polystyrene (PS)	2.28–3.28	0.330–0.475
Polytetrafluoroethylene (PTFE)	0.40–0.55	0.058–0.080
Poly(vinyl chloride) (PVC)	2.41–4.14	0.35–0.60
섬유 재료		
Aramid (Kevlar 49)	131	19
Carbon		
• Standard modulus (PAN precursor)	230	33.4
• Intermediate modulus (PAN precursor)	285	41.3
• High modulus (PAN precursor)	400	58
• Ultra-high modulus (pitch precursor)	520–940	75–136
E-glass	72.5	10.5
복합 재료		
Aramid fibers–epoxy matrix ($V_f = 0.60$)		
Longitudinal	76	11
Transverse	5.5	0.8
Standard-modulus carbon fibers–epoxy matrix ($V_f = 0.60$)		
Longitudinal	145	21
Transverse	10	1.5
E-glass fibers–epoxy matrix ($V_f = 0.60$)		
Longitudinal	45	6.5
Transverse	12	1.8

표 B.2 다양한 공업 재료의 상온에서의 탄성 계수(계속)

재료	탄성 계수	
	GPa	*10^6 psi*
Wood		
• Douglas fir (12% moisture)		
Parallel to grain	$10.8–13.6^c$	$1.57–1.97^c$
Perpendicular to grain	$0.54–0.68^c$	$0.078–0.10^c$
• Red oak (12% moisture)		
Parallel to grain	$11.0–14.1^c$	$1.60–2.04^c$
Perpendicular to grain	$0.55–0.71^c$	$0.08–0.10^c$

^{a} 최고 강도 25%에 교차하는 할선(secant) 탄성 계수

^{b} 100% 변형에서 구한 탄성 계수

^{c} 벤딩 시험에서 측정값

출처 : *ASM Handbooks*, Volumes 1 and 2, *Engineered Materials Handbooks*, Volumes 1 and 4, *Metals Handbook: Properties and Selection: Nonferrous Alloys and Pure Metals*, Vol. 2, 9th edition, and *Advanced Materials & Processes*, Vol. 146, No. 4, ASM International, Materials Park, OH; *Modern Plastics Encyclopedia* '96, The McGraw-Hill Companies, New York, NY; and manufacturers' technical data sheets.

표 B.3 다양한 공업 재료의 상온에서의 푸아송비

재료	푸아송비	재료	푸아송비
금속 및 금속 합금		**구리 합금**	
일반 탄소 및 저합금 강		C11000 (electrolytic tough pitch)	0.33
Steel alloy A36	0.30	C17200 (beryllium–copper)	0.30
Steel alloy 1020	0.30	C26000 (cartridge brass)	0.35
Steel alloy 1040	0.30	C36000 (free-cutting brass)	0.34
Steel alloy 4140	0.30	C71500 (copper–nickel, 30%)	0.34
Steel alloy 4340	0.30	C93200 (bearing bronze)	0.34
스테인리스강		**마그네슘 합금**	
Stainless alloy 304	0.30	Alloy AZ31B	0.35
Stainless alloy 316	0.30	Alloy AZ91D	0.35
Stainless alloy 405	0.30	**티탄 합금**	
Stainless alloy 440A	0.30	Commercially pure (ASTM grade 1)	0.34
Stainless alloy 17-4PH	0.27	Alloy Ti–5Al–2.5Sn	0.34
주철		Alloy Ti–6Al–4V	0.34
Gray irons		**귀금속**	
• Grade G1800	0.26	Gold (commercially pure)	0.42
• Grade G3000	0.26	Platinum (commercially pure)	0.39
• Grade G4000	0.26	Silver (commercially pure)	0.37
Ductile irons		**내화 금속**	
• Grade 60-40-18	0.29	Molybdenum (commercially pure)	0.32
• Grade 80-55-06	0.31	Tantalum (commercially pure)	0.35
• Grade 120-90-02	0.28	Tungsten (commercially pure)	0.28
알루미늄 합금		**기타 비철 합금**	
Alloy 1100	0.33	Nickel 200	0.31
Alloy 2024	0.33	Inconel 625	0.31
Alloy 6061	0.33	Monel 400	0.32
Alloy 7075	0.33		
Alloy 356.0	0.33		

표 B.3 다양한 공업 재료의 상온에서의 푸아송비(계속)

재료	푸아송비
Chemical lead	0.44
Tin (commercially pure)	0.33
Zinc (commercially pure)	0.25
Zirconium, reactor grade 702	0.35

흑연, 세라믹, 반도체 재료

재료	푸아송비
Aluminum oxide	
• 99.9% pure	0.22
• 96% pure	0.21
• 90% pure	0.22
Concrete	0.20
Diamond	
• Natural	0.10–0.30
• Synthetic	0.20
Gallium arsenide	
• $\langle 100 \rangle$ direction	0.30
Glass, borosilicate (Pyrex)	0.20
Glass, soda–lime	0.23
Glass-ceramic (Pyroceram)	0.25
Silica, fused	0.17
Silicon	
• $\langle 100 \rangle$ direction	0.28
• $\langle 111 \rangle$ direction	0.36
Silicon carbide	
• Hot-pressed	0.17
• Sintered	0.16

재료	푸아송비
Silicon nitride	
• Hot-pressed	0.30
• Reaction-bonded	0.22
• Sintered	0.28
Zirconia, 3 mol% Y_2O_3	0.31

폴리머

재료	푸아송비
Nylon 6,6	0.39
Polycarbonate (PC)	0.36
Polyethylene	
• Low density (LDPE)	0.33–0.40
• High density (HDPE)	0.46
Poly(ethylene terephthalate) (PET)	0.33
Poly(methyl methacrylate) (PMMA)	0.37–0.44
Polypropylene (PP)	0.40
Polystyrene (PS)	0.33
Polytetrafluoroethylene (PTFE)	0.46
Poly(vinyl chloride) (PVC)	0.38

섬유 재료

재료	푸아송비
E-glass	0.22

복합 재료

재료	푸아송비
Aramid fibers–epoxy matrix ($V_f = 0.6$)	0.34
High-modulus carbon fibers–epoxy matrix ($V_f = 0.6$)	0.25
E-glass fibers–epoxy matrix ($V_f = 0.6$)	0.19

출처 : *ASM Handbooks*, Volumes 1 and 2, and *Engineered Materials Handbooks*, Volumes 1 and 4, ASM International, Materials Park, OH; and manufacturers' technical data sheets.

표 B.4 다양한 공업 재료의 상온에서의 항복 강도, 인장 강도, 연성(신장률)

재료/조건	항복 강도 (MPa [ksi])	인장 강도 (MPa [ksi])	연성
금속 및 금속 합금 일반 탄소 및 저합금 강			
Steel alloy A36			
• Hot-rolled	220–250 (32–36)	400–500 (58–72.5)	23
Steel alloy 1020			
• Hot-rolled	210 (30) (min)	380 (55) (min)	25 (min)
• Cold-drawn	350 (51) (min)	420 (61) (min)	15 (min)
• Annealed (@ 870°C)	295 (42.8)	395 (57.3)	36.5
• Normalized (@ 925°C)	345 (50.3)	440 (64)	38.5
Steel alloy 1040			
• Hot-rolled	290 (42) (min)	520 (76) (min)	18 (min)
• Cold-drawn	490 (71) (min)	590 (85) (min)	12 (min)
• Annealed (@ 785°C)	355 (51.3)	520 (75.3)	30.2
• Normalized (@ 900°C)	375 (54.3)	590 (85)	28.0

표 B.4 다양한 공업 재료의 상온에서의 항복 강도, 인장 강도, 연성(신장률)(계속)

재료/조건	항복 강도 (MPa [ksi])	인장 강도 (MPa [ksi])	연성
Steel alloy 4140			
• Annealed (@ 815°C)	417 (60.5)	655 (95)	25.7
• Normalized (@ 870°C)	655 (95)	1020 (148)	17.7
• Oil-quenched and tempered (@ 315°C)	1570 (228)	1720 (250)	11.5
Steel alloy 4340			
• Annealed (@ 810°C)	472 (68.5)	745 (108)	22
• Normalized (@ 870°C)	862 (125)	1280 (185.5)	12.2
• Oil-quenched and tempered (@ 315°C)	1620 (235)	1760 (255)	12
스테인리스강			
Stainless alloy 304			
• Hot-finished and annealed	205 (30) (min)	515 (75) (min)	40 (min)
• Cold-worked ($\frac{1}{4}$ hard)	515 (75) (min)	860 (125) (min)	10 (min)
Stainless alloy 316			
• Hot-finished and annealed	205 (30) (min)	515 (75) (min)	40 (min)
• Cold-drawn and annealed	310 (45) (min)	620 (90) (min)	30 (min)
Stainless alloy 405			
• Annealed	170 (25)	415 (60)	20
Stainless alloy 440A			
• Annealed	415 (60)	725 (105)	20
• Tempered (@ 315°C)	1650 (240)	1790 (260)	5
Stainless alloy 17-4PH			
• Annealed	760 (110)	1030 (150)	8
• Precipitation-hardened (@ 482°C)	1172 (170)	1310 (190)	10
주철			
Gray irons			
• Grade G1800 (as cast)	—	124 (18) (min)	—
• Grade G3000 (as cast)	—	207 (30) (min)	—
• Grade G4000 (as cast)	—	276 (40) (min)	—
Ductile irons			
• Grade 60-40-18 (annealed)	276 (40) (min)	414 (60) (min)	18 (min)
• Grade 80-55-06 (as cast)	379 (55) (min)	552 (80) (min)	6 (min)
• Grade 120-90-02 (oil-quenched and tempered)	621 (90) (min)	827 (120) (min)	2 (min)
알루미늄 합금			
Alloy 1100			
• Annealed (O temper)	34 (5)	90 (13)	40
• Strain-hardened (H14 temper)	117 (17)	124 (18)	15
Alloy 2024			
• Annealed (O temper)	75 (11)	185 (27)	20
• Heat-treated and aged (T3 temper)	345 (50)	485 (70)	18
• Heat-treated and aged (T351 temper)	325 (47)	470 (68)	20
Alloy 6061			
• Annealed (O temper)	55 (8)	124 (18)	30
• Heat-treated and aged (T6 and T651 tempers)	276 (40)	310 (45)	17
Alloy 7075			
• Annealed (O temper)	103 (15)	228 (33)	17
• Heat-treated and aged (T6 temper)	505 (73)	572 (83)	11

표 B.4 다양한 공업 재료의 상온에서의 항복 강도, 인장 강도, 연성(신장률)(계속)

재료/조건	항복 강도 (*MPa [ksi]*)	인장 강도 (*MPa [ksi]*)	연성
Alloy 356.0			
• As cast	124 (18)	164 (24)	6
• Heat-treated and aged (T6 temper)	164 (24)	228 (33)	3.5
구리 합금			
C11000 (electrolytic tough pitch)			
• Hot-rolled	69 (10)	220 (32)	45
• Cold-worked (H04 temper)	310 (45)	345 (50)	12
C17200 (beryllium–copper)			
• Solution heat-treated	195–380 (28–55)	415–540 (60–78)	35–60
• Solution heat-treated and aged (@ 330°C)	965–1205 (140–175)	1140–1310 (165–190)	4–10
C26000 (cartridge brass)			
• Annealed	75–150 (11–22)	300–365 (43.5–53.0)	54–68
• Cold-worked (H04 temper)	435 (63)	525 (76)	8
C36000 (free-cutting brass)			
• Annealed	125 (18)	340 (49)	53
• Cold-worked (H02 temper)	310 (45)	400 (58)	25
C71500 (copper–nickel, 30%)			
• Hot-rolled	140 (20)	380 (55)	45
• Cold-worked (H80 temper)	545 (79)	580 (84)	3
C93200 (bearing bronze)			
• Sand cast	125 (18)	240 (35)	20
마그네슘 합금			
Alloy AZ31B			
• Rolled	220 (32)	290 (42)	15
• Extruded	200 (29)	262 (38)	15
Alloy AZ91D			
• As cast	97–150 (14–22)	165–230 (24–33)	3
티탄 합금			
Commercially pure (ASTM grade 1)			
• Annealed	170 (25) (min)	240 (35) (min)	24
Alloy Ti–5Al–2.5Sn			
• Annealed	760 (110) (min)	790 (115) (min)	16
Alloy Ti–6Al–4V			
• Annealed	830 (120) (min)	900 (130) (min)	14
• Solution heat-treated and aged	1103 (160)	1172 (170)	10
귀금속			
Gold (commercially pure)			
• Annealed	nil	130 (19)	45
• Cold-worked (60% reduction)	205 (30)	220 (32)	4
Platinum (commercially pure)			
• Annealed	<13.8 (2)	125–165 (18–24)	30–40
• Cold-worked (50%)	—	205–240 (30–35)	1–3
Silver (commercially pure)			
• Annealed	—	170 (24.6)	44
• Cold-worked (50%)	—	296 (43)	3.5

표 B.4 다양한 공업 재료의 상온에서의 항복 강도, 인장 강도, 연성(신장률)(계속)

재료/조건	항복 강도 (MPa [ksi])	인장 강도 (MPa [ksi])	연성
	내화 금속		
Molybdenum (commercially pure)	500 (72.5)	630 (91)	25
Tantalum (commercially pure)	165 (24)	205 (30)	40
Tungsten (commercially pure)	760 (110)	960 (139)	2
	기타 비철 합금		
Nickel 200 (annealed)	148 (21.5)	462 (67)	47
Inconel 625 (annealed)	517 (75)	930 (135)	42.5
Monel 400 (annealed)	240 (35)	550 (80)	40
Haynes alloy 25	445 (65)	970 (141)	62
Invar (annealed)	276 (40)	517 (75)	30
Super invar (annealed)	276 (40)	483 (70)	30
Kovar (annealed)	276 (40)	517 (75)	30
Chemical lead	6–8 (0.9–1.2)	16–19 (2.3–2.7)	30–60
Antimonial lead (6%) (chill cast)	—	47.2 (6.8)	24
Tin (commercially pure)	11 (1.6)	—	57
Lead–tin solder (60Sn–40Pb)	—	52.5 (7.6)	30–60
Zinc (commercially pure)			
• Hot-rolled (anisotropic)	—	134–159 (19.4–23.0)	50–65
• Cold-rolled (anisotropic)	—	145–186 (21–27)	40–50
Zirconium, reactor grade 702			
• Cold-worked and annealed	207 (30) (min)	379 (55) (min)	16 (min)
	흑연, 세라믹, 반도체 재료[a]		
Aluminum oxide			
• 99.9% pure	—	282–551 (41–80)	—
• 96% pure	—	358 (52)	—
• 90% pure	—	337 (49)	—
Concrete[b]	—	37.3–41.3 (5.4–6.0)	—
Diamond			
• Natural	—	1050 (152)	—
• Synthetic	—	800–1400 (116–203)	—
Gallium arsenide			
• {100} orientation, polished surface	—	66 (9.6)[c]	—
• {100} orientation, as-cut surface	—	57 (8.3)[c]	—
Glass, borosilicate (Pyrex)	—	69 (10)	—
Glass, soda–lime	—	69 (10)	—
Glass-ceramic (Pyroceram)	—	123–370 (18–54)	—
Graphite			
• Extruded (with the grain direction)	—	13.8–34.5 (2.0–5.0)	—
• Isostatically molded	—	31–69 (4.5–10)	—
Silica, fused	—	104 (15)	—
Silicon			
• {100} orientation, as-cut surface	—	130 (18.9)	—
• {100} orientation, laser scribed	—	81.8 (11.9)	—

표 B.4 다양한 공업 재료의 상온에서의 항복 강도, 인장 강도, 연성(신장률)(계속)

재료/조건	항복 강도 (MPa [ksi])	인장 강도 (MPa [ksi])	연성
Silicon carbide			
• Hot-pressed	—	230–825 (33–120)	—
• Sintered	—	96–520 (14–75)	—
Silicon nitride			
• Hot-pressed	—	700–1000 (100–150)	—
• Reaction-bonded	—	250–345 (36–50)	—
• Sintered	—	414–650 (60–94)	—
Zirconia, 3 mol% Y_2O_3 (sintered)	—	800–1500 (116–218)	—
폴리머			
Elastomers			
• Butadiene–acrylonitrile (nitrile)	—	6.9–24.1 (1.0–3.5)	400–600
• Styrene–butadiene (SBR)	—	12.4–20.7 (1.8–3.0)	450–500
• Silicone	—	10.3 (1.5)	100–800
Epoxy	—	27.6–90.0 (4.0–13)	3–6
Nylon 6,6			
• Dry, as molded	55.1–82.8 (8–12)	94.5 (13.7)	15–80
• 50% relative humidity	44.8–58.6 (6.5–8.5)	75.9 (11)	150–300
Phenolic	—	34.5–62.1 (5.0–9.0)	1.5–2.0
Poly(butylene terephthalate) (PBT)	56.6–60.0 (8.2–8.7)	56.6–60.0 (8.2–8.7)	50–300
Polycarbonate (PC)	62.1 (9)	62.8–72.4 (9.1–10.5)	110–150
Polyester (thermoset)	—	41.4–89.7 (6.0–13.0)	<2.6
Polyetheretherketone (PEEK)	91 (13.2)	70.3–103 (10.2–15.0)	30–150
Polyethylene			
• Low density (LDPE)	9.0–14.5 (1.3–2.1)	8.3–31.4 (1.2–4.55)	100–650
• High density (HDPE)	26.2–33.1 (3.8–4.8)	22.1–31.0 (3.2–4.5)	10–1200
• Ultra high molecular weight (UHMWPE)	21.4–27.6 (3.1–4.0)	38.6–48.3 (5.6–7.0)	350–525
Poly(ethylene terephthalate) (PET)	59.3 (8.6)	48.3–72.4 (7.0–10.5)	30–300
Poly(methyl methacrylate) (PMMA)	53.8–73.1 (7.8–10.6)	48.3–72.4 (7.0–10.5)	2.0–5.5
Polypropylene (PP)	31.0–37.2 (4.5–5.4)	31.0–41.4 (4.5–6.0)	100–600
Polystyrene (PS)	25.0–69.0 (3.63–10.0)	35.9–51.7 (5.2–7.5)	1.2–2.5
Polytetrafluoroethylene (PTFE)	13.8–15.2 (2.0–2.2)	20.7–34.5 (3.0–5.0)	200–400
Poly(vinyl chloride) (PVC)	40.7–44.8 (5.9–6.5)	40.7–51.7 (5.9–7.5)	40–80
섬유 재료			
Aramid (Kevlar 49)	—	3600–4100 (525–600)	2.8
Carbon			
• Standard modulus (longitudinal) (PAN precursor)	—	3800–4200 (550–610)	2
• Intermediate modulus (longitudinal) (PAN precursor)	—	4650–6350 (675–920)	1.8
• High modulus (longitudinal) (PAN precursor)	—	2500–4500 (360–650)	0.6
• Ultra-high modulus (longitudinal) (pitch precursor)	—	2620–3630 (380–526)	0.30–0.66
E-glass	—	3450 (500)	4.3

표 B.4 다양한 공업 재료의 상온에서의 항복 강도, 인장 강도, 연성(신장률)(계속)

재료/조건	항복 강도 (*MPa [ksi]*)	인장 강도 (*MPa [ksi]*)	연성
복합 재료			
Aramid fibers–epoxy matrix (aligned, $V_f = 0.6$)			
• Longitudinal direction	—	1240 (180)	1.8
• Transverse direction	—	30 (4.3)	0.5
Standard-modulus carbon fibers–epoxy matrix (aligned, $V_f = 0.6$)			
• Longitudinal direction	—	1520 (220)	0.9
• Transverse direction	—	41 (6)	0.4
E-glass fibers–epoxy matrix (aligned, $V_f = 0.6$)			
• Longitudinal direction	—	1020 (150)	2.3
• Transverse direction	—	40 (5.8)	0.4
Wood			
• Douglas fir (12% moisture)			
Parallel to grain	—	108 (15.6)	—
Perpendicular to grain	—	2.4 (0.35)	—
• Red oak (12% moisture)			
Parallel to grain	—	112 (16.3)	—
Perpendicular to grain	—	7.2 (1.05)	—

[a] 세라믹 및 반도체 재료의 강도는 굴곡 강도로 나타낸다.
[b] 콘크리트의 강도는 압축 강도로 측정한다.
[c] 50% 파단 확률에서 굴곡 강도

출처 : *ASM Handbooks*, Volumes 1 and 2, *Engineered Materials Handbooks*, Volumes 1 and 4, *Metals Handbook: Properties and Selection: Nonferrous Alloys and Pure Metals*, Vol. 2, 9th edition, *Advanced Materials & Processes*, Vol. 146, No. 4, and *Materials & Processing Databook (1985)*, ASM International, Materials Park, OH; *Modern Plastics Encyclopedia* '96, The McGraw-Hill Companies, New York, NY; and manufacturers' technical data sheets.

표 B.5 다양한 공업 재료의 상온에서의 평면 변형 파괴 인성 및 강도

재료	파괴 인성		강도[a] (*MPa*)
	MPa $\sqrt{m}$	*ksi* $\sqrt{in.}$	
금속 및 금속 합금			
일반 탄소 및 저합금 강			
Steel alloy 1040	54.0	49.0	260
Steel alloy 4140			
• Tempered @ 370°C	55–65	50–59	1375–1585
• Tempered @ 482°C	75–93	68.3–84.6	1100–1200
Steel alloy 4340			
• Tempered @ 260°C	50.0	45.8	1640
• Tempered @ 425°C	87.4	80.0	1420
스테인리스강			
Stainless alloy 17-4PH			
• Precipitation hardened @ 482°C	53	48	1170
알루미늄 합금			
Alloy 2024-T3	44	40	345
Alloy 7075-T651	24	22	495

표 B.5 다양한 공업 재료의 상온에서의 평면 변형 파괴 인성 및 강도(계속)

재료	파괴 인성		강도[a] (MPa)
	$MPa\sqrt{m}$	$ksi\sqrt{in.}$	
마그네슘 합금			
Alloy AZ31B			
• Extruded	28.0	25.5	200
티탄 합금			
Alloy Ti–5Al–2.5Sn			
• Air-cooled	71.4	65.0	876
Alloy Ti–6Al–4V			
• Equiaxed grains	44–66	40–60	910
흑연, 세라믹, 반도체 재료			
Aluminum oxide			
• 99.9% pure	4.2–5.9	3.8–5.4	282–551
• 96% pure	3.85–3.95	3.5–3.6	358
Concrete	0.2–1.4	0.18–1.27	—
Diamond			
• Natural	3.4	3.1	1050
• Synthetic	6.0–10.7	5.5–9.7	800–1400
Gallium arsenide			
• In the {100} orientation	0.43	0.39	66
• In the {110} orientation	0.31	0.28	—
• In the {111} orientation	0.45	0.41	—
Glass, borosilicate (Pyrex)	0.77	0.70	69
Glass, soda–lime	0.75	0.68	69
Glass-ceramic (Pyroceram)	1.6–2.1	1.5–1.9	123–370
Silica, fused	0.79	0.72	104
Silicon			
• In the {100} orientation	0.95	0.86	—
• In the {110} orientation	0.90	0.82	—
• In the {111} orientation	0.82	0.75	—
Silicon carbide			
• Hot-pressed	4.8–6.1	4.4–5.6	230–825
• Sintered	4.8	4.4	96–520
Silicon nitride			
• Hot-pressed	4.1–6.0	3.7–5.5	700–1000
• Reaction-bonded	3.6	3.3	250–345
• Sintered	5.3	4.8	414–650
Zirconia, 3 mol% Y_2O_3	7.0–12.0	6.4–10.9	800–1500
폴리머			
Epoxy	0.6	0.55	—
Nylon 6,6	2.5–3.0	2.3–2.7	44.8–58.6
Polycarbonate (PC)	2.2	2.0	62.1
Polyester (thermoset)	0.6	0.55	—
Poly(ethylene terephthalate) (PET)	5.0	4.6	59.3
Poly(methyl methacrylate) (PMMA)	0.7–1.6	0.6–1.5	53.8–73.1
Polypropylene (PP)	3.0–4.5	2.7–4.1	31.0–37.2
Polystyrene (PS)	0.7–1.1	0.6–1.0	—
Poly(vinyl chloride) (PVC)	2.0–4.0	1.8–3.6	40.7–44.8

[a] 금속 합금과 폴리머의 강도는 항복 강도가, 세라믹 재료의 경우 굴곡 강도가 사용된다.

출처 : *ASM Handbooks*, Volumes 1 and 19, *Engineered Materials Handbooks*, Volumes 2 and 4, and *Advanced Materials & Processes*, Vol. 137, No. 6, ASM International, Materials Park, OH.

표 B.6 다양한 공업 재료의 상온에서의 열팽창 선형 계수

재료	열팽창 계수	
	$10^{-6}\,(°C)^{-1}$	$10^{-6}\,(°F)^{-1}$
금속 및 금속 합금		
일반 탄소 및 저합금 강		
Steel alloy A36	11.7	6.5
Steel alloy 1020	11.7	6.5
Steel alloy 1040	11.3	6.3
Steel alloy 4140	12.3	6.8
Steel alloy 4340	12.3	6.8
스테인리스강		
Stainless alloy 304	17.2	9.6
Stainless alloy 316	16.0	8.9
Stainless alloy 405	10.8	6.0
Stainless alloy 440A	10.2	5.7
Stainless alloy 17-4PH	10.8	6.0
주철		
Gray irons		
• Grade G1800	11.4	6.3
• Grade G3000	11.4	6.3
• Grade G4000	11.4	6.3
Ductile irons		
• Grade 60-40-18	11.2	6.2
• Grade 80-55-06	10.6	5.9
알루미늄 합금		
Alloy 1100	23.6	13.1
Alloy 2024	22.9	12.7
Alloy 6061	23.6	13.1
Alloy 7075	23.4	13.0
Alloy 356.0	21.5	11.9
구리 합금		
C11000 (electrolytic tough pitch)	17.0	9.4
C17200 (beryllium–copper)	16.7	9.3
C26000 (cartridge brass)	19.9	11.1
C36000 (free-cutting brass)	20.5	11.4
C71500 (copper–nickel, 30%)	16.2	9.0
C93200 (bearing bronze)	18.0	10.0
마그네슘 합금		
Alloy AZ31B	26.0	14.4
Alloy AZ91D	26.0	14.4
티탄 합금		
Commercially pure (ASTM grade 1)	8.6	4.8
Alloy Ti–5Al–2.5Sn	9.4	5.2
Alloy Ti–6Al–4V	8.6	4.8

표 B.6 다양한 공업 재료의 상온에서의 열팽창 선형 계수(계속)

재료	열팽창 계수	
	$10^{-6}\,(°C)^{-1}$	$10^{-6}\,(°F)^{-1}$
귀금속		
Gold (commercially pure)	14.2	7.9
Platinum (commercially pure)	9.1	5.1
Silver (commercially pure)	19.7	10.9
내화 금속		
Molybdenum (commercially pure)	4.9	2.7
Tantalum (commercially pure)	6.5	3.6
Tungsten (commercially pure)	4.5	2.5
기타 비철 합금		
Nickel 200	13.3	7.4
Inconel 625	12.8	7.1
Monel 400	13.9	7.7
Haynes alloy 25	12.3	6.8
Invar	1.6	0.9
Super invar	0.72	0.40
Kovar	5.1	2.8
Chemical lead	29.3	16.3
Antimonial lead (6%)	27.2	15.1
Tin (commercially pure)	23.8	13.2
Lead–tin solder (60Sn–40Pb)	24.0	13.3
Zinc (commercially pure)	23.0–32.5	12.7–18.1
Zirconium, reactor grade 702	5.9	3.3
흑연, 세라믹, 반도체 재료		
Aluminum oxide		
• 99.9% pure	7.4	4.1
• 96% pure	7.4	4.1
• 90% pure	7.0	3.9
Concrete	10.0–13.6	5.6–7.6
Diamond (natural)	0.11–1.23	0.06–0.68
Gallium arsenide	5.9	3.3
Glass, borosilicate (Pyrex)	3.3	1.8
Glass, soda–lime	9.0	5.0
Glass-ceramic (Pyroceram)	6.5	3.6
Graphite		
• Extruded	2.0–2.7	1.1–1.5
• Isostatically molded	2.2–6.0	1.2–3.3
Silica, fused	0.4	0.22
Silicon	2.5	1.4
Silicon carbide		
• Hot-pressed	4.6	2.6
• Sintered	4.1	2.3

재료	열팽창 계수	
	$10^{-6}\,(°C)^{-1}$	$10^{-6}\,(°F)^{-1}$
Silicon nitride		
• Hot-pressed	2.7	1.5
• Reaction-bonded	3.1	1.7
• Sintered	3.1	1.7
Zirconia, 3 mol% Y_2O_3	9.6	5.3
폴리머		
Elastomers		
• Butadiene–acrylonitrile (nitrile)	235	130
• Styrene–butadiene (SBR)	220	125
• Silicone	270	150
Epoxy	81–117	45–65
Nylon 6,6	144	80
Phenolic	122	68
Poly(butylene terephthalate) (PBT)	108–171	60–95
Polycarbonate (PC)	122	68
Polyester (thermoset)	100–180	55–100
Polyetheretherketone (PEEK)	72–85	40–47
Polyethylene		
• Low density (LDPE)	180–400	100–220
• High density (HDPE)	106–198	59–110
• Ultra high molecular weight (UHMWPE)	234–360	130–200
Poly(ethylene terephthalate) (PET)	117	65
Poly(methyl methacrylate) (PMMA)	90–162	50–90
Polypropylene (PP)	146–180	81–100
Polystyrene (PS)	90–150	50–83
Polytetrafluoroethylene (PTFE)	126–216	70–120
Poly(vinyl chloride) (PVC)	90–180	50–100
섬유 재료		
Aramid (Kevlar 49)		
• Longitudinal direction	−2.0	−1.1
• Transverse direction	60	33
Carbon		
• Standard modulus (PAN precursor)		
Longitudinal direction	−0.6	−0.3
Transverse direction	10.0	5.6
• Intermediate modulus (PAN precursor)		
Longitudinal direction	−0.6	−0.3
• High modulus (PAN precursor)		
Longitudinal direction	−0.5	−0.28
Transverse direction	7.0	3.9
• Ultra-high modulus (pitch precursor)		
Longitudinal direction	−1.6	−0.9
Transverse direction	15.0	8.3
E-glass	5.0	2.8

표 B.6 다양한 공업 재료의 상온에서의 열팽창 선형 계수(계속)

재료	열팽창 계수	
	10^{-6} $(°C)^{-1}$	10^{-6} $(°F)^{-1}$
복합 재료		
Aramid fibers–epoxy matrix ($V_f = 0.6$)		
• Longitudinal direction	−4.0	−2.2
• Transverse direction	70	40
High-modulus carbon fibers–epoxy matrix ($V_f = 0.6$)		
• Longitudinal direction	−0.5	−0.3
• Transverse direction	32	18
E-glass fibers–epoxy matrix ($V_f = 0.6$)		
• Longitudinal direction	6.6	3.7
• Transverse direction	30	16.7
Wood		
• Douglas fir (12% moisture)		
Parallel to grain	3.8–5.1	2.2–2.8
Perpendicular to grain	25.4–33.8	14.1–18.8
• Red oak (12% moisture)		
Parallel to grain	4.6–5.9	2.6–3.3
Perpendicular to grain	30.6–39.1	17.0–21.7

출처 : ASM *Handbooks*, Volumes 1 and 2, *Engineered Materials Handbooks*, Volumes 1 and 4, *Metals Handbook: Properties and Selection: Nonferrous Alloys and Pure Metals*, Vol. 2, 9th edition, and *Advanced Materials & Processes*, Vol. 146, No. 4, ASM International, Materials Park, OH; *Modern Plastics Encyclopedia* '96, The McGraw-Hill Companies, New York, NY; and manufacturers' technical data sheets.

표 B.7 다양한 공업 재료의 상온에서의 열 전도율 값

재료	열 전도율	
	$W/m·K$	$Btu/ft·h·°F$
금속 및 금속 합금 일반 탄소 및 저합금 강		
Steel alloy A36	51.9	30
Steel alloy 1020	51.9	30
Steel alloy 1040	51.9	30
스테인리스강		
Stainless alloy 304 (annealed)	16.2	9.4
Stainless alloy 316 (annealed)	15.9	9.2
Stainless alloy 405 (annealed)	27.0	15.6
Stainless alloy 440A (annealed)	24.2	14.0
Stainless alloy 17-4PH (annealed)	18.3	10.6
주철		
Gray irons		
• Grade G1800	46.0	26.6
• Grade G3000	46.0	26.6
• Grade G4000	46.0	26.6
Ductile irons		
• Grade 60-40-18	36.0	20.8
• Grade 80-55-06	36.0	20.8
• Grade 120-90-02	36.0	20.8

표 B.7 다양한 공업 재료의 상온에서의 열 전도율 값(계속)

재료	열 전도율	
	W/m·K	*Btu/ft·h·°F*
알루미늄 합금		
Alloy 1100 (annealed)	222	128
Alloy 2024 (annealed)	190	110
Alloy 6061 (annealed)	180	104
Alloy 7075-T6	130	75
Alloy 356.0-T6	151	87
구리 합금		
C11000 (electrolytic tough pitch)	388	224
C17200 (beryllium–copper)	105–130	60–75
C26000 (cartridge brass)	120	70
C36000 (free-cutting brass)	115	67
C71500 (copper–nickel, 30%)	29	16.8
C93200 (bearing bronze)	59	34
마그네슘 합금		
Alloy AZ31B	96[a]	55[a]
Alloy AZ91D	72[a]	43[a]
티탄 합금		
Commercially pure (ASTM grade 1)	16	9.2
Alloy Ti–5Al–2.5Sn	7.6	4.4
Alloy Ti–6Al–4V	6.7	3.9
귀금속		
Gold (commercially pure)	315	182
Platinum (commercially pure)	71[b]	41[b]
Silver (commercially pure)	428	247
내화 금속		
Molybdenum (commercially pure)	142	82
Tantalum (commercially pure)	54.4	31.4
Tungsten (commercially pure)	155	89.4
기타 비철 합금		
Nickel 200	70	40.5
Inconel 625	9.8	5.7
Monel 400	21.8	12.6
Haynes alloy 25	9.8	5.7
Invar	10	5.8
Super invar	10	5.8
Kovar	17	9.8
Chemical lead	35	20.2
Antimonial lead (6%)	29	16.8
Tin (commercially pure)	60.7	35.1
Lead–tin solder (60Sn–40Pb)	50	28.9
Zinc (commercially pure)	108	62
Zirconium, reactor grade 702	22	12.7

표 B.7 다양한 공업 재료의 상온에서의 열 전도율 값(계속)

재료	열 전도율	
	W/m·K	*Btu/ft·h·°F*
흑연, 세라믹, 반도체 재료		
Aluminum oxide		
• 99.9% pure	39	22.5
• 96% pure	35	20
• 90% pure	16	9.2
Concrete	1.25–1.75	0.72–1.0
Diamond		
• Natural	1450–4650	840–2700
• Synthetic	3150	1820
Gallium arsenide	45.5	26.3
Glass, borosilicate (Pyrex)	1.4	0.81
Glass, soda–lime	1.7	1.0
Glass-ceramic (Pyroceram)	3.3	1.9
Graphite		
• Extruded	130–190	75–110
• Isostatically molded	104–130	60–75
Silica, fused	1.4	0.81
Silicon	141	82
Silicon carbide		
• Hot-pressed	80	46.2
• Sintered	71	41
Silicon nitride		
• Hot-pressed	29	17
• Reaction-bonded	10	6
• Sintered	33	19.1
Zirconia, 3 mol% Y_2O_3	2.0–3.3	1.2–1.9
폴리머		
Elastomers		
• Butadiene–acrylonitrile (nitrile)	0.25	0.14
• Styrene–butadiene (SBR)	0.25	0.14
• Silicone	0.23	0.13
Epoxy	0.19	0.11
Nylon 6,6	0.24	0.14
Phenolic	0.15	0.087
Poly(butylene terephthalate) (PBT)	0.18–0.29	0.10–0.17
Polycarbonate (PC)	0.20	0.12
Polyester (thermoset)	0.17	0.10
Polyethylene		
• Low density (LDPE)	0.33	0.19
• High density (HDPE)	0.48	0.28
• Ultra high molecular weight (UHMWPE)	0.33	0.19
Poly(ethylene terephthalate) (PET)	0.15	0.087
Poly(methyl methacrylate) (PMMA)	0.17–0.25	0.10–0.15
Polypropylene (PP)	0.12	0.069
Polystyrene (PS)	0.13	0.075

출처 : *ASM Handbooks, Volumes 1 and 2, Engineered Materials Handbooks*, Volumes 1 and 4, Metals *Handbook: Properties and Selection: Nonferrous Alloys and Pure Metals*, Vol. 2, 9th edition, and *Advanced Materials & Processes*, Vol. 146, No. 4, ASM International, Materials Park, OH; *Modern Plastics Encyclopedia '96 and Modern Plastics Encyclopedia 1977–1978*, The McGraw-Hill Companies, New York, NY; and manufacturers' technical data sheets.

표 B.7 다양한 공업 재료의 상온에서의 열 전도율 값(계속)

재료	열 전도율	
	W/m·K	*Btu/ft·h·°F*
Polytetrafluoroethylene (PTFE)	0.25	0.14
Poly(vinyl chloride) (PVC)	0.15–0.21	0.08–0.12
섬유 재료		
Carbon (longitudinal)		
• Standard modulus (PAN precursor)	11	6.4
• Intermediate modulus (PAN precursor)	15	8.7
• High modulus (PAN precursor)	70	40
• Ultra-high modulus (pitch precursor)	320–600	180–340
E-glass	1.3	0.75
복합 재료		
Wood		
• Douglas fir (12% moisture)		
Perpendicular to grain	0.14	0.08
• Red oak (12% moisture)		
Perpendicular to grain	0.18	0.11

[a]At 100°C.
[b]At 0°C.

표 B.8 다양한 공업 재료의 상온에서의 비열 값

재료	비열	
	J/kg·K	10^{-2} *Btu/lb$_m$·°F*
금속 및 금속 합금		
일반 탄소 및 저합금 강		
Steel alloy A36	486[a]	11.6[a]
Steel alloy 1020	486[a]	11.6[a]
Steel alloy 1040	486[a]	11.6[a]
스테인리스강		
Stainless alloy 304	500	12.0
Stainless alloy 316	502	12.1
Stainless alloy 405	460	11.0
Stainless alloy 440A	460	11.0
Stainless alloy 17-4PH	460	11.0
주철		
Gray irons		
• Grade G1800	544	13
• Grade G3000	544	13
• Grade G4000	544	13
Ductile irons		
• Grade 60-40-18	544	13
• Grade 80-55-06	544	13
• Grade 120-90-02	544	13
알루미늄 합금		
Alloy 1100	904	21.6
Alloy 2024	875	20.9
Alloy 6061	896	21.4

표 B.8 다양한 공업 재료의 상온에서의 비열 값 (계속)

재료	비열	
	$J/kg \cdot K$	$10^{-2}\ Btu/lb_m \cdot °F$
Alloy 7075	960[b]	23.0[b]
Alloy 356.0	963[b]	23.0[b]
구리 합금		
C11000 (electrolytic tough pitch)	385	9.2
C17200 (beryllium–copper)	420	10.0
C26000 (cartridge brass)	375	9.0
C36000 (free-cutting brass)	380	9.1
C71500 (copper–nickel, 30%)	380	9.1
C93200 (bearing bronze)	376	9.0
마그네슘 합금		
Alloy AZ31B	1024	24.5
Alloy AZ91D	1050	25.1
티탄 합금		
Commercially pure (ASTM grade 1)	528[c]	12.6[c]
Alloy Ti–5Al–2.5Sn	470[c]	11.2[c]
Alloy Ti–6Al–4V	610[c]	14.6[c]
귀금속		
Gold (commercially pure)	128	3.1
Platinum (commercially pure)	132[d]	3.2[d]
Silver (commercially pure)	235	5.6
내화 금속		
Molybdenum (commercially pure)	276	6.6
Tantalum (commercially pure)	139	3.3
Tungsten (commercially pure)	138	3.3
기타 비철 합금		
Nickel 200	456	10.9
Inconel 625	410	9.8
Monel 400	427	10.2
Haynes alloy 25	377	9.0
Invar	500	12.0
Super invar	500	12.0
Kovar	460	11.0
Chemical lead	129	3.1
Antimonial lead (6%)	135	3.2
Tin (commercially pure)	222	5.3
Lead–tin solder (60Sn–40Pb)	150	3.6
Zinc (commercially pure)	395	9.4
Zirconium, reactor grade 702	285	6.8

표 B.8 다양한 공업 재료의 상온에서의 비열 값 (계속)

재료	비열	
	J/kg·K	**10^{-2} Btu/lb$_m$·°F**
흑연, 세라믹, 반도체 재료		
Aluminum oxide		
• 99.9% pure	775	18.5
• 96% pure	775	18.5
• 90% pure	775	18.5
Concrete	850–1150	20.3–27.5
Diamond (natural)	520	12.4
Gallium arsenide	350	8.4
Glass, borosilicate (Pyrex)	850	20.3
Glass, soda–lime	840	20.0
Glass-ceramic (Pyroceram)	975	23.3
Graphite		
• Extruded	830	19.8
• Isostatically molded	830	19.8
Silica, fused	740	17.7
Silicon	700	16.7
Silicon carbide		
• Hot-pressed	670	16.0
• Sintered	590	14.1
Silicon nitride		
• Hot-pressed	750	17.9
• Reaction-bonded	870	20.7
• Sintered	1100	26.3
Zirconia, 3 mol% Y_2O_3	481	11.5
폴리머		
Epoxy	1050	25
Nylon 6,6	1670	40
Phenolic	1590–1760	38–42
Poly(butylene terephthalate) (PBT)	1170–2300	28–55
Polycarbonate (PC)	840	20
Polyester (thermoset)	710–920	17–22
Polyethylene		
• Low density (LDPE)	2300	55
• High density (HDPE)	1850	44.2
Poly(ethylene terephthalate) (PET)	1170	28
Poly(methyl methacrylate) (PMMA)	1460	35
Polypropylene (PP)	1925	46
Polystyrene (PS)	1170	28
Polytetrafluoroethylene (PTFE)	1050	25
Poly(vinyl chloride) (PVC)	1050–1460	25–35
섬유 재료		
Aramid (Kevlar 49)	1300	31
E-glass	810	19.3

표 B.8 다양한 공업 재료의 상온에서의 비열 값 (계속)

재료	비열	
	J/kg·K	**10^{-2} Btu/lb$_m$·°F**
복합 재료		
Wood		
• Douglas fir (12% moisture)	2900	69.3
• Red oak (12% moisture)	2900	69.3

[a] 50~100°C 사이

[b] 100°C

[c] 50°C

[c] 0°C

출처: *ASM Handbooks*, Volumes 1 and 2, Engineered Materials Handbooks, Volumes 1, 2, and 4, *Metals Handbook: Properties and Selection: Nonferrous Alloys and Pure Metals,* Vol. 2, 9th edition, and *Advanced Materials & Processes*, Vol. 146, No. 4, ASM International, Materials Park, OH; *Modern Plastics Encyclopedia* 1977–1978, The McGraw-Hill Companies, New York, NY; and manufacturers' technical data sheets.

표 B.9 다양한 공업 재료의 상온에서의 전기 비저항 값

재료	전기 비저항, Ω·m
금속 및 금속 합금	
일반 탄소 및 저합금 강	
Steel alloy A36[a]	1.60×10^{-7}
Steel alloy 1020 (annealed)[a]	1.60×10^{-7}
Steel alloy 1040 (annealed)[a]	1.60×10^{-7}
Steel alloy 4140 (quenched and tempered)	2.20×10^{-7}
Steel alloy 4340 (quenched and tempered)	2.48×10^{-7}
스테인리스강	
Stainless alloy 304 (annealed)	7.2×10^{-7}
Stainless alloy 316 (annealed)	7.4×10^{-7}
Stainless alloy 405 (annealed)	6.0×10^{-7}
Stainless alloy 440A (annealed)	6.0×10^{-7}
Stainless alloy 17-4PH (annealed)	9.8×10^{-7}
주철	
Gray irons	
• Grade G1800	15.0×10^{-7}
• Grade G3000	9.5×10^{-7}
• Grade G4000	8.5×10^{-7}
Ductile irons	
• Grade 60-40-18	5.5×10^{-7}
• Grade 80-55-06	6.2×10^{-7}
• Grade 120-90-02	6.2×10^{-7}
알루미늄 합금	
Alloy 1100 (annealed)	2.9×10^{-8}
Alloy 2024 (annealed)	3.4×10^{-8}
Alloy 6061 (annealed)	3.7×10^{-8}
Alloy 7075 (T6 treatment)	5.22×10^{-8}
Alloy 356.0 (T6 treatment)	4.42×10^{-8}

표 B.9 다양한 공업 재료의 상온에서의 전기 비저항 값(계속)

재료	전기 비저항, $\Omega \cdot m$
구리 합금	
C11000 (electrolytic tough pitch, annealed)	1.72×10^{-8}
C17200 (beryllium–copper)	5.7×10^{-8}–1.15×10^{-7}
C26000 (cartridge brass)	6.2×10^{-8}
C36000 (free-cutting brass)	6.6×10^{-8}
C71500 (copper–nickel, 30%)	37.5×10^{-8}
C93200 (bearing bronze)	14.4×10^{-8}
마그네슘 합금	
Alloy AZ31B	9.2×10^{-8}
Alloy AZ91D	17.0×10^{-8}
티탄 합금	
Commercially pure (ASTM grade 1)	4.2×10^{-7}–5.2×10^{-7}
Alloy Ti–5Al–2.5Sn	15.7×10^{-7}
Alloy Ti–6Al–4V	17.1×10^{-7}
귀금속	
Gold (commercially pure)	2.35×10^{-8}
Platinum (commercially pure)	10.60×10^{-8}
Silver (commercially pure)	1.47×10^{-8}
내화 금속	
Molybdenum (commercially pure)	5.2×10^{-8}
Tantalum (commercially pure)	13.5×10^{-8}
Tungsten (commercially pure)	5.3×10^{-8}
기타 비철 합금	
Nickel 200	0.95×10^{-7}
Inconel 625	12.90×10^{-7}
Monel 400	5.47×10^{-7}
Haynes alloy 25	8.9×10^{-7}
Invar	8.2×10^{-7}
Super invar	8.0×10^{-7}
Kovar	4.9×10^{-7}
Chemical lead	2.06×10^{-7}
Antimonial lead (6%)	2.53×10^{-7}
Tin (commercially pure)	1.11×10^{-7}
Lead–tin solder (60Sn–40Pb)	1.50×10^{-7}
Zinc (commercially pure)	62.0×10^{-7}
Zirconium, reactor grade 702	3.97×10^{-7}
흑연, 세라믹, 반도체 재료	
Aluminum oxide	
• 99.9% pure	$>10^{13}$
• 96% pure	$>10^{12}$
• 90% pure	$>10^{12}$

표 B.9 다양한 공업 재료
의 상온에서의 전기 비저항
값(계속)

재료	전기 비저항, $\Omega \cdot m$
Concrete (dry)	10^9
Diamond	
• Natural	10–10^{14}
• Synthetic	1.5×10^{-2}
Gallium arsenide (intrinsic)	10^6
Glass, borosilicate (Pyrex)	$\sim 10^{13}$
Glass, soda–lime	10^{10}–10^{11}
Glass-ceramic (Pyroceram)	2×10^{14}
Graphite	
• Extruded (with grain direction)	7×10^{-6}–20×10^{-6}
• Isostatically molded	10×10^{-6}–18×10^{-6}
Silica, fused	$>10^{18}$
Silicon (intrinsic)	2500
Silicon carbide	
• Hot-pressed	1.0–10^9
• Sintered	1.0–10^9
Silicon nitride	
• Hot isostatic pressed	$>10^{12}$
• Reaction-bonded	$>10^{12}$
• Sintered	$>10^{12}$
Zirconia, 3 mol% Y_2O_3	10^{10}
폴리머	
Elastomers	
• Butadiene–acrylonitrile (nitrile)	3.5×10^8
• Styrene–butadiene (SBR)	6×10^{11}
• Silicone	10^{13}
Epoxy	10^{10}–10^{13}
Nylon 6,6	10^{12}–10^{13}
Phenolic	10^9–10^{10}
Poly(butylene terephthalate) (PBT)	4×10^{14}
Polycarbonate (PC)	2×10^{14}
Polyester (thermoset)	10^{13}
Polyetheretherketone (PEEK)	6×10^{14}
Polyethylene	
• Low density (LDPE)	10^{15}–5×10^{16}
• High density (HDPE)	10^{15}–5×10^{16}
• Ultra high molecular weight (UHMWPE)	$>5 \times 10^{14}$
Poly(ethylene terephthalate) (PET)	10^{12}
Poly(methyl methacrylate) (PMMA)	$>10^{12}$
Polypropylene (PP)	$>10^{14}$
Polystyrene (PS)	$>10^{14}$
Polytetrafluoroethylene (PTFE)	10^{17}
Poly(vinyl chloride) (PVC)	$>10^{14}$

표 B.9 다양한 공업 재료의 상온에서의 전기 비저항 값(계속)

재료	전기 비저항, $\Omega \cdot m$
섬유 재료	
Carbon	
• Standard modulus (PAN precursor)	17×10^{-6}
• Intermediate modulus (PAN precursor)	15×10^{-6}
• High modulus (PAN precursor)	9.5×10^{-6}
• Ultra-high modulus (pitch precursor)	1.35×10^{-6}–5×10^{-6}
E-glass	4×10^{14}
복합 재료	
Wood	
• Douglas fir (oven dry)	
Parallel to grain	10^{14}–10^{16}
Perpendicular to grain	10^{14}–10^{16}
• Red oak (oven dry)	
Parallel to grain	10^{14}–10^{16}
Perpendicular to grain	10^{14}–10^{16}

[a]$0°C$

출처: *ASM Handbooks*, Volumes 1 and 2, *Engineered Materials Handbooks*, Volumes 1, 2, and 4, *Metals Handbook: Properties and Selection: Nonferrous Alloys and Pure Metals*, Vol. 2, 9th edition, and *Advanced Materials & Processes*, Vol. 146, No. 4, ASM International, Materials Park, OH; *Modern Plastics Encyclopedia* 1977–1978, The McGraw-Hill Companies, New York, NY; and manufacturers' technical data sheets.

표 B.10 표 B.1~B.9까지의 데이터들에 대한 금속 합금의 조성

합금(*UNS* 명칭)	조성(*wt*%)
일반 탄소 및 저합금 강	
A36 (ASTM A36)	98.0 Fe (min), 0.29 C, 1.0 Mn, 0.28 Si
1020 (G10200)	99.1 Fe (min), 0.20 C, 0.45 Mn
1040 (G10400)	98.6 Fe (min), 0.40 C, 0.75 Mn
4140 (G41400)	96.8 Fe (min), 0.40 C, 0.90 Cr, 0.20 Mo, 0.9 Mn
4340 (G43400)	95.2 Fe (min), 0.40 C, 1.8 Ni, 0.80 Cr, 0.25 Mo, 0.7 Mn
스테인리스강	
304 (S30400)	66.4 Fe (min), 0.08 C, 19.0 Cr, 9.25 Ni, 2.0 Mn
316 (S31600)	61.9 Fe (min), 0.08 C, 17.0 Cr, 12.0 Ni, 2.5 Mo, 2.0 Mn
405 (S40500)	83.1 Fe (min), 0.08 C, 13.0 Cr, 0.20 Al, 1.0 Mn
440A (S44002)	78.4 Fe (min), 0.70 C, 17.0 Cr, 0.75 Mo, 1.0 Mn
17-4PH (S17400)	Fe (bal), 0.07 C, 16.25 Cr, 4.0 Ni, 4.0 Cu, 0.3 Nb + Ta, 1.0 Mn, 1.0 Si
주철	
Grade G1800 (F10004)	Fe (bal), 3.4–3.7 C, 2.8–2.3 Si, 0.65 Mn, 0.15 P, 0.15 S
Grade G3000 (F10006)	Fe (bal), 3.1–3.4 C, 2.3–1.9 Si, 0.75 Mn, 0.10 P, 0.15 S
Grade G4000 (F10008)	Fe (bal), 3.0–3.3 C, 2.1–1.8 Si, 0.85 Mn, 0.07 P, 0.15 S
Grade 60-40-18 (F32800)	Fe (bal), 3.4–4.0 C, 2.0–2.8 Si, 0–1.0 Ni, 0.05 Mg
Grade 80-55-06 (F33800)	Fe (bal), 3.3–3.8 C, 2.0–3.0 Si, 0–1.0 Ni, 0.05 Mg
Grade 120-90-02 (F36200)	Fe (bal), 3.4–3.8 C, 2.0–2.8 Si, 0–2.5 Ni, 0–1.0 Mo, 0.05 Mg

표 B.10 표 B.1~B.9까지의 데이터들에 대한 금속 합금의 조성(계속)

합금(*UNS* 명칭)	조성(*wt%*)
알루미늄 합금	
1100 (A91100)	99.00 Al (min), 0.20 Cu (max)
2024 (A92024)	90.75 Al (min), 4.4 Cu, 0.6 Mn, 1.5 Mg
6061 (A96061)	95.85 Al (min), 1.0 Mg, 0.6 Si, 0.30 Cu, 0.20 Cr
7075 (A97075)	87.2 Al (min), 5.6 Zn, 2.5 Mg, 1.6 Cu, 0.23 Cr
356.0 (A03560)	90.1 Al (min), 7.0 Si, 0.3 Mg
구리 합금	
(C11000)	99.90 Cu (min), 0.04 O (max)
(C17200)	96.7 Cu (min), 1.9 Be, 0.20 Co
(C26000)	Zn (bal), 70 Cu, 0.07 Pb, 0.05 Fe (max)
(C36000)	60.0 Cu (min), 35.5 Zn, 3.0 Pb
(C71500)	63.75 Cu (min), 30.0 Ni
(C93200)	81.0 Cu (min), 7.0 Sn, 7.0 Pb, 3.0 Zn
마그네슘 합금	
AZ31B (M11311)	94.4 Mg (min), 3.0 Al, 0.20 Mn (min), 1.0 Zn, 0.1 Si (max)
AZ91D (M11916)	89.0 Mg (min), 9.0 Al, 0.13 Mn (min), 0.7 Zn, 0.1 Si (max)
티탄 합금	
Commercial, grade 1 (R50250)	99.5 Ti (min)
Ti–5Al–2.5Sn (R54520)	90.2 Ti (min), 5.0 Al, 2.5 Sn
Ti–6Al–4V (R56400)	87.7 Ti (min), 6.0 Al, 4.0 V
기타 합금	
Nickel 200	99.0 Ni (min)
Inconel 625	58.0 Ni (min), 21.5 Cr, 9.0 Mo, 5.0 Fe, 3.65 Nb + Ta, 1.0 Co
Monel 400	63.0 Ni (min), 31.0 Cu, 2.5 Fe, 0.2 Mn, 0.3 C, 0.5 Si
Haynes alloy 25	49.4 Co (min), 20 Cr, 15 W, 10 Ni, 3 Fe (max), 0.10 C, 1.5 Mn
Invar (K93601)	64 Fe, 36 Ni
Super invar	63 Fe, 32 Ni, 5 Co
Kovar	54 Fe, 29 Ni, 17 Co
Chemical lead (L51120)	99.90 Pb (min)
Antimonial lead, 6% (L53105)	94 Pb, 6 Sb
Tin (commercially pure) (ASTM B339A)	98.85 Pb (min)
Lead–tin solder (60Sn–40Pb) (ASTM B32 grade 60)	60 Sn, 40 Pb
Zinc (commercially pure) (Z21210)	99.9 Zn (min), 0.10 Pb (max)
Zirconium, reactor grade 702 (R60702)	99.2 Zr + Hf (min), 4.5 Hf (max), 0.2 Fe + Cr

출처 : *ASM Handbooks, Volumes* 1 and 2, ASM International, Materials Park, OH.

일부 공업 재료의 가격과 상대 가격

여기에서는 부록 B의 재료적 성질에서 동일한 묶음에 대한 가격 정보를 제시한다. 재료에 대한 유용한 가격 데이터를 모으는 것은 매우 어려운 일이며, 문헌에 나와 있는 재료 가격 정보는 부족한 실정이다. 이에 대한 한 가지 이유는 세 가지 가격층으로 나누어져 있다는 것이다: 제조자, 분배자, 소매. 대부분의 경우에는 분배 가격을 인용한다. 어떤 재료(예 : 특수한 세라믹, 이를테면 규소 카바이드, 규소 질화물)에 대해서는 제조자의 가격을 사용하는 것이 필요하였다. 더욱이 하나의 특수한 재료에 대한 비용에서는 매우 큰 변화가 있을 수 있다. 여기에는 몇 가지 이유가 있다. 첫째, 각각의 판매자는 나름대로의 가격 체계가 있다. 더욱이 비용은 구입하는 재료의 양에 따라 변하고, 또한 재료가 어떻게 가공되고 처리되었느냐에 따라 달라진다. 우리는 비교적 많은 양의 주문, 즉 일반적으로 한 묶음 판매 단위인 900 kg(2000 lb$_m$)의 양 또한 보통의 형상/처리에 대한 데이터를 모으는 데 노력하였다. 가능할 경우에는 적어도 세 군데 이상의 분배자/제조자로부터 가격을 받았다.

이 가격 정보는 2015년 1월에 수집되었다. 가격 데이터의 단위는 kg당 달러가 사용되었고, 가격은 어떤 범위로 또는 단일값으로 표시되었다. 가격 범위가 없는(즉 하나의 가격이 인용) 것은 변화가 적거나 제한된 데이터를 가지고 있어 가격 범위를 확인하는 것이 불가능한 데 기인한다. 또한 우리는 재료 가격이 시간에 따라 변하므로 상대 가격 지수를 사용하기로 결정하였다. 이 지수는 하나의 재료에 대한 단위질량 가격(또는 평균 단위질량 가격)을 보편적인 공학 재료—A36 일반 탄소강(A36 plain carbon steel)—의 단위질량에 대한 평균 가격으로 나눈 값을 나타낸다. 어떤 재료의 가격은 시간에 따라 변한다. 그러나 그 재료와 다른 재료 간의 가격 비율은 보다 느리게 변할 것으로 이해된다.

재료/조건	가격(US/kg)	상대 가격
일반 탄소 및 저합금 강		
Steel alloy A36		
• Plate, hot-rolled	0.40–1.20	1.00
• Angle bar, hot-rolled	1.15–1.40	1.0
Steel alloy 1020		
• Plate, hot-rolled	0.50–2.00	1.2
• Plate, cold-rolled	0.55–1.85	1.0
Steel alloy 1045		
• Plate, hot-rolled	0.50–2.85	1.2
• Plate, cold-rolled	0.50–2.00	1.2
Steel alloy 4140		
• Bar, normalized	0.50–3.00	1.9
• H grade (round), normalized	0.60–2.50	1.4
Steel alloy 4340		
• Bar, annealed	0.70–3.00	2.0
• Bar, normalized	0.70–2.50	1.8

재료/조건	가격($US/kg)	상대 가격
스테인리스강		
Stainless alloy 304	1.50–4.30	3.4
Stainless alloy 316	1.50–7.25	4.9
Stainless alloy 17-4PH	1.80–8.00	4.9
주철		
Gray irons (all grades)	2.65–4.00	4.1
Ductile irons (all grades)	2.85–4.40	4.4
알루미늄 합금		
Aluminum (unalloyed)	1.80–1.85	2.2
Alloy 1100		
• Sheet, annealed	0.75–3.00	1.6
Alloy 2024		
• Sheet, T3 temper	1.80–4.85	3.9
• Bar, T351 temper	2.00–11.00	5.8
Alloy 5052		
• Sheet, H32 temper	2.50–4.65	4.2
Alloy 6061		
• Sheet, T6 temper	2.00–7.70	4.7
• Bar, T651 temper	3.35–6.70	5.6
Alloy 7075		
• Sheet, T6 temper	2.20–5.00	4.6
Alloy 356.0		
• As cast, high production	1.00–4.00	3.2
• As cast, custom pieces	5.00–20.00	12.9
• T6 temper, custom pieces	6.00–20.00	15.0
구리 합금		
Copper (unalloyed)	6.35–6.40	7.7
Alloy C11000 (electrolytic tough pitch), sheet	6.50–10.00	10.1
Alloy C17200 (beryllium–copper), sheet	5.00–10.00	9.9
Alloy C26000 (cartridge brass), sheet	5.00–7.70	8.1
Alloy C36000 (free-cutting brass), sheet, rod	4.70–7.15	7.1
Alloy C71500 (copper–nickel, 30%), sheet	19.85–50.00	39.6
Alloy C93200 (bearing bronze)		
• Bar	8.60–9.25	10.7
• As cast, custom piece	10.00–100.00	66.1
마그네슘 합금		
Magnesium (unalloyed)	2.50–2.55	3.0
Alloy AZ31B		
• Sheet (rolled)	10.00–50.00	38.0
• Extruded	6.00–31.00	16.3
Alloy AZ91D (as cast)	2.80–5.50	4.5
티탄 합금		
Commercially pure		
• ASTM grade 1, annealed	20.00–70.00	42.1
• ASTM grade 2, annealed	14.00–64.00	31.6

재료/조건	가격(US/kg)	상대 가격
Alloy Ti–5Al–2.5Sn	19.00–60.00	45.7
Alloy Ti–6Al–4V	20.00–45.00	35.3
귀금속		
Gold, bullion	38,000–38,400	45,800
Platinum, bullion	38,200–48,000	49,200
Silver, bullion	510–765	690
내화 금속		
Molybdenum, commercial purity	50–225	155
Tantalum, commercial purity	150–800	525
Tungsten, commercial purity	160–235	237
기타 비철 합금		
Nickel, commercial purity	15.00–15.65	18.4
Nickel 200	54.00–88.00	83.5
Inconel 625	24.25–50.00	43.2
Monel 400	30.00–52.00	41.8
Haynes alloy 25	10.00–25.00	17.1
Invar	33.00–66.00	56.8
Super invar	51.00–53.00	62.3
Kovar	29.00–84.00	59.2
Chemical lead		
• Ingot	1.80–2.50	2.4
• Plate	3.30–5.00	5.0
Antimonial lead (6%)		
• Ingot	2.05–3.15	3.1
• Plate	3.90–6.40	6.1
Tin, commercial purity (99.91+%), ingot	19.00–20.00	23.1
Solder (60Sn–40Pb), bar	25.00–38.00	38.9
Zinc, commercial purity, ingot or anode	2.15–3.00	2.8
Zirconium, reactor grade 702 (plate)	70.00–95.00	99.4
흑연, 세라믹, 반도체 재료		
Aluminum oxide		
• Calcined powder, 99.8% pure, particle size between 0.4 and 5 μm	0.95–2.90	1.6
• Ball grinding media, 99% pure, ¼ in. dia.	47.00–64.00	66.47
• Ball grinding media, 90% pure, ¼ in. dia.	15.50–19.50	21.1
Concrete, mixed	0.065	0.081
Diamond		
• Synthetic, 30–40 mesh, industrial grade	150–1500	992
• Synthetic, polycrystalline	15,000	18,000
• Synthetic, ⅓ carat, industrial grade	200,000–1,500,000	1,020,000
Gallium arsenide		
• Mechanical grade, 150 mm diameter wafers, ~675 μm thick	1800	2200
• Prime grade, 150 mm diameter wafers, ~675 μm thick	3050	3670
Glass, borosilicate (Pyrex), plate	13.30–23.00	19.6
Glass, soda–lime, plate	1.80–9.10	6.4
Glass-ceramic (Pyroceram), plate	11.65–18.65	17.5

재료/조건	가격($US/kg)$	상대 가격
Graphite		
• Powder, synthetic, 99+% pure, particle size ~10 μm	0.20–1.00	0.87
• Isostatically pressed parts, high purity, particle size ~20 μm	130–175	186
Silica, fused, plate	750–2800	2570
Silicon		
• Test grade, undoped, 150 mm diameter wafers, ~675 μm thick	420–1600	1020
• Prime grade, undoped, 150 mm diameter wafers, ~675 μm thick	630–2200	1710
Silicon carbide		
• α-phase ball grinding media, ¼ in. diameter, sintered	50–200	150
Silicon nitride		
• Powder, submicron particle size	3.60–70.00	22.7
• Balls, finished ground, 0.25 in. diameter, hot isostatic pressed	1,500–18,700	11,100
Zirconia (5 mol% Y_2O_3), 15-mm-diameter ball grinding media	25–80	45.1
폴리머		
Butadiene–acrylonitrile (nitrile) rubber		
• Raw and unprocessed	1.05–4.35	3.0
• Sheet (¼–⅛ in. thick)	3.00–18.00	12.0
Styrene–butadiene (SBR) rubber		
• Raw and unprocessed	1.40–7.00	3.6
• Sheet (¼–⅛ in. thick)	2.00–5.00	4.3
Silicone rubber		
• Raw and unprocessed	2.60–8.50	6.1
• Sheet (¼–⅛ in. thick)	12.50–32.50	25.9
Epoxy resin, raw form	2.00–5.00	4.2
Nylon 6,6		
• Raw form	3.20–4.00	2.8
• Extruded	3.00–6.50	5.9
Phenolic resin, raw form	2.00–2.80	2.8
Poly(butylene terephthalate) (PBT)		
• Raw form	0.90–3.05	2.5
• Sheet	8.00–40.00	18.6
Polycarbonate (PC)		
• Raw form	0.80–5.30	3.4
• Sheet	2.50–4.00	4.2
Polyester (thermoset), raw form	1.90–4.30	4.4
Polyetheretherketone (PEEK), raw form	100.00–280.00	246
Polyethylene		
• Low density (LDPE), raw form	1.00–2.75	2.2
• High density (HDPE), raw form	0.90–2.65	2.2
• Ultra high molecular weight (UHMWPE), raw form	2.00–8.00	4.7
Poly(ethylene terephthalate) (PET)		
• Raw form	0.70–2.40	1.8
• Sheet	1.60–2.55	2.4
Poly(methyl methacrylate) (PMMA)		
• Raw form	0.80–3.60	2.7
• Extruded Sheet	2.00–3.80	3.8
Polypropylene (PP), raw form	0.70–2.60	2.1
Polystyrene (PS), raw form	0.80–2.95	2.4

재료/조건	가격(*$US/kg*)	상대 가격
Polytetrafluoroethylene (PTFE)		
• Raw form	3.50–16.90	10.6
• Rod	5.60–9.85	9.60
Poly(vinyl chloride) (PVC), raw form	0.80–2.55	1.9
섬유 재료		
Aramid (Kevlar 49) continuous	20–110	79.6
Carbon (PAN precursor), continuous		
• Standard modulus	21–66	45.9
• Intermediate modulus	44–132	106
• High modulus	66–200	155
• Ultra-high modulus	165	198
E-glass, continuous	0.90–1.65	1.5
복합 재료		
Aramid (Kevlar 49) continuous-fiber, epoxy prepreg	65	79.5
Carbon continuous-fiber, epoxy prepreg		
• Standard modulus	30–40	42.4
• Intermediate modulus	65–100	99.4
• High modulus	110–190	180
E-glass continuous-fiber, epoxy prepreg	44	53.0
Woods		
• Douglas fir	0.65–0.95	1.1
• Ponderosa pine	1.20–2.45	2.3
• Red oak	3.75–3.85	4.6

화학명	반복 단위 구조
Epoxy (diglycidyl ether of bisphenol A, DGEPA)	
Melamine–formaldehyde (melamine)	
Phenol–formaldehyde (phenolic)	
Polyacrylonitrile (PAN)	
Poly(amide-imide) (PAI)	

화학명	반복 단위 구조
Polybutadiene	
Poly(butylene terephthalate) (PBT)	
Polycarbonate (PC)	
Polychloroprene	
Polychlorotrifluoroethylene	
Poly(dimethyl siloxane) (silicone rubber)	
Polyetheretherketone (PEEK)	
Polyethylene (PE)	
Poly(ethylene terephthalate) (PET)	
Poly(hexamethylene adipamide) (nylon 6,6)	

화학명	반복 단위 구조
Polyimide	
Polyisobutylene	
cis-Polyisoprene (natural rubber)	
Poly(methyl methacrylate) (PMMA)	
Poly(phenylene oxide) (PPO)	
Poly(phenylene sulfide) (PPS)	
Poly(paraphenylene terephthalamide) (aramid)	
Polypropylene (PP)	

화학명	반복 단위 구조
Polystyrene (PS)	
Polytetrafluoroethylene (PTFE)	
Poly(vinyl acetate) (PVAc)	
Poly(vinyl alcohol) (PVA)	
Poly(vinyl chloride) (PVC)	
Poly(vinyl fluoride) (PVF)	
Poly(vinylidene chloride) (PVDC)	
Poly(vinylidene fluoride) (PVDF)	

폴리머	유리 전이 온도 [°C (°F)]	녹는점 [°C (°F)]
Aramid	375 (705)	~640 (~1185)
Polyimide (thermoplastic)	280–330 (535–625)	a
Poly(amide-imide)	277–289 (530–550)	a
Polycarbonate	150 (300)	265 (510)
Polyetheretherketone	143 (290)	334 (635)
Polyacrylonitrile	104 (220)	317 (600)
Polystyrene		
• Atactic	100 (212)	a
• Isotactic	100 (212)	240 (465)
Poly(butylene terephthalate)	—	220–267 (428–513)
Poly(vinyl chloride)	87 (190)	212 (415)
Poly(phenylene sulfide)	85 (185)	285 (545)
Poly(ethylene terephthalate)	69 (155)	265 (510)
Nylon 6,6	57 (135)	265 (510)
Poly(methyl methacrylate)		
• Syndiotactic	3 (35)	105 (220)
• Isotactic	3 (35)	45 (115)
Polypropylene		
• Isotactic	−10 (15)	175 (347)
• Atactic	−18 (0)	175 (347)
Poly(vinylidene chloride)		
• Atactic	−18 (0)	175 (347)
Poly(vinyl fluoride)	−20 (−5)	200 (390)
Poly(vinylidene fluoride)	−35 (−30)	—
Polychloroprene (chloroprene rubber or neoprene)	−50 (−60)	80 (175)
Polyisobutylene	−70 (−95)	128 (260)
cis-Polyisoprene	−73 (−100)	28 (80)
Polybutadiene		
• Syndiotactic	−90 (−130)	154 (310)
• Isotactic	−90 (−130)	120 (250)
High-density polyethylene	−90 (−130)	137 (279)
Polytetrafluoroethylene	−97 (−140)	327 (620)
Low-density polyethylene	−110 (−165)	115 (240)
Poly(dimethyl siloxane) (silicone rubber)	−123 (−190)	−54 (−65)

[a] 이러한 폴리머는 일반적으로 95% 이상의 비결정질로 존재한다.

가교 결합형 폴리머(crosslinked polymer). 인접하는 선형 분자 사슬들이 공유 결합에 의하여 결합되어 있는 폴리머

가단 주철(malleable cast iron). 시멘타이트를 흑연 집합물로 변하도록 열처리된 백주철로 비교적 연성이 있는 주철

가로 방향(transverse direction). 세로 또는 길이 방향에 대하여 수직한 방향

가소제(plasticizer). 분자량이 작은 폴리머 첨가제로 강성도와 취성을 감소시키고, 유연성과 가공성을 향상시킴. 이 재료의 첨가에 따라 유리 전이 온도 T_g가 감소됨

가전자대(valence band). 고체 재료에서 가전자(valence electron)들이 차지하고 있는 전자 에너지 밴드

가지형 폴리머(branched polymer). 중심 사슬에서 2차 사슬이 뻗어 나온 분자 구조를 가진 폴리머

가황(vulcanization). 고무 재질에서 황 또는 다른 재질에 의하여 분자 사슬 간에 가교가 형성되는 비가역적 화학 반응. 고무 재질의 탄성 계수 및 강도가 증가함

강유전체(ferroelectric). 전기장이 없는 상태에서도 분극을 나타내는 재료

강자성(ferromagnetism). 이웃하는 자기 모멘트가 평행하게 정렬되어 영구적이고 큰 자성을 나타내는 것으로 철, 니켈, 코발트와 같은 금속에서 관찰됨

경자성체(hard magnetic material). 큰 보자력(coercive field)과 잔류 자기를 보유하는 페리자성체 또는 강자성체를 말하고, 보통 영구자석에 이용됨

강화 콘크리트(reinforced concrete). 강봉, 강선 또는 매시를 넣어서 강화된(인장으로 강화된) 콘크리트

거대 분자(macromolecule). 수천 개의 원자로 이루어진 거대한 분자

격자(lattice). 결정 공간상에서 점들의 규칙적인 기하학적 배열

격자 변형률(lattice strain). 정상적인 격자 위치에 비해 원자가 약간 어긋나 있는 상태. 일반적으로 전위, 침입형 원자, 불순물 원자 등의 결정상의 결함에 의해 생김

격자 상수(lattice parameter). 단위정 구조를 나타내는 단위정의 모서리 길이와 축 간의 각도

결정계(crystal system). 단위정의 기하학적 구조에 의해 분류된 결정 구조의 형태. 이 구조는 단위정의 모서리 길이와 축 간의 각도와의 상관관계에 의해 표시된다. 결정계에는 일곱 종류가 있음

결정 구조(crystal structure). 결정 재료에서 원자나 이온이 공간적으로 배열되어 있는 방법. 이는 단위 격자의 기하학적 구조와 격자 내의 원자 위치에 의해 정의됨

결정립(grain). 다결정 금속 및 세라믹에서 개개의 결정

결정립계(grain boundary). 서로 다른 결정 방향을 갖는 인접 결정립 사이의 경계

결정립 성장(grain growth). 다결정 재료의 평균 결정립 크기의 증가. 대부분의 재료에 고온 열처리가 요구됨

결정립 크기(grain size). 무작위로 선정한 단면으로부터 측정한 평균 결정립 지름

결정성(crystallinity). 폴리머에서 분자 사슬의 정렬에 의하여 주기적이고 반복되는 원자의 배열이 얻어진 상태

결정자(crystallite). 결정질 폴리머에서 모든 분자 사슬이 규칙화되고 정렬된 부분

결정질(crystalline). 원자, 이온, 분자가 3차원으로 규칙적이고 반복적인 배열을 갖는 고체 재료의 상태

결정화[crystallization(유리-세라믹)]. 유리(비정질 또는 유리질 고체)가 결정질 고체로 변태되는 과정

결함 구조(defect structure). 하나의 세라믹 화합물에 있는 공공과 격자 간 자리의 종류와 농도와 관련된 상태

결합 에너지(bonding energy). 화학적으로 결합되어 있는 두 원자를 분리시키는 데 필요한 에너지. 일반적으로 원자당 혹은 1몰 원자당으로 표현

결합 작용의 법칙(principle of combined action). 새로운 특성 또는 우수한 특성, 우수한 특성의 조합, 그리고 높은 수준의 특성을 여러 재료를 적절하게 조합하여 얻을 수 있다는 가정

경도(hardness). 표면 압입 또는 마모에 의한 변형에 대한 재료의 저항값

경화능(hardenability). 철 합금에서 임계 온도 위에서 급랭하여 마르텐사이트 변태에 의해 경화될 수 있는 표면으로부터의 깊이

계(system). (1) 고려되고 있는 특정 재료, (2) 동일한 요소로 구성된 합금계

고강도 저합금강(high-strength, low-alloy steel, HSLA). 합금 원소의 총량이 10% 미만이며, 대체적으로 강한 저탄소강

고상선(solidus line). 상태도에서 평형 냉각 시 완전히 응고되는 점들의 궤적. 평형 가열 시에는 용융이 시작되는 점들

고용체(solid solution). 두 가지 이상의 화학종을 포함하는 균질한 결정상. 치환형 및 침입형 고용체가 있음

고용체 강화(solid solution hardening). 고용체를 형성하는 금속의 합금 첨가에 따른 경화 및 강화. 이종 원자는 전위의 움직임을 방해함

고폴리머(high polymer). 분자량이 10,000 g/mol보다 큰 고체 폴리머 재료

공공(vacancy). 일반적으로 원자나 이온으로 채워진 격자점에서 원자나 이온이 빠져 있는 점 결함

공공 확산(vacancy diffusion). 원자가 한 격자점에서 인접 공공으로 이동하는 확산 기구

공석 반응(eutectoid reaction). 하나의 고상이 냉각 도중 등온 가역적으로 서로 밀접하게 섞여 있는 2개의 새로운 혼합 조직으로 변태하는 반응

공식(pitting). 미소 구멍이 표면에 수직으로 형성되어 매우 국지적인 부식의 형태

공액선(tie line). 2원 상태도의 2상 구역을 가로지르는 수평선. 상 경계와의 교차점은 주어진 온도에서 각 상의 평형 조성을 나타냄

공유 결합(covalent bonding). 인접한 원자 사이의 전자를 공유함으로써 생기는 원자 간의 1차 결합

공정 구조(eutectic structure). 공정 조성을 가진 액상의 응고로 나타나는 2상 조직. 상은 교대로 싸인 층상 구조임

공정 반응(eutectic reaction). 액상이 냉각됨에 따라 등온 가역 반응으로 2개의 밀접하게 혼합된 고체상으로 변태하는 반응

공정 상(eutectic phase). 공정 구조에 나타나는 두 가지 상 중의 하나

공정 어닐링(process annealing). 냉간 가공된 제품(주로 판재나 선재)을 하부 임계(공정) 온도 이하에서 행하는 열처리

공중합체(block copolymer). 분자 사슬을 따라서 단위체가 뭉쳐져 존재하는 선형 공중합체

공중합체(copolymer). 분자 사슬 중에 2개 또는 그 이상의 상이한 반복하는 단위체로 구성된 폴리머

공칭 변형률(engineering strain). 작용 응력 방향으로 나타난 시편의 표점 길이의 변화를 초기 표점 길이로 나눈 값

공칭 응력(engineering stress, s). 시편에 가해진 순간적인 하중을 변형이 일어나기 전의 단면적으로 나눈 값

과공석 합금(hypereutectoid alloy). 공석 현상이 나타나는 합금계로 용질의 농도가 공석 조성보다 큰 합금

과냉각(supercooling). 변태 과정 없이 상 전이 온도 밑으로 냉각되는 것

과립 복합 재료(large-particle composite). 입자 강화 복합 재료로 입자와 기지 간의 관계가 원자 차원에서 처리될 수 없는 것. 입자가 기지상을 강화

과시효(overaging). 석출 경화 시 강도와 경도의 최곳점을 넘어선 시효

과열(superheating). 변태 과정 없이 상 전이 온도 위로 가열되는 것

광섬유(optical fiber). 광 신호를 전송하는 직경이 작고(5~100 μm), 초고순도 실리카 섬유

광자(photon). 전자기 에너지 양자 단위

광전도도(photoconductivity). 빛이 흡수될 때 그 에너지를 받아 전도대로 여기된 전자에 의하여 일어나는 전기 전도

관능성(functionality). 모노머가 다른 모노머와 반응하여 형

성할 수 있는 공유 결합의 개수

교대 공중합체(alternating copolymer). 분자 사슬을 따라서 2개의 서로 다른 반복 단위가 교대로 배열되어 있는 공중합체

구동력(driving force). 확산, 결정립 성장, 상변태 등의 반응을 일으키는 근원적인 힘. 일반적으로 반응은 특정한 형태의 에너지 감소를 수반(예 : 자유에너지)

구상 주철(nodular cast iron). 연주철 참조

구정(spherulite). 리본 형태의 폴리머 결정자가 중심으로부터 퍼져 나오는 형상. 이 결정자들은 비정질상에 의하여 분리

구조(structure). 물질 내부 성분의 배열. 전자 구조(아원자 차원), 결정 구조(원자 차원), 미세구조(현미경 차원)

구조 복합 재료(structural composite). 구조 요소의 기하학적 디자인에 따라서 그 특성이 좌우되는 복합 재료. 층상 복합 재료와 샌드위치 복합 재료가 그 기하학적 하위 분류 중의 한 부분

구조 점토 제품(structural clay product). 점토가 주성분인 세라믹 제품으로 구조적인 일체성이 중요한 용도에 사용되는 것(예 : 벽돌, 타일, 파이프 등)

굴곡 응력(flexural strength, σ_{fs}). 굽힘(굴곡) 시험에서 재료가 파괴되는 응력

굴절(refraction). 하나의 매질에서 다른 매질로 빛이 통과할 때 빛의 방향이 바뀌는 현상. 즉 2개의 다른 매질에서 빛의 속도가 다른 데에서 발생되는 현상

굴절률(index of refraction). 매질 속에서의 빛의 속도에 대한 진공 중에서의 빛의 속도 비

균일 폴리머(homopolymer). 동일한 종류의 단위체로 사슬 구조가 이루어진 폴리머

극성 분자(polar molecule). 양전하와 음전하의 비대칭적인 분포로 인하여 영구적인 전기 쌍극자 모멘트가 존재하는 분자

금속(metal). 양전성을 갖는 원소와 이를 기지로 한 합금. 금속의 전자대 구조는 부분적으로 채워진 가전자대에 의해 특징지어짐

금속 간 화합물(intermetallic compound). 두 금속 원소의 화합물로서 어느 일정한 화학적 조성을 가진 것. 상태도상에서는 중간상으로 나타나는데, 매우 좁은 영역의 화학

적 조성을 가짐

금속 결합(metallic bond). 1차 원자 결합의 한 종류로 광범위한 영역에 존재하는 최외각 전자들을('전자 바다')을 금속 내 모든 원자가 비방향성을 갖고 공유하는 결합 형태

금속 기지 복합 재료(metal-matrix composite, MMC). 기지상이 금속 또는 금속 합금인 복합 재료. 분산상은 기지에 비하여 강하고 딱딱한 입자, 섬유, 위스커가 사용됨

금형(die). 두께가 0.4 mm 정도이고 정사각형 또는 직사각형 형상을 하며, 각 측면 길이가 6 mm 정도인 집적회로 칩

기저 준위(ground state). 정상적으로 채워진 전자의 에너지 상태. 이 상태에서 전자의 여기가 일어남

기전력 계열[electromotive force (emf) series]. 표준 전기화학 셀 전위에 따른 금속 원소들의 서열

기지상(matrix phase). 복합 재료 또는 2상 합금에서 다른 분산상을 연속적으로 또는 완전하게 둘러싸는 상

기체 상수(gas constant, R). 원자 몰당 볼츠만 상수. $R = 8.31$ J/mol·K

나노 복합 재료(nanocomposite). 기지 재료 내에 나노입자가 분산되어 있는 복합 재료. 나노입자로는 나노탄소, 나노 클레이(결정질 실리케이트), 나노 결정들이 있음. 통상적인 기지 재료는 폴리머 재료임

나노탄소(nanocarbon). 크기가 100 nm 이하인 입자가 sp^2-혼성 전자 궤도에 의하여 결합되어 있는 것. 풀러렌, 탄소 나노튜브, 그래핀이 있음

나선 전위(screw dislocation). 평행면이 나선형의 경사가 형성되며 결합될 때 생성되는 격자의 비틀림으로 인해 동반되는 선형의 결정 결함. 버거스 벡터는 전위선에 평행함

납땜(땜납)(soldering). 용융점이 425℃ 이하인 충전제의 금속 합금을 이용하여 금속을 접합시키는 기술

내구 한계(endurance limit). 피로 한계 참조

내화재(refractory). 매우 높은 온도에 노출시켰을 때 그 성질이 쉽게 노화되거나 용융되지 않는 금속이나 세라믹

냉간 가공(cold working). 재결정 온도 이하에서 행해지는 금속의 소성변형

노말라이징(normalizing). 철 합금의 경우 상한 임계 온도 이상에서 오스테나이트화한 후 공기 중에서 냉각하는 열처리. 결정립 크기를 미세화하여 인성을 향상시키는 것이 이 열처리의 목적임

농도(concentration). 조성 참조

노치 인성(notch toughness). 충격 에너지 참조

농도 구배(concentration gradient, dC/dx). 특정 위치에서의 농도 분포의 기울기

농도 분극(concentration polarization). 전기화학 반응 속도가 용액 내의 확산 속도에 의하여 제어되는 조건

농도 분포(concentration profile). 재료 내의 위치에 따른 화학종의 농도를 나타낸 곡선

다이오드(diode). 전류를 한 방향으로만 흐르게 하는 전자 정류기 소자

다결정질(polycrystalline). 한 개 이상의 결정 또는 결정립으로 구성된 결정 재료

단결정(single crystal). 규칙적이고 반복적인 원자 배열이 흐트러짐 없이 재료 전체에 걸쳐 유지되는 고체 재료

단량체(monomer). 하나의 단위체로 이루어진 분자

단위정(단위 격자)(unit cell). 결정 구조의 기본적 구조 단위. 일반적으로 평행육면체 체적 내의 원자(또는 이온) 위치에 의해 정의됨

단조(forging). 가열과 망치질을 병행시킨 금속 가공법

단조 합금(wrought alloy). 열간 또는 냉간 제조 과정에 적합한 상대적으로 연성이 있고 변형 가능한 합금

땜질(brazing). 425°C보다 높은 용융점을 갖는 금속 합금을 이용해 금속을 접합시키는 기술

도너 준위(donor level). 반도체 또는 절연체에서 에너지 밴드 갭의 최상단 바로 아래에 위치해 있는 에너지 준위를 말함. 도너 준위에 위치해 있는 전자는 쉽게 여기되어 전도대로 들어가며, 이와 같은 도너 준위는 보통 불순물을 반도체 또는 절연체에 첨가함으로써 형성됨

도메인(domain). 강자성체나 페리자성체에서 원자 또는 이온의 자기 모멘트들이 동일한 방향으로 정렬되어 있는 구역

도핑(doping). 조절된 양의 도너(donor) 또는 억셉터(acceptor) 불순물을 반도체 재료에 의도적으로 첨가시키는 것

동소체(allotropy). 하나의 재료(일반적으로 원소형 고체)가 두 가지 이상의 결정 구조를 갖는 것

동위원소(isotopes). 원자 질량이 다른 동일 원소의 원자

동질이상(polymorphism). 고상체 재료가 한 가지 이상의 형태나 결정 구조를 갖는 것

등방성(isotropic). 모든 결정학적 방향에서 동일한 성질을 나타내는 것

등온(isothermal). 일정한 온도

등온 변태도[isothermal transformation(T-T-T) diagram]. 정해진 조성의 철 합금에 대해 온도에 대한 시간의 로그 함수로 나타낸 곡선. 이미 오스테나이트화된 합금의 등온 열처리에 의해 변태가 언제 시작하고 끝났는지를 결정하는 데 사용

레이저(laser). 간섭성 광파인 복사선의 자극 방출에 의한 빛 증폭(light amplification by stimulated emission of radiation)에 대한 첫 글자를 모아 만든 낱말

마이크로 전기기계 시스템(microelectromechanical system, MEMS). 실리콘 기판상에 다수의 소형 기계적 소자가 전기적 부품과 집적되어 있음. 기계 부품은 빔, 기어, 모터, 멤브레인 형태의 마이크로 센서 및 마이크로 액추에이터. 마이크로 센서의 신호에 의하여 전자 부품이 마이크로 액추에이터 소자의 반응을 지시함

마텐자이트(martensite). 오스테나이트의 무확산 변태에 의해 탄소가 과포화된 준안정화 상태의 철

마시젠의 규칙(Matthiessen's rule). 금속의 전체 비저항은 농도, 불순물, 냉간 가공량의 함수이며, 그 값은 각 인자들이 미치는 영향의 총합으로 표시

망상 폴리머(network polymer). 3차원 상의 분자들을 형성하는 삼기능적 단위체들로 이루어진 폴리머

면심입방(face-centered cubic). 순수 금속에서 흔히 발견되는 결정 구조. 단위 격자의 모서리와 면의 중앙에 원자가 위치함

몰(mole). 6.022×10^{23}개의 원자 또는 분자에 상당하는 물질의 양

몰농도(molarity, M). 액체 용액 내의 농도를 1 l(10^3 cm^3) 부피의 용액 내에 첨가된 몰수로 나타낸 것

몰딩(플라스틱)[molding(plastic)]. 몰드 속으로 압력을 가하여 높은 온도에서 플라스틱 재료를 성형하는 방법

무게비(weight percent, wt%). 합금 총무게(질량)에 대한 특정 원소의 무게(질량)비로 나타내는 농도 명시

미세 구성인자(microconstituent). 식별이 가능하며 독특한

구조를 갖는 미세조직의 한 요소. 펄라이트와 같이 한 가지 이상의 상으로 구성될 수도 있음

미세조직(미세구조)(microstructure). 현미경을 통하여 조사할 수 있는 합금의 구조적 특성(예 : 결정립, 상 구조)

미세 펄라이트(fine pearlite). 페라이트와 시멘타이트의 반복층으로 이루어진 펄라이트에서 상대적으로 두께가 얇은 펄라이트

밀러 지수(Miller indices). 결정학적 면을 명명하는 일련의 3개의 정수(육방정계의 경우 4개) 면과 결정축이 만나는 절편의 축에 대한 길이 비의 역수로부터 결정

반강자성(antiferromagnetism). 일부 재료(예 : MnO)에서 발견되는 현상으로 이웃한 원자나 이온들의 역평행 결합에 의하여 자기 모멘트가 완전히 상쇄된다. 전체적으로 자기 모멘트는 0의 값임

반 데르 발스 결합(van der Waals bond). 영구적이거나 일시적으로 생기는 인접한 분자 쌍극자들에 의해 만들어지는 원자 간 2차 결합

반도체(semiconductor). 0 K에서 전자로 가득 채워진 가전자대와 비교적 좁은 에너지 밴드 갭을 가진 비금속 재료. 상온에서 전기 전도율은 약 $10^{-6} \sim 10^{-4}$ $(\Omega \cdot m)^{-1}$ 범위를 나타냄

반복 단위(repeat unit). 폴리머 사슬을 구성하는 가장 기본이 되는 구조 단위. 폴리머 분자는 수많은 반복 단위체가 서로 연속적으로 반복하여 연결되어서 만들어짐

반사(reflection). 두 가지 다른 매질의 경계면에서 빛이 반사되는 현상

반응 속도론(kinetics). 반응 속도와 그것에 영향을 미치는 요인에 관한 이론

반자성(diamagnetism). 음수의 자기 자화율을 가진 재료에서 외부 자기장의 유동에 의하여 형성된 약한 자성(영구 자성이 아님)

반투명(translucent). 빛을 산포적으로 통과시키는 성질. 반투명한 매질을 통하여 물체를 보면 물체가 명백하게 구분되지 않음

발광(luminescence). 여기된 에너지 준위에 있는 전자가 낮은 에너지 준위로 떨어질 때 방출되는 가시광선

발광 다이오드(light-emitting diode, LED). 한쪽에는 *p*-형, 다른 쪽에는 *n*-형 반도체로 구성되어 있는 다이오드. 순

방향 바이어스의 접속이 인가되면 전자와 정공이 결합되어 빛이 발생됨

방염제(flame retardant). 화염에 대한 저항을 높이기 위해 폴리머에 첨가하는 첨가제

배소(calcination). 하나의 고체가 기체와 다른 고체로 분해되는 고온 반응. 시멘트의 생산 과정 중의 한 공정임

배위수(coordination number). 최근접한 원자나 이온의 수

백자(whiteware). 점토를 주성분으로 하는 세라믹 재료로서 고온으로 가열한 후 백색을 보임. 백자에는 도자기, 자기, 배관 위생용 용기 등이 있음

백주철(white cast iron). 소량의 실리콘을 포함하고 있는 매우 깨지기 쉬운 주철. 탄소는 시멘타이트로 존재하며, 파단면은 흰색을 띰

밴드 갭 에너지(band gap energy). 반도체 또는 절연체에서 가전자대와 전도대 사이에 존재하는 에너지. 불순물이 첨가되지 않는 진성 재료에서는 전자가 밴드 갭 에너지를 갖지 못함

버거스 벡터(Burger's vector). 전위에 의한 격자의 변형 방향과 그 크기를 나타내는 벡터 표기

베이나이트(bainite). 강철이나 주철에서 오스테나이트 변태 후의 생성물. 펄라이트와 마텐자이트 변태가 발생하는 온도 사이에서 일어난다. α-페라이트와 미세한 분산 시멘타이트로 구성된 미세구조를 가짐

변태 속도(transformation rate). 변태 반응이 50%에 도달하는 데 필요한 시간의 역수값

변형(가공) 경화(strain hardening). 연성 금속이 재결정 온도 밑에서 소성변형될 때 그 강도와 경도가 증가하는 것

변형 온도(strain point). 유리 재료가 소성변형 없이 파단되는 최고 온도. 이 조건에서 점도는 약 3×10^{13} Pa·s (3×10^{14} P)임

보어 마그네톤(Bohr magneton, μ_B). 가장 기본적인 자기 모멘트로 9.27×10^{-24} A·m²의 값을 보유함

보어 원자 모델(Bohr atomic model). 초기의 원자 모델로 전자들이 원자핵 주위의 분리된 궤도를 공전하고 있다고 가정함

보자력(보자력장)(coercivity, coercive field, H_c). 자화된 상자성체 또는 페리자성체의 자기력 선속 밀도를 0으로 만드는 데 필요한 자기장

볼츠만 상수(Boltzmann's constant). 1.38×10^{-23} J/atom·K의 값을 갖는 열 에너지 상수

부가 중합(사슬 반응 중합)[addition (or chain reaction) polymerization]. 이기능성 단량체가 한 번에 하나씩 사슬과 같이 부착되어 선형 폴리머 거대 분자를 만드는 과정

부동태(passivity). 어떤 분위기하에서 일부 활성화가 큰 금속과 합금들이 불활성 상태로 되는 것

부식 침투율(corrosion penetration rate). 부식으로 인해 단위시간당 손실되는 재료의 두께. 일반적으로 단위는 mil/year 또는 mm/year로 표시

부식 피로(corrosion fatigue). 반복적인 응력과 화학적인 반응이 동시에 가해지는 거동으로부터 일어나는 파괴 형태의 부식

분극(polarization, P). 유전체에서 단위체적당 전체 전기 쌍극자 모멘트. 또한 유전체 물질에 의하여 증가되는 유전 변이의 값

분극(배향)[polarization(orientation)]. 외부에서 가해 주는 전기장에 따라 영구 전기 쌍극자 모멘트가 정렬됨으로써 형성되는 분극

분극(부식)[polarization(corrosion)]. 전류가 흐름으로써 전극 전위가 평형 전위로부터 벗어나는 것

분극(이온)[polarization(ionic)]. 양이온과 음이온이 서로 반대되는 방향으로 벗어남에 따라 형성되는 분극

분극(전자)[polarization(electronic)]. 원자에서 주로 전기장에 의하여 유도되는 현상으로 전하를 띤 원자핵의 중심에 대하여 음전하를 띤 전자군의 중심이 벗어나는 것

분말 야금(powder metallurgy). 금속 분말의 성형과 소결 열처리에 의해 복잡하고 정밀한 구조를 갖는 금속물을 제조하는 방법

분산 강화(dispersion strengthening). 경도가 높은 매우 작은 입자(통상적으로 <0.1m)에 의하여 재료를 강화하는 방법. 통상적으로 비반응성 상이 하중을 지탱하는 기지상에 균일하게 분산되어 있음

분산상(dispersed phase). 복합 재료와 일부 2상 합금에서 기지상에 의하여 둘러싸여 있는 비연속상

분자 구조(폴리머)[molecular structure(polymer)]. 폴리머 분자 내의 원자 배열 및 분자 간의 상호 연결

분자량(molecular weight). 한 분자 내의 모든 원자량의 합

분자 화학(molecular chemistry). 단위체의 구조에는 상관없이 단지 화학 성분에만 관한 것

분해 전단 응력(resolved shear stress). 작용 인장 응력 및 압축 응력을 특정면의 특정 방향을 따라 분해한 전단 성분

불규칙 공중합체(random copolymer). 폴리머의 사슬에 따라서 2개의 다른 단위체가 불규칙하게 배열되어 있는 것

불완전성(imperfection). 완전하지 못한 상태. 주로 결정 재료에서 원자나 분자의 규칙성과 연속성이 깨지는 경우를 지칭함

불투명(opaque). 입사되는 빛의 흡수, 반사, 그리고(또는) 산란에 의하여 빛의 투과가 허용되지 않는 상태

불포화된(unsaturated). 탄소 원자가 2중 또는 3중 공유 결합을 하는 것. 4개의 공유 결합은 하지 못함

비강도(specific strength). 재료의 인장 강도를 비중으로 나눈 값

비결정질(noncrystalline). 장범위의 원자 배열 규칙이 없는 고체 상태. 비정질이 동의어로 사용됨

비례 한계(proportional limit). 응력 변형률 곡선 위에서 응력과 변형률 사이의 직선적인 비례 관계가 끝나는 점

비열(specific heat, c_p, c_v). 물질의 단위무게당의 열용량

비열적 변태(athermal transformation). 열적 활성화나 확산에 의하지 않는 변태 반응으로 마텐자이트 변태가 그 예이다. 비열적 변태는 매우 빨리 일어나고(즉 시간에 무관), 그 반응 정도는 온도에 따라 다름

비저항(resistivity). 전기 전도율의 역수. 전류 흐름에 대한 재료의 저항치를 나타내는 척도

비정상 상태 확산(nonsteady-state diffusion). 확산 시편에 순수 축적과 소모가 있는 확산 상태. 확산 유량은 시간에 따라 변함

비정질(amorphous). 비결정질 참조

비철 합금(nonferrous alloy). 철이 주된 구성 원소가 아닌 금속 합금

비탄성률(specific modulu). 물질의 탄성 계수를 비중으로 나눈 값

비탄성 변형(anelastic deformation). 시간 의존성 탄성(비영구적) 변형

사면체 위치(tetrahedral position). 구형 원자나 이온이 조

밀 충진된 상태에서 최인접 원자가 4개로 이루어진 공간

사슬 접힘 모델(chain-folded model). 결정질 폴리머에서 판상형 결정자의 구조를 설명하는 모델. 분자 정렬이 결정자 면에서 사슬 접힘에 의하여 발생함

산화(oxidation). 하나의 원자, 이온 또는 분자로부터 전자 한 개 이상을 제거함

삼기능 단위체(trifunction mer). 단위체가 다른 단위체와 3개의 공유 결합 위치를 갖는 것

상(phase). 균일한 물리적 · 화학적 특성을 갖는 계의 한 부분

상대 투자율(relative magnetic permeability, μ_r). 진공 투자율에 대한 어떤 매질의 투자율 비

상변태(phase transformation). 합금의 미세구조를 구성하고 있는 상의 수 또는 성질의 변화

상부 임계 온도(upper critical temperature). 철 합금에서 평형 상태에서 오스테나이트만이 존재하는 최저 온도

상자성(paramagnetism). 가해 주는 자기장에 따라 원자 쌍 극자들이 상호 무관하게 배열되는 성질에 의하여 형성되는 자화의 형태로 비교적 약한 값을 가짐

상태도(phase diagram). 일반적으로 평형 상태에서의 환경 제약 인자(예 : 온도 또는 압력), 조성 및 안정된 상 구역 사이의 관계를 도식적으로 나타냄

상 평형(phase equilibrium). 평형(상) 참조

상호 확산(interdiffusion). 한 금속의 원자가 다른 금속 내로 확산하는 것

색(color). 안구에 전달되는 빛의 주파수에 대한 눈의 인식

샌드위치 패널(sandwich panel). 복합 재료의 일종으로 외피는 강한 재질, 속은 가벼운 재질로 만들어진 재료

샤르피 시험(Charpy test). 표준 노치 시편의 노치 인성(충격 에너지)을 측정하는 2개 시험법 중의 하나. 아이조드(Izod) 시험 참조. 무게 추에 의해 시편에 충격을 가함

서멧(cermet). 세라믹과 금속 재질이 이루는 복합 재료. 가장 일반적인 서멧은 매우 강한 세라믹 탄화물[텅스텐카바이드(WC), 탄화티탄(TiC)]이 인성이 있는 코발트 또는 니켈 금속으로 결합됨

석출 경화(precipitation hardening). 과포화된 고용체로부터 석출된 매우 작고 균일한 분산 입자에 의한 금속 합금의 경화와 강화. 때로는 시효 경화라고도 함

석출 열처리(precipitation heat treatment). 과포화된 고용체로부터 새로운 상을 석출하기 위해 사용되는 열처리. 석출 경화에 있어 이것을 인공시효라고 함

선택적 침출(selective leaching). 합금을 구성하고 있는 한 원소 또는 하나의 구성물이 우선적으로 녹아나는 형태의 부식

선형 폴리머(linear polymer). 이기능성 단위체로 구성된 분자가 각 끝단과 끝단이 결합하여 하나의 사슬을 형성하는 폴리머

설계 응력(design stress, σ_d). 응력 크기(최대 추정하중)와 설계 계수(>1)의 곱으로 예상치 못한 파손에 대비하기 위해 사용

섬유(fiber). 길고 얇은 필라멘트 형상으로 인발된 폴리머, 금속 및 세라믹

섬유 강화(fiber reinforcement). 약한 강도의 기지 재료를 상대적으로 강한 섬유상을 첨가하여 강화하는 것

섬유 강화 복합 재료(fiber-reinforced composite). 분산상이 섬유상(즉 길이대 직경 비율이 매우 큰 필라멘트 재료)인 복합 재료

성분(component). 합금의 조성을 규정하는 데 사용되는 화학적 구성 인자(원소 또는 화합물)

성장(입자)[growth(particle)]. 상변태 및 핵생성 후 과정에서 새로운 상의 입자의 크기가 증가하는 현상

성질(property). 특정한 외부 자극에 대해 재료가 반응하는 정도로 나타내는 재료의 성질

세라믹(ceramic). 금속성 및 비금속성 원자 간의 결합이 대부분 이온성인 화합물

세라믹 기지 복합 재료(ceramic-matrix composite, CMC). 기지와 분산상이 세라믹인 복합 재료. 분산상은 대개의 경우 세라믹 재료의 파괴 인성을 개선하기 위해서 첨가됨

세라믹 성형체(green ceramic body). 세라믹 분말의 응집체로 성형된 것으로 건조된 상태나 소결은 실시하지 않은 것

소결(sintering). 분말 응집체가 고온에서 확산에 의하여 합체화되는 현상

소성(firing). 세라믹의 강도와 밀도를 증가시키는 고온 열처리

소성변형(plastic deformation). 작용 하중을 제거하여도 회복되지 않는 영구 변형. 영구적인 원자 변위가 수반됨

솔버스선(solvus line). 상태도에서 온도에 따른 고상 용해도를 나타내는 선

쇼트키 결함(Schottky defect). 이온 결함 고체에서 양이온-공공 및 음이온-공공 짝의 결함

수가소 성형(hydroplastic forming). 진흙으로 이루어진 세라믹의 몰딩으로 물을 첨가함으로써 가소 성형이 가능한 것

수소 결합(hydrogen bond). 수소 원자와 주위 원자의 전자 사이에 존재하는 강한 원자 간 2차 결합

수소 취성(hydrogen embrittlement). 수소 원자가 재료에 확산되어 나타나는 금속 합금(주로 강)의 연성 감소 현상

순방향 바이어스(forward bias). p-n 접합 정류기에서 순방향 전류가 흐르도록 가해 주는 전도용 바이어스로 전자는 n 지역 접합으로 흐름

스테인리스강(stainless steel). 다양한 환경에서 부식에 대한 저항성이 매우 높은 합금강. 가장 주된 합금 원소는 크롬인데, 농도가 11 wt% 이상이 되어야 함. 니켈 및 몰리브덴이 합금 원소로 첨가될 수 있음

스페로이다이징(spheroidizing). 강에서 스페로이다이트 미세구조가 생성되는 공석점보다 약간 낮은 온도에서 수행되는 열처리

스페로이다이트(spheroidite). α-페라이트 기지에서 구형의 시멘타이트 분자들로 구성된 강 합금에서 나타나는 미세구조. 펄라이트, 베이나이트, 마텐자이트를 적당히 높은 온도에서 열처리하면 생성되는데 비교적 연함

스피닝(spinning). 섬유를 제조하는 공정. 여러 개의 작은 구멍 속으로 용융된 재질을 압력을 가하여 배출시키면서 회전시켜 여러 개의 섬유를 제조함

슬립(slip). 전위의 이동에 따른 소성변형, 즉 인접한 두 원자면의 전단 변위

슬립계(slip system). 슬립(즉 전위 이동)이 일어나는 면과 슬립 방향의 조합

시간-온도-변태도(time-temperature-transformation diagram). 등온 변태도 참조

시멘타이트(cementite). 철탄화물(Fe_3C)

시멘트(cement). 화학 반응에 의하여 입자들을 결합하여 하나의 단단한 구조를 가지는 물질. 수성 시멘트는 물에 의한 수화 반응에 의하여 형성됨

시스(cis). 폴리머에서 분자 구조의 종류를 나타내는 접두어. 단위체 내의 결합되지 않는 탄소 사슬 원자의 경우 측면 원자 또는 측군이 사슬의 다른 쪽에 위치하거나 정반대의 180° 회전 위치에 존재한다. 시스 구조에서는 2개의 측면 단량체군이 동일한 측면 위치에 존재함(예 : 시스-이소프렌)

시효 경화(age hardening). 석출 경화 참조

신디오택틱(syndiotactic). 폴리머의 사슬 배열 방법(입체 이성) 중의 하나로 측면군이 사슬 반대쪽의 교대되는 위치에 규칙적으로 배치된 것

쌍극자(전기적)[dipole(electric)]. 짧은 거리로 떨어져 있는 전하량이 같고 반대 극을 갖는 전하의 쌍

아공석 합금(hypoeutectoid alloy). 공석 현상이 나타나는 합금계로 용질의 농도가 공석 조성보다 작은 합금

아이조드 시험(Izod test). 표준 노치 시편의 충격 에너지를 측정하는 두 시험법 중의 하나. 샤르피 시험 참조

안전 응력(safety stress, σ_w). 설계에 사용하는 응력으로 연성 재료의 경우에는 항복 강도를 안전 계수로 나눈 값

안정제(stabilizer). 폴리머의 노화되는 과정을 억제시키는 첨가제

압연(rolling). 판 재료의 두께를 줄이는 금속 성형 공정. 홈이 형성된 롤러를 사용하여 긴 판재의 모양을 형성할 수 있음

압전체(piezoelectric). 외부에서 가해 주는 힘에 의하여 분극이 유도되는 재료

압출(extrusion). 금형 구멍을 통한 재료의 압축 성형법

액상선(liquidus line). 2원 상태도에서 액상과 (액상+고상) 구역을 나누는 경계선. 합금의 액상 온도는 평형 냉각 조건에서 최초의 고상이 형성되는 온도임

액정 폴리머(liquid crystal polymer, LCP). 막대 모양의 분자를 가진 폴리머 재료로서 전통적인 액체, 비정질, 결정질 또는 반결정질로 분류되지 않는 폴리머 재료. 이 재료는 전자 및 의료 기기의 디지털 표시 장치의 재료로 사용됨

양극(anode). 전기화학 셀(cell) 또는 전지 결합 내에 있는 전극으로 반응 중 산화가 일어나거나 전자를 내어놓는 역할을 함

양이온(cation). 양성 전하를 가진 금속 이온

양자수(quantum number). 전자 상태를 특징짓는 네 가지 종류의 숫자 모음. 양자수 중에 세 가지 종류는 정수로 각각 전자 분포 확률의 크기·모양·방향을 규정하며, 네 번째 숫자는 스핀 방향을 나타냄

양자역학(quantum mechanics). 원자와 아원자 체계를 취급하는 물리학의 한 분야. 고전 역학에서는 전자들이 차지할 수 있는 에너지가 연속적인 값을 가지고 있으나, 양자역학에서는 각각의 에너지들이 분리되어 서로 구분되는 값을 가짐

어닐링(annealing). 미세구조와 이에 수반되는 재료의 성질을 바꾸기 위한 열처리를 일반적으로 나타내는 용어. 주로 냉간 가공된 금속을 재결정에 의해 연화시킬 때 사용되는 열처리를 '풀림(annealing)'이라 함

어닐링 온도(유리)[annealing point(glass)]. 15분 이내에 유리 내의 잔류 응력이 제거되는 온도. 이것은 유리의 점도가 약 10^{12} Pa·s에 이르는 온도에 해당됨

어택틱(atactic). 폴리머 사슬의 측면군이 각 사슬 면에서 불규칙하게 위치하는 폴리머 사슬의 형태(입체 이성체)

억셉터 상태(준위)[acceptor state(level)]. 반도체 또는 도체의 경우 에너지 밴드 갭의 밑에 놓여 있는 에너지 준위는 가전자대로부터 전자를 쉽게 받아들일 수 있고, 이때 가전자대에는 정공이 남는다. 이 에너지 준위는 보통 반도체(또는 부도체)에 존재하는 불순물에 의하여 형성됨

억제제(inhibitor). 비교적 낮은 농도 첨가에 의해 화학 반응 속도를 저하시키는 화학 물질

에너지 밴드 갭(energy band gap). 밴드 갭 에너지 참조

여기 준위(excited state). 전자가 어떤 타입의 에너지(예 : 열 또는 방사)를 흡수하여 낮은 에너지 준위에서 높은 에너지 준위로 이동하는 것으로 이 에너지 준위는 보통은 점유되지 않았던 준위임

역방향 바이어스(reverse bias). p-n 접합 정류기에서 전류가 거의 흐르지 않는 방향으로 주어지는 전압, 즉 p-n 접합의 p-형 반도체 방향으로 전자가 흐르도록 가해 주는 전압

연마재(abrasive). 딱딱하고 마모 저항이 있는 재질(통상적으로 세라믹)로서 마모, 연마 또는 다른 재질을 절삭하는데 사용됨

연성(ductility). 재료의 파괴 전 소성변형량. 인장 시험에서 신장 백분율(%EL)이나 단면적 감소 백분율(%RA)로 표시

연성-취성 전이(ductile-to-brittle transition). BCC 합금의 연성 거동이 온도 감소에 따라 취성 거동으로 전이. 전이 온도 구역은 샤르피 또는 아이조드 시험으로 결정함

연성 파괴(ductile fracture). 상당한 소성변형을 수반하는 파괴 형태

연속 냉각 변태도(continuous cooling transformation diagram). 정해진 조성의 철 합금에 대해 구해진 시간의 로그값에 대한 온도의 그래프. 이것을 이용하여 오스테나이트화된 재료가 정해진 냉각 속도로 연속적으로 냉각될 때 변태 시기를 알 수 있다. 또한 최종 미세구조 및 기계적 성질을 예측할 수 있음

연자성체(soft magnetic material). B-H 자기이력 루프가 작은 강자성체나 페리자성체를 말하며, 이와 같이 작은 B-H 자기이력 거동은 자화와 자기의 소거가 쉽게 이루어짐

연주철(ductile cast iron). 실리콘과 소량의 마그네슘 혹은 세륨을 포함하는 주철. 흑연상이 구상으로 존재하며, 이를 구상 주철이라고도 함

연화 온도(유리)[softening point(glass)]. 유리 제품을 영구 변형 없이 취급할 수 있는 최대 온도. 점도가 약 4×10^6 Pa·s가 되는 온도에 해당함

열가소성 고분자(thermoplastic polymer). 폴리머 재료 중 가열 시에 연화되고 냉각 시에 경화되는 재료. 연화된 상태에서 제품을 성형하고 몰딩하며 압출함

열가소성 탄성체(thermoplastic elastomer, TPE). 고무 같은 탄력을 보이면서 본질적으로 열가소성인 혼성 중합체이다. 상온에서 하나의 단일체형의 영역들이 물리적으로 가교 결합의 역할을 하는 분자 사슬 끝에서 형성됨

열간 가공(hot working). 금속의 재결정 온도 이상에서 수행하는 금속 가공

열경화성 고분자(thermosetting polymer). 화학 반응에 의하여 경화되면 가열하여도 연화되거나 용융되지 않는 폴리머 재료

열용량(heat capacity, C_p, C_v). 단위몰의 재료 온도를 1도 올리기 위해서 필요한 열량

열응력(thermal stress). 온도 변화에 따른 잔류 응력

열적 활성화 변태(thermally activated transformation). 원자의 열적 요동에 의해 진행되는 반응. 활성화 에너지보다

높은 에너지를 갖는 원자는 자발적으로 반응이 진행됨

열 전도율(thermal conductivity). 열 흐름이 정상 상태를 유지할 경우에 열유량과 온도 구배 간의 관계를 나타내는 비례 상수. 재료가 열을 전도할 수 있는 능력을 특징지을 수 있는 계수임

열충격(thermal shock). 급작스러운 온도 변화에 따른 응력 발생으로 나타나는 취성 재료의 파괴

열 템퍼링(thermal tempering). 적절한 열처리 과정을 통해 재료의 표면에 잔류 압축 응력을 유도해 유리의 강도를 증가시키는 열처리 방법

열팽창 선형 계수(linear coefficient of thermal expansion, α_l). 길이의 변화를 온도 변화로 나눈 값

열피로(thermal fatigue). 열응력의 변동으로부터 야기된 주기적 응력에 의한 피로 파손의 형태

열화(degradation). 폴리머 재료에서 일어나는 열화 과정을 나타내는 데 사용되는 용어. 이 열화 과정은 부풂, 용해, 사슬 절단으로 이루어짐

영의 계수(Young's modulus). 탄성 계수 참조

예비 함침(prepreg). 부분적으로 경화된 폴리머 수지에 예비 함침된 연속 섬유 강화재

오스테나이트(austenite). 면심입방 구조의 철, 면심입방 구조를 가진 철 및 강 합금

오스테나이트화(austenizing). 철 합금의 오스테나이트를 만들기 위해 임계 온도 이상으로 열처리. 즉 상태도 상의 오스테나이트 영역으로 올림

옴의 법칙(Ohm's law). 가해 준 전압은 전류와 저항을 곱한 것과 같음($V = IR$). 다르게 설명하면 전류 밀도는 전도율과 전기장 세기의 곱과 같음

완전 어닐링(full annealing). 철 합금을 오스테나이트 열처리 후에 상온까지 서서히 냉각시키는 열처리

외인성 반도체(extrinsic semiconductor). 전기적 특성이 불순물에 의하여 결정되는 반도체 재료

용매(solvent). 가장 많은 양으로 존재하는 용액의 성분. 용질을 용해하는 성분임

용융 온도(용융점, 융점)(melting temperature). 가열에 의하여 고체상(결정질)이 액체상으로 상 전이가 일어나는 온도

용융점(유리)[melting point (glass)]. 유리 재료의 점도가 10 Pa·s가 되는 온도

용접(welding). 맞붙은 금속 조각의 접촉 부위를 직접 녹여서 접합시키는 기술. 일반적으로 충전제를 첨가하여 이 과정을 촉진시킴

용접 붕괴(weld decay). 스테인리스 용접부 부근의 열 영향부에서의 입계 부식

용질(solute). 더 적은 양으로 존재하는 용액의 한 성분이나 원소. 용매에 용해됨

용체화 열처리(solution heat treatment). 석출상 입자를 용해시켜서 고용체를 형성시키는 열처리 과정. 보통 높은 온도에서 급랭시켜 고용체가 실온에서 과포화되거나 준안정 상태로 존재

용해 한도(포화 용해도)(solubility limit). 새로운 상을 형성시키지 않고 첨가할 수 있는 용질의 최대 농도

위스커(whisker). 매우 작으며 길이 대 지름의 비가 큰 것으로 거의 완벽한 단결정. 위스커는 일부 복합 재료의 강화상으로 사용됨

원자가 전자(valence electron). 최외각 전자각에 존재하는 전자들로 원자 결합에 참여함

원자량(atomic weight, A). 자연적으로 존재하는 동소체들의 평균적 원자 질량으로 원자 질량 단위 혹은 원자 1몰당 질량으로 표기됨

원자번호(atomic number, Z). 화학 원소의 핵에 포함된 양성자의 수

원자비(atomic percent, at%). 합금의 모든 원소의 총몰수에 대한 특정 원소의 몰수 비를 기본으로 한 농도 표기

원자 진동(atomic vibration). 물질에서 원자의 정상 위치에서의 진동

원자 질량 단위(atomic mass unit, amu). 원자의 질량을 나타내는 단위. C^{12} 원자 질량의 1/12

원자 충진율[atomic packing factor, APF]. 단위정에 대해 원자나 이온이 차지하는 부피 분율

유리-세라믹(glass-ceramic). 입도가 매우 미세한 결정질의 세라믹으로 초기에는 유리로 제조된 후 결정화된 것

유리질화(vitrification). 세라믹 재료가 가열될 때 액상이 형성되고, 이 액상은 냉각 시에 유리질이 되어 유리로 결합된 기지를 형성하는 현상

유리 전이 온도(glass transition temperature, T_g). 비결정질의 세라믹 또는 폴리머 재료가 고온에서 냉각될 때 과랭

된 액상에서 견고한 유리질로 변태하는 온도

유전 변위(dielectric displacement, D). 커패시터 판의 단위 면적당 전하량

유전 상수(dielectric constant, ε_r). 재질의 유전율 대 진공 유전율의 비율. 대개 상대 유전 상수 또는 유전율이라고 함

유전율(permittivity, ε). 유전 물질에서 유전 변위(D)와 전기장(%)의 비로 주어지는 비례 상수. 진공 중의 유전율(ε_0)의 값은 8.85×10^{-12} F/m

유전체(dielectric). 전기적으로 절연 특성이 있는 재료

육방조밀(hexagonal close-packed). 일부 금속에서 발견되는 결정 구조. 육방조밀 단위정은 육방 구조이고, 원자 조밀면의 적층에 의해 생성됨

음극(cathode). 전기화학 셀 또는 전지 결합 내에서 환원이 일어나는 전극으로 외부 회로로부터 전자를 받음

음극 방식(cathodic protection). 전자를 구조물에 공급함으로써 반응성이 큰 다른 금속 또는 직류 전원과 같은 외부 전원으로부터 부식되는 것을 방지하는 방법

음이온(anion). 음전하를 띤 비금속 이온

응력 부식(균열)[stress corrosion(cracking)]. 부식 분위기에서 재료를 인장시킬 때 이 인장력에 의해 발생되는 파괴 형태. 이와 같은 파괴는 부식 분위기가 조성되지 않은 경우보다 낮은 인장 강도에서 일어남

응력 상승자(stress raiser). 인가된 인장 응력이 증폭되어 균열의 전파가 개시될 수 있는 재료 표면 또는 내부의 작은 결함 또는 구조적 불연속점

응력 제거(stress relief). 잔류 응력 제거를 위한 열처리

응력 집중(stress concentration). 노치 또는 작은 균열의 선단에서 인가된 응력이 집중 또는 증폭되는 현상

이기능성(bifunctional). 단량체 중 활성 결합 위치가 2개인 것으로 2차원 사슬 형태의 분자 구조를 갖는 것

이동도(mobility)(전자 μ_e, 정공 μ_h). 운반자 유동 속도와 외부 전기장 사이의 비례 상수. 또한 전하를 가진 운반자가 얼마나 용이하게 움직일 수 있는지를 나타내는 정도라고 말할 수 있음

이방성(anisotropic). 결정학적 방향이 다름에 따라 다른 성질을 보이는 것

이성(isomerism). 2개 이상의 폴리머 또는 단위체가 동일한 화학 성분을 갖지만 다른 구조와 성질을 보이는 현상

이소택틱(isotactic). 측면군들이 모두 폴리머 사슬의 동일한 측면에 존재하는 구조

이온 결합(ionic bond). 전하가 반대이고 근접한 두 이온 간에 존재하는 쿨롱의 힘에 의한 결합

이완 계수[relaxation modulus, $E_r(t)$]. 점탄성 폴리머 재료에서 탄성 계수의 시간 의존성. 응력 이완을 측정할 때의 응력과 변형률 비의 값(대개 응력을 가한 후 10초 후에 측정)

이완 주파수(relaxation frequency). 교류 전기장이 가해진 경우에 바뀌는 외부 전압에 대응하여 전기 쌍극자가 방향을 바꾸어 재배열하는 데 소요되는 시간의 역수

이장 주입(slip casting). 일부 세라믹 재질의 성형 방법. 이장 또는 고상 분산 수용액을 다공성 몰드에 주입하는 것. 물이 다공성 몰드에 흡수되면서 고상층이 몰드의 형상을 따라 표면에 형성됨

인공 시효(artificial aging). 석출 경화 시 상온 이상의 온도에서 시효하는 것

인광(phosphorescence). 전자의 여기 현상이 발생한 후 1초보다는 훨씬 긴 시간에서 일어나는 발광

인발(금속)[drawing(metal)]. 금속선이나 관을 만드는 데 사용되는 성형 기술. 소성변형은 출구부에서 재료에 인장 응력을 가하면서 재료를 금형을 통해 잡아당김에 의해 일어남

인발(고분자)[drawing(polymer)]. 연신에 의하여 폴리머 섬유가 강해지는 변형 기법

인성(toughness). 재료의 기계적 특성으로서 세 가지 관점으로 나타낼 수 있음: (1) 재료 내에 균열(또는 응력 집중을 유발하는 결함)이 존재하는 상태에서 재료 파괴에 대한 저항성, (2) 파단이 발생하기 이전에 재료가 에너지를 흡수하고 소성변형할 수 있는 능력, (3) 재료의 인장 응력-변형률 곡선 아래의 총면적

인장 강도(tensile strength, TS). 인장에서 파괴 없이 유지될 수 있는 최대 공칭 응력. 또는 최대 인장 강도

일반 탄소강(plain carbon steel). 탄소가 주요 합금 원소인 철 합금

임계 분해 전단 응력(critical resolved shear stress, τ_{crss}). 슬립면과 슬립면 상의 슬립 방향으로 분해된 전단 응력으로 슬립을 일으키는 데 필요한 응력

입계 부식(intergranular corrosion). 다결정 재료의 입계를 따라 우선적으로 일어나는 부식

입계 파괴(intergranular fracture). 균열이 입계를 따라 전파하는 다결정 재료의 파괴

입내 파괴(transgranular fracture). 다결정 재료의 입자 간을 통하여 균열이 전파되는 파괴

입자 강화 복합 재료(particle-reinforced composite). 등축 분산상으로 강화된 복합 재료

입체 이성(stereoisomerism). 폴리머 이성질체로서 분자 사슬의 측면에 형성된 반복 단위들이 같은 순서로 배열되어 있으나 공간 배열은 다른 형태

자기 확산(self-diffusion). 순수 금속에서 원자의 이동

자기력 선속 밀도(magnetic flux density, B). 외부에서 가해 주는 자기장에 의하여 물체 내에 형성되는 자기장

자기이력[hysteresis(magnetic)]. 페리자성체나 강자성체에서 발견되는 자기장 세기의 변화에 대한 비가역적인 자기력 선속 밀도 변화(B 대 H). 폐쇄된 B-H 루프는 역방향 자기장이 걸릴 때 발생함

자기 유도(magnetic induction, B). 자기력 선속 밀도 참조

자기장 세기(magnetic field strength, H). 외부에서 가해 주는 자기장의 세기

자기 침입형(self-interstitial). 모재 원자나 이온이 격자점 사이에 위치함

자연 시효(natural aging). 상온에서의 석출 경화 시효

자유에너지(free energy). 어떤 체계의 내부 에너지와 엔트로피의 함수로 나타내는 열역학적 양. 평형 상태에서는 최솟값의 자유에너지를 가짐

자유 전자(free electron). 페르미 에너지 이상의 높은 에너지 준위(또는 반도체 또는 절연체에서 전도대 내)에 위치해 있는 전자로, 전기 전도에 참여함

자화(magnetization, M). 재료의 단위부피당 전체 자기 모멘트 또는 외부에서 가해 주는 자기장 세기(H)에 대응하여 재료 내부에 형성된 자기력 선속의 증가분을 측정한 값

자화율(magnetic susceptibility). 자화와 자기장 세기의 비례 상수

작업 온도(유리)[working point(glass)]. 유리가 쉽게 변형되는 온도. 점도가 10^3 Pa·s에 해당함

잔류 응력(residual stress). 외부의 힘 또는 온도 구배가 없는 상태에서 재료에 잔존하는 응력

잔류 자기(잔류 유도)[remanence(remnant induction, B_r)]. 강자성체나 페리자성체의 경우 자기장이 제거된 후 남아 있는 잔류 선속 밀도의 크기

장축 방향(longitudinal direction). 봉이나 섬유 조직의 정렬된 방향

재결정(recrystallization). 사전에 냉간 가공된 재료에서 변형이 없는 결정립군을 형성하는 것. 일반적으로 어닐링 열처리가 필요함

재결정 온도(recrystallization temperature). 특정 합금에 있어 대략 1시간 안에 재결정이 완전히 일어나는 최저 온도

전계 발광(electroluminescence). p-n 접합에 순방향의 전압이 가해질 때 가시광선이 방출되는 현상

전기 양전성(electropositive). 하나의 원자에서 최외각 전자를 방출하려는 경향. 또한 금속성 원소를 나타내는 데 사용됨

전기 음전성(electronegative). 하나의 원자에서 최외각 전자를 받아들이려는 경향. 비금속성 원소를 나타내는 데 사용됨

전기적 쌍극자(electric dipole). 쌍극자(전기적) 참조

전기장(electric field, E). 거리에 따른 전압의 기울기

전기 중성도(electroneutrality). 전기적으로 중성을 띤 상태, 즉 양이온과 음이온의 수가 정확히 같은 상태

전단(shear). 같은 몸체의 인접한 두 부분이 접촉면에 평행한 방향으로 서로 미끄러지도록 하는 힘

전단 변형률(shear strain, γ). 전단 하중에 의하여 유도된 전단 각도의 탄젠트 값

전단 응력(shear stress, τ). 인가된 전단 하중을 초기 단면적으로 나눈 값

전도대(conduction band). 0 K에서 전기적 절연체 또는 반도체 재료에서 전자가 완전하게 채워지지 않은 가장 낮은 전자 에너지 밴드. 전도 전자라는 것은 전도대 안으로 여기된 전자를 말함

전도율(전도도)(conductivity). 가해 준 전기장과 전류 간의 비례 상수. 또한 재료 내에 전류가 얼마나 쉽게 흐를 수 있는가에 대한 척도로 이해되고 있음

전위(dislocation). 원자 정렬이 불일치한 주위에 분포된 선형 결정 결함으로 주위의 원자 배열이 어긋나 있음. 소성 변형이란 작용 전단 응력에 따른 전위의 움직임. 칼날 전위, 나사 전위 및 혼합 전위가 있음

전위 밀도(dislocation density). 단위부피당 전위의 총길이. 또는 무작위로 선정한 표면의 단면을 관통하는 전위의 수

전위선(dislocation line). 칼날 전위의 경우에 추가 반족 원자면의 끝단을 따라 나타나는 선. 나사 전위의 경우에 나선형의 중심을 따라 나타나는 선

전율고용체(isomorphous). 동일한 구조를 가진 것. 상태도에서의 이종동형(isomorphicity)이란 모든 조성에서 완전한 고상 용해도를 갖거나 또는 같은 결정 구조를 갖는 것을 뜻함(그림 9.3a 참조)

전자 배위(electron configuration). 하나의 원자에서 가능한 전자 준위가 전자에 의해 채워지는 방법

전자볼트(electron volt, eV). 원자 또는 아원자계에 대하여 사용되는 편리한 에너지 단위로 하나의 전자가 1볼트의 전위차로 가속되어 얻어지는 에너지 값과 같음

전자 에너지 밴드(electron energy band). 각각 다른 값을 가지나 그 값이 매우 근접한 에너지 준위의 모임

전자 준위[electron state(level)]. 전자들에 대하여 허용되는 양자화된 에너지들로 일련의 에너지를 구성하고 있는 각각의 에너지 상태. 원자에서 각 준위는 4개의 양자수로 나타냄

전지 계열(galvanic series). 바닷물 안에서 상대적인 전기화학적 반응성에 대한 금속과 합금의 서열

전지 부식(galvanic corrosion). 전기적으로 결합된 두 금속이 전해질에 노출되면서 화학적으로 보다 더 활성화된 금속에서 먼저 발생되는 부식

전해질(electrolyte). 전하를 띤 이온들의 이동에 의하여 전류를 흐르게 하는 용액

절단(scission). 폴리머의 노화 과정으로 분자 사슬 결합이 화학 반응이나 열에 노출되었을 때 절단되는 현상

절연 내력(파괴 강도)[dielectric(breakdown) strength]. 유전체 속으로 상당량의 전류를 흐르게 하는 데 필요한 전기장의 크기

절연체(부도체)[insulator(electrical)]. 0 K에서 가전자의 에너지 준위가 모두 전자로 차 있고 밴드 갭이 상대적으로

큰 비금속 재료. 전기 전도율은 상온에서 매우 낮아 보통 10^{-10} $(\Omega \cdot m)^{-1}$ 이하임

점 결함(point defect). 하나 또는 최대 몇 개의 격자 위치에 걸쳐 형성된 결정 결함

점도(viscosity). 가해진 응력과 이것에 의하여 형성된 속도 구배의 비율. 이것은 비결정질 재료의 영구 변형에 대한 저항임

점탄성(viscoelasticity). 점성 유동과 탄성변형의 기계적 특성을 동시에 나타내는 변형의 한 형태

접지 공중합체(graft copolymer). 공중합체에서 한 단위체 종류의 균일 폴리머 측면 가지가 다른 단위체로 이루어진 균일 폴리머의 주사슬에 삽입된 것

접착제(adhesive). 2개의 서로 다른 물질의 표면을 서로 접착시키는 물질

접합 트랜지스터(junction transistor). n-p-n 또는 p-n-p 접합으로 구성된 반도체 소자로 전기 신호를 증폭시키는 데 이용됨

정공(전자적)[hole(electron)]. 반도체나 부도체에서 가전자대 내의 빈 전자 상태를 말하고, 이 상태는 전기장이 가해진 상태에서 양전하처럼 행동함

정류 접합(rectifying junction). 전류가 크기나 방향에 따라 달라지는 접합으로 한쪽 방향으로는 전류 흐름이 원활하여 전도성이 좋고, 반대쪽 방향으로는 저항이 매우 높아 전류의 흐름이 제한되는 특성을 지닌 p-n 접합 반도체를 말함

정상 상태 확산(steady-state diffusion). 확산종의 순수 축적(net accumulation)이나 순수 소모(net depletion)가 없는 확산 상태. 확산 유량은 시간에 따라 변하지 않음

정융 변태(congruent transformation). 상변태에서 하나의 상이 다른 상으로 변태될 때 동일 조성을 갖는 것

조대 펄라이트(coarse pearlite). 페라이트와 시멘타이트 반복층의 두께가 두꺼운 펄라이트

조밀 흑연 주철(compacted graphite iron). 실리콘과 약간의 마그네슘, 세륨 그리고 다른 원소가 첨가된 주철로서 흑연은 지렁이와 같은 형상을 가진 입자 형태로 존재함

조성(composition). 합금 내에 존재하는 특정한 원소나 구성물의 상대적인 양. 주로 무게비나 원자비로 표현됨

주기율표(periodic table). 전자 구조의 주기적인 변화에 따

른 원자번호의 증가를 가지는 화학 원소의 표. 비금속은 표의 오른쪽 끝에 위치

주사 전자현미경(scanning electron microscope). 전자 빔을 시편의 표면에 주사하여 형상을 관찰하는 현미경. 형상은 반사되는 전자 빔에 의해 형성된다. 표면과 미세구조를 고배율에서 관찰할 수 있음

주사 탐침현미경(scanning probe microscope, SPM). 광 복사선을 이용하여 이미지를 생성하는 현미경은 아니다. 그 대신 하나의 작고, 날카로운 탐침이 시편 표면의 가로줄을 따라 훑어 나가도록 하였다. 표면의 굴곡이 탐침과 전자적으로 또는 다른 상호작용에 의하여 반응을 일으키면서 시편 표면 형상 지도가(나노미터 크기로) 생성됨

주철(cast iron). 일반적으로 공정 온도에서 오스테나이트의 탄소 고용 한도보다 높은 탄소 함량을 갖고 있는 철 합금. 가장 상용화된 주철은 3.0~4.5 wt%의 C, 1~3 wt%의 Si를 포함하고 있음

준안정(metastable). 매우 오랫동안 지속되는 비평형 상태

중간 고용체(intermediate solid solution). 조성 범위가 계의 순수 성분을 포함하지 않는 고용체 또는 상

중합도(degree of polymerization). 폴리머 사슬 분자당 평균 단위체의 수

지렛대 원리(lever rule). 평형 상태에 있는 2상의 상대량을 계산하는 식 (9.1b) 또는 식 (9.2b)와 같은 수학적 표현

진변형률(true strain, ε_T). 일축 힘으로 변형되는 시편의 초기 표점 길이 대 순간 표점 길이의 비에 대한 자연 로그값

진성 반도체(intrinsic semiconductor). 순수한 재료의 전기적 특성을 나타내는 반도체 재료. 즉 전기 전도율이 온도와 밴드 갭 에너지에 의해서만 변함

진응력(true stress, σ_T). 순간 작용 응력을 시편의 순간 단면적으로 나눈 값

집적회로(integrated circuit). 매우 작은 실리콘 칩에 수천 개의 전자회로 소자들(트랜지스터, 다이오드, 커패시터 등)을 형성시킨 집적회로

착색제(colorant). 폴리머에 특수한 색깔을 내는 첨가제

철 합금(ferrous alloy). 철이 주 원소인 금속 합금

청동(bronze). 구리에 주석을 포함한 합금. 알루미늄, 실리콘, 니켈 합금도 가능함

체심입방(body-centered cubic, BCC). 금속에서 흔히 발견되는 결정 격자 구조로 원자는 단위 격자의 각 모서리와 중앙에 위치함

초고분자량 폴리에틸렌(Ultra-high-molecular weight polyethylene, UHMWPE). 매우 무거운 분자 무게(약 4×10^6 g/mol)를 가진 폴리에틸렌 폴리머. 이 재료의 주요한 특성은 높은 충격 저항, 높은 마멸 저항, 낮은 마모 계수임

초석 시멘타이트(proeutectoid cementite). 과공석강에서 펄라이트와 공존하는 초정 시멘타이트

초석 페라이트(proeutectioid ferrite). 아공석강에서 펄라이트와 공존하는 초정 페라이트

초전도성(superconductivity). 일부 특수한 재료에서 관찰되는 현상으로 0 K에 접근하는 낮은 온도에서 전기 비저항이 사라지는 현상이 발생함

초정상(primary phase). 공정 구조와 공존하는 상

최종 고용체(terminal solid solution). 조성 범위가 2원 상태도의 양쪽 조성을 포함하는 고용체

최대 인장 강도(ultimate tensile strength). 인장 강도 참조

축합 중합(단계 반응 중합)[condensation (or step reaction) polymerization]. 최소한 두 종류의 단량체가 참여하는 분자 간의 반응에 의하여 거대 분자 폴리머 재료가 형성하는 반응. 대부분 반응의 부산물은 물과 같이 분자량이 작은 것임

충격 에너지(impact energy). 매우 빠른(충격) 하중을 받아 표준 치수와 기하학적 형상을 갖는 시편이 파괴되는 동안에 흡수한 에너지 값. 이 값은 샤르피 또는 아이조드 충격 시험으로 측정하며, 재료의 연성-취성 전이 거동을 평가하는 데 중요함

충전제(filler). 폴리머에 첨가되어 그 성질을 향상시키거나 변화시키는 것

취성 파괴(brittle fracture). 소성변형을 거의 수반하지 않고 균열 전파가 빠른 속도로 일어나는 파괴

층상 복합 재료(lamellar composite). 이방성 강도를 가진 판들이 서로 다른 방향으로 여러 층 겹쳐져 만들어진 복합 재료로서 판들이 놓인 방향으로의 성질은 등방성을 나타냄

치환형 고용체(substitutional solid solution). 용매 원자가 용질 원자에 의해 치환된 고용체

침식-부식(erosion-corrosion). 기계적인 마모와 화학적 작용이 동시에 발생함에 따라 나타나는 부식 형태

침입형 고용체(interstitial solid solution). 상대적으로 크기가 작은 용질 원자가 용매 원자 사이의 침입형(격자 간) 자리에 위치하는 고용체

침입형 확산(interstitial diffusion). 원자의 이동이 침입형 자리에서 침입형 자리로 일어나는 확산 기구

침탄(carburizing). 외부 환경에서 확산을 통해 철 합금 표면의 탄소 농도를 증가시키는 공정

칼날 전위(edge dislocation). 결정 내에서 원자의 잉여 반평면의 끝 주위에 생성되는 격자 비틀림과 관련된 선형 결정 결함. 버거스 벡터는 전위선에 수직임

커패시턴스(capacitance, C). 전하를 저장할 수 있는 커패시터의 능력을 나타내는 것으로 양쪽 판에 저장된 전하량을 가해진 전압으로 나눈 값으로 정의됨

콘크리트(concrete). 시멘트에 의하여 입자들이 서로 결합되어 있는 복합 재료

쿨롱의 힘(Coulombic force). 이온과 같이 하전된 입자들 간에 작용하는 힘. 입자의 전하 종류가 반대일 때는 인력이 작용함

큐리 온도(Curie temperature, T_c). 이 온도 이상에서는 강자성 또는 페리자성체가 상자성체가 되는 온도

크리프(creep). 응력을 받는 재료의 시간 의존성 영구 변형으로 주로 고온에서 나타남

탄력(resilience). 탄성변형 시 재료의 에너지 흡수 능력

탄성 계수(modulus of elasticity, E). 완전 탄성변형이 일어날 때 변형률에 대한 응력의 비. 재료의 강성도를 나타내기도 함

탄성변형(elastic deformation). 비영구적 변형으로서 기계적 응력이 제거될 때 회복되는 것

탄성 중합체(elastomer). 폴리머 재료로서 매우 큰 가역적인 탄성변형을 하는 것

탄성 회복(elastic recovery). 기계적 응력이 제거되고 난 후에 회복 또는 복구된 비영구적 변형

탄소-탄소 복합 재료(carbon-carbon composite). 연속 탄소 섬유가 탄소 기지 내에 매립되어 있는 복합 재료. 탄소 기지는 원래 폴리머 레진이었으나 열분해 과정을 거쳐 탄소로 변환됨

템퍼링(유리)[tempering(glass)]. 열 템퍼링 참조

템퍼링된 마텐자이트(tempered martensite). 마텐자이트 강의 템퍼링 열처리로 생성된 미세구조. 연속된 α-페라이트 기지 사이에 매우 미세하고 균일하게 분포된 시멘타이트 입자들이 존재하는 미세구조임. 템퍼링에 의해 인성과 연성이 향상됨

템퍼 표시(temper designation). 금속 합금에 가해진 기계적·열적 처리 과정을 문자나 숫자 코드로 표기한 것

투과 전자현미경(transmission electron microscope). 시편을 통과하는 전자 빔을 사용하여 형상을 얻어 내는 현미경. 고배율에서 내부 미세구조 및 결정상의 관찰이 가능

투명(transparent). 매질 내에서 빛의 흡수, 반사 또는 산란 현상이 거의 일어나지 않고 빛을 통과시키는 성질을 말하며, 투명성 매질을 통해서는 물체를 쉽게 구분할 수 있음

투자율(자기)[permeability(magnetic, μ)]. B와 H 사이의 비례 상수. 진공의 투자율 μ_0는 1.257×310^{-6} H/m

트랜스(trans). 폴리머에서 분자 구조를 나타내는 접두어. 단위체 내의 불포화 탄소 사슬에서 하나의 측면 원자 또는 그룹이 사슬의 반대쪽 또는 180° 회전 위치에 존재하는 것. 트랜스 구조에서는 이러한 2개의 측면 그룹이 사슬의 반대쪽에 위치(예 : 트랜스-이소프렌)

틈새 부식(crevice corrosion). 부식 산물 또는 이물이 부착하여 형성된 좁은 틈새 내에서 일어나는 부식(즉 용액 내에서 산소가 국부적으로 고갈된 지역에서 발생)

파괴역학(fracture mechanics). 미리 존재하는 결함이 전파하여 파괴를 일으키는 데 필요한 응력 크기의 결정에 사용하는 파괴 분석 기법

파괴 인성(fracture toughness, K_c). 균열 전파가 일어나는 응력 확대 계수의 임계값

파동역학 모델(wave-mechanical model). 전자를 파동으로 생각하여 정립한 원자 모델

파열(rupture). 상당한 소성변형을 동반한 파손. 통상적으로 크리프 파괴와 연관

파울리의 배타 원리(Pauli exclusion principle). 각 원자의 에너지 상태는 최대 2개의 전자가 차지할 수 있는데, 이 전자들은 서로 반대의 스핀 방향을 가져야 한다는 가설

팔면체 자리(octahedral position). 최인접 원자가 6개인 조밀충진 격자 내의 공간. 팔면체(2개의 피라미드)는 인접

한 구의 중심을 연결하여 얻을 수 있음

펄라이트(pearlite). 강과 주철에서 나타나는 2상 미세조직. 공석 조성의 오스테나이트 변태로 형성되며, α-페라이트와 시멘타이트가 교대로 쌓인 층으로 구성됨

페라이트(세라믹)[ferrite(ceramic)]. 2가와 3가 양이온(Fe_2, Fe_3)이 혼재된 산화물계 세라믹 재료로 이 중 일부분은 페리자성체임

페라이트(철)[ferrite(iron)]. 체심입방 결정 구조를 갖는 철 및 강 합금

페르미 에너지(Fermi energy). 금속의 경우에 전자가 채워진 가장 높은 에너지 준위에 해당되는 에너지

페리자성(ferrimagnetism). 일부 세라믹 재료에서 관찰되는 영구적이고 큰 자화 현상. 반대되는 자기 모멘트가 완전하게 상쇄되지 않는데서 발생함

평면 변형률(plane strain). 인장 하중하에서 응력축과 균열 전파 방향에 수직인 방향으로의 변형률이 0인 조건으로 파괴역학적 분석에서 중요한 위치를 차지. 이러한 조건은 두꺼운 판에서 나타나며 변형률이 0인 방향은 판 표면에 수직임

평면 변형률 파괴 인성(plane strain fracture toughness, K_{Ic}). 평면 변형률 조건에 대한 응력 확대 계수의 임계값 (예 : 균열 전파가 일어날 경우)

평형(상)[equilibrium(phase)]. 상의 특성이 무한 시간 동안 변하지 않는 계의 상태. 평형에서의 자유에너지는 최솟값을 가짐

포논(phonon). 진동 또는 탄성 양자 에너지

포정 반응(peritectic reaction). 냉각 과정 중에 고상과 액상이 등온 가역적으로 다른 조성을 갖는 고상으로 변태하는 반응

포화된(saturated). 다른 4개 원자와 단일 결합을 하는 탄소 원자

포화 자화(포화 자력 선속 밀도)[saturation magnetization, flux density(M_s, B_s)]. 강자성체 또는 페리자성체에서 자화(또는 선속 밀도)될 수 있는 최대 자화(또는 선속 밀도)

폴리머(polymer). 작은 반복적(또는 단위체) 단위로 구성된 고분자량 구조의 고체 화합물

폴리머 기지 복합 재료(polymer-matrix composite). 폴리머 레진이 기지이고 유리, 탄소 및 아라미드 섬유가 강화상인 복합 재료

폼(foam). 공기방울을 내부에 포집시켜 스펀지와 같이 다공성으로 만들어진 폴리머 재료

표면 경화(case hardening). 탄화나 질화 공정을 이용하여 강의 표면을 경화시키는 것. 내마모성과 내피로성을 증가시킴

표준 반쪽 셀(standard half-cell). 금속이 용해되어 있는 1 M의 수용액에 동일한 순수 금속을 잠입시켜 만든 전기화학 셀로 표준 수소 전극에 전기적으로 연결되어 있음

푸아송비(Poisson's ratio, ν). 탄성변형에서 축방향 작용 응력에 따라 나타나는 축방향 변형률에 대한 횡방향 변형률의 비

프렌켈 결함(Frenkel defect). 이온 결합을 한 고체에서 발생한 양이온 공공과 양이온 격자 간 자리 결함의 쌍

프리스트레스트 콘크리트(prestressed concrete). 강선이나 강봉을 콘크리트 내에 넣어 압축 응력이 가해진 것

플라스틱(plastic). 높은 분자량을 가진 유기 폴리머 재료가 주성분인 고체로서 첨가제, 가소제, 방염제 등을 포함할 수 있음

플랑크 상수(Planck's constant, h). 6.63×10^{-34} J·s의 값을 가진 물리 상수. 광자의 에너지는 플랑크 상수와 복사선 주파수를 곱한 값으로 표시됨

피로(fatigue). 대체적으로 낮은 응력의 주기적인 반복으로 나타나는 파손

피로 강도(fatigue strength). 주어진 사이클 수에서 재료가 피로 파손이 일어나지 않고 견딜 수 있는 최대 응력 크기

피로 수명(fatigue life, N_f). 주어진 응력폭에서 피로 파손이 일어나기까지의 사이클 수

피로 한계(fatigue limit). 응력 사이클이 무한히 반복되어도 피로 파손이 나타나지 않는 최대 응력폭

하부 임계 온도(lower critical temperature). 합금강의 경우 평형 상태에서 모든 오스테나이트가 페라이트와 시멘타이트로 변태되는 임계 온도

하이브리드 복합 재료(hybrid composite). 2개 또는 그 이상의 섬유(예 : 유리와 탄소)로 강화된 복합 재료

합금(alloy). 두 가지 이상의 원소로 구성된 금속 재료

합금강(alloy steel). 기계적 성질 및 부식 저항성을 향상시

키기 위하여 상당량의 합금 원소(C 및 잔류 원소인 Mn, Si, S, P 제외)를 첨가한 철 합금

항복(yielding). 소성변형의 시작

항복 강도(yield strength, σ_y). 규정된 매우 작은 양의 소성 변형을 일으키는 데 요구되는 응력. 주로 0.002 변형률-수평 이동을 사용함

핵생성(nucleation). 상변태 시의 초기 단계. 새로운 상의 작은 입자(핵)의 생성으로 관찰되며, 이 핵은 계속 성장이 가능함

현미경 검사(microscopy). 현미경을 사용하여 미세구조를 조사

현미경 사진(photomicrograph). 현미경을 통해 촬영한 미세조직 사진

형광(fluorescence). 전자 여기 현상 발생 후 1초보다도 훨씬 짧은 시간 동안에 발생하는 발광

혼합 법칙(rule of mixture). 다상 합금이나 복합 재료의 성질을 구성상의 값을 가중 평균법(대개 부피 기준)으로 계산하여 결정하는 방법

혼합 전위(mixed dislocation). 칼날 전위와 나사 전위 성분을 모두 갖고 있는 전위

홀 효과(Hall effect). 전자 또는 정공의 움직이는 방향을 수직적으로 자기장을 가할 때 전자가 움직이는 방향과 자기장에 수직하게 작용하는 힘이 발생. 이 힘이 움직이는 전자에 가해져 전자의 운동 방향을 바꾸어 주는 현상을 말함

화학양론(stoichiometry). 이온 결합 재료에서 화학식에 의하여 규정된 양이온과 음이온의 비가 정확하게 같은 상태

확산(diffusion). 원자 운동에 의한 물질 이동

확산 계수(diffusion coefficient, D). Fick의 제1법칙에서 확산 유량과 농도 구배 사이의 비례 상수. 크기는 원자 확산의 속도를 나타냄

확산 유속(diffusion flux, J). 단위시간에 대해 단위면적의 수직으로 확산하는 물질의 유동량

환원(reduction). 하나의 원자, 이온 및 분자에 하나 이상의 전자가 첨가되는 것

활성화 분극(activation polarization). 일련의 연속 과정으로 일어나는 전기화학 반응의 반응 속도가 가장 느린 과정에 의하여 결정되는 조건

활성화 에너지(activation energy, Q). 확산과 같은 반응을 시작하기 위해 필요한 에너지

황동(brass). 구리에 아연을 포함한 합금

회복(recovery). 사전에 냉간 가공된 금속의 내부 변형 에너지를 열처리를 통하여 제거하는 것

회절(x-선)[diffraction(x-ray)]. 결정의 원자들에 의해 산란된 x-선 빔 간의 보강 간섭

회주철(gray cast iron). 흑연이 박편 형태로 존재하는 주철로 실리콘을 첨가함. 파단면이 회색으로 나타남

흡수(absorption). 빛이 재료 내부를 진행할 때 재료 내부의 전자적인 극성 또는 전자 여기 현상에 의하여 빛의 입자 에너지가 동화 흡수되는 현상

희생 양극(sacrificial anode). 전기적으로 결합되어 다른 금속 또는 합금을 보호하면서 자신이 우선적으로 부식되는 활성화된 금속이나 합금

1차 결합(primary bond). 결합 에너지가 비교적 크고 강한 원자 상호 간 결합. 1차 결합의 종류에는 이온 결합, 공유, 금속 결합이 있음

2차 결합(secondary bond). 비교적 약하고 결합 에너지가 적은 원자 상호 간 또는 분자 상호 간의 결합. 통상적으로 원자 또는 분자의 쌍극자에 기인한다. 2차 결합의 종류로는 반 데르 발스 결합, 수소 결합이 있음

Bragg의 법칙(Bragg's law). 결정학적 면에서 가능한 회절 조건을 규정하는 관계식(식 3.20) 블록

Gibbs의 상법칙(Gibbs phase rule). 평형 상태에서 존재하는 상의 개수와 외부에서 제어할 수 있는 변수의 숫자와의 관계를 나타낸 식(식 9.16)

Fick의 제1법칙(Fick's first law). 확산 유속이 농도 구배에 비례함. 이 관계식은 정상 상태 확산에 사용됨

Fick의 제2법칙(Fick's second law). 시간에 따른 농도의 변화는 농도의 2차 미분값에 비례함. 이 관계식은 비정상 상태 확산에 적용됨

Jominy 급랭 시험(Jominy end-quench test). 철 합금의 경화능을 평가하는 데 일반적으로 사용되는 표준화된 시험법

MOSFET(metal-oxide-semiconductor field effect transistor). 십석회로를 구성하는 하나의 소자

n-형 반도체(n-type semiconductor). 전자가 주요 전하 운반자로 전기 전도를 좌우하는 반도체. 보통 도너 불순물

들이 과잉의 전자를 제공함

p-형 반도체(*p*-type semiconductor). 정공이 주요 전하 운반자로 전기 전도율값을 좌우하는 반도체. 보통 억셉터 불순물에서 과잉의 전공이 공급됨

P-B 비율(Pilling-Bedworth ratio). 산화물과 금속 부피의 비율로서 산화물이 금속을 산화로부터 보호할지 여부를 예측하는 데 사용됨

연습문제 해답

제2장

2.2 $\bar{A}_{Zn} = 65.40$ amu

2.5 $P^{5+}: 1s^2 2s^2 2p^6$;
$I^-: 1s^2 2s^2 2p^6 3s^2 3p^6 3d^{10} 4s^2 4p^6 4d^{10} 5s^2 5p^6$

2.8 (a) $F_A = 1.10 \times 10^{-8}$ N

2.10 (b) $r_0 = \left(\dfrac{A}{nB}\right)^{1/(1-n)}$

    (c) $E_0 = -\dfrac{A}{\left(\dfrac{A}{nB}\right)^{1/(1-n)}} + \dfrac{B}{\left(\dfrac{A}{nB}\right)^{n/(1-n)}}$

2.11 (c) $r_0 = 0.236$ nm, $E_0 = -5.32$ eV

제3장

3.2 $V_C = 1.213 \times 10^{-28}$ m^3

3.9 Metal B: simple cubic

3.10 (a) $n = 4$ atoms/unit cell; **(b)** $\rho = 7.31$ g/cm^3

3.11 $V_C = 6.64 \times 10^{-2}$ nm^3

3.13 $000, 100, 110, 010, 001, 101, 111, 011, \frac{1}{2}\frac{1}{2}0,$
$\frac{1}{2}\frac{1}{2}1, 1\frac{1}{2}\frac{1}{2}, 0\frac{1}{2}\frac{1}{2}, \frac{1}{2}0\frac{1}{2},$ and $\frac{1}{2}1\frac{1}{2}$

3.16 Direction 1: $[2\bar{1}2]$

3.18 Direction A: $[\bar{1}10]$; Direction C: $[0\bar{1}\bar{2}]$

3.19 (a) $[110]$

3.22 (a): $[\bar{1}\bar{1}23]$

3.26 Plane A: $(11\bar{1})$ or $(\bar{1}\bar{1}1)$

3.27 Plane B: $(02\bar{1})$

3.29 (a) (100) and $(0\bar{1}0)$

3.32 (a) $(0\bar{1}10)$

3.34 (a) $LD_{100} = \dfrac{1}{2R\sqrt{2}}$

3.35 (b) $PD_{110}(Mo) = 1.434 \times 10^{19}$ m^{-2}

3.37 $d_{111} = 0.1655$ nm

3.41 $d_{110} = 0.2244$ nm, $d_{200} = 0.1580$ nm, $R = 0.1370$ nm

제4장

4.2 (a) $N_v/N = 4.56 \times 10^{-4}$

4.3 $Q_v = 1.40$ eV/atom

4.6 (a) $r = 0.414R$

4.7 (a) $r = 0.051$ nm

4.9 $C_{Cu} = 1.68$ wt%, $C_{Pt} = 98.32$ wt%

4.11 $C'_{Cu} = 41.9$ at%, $C'_{Zn} = 58.1$ at%

4.18 $\dfrac{N_C}{N_s} = 1.55 \times 10^{-3}$

4.19 $N_{Al} = 4.99 \times 10^{21}$ atoms/m^3

4.27 (a) $d \cong 0.066$ mm

4.28 (b) $n_1 = 320{,}000$ grains/645 mm^2

4.30 (a) $\bar{\ell} \cong 0.007$ mm; **(b)** $G = 4.42$

제5장

5.3 $\langle 110 \rangle$ family of directions

5.5 $M = 4.1 \times 10^{-3}$ kg/h

5.8 $t = 31.3$ h

5.10 $t = 0.89$ h

5.13 $D = 6.0 \times 10^{-12}$ m^2/s

5.15 $D = 4.8 \times 10^{-13}$ m^2/s

5.17 $Q_d = 212{,}200$ J/mol, $D_0 = 2.65 \times 10^{-4}$ m^2/s

5.19 $J = 1.21 \times 10^{-8}$ kg/m^2-s

5.21 $T = 1360$ K (1087°C)

5.23 $t = 4.61$ min

5.25 $t_p = 1.53$ h

5.D1 Not possible, temperature too high

5.D3 $t_d = 0.94$ h

제6장

6.3 $E = 71.2$ GPa

6.6 $\Delta l = 0.43$ mm

6.7 $\left(\dfrac{dF}{dr}\right)_{r_0} = -\dfrac{2A}{\left(\dfrac{A}{nB}\right)^{3/(1-n)}} + \dfrac{(n)(n+1)B}{\left(\dfrac{A}{nB}\right)^{(n+2)/(1-n)}}$

6.10 $v = 0.367$

6.13 (a) $\Delta l = 0.15$ mm;
    (b) $\Delta d = -5.25 \times 10^{-3}$ mm

6.16 (a) Both elastic and plastic;
    (b) $\Delta l = 8.5$ mm

6.18 (b) Nickel and steel

6.20 Figure 6.12: $U_r = 3.32 \times 10^5$ J/m^3

6.23 $\varepsilon_T = 0.311$

6.25 Toughness $= 7.33 \times 10^8$ J/m^3

6.27 (a) ε (elastic) $= 0.0087$, ε (plastic) $= 0.0113$;
    (b) $l_i = 616.9$ mm

6.30 (a) 125 HB (85 HRB)

6.32 $\overline{\text{HRG}} = 48.4$ HRG; $s = 1.95$ HRG
6.D1 t (plain steel) = 6.02 mm
Cost (plain steel) 33.10 = \$US

제7장

7.3 $\text{PD}_{111}(\text{BCC}) = \dfrac{\sqrt{3}}{16R^2} = \dfrac{0.11}{R^2}$
7.5 Cu: $|\mathbf{b}| = 0.2556$ nm
7.8 $\tau_{\text{crss}} = 5.68$ MPa
7.10 $\tau_{\text{crss}} = 4.18$ MPa
7.13 (b) $\sigma_y = 305$ MPa
7.14 $d = 6.94 \times 10^{-3}$ mm
7.17 (a) 24%EL; **(b)** 217 HB
7.20 $d = 5.59 \times 10^{-2}$ mm
7.21 (b) $d = 0.109$ mm
7.23 $\sigma_y = 341$ MPa
7.D1 Is possible
7.D4 $t = 13.2$ min

제8장

8.2 $\sigma_c = 33.6$ MPa
8.4 $\sigma_c = 134$ MPa
8.6 Is subject to detection since $a \geq 3.0$ mm
8.9 (a) $\sigma_{\text{max}} = 280$ MPa, $\sigma_{\text{min}} = -140$ MPa;
(b) $R = -0.50$; **(c)** $\sigma_r = 420$ MPa
8.11 $N_f \cong 3 \times 10^6$ cycles
8.13 (a) $\tau = 74$ MPa; **(c)** $\tau = 115$ MPa
8.16 $\Delta\varepsilon/\Delta t = 3.2 \times 10^{-2}$ min^{-1}
8.18 $T \sim 775°$C
8.20 650°C: $n = 10.2$
8.22 $\dot{\varepsilon}_S = 4.31 \times 10^{-2}$ (h)$^{-1}$
8.D1 Least expensive: 1045 steel
8.D3 $t_r = 89$ yr

제9장

9.1 (a) $m_s = 2846$ g;
(b) $C_L = 64$ wt% sugar;
(c) $m_s = 1068$ g
9.3 (b) The pressure must be lowered to approximately 0.003 atm
9.6 (a) $\alpha + \beta$; $C_\alpha = 5$ wt% Sn-95 wt% Pb, $C_\beta \cong 98$ wt% Sn-2 wt% Pb;
(b) $L + \text{Mg}_2\text{Pb}$; $C_L = 94$ wt% Pb-6 wt% Mg, $C_{\text{Mg}_2\text{Pb}} = 81$ wt% Pb-19 wt% Mg
9.8 (a) $T = 1320°$C;
(b) $C_\alpha = 62$ wt% Ni-38 wt% Cu;
(c) $T = 1270°$C;
(d) $C_L = 37$ wt% Ni-63 wt% Cu
9.10 (a) $T = 280°$C
9.12 (a) $T \cong 540°$C;
(b) $C_\alpha = 26$ wt% Pb-74 wt% Mg; $C_L = 54$ wt% Pb-46 wt% Mg
9.14 Possible at $T \cong 800°$C

9.16 (a) $V_\alpha = 0.84$, $V_\beta = 0.16$
9.20 Not possible because different C_0 required for each situation
9.22 $C_0 = 77.1$ wt% Pb
9.24 Schematic sketches of the microstructures called for are shown as follows:

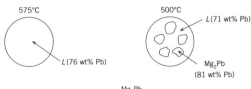

9.26 ZrAl
9.28 Eutectics: (1) 10 wt% Au, 217°C, $L \rightarrow \alpha + \beta$;
(2) 80 wt% Au, 280°C, $L \rightarrow \delta + \zeta$;
Congruent melting point: 62.5 wt% Au, 418°C, $L \rightarrow \delta$
Peritectics: (1) 30 wt% Au, 252°C, $L + \gamma \rightarrow \beta$;
(2) 45 wt% Au, 309°C, $L + \delta \rightarrow \gamma$;
(3) 92 wt% Au, 490°C, $L + \eta \rightarrow \zeta$.
No eutectoids are present.
9.30 For point A, $F = 2$
9.33 $C_0' = 0.69$ wt% C
9.37 $C_0' = 0.63$ wt% C
9.38 $C_1' = 1.41$ wt% C
9.40 Not possible; C_0 and C_0' are different
9.42 Two answers are possible: (1) $C_0 = 0.84$ wt% C and (2) $C_0 = 0.75$ wt% C
9.44 HB (alloy) = 141

제10장

10.3 $t = 500$ s
10.5 $t = 603$ s
10.8 (b) 200 HB (93 HRB)
10.10 (a) 100% bainite; **(c)** 100% spheroidite;
(d) 100% fine pearlite
10.12 (a) proeutectoid cementite and martensite;
(c) bainite and martensite
10.15 (a) coarse pearlite
10.18 (a) martensite, ferrite, and bainite
10.21 (1) 0.80 wt% C, fine pearlite, **(2)** 0.80 wt% C, spheroidite, **(3)** 0.25 wt% C, coarse pearlite, **(4)** 0.25 wt% C, spheroidite
10.23 (a) 460 HB, 46% RA; **(b)** 433 HB, 33%RA
10.D1 Yes; coarse pearlite
10.D3 (a) Continuously cool the alloy to room temperature at a rate greater than 140°C/s
10.D5 Temper at between 300°C and 400°C for 1 h
10.D7 Not possible

제11장

11.2 $V_{Gr} = 8.1$ vol%
11.11 **(a)** At least 915°C (1680°F)
11.D3 titanium, aluminum, steel, brass
11.D5 **(b)** 4340, 4140, 8640, and 5140 alloys
11.D6 Maximum diameter = 50 mm
11.D9 Heat for about 0.4 h at 204°C, or between 1 and 20 h at 149°C

제12장

12.3 **(a)** Sodium chloride
12.5 **(a)** tetrahedral; **(b)** one-half
12.8 APF = 0.842
12.10 8 Si^{4+} ions and 16 O^{2-} ions
12.12 APF = 0.686
12.14 $\rho = 3.54$ g/cm^3
12.17 $N_{fr} = 8.24 \times 10^{23}$ defects/m^3
12.19 FeO
12.21 **(a)** 8.1% of Mg^{2+} vacancies
12.23 $\rho_t = 4.1$ nm
12.25 $F_f = 17{,}200$ N
12.27 **(a)** $E_0 = 342$ GPa; **(b)** $P = 17.1$ vol%
12.D1 $C_{InAs} = 46.1$ wt%

제13장

13.4 **(a)** $W_L = 0.73$
13.7 $T = 540$°C

제14장

14.4 **(a)** $\overline{M}_n = 49{,}800$ g/mol; **(c)** $DP = 498$
14.6 $L = 2682$ nm; $r = 22.5$ nm
14.9 9333 of both acrylonitrile and butadiene repeat units
14.11 f(styrene) = 0.32, f(butadiene) = 0.68
14.13 **(a)** $\rho_a = 1.300$ g/cm^3, $\rho_c = 1.450$ g/cm^3;
(b) % crystallinity = 57.4%
14.15 $J = 2.8 \times 10^{-7} \dfrac{(\text{cm}^3 \text{ STP})}{\text{cm}^2\text{-s}}$

제15장

15.2 $E_r(10) = 3.66$ MPa
15.8 $TS = 112.5$ MPa
15.21 **(a)** m(ethylene glycol) = 6.393 kg;
(b) m[poly(ethylene terephthalate)] = 19.793 kg

제16장

16.4 **(b)** $l = 25$ mm
16.6 $E_f = 104$ GPa; $E_m = 2.6$ GPa
16.9 $\sigma_{cl}^* = 905$ MPa
16.14 **(b)** $E_{cl} = 59.7$ GPa
16.D1 Carbon (PAN standard-modulus)

제17장

17.2 **(a)** $\Delta V = 0.0107$ V;
(b) $Sn^{2+} + Pb \rightarrow Sn + Pb^{2+}$
17.5 $t = 5.27$ yr
17.8 **(a)** $r = 4.56 \times 10^{-12}$ mol/cm^2-s;
(b) $V_C = -0.0167$ V
17.14 **(a)** Parabolic kinetics; **(b)** $W = 3.78$ mg/cm^2

제18장

18.3 **(a)** $R = 6.70 \times 10^{-3}$ Ω;
(b) $I = 6.00$ A;
(c) $J = 3.06 \times 10^5$ A/m^2;
(d) $E = 8.0 \times 10^{-3}$ V/m
18.6 **(a)** $v_d = 72.5$ m/s; **(b)** $t = 3.45 \times 10^{-4}$ s
18.8 **(a)** $\rho_0 = 1.58 \times 10^{-8}$ Ω-m, $a = 6.5 \times 10^{-11}$ (Ω-m)/°C;
(b) $A = 1.18 \times 10^{-6}$ Ω-m;
(c) $\rho = 5.24 \times 10^{-8}$ Ω-m
18.11 **(a)** for Si, ~2×10^{-12} electron/atom; for Ge, ~0.9×10^{-10} electron/atom
18.14 $\sigma = 0.028$ (Ω-m)$^{-1}$
18.17 $\mu_e = 0.495$ m^2/V-s; $\mu_h = 0.144$ m^2/V-s
18.19 $T = 400$ K (127°C)
18.23 $B_z = 0.735$ tesla
18.27 $l = 3.36$ mm
18.29 $p_i = 3.84 \times 10^{-30}$ C-m
18.D2 Not possible

제19장

19.2 **(a)** C_p(Fe) = 25.0 J/mol-K; C_p(Ni) = 26.0 J/mol-K
19.4 $\Delta l = -12.5$ mm
19.7 $T_f = 247.4$°C
19.13 $T_f = 41.3$°C
19.D1 $T_f = 41.8$°C
19.D2 Soda-lime glass: $\Delta T_f = 111$°C

제20장

20.1 **(a)** $H = 24{,}000$ A-turns/m;
(b) $B_0 = 3.0168 \times 10^{-2}$ tesla;
(c) $B \cong 3.0177 \times 10^{-2}$ tesla;
(d) $M = 7.51$ A/m
20.4 **(a)** $M_s = 1.73 \times 10^6$ A/m
20.7 **(a)** $M_s = 3.78 \times 10^5$ A/m; **(b)** $B_s = 0.475$ tesla
20.15 **(a)** 2.5 K: $H_C = 5.62 \times 10^4$ A/m; **(b)** $T = 6.29$ K
20.D1 $C_{Fe} = 4.11$ wt%

제21장

21.4 $v = 1.28 \times 10^8$ m/s
21.9 $\dfrac{I_T'}{I_0'} = 0.884$
21.10 $l = 29.2$ mm
21.14 $\Delta E = 1.78$ eV

A = area

$\mathring{A}$ = angstrom unit

A_i = atomic weight of element i (2.2)

APF = atomic packing factor (3.4)

a = lattice parameter: unit cell x-axial length (3.4)

a = crack length of a surface crack (8.5)

at% = atom percent (4.4)

B = magnetic flux density (induction) (20.2)

B_r = magnetic remanence (20.7)

BCC = body-centered cubic crystal structure (3.4)

b = lattice parameter: unit cell y-axial length (3.7)

$\mathbf{b}$ = Burgers vector (4.5)

C = capacitance (18.18)

C_i = concentration (composition) of component i in wt% (4.4)

C_i' = concentration (composition) of component i in at% (4.4)

C_v, C_p = heat capacity at constant volume, pressure (19.2)

CPR = corrosion penetration rate (17.3)

CVN = Charpy V-notch (8.6)

%CW = percent cold work (7.10)

c = lattice parameter: unit cell z-axial length (3.7)

c = velocity of electromagnetic radiation in a vacuum (21.2)

D = diffusion coefficient (5.3)

D = dielectric displacement (18.19)

DP = degree of polymerization (14.5)

d = diameter

d = average grain diameter (7.8)

d_{hkl} = interplanar spacing for planes of Miller indices $h, k,$ and l (3.16)

E = energy (2.5)

E = modulus of elasticity or Young's modulus (6.3)

$\mathscr{E}$ = electric field intensity (18.3)

E_f = Fermi energy (18.5)

E_g = band gap energy (18.6)

$E_r(t)$ = relaxation modulus (15.4)

%EL = ductility, in percent elongation (6.6)

e = electric charge per electron (18.7)

e^- = electron (17.2)

erf = Gaussian error function (5.4)

exp = e, the base for natural logarithms

F = force, interatomic or mechanical (2.5, 6.2)

$\mathscr{F}$ = Faraday constant (17.2)

FCC = face-centered cubic crystal structure (3.4)

G = shear modulus (6.3)

H = magnetic field strength (20.2)

H_c = magnetic coercivity (20.7)

HB = Brinell hardness (6.10)

HCP = hexagonal close-packed crystal structure (3.4)

HK = Knoop hardness (6.10)

HRB, HRF = Rockwell hardness: B and F scales (6.10)

HR15N, HR45W = superficial Rockwell hardness: 15N and 45W scales (6.10)

HV = Vickers hardness (6.10)

h = Planck's constant (21.2)

(hkl) = Miller indices for a crystallographic plane (3.10)

$(hkil)$ = Miller indices for a crystallographic plane, hexagonal crystals (3.10)

I = electric current (18.2)

I = intensity of electromagnetic radiation (21.3)

i = current density (17.3)

i_C = corrosion current density (17.4)

J = diffusion flux (5.3)

J = electric current density (18.3)

K_c = fracture toughness (8.5)

K_{Ic} = plane strain fracture toughness for mode I crack surface displacement (8.5)

k = Boltzmann's constant (4.2)

k = thermal conductivity (19.4)

l = length

l_c = critical fiber length (16.4)

$\ln$ = natural logarithm

$\log$ = logarithm taken to base 10

M = magnetization (20.2)

$\overline{M}_n$ = polymer number-average molecular weight (14.5)

$\overline{M}_w$ = polymer weight-average molecular weight (14.5)

mol% = mole percent

N = number of fatigue cycles (8.8)

N_A = Avogadro's number (3.5)

N_f = fatigue life (8.8)

n = principal quantum number (2.3)

n = number of atoms per unit cell (3.5)

n = strain-hardening exponent (6.7)

n = number of electrons in an electrochemical reaction (17.2)

n = number of conducting electrons per cubic meter (18.7)

n = index of refraction (21.5)

n' = for ceramics, the number of formula units per unit cell (12.2)

n_i = intrinsic carrier (electron and hole) concentration (18.10)

P = dielectric polarization (18.19)

P–B ratio = Pilling–Bedworth ratio (17.10)

p = number of holes per cubic meter (18.10)

Q = activation energy

Q = magnitude of charge stored (18.18)

R = atomic radius (3.4)

R = gas constant

%RA = ductility, in percent reduction in area (6.6)

r = interatomic distance (2.5)

r = reaction rate (17.3)

r_A, r_C = anion and cation ionic radii (12.2)

S = fatigue stress amplitude (8.8)

SEM = scanning electron microscopy or microscope

T = temperature

T_c = Curie temperature (20.6)

T_C = superconducting critical temperature (20.12)

T_g = glass transition temperature (13.10, 15.12)

T_m = melting temperature

TEM = transmission electron microscopy or microscope

TS = tensile strength (6.6)

t = time

t_r = rupture lifetime (8.12)

U_r = modulus of resilience (6.6)

$[uvw]$ = indices for a crystallographic direction (3.9)

$[uvtw], [UVW]$ = indices for a crystallographic direction, hexagonal crystals (3.9)

V = electrical potential difference (voltage) (17.2, 18.2)

V_C = unit cell volume (3.4)

V_C = corrosion potential (17.4)

V_H = Hall voltage (18.14)

V_i = volume fraction of phase i (9.8)

v = velocity

vol% = volume percent

W_i = mass fraction of phase i (9.8)

wt% = weight percent (4.4)

x = length

x = space coordinate

Y = dimensionless parameter or function in fracture toughness expression (8.5)

y = space coordinate

z = space coordinate

α = lattice parameter: unit cell y–z interaxial angle (3.7)

α, β, γ = phase designations

α_l = linear coefficient of thermal expansion (19.3)

β = lattice parameter: unit cell x–z interaxial angle (3.7)

γ = lattice parameter: unit cell x–y interaxial angle (3.7)

γ = shear strain (6.2)

Δ = precedes the symbol of a parameter to denote finite change

ε = engineering strain (6.2)

ε = dielectric permittivity (18.18)

ε_r = dielectric constant or relative permittivity (18.18)

$\dot{\varepsilon}_S$ = steady-state creep rate (8.12)

ε_T = true strain (6.7)

η = viscosity (12.10)

η = overvoltage (17.4)

2θ = Bragg diffraction angle (3.16)

θ_D = Debye temperature (19.2)

λ = wavelength of electromagnetic radiation (3.16)

μ = magnetic permeability (20.2)

μ_B = Bohr magneton (20.2)

μ_r = relative magnetic permeability (20.2)

μ_e = electron mobility (18.7)

μ_h = hole mobility (18.10)

ν = Poisson's ratio (6.5)

ν = frequency of electromagnetic radiation (21.2)

ρ = density (3.5)

ρ = electrical resistivity (18.2)

ρ_t = radius of curvature at the tip of a crack (8.5)

σ = engineering stress, tensile or compressive (6.2)

σ = electrical conductivity (18.3)

σ^* = longitudinal strength (composite) (16.5)

σ_c = critical stress for crack propagation (8.5)

σ_{fs} = flexural strength (12.9)

σ_m = maximum stress (8.5)

σ_m = mean stress (8.7)

σ'_m = stress in matrix at composite failure (16.5)

σ_T = true stress (6.7)

σ_w = safe or working stress (6.12)

σ_y = yield strength (6.6)

τ = shear stress (6.2)

τ_c = fiber–matrix bond strength/ matrix shear yield strength (16.4)

τ_{crss} = critical resolved shear stress (7.5)

χ_m = magnetic susceptibility (20.2)

Subscripts

c = composite

cd = discontinuous fibrous composite

cl = longitudinal direction (aligned fibrous composite)

ct = transverse direction (aligned fibrous composite)

f = final

f = at fracture

f = fiber

i = instantaneous

m = matrix

m, max = maximum

min = minimum

0 = original

0 = at equilibrium

0 = in a vacuum

찾아보기

Power

$$1\text{ W} = 0.239\text{ cal/s} \qquad 1\text{ cal/s} = 4.184\text{ W}$$
$$1\text{ W} = 3.414\text{ Btu/h} \qquad 1\text{ Btu/h} = 0.293\text{ W}$$
$$1\text{ cal/s} = 14.29\text{ Btu/h} \qquad 1\text{ Btu/h} = 0.070\text{ cal/s}$$

Viscosity

$$1\text{ Pa-s} = 10\text{ P} \qquad 1\text{ P} = 0.1\text{ Pa-s}$$

Temperature, T

$$T(\text{K}) = 273 + T(°\text{C}) \qquad T(°\text{C}) = T(\text{K}) - 273$$
$$T(\text{K}) = \tfrac{5}{9}[T(°\text{F}) - 32] + 273 \qquad T(°\text{F}) = \tfrac{9}{5}[T(\text{K}) - 273] + 32$$
$$T(°\text{C}) = \tfrac{5}{9}[T(°\text{F}) - 32] \qquad T(°\text{F}) = \tfrac{9}{5}[T(°\text{C})] + 32$$

Specific Heat

$$1\text{ J/kg}\cdot\text{K} = 2.39 \times 10^{-4}\text{ cal/g}\cdot\text{K} \qquad 1\text{ cal/g}\cdot°\text{C} = 4184\text{ J/kg}\cdot\text{K}$$
$$1\text{ J/kg}\cdot\text{K} = 2.39 \times 10^{-4}\text{ Btu/lb}_{m}\cdot°\text{F} \qquad 1\text{ Btu/lb}_{m}\cdot°\text{F} = 4184\text{ J/kg}\cdot\text{K}$$
$$1\text{ cal/g}\cdot°\text{C} = 1.0\text{ Btu/lb}_{m}\cdot°\text{F} \qquad 1\text{ Btu/lb}_{m}\cdot°\text{F} = 1.0\text{ cal/g}\cdot\text{K}$$

Thermal Conductivity

$$1\text{ W/m}\cdot\text{K} = 2.39 \times 10^{-3}\text{ cal/cm}\cdot\text{s}\cdot\text{K} \qquad 1\text{ cal/cm}\cdot\text{s}\cdot\text{K} = 418.4\text{ W/m}\cdot\text{K}$$
$$1\text{ W/m}\cdot\text{K} = 0.578\text{ Btu/ft}\cdot\text{h}\cdot°\text{F} \qquad 1\text{ Btu/ft}\cdot\text{h}\cdot°\text{F} = 1.730\text{ W/m}\cdot\text{K}$$
$$1\text{ cal/cm}\cdot\text{s}\cdot\text{K} = 241.8\text{ Btu/ft}\cdot\text{h}\cdot°\text{F} \qquad 1\text{ Btu/ft}\cdot\text{h}\cdot°\text{F} = 4.136 \times 10^{-3}\text{ cal/cm}\cdot\text{s}\cdot\text{K}$$

Periodic Table of the Elements

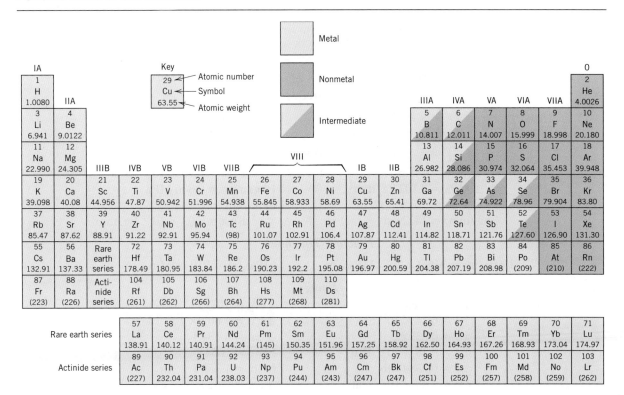

Unit Conversion Factors

Length

$1 \text{ m} = 10^{10} \text{ Å}$	$1 \text{ Å} = 10^{-10} \text{ m}$
$1 \text{ m} = 10^{9} \text{ nm}$	$1 \text{ nm} = 10^{-9} \text{ m}$
$1 \text{ m} = 10^{6} \text{ μm}$	$1 \text{ μm} = 10^{-6} \text{ m}$
$1 \text{ m} = 10^{3} \text{ mm}$	$1 \text{ mm} = 10^{-3} \text{ m}$
$1 \text{ m} = 10^{2} \text{ cm}$	$1 \text{ cm} = 10^{-2} \text{ m}$
$1 \text{ mm} = 0.0394 \text{ in.}$	$1 \text{ in.} = 25.4 \text{ mm}$
$1 \text{ cm} = 0.394 \text{ in.}$	$1 \text{ in.} = 2.54 \text{ cm}$
$1 \text{ m} = 3.28 \text{ ft}$	$1 \text{ ft} = 0.3048 \text{ m}$

Area

$1 \text{ m}^2 = 10^{4} \text{ cm}^2$	$1 \text{ cm}^2 = 10^{-4} \text{ m}^2$
$1 \text{ mm}^2 = 10^{-2} \text{ cm}^2$	$1 \text{ cm}^2 = 10^{2} \text{ mm}^2$
$1 \text{ m}^2 = 10.76 \text{ ft}^2$	$1 \text{ ft}^2 = 0.093 \text{ m}^2$
$1 \text{ cm}^2 = 0.1550 \text{ in.}^2$	$1 \text{ in.}^2 = 6.452 \text{ cm}^2$

Volume

$1 \text{ m}^3 = 10^{6} \text{ cm}^3$	$1 \text{ cm}^3 = 10^{-6} \text{ m}^3$
$1 \text{ mm}^3 = 10^{-3} \text{ cm}^3$	$1 \text{ cm}^3 = 10^{3} \text{ mm}^3$
$1 \text{ m}^3 = 35.32 \text{ ft}^3$	$1 \text{ ft}^3 = 0.0283 \text{ m}^3$
$1 \text{ cm}^3 = 0.0610 \text{ in.}^3$	$1 \text{ in.}^3 = 16.39 \text{ cm}^3$

Mass

$1 \text{ Mg} = 10^{3} \text{ kg}$	$1 \text{ kg} = 10^{-3} \text{ Mg}$
$1 \text{ kg} = 10^{3} \text{ g}$	$1 \text{ g} = 10^{-3} \text{ kg}$
$1 \text{ kg} = 2.205 \text{ lb}_\text{m}$	$1 \text{ lb}_\text{m} = 0.4536 \text{ kg}$
$1 \text{ g} = 2.205 \times 10^{-3} \text{ lb}_\text{m}$	$1 \text{ lb}_\text{m} = 453.6 \text{ g}$

Density

$1 \text{ kg/m}^3 = 10^{-3} \text{ g/cm}^3$	$1 \text{ g/cm}^3 = 10^{3} \text{ kg/m}^3$
$1 \text{ Mg/m}^3 = 1 \text{ g/cm}^3$	$1 \text{ g/cm}^3 = 1 \text{ Mg/m}^3$
$1 \text{ kg/m}^3 = 0.0624 \text{ lb}_\text{m}/\text{ft}^3$	$1 \text{ lb}_\text{m}/\text{ft}^3 = 16.02 \text{ kg/m}^3$
$1 \text{ g/cm}^3 = 62.4 \text{ lb}_\text{m}/\text{ft}^3$	$1 \text{ lb}_\text{m}/\text{ft}^3 = 1.602 \times 10^{-2} \text{ g/cm}^3$
$1 \text{ g/cm}^3 = 0.0361 \text{ lb}_\text{m}/\text{in.}^3$	$1 \text{ lb}_\text{m}/\text{in.}^3 = 27.7 \text{ g/cm}^3$

Force

$1 \text{ N} = 10^{5} \text{ dynes}$	$1 \text{ dyne} = 10^{-5} \text{ N}$
$1 \text{ N} = 0.2248 \text{ lb}_\text{f}$	$1 \text{ lb}_\text{f} = 4.448 \text{ N}$

Stress

$1 \text{ MPa} = 145 \text{ psi}$	$1 \text{ psi} = 6.90 \times 10^{-3} \text{ MPa}$
$1 \text{ MPa} = 0.102 \text{ kg/mm}^2$	$1 \text{ kg/mm}^2 = 9.806 \text{ MPa}$
$1 \text{ Pa} = 10 \text{ dynes/cm}^2$	$1 \text{ dyne/cm}^2 = 0.10 \text{ Pa}$
$1 \text{ kg/mm}^2 = 1422 \text{ psi}$	$1 \text{ psi} = 7.03 \times 10^{-4} \text{ kg/mm}^2$

Fracture Toughness

$1 \text{ psi}\sqrt{\text{in.}} = 1.099 \times 10^{-3} \text{ MPa}\sqrt{\text{m}}$	$1 \text{ MPa}\sqrt{\text{m}} = 910 \text{ psi}\sqrt{\text{in.}}$

Energy

$1 \text{ J} = 10^{7} \text{ ergs}$	$1 \text{ erg} = 10^{-7} \text{ J}$
$1 \text{ J} = 6.24 \times 10^{18} \text{ eV}$	$1 \text{ eV} = 1.602 \times 10^{-19} \text{ J}$
$1 \text{ J} = 0.239 \text{ cal}$	$1 \text{ cal} = 4.184 \text{ J}$
$1 \text{ J} = 9.48 \times 10^{-4} \text{ Btu}$	$1 \text{ Btu} = 1054 \text{ J}$
$1 \text{ J} = 0.738 \text{ ft} \cdot \text{lb}_\text{f}$	$1 \text{ ft} \cdot \text{lb}_\text{f} = 1.356 \text{ J}$
$1 \text{ eV} = 3.83 \times 10^{-20} \text{ cal}$	$1 \text{ cal} = 2.61 \times 10^{19} \text{ eV}$
$1 \text{ cal} = 3.97 \times 10^{-3} \text{ Btu}$	$1 \text{ Btu} = 252.0 \text{ cal}$